D1720362

CH.KITTEL . Einführung in die Festkörperphysik

CH.KITTEL . Quantentheorie der Festkörper

CH.KITTEL/H.KRÖMER`. Physik der Wärme

Über den Autor

Charles Kittel lehrte von 1951 bis 1978 Festkörperphysik an der University of California, Berkley. Zuvor war er Mitglied der Arbeitsgruppe Festkörperphysik der Bell Laboratories. Er studierte am M. I. T. und dem Cavendish Laboratory der Cambridge University Physik. Er hat an der University of Wisconsin promoviert.

Ch. Kittel wurde mit dem Oliver Buckley Price für Festkörperphysik und der Oerstedt Medal der American Association of Physics Teachers ausgezeichnet. Er ist Mitglied der National Academy of Sciences. Seine "Einführung in die Festkörperphysik" wurde in 11 Sprachen übersetzt, sie gilt weltweit als Standardwerk.

Quantentheorie der Festkörper

von

Professor PhD. Charles Kittel

und

Professor PhD. C. Y. Fong

3. Auflage

Mit 96 Abbildungen und 113 Aufgaben, Lösungen

R. Oldenbourg Verlag München Wien 1989

Autorisierte Übersetzung der englischsprachigen Originalausgabe, erschienen im Verlag
John Wiley & Son, Inc., New York, unter dem Titel
"*Ch. Kittel, Quantum Theory of Solids*, Second revised printing"

Übersetzer der 1. Auflage: Dr. rer. nat. Klaus Hacker
Dr. rer. nat. Fritz Jähnig
Dr. rer. nat. Josef Speth

der 2. Auflage: Dr. rer. nat. Eberhard Ziegler

CIP-Titelaufnahme der Deutschen Bibliothek

Kittel, Charles:
Quantentheorie der Festkörper / von Charles Kittel. [Übers.:
Eberhard Ziegler]. – 3. Aufl. – München ; Wien :
Oldenbourg, 1989
Einheitssacht.: Quantum theory of solids ⟨dt.⟩
ISBN 3-486-21420-9

3. Auflage, unveränderter Nachdruck der 2. Auflage

Gesamtherstellung: Weihert Druck, Darmstadt

ISBN 3-486-21420-9

Inhalt

Vorwort zur deutschen Ausgabe

Das Ziel dieses Buches ist es, die wichtigsten Grundlagen der Quantentheorie des Festkörpers darzustellen. Es ist gedacht als zweiter Teil eines Kurses in Festkörperphysik. Der erste Teil ist mein Buch *Einführung in die Festkörperphysik* (R. Oldenbourg, München, 1969), in dem die physikalischen Grundlagen der Theorie der Festkörper behandelt werden.

So weit wie möglich habe ich versucht, allgemeingültige Prinzipien zu betonen. Der erste Teil des Buches behandelt Phononen, Magnonen, Elektronenfelder und deren Wechselwirkungen und findet seinen Höhepunkt in der Theorie der Supraleitung. Der zweite Teil behandelt Fermiflächen und Wellenfunktionen von Elektronen in Metallen, Legierungen, Halbleitern und Isolatoren, unter besonderer Betonung der Theorie zu jenen wichtigen Experimenten, auf denen unser Verständnis des Festkörpers beruht. Der dritte Teil beschäftigt sich mit Korrelationsfunktionen und ihrer Anwendung auf zeitabhängige Effekte in Festkörpern, mit einer kurzen Einführung in die Theorie der Greenschen Funktionen.

Während des Schreibens ergab sich eindeutig, daß es keinen Rahmen gibt, innerhalb dessen ein Lehrbuch wie dieses auf eine vollständige Behandlung aller Aspekte der Festkörpertheorie abzielen könnte; das Gebiet ist einfach zu weit. Selbstverständlich werden verschiedene umfangreiche Teilgebiete, die bereits in Lehrbüchern enthalten sind, nicht behandelt. So werden die Grundlagen der Transporttheorie, wie sie in den Büchern von A.H. Wilson und J. Ziman enthalten sind, hier nicht wiederholt; die Besprechung der Phonon-Wechselwirkungen in dem Buch von Peierls und das Buch von Abragam über Kernmagnetismus sind so vollständige Abhandlungen, daß es lächerlich wäre, sie hier mit anderen Worten zu wiederholen. Einen Versuch, alles mit der Methode der Greenschen Funktionen zu erledigen, gab ich auf, denn dann wäre der Inhalt zum jetzigen Zeitpunkt für Experimentalphysiker fast völlig unzugänglich. Die Quantentheorie der Transportprozesse wird hier nicht behandelt. Glücklicherweise gibt es für viele Teilgebiete ausgezeichnete Monographien, besonders in der umfangreichen Reihe *Solid State Physics - Advances in Research and Applications,* herausgegeben von F. Seitz, D. Turnbull und H. Ehrenreich, und in der Reihe *Encyclopedia of Physics - Handbuch der Physik.* Einzelheiten, die weit außerhalb des Rahmens dieses Buches liegen, kann man in diesen und anderen Spezialwerken finden.

Dieses Buch enthält Aufgaben und ist ein Lehrbuch; es bringt nicht die historische Entwicklung der Theorie der einzelnen Gebiete. Ich war bemüht, Namen, Würdigungen und das Setzen von Prioritäten zu vermeiden. Ausführliche Literaturhinweise und Namen werden nur angegeben, wenn es sicher ungeschickt wäre sie wegzulassen, oder wenn die Arbeit so neu ist, daß sie noch nicht in Übersichtsartikel aufgenommen wurde. Eine angemessene Bibliographie wäre so umfangreich wie das ganze Buch. Viele Literaturhinweise findet man bereits in der Reihe *Solid State Physics* und im *Handbuch der Physik.* Es stellt sich immer mehr heraus, daß viele sehr aktive Wissenschaftler nicht die Zeit finden, ein Buch zu schreiben und gleichzeitig alle Kollegen, die zur Entwicklung der behandelten Sachgebiete entscheidend beigetragen haben, voll zu würdigen.

Eine Reihe wichtiger Ergebnisse wird in den Aufgaben entwickelt, die sich am Ende der meisten Kapitel finden. Es wird dringend empfohlen, die Aufgaben in Verbindung mit dem Text durchzulesen. Weitaus besser wäre es jedoch, die Aufgaben zu lösen.

Eine Bemerkung zur Bezeichnungsweise: $[\ ,\ ]$ = Kommutator; $\{\ ,\ \}$ = Antikommutator; die Symbole c und c^+ werden normalerweise nur für Fermioperatoren verwendet. Es werden durchwegs Einheiten mit $\hbar = 1$ verwendet, aber $\hbar$ wird manchmal in das Endergebnis eingefügt. Eine Blochfunktion mit dem Wellenvektor $\mathbf{k}$ wird als $|\mathbf{k}\rangle$ geschrieben. Wenn es keine Schwierigkeiten bereitet, wird das Volumen Ω der Probe gleich eins gesetzt; normalerweise bezieht sich N auf die Gesamtzahl der Teilchen und n auf ihre Konzentration. Das Symbol Ψ bezeichnet normalerweise einen Feldoperator, und Φ einen Zustandsvektor.

Ich habe die angenehme Pflicht, mich hier für die große Hilfe zu bedanken, die mir zuteil wurde. M.H. Cohen, W.A. Harrison, W. Kohn, H. Suhl, J. Friedel, A. Blandin, P. Argyres, B. Cooper, S. Silverstein, B. Dreyfus, J.W. Hallex, G. Mahan, D. Mills und F. Sheard haben in hilfreicher Weise Verbesserungen verschiedener Darstellungen vorgeschlagen. J. Hopfield löste aufmerksam zahlreiche Widersprüche, die während des Schreibens auftraten. M.S. Sparks und seine Mitarbeiter R.M. White, R. Adler, K. Nordtwedt, K. Motozuki und I. Ortenberger entdeckten viele Fehler in den ersten Abfassungen des Manuskripts. R. Peierls gestattete in dankenswerter Weise, den Titel seines höchst nützlichen Buches zu übernehmen.

Den deutschen Übersetzern bin ich sehr zu Dank verpflichtet. Auf Grund ihrer Geschicklichkeit und Sorgfalt wurde eine Reihe von Fehlern in der amerikanischen Ausgabe korrigiert.

C. Kittel

Vorwort zur zweiten Auflage

Das Vorwort zur ersten Auflage enthält den Satz "Eine Reihe wichtiger Ergebnisse wird in den Aufgaben entwickelt, ...". Die Erfahrung hat gezeigt, daß die Lösung von Aufgaben sowohl für das Selbststudium wie auch für die Unterstützung der Vorlesungen sehr nützlich ist. Tatsächlich sind viele der Ergebnisse dieser Aufgaben zu wichtig, als daß sie der Leser übergehen sollte. Glücklicherweise hat mir Professor C. Y. Fong angeboten, einen Anhang mit den Lösungen ausgewählter Aufgaben zu erstellen. Er brachte auch eine Anzahl von Korrekturen im Text wie in den Gleichungen an. Die 2. Auflage besteht also aus dem Originaltext, den Lösungen und den Korrekturen.

November 1986

Ch. Kittel

Häufig zitierte Literatur

Quantenmechanik

L. Schiff, *Quantum Mechanics,* McGraw-Hill, New York, second edition, 1955.

A. Messiah, *Quantenmechanik,* de Gruyter, Berlin, 1976/85, 2 Bände.

L. Landau und E. Lifschitz, *Quantenmechanik,* Akademie Vlg.Berlin, 1979.

E.M. Henley und W. Thirring, *Elementary Quantum Field Theory,* McGraw-Hill, New York, 1962.

Festkörperphysik

Solid State Physics: *Advances in Research and Applications,* herausgegeben von F. Seitz und D. Turnbull, Academic Press, New York. Zitiert als *Solid state physics.*

C. Kittel, *Einführung in die Festkörperphysik,* 1988. 7.Auflage. Zitiert als *ISSP.* R. Oldenbourg, München und Wien.

Low Temperature Physics, herausgegeben von C.De Witt, B. Dreyfus und P.G. de Gennes, Gordon und Breach, New York, 1962. Zitiert als *LTP.*

Vielteilchentheorie

D. Pines, *Many-Body Problem,* Benjamin, New York, 1961. Zitiert als Pines.

K.A. Brueckner, in *Many Body Problems,* herausgegeben von C.De Witt, Wiley, New York, 1959, S.47-242.

Tabellen

H.B. Dwight, *Table of Integrals and Other Mathematical Data,* Macmillan, New York, 1957, 3.Auflage. Die Integrale werden mit ihrer Nummer zitiert.

1. Mathematische Einführung

Es ist nützlich, hier eine Anzahl von Definitionen und Ergebnissen zusammenzustellen, die im ganzen Buch benötigt werden.

Reziprokes Gitter

Wir wiederholen hier einige wichtige Eigenschaften des reziproken Gitters. Die Basisvektoren $\mathbf{a}^*$, $\mathbf{b}^*$, $\mathbf{c}^*$ des reziproken Gitters lassen sich durch die primitiven Basisvektoren $\mathbf{a}$, $\mathbf{b}$, $\mathbf{c}$ des Kristallgitters definieren. Es gelten die Beziehungen

$$\mathbf{a}^* = 2\pi \frac{\mathbf{b} \times \mathbf{c}}{\mathbf{a} \cdot \mathbf{b} \times \mathbf{c}}; \qquad \mathbf{b}^* = 2\pi \frac{\mathbf{c} \times \mathbf{a}}{\mathbf{a} \cdot \mathbf{b} \times \mathbf{c}}; \qquad \mathbf{c}^* = 2\pi \frac{\mathbf{a} \times \mathbf{b}}{\mathbf{a} \cdot \mathbf{b} \times \mathbf{c}}; \tag{1}$$

diese Definition schließt einen Faktor 2π ein, der in der üblichen kristallographischen Definition nicht auftritt, wie sie von den einführenden Büchern benützt wird. Bei der Behandlung der Wechselwirkung von Wellen mit periodischen Gittern begegnen wir bei der Formulierung der Wellenzahlerhaltung ständig einem additiven Term, der 2π mal dem kristallographischen reziproken Gittervektor ist; es ist daher handlich, hier 2π in der Definition einzuschließen. Ansonsten ist unsere Bezeichnung hier Standard; die Benützung des Sterns bedeutet hier keinesfalls "komplex konjugiert". Alle Basisvektoren sind reell. Man sieht, daß $\mathbf{a} \cdot \mathbf{a}^* = 2\pi$; $\mathbf{a} \cdot \mathbf{b}^* = 0$; etc.

Aus einfacher Vektoranalysis folgt aus (1), daß

$$V_c^* = \frac{(2\pi)^3}{V_c}, \tag{2}$$

wobei V_c^* das Volumen der primitiven Elementarzelle im reziproken Gitter ist und $V_c = \mathbf{a} \cdot \mathbf{b} \times \mathbf{c}$ das Volumen der primitiven Zelle des direkten Gitters ist. Wir merken an, daß die Umwandlung von Vektorsummen in Integrale folgendermaßen aussieht

$$\boxed{\sum_{\mathbf{k}} \rightarrow \frac{\Omega}{(2\pi)^3} \int d^3k = (N/V_c^*) \int d^3k,} \tag{3}$$

wobei N primitive Elementarzellen im Kristallvolumen Ω enthalten sind.

Theorem. Der Vektor $\mathbf{r}^*(hkl)$ zum Punkt hkl des reziproken Gitters steht senkrecht auf der (hkl)-Ebene des Kristallgitters.

Beweis: Man beachte, daß

$$\frac{1}{h}\mathbf{a} - \frac{1}{k}\mathbf{b}$$

auf Grund der Definition der Gitterindizes ein Vektor in der (hkl)-Ebene des Kristallgitters ist. Aber

$$\mathbf{r}^* \cdot \left(\frac{1}{h}\mathbf{a} - \frac{1}{k}\mathbf{b}\right) = (h\mathbf{a}^* + k\mathbf{b}^* + l\mathbf{c}^*) \cdot \left(\frac{1}{h}\mathbf{a} - \frac{1}{k}\mathbf{b}\right) \tag{4}$$
$$= \mathbf{a}^* \cdot \mathbf{a} - \mathbf{b}^* \cdot \mathbf{b} = 0;$$

also steht $\mathbf{r}^*$ senkrecht auf einem Vektor in der Ebene. Auf Grund des gleichen Arguments steht $\mathbf{r}^*$ senkrecht auf einem zweiten Vektor

$$\frac{1}{h}\mathbf{a} - \frac{1}{l}\mathbf{b}$$

in der Ebene, also steht $\mathbf{r}^*$ senkrecht auf der Ebene.

Theorem. Die Länge des Vektors $\mathbf{r}^*(hkl)$ ist gleich 2π mal dem Reziproken des Abstands $d(hkl)$ der Ebenen (hkl) des Kristallgitters.

Beweis: Ist $\mathbf{n}$ der Einheitsvektor senkrecht zur Ebene, dann ist $h^{-1}\mathbf{a} \cdot \mathbf{n}$ der Abstand zwischen den Ebenen. Nun ist

$$\mathbf{n} = \mathbf{r}^*/|\mathbf{r}^*|, \tag{5}$$

so daß sich für den Abstand $d(hkl)$ ergibt

$$d(hkl) = \frac{1}{h}\mathbf{n} \cdot \mathbf{a} = \frac{\mathbf{r}^* \cdot \mathbf{a}}{h|\mathbf{r}^*|} = \frac{2\pi}{|\mathbf{r}^*|}. \tag{6}$$

Wir fahren jetzt fort mit zwei wichtigen Theorema über die Entwicklung periodischer Funktionen.

Theorem. Eine Funktion $f(\mathbf{x})$, welche mit der Periode des Gitters periodisch ist, kann in eine Fourierreihe entwickelt werden, in der nur über reziproke Gittervektoren $\mathbf{G}$ summiert wird.

Beweis: Man betrachte die Reihe

$$f(\mathbf{x}) = \sum_{\mathbf{G}} a_{\mathbf{G}} e^{i\mathbf{G}\cdot\mathbf{x}}; \tag{7}$$

um zu zeigen, daß sie periodisch mit der Periode des Gitters ist, fügen wir zu $\mathbf{x}$ einen Gittervektor

$$\mathbf{x} \to \mathbf{x} + m\mathbf{a} + n\mathbf{b} + p\mathbf{c}, \tag{8}$$

wobei m, n, p ganze Zahlen sind. Dann ist

$$f(\mathbf{x} + m\mathbf{a} + n\mathbf{b} + p\mathbf{c}) = \Sigma\, a_{\mathbf{G}} e^{i\mathbf{G}\cdot\mathbf{x}} e^{i\mathbf{G}\cdot(m\mathbf{a}+n\mathbf{b}+p\mathbf{c})}; \tag{9}$$

aber

$$\begin{aligned} \mathbf{G}\cdot(m\mathbf{a} + n\mathbf{b} + p\mathbf{c}) &= (h\mathbf{a}^* + k\mathbf{b}^* + l\mathbf{c}^*)\cdot(m\mathbf{a} + n\mathbf{b} + p\mathbf{c}) \\ &= 2\pi(hm + kn + lp), \end{aligned} \tag{10}$$

was gerade gleich einer ganzen Zahl mal 2π ist, so daß

$$f(\mathbf{x} + m\mathbf{a} + n\mathbf{b} + p\mathbf{c}) = f(\mathbf{x}), \tag{11}$$

und die Darstellung (7) hat die geforderte Periodizität.

T h e o r e m . Wenn $f(\mathbf{x})$ die Periodizität des Gitters hat, ist

$$\int d^3x\, f(\mathbf{x}) e^{i\mathbf{K}\cdot\mathbf{x}} = 0, \tag{12}$$

wenn $\mathbf{K}$ kein Vektor im reziproken Gitter ist.

Beweis: Das Ergebnis ist eine direkte Folge aus dem vorhergehenden Theorem und im wesentlichen eine Auswahlregel für Übergänge zwischen verschiedenen Bändern ($\mathbf{G} \neq 0$) und Übergänge innerhalb eines Bandes ($\mathbf{G} = 0$). Mit (7) ist

$$f(\mathbf{x}) = \sum_{\mathbf{G}} a_{\mathbf{G}} e^{i\mathbf{G}\cdot\mathbf{x}}, \tag{13}$$

und

$$\int d^3x\, f(\mathbf{x}) e^{i\mathbf{K}\cdot\mathbf{x}} = \sum_{\mathbf{G}} a_{\mathbf{G}} \int d^3x\, e^{i(\mathbf{K}+\mathbf{G})\cdot\mathbf{x}} = \Omega \sum_{\mathbf{G}} a_{\mathbf{G}} \Delta(\mathbf{K} + \mathbf{G}), \tag{14}$$

wobei Δ das Kronecker-Symbol ist; Ω ist das Volumen der Probe; wir können $\Delta(\mathbf{K} + \mathbf{G})$ auch schreiben als $\delta_{\mathbf{K},-\mathbf{G}}$.

Fourier-Gitterreihe

Man betrachte die Reihe

$$q_r = N^{-1/2} \sum_k Q_k e^{ikr}. \tag{15}$$

Wir werden normalerweise die erlaubten Werte von k durch die periodische Randbedingung $q_{r+N} = q_r$ bestimmen, woraus folgt, $e^{ikN} = 1$; diese Bedingung wird erfüllt durch $k = 2\pi n/N$, wobei n eine beliebige ganze Zahl ist. Nur N Werte von n geben unabhängige Werte der N Koordinaten q_r. Es ist bequem, N als gerade anzunehmen und die Werte von n zu wählen als $0, \pm 1, \pm 2, \cdots, \pm(\frac{1}{2}N - 1), \frac{1}{2}N$. Wir bemerken, daß $N/2$ und $-N/2$ die gleichen Werte für e^{ikr} für alle r liefern, so daß wir nur $N/2$ mitnehmen müssen. Der Wert $n = 0$ oder $k = 0$ ist verknüpft mit einer sogenannten *gleichförmigen Schwingung*, in welcher alle q_r gleich und unabhängig von r sind.

Theorem. Gegeben sei (15), dann ist

$$Q_k = N^{-1/2} \sum_s q_s e^{-iks}. \tag{16}$$

Beweis: Man setze (16) in (15) ein:

$$q_r = N^{-1} \sum_{ks} q_s e^{ik(r-s)}. \tag{17}$$

Wenn $s = r$, dann ergibt die Summe über k das gewünschte Ergebnis Nq_r. Wenn $\sigma = s - r$ irgendeine andere ganze Zahl ist, dann ist

$$\begin{aligned} \sum_n e^{ik\sigma} = \sum_n e^{i2\pi n\sigma/N} &= \sum_{n=0}^{\frac{1}{2}N} e^{i2\pi n\sigma/N} + \sum_{n=1}^{\frac{1}{2}N-1} e^{-i2\pi n\sigma/N} \\ &= \sum_{n=0}^{N-1} e^{i2\pi n\sigma/N} = \frac{1 - e^{i2\pi\sigma}}{1 - e^{i2\pi\sigma/N}} = 0 \end{aligned} \tag{18}$$

für $\sigma \neq 0$. Wir erhalten also die Orthogonalitätsrelation

$$\sum_k e^{ik(r-s)} = N\delta_{sr}. \tag{19}$$

Dies ist das Analogon der Darstellung der Deltafunktion für diskrete Summen:

$$\int_{-\infty}^{\infty} e^{ikx}\, dk = 2\pi\delta(x). \tag{20}$$

Man betrachte die Reihe, definiert für $-L/2 > x > L/2$:

$$q(x) = L^{-1/2} \Sigma\, Q_k e^{ikx}, \tag{21}$$

wobei k irgendeine ganze Zahl multipliziert mit $2\pi/L$ ist.

Theorem. Es sei (21) gegeben, dann ist

$$Q_k = L^{-1/2} \int_{-\frac{1}{2}L}^{\frac{1}{2}L} d\xi\, q(\xi) e^{-ik\xi}. \tag{22}$$

Beweis: Man setze (21) in (22) ein:

$$Q_k = L^{-1} \sum_{k'} Q_{k'} \int d\xi\, e^{i(k'-k)\xi} = \sum_{k'} Q_{k'} \delta_{kk'} = Q_k, \tag{23}$$

wegen

$$\int_{-\frac{1}{2}L}^{\frac{1}{2}L} d\xi\, e^{i(k'-k)\xi} = \frac{2 \sin \frac{1}{2}(k'-k)L}{i(k'-k)} = 0,$$

außer für $k = k'$.

Theorem. Das Potential $1/|\mathbf{x}|$ kann in eine Fourier-Reihe entwickelt werden wie folgt

(24) $$\frac{1}{|\mathbf{x}|} = \frac{4\pi}{\Omega} \sum_{\mathbf{q}} \frac{1}{q^2} e^{i\mathbf{q}\cdot\mathbf{x}},$$

wobei Ω das Volumen des Kristalls ist.

Beweis: Gemäß (22) betrachte man, mit $r = |\mathbf{x}|$,

(25) $$\int d^3x \, \frac{e^{-\alpha r} e^{-i\mathbf{q}'\cdot\mathbf{x}}}{r} = 2\pi \int r\,dr \int_{-1}^{1} d\mu \, e^{-iq'r\mu} e^{-\alpha r}$$
$$\cong \frac{2\pi}{iq'} \int_0^\infty dr \, (e^{-i(q'-i\alpha)r} - e^{i(q'+i\alpha)r}) = \frac{4\pi}{q'^2 + \alpha^2}.$$

Führt man den Grenzübergang $\alpha \to +0$ aus, so erhält man (24).

Zusammenstellung von Gleichungen der Quantenmechanik ($\hbar = 1$)

(26) $$i\dot{\psi} = H\psi.$$

(27) $$i\dot{F} = [F,H], \quad \text{für einen Operator } F.$$

(28) $$[f(\mathbf{x}),\mathbf{p}] = i \frac{\partial}{\partial \mathbf{x}} f(\mathbf{x}); \qquad \mathbf{p} = -i \,\mathrm{grad} - \frac{e}{c}\mathbf{A}.$$

(29) $$[f(\mathbf{x}),p_x^2] = 2i \frac{\partial f}{\partial x} p_x + \frac{\partial^2 f}{\partial x^2}.$$

(30) $$\sigma_x = \begin{pmatrix} 0 & 1 \\ 1 & 0 \end{pmatrix}; \quad \sigma_y = \begin{pmatrix} 0 & -i \\ i & 0 \end{pmatrix}; \quad \sigma_z = \begin{pmatrix} 1 & 0 \\ 0 & -1 \end{pmatrix}.$$

(31) $$\sigma^+ = \begin{pmatrix} 0 & 2 \\ 0 & 0 \end{pmatrix}; \quad \sigma^- = \begin{pmatrix} 0 & 0 \\ 2 & 0 \end{pmatrix}.$$

Für den harmonischen Oszillator

(32) $$\langle n|x|n+1\rangle = (2m\omega)^{-\frac{1}{2}}(n+1)^{\frac{1}{2}};$$
$$\langle n|p|n+1\rangle = -i(m\omega/2)^{\frac{1}{2}}(n+1)^{\frac{1}{2}}.$$

(33) $$\mathrm{Sp}\{A[B,C]\} = \mathrm{Sp}\{[A,B]C\}; \qquad \mathrm{Sp}\{ABC\} = \mathrm{Sp}\{CAB\}.$$

(34) $$\lim_{s \to +0} \frac{1}{x \pm is} = \mathcal{P}\frac{1}{x} \mp \pi i \delta(x); \qquad \mathcal{P} \equiv \text{Hauptwert}$$

Übergangsrate:

(35) $$W(n \to m) = 2\pi |\langle m|H'|n\rangle|^2 \delta(\epsilon_m - \epsilon_n).$$

Zustandsdichte, pro Energie, freie Elektronen:

(36) $$\rho_E = \frac{\Omega}{2\pi^2}(2m)^{3/2}\varepsilon^{1/2}.$$

(37) $$\int dx\, f(x)\delta(ax - y) = \frac{1}{|a|}f(y/a).$$

(38) $$\delta(g(x)) = \sum_i \frac{1}{|g'(x_i)|}\delta(x - x_i),$$

wobei die x_i die Wurzeln von $g(x) = 0$ sind.

(39) $$\int_{-\infty}^{\infty} dx\, e^{ixy} = 2\pi\delta(y).$$

Für nichtentartete Zustände ist

(40) $$|m\rangle^{(1)} = |m\rangle + \sum_k{}' \frac{|k\rangle\langle k|H'|m\rangle}{\epsilon_m - \epsilon_k};$$
$$\varepsilon_m^{(2)} = \varepsilon_m^{(0)} + \langle m|H'|m\rangle + \sum_k{}' \frac{|\langle m|H'|k\rangle|^2}{\varepsilon_m - \varepsilon_k}.$$

(41) $$[AB,C] = A[B,C] + [A,C]B.$$

Allgemeine zeitabhängige Störungstheorie

Wir betrachten den Hamilton-Operator

(42) $$H = H_0 + V,$$

wobei V die Störung genannt wird. Selbst wenn H_0 und V unabhängig von der Zeit sind, ergeben sich wichtige Ergebnisse der Störungstheorie natürlicher aus der zeitabhängigen Theorie als aus der gewöhnlichen zeitunabhängigen Störungstheorie. Wir nehmen an, daß der niedrigste Eigenzustand Φ von H aus dem niedrigsten ungestörten Eigenzustand Φ_0 von H_0 abgeleitet werden kann, indem die Wechselwirkung V in dem Zeitintervall $-\infty$ bis 0 adiabatisch eingeschaltet wird. Diese Annahme ist nicht notwendigerweise immer richtig. Sie versagt insbesondere, wenn die Störung einen oder mehrere gebundene Zustände unterhalb eines Kontinuums entstehen läßt. Die Annahme wird die *adiabatische Hypothese* genannt. Wir werden (nur in dieser Herleitung) die Bezeichnung $|)$ für einen Eigenzustand von H und $|\rangle$ für einen Eigenzustand von H_0 verwenden. Der ungestörte Grundzustand ist $|0\rangle$ und der exakte Grundzustand ist $|0)$. Dieselbe Bezeichnungsweise wird am Ende von Kapitel 6 im gleichen Zusammenhang wieder verwendet.

Theorem. Wenn E_0 definiert ist durch

(43) $$H_0|0\rangle = E_0|0\rangle,$$

und ΔE durch

(44) $$(H_0 + V)|0) = (E_0 + \Delta E)|0),$$

dann ist die exakte Verschiebung der Grundzustandsenergie, welche durch die Störung hervorgerufen wird,

(45) $$\boxed{\Delta E = \frac{\langle 0|V|0)}{\langle 0|0)}.}$$

Beweis: Das Ergebnis (45) folgt, indem man

(46) $$\langle 0|H_0|0) = E_0\langle 0|0)$$

subtrahiert von

(47) $$\langle 0|H_0 + V|0) = (E_0 + \Delta E)\langle 0|0).$$

Dann ist

(48) $$\langle 0|V|0) = \Delta E\langle 0|0).$$

Wir wollen jetzt $|0)$ berechnen. Wir ersetzen V durch

(49) $$\lim_{s\to +0} e^{-s|t|}V, \qquad s > 0.$$

Dies definiert den Prozeß des adiabatischen Einschaltens, in welchem die Wechselwirkung langsam zwischen $t = -\infty$ und $t = 0$ eingeschaltet wird. Zwischen $t = 0$ und $t = \infty$ wird die Wechselwirkung langsam abgeschaltet. Wir werden das Folgende immer so verstehen, daß der Grenzwert $s \to +0$ auszuführen ist.

Wir verwenden die Störung in der Wechselwirkungsdarstellung:

(50) $$V(t) = e^{iH_0t}Ve^{-iH_0t}e^{-s|t|},$$

so daß die zeitabhängige Schrödinger-Gleichung die Form hat

(51) $$i\frac{\partial \Phi}{\partial t} = V(t)\Phi,$$

mit der Randbedingung $\Phi(-\infty) = \Phi_0$. In der Wechselwirkungsdarstellung ist

(52) $$\Phi(t) = e^{iH_0t}\Phi_s(t),$$

wobei Φ_s der Zustand in der Schrödinger-Darstellung ist. Wir verifizieren (51), indem wir bilden

(53) $$i\dot{\Phi} = -H_0e^{iH_0t}\Phi_s + ie^{iH_0t}\dot{\Phi}_s = Ve^{iH_0t}\Phi_s.$$

Dann gilt

(54) $$i\dot{\Phi}_s = (H_0 + V)\Phi_s,$$

wie in der Schrödinger-Darstellung gefordert wird.

Wir definieren nun den Operator

(55) $$\boxed{U(t,t') \equiv \sum_{n=0}^{\infty} (-i)^n \int_{t'}^{t} \cdots \int_{t'}^{t_{n-2}} \int_{t'}^{t_{n-1}} dt_1 \cdots dt_n\, V(t_1)V(t_2) \cdots V(t_n),}$$

der geschrieben werden kann als

(56) $$U(t,t') \equiv \sum_n \frac{(-i)^n}{n!} \int_{t'}^{t} \cdots \int_{t'}^{t} dt_1 \cdots dt_n\, P\{V(t_1)V(t_2) \cdots V(t_n)\},$$

wobei P ein Zeitordnungsoperator ist - der Dyson'sche Zeitordnungsoperator - welcher alle Größen, die rechts von ihm stehen, so ordnet, daß die Zeiten von links nach rechts abfallen. Hier ist $V(t)$ in der Wechselwirkungsdarstellung verwendet. Wir können auch schreiben

(57) $$U(t,t') \equiv P\left\{\exp\left[-i\int_{t'}^{t} dt\, V(t)\right]\right\}.$$

T h e o r e m . Mit dem oben definierten $U(t,t')$ läßt sich der exakte Grundzustand $|0)$ folgendermaßen durch den ungestörten Grundzustand $|0\rangle$ ausdrücken

(58) $$\boxed{|0) = \frac{U(0,-\infty)|0\rangle}{\langle 0|U(0,-\infty)|0\rangle},}$$

mit allen Zuständen in der Wechselwirkungsdarstellung.

Beweis: Wenn (58) richtig sein soll, dann sollte

(59) $$\Phi_s(t) = e^{-iH_0t}U(t,-\infty)\Phi_0$$

die zeitabhängige Schrödinger-Gleichung (54) erfüllen. Wir bilden aus (59), (57) und (50)

$$
\begin{aligned}
i\frac{\partial}{\partial t}\Phi_s(t) &= H_0\Phi_s(t) + e^{-iH_0t}V(t)U\Phi_0 \\
&= (H_0 + Ve^{-s|t|})e^{-iH_0t}U(t,-\infty)\Phi_0 = H\Phi_s(t),
\end{aligned} \tag{60}
$$

wie gefordert. Bei $t = 0$ ist also $\Phi_s = U(0,-\infty)\Phi_0$; der Nenner in (58) ergibt sich, wenn wir so normieren, daß für das gemischte Produkt gilt

$$
\langle 0|0) = 1. \tag{61}
$$

Äquivalenz mit der zeitunabhängigen Störungstheorie. Aus (50) und (56) ersehen wir, daß der Term niedrigster Ordnung bei der Konstruktion eines Matrix-Elements $\langle f|U(0,-\infty)|0\rangle$, bei Benützung von

$$
U(0,-\infty) = \sum_n \frac{(-i)^n}{n!}\int_{-\infty}^0 \cdots \int_{-\infty}^0 dt_1 \cdots dt_n\, P\{V(t_1)\cdots V(t_n)\}, \tag{62}
$$

der folgende ist

$$
\langle f|U_1(0,-\infty)|0\rangle = -i\int_{-\infty}^0 dt_1\,\langle f|V|0\rangle e^{i(E_f-E_0-is)t_1} = -\frac{\langle f|V|0\rangle}{E_f - E_0 - is}, \tag{63}
$$

genau wie in gewöhnlicher, zeitunabhängiger Störungstheorie. Auf ähnliche Weise ergibt sich der Term zweiter Ordnung

$$
\begin{aligned}
\langle f|U_2(0,-\infty)|0\rangle &= (-i)^2\int_{-\infty}^0 dt_1\int_{-\infty}^{t_1} dt_2 \\
&\quad \sum_p \langle f|V|p\rangle e^{i(E_f-E_p-is)t_1}\langle p|V|0\rangle e^{i(E_p-E_0-is)t_2} \\
&= i\int_{-\infty}^0 dt_1 \\
&\quad \sum_p \langle f|V|p\rangle e^{i(E_f-E_p-is)t_1}\langle p|V|0\rangle \frac{e^{i(E_p-E_0-is)t_1}}{E_p - E_0 - is} \\
&= \sum_p \frac{\langle f|V|p\rangle\langle p|V|0\rangle}{(E_f - E_0 - 2is)(E_p - E_0 - is)}.
\end{aligned} \tag{64}
$$

Ein Vorteil der zeitabhängigen Formulierung ist, daß die Vorschrift

$$
\lim_{s\to+0}\frac{1}{x - is} = \mathcal{P}\frac{1}{x} + i\pi\delta(x) \tag{65}
$$

uns sagt, wie die Pole, die in der gewöhnlichen Störungstheorie auftreten, zu behandeln sind; $\mathcal{P}$ bezeichnet hier den Hauptwert. Interessante Konsequenzen ergeben sich aus einer graphischen Untersuchung der Beiträge zum U-Operator, was im Kapitel 6 diskutiert wird.

Ein wichtiger Vorteil der zeitabhängigen Entwicklung macht es möglich, die Teile des Problems sofort abzuspalten, die sich auf die nicht zusammenhängenden Teile des Systems beziehen. In der gewöhnlichen Störungstheorie kann man die Faktorisierung erst am Ende der Rechnung erkennen. Wir nehmen an, daß sich a und b auf verschiedene Bereiche des Raumes a und b beziehen, die physikalisch nicht verknüpft sind.

Es sei

$$H = H_a^0 + H_b^0 + V_a + V_b. \tag{66}$$

Wir bilden unter Beachtung der Tatsache, daß alle Kommutatoren notwendigerweise δ_{ab} enthalten,

$$\begin{aligned} U(0,-\infty) &= P\left\{\exp\left[-i\int_{-\infty}^{0} dt\, V(t)\right]\right\} \\ &= P\left\{\exp\left[-i\int_{-\infty}^{0} dt\, e^{iH_a{}^0 t}e^{iH_b{}^0 t}(V_a + V_b)e^{-iH_a{}^0 t}e^{-iH_b{}^0 t}\right]\right\} \\ &= P\left\{\exp\left[-i\int_{-\infty}^{0} dt\, e^{iH_a{}^0 t}V_a e^{-iH_a{}^0 t}\right]\right. \\ &\qquad \left.\exp\left[-i\int_{-\infty}^{0} dt\, e^{iH_b{}^0 t}V_b e^{-iH_b{}^0 t}\right]\right\} \\ &= U_a(0,-\infty)\,U_b(0,-\infty). \end{aligned} \tag{67}$$

Dies ist ein sehr nützliches Ergebnis, das in gewöhnlicher Störungstheorie schwierig zu bekommen ist.

Aufgaben

1.) Man zeige, daß

$$\int d^3k e^{i\mathbf{k}\cdot\mathbf{x}} = 4\pi\left(\frac{\sin k_F r - k_F r \cos k_F r}{r^3}\right), \tag{68}$$

wobei sich das Integral über die Kugel $0 < k < k_F$ erstreckt.

2.) Man zeige, daß

$$\int d^3x e^{i\mathbf{K}\cdot\mathbf{x}}\frac{x_\mathbf{K}}{r^3} = \frac{4\pi i}{|\mathbf{K}|}, \tag{69}$$

wobei $x_\mathbf{K}$ die Projektion von $\mathbf{x}$ auf $\mathbf{K}$ ist.

3.) Man zeige, daß

$$\theta(t) = \lim_{s\to+0}\frac{i}{2\pi}\int_{-\infty}^{\infty} dx\,\frac{e^{-ixt}}{x+is}, \tag{70}$$

wobei

$$\theta(t) = \begin{matrix} 1 & t > 0 \\ 0 & t < 0. \end{matrix} \tag{71}$$

4.) (*a*) Man zeige, daß für den Kommutator gilt

$$[e^{-i\mathbf{k}\cdot\mathbf{x}},\mathbf{p}] = \mathbf{k}e^{-i\mathbf{k}\cdot\mathbf{x}}. \tag{72}$$

(b) Man zeige, daß

$$[e^{-i\mathbf{k}\cdot\mathbf{x}},p^2] = e^{-i\mathbf{k}\cdot\mathbf{x}}(2\mathbf{k}\cdot\mathbf{p} - k^2). \tag{73}$$

2. Akustische Phononen

Der Wellen-Teilchen-Dualismus ist die beherrschende Konzeption der modernen Physik. In Kristallen gibt es viele Felder, welche Wellen- und Teilchen-Aspekte verbinden. Den quantisierten Einheiten der Energie in diesen Feldern wurden eigene Namen gegeben. Wie das Wort *Photon* den Teilchenaspekt des elektromagnetischen Feldes in einem Vakuum beschreibt, so beschreiben die Worte Phonon, Plasmon, Polaron und Exziton verschiedene quantisierte Felder in Kristallen. Phononen sind mit elastischen Anregungen in Kristallen verknüpft - akustische Phononen entsprechen gewöhnlichen elastischen Wellen. Magnonen sind die elementaren Anregungen des Systems der Elektronenspins, die durch die Austauschwechselwirkung miteinander gekoppelt sind. Plasmonen sind die kollektiven Coulomb-Anregungen des Elektronengases in Metallen. Exzitionen sind neutrale Teilchen, die mit dem dielektrischen Polarisationsfeld verknüpft sind. Polaronen sind geladene Teilchen, welche mit dem Polarisationsfeld verknüpft sind, gewöhnlich in ionischen Kristallen. Außer den Polaronen benehmen sich die erwähnten Teilchen wie Bosonen. Die Cooper-Paare aus Elektronen in der Bardeen-Cooper-Schrieffer-Theorie der Supraleitung benehmen sich, bis zu einem gewissen Grad, wie Bosonen. Ein Quasiteilchen, das sich aus einem Elektron und seinen Wechselwirkungen mit dem Elektronengas in einem Metall zusammensetzt, benimmt sich wie ein Fermion.

Ein großer Teil dieses Buches befaßt sich mit diesen Teilchen, ihrer Quantisierung, ihren Spektren und ihren Wechselwirkungen. Die bequemste mathematische Beschreibung dieser Teilchen verwendet die Methode der zweiten Quantisierung - die Quantisierung der Welle-Teilchen-Felder. Die Methode ist ziemlich leicht zu erlernen und anzuwenden: Ausgezeichnete Einführungen finden sich in den Standardlehrbüchern über Quantenmechanik, besonders in denen von Schiff (Kapitel 13), Landau und Lifshitz, Henley und Thirring. Die Probleme der nichtrelativistischen Feldtheorie, die wir behandeln, sind lehrreiche Illustrationen des grundlegenderen Inhalts der Quantenfeldtheorie.

Die uns interessierenden Felder können für ein Gitter diskreter Atome oder für ein homogenes Medium entwickelt werden. Oft werden wir uns um das speziell verwendete Modell gar nicht kümmern, jedoch sind für das diskrete Gitter die Dispersionsrelationen und Auswahlregeln allgemeiner als für das Kontinuum. Das Gitter enthält das Kontinuum als Grenzfall.

Elastische Kette

Die transversale Bewegung einer gespannten elastischen Kette ist ein einfaches Beispiel eines Bosonenfeldes. Wir schreiben die Hamilton-Funktion einer aus diskreten Punkten der Masse eins zusammengesetzten Kette auf, die unter der Spannung eins steht. Der Abstand der Massenpunkte sei ebenfalls eins. Die geeigneten Parameter werden später wieder eingesetzt, wenn die mathematische Vorarbeit geleistet ist. Wir werden später periodische Randbedingungen mit der Periodizität N einführen. Es sei p_i der transversale Impuls und q_i die transversale Auslenkung der Masse am Punkt i. Dann ist für kleine Auslenkungen

(1) $$H = \frac{1}{2}\sum_i [p_i^2 + (q_{i+1} - q_i)^2].$$

Diese Form läßt sich aus der Lagrange-Funktion herleiten

(2) $$\begin{aligned} L &= \text{kinetische Energie - potentielle Energie} \\ &= \tfrac{1}{2}\Sigma\, \dot{q}_i^2 - \tfrac{1}{2}\Sigma\,(q_{i+1} - q_i)^2 \end{aligned}$$

durch Bildung der kanonischen Impulse

(3) $$p_i = \partial L/\partial \dot{q}_i = \dot{q}_i,$$

und Berechnung der Hamilton-Funktion

(4) $$H = \Sigma\, p_i\dot{q}_i - L.$$

Die Theorie wird quantisiert durch die übliche Bedingung

(5) $$[q_r, p_s] = i\delta_{rs},$$

in Einheiten mit $\hbar = 1$.

Wir suchen jetzt die Eigenfrequenzen und Eigenvektoren von (1). Wir transformieren auf Phononen- oder Wellenkoordinaten Q_k:

(6) $$q_r = N^{-1/2}\sum_k Q_k e^{ikr}; \qquad Q_k = N^{-1/2}\sum_s q_s e^{-iks}.$$

Diese Transformationen sind konsistent. Es wurde in Kapitel 1 gezeigt, daß $\sum_k e^{ik(s-r)} = N\delta_{sr}$ ist. Die Koordinaten q_r müssen in der Quantenmechanik hermitische Größen sein, so daß q_r gleich seiner hermitisch adjungierten sein muß:

$$q_r = q_r^+ = N^{-\frac{1}{2}} \Sigma\, Q_k e^{ikr} = N^{-\frac{1}{2}} \Sigma\, Q_k^+ e^{-ikr}. \tag{7}$$

Diese Beziehung ist erfüllt, wenn

$$Q_k = Q_{-k}^+, \tag{8}$$

wobei Q^+ der hermitisch adjungierte Operator zu Q ist; wir können schreiben

$$q_r = \tfrac{1}{2} N^{-\frac{1}{2}} \sum_k (Q_k e^{ikr} + Q_k^+ e^{-ikr}), \tag{9}$$

wobei die Summe noch über alle erlaubten Werte des Wellenvektors k läuft, und zwar über positive und negative.

Die erlaubten Werte von k werden gewöhnlich - wie in Kapitel 1 - durch periodische Randbedingungen bestimmt.

$$q_{r+N} = q_r, \tag{10}$$

woraus folgt

$$e^{ikN} = 1, \tag{11}$$

diese Bedingung wird erfüllt durch

$$k = 2\pi n/N, \qquad n = 0, \pm 1, \pm 2, \cdots, \pm(N-1), N. \tag{12}$$

Dies ist nicht die einzig mögliche Wahl der k-Werte, aber die nützlichste.

Es ist eine gute Übung, die Koordinatentransformation (6) in der Lagrange-Funktion durchzuführen, weil wir dann die zu Q_k kanonisch konjungierte Impulskomponente P_k bestimmen können. Wir benötigen die Beziehung

$$\sum_r (\dot{q}_r)^2 = N^{-1} \sum_k \sum_{k'} \sum_r \dot{Q}_k \dot{Q}_{k'} e^{i(k+k')r} = \sum_k \dot{Q}_k \dot{Q}_{-k}, \tag{13}$$

außerdem

$$\begin{aligned} \sum (q_{r+1} - q_r)^2 &= N^{-1} \sum_k \sum_{k'} \sum_r Q_k Q_{k'} e^{ikr}(e^{ik} - 1) e^{ik'r}(e^{ik'} - 1) \\ &= 2 \sum_k Q_k Q_{-k}(1 - \cos k). \end{aligned} \tag{14}$$

Also ist

$$L = \tfrac{1}{2}\Sigma\, \dot{Q}_k\dot{Q}_{-k} - \Sigma\,(1 - \cos k)Q_kQ_{-k}; \tag{15}$$

$$P_k = \partial L/\partial \dot{Q}_k = \dot{Q}_{-k} = P^{+}_{-k}, \tag{16}$$

und

$$H = \tfrac{1}{2}\Sigma\, P_kP_{-k} + \Sigma\,(1 - \cos k)Q_kQ_{-k}. \tag{17}$$

Ausgedrückt durch die neuen Koordinaten ist

$$P_k = N^{-1/2}\Sigma\, \dot{q}_s e^{iks} = N^{-1/2}\Sigma\, p_s e^{iks}; \tag{18}$$

$$p_r = N^{-1/2}\Sigma\, P_k e^{-ikr}. \tag{19}$$

Man erhält für die Vertauschungsrelation

$$\begin{aligned}[Q_k,P_{k'}] &= N^{-1}\left[\sum_r q_r e^{-ikr}, \sum_s p_s e^{ik's}\right] \\ &= N^{-1}\sum_{rs}[q_r,p_s]e^{-i(kr-k's)} = i\delta_{kk'}.\end{aligned} \tag{20}$$

Außer für $k = 0$ bezieht sich der Wellenvektorindex k auf die inneren Koordinaten und hat keine Beziehung zum Gesamtimpuls des Systems. Der Gesamtimpuls ist $\Sigma\, p_r$. Aus (18) ersehen wir, daß

$$P_0 = N^{-1/2}\Sigma\, p_r. \tag{21}$$

Der Gesamtimpuls schließt nur die $k = 0$ - Schwingung ein, welche eine gleichförmige Translation des Systems darstellt. Viele Wechselwirkungsprozesse verlaufen so, daß der gesamte Wellenvektor $\Sigma\,\mathbf{k}$ der wechselwirkenden Teilchen erhalten bleibt. Deshalb nennt man $\mathbf{k}$ oft den *Kristallimpuls* oder den Quasiimpuls. Wenn das System invariant ist gegenüber einer infinitesimalen Transformation, dann bleibt der Gesamtwellenvektor tatsächlich in Strenge erhalten. Ein Kristallgitter ist nicht invariant gegenüber einer infinitesimalen Translation, aber gegenüber einer Translation um ein Vielfaches der Basisvektoren $\mathbf{a}$, $\mathbf{b}$, $\mathbf{c}$ der primitiven Elementarzelle. Man erhält als Erhaltungssatz, wie wir in späteren Kapiteln sehen werden,

$$\Sigma\,\mathbf{k}_\nu = \mathbf{G}, \tag{22}$$

wobei $\mathbf{G}$ ein beliebiger reziproker Gittervektor ist. Dieser Erhaltungssatz ist verschieden von der Erhaltung des Schwerpunktimpulses.

Der Hamilton-Operator (17) hat wegen der Mischung von Termen mit k und $-k$ nicht ganz die Form eines Satzes von harmonischen Oszillatoren. Unser Ziel muß es jetzt sein, den Hamilton-Operator in die Form einer Summe harmonischer Oszillatoren zu bringen.

(23) $$H = \Sigma\, \omega_k \hat{n}_k = \Sigma\, \omega_k a_k^+ a_k,$$

wobei $\hat{n}_k$ der Phononen-Besetzungszahl-Operator ist, und a^+, a sind Bosonen-Vernichtungs- und Erzeugungsoperatoren mit dem Kommutator

(24) $$[a_k, a_{k'}^+] = \delta_{kk'}.$$

Wir setzen folgende lineare Transformation an

(25) $$\boxed{\begin{aligned} a_k^+ &= (2\omega_k)^{-1/2}(\omega_k Q_{-k} - iP_k); \\ a_k &= (2\omega_k)^{-1/2}(\omega_k Q_k + iP_{-k}), \end{aligned}}$$

hierbei haben wir die Bedingungen (8) und (16) benützt; ω_k ist hier definiert als

(26) $$\omega_k = [2(1 - \cos k)]^{1/2}.$$

Die ω_k sind die klassischen Oszillationsfrequenzen. Für kleine k erhalten wir $\omega \propto k$, so daß sich hier keine Dispersion ergibt. Eine Dispersion tritt auf, wenn die Wellenlänge $2\pi/k$ sich dem Abstand zweier Atome nähert. Die Wellen sehen dann die diskrete Natur des Gitters. Man beachte, daß ω eine periodische Funktion von k ist. Nun ergibt sich

(27) $$[a_k, a_k^+] = (2\omega_k)^{-1}(-i\omega_k[Q_k, P_{k'}] + i\omega_k[P_{-k}, Q_{-k'}]) = \delta_{kk'},$$

wie erforderlich.

Wir bilden die Summe über $\pm k$ in dem Hamilton-Operator (17):

(28) $$\begin{aligned} &\tfrac{1}{2}(P_k P_{-k} + P_{-k} P_k) + (1 - \cos k)(Q_k Q_{-k} + Q_{-k} Q_k) \\ &\qquad = \tfrac{1}{2}\omega_k(a_k^+ a_k + a_k a_k^+ + a_{-k}^+ a_{-k} + a_{-k} a_{-k}^+). \end{aligned}$$

Der Hamilton-Operator kann also geschrieben werden als

(29) $$\boxed{H = \Sigma\, \omega_k(a_k^+ a_k + \tfrac{1}{2}); \qquad \omega_k = [2(1 - \cos k)]^{1/2}.}$$

Er enthält den Teilchenzahl-Operator von Bosonen im Zustand k:

(30) $$\hat{n}_k = a_k^+ a_k.$$

Wenn ein Zustand Φ durch die Besetzungszahlen n_k festgelegt ist, dann lautet die Schrödinger-Gleichung

(31) $$H\Phi = E\Phi = (\Sigma\, n_k \omega_k)\Phi.$$

Eine Erhöhung von n_k um eins wird beschrieben als Erzeugung eines Phonons der Energie ω_k.

Die zu (25) inverse Transformation ist

(32) $$P_k = i(\omega_k/2)^{1/2}(a_k^+ - a_{-k}); \qquad Q_k = (2\omega_k)^{-1/2}(a_k + a_{-k}^+).$$

Wir setzen (32) für Q_k in (9) ein und erhalten - nach Wiedereinsetzen von $\hbar$ und M -

(33) $$\boxed{q_r = \Sigma\ (\hbar/2MN\omega_k)^{1/2}(a_k e^{ikr} + a_k^+ e^{-ikr}).}$$

Die Schwingungsarten, die wir quantisiert haben, sind identisch mit den klassischen Schwingungen des Systems.

Es gibt Probleme, für die es nützlich ist, nur mit reellen Koordinaten zu arbeiten - die oben verwendeten Q_k sind nicht reell wegen $Q_k^+ \neq Q_k$. Reelle Q_k sind besonders vorteilhaft, wenn wir die Schrödinger-Eigenfunktionen $|Q_k\rangle$ der Normalschwingungen aufstellen wollen. Ein einfacher Satz [1]) reeller Koordinaten wird durch stehende Wellen geliefert:

(34) $$q_r = (2/N)^{1/2} \sum_{k>0} \{Q_k^{(c)} \cos kr + Q_k^{(s)} \sin kr\},$$

wobei k Werte annimmt, die $(2\pi/N)$ mal einer positiven ganzen Zahl bis $N/2$ sind. Man sieht, daß die Eigenvektoren $(2/N)^{1/2}$ cos kr und $(2/N)^{1/2}$ sin kr orthonormal sind.

Zum Beispiel ist

(35) $$\sum_r (2/N) \cos kr \cos k'r = (1/N) \sum_r \{\cos (k + k')r + \cos (k - k')r\};$$

nun gilt

(36) $$\sum_r \cos (k \pm k')r = \Re \sum_{r=0}^{N-1} e^{i2\pi nr/N} = \Re \frac{1 - e^{i2\pi n}}{1 - e^{i2\pi n/N}} = 0,$$

wenn n ungleich 0 ist. Im Fall $n = 0$ gibt die Summe N. Also ist

(37) $$\sum_r (2/N) \cos kr \cos k'r = \delta_{kk'};$$

und ähnlich

(38) $$\Sigma\ (2/N) \sin kr \sin k'r = \delta_{kk'}.$$

Die Kreuzprodukt-Terme cos $k'r$ sin kr sind immer orthogonal.

Der Impuls ist

(38a) $$p_r = (2/N)^{1/2} \sum_{k>0} (P_k^{(c)} \cos kr + P_k^{(s)} \sin kr).$$

---

[1]) G. Leibfried, in *Handbuch der Physik,* VII/1, 104 (1955); besonders S. 160, 165, 260. Die Polarisationsvektoren der Phononen sind auf S. 174 diskutiert.

Wir wollen die Vertauschungsrelationen von P_k und Q_k finden:

(39) $$Q_k^{(c)} = (2/N)^{1/2} \sum_r q_r \cos kr; \qquad Q_k^{(s)} = (2/N)^{1/2} \sum_r q_r \sin kr;$$

(40) $$P_k^{(c)} = (2/N)^{1/2} \sum_r p_r \cos kr; \qquad P_k^{(s)} = (2/N)^{1/2} \sum_r p_r \sin kr.$$

Dann ist

(41) $$[Q_k^{(c)},P_{k'}^{(c)}] = (2/N) \sum_{rs} [q_r,p_s] \cos kr \cos k's = (2/N) \sum_r i \cos kr \cos k'r = i\delta_{kk'},$$

wegen (37). Allgemein gilt

(42) $$[Q_k^{(\alpha)},P_{k'}^{(\beta)}] = i\delta_{\alpha\beta}\delta_{kk'}.$$

Der Hamiltonoperator kann geschrieben werden als

(43) $$H = \sum_{k\alpha} \left\{\frac{1}{2M} P_k^{(\alpha)2} + \tfrac{1}{2}M\omega_k{}^2 Q_k^{(\alpha)2}\right\},$$

wobei α über c und s läuft; wir nehmen an, daß $\omega_k^{(c)} = \omega_k^{(s)}$. Das ist nun der Hamilton-Operator für eine Ansammlung harmonischer Oszillatoren der Frequenz ω_k.

Jetzt ist Q_k die Amplitude des Oszillators k. Die Wellenfunktion $\varphi_{n_k}(Q_k) \equiv |Q_k n_k\rangle$ erfüllt die Schrödinger-Gleichung

(44) $$\left\{-\frac{1}{2M}\frac{\partial^2}{\partial Q_k{}^2} + \frac{1}{2} M\omega_k{}^2 Q_k{}^2\right\} |Q_k n_k\rangle = (n_k + \tfrac{1}{2})\omega_k |Q_k n_k\rangle.$$

Die Wellenfunktion des Gesamtsystems kann geschrieben werden als das Produkt $\Pi |Q_k n_k\rangle$.

Durch Erzeugungs- und Vernichtungsoperatoren ausgedrückt ist

(45) $$Q_k^{(\alpha)} = (2M\omega_k)^{-1/2}(a_{k\alpha} + a_{k\alpha}^+);$$

(46) $$P_k^{(\alpha)} = i(M\omega_k/2)^{1/2}(a_{k\alpha} - a_{k\alpha}^+).$$

Dann ergibt sich

(47) $$H = \sum_{k\alpha} (\hat{n}_{k\alpha} + \tfrac{1}{2})\omega_k.$$

Quantentheorie des elastischen Fadens

Wir betrachten einen elastischen Faden der linearen Dichte ρ unter der Spannung T. Die klassische Lagrange-Funktion ist $L = \int dx\, \mathfrak{L}$. Aus der üblichen klassischen Mechanik ergibt sich für die Lagrange-Dichte

(48) $$\mathfrak{L} = \tfrac{1}{2}\rho\dot{\psi}^2 - \tfrac{1}{2}T\left(\frac{\partial\psi}{\partial x}\right)^2,$$

wobei $\psi(x,t)$ die Auslenkung des Fadens aus der Gleichgewichtslage ist. Das Ergebnis (48) folgt aus der Lagrange-Funktion (2) für die Kette durch den geeigneten Grenzübergang.

Die klassische Ableitung der Lagrange-Bewegungsgleichungen für ein Feld folgt aus dem Variationsprinzip

$$\delta \int_{t_1}^{t_2} L\, dt = 0, \tag{49}$$

mit $\delta\psi(x,t_1) = 0$ und $\delta\psi(x,t_2) = 0$. Also ist $\iint \delta\mathcal{L}\, dt\, dx = 0$, wobei

$$\delta\mathcal{L} = \frac{\partial\mathcal{L}}{\partial\psi}\delta\psi + \frac{\partial\mathcal{L}}{\partial\dot\psi}\delta\dot\psi + \frac{\partial\mathcal{L}}{\partial(\partial\psi/\partial x)}\delta\frac{\partial\psi}{\partial x} + \frac{\partial\mathcal{L}}{\partial t}\delta t, \tag{50}$$

mit $\delta\dot\psi = \frac{\partial}{\partial t}\delta\psi$; $\delta\frac{\partial\psi}{\partial x} = \frac{\partial}{\partial x}\delta\psi$. Dann ist

$$\int_{t_1}^{t_2} \frac{\partial\mathcal{L}}{\partial\dot\psi}\frac{\partial}{\partial t}\delta\psi\, dt = \left[\frac{\partial\mathcal{L}}{\partial\dot\psi}\delta\psi\right]_{t_1}^{t_2} - \int_{t_1}^{t_2}\left(\frac{\partial}{\partial t}\frac{\partial\mathcal{L}}{\partial\dot\psi}\right)\delta\psi\, dt, \tag{51}$$

wobei der erste Term auf der rechten Seite Null ist, wegen der Bedingungen an das Variationsprinzip. Außerdem ist

$$\int \frac{\partial\mathcal{L}}{\partial(\partial\psi/\partial x)}\cdot\frac{\partial}{\partial x}\delta\psi\, dx = -\int\left(\frac{\partial}{\partial x}\frac{\partial\mathcal{L}}{\partial(\partial\psi/\partial x)}\right)\delta\psi\, dx. \tag{52}$$

Für die Extremalbedingung erhält man

$$\frac{\partial\mathcal{L}}{\partial\psi} - \frac{\partial}{\partial t}\frac{\partial\mathcal{L}}{\partial\dot\psi} - \frac{\partial}{\partial x}\frac{\partial\mathcal{L}}{\partial(\partial\psi/\partial x)} = 0. \tag{53}$$

Dies ist die Bewegungsgleichung für die Lagrangedichte und für den elastischen Faden (48) führt sie zu

$$\rho\frac{\partial^2\psi}{\partial t^2} - T\frac{\partial^2\psi}{\partial x^2} = 0, \tag{54}$$

einer bekannten Wellengleichung.

Die Impulsdichte π ist definiert durch

$$\pi \equiv \frac{\partial\mathcal{L}}{\partial\dot\psi}, \tag{55}$$

in Analogie zu der Definition $p \equiv \partial L/\partial\dot q$ für den Teilchenimpuls. Die Hamilton-Dichte $\mathcal{H}$ ist definiert durch

$$\mathcal{H} = \pi\dot\psi - \mathcal{L} = \frac{1}{2\rho}\pi^2 + \tfrac{1}{2}T\left(\frac{\partial\psi}{\partial x}\right)^2. \tag{56}$$

Die Definition (55) der Impulsdichte stimmt mit dem Grenzwert des diskreten Ergebnisses $(\Delta\tau)\pi = p = \partial L/\partial\dot q = \partial(\Delta\tau)\mathcal{L}/\partial\dot q$ für ein Volumenelement $\Delta\tau$ überein.

Quantisierung des Feldes

Die Quantisierungsbedingung für ein Teilchen lautet $[q_r, p_s] = i\delta_{rs}$. Wenn man das Kontinuum in Zellen der Größe $\Delta\tau_s$ unterteilt, dann erhält man für den Kommutator, wenn man $\psi(r)$ für q_r schreibt,

(57) $$[\psi(r), \pi(s)\,\Delta\tau_s] = i\delta_{rs},$$

oder in drei Dimensionen

(58) $$[\psi(\mathbf{x}), \pi(\mathbf{x}')] = i\delta(\mathbf{x}, \mathbf{x}'),$$

wobei $\delta(\mathbf{x}, \mathbf{x}') = 1/\Delta\tau$ ist, wenn $\mathbf{x}$ und $\mathbf{x}'$ in der gleichen Zelle liegen und ansonsten Null ist. Die Funktion $\delta(\mathbf{x}, \mathbf{x}')$ hat die Eigenschaft, daß $\int f(\mathbf{x})\delta(\mathbf{x}, \mathbf{x}')\,d\tau$ gleich dem Mittelwert von f für die Zelle ist, in der $\mathbf{x}'$ liegt. Deshalb ergibt sich im Grenzfall $\Delta\tau \to 0$

(59) $$\delta(\mathbf{x}, \mathbf{x}') \to \delta(\mathbf{x} - \mathbf{x}'),$$

die Deltafunktion in drei Dimensionen. In diesem Grenzfall lautet die Quantenbedingung

(60) $$[\psi(\mathbf{x}, t), \pi(\mathbf{x}', t)] = i\delta(\mathbf{x} - \mathbf{x}'),$$

wobei man beachte, daß sich unsere Diskussion nur auf gleiche Zeiten t bezog.

Es ist offensichtlich, daß es zwei Möglichkeiten gibt, den Hamilton-Operator des elastischen Fadens weiter zu behandeln. Eine Methode besteht darin, die quantenmechanische Bewegungsgleichung direkt in der Heisenberg-Darstellung zu lösen. In einigen Fällen gewinnt man physikalische Einsicht, indem man mit den Bewegungsgleichungen arbeitet. Oft ist es mühsam, diese Gleichungen zu erhalten. Wir können dann nur hoffen, die quantenmechanischen Operatoren im Hamilton-Operator so zu transformieren, daß wir eine Lösung durch bloßes Anschauen finden.

Bei der Suche nach einer passenden Transformation von

(61) $$\mathcal{H} = \frac{1}{2\rho}\pi^2 + \tfrac{1}{2}T\left(\frac{\partial\psi}{\partial x}\right)^2$$

können wir uns von unserer Erfahrung mit der Kette leiten lassen. Wir verwenden periodische Randbedingungen mit der Periode L. Wir setzen

(62) $$\psi(x) = L^{-1/2}\sum_k Q_k e^{ikx}, \qquad Q_k = Q_{-k}^{+};$$

gemäß Gl. (1.22) ist

(63) $$Q_k = L^{-1/2} \int d\xi\, \psi(\xi) e^{-ik\xi},$$

wobei sich das Integral von $-L/2$ bis $L/2$ erstreckt. Dann ist

(64) $$\int (\partial\psi/\partial x)^2\, dx = -(1/L) \sum_k \sum_{k'} kk' Q_k Q_{k'} \int e^{i(k+k')x}\, dx = \sum_k k^2 Q_k Q_{-k}.$$

Wir definieren $P_k = P_{-k}^+$ so, daß

(65) $$P_k = L^{-1/2} \int \pi(\xi) e^{ik\xi}\, d\xi; \qquad \pi(x) = L^{-1/2} \sum_k P_k e^{-ikx}.$$

Dann ist

(66) $$\int \pi^2\, dx = \sum_k P_k P_{-k},$$

und für den Hamilton-Operator erhält man

(67) $$H = \int \mathcal{H}\, dx = \sum \left(\frac{1}{2\rho} P_k P_{-k} + \tfrac{1}{2} T k^2 Q_k Q_{-k} \right).$$

Die Quantisierungsbedingung läßt sich leicht finden:

(68) $$\begin{aligned} [Q_k, P_{k'}] &= L^{-1} \iint [\psi(x), \pi(x')] e^{i(k'x'-kx)}\, dx\, dx' \\ &= iL^{-1} \int e^{i(k'-k)x}\, dx = i\delta_{kk'}. \end{aligned}$$

Die Form von (68) ist ähnlich der von (20), so daß die folgenden Transformationen den Gleichungen (25) und (32) nachgebildet werden können:

(69) $$\begin{aligned} a_k^+ &= -i(2\rho\omega_k)^{-1/2} P_k + (T/2\omega_k)^{1/2} k Q_{-k}; \\ a_k &= i(2\rho\omega_k)^{-1/2} P_{-k} + (T/2\omega_k)^{1/2} k Q_k, \end{aligned}$$

wobei

(70) $$\omega_k = (T/\rho)^{1/2} |k|.$$

Langwellige akustische Schwingungen Phononen in isotropen Kristallen

Wir wollen mit $\mathbf{R}$ den vektoriellen Verschiebungsoperator in einem Kristall[2]) bezeichnen, mit $\mathbf{R} = \mathbf{x}' - \mathbf{x}$, wobei $\mathbf{x}$ die Anfangslage eines Atoms oder eines Volumenelements des Festkörpers ist, $\mathbf{x}'$ die Lage nach der Deformation. Wir nehmen an, daß der Kristall elastisch isotrop ist, d. h., daß die elastische Energie, die mit einem gegebenen Dehnungszustand verknüpft ist, unabhängig von der Orientierung

[2]) *EFP*, Kapitel 4. Der Vektor $\mathbf{R}$ spielt nun die Rolle des Skalars ψ des vorhergehenden Abschnitts über den elastischen Faden.

der Kristallachsen ist. Es stellt sich heraus, daß die Eigenlösungen in Strenge als longitudinal oder transversal klassifiziert werden können, wenn die elastische Energiedichte isotrop ist. Kubische Kristalle mit großen primitiven Elementarzellen, wie Ytterbium-Eisen-Granat, können nahezu elastisch isotrop sein.

Wir stellen zuerst Ausdrücke auf, die quadratisch in den $\partial R_\mu/\partial x_\nu$ und invariant gegenüber beliebigen Drehungen der Achsen sind. Es gibt drei solche Invarianten: $(\mathrm{div}\,\mathbf{R})^2$, $|\nabla\mathbf{R}|^2$ und $|\mathrm{rot}\,\mathbf{R}|^2$. Die Deformation, die mit rot **R** verknüpft ist, ist eine Drehung, keine Dehnung. Dieser Term wird also nicht in der elastischen Energie erscheinen. Die Energiedichte U der Dehnung kann dann in der quadratischen Näherung geschrieben werden als

$$U = \tfrac{1}{2}\alpha(\mathrm{div}\,\mathbf{R})^2 + \tfrac{1}{2}\beta|\nabla\mathbf{R}|^2 = \tfrac{1}{2}\alpha\frac{\partial R_\mu}{\partial x_\mu}\frac{\partial R_\nu}{\partial x_\nu} + \tfrac{1}{2}\beta\frac{\partial R_\mu}{\partial x_\nu}\frac{\partial R_\mu}{\partial x_\nu}, \tag{71}$$

wobei α und β Konstanten sind, die mit den Elastizitätsmoduln verknüpft sind. Über doppelt vorkommende Indizes wird summiert. Die Koordinatenachsen x_μ werden als orthogonal angenommen. Der Term mit α ist das Quadrat der Spur des Dehnungstensors. Der Term mit β ist die Summe der Quadrate der Tensorkomponenten.

Die Hamilton-Dichte eines isotropen elastischen Kontinuums ist

$$\mathcal{H} = \frac{1}{2\rho}\Pi_\mu\Pi_\mu + \tfrac{1}{2}\alpha\frac{\partial R_\mu}{\partial x_\mu}\frac{\partial R_\nu}{\partial x_\nu} + \tfrac{1}{2}\beta\frac{\partial R_\mu}{\partial x_\nu}\frac{\partial R_\mu}{\partial x_\nu}, \tag{72}$$

wobei ρ die Dichte ist und Π_μ die Komponenten der Impulsdichte sind. Wir nehmen zyklische Randbedingungen auf einem Einheitswürfel an und definieren die Transformation auf Phononen-Variable $Q_\mathbf{k}^\mu$, $\mu = x, y, z$:

$$Q_\mathbf{k}^\mu = \int d^3x\, R_\mu(\mathbf{x})e^{-i\mathbf{k}\cdot\mathbf{x}}; \qquad R_\mu(\mathbf{x}) = \sum_\mathbf{k} Q_\mathbf{k}^\mu e^{i\mathbf{k}\cdot\mathbf{x}}, \tag{73}$$

mit der Bedingung $Q_\mathbf{k}^\mu = (Q_{-\mathbf{k}}^\mu)^+$. Es gilt

$$\int d^3x\,\frac{\partial R_\mu}{\partial x_\mu}\frac{\partial R_\nu}{\partial x_\nu} = \sum_\mathbf{k} k_\mu k_\nu Q_\mathbf{k}^\mu Q_{-\mathbf{k}}^\nu. \tag{74}$$

Wir definieren Impulskomponenten $P_\mathbf{k}^\mu$ so, daß gilt

$$\Pi_\mu = \sum_\mathbf{k} P_\mathbf{k}^\mu e^{-i\mathbf{k}\cdot\mathbf{x}}; \qquad P_\mathbf{k}^\mu = (P_{-\mathbf{k}}^\mu)^+; \tag{75}$$

$$P_\mathbf{k}^\mu = \int d^3x\,\Pi_\mu(\mathbf{x})e^{i\mathbf{k}\cdot\mathbf{x}}; \tag{76}$$

dann ist

$$\int d^3x\,\Pi_\mu\Pi_\mu = \sum_\mathbf{k} P_\mathbf{k}^\mu P_{-\mathbf{k}}^\mu, \tag{77}$$

und für den Hamilton-Operator erhält man

$$H = \frac{1}{2\rho}\sum_{\mathbf{k}} P_{\mathbf{k}}^{\mu}P_{-\mathbf{k}}^{\mu} + \tfrac{1}{2}\alpha\sum_{\mathbf{k}} k_\mu k_\nu Q_{\mathbf{k}}^{\mu}Q_{-\mathbf{k}}^{\nu} + \tfrac{1}{2}\beta\sum_{\mathbf{k}} k_\nu{}^2 Q_{\mathbf{k}}^{\mu}Q_{-\mathbf{k}}^{\mu}. \tag{78}$$

Der Hamilton-Operator wurde so konstruiert, daß er invariant ist unter Rotation der Kristallachsen. Wir können also die Richtungen der Koordinatenachsen wählen wie wir wollen. Da bis auf das Paar $\pm\mathbf{k}$ verschiedene $\mathbf{k}$ in (78) nicht gemischt sind, können wir verschiedene Achsen für jedes $\mathbf{k}$ wählen. Es ist bequem, eine der Achsen x_l parallel zu $\mathbf{k}$ zu wählen. Dann ist

$$H = \frac{1}{2\rho}\sum_{\mathbf{k}\mu} P_{\mathbf{k}}^{\mu}P_{-\mathbf{k}}^{\mu} + \sum_{\mathbf{k}} k^2\Big(\tfrac{1}{2}\alpha Q_{\mathbf{k}}^{l}Q_{-\mathbf{k}}^{l} + \tfrac{1}{2}\beta\sum_{\mu} Q_{\mathbf{k}}^{\mu}Q_{-\mathbf{k}}^{\mu}\Big). \tag{79}$$

Wir führen jetzt Bosonen-Operatoren ein

$$\begin{aligned} a_{\mathbf{k}\mu}^{+} &= -i(2\rho\omega_{\mathbf{k}\mu})^{-1/2}P_{\mathbf{k}}^{\mu} + \omega_{\mathbf{k}\mu}^{-1/2}(\alpha\delta_{\mu l} + \beta)^{1/2}kQ_{-\mathbf{k}}^{\mu}; \\ a_{\mathbf{k}\mu} &= i(2\rho\omega_{\mathbf{k}\mu})^{-1/2}P_{-\mathbf{k}}^{\mu} + \omega_{\mathbf{k}\mu}^{-1/2}(\alpha\delta_{\mu l} + \beta)^{1/2}kQ_{\mathbf{k}}^{\mu}. \end{aligned} \tag{80}$$

In (80) wird über mehrfach vorkommende Indizes nicht summiert. Der Index μ hat nun die Bedeutung eines Polarisationsindexes, der die Teilchenverschiebung zum Wellenvektor in Beziehung setzt. Man verifiziert leicht, daß sich die Energie ergibt zu

$$E = \sum_{\mathbf{k}\mu}\omega_{\mathbf{k}\mu}(n_{\mathbf{k}\mu} + \tfrac{1}{2}); \qquad \omega_{\mathbf{k}\mu} = [(\alpha\delta_{\mu l} + \beta)/\rho]^{1/2}k, \tag{81}$$

wobei l das longitudinale Phonon ($Q_{\mathbf{k}} \parallel \mathbf{k}$) bezeichnet und die anderen beiden Möglichkeiten für μ die transversalen Phononen bezeichnen. Die zwei transversalen Phononen für ein gegebenes $\mathbf{k}$ sind in einem kubischen Kristall entartet. Für eine allgemeine Richtung in einem kubischen Kristall jedoch sind alle drei Schwingungen für jedes $\mathbf{k}$ nicht entartet. Keine ist exakt longitudinal oder transversal. Die Schallgeschwindigkeiten ergeben sich aus (81) zu

$$v_\mu = \partial\omega_\mu/\partial k = [(\alpha\delta_{\mu l} + \beta)/\rho]^{1/2}. \tag{82}$$

Der Gitterverschiebungsvektor $\mathbf{R}$ ergibt sich dann aus (73) und (80):

$$\boxed{\mathbf{R}(\mathbf{x}) = \sum_{\mathbf{k}} \mathbf{e}_{\mathbf{k}\mu}(2\rho\omega_{\mathbf{k}\mu})^{-1/2}(a_{\mathbf{k}\mu}e^{i\mathbf{k}\cdot\mathbf{x}} + a_{\mathbf{k}\mu}^{+}e^{-i\mathbf{k}\cdot\mathbf{x}}),} \tag{83}$$

wobei $\mathbf{e}_{\mathbf{k}\mu}$ ein Einheitsvektor in der Polarisationsrichtung der Phononen ist. Der Dehnungsoperator ist

$$\Delta(\mathbf{x}) = \partial R_\mu/\partial x_\mu = i\sum_{\mathbf{k}}(2\rho\omega_{\mathbf{k}l})^{-1/2}k(a_{\mathbf{k}l}e^{i\mathbf{k}\cdot\mathbf{x}} - a_{\mathbf{k}l}^{+}e^{-i\mathbf{k}\cdot\mathbf{x}}); \tag{84}$$

klassisch ist Δ die relative Volumenänderung $\delta V/V$.

Phononen in einem kondensierten Bose-Gas

Wir wollen mit einer Methode von Bogoliubov zeigen, wie Phononen in einem System schwach wechselwirkender Teilchen entstehen können. Wir betrachten das System einer großen Anzahl schwach wechselwirkender Bosonen, die durch folgenden Hamilton-Operator beschrieben werden:

$$H = \sum_{\mathbf{k}} \varepsilon_{\mathbf{k}} a_{\mathbf{k}}^{+} a_{\mathbf{k}} + \tfrac{1}{2} \sum V(\mathbf{k}_1 - \mathbf{k}_1') a_{\mathbf{k}_1}^{+} a_{\mathbf{k}_2'}^{+} a_{\mathbf{k}_2'} a_{\mathbf{k}_1'} \Delta(\mathbf{k}_1 + \mathbf{k}_2 - \mathbf{k}_1' - \mathbf{k}_2'), \tag{85}$$

wobei das Kronecker'sche Deltasymbol Δ die Erhaltung des Wellenvektors gewährleistet. Für $V = 0$ sind auf Grund der Bose-Statistik alle Teilchen im tiefsten Einteilchenzustand kondensiert, normalerweise im $\mathbf{k} = 0$ - Zustand. Bei Anwesenheit einer schwachen und kurzreichweitigen Wechselwirkung werden die meisten Teilchen im Grundzustand sein. Einige ($n \ll N$) werden in angeregten Zuständen $k > 0$ sein. Bei der Berechnung makroskopischer Größen wird es nur wenig ausmachen, ob man Zustände mit N oder $N + n$ Teilchen verwendet, der Erwartungswert der Gesamtzahl der Teilchen jedoch wird wohldefiniert sein. In flüssigem He^4 ist das Potential nicht so sehr schwach und man nimmt auf Grund der Interpretation von Neutronen-Streuexperimenten an, daß im Grundzustand weniger als 10 % der Atome im Zustand mit Impuls Null sind [siehe A. Miller, D. Pines und P. Nozières, *Phys. Rev.* **127** , 1452 (1962)] . Das Modell, das wir behandeln, ist mit realem He^4 wahrscheinlich nur qualitativ zu vergleichen.

Unter der Annahme $V_{\mathbf{k}} = V_{-\mathbf{k}}$, kann (85) geschrieben werden als

$$\begin{aligned} H = {} & \sum_{\mathbf{k}} \varepsilon_{\mathbf{k}} a_{\mathbf{k}}^{+} a_{\mathbf{k}} + \tfrac{1}{2} N_0^2 V_0 + N_0 V_0 \sum_{\mathbf{k}}{}' a_{\mathbf{k}}^{+} a_{\mathbf{k}} + N_0 \sum_{\mathbf{k}}{}' V_{\mathbf{k}} a_{\mathbf{k}}^{+} a_{\mathbf{k}} \\ & + \tfrac{1}{2} N_0 \sum_{\mathbf{k}}{}' V_{\mathbf{k}} (a_{\mathbf{k}} a_{-\mathbf{k}} + a_{\mathbf{k}}^{+} a_{-\mathbf{k}}^{+}) + \text{Terme höherer Ordnung}. \end{aligned} \tag{86}$$

Hier ist $N_0 = a_0^{+} a_0$ und die Summation schließt nicht $\mathbf{k} = 0$ ein. Liest man von links nach rechts, so bedeuten die beibehaltenen Terme im Hamilton-Operator (86) :

(a) Kinetische Energie: $\varepsilon_{\mathbf{k}} a_{\mathbf{k}}^{+} a_{\mathbf{k}}$.
(b) Wechselwirkungen im Grundzustand: $a_0^{+} a_0^{+} a_0 a_0$.
(c) Ein Teilchen nicht angeregt im Grundzustand: $a_0^{+} a_{\mathbf{k}}^{+} a_{\mathbf{k}} a_0$ und $a_{\mathbf{k}}^{+} a_0^{+} a_0 a_{\mathbf{k}}$.
(d) Austausch eines Teilchens im Grundzustand: $a_{\mathbf{k}}^{+} a_0^{+} a_{\mathbf{k}} a_0$ und $a_0^{+} a_{\mathbf{k}}^{+} a_0 a_{\mathbf{k}}$.
(e) Beide Teilchen zu Anfang oder am Ende im Grundzustand: $a_0^{+} a_0^{+} a_{\mathbf{k}} a_{-\mathbf{k}}$ und $a_{\mathbf{k}}^{+} a_{-\mathbf{k}}^{+} a_0 a_0$.

Terme mit drei Grundzustandsoperatoren sind wegen der Impulserhaltung ausgeschlossen.

Wir fordern jetzt, daß der Erwartungswert von $N_0 + \sum_{\mathbf{k}}' a_{\mathbf{k}}^+ a_{\mathbf{k}}$ gleich der Teilchenzahl N in dem System ist. Wir fassen einige Terme zusammen und schreiben (86) als den reduzierten Hamilton-Operator

$$
\begin{aligned}
H_{\text{red}} = \tfrac{1}{2} N^2 V_0 + \sum_{\mathbf{k}}' (\varepsilon_{\mathbf{k}} + N V_{\mathbf{k}}) a_{\mathbf{k}}^+ a_{\mathbf{k}} \\
+ \tfrac{1}{2} N \sum_{\mathbf{k}}' V_{\mathbf{k}} (a_{\mathbf{k}} a_{-\mathbf{k}} + a_{-\mathbf{k}}^+ a_{\mathbf{k}}^+) + \cdots .
\end{aligned}
\tag{87}
$$

Dies ist eine bilineare Form in den Bosonen-Operatoren und kann exakt diagonalisiert werden. Der reduzierte Hamilton-Operator vertauscht nicht mit dem Teilchenzahl-Operator. Für große Systeme jedoch ist das nur ein unmerklicher Fehler (siehe Pines, S. 335). Die Methode der Greenfunktion, die im Kapitel 21 diskutiert wird, ermöglicht es, auf natürliche Weise Matrixelemente einzuführen, welche Zustände mit verschiedener Teilchenzahl verknüpfen.

Wir wollen aber zuerst eine störungstheoretische Näherung betrachten, wie sie ausführlich von Brueckner, S. 205 - 241, diskutiert wird. Es bietet sich an, $\Sigma\, \varepsilon_{\mathbf{k}} a_{\mathbf{k}}^+ a_{\mathbf{k}}$ als ungestörte Energie zu betrachten und $\frac{1}{2} \Sigma\, V_{\mathbf{k}} (2 a_{\mathbf{k}}^+ a_{\mathbf{k}} + a_{\mathbf{k}} a_{-\mathbf{k}} + a_{-\mathbf{k}}^+ a_{\mathbf{k}}^+)$ als Störung. Man kann leicht zeigen, daß die Störung zu divergenten Termen in höheren Ordnungen der störungstheoretischen Rechnung führt. Bogoliubov nennt die divergenten Terme "gefährliche Diagramme". Es ist aber möglich, die divergenten Terme aufzusummieren und man erhält so ein konvergentes Resultat. Es ist aber am besten, die Störungstheorie zu umgehen, indem man den reduzierten Hamilton-Operator (87) exakt diagonalisiert. Dies wollen wir jetzt tun.

Wir führen die Diagonalisierung aus mit Hilfe einer Methode, die die Bewegungsgleichungen benützt. Diese Methode ist ein systematischer Weg, Transformationen wie die in (25) zu finden, welche in voller Schönheit ohne Ableitung gefunden wurde. Wir suchen nach Bosonen-Operatoren $\alpha_{\mathbf{k}}^+$ und $\alpha_{\mathbf{k}}$, für die gilt

$$
[\alpha_{\mathbf{k}}^+, H] = -\lambda \alpha_{\mathbf{k}}^+; \qquad [\alpha_{\mathbf{k}}, H] = \lambda \alpha_{\mathbf{k}}; \qquad [\alpha_{\mathbf{k}}, \alpha_{\mathbf{k}'}^+] = \delta_{\mathbf{k}\mathbf{k}'}.
\tag{88}
$$

Die ersten beiden Beziehungen sind erfüllt, wenn man den Hamilton-Operator in der Diagonalform schreiben kann

$$
H = \sum_{\mathbf{k}} \lambda_{\mathbf{k}} \alpha_{\mathbf{k}}^+ \alpha_{\mathbf{k}} + \text{Konstante}.
\tag{89}
$$

Wir schreiben (87) als

(90) $$H_{\text{red}} - \tfrac{1}{2}N^2V_0 = \Sigma\, H_{\mathbf{k}};$$

(91) $$H_{\mathbf{k}} = \omega_0(a_{\mathbf{k}}^+a_{\mathbf{k}} + a_{-\mathbf{k}}^+a_{-\mathbf{k}}) + \omega_1(a_{\mathbf{k}}a_{-\mathbf{k}} + a_{-\mathbf{k}}^+a_{\mathbf{k}}^+),$$

mit

(92) $$\omega_0 = \varepsilon_{\mathbf{k}} + NV_{\mathbf{k}}; \qquad \omega_1 = NV_{\mathbf{k}}.$$

Man beachte, daß $i\dot{a}_{\mathbf{k}} = \omega_0 a_{\mathbf{k}} + \omega_1 a_{-\mathbf{k}}^+$ die Operatoren $a_{\mathbf{k}}$ und $a_{-\mathbf{k}}^+$ koppelt. Wir setzen die Transformation an

(93) $$\alpha_{\mathbf{k}} = u_{\mathbf{k}}a_{\mathbf{k}} - v_{\mathbf{k}}a_{-\mathbf{k}}^+; \qquad \alpha_{\mathbf{k}}^+ = u_{\mathbf{k}}a_{\mathbf{k}}^+ - v_{\mathbf{k}}a_{-\mathbf{k}},$$

wobei $u_{\mathbf{k}}$, $v_{\mathbf{k}}$ reelle Funktionen von $\mathbf{k}$ sind. Der Kommutator ist

(94) $$[\alpha_{\mathbf{k}},\alpha_{\mathbf{k}}^+] = u_{\mathbf{k}}^2 - v_{\mathbf{k}}^2.$$

Wir können nun $u_{\mathbf{k}}$ und $v_{\mathbf{k}}$ so wählen, daß (94) eins ergibt. Mit dieser Wahl ergibt sich $a_{\mathbf{k}} = u_{\mathbf{k}}\alpha_{\mathbf{k}} + v_{\mathbf{k}}\alpha_{-\mathbf{k}}^+$.

Mit (91) und (93) wird

(95) $$[\alpha_{\mathbf{k}}^+,H_{\mathbf{k}}] = u_{\mathbf{k}}(-\omega_0 a_{\mathbf{k}}^+ - \omega_1 a_{-\mathbf{k}}) - v_{\mathbf{k}}(\omega_0 a_{-\mathbf{k}} + \omega_1 a_{\mathbf{k}}^+),$$

was wegen (88) übereinstimmen soll mit

$$-\lambda(u_{\mathbf{k}}a_{\mathbf{k}}^+ - v_{\mathbf{k}}a_{-\mathbf{k}}).$$

Also ist

(96) $$\begin{aligned} \omega_0 u_{\mathbf{k}} + \omega_1 v_{\mathbf{k}} &= \lambda u_{\mathbf{k}}; \\ \omega_1 u_{\mathbf{k}} + \omega_0 v_{\mathbf{k}} &= -\lambda v_{\mathbf{k}}. \end{aligned}$$

Diese Gleichungen haben eine Lösung, wenn

(97) $$\begin{vmatrix} \omega_0 - \lambda & \omega_1 \\ \omega_1 & \omega_0 + \lambda \end{vmatrix} = 0,$$

oder

(98) $$\lambda^2 = \omega_0^2 - \omega_1^2 = (\varepsilon_{\mathbf{k}} + NV_{\mathbf{k}})^2 - (NV_{\mathbf{k}})^2.$$

Nun ist $\varepsilon_{\mathbf{k}} = k^2/2M$, so daß

(99) $$\lambda(k \to 0) = (NV_0/M)^{1/2}k.$$

Dieser Grenzfall liefert die Dispersionsrelation für ein Phonon mit der Geschwindigkeit

(100) $$v_s = (NV_0/M)^{1/2}.$$

Wir haben angenommen, daß $V_{\mathbf{k}} \cong V_0$ für kleine k. Offensichtlich ist das Ergebnis (99) nur anwendbar für positive V. Das entspricht einem abstoßenden Potential. Für große k ist

$$\lambda(k \to \infty) \cong \varepsilon_{\mathbf{k}} + NV_{\mathbf{k}}, \tag{101}$$

was eine Dispersionsrelation für ein Teilchen darstellt. Die Frequenz in (98) ist eine Funktion, die monoton mit dem Wellenvektor ansteigt, wie wir weiter unten sofort sehen werden. Das Quasiteilchen-Anregungsspektrum von flüssigem Helium ist experimentell bestimmt worden durch inelastische Neutronenstreuung. Das Ergebnis ist in Bild 1 gezeigt. Die Mulde in der Dispersionsrelation bei $k = 1.9\ \text{A}^{-1}$ stimmt ziemlich gut mit den Rechnungen von Feynman und Cohen[3]) überein. Siehe hierzu auch die Aufgabe 6 in diesem Kapitel. In diesem vereinfachten Modell kann die Mulde von einer k-Abhängigkeit von $V_{\mathbf{k}}$ herrühren. Der Teil des Anregungsspektrums in der Nähe der Mulde ist als das *Rotonenspektrum* bekannt.

Supraflüssigkeit[3,4]). Die elementare Anregung, die durch den Operator $\alpha_{\mathbf{k}}^{+}$ beschrieben wird, ist eine kollektive Eigenschaft des Systems, besonders für kleine $\mathbf{k}$. Dies läßt sich am direktesten zeigen durch die Ausdehnung des Verfahrens der Aufgabe 5 auf einen Zustand mit einer elementaren Anregung. Aber es besteht ein wichtiger Unterschied zwischen den hier betrachteten Phononen und den Phononen in einem Kristall. In einem Gitter sind die Phononen auf ein System von Relativkoordinaten bezogen und besitzen keinen Impuls, wie wir in der Diskussion zu Formel (21) sahen. In einem Gas besitzen die Phononen einen Impuls. Daraus können wir ein Kriterium für die Supraflüssigkeit ableiten.

Nehmen wir an, ein Körper der Masse M bewege sich mit der Geschwindigkeit $\mathbf{v}$ durch ein Bad aus flüssigem Helium bei 0°K, das sich in Ruhe befinde. Der Körper wird abgebremst werden, wenn er elementare Anregungen erzeugen kann. Bei einem Ereignis, in dem eine elementare Anregung $\omega_{\mathbf{k}}$ erzeugt wird, muß gelten

$$\tfrac{1}{2}Mv^2 = \tfrac{1}{2}Mv'^2 + \omega_{\mathbf{k}}; \tag{102}$$

$$M\mathbf{v} = M\mathbf{v}' + \mathbf{k}, \tag{103}$$

---

[3]) Siehe R.P. Feynman in *Progress in Low Temperature Physics,* **1**, 17 (1955); R.P. Feynman und M. Cohen, *Phys. Rev.* **102**, 1189 (1956).

[4]) N. Bogoliubov, *J. Phys. USSR* **11**, 23 (1947); nachgedruckt in Pines,S. 292.

wegen Energie- und Impulserhaltung. Kombiniert man diese beiden Gleichungen, so erhält man

$$(104) \qquad 0 = -\mathbf{v}\cdot\mathbf{k} + (2M)^{-1}k^2 + \omega_{\mathbf{k}}.$$

Der kleinste Wert von $\mathbf{v}$, für den diese Gleichung erfüllt werden kann, ergibt sich für $\mathbf{v} \parallel \mathbf{k}$. Diese kritische Geschwindigkeit ist dann

$$(105) \qquad v_c = \min\left(\frac{k}{2M} + \frac{\omega_{\mathbf{k}}}{k}\right).$$

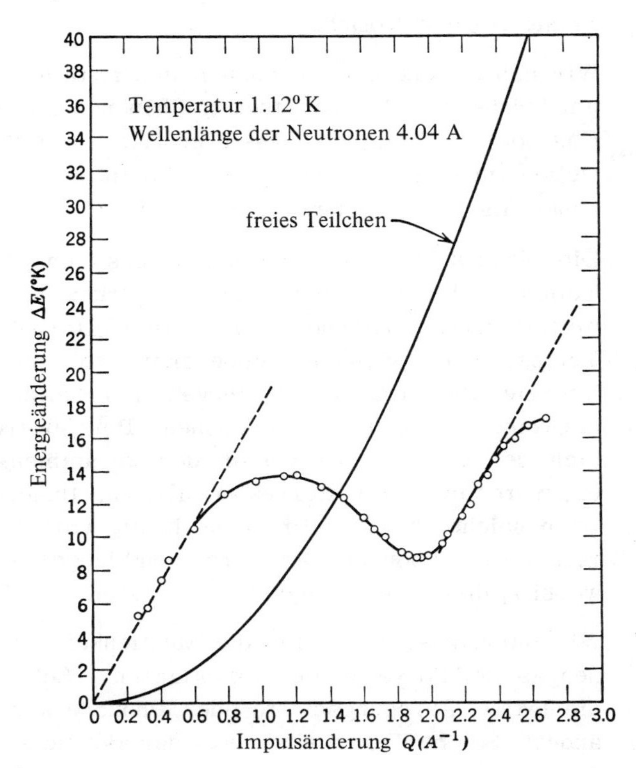

Bild 1:

Spektrum der elementaren Anregungen in flüssigem Helium bei 1.12°K und normalem Dampfdruck, gemessen von Henshaw und Woods durch inelastische Neutronenstreuung. Die gestrichelte Kurve durch den Ursprung entspricht der Schallgeschwindigkeit 2.37×10^4 cm/sec. Die parabolische Kurve durch den Ursprung wurde für *freie* Heliumatome berechnet.

Für $M \to \infty$ wird die kritische Geschwindigkeit bestimmt durch das Minimum von $\omega_{\mathbf{k}}/k$. Bei einer Energielücke, d.h., wenn alle $\omega_{\mathbf{k}} > 0$ sind, ergibt sich $v_c > 0$. Die Situation, die in Bild 1 gegeben ist, führt auch auf ein positives Minimum von $\omega_{\mathbf{k}}/k$. Wenn die elementaren Anregungen die Dispersionsrelation eines freien Teilchens hätten $-\omega \propto k^2-$, dann wäre die kritische Geschwindigkeit Null. Wir haben hier gezeigt, daß sich der Körper für $v < v_c$ bei 0°K ohne Energieabgabe in der Flüssigkeit bewegen wird. Wir sagen, die Flüssigkeit benimmt sich wie eine Supraflüssigkeit. Tatsächlich sind in flüssigem Helium die beobachteten kritischen Geschwindigkeiten oft um zwei bis drei Größenordnungen kleiner als die berechneten Werte, wahrscheinlich wegen der Möglichkeit, andere tiefliegende Anregungen in Form von Vortex-Linien zu erzeugen. Bei endlichen Temperaturen spürt der sich bewegende Körper Widerstand. Eine Ursache für Widerstand kommt von Raman-Prozessen, in denen thermische Phononen inelastisch an dem sich bewegenden Körper gestreut werden.

Zweiter Schall in Kristallen

Wir haben akustische Phononen in Kristallen und in flüssigem Helium behandelt. Die akustischen Phononen koppeln an einer Kristall/Gas- oder Flüssigkeit/Gas-Trennfläche mit den gewöhnlichen Schallwellen im Gas. Wir bezeichnen Fortpflanzung durch akustische Phononen als gewöhnlichen oder *ersten Schall*.

Die akustischen Phononen selbst besitzen viele Eigenschaften von Teilchen. Diese Teilchen wechselwirken schwach miteinander vermittels anharmonischer Terme im Gitterpotential. Bei niedrigen Temperaturen wird bei Stoßereignissen unter Phononen sowohl die Energie als auch der Wellenvektor erhalten, aber nicht notwendigerweise die Zahl der Phononen. Bei höheren Temperaturen kann sich der Gesamtwellenvektor der zusammenstoßenden Teilchen um einen reziproken Gittervektor ändern. Unsere Diskussion gilt nicht, wenn solche Umklapp-Prozesse häufig vorkommen. Die Dispersionsrelation von Phononen bei hinreichend langen Wellenlängen ist $\omega = c_1 k$, wobei c_1 die Geschwindigkeit des ersten Schalls ist.

Wir interessieren uns für die Möglichkeit, daß sich in einem Phononengas kollektive Wellen fortpflanzen - Schwingungen, in denen sich die lokale Anregungsdichte oder Phononenkonzentration wellenförmig ändert. Solche Wellen sind unter der Bezeichnung *zweiter Schall* bekannt. Sie existieren sicher in He II, sind aber noch nicht in Kristallen gefunden worden[5]). Das Problem des zweiten Schalls in flüssigem Helium unterscheidet sich in wichtigen Punkten von dem Problem des zweiten Schalls in Kristallen. Wir diskutieren nur das letztere. Wir nehmen an, daß die mittlere freie Weglänge der Phononen viel kürzer ist als die Wellenlänge des zweiten Schalls. Im Falle der gewöhn-

[5]) Neuerdings wurde zweiter Schall in festem He^3 [C.C. Ackerman, B. Bertman, H.A. Fairbank, R.A. Geuyer, *Phys. Rev. Lett.* **16**, 789 (1966)] und in festem He^4 [C.C. Ackerman, W.C. Overton Jr., *Phys. Rev. Lett.* **22**, 764 (1969)] beobachtet.

lichen Wärmeleitung in einem Kristall besteht auch ein Gradient in der Phononendichte, es ergibt sich jedoch normalerweise keine wellenförmige Lösung, weil die Erhaltung des Wellenvektors durch Umklapp-Prozesse zerstört wird.

Wir leiten jetzt einen Ausdruck für die Geschwindigkeit des zweiten Schalls in einem Phononengas in einem Kristall her. Der Einfachheit halber betrachten wir nur longitudinale Phononen. Es sei

$$f(\mathbf{k},\mathbf{x})\, d^3k\, d^3x$$

die Zahl der Phononen mit Wellenvektor $\mathbf{k}$ in d^3k am Ort $\mathbf{x}$ in d^3x . Gemäß der Boltzmann-Transportgleichung [6]) ist

$$\frac{\partial f}{\partial t} + \mathbf{v} \cdot \frac{\partial f}{\partial \mathbf{x}} = \Delta_c f, \tag{106}$$

wobei $\Delta_c f$ die Änderungsrate von f auf Grund der Stöße ist. Wir haben den Beschleunigungsterm $\boldsymbol{\alpha} \cdot (\partial f/\partial \mathbf{v})$ in der Gleichung weggelassen, weil bei Abwesenheit äußerer Kräfte die Beschleunigung $\boldsymbol{\alpha} \equiv 0$ ist. Für langwellige Phononen ist die ν -Komponente der Geschwindigkeit $v_\nu = c_1 k_\nu/k$, so daß (106) die Form erhält

$$\frac{\partial f}{\partial t} + c_1 \frac{k_\nu}{k} \frac{\partial f}{\partial x_\nu} = \Delta_c f. \tag{107}$$

Man bilde nun die Dichte des Kristallimpulses $\mathbf{P}$ und die Energiedichte U:

$$\mathbf{P} = \int d^3k\, \mathbf{k} f; \qquad U = \int d^3k\, c_1 k f. \tag{108}$$

Da wir angenommen haben, daß Wellenvektor und Energie bei allen Stößen erhalten bleiben, gilt

$$\int d^3k\, \mathbf{k}\, \Delta_c f = 0; \qquad \int d^3k\, c_1 k\, \Delta_c f = 0. \tag{109}$$

Durch Multiplizieren von (107) mit k_μ und Integration ergibt sich:

$$\frac{\partial P_\mu}{\partial t} + \frac{\partial}{\partial x_\nu} \int d^3k\, \frac{c_1 k_\nu k_\mu}{k} f = 0; \tag{110}$$

durch Multiplizieren mit $c_1 k$ und Integration:

$$\frac{\partial U}{\partial t} + \frac{\partial}{\partial x_\nu} \int d^3k\, c_1{}^2 k_\nu f = \frac{\partial U}{\partial t} + c_1{}^2 \frac{\partial P_\nu}{\partial x_\nu} = 0. \tag{111}$$

Wenn sich f nur geringfügig von einer isotropen Verteilung unterscheidet, dann ist

[6]) Eine Diskussion der Boltzmann-Gleichung findet sich z.B. in C. Kittel, *Elementary statistical physics,* Wiley, New York, 1958, S. 192 - 196.

$$(112) \qquad \int d^3k \frac{c_1 k_\nu k_\mu}{k} f = \delta_{\mu\nu} \tfrac{1}{3} U,$$

und (110) kann geschrieben werden als

$$(113) \qquad \frac{\partial P_\mu}{\partial t} + \frac{1}{3} \frac{\partial U}{\partial x_\mu} = 0.$$

Faßt man (111) und (113) zusammen, so erhält man

$$(114) \qquad \frac{\partial^2 U}{\partial t^2} - \frac{c_1{}^2}{3} \frac{\partial^2 U}{\partial x_\nu \partial x_\nu} = 0,$$

was eine Gleichung für eine Welle der Geschwindigkeit $c_1/3^{1/2}$ ist. Die Beziehung $c_1/c_2 = 3^{1/2}$ der Geschwindigkeiten von erstem und zweitem Schall ist näherungsweise erfüllt in flüssigem Helium, wenn $T \to 0$. Die erreichbare experimentelle Genauigkeit ist jedoch gering, weil zweiter Schall bei sehr tiefen Temperaturen stark gedämpft wird, da die mittlere freie Weglänge der Phononen relativ zur Wellenlänge des zweiten Schalls anwächst.

Die Wellen des zweiten Schalls sind periodische Veränderungen der Anregungsenergie U, verknüpft mit periodischen Veränderungen der Phononenkonzentration. Die obige Rechnung stammt von J. C. Ward und J. Wilks, *Phil. Mag.* **43**, 48 (1952). Unser Ergebnis für $c_2{}^2$ enthält nicht ihren Faktor $[1 - (\rho_n/\rho)]$. Der zweite Term stellt das Verhältnis der effektiven Massendichte ρ_n der Anregungen zu der wirklichen Dichte ρ in dem Medium dar. Dieser Term tritt in flüssigem Helium auf, aber es ist nicht einleuchtend, warum er in Kristallen auftreten sollte. Jedenfalls geht $\rho_n/\rho \to 0$, wenn $T \to 0$ und zwar für Phononen in flüssigem Helium und in Kristallen. Eine Diskussion des zweiten Schalls in flüssigem Helium gibt R. B. Dingle, *Advances in Physics* **1**, 112-168 (1952).

Frequenzverteilung für Phononen

Die Frequenzverteilungsfunktion $g(\omega)$ für Phononen eines Kristalls ist definiert als Zahl der Phononenfrequenzen pro Frequenzintervall, dividiert durch die Gesamtzahl der Frequenzen. Die Frequenzverteilung bestimmt einen wichtigen Teil der thermodynamischen Eigenschaften des Kristalls. Die Verteilung kann numerisch aus der Dispersionsrelation berechnet werden[7], was gewöhnlich mit beträchtlicher Arbeit verbunden ist. Eine exakte Lösung für das zweidimensionale quadra-

[7]) Einen Überblick über dieses Gebiet gibt J. de Launay in *Solid State Physics* **2**, 268 (1956).

tische Gitter wurde von Montroll[8]) angegeben, der fand, daß die Frequenzverteilung eine logarithmisch unendliche Spitze besitzt.

Solche Singularitäten sind für die thermodynamischen Eigenschaften sehr wichtig. Eine grundlegende Untersuchung der Singularitäten in der Verteilungsfunktion wurde von Van Hove[9]) gegeben, der ein topologisches Theorem von M. Morse benützt. Das Theorem besagt, daß jede Funktion von mehr als einer unabhängigen Variablen, welche wie $\omega(\mathbf{k})$ periodisch in allen ihren Variablen ist, zumindest eine bestimmte Anzahl von Sattelpunkten besitzt. Diese Zahl erhält man durch topologische Überlegungen und sie hängt nur von der Zahl der unabhängigen Variablen ab. Ein Sattelpunkt führt im allgemeinen auf eine Singularität in der Verteilungsfunktion. In zwei Dimensionen ist die Singularität logarithmisch. In drei Dimensionen ist $g(\omega)$ stetig, aber $dg/d\omega$ hat Singularitäten.

Die Tatsache, daß $\omega(\mathbf{k})$ periodisch ist, wird in dem Kapitel über Blochfunktionen gezeigt. Wir haben oben in (26) ein Beispiel für die Periodizität gesehen. Die Zustandsdichte $g(\omega)\,d\omega$ ist direkt proportional zu $\int d\mathbf{k}$, wobei das Integral über das Volumen im $\mathbf{k}$-Raum erstreckt ist, welches durch Flächen konstanter Energie bei ω und $\omega + d\omega$ begrenzt ist. Die Dicke der Schale in der Richtung senkrecht zu einer Grenzfläche ist gegeben durch

$$|\nabla_{\mathbf{k}}\omega|\,dk_n = d\omega, \tag{115}$$

so daß

$$g(\omega) = \frac{V_0}{Zl}\int_{S(\omega)} \frac{dS}{|\nabla_{\mathbf{k}}\omega|}, \tag{116}$$

wobei V_0 das Volumen der primitiven Elementarzelle ist. Z ist die Zahl der Atome pro Zelle und l ist die Dimension des Raumes. Die Integration ist über eine Fläche S mit konstantem ω erstreckt. Wir erwarten eine Singularität, wenn

$$|\nabla_{\mathbf{k}}\omega| = \left[\left(\frac{\partial\omega}{\partial k_x}\right)^2 + \left(\frac{\partial\omega}{\partial k_y}\right)^2\right]^{1/2} = 0, \tag{117}$$

hier für zwei Dimensionen angeschrieben. Es ist offensichtlich, daß die Singularitäten von $g(\omega)$ von den kritischen Punkten von $\omega(\mathbf{k})$ herrühren, an denen alle Ableitungen in (117) verschwinden.

[8]) E. Montroll, *J. Chem. Phys.* **15**, 575 (1947).

[9]) L. Van Hove, *Phys. Rev.* **89**, 1189 (1953), siehe auch H.P. Rosenstock, *Phys. Rev.* **97**, 290 (1955).

Aufgaben

1.) Mit der Bewegungsgleichung für den Feldoperator ψ in der Heisenberg-Darstellung, $i\dot{\psi} = [\psi,H]$, zeige man für den elastischen Faden (56), daß $\dot{\psi} = \pi/\rho$, in Übereinstimmung mit der klassischen Gleichung. Wir bemerken, daß ψ und jede Funktion von ψ, wie $\partial\psi/\partial x$, miteinander vertauschen, so daß der Term T nicht zu $\dot{\psi}$ beiträgt. Der Term

$$(118) \qquad [\psi(\mathbf{r}), \int \pi(\mathbf{r}')^2\, d\tau'] = \int [\psi(\mathbf{r}),\pi(\mathbf{r}')]\pi(\mathbf{r}')\, d\tau' + \int \pi(\mathbf{r}')[\psi(\mathbf{r}),\pi(\mathbf{r}')]\, d\tau',$$

kann mit Hilfe von (60) vereinfacht werden.

2.) Man zeige, daß die quantenmechanische Bewegungsgleichung für den elastischen Faden ergibt

$$(119) \qquad \dot{\pi} = T\frac{\partial^2\psi}{\partial x^2},$$

was mit $\ddot{\psi} = \dot{\pi}/\rho$ verknüpft werden kann und eine Wellengleichung für den Feldoperator ψ ergibt:

$$(120) \qquad \rho\ddot{\psi} = T\frac{\partial^2\psi}{\partial x^2}.$$

Man beachte, daß

$$(121) \qquad \dot{\pi} = -\tfrac{1}{2}\, iT \int dx' \left\{\left[\pi(x), \frac{\partial\psi(x')}{\partial x'}\right]\frac{\partial\psi(x')}{\partial x'} + \frac{\partial\psi(x')}{\partial x'}\left[\pi(x), \frac{\partial\psi(x')}{\partial x'}\right]\right\},$$

wobei

$$(122) \qquad \left[\pi(x), \frac{\partial\psi(x')}{\partial x'}\right] = -i\frac{\partial}{\partial x'}\,\delta(x - x') = i\frac{\partial}{\partial x}\,\delta(x - x').$$

Theorema über Ableitungen von Deltafunktionen sind in Messiah, S. 469 - 471, enthalten.

3.) Man betrachte einen elastischen Faden der Länge L mit festen Enden, so daß $\psi(0) = \psi(L) = 0$ ist. Man entwickle $\psi(x,t) = \sum_k Q_k(t)u_k(x)$, wobei

$$(123) \qquad u_k = (2/L)^{1/2} \sin kx,$$

mit $k = n\pi/L$, $n = 1, 2, 3, \cdots$. (*a*) Man diagonalisiere den Hamilton-Operator für dieses Problem und deute die Form der Schrödinger-Grundzustandswellenfunktion in der Q-Darstellung an. (*b*) Man berechne die mittlere quadratische Fluktuation von ψ im Grundzustand des Fadens, gemittelt über die Länge des Fadens.

4.) Man zeige, daß im Debye-Modell die spezifische Wärme für kleine Temperaturen ($T \ll \Theta$) pro Einheitsvolumen eines isotropen einatomigen Festkörpers, der n Atome enthält pro Einheitsvolumen, gegeben ist durch

$$(124) \qquad C = (12\pi^4 nk_B/5)(T/\Theta)^3;$$

hier ist k_B die Boltzmannkonstante und

$$(125) \qquad \frac{3}{\Theta^3} = \frac{1}{\Theta_l^3} + \frac{2}{\Theta_t^3},$$

wobei $k_B\Theta_{l,t} = \hbar v_{l,t}(6\pi^2 n)^{1/3}$ ist.

5.) Die Normierung des Kommutators (94) ist gewährleistet, wenn wir schreiben

$$(126) \qquad u_{\mathbf{k}} = \cosh \chi_{\mathbf{k}}; \qquad v_{\mathbf{k}} = \sinh \chi_{\mathbf{k}}.$$

(*a*) Man zeige, daß $H_{\mathbf{k}}$, gegeben durch (91), diagonal ist, wenn

$$\tanh 2\chi_{\mathbf{k}} = -\frac{NV_{\mathbf{k}}}{\varepsilon_{\mathbf{k}} + NV_{\mathbf{k}}}. \tag{127}$$

(*b*) Man zeige, daß

$$\overset{+}{a}_{\mathbf{k}} a_{\mathbf{k}} = u_{\mathbf{k}}{}^2 \overset{+}{\alpha}_{\mathbf{k}} \alpha_{\mathbf{k}} + v_{\mathbf{k}}{}^2 + v_{\mathbf{k}}{}^2 \overset{+}{\alpha}_{-\mathbf{k}} \alpha_{-\mathbf{k}} + u_{\mathbf{k}} v_{\mathbf{k}} (\overset{+}{\alpha}_{\mathbf{k}} \overset{+}{\alpha}_{-\mathbf{k}} + \alpha_{-\mathbf{k}} \alpha_{\mathbf{k}}). \tag{128}$$

(*c*) Der Grundzustand Φ_0 hat die Eigenschaft

$$\alpha_{\mathbf{k}} \Phi_0 = 0 \tag{129}$$

für alle $\alpha_{\mathbf{k}}$. Man zeige damit, daß die Mischung von Anregungen $\mathbf{k}$ im Grundzustand gegeben ist durch

$$\langle \overset{+}{a}_{\mathbf{k}} a_{\mathbf{k}} \rangle_0 = \langle \Phi_0 | \overset{+}{a}_{\mathbf{k}} a_{\mathbf{k}} | \Phi_0 \rangle = v_{\mathbf{k}}{}^2 = \tfrac{1}{2}(\cosh 2\chi_{\mathbf{k}} - 1). \tag{130}$$

Man fertige ein grobes Diagramm von $\langle \overset{+}{a}_{\mathbf{k}} a_{\mathbf{k}} \rangle_0$ gegen $|\mathbf{k}|$ an unter der Annahme $V_{\mathbf{k}}$ = konstant. Man beachte, daß

$$\cosh 2\chi_{\mathbf{k}} = \frac{\varepsilon_{\mathbf{k}} + NV_{\mathbf{k}}}{\{(\varepsilon_{\mathbf{k}} + NV_{\mathbf{k}})^2 - N^2 V_{\mathbf{k}}{}^2\}^{1/2}}. \tag{131}$$

6.) Auf diese Aufgabe komme man zurück, wenn man sich Kapitel 6 und besonders die Aufgaben 6.9 und 6.10 angesehen hat. Man nehme an, daß die Wechselwirkungen in unserem kondensierten Bosegas so beschaffen sind, daß für kleine $\mathbf{k}$ nur Quasiteilchen-Anregungen existieren und diese die Dispersionsrelation $\omega(\mathbf{k})$ besitzen. Dann nähern wir den dynamischen Strukturfaktor $\mathcal{S}(\omega\mathbf{k})$ bei kleinen $\mathbf{k}$ an durch

$$\mathcal{S}(\omega\mathbf{k}) \cong N\mathcal{S}(\mathbf{k})\delta(\omega - \omega(\mathbf{k})), \tag{132}$$

wobei $\mathcal{S}(\mathbf{k})$ der statische Formfaktor ist, wie er in Kapitel 6 benützt wird. Diese Gleichung erfüllt die Summenregel der Aufgabe 6.9. Man zeige durch Benützung der Summenregel von Aufgabe 6.10, daß die Dispersionsrelation mit dem statischen Formfaktor durch die Feynman-Beziehung verknüpft ist:

$$\omega(\mathbf{k}) = \frac{k^2}{2M\mathcal{S}(\mathbf{k})}. \tag{133}$$

Der statische Formfaktor gemessen durch Neutronen-Streuung [D. G. Henshaw, *Phys. Rev.* **119**, 9 (1960), Bild 2] zeigt eine deutliche Spitze bei $k = 2.0\ \text{A}^{-1}$, in guter Übereinstimmung mit der beobachteten Lage des Minimums der Dispersionsrelation der elementaren Anregungen.

7.) Man diagonalisiere $H = \omega a^+ a + \varepsilon(ab^+ + ba^+)$, wobei a und b Bose-Operatoren sind.

3. Plasmonen, optische Phononen und Polarisationswellen

In diesem Kapitel behandeln wir einfache Beispiele von verschiedenen wichtigen Effekten:

(a) Das Anregungsspektrum der Phononen enthält $3s$ Zweige, wenn sich s Atome oder Ionen in einer primitiven Elementarzelle eines Kristalls befinden. Die drei Zweige, deren Frequenzen auf Null sinken, wenn die Wellenvektoren null werden, nennt man Zweige akustischer Phononen. Die restlichen $3s - 3$ Zweige nennt man Zweige optischer Phononen. Diese haben endliche Eigenfrequenzen für $\mathbf{k} \to 0$.

(b) Man betrachte einen Kristall mit zwei Ionen in jeder primitiven Elementarzelle, mit gleichen Ladungen entgegengesetzten Vorzeichens. Die Langreichweitigkeit der Coulombwechselwirkung wird die Frequenz des longitudinalen optischen Zweiges im Vergleich zu den beiden transversal optischen Zweigen beträchtlich erhöhen. Die Plasmafrequenz in einem Elektronengas mit positiver Hintergrundladung ist ein Grenzfall dieses Effektes.

(c) Unter gewissen Umständen koppeln die langwelligen transversalen optischen Phononen stark mit dem elektromagnetischen Strahlungsfeld und werden mit ihm vermischt. Dies hat einen starken Einfluß auf die Dispersionsrelation.

Wir befassen uns also im folgenden mit Feldern, welche durch die Verschiebung von elektrischen Ladungen eines Vorzeichens relativ zu Ladungen des entgegengesetzten Vorzeichens entstehen. Unser erstes Beispiel ist das Elektronengas in einem Metall. Dieses Problem wird wesentlich ausführlicher in den Kapiteln 5 und 6 behandelt. Wir diskutieren auch optische Phononen in ionischen Kristallen, sowohl ohne, als auch mit Kopplung an das elektromagnetische Feld.

Plasmonen

Wir betrachten ein Kontinuumsmodell eines Elektronengases mit einem starr festgehaltenen Hintergrund positiver Ladungen. Das Kontinuumsmodell ist nur eine Näherung, aber es erlaubt uns, gewisse Haupteigenschaften des Eigenfrequenzproblems bei Anwesenheit der langreichweitigen Coulomb-Wechselwirkung zu erkennen. Das Elektronengas befinde sich im Einheitsvolumen und bestehe aus n Elektronen. Das Volumen sei auch gleichförmig mit einem starren Hintergrund positiver Ladungen der Dichte $\rho_0 = n|e|$ gefüllt. Diese Dichte soll gleich und entgegengesetzt der mittleren Ladungsdichte der Elektronen sein. In unserer Näherung gibt es keine Rückstellkräfte auf Scherungswellen, da diese die lokale Ladungsneutralität des Systems nicht verändern. Die Frequenzen der transversalen Eigenschwingungen sind daher null. Longitudinale Wellen in einem Plasma verursachen Ausdehnungen und Verdichtungen in dem Elektronengas und zerstören dadurch die Neutralität. Sie bringen dadurch die mächtigen Coulomb-Rückstellkräfte ins Spiel. Die longitudinalen Eigenfrequenzen, die Plasmafrequenzen genannt werden, sind verhältnismäßig hohe Frequenzen.

Die Hamilton-Dichte ergibt sich in Analogie zu (2.72). Es wurden elektrostatische Terme hinzugefügt und Scherungs-Terme weggelassen:

$$(1) \qquad \mathcal{H} = \frac{1}{2nm}\Pi_\mu\Pi_\mu + \tfrac{1}{2}\alpha\frac{\partial R_\mu}{\partial x_\mu}\frac{\partial R_\nu}{\partial x_\nu} + \tfrac{1}{2}(\rho - \rho_0)\varphi(\mathbf{x}),$$

wobei nm die Massendichte des Gases ist. Die Dehnung Δ ist $\partial R_\mu/\partial x_\mu$; α ist der Elastizitätsmodul des ungeladenen Gases, φ ist das elektrostatische Potential, das sich aus der Poisson-Gleichung ergibt

$$(2) \qquad \nabla^2\varphi = -4\pi(\rho - \rho_0).$$

Der Faktor 1/2 im letzten Term auf der rechten Seite von (1) kommt deshalb herein, weil der elektrostatische Term gerade die Selbstenergie des Elektronengases ist. Der positive Hintergrund hebt sich exakt gegen die gleichförmige ($\mathbf{k} = 0$)-Komponente der negativen Ladungsdichte heraus, wie im einzelnen in Kapitel 5 gezeigt wird.

Für kleine lokale Ausdehnungen des Elektronengases ist die Fluktuation $\delta\rho = \rho - \rho_0$ gegeben durch

$$(3) \qquad \frac{\delta\rho}{\rho} = -\Delta(\mathbf{x}),$$

wobei Δ die Ausdehnung ist. Also ist

$$(4) \qquad \delta\rho = -\rho\Delta = -ne\frac{\partial R_\mu}{\partial x_\mu}.$$

Unter Benützung von (2.73) für longitudinale Wellen $(Q_{\mathbf{k}} \parallel \mathbf{k})$ ergibt sich

$$R(\mathbf{x}) = \sum_{\mathbf{k}} Q_{\mathbf{k}} e^{i\mathbf{k}\cdot\mathbf{x}} \tag{5}$$

und

$$\delta\rho = -ine \sum_{\mathbf{k}} k Q_{\mathbf{k}} e^{i\mathbf{k}\cdot\mathbf{x}}. \tag{6}$$

Wir setzen an

$$\varphi = \sum_{\mathbf{k}} \varphi_{\mathbf{k}} e^{i\mathbf{k}\cdot\mathbf{x}}, \tag{7}$$

so daß

$$\nabla^2\varphi = -\Sigma\, k^2 \varphi_{\mathbf{k}} e^{i\mathbf{k}\cdot\mathbf{x}}, \tag{8}$$

und die Poisson-Gleichung lautet dann

$$\varphi_{\mathbf{k}} = 4\pi ine Q_{\mathbf{k}}/k. \tag{9}$$

Der elektrostatische Term in (1) wird nach Integration über das Volumen

$$\begin{aligned} \int d^3x\, \tfrac{1}{2}(\rho - \rho_0)\varphi &= -\sum_{\mathbf{k}\mathbf{k}'} \int d^3x\, 2\pi n_0{}^2 e^2 Q_{\mathbf{k}} Q_{\mathbf{k}'} e^{i(\mathbf{k}+\mathbf{k}')\cdot\mathbf{x}} (k/k') \\ &= 2\pi n^2 e^2 \sum_{\mathbf{k}} Q_{\mathbf{k}} Q_{-\mathbf{k}}. \end{aligned} \tag{10}$$

Dann ergibt sich mit den Komponenten der Impulsdichte (2.75)

$$H = \tfrac{1}{2} \sum_{\mathbf{k}} \left(\frac{1}{nm} P_{\mathbf{k}} P_{-\mathbf{k}} + \alpha k^2 Q_{\mathbf{k}} Q_{-\mathbf{k}} + 4\pi n^2 e^2 Q_{\mathbf{k}} Q_{-\mathbf{k}} \right). \tag{11}$$

In direkter Analogie zu der Lösung (2.81) erhalten wir

$$\boxed{\omega_{\mathbf{k}}{}^2 = \omega_p{}^2 + (\alpha/nm)k^2; \qquad \omega_p{}^2 = 4\pi n e^2/m.} \tag{12}$$

Das ist die Dispersionsrelation für Plasmonen; ω_p wird gewöhnlich die Plasmafrequenz genannt. Die Anregung einer Schwingung mit der Energie $\omega_{\mathbf{k}}$ wird beschrieben als Anregung eines Plasmons. Im Grenzfall $e^2 \to 0$ verschwinden die elektrostatischen Effekte und wir erhalten die gewöhnliche Dispersionsrelation für Phononen in einem Gas $\omega = (\alpha/nm)^{1/2}k$. Für Elektronen in einem Alkalimetall ist $n \approx 10^{23}\,\mathrm{cm}^{-3}$; $m \approx 10^{-27}g$, woraus folgt $\omega_p \approx 10^{16}\,\mathrm{sec}^{-1}$. Setzen wir für $(\alpha/nm)^{1/2}$ die Schallgeschwindigkeit in einem Festkörper ein und wählen ein k in der Nähe der oberen Grenze von $10^8\,\mathrm{cm}^{-1}$, so ist der Term $(\alpha/nm)k^2$ in (12) immer noch vernachlässigbar gegenüber dem Term $\omega_p{}^2$.

Die Frequenz ω_p der gleichförmigen $(\mathbf{k} = 0)$ Schwingung läßt sich leicht direkt herleiten. Das Elektronengas sei um x verschoben; dann ist die Polarisation $P = nex$. Wenn das Plasma in einer flachen Schicht enthalten ist und die Verschiebung senkrecht zu der Schicht erfolgt, erzeugt die Polarisation ein Depolarisationsfeld $E_d = -4\pi P = -4\pi nex$. Die Bewegungsgleichung eines Elektrons im Plasma lautet

$$m\ddot{x} = eE_d = -4\pi ne^2 x, \tag{13}$$

so daß sich als Resonanzfrequenz ergibt

$$\omega^2 = \frac{4\pi ne^2}{m} \equiv \omega_p^2. \tag{14}$$

Die Resonanzfrequenz der gleichförmigen Schwingung hängt von der geometrischen Form des Behälters ab. Wenn die Wellenlänge der Plasmonen jedoch klein ist gegenüber der Ausdehnung des Behälters, dann verschwinden Effekte, die von der Form des Behälters herrühren.

Wir untersuchen nun kurz die Dielektrizitätskonstante, die mit der gleichförmigen Plasmaschwingung verknüpft ist. Wenn ein elektrisches Feld E der Frequenz ω parallel zur Oberfläche der Schicht, in der das Plasma sich befindet, angelegt wird, dann entsteht kein Depolarisationsfeld. Dann gilt

$$m\ddot{x} = eE; \qquad x = -\frac{eE}{m\omega^2}; \qquad P = -\frac{ne^2E}{m\omega^2}; \tag{15}$$

und die Dielektrizitätskonstante ergibt sich zu

$$\epsilon = 1 + 4\pi\frac{P}{E} = 1 - \frac{4\pi ne^2}{m\omega^2} = 1 - \frac{\omega_p^2}{\omega^2}. \tag{16}$$

Wenn $\omega \geqq \omega_p$ ist, dann sehen wir, daß ϵ positiv und der Brechungsindex $n = \epsilon^{1/2}$ reell ist. Die Schwelle für die Durchsichtigkeit von Metallen im Ultravioletten liegt also bei $\omega = \omega_p$. Hier ist die Polarisation der Ionenrümpfe vernachlässigt, die kein echter Plasmaeffekt ist. Wird das elektrische Feld E senkrecht zu der Schicht angelegt, so ist $E_{\text{int}} = E - 4\pi P = E - 4\pi\chi E_{\text{int}}$, wobei E_{int} das innere Feld (engl. internal) bezeichnet, und es gilt

$$m\ddot{x} = eE_{\text{int}}; \qquad E_{\text{int}} = E/(1 + 4\pi\chi) = E/\epsilon \tag{17}$$

nach (13). Dann ist

$$x = -\frac{eE}{m(\omega^2 - \omega_p^2)}. \tag{18}$$

Die freien Schwingungen des Systems parallel (transversal) zu der Schicht sind durch die Pole von ϵ gegeben. Die freien Oszillationen senkrecht (longitudinal) zu der Schicht sind durch die Nullstellen von ϵ gegeben.

Langwellige optische Phononen in isotropen Kristallen[1])

Bei der Behandlung optischer Phononen sind drei wichtige Punkte zu beachten.

(a) Ein Kristall mit s verschiedenen Ionen pro primitiver Elementarzelle hat drei Äste (einer im wesentlichen longitudinal, zwei im wesentlichen transversal) in seinem Schwingungsspektrum, deren Frequenz zu null gehen, wenn $\mathbf{k} \to 0$. Diese Zweige werden *akustische Schwingungen* genannt. Zusätzlich gibt es $3(s-1)$ Zweige mit einer endlichen Grenzfrequenz für $\mathbf{k} \to 0$. Solche Zweige nennt man *optischeSchwingungen.* Die optischen Schwingungen werden bei der üblichen makroskopischen Behandlung unterdrückt, wie wir sie in Kapitel 2, nach Formel (2. 71) durchgeführt haben. In einem Ionenkristall mit zwei Ionen pro primitiver Elementarzelle, wie NaCl, können bei langen Wellenlängen die drei optischen Zweige näherungsweise in einen longitudinalen und zwei transversale eingeteilt werden.

(b) Die Grenzfrequenz ω_l des longitudinalen Zweiges für $\mathbf{k} \to 0$ ist wegen elektrostatischer Effekte beträchtlich höher als die Grenzfrequenz ω_t der transversalen Zweige: Sie sind durch die theoretische Näherungsformel verknüpft

$$\omega_l^2 = (\epsilon_0/\epsilon_\infty)\omega_t^2, \tag{19}$$

wobei ϵ_0 die statische Dielektrizitätskonstante und ϵ_∞ das Quadrat des optischen Brechungsindex ist.

(c) Die elektromagnetische Kopplung zwischen Photonen und Phononen ist besonders ausgeprägt für langwellige transversale optische Phononen und es ergibt sich eine verbotene Frequenzlücke zwischen ω_t und ω_l, in welcher ein dicker Kristall keine Energie durchläßt. Im Bereich der Frequenzlücke tritt ein starkes optisches Reflexionsband auf.

Wir betrachten nun diese drei Punkte, gehen aber nicht auf die Details ein. Sie sind in dem Buch von Born und Huang und in der Arbeit von Lyddane und Herzfeld[2]) zu finden. Die Normalschwingun-

---

[1]) Ausführliche Literatur: M. Born und K. Huang, *Dynamical theory of crystal lattices,* Clarendon Press, Oxford, 1954.

[2]) R. H. Lyddane und K. F. Herzfeld, *Phys. Rev.* **54**, 846 (1938).

gen bei $\mathbf{k} = 0$ sind von einfacher Form: Entsprechend der Definition von $\mathbf{k} = 0$, bewegen sich die entsprechenden Ionen in jeder Zelle mit gleichen Phasen und Amplituden. Es gibt $3s$ Bewegungsgleichungen für die s Ionen in der primitiven Elementarzelle. Drei dieser Schwingungen entsprechen einer gleichförmigen unverzerrten Bewegung der Zelle als ganzer und besitzen daher die Frequenz null. Das ist die Grenzfrequenz der akustischen Schwingungen. Die übrigen $3(s-1)$ Schwingungen sind optische $\mathbf{k} = 0$ - Schwingungen. Sie stellen Bewegungen der Ionen gegeneinander in der gleichen Zelle oder Drehungen der Gruppe in einer Zelle dar. Keine dieser $3(s-1)$ Frequenzen wird im allgemeinen null sein bei $\mathbf{k} = 0$.

Der Frequenzunterschied von langwelligen transversalen und longitudinalen optischen Schwingungen in einem ionischen kubischen Kristall kann durch eine einfache Überlegung abgeschätzt werden. Ein transversal optisches Phonon in einem Kristall mit zwei Ionen pro Zelle, wie NaCl oder CsCl, ist in Bild 1 *a* dargestellt. Wenn

$$u = u_+ - u_- \tag{20}$$

die relative Verschiebung der positiven und negativen Ionengitter ist, ergibt sich als Bewegungsgleichung für die transversalen Schwingungen

$$M\ddot{u} + M\omega_t^2 u = 0, \tag{21}$$

wobei M die reduzierte Masse und ω_t^2 die transversale Resonanzfrequenz ist. Wir nehmen an, daß die Wellenlänge viel kleiner als die Längenausdehnungen der Probe und viel größer als atomare Längen ist.

Eine longitudinale optische Schwingung wird in Bild 1 *b* gezeigt. Die Rückstellkraft, die auf ein Ion wirkt, ist nicht $-\omega_t^2 Mu$, sondern

$$-\omega_l^2 Mu = -\omega_t^2 Mu + E_i e, \tag{22}$$

wobei E_i das sich bei der Deformation bildende innere elektrische Feld ist. Das Feld erfüllt die Bedingung $D = 0 = E_i + 4\pi P$, so daß $E_i = -4\pi P$. Wenn wir die an den Ionen induzierte Polarisation vernachlässigen, indem wir sie als in sich starr behandeln, dann ist $P = neu$, wobei n die Zahl der Zellen pro Einheitsvolumen ist. Die Rückstellkraft wird also $-\omega_t^2 Mu - 4\pi n^2 eu$, so daß

$$\omega_l^2 = \omega_t^2 + 4\pi ne^2/M. \tag{23}$$

Nehmen wir $n = 10^{22}$ cm^{-3}, $M = 10^{-22} g$, $e^2 \cong 25 \times 10^{-20}$ (ESE)^2, so ergibt sich $(4\pi ne^2/M)^{1/2} \approx 10^{13}$ sec^{-1}, was in der gleichen Größenordnung wie ω_t liegt. Der Einfluß auf nichtstarre Ionen wird manchmal schematisch

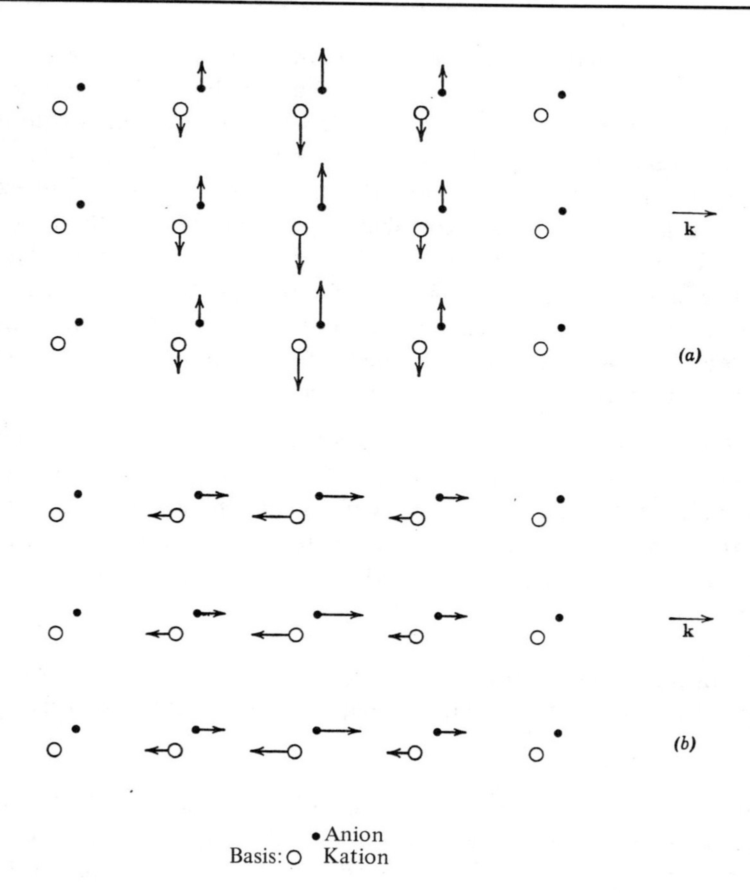

Bild 1: Optische Schwingungen: (a) transversal und (b) longitudinal. Es sind die Richtungen der Auslenkungen der einzelnen Ionen eingezeichnet.

dadurch berücksichtigt, daß man in (23) statt e eine effektive Ladung e^* ansetzt.

Die makroskopische Theorie der optischen Schwingungen zweiatomiger Kristalle, die wir jetzt behandeln wollen, wurde von Huang entwickelt. Für die optische Schwingung bei $\mathbf{k} = 0$ führen wir die Koordinate ein

$$(24) \qquad \mathbf{w} = (\mathbf{u}^+ - \mathbf{u}^-)/(Mn)^{1/2},$$

wobei $\mathbf{u}^+ - \mathbf{u}^-$ die relative Verschiebung des positiven und negativen Ionengitters beschreibt. $M = M_+M_-/(M_+ + M_-)$ ist die reduzierte Masse und n ist die Zahl der Zellen pro Einheitsvolumen. Man beachte, daß Mn die reduzierte Massendichte ist. Die Dichte der kinetischen

Energie, die mit der Bewegung eines Gitters gegen das andere verknüpft ist, beträgt $\frac{1}{2}\dot{\mathbf{w}}^2$. Die Dichte der potentiellen Energie kann Terme mit $\mathbf{w}^2$, $\mathbf{E}^2$ und $\mathbf{w}\cdot\mathbf{E}$ enthalten, wobei $\mathbf{E}$ das makroskopische innere elektrische Feld ist. Wir betrachten den allgemeinen Fall, wo die Ionen selbst polarisierbar (nicht starr) sind. Die Langrangedichte ist

$$\mathcal{L} = \tfrac{1}{2}\dot{\mathbf{w}}^2 - (\tfrac{1}{2}\gamma_{11}\mathbf{w}^2 - \gamma_{12}\mathbf{w}\cdot\mathbf{E} - \tfrac{1}{2}\gamma_{22}\mathbf{E}^2), \tag{25}$$

wobei γ_{11}, γ_{12}, γ_{22} Konstanten sind, die im folgenden bestimmt werden. Aus (25) und der Langrangedichte ergibt sich die Bewegungsgleichung

$$\ddot{\mathbf{w}} + \gamma_{11}\mathbf{w} - \gamma_{12}\mathbf{E} = 0. \tag{26}$$

Die zu $\mathbf{w}$ konjungierte Impulsdichte ist $\mathbf{\Pi} = \partial\mathcal{L}/\partial\dot{\mathbf{w}} = \dot{\mathbf{w}}$, und die Hamiltondichte ist

$$\mathcal{H} = \tfrac{1}{2}\Pi^2 + \tfrac{1}{2}\gamma_{11}\mathbf{w}^2 - \gamma_{12}\mathbf{w}\cdot\mathbf{E} - \tfrac{1}{2}\gamma_{22}\mathbf{E}^2. \tag{27}$$

Die Polarisation $\mathbf{P}$ ist gegeben durch

$$\mathbf{P} = -\partial\mathcal{H}/\partial\mathbf{E} = \gamma_{12}\mathbf{w} + \gamma_{22}\mathbf{E}. \tag{28}$$

Wir drücken nun γ_{11}, γ_{12}, γ_{22} durch die zugänglichen Konstanten ϵ_0, ϵ_∞ und ω_t aus. Die transversale optische Schwingung erzeugt kein Depolarisationsfeld $\mathbf{E}$, so daß (26) zu $\ddot{\mathbf{w}}_t + \gamma_{11}\mathbf{w}_t = 0$ wird. Dies muß mit $\ddot{\mathbf{w}} + \omega_t^2\mathbf{w} = 0$ identisch sein, so daß sich ergibt

$$\gamma_{11} = \omega_t^2. \tag{29}$$

Für statische Verhältnisse ist $\ddot{\mathbf{w}} = 0$. Ein angelegtes statisches elektrisches Feld erzeugt einen Wert von $\mathbf{w}$, der gegeben ist durch $\gamma_{11}\mathbf{w} - \gamma_{12}\mathbf{E} = 0$, wie sich aus (26) ergibt. Setzen wir diesen Wert $\mathbf{w} = (\gamma_{12}/\gamma_{11})\mathbf{E}$ in (28) ein, so erhalten wir

$$\mathbf{P} = [(\gamma_{12}^2/\gamma_{11}) + \gamma_{22}]\mathbf{E} = \frac{\epsilon_0 - 1}{4\pi}\mathbf{E}, \tag{30}$$

für statische Bedingungen, wobei ϵ_0 die statische Dielektrizitätskonstante ist. Bei sehr hohen Frequenzen geht $\mathbf{w}$ gegen null und

$$\mathbf{P} = \gamma_{22}\mathbf{E} = \frac{\epsilon_\infty - 1}{4\pi}\mathbf{E}, \tag{31}$$

wo wir ϵ_∞ so verstehen, daß es die elektronische Polarisierbarkeit enthält. So wird

$$\gamma_{22} = \frac{\epsilon_\infty - 1}{4\pi}, \tag{32}$$

und

$$\gamma_{12} = \left(\frac{\epsilon_0 - \epsilon_\infty}{4\pi}\right)^{1/2} \omega_t. \tag{33}$$

Die langwelligen longitudinal-optischen Schwingungen in Abwesenheit eines äußeren Feldes sind charakterisiert durch $\mathbf{D} = \mathbf{E} + 4\pi\mathbf{P} = 0$. Also ergibt (28)

$$E + 4\pi P = (1 + 4\pi\gamma_{22})E + 4\pi\gamma_{12}w_l = 0, \tag{34}$$

und die Bewegungsgleichung (26) ergibt

$$\ddot{w}_l + \left(\gamma_{11} + \frac{4\pi\gamma_{12}^2}{1 + 4\pi\gamma_{22}}\right) w_l = 0, \tag{35}$$

oder

$$\omega_l^2 = \gamma_{11} + \frac{4\pi\gamma_{12}^2}{1 + 4\pi\gamma_{22}} = \frac{\epsilon_0}{\epsilon_\infty}\omega_t^2. \tag{36}$$

Dieses Ergebnis wurde zuerst von Lyddane, Sachs und Teller hergeleitet. Es ist vereinbar mit (23), das für $\epsilon_\infty = 1$ hergeleitet wurde. Bei Benützung des experimentellen Wertes $\omega_t = 3.09 \times 10^{13}\,\text{sec}^{-1}$ errechnet man für NaCl $\omega_l = 4.87 \times 10^{13}\,\text{sec}^{-1}$, wobei $\epsilon_0 = 5.02$ und $\epsilon_\infty = 2.25$ gesetzt wurde.

Wechselwirkung optischer Phononen mit Photonen

Die vorausgehende Behandlung der optischen Gitterschwingungen bei $\mathbf{k} = 0$ hat die Wechselwirkung der optischen Phononen mit den Photonen des elektromagnetischen Feldes vernachlässigt. Diese Wechselwirkung ist besonders wichtig, wenn Frequenzen und Wellenvektoren des Phononen- und Photonenfeldes übereinstimmen - in der Nähe des Schnittpunktes der Dispersionsrelationen kann auch die schwache Kopplung zweier Felder drastische Effekte mit sich bringen. Wir diskutieren hier nicht die $\mathbf{k}$-Abhängigkeit der ungekoppelten optischen Phononen. Diese ist aber gewöhnlich nicht sehr stark. Die ungekoppelten Lösungen eines eindimensionalen Problems sind in *EFP*, Kap. 5 angedeutet. Die Dispersionsrelation für Photonen ist $\omega = ck$, wobei c die Lichtgeschwindigkeit ist. Es ist klar, daß diese Relation die Dispersionsrelation jedes optischen Phononenzweiges an irgendeinem Punkt schneiden wird.

Unsere Aufgabe ist nun, die Maxwellgleichungen zusammen mit den Gittergleichungen zu lösen:

$$\text{rot}\,\mathbf{H} = \frac{1}{c}(\dot{\mathbf{E}} + 4\pi\dot{\mathbf{P}}); \qquad \text{rot}\,\mathbf{E} = -\frac{1}{c}\dot{\mathbf{H}};$$

$$\text{div}\,\mathbf{H} = 0; \qquad \text{div}\,(\mathbf{E} + 4\pi\mathbf{P}) = 0;$$

$$\ddot{\mathbf{w}} + \gamma_{11}\mathbf{w} - \gamma_{12}\mathbf{E} = 0; \qquad \mathbf{P} = \gamma_{12}\mathbf{w} + \gamma_{22}\mathbf{E}.$$

Wir suchen zuerst transversale Lösungen, für die, wie für ein Photonenfeld, gilt $\mathbf{E} \perp \mathbf{k}$. Wir setzen an

$$E_x = E_x(0)e^{i(\omega t - kz)}; \qquad P_x = P_x(0)e^{i(\omega t - kz)};$$

$$w_x = w_x(0)e^{i(\omega t - kz)}; \qquad H_y = H_y(0)e^{i(\omega t - kz)}.$$

Für die Differentialgleichungen ergibt sich

$$ikH_y = (i\omega/c)(E_x + 4\pi P_x); \qquad -ikE_x = -(i\omega/c)H_y;$$

$$(-\omega^2 + \gamma_{12})w_x = \gamma_{12}E_x; \qquad P_x = \gamma_{12}w_x + \gamma_{22}E_x.$$

Diese Gleichungen haben nur dann eine nichttriviale Lösung, wenn die Determinante der Koeffizienten von E_x, H_y, P_x, w_x verschwindet

$$\begin{vmatrix} \omega/c & 4\pi\omega/c & -k & 0 \\ k & 0 & -\omega/c & 0 \\ \gamma_{12} & 0 & 0 & \omega^2 - \gamma_{11} \\ \gamma_{22} & -1 & 0 & \gamma_{12} \end{vmatrix} = 0, \tag{37}$$

was man schreiben kann als

$$\omega^4\epsilon_\infty - \omega^2(\omega_t^2\epsilon_0 + c^2k^2) + \omega_t^2c^2k^2 = 0, \tag{38}$$

wobei ω_t^2 nun als durch (29) definiert anzusehen ist. ϵ_∞ und ϵ_0 sind durch (32) und (33) gegeben. Die Lösungen lauten

$$\omega^2 = \frac{1}{2\epsilon_\infty}(\omega_t^2\epsilon_0 + c^2k^2) \pm \left[\frac{1}{4\epsilon_\infty^2}(\omega_t^2\epsilon_0 + c^2k^2)^2 - \omega_t^2k^2\left(\frac{c^2}{\epsilon_\infty}\right)\right]^{1/2}. \tag{39}$$

Für $k \to 0$ sind die transversalen Lösungen

$$\boxed{\omega^2 = \omega_t^2(\epsilon_0/\epsilon_\infty) = \omega_l^2,} \tag{40}$$

und

$$\boxed{\omega^2 = (c^2/\epsilon_0)k^2.} \tag{41}$$

Die zweifache Entartung in jeder dieser Lösung spiegelt die zwei unabhängigen Richtungen von $\mathbf{E}$ in der Ebene senkrecht zu $\mathbf{k}$ wieder. Für große $\mathbf{k}$ sind die Lösungen

$$\omega^2 = c^2k^2/\epsilon_\infty; \qquad \omega^2 = \omega_t^2. \tag{42}$$

Wir sehen in Bild 2, daß der untere Zweig bei kleinen **k** photonenartig und bei großen **k** phononenartig (bei der Frequenz ω_t) ist. Der obere Zweig ist bei kleinen **k** phononenartig (bei der Frequenz ω_l, obwohl das Phonon transversal ist) und er wird photonenartig bei großen **k**.

Es gibt für Frequenzen zwischen ω_t und ω_l keine transversalen Lösungen. Außerdem gibt es keine Lösungen für longitudinale Schwingungen in dieser Gegend, weil das Photonenfeld in isotropen Medien rein transversal ist. Es gibt also zwischen ω_t und ω_l ein verbotenes Frequenzband, in welchem es unmöglich ist, Energie durch den Kristall hindurch zu übertragen. Dies findet man experimentell, wenn man die notwendigen Dämpfungskorrekturen berücksichtigt. Das verbotene optische Band erscheint als ein Frequenzbereich hoher Reflektivität.

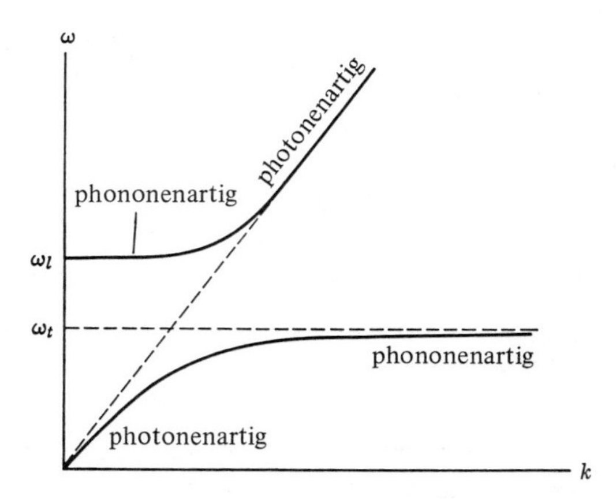

Bild 2: Gekoppelte Schwingungen von Photonen und transversal optischen Phononen in einem Ionenkristall. Die gestrichelten Linien zeigen die Spektra ohne Wechselwirkung.

Die longitudinalen Lösungen findet man, wenn man ansetzt $E_z, P_z, w_z \sim \sim e^{i(\omega t - kz)}$. Dann ist $E_z + 4\pi P_z = 0$ und $\mathbf{H} = 0$. Wir erhalten (35) und (36), genau wie bei Abwesenheit der Retardierung. Es ergibt sich also keine effektive Kopplung zwischen den Photonen- und den longitudinalen Phononen-Feldern.

Quantentheorie eines klassischen Dielektrikums[3])

Wir behandeln das gleiche Problem mit Methoden der Quantenfeldtheorie, als Übung in der Behandlung der Quantisierung gekoppelter Felder. Spezifische Quanteneffekte werden im einzelnen nicht diskutiert. Wir haben gesehen, daß in der Nähe des Schnittpunktes der Dispersionsrelation (ω gegen **k**) der ungekoppelten Photonen- und optischen Phononen-Felder eine schwache Kopplung drastische Effekte bewirkt, indem es die mechanischen und elektromagnetischen Felder

---

3) J. J. Hopfield, *Phys. Rev.* **112**, 1555 (1958); U. Fano, *Phys. Rev.* **103**, 1202 (1956).

mischt. Solche Effekte treten in isotropen oder kubischen Kristallen nur für transversale optische Phononen auf, da nur diese mit einem elektromagnetischen Feld koppeln, das in einem isotropen Medium immer transversal ist.

Die Lagrangedichte für ein elektromagnetisches Feld in einem unendlichen klassischen Dielektrikum starrer Ionen kann geschrieben werden als

$$\mathcal{L} = \frac{1}{8\pi}\left(\frac{1}{c}\dot{\mathbf{A}} + \operatorname{grad}\varphi\right)^2 - \frac{1}{8\pi}(\operatorname{rot}\mathbf{A})^2 + \frac{1}{2\chi}(\dot{\mathbf{P}}^2 - \omega_0^2\mathbf{P}^2) - \mathbf{P}\cdot\left(\frac{1}{c}\dot{\mathbf{A}} + \operatorname{grad}\varphi\right), \tag{43}$$

wobei χ eine Konstante ist, welche in Gauß'schen Einheiten die Dimension (Frequenz)^2 hat. Die Lagrange-Bewegungsgleichungen für die Feldvariablen $\mathbf{A}$, φ und $\mathbf{P}$ sind gleichwertig den Maxwellgleichungen plus der für das Medium charakteristischen Gleichung

$$-\frac{\partial\mathcal{L}}{\partial P_\alpha} + \frac{\partial}{\partial t}\frac{\partial\mathcal{L}}{\partial\dot{P}_\alpha} + \frac{\partial}{\partial X_\mu}\frac{\partial\mathcal{L}}{\partial(\partial P_\alpha/\partial X_\mu)} = \frac{1}{\chi}(\ddot{P}_\alpha + \omega_0^2 P_\alpha) + \left(\frac{1}{c}\dot{\mathbf{A}} + \operatorname{grad}\varphi\right)_\alpha = 0, \tag{44}$$

oder mit $\mathbf{E} \equiv -\frac{1}{c}\dot{\mathbf{A}} - \operatorname{grad}\varphi$

$$\ddot{P}_\alpha + \omega_0^2 P_\alpha = \chi E_\alpha. \tag{45}$$

Die Bewegungsgleichung für φ liefert mit der Coulombeichung $\operatorname{div}\mathbf{A} = 0$,

$$-\operatorname{div}(\operatorname{grad}\varphi - 4\pi\mathbf{P}) = \operatorname{div}(\mathbf{E} + 4\pi\mathbf{P}) = 0. \tag{46}$$

Die Bewegungsgleichung für A_α lautet in der Coulombeichung

$$\nabla^2 A_\alpha - \frac{1}{c^2}\ddot{A}_\alpha = \frac{1}{c}[(\nabla\dot{\varphi})_\alpha - 4\pi\dot{P}_\alpha]. \tag{47}$$

Mit der Definition $\mathbf{H} = \operatorname{rot}\mathbf{A}$ ist die Herleitung der Maxwellgleichungen und der für das Medium charakteristischen Gleichung (44) aus der Lagrangefunktion vollständig. Gleichung (44) ist gleichwertig einem dielektrischen Dispersionsgesetz, das für ein starres Ionenmodell (d. h. ohne elektronische Polarisierbarkeit) gilt:

$$\epsilon = 1 + \frac{4\pi\chi}{\omega_0^2 - \omega^2}. \tag{48}$$

Wir haben im vorhergehenden Abschnitt gesehen, daß die longitudinalen Schwingungen des dielektrischen Polarisationsfeldes mit Photonen nicht koppeln und wir betrachten sie deshalb hier nicht weiter. Wir können φ weglassen. Die Lagrangedichte vereinfacht sich dann auf

$$\mathcal{L} = \frac{1}{8\pi c^2}(\dot{\mathbf{A}})^2 - \frac{1}{8\pi}(\text{rot } \mathbf{A})^2 + \frac{1}{2\chi}(\dot{\mathbf{P}}^2 - \omega_0{}^2\mathbf{P}^2) - \mathbf{P}\cdot\frac{1}{c}\dot{\mathbf{A}}. \tag{49}$$

Der zu $\mathbf{A}$ kanonisch konjugierte Impuls $\mathbf{M}$ ist definiert durch

$$M_\alpha \equiv \frac{\partial\mathcal{L}}{\partial\dot{A}_\alpha} = \frac{1}{4\pi c^2}\dot{A}_\alpha - \frac{1}{c}P_\alpha; \tag{50}$$

ähnlich ergibt sich für $\mathbf{\Pi}$:

$$\Pi_\alpha = \frac{\partial\mathcal{L}}{\partial\dot{P}_\alpha} = \frac{1}{\chi}\dot{P}_\alpha. \tag{51}$$

Die Hamilton-Dichte ist gegeben durch

$$\begin{aligned}\mathcal{H} = M_\alpha\dot{A}_\alpha + \Pi_\alpha\dot{P}_\alpha - \mathcal{L} = 2\pi c^2\mathbf{M}^2 + \frac{1}{8\pi}(\text{rot } \mathbf{A})^2 + \frac{\chi}{2}\mathbf{\Pi}^2 \\ + \left(2\pi + \frac{\omega_0{}^2}{2\chi}\right)\mathbf{P}^2 + 4\pi c\mathbf{M}\cdot\mathbf{P}.\end{aligned} \tag{52}$$

Wir entwickeln nun $\mathbf{A}$ und $\mathbf{P}$. Mit periodischen Randbedingungen auf dem Einheitsvolumen ergibt sich:

$$\mathbf{A} = \sum_{\mathbf{k}\lambda}\left(\frac{2\pi c}{k}\right)^{1/2}\boldsymbol{\varepsilon}_{\mathbf{k}\lambda}(a_{\mathbf{k}\lambda}e^{i\mathbf{k}\cdot\mathbf{x}} + a^+_{\mathbf{k}\lambda}e^{-i\mathbf{k}\cdot\mathbf{x}}); \tag{53}$$

$$\mathbf{P} = \sum_{\mathbf{k}\lambda}\left[\frac{\chi}{2(4\pi\chi + \omega_0{}^2)^{1/2}}\right]^{1/2}\boldsymbol{\varepsilon}_{\mathbf{k}\lambda}(b_{\mathbf{k}\lambda}e^{i\mathbf{k}\cdot\mathbf{x}} + b^+_{\mathbf{k}\lambda}e^{-i\mathbf{k}\cdot\mathbf{x}}); \tag{54}$$

hier ist $\boldsymbol{\varepsilon}_{\mathbf{k}\lambda}$ ein Einheitvektor in der Richtung der Polarisation der Welle. λ ist der Polarisationsindex. Die a, a^+ und b, b^+ haben die Eigenschaften von Boseoperatoren. Die Einzelheiten der Rechnung sind in der Arbeit von Hopfield [3]) enthalten. Der Hamilton-Operator ergibt sich zu (mit $\beta = \chi/\omega_0{}^2$)

$$\begin{aligned}H = \sum_{\mathbf{k}\lambda}\{ck(a^+_{\mathbf{k}\lambda}a_{\mathbf{k}\lambda} + \tfrac{1}{2}) + \omega_0(1 + 4\pi\beta)^{1/2}(b^+_{\mathbf{k}\lambda}b_{\mathbf{k}\lambda} + \tfrac{1}{2}) \\ + i[\pi ck\beta\omega_0/(1 + 4\pi\beta)^{1/2}](a^+_{\mathbf{k}\lambda}b_{\mathbf{k}\lambda} - a_{\mathbf{k}\lambda}b^+_{\mathbf{k}\lambda} - a_{-\mathbf{k}\lambda}b_{\mathbf{k}\lambda} + a^+_{-\mathbf{k}\lambda}b^+_{\mathbf{k}\lambda})\}.\end{aligned} \tag{55}$$

Wir haben jetzt das Problem formuliert, die Lösung werden wir nur skizzieren. Der Hamilton-Operator läßt sich diagonalisieren durch die Einführung des Vernichtungsoperators

$$\alpha_\mathbf{k} = wa_\mathbf{k} + xb_\mathbf{k} + ya^+_{-\mathbf{k}} + zb^+_{-\mathbf{k}}, \tag{56}$$

wobei w, x, y, z so gewählt werden, daß die Beziehung erfüllt ist

$$[\alpha_\mathbf{k}, H] = \omega_\mathbf{k}\alpha_\mathbf{k}. \tag{57}$$

Die Lösung des Eigenwertproblems (57) ist die Dispersionsrelation

(58) $$\omega_k^4 - \omega_k^2[(1 + 4\pi\beta)\omega_0^2 + c^2k^2] + \omega_0^2c^2k^2 = 0,$$

welche identisch ist mit (38).

Wechselwirkung von Magnetisierung und elektromagnetischem Feld

Wir lösen gleichzeitig die Maxwellgleichungen und die Spinresonanz-Gleichungen in einem unendlich ausgedehnten Medium. Dies ist ein interessantes und eindrucksvolles Beispiel für die Kopplung mit dem elektromagnetischen Feld. Mit $\epsilon = 1$ erhalten wir

(59) $$\text{rot } \mathbf{H} = \frac{1}{c}\dot{\mathbf{E}}; \qquad \text{rot } \mathbf{E} = -\frac{1}{c}(\dot{\mathbf{H}} + 4\pi\dot{\mathbf{M}});$$

(60) $$\dot{\mathbf{M}} = \gamma\mathbf{M} \times \mathbf{H},$$

wobei γ das magnetomechanische Verhältnis $ge/2mc$ und $\mathbf{M}$ die Magnetisierung ist. Die ersten beiden Gleichungen ergeben zusammen

(61) $$\nabla^2\mathbf{H} = c^{-2}(\ddot{\mathbf{H}} + 4\pi\ddot{\mathbf{M}}); \qquad -k^2H^+ = -c^{-2}\omega^2(H^+ + 4\pi M^+),$$

mit $H^+ = H_x + iH_y$; $M^+ = M_x + iM_y$. Die linearisierte Resonanzgleichung kann mit $\omega_0 = \gamma H_0$ und $\omega_s = \gamma M_z$ für ein statisches Feld H_0 in z-Richtung geschrieben werden:

(62) $$i\omega M^+ = -i(\omega_0 M^+ - \omega_s H^+),$$

so daß

(63) $$M^+ = \frac{\omega_s H^+}{\omega + \omega_0}.$$

Benützt man (63) in (61), so ergibt sich

(64) $$c^2k^2 = \omega^2\left(1 + \frac{4\pi\omega_s}{\omega + \omega_0}\right);$$

diese Beziehung hat einen Zweig bei $\mathbf{k} = 0$, wenn

(65) $$\begin{aligned} -\omega &= \omega_0 + 4\pi\omega_s \\ &= \gamma(H_0 + 4\pi M_s) = \gamma B. \end{aligned}$$

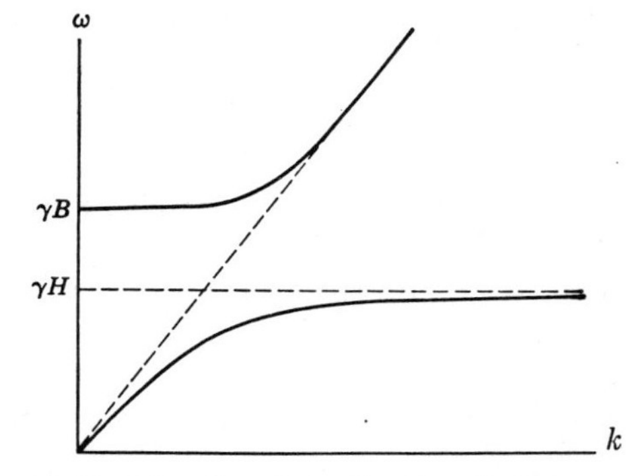

Bild 3: Dispersionsrelation für gekoppelte Photonen- und Magnetisierungsfelder, ohne Austausch.

Der Magnonenzweig (Bild 3) geht bei $\mathbf{k} = 0$ nach $\omega = \gamma B$, und nicht nach $\omega = \gamma H$. Dieses Ergebnis hat nichts mit Demagnetisierungsfeldern zu tun, sondern kommt alleine durch Verschiebungsströme zustande. Das Ergebnis ist analog zur Lyddane-Sachs-Teller-Relation (36) in ionischen Kristallen.

Magnetische Resonanz wird jedoch in flachen Platten (mit $H \perp$ zur Oberfläche) bei $\omega = \gamma H_i$ und nicht bei $\omega = \gamma B_i$ beobachtet. H_i ist das innere Feld einschließlich Korrekturen wegen der Oberflächen-Demagnetisierung. Das hat seinen Grund darin, daß in dünnen Platten der Term, der den Verschiebungsstrom beschreibt, nicht in der Lage ist, die Lösungen von H_i nach B_i zu verschieben. Dieser Effekt ist wohl bekannt in ionischen Kristallen und wurde von P. Pincus [*J. Appl. Phys.* **33**, 553 (1962)] für das Problem der magnetischen Resonanz aufgezeigt, indem er die Oberflächen-Impedanz für eine Platte exakt als Funktion der Dicke berechnet hat. Grob gesprochen tritt die Verschiebung der Resonanzfrequenz durch den Verschiebungsstrom dann auf, wenn die Platte eine oder mehrere Wellenlängen der Strahlung enthält.

Aufgaben

1.) Man nehme an, daß sich in einem Elektronengas n_a Atome pro Einheitsvolumen befinden, ein jedes mit der atomaren Polarisierbarkeit χ_a. Man zeige, daß in (15)

$$P_{\|} = \left(-\frac{ne^2}{m\omega^2} + \chi_a \right) E. \tag{66}$$

Man berechne für metallisches Silber den Einfluß von χ_a auf den Wert der Frequenz, für die $\epsilon_{\|} = 0$. Man benütze als grobe Abschätzung für χ_a die Polarisierbarkeit der Ag^+-Ionen in Silberhalogeniden, wie man sie in der Literatur findet.

2.) Man zeige, daß die Eigenfrequenz eines Plasmas, das in einer Kugel eingeschlossen ist, gegeben ist durch

$$\omega_L^2 = \omega_p^2 \frac{L}{2L+1}, \tag{67}$$

wobei $\omega_p^2 = 4\pi ne^2/m$ und L die Ordnung des Legendre-Polynoms in den äußeren (engl. exterior) und inneren Potentialen ist

$$\varphi_e \propto r^{-(L+1)} P_L^m(\cos\theta) e^{im\varphi}; \qquad \varphi_i \propto r^L P_L^m(\cos\theta) e^{im\varphi}. \tag{68}$$

Wir nehmen an, daß Effekte vom Verschiebungsstrom vernachlässigt werden können.

Hinweis: Die innere Dielektrizitätskonstante eines Plasmas ist

$$\epsilon = 1 - \frac{\omega_p^2}{\omega^2}. \tag{69}$$

Dieses Problem ist analog dem Problem der magnetostatischen Schwingungen, wie es von L. R. Walker, *Phys. Rev.* **105**, 390 (1957) behandelt wird.

4. Magnonen

Die niedrigliegenden Energiezustände von Systemen von Spins, die durch Austauschwechselwirkungen gekoppelt sind, haben Wellencharakter, wie zuerst von Bloch für Ferromagneten gezeigt wurde. Sie werden Spinwellen genannt. Die Energie einer Spinwelle ist quantisiert, die Energieeinheit einer Spinwelle nennt man *Magnon*. Spinwellen sind untersucht worden für alle Arten geordneter Spinanordnungen, einschließlich ferromagnetischer, ferrimagnetischer, antiferromagnetischer, gekanteter und spiraliger Anordnungen. Wir werden ferromagnetische und antiferromagnetische Spinwellen untersuchen, erstere mit einem atomaren Hamilton-Operator, letztere mit einem makroskopischen Hamilton-Operator.

Ferromagnetische Magnonen

Der einfachste Hamilton-Operator von Interesse ist die Summe der Austauschbeiträge der nächsten Nachbarn und der Zeeman-Beiträge:

$$H = -J \sum_{j\delta} \mathbf{S}_j \cdot \mathbf{S}_{j+\delta} - 2\mu_0 H_0 \sum_j S_{jz}, \tag{1}$$

wobei die Vektoren δ das Atom j mit seinen nächsten Nachbarn in einem Bravais-Gitter verknüpfen. J ist das Austauschintegral. Es wird als positiv angenommen. $\mu_0 = (g/2)\mu_B$ ist das magnetische Moment. $\mathbf{S}_j$ ist der Spin-Drehimpulsoperator des Atoms j; H_0 ist die Stärke des statischen Magnetfeldes in Richtung der z-Achse. Wir wählen $H_0 > 0$, so daß sich die magnetischen Momente in Richtung der positiven z-Achse ausrichten, wenn das System im Grundzustand ist.

Konstanten der Bewegung des Hamilton-Operators (1) sind der Gesamtspin $\mathcal{S}^2 = (\sum_j \mathbf{S}_j)^2$ und die z-Komponente $\mathcal{S}_z = \sum_j S_{jz}$ des Gesamtspins. Für den Grundzustand $|0\rangle$ eines Systems von N identischen Atomen mit Spin S gilt

$$\mathcal{S}^2|0\rangle = NS(NS+1)|0\rangle; \qquad \mathcal{S}_z|0\rangle = NS|0\rangle. \tag{2}$$

Holstein-Primakoff-Transformation

Der Hamilton-Operator enthält die drei Komponenten S_{jx}, S_{jy}, S_{jz} eines jeden Spins $\mathbf{S}_j$. Die Komponenten sind nicht unabhängig voneinander, sondern durch die Identität $\mathbf{S}_j \cdot \mathbf{S}_j = S(S+1)$ miteinander verknüpft. Es ist bequemer, mit zwei Operatoren zu arbeiten, die voneinander unabhängig sind. Die Holstein-Primakoff-Transformation [1]) auf Bosonen-Erzeugungs- und Vernichtungsoperatoren a_j^+ und a_j ist definiert durch

$$S_j^+ = S_{jx} + iS_{jy} = (2S)^{1/2}(1 - a_j^+ a_j/2S)^{1/2} a_j; \tag{3}$$

$$S_j^- = S_{jx} - iS_{jy} = (2S)^{1/2} a_j^+ (1 - a_j^+ a_j/2S)^{1/2}; \tag{4}$$

wir fordern hierbei

$$[a_j, a_l^+] = \delta_{jl}, \tag{5}$$

damit die S^+ und S^- die richtigen Vertauschungsrelationen erfüllen.

Aus (3), (4) und (5) können wir die Transformation von S_z berechnen. Es ergibt sich, wenn wir den Index j weglassen

$$\begin{aligned} S_z^2 &= S(S+1) - S_x^2 - S_y^2 = S(S+1) - \tfrac{1}{2}(S^+S^- + S^-S^+) \\ &= S(S+1) - S[(1 - a^+a/2S)^{1/2} aa^+ (1 - a^+a/2S)^{1/2} \\ &\qquad + a^+(1 - a^+a/2S)a]. \end{aligned}$$

Bei Benützung von $[a^+a, a^+a] = 0$ und $[a^+a, a] = -a$ ergibt sich aus (6)

$$\begin{aligned} S_z^2 &= S(S+1) - S[2a^+a(1 - a^+a/2S) \\ &\qquad + (1 - a^+a/2S) + a^+a/2S] \\ &= (S - a^+a)^2, \end{aligned} \tag{7}$$

also

$$S_{jz} = S - a_j^+ a_j. \tag{8}$$

Es ist ein Vorteil, eine Transformation von den atomaren a_j^+, a_j auf Magnonen-Variable $b_{\mathbf{k}}^+, b_{\mathbf{k}}$ durchzuführen, welche definiert sind durch

$$b_{\mathbf{k}} = N^{-1/2} \sum_j e^{i\mathbf{k}\cdot\mathbf{x}_j} a_j; \qquad b_{\mathbf{k}}^+ = N^{-1/2} \sum_j e^{-i\mathbf{k}\cdot\mathbf{x}_j} a_j^+; \tag{9}$$

hier bedeutet $\mathbf{x}_j$ den Ortsvektor des Atoms j. Die inverse Transformation ist dann gegeben durch

$$a_j = N^{-1/2} \sum_{\mathbf{k}} e^{-i\mathbf{k}\cdot\mathbf{x}_j} b_{\mathbf{k}}; \qquad a_j^+ = N^{-1/2} \sum_{\mathbf{k}} e^{i\mathbf{k}\cdot\mathbf{x}_j} b_{\mathbf{k}}^+. \tag{10}$$

---

[1]) T. Holstein und H. Primakoff, *Phys. Rev.* **58**, 1098 (1940)

Die Vorzeichen der Exponenten $\pm i\mathbf{k}\cdot\mathbf{x}_j$ wurden so gewählt, daß sie mit den von Holstein und Primakoff verwendeten übereinstimmen. Der Kommutator erfüllt die Bosonen-Vertauschungsrelation:

$$
\begin{aligned}
(11)\qquad [b_{\mathbf{k}},b_{\mathbf{k}'}^+] &= N^{-1}\sum_{jl} e^{i\mathbf{k}\cdot\mathbf{x}_j}e^{-i\mathbf{k}'\cdot\mathbf{x}_l}[a_j,a_l^+] \\
&= N^{-1}\sum_j e^{i(\mathbf{k}-\mathbf{k}')\cdot\mathbf{x}_j} = \delta_{\mathbf{k}\mathbf{k}'},
\end{aligned}
$$

und

$$
(12)\qquad [b_{\mathbf{k}},b_{\mathbf{k}'}] = [b_{\mathbf{k}}^+,b_{\mathbf{k}'}^+] = 0.
$$

Der Operator $b_{\mathbf{k}}^+$ erzeugt ein Magnon mit Wellenvektor $\mathbf{k}$, und der Operator $b_{\mathbf{k}}$ vernichtet ein Magnon mit Wellenvektor $\mathbf{k}$. Die diskreten Werte von $\mathbf{k}$, über die summiert wird, sind diejenigen, die man auf Grund von periodischen Randbedingungen erhält.

Wir wollen jetzt S_j^+, S_j^- und S_{zj} ausdrücken durch Spinwellen-Variable. Wir wollen uns hauptsächlich mit den tiefliegenden Zuständen des Systems befassen, so daß der relative Spinumklapp klein ist:

$$
(13)\qquad \langle a_j^+a_j\rangle/S = \langle n_j\rangle/S \ll 1,
$$

so daß es erlaubt ist, die Quadratwurzel in (3) und (4) zu entwickeln. Dann ist

$$
\begin{aligned}
(14)\qquad S_j^+ &= (2S)^{1/2}[a_j - (a_j^+a_ja_j/4S) + \cdots] \\
&= (2S/N)^{1/2}\Big[\sum_{\mathbf{k}} e^{-i\mathbf{k}\cdot\mathbf{x}_j}b_{\mathbf{k}} \\
&\qquad - (4SN)^{-1}\sum_{\mathbf{k},\mathbf{k}',\mathbf{k}''} e^{i(\mathbf{k}-\mathbf{k}'-\mathbf{k}'')\cdot\mathbf{x}_j}b_{\mathbf{k}}^+b_{\mathbf{k}'}b_{\mathbf{k}''} + \cdots\Big];
\end{aligned}
$$

$$
\begin{aligned}
(15)\qquad S_j^- &= (2S/N)^{1/2}\Big[\sum_{\mathbf{k}} e^{i\mathbf{k}\cdot\mathbf{x}_j}b_{\mathbf{k}}^+ \\
&\qquad - (4SN)^{-1}\sum_{\mathbf{k},\mathbf{k}',\mathbf{k}''} e^{i(\mathbf{k}+\mathbf{k}'-\mathbf{k}'')\cdot\mathbf{x}_j}b_{\mathbf{k}}^+b_{\mathbf{k}'}^+b_{\mathbf{k}''} + \cdots\Big];
\end{aligned}
$$

$$
(16)\qquad S_{jz} = S - a_j^+a_j = S - N^{-1}\sum_{\mathbf{k}\mathbf{k}'} e^{i(\mathbf{k}-\mathbf{k}')\cdot\mathbf{x}_j}b_{\mathbf{k}}^+b_{\mathbf{k}'}.
$$

Wir bemerken, daß der Operator des Gesamtspins des gesamten Systems sich ergibt zu

$$
NS - \mathcal{S}_z = NS - \sum_j S_{jz} = \sum_j a_j^+a_j;
$$

$$
(17)\qquad \boxed{\mathcal{S}_z = NS - N^{-1}\sum_{j\mathbf{k}\mathbf{k}'} e^{i(\mathbf{k}-\mathbf{k}')\cdot\mathbf{x}_j}b_{\mathbf{k}}^+b_{\mathbf{k}'} = NS - \sum_{\mathbf{k}} b_{\mathbf{k}}^+b_{\mathbf{k}}.}
$$

Das ist exakt.

Man kann $b_{\mathbf{k}}^+b_{\mathbf{k}}$ also als den Besetzungszahloperator für den Magnonzustand $\mathbf{k}$ ansehen. Die Eigenwerte von $b_{\mathbf{k}}^+b_{\mathbf{k}}$ sind positive ganze Zahlen $n_{\mathbf{k}}$. Wir betonen, daß die a und b wie Bosonen-Amplituden wirken, obwohl die Elektronen Fermionen sind. Das ist nicht überraschender als die Tatsache, daß die Phononen sich wie Bosonen benehmen, obwohl alle Teilchen (Elektronen, Protonen, Neutronen), aus denen sich das System zusammensetzt, Fermionen sind. Alle Feldamplituden, die makroskopisch beobachtbar sind, sind Bose-Felder: Die Feldamplitude eines Fermizustandes ist durch die Besetzungsregel stark beschränkt, auf 0 oder 1, und kann daher nicht genau gemessen werden.

Hamilton-Operator in Spinwellen-Variablen

Benützt man die Transformation von S^+, S^-, S_z auf Spinwellen-Variable, dann wird der Hamilton-Operator

$$H = -J \sum_{j\boldsymbol{\delta}} \mathbf{S}_j \cdot \mathbf{S}_{j+\boldsymbol{\delta}} - 2\mu_0 H_0 \sum_j S_{jz},$$

wenn es z nächste Nachbarn gibt, zu

$$H = -JNzS^2 - 2\mu_0 H_0 NS + \mathcal{H}_0 + \mathcal{H}_1, \tag{18}$$

wobei der in den Spinwellen-Variablen bilineare Term lautet

$$\begin{aligned} \mathcal{H}_0 = -(JS/N) \sum_{j\boldsymbol{\delta}\mathbf{k}\mathbf{k}'} \{ & e^{-i(\mathbf{k}-\mathbf{k}')\cdot\mathbf{x}_j} e^{i\mathbf{k}\cdot\boldsymbol{\delta}} b_{\mathbf{k}} b_{\mathbf{k}'}^+ + e^{i(\mathbf{k}-\mathbf{k}')\cdot\mathbf{x}_j} \\ & \times e^{-i\mathbf{k}'\cdot\boldsymbol{\delta}} b_{\mathbf{k}}^+ b_{\mathbf{k}'} - e^{i(\mathbf{k}-\mathbf{k}')\cdot\mathbf{x}_j} b_{\mathbf{k}}^+ b_{\mathbf{k}'} - e^{-i(\mathbf{k}-\mathbf{k}')\cdot(\mathbf{x}_j+\boldsymbol{\delta})} b_{\mathbf{k}}^+ b_{\mathbf{k}'} \} \\ & + (2\mu_0 H_0/N) \sum_{j\mathbf{k}\mathbf{k}'} e^{i(\mathbf{k}-\mathbf{k}')\cdot\mathbf{x}_j} b_{\mathbf{k}}^+ b_{\mathbf{k}'}, \end{aligned} \tag{19}$$

welcher nach der Summation über j lautet

$$\mathcal{H}_0 = -JzS \sum_{\mathbf{k}} \{ \gamma_{\mathbf{k}} b_{\mathbf{k}} b_{\mathbf{k}}^+ + \gamma_{-\mathbf{k}} b_{\mathbf{k}}^+ b_{\mathbf{k}} - 2 b_{\mathbf{k}}^+ b_{\mathbf{k}} \} + 2\mu_0 H_0 \sum_{\mathbf{k}} b_{\mathbf{k}}^+ b_{\mathbf{k}}, \tag{20}$$

wobei in

$$\gamma_{\mathbf{k}} = z^{-1} \sum_{\boldsymbol{\delta}} e^{i\mathbf{k}\cdot\boldsymbol{\delta}} \tag{21}$$

über die z nächsten Nachbarn summiert wird. Man beachte, daß $\sum_{\mathbf{k}} \gamma_{\mathbf{k}} = 0$. Wenn es ein Symmetrie-Zentrum gibt, ist $\gamma_{\mathbf{k}} = \gamma_{-\mathbf{k}}$; dann ergibt sich

$$\boxed{\mathcal{H}_0 = \sum_{\mathbf{k}} \{ 2JzS(1 - \gamma_{\mathbf{k}}) + 2\mu_0 H_0 \} b_{\mathbf{k}}^+ b_{\mathbf{k}}.} \tag{22}$$

Der Term $\mathcal{H}_1$ in (18) enthält Terme vierter und höherer Ordnung in den Magnon-Operatoren und kann vernachlässigt werden, wenn wir niedrige Anregungen betrachten.

Wir können (22) schreiben als

$$\mathcal{H}_0 = \sum_{\mathbf{k}} \hat{n}_{\mathbf{k}}\omega_{\mathbf{k}}; \qquad \omega_{\mathbf{k}} = 2JSz(1 - \gamma_{\mathbf{k}}) + 2\mu_0 H_0. \tag{23}$$

Das ist die Dispersionsrelation für Magnonen in einem Spin-System, das ein Bravais-Gitter bildet. Experimentelle Kurven für Magnetit sind in Bild 1 wiedergegeben. Die primitive Elementarzelle in Fe_3O_4 enthält mehrere Ionen, so daß es einen akustischen Magnonzweig und mehrere optische Magnonenzweige gibt. Die Bezeichnungsweise ist dem entsprechenden Phononenproblem entliehen.

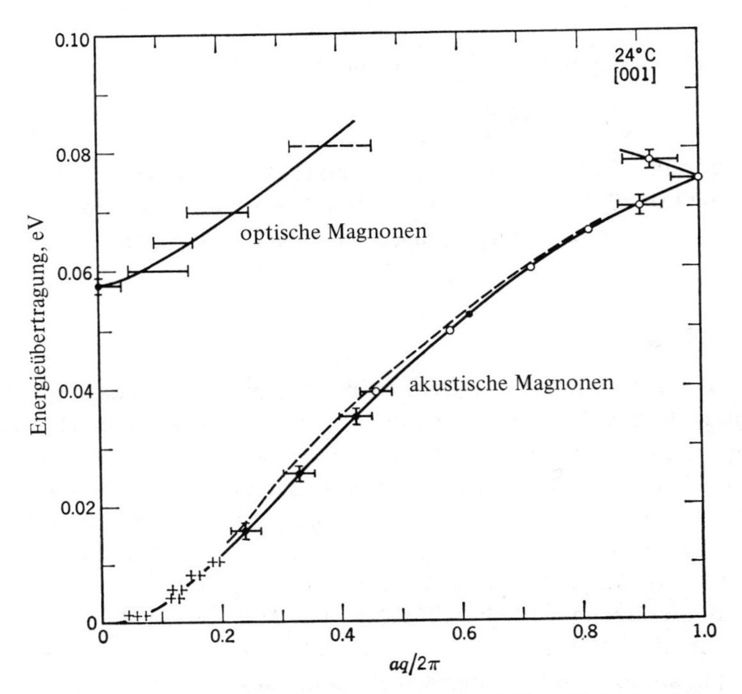

Bild 1: Dispersionsrelationen von akustischen und optischen Magnonen in Magnetit, bestimmt aus inelastischer Neutronenstreuung von Brockhouse und Watanabe (IAEA Symposium, Chalk River, Ontario, 1962).

Für $|\mathbf{k} \cdot \boldsymbol{\delta}| \ll 1$ gilt

$$z(1 - \gamma_{\mathbf{k}}) \cong \tfrac{1}{2} \sum_{\boldsymbol{\delta}} (\mathbf{k} \cdot \boldsymbol{\delta})^2, \tag{24}$$

und

$$\omega_{\mathbf{k}} \cong 2\mu_0 H_0 + JS \sum_{\boldsymbol{\delta}} (\mathbf{k} \cdot \boldsymbol{\delta})^2, \tag{25}$$

was sich für einfach kubische, kubisch raumzentrierte und kubisch flächenzentrierte Gitter mit der Gitterkonstante a auf folgenden Ausdruck reduziert:

$$\boxed{\omega_{\mathbf{k}} = 2\mu_0 H_0 + 2JS(ka)^2.} \tag{26}$$

Wir bemerken, daß der Austauschbeitrag zu der Magnonenfrequenz von der Form der de Broglie-Dispersionsrelation für ein freies Teilchen der Masse m^* ist, und zwar

$$\omega_{\mathbf{k}} = \frac{1}{2m^*} k^2, \tag{27}$$

wenn wir $2JSa^2 = 1/2m^*$ setzen, oder

$$m^* = 1/4JSa^2. \tag{28}$$

Für übliche Ferromagneten mit Curie-Punkten bei oder über Zimmertemperatur führen die beobachteten Dispersionsrelationen auf Werte von m^*, die in Größenordnung von zehn Elektronenmassen liegen.

Magnon-Magnon-Wechselwirkung

Der Austausch-Hamilton-Operator ist nur dann in den Spinwellen-Variablen diagonal, wenn wir die Wechselwirkung $\mathcal{H}_1$ in (18) vernachlässigen. Der Hauptterm in $\mathcal{H}_1$ ist biquadratisch und führt zur Kopplung zwischen Spin-Wellen. Der Streuquerschnitt für zwei Spinwellen $\mathbf{k}_1$ und $\mathbf{k}_2$ ist von F. J. Dyson [*Phys. Rev.* **102,** 1217 (1956)] berechnet worden. Er ist von der Größenordnung $(k_1a)^2(k_2a)^2a^2$, wobei a die Gitterkonstante ist. Für Magnonen mit Mikrowellenfrequenzen ist $ka \sim 10^{-2}$ bis 10^{-3}, so daß der Streuquerschnitt für Magnon-Magnon-Austausch von der Größenordnung 10^{-25} cm^2 ist, was für einen atomaren Prozeß sehr klein ist. Eine physikalische Deutung des Ergebnisses von Dyson wurde von F. Keffer und R. Loudon, *J. Appl. Phys. (Supplement)* **32,** 2 (1961) gegeben.

Bei Benützung von (14), (15) und (16) finden wir nach einfacher, aber mühsamer Zusammenfassung der Terme vierter Ordnung

$$\mathcal{H}_1 = (zJ/4N) \sum_{1234} b_1^+ b_2^+ b_3 b_4 \Delta(\mathbf{k}_1 + \mathbf{k}_2 - \mathbf{k}_3 - \mathbf{k}_4)\{2\gamma_1 + 2\gamma_3 - 4\gamma_{1-3}\}, \tag{29}$$

wobei $\Delta(x) = 1$ für $x = 0$ und $\Delta(x) = 0$ sonst. Für $|\mathbf{k} \cdot \boldsymbol{\delta}| \ll 1$ ist

$$2\gamma_1 + 2\gamma_3 - 4\gamma_{1-3} \cong \sum_{\boldsymbol{\delta}} \frac{1}{2z} \{2(\mathbf{k}_1 \cdot \boldsymbol{\delta})^2 + 2(\mathbf{k}_3 \cdot \boldsymbol{\delta})^2 - 8(\mathbf{k}_1 \cdot \boldsymbol{\delta})^2(\mathbf{k}_3 \cdot \boldsymbol{\delta})^2\}. \tag{30}$$

Wir sehen, daß eine Übergangswahrscheinlichkeit, die $|\langle|\mathcal{H}|\rangle|^2$ enthält, proportional zu $(ka)^4$ ist, wobei a die Gitterkonstante ist. Der Grad der Diagonalisierung der Austauschwechselwirkung durch die Spinwellentransformation ist also äußerst gut für langwellige Spinwellen ($ka \ll 1$), welche bei tiefen Temperaturen die vorherrschenden Anregungen sind.

Eine Diskussion des Einflusses der Magnon-Magnon-Austauschwechselwirkung auf die Renomierung der Magnonenenergie findet man im Anschluß an Gl. (131).

Spezifische Wärme von Magnonen

Wir setzen $H = 0$, vernachlässigen Magnon-Magnon-Wechselwirkungen und nehmen an, daß $ka \ll 1$. Dann ergibt (26)

$$\omega_{\mathbf{k}} = Dk^2; \qquad D \equiv 2SJa^2. \tag{31}$$

Die innere Energie des Magnongases pro Einheitsvolumen im thermischen Gleichgewicht bei der Temperatur T ist gegeben durch, mit $\tau \equiv k_B T$,

$$\begin{aligned} U &= \sum_{\mathbf{k}} \omega_{\mathbf{k}} \langle n_{\mathbf{k}} \rangle_T = \sum_{\mathbf{k}} \omega_{\mathbf{k}} \cdot \frac{1}{e^{\omega_{\mathbf{k}}/\tau} - 1} \\ &= \frac{1}{(2\pi)^3} \int d^3k \, Dk^2 \frac{1}{e^{Dk^2/\tau} - 1}, \end{aligned} \tag{32}$$

oder mit $x = Dk^2/\tau$

$$U = \frac{\tau^{5/2}}{4\pi^2 D^{3/2}} \int_0^{x_m} dx \, x^{3/2} \frac{1}{e^x - 1}, \tag{33}$$

wobei die obere Grenze als ∞ angenommen werden kann, wenn man sich für den Bereich $\tau \ll \omega_{\max}$ interessiert. Dann hat das Integral den Wert $\Gamma(\frac{5}{2})\zeta(\frac{5}{2};1)$, wobei $\Gamma(x)$ die Gammafunktion und $\zeta(S,a)$ die Riemann'sche Zetafunktion ist (siehe Whittaker und Watson, *Modern analysis,* Kapitel 13). Nun ist $\Gamma(\frac{5}{2}) = 3\pi^{1/2}/4$ und $\zeta(\frac{5}{2};1) = 1.341$ nach den Tabellen von Jahnke-Emde. Also ergibt sich

$$U = \frac{3\tau^{5/2}\zeta(\frac{5}{2})}{2(4\pi D)^{3/2}} \cong \frac{0.45\tau^{5/2}}{\pi^2 D^{3/2}}; \tag{34}$$

für die spezifische Wärme pro Einheitsvolumen ergibt sich

$$\boxed{C = dU/dT = 0.113 k_B (k_B T/D)^{3/2}.} \tag{35}$$

Wenn die spezifische Wärme nur aus einem Magnonenanteil $\propto T^{3/2}$ und einem Phononenanteil $\propto T^3$ besteht, dann ergibt ein Diagramm von

$CT^{-3/2}$ gegen $T^{3/2}$ aufgetragen eine gerade Linie, wie in Bild 2. Der Ordinatenwert der Kurve bei $T = 0$ gibt den Magnonenbeitrag und die Steigung ergibt die Phononenbeiträge. Zwei Proben von Ytterbium-Eisen-Granat, die von Shinozaki ausgemessen wurden, ergaben $D =$ $= 0.81 \times 10^{-28}$ erg-cm^2 und 0.85×10^{-28} erg-cm^2, was $m^*/m \approx 6$ ergibt.

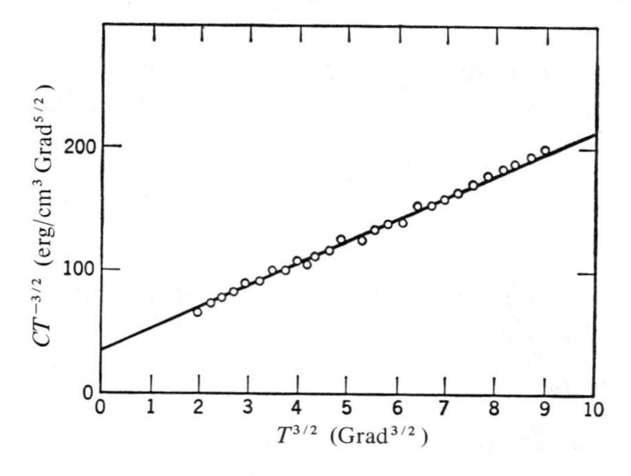

Bild 2:
Spezifische Wärme von Ytterbium-Eisen-Granat. Die Abbildung zeigt die Magnon- und Phononbeiträge (nach Shinozaki). Der Ordinatenwert bei $T = 0$ zeigt den Magnonenbeitrag.

Magnetisierungsumkehr

Die Zahl der umgeklappten Spins ist gegeben durch den Ensemble-Mittelwert der Spinwellen-Besetzungszahlen. So ergibt sich für die Sättigungsmagnetisierung pro Einheitsvolumen, mit den gleichen Annahmen wie für die spezifische Wärme,

$$M_s = 2\mu_0 \mathcal{S}_z = 2\mu_0 (NS - \Sigma\, b_{\mathbf{k}}^+ b_{\mathbf{k}}), \tag{36}$$

und

$$M_s(0) - M_s(T) \equiv \Delta M = 2\mu_0 \sum_{\mathbf{k}} \langle n_{\mathbf{k}} \rangle = \frac{2\mu_0}{(2\pi)^3} \int d^3k \, \frac{1}{e^{Dk^2/\tau} - 1}. \tag{37}$$

Bei tiefen Temperaturen, für die gilt $Dk_{\max}{}^2 \gg \tau$, ergibt sich

$$\Delta M = \frac{\mu_0}{2\pi^2} \left(\frac{\tau}{D}\right)^{3/2} \int_0^\infty dx\, x^{1/2} \frac{1}{e^x - 1}, \tag{38}$$

wobei das Integral gleich $\Gamma(\frac{3}{2})\zeta(\frac{3}{2};1)$ ist. Deshalb ist

$$\boxed{\Delta M = 0.117\mu_0 (k_B T/D)^{3/2} = 0.117(\mu_0/a^3)(k_B T/2SJ)^{3/2},} \tag{39}$$

wobei wir uns daran erinnern, daß $\mu_0 = (g/2)\mu_B$, wobei μ_B das Bohr'sche Magneton ist. Wir merken an, daß $2S\mu_0/a^3 = (1,\frac{1}{2},\frac{1}{4})M_s(0)$ ist für einfach kubische, kubisch raumzentrierte und kubisch flächenzentrierte Gitter.

Dyson [*Phys. Rev.* **102**, 1230 (1956)] hat Beiträge zu ΔM in höherer Ordnung in $k_B T/J$ betrachtet. Es treten Terme mit Exponenten $\frac{5}{2}$ und $\frac{7}{2}$ auf, wenn man das volle $\gamma_{\mathbf{k}}$ und nicht nur den k^2-Term in der Entwicklung von $1 - \gamma_{\mathbf{k}}$ berücksichtigt. Wenn man aber die $T^{5/2}$- und $T^{7/2}$-Terme mitberücksichtigt, dann darf das Integral über d^3k nur über den tatsächlichen Bereich des $\mathbf{k}$-Raumes erstreckt werden und nicht bis ∞, wenn man sinnvolle numerische Ergebnisse erhalten will. Der erste Term in ΔM, der von dem nichtidealen Aspekt des Magnonengases, d.h. von der Magnon-Magnon-Austauschwechselwirkung herrührt, ist von der Ordnung $(k_B T/J)^4$.

Keffer und Loudon haben ein einfaches Bild für das Zustandekommen des T^4-Terms gegeben. Sie geben eine dynamische Begründung, daß man in (39) $\bar{S}$ statt S benützen sollte, wobei $\bar{S}$ der Ensemble-Mittelwert der Projektion eines Spins auf seinen nächsten Nachbarn ist: $\bar{S} = \langle \mathbf{S}_j \cdot \mathbf{S}_{j+\delta} \rangle / S$. Also ist $S - \bar{S} \propto T^{5/2}$ nach (34). Entwickelt man den Hauptterm in der Magnetisierungsumkehr $(k_B T/2\bar{S}J)^{3/2}$, so erhält man einen weiteren Term mit $(k_B T/2SJ)^{3/2}(k_B T/2SJ)^{5/2} \propto T^4$. Wir sehen, daß die Magnon-Magnon-Wechselwirkungen wenig Einfluß auf die Temperaturabhängigkeit der Sättigungsmagnetisierung haben, außer in Nähe der Curie-Temperatur. Für den Hochtemperaturbereich siehe M. Bloch, *Phys. Rev. Letters* **9**, 286 (1962).

Wir betrachten nicht die Effekte, welche in ferromagnetischen Metallen auftreten können wegen der thermischen Umverteilung der Elektronenzustände innerhalb eines Bandes. Herring und Kittel [*Phys. Rev.* **81**, 869 (1951)] haben gezeigt, daß sich für ein Metall keine Widersprüche ergeben, wenn man, wie beobachtet, für niedrige Temperaturen eine spezifische Wärme $\propto T$ hat, die von Anregungen der Einelektronenzustände beherrscht wird, und eine Magnetisierungsumkehr $\propto T^{3/2}$, die von den Magnonen-Anregungen beherrscht wird.

Es seien folgende Literaturhinweise zu einigen Aspekten der ferromagnetischen Magnonen aufgeführt:

F. Keffer, in *Handbuch der Physik,* Band XVIII/2, Springer, Berlin, 1966.

A. I. Akhiezer, V. G. Bar'yakhtar und M. I. Kaganov, *Soviet Physics-Uspekhi* 3, 567 (1961); Original im Russischen, *Usp. Fiz. Nauk* 71, 533 (1960).

J. Van Kranendonk und J. H. Van Vleck, *Revs. Mod. Phys.* **30**, 1 (1958).

C. Kittel, in *Low Temperature Physics,* Gordon and Breach, New York, 1962.

Es gibt eine beträchtliche Anzahl von Experimenten, in denen einzelne Magnonen angeregt und nachgewiesen wurden, so bei Spinwellenresonanz in dünnen Filmen, parallelem Pumpen, Anregung durch Magnon-Phonon-Kopplung, inelastischer Neutronenstreuung und Ausbreitung von Magnonenpulsen in Scheiben.

Antiferromagnetische Magnonen[2])

Wir betrachten den Hamilton-Operator

$$H = J \sum_{j\delta} \mathbf{S}_j \cdot \mathbf{S}_{j+\delta} - 2\mu_0 H_A \sum_j S^a_{jz} + 2\mu_0 H_A \sum_j S^b_{jz}; \tag{40}$$

hier bedeutet J das Austauschintegral der nächsten Nachbarn, welches mit der neuen Wahl des Vorzeichens für einen Antiferromagneten positiv ist. Wir lassen überall in diesem Abschnitt den Einfluß der Wechselwirkung von übernächsten Nachbarn weg, obwohl dieser in realen Antiferromagneten wichtig sein kann. Wir nehmen an, daß die Spinstruktur des Kristalls in zwei einander durchdringende Untergitter a und b unterteilt werden kann, welche die Eigenschaft besitzen, daß alle nächsten Nachbarn eines Atoms an a zu b gehören und umgekehrt. Diese einfache Unterteilung ist nicht in allen Fällen möglich. Die Größe H_A ist positiv und stellt ein fiktives magnetisches Feld dar, welches näherungsweise die Anisotropie-Energie des Kristalls beschreibt. Es versucht für positives μ_0 die Spins an a in $+z$-Richtung und die Spins an b in $-z$-Richtung auszurichten. Wir führen H_A hauptsächlich deswegen ein, um die Spinfelder in Richtung der Vorzugsachse, der z-Achse, zu stabilisieren. Wir werden sehen, daß die Anordnung, in der jedes Untergitter abgesättigt ist, nicht der wahre Grundzustand ist.

Wir machen die Holstein-Primakoff-Transformation:

$$S^+_{aj} = (2S)^{1/2}(1 - a^+_j a_j/2S)^{1/2} a_j; \qquad S^-_{aj} = (2S)^{1/2} a^+_j (1 - a^+_j a_j/2S)^{1/2}; \tag{41}$$

$$S^+_{bl} = (2S)^{1/2} b^+_l (1 - b^+_l b_l/2S)^{1/2}; \qquad S^-_{bl} = (2S)^{1/2}(1 - b^+_l b_l/2S)^{1/2} b_l. \tag{42}$$

Hier sind b^+_l, b_l die Erzeugungs- und Vernichtungsoperatoren, welche sich auf das l-te Atom an dem Untergitter b beziehen. Es sind keine Magnon-Variablen. Wir haben weiterhin

$$S^a_{jz} = S - a^+_j a_j; \qquad -S^b_{lz} = S - b^+_l b_l, \tag{43}$$

---

[2]) Nagamiya, Yosida und Kubo, *Adv. in Phys.* **4**, 97 (1955); J. Ziman, *Proc. Phys. Soc. (London)* **65**, 540, 548 (1952); P. W. Anderson, *Phys. Rev.* **86**, 694 (1952); R. Kubo, *Phys. Rev.* **87**, 568 (1952); T. Nakamura, *Progr. Theor. Phys.* **7**, 539 (1952).

indem wir die andere nach (7) mögliche Vorzeichenwahl treffen. Der Grund für die Verknüpfung von b^+ mit S_b^+ und von a mit S_a^+ ist offensichtlich.

Wir führen die Spin-Variablen ein

$$(44) \qquad c_{\mathbf{k}} = N^{-1/2} \sum_j e^{i\mathbf{k}\cdot\mathbf{x}_j} a_j; \qquad c_{\mathbf{k}}^+ = N^{-1/2} \sum_j e^{-i\mathbf{k}\cdot\mathbf{x}_j} a_j^+;$$

$$(45) \qquad d_{\mathbf{k}} = N^{-1/2} \sum_l e^{-i\mathbf{k}\cdot\mathbf{x}_l} b_l; \qquad d_{\mathbf{k}}^+ = N^{-1/2} \sum_l e^{i\mathbf{k}\cdot\mathbf{x}_l} b_l^+.$$

Die Summe für c läuft über die N Atome j des Untergitters a, die für d über die Atome l von b. Die Hauptterme in der Entwicklung von (41) und (42) sind

$$(46) \qquad \begin{aligned} S_{aj}^+ &= (2S/N)^{1/2} \left(\sum_{\mathbf{k}} e^{-i\mathbf{k}\cdot\mathbf{x}_j} c_{\mathbf{k}} + \cdots\right); \\ S_{aj}^- &= (2S/N)^{1/2} \left(\sum_{\mathbf{k}} e^{i\mathbf{k}\cdot\mathbf{x}_j} c_{\mathbf{k}}^+ + \cdots\right); \end{aligned}$$

$$(47) \qquad \begin{aligned} S_{bl}^+ &= (2S/N)^{1/2} \left\{\sum_{\mathbf{k}} e^{-i\mathbf{k}\cdot\mathbf{x}_l} d_{\mathbf{k}}^+ + \cdots\right\}; \\ S_{bl}^- &= (2S/N)^{1/2} \left\{\sum_{\mathbf{k}} e^{i\mathbf{k}\cdot\mathbf{x}_l} d_{\mathbf{k}} + \cdots\right\}; \end{aligned}$$

$$(48) \qquad \begin{aligned} S_{jz}^a &= S - N^{-1} \sum_{\mathbf{k}\mathbf{k}'} e^{i(\mathbf{k}-\mathbf{k}')\cdot\mathbf{x}_j} c_{\mathbf{k}}^+ c_{\mathbf{k}'}; \\ S_{lz}^b &= -S + N^{-1} \sum_{\mathbf{k}\mathbf{k}'} e^{-i(\mathbf{k}-\mathbf{k}')\cdot\mathbf{x}_l} d_{\mathbf{k}}^+ d_{\mathbf{k}'}. \end{aligned}$$

Der auf Magnonen-Variable transformierte Hamilton-Operator lautet, wenn es z nächste Nachbarn gibt,

$$(49) \qquad H = -2NzJS^2 - 4N\mu_0 H_A S + \mathcal{H}_0 + \mathcal{H}_1,$$

wobei der in den Magnonen-Variablen bilineare Term lautet

$$(50) \qquad \begin{aligned} \mathcal{H}_0 = 2JzS \sum_{\mathbf{k}} [\gamma_{\mathbf{k}}(c_{\mathbf{k}}^+ d_{\mathbf{k}}^+ + c_{\mathbf{k}} d_{\mathbf{k}}) + (c_{\mathbf{k}}^+ c_{\mathbf{k}} + d_{\mathbf{k}}^+ d_{\mathbf{k}})] \\ + 2\mu_0 H_A \sum_{\mathbf{k}} (c_{\mathbf{k}}^+ c_{\mathbf{k}} + d_{\mathbf{k}}^+ d_{\mathbf{k}}), \end{aligned}$$

mit

$$(51) \qquad \gamma_{\mathbf{k}} = z^{-1} \sum_{\boldsymbol{\delta}} e^{i\mathbf{k}\cdot\boldsymbol{\delta}} = \gamma_{-\mathbf{k}},$$

bei Annahme eines Symmetriezentrums. Wir vernachlässigen $\mathcal{H}_1$, das Terme höherer Ordnung enthält.

Wir suchen nun eine Transformation, welche $\mathcal{H}_0$ diagonalisiert. Wir transformieren auf neue Erzeugungs- und Vernichtungsoperatoren α^+, α; β^+, β mit $[\alpha_{\mathbf{k}}, \alpha_{\mathbf{k}}^+] = 1$; $[\beta_{\mathbf{k}}, \beta_{\mathbf{k}}^+] = 1$; $[\alpha_{\mathbf{k}}, \beta_{\mathbf{k}}] = 0$; etc. Das Problem ist das gleiche wie das Bogoliubov-Problem, das wir in Kapitel 2 besprochen haben, wenn wir in (91) folgende Ersetzungen vornehmen:

(52) $$a_{\mathbf{k}} \to c_{\mathbf{k}}; \qquad a_{\mathbf{k}}^{+} \to c_{\mathbf{k}}^{+}; \qquad a_{-\mathbf{k}} \to d_{\mathbf{k}}; \qquad a_{-\mathbf{k}}^{+} \to d_{\mathbf{k}}^{+};$$

(53) $$\omega_0 \to 2JzS + 2\mu_0 H_A; \qquad \omega_1 \to 2JzS\gamma_{\mathbf{k}}.$$

Die Transformation ist dann definiert durch

(54) $$\begin{aligned} \alpha_{\mathbf{k}} &= u_{\mathbf{k}} c_{\mathbf{k}} - v_{\mathbf{k}} d_{\mathbf{k}}^{+}; \qquad & \alpha_{\mathbf{k}}^{+} &= u_{\mathbf{k}} c_{\mathbf{k}}^{+} - v_{\mathbf{k}} d_{\mathbf{k}}; \\ \beta_{\mathbf{k}} &= u_{\mathbf{k}} d_{\mathbf{k}} - v_{\mathbf{k}} c_{\mathbf{k}}^{+}; \qquad & \beta_{\mathbf{k}}^{+} &= u_{\mathbf{k}} d_{\mathbf{k}}^{+} - v_{\mathbf{k}} c_{\mathbf{k}}; \end{aligned}$$

hier sind $u_{\mathbf{k}}$ und $v_{\mathbf{k}}$ reell und erfüllen $u_{\mathbf{k}}^2 - v_{\mathbf{k}}^2 = 1$.

In Analogie zu (2.98) sind die Magnon-Eigenfrequenzen $\omega_{\mathbf{k}}$ gegeben durch

(55) $$\boxed{\omega_{\mathbf{k}}^2 = (\omega_e + \omega_A)^2 - \omega_e^2 \gamma_{\mathbf{k}}^2,}$$

mit

(56) $$\omega_e \equiv 2JzS; \qquad \omega_A \equiv 2\mu_0 H_A.$$

Das Ergebnis stellt die Dispersionsrelation für antiferromagnetische Magnonen dar. Der bilineare Hamilton-Operator wird, wenn man $\omega_{\mathbf{k}}$ positiv wählt,

(57) $$\mathcal{H}_0 = -N(\omega_e + \omega_A) + \sum_{\mathbf{k}} \omega_{\mathbf{k}} (\alpha_{\mathbf{k}}^{+} \alpha_{\mathbf{k}} + \beta_{\mathbf{k}}^{+} \beta_{\mathbf{k}} + 1),$$

wobei wir die Umkehrung von (54) verwendet haben, um (50) umzuschreiben. Es gibt zwei entartete Schwingungsarten für jedes **k**, eine mit den α -Operatoren, die andere mit den β -Operatoren verknüpft. Der gesamte Hamilton-Operator (49) lautet

(58) $$H = -2NzJS(S+1) - 4\pi\mu_0 H_A (S + \tfrac{1}{2}) + \sum_{\mathbf{k}} \omega_{\mathbf{k}} (n_{\mathbf{k}} + \tfrac{1}{2}) + \mathcal{H}_1,$$

wobei jeder **k** - Wert zweimal gezählt werden muß, wegen der zweifachen Entartung: $n_{\mathbf{k}}$ ist eine positive ganze Zahl.

Vernachlässigen wir ω_A und wählen $ka \ll 1$, dann ist $\{1 - \gamma_{\mathbf{k}}^2\}^{1/2} \approx 3^{-1/2} ka$ für ein einfach kubisches Gitter und es ergibt sich

(59) $$\boxed{\omega_{\mathbf{k}} \cong 4(3)^{1/2} JSka.}$$

Das ist das Dispersionsgesetz für Antiferromagneten im Grenzfall großer Wellenlängen, vorausgesetzt, daß $\omega_{\mathbf{k}}/\omega_0 \gg 1$. Für den gleichförmigen Schwingungszustand der antiferromagnetischen Resonanz ist $\gamma_0 = 1$ und

(60) $$\omega_0 = [(2\omega_e + \omega_A)\omega_A]^{1/2},$$

was das Standardergebnis darstellt.

In einem homogenen äußeren Magnetfeld H parallel zur Magnetisierungsachse wird, wie man leicht zeigen kann, die Resonanzfrequenz

$$\omega_{\mathbf{k}'} = \omega_{\mathbf{k}} \pm \omega_H, \qquad \omega_H = (ge/2mc)H; \tag{61}$$

hier ist ω_H die zu H gehörende Larmorfrequenz.

Nullpunkt-Energie

Die Spinwellennäherung liefert bei Vernachlässigung von H_A und $\mathcal{H}_1$ für die Austauschenergie eines antiferromagnetischen Systems am absoluten Nullpunkt

$$E_0 = -2NzJS(S+1) + \sum_{\mathbf{k}} \omega_{\mathbf{k}}, \tag{62}$$

wobei jetzt jeder $\mathbf{k}$ -Wert einmal gezählt wird. Wir erinnern uns, daß die Gesamtzahl der Spins in dem System $2N$ ist, wenn man beide Untergitter berücksichtigt. Es ist üblich, E_0 durch eine Konstante β auszudrücken, die definiert ist durch

$$E_0 = -2NzJS(S + \beta z^{-1}). \tag{63}$$

Benützt man (55), so erhält man

$$\beta z^{-1} = N^{-1} \sum_{\mathbf{k}} [1 - (1 - \gamma_{\mathbf{k}}^2)^{1/2}]. \tag{64}$$

Für ein einfach kubisches Gitter ist der Wert von β gleich 0.58.

Untergittermagnetisierung am absoluten Nullpunkt

Eine bemerkenswerte Eigenschaft der Theorie der Antiferromagneten ist die Abweichung des magnetischen Moments eines Untergitters am absoluten Nullpunkt von dem Wert $2NS\mu_0$, was dem einfachen Bild eines gesättigten Untergitters entspräche. Es gibt einige experimentelle Hinweise aus dem Studium der magnetischen Kernresonanz, daß die tatsächliche Verringerung des magnetischen Moments der Untergitter eher geringer ist, als man auf Grund der folgenden Rechnung erwarten würde.

Aus (48) und (54) folgt

$$\begin{aligned} \mathcal{S}_z^a = \sum_j S_{jz}^a = NS - \sum_{\mathbf{k}} c_{\mathbf{k}}^+ c_{\mathbf{k}} &= NS \\ - \sum_{\mathbf{k}} (u_{\mathbf{k}}^2 \alpha_{\mathbf{k}}^+ \alpha_{\mathbf{k}} + v_{\mathbf{k}}^2 \beta_{\mathbf{k}} \beta_{\mathbf{k}}^+ &+ \text{Außerdiagonalterme}. \end{aligned} \tag{65}$$

Wir haben hier die zu (54) inverse Beziehung benützt:

$$c_{\mathbf{k}} = u_{\mathbf{k}} \alpha_{\mathbf{k}} + v_{\mathbf{k}} \beta_{\mathbf{k}}^+; \qquad d_{\mathbf{k}} = u_{\mathbf{k}} \beta_{\mathbf{k}} + v_{\mathbf{k}} \alpha_{\mathbf{k}}^+. \tag{66}$$

Am absoluten Nullpunkt sind alle $n_{\mathbf{k}} = 0$ und wir erhalten, wenn wir alle **k** einfach zählen,

(67)
$$\Delta \mathcal{S}_z = NS - \langle \mathcal{S}_z \rangle = \sum_{\mathbf{k}} v_{\mathbf{k}}^2 = \tfrac{1}{2} \sum_{\mathbf{k}} (\cosh 2\chi_{\mathbf{k}} - 1) = \tfrac{1}{2} \sum_{\mathbf{k}} [(1 - \gamma_{\mathbf{k}}^2)^{-1/2} - 1],$$

für $\omega_A = 0$, außerdem haben wir die Umschreibung des Ergebnisses von Aufgabe 5, Kapitel 2 benützt. Für das Einheitsvolumen ergibt sich also

(68)
$$\Delta \mathcal{S}_z = -\tfrac{1}{2} N + \frac{1}{2(2\pi)^3} \int d^3k \, (1 - \gamma_{\mathbf{k}}^2)^{-1/2},$$

wobei sich das Integral über die erlaubten Werte von **k** erstreckt. Für ein einfach kubisches Gitter ergibt die Integration

(69)
$$\Delta \mathcal{S}_z = 0.078 N,$$

nach Anderson.

Temperaturabhängigkeit der Untergittermagnetisierung. Aus (65) mit $\omega_A = 0$ ergibt sich, wenn man jedes **k** einfach zählt,

(70)
$$\langle \mathcal{S}_z(0) \rangle - \langle \mathcal{S}_z(T) \rangle = \sum_{\mathbf{k}} \langle n_{\mathbf{k}} \rangle \cosh 2\chi_{\mathbf{k}} = \sum_{\mathbf{k}} \langle n_{\mathbf{k}} \rangle (1 - \gamma_{\mathbf{k}}^2)^{-1/2},$$

wobei

(71)
$$\langle n_{\mathbf{k}} \rangle = \frac{1}{e^{\omega_{\mathbf{k}}/k_B T} - 1}.$$

In einem gewissen Temperaturbereich ist $\omega_{\mathbf{k}}$ durch (59) gegeben, was in einem gewissen **k** -Bereich als

(72)
$$\omega_{\mathbf{k}} \cong k_B \Theta_N k / k_{\max}$$

geschrieben werden kann. Θ_N bedeutet hier eine Temperatur von der Größenordnung der Néel-Temperatur. Für ein einfach kubisches Gitter ist $k_{\max} = \pm \pi / a$ entlang jeder Würfelkante. Es ist nun von Vorteil, $k_{\max}$ für ein Debyesches Phononenspektrum zu definieren:

(73)
$$n = \frac{1}{(2\pi)^3} \frac{4\pi}{3} k_{\max}^3,$$

wobei n die Zahl der Atome eines Untergitters pro Volumeneinheit ist. Der temperaturabhängige Teil (70) der Spindichte eines Untergitters ist

(74)
$$\frac{3^{1/2}}{\pi^2 a} \int_0^{k_m} dk \cdot k \cdot \{e^{(k/k_m)(\Theta_N/T)} - 1\}^{-1} \cong \frac{3^{1/2}\Omega}{\pi^2 a k_m^2} \left(\frac{T}{\Theta_N}\right)^2 \int_0^\infty \frac{x \, dx}{e^x - 1},$$

wenn $T \ll \Theta_N$. Die Untergittermagnetisierung nimmt mit $(T/\Theta_N)^2$ ab. Kubo, *Phys. Rev.* **87**, 568 (1952) gibt numerische Werte für Gitter vom NaCl- und CsCl-Typ.

Spezifische Wärme. Die spezifische Wärme eines Antiferromagneten mit der Dispersionsrelation

$$\omega_{\mathbf{k}} = [(\omega_e + \omega_A)^2 - \omega_e^2 \gamma_{\mathbf{k}}^2]^{1/2}$$

wird bei tiefen Temperaturen im wesentlichen exponentiell mit $-1/T$ verlaufen, solange $k_B T > \omega_0$, wobei $\omega_0 = [(2\omega_e + \omega_A)\omega_A]^{1/2}$. Bei höheren (aber nicht zu hohen) Temperaturen ist die Dispersionsrelation von der Form (72). Es gibt zwei antiferrromagnetische Magnonen für jeden $\mathbf{k}$-Wert anstatt drei Phononen. Multipliziert man das bekannte Debyesche Ergebnis für die spezifische Wärme von Phononen mit dem Faktor $\frac{2}{3}$, so ergibt sich der Magnonen-Beitrag zur spezifischen Wärme pro Einheitsvolumen

$$C_{\mathrm{mag}} = (4\pi^4/S)(2nk_B)^3(T/\Theta_N)^3, \tag{75}$$

wenn $T \ll \Theta_N$, aber $T \gg \omega_0/k_B$. Man erinnere sich, daß Θ_N durch (72) definiert ist und nicht identisch mit der Néel-Temperatur ist.

Weitere Behandlung der ferromagnetischen Magnonen

Makroskopische Magnonentheorie

Beim Studium der ferromagnetischen Resonanz und der Relaxation ist es vielfach bequemer und physikalischer, direkt mit der Magnetisierung als Feld $\mathbf{M}(\mathbf{x})$ und nicht mit den einzelnen Spins $\mathbf{S}_j$ zu arbeiten. Der Bereich, in dem die makroskopische Feldtheorie nützlich ist, ist beschränkt auf solche Bereiche des $\mathbf{k}$-Raumes, die weit weg von den Grenzen der Brillouin-Zone sind. Wir können die makroskopische Theorie nur benützen, wenn $ka \ll 1$, wobei a die Gitterkonstante ist. Der Vorteil der makroskopischen Theorie ist, daß sie nicht explizit auf einem Modell beruht, in welchem jedes Elektron einem bestimmten Atom zugeordnet ist. Wir können in der makroskopischen Theorie leicht phänomenologische Konstanten einführen, die sich auf die Anisotropie-Energie, auf die magnetoelastische und magnetostatische Energie beziehen.

Wir betrachten den Spindichteoperator $\mathbf{s}(\mathbf{x})$, der definiert ist durch

$$\mathbf{s}(\mathbf{x}) = \tfrac{1}{2} \sum_j \boldsymbol{\sigma}_j \delta(\mathbf{x} - \mathbf{x}_j), \tag{76}$$

wobei $\boldsymbol{\sigma}_j$ die Paulische Spinmatrix für das Elektron j am Ort $\mathbf{x}_j$ ist. Der Operator $\mathbf{s}(\mathbf{x})$ stellt die Spindichte am Ort $\mathbf{x}$ dar, weil

$$\int_\Omega d^3x\, \mathbf{s}(\mathbf{x})$$

der Gesamtspin im Volumen Ω ist. Wir untersuchen den folgenden Kommutator, wobei wir die Beziehung $[\sigma_{jx},\sigma_{ly}] = 2i\sigma_{jz}\delta_{jl}$ benützen:

$$(77)\qquad \begin{aligned}[s_x(\mathbf{x}),s_y(\mathbf{x}')] &= \frac{i}{2}\sum_{jl}\sigma_{jz}\delta(\mathbf{x}-\mathbf{x}_j)\delta(\mathbf{x}'-\mathbf{x}_l)\\ &= \frac{i}{2}\sum_{j}\sigma_{jz}\delta(\mathbf{x}-\mathbf{x}_j)\delta(\mathbf{x}'-\mathbf{x}_j) = is_z(\mathbf{x})\delta(\mathbf{x}-\mathbf{x}'),\end{aligned}$$

unter Verwendung der Identität

$$\delta(\mathbf{x}-\mathbf{x}_j)\delta(\mathbf{x}'-\mathbf{x}_j) = \delta(\mathbf{x}-\mathbf{x}_j)\delta(\mathbf{x}-\mathbf{x}').$$

Wir führen die Magnetisierung durch die Beziehung ein:

$$(78)\qquad \mathbf{M}(\mathbf{x}) = g\mu_B\mathbf{s}(\mathbf{x}) = 2\mu_0\mathbf{s}(\mathbf{x});\qquad \mu_0 = g\mu_B/2.$$

Dann ist

$$(79)\qquad [M_x(\mathbf{x}),M_y(\mathbf{x}')] = i2\mu_0 M_z(\mathbf{x})\delta(\mathbf{x}-\mathbf{x}'),$$

woraus sich mit $M^\pm(\mathbf{x}) = M_x(\mathbf{x}) \pm iM_y(\mathbf{x})$ ergibt

$$(80)\qquad [M^+(\mathbf{x}),M^-(\mathbf{x}')] = 4\mu_0 M_z(\mathbf{x})\delta(\mathbf{x}-\mathbf{x}').$$

Jetzt transformieren wir $\mathbf{M}(\mathbf{x})$ auf Holstein-Primakoffsche Feldvariable $a(\mathbf{x})$ und $a^+(\mathbf{x})$, von denen wir fordern, daß sie die Vertauschungsrelation erfüllen:

$$(81)\qquad [a(\mathbf{x}),a^+(\mathbf{x}')] = \delta(\mathbf{x}-\mathbf{x}').$$

Schreiben wir mit $M = |\mathbf{M}(\mathbf{x})|$

$$(82)\qquad M^+(\mathbf{x}) = (4\mu_0 M)^{1/2}\{1-(\mu_0/M)a^+(\mathbf{x})a(\mathbf{x})\}^{1/2}a(\mathbf{x});$$

$$(83)\qquad M^-(\mathbf{x}) = (4\mu_0 M)^{1/2}a^+(\mathbf{x})\{1-(\mu_0/M)a^+(\mathbf{x})a(\mathbf{x})\}^{1/2};$$

$$(84)\qquad M_z(\mathbf{x}) = M - 2\mu_0 a^+(\mathbf{x})a(\mathbf{x}),$$

so kann der Leser leicht nachrechnen, daß die Vertauschungsregeln (79) oder (80) für die Komponenten von $\mathbf{M}(\mathbf{x})$ erfüllt sind. Für makroskopische Zwecke können wir $M = M_s$, einer Konstanten setzen.

Die Transformation von $a^+(\mathbf{x})$ und $a(\mathbf{x})$ auf Variable des Magnonenfeldes $b_\mathbf{k}^+$ und $b_\mathbf{k}$ ist definiert durch (pro Einheitsvolumen)

$$(85)\qquad a(\mathbf{x}) = \sum_\mathbf{k} e^{-i\mathbf{k}\cdot\mathbf{x}}b_\mathbf{k};\qquad a^+(\mathbf{x}) = \sum_\mathbf{k} e^{i\mathbf{k}\cdot\mathbf{x}}b_\mathbf{k}^+;$$

oder

$$(86)\qquad b_\mathbf{k} = \int d^3x\, a(\mathbf{x})e^{i\mathbf{k}\cdot\mathbf{x}};\qquad b_\mathbf{k}^+ = \int d^3x\, a^+(\mathbf{x})e^{-i\mathbf{k}\cdot\mathbf{x}}.$$

Der Kommutator ist

$$(87)\quad \begin{aligned}[b_{\mathbf{k}},b_{\mathbf{k}'}^{+}] &= \int d^3x\, d^3x'\, [a(\mathbf{x}),a^{+}(\mathbf{x}')]e^{i(\mathbf{k}\cdot\mathbf{x}-\mathbf{k}'\cdot\mathbf{x}')} \\ &= \int d^3x\, e^{i(\mathbf{k}-\mathbf{k}')\cdot\mathbf{x}} = \delta_{\mathbf{k}\mathbf{k}'}.\end{aligned}$$

Die Magnetisierungskomponenten (82) bis (84) ergeben, durch $b_{\mathbf{k}}^{+}$ und $b_{\mathbf{k}}$ ausgedrückt,

$$(88)\quad \begin{aligned}M^{+}(\mathbf{x}) = (4\mu_0 M)^{1/2} \Big[&\sum_{\mathbf{k}} e^{-i\mathbf{k}\cdot\mathbf{x}}\, b_{\mathbf{k}} \\ &- (\mu_0/2M) \sum_{\mathbf{k}\mathbf{k}'\mathbf{k}''} e^{i(\mathbf{k}-\mathbf{k}'-\mathbf{k}'')\cdot\mathbf{x}} b_{\mathbf{k}}^{+} b_{\mathbf{k}'} b_{\mathbf{k}''} + \cdots\Big];\end{aligned}$$

$$(89)\quad \begin{aligned}M^{-}(\mathbf{x}) = (4\mu_0 M)^{1/2} \Big[&\sum_{\mathbf{k}} e^{i\mathbf{k}\cdot\mathbf{x}} b_{\mathbf{k}}^{+} \\ &- (\mu_0/2M) \sum_{\mathbf{k}\mathbf{k}'\mathbf{k}''} e^{i(-\mathbf{k}+\mathbf{k}'+\mathbf{k}'')\cdot\mathbf{x}} b_{\mathbf{k}} b_{\mathbf{k}'}^{+} b_{\mathbf{k}''}^{+} + \cdots\Big];\end{aligned}$$

$$(90)\quad M_z(\mathbf{x}) = M - 2\mu_0 \sum_{\mathbf{k}\mathbf{k}'} e^{i(\mathbf{k}-\mathbf{k}')\cdot\mathbf{x}} b_{\mathbf{k}}^{+} b_{\mathbf{k}'}.$$

Weiter unten wird gezeigt, daß in einem kubischen Kristall der makroskopische Ausdruck für die Dichte der Austauschenergie als Hauptterm enthalten muß

$$(91)\quad \boxed{\mathcal{H}_{\text{ex}} = C\, \frac{\partial M_\nu}{\partial x_\mu} \frac{\partial M_\nu}{\partial x_\mu},}$$

wobei C eine Konstante ist. Über wiederholt auftretende griechische Indizes muß summiert werden, sie laufen über x, y, z. Bis zu bilinearen Termen ist

$$(92)\quad \frac{\partial M^{+}}{\partial x_\mu} \frac{\partial M^{-}}{\partial x_\mu} = 4\mu_0 M \sum_{\mathbf{k}\mathbf{k}'} (\mathbf{k}\cdot\mathbf{k}') e^{i(\mathbf{k}'-\mathbf{k})\cdot\mathbf{x}} b_{\mathbf{k}} b_{\mathbf{k}'}^{+}; \qquad \frac{\partial M_z}{\partial x_\mu} \frac{\partial M_z}{\partial x_\mu} = 0.$$

Deshalb ist die Dichte der Austauschenergie (91)

$$(93)\quad \mathcal{H}_{\text{ex}}^{(1)} = 2C\mu_0 M \sum_{\mathbf{k}\mathbf{k}'} e^{i(\mathbf{k}'-\mathbf{k})\cdot\mathbf{x}} (b_{\mathbf{k}} b_{\mathbf{k}'}^{+} + b_{\mathbf{k}'}^{+} b_{\mathbf{k}})(\mathbf{k}\cdot\mathbf{k}')$$

in erster Ordnung. Die nächsthöhere Ordnung ist

$$(94)\quad \begin{aligned}\mathcal{H}_{\text{ex}}^{(2)} = 2C\mu^2 \Sigma\, (k^2 + k'^2 - 4\mathbf{k}\cdot\mathbf{k}')\Delta(-\mathbf{k} + \mathbf{k}' - \mathbf{k}'' + \mathbf{k}''') \\ \cdot\, b_{\mathbf{k}}^{+} b_{\mathbf{k}'} b_{\mathbf{k}''}^{+} b_{\mathbf{k}'''},\end{aligned}$$

was von der gleichen Form wie Formel (29) ist, die aus dem Modell lokalisierter Spins (Heisenberg-Modell) hergeleitet wurde.

Die Dichte der Zeeman-Energie ist für **H** in Richtung der z-Achse

$$(95)\quad \mathcal{H}_Z = -H_0 M_z = 2\mu_0 H_0 \sum_{\mathbf{k}\mathbf{k}'} e^{i(\mathbf{k}'-\mathbf{k})\cdot\mathbf{x}} b_{\mathbf{k}'}^{+} b_{\mathbf{k}},$$

wenn man den konstanten Term $-H_0 M$ wegläßt.

Für Richtungen in der Nähe einer leichten Magnetisierungsrichtung, die als z-Achse genommen wird, kann die Dichte der Anisotropie-Energie geschrieben werden als

$$\begin{aligned} \mathcal{H}_K &= (K/M_s^2)(M_x^2 + M_y^2) = \tfrac{1}{2}(K/M_s^2)(M^+M^- + M^-M^+) \\ &= 2\mu_0(K/M_s)\sum_{\mathbf{k}\mathbf{k}'} e^{i(\mathbf{k}'-\mathbf{k})\cdot\mathbf{x}}(b_{\mathbf{k}'}^+ b_{\mathbf{k}} + b_{\mathbf{k}} b_{\mathbf{k}'}^+). \end{aligned} \tag{96}$$

Wichtige Effekte ergeben sich aus dem Demagnetisierungsfeld der Spinwellen. Eine Spinwelle mit $\mathbf{k} \parallel z$ ergibt kein Demagnetisierungsfeld in erster Ordnung der Magnonenamplitude, aber andere Richtungen von $\mathbf{k}$ ergeben ein Feld $\mathbf{H}_d$. Wir suchen eine Lösung von

$$\operatorname{div}\mathbf{H} = -4\pi\operatorname{div}\mathbf{M}; \qquad \operatorname{rot}\mathbf{H} = 0. \tag{97}$$

Wenn

$$\mathbf{M} = \mathbf{M}_s + \Delta\mathbf{M}_0 e^{-i(\omega_{\mathbf{k}}t - \mathbf{k}\cdot\mathbf{x})}; \qquad \mathbf{H}_d = \mathbf{H}_d^0 e^{-i(\omega_{\mathbf{k}}t-\mathbf{k}\cdot\mathbf{x})}, \tag{98}$$

dann ist (97) erfüllt, wenn

$$\mathbf{k}\cdot\mathbf{H}_d^0 = -4\pi\mathbf{k}\cdot\Delta\mathbf{M}_0, \tag{99}$$

was gleichbedeutend ist mit

$$\mathbf{H}_d = -\frac{4\pi(\mathbf{k}\cdot\Delta\mathbf{M})}{k^2}\mathbf{k}. \tag{100}$$

Für das Magnonensystem ist

$$\mathbf{H}_d = -2\pi(4\mu_0 M)^{1/2}\sum_{\mathbf{k}}(k^- e^{-i\mathbf{k}\cdot\mathbf{x}} b_{\mathbf{k}} + k^+ e^{i\mathbf{k}\cdot\mathbf{x}} b_{\mathbf{k}}^+)k^{-2}\mathbf{k}, \tag{101}$$

wobei $k^\pm = k_x \pm ik_y$. Die Dichte der Demagnetisierungsenergie mit einem Faktor $\frac{1}{2}$, wie er sich für eine Selbstenergie ergibt, wird

$$\mathcal{H}_d = -\tfrac{1}{2}\mathbf{H}_d\cdot\mathbf{M}; \tag{102}$$

es ist bequem, diesen Ausdruck auf $\mathbf{k}\parallel\hat{\mathbf{x}}$ zu spezialisieren, wofür sich ergibt

$$\mathcal{H}_{dx} = 2\pi\mu_0 M\sum_{\mathbf{k}\mathbf{k}'}(e^{-i\mathbf{k}\cdot\mathbf{x}}b_{\mathbf{k}} + e^{i\mathbf{k}\cdot\mathbf{x}}b_{\mathbf{k}}^+)(e^{-i\mathbf{k}'\cdot\mathbf{x}}b_{\mathbf{k}'} + e^{i\mathbf{k}'\cdot\mathbf{x}}b_{\mathbf{k}'}^+). \tag{103}$$

Wir integrieren die verschiedenen Energiedichten über das Einheitsvolumen und lassen Nullpunktbeiträge weg. Die bilinearen Terme sind dann

$$\begin{aligned} \mathcal{H}_0 &= \int d^3x\,(\mathcal{H}_{\mathrm{ex}}^{(1)} + \mathcal{H}_Z + \mathcal{H}_K + \mathcal{H}_{dx}) \\ &= \sum_{\mathbf{k}}\{A_{\mathbf{k}}b_{\mathbf{k}}^+b_{\mathbf{k}} + B_{\mathbf{k}}^+b_{\mathbf{k}}^+b_{-\mathbf{k}}^+ + B_{\mathbf{k}}b_{\mathbf{k}}b_{-\mathbf{k}}\}, \end{aligned} \tag{104}$$

wobei für $\mathbf{k}\parallel\hat{\mathbf{x}}$

$$A_{\mathbf{k}} = A_{-\mathbf{k}} = 2\mu_0 M_s[2Ck^2 + (H/M_s) + (2K/M_s^2) + 2\pi]; \quad B_{\mathbf{k}} = B_{-\mathbf{k}} = 2\pi\mu_0 M_s. \tag{105}$$

Das Problem, (104) zu diagonalisieren, ist das gleiche, wie das Bogoliubov-Problem (91) in Kapitel 2. Um ein wenig abzuwechseln, bilde man die Bewegungsgleichungen

$$i\dot{b}_{\mathbf{k}} = [b_{\mathbf{k}},\mathcal{H}_0] = A_{\mathbf{k}}b_{\mathbf{k}} + 2B_{\mathbf{k}}b_{-\mathbf{k}}^{+}; \quad i\dot{b}_{-\mathbf{k}}^{+} = [b_{-\mathbf{k}}^{+},\mathcal{H}_0] = -A_{\mathbf{k}}b_{\mathbf{k}}^{+} - 2B_{\mathbf{k}}b_{\mathbf{k}}. \tag{106}$$

Wir suchen nach Lösungen mit der Zeitabhängigkeit $e^{-i\omega_{\mathbf{k}}t}$. Die Eigenfrequenzen sind die Wurzeln von

$$\begin{vmatrix} \omega_{\mathbf{k}} - A_{\mathbf{k}} & -2B_{\mathbf{k}} \\ 2B_{\mathbf{k}} & \omega_{\mathbf{k}} + A_{\mathbf{k}} \end{vmatrix} = 0,$$

oder

$$\omega_{\mathbf{k}} = (A_{\mathbf{k}}^2 - 4B_{\mathbf{k}}^2)^{1/2}. \tag{107}$$

Man betrachte nun einige Spezialfälle. Wenn **k** klein ist und die Anisotropie-Energie $K = 0$ ist, ergibt sich

$$\omega_0 = g\mu_B[H_0(H_0 + 4\pi M)]^{1/2}, \tag{108}$$

in Übereinstimmung mit dem klassischen Ergebnis. Wenn die Terme mit k^2 und H_0 überwiegen, dann ist

$$\omega_{\mathbf{k}} \cong g\mu_B(H_0 + 2CM_sk^2), \tag{109}$$

von der Form des atomaren Ergebnisses (26). Wir bemerken, daß $2JSa^2 = 2g\mu_B M_s C = 4\mu_0 M_s C = D$, was sich aus (26) und (31) ergibt. Für beliebige Winkel $\theta_{\mathbf{k}}$ zwischen **k** und der z-Achse ist die Säkulargleichung durch (107) gegeben, wobei

$$A_{\mathbf{k}} = 2\mu_0 M_s\{2Ck^2 + (H_0/M_s) + (2K/M_s^2) + 2\pi \sin^2\theta_{\mathbf{k}}\}; \quad B_{\mathbf{k}} = 2\pi\mu_0 M_s \sin^2\theta_{\mathbf{k}}. \tag{110}$$

Hier, wie oben, ist H_0 das angelegte äußere Feld H_a plus der Korrektur durch das statische Demagnetisierungsfeld der Probe. In einer Kugel müssen wir also $H_0 = H_a - (4\pi/3)M_s$ benutzen. Für $\theta_{\mathbf{k}} = 0$ ist

$$\omega_{\mathbf{k}} = g\mu_B[2CM_sk^2 + H_0 + (2K/M_s)]. \tag{111}$$

Ausdruck für die Austauschenergie - Gl. (91). Wir benötigen nun die Form der Austauschenergie, die mit nichtgleichförmigen makroskopischen Verteilungen der Richtung der lokalen Magnetisierung verknüpft ist. Im allgemeinen erfordert dies eine ausführliche quantitative Theorie der Austauschwechselwirkung im Festkörper, genau wie die allgemeine Theorie elastischer Verformungen eines Festkörpers eine detaillierte Lösung des Problems der Bindungsenergie erfordert. Wir wissen aber, daß wir viele elastische Probleme mit Hilfe der makroskopischen elastischen Konstanten lösen können, wenn die charakteristische Wellenlänge der Deformation groß ist im Vergleich zu den atomaren Abständen und wenn die relative Deformation oder Dehnung klein ist. Ähnlich können wir magnetische Deformationen mit Hilfe von makroskopischen Austauschkonstanten behandeln, wobei dieselben Einschränkungen zu beachten sind wie bei den elastischen Konstanten. Die Tatsache, daß in einigen ferromagnetischen Metallen die magnetischen Ladungsträger beweglich sein können, bringt keine größere Einschränkung der Gültigkeit der makroskopischen Lösungsmethode mit sich, als die große Beweglichkeit der Leitungselektronen in Alkali- oder Edelmetallen eine Einschränkung der Verwendungsmöglichkeit der elastischen Konstanten bedeutet.

Der Ausdruck für die Dichte der makroskopischen isotropen Austauschenergie muß invariant bezüglich Spinrotationen sein. Nichtinvariante Beiträge zur Energie sind in der magnetokristallinen Anisotropieenergie enthalten. Der gewünschte Ausdruck muß invariant sein gegenüber der Änderung des Vorzeichens der Komponenten der Magnetisierungsdeformation. Sonst könnte der Zustand gleichförmiger Magnetisierung nicht der Grundzustand des Systems sein. Wir suchen nach einem Ausdruck von der niedrigsten Ordnung in den Ableitungen von **M**, der mit der Symmetrie des Kristalls verträglich ist. In einem isotropen Medium gibt es drei Größen, die quadratisch in den Ableitungen von **M** und invariant unter Drehung des Koordinatensystems sind: $(\mathrm{div}\,\mathbf{M})^2$, $(\mathrm{rot}\,\mathbf{M})^2$ und $|\mathrm{grad}\,\mathbf{M}|^2$. Für eine Magnetisierung, die entlang konzentrischer Kreise ausgerichtet ist, ist $\mathrm{div}\,\mathbf{M} = 0$, so daß der Term $(\mathrm{div}\,\mathbf{M})^2$ weggelassen werden kann. Wenn **M** radial ist, ist $\mathrm{rot}\,\mathbf{M}$ null, so daß der Term $(\mathrm{rot}\,\mathbf{M})^2$ ebenfalls weggelassen werden kann. Es bleibt übrig

$$|\mathrm{grad}\,\mathbf{M}|^2 = (\nabla M_x)^2 + (\nabla M_y)^2 + (\nabla M_z)^2, \tag{112}$$

was eine hinreichende Wahl ist. In einem isotropen Medium ist also

$$\mathcal{H}_{\mathrm{ex}} = C\,\frac{\partial M_\alpha}{\partial x_\mu}\frac{\partial M_\alpha}{\partial x_\mu}, \tag{113}$$

wobei über wiederholt vorkommende Indizes summiert wird. Die Form (113) ist invariant unter den Operationen der kubischen Punktgruppe. Für eine allgemeine Kristallsymmetrie ist

$$\mathcal{H}_{\mathrm{ex}} = C_{\mu\nu}\,\frac{\partial M_\alpha}{\partial x_\mu}\frac{\partial M_\alpha}{\partial x_\nu}, \tag{114}$$

wobei $C_{\mu\nu}$ ein Tensor mit der Symmetrie des Kristalls ist. So wie $M_\alpha M_\alpha$ invariant ist, ist diese Form offenbar invariant gegenüber Drehungen des ganzen Spinsystems.

In Antiferromagneten müssen wir die Existenz getrennter Untergitter berücksichtigen, mit Austauschwechselwirkungen innerhalb jedes Systems und zwischen ihnen. Kaganov und Tsukernik[3]) haben eine Verallgemeinerung von (114) auf Antiferromagnete angegeben

$$\text{(115)} \qquad \mathcal{H}_{ex} = C^{ss'}_{iklm} \frac{\partial M_{si}}{\partial x_k} \frac{\partial M_{s'l}}{\partial x_m},$$

wobei s, s' Untergitterindizes sind. Wir können (114) mit der Dichte der elastischen Energie vergleichen

$$\text{(116)} \qquad \mathcal{H}_{el} = c_{\alpha\mu\beta\nu} \frac{\partial u_\alpha}{\partial x_\mu} \frac{\partial u_\beta}{\partial x_\nu};$$

hier ist $\mathbf{u}$ die Auslenkung der Teilchen und $c_{\alpha\mu\beta\nu}$ ist eine Komponente des Elastizitätstensors.

Anregung von ferromagnetischen Magnonen durch paralleles Pumpen

Eine kleine Kugel eines ferromagnetischen Dielektrikums wird in ein magnetisches Feld $H = H_0 + h \sin 2\omega t$ gebracht, wobei beide Felder parallel zur z-Achse liegen. Dabei ist H_0 ein statisches Feld. Wir berechnen nun die Energie, die durch eine einzelne Magnonenschwingung aus dem Wechselfeld $h \sin 2\omega t$ absorbiert wird und finden, daß die Energieabsorption in gewisser Näherung über alle Grenzen anwächst, wenn h einen Schwellenwert h_c überschreitet. Es gibt keine Resonanzbeziehung zwischen ω oder 2ω und dem Feld H_0.

Man betrachte die stehende Welle mit Wellenvektor $\mathbf{k}$ in Richtung der x-Achse:

$$\text{(117)} \qquad M_x = m_1 \sin kx \sin \omega t; \qquad M_y = m_2 \sin kx \cos \omega t.$$

Der Prozeß besteht in der Absorption eines Photons der Frequenz 2ω und der Emission von zwei Magnonen $\mathbf{k}$ und $-\mathbf{k}$, jedes mit der Frequenz ω. Zwei Magnonen von gleichem, aber entgegengesetztem Wellenvektor ergeben eine stehende Welle. Nun ist

$$\text{(118)} \qquad \operatorname{div} \mathbf{H} = \frac{\partial H_x}{\partial x} = -4\pi \operatorname{div} M = -4\pi m_1 k \cos kx \sin \omega t;$$

$$\text{(119)} \qquad H_x = -4\pi m_1 \sin kx \sin \omega t; \qquad H_y = 0.$$

[3]) M. I. Kaganov und V. M. Tsukernik, *Soviet Physics-JETP* 34, 73 (1958).

Die z-Komponente der Gleichung für das Drehmoment $\dot{\mathbf{M}} = \gamma\mathbf{M} \times \mathbf{H}$ ist

$$\begin{aligned}\dot{M}_z &= \gamma(M_xH_y - M_yH_x) = 4\pi\gamma m_1 m_2 \sin^2 kx \sin\omega t \cos\omega t \\ &= 2\pi\gamma m_1 m_2 \sin^2 kx \sin 2\omega t.\end{aligned} \tag{120}$$

Die mittlere Rate der Energieabsorption durch eine Probe des Volumens Ω ist

$$\mathcal{P} = \mathbf{H}\cdot\dot{\mathbf{M}}\Omega = 2\pi\gamma h m_1 m_2 \Omega \sin^2 kx \sin^2 2\omega t. \tag{121}$$

Der zeitliche Mittelwert von $\sin^2 2\omega t$ ist $\frac{1}{2}$ und der Mittelwert von $\sin^2 kx$ über das Volumen ist $\frac{1}{2}$, also ist

$$\mathcal{P} = \frac{\pi}{2}\gamma h m_1 m_2 \Omega. \tag{122}$$

Es ist nützlich, $m_1 m_2$ durch die Besetzungsquantenzahl $n_\mathbf{k}$ der betrachteten Schwingung auszudrücken. Wir erhalten, wenn wir die Nullpunktsbewegung vernachlässigen,

$$n_\mathbf{k} g\mu_B = \langle (M_s - M_z)\Omega\rangle_\mathbf{k}, \tag{123}$$

weil in der Näherung $m_1 \cong m_2$ jedes angeregte Magnon das magnetische Moment um $g\mu_B$ reduziert. Die gewinkelten Klammern deuten den räumlichen und zeitlichen Mittelwert an, wobei nur die Schwingung $\mathbf{k}$ angeregt ist. Setzen wir nun $m_1 \cong m_2 \cong m$, so ergibt sich

$$\begin{aligned}\langle M_z\Omega\rangle &= \Omega\langle [M_s^2 - M_x^2 - M_y^2]^{1/2}\rangle \\ &\cong M_s\Omega\left(1 - \frac{\langle M_x^2 + M_y^2\rangle}{2M_s^2}\right) = M_s\Omega\left(1 - \frac{m^2}{4M_s^2}\right),\end{aligned} \tag{124}$$

so daß

$$n_k \cong m^2\Omega/4gM_s\mu_B, \tag{125}$$

aus (122) wird dann

$$\mathcal{P} = 2\pi\gamma M_s h g\mu_B n_\mathbf{k}. \tag{126}$$

Die Energiebilanz der Schwingung $\mathbf{k}$ läßt sich dann ausdrücken als

$$\frac{dE_\mathbf{k}}{dt} = -\frac{1}{T_\mathbf{k}}(E_\mathbf{k} - \bar{E}_\mathbf{k}) + \mathcal{P}, \tag{127}$$

wobei $\bar{E}_\mathbf{k}$ der thermische Mittelwert der Energie $E_\mathbf{k}$ der Schwingung $\mathbf{k}$ ist und $T_\mathbf{k}$ die Relaxationszeit der Schwingung bedeutet. Schreiben wir $E_\mathbf{k} = n_\mathbf{k}\omega_\mathbf{k}$ und benützen wir (126), so erhalten wir

$$\omega_\mathbf{k}\frac{dn_\mathbf{k}}{dt} = -\frac{\omega_\mathbf{k}}{T_\mathbf{k}}(n_\mathbf{k} - \bar{n}_\mathbf{k}) + 2\pi\gamma M_s h g\mu_B n_\mathbf{k}. \tag{128}$$

Für den stationären Zustand gilt $dn_{\mathbf{k}}/dt = 0$, so daß

$$(129) \qquad n_{\mathbf{k}} = \frac{\bar{n}_{\mathbf{k}}}{1 - 2\pi\gamma M_s h g \mu_B T_{\mathbf{k}}/\omega_{\mathbf{k}}};$$

dieser Ausdruck hat eine Singularität bei

$$(130) \qquad h_c = \frac{\omega_{\mathbf{k}}}{2\pi\gamma M_s g \mu_B T_{\mathbf{k}}}.$$

Die Bestimmung von h_c ist also gleichbedeutend mit einer Messung von $T_{\mathbf{k}}$. Wir haben angenommen, daß sich die niedrigste Schwelle h_c für Spinwellen ergibt, die einen Winkel $\theta_{\mathbf{k}} = \pi/2$ mit der z-Achse bilden.

Temperaturabhängigkeit des effektiven Austausches

Dieses Problem behandelt man durch Auswertung der diagonalen Terme mit vier Operatoren in dem Austausch-Hamiltonoperator. Das Problem ist ziemlich ähnlich dem Problem für flüssiges Helium, das wir in Kapitel 2 behandelt haben, ausgenommen die Tatsache, daß sich dort das ungestörte System im Grundzustand befand. Aus (29) ergibt sich

$$(131) \qquad \mathcal{H}_1 = (Jz/4N) \sum_{1234} b_1^+ b_2^+ b_3 b_4 \Delta(\mathbf{k}_1 + \mathbf{k}_2 - \mathbf{k}_3 - \mathbf{k}_4)[2\gamma_1 + 2\gamma_3 - 4\gamma_{1-3}].$$

Die außerdiagonalen Terme führen zur Magnon-Magnon-Streuung. Die Diagonalterme renomieren die Energie. Die Diagonalterme enthalten nur zwei $\mathbf{k}$-Werte, die wir mit $\mathbf{k}_a$ und $\mathbf{k}_b$ bezeichnen.

Es gibt zwei Typen von Diagonaltermen in (131):

$$\mathbf{k}_1 = \mathbf{k}_3 = \mathbf{k}_a; \quad \mathbf{k}_2 = \mathbf{k}_4 = \mathbf{k}_b: \quad \Sigma\,(4\gamma_{\mathbf{a}} - 4\gamma_0) n_a n_b,$$

$$\mathbf{k}_1 = \mathbf{k}_4 = \mathbf{k}_a; \quad \mathbf{k}_2 = \mathbf{k}_3 = \mathbf{k}_b: \quad \Sigma\,(2\gamma_{\mathbf{a}} + 2\gamma_{\mathbf{b}} - 4\gamma_{\mathbf{a}-\mathbf{b}}) n_a n_b.$$

Der diagonale Anteil von (131) ist also

$$(132) \qquad E_1 = (Jz/N) \sum_{\mathbf{ab}} (\gamma_{\mathbf{a}} + \gamma_{\mathbf{b}} - \gamma_0 - \gamma_{\mathbf{a}-\mathbf{b}}) n_a n_b = \tfrac{1}{2} \sum_{\mathbf{k}} \varepsilon_{1\mathbf{k}},$$

wobei

$$(133) \qquad \varepsilon_{1\mathbf{k}} = n_{\mathbf{k}}(2Jz/N) \sum_{\mathbf{b}} (\gamma_{\mathbf{k}} + \gamma_{\mathbf{b}} - \gamma_0 - \gamma_{\mathbf{k}-\mathbf{b}}) n_b;$$

hier haben wir alle Terme zusammengefaßt, in denen $n_{\mathbf{k}}$ vorkommt. Die Energie einer Magnonenschwingung $\mathbf{k}$ ist deshalb

$$(134) \qquad \varepsilon_{\mathbf{k}} = n_{\mathbf{k}}[\omega_{\mathbf{k}} + (2Jz/N) \sum_{\mathbf{b}} (\gamma_{\mathbf{k}} + \gamma_{\mathbf{b}} - \gamma_0 - \gamma_{\mathbf{k}-\mathbf{b}}) n_{\mathbf{b}}];$$

hier ist $\omega_{\mathbf{k}}$ die Energie der Schwingung, wenn alle anderen Schwingungszustände sich in ihrem Grundzustand befinden.

Für ein Gitter, das an jedem Spin ein Symmetriezentrum besitzt, ergibt bis zu $O(k^4)$ bei Ausnützung der Definitionen der γ's

(135) $$\gamma_a + \gamma_b - \gamma_0 - \gamma_{a-b} \cong -(\tfrac{1}{36})k_a{}^2 k_b{}^2 \delta^4,$$

so daß

(136) $$\varepsilon_{\mathbf{k}} = n_{\mathbf{k}}\Big[\omega_{\mathbf{k}} - (Jz/18N)k^2\delta^4 \sum_b k_b{}^2 n_b\Big].$$

Wir sehen, daß die Energie um einen Betrag proportional zu k^2 und zu $\Sigma\, k_b{}^2 n_b$ gesenkt wird, letzteres ist in niedrigster Ordnung von der Form der Gesamtenergie der Spinwellen. Tatsächlich ist

(137) $$\sum_b k_b{}^2\langle n_b\rangle \cong U_T/D,$$

wobei U_T die thermische Magnonenenergie (33) ist und D die Konstante in der Beziehung $\omega_{\mathbf{k}} = DK^2 = \frac{1}{3}SJz\delta^2k^2 = 2SJa^2$ ist. Schreiben wir $\epsilon_{\mathbf{k}} = n_{\mathbf{k}}\omega_{\mathbf{k}}(\text{eff})$, dann ist die renormierte Energie gegeben durch

(138) $$\omega_{\mathbf{k}}(\text{eff}) \cong [2SJa^2 - \delta^2 U_T/6N)]k^2.$$

Für den Spezialfall eines einfach kubischen Gitters findet man

(139) $$\omega_{\mathbf{k}}(\text{eff}) = \omega_{\mathbf{k}}[1 - (12JNS^2)^{-1}\sum_{\mathbf{k}'} n_{\mathbf{k}'}\omega_{\mathbf{k}'}],$$

für alle $\mathbf{k}$. Benützt man (138), wird

(140) $$D(T) \cong D_0\left(1 - \frac{U_T}{6ND_0/\delta^2}\right)k^2 = D_0\left(1 - \frac{U_T}{2U_0}\right),$$

wobei $U_0 = JNzS^2$.

Wir haben $z\delta^2 = 6a^2$ gesetzt, was für einfach kubische, kubisch raumzentrierte und kubisch flächenzentrierte Gitter gilt. Das Ergebnis (140) zeigt, daß $D(T)$ die gleiche Temperaturabhängigkeit wie die Magnonenenergie U_T und nicht wie die Sättigungsmagnetisierung besitzt. Das erhaltene Ergebnis gilt für Nächste-Nachbarn-Wechselwirkung innerhalb eines Gitters.

Man beachte, daß wir in der teilweisen Diagonalisierung von (131) Terme der Form $a_0^+a_0^+a_{\mathbf{k}}a_{-\mathbf{k}}$ und $a_{\mathbf{k}}^+a_{\mathbf{k}}^+a_0a_0$ nicht berücksichtigt haben. Im analogen Problem für flüssiges Helium haben wir sie berücksichtigt. Im Heliumproblem können wir $N_0 + 2$ als nahezu gleich N_0 ansehen, wobei N_0 von der Größenordnung der Gesamtzahl der Teilchen in dem System ist. In unserem gegenwärtigen Problem ist die Zahl der Magnonen im gleichförmigen Schwingungszustand keine sehr große Zahl: $N_0 \sim k_BT/\omega_{\mathbf{k}}$, eine Änderung dieses Wertes um 2 ist nicht ohne weiteres vernachlässigbar. Ferner ist N_0 äußerst klein im Vergleich zur Gesamtzahl der Spins in dem System. Der Effekt von N_0 alleine auf die Dispersionsbeziehung ist daher vernachlässigbar. Aber tatsächlich müssen andere Terme, wie $a^+_{\mathbf{k}'}a^+_{\mathbf{k}'}a_{\mathbf{k}}a_{\mathbf{k}}$ auf die gleiche Art und Weise behandelt werden. Wir sehen, daß wir dem Ergebnis (134) nicht mehr trauen können, wenn die Zahl der Magnonen nicht vernachlässigbar ist im Vergleich zur Gesamtzahl der Teilchen.

Magnetostatische Schwingungstypen

Es folgt direkt aus der Drehimpulsgleichung $\dot{\mathbf{M}} = \gamma \mathbf{M} \times \mathbf{H}$, daß für ein statisches Magnetfeld in z-Richtung die Hochfrequenz-Permeabilität eines Ferromagneten ohne Austausch durch die Gleichungen beschrieben werden kann:

(141) $$B_x = \mu H_x + \xi H_y; \qquad B_y = -\xi H_x + \mu H_y,$$

wobei μ, ξ durch H_0, ω und M_s bestimmt sind. Mit $\mathbf{H} = \nabla\varphi$ wird die Gleichung div $\mathbf{B} = 0$ zu

(142) $$\mu\left(\frac{\partial^2\varphi}{\partial x^2} + \frac{\partial^2\varphi}{\partial y^2}\right) + \frac{\partial^2\varphi}{\partial z^2} = 0$$

im Inneren der Probe und $\nabla^2\varphi = 0$ außerhalb. Die Randbedingungen lauten: Tangentialkomponente von $\mathbf{H}$ und die Normalkomponente von $\mathbf{B}$ müssen auf den Randflächen der Probe stetig sein.

Lösungen von (142) werden in den nachstehenden Arbeiten für verschiedene geometrische Anordnungen untersucht:

L. R. Walker, *Phys. Rev.* **105**, 390 (1957).
P. Fletcher und C. Kittel, *Phys. Rev.* **120**, 2004 (1960).
R. Damon und J. Eshbach, *Phys. Chem. Solids* **19**, 308 (1961).

Aufgaben

1.) Man beweise, daß $[\mathcal{S}^2, H] = 0$ und daß $[\mathcal{S}_z, H] = 0$, wobei H durch (1) gegeben ist.

2.) Mit (3), (4) und (5) zeige man, daß

(143) $$[S_x, S_y] = iS_z.$$

3.) Man zeige, daß für den Gesamtspin $\mathcal{S}$ gilt

(144) $$\mathcal{S}^2 \cong (NS)^2 + NS - 2NS \sum_{\mathbf{k}\neq 0} b^+_{\mathbf{k}} b_{\mathbf{k}},$$

wobei man beachte, daß $\sum_j S_j^- \cong (2SN)^{1/2} b_0^+$. Man diskutiere die Tatsache, daß die Anregungen von $\mathbf{k} = 0$-Magnonen $\mathcal{S}^2$ nicht ändert.

4.) Man leite einen Ausdruck für die Geschwindigkeit des zweiten Schalls in einem Magnonen-Gas her, wobei man annehme, daß $\omega = Dk^2$ ist (D ist eine Konstante).

5.) Man konstruiere eine Spin-Funktion, um ein ferromagnetisches Spinsystem zu beschreiben, in dem ein Magnon angeregt ist.

6.) Man benütze den Hamilton-Operator

$$H = -J \sum_{j\delta} \mathbf{S}_j \cdot \mathbf{S}_{j+\delta} - 2\mu_0 H_0 \sum_j S_{jz}, \tag{145}$$

und suche die quantenmechanische Bewegungsgleichung für $\mathbf{S}_j$, indem man $i\dot{\mathbf{S}}_j = [\mathbf{S}_j, H]$ benützt und sich erinnert, daß $\mathbf{S}_j \times \mathbf{S}_j = i\mathbf{S}_j$ ist. Man bilde die Differenzen-Gleichungen für S_j^+ und S_j^-. Dann fasse man die Spinoperatoren als klassische Vektoren auf und suche die Eigenfrequenzen der Spinwellen im Grenzfall kleiner Amplitude ($S^+/S \ll 1$). Man zeige, daß sich für lange Wellen ($ka \ll 1$) die klassische Differenzen-Gleichung auf eine partielle Differentialgleichung reduziert, welche für ein einfach kubisches Gitter lautet

$$\dot{\mathbf{S}} = 2Ja^2\mathbf{S} \times \nabla^2 S + 2\mu_0 \mathbf{S} \times \mathbf{H}, \tag{146}$$

wie in *ISSP*, Anhang *0*.

7.) Man zeige, daß für antiferromagnetische Magnonen gilt

$$\mathbb{S}^2 = NS \left\{ \frac{H_A}{H_A + 2H_E} \right\} (n_0^\alpha + n_0^\beta + 1) + \text{Terme der Ordnung } (n_k)^2. \tag{147}$$

8.) Man zeige, daß für eine lineare Kette $\beta = 0.726$ unter Verwendung von (64). Man beachte, $\gamma_k = \frac{1}{2}(e^{ika} + e^{-ika}) = \cos ka$ und $(1 - \gamma_k^2) = \sin^2 ka$, so daß

$$\beta = (2/N) \sum_k (1 - |\sin ka|) = (4a/\pi) \int_0^{\pi/2a} dk(1 - \sin ka). \tag{148}$$

9.) Man leite aus $\sum_j S_{jz}^a + \sum_l S_{lz}^b$ her, daß die Anregung eines antiferromagnetischen Magnons von der Änderung der z-Komponente des Gesamtspins um ± 1 begleitet ist.

10.) Man betrachte den Magnon-Phonon-Hamiltonoperator

$$H = \sum_k \{\omega_k^m a_k^+ a_k + \omega_k^p b_k^+ b_k + c_k(a_k b_k^+ + a_k^+ b_k)\}, \tag{149}$$

wobei c_k der Kopplungskoeffizient ist und a^+, a; b^+, b Magnonen- und Phononen-Erzeugungs- und Vernichtungsoperatoren sind. Man zeige, daß die Transformationen

$$a_k = A_k \cos\theta_k + B_k \sin\theta_k; \qquad b_k = B_k \cos\theta_k - A_k \sin\theta_k, \tag{150}$$

mit reelem θ den Hamilton-Operator diagonalisieren, wenn

$$\tan 2\theta_k = \frac{2c_k}{\omega_k^p - \omega_k^m}. \tag{151}$$

Man zeige, daß am ursprünglichen Kreuzungspunkt der Dispersionsrelationen gilt
$\omega_A = \omega_k - c_k$; $\omega_B = \omega_k + c_k$; $a^+ = (A^+ + B^+)/\sqrt{2}$; $b^+ = (B^+ - A^+)/\sqrt{2}$.

5. Fermionenfelder und die Hartree-Fock-Näherung

Der wesentliche Unterschied zwischen einem Ensemble von Fermiteilchen und einem Ensemble von Boseteilchen ist die Forderung des Pauliprinzips, daß die Eigenfunktionen, welche die Fermiteilchen beschreiben, antisymmetrisch sein müssen gegenüber der Vertauschung zweier Teilchen. Die antisymmetrisierten Eigenfunktionen eines Systems unabhängiger Fermionen können als Slaterdeterminanten von Einelektronen-Wellenfunktionen geschrieben werden. Für manche Zwecke ist die Beschreibung durch Slaterdeterminanten vorteilhaft, weil sie direkt und explizit ist. Das Indizieren der einzelnen, ununterscheidbaren Elektronen und das Anschreiben der Permutationsoperatoren ist jedoch lästig. Mit der Theorie der zweiten Quantisierung von Fermionenfeldern besitzt man aber eine Darstellung, die elegant, flexibel und kurz ist. Die Theorie ist ganz analog zu der von Bosonenfeldern. Üblicherweise betrachtet man mit dieser Theorie, genau wie mit der Beschreibung durch Determinanten, ein Ensemble mehr oder weniger unabhängiger Teilchen, welche durch schwache Wechselwirkungen miteinander gekoppelt sind.

Wir setzen nun voraus, daß wir einen Satz von orthonomierten Lösungen einer beliebigen Einteilchenwellengleichung haben; dabei handelt es sich üblicherweise um die Hartree- oder die Hartree-Fock-Gleichung, welche die Wechselwirkung der Teilchen in einer gemittelten Weise berücksichtigen, oder um die Wellengleichung von freien Teilchen. Wir bezeichnen eine Lösung einer Einteilchenwellengeichung mit $\varphi_j(\mathbf{x})$, dabei gilt

$$(1) \qquad H\varphi_j(\mathbf{x}) = \varepsilon_j\varphi_j(\mathbf{x}).$$

Es ist zu beachten, daß wir die Elektronen nicht durchnumerieren, etwa mit dem Index ν bei $\mathbf{x}_\nu$. Der Index j der Eigenfunktion soll die Angabe des Spinzustandes einschließen, z. B. $\uparrow$ oder $\downarrow$, oder α oder β.

Als nächstes definieren wir die *Feldoperatoren*

$$(2) \qquad \Psi(\mathbf{x}) = \sum_j c_j\varphi_j(\mathbf{x}); \qquad \Psi^+(\mathbf{x}) = \sum_j c_j^+\varphi_j^*(\mathbf{x}),$$

wobei c_j ein Operator ist, dessen Eigenschaften anschließend besprochen werden; $\varphi_j(\mathbf{x})$ ist weiterhin eine Eigenfunktion und kein Operator, sie ist also im wesentlichen eine c-Zahl-Funktion der Koordinate $\mathbf{x}$. Der Feldoperator $\Psi(\mathbf{x})$ und die Fermioperatoren c_j wirken auf einen *Zustandsvektor,* den wir mit Φ bezeichnen. Dieser Zustandsvektor ist im Raum der Besetzungszahlen der Einelektronenzustände definiert. Daher ist

(3) $$\Phi_{\text{vac}} = |000 \cdots 0 \cdots\rangle = |\text{vac}\rangle$$

der Vakuumzustand, in welchem alle Besetzungszahlen n_j der Einelektronenzustände null sind - im System sind keine Teilchen vorhanden. Der ungestörte Grundzustand eines Systems von N Fermionen in der Näherung unabhängiger Teilchen wird mit Φ_0 bezeichnet und es gilt

(4) $$\Phi_0 = |1_1 1_2 1_3 \cdots 1_N 0_{N+1} 0_{N+2} \cdots 0 \cdots\rangle,$$

wobei die Zustände nach zunehmender Energie geordnet sind. Wir bemerken noch (Aufgabe 4), daß $\Psi^+(\mathbf{x})$ ein Operator ist, der ein Teilchen an der Stelle $\mathbf{x}$ im System erzeugt.

Die Forderungen des Pauliprinzips sind erfüllt, wenn die Fermioperatoren c, c^+ den Antivertauschungsrelationen genügen

(5) $$c_l c_m^+ + c_m^+ c_l = \delta_{lm}; \qquad c_l c_m + c_m c_l = 0; \qquad c_l^+ c_m^+ + c_m^+ c_l^+ = 0.$$

Wir schreiben dies wie folgt

(6) $$\{c_l, c_m^+\} = \delta_{lm}; \qquad \{c_l, c_m\} = 0; \qquad \{c_l^+, c_m^+\} = 0.$$

$\{,\}$ bezeichnet den Antikommutator, $[,]$ bezeichnet weiterhin den Kommutator. Eine andere gebräuchliche Bezeichnung für den Antikommutator ist $[,]_+$.

Die Antivertauschungsrelationen können in eindeutiger Weise durch eine Darstellung nach 2×2 Matrizen, den Jordan-Wigner-Matrizen, erfüllt werden. Für ein System mit nur einem einzigen Zustand stellen wir c^+ und c in folgender Weise dar

(7) $$c^+ = \begin{pmatrix} 0 & 1 \\ 0 & 0 \end{pmatrix} = \tfrac{1}{2}(\sigma_x + i\sigma_y); \qquad c = \begin{pmatrix} 0 & 0 \\ 1 & 0 \end{pmatrix} = \tfrac{1}{2}(\sigma_x - i\sigma_y),$$

dabei sind σ die Paulimatrizen. Es folgt

(8) $$c^+c + cc^+ = \begin{pmatrix} 0 & 1 \\ 0 & 0 \end{pmatrix}\begin{pmatrix} 0 & 0 \\ 1 & 0 \end{pmatrix} + \begin{pmatrix} 0 & 0 \\ 1 & 0 \end{pmatrix}\begin{pmatrix} 0 & 1 \\ 0 & 0 \end{pmatrix} = \begin{pmatrix} 1 & 0 \\ 0 & 1 \end{pmatrix}.$$

Weiter gilt

$$(9)\qquad \begin{aligned} cc + cc &= 2\begin{pmatrix} 0 & 0 \\ 1 & 0 \end{pmatrix}\begin{pmatrix} 0 & 0 \\ 1 & 0 \end{pmatrix} = \begin{pmatrix} 0 & 0 \\ 0 & 0 \end{pmatrix}; \\ c^+c^+ + c^+c^+ &= 2\begin{pmatrix} 0 & 1 \\ 0 & 0 \end{pmatrix}\begin{pmatrix} 0 & 1 \\ 0 & 0 \end{pmatrix} = \begin{pmatrix} 0 & 0 \\ 0 & 0 \end{pmatrix}. \end{aligned}$$

Die 2×2 Matrizen hat man dabei so zu verstehen, daß sie auf einen zweikomponentigen Zustandsvektor der Besetzungszahlen wirken:

$$(10)\qquad |1\rangle = \begin{pmatrix} 1 \\ 0 \end{pmatrix}; \qquad |0\rangle = \begin{pmatrix} 0 \\ 1 \end{pmatrix},$$

entsprechend den möglichen Besetzungszahlen 1 und 0 des Fermizustandes.

Es gilt

$$(11)\qquad c^+c|1\rangle = \begin{pmatrix} 1 & 0 \\ 0 & 0 \end{pmatrix}\begin{pmatrix} 1 \\ 0 \end{pmatrix} = 1\begin{pmatrix} 1 \\ 0 \end{pmatrix} = 1|1\rangle;$$

und

$$(12)\qquad c^+c|0\rangle = \begin{pmatrix} 1 & 0 \\ 0 & 0 \end{pmatrix}\begin{pmatrix} 0 \\ 1 \end{pmatrix} = 0\begin{pmatrix} 0 \\ 1 \end{pmatrix} = 0|0\rangle.$$

Daher ist

$$(13)\qquad \hat{n} = c^+c$$

der Teilchenzahloperator mit den Eigenwerten 1 und 0 für die Eigenzustände $|1\rangle$ und $|0\rangle$.

Wir sehen, daß c^+ ein Teilchenerzeugungsoperator ist:

$$(14)\qquad c^+|0\rangle = \begin{pmatrix} 0 & 1 \\ 0 & 0 \end{pmatrix}\begin{pmatrix} 0 \\ 1 \end{pmatrix} = \begin{pmatrix} 1 \\ 0 \end{pmatrix} = |1\rangle;$$

und c ein Teilchenvernichtungsoperator:

$$(15)\qquad c|1\rangle = \begin{pmatrix} 0 & 0 \\ 1 & 0 \end{pmatrix}\begin{pmatrix} 1 \\ 0 \end{pmatrix} = \begin{pmatrix} 0 \\ 1 \end{pmatrix} = |0\rangle; \qquad c|0\rangle = 0.$$

Ein Zustand kann nicht von mehr als einem Fermion besetzt werden:

$$(16)\qquad c^+|1\rangle = \begin{pmatrix} 0 & 1 \\ 0 & 0 \end{pmatrix}\begin{pmatrix} 1 \\ 0 \end{pmatrix} = 0.$$

Wir konstruieren nun einen Zustand Φ, in dem ein Einteilchenzustand $\mathbf{k}$ mit einem Teilchen besetzt ist, durch

$$(17)\qquad \Phi = c_{\mathbf{k}}^+\Phi_{\text{vac}} = c_{\mathbf{k}}^+|00 \cdots 0_{\mathbf{k}} \cdots\rangle = |00 \cdots 1_{\mathbf{k}} \cdots\rangle.$$

In gleicher Weise ergibt sich der Grundzustand eines ungestörten Fermisees:

$$(18)\qquad \Phi_0 = \Big(\prod_{|\mathbf{k}|<k_F} c_{\mathbf{k}}^+\Big)\,\Phi_{\text{vac}} = c_1^+c_2^+ \cdots c_{\mathbf{k}}^+ \cdots c_{\mathbf{k}_F}^+\Phi_{\text{vac}}.$$

Wenn mehr als ein Teilchen vorhanden ist, bleiben die Ergebnisse bei Anwendung von $c_j^+ c_j$ unverändert. Im Fall von c_j^+ oder c_j dagegen können sich die Ergebnisse im Vorzeichen unterscheiden, entsprechend der Zahl und der Anordnung der anderen besetzten Zustände in Φ. Wir sehen dies am besten an einem einfachen Beispiel. Wir betrachten den Zustand

$$\Phi = c_1^+ c_2^+ \Phi_{\text{vac}} \tag{19}$$

und wenden den Operator c_2 darauf an:

$$\begin{aligned} c_2\Phi &= c_2 c_1^+ c_2^+ \Phi_{\text{vac}} = -c_1^+ c_2 c_2^+ \Phi_{\text{vac}} \\ &= -c_1^+(1 - c_2^+ c_2)\Phi_{\text{vac}} = -c_1^+ \Phi_{\text{vac}}; \end{aligned} \tag{20}$$

bei Anwendung von c_1 erhalten wir dagegen

$$c_1\Phi = c_1 c_1^+ c_2^+ \Phi_{\text{vac}} = (1 - c_1^+ c_1) c_2^+ \Phi_{\text{vac}} = c_2^+ \Phi_{\text{vac}}. \tag{21}$$

Der Unterschied im Vorzeichen zwischen (20) und (21) ist eine Folge der Antivertauschung von c_1^+ und c_2. *Wir müssen in der Tat ein Minuszeichen anbringen für jeden besetzten Zustand i, der links von dem Zustand j steht, auf den wir den Operator c_j^+ oder c_j anwenden.* Die Feststellung "links vom Zustand" setzt aber voraus, daß die Einteilchenzustände in einer definierten Weise im Zustandsvektor Φ angeordnet sind:

$$\Phi = c_1^+ c_2^+ \cdots c_j^+ \cdots c_N^+ \Phi_{\text{vac}}. \tag{22}$$

Bei der Behandlung von Produkten von Erzeugungs- und Vernichtungsoperatoren ist es zweckmäßig, sie in die Form von *Normalprodukten* zu bringen, in der alle Erzeugungsoperatoren links von den vorhandenen Vernichtungsoperatoren stehen. Wenn in einem Normalprodukt ein oder mehrere Vernichtungsoperatoren auftreten, so wissen wir sofort, daß die Anwendung dieses Normalprodukts auf das Vakuum identisch null ergibt.

Das allgemeine Ergebnis lautet

$$c_j|\cdots n_j \cdots\rangle = n_j\theta^j|\cdots 0_j \cdots\rangle; \tag{23}$$

$$c_j^+|\cdots n_j \cdots\rangle = (1 - n_j)\theta^j|\cdots 1_j \cdots\rangle, \tag{24}$$

mit

$$\theta^j = (-1)^{p_j}; \tag{25}$$

p_j ist dabei die Zahl der besetzten Zustände im Zustandsvektor Φ, die links von j stehen. Wir können θ^j weglassen, wenn wir die Matrizen, welche c_j^+ und c_j darstellen, umdefinieren:

(26) $$c_j^+ = T_1 \cdots T_{j-1}\begin{pmatrix}0 & 1\\ 0 & 0\end{pmatrix};$$

(27) $$c_j = T_1 \cdots T_{j-1}\begin{pmatrix}0 & 0\\ 1 & 0\end{pmatrix},$$

dabei ist

(28) $$T = \begin{pmatrix}-1 & 0\\ 0 & 1\end{pmatrix} = -\sigma_z.$$

Für jeden Zustand, der links von j steht, schreiben wir in (26) und (27) einen Faktor T, unabhängig davon, ob dieser Zustand besetzt ist oder nicht.

Wir sehen, daß

(29) $$\{\Psi(\mathbf{x}),\Psi^+(\mathbf{x}')\} = \delta(\mathbf{x} - \mathbf{x}'),$$

weil

(30) $$\{\Psi(\mathbf{x}),\Psi^+(\mathbf{x}')\} = \sum_{jl} \{c_j^+,c_l\}\varphi_j(\mathbf{x})\varphi_l^*(\mathbf{x}') = \sum_j \varphi_j(\mathbf{x})\varphi_j^*(\mathbf{x}'),$$

und wegen der Vollständigkeit ist

(31) $$\sum_j \varphi_j(\mathbf{x})\varphi_j^*(\mathbf{x}') = \delta(\mathbf{x} - \mathbf{x}').$$

Der Teilchendichteoperator ist

(32) $$\rho(\mathbf{x}) = \int d^3x'\, \Psi^+(\mathbf{x}')\delta(\mathbf{x} - \mathbf{x}')\Psi(\mathbf{x}') = \Psi^+(\mathbf{x})\Psi(\mathbf{x}) = \sum_{ij} c_i^+ c_j \varphi_i^*(\mathbf{x})\varphi_j(\mathbf{x});$$

diesen Ausdruck nennt man auch Operator der Einteilchendichtematrix. Es ist noch zu beachten: Wenn $|\rangle$ ein Eigenzustand des Besetzungszahloperators $\hat{n}_i$ ist, dann gilt

(33) $$\langle|\rho(\mathbf{x})|\rangle = \Sigma\, n_i\varphi_i^*(\mathbf{x})\varphi_i(\mathbf{x}) = \Sigma\, n_i\rho_i(\mathbf{x}),$$

wobei $\rho_i(\mathbf{x}) \equiv \varphi_i^*(\mathbf{x})\varphi_i(\mathbf{x})$.

Den Hamiltonoperator erhält man in der Darstellung der zweiten Quantisierung mit Hilfe des allgemeinen Theorems, daß sich die quantenmechanischen Operatoren direkt aus den entsprechenden klassischen Größen ergeben. Zum Beispiel ist die kinetische Energie

(34) $$H = \int d^3x\, \Psi^+(\mathbf{x})\, \frac{p^2}{2m}\, \Psi(\mathbf{x}) = \int d^3x \sum_{jl} c_j^+ c_l \varphi_j^*(\mathbf{x})\, \frac{p^2}{2m}\, \varphi_l(\mathbf{x}),$$

wobei $\mathbf{p}$ der Impulsoperator ist. Für freie Teilchen ergibt sich mit $\mathbf{p} = -i$ grad

(35) $$H = \sum_j \left(\frac{k_j^2}{2m}\right) c_j^+ c_j,$$

Der Faktor $c_j^+ c_j$ legt dabei automatisch fest, daß in einer Darstellung, in der die $c_j^+ c_j$ diagonal sind, nur die Energien der besetzten Zustände gezählt werden.

Herleitung der Hartree-Fock-Gleichung aus der Bewegungsgleichung des Teilchenfeldes

Wir betrachten ein System von Elektronen, das durch den Feldoperator

$$\Psi(\mathbf{x}) = \sum_j c_j \varphi_j(\mathbf{x}), \tag{36}$$

beschrieben wird, wobei c_j ein Fermioperator und $\varphi_j(\mathbf{x})$ eine Einteilchen-Eigenfunktion ist. Unser Ziel ist es, Näherungslösungen der Bewegungsgleichung $i\dot{\Psi} = -[H,\Psi]$ zu finden. Die Vorschrift für den Hamiltonoperator in dieser Darstellung lautet: Man drücke die mittlere Energie durch Einteilchenfunktionen aus und ersetze die Wellenfunktionen durch den Feldoperator $\Psi(\mathbf{x}')$. Damit ergibt sich

$$\begin{aligned} H = & \int d^3x' \, \Psi^+(\mathbf{x}') \left[\frac{1}{2m} p^2 + v(\mathbf{x}') \right] \Psi(\mathbf{x}') \\ & + \tfrac{1}{2} \int d^3x' \, d^3y \, \Psi^+(\mathbf{x}')\Psi^+(\mathbf{y}) V(\mathbf{x}' - \mathbf{y})\Psi(\mathbf{y})\Psi(\mathbf{x}'), \end{aligned} \tag{37}$$

wobei $V(\mathbf{x}' - \mathbf{y})$ die Wechselwirkungsenergie zweier Teilchen an den Orten $\mathbf{x}'$ und $\mathbf{y}$ ist. Der Faktor $\frac{1}{2}$ rührt davon her, daß man wegen der unbeschränkten Integration die potentielle Energie doppelt zählt. Die Reihenfolge der Glieder ist wichtig, wegen $\Psi(\mathbf{x}')\Psi(\mathbf{y}) = -\Psi(\mathbf{y})\Psi(\mathbf{x}')$.

Der Bequemlichkeit wegen setzen wir $v(\mathbf{x}') = 0$ und schreiben

$$\begin{aligned} H = & \int d^3x' \, \Psi^+(\mathbf{x}') \frac{1}{2m} p^2 \Psi(\mathbf{x}') \\ & + \tfrac{1}{2} \int d^3x' \, d^3y \, \Psi^+(\mathbf{x}')\Psi^+(\mathbf{y}) V(\mathbf{x}' - \mathbf{y})\Psi(\mathbf{y})\Psi(\mathbf{x}'), \end{aligned} \tag{38}$$

wobei

$$\int d^3x' \, \Psi^+(\mathbf{x}')\Psi(\mathbf{x}') = \int d^3x' \sum_{j,l} c_j^+ c_l \varphi_j^*(\mathbf{x}')\varphi_l(\mathbf{x}') = \sum_j c_j^+ c_j = \hat{N} \tag{39}$$

der Operator der gesamten Teilchenzahl ist. Der erste Ausdruck in dem Kommutator $[H,\Psi(\mathbf{x})]$ lautet, wobei $\mathbf{p}$ auf $\Psi(\mathbf{x}')$ wirkt,

$$\begin{aligned} & \frac{1}{2m} \int d^3x' \, [\Psi^+(\mathbf{x}')p^2\Psi(\mathbf{x}'),\Psi(\mathbf{x})] \\ & \qquad = -\frac{1}{2m} \int d^3x' \, \{\Psi^+(\mathbf{x}'),\Psi(\mathbf{x})\} p^2\Psi(\mathbf{x}'), \end{aligned} \tag{40}$$

wegen des Antikommutators

$$\{\Psi(\mathbf{x}'),\Psi(\mathbf{x})\} = 0. \tag{41}$$

Man hat dabei die Mischung von Kommutatoren und Antikommutatoren in (40) zu beachten. Auf Grund von (29) folgt

$$\begin{aligned} -\frac{1}{2m}\int d^3x' \,\{\Psi^+(\mathbf{x}'),\Psi(\mathbf{x})\}p^2\Psi(\mathbf{x}') \\ &= -\frac{1}{2m}\int d^3\mathbf{x}'\,\delta(\mathbf{x}'-\mathbf{x})p^2\Psi(\mathbf{x}') \\ &= -\frac{1}{2m}p^2\Psi(\mathbf{x}). \end{aligned} \tag{42}$$

Der zweite Ausdruck in dem Kommutator $[H,\Psi(\mathbf{x})]$ lautet

$$\begin{aligned} &\tfrac{1}{2}\int d^3x'\,d^2y\,[\Psi^+(\mathbf{x}')\Psi^+(\mathbf{y})V(\mathbf{x}'-\mathbf{y})\Psi(\mathbf{y})\Psi(\mathbf{x}'),\Psi(\mathbf{x})] \\ &= \tfrac{1}{2}\int d^3x'\,d^3y\,V(\mathbf{x}'-\mathbf{y})(\Psi^+(\mathbf{x}')\{\Psi(\mathbf{x}),\Psi^+(\mathbf{y})\}\Psi(\mathbf{y})\Psi(\mathbf{x}') \\ &\qquad - \delta(\mathbf{x}-\mathbf{x}')\Psi^+(\mathbf{y})\Psi(\mathbf{y})\Psi(\mathbf{x}')) \\ &= \tfrac{1}{2}\int d^3x'\,V(\mathbf{x}'-\mathbf{x})\Psi^+(\mathbf{x}')\Psi(\mathbf{x})\Psi(\mathbf{x}') \\ &\qquad - \tfrac{1}{2}\int d^3y\,V(\mathbf{x}-\mathbf{y})\Psi^+(\mathbf{y})\Psi(\mathbf{y})\Psi(\mathbf{x}) \\ &= -\int d^3y\,V(\mathbf{y}-\mathbf{x})\Psi^+(\mathbf{y})\Psi(\mathbf{y})\Psi(\mathbf{x}). \end{aligned} \tag{43}$$

Hier ist

$$\begin{aligned} -\int d^3y\,V(\mathbf{y}-\mathbf{x})\Psi^+(\mathbf{y})\Psi(\mathbf{y})\Psi(\mathbf{x}) \\ = -\sum_{klm} c_k^+ c_l c_m \int d^3y\,V(\mathbf{y}-\mathbf{x})\varphi_k^*(\mathbf{y})\varphi_l(\mathbf{y})\varphi_m(\mathbf{x}). \end{aligned} \tag{44}$$

Dieser Ausdruck enthält Produkte von drei Operatoren.

In der niedrigsten Näherung der Hartree-Fock-Näherung betrachten wir nur Terme von der Struktur: Ein Operator multipliziert mit dem Teilchenzahloperator $c_k^+c_k$. Auf diese Weise berücksichtigen wir nur die Terme $c_k^+c_kc_m$ und $c_k^+c_lc_k = -c_lc_k^+c_k$, woraus folgt

$$\begin{aligned} -\int d^3y\,V(\mathbf{y}-\mathbf{x})\Psi^+(\mathbf{y})\Psi(\mathbf{y})\Psi(\mathbf{x}) \\ \cong -\int d^3y\,V(\mathbf{y}-\mathbf{x})\langle\Psi^+(\mathbf{y})\Psi(\mathbf{y})\rangle\Psi(\mathbf{x}) \\ + \int d^3y\,\Psi(\mathbf{y})V(\mathbf{y}-\mathbf{x})\langle\Psi^+(\mathbf{y})\Psi(\mathbf{x})\rangle, \end{aligned} \tag{45}$$

wobei wir die Reihenentwicklungen für $\Psi(\mathbf{x})$ und $\Psi(\mathbf{y})$ wieder zusammengefaßt haben. Die abgewinkelten Klammern bedeuten, daß wir den Grundzustandserwartungswert zu bilden haben, und zwar nur von Termen der Form $c_k^+c_k$. Der erste Term auf der rechten Seite von (45) ist der direkte Coulombterm und der zweite ist der Austauschterm.

Faßt man (42) und (45) zusammen, so ergibt sich

$$[H,\Psi(\mathbf{x})] \cong \left[-\frac{1}{2m}p^2 - \int d^3y\, V(\mathbf{y}-\mathbf{x})\langle\Psi^+(\mathbf{y})\Psi(\mathbf{y})\rangle\right]\Psi(\mathbf{x}) + \int d^3y\, \Psi(\mathbf{y})V(\mathbf{y}-\mathbf{x})\langle\Psi^+(\mathbf{y})\Psi(\mathbf{x})\rangle, \tag{46}$$

oder

$$[H,\Psi(\mathbf{x})] \cong -\sum_j c_j\left[\left(\frac{1}{2m}p^2 + \int d^3y\, V(\mathbf{y}-\mathbf{x})\langle\Psi^+(\mathbf{y})\Psi(\mathbf{y})\rangle\right)\varphi_j(\mathbf{x}) - \int d^3y\, \varphi_j(\mathbf{y})V(\mathbf{y}-\mathbf{x})\langle\Psi^+(\mathbf{y})\Psi(\mathbf{x})\rangle\right]. \tag{47}$$

Wir setzen nun voraus, daß die $\varphi_j(\mathbf{x})$ Eigenfunktionen des Operators sind, der in der eckigen Klammer auf der rechten Seite von (47) steht, mit den Eigenwerten ε_j. Dann erhält man für die Bewegungsgleichung

$$[H,\Psi(\mathbf{x})] = -i\sum_j \dot{c}_j\varphi_j(\mathbf{x}) = -\sum_j \varepsilon_j c_j\varphi_j(\mathbf{x}), \tag{48}$$

wobei

$$\varepsilon_j\varphi_j(\mathbf{x}) = \left(\frac{p^2}{2m} + \int d^3y\, V(\mathbf{y}-\mathbf{x})\langle\Psi^+(\mathbf{y})\Psi(\mathbf{y})\rangle\right)\varphi_j(\mathbf{x}) - \int d^3y\, \varphi_j(\mathbf{y})V(\mathbf{y}-\mathbf{x})\langle\Psi^+(\mathbf{y})\Psi(\mathbf{x})\rangle. \tag{49}$$

Dies ist die Hartree-Fock-Gleichung. In der üblichen Form sehen wir, daß $\varphi_j(\mathbf{x})$ durch ein gewisses *mittleres* Potential bestimmt ist:

$$\boxed{\varepsilon_j\varphi_j(\mathbf{x}) = \left(\frac{p^2}{2m} + \int d^3y\, V(\mathbf{y}-\mathbf{x})\sum_i n_i\varphi_i^*(\mathbf{y})\varphi_i(\mathbf{y})\right)\varphi_j(\mathbf{x}) - \int d^3y\, \varphi_j(\mathbf{y})V(\mathbf{y}-\mathbf{x})\sum_i n_i\varphi_i^*(\mathbf{y})\varphi_i(\mathbf{x}),} \tag{50}$$

dabei ist n_i die Besetzungszahl 0 oder 1 des Zustandes i. Die Integration ist so zu verstehen, daß die Bildung des inneren Produkts des Spins mitenthalten ist. Der Term $i = j$ kann in den beiden Summen in (50) stehen, weil sich die Beiträge im direkten Term und im Austauschterm wegheben. Im zweiten Term auf der rechten Seite läuft die Summe über alle Zustände und alle Spinorientierungen; im dritten Term auf der rechten Seite (dem Austauschterm) bleiben nur Zustände i mit Spin parallel zu j übrig, weil die Integration über d^3y auch das Skalarprodukt der Spins beinhalten soll.

Koopmans Theorem

Dieses wichtige Theorem besagt, daß der Energieparameter ϵ_l in der Hartree-Fock-Gleichung für $\varphi_l(\mathbf{x})$ gerade das negative der Energie ist, die erforderlich ist, um das Elektron im Zustand l aus dem Festkörper zu entfernen, *vorausgesetzt,* daß die φ ausgedehnte Funktionen vom Blochtyp sind und daß das Elektronensystem sehr groß ist.

Da die Elektronenladung über den gesamten Kristall verschmiert ist, werden die φ im wesentlichen dieselben sein für die Produkte mit oder ohne Elektron im Zustand l. Dies ist unsere zentrale Annahme. Die Arbeit, die aufgewendet wird um das Elektron aus diesem Zustand zu entfernen, ist die Differenz

$$\langle \Phi_l | H | \Phi_l \rangle - \langle \Phi | H | \Phi \rangle,$$

wobei Φ_l kein Elektron im Zustand l besitzt; ansonsten ist Φ_l identisch mit Φ.

Wenn die $\varphi_m(\mathbf{x})$ in $\Psi(\mathbf{x}) = \Sigma\, c_m \varphi_m(\mathbf{x})$ Lösungen der Hartree-Fock-Gleichung sind, erhalten wir durch Bildung des inneren Produkts von (50) mit φ_j^+ und Umbenennung der Indizes j in l

$$\text{(51)} \qquad \varepsilon_l = \left\langle l \left| \frac{1}{2m} p^2 \right| l \right\rangle - \sum_m n_m (\langle lm | V | lm \rangle - \langle lm | V | ml \rangle).$$

Dabei ist die Energie auf den Grundzustand bezogen. Es ist

$$\langle lm | V | lm \rangle \equiv \int d^3x\, d^3y\, \varphi_l^*(\mathbf{x}) \varphi_m^*(\mathbf{y}) V \varphi_l(\mathbf{x}) \varphi_m(\mathbf{y}) \quad \text{und}$$
$$\langle lm | V | ml \rangle \equiv \int d^3x\, d^3y\, \varphi_l^*(\mathbf{x}) \varphi_m^*(\mathbf{y}) V \varphi_m(\mathbf{x}) \varphi_l(\mathbf{y}).$$

Nun folgt aus (37)

$$\text{(52)} \qquad \begin{aligned} \langle \Phi | H | \Phi \rangle = &\left\langle \int d^3x\, \Psi^+(\mathbf{x}) \frac{1}{2m} p^2 \Psi(\mathbf{x}) \right\rangle \\ &+ \left\langle \tfrac{1}{2} \int d^3x\, d^3y\, \Psi^+(\mathbf{x}) \Psi^+(\mathbf{y}) V(\mathbf{y} - \mathbf{x}) \Psi(\mathbf{y}) \Psi(\mathbf{x}) \right\rangle. \end{aligned}$$

Die großen gewinkelten Klammern bedeuten dabei die Diagonalmatrixelemente im Zustand Φ in der HF-Darstellung. Daraus folgt

$$\text{(53)} \qquad \begin{aligned} \langle \Phi | H | \Phi \rangle = &\sum_m n_m \left\langle m \left| \frac{1}{2m} p^2 \right| m \right\rangle \\ &+ \tfrac{1}{2} \sum_{mp} n_m n_p (\langle mp | V | mp \rangle - \langle mp | V | pm \rangle), \end{aligned}$$

und die Änderung der Energie beim Entfernen des l-ten Teilchens ist

$$\left\langle l \left| \frac{1}{2m} p^2 \right| l \right\rangle - \sum_m n_m (\langle lm | V | lm \rangle - \langle lm | V | ml \rangle),$$

dies ist gerade der in (51) angegebene Wert von ε_l. Wir stellen fest, daß bei der Ableitung angenommen wurde, daß die $\varphi_m(\mathbf{x})$ sich nicht ändern, wenn das Teilchen im l-ten Zustand entfernt wird; aus diesem Grund ist das Theorem auf kleine Systeme nicht anwendbar.

Fermionen-Quasiteilchen

Die niederenergetischen Anregungen eines quantenmechanischen Systems mit einer großen Zahl von Freiheitsgraden kann oft näherungsweise durch eine Anzahl von elementaren Anregungen oder Quasiteilchen beschrieben werden. In manchen Fällen ist die Beschreibung des Systems durch Quasiteilchen exakt; in anderen Fällen ist das Quasiteilchen ein Wellenpaket aus exakten Eigenzuständen. Die Energiebreite der Eigenzustände, welche das Wellenpaket umfaßt, bestimmt die Lebensdauer des Pakets und damit den Gültigkeitsbereich des Quasiteilchenkonzepts. Die Quasiteilchen eines Ionenkristallgitters sind Phononen; die eines Spingitters Magnonen und die eines freien Elektronengases sind Anregungen, welche Einelektronenanregungen ähnlich sind.

Bei der Behandlung des Elektronensystems ist es besonders vorteilhaft, als Vakuumzustand den gefüllten Fermisee zu definieren und nicht den Zustand, in dem kein Teilchen vorhanden ist. Mit dem gefüllten Fermisee als Vakuum müssen wir für Prozesse, die sich oberhalb beziehungsweise unterhalb der Fermifläche abspielen, verschiedene Fermioperatoren einführen. Die Wegnahme eines Elektrons unterhalb der Fermifläche wird in diesem neuen Schema als Erzeugung eines Lochs beschrieben. Zunächst betrachten wir ein System von N freien, nicht wechselwirkenden Fermionen, die folgenden Hamiltonoperator besitzen

$$H_0 = \sum_{\mathbf{k}} \varepsilon_{\mathbf{k}} c_{\mathbf{k}}^{+} c_{\mathbf{k}}, \tag{54}$$

wobei $\varepsilon_{\mathbf{k}}$ die Energie eines einzelnen Teilchens ist und $\varepsilon_{\mathbf{k}} = \varepsilon_{-\mathbf{k}}$. Wir vereinbaren, $\varepsilon_{\mathbf{k}}$ von der Fermifläche ε_F an zu messen.

Im Grundzustand Φ_0 des Systems, der durch (4) definiert ist, sind alle Einteilchenzustände bis zur Energie ε_F besetzt und alle Zustände darüber sind leer. Wir betrachten den Zustand Φ_0 als das Vakuum des Problems; dann ist es zweckmäßig, die Vernichtung eines Elektrons im Fermisee als Erzeugung eines Lochs zu betrachten. Auf diese Weise behandeln wir nur Elektronen (für Zustände $k > k_F$) und Löcher (für Zustände $k < k_F$). Der Vorgang, bei dem ein Elektron von $\mathbf{k}'$ innerhalb des Sees nach $\mathbf{k}''$ außerhalb des Sees gebracht wird, stellt die Erzeugung eines Elektron-Loch-Paares dar. Die Ausdrucksweise der Theorie hat Ähnlichkeit mit der Positronen-Theorie und es existiert eine vollständige formale Ähnlichkeit zwischen Teilchen und Löchern.

Wir führen die *Elektronenoperatoren* α^+, α ein durch

$$\boxed{\alpha_{\mathbf{k}}^+ = c_{\mathbf{k}}^+; \qquad \alpha_{\mathbf{k}} = c_{\mathbf{k}}, \qquad \text{für } \varepsilon_{\mathbf{k}} > \varepsilon_F,} \tag{55}$$

und die Lochoperatoren β^+, β durch

$$\boxed{\beta_{\mathbf{k}}^+ = c_{-\mathbf{k}}; \qquad \beta_{\mathbf{k}} = c_{-\mathbf{k}}^+, \qquad \text{für } \varepsilon_{\mathbf{k}} < \varepsilon_F.} \tag{56}$$

Das $-\mathbf{k}$, das für die Löcher eingeführt wurde, ist eine Konvention, welche die tatsächliche Änderung des Wellenvektors oder des Impulses richtig ergibt. Nach der Vernichtung $c_{-\mathbf{k}}$ eines Elektrons bei $-\mathbf{k}$ besitzt der Fermisee einen Impuls $\mathbf{k}$. Auf diese Weise erzeugt $\beta_{\mathbf{k}}^+ \equiv c_{-\mathbf{k}}$ ein Loch mit dem Impuls $\mathbf{k}$. Der Gesamtimpuls, bezogen auf Φ_0 als ein Zustand mit Impuls null, ist

$$\mathbf{P} = \sum_{\mathbf{k}} \mathbf{k}(\alpha_{\mathbf{k}}^+\alpha_{\mathbf{k}} - \beta_{\mathbf{k}}^+\beta_{\mathbf{k}}). \tag{57}$$

Der Teilchenzahloperator für angeregte Elektronen ist

$$\hat{N}_e = \sum_{\mathbf{k}} \alpha_{\mathbf{k}}^+\alpha_{\mathbf{k}}, \qquad (k > k_F) \tag{58}$$

und für Löcher

$$\hat{N}_h = \sum_{\mathbf{k}} \beta_{\mathbf{k}}^+\beta_{\mathbf{k}}, \qquad (k < k_F). \tag{59}$$

Der Hamiltonoperator des nichtwechselwirkenden Fermigases lautet

$$H_0 = \sum_{k>k_F} \varepsilon_{\mathbf{k}}\alpha_{\mathbf{k}}^+\alpha_{\mathbf{k}} + \sum_{k<k_F} \varepsilon_{\mathbf{k}}\beta_{\mathbf{k}}^+\beta_{\mathbf{k}}, \tag{60}$$

wobei $\varepsilon_{\mathbf{k}}$ von ε_F aus gemessen wird; auf diese Weise ist $\varepsilon_{\mathbf{k}} < 0$, wenn $k < k_F$ ist.

Der Grundzustand Φ_0 des Fermisees hat die Eigenschaft

$$\alpha_{\mathbf{k}}\Phi_0 = 0; \qquad \beta_{\mathbf{k}}\Phi_0 = 0, \tag{61}$$

jeweils innerhalb des entsprechenden Bereichs von $\mathbf{k}$. Der wirkliche Vakuumzustand Φ_{vac} erfüllt $c_{\mathbf{k}}\Phi_{\text{vac}} = 0$ für alle $\mathbf{k}$. Der Zustand $\alpha_{\mathbf{k}''}^+\beta_{\mathbf{k}'}^+\Phi_0$ enthält ein Elektron-Loch-Paar, wie in Bild 1 gezeigt wird.

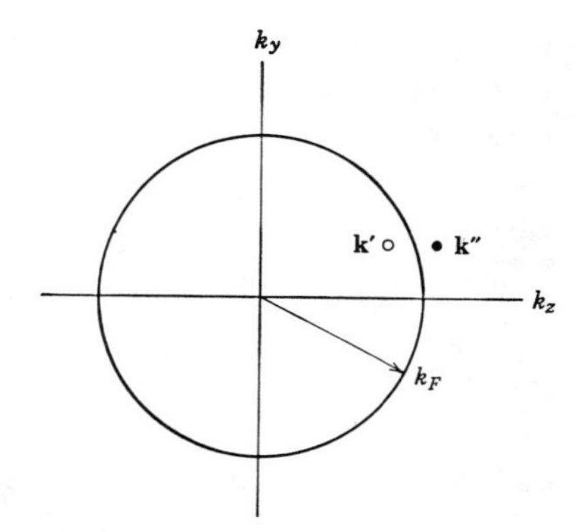

Bild 1: Anregung eines Elektron-Loch-Paares: Der Zustand ist $\alpha^{+}_{\mathbf{k}''}\,\beta^{+}_{\mathbf{k}'}\,\Phi_0$.

Elektronengas in der Hartree- und Hartree-Fock-Näherung

Wir betrachten die physikalischen Eigenschaften eines freien Fermigases von N Elektronen mit der Ladung e in einem Volumen Ω. Um die Neutralität des Systems zu gewährleisten, fügen wir zu den Elektronen einen gleichförmigen Hintergrund von positiver Ladung hinzu, der eine Ladungsdichte besitzt, die gleich der gemittelten Ladungsdichte der Elektronen ist.

In der Näherung unabhängiger Teilchen nach Hartree suchen wir nach der Produktwellenfunktion der Form

$$\varphi(\mathbf{x}_1, \cdots, \mathbf{x}_N) = \prod_{j=1}^{N} \varphi_j(\mathbf{x}_j), \tag{62}$$

welche die Energie minimalisiert. Die Hartree-Lösungen genügen denselben Gleichungen wie die Hartree-Fock-Lösungen, aber ohne den Austauschterm [der letzte Term auf der rechten Seite von (50)]:

$$\left[\frac{1}{2m} p^2 + \int d^3y \frac{e^2}{|\mathbf{x}-\mathbf{y}|} \sum_m{}' \varphi_m^*(\mathbf{y})\varphi_m(\mathbf{y}) - \int d^3y\, \rho_0^{(+)}|e| \frac{1}{|\mathbf{x}-\mathbf{y}|}\right] \varphi_j(\mathbf{x}) = \varepsilon_j \varphi_j(\mathbf{x}), \tag{63}$$

wobei $\rho_0^{(+)} = N|e|/\Omega$ vom positiven Hintergrund herrührt. Diese Gleichung beschreibt ein Elektron, das sich in einem mittleren Potential aller anderen Teilchen bewegt. Man nennt diese Methode selbstkonsistent, wenn alle φ Eigenfunktionen dieser Gleichung sind. Die Summe in (63) läuft über alle besetzten Zustände, mit Ausnahme von j.

Wir zeigen nun, daß der Satz von ebenen Wellen

$$\varphi_{\mathbf{k}}(\mathbf{x}) = \Omega^{-1/2} e^{i\mathbf{k}\cdot\mathbf{x}} \tag{64}$$

selbstkonsistente Lösungen dieser Gleichung sind. Die Ladungsdichte der Elektronen in (63) ist für ein Produkt (62) von ebenen Wellen konstant:

$$e \sum_m{}' \varphi_m^* \varphi_m = e\rho_0^{(-)} = \sum_m{}' \Omega^{-1} \cdot e \cdot 1_m = (N - 1)e/\Omega, \tag{65}$$

sie hebt sich gerade gegen $e\rho_0^+$ weg bis auf einen trivialen Term, der von der Differenz zwischen N und $N - 1$ herrührt. Die damit verbundene Energie ist von der Ordnung $e^2/\Omega^{1/3} \sim 10^{-19}$ erg für $\Omega \sim 1\,\text{cm}^3$. Bis zu dieser Ordnung fällt die Coulombwechselwirkung in (63) heraus und das Hartree-Problem ist gerade das Problem freier Elektronen

$$\frac{1}{2m} p^2 \varphi_j = \varepsilon_j \varphi_j. \tag{66}$$

Die Energie des Elektronengases in der Hartree-Näherung ist rein kinetisch und daher genau dieselbe wie für freie Teilchen. Am absoluten Nullpunkt hat die Energie pro Teilchen den Wert

$$\langle \varepsilon_F \rangle = \tfrac{3}{5} \cdot \frac{1}{2m} k_F^2, \tag{67}$$

wobei der Faktor $\frac{3}{5}$ von der Mittelung von k^2 über das Volumen einer Kugel herrührt. Der Fermiimpuls k_F wird bestimmt durch

$$\frac{2\Omega}{(2\pi)^3} \cdot \frac{4\pi}{3} k_F^2 = N, \tag{68}$$

der Faktor 2 kommt vom Spin her. Wenn wir einen mittleren Radius pro Teilchen definieren als

$$\Omega = N \frac{4\pi}{3} r_0^3, \tag{69}$$

dann wird (68)

$$\frac{2}{(2\pi)^3} \left(\frac{4\pi}{3}\right)^2 (k_F r_0)^3 = 1, \tag{70}$$

oder

$$\boxed{k_F = \frac{1}{\alpha r_0}; \qquad \alpha = (4/9\pi)^{1/3} = 0.52,} \tag{71}$$

und

$$\langle \varepsilon_F \rangle = \frac{3}{10\alpha^2 m r_0^2}. \tag{72}$$

Es ist oft nützlich, r_0 durch den Bohrschen Radius $a_H = 0.529$ A auszudrücken. Dazu führen wir den dimensionslosen Parameter r_s ein

$$r_s = r_0/a_H = (me^2/\hbar^2)r_0. \tag{73}$$

Der Bereich der tatsächlichen metallischen Dichten ist $2 < r_s < 5$. Mit (73) ist

$$\langle \varepsilon_F \rangle = \frac{3}{10}\frac{me^4}{\hbar^2}\frac{1}{\alpha^2 r_s^{\,2}}, \tag{74}$$

oder in Rydberg-Einheiten $\frac{1}{2}(me^4/\hbar^2) = 13.60$ eV,

$$\langle \varepsilon_F \rangle = \frac{3}{5\alpha^2 r_s^{\,2}}\,\text{ry} \cong \frac{2.21}{r_s^{\,2}}\,\text{ry}. \tag{75}$$

Dies ist die Gesamtenergie pro Elektron in der Hartree-Näherung. Es zeigt sich, daß die Hartree-Näherung nicht zur metallischen Bindung führt - die Elektronen verweilen zu lange in Bereichen mit abstoßender potentieller Energie. Wir bemerken (zum Nachdenken), daß sich in der Hartree-Näherung die Coulomb-Selbstenergie des positiven Hintergrunds plus des Elektronengases gerade gegen die Wechselwirkungsenergie der Elektronen mit dem positiven Hintergrund weghebt.

Modifiziertes Hartree-Modell. Wir haben gesehen, daß die Coulombenergie für die Hartree-Lösungen in einem gleichförmigen Hintergrund von positiver Ladung verschwindet. Wir ändern das Modell nun ab; während wir die vorherige gleichförmige Elektronenverteilung beibehalten, fassen wir den positiven Ladungshintergrund in Punktladungen $|e|$ zusammen. Es gibt einen Punkt pro atomares Volumen Ω/N. In guter Näherung erhält man die Coulombenergie dieses Modells ohne Austauschterm, indem man die Energie einer Punktladung $|e|$ berechnet, die innerhalb des Volumens einer Kugel mit dem Radius r_0 mit einer konstanten negativen Ladungsverteilung elektrostatisch wechselwirkt. Wir können auch die elektrostatische Wechselwirkung der Elektronenverteilung mit sich selbst betrachten, obgleich dieser Term nicht vorhanden ist, wenn sich nur ein Elektron in der Kugel befindet, anstelle des N-ten Teils eines jeden der N-Elektronen. Das bedeutet, daß es von einem Elektron, das mit sich selbst wechselwirkt, keinen Selbstenergiebeitrag gibt, so daß wir entscheiden müssen, ob ein einzelnes Elektron in der Zelle lokalisiert ist oder nicht. Wir führen die Rechnung so durch, als ob jedes Elektron über die gesamte Probe verteilt ist.

Der Beitrag der Punktladung, welcher mit der negativen Ladungsverteilung wechselwirkt, ist

(76) $$\varepsilon_1 = -e^2 \frac{3}{4\pi r_0^3} \int_0^{r_0} 4\pi r\, dr = -\frac{3}{2}\frac{e^2}{r_0},$$

und der Selbstenergiebeitrag der Elektronenverteilung mit sich selbst ergibt sich zu

(77) $$\varepsilon_2 = e^2 \left(\frac{3}{4\pi r_0^3}\right)^2 \int_0^{r_0} d\xi\, \tfrac{1}{3}(4\pi)^2 \xi^4 = \frac{3}{5}\frac{e^2}{r_0};$$

die Gesamtenergie ergibt sich in diesem Modell zu

(78) $$\varepsilon = \varepsilon_1 + \varepsilon_2 + \langle \varepsilon_F \rangle = -\frac{9e^2}{10 r_0} + \frac{3}{10\alpha^2 m r_0^2} = -\frac{1.80}{r_s} + \frac{2.21}{r_s^2}\,\mathrm{ry},$$

unter Benutzung von (72) und (75). Der Gleichgewichtswert von r_s ist 2.45 Bohrsche Einheiten oder 1.30 A. Der Gleichgewichtswert ergibt sich, indem man $d\varepsilon/dr_s = 0$ setzt.

Hartree-Fock-Näherung. Wir haben die Hartree-Fock-Gleichung (50) abgeleitet; mit explizit geschriebenen Spinvariablen s, s' lautet sie

(79) $$\begin{aligned} \varepsilon_j \varphi_{js}(\mathbf{x}) = & \left(\frac{1}{2m} p^2 + v(\mathbf{x}) \right. \\ & \left. + \sum_{ls'} n_{ls'} \int d^3y\, \varphi^*_{ls'}(\mathbf{y}) \varphi_{ls'}(\mathbf{y}) V(\mathbf{x}-\mathbf{y}) \right) \times \varphi_{js}(\mathbf{x}) \\ & - \sum_l n_{ls} \left(\int d^3y\, \varphi^*_{ls}(\mathbf{y}) \varphi_{js}(\mathbf{y}) V(\mathbf{x}-\mathbf{y}) \right) \varphi_{ls}(\mathbf{x}). \end{aligned}$$

Wir haben von der Hartree-Lösung gesehen, daß, wenn die φ ebene Wellen sind, der zweite und dritte Term auf der rechten Seite von (79) zusammen null ergeben. Wir wollen nun sehen, ob wir (79) mit Eigenfunktionen, die ebene Wellen sind, lösen können. Es zeigt sich, daß dies möglich ist.

Der Austauschterm ist, für das Einheitsvolumen,

$$\begin{aligned} -\sum_l{}' \left(\int d^3y\, e^{i(\mathbf{k}_j - \mathbf{k}_l)\cdot(\mathbf{y}-\mathbf{x})} V(\mathbf{x}-\mathbf{y}) \right) e^{i(\mathbf{k}_j-\mathbf{k}_l)\cdot \mathbf{x}} \varphi_l(\mathbf{x}) \\ = -\sum_l{}' G(\mathbf{k}_j - \mathbf{k}_l)\varphi_j(\mathbf{x}), \end{aligned}$$

wobei, mit $\boldsymbol{\xi} = \mathbf{x} - \mathbf{y}$,

(81) $$G(\mathbf{k}) = \int d^3\xi\, e^{-i\mathbf{k}\cdot\boldsymbol{\xi}} V(\boldsymbol{\xi})$$

die Fouriertransformierte von $V(\mathbf{x}-\mathbf{y})$ ist. Aus diesem Grund besitzt die Hartree-Fock-Gleichung als Eigenfunktionen ebene Wellen mit den Eigenwerten

(82) $$\varepsilon_j = \frac{k_j^2}{2m} - \sum_l{}' G(\mathbf{k}_j - \mathbf{k}_l);$$

die Summe geht über alle besetzten Zustände l, mit Ausnahme von j. Das nächste Problem besteht darin, die Austauschenergie $\sum_l G(\mathbf{k}_j - \mathbf{k}_l)$, zu berechnen.

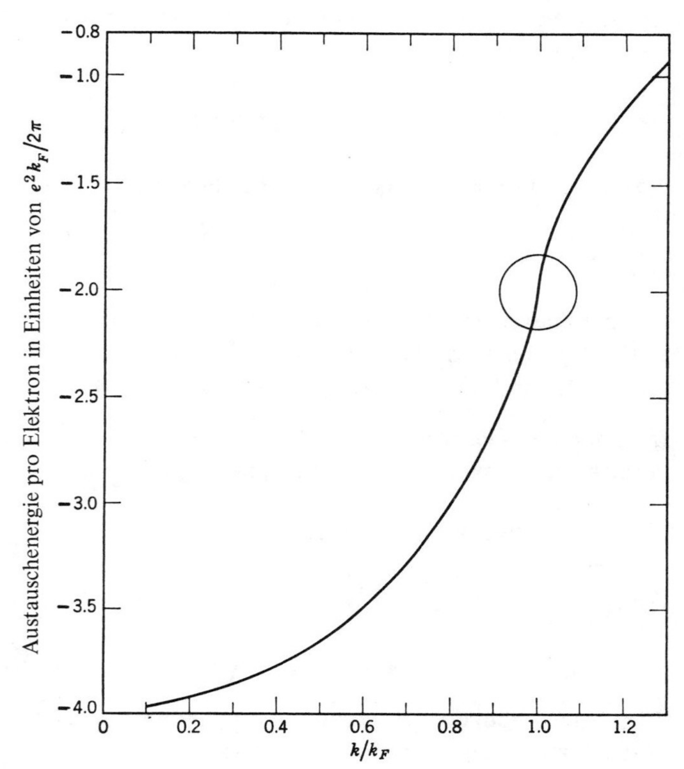

Bild 2: Graphische Darstellung der Austauschenergie des freien Elektronengases in Abhängigkeit vom Wellenvektor. Der Teil innerhalb des Kreises ist nicht exakt - die Steigung wurde der Deutlichkeit wegen übertrieben. Die Ableitung in der Umgebung $k = k_F$ ist durch die Entwicklung $-0.614 = 2 \log |x - 1|$ gegeben, mit $x = k/k_F$; aus diesem Grund wird die Steigung für $|x - 1| = 3.3 \times 10^{-5}$ auf 20 : 1verkleinert.

Nun gilt

$$(83) \qquad V(\mathbf{x} - \mathbf{y}) = \frac{e^2}{|\mathbf{x} - \mathbf{y}|} = \sum_{\mathbf{K}} \frac{4\pi e^2}{K^2} e^{i\mathbf{K}\cdot(\mathbf{x}-\mathbf{y})},$$

auf Grund von (1.24). Dann ist

$$(84) \qquad G(\mathbf{k}_j - \mathbf{k}_l) = \int d^3x \, \frac{e^2}{|\mathbf{x}|} e^{i(\mathbf{k}_j - \mathbf{k}_l)\cdot\mathbf{x}} = \frac{4\pi e^2}{(\mathbf{k}_j - \mathbf{k}_l)^2}.$$

Wir berechnen nun die Größe $\sum_l' G(\mathbf{k}_j - \mathbf{k}_l)$, die in der Einelektronenenergie auftritt. Die Summe ist nur über Zustände $|ls\rangle$ zu nehmen, deren Spins parallel zu $|js\rangle$ sind; antiparallele Paare erscheinen nicht im Hartree-Fock-Austauschintegral. Dann ergibt sich für den Grundzustand

$$
\begin{aligned}
\sum_l{}' G(\mathbf{k}_j - \mathbf{k}_l) &= 4\pi e^2 \sum_l{}' \frac{1}{(\mathbf{k}_j - \mathbf{k}_l)^2} \\
&= \frac{4\pi e^2}{\Omega} \cdot \frac{\Omega}{(2\pi)^3} \int_{k<k_F} d^3k \, \frac{1}{(\mathbf{k}_j - \mathbf{k})^2} \\
&= \frac{e^2}{2\pi^2} 2\pi \int_0^{k_F} k^2 \, dk \int_{-1}^{1} d\mu \, \frac{1}{k_j^2 + k^2 - 2kk_j\mu} \\
&= \frac{e^2}{\pi k_j} \int_0^{k_F} k \, dk \log \frac{k + k_j}{|k - k_j|} \\
&= \frac{e^2}{\pi} \left(\frac{k_F^2 - k_j^2}{2k_j} \log \left| \frac{k_F + k_j}{k_F - k_j} \right| + k_F \right),
\end{aligned} \tag{85}
$$

durch elementare Integration. Daher berechnet sich aus (82) der Hartree-Fock-Energieparameter zu

$$
\boxed{\varepsilon_j = \frac{k_j^2}{2m} - \frac{e^2}{2\pi} \left(\frac{k_F^2 - k_j^2}{k_j} \log \left| \frac{k_F + k_j}{k_F - k_j} \right| + 2k_F \right).} \tag{86}
$$

Die mittlere Austauschenergie pro Teilchen erhält man am einfachsten mit Hilfe der nun folgenden direkteren Methode, obwohl man auch (86) über alle besetzten Zustände summieren kann. Der Beitrag der Austauschenergie zu (86) ist in Bild 2 als Funktion von k_j/k_F aufgezeichnet.

Berechnung des Austauschintegrals für das Elektronengas

Wir benötigen den Wert von $G(\mathbf{k}_j - \mathbf{k}_l)$ summiert über alle besetzten Zustände j, l. Tatsächlich brauchen wir den Wert von

$$
\mathcal{J} = \iint_{k_1, k_2 < k_F} d^3k_1 \, d^3k_2 \, \frac{1}{|\mathbf{k}_1 - \mathbf{k}_2|^2}. \tag{87}
$$

Mit $\mu = \cos\theta$ und $s = k_2/k_1$ folgt

$$
\frac{1}{|\mathbf{k}_1 - \mathbf{k}_2|^2} = \frac{1}{k_1^2 + k_2^2 - 2k_1k_2\mu} = \frac{1}{k_1^2} \cdot \frac{1}{1 + s^2 - 2s\mu}. \tag{88}
$$

Für den Halbraum $s < 1$ gibt es aber eine wohlbekannte Reihenentwicklung:

$$
\frac{1}{1 + s^2 - 2s\mu} = \left[\sum_L s^L P_L(\mu)\right]^2 = \sum_{L,\lambda} s^{L+\lambda} P_L(\mu) P_\lambda(\mu), \tag{89}
$$

wobei $P_L(\mu)$ ein Legendre-Polyom ist. Auf diese Weise ergibt sich

$$
\mathcal{J} = 2 \int_{k_1<k_F} d^3k_1 \int_{k_2<k_1} 2\pi k_2^2 \, dk_2 \, d\mu \sum_{L,\lambda} \left(\frac{k_2}{k_1}\right)^{L+\lambda} \cdot \frac{1}{k_1^2} P_L(\mu) P_\lambda(\mu); \tag{90}
$$

unter Benützung von

$$\int_{-1}^{1} P_L(\mu) P_\lambda(\mu)\, d\mu = \frac{2}{2L+1}\,\delta_{L\lambda} \tag{91}$$

erhält man bei Berücksichtigung des Raumes $k_2 < k_1$ und des Raumes $k_1 < k_2$

$$\begin{aligned} \mathcal{J} &= 8\pi \int_{k_1<k_F} d^3k_1 \int_0^{k_1} dk_2 \sum \left(\frac{k_2}{k_1}\right)^{2L+2} \frac{1}{2L+1} \\ &= 8\pi \int_{k_1<k_F} d^3k_1\, k_1 \sum_L \frac{1}{(2L+1)(2L+3)} \\ &= 8\pi^2 k_F{}^4 \sum_0^\infty \frac{1}{(2L+1)(2L+3)}. \end{aligned} \tag{92}$$

Die Summe ist leicht zu berechnen, indem man sie in folgender Weise schreibt:

$$\tfrac{1}{2}\sum_0^\infty \left(\frac{1}{2L+1} - \frac{1}{2L+3}\right) = \tfrac{1}{2} + \tfrac{1}{2}\sum_0^\infty \left(\frac{1}{2L+3} - \frac{1}{2L+3}\right) = \tfrac{1}{2}, \tag{93}$$

so daß

$$\mathcal{J} = 4\pi^2 k_F{}^4. \tag{94}$$

Die mittlere Austauschenergie ist nun

$$\begin{aligned} \varepsilon_{\text{ex}} &= -\tfrac{1}{2}\cdot\frac{2}{N}\sum_{jl}{}' G(\mathbf{k}_j - \mathbf{k}_l) = -\frac{4\pi e^2}{n}\sum_{jl}\frac{1}{(\mathbf{k}_j - \mathbf{k}_l)^2} \\ &= -\frac{4\pi e^2}{(2\pi)^6 n}\mathcal{J} = -\frac{2e^2 k_F{}^4}{(2\pi)^3 n} = -\frac{3e^2}{4\pi\alpha r_0}, \end{aligned} \tag{95}$$

mit $\alpha = (4/9\pi)^{1/3}$ wie zuvor. Weiter ergibt sich

$$\varepsilon_{\text{ex}} = -\frac{3}{2\pi}\frac{1}{\alpha r_s}\,\text{ry} = -\frac{0.916}{r_s}\,\text{ry}. \tag{96}$$

Die Hartree-Fock-Energie $\varepsilon_{\text{HF}} = \langle \varepsilon_F \rangle + \varepsilon_{\text{ex}}$ ist

$$\boxed{\varepsilon_{\text{HF}} = \frac{2.21}{r_s{}^2} - \frac{0.916}{r_s}\,\text{ry}} \tag{97}$$

pro Teilchen. Dies ist zwar ein besserer Energiewert als die Hartree-Energie, aber die Bindung ist immer noch zu schwach. Der Fehler liegt in der Vernachlässigung der Korrelationen in den Lagen der Elektronen, welche durch ihre Coulombwechselwirkung hervorgerufen werden. Diese Korrelation ist besonders für Elektronenpaare mit antiparallelen Spins wichtig, welche nicht durch die Antisymmetrisierung auseinandergehalten werden. Der Einfluß der Antisymmetrisierung auf ein Paar mit parallelen Spins wird im nächsten Abschnitt behandelt.

Die Korrelationsenergie ε_c *ist definiert als* $\varepsilon_{\text{exact}} - \varepsilon_{\text{HF}}$, *der Differenz zwischen der exakten Energie und der in der Hartree-Fock-Näherung berechneten Energie.* Wir dürfen erwarten, daß es möglich ist, die Coulombwechselwirkung als kleine Störung zu behandeln und die Energie mit Hilfe der Störungstheorie zu berechnen. Dies kann bei hoher Elektronendichte gemacht werden ($r_s < 1$), verlangt aber eine sorgfältige Behandlung von divergenten Termen, wie im folgenden Kapitel erörtert wird.

Eine der Schwierigkeiten bei der Hartree-Fock-Gleichung (86) liegt darin, daß die Zustandsdichte auf der Fermifläche gegen null geht, weil $d\varepsilon/dk_j \rightarrow \infty$ wenn $k \rightarrow k_F$; die gewünschte Ableitung ist gerade der vorletzte Ausdruck von (85) ohne das Integral. Die Zustandsdichte enthält $(dn/dk)(dk/d\varepsilon)$. Die geringe Zustandsdichte nahe der Fermifläche im Hartree-Fock-Modell hat wichtige Konsequenzen für die thermischen und magnetischen Eigenschaften des Elektronengases, aber keine dieser speziellen Folgerungen des HF-Modells ist in Übereinstimmung mit dem Experiment. Vielteilchenkorrekturen zum HF-Modell führen zu einem abgeschirmten Coulombpotential, und für dieses verschwindet die Zustandsdichte auf der Fermifläche nicht.

Wir haben eben in der HF-Näherung die Grundzustandsenergie eines Elektronensystems mit einem gleichförmigen starren Hintergrund von positiver Ladung berechnet. Wie berechnet, enthält die Coulombenergie des Grundzustandes

(a) die Selbstenergie des Elektronengases,
(b) die Selbstenergie des positiven Hintergrundes,
(c) die Wechselwirkungsenergie der Elektronen mit dem gleichförmigen positiven Hintergrund.

Die Summe dieser drei Beträge ist null. Beide Selbstenergien sind positiv und gehen jeweils mit einem Faktor $\frac{1}{2}$ ein; sie heben sich damit gegen die negative Wechselwirkungsenergie (c) weg. Es erfordert vom Leser einen Moment des Nachdenkens, um einzusehen, daß dieses Ergebnis bereits in der Aussage enthalten ist, daß die Energie des Systems gegeben ist durch die Zahl der Elektronen multipliziert mit der mittleren HF-Energie (97) pro Elektron, die noch bezüglich der Korrelationsenergie korrigiert werden kann.

Wie kommen wir von dieser Energie zur Bindungsenergie eines wirklichen Metalls? Schon für das einfachste Metall Natrium, für welches das Modell der freien Elektronen am besten funktioniert, gibt es vier wichtige Punkte, die wir berücksichtigen müssen. In einem wirklichen Metall ist die positive Ladung in einem diskreten Ionengitter zusammengefaßt. Um dies in unserer Buchführung zu berücksichtigen müssen wir

(1) die Selbstenergie E_1 des positiven Hintergrunds abziehen,
(2) die Wechselwirkungsenergie E_2 der Elektronen mit dem gleichförmigen positiven Hintergrund abziehen und beachten, daß $E_2 = -2E_1$ ist,
(3) die Coulombenergie E_3 des diskreten Gitters addieren,
(4) die Wechselwirkungsenergie E_4 der Elektronen mit dem diskreten Gitter addieren.

Bei der Methode von Wigner und Seitz, die in Kapitel 13 entwickelt wird, teilt man das Metall in Polyeder auf, in deren Mitte sich jeweils ein Gitterpunkt befindet. Die Polyeder sind elektrisch neutral und die Coulombwechselwirkung zwischen verschiedenen Polyedern ist sehr klein. Deshalb ist die Summe der Energien der vier Schritte, die wir aufgezählt haben, für n Atome, gerade die Energie von n Wigner-Seitz-Polyedern. Die Terme (1) und (2) zusammen tragen $0.6e^2/r_0$ oder $1.2/r_s$ zur Energie des Metalls bei, wie in Gl. (77) berechnet wurde. Die Summe der Terme (3) und (4) ist gerade der Energieeigenwert für $\mathbf{k} = 0$ des Wigner-Seitz-Randwertproblems, das in Kapitel 13 besprochen wird. Die Bindungsenergie enthält die Summe von

$$(\text{HF-Energie}) + (\text{WS-Energie bei } \mathbf{k} = 0) + \frac{1.2}{r_s} + (\text{Korrelationsenergie}).$$

Diese Summe ist für ein vernünftiges Beispiel eines Metalls negativ. Damit aber das Metall bezüglich getrennter neutraler Atome stabil ist, muß die Summe stärker negativ sein als die erste Ionisierungsenergie des neutralen Atoms, wobei die Ionisierungsenergie eine negative Zahl ist. Die Differenz zwischen der Ionisierungsenergie und der eben angeschriebenen Summe ist die *Bindungsenergie.* Es ist zu beachten, daß man den Term $1.2/r_s$ zusammenfassen kann mit dem Austauschbeitrag $-0.916/r_s$ der HF-Energie, was $+0.284/r_s$ für den Gesamtbeitrag in r_s^{-1} ergibt. Im folgenden Kapitel diskutieren wir für Natrium die Größenordnung der einzelnen Terme.

Zweielektronen-Korrelationsfunktionen. Wir wollen für ein Fermigas in der Hartree-Fock-Näherung die Wahrscheinlichkeit $g(\mathbf{x},\mathbf{y})\, d^3x\, d^3y$ berechnen, daß sich ein Teilchen im Volumenelement d^3x an der Stelle $\mathbf{x}$ und ein zweites Teilchen in d^3y an der Stelle $\mathbf{y}$ befindet. Sogar für ebene Wellen ist es möglich, daß die Wahrscheinlichkeit nicht gleichförmig ist.

Wenn die Spins der beiden Teilchen antiparallel sind, ist die Wahrscheinlichkeit gleichförmig:

$$g(\mathbf{x},\mathbf{y}) = \varphi^*(\mathbf{x},\mathbf{y})\varphi(\mathbf{x},\mathbf{y}) = e^{-i(\mathbf{k}_1\cdot\mathbf{x}+\mathbf{k}_2\cdot\mathbf{y})}e^{i(\mathbf{k}_1\cdot\mathbf{x}+\mathbf{k}_2\cdot\mathbf{y})} = 1, \tag{98}$$

für parallele Spins aber führt das Ausschließungsprinzip zu einer nichtgleichförmigen Verteilung:

$$\begin{aligned} g(\mathbf{x},\mathbf{y}) &= \tfrac{1}{2}(e^{-i(\mathbf{k}_1\cdot\mathbf{x}+\mathbf{k}_2\cdot\mathbf{y})} - e^{-i(\mathbf{k}_1\cdot\mathbf{y}+\mathbf{k}_2\cdot\mathbf{x})})(e^{i(\mathbf{k}_1\cdot\mathbf{x}+\mathbf{k}_2\cdot\mathbf{y})} - e^{i(\mathbf{k}_1\cdot\mathbf{y}+\mathbf{k}_2\cdot\mathbf{x})}) \\ &= \tfrac{1}{2}(2 - e^{i(\mathbf{k}_1-\mathbf{k}_2)\cdot(\mathbf{y}-\mathbf{x})} - e^{-i(\mathbf{k}_1-\mathbf{k}_2)\cdot(\mathbf{y}-\mathbf{x})}) \\ &= 1 - \cos(\mathbf{k}_1 - \mathbf{k}_2)\cdot(\mathbf{y}-\mathbf{x}). \end{aligned} \tag{99}$$

Wir mitteln (99) über den Grundzustand des Fermisees. Wenn dort N verschiedene Zustände $\mathbf{k}$ besetzt sind, ist die mittlere Korrelation von parallelen Paaren mit $\mathbf{r} = \mathbf{y} - \mathbf{x}$,

$$\begin{aligned} \langle g(\mathbf{r})\rangle &= \frac{1}{N^2}\sum_{ij}(1 - e^{i(\mathbf{k}_i-\mathbf{k}_j)\cdot\mathbf{r}}) \\ &= \frac{1}{N^2(2\pi)^6}\int d^3k_i \int d^3k_j\,(1 - e^{i(\mathbf{k}_i-\mathbf{k}_j)\cdot\mathbf{r}}). \end{aligned} \tag{100}$$

Dies ist die Wahrscheinlichkeit, am Ort $\mathbf{r}$ ein Elektron zu finden, dessen Spin parallel bezüglich dem des Elektrons am Ursprung ist. Wir können schreiben

$$\langle g(\mathbf{r})\rangle = [1 - F^2(k_F r)], \tag{101}$$

mit

$$F(k_F r) = \frac{1}{N(2\pi)^3}\int d^3k\, e^{i\mathbf{k}\cdot\mathbf{x}}. \tag{102}$$

Das Integral in (102) wurde in (1.68) berechnet, damit ergibt sich

$$F(k_F r) = 3\left(\frac{\sin k_F r - k_F r\cos k_F r}{k_F{}^3 r^3}\right)\delta_{ss'}, \tag{103}$$

wobei benutzt wurde

$$\frac{4\pi}{3(2\pi)^3}k_F{}^3 = N. \tag{104}$$

Wir bemerken, daß $F(k_F r) \to 1$ und $\langle g(\mathbf{r})\rangle \to 0$ für $r \to 0$, und daß für $r \to \infty$ $F(k_F r) \to 0$ und $\langle g(\mathbf{r})\rangle \to 1$. Wir haben die δ-Funktion in den Spinprojektionen s, s' auf die z-Achse zur Gl. (103) hinzugefügt um zu betonen, daß $F(k_F r)$ null ist für antiparallele Spins. In (104) ist N gleich $n/2$, wobei n die Elektronenkonzentration ist, und beide Spinorientierungen mitgezählt werden. Den Elektronenmangel in der Nähe des Ursprungs nennt man das *Fermiloch*.

Coulombwechselwirkung und der Formalismus der zweiten Quantisierung

Mit der Fouriertransformierten (83) der Coulombwechselwirkung lautet der Hamiltonoperator, für das Einheitsvolumen,

$$H = \frac{1}{2m}\sum_j p_j^2 + \tfrac{1}{2}\sum_{ij}{}' \frac{e^2}{|\mathbf{x}_i - \mathbf{x}_j|} + v(\mathbf{x}) \tag{105}$$
$$= \frac{1}{2m}\sum_j p_j^2 + \tfrac{1}{2}\sum_{ij}{}' \sum_{\mathbf{K}\neq 0} \frac{4\pi e^2}{K^2} e^{i\mathbf{K}\cdot(\mathbf{x}_i - \mathbf{x}_j)},$$

wobei der positive Hintergrund den Term mit $\mathbf{K} = 0$ wegschafft; der Term $i = j$ ist von der Summe ausgeschlossen.

Als erstes drücken wir die potentielle Energie durch die Operatoren $\rho_{\mathbf{K}}$ der Teilchendichtefluktuation aus, welche definiert sind durch

$$\rho(\mathbf{x}) = \sum_{\mathbf{K}} \rho_{\mathbf{K}} e^{i\mathbf{K}\cdot\mathbf{x}}. \tag{106}$$

Nun ist

$$\int d^3x\, \rho(\mathbf{x}) e^{-i\mathbf{K}'\cdot\mathbf{x}} = \int d^3x \sum_{\mathbf{K}} \rho_{\mathbf{K}} e^{i(\mathbf{K}-\mathbf{K}')\cdot\mathbf{x}} \tag{107}$$
$$= \sum_{\mathbf{K}} \rho_{\mathbf{K}} \Delta(\mathbf{K} - \mathbf{K}') = \rho_{\mathbf{K}'},$$

so daß gilt

$$\rho_{\mathbf{K}} = \int d^3x\, \rho(\mathbf{x}) e^{-i\mathbf{K}\cdot\mathbf{x}}. \tag{108}$$

Wenn $\rho(\mathbf{x})$ gleichförmig ist und den Wert n besitzt, haben wir $\rho_{\mathbf{K}} = n\delta_{\mathbf{K}0}$. Für Punktladungen ist

$$\rho(\mathbf{x}) = \sum_j \delta(\mathbf{x} - \mathbf{x}_j), \tag{109}$$

und

$$\rho_{\mathbf{K}} = \int d^3x \sum_j \delta(\mathbf{x} - \mathbf{x}_j) e^{-i\mathbf{K}\cdot\mathbf{x}} = \sum_j e^{-i\mathbf{K}\cdot\mathbf{x}_j}. \tag{110}$$

Es folgt, daß

$$\overset{+}{\rho}_{\mathbf{K}} \rho_{\mathbf{K}} = \sum_{ij} e^{i\mathbf{K}\cdot(\mathbf{x}_i - \mathbf{x}_j)}, \tag{111}$$

und

$$\sum_{ij}{}' e^{i\mathbf{K}\cdot(\mathbf{x}_i - \mathbf{x}_j)} = \sum_{ij} e^{i\mathbf{K}\cdot(\mathbf{x}_i - \mathbf{x}_j)} - n = \overset{+}{\rho}_{\mathbf{K}} \rho_{\mathbf{K}} - n, \tag{112}$$

wobei n die Elektronenkonzentration ist. Damit ergibt sich mit (105) und (112) der Hamiltonoperator, ausgedrückt durch Dichteoperatoren, als

(113)
$$H = \frac{1}{2m}\sum_j p_j{}^2 + \sum_{\mathbf{K}\neq 0} \frac{2\pi e^2}{K^2}(\overset{+}{\rho}_{\mathbf{K}}\rho_{\mathbf{K}} - n).$$

Es ist auch wichtig, H ausgedrückt durch Fermioperatoren zu kennen. Es sei

(114)
$$\Psi(\mathbf{x}) = \sum_{\mathbf{k}s} c_{\mathbf{k}s} e^{i\mathbf{k}\cdot\mathbf{x}}|s\rangle$$

in der Darstellung durch ebene Wellen, wobei $|s\rangle$ der Spinanteil der Einelektronen-Wellenfunktion ist. Dann ist die kinetische Energie

(115)
$$\int d^3x\, \Psi^+(\mathbf{x})\frac{p^2}{2m}\Psi(\mathbf{x}) = \sum \varepsilon_{\mathbf{k}} \overset{+}{c}_{\mathbf{k}s} c_{\mathbf{k}s}; \qquad \varepsilon_{\mathbf{k}} = \frac{k^2}{2m}.$$

Nun ist auf Grund der Definition (32)

(116)
$$\rho(\mathbf{x}) = \Psi^+(\mathbf{x})\Psi(\mathbf{x}) = \sum_{\mathbf{k}\mathbf{k}'s} \overset{+}{c}_{\mathbf{k}s} c_{\mathbf{k}'s} e^{i(\mathbf{k}'-\mathbf{k})\cdot\mathbf{x}},$$

und mit (108)

(117)
$$\rho_{\mathbf{K}} = \sum_{\mathbf{k}\mathbf{k}'} \overset{+}{c}_{\mathbf{k}s} c_{\mathbf{k}'s} \int d^3x\, e^{i(\mathbf{k}'-\mathbf{k}-\mathbf{K})\cdot\mathbf{x}} = \sum_{\mathbf{k}} \overset{+}{c}_{\mathbf{k}s} c_{\mathbf{k}+\mathbf{K},s}.$$

Weiter ist

(118)
$$\overset{+}{\rho}_{\mathbf{K}} = \sum \overset{+}{c}_{\mathbf{k}+\mathbf{K}} c_{\mathbf{k}} = \rho_{-\mathbf{K}}.$$

Die Coulombenergie ist

(119)
$$\sum_{\mathbf{K}}{}' \frac{2\pi e^2}{K^2}(\overset{+}{\rho}_{\mathbf{K}}\rho_{\mathbf{K}} - n) \to \sum_{\mathbf{K}}{}' \left(\sum_{\mathbf{k}\mathbf{k}'} \frac{2\pi e^2}{K^2} \overset{+}{c}_{\mathbf{k}+\mathbf{K}} c_{\mathbf{k}} \overset{+}{c}_{\mathbf{k}'-\mathbf{K}} c_{\mathbf{k}'} - n\right),$$

so daß der Hamiltonoperator die Form besitzt

(120)
$$H = \sum_{\mathbf{k}s} \varepsilon_{\mathbf{k}s} \overset{+}{c}_{\mathbf{k}s} c_{\mathbf{k}s} + \sum_{\mathbf{K}}{}' \left(\sum_{\substack{\mathbf{k}\mathbf{k}'\\ ss'}} \frac{2\pi e^2}{K^2} \overset{+}{c}_{\mathbf{k}+\mathbf{K},s} c_{\mathbf{k}s} \overset{+}{c}_{\mathbf{k}'-\mathbf{K},s'} c_{\mathbf{k}'s'} - n\right).$$

Dies ist exakt. Die Diagonalelemente der Coulombenergie kommen von den Termen, für die $\mathbf{k} + \mathbf{K} = \mathbf{k}'$; $s = s'$; deshalb hat der Faktor, der die vier Operatoren enthält, die Form

(121)
$$\overset{+}{c}_{\mathbf{k}'} c_{\mathbf{k}} \overset{+}{c}_{\mathbf{k}} c_{\mathbf{k}'} = \overset{+}{c}_{\mathbf{k}'} c_{\mathbf{k}'}(1 - \overset{+}{c}_{\mathbf{k}} c_{\mathbf{k}}),$$

und

(122)
$$E(\text{diag}) = \sum_{\mathbf{k}s} n_{\mathbf{k}s}\varepsilon_{\mathbf{k}s} - \sum_{\mathbf{k}\mathbf{k}'s}{}' \frac{2\pi e^2}{|\mathbf{k}-\mathbf{k}'|^2} n_{\mathbf{k}s} n_{\mathbf{k}'s},$$

wobei wir die Tatsache benutzt haben, daß $\Sigma\, n_{\mathbf{k}s} = n$. Wir haben (122) früher berechnet, es ist genau die HF-Energie (97).

Es ist wichtig, sich zu vergegenwärtigen, daß wir nicht gezeigt haben, daß die ebenen Wellen, welche Lösungen der Hartree- und der Hartree-Fock-Gleichungen sind, Lösungen zur tiefsten Energie sind. Overhauser [1]) hat gezeigt, daß beide Gleichungen Lösungen besitzen, welche niedrigere Energien ergeben als die üblichen ebenen Wellen. Die neuen Lösungen haben die Form von Spindichtewellen - es gibt keine räumliche Änderung der Ladungsdichte, aber eine räumliche Änderung der Spindichte. Die Zustände der Spindichtewellen haben eine tiefere Energie, weil der Betrag der Austauschenergie auf Grund der lokal bevorzugten parallelen Einstellung der Spins größer wird. Es ist nicht klar, was geschieht, wenn weitere Korrelationseffekte in der Rechnung mitgenommen werden. Bis jetzt basieren alle berechneten Verbesserungen der HF-Energie auf dem normalen HF-Zustand als dem ungestörten Zustand. Die experimentelle Situation läßt vermuten, daß Spindichtewellen bei tiefen Temperaturen in Chrom auftreten können, der Grundzustand der meisten Metalle scheint aber kein Zustand mit Spindichtewellen zu sein.

Aufgaben

1.) (*a*) Man zeige, daß die Antikommutatorrelationen (6) durch (26) und (27) erfüllt sind. Es wird hilfreich sein zu beachten, daß

$$T^2 = 1; \qquad \{c^+,T\} = 0; \qquad \{c,T\} = 0. \tag{123}$$

(*b*) Man zeige, daß (26), (27) äquivalent zu (23), (24) sind.

2.) Man finde die Abnahme der Elektronenkonzentration im Fermiloch; das heißt, man berechne

$$\int d^3x\, F^2(k_F r),$$

wobei $F(k_F r)$ durch (102) definiert ist.

3.) Man finde für Bosonen das Analogon zu der Hartree-Fock-Gleichung (50).

4.) Man zeige, daß $\Psi^+(\mathbf{x}')|\text{vac}\rangle$ ein Zustand ist, indem ein Elektron am Ort $\mathbf{x}'$ lokalisiert ist.

Hinweis: Man wende den Dichteoperator $\rho(\mathbf{x}) \equiv \int d^3x''\, \Psi^+(\mathbf{x}'')\delta(\mathbf{x}-\mathbf{x}'')\Psi(\mathbf{x}'')$ auf den Zustand an und zeige, daß

$$\begin{aligned} \rho(\mathbf{x})\Psi^+(\mathbf{x}')|\text{vac}\rangle &= \int d^3x''\, \delta(\mathbf{x}-\mathbf{x}'')\delta(\mathbf{x}''-\mathbf{x}')\Psi^+(\mathbf{x}'')|\text{vac}\rangle \\ &= \delta(\mathbf{x}-\mathbf{x}')\Psi^+(\mathbf{x}')|\text{vac}\rangle; \end{aligned} \tag{124}$$

damit ist $\delta(\mathbf{x}-\mathbf{x}')$ ein Eigenwert des Dichteoperators und $\Psi^+(x')|\text{vac}\rangle$ ein Eigenzustand.

[1]) A. W. Overhauser, *Phys. Rev. Letters* **4**, 462 (1960) und *Phys. Rev.* **128**, 1437 (1962); W. Kohn und S. J. Nettel, *Phys. Rev. Letters* **5**, 8 (1960).

5.) Man berechne in dem Modell, das zu Gl. (78) führt, die Grundzustandsenergie und vergleiche diesen Wert mit der Energie des metallischen Natriums, bezogen auf getrennte Elektronen und Ionenrümpfe. Die beobachtete Bindungsenergie des metallischen Natriums ist ungefähr 26 kcal/mol, bezogen auf getrennte neutrale Natriumatome.

6.) Mit N bezeichnen wir den Operator

$$\int d^3x'\, \Psi^+(\mathbf{x}')\Psi(\mathbf{x}')$$

für die Gesamtzahl der Teilchen. Man zeige, daß für Bosonen- und Fermionenfelder gilt:

$$\Psi(\mathbf{x})N = (N+1)\Psi(\mathbf{x}). \tag{125}$$

7.) In (37) sei $v(\mathbf{x}') = 0$ und $V(\mathbf{x}' - \mathbf{y}) = g\delta(\mathbf{x}' - \mathbf{y})$, wobei g eine Konstante ist. Man zeige, daß die exakten Bewegungsgleichungen lauten:

$$i\dot{\Psi}_\alpha(\mathbf{x}) = \frac{1}{2m} p^2\Psi_\alpha(\mathbf{x}) + g\Psi_\beta^+(\mathbf{x})\Psi_\beta(\mathbf{x})\Psi_\alpha(\mathbf{x}); \tag{126}$$

$$i\dot{\Psi}_\alpha^+(\mathbf{x}) = -\frac{1}{2m} \Psi_\alpha^+(\mathbf{x})p^2 - g\Psi_\alpha^+(\mathbf{x})\Psi_\beta^+(\mathbf{x})\Psi_\beta(\mathbf{x}). \tag{127}$$

Hier sind α und β Spinindizes; wenn zwei β's im gleichen Term auftreten, ist darüber zu summieren. Wir nehmen an, daß das Feld Ψ geschrieben werden kann als $\Psi_\uparrow + \Psi_\downarrow$, oder wenigstens als Ψ_1 plus seinem zeitumgekehrten Partner (Kapitel 9). In einem magnetischen Feld, das durch das Vektorpotential **A** beschrieben wird, haben wir

$$p^2\Psi(\mathbf{x}) \to \left(\mathbf{p} - \frac{e}{c}\mathbf{A}\right)^2 \Psi \to \left(-i\,\mathrm{grad} - \frac{e}{c}\mathbf{A}\right)^2 \Psi; \tag{128}$$

$$\Psi^+(\mathbf{x})p^2 \to \Psi^+(\mathbf{x})\left(\mathbf{p} - \frac{e}{c}\mathbf{A}\right)^2 \to \left(i\,\mathrm{grad} - \frac{e}{c}\mathbf{A}\right)\Psi^+. \tag{129}$$

Die Ergebnisse dieser Aufgabe werden in der Theorie der Supraleitung in Kapital 21 benutzt.

6. Vielteilchenmethoden und das Elektronengas

Der Hauptfehler bei der Berechnung der Gesamtenergie eines Elektronengases in Hartree-Fock-Näherung liegt darin, daß die Bewegung der Elektronen mit antiparallelem Spin nicht korreliert ist. Es ist physikalisch klar, daß die Coulombabstoßung Elektronen mit antiparallelem Spin von einander fernzuhalten versucht. Die Vernachlässigung von Korrelationen für Elektronen mit parallelem Spin ist nicht so wichtig; wir haben mit dem Fermiloch gesehen, daß das Ausschließungsprinzip in diesem Fall automatisch eine starke Korrelation hervorruft.

Wir definierten in Kapitel 5 die *Korrelationsenergie* als die Differenz zwischen der exakten Energie und der Hartree-Fock-Energie. Dieses Kapitel behandelt Methoden zur näherungsweisen Berechnung der Korrelationsenergie des entarteten Elektronengases, besonders bei hohen Dichten ($r_s < 1$). Bei genügend kleiner Dichte liegt das Problem ziemlich anders: Man vermutet, daß das Elektronengas in eine kristalline Phase von kubisch raumzentrierter Struktur kondensiert. Wir bezeichnen den Limes kleiner Dichten als Wigner-Limes. Man glaubt [1]), daß für $r_s \gtrsim 5$ der Elektronenkristall der stabile Zustand ist, wogegen für kleinere r_s das Elektronengas stabil ist.

Es wurden in den letzten Jahren viele leistungsfähige Methoden zur Berechnung der Eigenschaften eines Elektronengases entwickelt. Die meisten dieser Methoden führen zu äquivalenten Ergebnissen. Die einfachste dieser neuen Methoden ist die Methode des selbstkonsistenten Feldes (SCF-Methode) von Ehrenreich und Cohen, und Goldstone und Gottfried. Nach der Herleitung der SCF-Methode zeigen wir den großen Vorteil der von Frequenz und Wellenvektor abhängigen Dielektrizitätskonstanten $\epsilon(\omega,q)$ bei der Berechnung der Eigenschaften eines Vielteilchensystems. Schließlich besprechen wir Goldstone-Diagramme und das Linked-Cluster-Theorem. Gute Literatur zu diesem

[1]) W. J. Carr, *Phys. Rev.* **122**, 1437 (1961).

Kapitel ist das Buch von D. Pines "*The Many-Body Problem*"; es enthält viele wichtige Originalarbeiten.

Der direkte Weg zur Berechnung der Korrelationsenergie ist die Behandlung der Coulombwechselwirkung als eine Störung, die auf Elektronenpaare mit antiparallelem Spin wirkt, und damit die Berechnung der Energiekorrektur mit Hilfe der üblichen Störungstheorie in zweiter und höherer Ordnung. Die Coulombenergie $\varepsilon^{(2)}$ zweier freier Elektronen im Volumen Ω in den Zuständen $\mathbf{k}_1\uparrow$, $\mathbf{k}_2\uparrow$ ist in zweiter Ordnung Störungstheorie

$$\varepsilon_{12}^{(2)} = -\sum_{34} \frac{2m\langle 12|V|34\rangle\langle 34|V|12\rangle}{k_3{}^2 + k_4{}^2 - k_1{}^2 - k_2{}^2}, \tag{1}$$

wobei

$$\begin{aligned}\langle 12|V|34\rangle &= \Omega^{-2} \int d^3x\, d^3y\, e^{-i(\mathbf{k}_1\cdot\mathbf{x}+\mathbf{k}_2\cdot\mathbf{y})} \left(\sum_{\mathbf{K}} \frac{4\pi e^2}{\Omega K^2} e^{i\mathbf{K}\cdot(\mathbf{x}-\mathbf{y})}\right) \\ &\quad \cdot e^{i(\mathbf{k}_3\cdot\mathbf{x}+\mathbf{k}_4\cdot\mathbf{y})} = \frac{4\pi e^2}{\Omega q^2} \cdot \Delta(\mathbf{k}_1 + \mathbf{k}_2 - \mathbf{k}_3 - \mathbf{k}_4).\end{aligned} \tag{2}$$

Hier ist $\mathbf{q} = \mathbf{k}_1 - \mathbf{k}_3 = \mathbf{k}_4 - \mathbf{k}_2$ der Impulsübertrag bei der Wechselwirkung von $\mathbf{k}_1$, $\mathbf{k}_2$ durch virtuelle Streuung nach $\mathbf{k}_3$, $\mathbf{k}_4$. Damit ergibt sich

$$\varepsilon_{12}^{(2)} = -m\left(\frac{4\pi e^2}{\Omega}\right)^2 \sum_{\mathbf{q}} \frac{1}{q^4} \cdot \frac{1}{\mathbf{q}\cdot(\mathbf{q} + \mathbf{k}_2 - \mathbf{k}_1)}. \tag{3}$$

Die Summation kann in ein Integral umgeformt werden:

$$\sum \to \frac{\Omega}{(2\pi)^3} \int_0^\infty dq\, \frac{\pi}{q^4} \int_{-1}^1 d\mu\, \frac{1}{1+\mu\kappa}, \tag{4}$$

mit $\kappa = |\mathbf{k}_2 - \mathbf{k}_1|/q$ und $\mu = \cos\theta$; hier ist θ von der Richtung $\mathbf{k}_2 - \mathbf{k}_1$ aus gemessen. Das Integral über $d\theta$ in (4) hat den Wert

$$\frac{1}{\kappa}\log\frac{1+\kappa}{1-\kappa}.$$

Das Integral über dq enthält den Ausdruck $1/q^3$ und man sieht, daß es an der unteren Grenze $q \to 0$ divergiert.

Die Behebung dieser Divergenzen kann man durch die Anwendung der Diagrammtechnik, wie sie ursprünglich von Brueckner durchgeführt wurde, erreichen und es stellt sich heraus, daß es möglich ist, die wichtigsten Terme in der Störungsentwicklung in allen Ordnungen aufzusummieren. Wir leiten die Methode von Brueckner in einem Anhang ab. Es gibt einfachere Methoden, um das Problem der Korrelationsenergie zu behandeln, aber die Brueckner-Methode ist aufschlußreich und wichtig.

Bei der Brueckner-Methode zur Berechnung der Korrelationsenergie eines Elektronengases im Limes hoher Dichten gibt es Beiträge von allen Ordnungen der Störungstheorie. Dies wird durch die Langreichweitigkeit der Coulombwechselwirkung verursacht. In wirklichen physikalischen Fällen erwarten wir, daß die Coulombwechselwirkung eines Elektronenpaares (mit Ausnahme kleiner Abstände) abgeschirmt ist durch die anderen Elektronen des Systems. Wir erwarten, daß das ungestörte Potential e^2/r im gestörten Problem etwa die Form (e^2/r) e^{-r/l_s} annimmt, wobei die Abschirmlänge l_s von der Größenordnung Fermigeschwindigkeit v_F dividiert durch die Plasmafrequenz sein wird: $l_s \propto v_F(m/ne^2)^{1/2}$. Dieses abgeschirmte Potential ist eine unendliche Reihe in $(e^2)^{1/2}$. Solch eine Reihe kann man nicht aus einer Störungsrechnung endlicher Ordnung erwarten. Die Rechnung von Gell-Mann und Brueckner ist eine *tour de force,* aber sie legt auch nahe, daß die Störungstheorie nicht der natürliche Weg zur Behandlung des Problems ist. Die klarste Methode ist vielleicht die Methode des selbstkonsistenten Feldes, wie sie bei H. Ehrenreich und M. H. Cohen, *Phys. Rev.* **115**, 786 (1959) beschrieben ist.

Methode des selbstkonsistenten Feldes

Wir betrachten ein einzelnes Teilchen mit dem Einteilchen-Hamiltonoperator $H = H_0 + V(\mathbf{x},t)$, wobei $H_0 = p^2/2m$ und $V(\mathbf{x},t)$ das selbstkonsistente Potential ist, das von der Wechselwirkung mit allen anderen Teilchen des Systems herrührt. Wir bezeichnen mit ρ den statistischen Operator, dargestellt durch die Einteilchen-Dichtematrix. Wenn also ψ_m eine Lösung der Einteilchen-Hartree-Fock-Gleichung ist, mit der Entwicklung*

(5) $$|m\rangle \equiv \psi_m(\mathbf{x},t) = \sum_{\mathbf{k}} |\mathbf{k}\rangle\langle\mathbf{k}|m\rangle$$

nach den Eigenzuständen $|\mathbf{k}\rangle$ von H_0, dann ist die Dichtematrix definiert durch

(6) $$\langle\mathbf{k}'|\rho|\mathbf{k}\rangle \equiv \sum_m \langle\mathbf{k}'|m\rangle P_m\langle m|\mathbf{k}\rangle,$$

wobei P_m die über eine Verteilung gemittelte Wahrscheinlichkeit ist, daß der Zustand m besetzt ist. Der statistische Operator ρ_0 im Gleichgewicht des ungestörten Systems $(V = 0)$ hat die Eigenschaft

* Dieses ρ ist nicht identisch mit dem Operator der Teilchendichte in zweiter Quantisierung, der in Kapitel 5 eingeführt wurde.

$$\rho_0|\mathbf{k}\rangle = f_0(\varepsilon_{\mathbf{k}})|\mathbf{k}\rangle, \tag{7}$$

wobei $f_0(\varepsilon)$ die statistische Verteilungsfunktion ist.

Die Bewegungsgleichung von $\rho = \rho_0 + \delta\rho$ lautet

$$i\dot{\rho} = [H,\rho], \tag{8}$$

oder, wenn wir (8) linearisieren, indem wir Terme der Ordnung $V\,\delta\rho$ vernachlässigen,

$$i\,\delta\dot{\rho} \cong [H_0,\delta\rho] + [V,\rho_0]. \tag{9}$$

Indem wir Matrixelemente zwischen $|\mathbf{k}\rangle$ und $|\mathbf{k}+\mathbf{q}\rangle$ bilden, erhalten wir also

$$\begin{aligned} i\frac{\partial}{\partial t}\langle\mathbf{k}|\delta\rho|\mathbf{k}+\mathbf{q}\rangle &= \langle\mathbf{k}|[H_0,\delta\rho]|\mathbf{k}+\mathbf{q}\rangle + \langle\mathbf{k}|[V,\rho_0]|\mathbf{k}+\mathbf{q}\rangle \\ &= (\varepsilon_{\mathbf{k}} - \varepsilon_{\mathbf{k}+\mathbf{q}})\langle\mathbf{k}|\delta\rho|\mathbf{k}+\mathbf{q}\rangle + [f_0(\varepsilon_{\mathbf{k}+\mathbf{q}}) - f_0(\varepsilon_{\mathbf{k}})]V_{\mathbf{q}}(t), \end{aligned} \tag{10}$$

wobei

$$V_{\mathbf{q}}(t) = \langle\mathbf{k}|V|\mathbf{k}+\mathbf{q}\rangle = \int d^3x\, V(\mathbf{x},t)e^{i\mathbf{q}\cdot\mathbf{x}} \tag{11}$$

die Fouriertransformierte von $V(\mathbf{x},t)$ bezüglich $\mathbf{q}$ ist. Andere Fourierkomponenten in diesem Abschnitt sind in gleicher Weise definiert.

Das Potential V setzt sich zusammen aus einem äußeren Potential V^0 plus einem Abschirmpotential V^s, das von der induzierten Änderung δn der Elektronendichte herrührt. So kann V^0 das Potential einer geladenen Fehlstelle sein und V^s das Potential der abschirmenden Ladungen im Elektronengas, hervorgerufen durch V_0. Die induzierte Änderung in der Elektronendichte ist nun

$$\begin{aligned} \delta n(\mathbf{x}) &= \sum_m |m\rangle P_m\langle m| = \sum_m\sum_{\mathbf{k}\mathbf{k}'} |\mathbf{k}'\rangle\langle\mathbf{k}'|m\rangle P_m\langle m|\mathbf{k}\rangle\langle\mathbf{k}| \\ &= \sum_{\mathbf{k}\mathbf{k}'} |\mathbf{k}'\rangle\langle\mathbf{k}|\langle\mathbf{k}'|\rho|\mathbf{k}\rangle = \sum_{\mathbf{q}} e^{-i\mathbf{q}\cdot\mathbf{x}}\sum_{\mathbf{k}'}\langle\mathbf{k}'|\delta\rho|\mathbf{k}'+\mathbf{q}\rangle = \sum_{\mathbf{q}} e^{-i\mathbf{q}\cdot\mathbf{x}}\delta n_{\mathbf{q}}. \end{aligned} \tag{12}$$

Das Abschirmpotential ist durch die Poissongleichung mit $\delta n(\mathbf{x})$ verbunden

$$\nabla^2 V^s = -4\pi e^2\,\delta n; \qquad -q^2 V^s_{\mathbf{q}}(t) = -4\pi e^2\langle\mathbf{k}|\delta n|\mathbf{k}+\mathbf{q}\rangle, \tag{13}$$

so daß

$$V^s_{\mathbf{q}}(t) = \frac{4\pi e^2}{q^2}\sum_{\mathbf{k}'}\langle\mathbf{k}'|\delta\rho|\mathbf{k}'+\mathbf{q}\rangle. \tag{14}$$

Aus (10) und (14) ergibt sich die Bewegungsgleichung in Abwesenheit einer äußeren Störung:

(15)
$$i\frac{\partial}{\partial t}\langle\mathbf{k}|\delta\rho|\mathbf{k}+\mathbf{q}\rangle = (\varepsilon_{\mathbf{k}} - \varepsilon_{\mathbf{k}+\mathbf{q}})\langle\mathbf{k}|\delta\rho|\mathbf{k}+\mathbf{q}\rangle + \frac{4\pi e^2}{q^2}[f_0(\varepsilon_{\mathbf{k}+\mathbf{q}}) - f_0(\varepsilon_{\mathbf{k}})]\sum_{\mathbf{k}'}\langle\mathbf{k}'|\delta\rho|\mathbf{k}'+\mathbf{q}\rangle.$$

Diese Gleichung ist im wesentlichen dieselbe wie die, welche Bohm und Pines [2]) mit der RPA (random-phase-approximation) erhielten.

Im allgemeinen ist es nützlich, die Eigenschaften des wechselwirkenden Elektronengases durch die longitudinale Dielektrizitätskonstante $\epsilon(\omega,\mathbf{q})$ auszudrücken. Wir können die Dielektrizitätskonstante auf mehrere äquivalente Arten definieren. Die übliche Definition verknüpft die Polarisationskomponente $P_{\mathbf{q}}$ mit dem longitudinalen elektrischen Feld $E_{\mathbf{q}}$ durch

(16)
$$E_{\mathbf{q}} + 4\pi P_{\mathbf{q}} = \epsilon(\omega,\mathbf{q})E_{\mathbf{q}} = D_{\mathbf{q}}.$$

Wir erinnern daran, daß $V = V^0 + V^s$ das tatsächlich wirkende Potential ist, wobei V^0 das äußere Potential ist und V^s das Potential der induzierten Ladung. Die Beziehung (16) ist gleichbedeutend mit

(17)
$$V_{\mathbf{q}} - V_{\mathbf{q}}^s = \epsilon(\omega,\mathbf{q})V_{\mathbf{q}},$$

weil die longitudinale Polarisation $P_{\mathbf{q}}$ das induzierte elektrische Feld $-E_{\mathbf{q}}^s/4\pi$ hervorruft, wobei sich $E_{\mathbf{q}}^s$ aus dem Potential $V_{\mathbf{q}}^s$ herleitet. Damit ist

(18)
$$\epsilon(\omega,\mathbf{q}) = V_{\mathbf{q}}^0/V_{\mathbf{q}},$$

also das Verhältnis des angelegten Potentials zum effektiven Potential. Weiter ist

(19)
$$\operatorname{div}\mathbf{P} = e\,\delta n; \qquad -iqP_{\mathbf{q}} = e\,\delta n_{\mathbf{q}}; \qquad eE_{\mathbf{q}} = -iqV_{\mathbf{q}},$$

so daß

(20)
$$\epsilon(\omega,\mathbf{q}) = 1 + 4\pi\left(\frac{P_{\mathbf{q}}}{E_{\mathbf{q}}}\right) = 1 - 4\pi\frac{e^2\delta n_{\mathbf{q}}}{q^2V_{\mathbf{q}}},$$

wobei ω die zu $V_{\mathbf{q}}$ gehörende Frequenz ist. Die Definition (16) von $\epsilon(\omega,\mathbf{q})$ wird auch weiter unten in (40) benützt, es zeigt sich jedoch dort, daß es vorteilhafter ist, die Dielektrizitätskonstante als Funktion der Dichte der Testladung und der induzierten Ladung zu betrachten.

---

[2]) Für eine Übersicht siehe D. Pines in *Solid state physics* **1** (1955).

Wenn nun $V_{\mathbf{q}}(t)$ in (10) als eine zeitabhängige Kraft wirkt, dann haben wir

$$\langle\mathbf{k}|\delta\rho|\mathbf{k}+\mathbf{q}\rangle = \frac{f_0(\varepsilon_{\mathbf{k}+\mathbf{q}}) - f_0(\varepsilon_{\mathbf{k}})}{\varepsilon_{\mathbf{k}+\mathbf{q}} - \varepsilon_{\mathbf{k}} + \omega + is} V_{\mathbf{q}}, \tag{21}$$

so daß

$$\delta n_{\mathbf{q}} = \sum_{\mathbf{k}} \langle\mathbf{k}|\delta\rho|\mathbf{k}+\mathbf{q}\rangle = \sum_{\mathbf{k}} \frac{f_0(\varepsilon_{\mathbf{k}+\mathbf{q}}) - f_0(\varepsilon_{\mathbf{k}})}{\varepsilon_{\mathbf{k}+\mathbf{q}} - \varepsilon_{\mathbf{k}} + \omega + is} V_{\mathbf{q}}. \tag{22}$$

Schließlich erhalten wir die longitudinale Dielektrizitätskonstante (wir sollten den konjugiert-komplexen Ausdruck hinzufügen):

$$\boxed{\epsilon_{\mathrm{SCF}}(\omega,\mathbf{q}) = 1 - \lim_{s\to+0} \frac{4\pi e^2}{q^2} \sum_{\mathbf{k}} \frac{f_0(\varepsilon_{\mathbf{k}+\mathbf{q}}) - f_0(\varepsilon_{\mathbf{k}})}{\varepsilon_{\mathbf{k}+\mathbf{q}} - \varepsilon_{\mathbf{k}} + \omega + is}.} \tag{23}$$

Dies ist ein wichtiges Resultat, mit dem wir viele Eigenschaften des Systems, einschließlich der Korrelationsenergie, berechnen können. Der spezielle Ausdruck (23) ist eine Näherung, weil wir von einem Einteilchen- und keinem Vielteilchen-Hamiltonoperator ausgegangen sind. Das Elektron reagiert in dieser Näherung wie ein freies Teilchen auf das gemittelte Potential $V(\mathbf{x},t)$ im System. Dieses Ergebnis ist äquivalent dem Ergebnis der RPA-Rechnung von Nozières und Pines. Die transversale Dielektrizitätskonstante eines Elektronengases ist Gegenstand von Aufgabe 16.3.

Im Limes $\omega \gg k_F q/m$ reduziert sich das Ergebnis (23) mit $\omega_P{}^2 = 4\pi ne^2/m$ zu

$$\epsilon(\omega,\mathbf{q}) \cong 1 - \frac{\omega_p{}^2}{\omega^2} + i\frac{e^2}{2\pi q^2}\int d^3k\, \mathbf{q}\cdot\frac{\partial f_0}{\partial \mathbf{k}}\,\delta\left(\omega + \frac{\mathbf{k}\cdot\mathbf{q}}{m}\right), \tag{24}$$

wobei wir die folgende Beziehung ausgenützt haben:

$$\lim_{s\to+0}\frac{1}{x+is} = \mathcal{P}\frac{1}{x} - i\pi\delta(x); \tag{25}$$

hier bezeichnet $\mathcal{P}$ den Hauptwert. Wenn $\omega > k_F q/m$ ist, dann verschwindet am absoluten Nullpunkt die Absorption, welche durch $\mathcal{I}\{\epsilon\}$ gegeben ist; wir sagen, dies ist der Plasmonenbereich. Für $\omega < k_F q/m$ ist der Imaginärteil von ϵ am absoluten Nullpunkt gleich $2m^2e^2\omega/q^3$. Der Realteil von ϵ in (24) ergibt sich durch

$$f_0(\varepsilon_{\mathbf{k}+\mathbf{q}}) - f_0(\varepsilon_{\mathbf{k}}) \cong \mathbf{q}\cdot\frac{\partial f_0}{\partial \mathbf{k}}, \tag{26}$$

und

$$\frac{1}{\omega + \mathbf{k}\cdot\mathbf{q}/m} \cong \frac{1}{\omega}\left(1 - \frac{\mathbf{k}\cdot\mathbf{q}}{m\omega}\right). \tag{27}$$

Der Realteil von ϵ stimmt mit dem Resultat für die Dielektrizitätskonstante eines Plasmas bei $q = 0$ überein, das bereits aus Kapitel 3 bekannt ist. Die Bewegungsgleichungen (15) des ungestörten Systems können gelöst werden, sie ergeben die angenäherten Eigenfrequenzen in Abhängigkeit von $\mathbf{q}$. Die Eigenfrequenzen sind gerade die Nullstellen von $\epsilon(\omega,\mathbf{q})$ in (23). Die Bewegungsgleichungen sind äquivalent zu jenen, die von K. Sawada, *Phys. Rev.* **106**, 372 (1957), betrachtet wurden. Es gibt dabei zwei Arten von Eigenfrequenzen: Für den einen Typ ist $\omega \cong \varepsilon_{\mathbf{k}+\mathbf{q}} - \varepsilon_{\mathbf{k}}$; dies ist die Energie, die zur Erzeugung eines Teilchen-Loch-Paares benötigt wird, indem man ein Elektron aus dem Zustand $\mathbf{k}$ im Fermisee in den Zustand $\mathbf{k} + \mathbf{q}$ außerhalb des Fermisees bringt. Der andere Typ von Eigenwerten tritt bei kleinen $\mathbf{q}$ auf und hat den Wert $\omega^2 \cong 4\pi ne^2/m$. Es gibt also sowohl Kollektivanregungen als auch Quasiteilchenanregungen, die Gesamtzahl der Freiheitsgrade ist aber $3n$.

Der imaginäre Term in (24) bewirkt eine Dämpfung der Plasmaschwingungen, die man Landaudämpfung nennt. In die Stärke der Dämpfung geht die Zahl der Teilchen ein, deren Geschwindigkeitskomponente $k_{\mathbf{q}}/m$ in Richtung $\mathbf{q}$ der Kollektivanregung gleich der Phasengeschwindigkeit ω/q der Anregung ist. Diese speziellen Teilchen sind in Phase mit der Anregung und entziehen ihr Energie. Diese Dämpfung ist bei großen Werten von q wichtig; die Plasmonen sind dann keine guten Normalschwingungen. In einem entarteten Fermigas ist die maximale Elektronengeschwindigkeit v_F; für solche q, für die $\omega_p/q > v_F$ ist, gibt es keine Teilchen im Plasma, die sich mit der Phasengeschwindigkeit bewegen und folglich verschwindet der Imaginärteil von $\epsilon(\omega,\mathbf{q})$ für $q < q_c = \omega_p/v_F$. Unter Benutzung von (5.71) und (5.73) erhalten wir $q_c/k_F = 0.48r_s^{1/2}$. Wenn wir alle Anregungen mit $q > q_c$ als Anregungen von unabhängigen Teilchen betrachten, dann ist das Verhältnis der Zahl der Plasmonenanregungen n' zur Gesamtzahl $3n$ der Freiheitsgrade.

$$(28) \qquad \frac{n'}{3n} = \frac{1}{2\cdot 3}(0.48)^3 r_s^{3/2} = 0.018 r_s^{3/2},$$

wobei die 2 im Nenner vom Spin herrührt. In Natrium ist $r_s = 3.96$ und damit sind 14 Prozent der Freiheitsgrade Plasmonenanregungen.

Wir fassen zusammen: bei kleinen q sind die Normalschwingungen des Systems Plasmonen, bei großen q sind die Normalschwingungen Einteilchenanregungen.

Plasmonen in Metallen zeigen sich beim Durchgang schneller Elektronen durch dünne Metallfilme in Diagrammen, in denen der Energieverlust gegen die Spannung aufgetragen ist, als diskrete Peaks.

Ein genauerer Hinweis für die Existenz von Plasmonen wurde durch die Beobachtung [3]) von Photonenstrahlung angeregter Plasmonen gegeben. Die Abhängigkeit dieser Strahlung vom Beobachtungswinkel und von der Filmdicke wurde von R. A. Ferrell vorausgesagt, *Phys. Rev.* **111**, 1214 (1958).

Ein Vergleich der im Energieverlust beobachteten Maxima mit den berechneten Plasmafrequenzen für die angenommenen Wertigkeiten ist in der folgenden Tabelle gegeben. Die angegebenen Plasmafrequenzen sind bezüglich der Dielektrizitätskonstanten der Ionenrümpfe korrigiert.

	Be	B	C	Mg	Al	Si	Ge
Valenzen	2	3	4	2	3	4	4
ω_{theor}	19	24	25	11	16	17	16 eV
ΔE_{exp}	19	19	22	10	15	17	17 eV

Der Vergleich für die Alkalimetalle ist ebenfalls überzeugend, weil die Peaks des Energieverlustes wie erwartet gut mit der Schwelle der optischen Durchlässigkeit übereinstimmen.

	Li	Na	K
ω_{theor}	8.0	5.7	3.9 eV
ΔE	9.5	5.4	3.8 eV
ω_{opt}	8.0	5.9	3.9 eV

Dielektrizitätskonstante in der Thomas-Fermi-Näherung. Die Thomas-Fermi-Näherung für die Dielektrizitätskonstante des Elektronengases ist eine quasistatische ($\omega \to 0$) Näherung, die für große Wellenlängen ($q/k_F \ll 1$) anwendbar ist. Die Grundannahme (Schiff S. 282) ist, daß für die lokale Elektronendichte $n(\mathbf{x})$ gilt

$$(29) \qquad n(\mathbf{x}) \propto [\varepsilon_F - V(\mathbf{x})]^{3/2},$$

wobei $V(\mathbf{x})$ die potentielle Energie ist und ε_F die Fermienergie. Damit ergibt sich für ein schwaches Potential

$$(30) \qquad \delta n \cong -\frac{3n}{2\varepsilon_F} V,$$

oder für die Fourierkomponenten

$$(31) \qquad \delta n_{\mathbf{q}} \cong -\frac{3n}{2\varepsilon_F} V_{\mathbf{q}}.$$

[3]) W. Steinmann, *Phys. Rev. Letters* **5**, 470 (1960), *Z. Phys.* **163**, 92 (1961); R. W. Brown, P. Wessel und E. P. Trouson, *Phys. Rev. Letters* **5**, 472 (1960).

Die Poisson-Gleichung aber fordert, daß eine Änderung $\delta n_{\mathbf{q}}$ ein Potential $V_{\mathbf{q}}^s$ hervorruft:

$$\delta n_{\mathbf{q}} = \frac{q^2}{4\pi e^2} V_{\mathbf{q}}^s, \tag{32}$$

wie in (13). Mit der Definition (18) ergibt sich für die Dielektrizitätskonstante in der Thomas-Fermi-Näherung

$$\epsilon_{\mathrm{TF}}(\mathbf{q}) = \frac{V_{\mathbf{q}} - V_{\mathbf{q}}^s}{V_{\mathbf{q}}} = 1 - \frac{(4\pi e^2\, \delta n_{\mathbf{q}}/q^2)}{(-2\varepsilon_F\, \delta n_{\mathbf{q}}/3n)}, \tag{33}$$

oder

$$\boxed{\epsilon_{\mathrm{TF}}(\mathbf{q}) = \frac{q^2 + k_s^{\,2}}{q^2},} \tag{34}$$

wobei

$$k_s^{\,2} \equiv 6\pi n e^2/\varepsilon_F. \tag{35}$$

Wir erinnern daran, daß $V_{\mathbf{q}} - V_{\mathbf{q}}^s$ das äußere Potential ist und $(V_{\mathbf{q}} - V_{\mathbf{q}}^s) + V_{\mathbf{q}}^s = V_{\mathbf{q}}$ das effektive Potential.

Wir erwarten, daß die Dielektrizitätskonstante (34) in der Thomas-Fermi-Näherung ein Spezialfall der mit Hilfe des selbstkonsistenten Feldes berechneten Dielektrizitätskonstanten (23) für $\omega = 0$ und $q/k_F \ll 1$ ist. In diesem Grenzfall ist

$$\begin{aligned} \epsilon_{\mathrm{SCF}}(0,\mathbf{q}) &\cong 1 - \left(\frac{4\pi e^2}{q^2}\right) \frac{2m}{(2\pi)^3} \int d^3k\, \frac{\mathbf{q} \cdot \partial f_0/\partial \mathbf{k}}{\mathbf{q} \cdot \mathbf{k}} \\ &= 1 + \left(\frac{4\pi e^2}{q^2}\right) \frac{8\pi n k_F}{(2\pi)^3}. \end{aligned} \tag{36}$$

Dies ist identisch mit (34), weil $m = k_F^{\,2}/2\varepsilon_F$ und $k_F^{\,3} = 3n\pi^2$.

Untersuchung der dielektrischen Antwortfunktion[4])

Die Berechnung der Dielektrizitätskonstanten mit Hilfe des selbstkonsistenten Feldes geht auf das Modell von unabhängigen Teilchen zurück und ist daher nur eine Näherung. Wir berechnen nun einen allgemeineren Ausdruck für die Dielektrizitätskonstante mit Hilfe von Matrixelementen zwischen *exakten Eigenzuständen* des Vielteilchensystems. Wir wollen annehmen, daß wir in das System eine Pro-

---

[4]) P. Nozières und D. Pines, *Nuovo cimento* **9**, 470 (1958).

beladung bringen. Ihre Verteilung habe den Wellenvektor $\mathbf{q}$ und die Frequenz ω und wir schreiben sie als

$$er_{\mathbf{q}}[e^{-i(\omega t+\mathbf{q}\cdot\mathbf{x})} + cc],$$

$r_{\mathbf{q}}$ ist reell. In Abwesenheit der Probeladung ist der Erwartungswert $\langle\rho_{\mathbf{q}}\rangle$ aller Teilchendichtefluktuationsoperatoren $\rho_{\mathbf{q}}$ null. Wir wissen von (5.118), daß

$$\rho_{\mathbf{q}} = \sum_{\mathbf{k}} c^{+}_{\mathbf{k}-\mathbf{q}} c_{\mathbf{k}}. \tag{37}$$

Bei Anwesenheit der Ladung ist $\langle\rho_{\pm\mathbf{q}}\rangle \neq 0$; wir wollen diese induzierte Teilchendichtekomponente berechnen.

Auf Grund der Definition von $\mathbf{D}$ und $\mathbf{E}$ ist nun

$$\operatorname{div} \mathbf{D} = 4\pi\,(\text{Probeladungsdichte}) \tag{38}$$

$$\operatorname{div} \mathbf{E} = 4\pi\,(\text{Probeladungsdichte} + \text{induzierte Ladungsdichte}), \tag{39}$$

so daß mit $\epsilon(\omega,\mathbf{q})$ als der zugehörigen Dielektrizitätskonstanten

$$-i\mathbf{q}\cdot\mathbf{D}_{\mathbf{q}} = -i\epsilon(\omega,\mathbf{q})\mathbf{q}\cdot\mathbf{E}_{\mathbf{q}} = 4\pi e r_{\mathbf{q}} e^{-i\omega t}; \tag{40}$$

$$-i\mathbf{q}\cdot\mathbf{E}_{\mathbf{q}} = 4\pi e(r_{\mathbf{q}} e^{-i\omega t} + \langle\rho_{\mathbf{q}}\rangle). \tag{41}$$

Wir dividieren (40) durch (41):

$$\frac{1}{\epsilon(\omega,\mathbf{q})} = 1 + \frac{\langle\rho_{\mathbf{q}}\rangle}{r_{\mathbf{q}} e^{-i\omega t}} = \frac{\text{Gesamtladung}}{\text{Probeladung}}. \tag{42}$$

Wir berechnen nun $\langle\rho_{\mathbf{q}}\rangle$, die Antwort des Systems auf die Probeladung. Der Hamiltonoperator ist $H = H_0 + H'$; für eine Probe mit dem Einheitsvolumen erhalten wir aus (5.113)

$$H_0 = \sum_i \frac{1}{2m} p_i^2 + \sum_{\mathbf{q}} \frac{2\pi e^2}{q^2} (\rho^{+}_{\mathbf{q}}\rho_{\mathbf{q}} - n); \tag{43}$$

und H' ist die Coulombwechselwirkung zwischen dem System und der Probeladung:

$$H' = \frac{4\pi e^2}{q^2} \rho_{-\mathbf{q}} r_{\mathbf{q}} e^{-i\omega t + st} + cc, \tag{44}$$

wobei, wegen des adiabatischen Einschaltens, s klein und positiv ist. Wir nehmen die Probeladung genügend klein an, so daß die Antwort des Systems linear ist. Wir setzen voraus, daß das System am Anfang ($t = -\infty$) im Grundzustand Φ_0 ist; bei Anwesenheit der Probeladung geht $\Phi_0 \to \Phi_0(r_{\mathbf{q}})$. Dabei ergibt sich in erster Ordnung zeitabhängiger Störungstheorie, im Schrödingerbild mit $\epsilon_n - \epsilon_0 = \omega_{n0}$:

(45) $$\Phi_0(r_\mathbf{q}) = \Phi_0 - \sum_n{}' \frac{4\pi e^2}{q^2} r_\mathbf{q} \left(\frac{\langle n|\rho_{-\mathbf{q}}|0\rangle e^{-i\omega t+st}}{-\omega + \omega_{n0} - is} + \frac{\langle n|\rho_\mathbf{q}|0\rangle e^{i\omega t+st}}{\omega + \omega_{n0} - is} \right) \Phi_n.$$

Bis zu Termen erster Ordnung in $r_\mathbf{q} e^{-i\omega t+st}$ erhält man:

(46) $$\langle \Phi_0(r_\mathbf{q})|\rho_\mathbf{q}|\Phi_0(r_\mathbf{q})\rangle = -\frac{4\pi e^2}{q^2} r_\mathbf{q} e^{-i\omega t+st} \sum_n |\langle n|\rho_\mathbf{q}|0\rangle^2 \left(\frac{1}{\omega + \omega_{n0} + is} + \frac{1}{-\omega + \omega_{n0} - is} \right),$$

wobei wir die Symmetriebeziehung $|\langle n|\rho_\mathbf{q}|0\rangle|^2 = |\langle n|\rho_{-\mathbf{q}}|0\rangle|^2$ ausgenützt haben. Aus (42) erhalten wir das exakte Resultat

(47) $$\boxed{\frac{1}{\epsilon(\omega,\mathbf{q})} = 1 - \frac{4\pi e^2}{q^2} \sum_n |\langle n|\rho_\mathbf{q}|0\rangle|^2 \left\{ \frac{1}{\omega + \omega_{n0} + is} + \frac{1}{-\omega + \omega_{n0} - is} \right\}.}$$

Die Eigenfrequenzen des Systems sind durch die Wurzeln von $\epsilon(\omega,\mathbf{q}) =$ $= 0$ gegeben, da für die Wurzeln die Antwortfunktion nach (42) singulär wird.

Unter Benützung von

(48) $$\lim_{s\to+0} \frac{1}{x \pm is} = \mathcal{P}\frac{1}{x} \mp i\pi\delta(x),$$

erhalten wir für den Imaginärteil:

(49) $$\mathcal{I}\left(\frac{1}{\epsilon(\omega,\mathbf{q})}\right) = \frac{4\pi^2 e^2}{q^2} \sum_n |\langle n|\rho_\mathbf{q}|0\rangle|^2 [\delta(\omega + \omega_{n0}) - \delta(\omega - \omega_{n0})].$$

Die Integration über alle positiven Frequenzen ω ergibt:

(50) $$\int_0^\infty d\omega\, \mathcal{I}\left(\frac{1}{\epsilon(\omega,\mathbf{q})}\right) = -\frac{4\pi^2 e^2}{q^2} \sum_n |\langle n|\rho_\mathbf{q}|0\rangle|^2 = -\frac{4\pi^2 e^2}{q^2} \langle 0|\rho_\mathbf{q}^+ \rho_\mathbf{q}|0\rangle.$$

Wir erinnern daran, daß die in dieser Entwicklung als Basis benützten Zustände die wahren Eigenzustände des Problems sind, einschließlich innerer Wechselwirkungen.

Der Erwartungswert der Coulombwechselwirkung im Grundzustand ist gemäß (5.113)

(51) $$E_{\text{int}} = \langle 0| \sum_\mathbf{q}{}' \frac{2\pi e^2}{q^2} (\rho_\mathbf{q}^+ \rho_\mathbf{q} - n)|0\rangle,$$

dies kann nun geschrieben werden als

(52) $$E_{\text{int}} = -\sum_\mathbf{q} \left\{ \frac{1}{2\pi} \int_0^\infty d\omega\, \mathcal{I}\left(\frac{1}{\epsilon(\omega,\mathbf{q})}\right) + \frac{2\pi n e^2}{q^2} \right\}.$$

Dieser Ausdruck gibt formal die Coulombenergie des exakten Grundzustandes, ausgedrückt durch den Imaginärteil der dielektrischen Antwortfunktion. Wir erhalten natürlich die exakte Grundzustandsenergie nicht einfach durch Hinzufügung von E_{int} zur ungestörten Grundzustandsenergie, weil die kinetische Energie des Grundzustandes durch die Coulombwechselwirkung abgeändert wird. Das heißt, Φ_0 ist eine Funktion von e^2. Um die Gesamtenergie des exakten Grundzustandes zu erhalten benützen wir das folgende Theorem.

THEOREM. Gegeben sei der Hamiltonoperator

$$H = H_0 + gH_{\text{int}}; \qquad g = \text{Kopplungskonstante}, \quad H_0 = \text{kinetische Energie}; \tag{53}$$

und der Wert von

$$E_{\text{int}}(g) = \langle \Phi_0(g) | gH_{\text{int}} | \Phi_0(g) \rangle; \tag{54}$$

dann ist der exakte Wert der gesamten Grundzustandsenergie

$$E_0(g) = \langle \Phi_0(g) | H_0 + gH_{\text{int}} | \Phi_0(g) \rangle \tag{55}$$

gegeben durch

$$E_0(g) = E_0(0) + \int_0^g g^{-1} E_{\text{int}}(g)\, dg. \tag{56}$$

Beweis: Aus (54) und (55) folgt

$$\frac{dE_0}{dg} = g^{-1} E_{\text{int}}(g) + E_0(g) \frac{d}{dg} \langle \Phi_0(g) | \Phi_0(g) \rangle, \tag{57}$$

wobei der zweite Term auf der rechten Seite null ist, weil die Normierung unabhängig von g ist. Hier ist $E_0(g)$ der exakte Eigenwert und $\Phi_0(g)$ die exakte Eigenfunktion. Wir haben somit einen Spezialfall des Feynman-Theorems:

$$\frac{dE_0}{dg} = g^{-1} E_{\text{int}}(g), \tag{58}$$

und nach der Integration erhalten wir (56).

Im Fall des Elektronengases ist die Grundzustandsenergie ohne Coulombwechselwirkung pro Volumeneinheit

$$E_0(0) = \tfrac{3}{5} n \varepsilon_F. \tag{59}$$

Die Kopplungskonstante ist $g = e^2$, so daß wir, wenn E_{int} durch (52) oder in einer anderen Weise gegeben ist, aus (56) die Gesamtenergie bei Anwesenheit der Coulombwechselwirkung berechnen können. Wenn wir zum Beispiel eine Näherung für $1/\epsilon(\omega,\mathbf{q})$ finden, indem wir

(47) mit Matrixelementen in der Darstellung der ebenen Wellen berechnen, dann erhalten wir gerade den üblichen Hartree-Fock-Ausdruck für die Wechselwirkungsenergie E_{int}. Da Φ_0 in dieser Näherung e^2 nicht enthält, ist die Grundzustandsenergie gerade die Summe von Fermienergie und E_{int}. Wir erhalten einen viel besseren Energiewert, wenn wir die selbstkonsistente Dielektrizitätskonstante (23) benützen.

Wir bemerken, daß wir mit der Integraldarstellung der Deltafunktion (49) umschreiben können:

$$\mathcal{g}\left(\frac{1}{\epsilon(\omega,\mathbf{q})}\right) = \frac{4\pi e^2}{q^2}\sum_{ij}\frac{1}{2\pi}\int dt\,(e^{i\omega t} - e^{-i\omega t})\langle e^{-i\mathbf{q}\cdot\mathbf{x}_i(0)}e^{i\mathbf{q}\cdot\mathbf{x}_j(t)}\rangle, \tag{60}$$

dabei sind die $\mathbf{x}_i$ Operatoren im Heisenbergbild. Van Hove [*Phys. Rev.* **95**, 249 (1954)] betrachtet nun eine Funktion, die man den dynamischen Strukturfaktor nennt und welche in der folgenden Weise definiert ist:

$$\boxed{\mathcal{S}(\omega,\mathbf{q}) = \sum_{ij}\frac{1}{2\pi}\int dt\, e^{-i\omega t}\langle e^{-i\mathbf{q}\cdot\mathbf{x}_i(0)}e^{i\mathbf{q}\cdot\mathbf{x}_j(t)}\rangle;} \tag{61}$$

$\mathcal{S}$ hat die Eigenschaft, daß es die Fouriertransformierte der Paarverteilungsfunktion ist:

$$\begin{aligned} G(\mathbf{x},t) &= N^{-1}\Big\langle\sum_{ij}\int d^3x'\,\delta[\mathbf{x} - \mathbf{x}_i(0) + \mathbf{x}']\,\delta[\mathbf{x}' - \mathbf{x}_j(t)] \\ &= N^{-1}\Big\langle\sum_{ij}\delta[\mathbf{x} - \mathbf{x}_i(0) + \mathbf{x}_j(t)]\Big\rangle. \end{aligned} \tag{62}$$

Also ist

$$\mathcal{S}(\omega,\mathbf{q}) = \frac{N}{2\pi}\int d^3x\,dt\,e^{i(\mathbf{q}\cdot\mathbf{x}-\omega t)}G(\mathbf{x},t). \tag{63}$$

Wir werden später in Verbindung mit der Neutronenstreuung sehen, daß $\mathcal{S}(\omega,\mathbf{q})$ die Streueigenschaften des Systems in erster Bornscher Näherung beschreibt; man beachte auch die Aufgaben (2.6), (6.9) und (6.10).

Unter Benutzung von (5.110) können wir auch schreiben:

$$\mathcal{S}(\omega,\mathbf{q}) = \frac{1}{2\pi}\int dt\,e^{-i\omega t}\langle\rho_{\mathbf{q}}(t)\rho_{\mathbf{q}}^{+}(0)\rangle = \sum_n |\langle n|\rho_{\mathbf{q}}^{+}|0\rangle|^2\,\delta(\omega - \omega_{n0}). \tag{64}$$

Also ist $\mathcal{S}(\omega,\mathbf{q})$ in der Tat ein Strukturfaktor, welcher das Spektrum der elementaren Anregungen der Dichtefluktuationen des Systems beschreibt. Diese Funktion kann in gleicher Weise für Bose- und Fermisysteme benützt werden, mit den entsprechenden Operatoren in der Entwicklung von $\rho_{\mathbf{q}}$.

Aus (60) und (61) erhalten wir

$$\mathcal{I}\left(\frac{1}{\epsilon(\omega,\mathbf{q})}\right) = \frac{4\pi e^2}{q^2}\left[\mathbb{S}(-\omega,\mathbf{q}) - \mathbb{S}(\omega,\mathbf{q})\right]. \tag{65}$$

Dies legt die Verbindung zwischen der Dielektrizitätskonstanten und der Korrelationsfunktion $\mathbb{S}$ fest.

Dielektrische Abschirmung einer punktförmigen geladenen Verunreinigung

Eine interessante Anwendung der dielektrischen Formulierung des Vielteilchenproblems ist die Berechnung der Abschirmung einer punktförmigen geladenen Verunreinigung in einem Elektronengas. Die Abschirmung des Coulombpotentials durch das Elektronengas ist ein wichtiger Effekt. Gerade die Abschirmung der Elektron-Elektron-Wechselwirkung bewirkt, daß das Modell der freien Elektronen oder Quasiteilchen so gut ist, wie z. B. im Fall von Transportprozessen. Die Abschirmung von geladenen Verunreinigungen hat viele Konsequenzen für die Theorie der Legierungen.

Die Ladung der Verunreinigung sei Z; die Ladungsdichte kann geschrieben werden als

$$\rho(\mathbf{x}) = Z\,\delta(\mathbf{x}) = \frac{Z}{(2\pi)^3}\int d^3q\; e^{i\mathbf{q}\cdot\mathbf{x}}. \tag{66}$$

Das Potential der nackten Ladung

$$V_0(\mathbf{x}) = \frac{Z}{r} = \frac{1}{(2\pi)^3}\int d^3q\,\frac{4\pi}{q^2}\,e^{i\mathbf{q}\cdot\mathbf{x}} \tag{67}$$

wird, für den Bereich der linearen Antwortfunktion,

$$V(\mathbf{x},\omega) = \frac{Z}{(2\pi)^3}\int d^3q\,\frac{4\pi}{q^2\epsilon(\omega,\mathbf{q})}\,e^{i\mathbf{q}\cdot\mathbf{x}} \tag{68}$$

im Medium. Üblicherweise haben wir es mit dem Potential $V(\mathbf{x})$ bei der Frequenz null zu tun, weil die Verunreinigung zeitlich konstant ist. Wir sind ebenfalls an der Ladung $\Delta\rho(\mathbf{x})$ interessiert, welche durch $Z\,\delta(\mathbf{x})$ induziert wird. Aus (68) mit $\omega = 0$ und

$$\nabla^2 V = -4\pi[\Delta\rho + Z\,\delta(\mathbf{x})], \tag{69}$$

erhalten wir

$$\Delta\rho(\mathbf{x}) = \frac{Z}{(2\pi)^3}\int d^2q\left(\frac{1}{\epsilon(0,\mathbf{q})} - 1\right)e^{i\mathbf{q}\cdot\mathbf{x}}. \tag{70}$$

Wenn $1/\epsilon(0,\mathbf{q})$ Pole besitzt, so oszilliert die Ladungsdichte im Raum.

Die gesamte Ladung Δ, die bei der Abschirmung verschoben wird, ist

$$
\begin{aligned}
\Delta &= \int d^3x\, \Delta\rho(\mathbf{x}) = \frac{Z}{(2\pi)^3} \int d^3q \int d^3x \left(\frac{1}{\epsilon(0,\mathbf{q})} - 1\right) e^{i\mathbf{q}\cdot\mathbf{x}} \\
&= Z \int d^3q\, \delta(\mathbf{q}) \left(\frac{1}{\epsilon(0,\mathbf{q})} - 1\right) = Z\left(\frac{1}{\epsilon(0,0)} - 1\right).
\end{aligned} \tag{71}
$$

Der Wert von $\epsilon(0,0)$ ist manchmal nicht eindeutig definiert, sondern hängt von der Reihenfolge ab, in der ω und $\mathbf{q}$ gegen null gehen.

Wir betrachten nun die Abschirmung in verschiedenen Näherungen.

(a) *Thomas-Fermi-Näherung.* Die Dielektrizitätskonstante ist in dieser Näherung durch (34) und (35) gegeben:

$$
\epsilon_{\mathrm{TF}}(0,\mathbf{q}) \cong 1 + \frac{k_s{}^2}{q^2}; \qquad k_s{}^2 = \frac{6\pi n e^2}{\varepsilon_F} = \frac{4k_F}{\pi a_H} = \frac{4\,\varepsilon}{r_s} \tag{72}
$$

a_H ist hier der Bohrsche Radius. Das abgeschirmte Potential ergibt sich aus (68) zu:

$$
V(\mathbf{x}) = \frac{Z}{(2\pi)^3} \int d^3q \, \frac{4\pi}{q^2 + k_s{}^2}\, e^{i\mathbf{q}\cdot\mathbf{x}} = \frac{Z}{r}\, e^{-k_s r}, \tag{73}
$$

dies entspricht einer Streulänge von

$$
l_s = 1/k_s \propto n^{-1/3}. \tag{74}
$$

In Kupfer ist $k_s \approx 1.8 \times 10^8\ \mathrm{cm}^{-1}$ oder $l_s \approx 0.55 \times 10^{-8}$ cm. In Kalium ist l_s etwa doppelt so groß wie in Kupfer. Die Abschirmung ist eine sehr wichtige Eigenschaft des Elektronengases. Die Abschirmladung, welche eine Verunreinigung umgibt, ist in der Hauptsache im Bereich der Verunreinigung selbst konzentriert und die Wechselwirkung zwischen den verschiedenen Verunreinigungsatomen ist klein.

Aus (71) folgt, daß die gesamte Abschirmladung $-Z$ ist. Die induzierte Ladungsdichte ist

$$
\Delta\rho(\mathbf{x}) = -\frac{1}{4\pi} \nabla^2 V = -\frac{k_s{}^2 Z}{4\pi r}\, e^{-k_s r}. \tag{75}
$$

Dieser Ausdruck ist an der Stelle $r = 0$ singulär und fällt mit wachsendem r monoton ab. Die unendliche Elektronendichte am Kernort steht im Widerspruch zu der endlichen Lebensdauer von Positronen in Metallen und zu der endlichen Knight-shift von Atomen in Lösungen.

(b) *Hartree-Näherung.* Die Dielektrizitätskonstante ist in Aufgabe 1 angegeben. Dabei ergibt sich eine unendliche Abschirmladung, weil die Coulombwechselwirkung zwischen den Elektronen nicht enthalten ist.

(c) *Näherung des selbstkonsistenten Feldes oder Random-Phase-Näherung.* Das Resultat (23) für die Dielektrizitätskonstante ϵ_{SCF} in der SCF- oder RPA-Näherung ist, wie man durch Vergleich sieht, einfach mit der Dielektrizitätskonstanten ε_H in der Hartree-Näherung, die in Aufgabe 1 angegeben wird, verknüpft:

$$\epsilon_{SCF} = 2 - \frac{1}{\varepsilon_H} = 1 + \frac{k_s^2}{2q^2}\, g(q), \tag{76}$$

die Frequenz ist hier null gesetzt. Ein allgemeines Argument für die Verknüpfung von ϵ_{SCF} und ϵ_H findet man bei Pines, S. 251. Wir sehen, daß die gesamte Abschirmladung gleich $-Z$ ist. Es tritt in der Dielektrizitätskonstanten, bei der Frequenz null, eine Singularität auf von der Form $(q - 2k_F)\cdot \log|q - 2k_F|$, so daß die Ladungsdichte für große Entfernungen oszillierende Terme der Form $r^{-3}\cos 2k_F r$ enthält, wie in Bild 1 gezeigt wird.

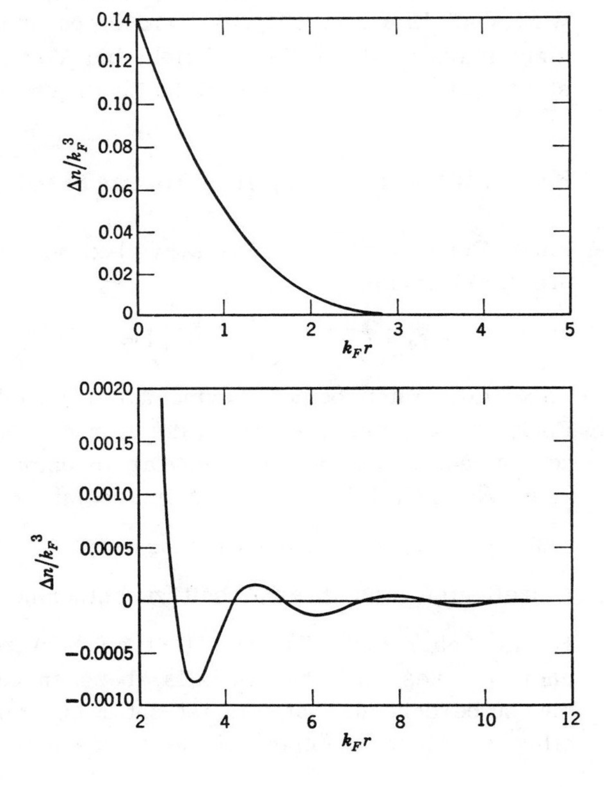

Bild 1: Verteilung der Dichte der Abschirmladung um eine Punktladung für ein Elektronengas mit $r_s = 3$, wie sie von J. S. Langer und S. H. Vosko, J. Phys. Chem. Solids 12, 196 (1960) im Rahmen der Vielteilchentheorie berechnet wurde.

Was geschieht bei $q = 2k_F$? Für $q < 2k_F$ kann man einen Vektor $\mathbf{q}$ so zeichnen, daß beide Enden auf der Fermioberfläche liegen. Daraus folgt, daß der Energienenner in dem Ausdruck (23) für die Dielektrizitätskonstante klein werden kann und daß sich damit ein entsprechend großer Beitrag zur Dielektrizitätskonstanten ergibt. Für $q > 2k_F$ ist es aber *nicht* möglich ein Elektron, bei näherungsweiser Energieerhaltung, aus einem besetzten Zustand $\mathbf{k}$ in einen unbesetzten Zustand $\mathbf{k} + \mathbf{q}$ zu bringen. Der Energienenner ist hier immer groß und damit ist der Beitrag aller dieser Prozesse zur Dielektrizitätskonstanten klein.

W. Kohn hat die interessante Beobachtung gemacht, daß der plötzliche Abfall in der Dielektrizitätskonstanten; wenn q größer als $2k_F$ wird, zu einer kleinen plötzlichen Vergrößerung der Eigenfrequenz $\omega(\mathbf{q})$ einer Gitterschwingung an der Stelle $q = 2k_F$ führen sollte. Je kleiner die Dielektrizitätskonstante (als Funktion von q) ist, desto steifer reagieren die Elektronen auf die Ionenbewegung und desto höher ist die Gitterfrequenz. Die ausführliche Theorie des Einflusses der Fermifläche auf Phononenspektren ist bei E.J. Woll, Jr., und W. Kohn, *Phys. Rev.* **126**, 1693 (1962) behandelt. Bis jetzt ist noch nicht klar, weshalb dieser Effekt bei Vorhandensein von Elektronenstößen an Phononen und Verunreinigungen bestehen bleiben soll.

Korrelationsenergie – numerische Werte

Unter Benutzung von (5.97) schreiben wir die Grundzustandsenergie pro Elektron als

$$\varepsilon_0 = \left(\frac{2.21}{r_s^2} - \frac{0.916}{r_s} + \varepsilon_c\right) \text{ry}, \tag{77}$$

wobei die ersten beiden Terme auf der rechten Seite die Hartree-Fock-Energie ergeben und ε_c die Korrelationsenergie ist. Im Bereich der tatsächlichen metallischen Dichte empfehlen Nozières und Pines [*Phys. Rev.* **111**, 442 (1958)] das Interpolationsergebnis

$$\varepsilon_c \cong (-0.115 + 0.031 \log r_s) \text{ ry}. \tag{78}$$

Einzelheiten sind ihrer Arbeit zu entnehmen.

Es ist lehrreich, (77) und (78) zu benutzen, um die Bindungsenergie eines einfachen Metalls, bezogen auf getrennte neutrale Atome, zu berechnen. Natrium ist dafür ein gutes Beispiel, weil es eine effektive Elektronenmasse besitzt, die nahe der freien Elektronenmasse ist: Wir wollen hier den Unterschied zwischen m und m^* vernachlässigen. Mit $r_s = 3.96$ erhalten wir

$$\varepsilon_0 = (0.14 - 0.23 - 0.07)\ \text{ry}, \tag{79}$$

wobei die Terme wie in (77) geordnet sind. Wie wir in Kapitel 5 betonten, wurde aber ε_0 unter der Annahme eines gleichförmigen Hintergrundes von positiver Ladung berechnet. Wenn die positive Ladung zu positiven Ionen zusammengefaßt wird, sollten wir zu ε_0 den Term, den wir in (5.77) mit ε_2 bezeichnet haben, hinzufügen; $\varepsilon_2 = 1.2/r_s$ ry ist die Selbstenergie einer gleichförmigen Elektronenverteilung in einer s-Kugel und hat für Natrium den Wert 0.30 ry. Wir weisen darauf hin, daß ε_2 dazu neigt, sich gegen die Beiträge der Austausch- und Korrelationsenergie wegzuheben.

Die Lösung für $\mathbf{k} = 0$ des Einelektronproblems im periodischen Potential ergibt für Natrium $\varepsilon(\mathbf{k} = 0) \cong -0.60$ ry, gemäß den in Kapitel 13 angeführten Literaturstellen. Diese Energie hat man mit der Ionisationsenergie eines neutralen Natriumatoms $\varepsilon_I = -0.38$ ry zu vergleichen. Damit ergibt sich die Bindungsenergie des metallischen Natriums, bezogen auf neutrale Atome, zu

$$\begin{aligned}\varepsilon_{\text{coh}} = -\varepsilon_I + \varepsilon(\mathbf{k} = 0) + \varepsilon_0 + \varepsilon_2 &= 0.38 - 0.60 - 0.16 \\ &+ 0.30 = -0.08\ \text{ry} = -1.1\ \text{ev},\end{aligned} \tag{80}$$

was fast zu nahe beim beobachteten Wert -1.13 eV liegt.

Elektron-Elektron-Lebensdauer

Auf Grund der Außerdiagonalelemente der Elektron-Elektron-Wechselwirkung wird ein Elektron, das in den Quasiteilchenzustand $\mathbf{k}$ gebracht wurde, schließlich aus diesem Anfangszustand herausgestreut. Die mittlere freie Weglänge eines Elektrons nahe der Fermifläche ist tatsächlich ziemlich groß. Der Streuquerschnitt eines Elektrons an der Fermifläche eines Elektronengases bei der Temperatur T ist von der Größenordnung

$$\sigma \cong \sigma_0 \cdot \left(\frac{k_B T}{\varepsilon_F}\right)^2, \tag{81}$$

wobei σ_0 der Streuquerschnitt des abgeschirmten Coulombpotentials ist und $(k_B T/\varepsilon_F)^2$ ein statistischer Faktor. Dieser Faktor drückt die Forderung aus, daß das Targetelektron eine Energie innerhalb $k_B T$ der Fermifläche haben muß, wenn der Endzustand dieses Elektrons hinreichend leer sein soll, oder anders ausgedrückt, der Endzustand des einfallenden Elektrons muß besetzt werden können. Der auf diese Weise verfügbare Bruchteil der Zustände ist $(k_B T/\varepsilon_F)^2$.

Der Streuquerschnitt des abgeschirmten Potentials

(82) $$V(r) = \frac{e^2}{r} e^{-r/l},$$

wurde von E. Abrahams [*Phys. Rev.* **95**, 839 (1954)] berechnet. Da die Bornsche Näherung nicht genau ist, berechnete er Streuphasen. Für Natrium, mit dem von Pines abgeschätzten l_s, ergibt sich $\sigma_0 \cong 17\pi a_H{}^2$, wobei a_H der Bohrsche Radius ist. Numerisch ergibt sich für Na bei 4°K die mittlere freie Weglänge für die Elektron-Elektron-Streuung eines Elektrons an der Fermifläche zu 2.5 cm; bei 300°K ist sie 4.5×10^{-4} cm. Wir sehen, daß ein Elektron an den anderen Elektronen im Metall nicht sehr stark gestreut wird - dieser bemerkenswerte Effekt ermöglicht es, für niedrig angeregte Zustände eines Elektronengases die Quasiteilchen-Näherung zu benützen.

Ein anderes, damit zusammenhängendes Ergebnis, stammt von J. J. Quinn und R. A. Ferrell [*Phys. Rev.* **112**, 812 (1958)]. Sie berechnen für ein Elektronengas am absoluten Nullpunkt die mittlere freie Weglänge eines Elektrons, das in den Zustand **k** außerhalb der Fermifläche $(k > k_F)$ gebracht wurde. Die mittlere freie Weglänge Λ ergibt sich zu

(83) $$\Lambda k_F = \left(\frac{k - k_F}{k_F}\right)^{-2} \frac{3.98}{r_s{}^{1/2}},$$

im Grenzfall hoher Elektronendichte. Der Faktor $(k - k_F)^2/k_F{}^2$ ist ein Phasenraumfaktor, ähnlich dem Faktor $(k_B T/\varepsilon_F)^2$ im thermischen Fall. Für $k \rightarrow k_F$ geht die mittlere freie Weglänge gegen Unendlich - dies ist ein Grund, weshalb wir von einer scharfen Fermifläche in Metallen reden können. Die Zustände bei k_F sind in der Tat wohl definiert.

Graphische Untersuchung der dielektrischen Antwortfunktion

Es ist lehrreich, eine graphische Untersuchung der wichtigsten Terme der Störungsreihe durchzuführen, die zur Dielektrizitätskonstanten $\varepsilon(\omega,\mathbf{q})$ des Fermisees am absoluten Nullpunkt beitragen. Die Diagramme, die wir benutzen, nennt man Goldstone-Diagramme; sie sind verwandt mit den Feynman-Diagrammen. Als ungestörtes System H_0 nehmen wir das freie Elektronengas.

Wir betrachten die Streuung, die durch ein äußeres Potential $v(\omega,\mathbf{q})$ hervorgerufen wird, mit Hilfe des Störhamiltonoperators

$$
\begin{aligned}
H'(\omega,\mathbf{q}) &= \int d^3x\, \Psi^+(\mathbf{x})v(\omega,\mathbf{q})e^{-i\omega t}e^{i\mathbf{q}\cdot\mathbf{x}}\Psi(\mathbf{x}) + cc \\
&= v(\omega,\mathbf{q})e^{-i\omega t}\sum_{\mathbf{k}'\mathbf{k}} c^+_{\mathbf{k}'}c_{\mathbf{k}} \int d^3x\, e^{i(\mathbf{k}-\mathbf{k}'+\mathbf{q})\cdot\mathbf{x}} + cc \qquad (84)\\
&= v(\omega,\mathbf{q})e^{-i\omega t}\sum_{\mathbf{k}} c^+_{\mathbf{k}+\mathbf{q}}c_{\mathbf{k}} + cc.
\end{aligned}
$$

Im folgenden befassen wir uns der Kürze wegen mit der Diskussion der explizit gezeigten Terme und nicht mit den hermitisch konjugierten Termen. Dies ist, wenn $v(\omega,\mathbf{q})$ die Wechselwirkung mit einem Ultraschallphonon darstellt, gerade jener Teil der Wechselwirkung, der die Absorption eines Phonons mit dem Wellenvektor $\mathbf{q}$ und der Energie ω bewirkt. Die Erzeugungs- und Vernichtungsoperatoren c^+, c können, wie in Abschnitt 5, in Form von Elektronen- und Lochoperatoren geschrieben werden. Dabei können Kombinationen der Form $\alpha^+_{\mathbf{k}+\mathbf{q}}\alpha_{\mathbf{k}}$; $\beta_{-\mathbf{k}-\mathbf{q}}\beta^+_{-\mathbf{k}}$; $\alpha^+_{\mathbf{k}+\mathbf{q}}\beta^+_{-\mathbf{k}}$ und $\beta_{-\mathbf{k}-\mathbf{q}}\alpha_{\mathbf{k}}$ auftreten. Das erste Paar beschreibt die Elektronenstreuung, das zweite die Streuung eines Lochs, die letzten Paare beschreiben die Erzeugung beziehungsweise Vernichtung eines Elektron-Loch-Paares.

Die andere Wechselwirkung ist die Coulombwechselwirkung

$$V = \sum_{\mathbf{q}}{}' V(\mathbf{q})(\rho^+_{\mathbf{q}}\rho_{\mathbf{q}} - n) \qquad (85)$$

zwischen den Elektronen des Systems. Diese Wechselwirkung zielt darauf ab, $v(\omega,\mathbf{q})$ abzuschirmen. In der folgenden Entwicklung betrachten wir nur Terme, die linear in der äußeren Störung $v(\omega,\mathbf{q})$ sind, wir interessieren uns aber für alle Ordnungen der Störungstheorie in der Coulombwechselwirkung. Wir erinnern uns, daß der Term $\rho^+_{\mathbf{q}}\rho_{\mathbf{q}}$ ein Produkt von vier Operatoren enthält, zum Beispiel $c^+_{\mathbf{k}'+\mathbf{q}}c_{\mathbf{k}'}c^+_{\mathbf{k}-\mathbf{q}}c_{\mathbf{k}}$; in der Schreibweise der α und β gibt es 16 mögliche Kombinationen.

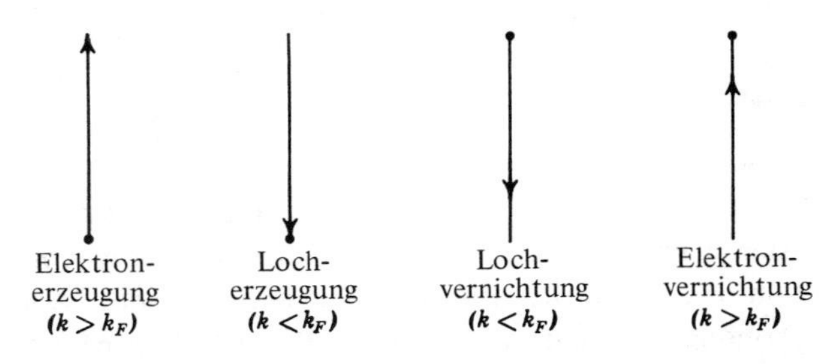

Bild 2: Linien für Goldstone-Diagramme. Ein Elektronenzustand außerhalb des Fermisees wird durch einen nach oben gerichteten Pfeil dargestellt: ein Lochzustand (innerhalb des Fermisees) wird durch einen nach unten gerichteten Pfeil dargestellt. J. Goldstone, Proc. Roy. Soc. (London) **A 239**, 268 (1957); abgedruckt in Pines.

Wir betrachten dann die Streuung, welche durch das äußere Potential $v(\omega,\mathbf{q})$ mit der Zeitabhängigkeit $e^{-i\omega t}$ und der räumlichen Abhängigkeit $e^{i\mathbf{q}\cdot\mathbf{x}}$ hervorgerufen wird. Die Störterme im Hamiltonoperator sind $v(\omega,\mathbf{q})$ und die Coulombwechselwirkung $V(\mathbf{q})$ zwischen den Elektronen. Wir erhalten nur Terme, die linear im äußeren Potential sind. Bei der Konstruktion der Graphen, welche die Terme der Störungsreihe darstellen, benützen wir die in Bild 2 gezeigte Übereinkunft für die Löcher und Elektronen. Wir benützen die Konvention (5. 55) und (5. 56), die wir bei der Diskussion über die Fermionenquasiteilchen von Kapitel 5 getroffen haben. Wie in Bild 3 gezeigt wird, wird die Streuung eines Elektrons mit $k < k_F$ in einen Zustand außerhalb des Fermisees

Bild 3: Erzeugung (*a*) und Vernichtung (*b*) eines Loch-Elektron-Paares. Die gestrichelte Linie stellt eine Wechselwirkung dar.

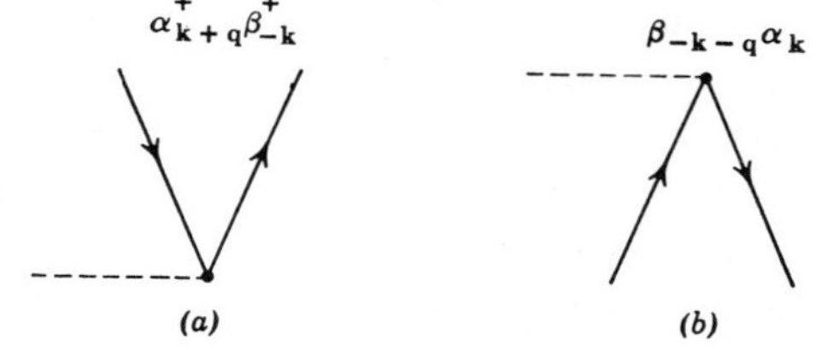

als Erzeugung eines Elektron-Lochpaares dargestellt. Die gestrichelte Linie, die am Vertex endet, stellt schematisch die Wechselwirkung dar, welche für den Prozeß, der durch den Graphen dargestellt wird, verantwortlich ist. Elektron-Elektron- und Loch-Loch-Streuprozesse in niedrigster Ordnung werden in Bild 4 gezeigt.

Bild 4: Streuung in niedrigster Ordnung: (*a*) Elektron-Elektron-, und (*b*) Loch-Loch-Streuung an einem äußeren Potential $v(\omega,\mathbf{q})$.

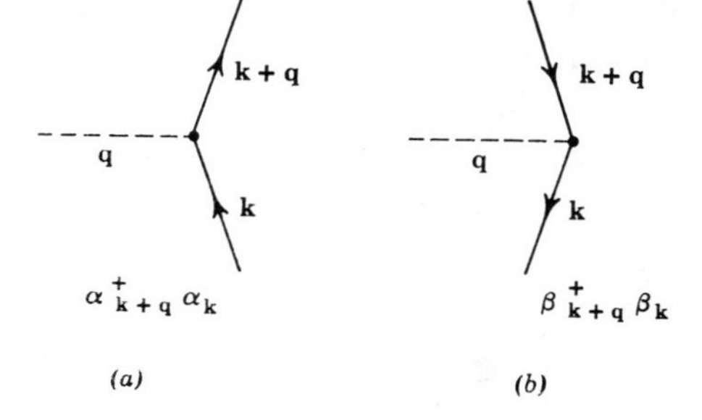

Wir wissen, daß im tatsächlichen Problem des Elektronengases die Abschirmung eine wichtige Rolle bei der Abschwächung des Effektes von $v(\omega,\mathbf{q})$ spielt. Bei der Berechnung der Antwortfunktion des Elektronengases auf das äußere Potential berücksichtigen wir die Abschirmung dadurch, daß wir zu höheren Ordnungen in einer Störungsrechnung gehen. Wir beschränken uns weiterhin auf die erste Ordnung in

$v(\omega,\mathbf{q})$, betrachten aber alle Ordnungen des zwischen den Elektronen wirkenden Coulombpotentials $V(\mathbf{q})$.

Ein dafür geeignetes Problem ist die Frage nach dem Wert der Matrixelemente des Operators U, der durch (1.55) definiert ist:

$$U(0,-\infty) = \sum_{n=0}^{\infty} (-i)^n \int_{-\infty}^{0} dt_1 \int_{-\infty}^{t_1} dt_2 \cdots \int_{-\infty}^{t_{n-1}} dt_n\, V(t_1)V(t_2) \cdots V(t_n). \tag{86}$$

Als Beispiel betrachten wir das Matrixelement zwischen dem Zustand $|i\rangle$ des ungestörten Systems, der ein Elektron außerhalb des gefüllten Fermisees im Zustand $\mathbf{k}_i$ besitzt und den Zustand $|f\rangle$ mit einem Elektron in $\mathbf{k}_f$ außerhalb des gefüllten Fermisees. In niedrigster Ordnung haben wir gemäß (1.63)

$$\langle f|U_1(0,-\infty)|i\rangle = -\frac{\langle f|v(\omega,\mathbf{q})|i\rangle}{\varepsilon_f - \varepsilon_i - \omega - is}\,\Delta(\mathbf{k}_f - \mathbf{k}_i - \mathbf{q}). \tag{87}$$

In systematischer Weise können wir für den Elektron-Elektron-Streuanteil des Prozesses schreiben

$$U_{1ee}(0,-\infty) = -\sum_{\mathbf{k}} \frac{v(\omega,\mathbf{q})}{\varepsilon_f - \varepsilon_i - \omega - is}\, \alpha^+_{\mathbf{k}+\mathbf{q}}\alpha_{\mathbf{k}}\,. \tag{88}$$

Wir kennzeichnen diesen Anteil durch die Indizes ee. Dieser Teil wird graphisch durch Bild 4a dargestellt.

Als nächstes suchen wir die Terme zweiter Ordnung $U_{2ee}(0,-\infty)$, wie sie in (1.64) gegeben sind. Die linearen Terme in $v(\omega,\mathbf{q})$ enthalten

$$\begin{aligned}\langle f|U_{2ee}|i\rangle = (-i)^2 \int_{-\infty}^{0} dt_1 \int_{-\infty}^{t_1} dt_2 \Big[&\sum_n \langle f|v(\omega,\mathbf{q})|n\rangle e^{i(\varepsilon_f-\varepsilon_n-\omega-is)t_1}\langle n|V(\mathbf{q}')|i\rangle e^{i(\varepsilon_n-\varepsilon_i-is)t_2}\\ &+\sum_m \langle f|V(\mathbf{q}')|m\rangle e^{i(\varepsilon_f-\varepsilon_m-is)t_1}\langle m|v(\omega,\mathbf{q})|i\rangle e^{i(\varepsilon_m-\varepsilon_i-\omega-is)t_2}\Big].\end{aligned} \tag{89}$$

Dies sind die Kreuzterme von $(V+v)^2$. Wir haben in (86) nicht die Summationsbeschränkungen bezüglich der Zwischenzustände und Endzustände angegeben, die auf Grund der Erhaltung des Wellenvektors auftreten. Diese Beschränkungen sind einfach zu diskutieren. Wir nehmen an, wie oben, daß im Zustand $|i\rangle$ ein einziges Elektron mit dem Wellenvektor $\mathbf{k}_i$ außerhalb des gefüllten Fermisees ist.

I. Als erstes wird der Term $\mathbf{q}' = 0$ in der Coulombwechselwirkung betrachtet: Für den Spezialfall des Elektronengases existiert dieser Term nicht, da $V(0) = 0$ ist. Für eine allgemeinere Wechselwirkung kann er jedoch vorhanden sein. In diesem Fall gibt es dann zwei Möglichkeiten: Für $V(0)$ kann der Zustand $|n\rangle$ in (89) identisch mit $|i\rangle$

sein - dies entspricht, im Formalismus der zweiten Quantisierung, zu $V(0)$ gehörenden Operatoren der Form (siehe 5.130):

$$\sum_{\mathbf{k}} \alpha^+_{\mathbf{k}_i}\alpha_{\mathbf{k}_i}\beta_{\mathbf{k}}\beta^+_{\mathbf{k}};$$

dabei findet kein Impulsaustausch statt; ein Loch wird im Fermisee bei irgendeinem $\mathbf{k}$ erzeugt, wird aber im gleichen Prozeß vernichtet. Dieser Term ist graphisch in Bild 5a dargestellt. Eine andere Möglichkeit für $V(0)$ ergibt sich durch die Operatoren:

$$\sum_{\mathbf{k}\mathbf{k}'} \beta_{\mathbf{k}'}\beta^+_{\mathbf{k}'}\beta_{\mathbf{k}}\beta^+_{\mathbf{k}};$$

hier werden, wie in Bild 5b gezeigt wird, zwei Löcher $\mathbf{k}$ und $\mathbf{k}'$ erzeugt und anschließend vernichtet.

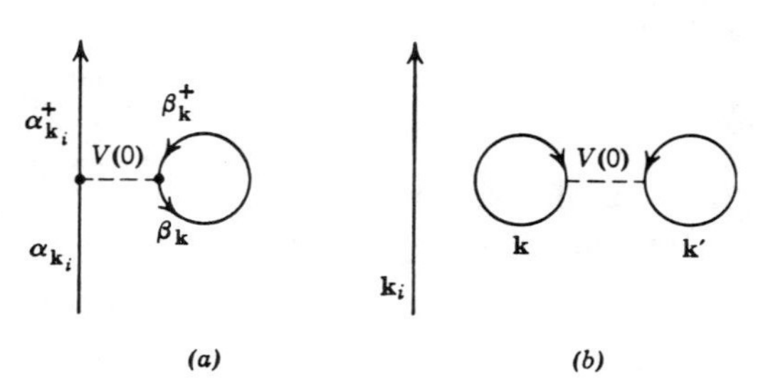

Bild 5: Streuprozesse mit Impulsübertragung null; keiner der Prozesse beeinflußt die Streuung, obwohl (*a*) die Energie eines hinzugefügten Elektrons in $\mathbf{k}$ ändert und (*b*) in die Energie des Fermisees eingeht.

II. Für $\mathbf{q}' \neq 0$ kann das einfallende Elektron auf Grund der Coulombwechselwirkung von $\mathbf{k}_i$ nach $\mathbf{k}_f$ $(= \mathbf{k}_i + \mathbf{q}')$ gestreut werden und gleichzeitig ein Elektron-Loch-Paar erzeugen:

$$\sum_{\mathbf{k}} \alpha^+_{\mathbf{k}-\mathbf{q}'}\beta^+_{-\mathbf{k}}\alpha^+_{\mathbf{k}_i+\mathbf{q}'}\alpha_{\mathbf{k}_i}.$$

Dieser Prozeß ist in Bild 6a dargestellt. Der Erzeugung des Elektron-Loch-Paares folgt seine Vernichtung durch Wechselwirkung mit der äußeren Störung $v(\omega,\mathbf{q})$. Die Vernichtung ist durch die Operatoren $\alpha_{\mathbf{k}-\mathbf{q}}\beta_{-\mathbf{k}}$ dargestellt, wobei das Auftreten von $\mathbf{q}$ durch die $\mathbf{q}$-Abhängigkeit $e^{i\mathbf{q}\cdot\mathbf{x}}$ des Potentials $v(\omega,\mathbf{q})$ erzwungen wird. Da wir aber dasselbe Paar vernichten müssen, das wir erzeugt haben, muß das vorherige $\mathbf{q}'$ gleich $\mathbf{q}$ sein. Daher ist für den indirekten Prozeß von Bild 6a der Streuprozeß $\mathbf{k}_i \rightarrow \mathbf{k}_i + \mathbf{q}$, genau wie für den direkten Prozeß von Bild 4a. Der gesamte Prozeß lautet

$$\sum_{\mathbf{k}} \alpha_{\mathbf{k}-\mathbf{q}}\beta_{-\mathbf{k}}\alpha^+_{\mathbf{k}-\mathbf{q}}\beta^+_{-\mathbf{k}}\alpha^+_{\mathbf{k}_i+\mathbf{q}}\alpha_{\mathbf{k}_i}.$$

Wenn wir diesen Prozeß mit $v(t_1)V(t_2)$ in der zeitgeordneten Reihenfolge bezeichnen, dann ergibt das Integral über t_2 wie in (89) den Nenner

$$\frac{1}{\varepsilon_{\mathbf{k}-\mathbf{q}} - \varepsilon_{-\mathbf{k}} + \varepsilon_{\mathbf{k}_i+\mathbf{q}} - \varepsilon_{\mathbf{k}_i} - is}. \tag{90}$$

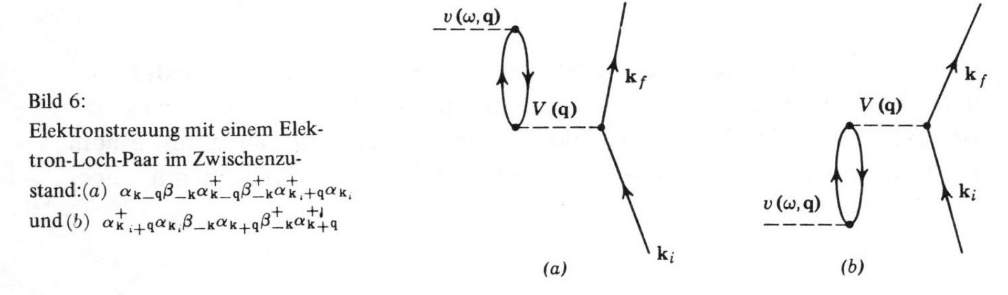

Bild 6:
Elektronstreuung mit einem Elektron-Loch-Paar im Zwischenzustand: (a) $\alpha_{\mathbf{k}-\mathbf{q}}\beta_{-\mathbf{k}}\alpha^+_{\mathbf{k}-\mathbf{q}}\beta^+_{-\mathbf{k}}\alpha^+_{\mathbf{k}_i+\mathbf{q}}\alpha_{\mathbf{k}_i}$
und (b) $\alpha^+_{\mathbf{k}_i+\mathbf{q}}\alpha_{\mathbf{k}_i}\beta_{-\mathbf{k}}\alpha_{\mathbf{k}+\mathbf{q}}\beta^+_{-\mathbf{k}}\alpha^+_{\mathbf{k}+\mathbf{q}}$

Da die nachfolgende Integration über t_1 die Erhaltung der Gesamtenergie sichert, ist $\omega = \varepsilon_{\mathbf{k}_i+\mathbf{q}} - \varepsilon_{\mathbf{k}_i}$, und man kann (90) schreiben als

$$\frac{1}{\varepsilon_{\mathbf{k}-\mathbf{q}} - \varepsilon_{-\mathbf{k}} + \omega - is}. \tag{91}$$

Wir können die Forderung, daß $\mathbf{k} - \mathbf{q}$ ein Elektron ist und $-\mathbf{k}$ ein Loch durch folgende Schreibweise von (91) andeuten:

$$\frac{f_o(\varepsilon_{-\mathbf{k}})[1 - f_o(\varepsilon_{\mathbf{k}-\mathbf{q}})]}{\varepsilon_{\mathbf{k}-\mathbf{q}} - \varepsilon_{-\mathbf{k}} + \omega - is}, \tag{92}$$

wobei f_o die Besetzungswahrscheinlichkeit im ungestörten Grundzustand bezeichnet.

Der Prozeß von Bild 6 b ist

$$\sum_{\mathbf{k}} \alpha^+_{\mathbf{k}_i+\mathbf{q}}\alpha_{\mathbf{k}_i}\beta_{-\mathbf{k}}\alpha_{\mathbf{k}+\mathbf{q}}\beta^+_{-\mathbf{k}}\alpha^+_{\mathbf{k}+\mathbf{q}};$$

in der zeitgeordneten Reihenfolge ist er $V(t_1)v(t_2)$, so daß der Nenner nach der t_2 Integration lautet:

$$\frac{1}{\varepsilon_{\mathbf{k}+\mathbf{q}} - \varepsilon_{-\mathbf{k}} - \omega - is} \rightarrow \frac{f_o(\varepsilon_{-\mathbf{k}})[1 - f_o(\varepsilon_{\mathbf{k}+\mathbf{q}})]}{\varepsilon_{\mathbf{k}+\mathbf{q}} - \varepsilon_{-\mathbf{k}} - \omega - is}. \tag{93}$$

Nun ist $\varepsilon_{\mathbf{k}} = \varepsilon_{-\mathbf{k}}$; weil $\mathbf{k}$ ein Summationsindex ist, können wir ihn in (92) durch $\mathbf{k} + \mathbf{q}$ ersetzen und Gl. (92) wie folgt umschreiben:

$$\frac{f_o(\varepsilon_{\mathbf{k}+\mathbf{q}})[1 - f_o(\varepsilon_{\mathbf{k}})]}{\varepsilon_{\mathbf{k}} - \varepsilon_{\mathbf{k}+\mathbf{q}} + \omega - is}. \tag{94}$$

Mit $s = 0$ kann das Ergebnis der Integration über t_2 für die Summe der beiden Prozesse in Bild 6 zusammengefaßt werden. Aus (93) und (94) ergibt sich

$$M(\omega,\mathbf{q}) = \sum_{\mathbf{k}} \frac{1}{\varepsilon_{\mathbf{k}+\mathbf{q}} - \varepsilon_{\mathbf{k}} - \omega} \{f_o(\varepsilon_{\mathbf{k}})[1 - f_o(\varepsilon_{\mathbf{k}+\mathbf{q}})] - f_o(\varepsilon_{\mathbf{k}+\mathbf{q}})[1 - f_o(\varepsilon_{\mathbf{k}})]\}. \tag{95}$$

III. Zwei weitere Typen von Streuprozessen sind in Bild 7 gezeigt. Beide enthalten Elektronenaustausch. In (a) enthält die Coulombwechselwirkung die Operatoren

$$\alpha^{+}_{\mathbf{k}_f}\beta_{\mathbf{k}}\beta^{+}_{\mathbf{k}}\alpha_{\mathbf{k}_f},$$

welche die Streuung eines Elektrons in den Zustand $\mathbf{k}_f$ darstellen, das über Austausch mit einem Elektron im Inneren des Fermisees wechselwirkt. In (b) erzeugt die Coulombwechselwirkung an einem Vertex ein Elektron-Loch-Paar und vernichtet es wieder am anderen Vertex.

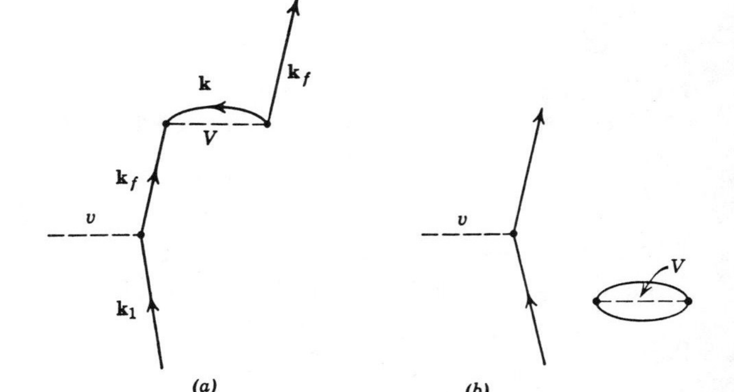

Bild 7: Austauschgraphen

Der Prozeß in Bild 6 ist von besonderem Interesse, weil alle Impulsänderungen in dem Graphen gleich sind. Mit dem selben Argument, das im Anhang für den Einfluß der Ringdiagramme auf die Energie gegeben wurde, erwarten wir, daß dies die dominierenden Diagramme sind für Streuprozesse bei hoher Elektronendichte. In Bild 8 sind die dem Bild 6 entsprechenden Graphen dritter Ordnung

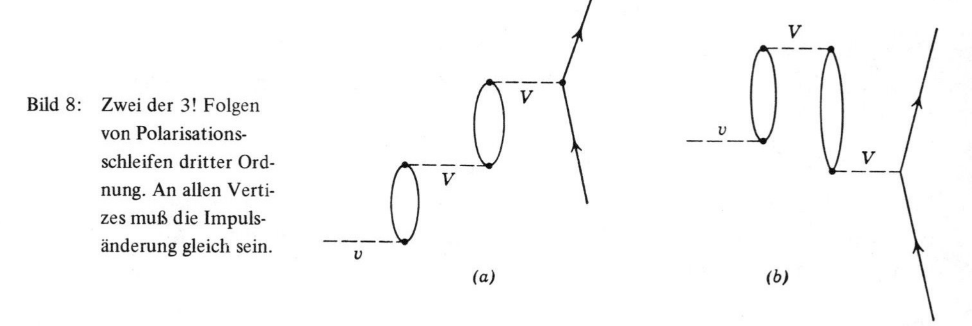

Bild 8: Zwei der 3! Folgen von Polarisationsschleifen dritter Ordnung. An allen Vertizes muß die Impulsänderung gleich sein.

(erster in v und zweiter in V) gegeben. Wir sagen, daß solche Graphen *Polarisationsschleifen* enthalten. Einige andere Streuprozesse dritter Ordnung werden in Bild 9 gezeigt; dabei handelt es sich nicht um Prozesse, die nur Polarisationsschleifen enthalten.

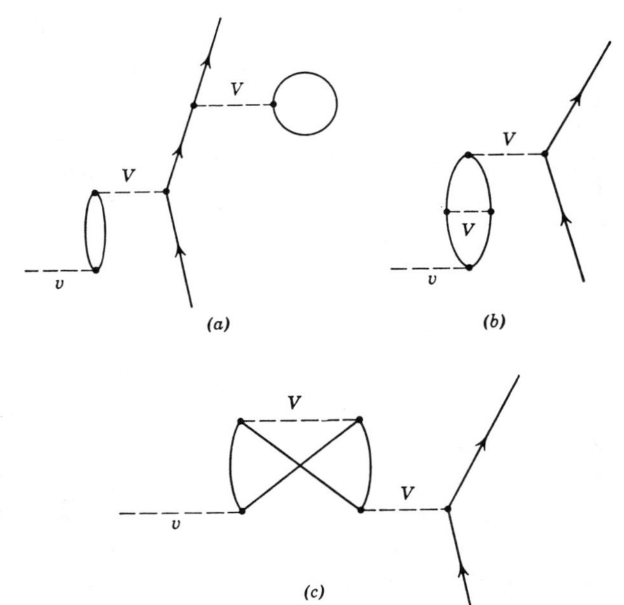

Bild 9: Einige andere Streuprozesse dritter Ordnung.

Die Untermenge von Graphen aller Ordnungen, die nur Polarisationsschleifen enthalten, kann als Reihe geschrieben werden. Für Elektron-Elektron-Streuung wird der erste Term dieser Reihe in Bild 4 a gezeigt. Der zweite Term ist in Bild 6 und der dritte Term in Bild 8 gezeigt. Eine sorgfältige Fortsetzung dieser Analyse zeigt, daß man die Reihe der Polarisationsschleifen, einschließlich Vorzeichen und Zahlenfaktoren, in folgender Weise schreiben kann

$$v(\omega,\mathbf{q})\alpha^{+}_{\mathbf{k}+\mathbf{q}}\alpha_{\mathbf{k}}[1 - VM + (VM)^2 - (VM)^3 + \cdots], \tag{96}$$

wobei $M(\omega,\mathbf{q})$ durch (95) gegeben ist. Durch Aufsummation der Reihe sehen wir, daß sich das effektive Potential ergibt zu

$$v_{\mathrm{eff}}(\omega,\mathbf{q}) = v(\omega,\mathbf{q})\,\frac{1}{1 + V(\mathbf{q})M(\omega,\mathbf{q})}. \tag{97}$$

Die Dielektrizitätskonstante ist definiert durch

$$\epsilon(\omega,\mathbf{q}) = \frac{v(\omega,\mathbf{q})}{v_{\mathrm{eff}}(\omega,\mathbf{q})}, \tag{98}$$

so daß sich ergibt:

$$\epsilon(\omega,\mathbf{q}) = 1 + V(\mathbf{q})M(\omega,\mathbf{q}), \tag{99}$$

in exakter Übereinstimmung mit dem Ergebnis (23) der SCF-Methode. Wir sehen, daß die SCF-Methode (ebenso wie die RPA), soweit es die dielektrische Antwortfunktion betrifft, gleichbedeutend damit ist, daß man in der Entwicklung der U-Matrix nur solche Wechselwirkungsterme mitzählt, welche durch Polarisationsschleifen dargestellt werden können. Die effektive oder abgeschirmte Wechselwirkung wird üblicherweise durch eine doppelte Wellenlinie, die zwei Vertizes verbindet, dargestellt; eine gestrichelte Linie stellt die nackte oder nicht abgeschirmte Wechselwirkung dar.

Linked-Cluster-Theorem

Jeder Teil eines Graphen, der vom Rest des Graphen getrennt ist und keine aus- oder einlaufenden äußeren Linien besitzt, nennt man einen nichtzusammenhängenden Teil (engl. unlinked). Ein Graph, der keine nichtzusammenhängenden Teile besitzt, nennt man einen zusammenhängenden Graphen. Damit sind zusammenhängende Graphen in den Bildern 3, 4, 5a, 6, 7a, 8 und 9 dargestellt; nichtzusammenhängende Teile findet man in den Bildern 5b und 7b. Wir leiten nun das berühmte Linked-Cluster-Theorem her. Wir benützen dazu den zeitabhängigen Störungsansatz, der am Ende von Kapitel 1 besprochen wurde.

Die zeitliche Aufeinanderfolge der nichtzusammenhängenden und zusammenhängenden Teile eines Graphen beeinflussen den Integrationsbereich in $U\Phi_0$. Wir betrachten alle Graphen, die nichtzusammenhängende Teile enthalten und sich untereinander nur dadurch unterscheiden, daß sich die Wechselwirkungen in dem nichtzusammenhängenden Teil an verschiedenen Stellen bezüglich des restlichen Graphen befinden. Innerhalb der zusammenhängenden und nichtzusammenhängenden Teile ist jedoch die relative Reihenfolge der Wechselwirkungen fest. Die Zeiten der Wechselwirkungen seien in dem nichtzusammenhängenden Teil $t_1, t_2, \cdots, t_n$ $(0 > t_1 > t_2 > \cdots > t_n)$ und in dem zusammenhängenden Teil $t_1', t_2', \cdots, t_m'$ $(0 > t_1' > t_2' > \cdots > t_m')$. Die Summe aller dieser Graphen oder die Summe über alle verschiedenen relativen Lagen der zusammenhängenden und nichtzusammenhängenden Teile erhält man, indem man die Zeitintegrationen ausführt, mit der einzigen Nebenbedingung, daß gilt $0 > t_1 > t_2 \cdots > t_n$ und $0 > t_1' > t_2' > \cdots t_m'$. Die Summe ist deshalb das Produkt der Ausdrücke, die man getrennt von den beiden Teilen erhält. Diese Tatsache erlaubt es, die Terme der nichtzusammenhängenden Teile als Faktoren herauszuziehen. Dann ist $U|0\rangle = (\Sigma$ Beiträge von nichtzusammenhängenden Teilen$) \times (\Sigma$ zusammenhängende Teile$)$. Für den Normierungsnenner gilt aber $\langle 0|U|0\rangle = (\Sigma$ nichtzusammenhängende Teile$)$, weil eine äußere Linie für das Diagonalelement null ergibt. Damit ist $|0) =$ $= \Sigma$ (zusammenhängende Teile).

Wir führen nun die Zeitintegration durch:

$$|0) = U|0\rangle = \sum_n (-i)^n \int_{-\infty}^{0} dt_1 \cdots \int_{-\infty}^{t_{n-1}} dt_n\, e^{iH_0t_n} V e^{-iH_0t_n} e^{st_n}|0\rangle$$

$$= \sum_n (-i)^n \int_{-\infty}^{0} dt_1 \cdots \int_{-\infty}^{t_{n-1}} dt_n\, e^{i(H_0-E_0)t_n+st_n} V|0\rangle$$

(100)
$$= \sum_n (-i)^n \int \cdots \frac{e^{i(H_0-E_0)t_{n-1}+st_{n-1}}}{-i(E_0 - H_0 + is)} V|0\rangle$$

$$= \sum_n (-i)^{n-1} \int \cdots \int_{-\infty}^{t_{n-2}} dt_{n-1}\, e^{iH_0t_{n-1}} V e^{-iH_0t_{n-1}} \cdot \frac{e^{i(H_0-E\ )t_{n-1}+st_{n-1}}}{(E_0 - H_0 + is)} V|0\rangle$$

$$= \sum_n (-i)^{n-1} \int \cdots \int_{-\infty}^{t_{n-2}} dt_{n-1}\, e^{i(H_0-E_0+2is)t_{n-1}} V \frac{1}{E_0 - H_0 + is} V|0\rangle;$$

hieraus folgt:

(101)
$$|0) = \lim_{s\to+0} \sum_L \frac{1}{E_0 - H_0 + ins} V \frac{1}{E_0 - H_0 + i(n-1)s} V \cdots \frac{1}{E_0 - H_0 + is} V|0\rangle,$$

wobei die Summe L nur über *zusammenhängende Graphen* geht. Das exakte Ergebnis können wir dann schreiben:

(102)
$$\boxed{|0) = \sum_L \left(\frac{1}{E_0 - H_0} V\right)^n |0\rangle.}$$

Die exakte Energieverschiebung ist durch Gl. (1.45) gegeben:

(103)
$$\boxed{\Delta E = \sum_{L_1} \langle 0| V \left(\frac{1}{E_0 - H_0} V\right)^n |0\rangle,}$$

wobei nur Beiträge zur Summe von *verketteten Graphen* (engl. connected graphs), die keine äußeren Linien besitzen, kommen. Der Normierungsnenner $\langle 0|0)$ ist gleich eins. *Ein verketteter Graph ist ein Graph ohne äußere Linien, aber mit der Eigenschaft, daß man den ganzen Graphen kontinuierlich durchlaufen kann, so wie in Bild 10 (a) oder (b).* Die Gleichungen (102) und (103) sind Gleichungen der Linked-Cluster-Entwicklung; eine andere Herleitung findet man bei C. Bloch, *Nuclear Physics* **7**, 451, (1958).

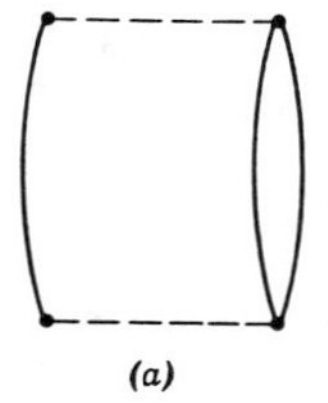

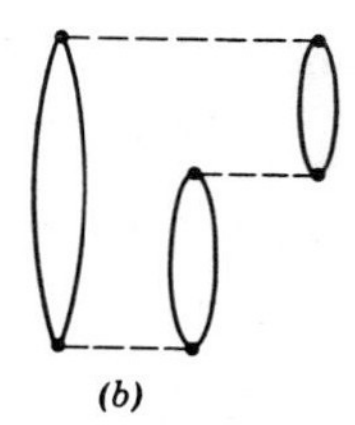

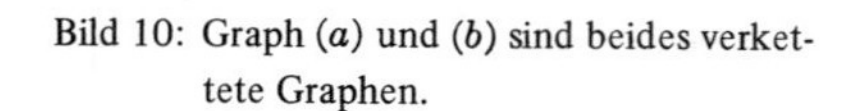
Bild 10: Graph (*a*) und (*b*) sind beides verkettete Graphen.

Als einfaches Beispiel betrachten wir den Bosonen-Hamiltonoperator $H = \varepsilon a^+ a + \eta(a + a^+)$, wo $H_0 = \varepsilon a^+ a$ ist. Der einzige verkettete Graph in der Entwicklung kommt von

$$(104) \qquad \langle 0|\eta a|1\rangle\langle 1|\frac{1}{E_0 - H_0}|1\rangle\langle 1|\eta a^+|0\rangle,$$

in dem ein Boson erzeugt und dann vernichtet wird. Daraus ergibt sich

$$(105) \qquad \Delta E = -\eta^2/\varepsilon$$

als exakte Verschiebung der Grundzustandsenergie.

Aufgaben

1.) Man berechne unter Benützung von (47) die Dielektrizitätskonstante des Elektronengases in der Hartree-Näherung. Man zeige zuerst, daß

$$(106) \qquad \frac{1}{\epsilon_H(0,\mathbf{q})} - 1 = -\frac{32\pi e^2 m}{(2\pi)^6 q^2} \iint\limits_{\substack{k<k_F \\ k'>k_F}} d^3k\, d^3k' |\langle \mathbf{k}|e^{i\mathbf{q}\cdot\mathbf{x}}|\mathbf{k}'\rangle|^2 \mathcal{P}\frac{1}{k'^2 - k^2},$$

wobei $\mathcal{P}$ den Hauptwert bedeutet. Durch Berechnung des Integrals zeige man

$$(107) \qquad \frac{1}{\epsilon_H(0,\mathbf{q})} - 1 = -\frac{k_s^2}{2q^2}\, g(\mathbf{q}),$$

wobei $k_s^2 = 6\pi n e^2/\varepsilon_F$ ist und

$$(108) \qquad g(\mathbf{q}) = 1 + \frac{k_F}{q}\left(1 - \frac{q^2}{4k_F^2}\right)\log\left|\frac{q + 2k_F}{q - 2k_F}\right|.$$

Hinweis: Bei der Berechnung des Integrals zeige man zuerst, daß für folgendes verwandte Integral gilt:

$$(109) \qquad \iint\limits_{\substack{k<k_F \\ k'<k_F}} d^3k\, d^3k'\, \delta(\mathbf{k}' + \mathbf{q} - \mathbf{k})\mathcal{P}\frac{1}{k'^2 - k^2} = 0.$$

Das gesuchte Integral ist gleich dem Integral genommen über $k < k_F$, aber unbeschränkt über *alle* k'. Unter Benützung der δ-Funktion haben wir

$$(110) \qquad \int\limits_{k<k_F} d^3k\, \frac{1}{(\mathbf{k} - \mathbf{q})^2 - k^2};$$

dies ist leicht zu berechnen.

2.) (*a*) Man zeige, daß für den Grundzustand die Energie der zweiten Ordnung Störungstheorie eines Systems immer negativ ist. Wenn der Ausdruck der potentiellen Energie im Hamiltonoperator von der Form λV ist, wobei λ die Kopplungskonstante ist, dann ist der Wert von $\partial^2 E_g/\partial\lambda^2$ immer negativ. Hier ist E_g die Grundzustandsenergie.
(*b*) Man zeige weiter, daß $\partial\langle V\rangle/\partial\lambda \leqq 0$ ist. Dieses Ergebnis wurd von R. A. Ferrell, *Phys. Rev. Letters* 1, 444 (1958) als Kriterium für die Extrapolation von Ausdrücken für die Korrelationsenergie eines Elektronengases benützt.

3.) Man zeige für die Dichte der Testladung

$$er_{\mathbf{q}}(e^{-i(\omega t+\mathbf{q}\cdot\mathbf{x})} + cc), \tag{111}$$

in niedrigster Ordnung zeitabhängiger Störungstheorie, daß die Testladung im Elektronengas folgende Übergangsrate erzeugt:

$$\frac{dW}{dt} = 2\pi\omega\left(\frac{4\pi e^2}{q^2}\right)^2 r_{\mathbf{q}}{}^2|\langle n|\rho_{\mathbf{q}}|0\rangle|^2[\delta(\omega_{n0} - \omega) - \delta(\omega_{n0} + \omega)]. \tag{112}$$

Durch Vergleich mit (49) ergibt sich

$$\frac{dW}{dt} = -\frac{8\pi e^2}{q^2}\,\omega r_{\mathbf{q}}{}^2 \mathscr{I}\left(\frac{1}{\epsilon(\omega,\mathbf{q})}\right). \tag{113}$$

4.) Man betrachte die Bewegungsgleichung eines freien Elektronengases, das die Relaxationsfrequenz η hat,

$$\ddot{x} + \eta\dot{x} = eE/m. \tag{114}$$

Man zeige, daß die Polarisierbarkeit die Form besitzt

$$\alpha(\omega,0) = \frac{nex}{E} = -\frac{ne^2}{m}\cdot\frac{1}{\omega^2 + i\eta\omega}, \tag{115}$$

wobei für ω in der Nähe ω_p gilt

$$\frac{1}{\epsilon(\omega,0)} \cong \frac{1}{2}\cdot\frac{\omega + i\eta}{\omega - \omega_p + \frac{1}{2}i\eta}. \tag{116}$$

Man zeige, daß gilt

$$E_{\text{int}} = \sum_{\mathbf{q}}\left(\frac{1}{2}\omega_p - \frac{2\pi ne^2}{q^2}\right). \tag{117}$$

Es soll gezeigt werden, daß, wenn wir bei der Berechnung von (52) nur diesen Pol benützen, sich ergibt

$$\lim_{\eta\to+0} \mathscr{I}\left(\frac{1}{\epsilon}\right) = -\omega\pi\delta(\omega - \omega_p). \tag{118}$$

Man beachte den Beitrag der Nullpunkts-Plasmonenschwingungen zur Grundzustandsenergie.

5.) Wenn im Einheitsvolumen $\rho_{\mathbf{q}} = \sum_{i=1}^{n} e^{-i\mathbf{q}\cdot\mathbf{x}_i}$, und $H_0 = \sum_i\left[\frac{1}{2m}p_i{}^2 + V(\mathbf{x}_i)\right]$ gilt, zeige man, daß:

(*a*) (119) $$[H_0,\rho_{\mathbf{q}}] = -\sum_i \frac{1}{m}\mathbf{q}\cdot(\mathbf{p} + \tfrac{1}{2}\mathbf{q})e^{-i\mathbf{q}\cdot\mathbf{x}_i};$$

(*b*) (120) $$[[H_0,\rho_{\mathbf{q}}],\rho_{-\mathbf{q}}] = -\frac{n}{m}q^2.$$

(*c*) In der Darstellung, in der H_0 diagonal ist, gilt

$$\sum_m \omega_{m0}\{|\langle 0|\rho_{\mathbf{q}}|m\rangle|^2 + |\langle 0|\rho_{-\mathbf{q}}|m\rangle|^2\} = \frac{n}{m}q^2. \tag{121}$$

Dies ist die longitudinale f-Summenregel von Nozières und Pines: *Phys. Rev.* **109**, 741 (1958). Üblicherweise ist $|\langle 0|\rho_{\mathbf{q}}|m\rangle|^2 = |\langle 0|\rho_{-\mathbf{q}}|m\rangle|^2$; wann ist dies richtig?

6.) Von (47) zeige man im Grenzfall $\omega \gg \omega_{n0}$ unter Benützung der Nozières-Pines-Summenregel, daß

(122) $$\epsilon(\omega,\mathbf{q}) \cong 1 - \frac{4\pi n e^2}{m\omega^2}.$$

7.) Unter Benützung des Resultats von Aufgabe 5 zeige man, daß

(123) $$\int_0^\infty d\omega\, \omega \mathscr{I}\left(\frac{1}{\epsilon(\omega,\mathbf{q})}\right) = -\frac{\pi\omega_p{}^2}{2}.$$

8.) Wir erinnern an die Beziehung $\epsilon \equiv 4\pi i\sigma/\omega$; man zeige, daß

(124) $$\int_0^\infty d\omega\, \sigma_1(\omega,\mathbf{q}) = \tfrac{1}{8}\omega_p{}^2,$$

wobei $\sigma = \sigma_1 - i\sigma_2$ ist. Dies ist eine wichtige Summenregel. Für eine Diskussion der Anwendung auf den supraleitenden Übergang siehe R. A. Ferrell und R. E. Glover, III, *Phys. Rev.* **109**, 1398 (1958); M. Tinkham und R. A. Ferrell, *Phys. Rev. Letters* 2, 331 (1959). Der Beweis ist einfach. Auf Grund der Kausalität muß ϵ bezüglich ω in der oberen ω-Halbebene analytisch sein. Nun sehen wir aus (47), daß auf der reellen Achse $\omega\epsilon_1$ eine ungerade Funktion von ω ist und $\omega\epsilon_2$ eine gerade Funktion. Man betrachte nun ein Umlaufintegral von $-\infty$ bis ∞ auf der reelen Achse, das durch einen Halbkreis im Unendlichen in der oberen Halbebene ergänzt wird und benütze das Ergebnis von Aufgabe 6 für die asymptotische Form von ϵ.

9.) Mit dem durch (64) gegebenen dynamischen Strukturfaktor $\mathcal{S}(\omega,\mathbf{q})$ zeige man, daß

(125) $$\int_0^\infty d\omega\, \mathcal{S}(\omega,\mathbf{q}) = N\mathcal{S}(\mathbf{q}),$$

für N Teilchen. Der Ausdruck $\mathcal{S}(\mathbf{q})$ ist bekannt als statischer Strukturfaktor, er ist die Fouriertransformierte der Paar-Korrelationsfunktion.

(126) $$p(\mathbf{x}) = N^{-1}\langle 0|\rho^+(0)\rho(\mathbf{x})|0\rangle;$$

(127) $$\mathcal{S}(\mathbf{q}) = N^{-1}\langle 0|\rho_{\mathbf{q}}\rho_{\mathbf{q}}^+|0\rangle = \int d^3x\, p(\mathbf{x})e^{-i\mathbf{q}\cdot\mathbf{x}}.$$

10.) Unter Benützung von Teil c der Aufgabe 5 zeige man, daß

(128) $$\int_0^\infty d\omega\, \omega\mathcal{S}(\omega,\mathbf{q}) = Nq^2/2m,$$

wobei m die Teilchenmasse ist. Dabei haben wir angenommen, daß $\mathcal{S}(\omega,\mathbf{q}) = \mathcal{S}(\omega,-\mathbf{q})$.

11.) Bei Ringgraphen (siehe Anhang) behandeln wir gekoppelte Prozesse, welche durch folgende Operatoren beschrieben werden,

(129) $$A_{\mathbf{k}}^+(\mathbf{q}) = \alpha_{\mathbf{k}+\mathbf{q}}^+\beta_{-\mathbf{k}}^+; \qquad A_{\mathbf{k}}(\mathbf{q}) = \beta_{-\mathbf{k}}\alpha_{\mathbf{k}+\mathbf{q}},$$

wobei α, α^+ Elektronenoperatoren sind und β, β^+ Lochoperatoren. Man zeige, daß gilt

(130) $$[A_{\mathbf{k}}^+(\mathbf{q}),A_{\mathbf{k}'}^+(\mathbf{q}')] = 0,$$

und

(131) $$[A_{\mathbf{k}}(\mathbf{q}),A_{\mathbf{k}'}^+(\mathbf{q}')] = \delta_{\mathbf{k}+\mathbf{q},\mathbf{k}'+\mathbf{q}'}\delta_{\mathbf{k}\mathbf{k}'} - \delta_{\mathbf{k}\mathbf{k}'}\alpha_{\mathbf{k}'+\mathbf{q}}^+\,\alpha_{\mathbf{k}+\mathbf{q}} - \delta_{\mathbf{k}+\mathbf{q},\mathbf{k}'+\mathbf{q}'}\beta_{-\mathbf{k}'}^+\beta_{-\mathbf{k}} \approx \delta_{\mathbf{k}\mathbf{k}'}\delta_{\mathbf{q}\mathbf{q}'},$$

weil im ungestörten Vakuumzustand die Elektron- und Loch-Besetzungszahlen null sind. Wir stellen fest, daß in dieser Näherung die A, A^+ dieselben Vertauschungsrelationen besitzen wie Boseoperatoren - ein Elektron-Loch-Paar wirkt wie ein Boson.

7. Polaronen und die Elektron-Phonon-Wechselwirkung

Leitungselektronen spüren auf verschiedene Weise jede Deformation des idealen periodischen Gitters der positiven Ionenrümpfe. Sogar die Nullpunktsbewegung der Phononen hat ihr Auswirkung auf die Leitungselektronen. Die Haupteffekte der Kopplung zwischen Elektronen und Phononen sind:

(a) Streuung von Elektronen vom Zustand **k** in einen anderen **k**′, was zu elektrischem Widerstand führt.

(b) Absorption (oder Erzeugung) von Phononen: Die Wechselwirkung von Leitungselektronen und Phononen ist eine wichtige Ursache für die Dämpfung von Ultraschallwellen in Metallen.

(c) Eine anziehende Wechselwirkung zwischen zwei Elektronen; diese Wechselwirkung ist wichtig für Supraleitung und entsteht durch virtuelle Emission und Absorption eines Phonons.

(d) Ein Elektron führt immer eine Gitter-Polarisationswolke mit sich. Das zusammengesetzte Teilchen, Elektron plus Phononenfeld, wird *Polaron* genannt; es hat eine größere effektive Masse als das Elektron im ungestörten Gitter.

In diesem Kapitel diskutieren wir einige zentrale Aspekte der Elektron-Phonon-Wechselwirkung unter Betonung solcher Probleme, die ohne lange und ausführliche Rechnung dargestellt werden können.

Die Deformations-Potential-Wechselwirkung

In kovalenten Kristallen ist die Elektron-Phonon-Wechselwirkung oft ziemlich schwach, und wenn in Halbleitern die Konzentration der Ladungsträger gering ist, so wird es eine gute Näherung sein, Abschirmungseffekte der Ladungsträger untereinander zu vernachlässigen. In diesem Fall kann die Methode des Deformations-Potentials von Bardeen und Shockley für langwellige Phononen angewandt werden.

Wir nehmen an, daß in einem unverzerrten kubischen kovalenten Kristall das interessierende elektronische Energieband nicht entartet und sphärisch ist, und gegeben ist durch

$$\varepsilon_0(\mathbf{k}) = \frac{k^2}{2m^*}; \tag{1}$$

hier ist m^* die effektive Masse des Leitungselektrons.

Wir führen nun eine kleine, gleichförmige, statische Deformation aus, die durch die Verzerrungskomponenten $e_{\mu\nu}$ beschrieben wird. Die gestörte Energiefläche kann prinzipiell berechnet werden; sie wird von der Form sein

$$\varepsilon(\mathbf{k}) = \varepsilon_0(\mathbf{k}) + C_{\mu\nu}e_{\mu\nu} + C'_{\mu\nu}k_\mu k_\nu e_{\mu\nu} + \cdots, \tag{2}$$

wenn man sich auf die Hauptterme beschränkt. In einem Halbleiter sind die interessierenden k gewöhnlich klein, so daß wir $C'_{\mu\nu}$ weglassen können. Für eine sphärische Energiefläche im unverzerrten Kristall kann $\varepsilon(\mathbf{k})$ keine ungerade Funktion der Scherungs-Verzerrung sein: es muß deshalb $C_{\mu\nu} = 0$ sein für $\mu \neq \nu$. Wegen der Wechselwirkung der Spin-Umlaufbahnen schreiben wir deshalb für kleine k

$$\varepsilon(\mathbf{k}) \cong \varepsilon_0(\mathbf{k}) + C_1\Delta, \tag{3}$$

wobei Δ die Dehnung ist. Hier ist $C_1 = \partial\varepsilon(\mathbf{0})/\partial\Delta$ eine Konstante, die teilweise durch Druckmessungen bestimmt werden kann. Die Erweiterung dieses Ergebnisses auf nichtsphärische Energieflächen wurde von Brooks [*Adv. in Electronics* 7, 85 (1955)] und anderen untersucht. Man findet, daß die Scherungs-Verzerrungen zu (3) einen Term der Form hinzufügen

$$C_2(\hat{k}_\mu\hat{k}_\nu e_{\mu\nu} - \tfrac{1}{3}\Delta), \tag{4}$$

wobei $\hat{\mathbf{k}}$ der Einheitvektor in $\mathbf{k}$-Richtung ist und C_2 für eine sphärische Energiefläche verschwindet. Werte von $|C_1|$ und $|C_2|$ liegen in der Größenordnung 10 eV für die Kanten des Leitungsbandes von Si und Ge.

Man zeigt leicht, daß für das freie Elektronengas die Konstante C_1 den Wert $-\frac{2}{3}\varepsilon_F$ hat, wobei ε_F die Fermienergie ist. Die kinetische Energie pro Elektron an der Fermikante ist

$$\varepsilon_F = \frac{1}{2m}\left(\frac{3\pi^2 N}{\Omega}\right)^{2/3}, \tag{5}$$

mit N Elektronen im Volumen Ω. Also ist

$$\frac{\delta\varepsilon}{\varepsilon_F} = -\frac{2\delta\Omega}{3\Omega} = -\tfrac{2}{3}\Delta, \tag{6}$$

oder

$$\varepsilon(k_F) = \varepsilon_0(k_F) - \tfrac{2}{3}\varepsilon_0(k_F)\Delta. \tag{7}$$

Dieses Ergebnis setzt voraus, daß die Ladungen sich so bewegen, daß sie jeden Teil des Kristalls elektrisch neutral halten - das ist gut erfüllt für quasistatische Störungen mit einer Wellenlänge, die groß ist im Vergleich zur Abschirmlänge, wie sie im Kapitel 6 definiert ist.

Für langwellige akustische Phononen nehmen wir an, daß (3) verallgemeinert werden kann auf

$$\varepsilon(\mathbf{k},\mathbf{x}) = \varepsilon_0(\mathbf{k}) + C_1\Delta(\mathbf{x}), \tag{8}$$

mit einer ähnlichen Verallgemeinerung für (4). Es ist ziemlich offensichtlich, daß optische Phononen nicht auf diese Weise behandelt werden können; zum einen ist die Dehnung nur verknüpft mit den akustischen Phononen, zum anderen haben wir das langreichweitige elektrostatische Potential nicht berücksichtigt, welches durch Deformationen entstehen würde, die mit longitudinalen optischen Phononen verknüpft sind.

In Bornscher Näherung betrachten wir das Matrixelement von $C_1\Delta(\mathbf{x})$ zwischen den ungestörten Ein-Elektron-Blochzuständen $|\mathbf{k}\rangle$ und $|\mathbf{k}'\rangle$, mit $|\mathbf{k}\rangle = e^{i\mathbf{k}\cdot\mathbf{x}}u_\mathbf{k}(\mathbf{x})$, wobei $u_\mathbf{k}(\mathbf{x})$ die Periodizität des Gitters hat (Kapitel 9). Wir benützen, nach (2.84), die Entwicklung der Dehnung nach Phononen-Operatoren

$$\begin{aligned} H' &= \int d^3x\, \Psi^+(\mathbf{x})C_1\Delta(\mathbf{x})\Psi(\mathbf{x}) = \sum_{\mathbf{k}'\mathbf{k}} c^+_{\mathbf{k}'}c_\mathbf{k}\langle\mathbf{k}'|C_1\Delta|\mathbf{k}\rangle \\ &= iC_1 \sum_{\mathbf{k}'\mathbf{k}} c^+_{\mathbf{k}'}c_\mathbf{k} \sum_\mathbf{q} (2\rho\omega_\mathbf{q})^{-1/2}|\mathbf{q}| \Big(a_\mathbf{q} \int d^3x\, u^*_{\mathbf{k}'}u_\mathbf{k}e^{i(\mathbf{k}-\mathbf{k}'+\mathbf{q})\cdot\mathbf{x}} \\ &\qquad - a^+_\mathbf{q} \int d^3x\, u^*_{\mathbf{k}'}u_\mathbf{k}e^{i(\mathbf{k}-\mathbf{k}'-\mathbf{q})\cdot\mathbf{x}}\Big), \end{aligned} \tag{9}$$

wobei

$$\Psi(\mathbf{x}) = \sum_\mathbf{k} c_\mathbf{k}\varphi_\mathbf{k}(\mathbf{x}) = \sum_\mathbf{k} c_\mathbf{k}e^{i\mathbf{k}\cdot\mathbf{x}}u_\mathbf{k}(\mathbf{x}), \tag{10}$$

die $a^+_\mathbf{q}$, $a_\mathbf{q}$ beziehen sich auf longitudinale Phononen mit Wellenvektor q. Das Produkt $u^*_{\mathbf{k}'}(\mathbf{x})u_\mathbf{k}(\mathbf{x})$ enthält die periodischen Teile der Bloch-Funktionen und ist selbst gitterperiodisch; deshalb verschwinden die Integrale in (9), es sei denn

$$\mathbf{k} - \mathbf{k}' \pm \mathbf{q} = \begin{cases} 0 \\ \text{Vektor im reziproken Gitter.} \end{cases} \tag{11}$$

Für ebene Wellen gibt es nur die Möglichkeit null, da hier jedes $u_\mathbf{k}(\mathbf{x})$ konstant ist. In Halbleitern bei tiefen Temperaturen kann die Möglichkeit null der energetisch einzig erlaubte Prozeß sein. Wenn

(12) $$\mathbf{k} - \mathbf{k}' \pm \mathbf{q} = 0,$$

spricht man von dem Streuprozeß als einem *Normal-* oder N-Prozeß. Wenn

(13) $$\mathbf{k} - \mathbf{k}' \pm \mathbf{q} = \mathbf{G},$$

wobei **G** ein Vektor im reziproken Gitter ist, spricht man von einem *Umklapp-* oder U-Prozeß. Die Klassifizierung von Prozessen als Normal- oder Umklapp-Prozesse hängt von der Wahl der Brillouin-Zone ab. Mit "Vektor im reziproken Gitter" meinen wir immer einen Vektor, der zwei Gitterpunkte des reziproken Gitters verbindet.

Wir beschränken uns hier auf N-Prozesse und nähern zur Erleichterung $\int d^3x\, u^*_{\mathbf{k}'} u_{\mathbf{k}}$ durch 1 an. Dann lautet der Term des Deformationspotentials

(14) $$H' = iC_1 \sum_{\mathbf{kq}} (2\rho\omega_{\mathbf{q}})^{-1/2} |\mathbf{q}| (a_{\mathbf{q}} c^+_{\mathbf{k}+\mathbf{q}} c_{\mathbf{k}} - a^+_{\mathbf{q}} c^+_{\mathbf{k}-\mathbf{q}} c_{\mathbf{k}});$$

was wir auch schreiben können als

(15) $$\boxed{H' = iC_1 \sum_{\mathbf{kq}} (2\rho\omega_{\mathbf{q}})^{-1/2} |\mathbf{q}| (a_{\mathbf{q}} - a^+_{-\mathbf{q}}) c^+_{\mathbf{k}+\mathbf{q}} c_{\mathbf{k}}.}$$

Die Feldoperatoren beschreiben Streuprozesse, wie sie in Bild 1 abgebildet sind.

Bevor wir fortfahren, sollten wir sehen, wie die Beschränkungen der Stärke des Kopplungsparameters C_1 sind, damit unsere Trennung von Elektronen- und Phononenenergie sinnvoll ist. Die Existenz der Elektron-Phonon-Kopplung H' (14) bedeutet, daß ein Elektron im Zustand **k** ohne angeregte Phononen kein exakter Eigenzustand des Systems sein kann, vielmehr wird immer eine Wolke virtueller Phononen das Elektron begleiten. Das zusammengesetzte Teilchen, Elektron plus Gitterdeformation, nennt man ein *Polaron.**) Die Phononenwolke verändert die Energie des Elektrons. Wenn die Zahl der virtuellen Phononen, die ein Elektron begleiten, von der Größenordnung eins oder

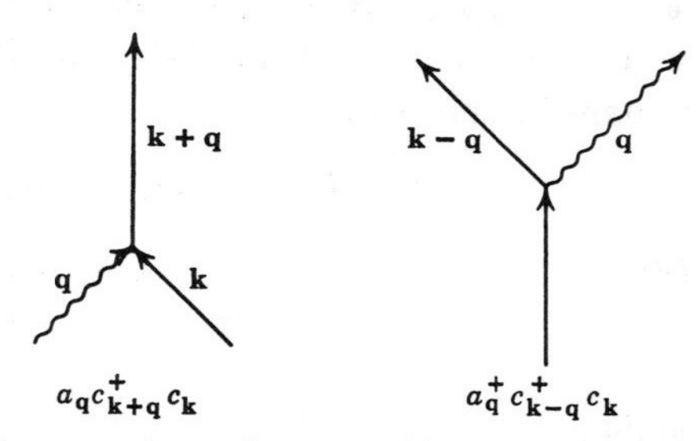

Bild 1: Elektron-Phonon-Streuprozesse erster Ordnung.

*) Die Bezeichnung Polaron wird meistens benützt für ein Elektron plus der Wolke der virtuellen optischen Phononen in Ionenkristallen.

größer ist, können wir dem Ergebnis einer Rechnung in erster Ordnung Störungstheorie nicht mehr vertrauen. Auch können wir kein großes Vertrauen haben in die Gültigkeit von Kristall-Wellenfunktionen, die als Produkt getrennter elektronischer und vibronischer Funktionen geschrieben werden. Dies ist keine triviale Frage: für schwere Teilchen wie Protonen, die sich im Kristall bewegen, ist die Zahl der virtuellen Phononen sehr groß (siehe Aufgabe 1). Unter solchen Umständen kann das Proton im Kristall lokal eingefangen werden.

Phononen-Wolke. Wir wollen störungstheoretisch die Zahl der virtuellen akustischen Phononen berechnen, die ein langsames Elektron begleiten. Wir nehmen als ungestörten Zustand des Phononen-Systems den Grundzustand, in dem keine Phononen angeregt sind; der ungestörte Zustand des Elektronen-Systems wird als Bloch-Zustand angenommen. Wir schreiben deshalb den ungestörten Zustand des gesamten Systems als $|\mathbf{k}0\rangle$; den Zustand in erster Ordnung Störungstheorie bezeichnen wir mit $|\mathbf{k}0\rangle^{(1)}$. Er ist gegeben durch

$$(16)\qquad |\mathbf{k}0\rangle^{(1)} = |\mathbf{k}0\rangle + \sum_{\mathbf{q}} |\mathbf{k}-\mathbf{q};1_{\mathbf{q}}\rangle \frac{\langle \mathbf{k}-\mathbf{q};1_{\mathbf{q}}|H'|\mathbf{k}0\rangle}{\varepsilon_{\mathbf{k}} - \varepsilon_{\mathbf{k}-\mathbf{q}} - \omega_{\mathbf{q}}},$$

wobei H' die Elektron-Phonon-Wechselwirkung ist. Die Gesamtzahl der Phononen $\langle N\rangle$, die ein Elektron begleiten, ist gegeben durch die Bildung des Erwartungswertes von $\Sigma\, a_{\mathbf{q}}^{+}a_{\mathbf{q}}$ im Zustand $|\mathbf{k}0\rangle^{(1)}$. Wir summieren über die Quadrate der Beimischungskoeffizienten und erhalten

$$(17)\qquad \langle N\rangle = \sum_{\mathbf{q}} \frac{|\langle \mathbf{k}-\mathbf{q};1_{\mathbf{q}}|H'|\mathbf{k}0\rangle|^2}{(\varepsilon_{\mathbf{k}} - \varepsilon_{\mathbf{k}-\mathbf{q}} - \omega_{\mathbf{q}})^2}.$$

Für die Deformations-Potential-Wechselwirkung (14) ergibt sich

$$(18)\qquad |\langle \mathbf{k}-\mathbf{q};1_{\mathbf{q}}|H'|\mathbf{k}0\rangle|^2 = \frac{C_1{}^2|\mathbf{q}|}{2\rho c_s},$$

wobei c_s die longitudinale Schallgeschwindigkeit ist. Nun ist mit m^* als effektiver Masse des Leitungselektrons

$$(19)\qquad \varepsilon_{\mathbf{k}} - \varepsilon_{\mathbf{k}-\mathbf{q}} - \omega_{\mathbf{q}} = \frac{1}{2m^*}(2k\cdot q - q^2) - c_s q.$$

Für ein sehr langsames Elektron vernachlässigen wir k im Vergleich zu q und schreiben dann die Summe in (17) als Integral

$$(20)\qquad \langle N\rangle = \frac{2m^{*2}C_1{}^2}{(2\pi)^3\rho c_s}\int d^3q\cdot\frac{q}{(q^2+2c_s m^* q)^2},$$

wobei das Integral über die erste Brillouin-Zone der longitudinalen Phononen ausgeführt werden muß. Der Einfachheit halber nehmen wir das Integral über eine Kugel im q-Raum bis zu einem q_m, das so gewählt wird, daß die Zahl der eingeschlossenen Schwingungszustände gleich der Zahl der Atome ist:

$$\langle N\rangle = \frac{1}{\pi^2}\frac{m^{*2}C_1^{\,2}}{\rho c_s}\int_0^{q_m} dq\,\frac{q}{(q+q_c)^2}, \tag{21}$$

wobei, $\hbar$ hinzugefügt, $q_c = 2m^*c_s/\hbar \approx 10^6\ \mathrm{cm}^{-1}$ im wesentlichen der Compton-Wellenvektor der Elektronen im Phononenfeld ist. Die numerische Abschätzung wurde mit $m^* = m$ und $c_s = 5\times 10^5$ cm/sec gemacht. Das Integral ist ein Standard-Integral:

$$\int_0^{q_m} dq\,\frac{q}{(q+q_c)^2} = \log\left(1+\frac{q_m}{q_c}\right) - \frac{q_m}{q_m+q_c}. \tag{22}$$

Wegen $q_m \approx 10^8\ \mathrm{cm}^{-1}$ ist $q_m/q_c \gg 1$ und der Wert des Integrals ist näherungsweise $\log\,(q_m/q_c)$. Dann ist, $\hbar$ hinzugefügt,

$$\langle N\rangle \cong \frac{1}{\pi^2}\frac{m^{*2}C_1^{\,2}}{\hbar^3\rho c_s}\log\,(q_m/q_c). \tag{23}$$

Nehmen wir $C_1 \approx 5\times 10^{-11}$ erg; $m^* \approx 0.2\times 10^{-27}$g; $\rho \approx 5\,\mathrm{g/cm}^3$; $c_s \approx 5\times 10^5$ cm/sec; $(q_m/q_c) \approx 10^2$, so ergibt sich $\langle N\rangle \approx 0.02$. Unter diesen Bedingungen, die möglicherweise für kovalente Halbleiter typisch sind, ist der Erwartungswert der Zahl der virtuellen Phononen um jedes Elektron sehr viel kleiner als eins. Wenn wir k gegen q nicht vernachlässigen, erhalten wir das vollständigere Ergebnis

$$\langle N\rangle = \frac{m^*C_1^{\,2}}{(2\pi)^2\rho c_s\hbar^3 k}\left\{(q_c-2k)\log\left|\frac{q_c-2k}{q_m+q_c-2k}\right| + (q_c+2k)\log\left|\frac{q_m+q_c+2k}{q_c+2k}\right|\right\}. \tag{24}$$

Relaxations-Zeit. Wir sehen aus der Form der Wellenfunktion $|\mathbf{k}0\rangle^{(1)}$, wie sie durch (16) gegeben ist, daß bei Anwesenheit der Elektron-Phonon-Wechselwirkung der Wellenvektor $\mathbf{k}$ keine Konstante der Bewegung für jedes Elektron alleine ist, die Summe der Wellenvektoren von Elektron und virtuellem Phonon jedoch bleibt erhalten. Nehmen wir an, daß ein Elektron anfänglich sich im Zustand $|\mathbf{k}\rangle$ befindet; wie lange wird es im gleichen Zustand verbleiben?

Wir berechnen zuerst die Wahrscheinlichkeit w pro Zeiteinheit, daß das Elektron in $\mathbf{k}$ ein Phonon $\mathbf{q}$ absorbieren wird. Wenn $n_\mathbf{q}$ die anfängliche Besetzung des Phononenzustandes ist, dann ist

$$w(\mathbf{k}+\mathbf{q};n_\mathbf{q}-1|\mathbf{k};n_\mathbf{q}) = 2\pi|\langle\mathbf{k}+\mathbf{q};n_\mathbf{q}-1|H'|\mathbf{k};n_\mathbf{q}\rangle|^2\delta(\varepsilon_\mathbf{k}+\omega_\mathbf{q}-\varepsilon_{\mathbf{k}+\mathbf{q}}). \tag{25}$$

Für die Deformations-Potential-Wechselwirkung ist

$$|\langle\mathbf{k}+\mathbf{q};n_\mathbf{q}-1|H'|\mathbf{k};n_\mathbf{q}\rangle|^2 = \frac{C_1^{\,2}q}{2\rho c_s}\,n_\mathbf{q}. \tag{26}$$

Die Wahrscheinlichkeit pro Zeiteinheit, daß ein Elektron im Zustand $\mathbf{k}$ ein Phonon $\mathbf{q}$ emittiert, enthält das Matrixelement in der Form

$$|\langle \mathbf{k}-\mathbf{q}; n_{\mathbf{q}}+1|H'|\mathbf{k}; n_{\mathbf{q}}\rangle|^2 = \frac{C_1^2 q}{2\rho c_s}(n_{\mathbf{q}}+1). \tag{27}$$

Die totale Stoßrate W eines Elektrons*) im Zustand $\mathbf{k}$ in einem Phononen-System am absoluten Nullpunkt ist, nach (27) mit $n_{\mathbf{q}} = 0$,

$$W = \frac{C_1^2}{4\pi\rho c_s}\int_{-1}^{1} d(\cos\theta_{\mathbf{q}}) \int_0^{q_m} dq\, q^3 \delta(\varepsilon_{\mathbf{k}} - \varepsilon_{\mathbf{k}-\mathbf{q}} - \omega_{\mathbf{q}}). \tag{28}$$

Nun ist das Argument der Deltafunktion

$$\frac{1}{2m^*}(2\mathbf{k}\cdot\mathbf{q} - q^2) - c_s q = \frac{1}{2m^*}(2\mathbf{k}\cdot\mathbf{q} - q^2 - qq_c), \tag{29}$$

wobei $q_c = 2m^* c_s$ wie vorher. Der kleinste Wert, für welchen das Argument null sein kann, ist

$$k_{\min} = \tfrac{1}{2}(q + q_c), \tag{30}$$

was sich für $q = 0$ reduziert auf

$$k_{\min} = \tfrac{1}{2}q_c = m^* c_s. \tag{31}$$

Für diesen Wert von k ist die Gruppengeschwindigkeit des Elektrons $v_g = k_{\min}/m^*$ gleich der Schallgeschwindigkeit c_s. Also ist die Schwelle für die Emission von Phononen durch Elektronen in einem Kristall dadurch gegeben, daß die Gruppengeschwindigkeit der Elektronen die Schallgeschwindigkeit überschreiten muß; diese Forderung erinnert an die Cerenkov-Schwelle für die Emission von Photonen in Kristallen durch schnelle Elektronen. Die Elektronenenergie an der Schwelle ist 0.5 $m^* c_s^2 \approx 10^{-27}\cdot 10^{11}$ erg = 10^{-16} erg $\approx 1°$K. Ein Elektron mit einer Energie unter dieser Schwelle wird nicht abgebremst werden in einem idealen Kristall am absoluten Nullpunkt, auch nicht

*) Es gibt eine einfache Beziehung zwischen der Renormierung der Elektronenenergie in erster Ordnung und der Relaxationsrate (28). Die renormierte Energie ist

$$\varepsilon = \frac{k^2}{2m^*} + \sum_{\mathbf{q}} \frac{|\langle \mathbf{k}-\mathbf{q}; 1_{\mathbf{q}}|H'|\mathbf{k}; 0_{\mathbf{q}}\rangle|^2}{\varepsilon_{\mathbf{k}} - \varepsilon_{\mathbf{k}-\mathbf{q}} - \omega_{\mathbf{q}} - is},$$

wobei der Grenzwert $s \to +0$ ausgeführt werden muß. Mit (1.34) wird

$$\mathscr{I}\{\varepsilon\} = \pi \sum_{\mathbf{q}} |\langle \mathbf{k}-\mathbf{q}; 1_{\mathbf{q}}|H'|\mathbf{k}; 0_{\mathbf{q}}\rangle|^2 \delta(\varepsilon_{\mathbf{k}} - \varepsilon_{\mathbf{k}-\mathbf{q}} - \omega_{\mathbf{q}}).$$

Durch Vergleich mit (28) ergibt sich

$$W = 2\mathscr{I}\{\varepsilon\}.$$

durch Elektron-Phonon-Wechselwirkung höherer Ordnung, zumindest in der harmonischen Näherung für die Phononen.

Für $k \gg q_c$ können wir den Term qq_c in (29) vernachlässigen. Dann wird aus den Integralen in (28)

$$\int_{-1}^{1} d\mu \int dq\, q^3(2m^*/q)\delta(2k\mu - q) = 8m^* \int_0^1 d\mu\, k^2\mu^2 = 8m^*k^2/3, \tag{32}$$

und die Emissionsrate ist

$$W\,(\text{Emission}) = \frac{2C_1{}^2m^*k^2}{3\pi\rho c_s}; \tag{33}$$

man beachte, daß sie direkt proportional zur Elektronenenergie ε_k ist.

Die Verringerung der Komponente des Wellenvektors parallel zur ursprünglichen Richtung des Elektrons bei Emission eines Phonons in einem Winkel θ zu $\mathbf{k}$ ist gegeben durch $q \cos\,\theta$. Diese Verlustrate von k ist durch das Integral der Übergangsrate gegeben mit einem zusätzlichen Faktor $(q/k) \cos\theta$ im Integranden. Statt (32) haben wir

$$\frac{2m^*}{k}\int_0^1 d\mu\, 8k^3\mu^4 = \frac{16m^*k^2}{5}, \tag{34}$$

so daß die Rate der Abnahme von k_z gegeben ist durch

$$W(k_z) = \frac{4C_1{}^2m^*k^2}{5\pi\rho c_s}. \tag{35}$$

Wechselwirkung der Elektronen mit longitudinalen optischen Phononen

Wir erwarten, daß Elektronen in ionischen Kristallen stark wechselwirken mit longitudinalen optischen Phononen durch das elektrische Feld der Polarisationswelle. Diese Wechselwirkung ist eine langreichweitige Coulomb-Wechselwirkung; sie ist verschieden von der Deformations-Potential-Wechselwirkung. Die Wechselwirkung mit transversalen optischen Phononen wird schwächer sein wegen ihres schwächeren elektrischen Feldes, ausgenommen bei sehr kleinen $\mathbf{q}$, wo die elektromagnetische Kopplung stark sein kann. Bei Vernachlässigung der Dispersion ist der Hamilton-Operator der longitudinalen optischen Phononen näherungsweise

$$H_0 = \omega_l \sum_{\mathbf{q}} b_{\mathbf{q}}^+ b_{\mathbf{q}}, \tag{36}$$

wobei b^+, b Bosonen-Operatoren sind, d. h., wir haben N Schwingungszustände mit verschiedenen $\mathbf{q}$, aber mit gleicher Frequenz ω_l. Die Formel (2.83) sagt uns, daß das dielektrische Polarisationsfeld proportional zu der optischen Phononen-Amplitude ist und die Form hat

(37) $$\mathbf{P} = F \sum_{\mathbf{q}} \boldsymbol{\varepsilon}_{\mathbf{q}} (b_{\mathbf{q}} e^{i\mathbf{q}\cdot\mathbf{x}} + b_{\mathbf{q}}^{+} e^{-i\mathbf{q}\cdot\mathbf{x}}),$$

wobei $\boldsymbol{\varepsilon}_{\mathbf{q}}$ ein Einheitsvektor in der Richtung $\mathbf{q}$ ist und F eine noch zu bestimmende Konstante. Wir entwickeln das elektrostatische Potential in der Form

(38) $$\varphi(\mathbf{x}) = \sum (\varphi_{\mathbf{q}} e^{i\mathbf{q}\cdot\mathbf{x}} + \varphi_{\mathbf{q}}^{+} e^{-i\mathbf{q}\cdot\mathbf{x}}),$$

wodurch

(39) $$\mathbf{E} = -\operatorname{grad} \varphi = -i \sum_{\mathbf{q}} \mathbf{q} (\varphi_{\mathbf{q}} e^{i\mathbf{q}\cdot\mathbf{x}} - \varphi_{\mathbf{q}}^{+} e^{-i\mathbf{q}\cdot\mathbf{x}}).$$

Nun ist div $\mathbf{D} = 0$, so daß $\mathbf{E} + 4\pi \mathbf{P} = 0$, oder

(40) $$\varphi_{\mathbf{q}} = -i 4\pi F b_{\mathbf{q}} / q.$$

Wir wollen jetzt die Konstante F ausdrücken durch die Wechselwirkungsenergie $e^2/\epsilon r$ zwischen zwei Elektronen in einem Medium mit der Dielektrizitätskonstante ϵ. Betrachten wir zwei Elektronen an den Orten $\mathbf{x}_1$ und $\mathbf{x}_2$, die direkt wechselwirken durch das Vakuum-Coulombfeld und indirekt durch die Störung zweiter Ordnung des optischen Phononen-Feldes. Die gewünschte Form des effektiven Störungs-Hamilton-Operators in erster Ordnung erhält man als Erwartungswert des Operators der potentiellen Energie $e \int d^3x \, \rho(\mathbf{x}) \varphi(\mathbf{x})$ im Zustand $\Psi^{+}(\mathbf{x}_1) \Psi^{+}(\mathbf{x}_2) |\mathrm{vac}\rangle$, der Elektronen beschreibt, die an den Orten $\mathbf{x}_1$ und $\mathbf{x}_2$ lokalisiert sind, was eine Erweiterung von (5.124) ist:

(41) $$\begin{aligned} H'(\mathbf{x}_1, \mathbf{x}_2) &= e\varphi(\mathbf{x}_1) + e\varphi(\mathbf{x}_2) \\ &= -i 4\pi F e \sum_{\mathbf{q}} q^{-1} (b_{\mathbf{q}} e^{i\mathbf{q}\cdot\mathbf{x}_1} - b_{\mathbf{q}}^{+} e^{-i\mathbf{q}\cdot\mathbf{x}_1} + b_{\mathbf{q}} e^{i\mathbf{q}\cdot\mathbf{x}_2} - b_{\mathbf{q}}^{+} e^{-i\mathbf{q}\cdot\mathbf{x}_2}). \end{aligned}$$

Am absoluten Nullpunkt ist der Beitrag zur Energie in zweiter Ordnung, hervorgerufen durch (41)

(42) $$H''(\mathbf{x}_1, \mathbf{x}_2) = -2 \sum_{\mathbf{q}} \frac{\langle 0 | e\varphi(\mathbf{x}_1) | \mathbf{q} \rangle \langle \mathbf{q} | e\varphi(\mathbf{x}_2) | 0 \rangle}{\omega_l},$$

wobei wir die Produkte in $\mathbf{x}_1$ alleine oder $\mathbf{x}_2$ alleine weggelassen haben, da sie Selbstenergie-Terme sind. Der Faktor 2 kommt vom Austausch von $\mathbf{x}_1$ und $\mathbf{x}_2$ in dem Ausdruck für die Störung. Hier bezeichnet $|0\rangle$ den Vakuum-Phononenstand und $|\mathbf{q}\rangle$ bezeichnet den Zustand mit einem virtuell angeregten Phonon $\mathbf{q}$ der Energie ω_l. Indem wir (42) benützen, wird angenommen, daß die Elektronen lokalisiert sind und daß sich ihr Zustand während des Wechselwirkungsprozesses nicht ändert. Dieses Problem ist fast identisch mit dem Wechselwirkungsproblem der Theorie des neutralen skalaren Mesons ohne Rückstoß.

Es ist leicht, H'' nach (42) mit (41) auszuwerten:

$$H''(\mathbf{x}_1,\mathbf{x}_2) = -\frac{2e^2(4\pi F)^2}{\omega_l}\sum_{\mathbf{q}}\frac{1}{q^2}e^{i\mathbf{q}\cdot(\mathbf{x}_1-\mathbf{x}_2)}; \tag{43}$$

wir haben gesehen, daß die Summe über alle q liefert

$$\sum_{\mathbf{q}}\frac{4\pi}{q^2}e^{i\mathbf{q}\cdot\mathbf{x}} = \frac{1}{|\mathbf{x}|}, \tag{44}$$

so daß im Grundzustand

$$H''(\mathbf{x}_1,\mathbf{x}_2) = -\frac{8\pi F^2}{\omega_l}\frac{e^2}{|\mathbf{x}_1-\mathbf{x}_2|}. \tag{45}$$

Diese Wechselwirkung hat also die Form einer anziehenden Coulomb-Wechselwirkung der Ladungen e an den Stellen $\mathbf{x}_1$ und $\mathbf{x}_2$: Sie gibt genau den ionischen Beitrag zu der Wechselwirkung. Sie ist also verantwortlich für den Unterschied zwischen $e^2/\epsilon_0 r$ und $e^2/\epsilon_\infty r$, wobei die Dielektrizitätskonstante ϵ_0 die ionische und elektronische Polarisierbarkeit, ϵ_∞ hingegen nur den elektronischen Anteil enthält. Der ionische Term verringert die Energie des Systems. Wir haben

$$\frac{1}{\epsilon_0} = \frac{1}{\epsilon_\infty} - \frac{8\pi F^2}{\omega_l}. \tag{46}$$

In Schritt (44) wurde die Summe über alle q ausgeführt; tatsächlich sollte sich die Summe nur über die q der ersten Brillouin-Zone erstrecken. Der Teil des q-Raumes, den wir hätten ausschließen sollen, ergibt - wie man ausrechnen kann - eine abgeschirmte Coulomb-Wechselwirkung. Subtrahieren wir von $1/r$ eine abgeschirmte Wechselwirkung, so haben wir in großen Entfernungen im wesentlichen ein $1/r$-Potential, aber ein flacheres in Entfernungen innerhalb $1/q_m$, wobei q_m der Rand der Brillouin-Zone ist.

Polaronenwolke. Wir berechnen nun im Grenzfall schwacher Kopplung die Zahl der optischen Phononen die ein Elektron umgeben. Aus (16) ergibt sich

$$\langle N\rangle = \sum_{\mathbf{q}}\frac{|\langle\mathbf{k}-\mathbf{q};1_{\mathbf{q}}|H'|\mathbf{k};0_{\mathbf{q}}\rangle|^2}{(\epsilon_{\mathbf{k}}-\epsilon_{\mathbf{k}-\mathbf{q}}-\omega_l)^2}; \tag{47}$$

statt des Deformations-Potentials (14) haben wir nun

$$\begin{aligned} H' &= \int d^3x\, e\Psi^+(\mathbf{x})\varphi(\mathbf{x})\Psi(\mathbf{x}) \\ &= -i4\pi Fe\sum_{\mathbf{kq}} q^{-1}(b_{\mathbf{q}}c^+_{\mathbf{k+q}}c_{\mathbf{k}} - b^+_{\mathbf{q}}c^+_{\mathbf{k-q}}c_{\mathbf{k}}), \end{aligned} \tag{48}$$

wenn wir (38) und (40) für $\varphi(\mathbf{x})$ benützen. Dann ist

$$|\langle\mathbf{k}-\mathbf{q};1_{\mathbf{q}}|H'|\mathbf{k};0_{\mathbf{q}}\rangle|^2 = (4\pi eF)^2/q^2, \tag{49}$$

und, wenn wir $\mathbf{k}\cdot\mathbf{q}$ gegen q^2 vernachlässigen,

$$(50)\qquad \langle N\rangle = 8e^2F^2(2m^*)^2 \int_0^\infty dq\, \frac{1}{(q^2+q_p{}^2)^2},$$

wobei $q_p{}^2 = 2m^*\omega_l$; wir haben als obere Grenze in der Integration ∞ angenommen. Für NaCl ist $q_p \approx 10^7\ \mathrm{cm}^{-1}$, wenn m^* gleich der Elektronen-Masse gesetzt wird; q_p mal die Gitterkonstante ist also von der Größenordnung $\frac{1}{2}$.

Der Wert des Integrals in (50) ist $\pi/4q_p{}^3$; setzt man $\hbar$ wieder ein, so ergibt sich

$$(51)\qquad \langle N\rangle = \frac{e^2}{4\hbar\omega_l}\left(\frac{2m^*\omega_l}{\hbar}\right)^{1/2}\left(\frac{1}{\epsilon_\infty}-\frac{1}{\epsilon_0}\right) = \frac{\alpha}{2};$$

diese Gleichung definiert α, eine dimensionslose Kopplungskonstante, wie sie nach H. Fröhlich, H. Pelzer und S. Zienau, *Phil. Mag.* **41**, 221 (1950) häufig in der Polaron-Theorie verwendet wird. Mit m^* gleich der Elektronen-Masse sind typische Werte von α für Alkalihalogenide, berechnet aus beobachteten dielektrischen Eigenschaften und der Infrarot-Absorption:

	LiF	NaCl	NaI	KCl	KI	RbCl
α	5.25	5.5	4.8	5.9	6.1	6.4
$\langle N\rangle$	2.62	2.8	2.4	2.9	3.1	3.2

Für Alkalihalogenide führt unsere Abschätzung zu $\langle N\rangle > 1$, so daß man nicht erwarten kann, daß die Störungstheorie quantitativ richtige Resultate liefert. Bessere Methoden sind dazu nötig; wir erhalten jedoch einen Eindruck von der wirklichen Situation.

Effektive Masse des Polarons. Die Selbstenergie eines Polarons für schwache Kopplung ist in zweiter Ordnung Störungstheorie gegeben durch

$$(52)\qquad \varepsilon_{\mathbf{k}} = \varepsilon_{\mathbf{k}}^0 - 2m^* \sum_{\mathbf{q}} \frac{|\langle \mathbf{k}-\mathbf{q};1_{\mathbf{q}}|H'|\mathbf{k};0_{\mathbf{q}}\rangle|^2}{q^2 - 2\mathbf{k}\cdot\mathbf{q} + q_p{}^2},$$

oder, wenn die für einen Ionenkristall geeignete Wechselwirkung (48) verwendet wird,

$$(53)\qquad \varepsilon_{\mathbf{k}} - \varepsilon_{\mathbf{k}}^0 = -8e^2F^2m^* \int_{-1}^{1} d(\cos\theta) \int_0^\infty dq\, \frac{1}{q^2 - 2\mathbf{k}\cdot\mathbf{q} + q_p{}^2}.$$

Hier haben wir (49) und $q_p{}^2 = 2m^*\omega_l$ verwendet.

Das Integral kann exakt ausgewertet werden, aber für langsame Elektronen ($k \ll q_p$) können wir genau so gut den Integranden entwickeln

$$(54)\qquad \frac{1}{1+x^2}\left(1 + \frac{2\eta\mu x}{1+x^2} + \frac{4\eta^2\mu^2x^2}{(1+x^2)^2} + \cdots\right),$$

mit $x = q/q_p$; $\mu = \cos\theta$; $\eta = k/q_p$. Das Integral über $d\mu$ macht aus (54)

$$\frac{1}{1+x^2}\left(2 + \tfrac{8}{3}\eta^2 \frac{x^2}{(1+x^2)^2} + \cdots\right); \tag{55}$$

nach der Integration über x von 0 bis ∞ erhalten wir unter Verwendung von Dwight (122.3)

$$\varepsilon_k - \varepsilon_k{}^0 = -\alpha\left(\omega_l + \frac{1}{12m^*}k^2 + \cdots\right), \tag{56}$$

so daß die Grundzustandsenergie durch die Elektron-Phonon-Wechselwirkung um $\alpha\omega_l$ herabgedrückt wird. Die totale kinetische Energie des Polarons wird

$$\varepsilon_{\text{kin}} = \frac{1}{2m^*}(1 - \tfrac{1}{6}\alpha)k^2. \tag{57}$$

Für $\alpha \ll 1$ ist die Masse des Polarons

$$m^*_{\text{pol}} \cong m^*(1 + \tfrac{1}{6}\alpha), \tag{58}$$

in unserer Näherung schwacher Kopplung.

Einen guten Überblick über die zahlreiche Literatur und über elegante Techniken, die auf das Polaron-Problem angewendet wurden, wenn $\alpha \gg 1$, enthält T. D. Schultz, *Tech. Report* **9**, Solid-State and Molecular Theory Group, M.I.T., 1956. Außerdem sei verwiesen auf:

T. D. Lee und D. Pines, *Phys. Rev.* **92**, 883 (1953).
F. E. Low und D. Pines, *Phys. Rev.* **98**, 414 (1955).
R. P. Feynman, *Phys. Rev.* **97**, 660 (1955).

Das Polaron wurde zuerst von Landau untersucht, dann ausführlich von Pekar und seiner Schule und anderen Wissenschaftlern in der UdSSR. Einen Überblick über die sowjetische Literatur gibt Schultz; ein großer Teil dieser Literatur befaßt sich implizit mit dem Grenzfall sehr starker Kopplung, in welchem die Gitterdeformation den Elektronen adiabatisch folgt.

Die Kopplungskonstante α kann aus Messungen der Beweglichkeit von Polaronen in reinen Proben von Ionenkristallen bestimmt werden. Besonders vollständige Resultate gibt es für AgBr, wie sie von D. C. Burnham, F. C. Brown und R. S. Knox, *Phys. Rev.* **119**, 1560 (1960) berichtet werden. Beweglichkeiten bis zu 50 000 cm^2/Voltsec wurden beobachtet. Zwischen 40 und 120°K wird die Beweglichkeit von der Streuung durch optische Phononen beherrscht, wie es die Temperaturabhängigkeit der Form andeutet:

$$\mu = F(\alpha)(e^{\Theta/T} - 1), \tag{59}$$

was mit $\Theta = 195°K$ in ausgezeichneter Übereinstimmung mit den optischen Daten ist; $F(\alpha)$ ist eine Funktion der Kopplungskonstanten, mit einer funktionalen Abhängigkeit, die von den Details der verwendeten theoretischen Näherung abhängt. Die Form der Temperaturabhängigkeit (59) kann man leicht verstehen: für $T \ll \Theta$ wird die Relaxationsrate der Polaronen beherrscht von den absorptiven Stößen mit optischen Phononen. Die Zahl der optischen Phononen der Energie Θ ist proportional zum Bosefaktor $(e^{\Theta/T} - 1)^{-1}$, so daß die Relaxationszeit und die Beweglichkeit proportional zu $(e^{\Theta/T} - 1)$ sind.

Die Experimente zur Elektronenbeweglichkeit an AgBr ergeben, wenn man sie nach den Rechnungen von Feynman, Hellwarth, Iddings und Platzman [*Phys. Rev.* **127**, 1004 (1962)] auswertet, $\alpha = 1.60$ für die Kopplungskonstante, $m^* = 0.20m$ für die nackte Elektronenmasse und $m_p^* = 0.27m$ für die effektive Polaronenmasse. Der Wert von m^* ist mit α durch die Definition (51) verknüpft, und für diesen Wert von α können wir die Näherung (57) verwenden, um m_p^* zu erhalten. Zyklotronresonanz-Experimente von Ascarelli und Brown liefern $m_p^* = 0.27m$ für die effektive Masse des Polarons, also in hervorragender Übereinstimmung mit dem Wert, der aus den Beweglichkeitsmessungen gefolgert wurde. Man beachte, daß man in einem Zyklotron-Resonanz-Experiment die Polaronenmasse m_p^* und nicht die nackte Masse m^* erhält, solange die Zyklotronfrequenz viel kleiner als die Frequenz der optischen Phononen ist.

Elektron-Phonon-Wechselwirkung in Metallen

Wir betrachten zuerst einige Aspekte eines sehr einfachen Modells für ein Metall. Es beruht auf der Annahme positiver Ionenrümpfe, die in eine homogene Verteilung der Elektronen eingebettet sind. Das Modell wird im Englischen manchmal *Jellium* genannt. Wenn wir die Elektronenwolke als fest und die positiven Ionen als Fermi- (oder Bose-) Gas betrachten, so sehen wir, daß das Modell der Wignersche Grenzfall (Kapitel 6) für große r_s des Problems der Korrelationsenergie ist: Die positiven Ionen bilden kein Gas, sondern sie kristallisieren im Grundzustand in der Anordnung eines kubisch raumzentrierten Gitters. Der Grenzfall großer r_s ist anwendbar, da der hier zu verwendende Bohrsche Radius für die Einheitslänge nicht $\hbar^2/e^2m$, sondern $\hbar^2/e^2M$ ist, wobei M die Ionenmasse ist.

In (5.78) haben wir bei Verwendung dieses Modells einen Näherungswert für die mittlere Energie pro Elektron im Grundzustand gefunden:

(60) $$\varepsilon \cong -\frac{9}{10}\frac{e^2}{r} + \frac{3}{10\alpha^2 m r^2},$$

wobei nun r der Radius der s-Kugel und $\alpha = (4/9\pi)^{1/3}$ ist. Dieses α darf man nicht verwechseln mit der durch (51) definierten Kopplungskonstanten. Mit Austausch würde der Faktor - 0.90 zu - 1.36; wenn man die Abschirmung in der groben Näherung vollständiger Abschirmung innerhalb der s-Kugel berücksichtigt, wird der Faktor - 0.90 zu - 1.50, weil man die Coulomb-Selbstenergie der Ladungsverteilung weglassen würde.

Die Scherungsfestigkeit ist in Jellium gering, der Elastizitätsmodul B ist jedoch beträchtlich. Er ist für $T = 0°K$ gegeben durch

(61) $$B = -V\frac{\partial P}{\partial V} = V\frac{\partial^2 U}{\partial V^2} = V\left(\frac{dr}{dV}\right)^2\frac{\partial^2 U}{\partial r^2} = \frac{1}{12\pi r_0}\left(\frac{\partial^2 \varepsilon}{\partial r^2}\right)_{r_0},$$

wobei U die Energie und r_0 der Gleichgewichtswert von r ist. Aus (60) ergibt sich

(62) $$\frac{\partial \varepsilon}{\partial r} = \frac{9}{10}\frac{e^2}{r^2} - \frac{3}{5}\frac{1}{\alpha^2 m r^3};$$

im Gleichgewicht ist $\partial\varepsilon/\partial r = 0$ und

(63) $$r_0 = \frac{2\hbar^2}{3\alpha^2 m e^2} = 1.30\ \text{Å},$$

unter Hinzufügung von $\hbar$. Die beobachteten Werte von r_0 bei Zimmertemperatur für Li, Na, K sind 1.7, 2.1, 2.6 A. Weiterhin ist im Gleichgewicht

(64) $$\left(\frac{\partial^2 \varepsilon}{\partial r^2}\right)_0 = -\frac{9e^2}{5r_0^3} + \frac{9}{5\alpha^2 m r_0^4} = \frac{9e^2}{10 r_0^3},$$

unter Verwendung von (63). Der Elastizitätsmodul ist also

(65) $$B = \frac{3e^2}{40\pi r_0^4} = \frac{1}{20\pi\alpha^2 m r_0^5},$$

und die longitudinale Schallgeschwindigkeit c_s ist

(66) $$c_s^2 = \frac{B}{\rho} = \frac{m}{15M}\left(\frac{1}{\alpha r_0 m}\right)^2,$$

mit $\rho = 3M/4\pi r_0^3$, wobei M die atomare Masse ist.

Nun ist die Elektronengeschwindigkeit v_F an der Fermifläche mit r_0 verknüpft durch (5.71):

(67) $$v_F = k_F/m = 1/\alpha m r_0.$$

Schließlich ist, unter Benützung von (66) und (67)

(68) $$c_s^2 = \frac{m}{15M} v_F^2.$$

Hätten wir in der Kompressibilität nur den Beitrag vom Fermigas berücksichtigt und den Coulomb-Beitrag vernachlässsigt, so hätten wir erhalten

(69) $$c_s^2 = \frac{1}{3}\frac{m}{M} v_F^2,$$

was $B = \frac{1}{3}mv_F^2/\Omega_a$ entspricht, wobei Ω_a das Atomvolumen ist. Das gleiche Resultat wird in (91) auf andere Weise gefunden.

Wir haben bei der Ableitung von (68) stillschweigend angenommen, daß die Elektronen den Kernen während der Kompression und während des Durchgangs eines longitudinalen akustischen Phonons folgen. Wir haben auch angenommen, daß die Masse, die in der Fermi-Energie eingeht, die freie Elektronenmasse ist. In realen Metallen wird m^* eingehen, und m^* wird eine Funktion von r_0 sein, so daß die Fermienergie eine kompliziertere Funktion von r_0 ist.

Für Li ist der experimentelle Wert von $(B/\rho)^{1/2}$ bei 25°C

$$(12.1 \times 10^{10}/0.543)^{1/2} = 4.8 \times 10^5 \text{ cm/sec};$$

Der Wert bei 0°K, wie er sich aus (69) mit der Fermigeschwindigkeit 1.31×10^8 cm/sec für die freie Elektronenmasse ergibt, ist 6.7×10^5 cm/sec. Der Wert, nach Formel (68) berechnet, ist 3×10^5 cm/sec.

Elektron-Ion-Hamiltonoperator in Metallen. Wir schreiben den Hamilton-Operator in der Form

(70) $$H = \frac{1}{2m}\sum_i \mathbf{p}_i^2 + \sum_{ij} v(\mathbf{x}_i - \mathbf{X}_j) + H_{\text{ion-ion}} + H_{\text{coul}},$$

wobei i über die Valenzelektronen und j über die Ionen summiert wird; v ist die Elektron-Ion-Wechselwirkung; $H_{\text{ion-ion}}$ beschreibt die Ion-Ion-Wechselwirkung; H_{coul} ist die Elektron-Elektron-Coulombwechselwirkung der Valenzelektronen. Wir nehmen an, daß das Metall einatomig ist mit n Ionen pro Einheitsvolumen. Die Energieterme der $\mathbf{K} = 0$ Ladungskomponenten summieren sich zu null. Wir nehmen an, daß diese Terme eliminiert sind.

Wir entwickeln die Abweichung eines Ions von seiner Gleichgewichtslage $\mathbf{X}_j^0$ nach (2.7)

(71) $$\delta\mathbf{X}_j = \mathbf{X}_j - \mathbf{X}_j^0 = (nM)^{-1/2} \sum_{\mathbf{q}} \boldsymbol{\varepsilon}_{\mathbf{q}} Q_{\mathbf{q}} e^{i\mathbf{q}\cdot\mathbf{X}_j^0},$$

wobei $\boldsymbol{\varepsilon}_\mathbf{q}$ der longitudinale Polarisationsvektor ist. Wir betrachten hier keine transversalen Wellen, da ihre Frequenzen hauptsächlich durch die kurzreichweitige Wechselwirkung $H_{\text{ion-ion}}$ bestimmt werden. Der Phononen-Hamilton-Operator ohne die Elektron-Phonon-Wechselwirkung kann nach (2.17) und (2.26) geschrieben werden als

(72) $$H_{\text{ion-ion}} = \tfrac{1}{2}\sum_{\mathbf{q}} (P_\mathbf{q}P_{-\mathbf{q}} + \Omega_\mathbf{q}^2 Q_\mathbf{q} Q_{-\mathbf{q}}),$$

wobei $\Omega_\mathbf{q}$ eine Ionen-Plasmafrequenz ist.

Die Elektron-Ion-Wechselwirkung kann folgendermaßen entwickelt werden

(73) $$\sum_j v(\mathbf{x} - \mathbf{X}_j) = \sum_j v(\mathbf{x} - \mathbf{X}_j^0) - (nM)^{-\frac{1}{2}} \sum_{j\mathbf{q}} Q_\mathbf{q}[\boldsymbol{\varepsilon}_\mathbf{q} \cdot \nabla v(\mathbf{x} - \mathbf{X}_j^0) e^{i\mathbf{q}\cdot\mathbf{X}_j^0}],$$

wobei der erste Term auf der rechten Seite mit der kinetischen Energie der Elektronen zum Bloch'schen Hamilton-Operator zusammengefaßt werden kann

(74) $$H_{\text{el}} = \sum_i \left(\frac{\mathbf{p}_i^2}{2m} + \sum_j v(\mathbf{x}_i - \mathbf{X}_j^0)\right) = \sum_\mathbf{k} \varepsilon_\mathbf{k} c_\mathbf{k}^+ c_\mathbf{k},$$

Die Spins seien in $\mathbf{k}$ enthalten. Die $\mathbf{q}$-Komponente des zweiten Terms von (73) kann in zweiter Quantisierung geschrieben werden als

(75) $$-\int d^3x\, \Psi^+(\mathbf{x})\Psi(\mathbf{x})(nM)^{-\frac{1}{2}} Q_\mathbf{q}\boldsymbol{\varepsilon}_\mathbf{q} \cdot \nabla \sum_j v(\mathbf{x} - \mathbf{X}_j^0) e^{i\mathbf{q}\cdot\mathbf{X}_j^0} = \sum_\mathbf{k} c_{\mathbf{k}+\mathbf{q}}^+ c_\mathbf{k} Q_\mathbf{q} v_\mathbf{q},$$

wobei

(76) $$v_\mathbf{q} = -(nM)^{-\frac{1}{2}} \langle \mathbf{k}+\mathbf{q}| \sum_j e^{i\mathbf{q}\cdot\mathbf{X}_j^0} \boldsymbol{\varepsilon}_\mathbf{q} \cdot \nabla v(\mathbf{x} - \mathbf{X}_j^0)|\mathbf{k}\rangle$$

als unabhängig von $\mathbf{k}$ angenommen wird. Man beachte, daß $(v_{-\mathbf{q}})^* = v_\mathbf{q}$. Bei Benützung des Dichtefluktuations-Operators

(77) $$\rho_{-\mathbf{q}} = \sum_\mathbf{k} c_{\mathbf{k}+\mathbf{q}}^+ c_\mathbf{k},$$

ist die Elektron-Phonon-Wechselwirkung

(78) $$H_{\text{el-ph}} = \sum_\mathbf{q} Q_\mathbf{q} v_\mathbf{q} \rho_{-\mathbf{q}}.$$

Der Coulombterm in (70) ist für freie Elektronen

(79) $$H_{\text{coul}} = \sum_\mathbf{q} \frac{2\pi e^2}{q^2} \rho_{-\mathbf{q}}\rho_\mathbf{q}.$$

Elektron-Gitter-Wechselwirkung: Selbstkonsistente Berechnung.

Die Phononen-Koordinaten sind enthalten in

(80) $$\tfrac{1}{2}\Sigma\, \{P_\mathbf{q}P_{-\mathbf{q}} + \Omega_\mathbf{q}^2 Q_\mathbf{q} Q_{-\mathbf{q}} + 2v_\mathbf{q} Q_\mathbf{q}\rho_{-\mathbf{q}}\},$$

wobei für longitudinale Schwingungen $\Omega_\mathbf{q}$ im wesentlichen die Plasmafrequenz der Ionen ist und nahezu unabhängig von $\mathbf{q}$ ist. Die Größe $v_\mathbf{q}$ ist die Proportionalitätskonstante, welche die Wechselwirkungsenergie der Elektronenverteilung mit der Phononen-Amplitude verknüpft. Die Bewegungsgleichung für $Q_\mathbf{q}$ ist

$$(81) \qquad \ddot{Q}_\mathbf{q} + \Omega_\mathbf{q}{}^2 Q_\mathbf{q} = -v_{-\mathbf{q}}\rho_\mathbf{q},$$

wenn man $[P_{-\mathbf{q}}, H_{ph} + H_{el\text{-}ph}]$ berechnet.

Die Ionen bewegen sich langsam, so daß wir die Ionen-Bewegung als quasistatische Testladung im Sinne von (6.38) bis (6.42) mit $\omega \approx 0$ behandeln können. Es soll $\rho_\mathbf{q}^i$ die Komponente der Ionendichte bezeichnen. Wegen (6.42) erhalten wir

$$(82) \qquad \rho_\mathbf{q}^i = \epsilon(\mathbf{q})(\rho_\mathbf{q} + \rho_\mathbf{q}^i),$$

wobei $\rho_\mathbf{q}$ die Elektronen-Dichtefluktuation und $\epsilon(\mathbf{q})$ die statische Dielektrizitätskonstante ist, also

$$(83) \qquad \rho_\mathbf{q} = \frac{1 - \epsilon(\mathbf{q})}{\epsilon(\mathbf{q})}\,\rho_\mathbf{q}^i.$$

Die Ionendichte ist mit der Phononen-Koordinate $Q_\mathbf{q}$ in (71) verknüpft durch

$$(84) \qquad \rho_\mathbf{q}^i = -i(n/M)^{1/2} q Q_\mathbf{q}.$$

Aus (81) wird

$$(85) \qquad \ddot{Q}_\mathbf{q} + \left[\Omega_\mathbf{q}^2 + i\left(\frac{n}{M}\right)^{1/2} q\,\frac{1 - \epsilon(\mathbf{q})}{\epsilon(\mathbf{q})}\,v_{-\mathbf{q}}\right] Q_\mathbf{q} = 0.$$

Wir benützen als eine Näherung das Thomas-Fermi-Ergebnis (6.34) für die Dielektrizitätskonstante, wonach

$$(86) \qquad \frac{1 - \epsilon_{TF}(\mathbf{q})}{\epsilon_{TF}(\mathbf{q})} = \frac{k_s{}^2}{q^2 + k_s{}^2}; \qquad k_s{}^2 \equiv \frac{6\pi n e^2}{\varepsilon_F}.$$

Wir werden im folgenden zeigen, daß für das Elektronengas gilt

$$(87) \qquad v_\mathbf{q} = \frac{4\pi e^2 i}{q}\left(\frac{n}{M}\right)^{1/2},$$

so daß die Bewegungsgleichung die Form erhält

$$(88) \qquad \ddot{Q}_\mathbf{q} + \left[\Omega_\mathbf{q}^2 - \frac{4\pi e^2 n}{M}\,\frac{k_s{}^2}{q^2 + k_s{}^2}\right] Q_\mathbf{q} = 0.$$

Setzt man $\Omega_\mathbf{q}{}^2 \cong 4\pi n e^2/M$, so lautet die Bewegungsgleichung

$$(89) \qquad \ddot{Q}_\mathbf{q} + \Omega_\mathbf{q}{}^2\left(\frac{q^2}{q^2 + k_s{}^2}\right) Q_\mathbf{q} = 0;$$

Die Eigenfrequenz ω_p ist also für $q \to 0$ gegeben durch

(90) $$\omega_{\mathbf{q}} \cong \Omega_{\mathbf{q}} q / k_s = c_s q,$$

wobei die longitudinale Phononengeschwindigkeit c_s gegeben ist durch

(91) $$c_s^2 = \frac{m}{3M} v_F^2.$$

Das Ergebnis (87) folgt aus der Definition (76). Wir schreiben es nun explizit für freie Elektronen und für Phononen in der z-Richtung an, mit $v(\mathbf{x}) = e^2/|\mathbf{x}|$:

(92) $$\begin{aligned} v_{\mathbf{q}} &= -(nM)^{-1/2} e^2 \int d^3x \sum_j e^{-i\mathbf{q}\cdot(\mathbf{x}-\mathbf{X}_j^0)} \frac{z - Z_j^0}{|\mathbf{x} - \mathbf{X}_j^0|^3} \\ &= -\left(\frac{n}{M}\right)^{1/2} e^2 \int d^3x\, e^{-i\mathbf{q}\cdot\mathbf{x}} \frac{z}{|\mathbf{x}|^3}. \end{aligned}$$

Das Integral hat den Wert

(93) $$\begin{aligned} \int &= 2\pi \int_{-1}^{1} d\mu \int_0^{x_m} dx \cdot x^2 \cdot x\mu \cdot \frac{1}{x^3} \cdot e^{-iqx\mu} \\ &= \frac{2\pi}{(-iq)} \int_{-1}^{1} d\mu\, (e^{-iqx_m\mu} - 1) = -i\frac{4\pi}{q}\left(1 - \frac{\sin qx_m}{qx_m}\right); \end{aligned}$$

für $x_m \to \infty$ wird

(94) $$v_{\mathbf{q}}^i = \frac{4\pi e^2 i}{q}\left(\frac{n}{M}\right)^{1/2}.$$

Aufgaben

1.) Man schätze die Zahl der virtuellen Phononen ab, die ein *Proton*, das sich in einem Kristall bewegt, begleiten; man zeige, daß $\langle N \rangle \gg 1$, was darauf hinweist, daß die Trennung von Protonen- und Gitterschwingungen schlecht ist.

Hinweis: Man beachte, daß $q_c \gg q_m$, so daß der Nenner im Integranden von (23) durch q_c^2 ersetzt werden kann.Das Ergebnis für $\langle N \rangle$ ist

(95) $$\langle N \rangle \approx \frac{C_1^2 q_m^2}{8\pi^2 \rho c_s^3 \hbar}.$$

Wir müssen uns daran erinnern, daß (16) für starke Kopplung unzulänglich ist. (95) ist also nur eine grobe Abschätzung.

2.) Man untersuche die Korrektur zur Elektronen-Energie $\Delta\epsilon$ auf Grund der Elektron-Phonon-Wechselwirkung für ein Elektron $\mathbf{k}$, wobei gelten soll $k_m \gg |\mathbf{k}| \gg k_c$; man zeige, daß

(96) $$\Delta\epsilon \cong -\frac{C_1^2 m^* k_m^2}{4\pi^2 \rho c_s \hbar} \approx 10^{-1} \text{ ev}.$$

3.) Die Ergebnisse (33) und (34) gelten für den absoluten Nullpunkt. Man zeige für endliche Temperaturen, welche die Bedingung $k_B T \gg \hbar c_s k$ erfüllen, daß die integrierte Phononen-Emissionsrate beträgt ($\hbar$ wieder eingesetzt):

(97) $$W(\text{Emission}) \cong \frac{C_1{}^2 m^* k k_B T}{\pi c_s{}^2 \rho \hbar^3}.$$

Für Elektronen im thermischen Gleichgewicht bei nicht zu tiefen Temperaturen ist die geforderte Ungleichung gut erfüllt für die Wurzel aus dem quadratischen Mittelwert von k. Das Ergebnis hat die gleiche Form (tatsächlich ist es sogar identisch) mit dem Ergebnis von Bardeen und Shockley [*Phys. Rev.* **80**, 72 (1950)] für die Relaxationsrate in der Formel für die elektrische Leitfähigkeit in Halbleitern.

4.) Der Hamilton-Operator

(98) $$H = \omega_l \sum b_{\mathbf{q}}^+ b_{\mathbf{q}} + e\varphi(\mathbf{x}_1) + e\varphi(\mathbf{x}_2),$$

wobei $\varphi(\mathbf{x})$ durch (41) gegeben sei, kann exakt gelöst werden; man zeige, daß die Lösung für die Wechselwirkung, welche die Teilchen $\mathbf{x}_1$ und $\mathbf{x}_2$ koppelt, auf (43) führt.

5.) Im Grenzfall schwacher Kopplung soll ein Ausdruck gefunden werden für die Beweglichkeit eines Polarons in einem ionischen Kristall. Hierbei sollen nur die Wechselwirkungsprozesse mit optischen Phononen konstanter Frequenz ω_l betrachtet werden.

6.) (*a*) Man betrachte den Hamilton-Operator H und die kanonische Transformation, welche durch $e^{-S}He^{S}$ gegeben ist; man zeige durch Entwicklung in eine Potenzreihe und Zusammenfassung der Terme, daß

(99) $$\tilde{H} \equiv e^{-S}He^{S} = H + [H,S] + \tfrac{1}{2}[[H,S],S] + \cdots.$$

(*b*) Wenn nun $H = H_0 + \lambda H'$ ist, so zeige man, daß die in λ linearen Terme in dem transformierten Hamiltonoperator verschwinden, wenn S so gewählt*) wird, daß

(104) $$\lambda H' + [H_0,S] = 0.$$

In der Darstellung, in der H_0 diagonal ist, wird

(105) $$\langle n|S|m\rangle = \lambda \frac{\langle n|H'|m\rangle}{E_m - E_n},$$

vorausgesetzt, daß $E_n \neq E_m$ ist.

Bei Benützung dieser Lösung für S wird

(106) $$\tilde{H} = e^{-S}He^{S} = H_0 + [\lambda H',S] + \tfrac{1}{2}[[H_0,S],S] + \cdots,$$

$\tilde{H}$ hat also keine Außerdiagonalglieder in $0(\lambda)$. Wir können nun (106) schreiben als

(107) $$\tilde{H} = H_0 + \tfrac{1}{2}[\lambda H',S] + 0(\lambda^3).$$

---

*) Wir können diese Methode auf instruktive Weise schreiben. Wenn H' und deshalb S im Schrödinger-Bild zeitunabhängig sind, dann ist im Wechselwirkungsbild

(100) $$i\dot{S}_I = [S_I,H_0];$$

wir können das für $S_I \equiv e^{iH_0t}Se^{-iH_0t}$ sofort sehen. Die Bedingung (104) liefert

(101) $$i\dot{S}_I = \lambda H_I';$$

(102) $$S_I(t) = -i\lambda \int_{-\infty}^{t} dt'\, H_I'(t').$$

Dies ist ein expliziter Ausdruck für S_I als Operator.

Aus (107) wird

(103) $$\tilde{H}_I(0) = H_0 + \frac{i}{2}\lambda^2 \int_{-\infty}^{0} dt'\, [H_I'(t'),H_I'(0)] + \cdots.$$

(*c*) Zeige mit

(108) $$H = \omega a^+ a + \lambda(a^+ + a),$$

daß

(109) $$\langle n|\tilde{H}|n\rangle = n\omega - (\lambda^2/\omega),$$

wobei n der Erwartungswert von a^+a im ungestörten Bose-System ist. Man beachte, daß dieses Ergebnis in Einklang ist mit unserer Rechnung im Text über die Polaronen-Wechselwirkung.

(*d*) Man zeige, daß, zumindest bis $0(\lambda^2)$, keine Bosonen im Grundzustand $\tilde{\Phi}_0$ von $\tilde{H}$, wie er durch (108) gegeben ist, vorhanden sind, daß jedoch der Zustand $\Phi_0 = e^S\tilde{\Phi}_0$ virtuelle Bosonen enthält.

7.) In einem piezoelektrischen Kristall ist die Polarisation P eine lineare Funktion der elastischen Dehnung. Man nehme z. B. an, daß $P_z = C_p e_{zz}$, wobei C_p eine piezoelektrische Konstante ist.

(*a*) Man suche einen Ausdruck für die Wechselwirkungsenergie eines Elektrons mit einem longitudinalen Phonon mit $\mathbf{q} \parallel \hat{z}$. Es zeigt sich, daß hier $H' \propto q^{-1/2}$. Für Deformations-Potential-Kopplung ist $H' \propto q^{1/2}$, für die Kopplung mit optischen Phononen ist $H' \propto q^{-1}$.

(*b*) Man leite einen Ausdruck her für die Temperaturabhängigkeit der Beweglichkeit in einem piezoelektrischen Halbleiter. Man zeige, daß [*ISSP* (13.17)] $\mu \propto T^{-1/2}$; vergleiche dies mit dem Ergebnis für das Deformationspotential $\mu \propto T^{-3/2}$. [Siehe F. Seitz, *Phys. Rev.* **73**, 549 (1948) und W. A. Harrison, *Phys. Rev.* **101**, 903 (1956)].

8.) Diskutiere die Form der Elektron-Elektron-Wechselwirkung via virtuelle Phononen in kovalenten Kristallen unter Benützung des Deformations-Potentials für die Elektron-Phonon-Wechselwirkung.

8. Supraleitung

In supraleitenden Elementen, in denen die Abhängigkeit der kritischen Temperatur T_c von der Isotopenmasse M untersucht wurde, findet man, daß für ein gegebenes Element

$$M^{1/2} T_c = \text{konstant} \tag{1}$$

mit Ausnahme einiger Übergangselemente wie Ru und Os. Das Ergebnis (1) ließ Fröhlich vermuten, daß die Eigenschaften der Gitterschwingungen, seien es Nullpunktsphononen oder thermische Phononen, in der Supraleitung von Bedeutung sind; es ist schwer vorstellbar, wie sonst die Masse eines Atoms in dem Problem auftreten könnte. Man nimmt an, daß in Elementen, die einen Isotopeneffekt zeigen, die für die Supraleitung verantwortliche Wechselwirkung durch die anziehende Wechselwirkung zwischen zwei Elektronen nahe der Fermikante gegeben ist. Sie entsteht durch die Wechselwirkung der Elektronen mit den Nullpunktsphononen. In den Übergangselementen liefert die Polarisation des d-Bandes einen zusätzlichen Kopplungsmechanismus, der nicht zu einem Isotopeneffekt führt.

Die Bardeen-Cooper-Schrieffer-Theorie der Supraleitung ist ein eindrucksvoller Erfolg der Quantentheorie des Festkörpers. Die BCS-Theorie liefert auf ziemlich einfache, jedoch nicht triviale Weise, die wesentlichen Effekte, die mit der Supraleitung zusammenhängen; in vielen Bereichen besteht ausgezeichnete, bis in Feinheiten gehende Übereinstimmung mit dem Experiment. Der Isotopeneffekt ergibt sich auf sehr natürliche Weise, und die Entdeckung der Flußquantisierung in Einheiten von der Hälfte der natürlichen Einheit ch/e ist eine überzeugende Bestätigung der zentralen Rolle der Elektronenpaar-Zustände, die von der Theorie vorhergesagt wurden. Dieses Kapitel ist einer gründlichen Darstellung der BCS-Theorie gewidmet. Wir werden uns nicht mit der Phänomenologie der Supraleitung oder der Technologie von Materialien mit hohem kritischen Feld befassen.

Allgemeine Literaturhinweise

[1]) L. Cooper, *Phys. Rev.* **104**, 1189 (1956).

[2]) J. Bardeen, L. N. Cooper und J. R. Schrieffer, *Phys. Rev.* **108**, 1175 (1957).

[3]) Bogoluibov, Tolmachev und Shirkov, *A new method in the theory of superconductivity*, Consultants Bureau, New York, 1959.

[4]) J. Bardeen und J.R. Schrieffer, in *Progress in low temperature physics* **3**, 170 - 287 (1961). Ein ausgezeichneter Überblick des theoretischen und experimentellen Stands.

[5]) R. D. Parks, ed., *Superconductivity*, Marcel Dekker, New York, 1969. Ein gründlicher Überblick.

[6]) M. Tinkham, *LTP*, S. 149 - 230. Ein einfacher Bericht mit Betonung der Elektrodynamik.

Phonon-induzierte indirekte Elektron-Elektron-Wechselwirkung

Wir schreiben die Elektron-Phonon-Wechselwirkung erster Ordnung nach (7.15) als

$$H' = i\sum_{\mathbf{kq}} D_\mathbf{q} c^+_{\mathbf{k+q}} c_\mathbf{k} (a_\mathbf{q} - a^+_{-\mathbf{q}}) = \sum_\mathbf{k} H_\mathbf{k}'. \tag{2}$$

Hierbei sind c^+, c Fermioperatoren und a^+, a Boseoperatoren; $D_\mathbf{q}$ ist eine c-Zahl, und der Bequemlichkeit halber setzen wir sie gleich D, einer reellen Konstanten. In erster Ordnung führt H' zur Elektronenstreuung und zum elektrischen Widerstand; in zweiter Ordnung führt H' zu einer Selbstenergie und außerdem zur Kopplung zwischen zwei Elektronen. Die Kopplung ist eine indirekte Wechselwirkung über das Phononenfeld. Ein Elektron polarisiert das Gitter; das andere Elektron wechselwirkt mit dieser Polarisation.

Der gesamte Hamiltonoperator der Elektronen, Phononen und ihrer Wechselwirkung ist

$$H = H_0 + H' = \sum_\mathbf{q} \omega_\mathbf{q} a^+_\mathbf{q} a_\mathbf{q} + \sum \varepsilon_\mathbf{k} c^+_\mathbf{k} c_\mathbf{k} + iD\sum_{\mathbf{kq}} c^+_{\mathbf{k+q}} c_\mathbf{k} (a_\mathbf{q} - a^+_{-\mathbf{q}}). \tag{3}$$

Nun führen wir eine kanonische Transformation auf einen neuen Hamiltonoperator $\tilde{H} = e^{-S} H e^S$ durch, der keine Außerdiagonalglieder in $0(D)$ hat. Entsprechend dem Ergebnis (7.102) der Aufgabe 7.6 ist

$$\langle n|S|m\rangle = \frac{\langle n|H'|m\rangle}{E_m - E_n}. \tag{4}$$

Um die effektive Elektron-Elektron-Kopplung zu erhalten, ist es günstig, das Matrixelement bezüglich der Phononenoperatoren auszuwerten, aber die Fermioperatoren explizit stehenzulassen. Wir betrachten das Phononensystem am absoluten Nullpunkt, so daß entweder n oder m sich auf das Vakuum der Phononen bezieht. Das Endergebnis (9) ist tatsächlich unabhängig von der Phononenanregung. Dann ist

$$\langle 1_\mathbf{q}|S|0\rangle = -iD\sum_\mathbf{k} c^+_{\mathbf{k-q}} c_\mathbf{k} \frac{1}{\varepsilon_\mathbf{k} - \varepsilon_{\mathbf{k-q}} - \omega_\mathbf{q}}; \tag{5}$$

(6) $$\langle 0|S|1_{\mathbf{q}}\rangle = iD \sum_{\mathbf{k}'} c^+_{\mathbf{k}'+\mathbf{q}} c_{\mathbf{k}'} \frac{1}{\varepsilon_{\mathbf{k}'} + \omega_{\mathbf{q}} - \epsilon_{\mathbf{k}'+\mathbf{q}}}.$$

Wir sahen in (7.107), daß

(7) $$\tilde{H} = H_0 + \tfrac{1}{2}[H',S] + 0(D^3),$$

so daß bis zu $0(D^2)$

(8) $$\tilde{H} = H_0 + \tfrac{1}{2}D^2 \sum_{\mathbf{q}} \sum_{\mathbf{k}\mathbf{k}'} c^+_{\mathbf{k}'+\mathbf{q}} c_{\mathbf{k}'} c^+_{\mathbf{k}-\mathbf{q}} c_{\mathbf{k}} \times \left(\frac{1}{\varepsilon_{\mathbf{k}} - \varepsilon_{\mathbf{k}-\mathbf{q}} - \omega_{\mathbf{q}}} - \frac{1}{\varepsilon_{\mathbf{k}'} + \omega_{\mathbf{q}} - \varepsilon_{\mathbf{k}'+\mathbf{q}}} \right).$$

Nun schreiben wir die Terme, die im Zwischenzustand Phononen in $\mathbf{q}$ und $-\mathbf{q}$ besitzen, um. Die Terme mit $-\mathbf{q}$ geben mit $\omega_{\mathbf{q}} = \omega_{-\mathbf{q}}$ einen Beitrag der Form

$$\sum_{\mathbf{k}\mathbf{k}'} c^+_{\mathbf{k}'-\mathbf{q}} c_{\mathbf{k}'} c^+_{\mathbf{k}+\mathbf{q}} c_{\mathbf{k}} \left(\frac{1}{\varepsilon_{\mathbf{k}} - \varepsilon_{\mathbf{k}+\mathbf{q}} - \omega_{\mathbf{q}}} - \frac{1}{\varepsilon_{\mathbf{k}'} + \omega_{\mathbf{q}} - \varepsilon_{\mathbf{k}'-\mathbf{q}}} \right).$$

Als nächstes vertauschen wir $\mathbf{k}$ und $\mathbf{k}'$, und ordnen die Operatoren um: Die Summe der Terme mit $\mathbf{q}$ und $-\mathbf{q}$ ist

$$\tfrac{1}{4}D^2 \sum_{\mathbf{q}} \sum_{\mathbf{k}\mathbf{k}'} c^+_{\mathbf{k}'+\mathbf{q}} c_{\mathbf{k}'} c^+_{\mathbf{k}-\mathbf{q}} c_{\mathbf{k}} \cdot \frac{4\omega_{\mathbf{q}}}{(\varepsilon_{\mathbf{k}} - \varepsilon_{\mathbf{k}-\mathbf{q}})^2 - \omega_{\mathbf{q}}^2},$$

so daß die Elektron-Elektron-Wechselwirkung geschrieben werden kann als

(9) $$H'' = D^2 \sum_{\mathbf{q}} \sum_{\mathbf{k}\mathbf{k}'} \frac{\omega_{\mathbf{q}}}{(\varepsilon_{\mathbf{k}} - \varepsilon_{\mathbf{k}-\mathbf{q}})^2 - \omega_{\mathbf{q}}^2} c^+_{\mathbf{k}'+\mathbf{q}} c_{\mathbf{k}'} c^+_{\mathbf{k}-\mathbf{q}} c_{\mathbf{k}}.$$

Der Graph für H'' wird in Bild 1 gezeigt.

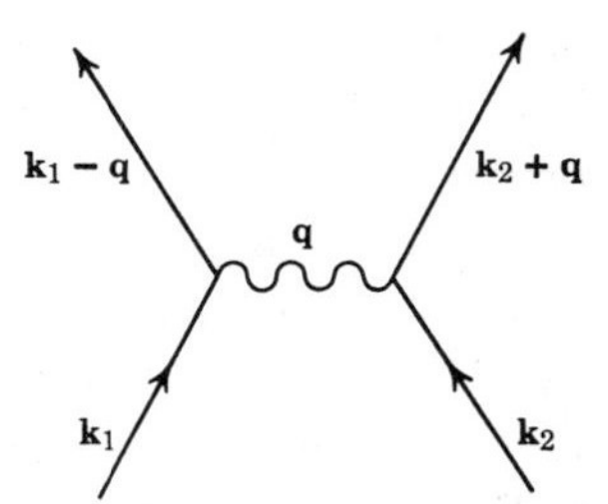

Bild 1: Indirekte Elektron-Elektron-Wechselwirkung über Gitterphononen

Die Elektron-Elektron-Wechselwirkung (9) ist anziehend (negativ) für Anregungsenergien $|\epsilon_{\mathbf{k}\pm\mathbf{q}} - \epsilon_{\mathbf{k}}| < \omega_{\mathbf{q}}$; sonst ist sie abstoßend. Auch im anziehenden Bereich wirkt der Wechselwirkung die abgeschirmte Coulombabstoßung entgegen, aber für genügend große Werte der Wechselwirkungskonstanten überwiegt die Phonon-Wechselwirkung. Der Einfachheit halber nehmen wir an, daß in Supraleitern die Anziehung überwiegt, wenn

(10) $$\varepsilon_F - \omega_D < \varepsilon_{\mathbf{k}}, \varepsilon_{\mathbf{k}\pm\mathbf{q}} < \varepsilon_F + \omega_D,$$

wobei ω_D die Debye-Energie ist - die meisten der Nullpunktphononen sind in der Nähe der Debye-Grenze. Der abstoßende Bereich von (9) ist von geringer Bedeutung, so daß wir die abstoßenden Anteile im Hamiltonoperator weglassen und (9) in der vereinfachten Form schreiben

(11) $$H'' = -V \sum_{\mathbf{q}} \sum_{\mathbf{kk'}} c^+_{\mathbf{k'}+\mathbf{q}} c_{\mathbf{k'}} c^+_{\mathbf{k}-\mathbf{q}} c_{\mathbf{k}},$$

wobei wir nur über q-Werte summieren (Bild 2), die (10) erfüllen; V wird als positive Konstante angenommen. Man glaubt, daß der vereinfachte Hamiltonoperator (11) alle wesentlichen Züge unseres Problems enthält. Unsere Aufgabe ist es nun, die Eigenschaften eines Fermigases mit einer anziehenden Zweiteilchen-Wechselwirkung und der Abschneidebedingung (10) zu untersuchen.

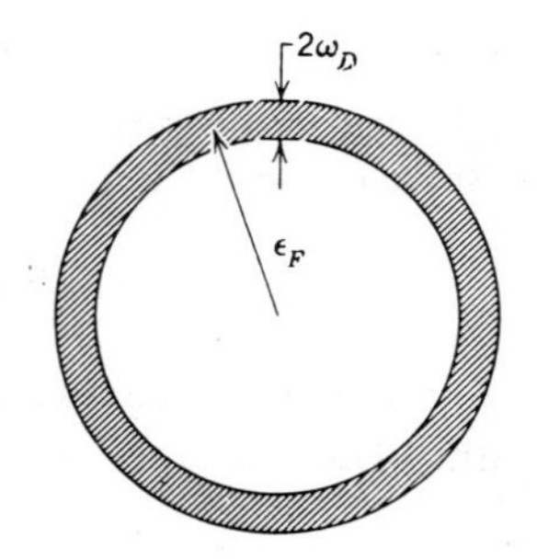

Bild 2: Bereich der Einelektronenzustände (schraffierte Fläche) im **k**-Raum, die zur Bildung des BCS-Grundzustands verwendet werden. Die Dicke der Schale ist gleich der doppelten Debye-Energie. Der Bereich unterhalb $\varepsilon_F - \omega_D$ ist vollständig gefüllt, spielt aber keine Rolle in den supraleitenden Eigenschaften. Die hierfür verantwortlichen Zustände liegen tatsächlich in einer Schale der Dicke $\approx 4T_c$ um die Fermikante (siehe Bild 4).

Gebundene Elektronenpaare in einem Fermigas

Die erste Vermutung, daß sich ungewöhnliche Eigenschaften aus anziehenden Wechselwirkungen in einem Fermigas ergeben würden, stammt von Cooper [1]), der zeigte, daß der Fermisee instabil ist bezüglich der Bildung von gebundenen Paaren. Dieses wichtige Ergebnis (das wir im folgenden beweisen) führte direkt zur Untersuchung des supraleitenden Zustands durch BCS. Es muß betont werden, daß Coopers Rechnung noch keine Theorie der Supraleitung ist, aber sie weist auf den Weg hin, den eine solche Theorie einschlagen könnte. Die BCS-Theorie behandelt das Vielelektronenproblem, das viel schwieriger ist als das Paarproblem. Die auf (34) folgende Argumentation bezüglich der BCS-Matrixelemente zeigt, warum die Paare wichtig sind. Die Dichte der supraleitenden Elektronen ist so groß, daß etwa 10^3 oder mehr Cooper-Paare sich beträchtlich überlappen müßten.

Wir betrachten zwei freie Elektronen mit antisymmetrischem Spinzustand. Die ungestörte Eigenfunktion des Paares ist, im Einheitsvolumen,

(12) $$\varphi(\mathbf{k}_1\mathbf{k}_2;\mathbf{x}_1\mathbf{x}_2) = e^{i(\mathbf{k}_1\cdot\mathbf{x}_1+\mathbf{k}_2\cdot\mathbf{x}_2)}.$$

Wir führen Schwerpunkts- und Relativkoordinaten ein:

(13) $\mathbf{X} = \frac{1}{2}(\mathbf{x}_1 + \mathbf{x}_2); \qquad \mathbf{x} = \mathbf{x}_1 - \mathbf{x}_2;$

(14) $\mathbf{K} = \mathbf{k}_1 + \mathbf{k}_2; \qquad \mathbf{k} = \frac{1}{2}(\mathbf{k}_1 - \mathbf{k}_2);$

dann erhält man für (12) die Form

(15) $\varphi(\mathbf{Kk};\mathbf{Xx}) = e^{i(\mathbf{K}\cdot\mathbf{X}+\mathbf{k}\cdot\mathbf{x})},$

durch Substitution. Die kinetische Energie des Zustands (15) ist $(1/m)(\frac{1}{4}K^2 + k^2)$. Der Bequemlichkeit halber untersuchen wir nun nur Zustände mit $\mathbf{K} = 0$, so daß $\mathbf{k}_1 = \mathbf{k}; \mathbf{k}_2 = -\mathbf{k}$. Die Einelektronenzustände werden also in Paaren $\pm\mathbf{k}$ mitgenommen.

Als nächstes wird die Elektron-Elektron-Wechselwirkung (11) in den Hamiltonoperator des Problems mit einbezogen. Wir suchen nach einer Eigenfunktion von

(16) $$H = \frac{1}{2m}(p_1{}^2 + p_2{}^2) + H'' = \frac{1}{m}p^2 + H''$$

der Form

(17) $$\chi(\mathbf{x}) = \sum_{\mathbf{k}} g_{\mathbf{k}} e^{i\mathbf{k}\cdot\mathbf{x}} = \sum_{\mathbf{k}} g_{\mathbf{k}} e^{i\mathbf{k}\cdot\mathbf{x}_1} e^{-i\mathbf{k}\cdot\mathbf{x}_2},$$

wobei (13) verwendet wurde. Wenn nun λ der Eigenwert ist, gilt $(H - \lambda)\,\chi\,(\mathbf{x}) = 0$, so daß wir nach Bildung von Matrixelementen die Säkulargleichung erhalten

(18) $$\int d\mathbf{x}\; e^{-i\mathbf{k}\cdot(\mathbf{x}_1-\mathbf{x}_2)}(H - \lambda)\sum_{\mathbf{k}'} g_{\mathbf{k}'} e^{i\mathbf{k}'\cdot(\mathbf{x}_1-\mathbf{x}_2)} = 0,$$

oder mit $\varepsilon_{\mathbf{k}} = k^2/m$

(19) $$(\varepsilon_{\mathbf{k}} - \lambda)g_{\mathbf{k}} + \sum_{\mathbf{k}'} g_{\mathbf{k}'}\langle\mathbf{k},-\mathbf{k}|H''|\mathbf{k}',-\mathbf{k}'\rangle = 0,$$

wobei

(20) $$\mathbf{k} = \mathbf{k}' + \mathbf{q} \text{ und } -\mathbf{k} = -\mathbf{k}' - \mathbf{q}.$$

Wenn $\rho(\varepsilon)$ die Dichte der Zweielektronenzustände $\mathbf{k}$, $-\mathbf{k}$ pro Energieeinheit ist, wird die Säkulargleichung

(21) $$(\epsilon - \lambda)g(\varepsilon) + \int d\varepsilon'\,\rho(\varepsilon')g(\varepsilon')\langle\varepsilon|H''|\varepsilon'\rangle = 0.$$

In Übereinstimmung mit (11) verwenden wir, wobei V positiv sei,

(22) $$\langle\varepsilon|H''|\varepsilon'\rangle = -V$$

für einen Energiebereich $\pm\omega_D$ eines Elektrons relativ zu dem anderen; außerhalb dieses Bereichs soll die Wechselwirkung verschwinden. Wir wollen annehmen, daß das Paket (17) aus Einelektronenzuständen über der Fermikante gebildet wird, die zwischen ε_F und $\varepsilon_F + \omega_D$, oder zwischen k_F und k_m liegen, wobei k_m definiert ist durch

$$\frac{1}{2m}(k_m{}^2 - k_F{}^2) = \varepsilon_m - \varepsilon_F = \omega_D. \tag{23}$$

Dann ergibt sich aus der Säkulargleichung (21):

$$(\varepsilon - \lambda)g(\varepsilon) = V\int_{2\varepsilon_F}^{2\varepsilon_m} d\varepsilon'\, \rho(\varepsilon')g(\varepsilon') = C, \tag{24}$$

wobei C eine von ε unabhängige Konstante ist. Also ist

$$g(\varepsilon) = \frac{C}{\varepsilon - \lambda}. \tag{25}$$

Verwendet man diese Lösung in der Säkulargleichung, so wird aus (24)

$$1 - V\int_{2\varepsilon_F}^{2\varepsilon_m} d\varepsilon'\, \frac{\rho(\varepsilon')}{\varepsilon' - \lambda} = 0, \tag{26}$$

wobei die Grenzen sich auf ein Paar beziehen. Innerhalb des auftretenden kleinen Energiebereichs kann man $\rho(\varepsilon')$ durch die Konstante ρ_F , den Wert an der Fermikante, ersetzen, so daß

$$\frac{1}{\rho_F V} = \int_{2\varepsilon_F}^{2\varepsilon_m} \frac{d\varepsilon'}{\varepsilon' - \lambda} = \log\frac{2\varepsilon_m - \lambda}{2\varepsilon_F - \lambda} = \log\frac{2\varepsilon_m - 2\varepsilon_F + \Delta}{\Delta}, \tag{27}$$

wobei wir den niedrigsten Eigenwert λ_0 geschrieben haben als

$$\lambda_0 = 2\varepsilon_F - \Delta. \tag{28}$$

Dann gilt

$$\frac{\Delta}{2\varepsilon_m - 2\varepsilon_F + \Delta} = e^{-1/\rho_F V}, \tag{29}$$

oder

$$\Delta = \frac{2\omega_D}{e^{1/\rho_F V} - 1}. \tag{30}$$

Dies ist die Bindungsenergie des Paares bezüglich der Fermikante. Wir haben also gefunden, daß für positives V (anziehende Wechselwirkung) die Energie des Systems durch Anregen eines Paares von Elektronen über die Fermikante erniedrigt wird; deshalb ist der Fermisee instabil. Diese Instabilität verändert den Fermisee sehr wesentlich - es wird eine hohe Dichte von Paaren gebildet und wir müssen die Fermikante,unter Berücksichtigung des Pauliprinzips, sorgfältig untersuchen.

Man beachte, daß (30) sich nicht als Potenzreihe in V schreiben läßt. Deshalb kann eine störungstheoretische Berechnung, in der alle Ordnungen aufsummiert werden, nicht das gefundene Ergebnis liefern.

Supraleitender Grundzustand

Wir betrachten nun den Grundzustand eines Fermigases in Gegenwart der Wechselwirkung (11). Wir schreiben den vollständigen Hamiltonoperator mit den auf die Fermikante bei null bezogenen Einelektronen-Blochenergien $\varepsilon_{\mathbf{k}}$. Dann erhalten wir durch Umordnung von (11)

$$H = \Sigma\, \varepsilon_{\mathbf{k}} c_{\mathbf{k}}^{+} c_{\mathbf{k}} - V\, \Sigma\, c_{\mathbf{k}'+\mathbf{q}}^{+} c_{\mathbf{k}-\mathbf{q}}^{+} c_{\mathbf{k}} c_{\mathbf{k}'}, \tag{31}$$

wobei Spinindices weggelassen wurden. Wir erinnern daran, daß nach (5.23) und (5.24) für Fermioperatoren gilt

$$c_j \Psi(n_1, \cdots, n_j, \cdots) = \theta_j n_j \Psi(n_1, \cdots, 1 - n_j, \cdots); \tag{32}$$

$$c_j^{+} \Psi(n_1, \cdots, n_j, \cdots) = \theta_j (1 - n_j) \Psi(n_1, \cdots, 1 - n_j, \cdots), \tag{33}$$

wobei

$$\theta_j = (-1)^{\nu_j}; \qquad \nu_j = \sum_{p=1}^{j-1} n_p. \tag{34}$$

Dies bedeutet, daß bei Anwendung von c_j oder c_j^{+} ein Faktor ± 1 auftritt, je nachdem, ob die Zahl der besetzten Zustände, die vor dem Zustand j in der angenommenen Reihenfolge der Zustände stehen, gerade oder ungerade ist.

Der Wechsel des Vorzeichens bei diesen Operationen ist von *entscheidender Bedeutung* für den Grundzustand von Supraleitern. Der Wechselwirkungsterm im Hamiltonoperator verknüpft eine große Zahl von fast entarteten Konfigurationen oder Reihen von Besetzungszahlen miteinander. Wenn alle Terme in H'' negativ sind, kann man einen Zustand mit geringer Energie erhalten, genauso wie für das Cooper-Paar. Aber wegen des Vorzeichenwechsels gibt es für statistisch herausgegriffene Konfigurationen ungefähr gleich viel positive wie negative Matrixelemente von V. Dieser Effekt muß durch eine Auswahl bestimmter Konfigurationen gesteuert werden, um eine Verringerung des mittleren Matrixelements und eine Verringerung des Effekts der Wechselwirkung zu verhindern. Das Ergebnis für das Cooper-Paar läßt vermuten, wie diese Auswahl getroffen werden kann.

Wir können den Wechsel des Vorzeichens an einem einfachen Beispiel sehen. Zuerst betrachten wir $c_1^{+} c_4 \Phi\,(00111) = - c_1^{+} \Phi\,(00101) = - \Phi\,(10101)$; außerdem ist

$$c_1^{+} c_3 \Phi(00111) = c_1^{+} \Phi(00011) = \Phi(10011).$$

Das Vorzeichen des Matrixelements $\langle 10101 | c_1^{+} c_4 | 00111 \rangle$ ist also entgegengesetzt zu dem von $\langle 10011 | c_1^{+} c_3 | 00111 \rangle$.

Wir können einen Überlagerungszustand mit geringer Energie erzeugen, wenn wir im Unterraum der Konfigurationen arbeiten, für die die Matrixelemente der Wechselwirkung immer negativ sind. Diese Eigenschaft ist für positives V im Hamiltonoperator (31) sichergestellt, wenn die Blochzustände immer nur in Paaren besetzt sind. Wir lassen in unserem Unterraum also $\Phi(11;00;11)$, oder $\Phi(00;11;00)$, usw. zu, aber nicht $\Phi(10;10;11)$, oder $\Phi(11;10;00)$, usw.; hier wird die Anordnung der Indices in Paaren durch die Strichpunkte festgelegt. Wenn ein Glied des Paares in einer Konfiguration besetzt ist, so ist das andere Glied auch besetzt. Die Wechselwirkung selbst erhält den Wellenvektor, so daß wir es hauptsächlich mit Konfigurationen zu tun haben, für die alle Paare denselben Gesamtimpuls $\mathbf{k} + \mathbf{k}' = \mathbf{K}$ haben, wobei $\mathbf{K}$ gewöhnlich null ist. Wenn $\mathbf{K}$ null ist, besteht das Paar aus $\mathbf{k}$ und $-\mathbf{k}$.

Wir haben den Spin nicht berücksichtigt. Die Austauschenergie wird normalerweise für ein antiparalleles $\downarrow\uparrow$ Paar kleiner sein als für ein Paar mit parallelen Spins. Wir werden antiparallele Spins behandeln. Der Spin wird im folgenden jedoch nicht explizit betrachtet. *Wir übernehmen im weiteren die Konvention, daß ein Zustand, der explizit als* $\mathbf{k}$ *geschrieben wird, Spin* $\uparrow$ *hat, während ein als* $-\mathbf{k}$ *geschriebener den Spin* $\downarrow$ *hat.* Wir nehmen immer an, daß $\varepsilon_{\mathbf{k}} = \varepsilon_{-\mathbf{k}}$.

Aus den soeben aufgezählten Gründen genügt es für den Grundzustand, wenn wir im Paar-Unterraum arbeiten und den verkürzten Hamiltonoperator verwenden, dessen Wechselwirkungsterm nur einen Teil der Wechselwirkung (11) enthält:

$$\boxed{H_{\text{red}} = \sum \varepsilon_{\mathbf{k}}(c_{\mathbf{k}}^{+}c_{\mathbf{k}} + c_{-\mathbf{k}}^{+}c_{-\mathbf{k}}) - V \sum c_{\mathbf{k}'}^{+}c_{-\mathbf{k}'}^{+}c_{-\mathbf{k}}c_{\mathbf{k}}.} \tag{35}$$

Diese Form ist bekannt als der reduzierte BCS-Hamiltonoperator; er wirkt nur innerhalb des Paar-Unterraums.

Von dem näherungsweisen Grundzustand Φ_0 wird unten gezeigt, daß er von folgender Form ist:

$$\Phi_0 = \prod_{\mathbf{k}} (u_{\mathbf{k}} + v_{\mathbf{k}}c_{\mathbf{k}}^{+}c_{-\mathbf{k}}^{+})\Phi_{\text{vac}}, \tag{36}$$

wobei Φ_{vac} das echte Vakuum ist; $u_{\mathbf{k}}$ und $v_{\mathbf{k}}$ sind Konstanten. Die Gesamtzahl der Elektronen ist eine Konstante der Bewegung des Hamiltonoperators; unser Zustand Φ_0 aber ist nicht diagonal in der Zahl der Elektronen. Ähnlich wird eine Blochwand in der Domänentheorie des Ferromagnetismus normalerweise nicht so beschrieben, daß der Gesamtspin eine Konstante der Bewegung ist. BCS haben gezeigt, daß für ein makroskopisches System der Mittelwert der Zahl der Paare in Φ_0 ein scharfes Maximum um den wahrscheinlichsten Wert hat; deshalb verwenden wir Φ_0 ganz im Sinne der großkanonischen Gesamtheit. In diesem Zusammenhang siehe Aufgabe 3. Der Grundzustand Φ_0 enthält nur Paare. Die Beziehung (36) impliziert $v_{\mathbf{k}} = -v_{-\mathbf{k}}$, da die c^+ antikommutieren.

Lösung der BCS-Gleichung - Spin-analoge Methode

Die physikalisch klarste Methode zur Untersuchung der Eigenschaften des reduzierten Hamiltonoperators wurde von Anderson[7]) angegeben. Wir ordnen den Hamiltonoperator mit $\hat{n}_{\mathbf{k}} = c_{\mathbf{k}}^+ c_{\mathbf{k}}$ um zu

(37) $$H_{\text{red}} = -\sum \varepsilon_{\mathbf{k}}(1 - \hat{n}_{\mathbf{k}} - \hat{n}_{-\mathbf{k}}) - V \sum{}' c_{\mathbf{k}'}^+ c_{-\mathbf{k}'}^+ c_{-\mathbf{k}} c_{\mathbf{k}},$$

indem wir entsprechend (10) für Zustände, die symmetrisch um die Fermikante im Energiebereich $\pm\omega_D$ liegen, $\sum \varepsilon_{\mathbf{k}}$ gleich null oder einer Konstanten setzen.

Wir betrachten zunächst nur den Unterraum der Zustände, der definiert ist durch

(38) $$n_{\mathbf{k}} = n_{-\mathbf{k}};$$

dies ist der Unterrraum, in dem beide Zustände **k**, −**k** eines Cooper-Paars besetzt oder beide leer sind. Man betrachte den Operator $(1 - \hat{n}_{\mathbf{k}} - \hat{n}_{-\mathbf{k}})$:

(39) $$\begin{aligned} (1 - \hat{n}_{\mathbf{k}} - \hat{n}_{-\mathbf{k}})\Phi(1_{\mathbf{k}}1_{-\mathbf{k}}) &= -\Phi(1_{\mathbf{k}}1_{-\mathbf{k}}); \\ (1 - \hat{n}_{\mathbf{k}} - \hat{n}_{-\mathbf{k}})\Phi(0_{\mathbf{k}}0_{-\mathbf{k}}) &= \Phi(0_{\mathbf{k}}0_{-\mathbf{k}}). \end{aligned}$$

Dieser Operator kann durch die Paulimatrix σ_z dargestellt werden:

(40) $$1 - \hat{n}_{\mathbf{k}} - \hat{n}_{-\mathbf{k}} = \begin{pmatrix} 1 & 0 \\ 0 & -1 \end{pmatrix} = \sigma_z,$$

wenn der Paarzustand im Unterraum durch die Spaltenmatrix dargestellt wird:

(41) $$\begin{aligned} \begin{pmatrix} 1 \\ 0 \end{pmatrix} &= \text{Paar unbesetzt} \leftrightarrow \Phi(0_{\mathbf{k}}0_{-\mathbf{k}}) \leftrightarrow \alpha_{\mathbf{k}} \leftrightarrow \text{"Spin aufwärts"} \\ \begin{pmatrix} 0 \\ 1 \end{pmatrix} &= \text{Paar besetzt} \leftrightarrow \Phi(1_{\mathbf{k}}1_{-\mathbf{k}}) \leftrightarrow \beta_{\mathbf{k}} \leftrightarrow \text{"Spin abwärts"} \end{aligned}$$

wobei α und β hier die üblichen Spinfunktionen für Spin auf und ab sind.

---

[7]) P. W. Anderson, *Phys. Rev.* **112**, 1900 (1958).

Die Kombinationen der Operatoren im Ausdruck für die potentielle Energie können durch andere Paulimatrizen dargestellt werden. Wir wissen, daß

$$(42) \qquad c_{\mathbf{k}}^{+}c_{-\mathbf{k}}^{+}\Phi(1_{\mathbf{k}}1_{-\mathbf{k}}) = 0; \qquad c_{\mathbf{k}}^{+}c_{-\mathbf{k}}^{+}\Phi(0_{\mathbf{k}}0_{-\mathbf{k}}) = \Phi(1_{\mathbf{k}}1_{-\mathbf{k}}),$$

und

$$(43) \qquad \sigma^{-} = \sigma_x - i\sigma_y = \begin{pmatrix} 0 & 0 \\ 2 & 0 \end{pmatrix},$$

so daß

$$(44) \qquad c_{\mathbf{k}}^{+}c_{-\mathbf{k}}^{+} = \tfrac{1}{2}\sigma_{\mathbf{k}}^{-}.$$

Das hermitisch Konjugierte ist

$$(45) \qquad c_{-\mathbf{k}}c_{\mathbf{k}} = \tfrac{1}{2}\sigma_{\mathbf{k}}^{+}.$$

Der Hamiltonoperator wird nun, ausgedrückt durch Paulioperatoren,

$$(46) \qquad \begin{aligned} H_{\text{red}} &= -\sum \varepsilon_{\mathbf{k}}\sigma_{\mathbf{k}z} - \tfrac{1}{4}V\sum_{\mathbf{k}\mathbf{k}'}{}' \sigma_{\mathbf{k}'}^{-}\sigma_{\mathbf{k}}^{+} \\ &= -\sum \varepsilon_{\mathbf{k}}\sigma_{\mathbf{k}z} - \tfrac{1}{4}V\sum{}' (\sigma_{\mathbf{k}'x}\sigma_{\mathbf{k}x} + \sigma_{\mathbf{k}'y}\sigma_{\mathbf{k}y}), \end{aligned}$$

wenn man die automatische Symmetrisierung durch die Summation über alle $\mathbf{k}'$ und $\mathbf{k}$ berücksichtigt. Im Unterraum der Paarzustände ist (46) ein exakter Hamiltonoperator. Es ist wesentlich, sich daran zu erinnern, daß wir die σ's hier nicht als Operatoren auf tatsächliche Spins verwenden, sondern als Operatoren, die Paarzustände $\pm\mathbf{k}$ erzeugen und vernichten. Aber wir können all die Methoden verwenden, die für die Theorie des Ferromagnetismus entwickelt wurden, um gute Näherungslösungen von (46) zu finden. In Aufgabe 3 zeigen wir, daß der Hamiltonoperator exakt ausgewertet werden kann im Grenzfall starker Kopplung (engl. strong coupling limit), wo alle $\varepsilon_{\mathbf{k}} = 0$.

Wir definieren ein fiktives Magnetfeld $\mathcal{H}_{\mathbf{k}}$, das auf $\sigma_{\mathbf{k}}$ wirkt, durch

$$(47) \qquad \mathcal{H}_{\mathbf{k}} = \varepsilon_{\mathbf{k}}\hat{\mathbf{z}} + \tfrac{1}{2}V\sum_{\mathbf{k}'}{}' (\sigma_{\mathbf{k}'x}\hat{\mathbf{x}} + \sigma_{\mathbf{k}'y}\hat{\mathbf{y}}),$$

wobei $\hat{\mathbf{x}}, \hat{\mathbf{y}}, \hat{\mathbf{z}}$ Einheitsvektoren in den Richtungen der Koordinatenachsen sind. Die Form des BCS-Hamiltonoperators legt die Anwendung der Molekularfeldnäherung nahe. Wir drehen die Spinvektoren $\sigma_{\mathbf{k}}$ in die bestmögliche klassische Lage, was bedeutet, daß jeder Spin $\mathbf{k}$ parallel zu dem auf ihn wirkenden Pseudofeld $\mathcal{H}_{\mathbf{k}}$ sein soll. Die Molekularfeldnäherung ist hier sehr gut, da die Zahl der in $\mathcal{H}_{\mathbf{k}}$ beteiligten Spins sehr groß ist, so daß dieser als klassischer Vektor behandelt werden kann.

Im ungestörten Fermisee ($V = 0$) ist das effektive Feld gleich $\varepsilon_{\mathbf{k}}\hat{\mathbf{z}}$, wobei $\varepsilon_{\mathbf{k}}$ positiv ist für Energien über der Fermikante und negativ für Energien unterhalb. Der stabile Spinzustand hat die Spins aufwärts (Paare unbesetzt) für Energien über der Fermikante, und die Spins abwärts (Paare besetzt) für Energien unter der Fermikante. Die Spins drehen genau an der Fermikante ihre Richtung um.

Nun betrachten wir eine anziehende Wechselwirkung, also V positiv. Genau an der Fermikante ist $\varepsilon_{\mathbf{k}} = 0$, so daß das einzige auf einen Spin $|\mathbf{k}| = k_F$ wirkende Feld vom Wechselwirkungsterm im effektiven Feld herrührt:

$$\tfrac{1}{2}V \sum_{\mathbf{k}'}{}' (\sigma_{\mathbf{k}'x}\hat{\mathbf{x}} + \sigma_{\mathbf{k}'y}\hat{\mathbf{y}}). \tag{48}$$

Nehmen wir an, der Spin bei k_F sei horizontal und längs $\hat{\mathbf{x}}$ gerichtet. Wegen der Wechselwirkung wird dieser Spin bestrebt sein, benachbarte Spins längs $\hat{\mathbf{x}}$ auszurichten; wenn wir aber von k_F weggehen, wird der Term $\epsilon_{\mathbf{k}}\hat{\mathbf{z}}$ der kinetischen Energie die Spins mehr und mehr in die $\pm\hat{\mathbf{z}}$-Richtung zwingen. Diese Situation ist ganz ähnlich der Blochwand in Ferromagneten; in dem vorliegenden Problem haben wir eine Domänenwand im $\mathbf{k}$-Raum, wobei die Zustände sich langsam von besetzt zu unbesetzt drehen.

In der Molekularfeldnäherung für den Grundzustand bei Anwesenheit der Wechselwirkung quantisieren wir jeden Spin parallel zu dem von ihm gesehenen mittleren Feld; das Feld selbst behandeln wir als klassischen Vektor. Das Molekularfeld ist durch (47) mit $\sigma_{\mathbf{k}'y} = 0$ gegeben, wenn wir der Bequemlichkeit halber die Achsen so wählen, daß die Spins in der xz-Ebene liegen. Dann gilt, wie aus Bild 3 folgt,

$$\frac{\mathcal{H}_{\mathbf{k}x}}{\mathcal{H}_{\mathbf{k}z}} = \frac{\sigma_{\mathbf{k}x}}{\sigma_{\mathbf{k}z}} = \frac{\tfrac{1}{2}V \sum_{\mathbf{k}'}{}' \sigma_{\mathbf{k}'x}}{\epsilon_{\mathbf{k}}} = \tan\theta_{\mathbf{k}}. \tag{49}$$

Da $\sigma_{\mathbf{k}'x} = \sin\theta_{\mathbf{k}'}$, ergibt sich die BCS-Integralgleichung

$$\boxed{\tan\theta_{\mathbf{k}} = (V/2\varepsilon_{\mathbf{k}}) \sum_{\mathbf{k}'}{}' \sin\theta_{\mathbf{k}'}.} \tag{50}$$

Um (50) zu lösen, setzen wir

$$\Delta = \tfrac{1}{2}V \sum_{\mathbf{k}'}{}' \sin\theta_{\mathbf{k}'}, \tag{51}$$

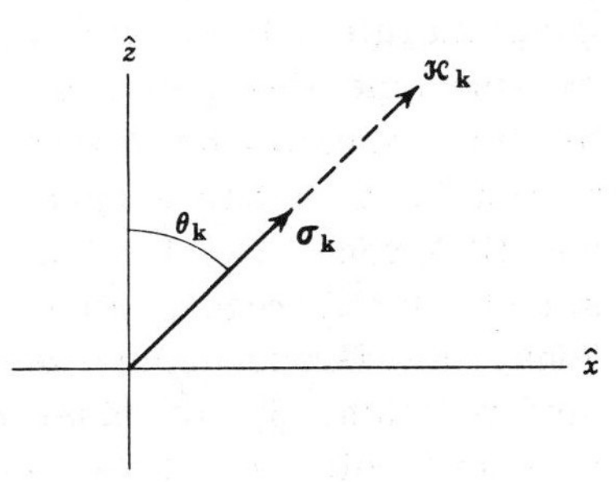

Bild 3:

Die Molekularfeldmethode zur Lösung des spin-analogen BCS-Hamiltonoperators.

so daß (50) ergibt: tan $\theta_{\mathbf{k}} = \Delta/\varepsilon_{\mathbf{k}}$; einfache Trigonometrie liefert

(52) $$\sin\theta_{\mathbf{k}} = \frac{\Delta}{(\Delta^2 + \varepsilon_{\mathbf{k}}^2)^{1/2}}; \qquad \cos\theta_{\mathbf{k}} = \frac{\varepsilon_{\mathbf{k}}}{(\Delta^2 + \varepsilon_{\mathbf{k}}^2)^{1/2}}.$$

Wenn man diesen Ausdruck für sin $\theta_{\mathbf{k}'}$ in (51) verwendet, wird

(53) $$\Delta = \tfrac{1}{2}V \sum_{\mathbf{k}'}{}' \frac{\Delta}{(\Delta^2 + \varepsilon_{\mathbf{k}'}^2)^{1/2}}.$$

Wir ersetzen die Summe durch ein Integral. Die Grenzen sind durch ω_D und $-\omega_D$ festgelegt, innerhalb dieses Bereichs ist V anziehend; ω_D ist von der Größenordnung der Debye-Energie. Dann ergibt sich die fundamentale Gleichung

(54) $$1 = \tfrac{1}{2}V\rho_F \int_{-\omega_D}^{\omega_D} \frac{d\varepsilon}{(\Delta^2 + \varepsilon^2)^{1/2}} = V\rho_F \sinh^{-1}(\omega_D/\Delta).$$

Hier ist ρ_F die Zustandsdichte an der Fermikante für eine einzige Spinrichtung. Die Auswertung des Integrals ist elementar. Aus (54) folgt

(55) $$\boxed{\Delta = \frac{\omega_D}{\sinh(1/\rho_F V)} \cong 2\omega_D e^{-1/V\rho_F},}$$

wenn $\rho_F V \ll 1$. Dies ist die BCS-Lösung für den Parameter Δ der Energielücke; wir sehen, daß Δ positiv ist, wenn V positiv ist.

Als erste Näherung für das Anregungsspektrum erhält man diejenige Energie $E_{\mathbf{k}}$, die nötig ist, um einen fiktiven Spin im Feld $\mathcal{H}_{\mathbf{k}}$ umzudrehen. Mit Hilfe von (47) erhalten wir

(56) $$\boxed{E_{\mathbf{k}} = 2|\mathcal{H}_{\mathbf{k}}| = 2(\varepsilon_{\mathbf{k}}^2 + \Delta^2)^{1/2},}$$

wobei wir nur die positive Wurzel betrachten. Die minimale Anregungsenergie ist 2Δ. Im Anregungsspektrum eines Supraleiters gibt es also eine Energielücke. Die Lücke wurde nachgewiesen in Arbeiten über spezifische Wärme, über den Durchgang von Strahlung im fernen Infrarot durch dünne Filme und Arbeiten über das Tunneln von Elektronen durch dünne Schichten. Das fiktive Spinumklappen entspricht der Anregung eines Paares $\pm\mathbf{k}$ in einen Zustand, der orthogonal zum Grundzustand desselben Paares ist. Andere Anregungen sind möglich, die in unserem Unterraum aber nicht enthalten sind. So können die zwei Elektronen im angeregten Zustand verschiedene $\mathbf{k}$ -Werte haben; wir untersuchen diese Anregungen später und werden sehen, daß die Energielücke für solche Anregungen ebenfalls 2Δ ist. Niedrig liegende Anregungen wie Magnonen gibt es für den speziellen Hamiltonoperator (46) nicht, und zwar wegen der langen Reichweite der Wechselwirkungen. Das Auftreten niedrigliegender Anregungen in Ferromagneten hängt nicht davon ab, ob über nächste Nachbarn summiert wird oder nicht. Wenn man jedoch im Magnonenproblem alle Spins in gleicher Weise koppeln würde, gäbe es keine niederenergetischen Anregungen, abgesehen von der gleichförmigen Schwingung.

Der Erwartungswert der Grundzustandsenergie des supraleitenden Zustands bezogen auf den Normalzustand ist nach (46), (50), (51) und (54)

$$(57)\quad \begin{aligned} E_g &= -\sum_{\mathbf{k}} \varepsilon_{\mathbf{k}} \cos\theta_{\mathbf{k}} - \tfrac{1}{4} V \sum_{\mathbf{k}\mathbf{k}'}{}' \sigma_{\mathbf{k}'x}\sigma_{\mathbf{k}x} + \sum_{\mathbf{k}} |\varepsilon_{\mathbf{k}}| \\ &= -\sum_{\mathbf{k}} \varepsilon_{\mathbf{k}}(\cos\theta_{\mathbf{k}} + \tfrac{1}{2}\sin\theta_{\mathbf{k}}\tan\theta_{\mathbf{k}}) + \sum |\varepsilon_{\mathbf{k}}|. \end{aligned}$$

Der Term $\Sigma|\varepsilon_{\mathbf{k}}|$ berücksichtigt die Energie $2|\varepsilon_{\mathbf{k}}|$ pro Elektronenpaar bis zur Fermikante im Normalzustand. Wenn ρ_F die Zustandsdichte an der Fermikante ist, wird

$$(58)\quad E_g = 2\rho_F \int_0^{\omega_D} d\varepsilon \left\{\varepsilon - \frac{\varepsilon^2}{(\varepsilon^2+\Delta^2)^{1/2}}\right\} - \frac{\Delta^2}{V},$$

wobei wir die Beziehung verwendet haben:

$$(59)\quad \sum \varepsilon_{\mathbf{k}} \sin\theta_{\mathbf{k}} \tan\theta_{\mathbf{k}} = \Delta^2 \sum \frac{1}{(\varepsilon_{\mathbf{k}}{}^2+\Delta^2)^{1/2}} = \frac{2\Delta^2}{V}.$$

Das Integral in (58) ist elementar; durch Einsetzen von V nach (54) erhalten wir

$$(60)\quad E_g = \rho_F\omega_D{}^2 \left\{1 - \left[1 + \left(\frac{\Delta}{\omega_D}\right)^2\right]^{1/2}\right\} = -\frac{2\rho_F\omega_D{}^2}{e^{2/\rho_F V} - 1} \cong -\tfrac{1}{2}\rho_F\Delta^2.$$

Solange also V positiv ist, liegt der kohärente Überlagerungszustand energetisch tiefer als der Normalzustand: Das Kriterium für Supraleitung ist einfach, daß $V > 0$. Das kritische Feld am absoluten Nullpunkt erhält man, wenn man E_g gleich $H_c{}^2/8\pi$ setzt, für eine Probe mit dem Einheitsvolumen.

Die Übergangstemperatur T_c kann man mit Hilfe der Molekularfeldmethode genauso wie in der Theorie des Ferromagnetismus bestimmen. Bei einer endlichen Temperatur T hat der über die Gesamtheit gemittelte Spin die Richtung des effektiven Felds $\mathcal{H}_{\mathbf{k}}$ und die Größe, nach *EFP* Gl. (14.20),

$$(61)\quad \langle\sigma_{\mathbf{k}}\rangle = \tanh(\mathcal{H}_{\mathbf{k}}/T),$$

in Einheiten mit der Boltzmannkonstanten $k_B = 1$. Die BCS-Integralgleichung (49) wird bei endlicher Temperatur entsprechend modifiziert, um diese Abnahme von $\sigma_{\mathbf{k}}$ zu berücksichtigen; mit unveränderten $\varepsilon_{\mathbf{k}}$ wird

$$\tan \theta_{\mathbf{k}} = (V/2\varepsilon_{\mathbf{k}}) \sum_{\mathbf{k}'}{}' \tanh (\mathcal{H}_{\mathbf{k}'}/T) \sin \theta_{\mathbf{k}'} = \Delta/\varepsilon_{\mathbf{k}}, \tag{62}$$

wobei nach (56)

$$\mathcal{H}_{\mathbf{k}} = \{\varepsilon_{\mathbf{k}}{}^2 + \Delta^2(T)\}^{1/2}. \tag{63}$$

Die Übergangstemperatur $T = T_c$ tritt in diesem Modell bei $\Delta = 0$ auf, so daß

$$1 = V \sum{}' \frac{1}{2\varepsilon_{\mathbf{k}'}} \tanh \frac{\varepsilon_{\mathbf{k}'}}{T_c}, \tag{64}$$

mit (52), (62) und (63). Dieses Ergebnis ist exakt innerhalb des spinanalogen Modells, das, wir erinnern daran, gänzlich im Paar-Unterraum arbeitet - die erlaubten Anregungen sind nur die wirklichen Paaranregungen wie in (103) weiter unten. Wenn wir den Raum erweitern und Einteilchenanregungen zulassen wie in (102) und (110) verdoppeln wir die Zahl der möglichen Anregungen. Verdopplung der Zahl der Anregungen verdoppelt die Entropie, was genau einem Verdoppeln der Temperatur in der freien Energie entspricht. Daher muß T_c in (64) durch $2T_c$ ersetzt werden. Der Energiebeitrag zur freien Energie wird nicht vom Verdoppeln der Anregungen beeinflußt, da zwei Einteilchenanregungen nach (167) und (168) dieselbe Energie wie eine wirkliche Paaranregung mit demselben $|\mathbf{k}|$ haben. Wenn wir nun das modifizierte Ergebnis als ein Integral schreiben, erhalten wir

$$\frac{2}{V\rho_F} = \int_{-\omega_D}^{\omega_D} \frac{d\varepsilon}{\varepsilon} \tanh \frac{\varepsilon}{2T_c} = 2 \int_0^{\omega_D/2T_c} dx \frac{\tanh x}{x}, \tag{65}$$

was das BCS-Ergebnis für T_c ist.

Wenn $T_c \ll \omega_D$, können wir im größten Teil des Integrationsbereichs $\tanh x \approx 1$ setzen, nämlich bis zu $x \approx 1$; darunter ist $\tanh x \approx x$. Der Wert des Integrals ist näherungsweise $1 + \log (\omega_D/2T_c)$. Ein exakter Ausdruck ergibt sich durch graphische Integration:

$$\boxed{T_c = 1.14\omega_D e^{-1/\rho_F V};} \tag{66}$$

zusammen mit (55) für $\rho_F V \ll 1$. Die Energielücke ist

$$2\Delta = 3.5T_c. \tag{67}$$

Experimentelle Werte für $2\Delta/T_c$ sind 3.5, 3.4, 4.1 und 3.3 für Sn, Al, Pb und Cd (siehe Literaturhinweis 4, S. 243).

Der Isotopeneffekt - die Konstanz des Produkts $T_cM^{1/2}$, die man beobachtet, wenn die Isotopenmasse M in einem bestimmten Element variiert wird - folgt direkt aus (66), da ω_D direkt mit der Frequenz der Gitterschwingungen verknüpft ist; wir nehmen an, daß V unabhängig von M ist. Die Frequenz eines Oszillators mit gegebener Federkonstanten ist proportional zu $M^{-1/2}$, so daß $T_cM^{1/2}$ = konstant, für verschiedene Isotope eines gegebenen chemischen Elements. Die bekannten Ausnahmen von dieser Regel schließen Ru und Os ein, beides Übergangselemente; ihr Verhalten läßt sich wahrscheinlich durch Polarisationseffekte in der d-Schale erklären. Sogar in einfachen Metallen erwartet man, daß V schwach von M abhängt, was die Übereinstimmung zwischen Beobachtung und der einfachen Theorie beeinträchtigen sollte; siehe zum Beispiel P. Morel und P. W. Anderson, *Phys. Rev.* **125**, 1263 (1962).

Der hier beschriebene spin-analoge Grundzustand kann durch Spindrehung aus dem echten Vakuumzustand erzeugt werden, in dem alle Paarzustände unbesetzt sind (Spin aufwärts). Um einen Zustand zu erzeugen mit dem Spin in der xz-Ebene und quantisiert in einem Winkel $\theta_{\mathbf{k}}$ zur z-Achse, wenden wir den Spin-Rotationsoperator U (Messiah, S. 534) für eine Rotation $\theta_{\mathbf{k}}$ um die y-Achse an:

$$U = \cos\tfrac{1}{2}\theta_{\mathbf{k}} - i\sigma_{\mathbf{k}y}\sin\tfrac{1}{2}\theta_{\mathbf{k}} = \cos\tfrac{1}{2}\theta_{\mathbf{k}} - \tfrac{1}{2}(\sigma_{\mathbf{k}}^{+} - \sigma_{\mathbf{k}}^{-})\sin\tfrac{1}{2}\theta_{\mathbf{k}}; \tag{68}$$

aber σ^{+} auf das Vakuum angewandt, gibt null und $\frac{1}{2}\sigma_{\mathbf{k}}^{-} = c_{\mathbf{k}}^{+}c_{-\mathbf{k}}^{+}$. Der Grundzustand ist also

$$\Phi_0 = \prod_{\mathbf{k}} (\cos\tfrac{1}{2}\theta_{\mathbf{k}} + c_{\mathbf{k}}^{+}c_{-\mathbf{k}}^{+}\sin\tfrac{1}{2}\theta_{\mathbf{k}})\Phi_{\text{vac}}. \tag{69}$$

Das ist genau der BCS-Grundzustand, wie er in (88), (92) und (107) diskutiert wird. Man beachte, daß $\frac{1}{2}\theta_{\mathbf{k}} = \frac{1}{2}\pi$ für $k \ll k_F$; in diesem Bereich ist Φ_0 vollständig mit Elektronen gefüllt.

Der Grundzustand (69) ist nur eine Näherung für den exakten Grundzustand, da wir eine Produktform für (69) angenommen haben. Der wahre Eigenzustand ist sicher viel komplizierter. Das Ergebnis von Aufgabe 3 legt nahe, daß (69) eine ausgezeichnete Näherung ist. Orbach[8]) hat ähnliche Berechnungen für eine ferromagnetische Blochwand durchgeführt und findet, daß die Übereinstimmung zwischen den exakten und den halbklassischen Energien gut ist und mit steigender Anzahl der Spins besser wird. Es gibt mittlerweile eine Reihe von

[8]) R. Orbach, *Phys. Rev.* 115, 1181 (1959).

Beweisen, daß die BCS-Lösung für den reduzierten Hamiltonoperator exakt ist bis zu $0(1/N)$.

Lösung der BCS-Gleichung - Bewegungsgleichungsmethode

Es ist nützlich, einen anderen Weg zur Lösung der BCS-Lösung zu betrachten. Wir bilden die Bewegungsgleichungen für $c_{\mathbf{k}}$ und $c^+_{-\mathbf{k}}$ mit dem reduzierten Hamiltonoperator (35):

(70) $$H_{red} = \Sigma\, \varepsilon_{\mathbf{k}}(c^+_{\mathbf{k}}c_{\mathbf{k}} + c^+_{-\mathbf{k}}c_{-\mathbf{k}}) - V\,\Sigma'\, c^+_{\mathbf{k}'}c^+_{-\mathbf{k}'}c_{-\mathbf{k}}c_{\mathbf{k}}.$$

Dann erhalten wir, wenn wir die Kommutatoren mit Hilfe von $c_{\mathbf{k}}c_{\mathbf{k}} \equiv$ $\equiv 0$ und $c^+_{\mathbf{k}}c^+_{\mathbf{k}} \equiv 0$ auswerten:

(71) $$i\dot{c}_{\mathbf{k}} = \varepsilon_{\mathbf{k}}c_{\mathbf{k}} - c^+_{-\mathbf{k}}V\,\Sigma'\, c_{-\mathbf{k}'}c_{\mathbf{k}'};$$
$$i\dot{c}^+_{-\mathbf{k}} = -\varepsilon_{\mathbf{k}}c^+_{-\mathbf{k}} - c_{\mathbf{k}}V\,\Sigma'\, c^+_{\mathbf{k}'}c^+_{-\mathbf{k}'}.$$

Wir definieren

(72) $$B_{\mathbf{k}} = \langle 0|c_{-\mathbf{k}}c_{\mathbf{k}}|0\rangle = -B_{-\mathbf{k}}; \qquad B^*_{\mathbf{k}} = \langle 0|c^+_{\mathbf{k}}c^+_{-\mathbf{k}}|0\rangle.$$

Der Ausdruck $\langle 0|c_{-\mathbf{k}}c_{\mathbf{k}}|0\rangle$ soll $\langle 0;N|c_{-\mathbf{k}}c_{\mathbf{k}}|0;N+2\rangle$ bedeuten; die endgültige Wellenfunktion enthält eine Mischung von Zuständen mit einer kleinen Unschärfe in der Teilchenzahl. Diese Matrixelemente sind ähnlich denen, die wir in Kapitel 2 im Zusammenhang mit dem Phononenspektrum eines kondensierten Bosegases behandelten; in der Supraleitung werden sie auf sehr natürliche Weise mit Hilfe der Methode der Greenfunktionen von Gorkov behandelt [*JETP* **7**, 505 (1958)], die in Kapitel 21 beschrieben wird.

Wir setzen, für $|\varepsilon_{\mathbf{k}}| < \omega_D$,

(73) $$\Delta_{\mathbf{k}} = V\sum_{\mathbf{k}'}{}' B_{\mathbf{k}'}; \qquad \Delta^*_{\mathbf{k}} = V\sum_{\mathbf{k}'}{}' B^*_{\mathbf{k}'},$$

und für $|\varepsilon_{\mathbf{k}}| > \omega_D$

(74) $$\Delta_{\mathbf{k}} = \Delta^*_{\mathbf{k}} = 0.$$

Dann sind die linearisierten Bewegungsgleichungen:

(75) $$i\dot{c}_{\mathbf{k}} = \varepsilon_{\mathbf{k}}c_{\mathbf{k}} - \Delta_{\mathbf{k}}c^+_{-\mathbf{k}};$$

(76) $$i\dot{c}^+_{-\mathbf{k}} = -\varepsilon_{\mathbf{k}}c^+_{-\mathbf{k}} - \Delta^*_{\mathbf{k}}c_{\mathbf{k}}.$$

Diese Linearisierung ist einfach eine Verallgemeinerung des Hartree-Fock-Verfahrens, um solche Terme wie $c^+_{\mathbf{k}}c_{\mathbf{k}'}c_{-\mathbf{k}'}$ mitzunehmen. Diese Gleichungen haben eine Lösung der Form $e^{-i\lambda t}$, wenn

(77) $$\begin{vmatrix} \lambda - \varepsilon_{\mathbf{k}} & \Delta_{\mathbf{k}} \\ \Delta_{\mathbf{k}}^* & \lambda + \varepsilon_{\mathbf{k}} \end{vmatrix} = 0,$$

oder

(78) $$\lambda_{\mathbf{k}} = (\varepsilon_{\mathbf{k}}^2 + \Delta^2)^{1/2},$$

wobei $\Delta^2 = \Delta_{\mathbf{k}}\Delta_{\mathbf{k}}^*$; wir vernachlässigen nun die $\mathbf{k}$-Abhängigkeit von Δ.
Die Eigenvektoren der Gleichungen (75) und (76) sind von der Form

(79) $$\boxed{\begin{aligned} \alpha_{\mathbf{k}} &= u_{\mathbf{k}}c_{\mathbf{k}} - v_{\mathbf{k}}c_{-\mathbf{k}}^+; & \alpha_{-\mathbf{k}} &= u_{\mathbf{k}}c_{-\mathbf{k}} + v_{\mathbf{k}}c_{\mathbf{k}}^+. \\ \alpha_{\mathbf{k}}^+ &= u_{\mathbf{k}}c_{\mathbf{k}}^+ - v_{\mathbf{k}}c_{-\mathbf{k}}; & \alpha_{-\mathbf{k}}^+ &= u_{\mathbf{k}}c_{-\mathbf{k}}^+ + v_{\mathbf{k}}c_{\mathbf{k}}. \end{aligned}}$$

Die inversen Beziehungen sind

(80) $$\boxed{\begin{aligned} c_{\mathbf{k}} &= u_{\mathbf{k}}\alpha_{\mathbf{k}} + v_{\mathbf{k}}\alpha_{-\mathbf{k}}^+; & c_{-\mathbf{k}} &= u_{\mathbf{k}}\alpha_{-\mathbf{k}} - v_{\mathbf{k}}\alpha_{\mathbf{k}}^+. \\ c_{\mathbf{k}}^+ &= u_{\mathbf{k}}\alpha_{\mathbf{k}}^+ + v_{\mathbf{k}}\alpha_{-\mathbf{k}}; & c_{-\mathbf{k}}^+ &= u_{\mathbf{k}}\alpha_{-\mathbf{k}}^+ - v_{\mathbf{k}}\alpha_{\mathbf{k}}. \end{aligned}}$$

Hierbei sind $u_{\mathbf{k}}$ und $v_{\mathbf{k}}$ reell; $u_{\mathbf{k}}$ ist gerade und $v_{\mathbf{k}}$ ungerade: $u_{\mathbf{k}} = u_{-\mathbf{k}}$; $v_{\mathbf{k}} = -v_{-\mathbf{k}}$. Wir verifizieren, daß die α's Fermivertauschungsregeln erfüllen, wenn $u_{\mathbf{k}}^2 + v_{\mathbf{k}}^2 = 1$:

(81) $$\{\alpha_{\mathbf{k}},\alpha_{\mathbf{k}'}^+\} = u_{\mathbf{k}}u_{\mathbf{k}'}\{c_{\mathbf{k}},c_{\mathbf{k}'}^+\} + v_{\mathbf{k}}v_{\mathbf{k}'}\{c_{-\mathbf{k}}^+,c_{-\mathbf{k}'}\} = \delta_{\mathbf{k}\mathbf{k}'}(u_{\mathbf{k}}^2 + v_{\mathbf{k}}^2).$$

Weiterhin ist

(82) $$\{\alpha_{\mathbf{k}},\alpha_{-\mathbf{k}}\} = u_{\mathbf{k}}v_{\mathbf{k}}\{c_{\mathbf{k}},c_{\mathbf{k}}^+\} - v_{\mathbf{k}}u_{\mathbf{k}}\{c_{-\mathbf{k}}^+,c_{-\mathbf{k}}\} = u_{\mathbf{k}}v_{\mathbf{k}} - v_{\mathbf{k}}u_{\mathbf{k}} = 0.$$

Wenn wir (80) in (75) einsetzen, ergibt sich für $\alpha_{\mathbf{k}} \propto e^{-i\lambda t}$

(83) $$\lambda u_{\mathbf{k}} = \varepsilon_{\mathbf{k}}u_{\mathbf{k}} + \Delta v_{\mathbf{k}};$$

durch Quadrieren ergibt sich

(84) $$\lambda^2u_{\mathbf{k}}^2 = \varepsilon_{\mathbf{k}}^2u_{\mathbf{k}}^2 + \Delta^2v_{\mathbf{k}}^2 + 2\varepsilon_{\mathbf{k}}\,\Delta u_{\mathbf{k}}v_{\mathbf{k}} = (\varepsilon_{\mathbf{k}}^2 + \Delta^2)u_{\mathbf{k}}^2,$$

mit (78). Also ist

(85) $$\Delta^2(u_{\mathbf{k}}^2 - v_{\mathbf{k}}^2) = 2\varepsilon_{\mathbf{k}}\,\Delta u_{\mathbf{k}}v_{\mathbf{k}}.$$

Wir wollen u und v darstellen als

(86) $$u_{\mathbf{k}} = \cos\tfrac{1}{2}\theta_{\mathbf{k}}; \qquad v_{\mathbf{k}} = \sin\tfrac{1}{2}\theta_{\mathbf{k}};$$

dann wird aus (85)

(87) $$\Delta\cos\theta_{\mathbf{k}} = \varepsilon_{\mathbf{k}}\sin\theta_{\mathbf{k}}; \qquad \tan\theta_{\mathbf{k}} = \Delta/\varepsilon_{\mathbf{k}},$$

so daß nach (52) $\theta_{\mathbf{k}}$ dieselbe Bedeutung wie in der spin-analogen Methode hat.

Grundzustandswellenfunktion. Wir zeigen nun, daß der Grundzustand des Systems, durch Quasiteilchenoperatoren $\alpha_{\mathbf{k}}$ ausgedrückt, lautet:

$$\Phi_0 = \prod_{\mathbf{k}} \alpha_{-\mathbf{k}}\alpha_{\mathbf{k}}\Phi_{\text{vac}}, \tag{88}$$

oder

$$\Phi_0 = \prod_{\mathbf{k}} (-v_{\mathbf{k}})(u_{\mathbf{k}} + v_{\mathbf{k}}c_{\mathbf{k}}^+c_{-\mathbf{k}}^+)\Phi_{\text{vac}}. \tag{89}$$

Wir können Φ_0 durch Weglassen des Faktors $(-v_{\mathbf{k}})$ normieren, denn dann ist

$$\begin{aligned}\langle\Phi_0|\Phi_0\rangle &= \langle\Phi_{\text{vac}}|\Pi(u_{\mathbf{k}} + v_{\mathbf{k}}c_{-\mathbf{k}}c_{\mathbf{k}})(u_{\mathbf{k}} + v_{\mathbf{k}}c_{\mathbf{k}}^+c_{-\mathbf{k}}^+)|\Phi_{\text{vac}}\rangle \\ &= \Pi(u_{\mathbf{k}}^2 + v_{\mathbf{k}}^2)\langle\Phi_{\text{vac}}|\Phi_{\text{vac}}\rangle.\end{aligned} \tag{90}$$

Wir verifizieren, daß (88) der Grundzustand ist: Für den Quasiteilchen-Vernichtungsoperator gilt

$$\alpha_{\mathbf{k}'}\Phi_0 = \alpha_{\mathbf{k}'}\alpha_{-\mathbf{k}'}\alpha_{\mathbf{k}'}\prod_{\mathbf{k}}{}' \alpha_{-\mathbf{k}}\alpha_{\mathbf{k}}\Phi_{\text{vac}} = 0, \tag{91}$$

wegen $\alpha_{\mathbf{k}'}\alpha_{\mathbf{k}'} \equiv 0$ für einen Fermioperator. Der normierte Grundzustand ist also

$$\boxed{\Phi_0 = \prod_{\mathbf{k}} (u_{\mathbf{k}} + v_{\mathbf{k}}c_{\mathbf{k}}^+c_{-\mathbf{k}}^+)\Phi_{\text{vac}}} \tag{92}$$

in der Quasiteilchen-Näherung. Die Werte von $u_{\mathbf{k}}$ und $v_{\mathbf{k}}$ sind durch (52) und (86) gegeben:

$$u_{\mathbf{k}}^2 = \cos^2 \tfrac{1}{2}\theta_{\mathbf{k}} = \tfrac{1}{2}(1 + \cos\theta_{\mathbf{k}}) = \tfrac{1}{2}[1 + (\varepsilon_{\mathbf{k}}/\lambda_{\mathbf{k}})]; \tag{93}$$

$$v_{\mathbf{k}}^2 = \sin^2 \tfrac{1}{2}\theta_{\mathbf{k}} = \tfrac{1}{2}(1 - \cos\theta_{\mathbf{k}}) = \tfrac{1}{2}[1 - (\varepsilon_{\mathbf{k}}/\lambda_{\mathbf{k}})]. \tag{94}$$

Die funktionale Abhängigkeit ist in Bild 4 gezeigt.

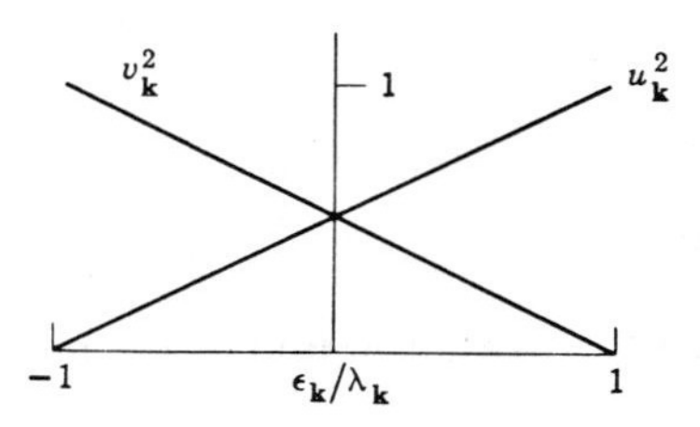

Bild 4: Die Abhängigkeit der Koeffizienten $u_{\mathbf{k}}$ und $v_{\mathbf{k}}$ von $\varepsilon_{\mathbf{k}}/\lambda_{\mathbf{k}}$, wobei $\varepsilon_{\mathbf{k}}$ die kinetische Energie eines freien Teilchens bezogen auf die Fermikante ist und $\lambda_{\mathbf{k}} = (\varepsilon_{\mathbf{k}}^2 + \Delta^2)^{1/2}$ der Parameter der Quasiteilchenenergie.

Es ist lehrreich, die im spin-analogen Modell berechnete Grundzustandsenergie (60) durch eine direkte Berechnung unter Benutzung der Wellenfunktionen (88) oder (92) zu bestätigen. Der Erwartungswert der kinetischen Energie ergibt sich als

$$\langle\Phi_0|c_{\mathbf{k}'}^+c_{\mathbf{k}'}|\Phi_0\rangle = \langle\Phi_0|v_{\mathbf{k}'}^2\alpha_{-\mathbf{k}'}\alpha_{-\mathbf{k}'}^+|\Phi_0\rangle = v_{\mathbf{k}'}^2, \tag{95}$$

plus Terme, deren Wert null ist. Der Erwartungswert der potentiellen Energie ergibt

$$
\begin{aligned}
(96) \qquad -\langle\Phi_0|c^+_{\mathbf{k}'}c^+_{-\mathbf{k}'}c_{-\mathbf{k}''}c_{\mathbf{k}''}|\Phi_0\rangle &= \langle\Phi_0|u_{\mathbf{k}'}v_{\mathbf{k}'}u_{\mathbf{k}''}v_{\mathbf{k}''}\alpha_{-\mathbf{k}'}\alpha^+_{-\mathbf{k}'}\alpha_{-\mathbf{k}''}\alpha^+_{-\mathbf{k}''}|\Phi_0\rangle \\
&= u_{\mathbf{k}'}v_{\mathbf{k}'}u_{\mathbf{k}''}v_{\mathbf{k}''},
\end{aligned}
$$

plus Terme, deren Wert null ist. Dann wird unter Berücksichtigung der zwei Spinorientierungen in der kinetischen Energie

$$
\begin{aligned}
(97) \qquad \langle\Phi_0|H_{\mathrm{red}}|\Phi_0\rangle &= 2\,\Sigma\,\varepsilon_{\mathbf{k}}v_{\mathbf{k}}{}^2 - V\,\Sigma'\,u_{\mathbf{k}}v_{\mathbf{k}}u_{\mathbf{k}'}v_{\mathbf{k}'} \\
&= \Sigma\,\varepsilon_{\mathbf{k}}(1 - \cos\theta_{\mathbf{k}}) - \tfrac{1}{4}V\,\Sigma'\sin\theta_{\mathbf{k}}\sin\theta_{\mathbf{k}'}.
\end{aligned}
$$

Der letzte Term auf der rechten Seite kann nach zweimaliger Anwendung von (51) aufsummiert werden und ergibt $-\Delta^2/V$. Der Term $\Sigma\,\varepsilon_{\mathbf{k}}$ ist null. Also wird

$$
(98) \qquad \langle\Phi_0|H_{\mathrm{red}}|\Phi_0\rangle = -\,\Sigma\,\varepsilon_{\mathbf{k}}\cos\theta_{\mathbf{k}} - (\Delta^2/V),
$$

und die Änderung der Grundzustandsenergie im supraleitenden Zustand bezogen auf das Vakuum ist

$$
(99) \qquad E_g = -\,\Sigma\,\varepsilon_{\mathbf{k}}\cos\theta_{\mathbf{k}} - (\Delta^2/V) + \Sigma\,|\varepsilon_{\mathbf{k}}|,
$$

genauso wie sie vorher in (57) und (58) gefunden wurde; der Erwartungswert der Energie im Zustand Φ_0 ist identisch mit dem aus der spin-analogen Methode erhaltenen.

Angeregte Zustände

Mit

$$
(100) \qquad \Phi_0 = \prod \alpha_{-\mathbf{k}}\alpha_{\mathbf{k}}\Phi_{\mathrm{vac}},
$$

kann man leicht sehen, daß die Produkte

$$
(101) \qquad \Phi_{\mathbf{k}_1\cdots\mathbf{k}_j} = \alpha_1^+ \cdots \alpha_j^+\Phi_0
$$

einen vollständigen orthogonalen Satz bilden. Der Operator $\alpha^+_{\mathbf{k}}$ erzeugt, auf Φ_0 angewandt, eine elementare Anregung oder ein Quasiteilchen mit den Eigenschaften eines Fermions:

$$
\begin{aligned}
(102) \qquad \alpha^+_{\mathbf{k}'}\Phi_0 &= (u_{\mathbf{k}'}c^+_{\mathbf{k}'} - v_{\mathbf{k}'}c_{-\mathbf{k}'})(u_{\mathbf{k}'} + v_{\mathbf{k}'}c^+_{\mathbf{k}'}c^+_{-\mathbf{k}'})\prod{}' \cdots \\
&= c^+_{\mathbf{k}'}\prod{}' \cdots .
\end{aligned}
$$

Hierbei haben wir aus dem Produkt den Term mit $\mathbf{k}'$ herausgegriffen. Der Zustand $\alpha^+_{\mathbf{k}}\Phi_0$ ist als Zustand mit *einem angeregten Teilchen* bekannt. Der Zustand hat ein Teilchen im Zustand $\mathbf{k}$ und ihm fehlt ein virtuelles Paar aus Φ_0.

Die allgemeine Zweiteilchenanregung ist $\alpha_{\mathbf{k}'}^{+}\alpha_{\mathbf{k}''}^{+}$; wenn $\mathbf{k}'' = -\mathbf{k}'$ ist, erhalten wir den speziellen Zustand

$$(103) \qquad \alpha_{\mathbf{k}'}^{+}\alpha_{-\mathbf{k}'}^{+}\Phi_0 = (u_{\mathbf{k}'}c_{\mathbf{k}'}^{+}c_{-\mathbf{k}'}^{+} - v_{\mathbf{k}'})\prod{}' \cdots,$$

von dem man sagt, daß in ihm ein *wirkliches Paar angeregt* ist und ein virtuelles Paar aus Φ_0 fehlt.

Der Teilchenzahloperator im Zustand $\mathbf{k}$ ist nach (79)

$$(104) \qquad \hat{n}_{\mathbf{k}} = c_{\mathbf{k}}^{+}c_{\mathbf{k}} = (u_{\mathbf{k}}\alpha_{\mathbf{k}}^{+} + v_{\mathbf{k}}\alpha_{-\mathbf{k}})(u_{\mathbf{k}}\alpha_{\mathbf{k}} + v_{\mathbf{k}}\alpha_{-\mathbf{k}}^{+}).$$

Zum Erwartungswert von $\hat{n}_{\mathbf{k}}$ im Grundzustand Φ_0 trägt nur der geordnete Term $\alpha_{-\mathbf{k}}\alpha_{-\mathbf{k}}^{+}$ bei, so daß

$$(105) \qquad \langle\hat{n}_{\mathbf{k}}\rangle_0 = v_{\mathbf{k}}^2 = h_{\mathbf{k}} = \sin^2 \tfrac{1}{2}\theta_{\mathbf{k}}.$$

Hierbei ist $h_{\mathbf{k}}$ das Symbol, das ursprünglich von BCS verwendet wurde, um den Erwartungswert für das Auffinden eines Paares $\mathbf{k}, -\mathbf{k}$ im Grundzustand zu bezeichnen; die Beziehung (105) liefert den Zusammenhang mit den Ausdrücken von BCS:

$$(106) \qquad h_{\mathbf{k}}^{1/2} = \sin \tfrac{1}{2}\theta_{\mathbf{k}} = v_{\mathbf{k}}; \qquad (1 - h_{\mathbf{k}})^{1/2} = \cos \tfrac{1}{2}\theta_{\mathbf{k}} = u_{\mathbf{k}};$$

$$(107) \qquad \Phi_0 = \prod_{\mathbf{k}} [(1 - h_{\mathbf{k}})^{1/2} + h_{\mathbf{k}}^{1/2}c_{\mathbf{k}}^{+}c_{-\mathbf{k}}^{+}]\Phi_{\text{vac}}.$$

In unserer Näherung ist der Quasiteilchen-Hamiltonoperator

$$(108) \qquad H = \Sigma\, \lambda_{\mathbf{k}}\alpha_{\mathbf{k}}^{+}\alpha_{\mathbf{k}}.$$

Die Energien der angeregten Zustände sind direkt durch die Summe der Wurzeln $\lambda_{\mathbf{k}}$ der Bewegungsgleichungen für die Quasiteilchen-Erzeugungsoperatoren, (75) und (79), gegeben:

$$(109) \qquad E_{1\ldots j} = \sum_{i=1}^{j} \lambda_{\mathbf{k}_i}, \qquad \lambda_{\mathbf{k}} = (\varepsilon_{\mathbf{k}}^2 + \Delta^2)^{1/2},$$

für j angeregte Quasiteilchen. In dem vorliegenden Problem müssen wir aufpassen, daß wir nur Energien für die angeregten Zustände vergleichen, die dieselbe mittlere Teilchenzahl haben wie der Grundzustand. Wenn der Grundzustand N Paare hat, können wir einen angeregten Zustand mit $2p$ Anregungen und $(N - p)$ Paaren verwenden. Dann muß die niedrigste erlaubte Anregung des Typs, der Einteilchenanregung genannt wird, zwei angeregte Teilchen haben:

$$(110) \qquad \Phi_s = \alpha_{\mathbf{k}'}^{+}\alpha_{\mathbf{k}''}^{+}\Phi_0 = c_{\mathbf{k}'}^{+}c_{\mathbf{k}''}^{+} \prod_{\mathbf{k}}{}' (u_{\mathbf{k}} + v_{\mathbf{k}}c_{\mathbf{k}}^{+}c_{-\mathbf{k}}^{+})\Phi_{\text{vac}},$$

wobei das Produkt in $\mathbf{k}$ so verstanden sein soll, daß es sich über $(N - 1)$ Paare erstreckt - hätten wir uns nicht auf die Erhaltung der

Teilchenzahl festgelegt, so würde es sich nur über $(N-2)$ Paare erstrecken. Die wirkliche Paaranregung

$$(111) \qquad \Phi_p = \alpha_{\mathbf{k}'}^{+}\alpha_{-\mathbf{k}'}^{+}\Phi_0$$

hat automatisch $(N-1)$ nichtangeregte Paare. Für diese Anregung ist $E = 2\lambda_{k'}$. Die Berechnung der Energien für die Zustände (110) und (111) bleibt der Aufgabe 6 überlassen. Man findet, daß der Beitrag der potentiellen Energie für die angeregten Teilchen verschwindet; das Anwachsen der potentiellen Energie bei der Anregung rührt von der Verringerung der Zahl der Bindungen zwischen den nichtangeregten Paaren her, da die Zahl der nichtangeregten Paare verringert wird.

Elektrodynamik der Supraleiter

Das naheliegendste Ziel einer Theorie der Supraleitung ist die Erklärung des Meissner-Effekts, der Verdrängung des magnetischen Flusses aus einem Supraleiter. Der Meissner-Effekt folgt unmittelbar [*EFP*, Gl (11.26)], wenn die London-Gleichung

$$(112) \qquad \mathbf{j}(\mathbf{x}) = -\frac{1}{c\Lambda}\mathbf{A}(\mathbf{x}), \qquad \Lambda = \frac{m}{ne^2} = \frac{4\pi\lambda_L{}^2}{c^2},$$

erfüllt ist. Dabei ist $\mathbf{j}$ die Stromdichte, $\mathbf{A}$ das Vektorpotential und λ_L die London-Eindringtiefe. Wir nehmen an, daß $\mathbf{A}(\mathbf{x})$ räumlich langsam veränderlich ist; andernfalls muß die London-Gleichung nach Pippard durch eine Integralgleichung ersetzt werden. Die Integraldarstellung bestimmt im wesentlichen $\mathbf{j}(\mathbf{x})$ durch einen Mittelwert von $\mathbf{A}$, der über einen Bereich von der Ordnung der weiter unten definierten Korrelationslänge ξ_0 gebildet wird. Wir behandeln die Elektrodynamik für den Grundzustand ($T = 0°$K).

Wir betrachten

$$(113) \qquad \mathbf{A}(\mathbf{x}) = \mathbf{a}_{\mathbf{q}}e^{i\mathbf{q}\cdot\mathbf{x}};$$

es ist leichter, ein oszillierendes Potential zu behandeln als ein in den Koordinaten lineares. Um zur London-Gleichung zu gelangen, muß man zum Grenzwert $q \rightarrow 0$ übergehen. Der konjugiert komplexe Teil von (113) braucht nicht explizit behandelt werden, da das folgende Verfahren in gleicher Weise darauf angewendet werden kann.

Der Operator der Stromdichte lautet in der Form der zweiten Quantisierung

$$\begin{aligned}\mathcal{J}(\mathbf{x}) &= \frac{e}{2mi}(\Psi^+ \operatorname{grad} \Psi - \Psi \operatorname{grad} \Psi^+) - \frac{e^2}{mc}\Psi^+\mathbf{A}\Psi \\ &= \mathcal{J}_P(\mathbf{x}) + \mathcal{J}_D(\mathbf{x}),\end{aligned} \tag{114}$$

ausgedrückt durch den paramagnetischen und diamagnetischen Anteil. Der Ausdruck für $\mathcal{J}(\mathbf{x})$ ergibt sich als die symmetrisierte Form des Geschwindigkeitsoperators $[\mathbf{p} - (e/c)\mathbf{A}]/m$. Wir entwickeln Ψ im Einheitsvolumen als

$$\Psi(\mathbf{x}) = \sum_{\mathbf{k}} c_{\mathbf{k}} e^{i\mathbf{k}\cdot\mathbf{x}}, \tag{115}$$

woraus folgt

$$\mathcal{J}_P(\mathbf{x}) = \frac{e}{2m}\sum_{\mathbf{kq}} c^+_{\mathbf{k}+\mathbf{q}} c_{\mathbf{k}} e^{-i\mathbf{q}\cdot\mathbf{x}}(2\mathbf{k} + \mathbf{q}); \tag{116}$$

$$\mathcal{J}_D(\mathbf{x}) = -\frac{e^2}{mc}\sum_{\mathbf{kq}} c^+_{\mathbf{k}+\mathbf{q}} c_{\mathbf{k}} e^{-i\mathbf{q}\cdot\mathbf{x}}\mathbf{A}(\mathbf{x}). \tag{117}$$

Wir nehmen an, daß der Strom bei Abwesenheit des Feldes verschwindet. Wir schreiben den Vielteilchenzustand des Systems als

$$\Phi = \Phi_0 + \Phi_1(\mathbf{A}) + \cdots, \tag{118}$$

wobei Φ_0 unabhängig von $\mathbf{A}$ ist und Φ_1 linear in $\mathbf{A}$:

$$\Phi_1 = \sum_l{}' |l\rangle \frac{\langle l|H_1|0\rangle}{E_0 - E_l}. \tag{119}$$

Hierbei ist bis zu $O(\mathbf{A})$, in der Coulombeichung $\operatorname{div} \mathbf{A} = 0$,

$$\begin{aligned}H_1 &= -\int d^3x\, \Psi^+(\mathbf{x}) \frac{e}{mc}\mathbf{A}\cdot\mathbf{p}\Psi(\mathbf{x}) \\ &= -\frac{e}{mc}\sum_{\mathbf{kq}}\int d^3x\, c^+_{\mathbf{k}+\mathbf{q}} c_{\mathbf{k}}\mathbf{A}(\mathbf{x})\cdot\mathbf{k}e^{-i\mathbf{q}\cdot\mathbf{x}} = -\frac{e}{mc}\sum_{\mathbf{k}} c^+_{\mathbf{k}+\mathbf{q}} c_{\mathbf{k}}(\mathbf{k}\cdot\mathbf{a}_{\mathbf{q}}).\end{aligned} \tag{120}$$

In der Coulombeichung gilt

$$\mathbf{q}\cdot\mathbf{a}_{\mathbf{q}} = 0. \tag{121}$$

Man kann zeigen, daß die Theorie eichinvariant ist, wie weiter unten diskutiert wird.

Bis zu $O(\mathbf{A})$ ist der Erwartungswert des diamagnetischen Stromoperators, wenn man $q \to 0$ gehen läßt,

$$\mathbf{j}_D(\mathbf{x}) = \langle 0|\mathcal{J}_D|0\rangle = -\frac{e^2}{mc}\mathbf{A}(\mathbf{x})\sum_{\mathbf{k}} c^+_{\mathbf{k}} c_{\mathbf{k}} = -\frac{ne^2}{mc}\mathbf{A}(\mathbf{x}), \tag{122}$$

was die London-Gleichung wäre, wenn $\mathbf{j}_P = 0$. Die Größe n ist die Gesamtelektronendichte. Der Erwartungswert $\mathbf{j}_P(\mathbf{x})$ des paramagnetischen Stromoperators im Zustand Φ ist, bis zu $O(\mathbf{A})$,

(123) $$\mathbf{j}_P(\mathbf{x}) = \langle 0|\mathfrak{J}_P|1\rangle + \langle 1|\mathfrak{J}_P|0\rangle,$$

wobei $|1\rangle$ durch (119) definiert ist, so daß

(124) $$\langle 0|\mathfrak{J}_P|1\rangle = \sum_l{}' \frac{1}{E_0 - E_l} \langle 0|\mathfrak{J}_P|l\rangle\langle l|H_1|0\rangle.$$

Wir betrachten das Matrixelement $\langle l|H_1|0\rangle$; dies hat für den BCS-Grundzustand und die angeregten Zustände eine ungewöhnliche Form. Diese Form ist von entscheidender Bedeutung für den Meissner-Effekt und für verschiedene andere Prozesse in Supraleitern. Es gilt

(125) $$\langle l|H_1|0\rangle = -(e/mc)\langle l|\sum_{\mathbf{k}} (\mathbf{k}\cdot\mathbf{a}_\mathbf{q})c^+_{\mathbf{k}+\mathbf{q}}c_\mathbf{k}|0\rangle.$$

Wir untersuchen die Beiträge eines bestimmten angeregten Zustands l, der definiert ist durch

(126) $$\Phi_l = \alpha^+_{\mathbf{k}'+\mathbf{q}}\alpha^+_{-\mathbf{k}'}\Phi_0 = c^+_{\mathbf{k}'+\mathbf{q}}c^+_{-\mathbf{k}'}\prod_{\mathbf{k}}{}' (u_\mathbf{k} + v_\mathbf{k}c^+_\mathbf{k}c^+_{-\mathbf{k}})\Phi_{\mathrm{vac}}.$$

Dieser Zustand ist mit dem Grundzustand über den Term

$$(\mathbf{k}'\cdot\mathbf{a}_\mathbf{q})c^+_{\mathbf{k}'+\mathbf{q}}c_{\mathbf{k}'}$$

in der Summe in (125) gekoppelt, denn mit (80) ist

(127) $$c^+_{\mathbf{k}'+\mathbf{q}}c_{\mathbf{k}'}\Phi_0 = u_{\mathbf{k}'+\mathbf{q}}v_{\mathbf{k}'}\Phi_l\,;$$

aber es gibt noch einen zweiten Term, der beiträgt, nämlich

$$[(-\mathbf{k}' - \mathbf{q})\cdot\mathbf{a}_\mathbf{q}]c^+_{-\mathbf{k}'}c_{-\mathbf{k}'-\mathbf{q}},$$

denn

(128) $$c^+_{-\mathbf{k}'}c_{-\mathbf{k}'-\mathbf{q}}\Phi_0 = u_{\mathbf{k}'}v_{\mathbf{k}'+\mathbf{q}}\Phi_l.$$

Berücksichtigt man, daß $(\mathbf{q}\cdot\mathbf{a}_\mathbf{q}) = 0$, so ergibt sich für das gesamte Matrixelement für einen bestimmten Zustand l

(129) $$\langle l|H_1|0\rangle = -(e/mc)(\mathbf{k}'\cdot\mathbf{a}_\mathbf{q})(u_{\mathbf{k}'+\mathbf{q}}v_{\mathbf{k}'} - u_{\mathbf{k}'}v_{\mathbf{k}'+\mathbf{q}}) \propto \sin\tfrac{1}{2}(\theta_\mathbf{k} - \theta_{\mathbf{k}+\mathbf{q}}),$$

das im Grenzfall $\mathbf{q}\to 0$ gegen null geht, wenn man (93) und (94) beachtet. In diesem Grenzfall geht der Energienenner wie

(130) $$E_0 - E_l \to -2(\varepsilon_k{}^2 + \Delta^2)^{1/2},$$

und folglich gilt

(131) $$\langle 0|\mathfrak{J}_P|1\rangle \to 0$$

wenn $q \to 0$. Wir erhalten in diesem Grenzfall die London-Gleichung

$$(132) \qquad \mathbf{j}(\mathbf{x}) = -\frac{ne^2}{mc}\mathbf{A}(\mathbf{x}).$$

Im Normalzustand heben sich nach Bardeen [9]) paramagnetischer Strom und diamagnetischer Strom näherungsweise gegenseitig auf. Die Energielücke ist null im Normalzustand. Im Fall eines normalen Nichtleiters wird der virtuelle angeregte Zustand durch einen Einelektronenübergang erreicht und eine Kompensation wie in (129) tritt nicht auf.

Die Eichinvarianz der Theorie wurde mit Hilfe verschiedener Verfahren gezeigt. Schrieffer [10]) gibt eine Zusammenfassung desjenigen Weges, der Eigenschaften von Plasmonen benutzt. Ausgehend von der Coulombeichung bedeutet eine Eichtransformation die Addition eines longitudinalen Anteils $i\mathbf{q}\varphi(\mathbf{q})$ zu unserem Vektorpotential. Solch ein Term im Potential ist stark an Plasmonenanregungen gekoppelt und verschiebt tatsächlich die Plasmonenkoordinaten. Diese Verschiebung ändert aber nicht die Plasmafrequenz und so auch nicht die Eigenschaften des Systems. Ein anderer Weg, um die Frage der Eichung zu klären, berücksichtigt, daß eine Eichtransformation äquivalent ist zu der Transformation

$$(133) \qquad \Psi \to \Psi e^{i\mathbf{K}\cdot\mathbf{x}}$$

des Zustandsoperators. Eine Größe wie $B_{\mathbf{k}}$ in (72) muß neu definiert werden, wenn

$$(134) \qquad \langle 0|\Psi(\mathbf{y})\Psi(\mathbf{x})|0\rangle \to \langle 0|\Psi(\mathbf{y})\Psi(\mathbf{x})|0\rangle e^{i\mathbf{K}\cdot(\mathbf{x}+\mathbf{y})} = \langle 0|\sum_{kk'} c_{\mathbf{k}} e^{i(\mathbf{k}+\mathbf{K})\cdot\mathbf{y}} c_{\mathbf{k}'} e^{i(\mathbf{k}'+\mathbf{K})\cdot\mathbf{x}}|0\rangle.$$

Die Paarzustände sind nun bestimmt durch

$$(135) \qquad \mathbf{k} = -\mathbf{k}' - 2\mathbf{K},$$

so daß sich für den Paaranteil in (134), den wir im Hamiltonoperator beibehalten wollen, in Analogie zu (72) ergibt

$$(136) \qquad \langle 0|\Psi(\mathbf{y})\Psi(\mathbf{x})|0\rangle = \sum_{\mathbf{k}} e^{-i\mathbf{k}\cdot(\mathbf{y}-\mathbf{x})}\langle 0|c_{-\mathbf{k}-\mathbf{K}}c_{\mathbf{k}-\mathbf{K}}0\rangle.$$

Mit diesen neuen Paaren läuft die Rechnung unverändert ab. Dies wird sich weiter unten in der Diskussion der Flußquantisierung zeigen.

---

9) J. Bardeen, *Handb. d. Phys.* **15**, 275 (1956), S. [illegible]

10) J. R. Schrieffer, *The many-body problem*, Wiley, 1959, S. [illegible]

Kohärenzlänge

Pippard schlug aus empirischen Gründen eine Modifikation der London-Gleichung vor, in der die Stromdichte an einem bestimmten Punkt gegeben ist durch ein Integral des Vektorpotentials über einen Bereich in der Umgebung dieses Punktes:

$$\mathbf{j}(\mathbf{x}) = -\frac{3}{4\pi c\Lambda\xi_0}\int d^3y\,\frac{\mathbf{r}(\mathbf{r}\cdot\mathbf{A}(\mathbf{y}))e^{-r/\xi_0}}{r^4}, \tag{137}$$

wobei $\mathbf{r} = \mathbf{x} - \mathbf{y}$. Die Kohärenzlänge ist eine grundlegende Materialeigenschaft und in einem reinen Metall von der Größenordnung 10^{-4} cm. Für langsam veränderliches $\mathbf{A}$ vereinfacht sich der Ausdruck (137) von Pippard zu der Form (112) von London mit dem dort definierten Λ. In verunreinigten Substanzen muß das ξ_0 im Exponenten durch ξ ersetzt werden, wobei

$$\frac{1}{\xi} = \frac{1}{\xi_0} + \frac{1}{\alpha l}. \tag{138}$$

Hierbei ist α eine empirische Konstante von der Größenordnung 1 und l die mittlere freie Weglänge, die für die Leitfähigkeit im Normalzustand maßgebend ist. Das ξ_0 außerhalb des Integrals bleibt unverändert. Wenn $\xi < \lambda_L$, wie in bestimmten supraleitenden Legierungen, wird der Supraleiter als *harter* oder Typ-II-Supraleiter bezeichnet; in starken Magnetfeldern ändert sich sein Verhalten sehr drastisch. Einzelheiten entnehme man der Arbeit von A.A. Abrikosov, *Soviet Phys. JETP* **5**, 1174 (1957); sie baut auf der Arbeit von V.L. Ginzburg und L. D. Landau, *JETP (UdSSR)* **20**, 1064 (1950), auf.

Eine der Pippard-Gleichung ähnliche Form erhält man aus der BCS-Theorie; die Ableitung findet man in der Originalarbeit. BCS führen ξ_0 ein als

$$\boxed{\xi_0 = \frac{v_F}{\pi\Delta}.} \tag{139}$$

Um dies zu verstehen, erinnern wir uns, daß wir die London-Beziehung für $q \to 0$ aus (129) erhielten; in dieser Gleichung tritt für kleine q und für k in der Nähe von k_F nach (93) und (94) auf:

$$u_{\mathbf{k}+\mathbf{q}}v_{\mathbf{k}} - u_{\mathbf{k}}v_{\mathbf{k}+\mathbf{q}} \cong \frac{1}{4\Delta}(\varepsilon_{\mathbf{k}+\mathbf{q}} - \varepsilon_{\mathbf{k}}) \cong \frac{k_F q}{4m\Delta}. \tag{140}$$

Dieser Term ist klein, wenn

$$q \ll q_0 \equiv \frac{4m\Delta}{k_F} = \frac{4\Delta}{v_F}; \tag{141}$$

wir sehen, daß das so definierte q_0 bis auf einen Faktor $4/\pi$ gleich $1/\xi_0$ ist. Das Ergebnis (139) ist quantitativ in guter Übereinstimmung mit dem Experiment. Unsere grobe Überlegung zu (140) und (141) ist im wesentlichen eine Überlegung über die minimale Ausdehnung $1/q_0$ eines Wellenpaketes, wenn die zusätzliche Energie des Pakets von der Größenordnung Δ ist. Werte für ξ_0 sind von der Größenordnung 10^{-4} cm; in Legierungen, die harte Supraleiter sind, kann ξ von der Größenordnung 10^{-7} cm sein. Die Eindringtiefe λ_L ist bei tiefen Temperaturen von der Größenordnung 10^{-5} bis 10^{-6} cm, wächst aber mit $T \to T_c$ an.

Kohärenzeffekte in Matrixelementen

Bei der Behandlung der Matrixelemente zum Meissner-Effekt sahen wir, daß zwei Terme zur Anregung eines einzigen virtuellen Zustands beitrugen. Wenn man die zweite Ordnung berechnet, geht das Quadrat des Matrixelements ein; der Beitrag des Kreuzprodukts der beiden Terme hängt von ihrem relativen Vorzeichen ab. Dies nennt man einen *Kohärenzeffekt*. Für manche Prozesse addieren sich die Terme zum Endergebnis, für andere subtrahieren sie sich. Kohärenzeffekte sind ein auffallendes Merkmal der Supraleitung; ihre Erklärung ist ein bemerkenswerter und überzeugender Beweis, daß die BCS-Wellenfunktionen eine physikalisch gute Beschreibung sind.

Bei der Kopplung mit einem Photonenfeld des Wellenvektors $\mathbf{q}$ tritt das Quadrat des in (125) bis (129) ausgewerteten Matrixelements auf. Für Photonenenergien, die kleiner als die Energielücke sind, ist der einzige inelastische Prozeß, der auftreten kann, die Streuung eines Quasiteilchens in einen angeregten Zustand. Wir wollen nun aus

(142) $$c^+_{\mathbf{k}+\mathbf{q}}c_{\mathbf{k}} - c^+_{-\mathbf{k}}c_{-\mathbf{k}-\mathbf{q}},$$

der Summe der Terme in (127) und (128), nicht den früheren Term der Form $\alpha^+_{\mathbf{k}+\mathbf{q}}\alpha^+_{-\mathbf{k}}$, der den Grundzustand mit einem angeregten Zustand koppelte, herausgreifen, sondern den Term der Form $\alpha^+_{\mathbf{k}+\mathbf{q}}\alpha_{\mathbf{k}}$, der der Streuung eines Quasiteilchens von $\mathbf{k}$ nach $\mathbf{k}+\mathbf{q}$ entspricht. Der wirksame Anteil ist also

(143) $$\begin{aligned} c^+_{\mathbf{k}+\mathbf{q}}c_{\mathbf{k}} - c^+_{-\mathbf{k}}c_{-\mathbf{k}-\mathbf{q}} &= u_{\mathbf{k}+\mathbf{q}}u_{\mathbf{k}}\alpha^+_{\mathbf{k}+\mathbf{q}}\alpha_{\mathbf{k}} - v_{\mathbf{k}}v_{\mathbf{k}+\mathbf{q}}\alpha_{\mathbf{k}}\alpha^+_{\mathbf{k}+\mathbf{q}} + \cdots \\ &= (u_{\mathbf{k}+\mathbf{q}}u_{\mathbf{k}} + v_{\mathbf{k}}v_{\mathbf{k}+\mathbf{q}})\alpha^+_{\mathbf{k}+\mathbf{q}}\alpha_{\mathbf{k}} + \cdots . \end{aligned}$$

Die Übergangsrate für den Streuprozeß $\mathbf{k} \to \mathbf{k}+\mathbf{q}$ enthält

(144) $$(u_{\mathbf{k}+\mathbf{q}}u_{\mathbf{k}} + v_{\mathbf{k}}v_{\mathbf{k}+\mathbf{q}})^2 = \tfrac{1}{2}\left\{1 + \frac{\varepsilon_{\mathbf{k}}\varepsilon_{\mathbf{k}+\mathbf{q}} + \Delta^2}{\lambda_{\mathbf{k}}\lambda_{\mathbf{k}+\mathbf{q}}}\right\}.$$

Dies ist das Ergebnis für Photonenabsorption und für Kernspinrelaxation in einem Supraleiter. Der durch (143) beschriebene Prozeß verschwindet bei T = 0 °K, da $\alpha_{\mathbf{k}}$ auf den Grundzustand angewandt null ergibt.

Es gibt andere Arten von Streuprozessen, die zu anderen Ergebnissen führen. Wir betrachten die Absorption von Ultraschallwellen durch Quasiteilchen, mit dem Hamiltonoperator (2) der Deformationspotential-Wechselwirkung:

(145) $$H' = iD \sum_{\mathbf{kq}} c^{+}_{\mathbf{k+q}} c_{\mathbf{k}} (a_{\mathbf{q}} - a^{+}_{-\mathbf{q}}).$$

Die Terme in H', die die Streuung eines Quasiteilchens von $\mathbf{k}$ nach $\mathbf{k} + \mathbf{q}$ unter gleichzeitiger Absorption eines Phonons $\mathbf{q}$ bewirken, sind proportional zu

(146) $$c^{+}_{\mathbf{k+q}} c_{\mathbf{k}} + c^{+}_{-\mathbf{k}} c_{-\mathbf{k}-\mathbf{q}},$$

wo im Gegensatz zum Photonenproblem ein Pluszeichen auftritt, da D für die Deformationspotential-Kopplung, die zu H' führt, unabhängig von $\mathbf{k}$ ist. Allgemein ausgedrückt: Die Symmetrie der Phononenwechselwirkung unterscheidet sich von der der Photonenwechselwirkung. Der Streuterm ist also, nach (143) mit dem entsprechenden Vorzeichenwechsel,

(147) $$(u_{\mathbf{k+q}} u_{\mathbf{k}} - v_{\mathbf{k}} v_{\mathbf{k+q}})^2 = \tfrac{1}{2} \left\{ 1 + \frac{\varepsilon_{\mathbf{k}} \varepsilon_{\mathbf{k+q}} - \Delta^2}{\lambda_{\mathbf{k}} \lambda_{\mathbf{k+q}}} \right\}.$$

Eine Diskussion von Experimenten zu Kohärenzeffekten der Art (144) und (147) wird von Bardeen und Schrieffer [4] gegeben.

Quantisierter magnetischer Fluß in Supraleitern

Es wurde beobachtet [11)] [12)], daß der magnetische Fluß durch einen supraleitenden Ring oder ein Toroid quantisiert ist in Einheiten von

(148) $$\frac{1}{2} \frac{ch}{e} = 2.07 \times 10^{-7} \text{ gauss/cm}^2.$$

Man beachte, daß man diese Einheit schreiben kann als

(149) $$\frac{1}{2} \frac{2\pi\hbar c}{e} = 2\pi \frac{e\hbar}{2mc} \frac{mc^2}{e^2} = \frac{2\pi\mu_B}{a_e},$$

wobei a_e der klassische Elektronenradius ist.

---

11) B. S. Deaver, Jr., und W. M. Fairbank, *Phys. Rev. Lett.* 7, 43 (1961).

12) R. Doll und M. Näbauer, *Phys. Rev. Lett.* 7, 51 (1961).

Wir betrachten einen kreisförmigen Ring R mit einem Hohlraum O wie in Bild 5. Der magnetische Fluß durch den Ring sei Φ; er wird hervorgerufen durch äußere Quellen des Feldes und durch Oberflächenströme auf dem Ring. Die Wellengleichung der Teilchen im Ring ist

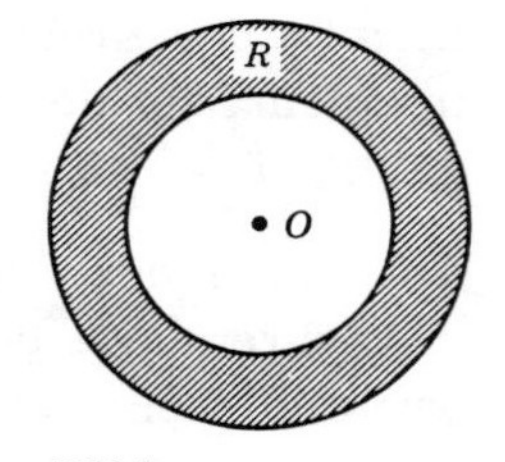

Bild 5: Supraleitender Ring.

$$\left\{\sum_j \frac{1}{2m}\,[\mathbf{p}_j + ec^{-1}A(\mathbf{x}_j)]^2 + V\right\}\psi = E\psi, \tag{150}$$

wobei in V die Elektron-Phonon-Wechselwirkung und die Phononenenergie enthalten sei. Innerhalb von R ist $\mathbf{H} = 0$, wenn wir einen mikroskopischen Bereich an der Oberfläche vernachlässigen. Wir berücksichtigen also den Meissner-Effekt. Weiter ist rot $\mathbf{A} = 0$ und $\mathbf{A} = \operatorname{grad}\chi$, wobei χ keine Konstante sein kann, da bei einmaligem Umlauf gelten muß

$$\Delta\chi = \oint \operatorname{grad}\chi \cdot dl = \oint \mathbf{A}\cdot dl = \iint \mathbf{H}\cdot d\mathbf{S} = \Phi, \tag{151}$$

auch wenn der Weg des Linienintegrals nur durch Punkte mit $\mathbf{H} = 0$ gelegt wird. In Zylinderkoordinaten können wir $\chi = (\varphi/2\pi)\Phi$ setzen, wobei φ der Winkel ist.

Wir führen nun die Transformation durch:

$$\Psi(\mathbf{x}) = \psi(\mathbf{x}) \exp \sum_j i(e/c)\chi(\mathbf{x}_j), \tag{152}$$

mit der Eigenschaft, daß

$$\mathbf{p}\Psi = \left\{\exp \sum_j i(e/c)\chi(\mathbf{x}_j)\right\} \left\{\sum_j [-i\nabla_j + ec^{-1}\mathbf{A}(\mathbf{x}_j)]\right\}\psi. \tag{153}$$

Es sei bemerkt, daß in diesem Abschnitt Ψ eine Einelektronen-Wellenfunktion ist und kein Feldoperator. Die Wellenfunktion Ψ erfüllt die Gleichung

$$\left\{\frac{1}{2m}\sum_j p_j^2 + V\right\}\Psi = E\Psi, \tag{154}$$

die identisch ist mit der Gleichung (150) für $\mathbf{A} \equiv 0$. Es muß aber ψ immer eindeutig sein, während die Änderung von Ψ, wenn man alle Koordinaten außer einer festhält und diese nur um den Ring laufen läßt, durch den Fluß Φ bestimmt ist. Also gilt nach (151) und (152)

$$\Psi(\mathbf{x}) \to \Psi(\mathbf{x}) \exp(ie\Phi/c), \tag{155}$$

wenn ein Elektron einmal um den Ring läuft.

Die Winkelabhängigkeit von ψ ist

$$(156) \qquad \psi \sim \exp\left(i \sum_j n_j \varphi_j\right),$$

auf Grund der Zylindersymmetrie; dabei ist n_j eine positive oder negative ganze Zahl. Die Winkelabhängigkeit von Ψ ist also

$$(157) \qquad \Psi \sim \exp\left[i \prod_z \{n_j + (2\pi e\Phi/c)\}\varphi_j\right].$$

Wir betrachten nun einen Zweielektronenzustand:

$$(158) \qquad \Psi = e^{in_1\varphi_1} e^{in_2\varphi_2} e^{i(2\pi e/c)\Phi(\varphi_1+\varphi_2)},$$

wobei n_1 und n_2 ganzzahlig sind. Man transformiere diesen Ausdruck auf Schwerpunkts- und Relativkoordinaten:

$$(159) \qquad \theta = \tfrac{1}{2}(\varphi_1 + \varphi_2); \qquad \varphi = \varphi_1 - \varphi_2.$$

Dann ist

$$(160) \qquad \Psi = e^{i\frac{1}{2}(n_1-n_2)\varphi} e^{i\{(n_1+n_2)+(4\pi e\Phi/c)\}\theta}.$$

Wenn der Faktor vor θ null ist, erhalten wir gerade das Cooperpaar

$$(161) \qquad \Psi = e^{i\frac{1}{2}(n_1-n_2)\varphi_1} e^{-i\frac{1}{2}(n_1-n_2)\varphi_2}.$$

Der Term in θ ist null, wenn

$$(162) \qquad 4\pi e\Phi/c = -(n_1 + n_2) = \text{ganzzahlig}$$

oder, wenn man $\hbar$ wieder hinzufügt,

$$(163) \qquad \Phi = \text{ganzzahlig} \times (hc/2e).$$

Wenn also der Fluß (163) erfüllt, können wir Paare bilden und die Gleichung für Ψ , die **A** nicht enthält, benutzen. Die experimentelle Bestätigung hierfür, besonders für den Faktor $\frac{1}{2}$, ist ein starker Hinweis auf die Bedeutung der BCS-Paarung im Grundzustand.

Das Entscheidende ist, daß wir unbedingt Paare brauchen, um das BCS-Verfahren auf die Wellengleichung für Ψ anwenden zu können, daß aber die Paarungsbedingung für Ψ nur mit der periodischen Randbedingung für ψ verträglich ist, wenn der Fluß in Einheiten von $hc/2e$ quantisiert ist. Für einen Normalleiter brauchen wir uns nicht auf Paarzustände zu beschränken und daher bringt diese spezielle Quantisierungsbedingung des Flusses im Normalzustand energetisch keinen Vorteil.

Wir können die Rechnung auch auf andere Art durchführen. Wenn wir die Zustände

$$(164) \qquad \psi_1 \sim e^{in_1\varphi_1}; \qquad \psi_2 \sim e^{-i(n_1+2e\Phi/hc)\varphi_2}$$

nehmen, gehen diese über in

(165) $$\Psi_1 \sim e^{i(n_1+e\Phi/hc)\varphi_1}; \qquad \Psi_2 \sim e^{-i(n_1+e\Phi/hc)\varphi_2}.$$

Nun bilden Ψ_1 und Ψ_2 ein Cooperpaar, aber Ψ_2 erfüllt periodische Randbedingungen nur, wenn $2e\Phi/hc$ ganzzahlig ist.

Aufgaben

1.) Man schätze in einem eindimensionalen Metall den Bereich der Wechselwirkung (11) mit der Nebenbedingung (10) ab, für eine Debye-Energie von 10^{-14} erg.

2.) (*a*) Man diskutiere die Form der Cooperpaar-Wellenfunktion des Grundzustands im Raum der Relativkoordinaten.
(*b*) Man schätze die Ausdehnung der Wellenfunktion für einen repräsentativen Supraleiter mit $\Delta \approx k_B T_c$ ab, wobei T_c die kritische Temperatur für einen Supraleiter ist.

3.) Im Grenzfall starker Kopplung werden alle $\varepsilon_{\mathbf{k}}$ gleich null gesetzt ($\varepsilon_{\mathbf{k}} = 0$ entspricht der Fermikante). Der äquivalente Spinor-Hamiltonoperator (V sei konstant für N' Zustände und sonst null) ist

(166) $$H = -\tfrac{1}{4}V \sum_{\mathbf{kk'}}{}' (\sigma_{\mathbf{k}x}\sigma_{\mathbf{k'}x} + \sigma_{\mathbf{k}y}\sigma_{\mathbf{k'}y}),$$

wobei $\mathbf{k}$ und $\mathbf{k'}$ über N' Zustände laufen. (*a*) Wenn S sich auf den Gesamtspin $\mathbf{S} = \frac{1}{2}\sum_{\mathbf{k}} \boldsymbol{\sigma}_{\mathbf{k}}$ dieser Zustände bezieht, zeige man, daß H geschrieben werden kann als

(167) $$H = -V\mathbf{S}^2 + V\mathbf{S}_z^2 + \frac{N'}{2}V,$$

und die exakten Eigenwerte hat

(168) $$E = -V\{S(S+1) - M^2\} + \frac{N'}{2}V,$$

wobei S die Quantenzahl des Gesamtspins ist und M die Quantenzahl von $\mathbf{S}_z$. Die erlaubten Werte von S sind $\frac{1}{2}N'$; $\frac{1}{2}N' - 1$; $\frac{1}{2}N' - 2$; $\cdots$, entsprechend der Zahl der umgeklappten Spins n. (*b*) Man zeige für den Zustand mit $M = 0$, daß

(169) $$E(n) = E_0 + nVN' - Vn(n-1),$$

so daß in diesem Fall die Energielücke $E(1) - E(0)$ genau $N'V$ ist. (*c*) Was sind die Zustände mit verschiedenen M-Werten? (*d*) Man zeige, daß die Energie des Grundzustands und des angeregten Zustands mit einem angeregten Paar in der Molekularfeldnäherung (BCS) und in der Näherung starker Kopplung übereinstimmt, bis zu $0(1/N')$. Dies liefert eine ausgezeichnete und wichtige Kontrolle der Genauigkeit der üblichen Methoden zur Auffindung der Eigenwerte des reduzierten Hamiltonoperators von BCS.

4.) Man bestätige, daß in den Bewegungsgleichungen (71) die Gesamtteilchenzahl erhalten bleibt.

5.) Die BCS-Erzeugungs- und Vernichtungsoperatoren für Paare sind definiert als

(170) $$b_{\mathbf{k}}^+ = c_{\mathbf{k}\uparrow}^+ c_{-\mathbf{k}\downarrow}^+; \qquad b_{\mathbf{k}} = c_{-\mathbf{k}\downarrow} c_{\mathbf{k}\uparrow},$$

wobei die c und c^+ Einteilchen-Fermioperatoren sind. Man zeige, daß die b und b^+ die gemischten Vertauschungsrelationen erfüllen:

$$[b_{\mathbf{k}}, b_{\mathbf{k}'}^{+}] = (1 - n_{\mathbf{k}\uparrow} - n_{-\mathbf{k}\downarrow})\delta_{\mathbf{k}\mathbf{k}'};$$

$$[b_{\mathbf{k}}, b_{\mathbf{k}'}] = 0; \tag{171}$$

$$\{b_{\mathbf{k}}, b_{\mathbf{k}'}\} = 2b_{\mathbf{k}}b_{\mathbf{k}'}(1 - \delta_{\mathbf{k}\mathbf{k}'}).$$

6.) Man verifiziere durch direkte Rechnung, daß der Erwartungswert der Anregungsenergie im Zustand (110) gegeben ist durch

$$E = \lambda_{\mathbf{k}'} + \lambda_{\mathbf{k}''}, \tag{172}$$

unter Verwendung des Hamiltonoperators (70); man zeige, daß

$$E = 2\lambda_{\mathbf{k}'} \tag{173}$$

für die wirkliche Paaranregung (111).

7.) Man diskutiere die Theorie des Tunnels im Hinblick auf Experimente mit Supraleitern.

8.) Man diskutiere die Zustandsdichte in einem Supraleiter nahe der Energielücke.

9. Blochfunktionen - allgemeine Eigenschaften

In diesem Kapitel behandeln wir eine Anzahl allgemeiner Eigenschaften der Eigenfunktionen in unendlichen periodischen Gittern und bei angelegten elektrischen und magnetischen Feldern. Die Diskussion wird zum großen Teil in Form von Theoremen durchgeführt.

Blochsches Theorem

Theorem 1. Das Blochsche Theorem besagt, daß, wenn $V(\mathbf{x})$ periodisch mit der Gitterperiode ist, die Lösungen $\varphi(\mathbf{x})$ der Wellengleichung

(1) $$H\varphi(\mathbf{x}) = \left(\frac{1}{2m} p^2 + V(\mathbf{x})\right) \varphi(\mathbf{x}) = E\varphi(\mathbf{x})$$

von der Form sind:

(2) $$\varphi_{\mathbf{k}}(\mathbf{x}) = e^{i\mathbf{k}\cdot\mathbf{x}} u_{\mathbf{k}}(\mathbf{x}),$$

wobei $u_{\mathbf{k}}(\mathbf{x})$ die Periodizität des direkten Gitters besitzt.

Analytische Beweise dieses zentralen Theorems findet man in den elementaren Standardlehrbüchern über Festkörper-Theorie. Der direkteste und eleganteste Beweis benützt ein wenig Gruppentheorie.

Beweis: Mit periodischen Randbedingungen ist die Translationsgruppe über ein Volumen von N^3 Gitterpunkten abelsch. Alle Operationen einer abelschen Gruppe kommutieren. Wenn alle Operationen kommutieren, dann sind alle irreduziblen Darstellungen der Gruppe eindimensional.

Wir betrachten den Operator der Gittertranslation T, der definiert ist durch

(3) $$\mathrm{T}\mathbf{x} = \mathbf{x} + \mathbf{t}_{mnp} = \mathbf{x} + m\mathbf{a} + n\mathbf{b} + p\mathbf{c},$$

wobei m, n, p ganze Zahlen sind; damit gilt

(4) $$T_{mnp}\varphi_{\mathbf{k}}(\mathbf{x}) = \varphi_{\mathbf{k}}(\mathbf{x} + m\mathbf{a} + n\mathbf{b} + p\mathbf{c}).$$

Die Operationen T bilden eine zyklische Gruppe. Weil die Darstellungen nur eindimensional sind, ist

$$T_{mnp}\varphi_{\mathbf{k}}(\mathbf{x}) = c_{mnp}\varphi_{\mathbf{k}}(\mathbf{x}), \tag{5}$$

wobei c_{mnp} eine Konstante ist. Wegen

$$T_{100}\varphi_{\mathbf{k}}(\mathbf{x}) = \varphi_{\mathbf{k}}(\mathbf{x} + \mathbf{a}) = c_{100}\varphi_{\mathbf{k}}(\mathbf{x}), \tag{6}$$

muß speziell für ein Gitter, das N Gitterpunkte auf einer Hauptachse hat, gelten

$$T_{N00}\varphi_{\mathbf{k}}(\mathbf{x}) = \varphi_{\mathbf{k}}(\mathbf{x} + N\mathbf{a}) = (c_{100})^N\varphi_{\mathbf{k}}(\mathbf{x}). \tag{7}$$

Auf Grund der periodischen Randbedingungen gilt aber

$$\varphi_{\mathbf{k}}(\mathbf{x} + N\mathbf{a}) = \varphi_{\mathbf{k}}(\mathbf{x}), \tag{8}$$

so daß

$$(c_{100})^N = 1; \tag{9}$$

daher muß c_{100} eine der N Wurzeln der Eins sein:

$$c_{100} = e^{2\pi i\xi/N}; \qquad \xi = 1, 2, 3, \cdots N. \tag{10}$$

Diese Bedingung wird allgemein erfüllt durch die Funktion

$$\varphi_{\mathbf{k}}(\mathbf{x}) = e^{i\mathbf{k}\cdot\mathbf{x}}u_{\mathbf{k}}(\mathbf{x}), \tag{11}$$

wenn $u_{\mathbf{k}}(\mathbf{x})$ die Periode des Gitters besitzt und

$$N\mathbf{k} = \xi\mathbf{a}^* + \eta\mathbf{b}^* + \zeta\mathbf{c}^* \qquad (\xi, \eta, \zeta \text{ ganzzahlig}) \tag{12}$$

ein Vektor des reziproken Gitters ist. Für eine Gittertranslation t ist

$$\begin{aligned}\varphi_{\mathbf{k}}(\mathbf{x} + \mathbf{t}) &= e^{i\mathbf{k}\cdot(\mathbf{x}+\mathbf{t})}u_{\mathbf{k}}(\mathbf{x} + \mathbf{t}) = e^{i\mathbf{k}\cdot\mathbf{t}}e^{i\mathbf{k}\cdot\mathbf{x}}u_{\mathbf{k}}(\mathbf{x}) = e^{i\mathbf{k}\cdot\mathbf{t}}\varphi_{\mathbf{k}}(\mathbf{x}) \\ &= e^{i2\pi(m\xi+n\eta+p\zeta)/N}\,\varphi_{\mathbf{k}}(\mathbf{x}),\end{aligned} \tag{13}$$

so wie es durch (5) und (10) gefordert wird.

Mit anderen Worten, $e^{i\mathbf{k}\cdot\mathbf{t}_\mathbf{n}}$ ist der Eigenwert des Operators $T_\mathbf{n}$ der Gittertranslation:

$$T_\mathbf{n}\varphi_{\mathbf{k}}(\mathbf{x}) = e^{i\mathbf{k}\cdot\mathbf{t}_\mathbf{n}}\varphi_{\mathbf{k}}(\mathbf{x}), \tag{14}$$

wobei $\mathbf{t}_\mathbf{n}$ ein Vektor der Gittertranslation ist und $\varphi_{\mathbf{k}}(\mathbf{x})$ ein Eigenvektor von $T_\mathbf{n}$.

Theorem 2. Die Funktion $u_{\mathbf{k}}(\mathbf{x})$ der Blochfunktion $\varphi_{\mathbf{k}}(\mathbf{x}) = e^{i\mathbf{k}\cdot\mathbf{x}}u_{\mathbf{k}}(\mathbf{x})$ genügt der Gleichung

(15) $$\left(\frac{1}{2m}(\mathbf{p}+\mathbf{k})^2 + V(\mathbf{x})\right) u_{\mathbf{k}}(\mathbf{x}) = \epsilon_{\mathbf{k}} u_{\mathbf{k}}(\mathbf{x}).$$

Dies ist gleichbedeutend mit einer Eichtransformation.

Beweis: Man beachte, daß wir unter Benutzung von $\mathbf{p} = -i\nabla$ die Operatorgleichung erhalten

(16) $$\mathbf{p}e^{i\mathbf{k}\cdot\mathbf{x}} = e^{i\mathbf{k}\cdot\mathbf{x}}(\mathbf{p}+\mathbf{k}).$$

Damit ist

(17) $$\mathbf{p}\varphi_{\mathbf{k}}(\mathbf{x}) = e^{i\mathbf{k}\cdot\mathbf{x}}(\mathbf{p}+\mathbf{k})u_{\mathbf{k}}(\mathbf{x}),$$

und

(18) $$p^2\varphi_{\mathbf{k}}(\mathbf{x}) = e^{i\mathbf{k}\cdot\mathbf{x}}(\mathbf{p}+\mathbf{k})^2 u_{\mathbf{k}}(\mathbf{x}),$$

woraus (15) direkt folgt.

Wir können (15) schreiben als

(19) $$\left(-\frac{1}{2m}(\nabla^2 + 2i\mathbf{k}\cdot\nabla) + V(\mathbf{x})\right) u_{\mathbf{k}}(\mathbf{x}) = \lambda_{\mathbf{k}} u_{\mathbf{k}}(\mathbf{x}),$$

mit

(20) $$\lambda_{\mathbf{k}} = \varepsilon_{\mathbf{k}} - \frac{1}{2m}k^2,$$

wobei $\varepsilon_{\mathbf{k}}$ der Eigenwert von (15) ist. Für $V(\mathbf{x}) \equiv 0$ lautet eine Lösung von (19)

(21) $$u_{\mathbf{k}}(\mathbf{x}) = \text{konstant}; \qquad \lambda_{\mathbf{k}} = 0,$$

und

(22) $$\varepsilon_{\mathbf{k}} = \frac{1}{2m}k^2; \qquad \varphi_{\mathbf{k}}(\mathbf{x}) = e^{i\mathbf{k}\cdot\mathbf{x}}$$

ist die übliche ebene Welle. Am Punkt $\mathbf{k} = 0$ ist die Gleichung für $u_0(\mathbf{x})$ einfach

(23) $$\left(-\frac{1}{2m}\nabla^2 + V(\mathbf{x})\right) u_0(\mathbf{x}) = \varepsilon_0 u_0(\mathbf{x});$$

damit hat die Gleichung für $u_0(\mathbf{x})$ die Symmetrie von $V(\mathbf{x})$, welche die Symmetrie der Raumgruppe des Kristalls ist.

Spin-Bahn-Kopplung. Der Hamiltonoperator mit Spin-Bahn-Kopplung besitzt die Form (Schiff, S. 333)

(24) $$H = \frac{1}{2m}p^2 + V(\mathbf{x}) + \frac{1}{4m^2c^2}\boldsymbol{\sigma} \times \operatorname{grad} V(\mathbf{x}) \cdot \mathbf{p},$$

wobei $\boldsymbol{\sigma}$ der Pauli-Spinoperator ist mit den Komponenten

$$\sigma_x = \begin{pmatrix} 0 & 1 \\ 1 & 0 \end{pmatrix}; \quad \sigma_y = \begin{pmatrix} 0 & -i \\ i & 0 \end{pmatrix}; \quad \sigma_z = \begin{pmatrix} 1 & 0 \\ 0 & -1 \end{pmatrix}. \tag{25}$$

Der Hamiltonoperator (24) ist invariant gegenüber Gittertranslationen $\mathbf{T}$, wenn $V(\mathbf{x})$ gegenüber $\mathbf{T}$ invariant ist. Die Eigenfunktionen von (24) sind von der Blochform, aber sie sind im allgemeinen keine reinen Spinzustände α oder β, für welche gilt $\sigma_z\alpha = \alpha; \sigma_z\beta = -\beta$. Im allgemeinen ist

$$\varphi_{\mathbf{k}\uparrow}(\mathbf{x}) = \chi_{\mathbf{k}\uparrow}(\mathbf{x})\alpha + \gamma_{\mathbf{k}\uparrow}(\mathbf{x})\beta = e^{i\mathbf{k}\cdot\mathbf{x}}u_{\mathbf{k}\uparrow}(\mathbf{x}), \tag{26}$$

wobei der Pfeil $\uparrow$ an der Blochfunktion $\varphi_{\mathbf{k}\uparrow}(\mathbf{x})$ einen Zustand bezeichnet, dessen Spin im Mittel nach oben zeigt und zwar in dem Sinn, daß $(\varphi_{\mathbf{k}\uparrow}, \sigma_z\varphi_{\mathbf{k}\uparrow})$ positiv ist. In Abwesenheit der Spin-Bahn-Wechselwirkung enthält $\varphi_\uparrow$ nur den Spinzustand α und $\varphi_\downarrow$ nur der Spinzustand β. Die Pfeile an $\chi_{\mathbf{k}\uparrow}$ und $\gamma_{\mathbf{k}\uparrow}$ sind Indizes, die besagen, daß beide zu $\varphi_{\mathbf{k}\uparrow}$ gehören.

Theorem 3. Mit Spin-Bahn-Kopplung genügen die Funktionen $u_{\mathbf{k}}(\mathbf{x})$ der Gleichung

$$\left[\frac{1}{2m}(\mathbf{p}+\mathbf{k})^2 + V(\mathbf{x}) + \frac{1}{4m^2c^2}\boldsymbol{\sigma} \times \operatorname{grad} V(\mathbf{x}) \cdot (\mathbf{p}+\mathbf{k})\right] u_{\mathbf{k}}(\mathbf{x}) = \epsilon_{\mathbf{k}} u_{\mathbf{k}}(\mathbf{x}). \tag{27}$$

Dies folgt direkt aus (16) und (18). Die Terme

$$\frac{1}{m}\left(\mathbf{p} + \frac{1}{4mc^2}\boldsymbol{\sigma} \times \operatorname{grad} V\right) \cdot \mathbf{k} = H' \tag{28}$$

werden oft als Störungen für kleine $\mathbf{k}$ oder kleine Abweichungen $\mathbf{k}$ von einem speziellen Wellenvektor $\mathbf{k}_0$ behandelt.

Die Größe

$$\boldsymbol{\pi} \equiv \mathbf{p} + \frac{1}{4mc^2}\sigma \times \operatorname{grad} V \tag{29}$$

besitzt viele der Eigenschaften für das Problem mit Spin-Bahn-Wechselwirkung, welche $\mathbf{p}$ für das Problem ohne Spin-Bahn-Wechselwirkung hat.

Zeitumkehrsymmetrie

Die Zeitumkehr-Transformation K verwandelt $\mathbf{x}$ in $\mathbf{x}$; $\mathbf{p}$ in $-\mathbf{p}$; $\boldsymbol{\sigma}$ in $-\boldsymbol{\sigma}$. Der Hamiltonoperator (24) ist invariant gegenüber Zeitumkehr, es gilt $[H,K] = 0$. Für das System eines einzelnen Elektrons lautet das Ergebnis von Kramers (Messiah, Kapitel 15, Abschnitt 18) für den Zeitumkehroperator

(30) $$K = -i\sigma_y K_0,$$

wobei K_0 in der Schrödinger-Darstellung die Operation darstellt, den konjugiert-komplexen Ausdruck zu bilden. Daher hat K_0 für zwei beliebige Zustände φ und ψ die Eigenschaft

(31) $$(\varphi,\psi) = (K_0\psi,K_0\varphi).$$

Weiter gilt, mit $\sigma_y{}^2 = 1$,

(32) $$(K\psi,K\varphi) = (K_0\psi,\sigma_y{}^2K_0\varphi) = (\varphi,\psi);$$

also folgt

(33) $$K^2\varphi = (-i\sigma_y)(-i\sigma_y)\varphi = -\varphi.$$

Eine wichtige Anwendung zeitumgekehrter Zustandspaare stammt von P.W. Anderson [*J. Phys. Chem. Solids* **11**, 26 (1959)]. Er zeigte, daß man in sehr schmutzigen Supraleitern statt Paaren von Blochfunktionen solche Paare betrachten muß, die durch die Operation der Zeitumkehr definiert sind.

Theorem 4. Wenn φ ein Einelektronzustand von H ist, dann ist $K\varphi$ ebenfalls ein Eigenzustand zu derselben Energie, vorausgesetzt, daß kein äußeres Magnetfeld vorhanden ist. Außerdem ist $K\varphi$ orthogonal auf φ. Dies ist das Theorem von Kramers.

Beweis: Der Hamiltonoperator vertauscht mit K, deshalb muß $K\varphi$ ein Eigenzustand sein, wenn φ ein Eigenzustand ist und die Eigenwerte sind gleich. Nun folgt mit (32) und (33)

(34) $$(\varphi,K\varphi) = (K^2\varphi,K\varphi) = -(\varphi,K\varphi) = 0,$$

so daß $\varphi_{\mathbf{k}}$ und $K\varphi_{\mathbf{k}}$ linear unabhängig sind.

Theorem 5. Die Zustände $K\varphi_{\mathbf{k}\uparrow}$ und $K\varphi_{\mathbf{k}\downarrow}$ gehören zum Wellenvektor $-\mathbf{k}$, so daß $\varepsilon_{\mathbf{k}\uparrow} = \varepsilon_{-\mathbf{k}\downarrow}$ und $\varepsilon_{\mathbf{k}\downarrow} = \varepsilon_{-\mathbf{k}\uparrow}$.

Beweis: $K\varphi_{\mathbf{k}\uparrow} = -i\sigma_y K_0\varphi_{\mathbf{k}\uparrow} = e^{-i\mathbf{k}\cdot\mathbf{x}} \times$ (periodische Funktion von $\mathbf{x})_\downarrow$, so daß

(35) $$K\varphi_{\mathbf{k}\uparrow} = \varphi_{-\mathbf{k}\downarrow},$$

abgesehen von einem Phasenfaktor. Wir erinnern uns, daß σ_y die Spinrichtung umkehrt. Wir weisen φ und $K\varphi$ entgegengesetzte Spinpfeile zu, weil

$$(\varphi_{\mathbf{k}\uparrow},\sigma_z\varphi_{\mathbf{k}\uparrow}) = (K\sigma_z\varphi_{\mathbf{k}\uparrow},K\varphi_{\mathbf{k}\uparrow}) = -(\varphi_{-\mathbf{k}\downarrow},\sigma_z\varphi_{-\mathbf{k}\downarrow});$$

dabei benutzen wir $\sigma_y\sigma_z = -\sigma_z\sigma_y$. Aus (35) und Theorem 4 erhalten wir

(36) $\qquad \varepsilon_{\mathbf{k}\uparrow} = \varepsilon_{-\mathbf{k}\downarrow}; \qquad \varepsilon_{\mathbf{k}\downarrow} = \varepsilon_{-\mathbf{k}\uparrow}.$ Q.E.D.

Die Bänder sind zweifach entartet und zwar in dem Sinn, daß jede Energie zweimal auftritt, aber nicht beim gleichen $\mathbf{k}$. Eine doppelte Entartung bei derselben Energie und bei demselben $\mathbf{k}$ tritt nur dann auf, wenn andere Symmetrien vorhanden sind; zum Beispiel ist bei Invarianz gegenüber dem Inversionsoperator J die Energiefläche in jedem Punkt des $\mathbf{k}$-Raumes doppelt.

Theorem 6. Wenn der Hamiltonoperator invariant ist gegen Raumspiegelung, dann gilt

(37) $\qquad \varphi_{\mathbf{k}\uparrow}(\mathbf{x}) = \varphi_{-\mathbf{k}\uparrow}(-\mathbf{x}),$

abgesehen von einem Phasenfaktor, und

(38) $\qquad \varepsilon_{\mathbf{k}\uparrow} = \varepsilon_{-\mathbf{k}\uparrow}.$

Beweis: Der Operator der Raumspiegelung J transformiert $\mathbf{x}$ in $-\mathbf{x}$, $\mathbf{p}$ in $-\mathbf{p}$ und $\boldsymbol{\sigma}$ in $\boldsymbol{\sigma}$. Der Grund, weshalb $\boldsymbol{\sigma}$ das Vorzeichen nicht ändert, liegt darin, daß σ ein Drehimpuls ist und sich daher wie ein axialer Vektor transformiert. Wenn also $JV(\mathbf{x}) = V(\mathbf{x})$ ist, dann ist der Hamiltonoperator, der die Spin-Bahn-Wechselwirkung enthält, invariant gegenüber J. Dann ist $J\varphi_{\mathbf{k}\uparrow}(\mathbf{x})$ mit $\varphi_{\mathbf{k}\uparrow}(\mathbf{x})$ entartet. Nun ist aber

(39) $\qquad J\varphi_{\mathbf{k}\uparrow}(\mathbf{x}) \equiv e^{-i\mathbf{k}\cdot\mathbf{x}}u_{\mathbf{k}\uparrow}(-\mathbf{x})$

eine Blochfunktion, die zu $-\mathbf{k}$ gehört, weil der Eigenwert von $J\varphi_{\mathbf{k}\uparrow}$ für den Operator T der Gittertranslation von der Form $e^{-i\mathbf{k}\cdot\mathbf{t}_n}$ ist. Wir können $u_{-\mathbf{k}\uparrow}(\mathbf{x}) = u_{\mathbf{k}\uparrow}(-\mathbf{x})$ nennen, woraus folgt

(40) $\qquad \varphi_{-\mathbf{k}\uparrow}(\mathbf{x}) = J\varphi_{\mathbf{k}\uparrow}(\mathbf{x}),$

und

(41) $\qquad \varepsilon_{\mathbf{k}\uparrow} = \varepsilon_{-\mathbf{k}\uparrow}.$ Q.E.D.

Wenn man will, kann man sehr einfach zeigen, daß $u_{-\mathbf{k}\uparrow}(\mathbf{x})$ derselben Differentialgleichung genügt wie $u_{\mathbf{k}\uparrow}(-\mathbf{x})$.

Wir erinnern daran, daß J mit σ_z vertauscht, so daß der Erwartungswert des Operators σ_z mit $\varphi_{\mathbf{k}\uparrow}$ und $\varphi_{-\mathbf{k}\uparrow}$ derselbe ist. Damit hat, unter Benutzung von (36), die Kombination der Symmetrien K und J zur Folge, daß

(42) $\qquad \varepsilon_{\mathbf{k}\uparrow} = \varepsilon_{\mathbf{k}\downarrow},$

wobei

(43) $$\varphi_{\mathbf{k}\downarrow} = KJ\varphi_{\mathbf{k}\uparrow},$$

bis auf einen Phasenfaktor.

Das Produkt der Operationen

(44) $$C \equiv KJ = -i\sigma_y K_0 J = JK$$

nennt man *Konjugation.* Die Konjugation dreht den Spin des Blochzustandes um, aber nicht seinen Wellenvektor:

(45) $$C\varphi_{\mathbf{k}\uparrow} = \varphi_{\mathbf{k}\downarrow},$$

bis auf einen Phasenfaktor. Eine Anzahl von Theoremen, welche die Operationen K und C enthalten, sind am Ende des Kapitels in den Aufgaben gegeben.

Theorem 7. In der Impulsdarstellung, wobei $\mathbf{G}$ ein reziproker Gittervektor ist, erhalten wir

(46) $$\varphi_{\mathbf{k}}(\mathbf{x}) = e^{i\mathbf{k}\cdot\mathbf{x}} \sum_{\mathbf{G}} f_{\mathbf{G}}(\mathbf{k}) e^{i\mathbf{G}\cdot\mathbf{x}},$$

Die $f_{\mathbf{G}}(\mathbf{k})$ sind c-Zahlen und die Wellengleichung ohne Spin-Bahn-Wechselwirkung lautet

(47) $$\frac{1}{2m}(\mathbf{k}+\mathbf{G})^2 f_{\mathbf{G}}(\mathbf{k}) + \sum_{\mathbf{g}} V(\mathbf{G}-\mathbf{g}) f_{\mathbf{g}}(\mathbf{k}) = \varepsilon_{\mathbf{k}} f_{\mathbf{G}}(\mathbf{k}),$$

wobei $\mathbf{g}$ ein reziproker Gittervektor und $V(\mathbf{G})$ die Fouriertransformierte von $V(\mathbf{x})$ ist:

(48) $$V(\mathbf{G}) = \int d^3x \, e^{i\mathbf{G}\cdot\mathbf{x}} V(\mathbf{x}).$$

Das Ergebnis (47) folgt aus (46), wenn wir $H = T + V$ darauf anwenden und anschließend das Skalarprodukt mit $e^{i\mathbf{k}\cdot\mathbf{x}} e^{i\mathbf{G}\cdot\mathbf{x}}$ bilden.

Aus der Darstellung (46) folgt für den Erwartungswert der Geschwindigkeit $\mathbf{v}$

(49) $$\begin{aligned} \langle\mathbf{k}|\mathbf{v}|\mathbf{k}\rangle &= \langle\mathbf{k}|\mathbf{p}/m|\mathbf{k}\rangle = m^{-1} \sum_{\mathbf{G}} (\mathbf{k}+\mathbf{G}) |f_{\mathbf{G}}(\mathbf{k})|^2 \\ &= \operatorname{grad}_{\mathbf{k}} \varepsilon(\mathbf{k}). \end{aligned}$$

Der Beweis des letzten Schrittes ist dem Leser überlassen. Eine andere Ableitung wird in Theorem 11 gegeben.

Es ergibt sich ebenfalls, daß der Tensor der effektiven Masse, welcher definiert ist durch

(50) $$\left(\frac{1}{m^*}\right)_{\mu\nu} = \frac{\partial}{\partial k_\mu} \frac{\partial}{\partial k_\nu} \varepsilon(\mathbf{k}),$$

sich in folgender Weise berechnet (Aufgabe 8):

(51) $$\left(\frac{1}{m^*}\right)_{ij} = \frac{1}{m}\left(\delta_{ij} + \sum_{\mathbf{G}} G_i \frac{\partial}{\partial k_j}|f_{\mathbf{G}}(\mathbf{k})|^2\right).$$

Theorem 8. Die Energie $\varepsilon_{\mathbf{k}}$ ist periodisch im reziproken Gitter, das heißt,

(52) $$\varepsilon_{\mathbf{k}} = \varepsilon_{\mathbf{k}+\mathbf{G}}.$$

Beweis: Wir betrachten einen Zustand $\varphi_{\mathbf{k}}$ zur Energie $\varepsilon_{\mathbf{k}}$; man kann dann schreiben

(53) $$\varphi_{\mathbf{k}} = e^{i\mathbf{k}\cdot\mathbf{x}}u_{\mathbf{k}}(\mathbf{x}) = e^{i(\mathbf{k}+\mathbf{G})\cdot\mathbf{x}}u_{\mathbf{k}+\mathbf{G}}(\mathbf{x}) = \varphi_{\mathbf{k}+\mathbf{G}},$$

wobei

(54) $$u_{\mathbf{k}+\mathbf{G}}(\mathbf{x}) \equiv e^{-i\mathbf{G}\cdot\mathbf{x}}u_{\mathbf{k}}(\mathbf{x})$$

die Periodizität des Gitters besitzt. Damit kann $\varphi_{\mathbf{k}+\mathbf{G}}$ aus $\varphi_{\mathbf{k}}$ gebildet werden; es folgt, daß $\varepsilon_k = \varepsilon_{\mathbf{k}+\mathbf{G}}$.

Wir kommen nun zu einem wichtigen Theorem, das sich auf den Tensor der effektiven Masse $(1/m)_{\mu\nu}$ bezieht, der durch Gl. (50) definiert ist. Diese Definition ist äquivalent zu

(55) $$\varepsilon_{\mathbf{k}} = \frac{1}{2m}\left(\frac{m}{m^*}\right)_{\mu\nu} k_\mu k_\nu + \cdots .$$

k · p – Störungstheorie

Theorem 9. Wenn der Zustand $\varphi_{\mathbf{k}}$ an der Stelle $\mathbf{k} = 0$ in dem Band γ nicht entartet ist, mit Ausnahme der Entartung bezüglich der Zeitumkehr, dann ist der Tensor der effektiven Masse an diesem Punkt gegeben durch

(56) $$\boxed{\left(\frac{m}{m^*}\right)_{\mu\nu} = \delta_{\mu\nu} + \frac{2}{m}\sum_{\delta}{}' \frac{\langle\gamma 0|\pi_\mu|0\delta\rangle\langle\delta 0|\pi_\nu|0\gamma\rangle}{\varepsilon_{\gamma 0} - \varepsilon_{\delta 0}},}$$

wobei δ, γ Bandindizes sind und null $\mathbf{k} = 0$ bedeutet. Wenn keine Spin-Bahn-Kopplung vorhanden ist, dann kann $\boldsymbol{\pi}$ durch $\mathbf{p}$ ersetzt werden. Es ist üblicherweise genau genug, wenn man in jedem Fall $\mathbf{p}$ an Stelle von $\boldsymbol{\pi}$ schreibt. Das Ergebnis (56) bezeichnet man auch als f-Summenregel für $\mathbf{k} = 0$.

Beweis: In der Gleichung (27) für $u_{\mathbf{k}}(\mathbf{x})$ behandeln wir

(57) $$H' = \frac{1}{m}\left(\mathbf{p} + \frac{1}{4mc^2}\boldsymbol{\sigma} \times \operatorname{grad} V\right)\cdot\mathbf{k} = \frac{1}{m}\boldsymbol{\pi}\cdot\mathbf{k}$$

als eine Störung, wobei wir den Hamiltonoperator für $\mathbf{k} = 0$ als ungestörten Hamiltonoperator behandeln. Wir können genauso gut um jeden beliebigen anderen Wellenvektor $\mathbf{k}_0$ entwickeln.

Wir wollen zunächst die Diagonalmatrixelemente von H' betrachten. Wenn der Kristall ein Symmetriezentrum besitzt, dann ist

$$(58) \qquad \langle\gamma 0|\boldsymbol{\pi}|0\gamma\rangle = 0$$

auf Grund der Parität; weiter gilt

$$(59) \qquad \langle\gamma 0|\boldsymbol{\pi}|C\gamma\rangle = 0,$$

wegen Aufgabe 5, wobei wir mit $|C\gamma\rangle$ den zu $|0\gamma\rangle$ konjugierten Zustand bezeichnen. Die Spinindizes sind in dieser Schreibweise weggelassen. Wenn der Kristall kein Symmetriezentrum besitzt, müssen wir die Matrixelemente für die in dem speziellen Fall vorhandenen Symmetrien betrachten. So erfüllt am Punkt Γ in der Struktur der Zinkblende die zweifache Darstellung Γ_6 und Γ_7 der Doppelgruppe die Auswahlregeln (siehe Kapitel 10)

$$(60) \qquad \Gamma_6 \times \Gamma_V = \Gamma_7 + \Gamma_8; \qquad \Gamma_7 \times \Gamma_V = \Gamma_6 + \Gamma_8,$$

wobei Γ_V die Vektordarstellung ist. Diese Auswahlregeln findet man bei G. Dresselhaus, *Phys. Rev.* **100**, 580 (1955), zusammen mit der Charakterentafel. Weil $\boldsymbol{\pi}$ sich wie ein Vektor transformiert, besagen die Auswahlregeln, daß $\boldsymbol{\pi}$ innerhalb der zweifachen Darstellung keine Diagonalmatrixelemente hat. Deshalb verschwindet die Energiekorrektur von H' in erster Ordnung. In der Aufgabe (14.4) haben wir einen Fall, in der die Energie in erster Ordnung nicht verschwindet.

Die Energie zweiter Ordnung lautet

$$(61) \qquad \varepsilon_\gamma(\mathbf{k}) = \varepsilon_\gamma(0) + \frac{k^2}{2m} + \frac{1}{m^2}\sum_\delta{}' \frac{\langle\gamma 0|\pi_\mu k_\mu|0\delta\rangle\langle\delta 0|\pi_\nu k_\nu|0\gamma\rangle}{\varepsilon_{\gamma 0} - \varepsilon_{\delta 0}},$$

wobei wir auf der rechten Seite die kinetische Energie, die mit dem $e^{i\mathbf{k}\cdot\mathbf{x}}$ - Faktor verbunden ist, mit einbezogen haben. Das Ergebnis (56) ergibt sich, wenn wir (61) in der Form schreiben

$$(62) \qquad \varepsilon_\gamma(\mathbf{k}) = \varepsilon_\gamma(0) + \frac{1}{2m}\left(\frac{m}{m^*}\right)_{\mu\nu} k_\mu k_\nu + \cdots .$$

Indem wir zu höheren Ordnungen der Störungstheorie gehen, können wir die gesamte Energiefläche konstruieren. Diese Methode bezeichnet man als $\mathbf{k}\cdot\mathbf{p}$-Störungstheorie.

Die Eigenfunktion in erster Ordnung in $\mathbf{k}$ lautet

$$(63) \qquad |\mathbf{k}\gamma\rangle = e^{i\mathbf{k}\cdot\mathbf{x}}\left(|0\gamma\rangle + \frac{1}{m}\sum_{\delta}{}'\,|0\delta\rangle\frac{\langle\delta 0|\mathbf{k}\cdot\boldsymbol{\pi}|0\gamma\rangle}{\varepsilon_{\gamma 0}-\varepsilon_{\delta 0}}\right).$$

Wenn am Punkt $\mathbf{k} = 0$ weitere Entartungen vorliegen, haben wir die Störungstheorie im entarteten Fall anzuwenden, siehe z. B. Schiff, S. 156 -158. Der Rand des Valenzbandes von wichtigen Halbleiterkristallen ist entartet; die Form der Energieflächen wird in einem späteren Kapitel über Halbleiterbänder betrachtet, wir wollen aber unten ein Beispiel dafür geben.

Wir können aus der Form von (61) einige direkte Schlüsse ziehen. Wenn ein $\varepsilon_{\gamma 0} - \varepsilon_{\delta 0}$ sehr klein ist, dann wird die Form des Bandes γ in der Umgebung von $\mathbf{k} = 0$ im wesentlichen durch die Matrixelemente bestimmt sein, die es mit dem Band δ verbinden. Umgekehrt wird δ durch γ bestimmt. Weiter ergibt sich, wenn der Energienenner sehr klein ist, daß dann auch das effektive Massenverhältnis m^*/m sehr klein ist. Es sei ein extremes Beispiel angeführt: Man glaubt, daß die Energielücke in dem Halbleiterkristall $Cd_xHg_{1-x}Te$ ($x = 0.136$) kleiner ist als 0.006 eV und die Experimente weisen auch darauf hin, daß $m^*/m \leqq 4 \times 10^{-4}$ am unteren Rand des Leitungsbandes ist.

Nach Rechnungen von F. S. Ham, *Phys. Rev.* **128**, 82 (1962) ergeben sich für die effektiven Massen bei $\mathbf{k} = 0$ in den Leitungsbändern der Alkalimetalle die folgenden Werte:

Metall	Li	Na	K	Rb	Cs
Bandindex	2s	3s	4s	5s	6s
m^*/m	1.33	0.965	0.86	0.78	0.73

Wir wollen annehmen, daß die Reihenfolge der Bänder in der Umgebung von $\mathbf{k} = 0$ bei den Alkalimetallen die gleiche ist, wie die Reihenfolge der Zustände in einem freien Atom. Dann kommen in Li alle Störungen des $2s$-Leitungsbandes von p-Zuständen, die höhere Energie besitzen als die $2s$-Zustände, weil es keinen 1-p-Zustand gibt. Für Li ist also $\varepsilon_{s0} - \varepsilon_{p0} < 0$, so daß $m < m^*$ ist. Für Na ist die Störung des $3s$-Leitungsbandes durch die $2p$-Zuständen, die höhere Energetisch unterhalb, und die $3p$-Zustände, die oberhalb der $3s$-Zustände liegen, ungefähr entgegengesetzt gleich groß, so daß $m^* \cong m$ ist. Wenn wir in der Alkalireihe weiter gehen, so nimmt die Störung von unten relativ zu der Störung von oben zu, und es ist $m^* < m$.

k · p-*Störungstheorie im entarteten Fall.* Das einfachste Beispiel der **k · p**-Störungstheorie für entartete Bänder ergibt sich bei einachsigen Kristallen mit einem Symmetriezentrum. Angenommen wir haben ein Band mit s-artiger Symmetrie bei $\mathbf{k} = 0$, das um die Energie E_g höher liegt als ein Paar von Bändern, die bei $\mathbf{k} = 0$ entartet sind und die sich an diesem Punkt wie x und y transformieren. Die Symmetrieachse ist parallel der z-Richtung. Den Zustand, der z-artig ist bei $\mathbf{k} = 0$, wollen wir stillschweigend vernachlässigen. Wir nehmen an, daß wegen des Kristallpotentials z gegenüber den anderen Zuständen um eine Energie verschoben ist, die groß ist verglichen mit E_g. Wir vernachlässigen in diesem Beispiel die Spin-Bahn-Kopplung.

Die Energiekorrektur erster Ordnung der Störung $(1/m)\mathbf{k}\cdot\mathbf{p}$ verschwindet auf Grund der Parität. Die Energie zweiter Ordnung enthält die Matrixelemente

$$\text{(64)}\qquad \langle s|H''|x\rangle = \frac{1}{m^2E_g}\sum_j \langle s|\mathbf{k}\cdot\mathbf{p}|j\rangle\langle j|\mathbf{k}\cdot\mathbf{p}|x\rangle = 0,$$

dies ergibt sich ebenfalls auf Grund der Paritätauswahl; hier ist $j = x, y$. Weiter ist

$$\text{(65)}\qquad \langle x|H''|x\rangle = \frac{1}{m^2E_g}\langle x|\mathbf{k}\cdot\mathbf{p}|s\rangle\langle s|\mathbf{k}\cdot\mathbf{p}|x\rangle = -\frac{k_x^{\,2}}{m^2E_g}|\langle x|p_x|s\rangle|^2;$$

$$\text{(66)}\qquad \langle x|H''|y\rangle = \frac{1}{m^2E_g}\langle x|\mathbf{k}\cdot\mathbf{p}|s\rangle\langle s|\mathbf{k}\cdot\mathbf{p}|y\rangle = -\frac{k_xk_y}{m^2E_g}\langle x|p_x|s\rangle\langle s|p_y|y\rangle.$$

Aus Symmetriegründen ist $\langle s|p_y|y\rangle = \langle s|p_x|x\rangle$; damit können wir schreiben, für $i, j = x$ oder y,

$$\text{(67)}\qquad \langle i|H''|j\rangle = -Ak_ik_j; \qquad A = \frac{1}{m^2E_g}|\langle x|p_x|s\rangle|^2.$$

Die Säkulargleichung der drei Zustände lautet

$$\text{(68)}\qquad \begin{vmatrix} E_g + A(k_x^{\,2}+k_y^{\,2}) - \lambda & 0 & 0 \\ 0 & -Ak_x^{\,2} - \lambda & -Ak_xk_y \\ 0 & -Ak_yk_x & -Ak_y^{\,2} - \lambda \end{vmatrix} = 0.$$

Eine Lösung ist

$$\text{(69)}\qquad \varepsilon_s(\mathbf{k}) = \frac{k^2}{2m} + \lambda = E_g + \frac{1}{2m}k^2 + A(k_x^{\,2} + k_y^{\,2});$$

dies zeigt, daß bis zur zweiten Ordnung in k die Energiebandstruktur des s-Zustandes in der Nähe der Bandkante sphäroidisch ist, und zwar mit der freien Elektronenmasse m in der z-Richtung und der effektiven Masse in der xy-Ebene, die gegeben ist durch

$$\text{(70)}\qquad \frac{1}{m^*} = \frac{1}{m} + \frac{2}{m^2E_g}|\langle x|p_x|s\rangle|^2.$$

Hier ist $m^* < m$.

Die Energien der entarteten Bänder enthalten die Lösungen von

$$(71) \qquad \begin{vmatrix} Ak_x^2 + \lambda & Ak_xk_y \\ Ak_yk_x & Ak_y^2 + \lambda \end{vmatrix} = 0,$$

oder

$$(72) \qquad \lambda = 0, \quad \text{und} \quad -(k_x^2 + k_y^2).$$

Damit ergibt sich für die beiden Bänder, die bei $\mathbf{k} = 0$ entartet sind, bis zur zweiten Ordnung in $\mathbf{k}$:

$$(73) \qquad \varepsilon_\alpha(\mathbf{k}) = \frac{1}{2m} k^2; \qquad \varepsilon_\beta(\mathbf{k}) = \frac{1}{2m} k^2 - A(k_x^2 + k_y^2).$$

Die Form der Säkulargleichung (68) ist nicht die allgemeinste Form: Die Koeffizienten der Außerdiagonalelemente sind üblicherweise nicht gleich den Koeffizienten der Diagonalelemente. Wenn wir annehmen, daß irgenwo oberhalb der s-Zustände zwei entartete d-Zustände liegen, die sich wie xz und yz transformieren, dann enthalten die Diagonalelemente der Säkulargleichung auch

$$(74) \qquad \langle x|\mathbf{k}\cdot\mathbf{p}|xz\rangle\langle xz|\mathbf{k}\cdot\mathbf{p}|x\rangle = k_z^2|\langle x|p_z|xz\rangle|^2,$$

dies ist auch der Wert von $\langle y|\mathbf{k}\cdot\mathbf{p}|yz\rangle\langle yz|\mathbf{k}\cdot\mathbf{p}|y\rangle$. Die Beiträge der d-Zustände in den Außendiagonalelementen verschwinden. Damit wird (71) im allgemeiner Fall

$$(75) \qquad \begin{vmatrix} Ak_x^2 + Bk_z^2 + \lambda & Ak_xk_y \\ Ak_yk_x & Ak_y^2 + Bk_z^2 + \lambda \end{vmatrix} = 0.$$

Diese Säkulargleichung besitzt die Eigenwerte

$$(76) \qquad \begin{aligned} \lambda_{\mathbf{k}} &= -\,Bk_y^2; \\ \lambda_{\mathbf{k}} &= -\,Bk_y^2 - A\,(k_x^2 + k_y^2). \end{aligned}$$

Die Flächen konstanter Energie sind Rotationsfiguren um die z-Achse. Eine Fläche (jene mit dem + Zeichen) beschreibt schwere Löcher, die andere Fläche beschreibt leichte Löcher.

Beschleunigungstheoreme

Theorem 10. In einem konstanten elektrischen Feld $\mathbf{E}$ wird die Beschleunigung eines Elektrons in einem periodischen Gitter beschrieben durch

$$(77) \qquad \dot{\mathbf{k}} = e\mathbf{E},$$

und das Elektron bleibt innerhalb des gleichen Bandes. Wir nehmen an, daß das Band nicht entartet ist.

Erster Beweis: Wenn das elektrische Feld in der üblichen Weise als skalares Potential $\varphi = -e\mathbf{E} \cdot \mathbf{x}$ im Hamiltonoperator enthalten ist, dann ruft die Tatsache, daß $\mathbf{x}$ nicht beschränkt ist, einige mathematische Schwierigkeiten hervor. Die einfachste Methode für dieses Problem besteht darin, das elektrische Feld durch ein Vektorpotential auszudrücken, welches linear mit der Zeit anwächst. Wir setzen

$$\mathbf{A} = -c\mathbf{E}t; \tag{78}$$

damit wird

$$\mathbf{E} \equiv -\operatorname{grad} \varphi - \frac{1}{c}\frac{\partial \mathbf{A}}{\partial t} = \mathbf{E}, \tag{79}$$

wie gefordert. Der Einelektron-Hamiltonoperator ist

$$\begin{aligned} H &= \frac{1}{2m}\left(\mathbf{p} - \frac{e}{c}\mathbf{A}\right)^2 + V(\mathbf{x}) \\ &= \frac{1}{2m}(\mathbf{p} + e\mathbf{E}t)^2 + V(\mathbf{x}). \end{aligned} \tag{80}$$

Es ist nützlich, mit der klassischen Bewegung freier Elektronen im Vektorfeld $\mathbf{A} = -c\mathbf{E}t$ vertraut zu werden:

$$H = \frac{1}{2m}(\mathbf{p} + e\mathbf{E}t)^2. \tag{81}$$

Die Hamilton-Gleichungen lauten:

$$\dot{\mathbf{p}} = -\partial H/\partial \mathbf{x} = 0; \qquad \dot{\mathbf{x}} = \partial H/\partial \mathbf{p} = (\mathbf{p} + e\mathbf{E}t)/m. \tag{82}$$

In der Quantentheorie ergibt sich für ein freies Elektron

$$i\dot{\mathbf{p}} = [\mathbf{p},H] = 0; \qquad i\dot{\mathbf{x}} = [\mathbf{x},H] = i(\mathbf{k}_0 + e\mathbf{E}t)/m, \tag{83}$$

wobei $\mathbf{k}_0$ der Eigenwert von $\mathbf{p}$ ist, welcher eine Konstante der Bewegung ist.

Man beachte, daß der Hamiltonoperator (80) die Periodizität des Gitters besitzt, ob nun $\mathbf{E}$ anwesend ist oder nicht. Daher sind die Lösungen genau von der Bloch-Form:

$$\varphi_{\mathbf{k}}(\mathbf{x},\mathbf{E},t) = e^{i\mathbf{k}\cdot\mathbf{x}}u_{\mathbf{k}}(\mathbf{x},\mathbf{E},t), \tag{84}$$

wobei $u_{\mathbf{k}}(\mathbf{x},\mathbf{E},t)$ die Periodizität des Gitters besitzt; die Zeit t wird hier als Parameter betrachtet. Die Funktionen $u_{\gamma\mathbf{k}}(\mathbf{x},\mathbf{E},t)$ für das Band γ können als eine Linearkombination der $u_{\alpha\mathbf{k}}(\mathbf{x},0)$ geschrieben werden

- den Eigenfunktionen aller Bänder für $\mathbf{E} = 0$. Wir sehen, daß im elektrischen Feld in strenger Weise Bänder definiert werden können, und daß $\mathbf{k}$ eine gute Quantenzahl ist. In dieser Formulierung wird $\mathbf{k}$ durch das elektrische Feld nicht geändert.

Wir behandeln nun die Zeit als Parameter und vergleichen die Terme der kinetischen Energie $(\mathbf{p} + e\mathbf{E}t + \mathbf{k})^2/2m$ in dem effektiven Hamiltonoperator für $u_{\mathbf{k}}(\mathbf{E},t)$ mit dem Term der kinetischen Energie $(\mathbf{p} + e\mathbf{E}t' + \mathbf{k}')^2/2m$ im Hamiltonoperator für $u_{\mathbf{k}'}(\mathbf{E},t')$. Beide Hamiltonoperatoren sind gleich, wenn

$$e\mathbf{E}t + \mathbf{k} = e\mathbf{E}t' + \mathbf{k}', \tag{85}$$

so daß die Zustände und die Energien bei $\mathbf{k},t$ und $\mathbf{k}',t'$ identisch sind, wenn (85) erfüllt ist. Ein Elektron, welches sich in einem gegebenen Zustand $\mathbf{k}$ befindet, *scheint* daher seine Eigenschaft im Rahmen der Zustände, die bei $t = 0$ zu dem Wellenvektor $\mathbf{k}$ gehören, zu ändern, wie wenn

$$\boxed{\dot{\mathbf{k}} = e\mathbf{E}.} \tag{86}$$

Das heißt, daß ein Elektron, das sich zur Zeit $t = 0$ im Zustand $\varphi_{\mathbf{k}}$ befindet, zu einem späteren Zeitpunkt t sich in einem Zustand befindet, der zwar das ursprüngliche $\mathbf{k}$ hat, aber alle sonstigen Eigenschaften (einschließlich der Energie) von dem Zustand besitzt, der ursprünglich zu $\mathbf{k} - e\mathbf{E}t$ gehörte. Der Strom im Zustand $\mathbf{k}$ ist verknüpft mit dem Erwartungswert von $\mathbf{p} - (e/c)\mathbf{A}$; der Strom steigt also linear mit der Zeit an, weil $\mathbf{A} \propto t$ ist.

Da $e\mathbf{E}(t - t')$ invariant gegenüber räumlicher Translation ist, wird $\mathbf{k}$ dadurch nicht geändert. Wir müssen noch zeigen, daß ein Elektron bei $\mathbf{k}$ in dem Band γ zur Zeit t immer noch in demselben Band ist. Dies bedeutet, wir benötigen das adiabatische Theorem, welches besagt, daß ein Übergang zwischen Zuständen α und γ sehr unwahrscheinlich ist, wenn die Änderung im Hamiltonoperator während der Periode $1/\omega_{\alpha\gamma}$ klein ist im Vergleich zu der Energiedifferenz

$$\frac{\partial H}{\partial t}\frac{1}{\omega_{\alpha\gamma}} \cdot \frac{1}{\omega_{\alpha\gamma}} \ll 1. \tag{87}$$

Unsere Zustände α und γ sind Zustände mit demselben $\mathbf{k}$, aber in verschiedenen Bändern. Die Bedingung (87) ist sehr leicht erfüllt - es ist schwierig, sie in einem ausgedehnten Volumen eines Kristalls zu verletzten. Die Beweisführung bei diesem Theorem geht auf Kohn und auf Shockley zurück. Das Vektorpotential $\mathbf{A} = -c\mathbf{E}t$ kann in einem ringförmigen Kristall dadurch erzeugt werden, daß man den magnetischen Fluß einer unendlichen Magnetspule, die durch das Innere des Rings geht, konstant ändert.

Zweiter Beweis: Wir schreiben $H = H_0 + H'$, wobei

$$H_0 = \frac{1}{2m} p^2 + V(\mathbf{x}); \qquad H' = -\mathbf{F} \cdot \mathbf{x}, \tag{88}$$

mit $\mathbf{F} = e\mathbf{E}$ als Kraft auf ein Elektron in dem elektrischen Feld. Man beachte nun, daß

$$\mathrm{grad}_{\mathbf{k}}\, \varphi_{\mathbf{k}\gamma}(\mathbf{x}) = i\mathbf{x}\varphi_{\mathbf{k}\gamma}(\mathbf{x}) + e^{i\mathbf{k}\cdot\mathbf{x}}\, \mathrm{grad}_{\mathbf{k}}\, e^{-i\mathbf{k}\cdot\mathbf{x}}\varphi_{\mathbf{k}\gamma}(\mathbf{x}). \tag{89}$$

Dann ist

$$H = H_{\mathbf{F}} + i\mathbf{F} \cdot \mathrm{grad}_{\mathbf{k}}, \tag{90}$$

wobei sich

$$H_{\mathbf{F}} = H_0 - ie^{i\mathbf{k}\cdot\mathbf{x}}\mathbf{F} \cdot \mathrm{grad}_{\mathbf{k}}\, e^{-i\mathbf{k}\cdot\mathbf{x}} \tag{91}$$

invariant gegenüber einer Gittertranslation verhält, weil der Ausdruck in $\mathbf{F}$ nicht Zustände mit verschiedenem $\mathbf{k}$ mischt, sondern nur Zustände zu demselben $\mathbf{k}$ in verschiedenen Bändern. Wenn $\varphi_{\mathbf{k}\gamma}(\mathbf{x})$ die Eigenzustände von H_0 sind, dann ist

$$-i\langle\delta\mathbf{k}'|e^{i\mathbf{k}\cdot\mathbf{x}}\mathbf{F} \cdot \mathrm{grad}_{\mathbf{k}}\, e^{-i\mathbf{k}\cdot\mathbf{x}}|\mathbf{k}\gamma\rangle = -i \int d^3x\, e^{i(\mathbf{k}-\mathbf{k}')\cdot\mathbf{x}}\, u^*_{\mathbf{k}'\delta}\mathbf{F} \cdot \mathrm{grad}_{\mathbf{k}}\, u_{\mathbf{k}\gamma}. \tag{92}$$

Mit Ausnahme von $\mathbf{k} = \mathbf{k}'$ verschwindet dies, weil der Term $u^*_{\mathbf{k}'\delta}$ grad $u_{\mathbf{k}\gamma}$ invariant gegen Gittertranslation ist. Es folgt, daß $H_{\mathbf{F}}$ die Mischung verschiedener Bänder bewirkt, aber nur der Ausdruck $i\mathbf{F} \cdot \mathrm{grad}_{\mathbf{k}}$ im Hamiltonoperator (90) kann Änderungen von $\mathbf{k}$ hervorrufen. Man beachte, daß im Gegensatz zur früheren Formulierung mit einem zeitabhängigen Vektorpotential in der jetzigen Formulierung $\mathbf{k}$ keine Konstante der Bewegung ist.

Wir betrachten den Fall eines freien Elektrons

$$\varphi_{\mathbf{k}} = e^{i\mathbf{k}\cdot\mathbf{x}}e^{-i\alpha(t)} \tag{93}$$

in einem elektrischen Feld. Die zeitabhängige Schrödinger-Gleichung lautet

$$i\,\frac{d\varphi}{dt} = \left(\frac{1}{2m} p^2 - \mathbf{F} \cdot \mathbf{x}\right)\varphi. \tag{94}$$

Aber aus (93) folgt

$$\frac{d\varphi}{dt} = \frac{\partial\varphi}{\partial t} + \frac{d\mathbf{k}}{dt} \cdot \mathrm{grad}_{\mathbf{k}}\, \varphi = \left(-i\,\frac{d\alpha}{dt} + i\,\frac{d\mathbf{k}}{dt} \cdot \mathbf{x}\right)\varphi, \tag{95}$$

so daß

$$\frac{d\alpha}{dt} - \frac{d\mathbf{k}}{dt} \cdot \mathbf{x} = \frac{1}{2m} k^2 - \mathbf{F} \cdot \mathbf{x}, \tag{96}$$

oder

$$\frac{d\mathbf{k}}{dt} = \mathbf{F}. \tag{97}$$

Dasselbe Argument ist in einem Kristall anwendbar. Wir definieren einen Satz von Funktionen $\chi_{\mathbf{k}\gamma}(\mathbf{x})$ als die Eigenfunktionen von

$$H_{\mathbf{F}}\chi_{\mathbf{k}\gamma} = \varepsilon_{\mathbf{k}\gamma}\chi_{\mathbf{k}\gamma}. \tag{98}$$

Die zeitabhängige Gleichung lautet

$$i\frac{d\chi_{\mathbf{k}}}{dt} = (H_{\mathbf{F}} + i\mathbf{F} \cdot \mathrm{grad}_{\mathbf{k}})\chi_{\mathbf{k}}. \tag{99}$$

Wir versuchen eine Lösung mit $\chi_{\mathbf{k}}$, die auf ein Band beschränkt ist:

$$\chi_{\mathbf{k}} = e^{i\mathbf{k}\cdot\mathbf{x}}e^{-i\alpha(t)}u_{\mathbf{k}\gamma}(\mathbf{x}); \tag{100}$$

die Ableitung ist

$$i\frac{d\chi_{\mathbf{k}}}{dt} = \left(\frac{d\alpha}{dt} + i\frac{d\mathbf{k}}{dt} \cdot \mathrm{grad}_{\mathbf{k}}\right)\chi_{\mathbf{k}}, \tag{101}$$

durch Vergleich von (99) mit (101) folgt,

$$\frac{d\mathbf{k}}{dt} = \mathbf{F}. \tag{102}$$

Damit ist das Beschleunigungstheorem in der Basis $\chi_{\mathbf{k}\gamma}$ von Blochzuständen gültig, für die der Polarisationseffekt des elektrischen Feldes durch den Hamiltonoperator $H_{\mathbf{F}}$ berücksichtigt wurde.

Für sehr kurze Zeitabschnitte kann man zeigen, daß die Bewegung eines Elektrons in einem Kristall durch die freie Elektronenmasse beschrieben wird und nicht durch die effektive Masse; siehe zum Beispiel E.N. Adams und P.N. Argyres, *Phys. Rev.* **102,** 605 (1956).

Wir geben nun ein Theorem an, welches den Erwartungswert der Geschwindigkeit mit dem Wellenvektor verknüpft. Damit sind wir in der Lage, das Beschleunigungstheorem zu benutzen, um die Änderung der Geschwindigkeit und das angelegte Feld miteinander zu verbinden; siehe auch (49).

Theorem 11. Wenn $\langle\mathbf{v}\rangle$ der Erwartungswert der Geschwindigkeit in einem Zustand $|\mathbf{k}\gamma\rangle$ ist, dann gilt

$$\langle\mathbf{v}\rangle = i\langle[H,\mathbf{x}]\rangle = \mathrm{grad}_{\mathbf{k}}\, \varepsilon_{\mathbf{k}\gamma}, \tag{103}$$

in Abwesenheit von Magnetfeldern.

Beweis: Wir betrachten das Matrixelement in dem Band γ:

(104) $$\langle \mathbf{k}|[H,\mathbf{x}]|\mathbf{k}\rangle = \int d^3x\, u_{\mathbf{k}}^*(\mathbf{x}) e^{-i\mathbf{k}\cdot\mathbf{x}}[H,\mathbf{x}]e^{i\mathbf{k}\cdot\mathbf{x}} u_{\mathbf{k}}(\mathbf{x}).$$

Nun ist

(105) $$\mathrm{grad}_{\mathbf{k}}\,(e^{-i\mathbf{k}\cdot\mathbf{x}}He^{i\mathbf{k}\cdot\mathbf{x}}) = -ie^{-i\mathbf{k}\cdot\mathbf{x}}\mathbf{x}He^{i\mathbf{k}\cdot\mathbf{x}} + ie^{-i\mathbf{k}\cdot\mathbf{x}}H\mathbf{x}e^{i\mathbf{k}\cdot\mathbf{x}} = ie^{-i\mathbf{k}\cdot\mathbf{x}}[H,\mathbf{x}]e^{i\mathbf{k}\cdot\mathbf{x}};$$

wir haben weiter in (15) gesehen, daß

(106) $$H(\mathbf{p},\mathbf{x})e^{i\mathbf{k}\cdot\mathbf{x}} = e^{i\mathbf{k}\cdot\mathbf{x}}H(\mathbf{p}+\mathbf{k},\mathbf{x}).$$

Damit ist

(107) $$\begin{aligned}\langle \mathbf{k}|[H,\mathbf{x}]|\mathbf{k}\rangle &= -i\int d^3x\, u_{\mathbf{k}}^*(\mathbf{x})(\mathrm{grad}_{\mathbf{k}}\, e^{-i\mathbf{k}\cdot\mathbf{x}}He^{i\mathbf{k}\cdot\mathbf{x}})u_{\mathbf{k}}(\mathbf{x})\\ &= -i\int d^3x\, u_{\mathbf{k}}^*(\mathbf{x})(\mathrm{grad}_{\mathbf{k}}\, H(\mathbf{p}+\mathbf{k},\mathbf{x}))u_{\mathbf{k}}(\mathbf{x}).\end{aligned}$$

Man benutze nun das Feynman-Theorem, nämlich

(108) $$\frac{\partial}{\partial\lambda}\langle \mathbf{k}|H|\mathbf{k}\rangle = \left\langle \mathbf{k}\right|\frac{\partial H}{\partial\lambda}\left|\mathbf{k}\right\rangle,$$

wobei λ ein Parameter im Hamiltonoperator ist. Damit wird (107) $-i\,\mathrm{grad}_{\mathbf{k}}\,\varepsilon_{\mathbf{k}}$ und

(109) $$\langle\dot{\mathbf{x}}\rangle = \mathrm{grad}_{\mathbf{k}}\,\varepsilon_{\mathbf{k}}.$$

Es folgt weiter, da $\langle\dot{\mathbf{x}}\rangle$ nur eine Funktion von $\mathbf{k}$ ist,

(110) $$\frac{d}{dt}\langle\dot{\mathbf{x}}\rangle = \frac{d\mathbf{k}}{dt}: \mathrm{grad}_{\mathbf{k}}\,\mathrm{grad}_{\mathbf{k}}\,\varepsilon_{\mathbf{k}},$$

oder, mit (55),

(111) $$\frac{d}{dt}\langle\dot{x}_\mu\rangle = \frac{dk_\nu}{dt}\left(\frac{1}{m^*}\right)_{\nu\mu} = F_\nu\left(\frac{1}{m^*}\right)_{\nu\mu}.$$

Wenn $\varepsilon_{\mathbf{k}} = k^2/2m^*$ ist, dann gilt

(112) $$m^*\frac{d}{dt}\langle\dot{\mathbf{x}}\rangle = \mathbf{F}.$$

Schwieriger ist es, die Bewegung von Gitterelektronen in einem Magnetfeld streng zu behandeln. Spezielle Probleme sind an mehreren Stellen des Buches behandelt. Für eine allgemeine Behandlung und weitere Literatur sei auf G.H. Wannier, *Rev. Mod. Phys.* **34**, 645 (1962), und E.J. Blount, *Solid state physics* **13**, 306, verwiesen. Für Elektronen in nicht entarteten Bändern und nicht zu starken Magnetfeldern ergibt sich als Ergebnis der ausführlichen Rechnungen, daß man die Bewegungsgleichung (111) verallgemeinern kann zu

(113) $$\mathbf{F} = e\left(\mathbf{E} + \frac{1}{c}\mathbf{v}\times\mathbf{H}\right).$$

Wir geben nun mehrere Theoreme an, die sich auf spezielle Funktionen beziehen - Wannier-Funktionen -, die man manchmal bei der Behandlung der Bewegung von Gitterelektronen in gestörten Potentialen und in elektrischen und magnetischen Feldern benützt.

Wannier-Funktionen

Es sei $\varphi_{\mathbf{k}\gamma}(\mathbf{x})$ eine Bloch-Funktion; die Wannier-Funktionen sind dann definiert durch

$$w_\gamma(\mathbf{x} - \mathbf{x}_n) = N^{-1/2} \sum_{\mathbf{k}} e^{-i\mathbf{k}\cdot\mathbf{x}_n} \varphi_{\mathbf{k}\gamma}(\mathbf{x}), \tag{114}$$

wobei N die Zahl der Atome ist und $\mathbf{x}_n$ ein Gitterpunkt.

T h e o r e m 12. Die Bloch-Funktionen können nach Wannier-Funktionen entwickelt werden:

$$\varphi_{\mathbf{k}}(\mathbf{x}) = N^{-1/2} \sum_{n} e^{i\mathbf{k}\cdot\mathbf{x}_n} w(\mathbf{x} - \mathbf{x}_n). \tag{115}$$

Beweis: Mit der Definition von w folgt

$$\begin{aligned} \varphi_{\mathbf{k}}(\mathbf{x}) &= N^{-1/2} \sum_{n} e^{i\mathbf{k}\cdot\mathbf{x}_n} N^{-1/2} \sum_{\mathbf{k}'} e^{-i\mathbf{k}'\cdot\mathbf{x}_n} \varphi_{\mathbf{k}'}(\mathbf{x}) \\ &= N^{-1} \sum_{\mathbf{k}',n} e^{i(\mathbf{k}-\mathbf{k}')\cdot\mathbf{x}_n} \varphi_{\mathbf{k}'}(\mathbf{x}) = \varphi_{\mathbf{k}}(\mathbf{x}). \end{aligned} \tag{116}$$

T h e o r e m 13. Wannier-Funktionen zu verschiedenen Gitterpunkten sind orthogonal, das heißt,

$$\int d^3x\, w^*(\mathbf{x}) w(\mathbf{x} - \mathbf{x}_n) = 0, \qquad \mathbf{x}_n \neq 0. \tag{117}$$

Beweis:

$$\begin{aligned} \int d^3x\, w^*(\mathbf{x}) w(\mathbf{x} - \mathbf{x}_n) &= N^{-1} \sum_{\mathbf{k}\mathbf{k}'} \int d^3x\, e^{-i\mathbf{k}\cdot\mathbf{x}_n} \varphi_{\mathbf{k}}^*(\mathbf{x}) \varphi_{\mathbf{k}'}(\mathbf{x}) \\ &= N^{-1} \sum_{\mathbf{k}} e^{-i\mathbf{k}\cdot\mathbf{x}_n} = \delta_{0n}. \end{aligned} \tag{118}$$

Die Wannier-Funktionen sind hauptsächlich auf die Umgebung der einzelnen Gitterpunkte $\mathbf{x}_n$ konzentriert. Wir untersuchen dies unter der speziellen Annahme, daß

$$\varphi_{\mathbf{k}} = e^{i\mathbf{k}\cdot\mathbf{x}} u_0(\mathbf{x}), \tag{119}$$

wobei $u_0(\mathbf{x})$ unabhängig von $\mathbf{k}$ ist. Dann gilt

$$w(\mathbf{x} - \mathbf{x}_n) = N^{-1/2} u_0(\mathbf{x}) \sum_{\mathbf{k}} e^{i\mathbf{k}\cdot(\mathbf{x}-\mathbf{x}_n)}. \tag{120}$$

In einer Dimension, mit der Gitterkonstanten a ist

$$k = m \frac{2\pi}{Na}, \tag{121}$$

wobei m eine ganze Zahl zwischen $\pm\frac{1}{2}N$ ist. Dann wird

$$\sum_k e^{ik\xi} = \sum_m e^{i(2\pi m\xi/Na)} \cong \frac{\sin(\pi\xi/a)}{(\pi\xi/Na)} \tag{122}$$

für $N \gg 1$, und

$$w(x - x_n) = N^{1/2} u_0(x) \frac{\sin\{\pi(x - x_n)/a\}}{\{\pi(x - x_n)/a\}}. \tag{123}$$

In drei Dimensionen erhalten wir das Produkt von drei gleichartigen Funktionen. Daher nimmt die Wannier-Funktion ihren größten Wert innerhalb der Gitterzelle in der Umgebung von $\mathbf{x}_n$ an und fällt ab, wenn wir aus dieser Zelle herausgehen.

Theorem 14. Wenn $\varepsilon(\mathbf{k})$ die Lösung des ungestörten Einteilchenproblems im periodischen Potential für ein nichtentartetes Energieband ist, dann sind die Eigenwerte mit einer langsam veränderlichen Störung $H'(\mathbf{x})$ gegeben durch die Eigenwerte λ der Gleichung

$$[\varepsilon(\mathbf{p}) + H'(\mathbf{x})]U(\mathbf{x}) = \lambda U(\mathbf{x}), \tag{124}$$

wobei $\varepsilon(\mathbf{p})$ der Operator ist, den man erhält, wenn man in $\varepsilon(\mathbf{k})$, im Band γ, $\mathbf{k}$ durch $\mathbf{p}$ oder $-i$ grad ersetzt; $U(\mathbf{x})$ hat die Eigenschaft, daß

$$\chi(\mathbf{x}) = \sum_n U(\mathbf{x}_n) w(\mathbf{x} - \mathbf{x}_n), \tag{125}$$

wobei $\chi(\mathbf{x})$ die Lösung der Schrödingergleichung ist:

$$[H_0 + H'(\mathbf{x})]\chi(\mathbf{x}) = \lambda\chi(\mathbf{x}). \tag{126}$$

Beweis: Ein klarer Beweis wurde von J.C. Slater, *Phys. Rev.* **76**, 1592 (1949), gegeben. Die Behandlung eines ähnlichen Problems für schwach gebundene Donator- und Akzeptorzustände in Halbleitern wird in Kapitel 14 durchgeführt. Die Methode, die dort verwendet wird, ist die am meisten in der Praxis verwandte Methode, wenn man quantitative Rechnungen durchführt.

In einem magnetischen Feld ergibt sich für (124)

$$\left[\varepsilon\left(\mathbf{p} - \frac{e}{c}\mathbf{A}\right) + H'(\mathbf{x})\right] U(\mathbf{x}) = \lambda U(\mathbf{x}), \tag{127}$$

wie von J.M. Luttinger, *Phys. Rev.* **84**, 814 (1951), gezeigt wurde. In der Entwicklung von $\varepsilon(\mathbf{k})$ hat man jedes Produkt der $\mathbf{k}$'s als ein symmetrisches Produkt zu schreiben, bevor man die Substitution $\mathbf{k} \rightarrow \mathbf{p} - e/c\mathbf{A}$ durchführt. Ein Beispiel für Effekte, die dadurch auftreten, daß die Komponenten von $\mathbf{k}$ in einem Magnetfeld nicht vertauschen, wird in Kapitel 14 gegeben.

Aufgaben

1.) Wenn O_1 die Eigenschaft hat

$$KO_1K^{-1} = O_1^+, \tag{128}$$

dann zeige man, daß

$$\langle\varphi|O_1|K\varphi\rangle = 0. \tag{129}$$

Für O_1 können wir ein symmetrisiertes Produkt einer geraden Anzahl von Impulskomponenten nehmen oder irgend eine Funktion von $\mathbf{x}$.

2.) Man zeige für das in Aufgabe 1 definierte O_1

$$\langle\varphi|O_1|\varphi\rangle = \langle K\varphi|O_1|K\varphi\rangle. \tag{130}$$

3.) Wenn O_2 die Eigenschaft hat

$$KO_2K^{-1} = -O_2^+, \tag{131}$$

zeige man, daß

$$\langle\varphi|O_2|\varphi\rangle = -\langle K\varphi|O_2|K\varphi\rangle. \tag{132}$$

4.) Man zeige, daß die Ergebnisse von Aufgaben 1, 2, 3 gelten, wenn man überall $C \equiv KJ$ an Stelle von K schreibt; die Zustände sollen nun Eigenzustände zu einem Hamiltonoperator sein, der invariant gegenüber C ist.

5.) Wenn $COC^{-1} = O^+$ ist, dann zeige man, daß

$$\langle\uparrow\mathbf{k}|O|\mathbf{k}\downarrow\rangle = 0; \tag{133}$$

O kann hier $\mathbf{p}$ sein oder ein symmetrisiertes Produkt einer geraden Anzahl von Impulsen oder die Spin-Bahn-Wechselwirkung. Man zeige weiter, daß

$$\langle\uparrow\mathbf{k}|O|\mathbf{k}\uparrow\rangle = \langle\downarrow\mathbf{k}|O|\mathbf{k}\downarrow\rangle. \tag{134}$$

6.) Wenn $COC^{-1} = -O^+$ ist, dann zeige man, daß

$$\langle\uparrow\mathbf{k}|O|\mathbf{k}\uparrow\rangle = -\langle\downarrow\mathbf{k}|O|\mathbf{k}\downarrow\rangle; \tag{135}$$

O kann hier $\mathbf{L}$ oder $\boldsymbol{\sigma}$ sein.

7.) Man beweise (49); man benütze (47) und die Normierungsbedingung $\mathbf{grad}_\mathbf{k} \sum_\mathbf{G} |f_\mathbf{G}(\mathbf{k})|^2 = 0$.

8.) Man beweise (51).

9.) Man berechne den Tensor der effektiven Masse (56), wobei $\boldsymbol{\pi}$ durch $\mathbf{p}$ ersetzt wird für den Grenzfall getrennter Atome. Die Wellenfunktionen können in der Tight-Binding-Form geschrieben werden als

$$\varphi_{\mathbf{k}\gamma}(\mathbf{x}) = N^{-1/2} \sum_j e^{i\mathbf{k}\cdot\mathbf{x}_j} v_\gamma(\mathbf{x} - \mathbf{x}_j), \tag{136}$$

wobei $\boldsymbol{v}$ eine Atomfunktion in dem Zustand γ ist. Es wird angenommen, daß die $\boldsymbol{v}$'s, die an verschiedenen Gitterpunkten konzentriert sind, sich nicht überlappen. Wir finden, daß $\langle\gamma\mathbf{k}|\mathbf{p}|\mathbf{k}\delta\rangle = \langle v_\gamma|\mathbf{p}|v_\delta\rangle$, wobei v_γ und v_δ verschiedene Zustände desselben Atoms sind. Nun ist

$$\frac{i}{m}\langle\gamma|\mathbf{p}|\delta\rangle = (\varepsilon_\delta - \varepsilon_\gamma)\langle\gamma|\mathbf{x}|\delta\rangle, \tag{137}$$

so daß

$$\left(\frac{m}{m^*}\right)_{xx} = \left[1 - 2m \sum_\delta{}' (\varepsilon_\delta - \varepsilon_\gamma)|\langle\gamma|x|\delta\rangle|^2\right] = 0, \tag{138}$$

durch Anwendung der f-Summenregel für Atome. Man zeige, daß (136) die Forderung der Translationssymmetrie (14) erfüllt.

10.) (*a*) Man zeige, daß ein Elektron in einem Kristall, der sich in einem elektrischen Feld $\boldsymbol{\mathcal{E}}$ befindet, oszilliert gemäß

$$e(\mathbf{x} - \mathbf{x}_0) \cdot \boldsymbol{\mathcal{E}} = \varepsilon(\mathbf{k}_0 + e\boldsymbol{\mathcal{E}}t) - \varepsilon(\mathbf{k}_0), \tag{139}$$

auf Grund der Energieerhaltung. Die Amplitude Δx der Schwingung ist $\Delta x \cong \Delta\varepsilon/e|\boldsymbol{\mathcal{E}}|$, wobei $\Delta\varepsilon$ die Breite des Bandes ist. (*b*) Man schätze Δx für sinnvolle elektrische Felder ab. (*c*) Man schätze die Frequenz der Bewegung ab.

11.) Man betrachte einen Bloch-Zustand, der bei $\mathbf{k} = 0$ nicht entartet ist. Man entwickle $\varphi_{\mathbf{k}}(\mathbf{x})$ nach $\varphi_0(\mathbf{x})$ bis zur ersten Ordnung in $\mathbf{k} \cdot \mathbf{p}$ und zeige durch direktes Ausrechnen, daß

$$\langle \mathbf{k}|p_\mu|\mathbf{k}\rangle \cong k_\alpha \left(\frac{m}{m^*}\right)_{\alpha\mu}, \tag{140}$$

in erster Ordnung in $\mathbf{k}$.

10. Brillouinzonen und Kristallsymmetrie

Wir haben gesehen, daß die Energieeigenwerte im periodischen Potential periodisch im reziproken Gitter sind:

$$\varepsilon_{\mathbf{k}+\mathbf{G}} = \varepsilon_{\mathbf{k}};$$

um die Eigenwerte eindeutig zu kennzeichnen, ist es nötig, $\mathbf{k}$ auf eine primitive Elementarzelle des reziproken Gitters zu beschränken. Die primitive Elementarzelle kann in verschiedener Weise gewählt werden; die übliche Definition ist aber, daß die Zelle durch die Mittelsenkrechten der Verbindungslinien zwischen dem Punkt $\mathbf{k} = 0$ und den nächsten Punkten des reziproken Gitters gebildet wird. Diese Zelle nennt man erste Brillouinzone oder einfach Brillouinzone. Wenn nichts anderes vermerkt ist, sollen unsere $\mathbf{k}$'s auf diese Zone beschränkt sein. Die Brillouinzone des linearen Gitters wird in Bild 1 gezeigt, des quadratischen Gitters in Bild 2, des einfach kubischen Gitters in Bild 3, des bcc-Gitters in Bild 5 und des fcc-Gitters in Bild 7. Die Konstruktion der Zonen ist in EFP, Kapitel 1 und ISSP, Kapitel 12 beschrieben.

Es gibt gewisse nützliche Symmetrieeigenschaften des Hamiltonoperators für das periodische Kristallpotential, die man am einfachsten mit Hilfe der elementaren Gruppentheorie behandelt. Der Leser ohne Vorkenntnisse in Gruppentheorie kann die erforderlichen Kenntnisse in Kapitel 12 von Landau und Lifshitz, Band III erwerben. Das bescheidene Ziel dieses Kapitels ist, einem Leser, der Kenntnisse der Punktgruppen und ihrer Darstellungen besitzt, es zu ermöglichen, seine Kenntnisse auf die wichtigen Symmetrieeigenschaften der Brillouinzone anzuwenden. Wir stellen auch in Form von Tabellen häufig benötigte Ergebnisse zusammen. Die Symmetrieeigenschaften werden zunächst ohne Spin behandelt; der Spin wird später hinzugefügt.

In einem Kristall ist die Gruppe G des Hamiltonoperators die Raumgruppe der Kristallstruktur plus dem Operator der Zeitumkehr. Wir erinnern daran, daß das Gitter und damit der Hamiltonoperator invariant ist bezüglich aller Transformationen der Form

$$T\mathbf{x} = \mathbf{x} + \mathbf{t}, \tag{1}$$

wobei $\mathbf{t}$ ein Vektor im direkten Gitter ist:

(2) $$\mathbf{t} = l\mathbf{a} + m\mathbf{b} + n\mathbf{c}; \qquad l, m, n = \text{ganze Zahlen},$$

und $\mathbf{a}, \mathbf{b}, \mathbf{c}$ die primitiven Gittervektoren sind. Für eine Blochfunktion $\varphi_{\mathbf{k}}$ ist daher

(3) $$T\varphi_{\mathbf{k}} = e^{i\mathbf{k}\cdot\mathbf{t}}\varphi_{\mathbf{k}};$$

die Funktionen $\varphi_{\mathbf{k}}$ gehören zu eindimensionalen Darstellungen der Translationsgruppe T und besitzen den Eigenwert $e^{i\mathbf{k}\cdot\mathbf{t}}$. Wir beschränken unsere Betrachtungen zu Anfang auf Kristallstrukturen, die Bravaisgitter sind. Das heißt, wir stellen die Diskussion von Raumgruppen, welche Schraubenachsen und Gleitebenen enthalten, zurück [1]. Die kristallographische Nomenklatur ist in EFP, Kapitel 1 und ISSP, Kapitel 1 zusammengestellt.

Wir untersuchen nun die Wirkung der Operationen der Punktgruppe R. Es sei P_R ein Operator der Punktgruppe. Das Ergebnis der Anwendung von R auf eine Funktion $f(\mathbf{x})$ ist definiert als

(4) $$P_R f(\mathbf{x}) \equiv f(R^{-1}\mathbf{x}),$$

wobei R eine reelle orthogonale Transformation ist.

Die Rotation R transformiert eine Blochfunktion $\varphi_{\mathbf{k}}(\mathbf{x}) = e^{i\mathbf{k}\cdot\mathbf{x}}u_{\mathbf{k}}(\mathbf{x})$ in eine neue Funktion $\varphi_{\mathbf{k}'}(\mathbf{x})$, wobei sich $\mathbf{k}'$ durch eine Rotation R im $\mathbf{k}$-Raum aus $\mathbf{k}$ ergibt. Dieses Ergebnis ist unmittelbar klar, wenn man beachtet, daß $\mathbf{k} \cdot R^{-1}\mathbf{x} = \mathbf{x} \cdot R\mathbf{k}$ ist.

T h e o r e m . Wenn $\varphi_{\mathbf{k}}(R^{-1}\mathbf{x})$ eine Lösung der Wellengleichung ist, dann ist $\varphi_{R[\mathbf{k}]}(\mathbf{x})$ eine Lösung zur selben Energie, wobei R ein Element der Gruppe der Schrödingergleichung ist.

Beweis: Wir haben

(5) $$\varphi_{\mathbf{k}}(R^{-1}\mathbf{x}) = e^{i\mathbf{k}\cdot R^{-1}\mathbf{x}}u_{\mathbf{k}}(R^{-1}\mathbf{x}) = e^{iR[\mathbf{k}]\cdot\mathbf{x}}u_{\mathbf{k}}(R^{-1}\mathbf{x}).$$

Nun ist $u_{\mathbf{k}}(\mathbf{x})$ eine Lösung von

(6) $$\left\{\frac{1}{2m}(p^2 + 2\mathbf{k}\cdot\mathbf{p} + k^2) + V(\mathbf{x})\right\} u_{\mathbf{k}}(\mathbf{x}) = \lambda_{\mathbf{k}}u_{\mathbf{k}}(\mathbf{x}),$$

und $u_{\mathbf{k}}(R^{-1}\mathbf{x})$ ist eine Lösung von

[1]) Wegen Einzelheiten dieser Raumgruppen vergleiche man H. Jones, *Theory of Brillouin zones and electronic states in crystals,* North-Holland, Amsterdam, 1960; V. Heine, *Group theory in quantum mechanics,* Pergamon, London, 1960; G. F. Koster, *Solid state physics* **5**, 174 - 256.

(7) $$\left\{\frac{1}{2m}(p^2 + 2\mathbf{k}\cdot R^{-1}p + k^2) + V(\mathbf{x})\right\} u_{\mathbf{k}}(R^{-1}\mathbf{x}) = \lambda_{\mathbf{k}} u_{\mathbf{k}}(R^{-1}\mathbf{x}),$$

wobei wir die Beziehungen benützten

(8) $$V(R^{-1}\mathbf{x}) = V(\mathbf{x}),$$

und

(9) $$R^{-1}\mathbf{p}\cdot R^{-1}\mathbf{p} = p^2.$$

Man beachte aber, daß

(10) $$R[\mathbf{k}]\cdot\mathbf{p} = \mathbf{k}\cdot R^{-1}[\mathbf{p}],$$

und

(11) $$R[\mathbf{k}]\cdot R[\mathbf{k}] = k^2,$$

so daß $\varphi_{R[\mathbf{k}]}(\mathbf{x})$ und $\varphi_{\mathbf{k}}(R^{-1}\mathbf{x})$ Lösungen derselben Gleichung sind und dieselbe Energie besitzen. Man beachte, daß $\varphi_{R[\mathbf{k}]}(\mathbf{x})$ eine Eigenfunktion des Gittertranslationsoperators T ist mit dem Eigenwert $e^{iR[\mathbf{k}]\cdot\mathbf{t}}$.

Wir können deshalb eine Darstellung von R erzeugen, indem wir R auf **k** im **k**-Raum wirken lassen oder R^{-1} auf **x** im Ortsraum. Wenn es nur für jedes **k** ein einziges $\varphi_{\mathbf{k}}$ gibt, können wir (4) ersetzen durch

(12) $$P_R\varphi_{\mathbf{k}}(\mathbf{x}) = \varphi_{R[\mathbf{k}]}(\mathbf{x}).$$

Wenn die Punktgruppe n Elemente hat, dann bilden die entarteten $\varphi_{\mathbf{k}}$ (für ein allgemeines **k**) eine n-dimensionale Darstellung der Gruppe der Schrödingergleichung.

Wenn ein spezielles $\mathbf{k}_0$ invariant ist bezüglich gewisser Operationen R', die eine Untergruppe von R bilden, also $\mathbf{k}_0 = R'\mathbf{k}_0$, dann bilden diese Operationen die Gruppe von $\mathbf{k}_0$. Das heißt, wenn es Symmetrieelemente gibt, die spezielle Wellenvektoren invariant lassen, dann bilden diese Symmetrieelemente eine Gruppe, die man die *Gruppe des Wellenvektors* **k** nennt. Wegen der Periodizitäten des reziproken Gitters behandeln wir k und **k** + G als *identische* (nicht nur äquivalente) Wellenvektoren, wobei G ein Vektor im reziproken Gitter ist. Diese Behauptung ist in Übereinstimmung mit der korrekten Numerierung der Zustände (Kapitel 1). Unter der Voraussetzung, daß die Zustände $\varphi_{\mathbf{k}\mu}$ zu gegebenem **k** energetisch entartet sind, transformieren die Operationen der Gruppe von **k** einen Zustand $\varphi_{\mathbf{k}\mu}$ nach $\varphi_{\mathbf{k}\lambda}$, wobei **k** nicht geändert wird. Von den φ's wird dann gesagt, daß sie eine Darstellung der Gruppe von **k** bilden. Diese Darstellung nennen wir *Unterdarstellung* (engl. small representation).

Wir betrachten zunächst das triviale Beispiel des linearen Gitters mit der Gitterkonstanten a ; die Brillouinzone wird in Bild 1 gezeigt. Die erste Zone liegt zwischen $-\pi/a$ und π/a . Wenn das Potential $V(x)$ gerade ist mit $V(-x) = V(x)$, dann enthält die Gruppe des Hamiltonoperators die Operation der Spiegelung an einer Ebene durch den Ursprung, und k_1 und $-k_1$ sind energetisch entartet. Wir bezeichnen die Operation der Spiegelung senkrecht zur x -Achse mit m_x .

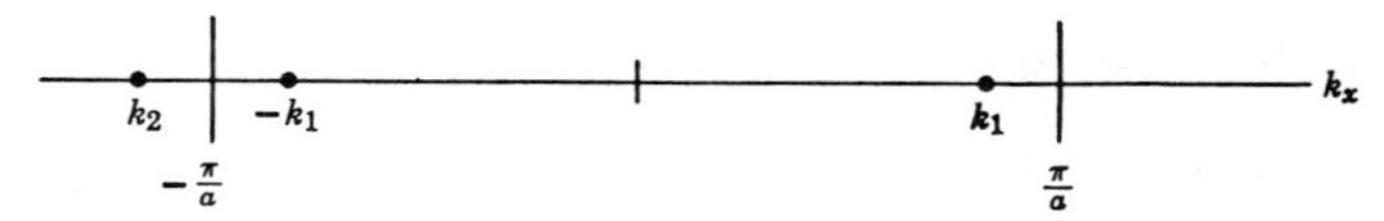

Bild 1: Brillouinzone des linearen Gitters.

Die speziellen Punkte im **k** -Raum sind in diesem Beispiel $-\pi/a$ und π/a ; sie unterscheiden sich durch den reziproken Gittervektor $2\pi/a$ und sind deshalb in jeder Beziehung *identische* Punkte. Es gilt

$$m_x\left[\frac{\pi}{a}\right] = -\frac{\pi}{a} \equiv \frac{\pi}{a}; \tag{13}$$

so daß der Punkt π/a bezüglich m_x invariant ist. Die Operation E und m_x, wobei E das Einselement ist, bilden die Gruppe des Wellenvektors π/a . Die Darstellungen dieser Gruppe sind eindimensional und trivial; sie sind entweder gerade oder ungerade bezüglich m_x, so daß $\varphi_{\pi/a} = \pm\varphi_{-\pi/a}$ ist; also gilt entweder

$$\varphi_{\pi/a} = \sin(\pi x/a)u_{\pi/a}(x) \tag{14}$$

oder

$$\varphi_{\pi/a} = \cos(\pi x/a)u_{\pi/a}(x). \tag{15}$$

Wir sehen, daß die Blochfunktionen an den Grenzen dieser Zone stehende Wellen sind. Die u's in (14) und (15) müssen nicht gleich sein, weil die φ's zu verschiedenen Darstellungen gehören und damit zu verschiedenen Energien.

Wir bemerken noch eine andere Eigenschaft der Zonengrenze. Der Punkt $k_2 = k_1 - (2\pi/a)$ ist identisch mit k_1, weil sich die Punkte nur um einen reziproken Gittervektor unterscheiden. Wir erinnern uns, daß $\pm k_1$ energetisch entartet sind. Für die Energien gilt also

$$\varepsilon(k_1) = \varepsilon(k_2) = \varepsilon(-k_1); \tag{16}$$

wenn wir k_1 gegen π/a gehen lassen, sehen wir, daß k_2 gegen $-\pi/a$ geht, so daß gilt

(17) $$\lim_{\delta\to+0} \varepsilon\left(\frac{\pi}{a}-\delta\right) = \lim_{\delta\to+0} \varepsilon\left(-\frac{\pi}{a}-\delta\right) = \lim_{\delta\to+0} \varepsilon\left(-\frac{\pi}{a}+\delta\right).$$

Das besagt, daß die Energie in der Umgebung von $\pm\pi/a$ eine gerade Funktion von $\mathbf{k}$ ist, woraus folgt:

(18) $$\frac{\partial}{\partial k}\,\varepsilon(k) = 0$$

am Punkt $\pm\pi/a$.

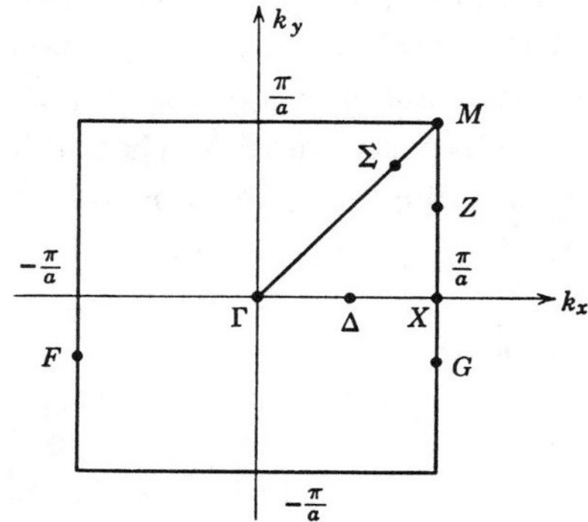

Bild 2: Brillouinzone des quadratischen Gitters; die Symmetrie der Punktgruppe ist 4 mm.

Quadratisches Gitter

Die Brillouinzone des quadratischen Gitters wird in Bild 2 gezeigt. Die Symmetrie der Punktgruppe des Gitters wird durch das Symbol $4mm$ gekennzeichnet; es gibt eine vierzählige Drehachse und zwei Sätze von Spiegelebenen. Ein Satz wird von m_x und m_y gebildet und der andere von zwei Diagonalebenen, die man mit m_d, $m_{d'}$ bezeichnet. Bezüglich einer Diskussion der Symmetrieelemente der Kristalle vergleiche man EFP, Kapitel 1 und ISSP, Kapitel 1.

Es gibt sechs spezielle Typen von Punkten oder Linien in der Brillouinzone des quadratischen Gitters - die Punkte Γ, M, X und die Linien Δ, Z, Σ. Der Punkt Γ, der an der Stelle $\mathbf{k} = 0$ liegt, geht bei Anwendung aller Operationen der Punktgruppe in sich selbst über. Bei denselben Operationen geht M entweder in sich selbst über oder in die anderen Ecken des Quadrates. Die Ecken sind durch reziproke Gittervektoren miteinander verbunden. Deshalb stellen die vier Ecken nur einen *einzigen* Punkt dar. Die Transformation einer Ecke in eine andere ist äquivalent der Transformation einer Ecke M in sich selbst. Der Punkt X ist invariant bezüglich der Operationen 2_z, m_x, m_y, wobei die Spiegelung m_x und die zweizählige Rotation 2_z den Punkt π/a in den identischen Punkt $-\pi/a$ überführen.

Die speziellen Linien Σ, Δ und Z sind invariant bezüglich den Spiegeloperationen m_d, m_y und m_x. Die Invarianz von Z bezüglich m_x folgt aus der Tatsache, daß diese Operation Z in einen Punkt transformiert, der mit Z durch einen reziproken Gittervektor verbunden ist. Die Punkte, die mit G und F bezeichnet sind, werden durch m_x miteinander verknüpft und unterscheiden sich durch den reziproken Gittervektor $(2\pi/a,0,0)$. Wir sehen, daß die Beziehung (17) im Fall des quadratischen Gitters für jeden Punkt der Zonengrenze anwendbar ist, so daß auf der Zonengrenze gilt $\text{grad}_\mathbf{k}\, \varepsilon = 0$. Diese Eigenschaft ist untrennbar mit dem Vorhandensein der Spiegelebene verknüpft; sie gilt zum Beispiel nicht für die (111)-Fläche im fcc-Gitter (Bild 7), weil es dort keine Spiegelebene senkrecht zur [111]-Richtung gibt.

Tabelle 1

Charakterentafel der Unterdarstellung für die speziellen Punkte und Linien des quadratischen Gitters.

Γ, M	E	2_z	4_z, 4_z^3	m_x, m_y	m_d, $m_{d'}$
Γ_1, M_1	1	1	1	1	1
Γ_2, M_2	1	1	1	−1	−1
Γ_3, M_3	1	1	−1	1	−1
Γ_4, M_4	1	1	−1	−1	1
Γ_5, M_5	2	−2	0	0	0

X	E	2_z	m_x	m_y
X_1	1	1	1	1
X_2	1	1	−1	−1
X_3	1	−1	1	−1
X_4	1	−1	−1	1

Δ / Σ / Z	E / E / E	m_y / m_d / m_x
Δ_1, Σ_1, Z_1	1	1
Δ_2, Σ_2, Z_2	1	−1

Die Charakterentafel für die speziellen Punkte und Linien des quadratischen Gitters sind in Tabelle 1 angegeben. Wir können zweckmäßigerweise ein Energieband durch einen Satz der irreduziblen Darstellungen seiner speziellen Punkte kennzeichnen; auf diese Weise kann ein Band durch $\Gamma_5\Delta_1X_4Z_2M_5\,\Sigma_1$ gekennzeichnet werden.

Kompatibilitätsbedingungen

Innerhalb eines einzigen Energiebandes sind die Darstellungen an den speziellen Punkten und Linien nicht vollständig voneinander unabhängig. Die Darstellungen müssen kompatibel sein. Unter der Annahme, daß das Band die Darstellung Z_2 an der Stelle Z hat, ist der Zustand bezüglich der Spiegelungsoperation m_x ungerade. Diese Darstellung ist am Punkt X auf der Linie Z nicht kompatibel mit den Darstellungen X_1 und X_3, welche bezüglich m_x gerade sind. Weiterhin ist Z_2 nicht kompatibel mit M_1 und M_3, weil diese Darstellungen bezüglich m_x gerade sind. Von besonderem Interesse ist die Untersuchung von M_5; es zerfällt bezüglich der Gruppe E, m_x in Z_1 und Z_2, so daß M_5 entweder mit Z_1 oder mit Z_2 kompatibel ist. Die vollständigen Kompatibilitätsbedingungen für das quadratische Gitter sind einfach zu erhalten und sind in Tabelle 2 zusammengestellt.

Tabelle 2

Kompatibilitätsbedingungen für das quadratische Gitter

Darstellung	Verträglich mit
Δ_1	$\Gamma_1, \Gamma_3, \Gamma_5; X_1, X_4$
Δ_2	$\Gamma_2, \Gamma_4, \Gamma_5; X_2, X_3$
Σ_1	$\Gamma_1, \Gamma_4, \Gamma_5; M_1, M_4, M_5$
Σ_2	$\Gamma_2, \Gamma_3, \Gamma_5; M_2, M_3, M_5$
Z_1	$X_1, X_3; M_1, M_3, M_5$
Z_2	$X_2, X_4; M_2, M_4, M_5$

Einfach kubisches Gitter

Die volle kubische Punktgruppe ist $4/m\,\bar{3}\,2/m$. Es gibt vier spezielle Punkte R, M, X, Γ und fünf spezielle Linien Δ, S, T, Σ, Z, die in Bild 3 eingezeichnet sind.

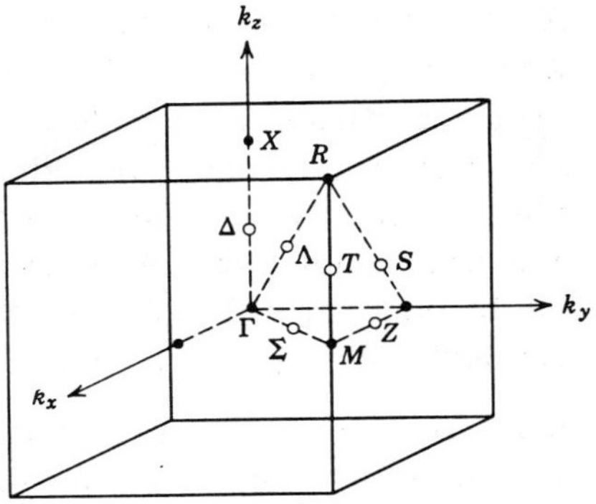

Bild 3: Brillouinzone des einfach-kubischen Gitters mit speziellen Punkten.

Γ, R. Der Punkt Γ im Mittelpunkt der Zone geht offensichtlich bezüglich aller Transformationen der kubischen Gruppe in sich selbst über. Der Punkt R an der Ecke ist mit allen anderen Eckpunkten durch reziproke Gittervektoren verbunden, so daß alle 8 Ecken einen einzigen Punkt bilden. Die acht Eckpunkte transformieren sich bezüglich der kubischen Gruppe ineinander; daher haben R und Γ dieselben Darstellungen. Sie sind in Tabelle 3 angegeben, die in jedem Lehrbuch über Gruppentheorie zu finden ist. Der Punkt H ist zusätzlich für den Fall des bcc-Gitters mitaufgenommen.

Tabelle 3

Charakterentafel der Unterdarstellung von Γ, R, H

	E	4^2	4	2	3	J	$J4^2$	$J4$	$J2$	$J3$
Γ_1	1	1	1	1	1	1	1	1	1	1
Γ_2	1	1	−1	−1	1	1	1	−1	−1	1
Γ_{12}	2	2	0	0	−1	2	2	0	0	−1
Γ_{15}'	3	−1	1	−1	0	3	−1	1	−1	0
Γ_{25}'	3	−1	−1	1	0	3	−1	−1	1	0
Γ_1'	1	1	1	1	1	−1	−1	−1	−1	−1
Γ_2'	1	1	−1	−1	1	−1	−1	1	1	−1
Γ_{12}'	2	2	0	0	−1	−2	−2	0	0	1
Γ_{15}	3	−1	1	−1	0	−3	1	−1	1	0
Γ_{25}	3	−1	−1	1	0	−3	1	1	−1	0

In Tabelle 4 vergleichen wir drei der üblichen Bezeichnungsweisen, die für die Darstellungen der kubischen Gruppe gebräuchlich sind und geben die Basisfunktionen niedrigster Ordnung an, die sich gemäß diesen Darstellungen transformieren. An Stelle von x, y, z können wir genauso gut k_x, k_y, k_z schreiben. Basisfunktionen von höherer Ordnung werden in Tabelle II der Arbeit von Von der Lage und Bethe gegeben.

X, M. Der zu X äquivalente Punkt ist der Schnittpunkt der k_z-Achse mit der unteren Fläche des Würfels. Zum Punkt M gibt es drei äquivalente Punkte, und zwar sind dies die Schnittpunkte der k_xk_y-Ebene mit den vertikalen Kanten; die Punkte X und M haben die gleichen Symmetrieelemente, nämlich $4/mmm$. Die Darstellungen und Symmetrietypen sind in Tabelle 5 angegeben. Charakterentafeln findet man bei Jones, S. 99 und S. 104; Bouckaert, Smoluchowski und Wigner, S. 64.

Δ, T. Der Punkt T ist äquivalent zu drei Punkten auf den anderen vertikalen Kanten. Die Punktgruppe ist $4mm$; der Punkt Δ besitzt

Tabelle 4

Symmetrien an den Punkten **Γ**, *R*, *H* des kubischen Gitters

Notation			
BSW	LB	Chem	Basisfunktionen
Γ_1	α	A_{1g}	1
Γ_2	β'	A_{2g}	$x^4(y^2 - z^2) + y^4(z^2 - x^2) + z^4(x^2 - y^2)$
Γ_{12}	γ	E_g	$\{z^2 - \frac{1}{2}(x^2 + y^2), (x^2 - y^2)\}$
Γ_{15}'	δ'	T_{1g}	$\{xy(x^2 - y^2), yz(y^2 - z^2), zx(z^2 - x^2)\}$
Γ_{25}'	ε	T_{2g}	$\{xy,yz,zx\}$
Γ_1'	α'	A_{1u}	$xyz[x^4(y^2 - z^2) + y^4(z^2 - x^2) + z^4(x^2 - y^2)]$
Γ_2'	β	A_{2u}	xyz
Γ_{12}'	γ'	E_u	$\{xyz[z^2 - \frac{1}{2}(x^2 + y^2)], xyz(x^2 - y^2)\}$
Γ_{15}	δ	T_{1u}	$\{x,y,z\}$
Γ_{25}	ε'	T_{2u}	$\{z(x^2 - y^2), x(y^2 - z^2), y(z^2 - x^2)\}$

Erklärung der Symbole

BSW = Bouckaert, Smoluchowski und Wigner, *Phys. Rev.* **50**, 58 (1936)
LB = Von der Lage und Bethe, *Phys. Rev.* **71**, 612 (1947)
Chem = wird von den meisten Chemikern benutzt; ebenfalls in dem Buch von Heine.

Tabelle 5

Symmetrien der Punkte *X*, *M* des kubischen Gitters (bezogen auf die *z*-Achse)

Darstellung	Basisfunktionen
X_1, M_1	1
X_2, M_2	$x^2 - y^2$
X_3, M_3	xy
X_4, M_4	$xy(x^2 - y^2)$
X_5, M_5	$\{yz,zx\}$
X_1', M_1'	$xyz(x^2 - y^2)$
X_2', M_2'	xyz
X_3', M_3'	$z(x^2 - y^2)$
X_4', M_4'	z
X_5', M_5'	$\{x,y\}$

dieselbe Punktgruppe. Die folgenden Basisfunktionen sind auf die z-Achse bezogen:

Δ_1	Δ_2	Δ_2'	Δ_1'	Δ_5
1	$x^2 - y^2$	xy	$xy(x^2 - y^2)$	$\{x,y\}$

Λ. Die Punktgruppe ist $3m$. Die Basisfunktionen sind auf die [111]-Achse bezogen:

Λ_1	Λ_2	Λ_3
1	$xy(x - y) + yz(y - z) + zx(z - x)$	$\{(x - z), (y - z)\}$

Die Darstellungen von F sind identisch mit denen von Λ.

Σ, S. Die Gruppen sind holomorph zu $2mm$. Für Operationen, die $k_x = k_y$ und $k_z = 0$ zugeordnet sind, lauten die Basisfunktionen:

Σ_1	Σ_2	Σ_3	Σ_4
1	$z(x-y)$	z	$x-y$

Z. Der Punkt Z besitzt zwei Spiegelebenen und eine zweizählige Achse; die Basisfunktionen bezogen auf die z-Achse lauten:

Z_1	Z_2	Z_3	Z_4
1	yz	y	z

Die Darstellungen von G, K, U, D sind identisch mit denen von Z.

Die Kompatibilitätsbedingungen für das einfach kubische Gitter sind in Tabelle 6 gegeben.

Tabelle 6

Kompatibilitätsbedingungen für das einfach-kubische Gitter

Γ_1	Γ_2	Γ_{12}	Γ_{15}'	Γ_{25}'	Γ_1'	Γ_2'	Γ_{12}'	Γ_{15}	Γ_{25}
Δ_1	Δ_2	$\Delta_1\Delta_2$	$\Delta_1'\Delta_5$	$\Delta_2'\Delta_5$	Δ_1'	Δ_2'	$\Delta_1'\Delta_2'$	$\Delta_1\Delta_5$	$\Delta_2\Delta_5$
Λ_1	Λ_2	Λ_3	$\Lambda_2\Lambda_3$	$\Lambda_1\Lambda_3$	Λ_2	Λ_1	Λ_3	$\Lambda_1\Lambda_3$	$\Lambda_2\Lambda_3$
Σ_1	Σ_4	$\Sigma_1\Sigma_4$	$\Sigma_2\Sigma_3\Sigma_4$	$\Sigma_1\Sigma_2\Sigma_3$	Σ_2	Σ_3	$\Sigma_2\Sigma_3$	$\Sigma_1\Sigma_3\Sigma_4$	$\Sigma_1\Sigma_2\Sigma_4$

X_1	X_2	X_3	X_4	X_5	X_1'	X_2'	X_3'	X_4'	X_5'
Δ_1	Δ_2	Δ_2'	Δ_1'	Δ_5	Δ_1'	Δ_2'	Δ_2	Δ_1	Δ_5
Z_1	Z_1	Z_4	Z_4	Z_2Z_3	Z_2	Z_2	Z_3	Z_3	Z_1Z_4
S_1	S_4	S_1	S_4	S_2S_3	S_2	S_3	S_2	S_3	S_1S_4
M_1	**M_2**	**M_3**	**M_4**	**M_5**	**M_1'**	**M_2'**	**M_3'**	**M_4'**	**M_5'**
Σ_1	Σ_4	Σ_1	Σ_4	$\Sigma_2\Sigma_3$	Σ_2	Σ_3	Σ_2	Σ_3	$\Sigma_1\Sigma_4$
Z_1	Z_1	Z_3	Z_3	Z_2Z_4	Z_2	Z_2	Z_4	Z_4	Z_1Z_3
T_1	T_2	T_2'	T_1'	T_5	T_1'	T_2'	T_2	T_1	T_5

Klassifikation der ebenen Wellenzustände im leeren Gitter

Bei der Berechnung von Energiebändern in Kapitel 13 werden wir zeigen, weshalb die Bänderfolge in einem Kristall oft eine starke Ähnlichkeit mit der Folge von Zuständen ebener Wellen besitzt, wobei das Kristallfeld als ein Potential betrachtet wird, das gewisse zufällige Entartungen aufhebt, die bei ebenen Wellen auftreten. Man gewinnt einen sehr guten Einblick in die Bandstruktur, wenn man die gestörten ebenen Wellen betrachtet.

Wir wollen eine ebene Welle zu dem beliebigen Wellenvektor $\mathbf{k}'$

(19) $$\varphi_{\mathbf{k}'} = e^{i\mathbf{k}'\cdot\mathbf{x}}, \qquad \varepsilon_{\mathbf{k}'} = \frac{1}{2m} k'^2$$

in die dem reduzierten Zonenschema entsprechende Form bringen. Wir können immer einen reziproken Gittervektor $\mathbf{G}$ finden, so daß

(20) $$\mathbf{k} = \mathbf{k}' - \mathbf{G}$$

in der ersten Brillouinzone liegt. Dann definieren wir

(21) $$\varphi_{\mathbf{k}} \equiv \varphi_{\mathbf{k}'} = e^{i\mathbf{k}\cdot\mathbf{x}} u_{\mathbf{k}}(\mathbf{x}),$$

mit

(22) $$u_{\mathbf{k}}(\mathbf{x}) = e^{i\mathbf{G}\cdot\mathbf{x}}, \qquad \varepsilon_{\mathbf{k}} = \frac{1}{2m} (\mathbf{k} + \mathbf{G})^2 = \varepsilon_{\mathbf{k}'}.$$

Hier hat $e^{i\mathbf{G}\cdot\mathbf{x}}$, wie verlangt, die Periodizität des direkten Gitters.

Energie in Abhängigkeit von $\mathbf{k}$ *im reduzierten Zonenschema, einfach kubisches Gitter.* Wir betrachten nun das Verhalten und die Entartung der Energiebänder in der reduzierten Zone für ein leeres, einfach kubisches Gitter, dessen Gitterkonstante gleich eins ($a = 1$) ist, und für $V(\mathbf{x}) \equiv 0$. Die tiefste Energie tritt bei $\mathbf{G} = 0$ auf und gibt uns das Band A, das in Bild 4 gezeichnet ist:

(23) $$\varepsilon_{A\mathbf{k}} = \frac{1}{2m} k^2.$$

Das Band B ist für $\mathbf{G} = 2\pi(\bar{1}00)$ definiert; gemäß (22) ergibt sich

(24) $$\varepsilon_{B\mathbf{k}} = \frac{1}{2m} \{(k_x - 2\pi)^2 + k_y{}^2 + k_z{}^2\}.$$

An der Stelle $\mathbf{k} = 0$ ist $\varepsilon_{B0} = (1/2m)(2\pi)^2$. Die Energie $\varepsilon_{B\mathbf{k}}$ wird kleiner, wenn wir der [100]-Richtung entlang gehen, und berührt das Band A im Punkt X ($\mathbf{k} = \pi 00$). Das Band C ist für $\mathbf{G} = 2\pi(100)$ definiert und die Bänder D, E, F, G entsprechend für $\mathbf{G}/2\pi = (010), (0\bar{1}0), (001), (00\bar{1})$. Der nächste Satz enthält 12 Bänder, für $\mathbf{G} = 2\pi(110)$ und die entsprechenden $\mathbf{G}$'s.

Wir betrachten den Einfluß eines schwachen kubischen Kristallpotentials auf die zufälligen Entartungen, die aus dem Bandschema von Bild 4 klar ersichtlich sind. Im leeren Gitter ist der Punkt Γ für

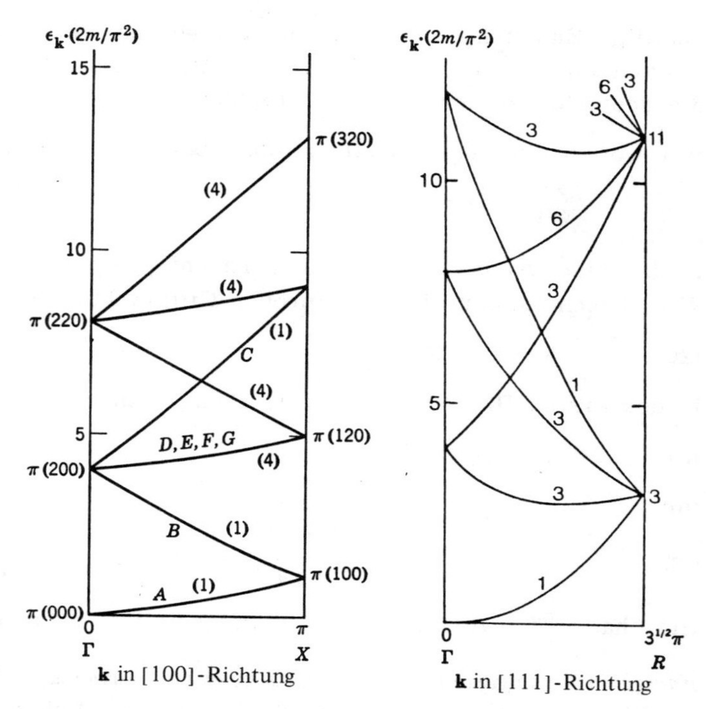

Bild 4: Reduziertes Zonenschema für freie Elektronen im leeren, einfach-kubischen Gitter für $a = 1$; Der Entartungsgrad ist in Klammern angegeben. Typische Werte für die erweiterten Wellenvektoren sind für mehrere Randpunkte angegeben.

$\mathbf{G} = 2\pi(100)$ und entsprechende G's sechsfach entartet. Die ungestörten Wellenfunktionen bei Γ kann man folgendermaßen schreiben:

$$\varphi_1 = e^{2\pi ix}; \quad \varphi_2 = e^{-2\pi ix}; \quad \varphi_3 = e^{2\pi iy};$$
$$\varphi_4 = e^{-2\pi iy}; \quad \varphi_5 = e^{2\pi iz}; \quad \varphi_6 = e^{-2\pi iz}. \tag{25}$$

Am Punkt Γ ist die Gruppe des Wellenvektors die volle kubische Punktgruppe. Wir können die irreduziblen Darstellungen dieser Gruppe aus den φ_i bilden, indem wir die Charaktere der φ_i bestimmen und dann die Darstellung ausreduzieren, oder, was vielleicht einfacher ist, indem wir die φ_i für kleine Argumente in eine Reihe entwickeln und dann, geleitet von Tafel 4, den Rest erraten. Damit ergibt sich bis zu quadratischen Gliedern in den Koordinaten

$$\varphi_1 \cong 1 + 2\pi ix - (2\pi)^2x^2; \quad \varphi_2 \cong 1 - 2\pi ix - (2\pi)^2x^2;$$
$$\varphi_3 \cong 1 + 2\pi iy - (2\pi)^2y^2; \quad \varphi_4 \cong 1 - 2\pi iy - (2\pi)^2y^2; \tag{26}$$
$$\varphi_5 \cong 1 + 2\pi iz - (2\pi)^2z^2; \quad \varphi_6 \cong 1 - 2\pi iz - (2\pi)^2z^2.$$

Wir betonen ausdrücklich, daß die Elemente R' der Gruppe des Wellenvektors Ausdrücke sind, die auf die Koordinaten wirken. Wir können aus (26) mehrere Darstellungen bilden:

(27) $\Gamma_1 \colon \varphi_1 + \varphi_2 + \varphi_3 + \varphi_4 + \varphi_5 + \varphi_6$

(28) $\Gamma_{15} \colon \varphi_1 - \varphi_2 \sim x; \quad \varphi_3 - \varphi_4 \sim y; \quad \varphi_5 - \varphi_6 \sim z$

(29) $\Gamma_{12} \colon \varphi_1 + \varphi_2 - \varphi_3 - \varphi_4 \sim x^2 - y^2;$
$\varphi_1 + \varphi_2 + \varphi_3 + \varphi_4 - 2\varphi_5 - 2\varphi_6 \sim x^2 + y^2 - 2z^2.$

Für $\mathbf{G} = 2\pi(100)$ reduzieren wir damit das sechsfach entartete Γ in der folgenden Weise aus:

(30) $\Gamma = \Gamma_1 + \Gamma_{15} + \Gamma_{12} \sim s + p + d_\gamma,$

in Analogie zu den atomaren Zuständen. Die sechsfache Entartung spaltet in ein-, zwei- und dreifache Zustände auf.

An dem tiefsten Punkt X haben die Zustände die Form

(31) $\varphi_1 = e^{\pi i x}; \quad \varphi_2 = e^{-\pi i x}.$

Damit können wir folgende Kombinationen bilden

(32) $X_1 \sim \cos \pi x; \quad X_4' \sim \sin \pi x.$

Wenn das Potential des Ionenrumpfes anziehend ist, ist es wahrscheinlich, daß X_1 energetisch tiefer liegt als X_4', weil der Cosinus mehr Ladung in einem Ionenrumpf, dessen Mittelpunkt an der Stelle $\mathbf{x} = 0$ liegt, aufhäuft als der Sinus.

Kubisch raumzentriertes Gitter

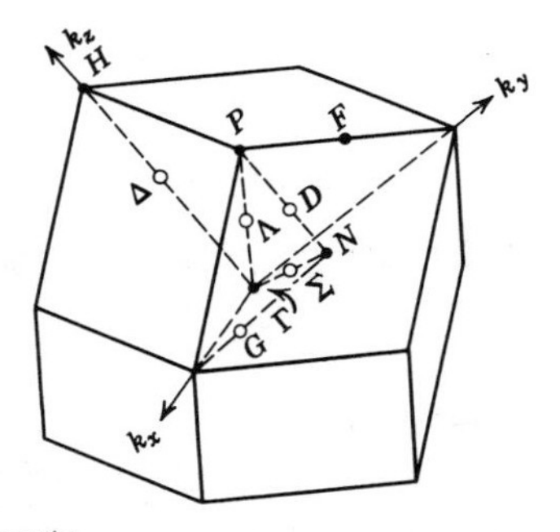

Bild 5:
Die Brillouinzone des kubisch-raumzentrierten Gitters mit den Symmetriepunkten und Achsen.

Die Brillouinzone des bcc-Gitters ist das rhombische Dodekaeder, das in Bild 5 gezeigt wird. Die Form der Zone wird in EFP, Kapitel 1, und ISSP, Kapitel 12, hergeleitet. Die Symmetrieoperationen für Γ, Δ, Λ, Σ sind identisch mit denen der entsprechenden Punkte im einfach kubischen Gitter. Der Punkt H besitzt die volle kubische Symmetrie, wie der Punkt Γ. Die Charaktere und Symmetrietypen von N und P findet man bei Jones. Die Klassifikation der Darstellungen der Energiebänder im leeren Gitter ist in Bild 6 gegeben.

Kubisch flächenzentriertes Gitter

Die Form der Brillouinzone ist in Bild 7 gegeben, die Zone ist ein abgeschnittenes Oktaeder. Spezielle Punkte von ungewöhnlichem Interesse sind L in der Mitte jeder hexagonalen Fläche, X in der Mitte jeder quadratischen Fläche und W in jeder Ecke, die von zwei Sechsecken und einem Quadrat gebildet wird. Ihre Koordinaten, ausgedrückt durch die Kantenlänge a des Einheitswürfels des direkten Gitters, sind

$$X = \frac{2\pi}{a}(001); \qquad L = \frac{2\pi}{a}(\tfrac{1}{2}\tfrac{1}{2}\tfrac{1}{2});$$
(33)
$$W = \frac{2\pi}{a}(\tfrac{1}{2}\,0\,1); \qquad K = \frac{2\pi}{a}(\tfrac{3}{4}\tfrac{3}{4}0).$$

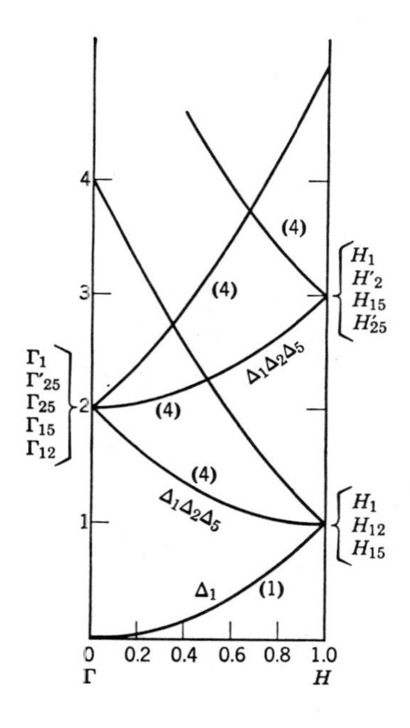

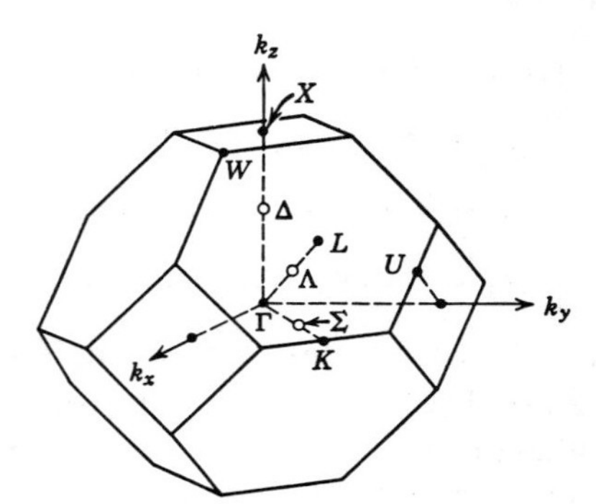

Bild 7: Die Brillouinzone des kubisch-flächenzentrierten Gitters mit Symmetriepunkten und Achsen.

Bild 6: Energiebänder der freien Teilchen für ein kubisch-raumzentriertes Gitter.

Die Klassifikation der Darstellungen der Energiebänder ist in Bild 8 gegeben. Wir bemerken, daß es im fcc-Gitter senkrecht zu der [111]-Richtung keine Spiegelebene gibt; deshalb ist $\text{grad}_k\,\varepsilon$ auf den hexagonalen Flächen nicht gleich null. Wegen Einzelheiten des Verhaltens auf den hexagonalen Flächen siehe Jones, S. 47.

Hexagonal dichteste Kugelpackung und Diamantgitter

Die Raumgruppen dieser Struktur enthalten Gleitebenen oder Schraubenachsen, die in dem einfachen Translationsgitter nicht enthalten sind. Die irreduziblen Darstellungen der Wellenvektoren, die innerhalb der Zone liegen, werden durch die neuen Operationen nicht radikal geändert; eine wesentliche Änderung gibt es aber bei den Oberflächenpunkten der Zone. Wegen der neuen Operationen kann es vorkommen, daß an einem speziellen Punkt entlang einer Linie oder auf einer ganzen Zonenfläche *nur* zweidimensionale irreduzible Darstellungen existieren. Auf Grund der Gleitebenen und Schraubenachsen *berühren* sich die Energiebänder auf speziellen Oberflächenlinien oder Ebenen. Wir betonen, daß wir bei der Diskussion der Zonensymmetrie immer noch so tun, als wenn kein Elektronspin vorhanden wäre.

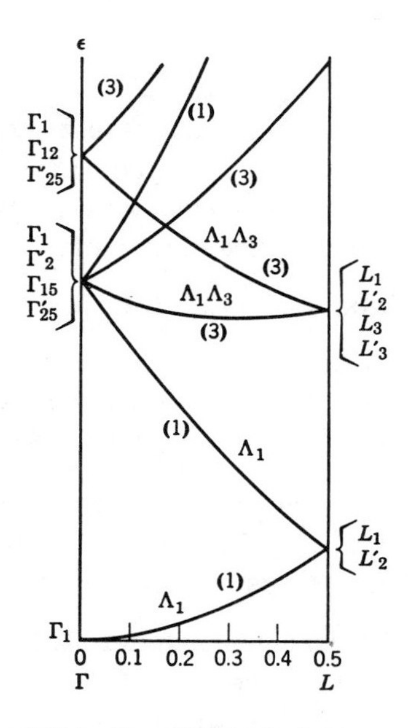

Bild 8: Energiebänder der freien Teilchen für ein kubisch-flächenzentriertes Gitter.

Wir veranschaulichen diesen Effekt an einem einfachen zweidimensionalen Beispiel. Wir betrachten die rechtwinklige Brillouinzone in Bild 9; die Raumgruppe des direkten Kristalls haben Spiegelebenen m senkrecht zu der **a**-Achse bei $x = \frac{1}{4}a$ und $\frac{3}{4}a$ und eine Gleitebene g parallel zur **a**-Achse. Die Raumgruppe ist $p2mg$. Wir nehmen an, daß $X(x,y)$ eine Lösung der Wellengleichung an der Stelle $\mathbf{k} = \pi/a(10)$ ist, die wir mit X bezeichnen. Die Gleitoperation bedeutet

$$gX(x,y) = X(x + \tfrac{1}{2}a;-y). \tag{34}$$

Diese Raumgruppe enthält notwendigerweise die Inversion J, so daß gilt

$$JX(x,y) = X(-x;-y). \tag{35}$$

Die Spiegelebene bei $x = \frac{1}{4}a$ bedeutet

$$mX(x,y) = X(-x + \tfrac{1}{2}a;y). \tag{36}$$

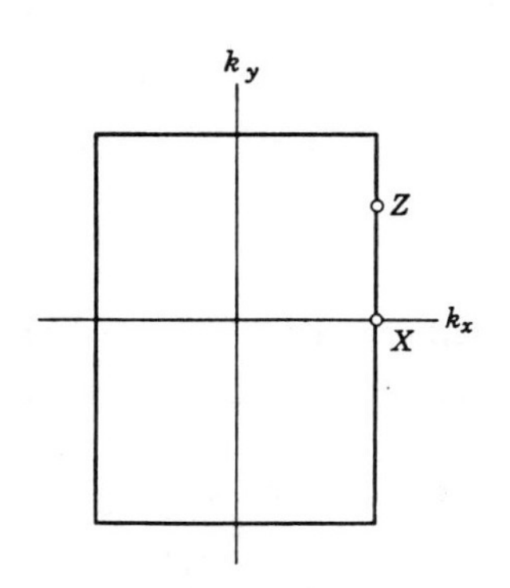

Bild 9: Brillouinzone für ein einfaches rechteckiges Gitter.

Damit sehen wir, daß

$$gX(x,y) = mJX(x,y). \tag{37}$$

Unter der Voraussetzung, daß die Darstellung eindimensional wäre, würden wir wegen $J^2X(x,y) = X(x,y)$ die Beziehung $JX(x,y) = \pm X(x,y)$ erhalten. Wegen $m^2X(x,y) = X(x,y)$ würde $mX(x,y) = \pm X(x,y)$ folgen. Aus (37) ergäbe sich dann

$$g^2X(x,y) = mJmJX(x,y) = (\pm 1)^2(\pm 1)^2X(x,y) = X(x,y). \tag{38}$$

Jedoch ist

$$\begin{aligned} g^2X(x,y) &= gX(x + \tfrac{1}{2}a, -y) = X(x + a,y) \\ &= e^{ik_xa}X(x,y) = e^{i\pi}X(x,y) = -X(x,y), \end{aligned} \tag{39}$$

was im Widerspruch zu (38) steht. Aus diesem Grund kann die Darstellung dieser Raumgruppe bei X nicht eindimensional sein. Die Bänder müssen sich bei X berühren.

Wir zeigen nun mit Hilfe der Zeitumkehrinvarianz, daß sich die Bänder auf der Randlinie XZ berühren. K sei der Operator der Zeitumkehr; wir wissen aus dem vorangegangenen Kapitel, daß ohne Spin gilt

$$K\varphi_{\mathbf{k}}(x,y) = \varphi_{-\mathbf{k}}(x,y). \tag{40}$$

Auf der Grenze $\mathbf{k} = (\pi/a, k_y)$ haben wir aber

$$-\mathbf{k} = \left(-\frac{\pi}{a}, -k_y\right) \equiv \left(\frac{\pi}{a}, -k_y\right). \tag{41}$$

Damit ergibt sich mit (37) und der Annahme, daß der Zustand $\mathbf{k}$ nicht entartet ist,

$$gK\varphi_{\mathbf{k}}(x,y) = mJ\varphi_{-\mathbf{k}}(x,y) = m\varphi_{\mathbf{k}}(x,y) = \varphi_{\mathbf{k}}(x,y), \tag{42}$$

wobei wir beim letzten Schritt die Relation $m_x^{-1}\left[\left(\frac{\pi}{a}, k_y\right)\right] = \left(\frac{\pi}{a}, k_y\right)$ benützten, anstatt m_x auf die Koordinaten wirken zu lassen. Jedoch ist

$$gKgK\varphi_{\mathbf{k}}(x,y) = g^2\varphi_{\mathbf{k}}(x,y);$$

und mit (39):

$$g^2\varphi_{\mathbf{k}}(x,y) = \varphi_{\mathbf{k}}(x + a,y) = -\varphi_{\mathbf{k}}(x,y), \tag{43}$$

was inkonsistent mit (42) ist. Damit müssen $\varphi_{\mathbf{k}}$ und $gK\varphi_{\mathbf{k}}$ unabhängige Funktionen sein; ihre Energien müssen jedoch dieselben sein, weil der Hamiltonoperator invariant gegenüber den Operationen g und K ist. Die Bänder berühren sich auf der Randlinie XZ; damit kann es keine Energielücke zwischen diesen beiden Bändern geben.

Ein ähnliches Argument, angewandt auf die Struktur der hexagonal dichtesten Packung [C. Herring, *Phys. Rev.* **52**, 361 (1937); *J. Franklin Institute* **233**, 525 (1942)] zeigt, daß auf der hexagonalen Oberfläche der Brillouinzone in Bild 10, nur zweifach entartete Zustände existieren. Dieses Ergebnis ist wichtig, weil es besagt, daß auf der ganzen hexagonalen Oberfläche keine Energielücke vorhanden ist. Es wurde jedoch gezeigt [M.H. Cohen und L.M. Falicov, *Phys. Rev.* Letters **5**, 544 (1960)], daß diese Entartung durch die Spin-Bahn-Wechselwirkung aufgehoben wird. Für die Diamantstruktur vergleiche man die in der Fußnote 2 zitierte Arbeit von Elliott und für die Zinkblendstruktur die Arbeit von Dresselhaus.

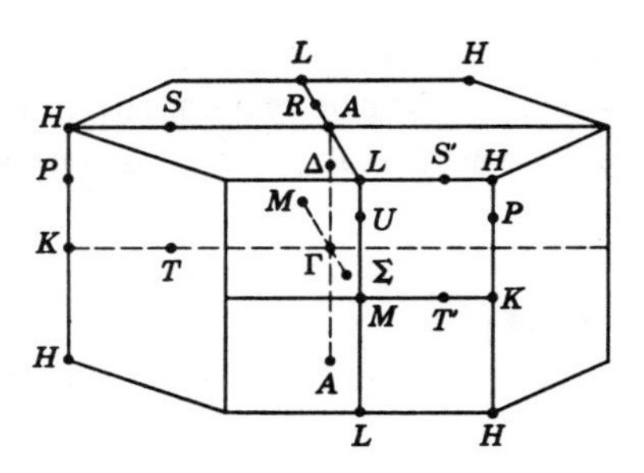

Bild 10:
Brillouinzone für die Struktur der hexagonaldichtesten Kugelpackung.

Spin-Bahn-Kopplung[2])

Wir berücksichtigen nun bei dem Problem der Brillouinzone auch den Elektronenspin. Das Hinzufügen des Spins, ohne gleichzeitig die Spin-Bahn-Kopplung zu berücksichtigen, verdoppelt lediglich die Entartung eines jeden Zustandes. Die Spin-Bahn-Wechselwirkung wird aber einige der Entartungen aufheben - jedoch nicht die von $\mathbf{k}$-Werten, für welche die Zustände bei Anwesenheit des Spins nur zweifach entartet sind, weil das Theorem von Kramers bezüglich der Zeitumkehrsymmetrie zumindest eine zweifache Entartung fordert. Ein p-artiger Zustand (wie zum Beispiel Γ_{15} in einem kubischen Kristall, gemäß Tabelle 4) ist ohne Spin dreifach entartet und mit Spin sechsfach. Mit Spin-Bahn-Kopplung verhält sich der Zustand wie ein $p_{3/2}$-$p_{1/2}$-Paar in der Atomspektroskopie: das sechsfache Niveau spaltet auf in ein vierfaches Niveau analog zu $p_{3/2}$ und in ein zweifaches Niveau analog zu $p_{1/2}$.

Die Unterdarstellungen werden durch die Spin-Bahn-Kopplung geändert. Für die Gruppe Γ von Tabelle 4 sind die Darstellungen mit Spin als Linearkombinationen der Darstellungen ohne Spin gegeben:

Γ_i	Γ_1	Γ_2	Γ_{12}	Γ_{15}'	Γ_{25}'	Γ_1'	Γ_2' ···
$\Gamma_i \times D_{1/2}$	Γ_6	Γ_7	Γ_8	$\Gamma_6 + \Gamma_8$	$\Gamma_7 + \Gamma_8$	Γ_6'	Γ_7' ···

[2]) R. J. Elliott, *Phys. Rev.* **96**, 280 (1954); G. Dresselhaus, *Phys. Rev.* **100**, 580 (1955).

Die Darstellungen Γ_6, Γ_7 sind zweidimensional und Γ_8 ist vierdimensional. Charakterentafeln der speziellen Punkte findet man in der Arbeit von Elliott; die Ergebnisse für den Punkt Γ sind in Tabelle 7 gegeben.

Tabelle 7

Charakterentafel der Extradarstellungen der Doppelgruppe von Γ. (Die Operationen mit Querstrichen sind isomorph zu den entsprechenden ohne Querstrich.)

	E	$\bar{E}$	4^2	$\bar{4}^2$	4	$\bar{4}$	2	$\bar{2}$	3	$\bar{3}$	$J \times Z$
Γ_6, Γ_6'	2	−2	0	0	$2^{1/2}$	$-2^{1/2}$	0	0	1	−1	$\pm\chi(Z)$
Γ_7, Γ_7'	2	−2	0	0	$-2^{1/2}$	$2^{1/2}$	0	0	1	1	$\pm\chi(Z)$
Γ_8, Γ_8'	4	−4	0	0	0	0	0	0	−1	1	$\pm\chi(Z)$

Weitere Einflüsse der Spin-Bahn-Kopplung auf die Bandstruktur werden am besten an Hand wichtiger spezieller Beispiele besprochen. Im Kapitel über die Bandstruktur von Halbleitern findet man davon mehrere.

Phononen

Das Symmetrieverhalten von Phononen in Kristallen kann in derselbei Weise beschrieben werden wie das Symmetrieverhalten der Elektronen. Für eine Erörterung der Auswahlregeln bei Prozessen, die sowohl Phononen als auch Elektronen enthalten, vergleiche man R.J. Elliott und R. Loudon, *Phys. Chem. Solids* **15**, 146 (1960); M. Lax und J.J. Hopfield, *Phys. Rev.* **124**, 115 (1961).

Aufgaben

1.) Man zeige für ein quadratisches Gitter, daß $\Gamma_5 = \Delta_1 + \Delta_2$; $\Gamma_5 = \Sigma_1 + \Sigma_2$; $M_5 = \Sigma_1 + \Sigma_2$; $M_5 = Z_1 + Z_2$.

2.) Man zeige, daß die Bänder D, E, F, G auf einer Linie Δ in Bild 4 in die Darstellungen Δ_1, Δ_2, Δ_5 zerfallen.

3.) Man zeige, daß ohne Spin an allgemeinen Punkten auf der hexagonalen Fläche der Brillouinzone für die hexagonal dichteste Kugelpackung nur zweifach entartete Zustände existieren.

4.) Man bestätige die Indizierung aller der in Bild 8 gezeigten Bänder für das fcc-Gitter.

11. Bewegung von Elektronen in einem Magnetfeld: de Haas- van Alphen-Effekt und Zyklotronresonanz

In einem Kristall ist das Verhalten von Elektronen in einem Magnetfeld weitaus interessanter als ihr Verhalten in einem elektrischen Feld. In einem Magnetfeld sind die Bahnen normalerweise geschlossen und quantisiert; gelegentlich sind die Bahnen offen, was ungewöhnliche Folgen hat. Die Untersuchung von Elektronenbahnen im Magnetfeld liefert sehr direkte Informationen über die Fermifläche. Zu den sehr interessanten und aufschlußreichen Beobachtungen gehören die Zyklotronresonanz, der de Haas-van Alphen-Effekt, die magnetoakustische Dämpfung und der Magnetowiderstand. Es ist bedauerlich, aber wahrscheinlich nicht allzu schwerwiegend, daß die theoretische Grundlage der Bewegung von Kristallelektronen in einem Magnetfeld bis jetzt noch nicht in einer sauberen und geschlossenen Form entwickelt wurde. Im Gegensatz dazu läßt sich die Bewegung von Elektronen in einem elektrischen Feld durch das früher behandelte Theorem kurz und prägnant beschreiben. Ein oder zwei magnetische Probleme wurden exakt gelöst und eine große Gruppe von Problemen wurde in halbklassischer Näherung gelöst. Andere Lösungen wurden in der Form einer Entwicklung nach dem Magnetfeld gewonnen, wobei einige Terme der Reihe berechnet wurden. Die halbklassiche Betrachtung der Bewegung eines Elektrons auf der Fermifläche in einem Magnetfeld erscheint für viele Zwecke ausreichend.

Freie Elektronen in einem Magnetfeld

Wir betrachten zuerst die Bewegung eines freien Teilchens der Masse m und der Ladung e in einem homogenen Magnetfeld H, das parallel zur z-Achse liegt. Das Vektorpotential ist in der Landaueichung $\mathbf{A} = H(0,x,0)$. Der Hamiltonoperator ist

$$H = \frac{1}{2m}\left(\mathbf{p} - \frac{e}{c}\mathbf{A}\right)^2 = \frac{1}{2m}\left[p_x{}^2 + p_z{}^2 + (p_y + m\omega_c x)^2\right], \tag{1}$$

wobei die Zyklotronfrequenz für ein Elektron definiert ist als

(2) $$\omega_c \equiv -eH/mc.$$

Wir untersuchen zuerst die klassischen Bewegungsgleichungen, um mit ihrer Form in dieser Eichung vertraut zu werden. Wir erhalten

(3) $$\dot{x} = \partial H/\partial p_x = p_x/m; \qquad \dot{y} = \partial H/\partial p_y = (p_y + m\omega_c x)/m; \quad \dot{z} = p_z/m;$$

(4) $$\dot{p}_x = -\partial H/\partial x = -(p_y + m\omega_c x)\omega_c; \qquad \dot{p}_y = 0; \qquad \dot{p}_z = 0.$$

Also sind p_y und p_z Konstanten der Bewegung, die wir mit k_y und k_z bezeichnen. Aus den Gleichungen für $\dot{x}$ und $\dot{p}_x$ folgt

(5) $$m\ddot{x} = -k_y\omega_c - m\omega_c{}^2 x = -m\omega_c{}^2\left(x + \frac{1}{m\omega_c}k_y\right),$$

was die Gleichung eines linearen harmonischen Oszillators der Frequenz ω_c ist, mit dem Ursprung bei

(6) $$x_0 = -\frac{1}{m\omega_c}k_y.$$

Man beachte außerdem, daß $\dot{y}$ keine Konstante der Bewegung ist, obwohl p_y konstant ist. Eine typische Lösung ist

(7) $$x = -\frac{1}{m\omega_c}k_y + \cos\omega_c t; \qquad y = y_0 + \sin\omega_c t,$$

wobei über y_0 und k_y frei verfügt werden kann.

Die quantenmechanischen Bewegungsgleichungen sind:

(8) $$i\dot{x} = [x,H] = ip_x/m; \qquad i\dot{y} = [y,H] = i(p_y + m\omega_c x)/m; \quad i\dot{z} = ip_z/m;$$

(9) $$i\dot{p}_x = [p_x,H] = -i(p_y + m\omega_c x)\omega_c; \qquad \dot{p}_y = 0; \qquad \dot{p}_z = 0,$$

in Übereinstimmung mit den klassischen Gleichungen (3) und (4). Wenn wir substituieren

(10) $$p_y = k_y; \qquad p_z = k_z; \qquad x = -\frac{1}{m\omega_c}k_y + q = x_0 + q,$$

nimmt der Hamiltonoperator (1) die Form an

(11) $$H = \frac{1}{2m}(p_x{}^2 + m^2\omega_c{}^2 q^2) + \frac{1}{2m}k_z{}^2,$$

mit den Eigenwerten

(12) $$\varepsilon = (\lambda + \tfrac{1}{2})\omega_c + \frac{1}{2m}k_z{}^2,$$

wobei λ eine positive ganze Zahl ist. Die Eigenfunktionen sind von der Form

(13) $$\varphi(\mathbf{x}) = e^{i(k_y y + k_z z)} \times \text{Harmonische-Oszillator-Funktion von } (x - x_0).$$

Der maximale Wert von k_y ist nach (6) bestimmt durch die Bedingung, daß x_0 innerhalb der Probe liegt. Wir nehmen an, daß sich das Elektronengas in einem rechtwinkligen Parallelepiped mit den Kantenlängen L_x, L_y und L_z befindet. Wenn

$$-\tfrac{1}{2}L_x < x_0 < \tfrac{1}{2}L_x, \tag{14}$$

dann ist

$$-\tfrac{1}{2}m\omega_c L_x < k_y < \tfrac{1}{2}m\omega_c L_x. \tag{15}$$

Die Zahl der erlaubten k_y-Werte in diesem Bereich ist im k_y-Raum

$$\frac{L_y}{2\pi}m\omega_c L_x = L_x L_y \frac{eH}{2\pi c}, \tag{16}$$

wenn der Spin vernachlässigt wird. Dies ist die Entartung eines Zustands mit festem k_z und der Energiequantenzahl λ. Der Energieunterschied von Zuständen mit $\Delta\lambda = 1$ ist ω_c, so daß die Zahl der Zustände pro Energieeinheit für ein festes k_z gleich $mL_xL_y/2\pi$ ist.

Die Zustandsdichte eines zweidimensionalen Gases in verschwindendem Magnetfeld ist

$$\frac{L_x L_y}{(2\pi)^2} 2\pi k \frac{dk}{d\varepsilon} = \frac{L_x L_y m}{2\pi}, \tag{17}$$

mit $\varepsilon = k^2/2m$. Die mittlere Zustandsdichte wird also vom Magnetfeld nicht beeinflußt; die Wirkung des Feldes liegt darin, eine große Zahl von Zuständen in ein einziges Energieniveau zu zwingen.

Am absoluten Nullpunkt sind alle Zustände bis zur Fermikante ε_F gefüllt; darüber sind alle Zustände leer. Wir betrachten im $\mathbf{k}$-Raum eine ebene Platte der Dicke δk_z bei k_z, wobei die z-Achse parallel zum Magnetfeld liegt. Die Zahl der erlaubten Werte von k_z im Bereich δk_z ist $(L_z/2\pi)\delta k_z$, so daß die totale Entartung des Zustandes in der Scheibe δk_z nach (16) gegeben ist durch

$$\frac{eHL_xL_y}{2\pi c}\frac{L_z}{2\pi}\delta k_z = L_xL_yL_z\frac{e\delta k_z}{4\pi^2 c}H \equiv L_xL_yL_z\xi H. \tag{18}$$

Wir definieren den Entartungsparameter ξ als die Entartung pro Einheit des Magnetfelds und pro Einheitsvolumen der Probe:

$$\xi = \frac{e\delta k_z}{4\pi^2 c}, \tag{19}$$

abgesehen vom Spin.

De Haas-van Alphen-Effekt[1] [2] [3]

Viele der elektrischen Eigenschaften von reinen Metallen sind bei tiefen Temperaturen periodische Funktionen von $1/H$. Der Schubnikow-de Haas-Effekt ist die periodische Veränderung des elektrischen Widerstands mit $1/H$. Der de Haas-van Alphen-Effekt ist die periodische Veränderung der magnetischen Suszeptibilität. Er ist ein sehr auffallender und wichtiger Effekt und liefert eines der besten Werkzeuge zur Bestimmung der Fermiflächen von Metallen.

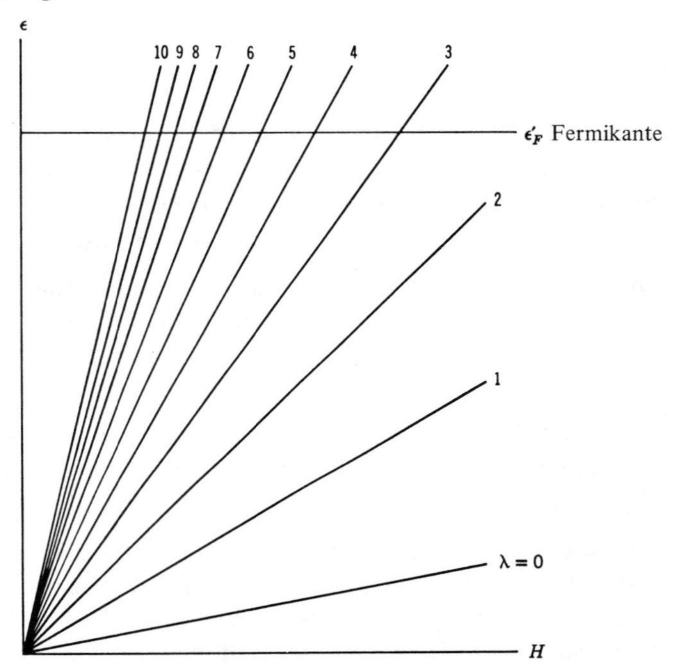

Bild 1: Spektrum der Landauniveaus aufgetragen gegen H; wenn H anwächst, wandern Zustände mit immer kleinerem λ durch die Fermikante $\epsilon_{F'}$.

Wir behandeln zuerst den de Haas-van Alphen-Effekt in einem freien Elektronengas am absoluten Nullpunkt. Man kann zeigen, daß die Fermikante ε_F bei Variation von H näherungsweise konstant bleibt;

---

[1]) A. B. Pippard, *LTP.*

[2]) D. Shoenberg, in *Progress in low temperature physics* **2**, 226 (1957); diese Arbeit enthält einen umfassenden Überblick über die experimentelle Situation bis 1957.

[3]) A. H. Kahn und H. P. R. Frederikse, *Solid state physics* **9**, 257 (1959).

für die in $1/H$ periodischen Effekte, die uns interessieren, kann die Veränderung der Fermikante völlig vernachlässigt werden. Am absoluten Nullpunkt sind alle Niveaus λ in der oben definierten Schicht δk_z gefüllt (Bild 1), für die gilt

$$(\lambda + \tfrac{1}{2})\omega_c < \varepsilon_F - \frac{1}{2m} k_z^2 \equiv \varepsilon'_F, \tag{20}$$

darüber sind alle Bahnen leer. Das oberste gefüllte Niveau sei λ', dann ist die Gesamtzahl n der Elektronen in der Scheibe der Dicke δk_z

$$n = (\lambda' + 1)\xi H, \tag{21}$$

wenn man (18) benutzt und sich erinnert, daß $\lambda = 0$ ein volles Niveau ist.

Die Zahl n wächst linear mit H an, bis λ' mit dem Ferminiveau ε_F zusammenfällt. Ein infinitesimales weiteres Anwachsen von H hebt λ' über ε_F, und alle Elektronen in λ' fließen in Bahnen ab, die in anderen Scheiben der Fermifläche liegen, d.h. Bahnen mit anderen Werten von k_z und ε'_F. Diese plötzliche Entleerung tritt immer ein, wenn eine ganze Zahl die Bedingung erfüllt

$$(\lambda' + \tfrac{1}{2}) = \frac{\varepsilon'_F}{\omega_c} = \frac{mc\varepsilon'_F}{e}\frac{1}{H}, \tag{22}$$

so daß die Besetzung δn näherungsweise eine periodische Funktion von $1/H$ mit der Periode $e/mc\varepsilon'_F$ ist. Die Besetzung der Scheibe oszilliert mit der Amplitude $\frac{1}{2}\xi H$ um den Wert n_0, der die Gesamtzahl der Elektronen in der Scheibe δk_z bei verschwindendem Magnetfeld angibt. Das oszillierende Verhalten ist in Bild 2 gezeigt.

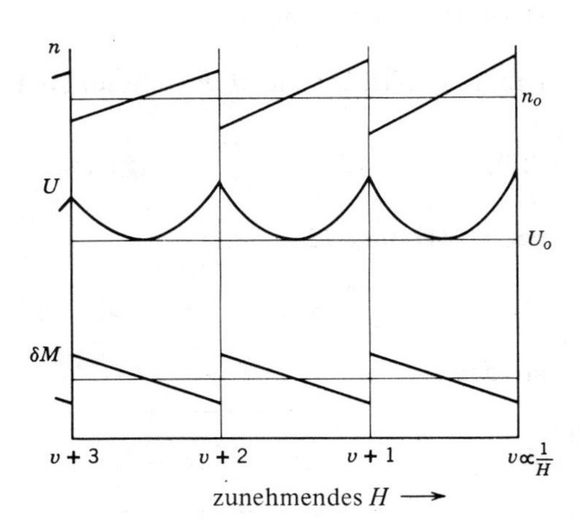

Bild 2: Abhängigkeit der Besetzung n, der Energie U und des magnetischen Moments δM der Scheibe δk_z vom Magnetfeld. Die aufeinanderfolgenden Werte von λ' sind mit $\nu + 3$, $\nu + 2$, $\nu + 1$, $\nu, \cdots$ bezeichnet. Die horizontale Auftragung ist linear in $1/H$, das nach rechts abnimmt.

Die Energie der Elektronen in der Scheibe δk_z ist in einem Magnetfeld, das gerade die Besetzung n_0 hervorruft,

$$U_0 = \xi H \omega_c \sum_0^{\lambda'} (\lambda + \tfrac{1}{2}) + n_0 \frac{k_z^2}{2m} = \tfrac{1}{2}\xi H \omega_c (\lambda' + 1)^2 + n_0 \frac{k_z^2}{2m}$$

(23)

$$= \frac{1}{2} \frac{\omega_c}{\xi H} n_0^2 + n_0 \frac{k_z^2}{2m},$$

mit $n_0 = (\lambda' + 1)\xi H$ nach (21) für diesen Wert von H. Für ein geringfügig abweichendes H mit demselben Wert von λ' für den obersten gefüllten Zustand ist

(24) $$U = \frac{1}{2} \frac{\omega_c}{\xi H} n^2 + n \frac{k_z^2}{2m} + (n_0 - n)\varepsilon_F.$$

Die ersten beiden Terme auf der rechten Seite stellen die Energie der Elektronen in der Scheibe δk_z dar; der Term $(n_0 - n)\varepsilon_F$ ist die Energieänderung des Rests des Fermisees, die von dem Übergang von $n - n_0$ Elektronen an der Fermikante herrührt. Durch Berücksichtigung des Übergangs liefert uns $U - U_0$ die gesamte Energieänderung, vorausgesetzt, daß ε_F exakt kontant bleibt. Wir können schreiben $\omega_c/2\xi H = \mu/\xi$, mit

(25) $$\mu \equiv e/2mc.$$

Dann wird mit $\varepsilon'_F \equiv \varepsilon_F - k_z^2/2m$

(26) $$\delta U = U - U_0 = (\mu/\xi)(n^2 - n_0^2) + (n_0 - n)\varepsilon'_F.$$

Nun ist $\varepsilon'_F = (n_0/\xi H)\omega_c = 2\mu n_0/\xi$, so daß

(27) $$\delta U = (\mu/\xi)(n - n_0)^2.$$

Dies ist immer positiv.

Die Magnetisierung der Scheibe bei $T = 0$ ist

(28) $$\delta M = -\frac{\partial U}{\partial H} = -(2\mu/\xi)(n - n_0)\frac{dn}{dH};$$

nach (21) und (22) ist

(29) $$\frac{dn}{dH} = (\lambda' + 1)\xi \cong \varepsilon'_F(\xi/\omega_c) = \varepsilon'_F(\xi/2\mu H),$$

so daß

(30) $$\boxed{\delta M \cong -\frac{\varepsilon'_F}{H}(n - n_0).}$$

Wir haben gesehen, daß beim Anwachsen von H die Größe $n - n_0$ sich periodisch verändert mit den Extrema $\pm\frac{1}{2}\xi H$, wenn die Besetzung des Niveaus zwischen ξH und 0 variiert. Die Magnetisierung variiert zwischen $\mp\frac{1}{2}\xi\varepsilon'_F$. Diese periodische Variation der Magnetisierung als Funktion von $1/H$ ist der de Haas-van Alphen-Effekt. Die Periode in $1/H$ ist, wie wir gesehen haben, gleich $e/mc\varepsilon'_F$.

Um die Veränderung der Gesamtmagnetisierung mit H zu bestimmen, müssen wir die Beiträge der Scheiben bei allen k_z summieren; für jede Scheibe sind δn und ε'_F verschieden. Wir zerlegen δM in eine Fourierreihe:

$$\delta M = \delta k_z \sum_{p=1}^{\infty} A_p \sin px, \qquad x = \pi\varepsilon'_F/\mu H. \tag{31}$$

Nun ist für $-\pi < x < \pi$

$$\delta M = -\frac{1}{2\pi}\xi\varepsilon'_F x = \frac{1}{\pi}\xi\varepsilon'_F \sum_{p=1}^{\infty}(-1)^p \frac{\sin px}{p}, \tag{32}$$

unter Verwendung von *Smithsonian Mathematical Formulae*, 6.810. Also ist

$$A_p = \frac{1}{p\pi}\varepsilon'_F(-1)^p\left(\frac{\xi}{\delta k_z}\right) = (-1)^p \frac{e\varepsilon'_F}{4p\pi^3 c}. \tag{33}$$

Wir summieren über alle k_z:

$$M = \frac{e}{4\pi^3 c}\sum \frac{(-1)^p}{p}\int_{-k_F}^{k_F} dk_z \cdot \varepsilon'_F \sin\left[\frac{p\pi}{\mu H}\left(\varepsilon_F - \frac{1}{2m}k_z^2\right)\right]. \tag{34}$$

Nun ist in Metallen und Halbmetallen $\mu H \ll \varepsilon_F$, und der Integrand oszilliert sehr schnell als Funktion von k_z, außer für $k_z \approx 0$. Also können wir im Intergranden ε'_F durch ε_F ersetzen; wenn wir noch die trigonometrische Formel für den Sinus der Differenz zweier Winkel verwenden, erhalten wir Fresnel'sche Integrale. Der Wert des Integrals in (34) ist in sehr guter Näherung

$$\varepsilon_F\left(\frac{m\mu H}{p}\right)^{1/2}\sin\left(\frac{p\pi\varepsilon_F}{\mu H} - \frac{\pi}{4}\right); \tag{35}$$

unter Benutzung von

$$\int_0^{\infty} dx \cos\frac{\pi}{2}x^2 = \int_0^{\infty} dx \sin\frac{\pi}{2}x^2 = \tfrac{1}{2}. \tag{36}$$

Dann ist

$$M = \frac{\varepsilon_F e m^{1/2}(\mu H)^{1/2}}{4\pi^3 c}\sum_p \frac{(-1)^p}{p^{3/2}}\sin\left(\frac{p\pi\varepsilon_F}{\mu H} - \frac{\pi}{4}\right). \tag{37}$$

Es ist wichtig zu betonen, daß dieses Ergebnis sich nur auf die Eigenschaften von stationären Schnitten der Fermifläche bezieht, in unserem Beispiel auf den Schnitt bei $k_z = 0$. Wie in vielen anderen Problemen mit Fermiflächen haben wir es mit den Eigenschaften jener Schnitte der Fermifläche zu tun, für die der Integrand stationär ist, d.h. $\partial S/\partial k_{\mathrm{H}} = 0$. Dabei ist S die Fläche des Schnitts der Fermifläche bei k_H = konstant, und k_H die Projektion von **k** in Richtung des Magnetfelds. *Messungen des de Haas-van Alphen-Effekts beziehen sich also normalerweise nur auf Eigenschaften der stationären Schnitte der Fermifläche.* Für eine gegebene Orientierung des Magnetfelds relativ zu den Kristallachsen kann es mehrere stationäre Schnitte geben. Am absoluten Nullpunkt kann ein Schnitt entweder alle besetzten oder alle unbesetzten Zustände umschließen.

Wenn man die Temperatur erhöht, sind die Bahnzustände nahe der Fermikante teilweise besetzt, statt entweder voll oder leer zu sein. Durch die Ausschmierung der Besetzung werden auch die Oszillationen im magnetischen Moment etwas ausgemittelt. Der maßgebliche Parameter ist das Verhältnis von k_BT zur magnetischen Aufspaltung ω_c; genau genommen ergibt die vollständige Rechnung, daß der p-te Term der Summe in (37) mit folgendem Faktor multipliziert wird:

$$L_p = \frac{x_p}{\sinh x_p}, \tag{38}$$

wobei $x_p = 2\pi^2 p k_B T/\omega_c$. Mit $H = 10^5$ Oersted und einem ω_c, das die freie Elektronenmasse enthält, ist bei 1°K der Faktor $L_1 \approx 0.71$ und $L_2 \approx 0.30$; $L_3 \approx 0.10$; $L_4 \approx 0.03$. Bei endlichen Temperaturen sind die Oszillationen also mehr sinusförmig als sägezahnförmig. Auf jeden Fall ist der de Haas-van Alphen-Effekt auf tiefe Temperaturen beschränkt: Bei 4°K ergibt sich unter den obigen Bedingungen $L_1 \approx 0.03$.

Es ist notwendig, daß die Probe ziemlich rein ist, damit Stöße die Quantisierung nicht verwischen. In einem einfachen Modell besteht der Effekt einer Relaxationsfrequenz $1/\tau$ in der Ersetzung von k_BT durch $k_BT + 1/\pi\tau$ in (38).

Für eine beliebige Fermifläche kann man die Periode des de Haas-van Alphen-Effekts durch die Fläche S des stationären Schnitts der Fermifläche im **k**-Raum ausdrücken, wobei der Schnitt senkrecht zur Richtung des Magnetfelds liegt. Mit der allgemeinen Quantisierungsbedingung, die weiter unten in (61) angegeben wird, ist offensichtlich, daß wir in (37) ersetzen müssen:

$$\frac{p\pi\varepsilon_F}{\mu H} \rightarrow \frac{pcS}{eH}, \tag{39}$$

abgesehen von der Phase. Dieses Ergebnis gilt auch für nichtquadratische Fermiflächen. Für freie Elektronen ist

$$(40)\qquad S = \pi k_F^2 = 2\pi m \varepsilon_F,$$

am Extremalschnitt.

Der de Haas-van Alphen-Effekt ist ein sehr wichtiges Hilfsmittel zur Untersuchung von Fermiflächen. In den letzten Jahren wurde der Bereich der experimentellen Arbeiten ausgedehnt und umfaßt nun eine Reihe von Alkali- und Edelmetallen sowie einige Übergangsmetalle. Die früheren Arbeiten behandelten im wesentlichen Halbmetalle oder kleine Taschen der Brillouinzone, da kleine Werte von ε_F oder S die Experimente erleichtern im Hinblick auf die benötigten Werte von T und H.

Landau-Diamagnetismus. Die Änderung δU der Energie der Scheibe δk_z in einem Magnetfeld ist durch (27) gegeben. Wenn δU über eine Periode zwischen den Extrema $n - n_0 = \pm\frac{1}{2}\xi H$ gemittelt wird, erhalten wir nach (27)

$$(41)\qquad \langle \delta U \rangle = \tfrac{1}{3}(\mu/\xi)(\tfrac{1}{2}\xi H)^2 = \tfrac{1}{12}\xi\mu H^2.$$

Nun ist

$$(42)\qquad \langle \delta M \rangle = -\frac{d\langle \delta U \rangle}{dH} = -\tfrac{1}{6}\xi\mu H,$$

und

$$(43)\qquad \delta\chi = \langle \delta M \rangle / H = -\tfrac{1}{6}\xi\mu = -\frac{e\mu}{24\pi^2 c}\,\delta k_z.$$

Für die gesamte Fermifläche ist die mittlere diamagnetische Suszeptibilität

$$(44)\qquad \chi = -\frac{e\mu}{24\pi^2 c}(2k_F) = -\frac{\mu^2 m}{6\pi^2}k_F = -\frac{\mu^2 m}{6\pi^2}(2m\varepsilon_F)^{1/2}.$$

Unter Berücksichtigung beider Spinorientierungen ist die Gesamtelektronenkonzentration gegeben durch $3\pi^2 n = (2m\varepsilon_F)^{3/2}$, so daß sich nach Multiplikation von (44) mit 2 ergibt

$$(45)\qquad \boxed{\chi = -\frac{n\mu^2}{2\varepsilon_F}.}$$

Dies ist die diamagnetische Suszeptibilität eines Elektronengases nach Landau. Man beachte, daß sich n nun auf den ganzen Fermisee bezieht; früher bezog es sich auf die Scheibe δk_z.

Halbklassische Bewegung von Elektronen in einem Magnetfeld[4])

Wenn die Fermifläche selbst unabhängig vom Magnetfeld **H** ist, sind wir nach Kapitel 9 berechtigt (außer an einigen Punkten im **k**-Raum), die Bewegung eines Elektrons im Magnetfeld zu beschreiben durch

$$\dot{\mathbf{k}} = (e/c)\mathbf{v} \times \mathbf{H}, \tag{46}$$

wobei die rechte Seite gerade die Lorentzkraft ist. Im **k**-Raum bewegt sich das Elektron also in einer Ebene senkrecht zu **H**. Wir haben gesehen, daß

$$\mathbf{v}_{\mathbf{k}} = \mathrm{grad}_{\mathbf{k}}\, \varepsilon(\mathbf{k}), \tag{47}$$

wobei $\varepsilon(\mathbf{k})$ die berechnete Energie ohne Magnetfeld ist; deshalb steht die Geschwindigkeit immer senkrecht auf der Fläche konstanter Energie (Bild 3). Die Lorentzkraft bewirkt, daß sich **k** nur längs jener Kurve konstanter Energie ändert, die durch den Schnitt der Fläche konstanter Energie mit einer Ebene $\perp \mathbf{H}$ gebildet wird; der Wert von

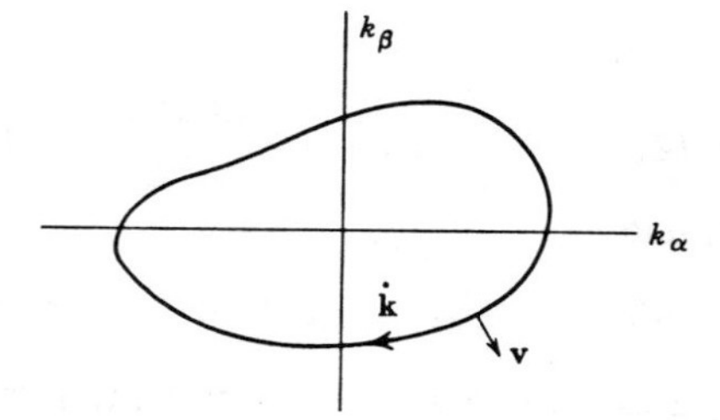

Bild 3: Bewegung eines Elektrons im **k**-Raum längs einer Bahn konstanter Energie. Das Magnetfeld steht senkrecht auf der k_α, k_β-Ebene.

$k_{\mathbf{H}}$, der Komponente des Wellenvektors in Richtung **H**, ist konstant und durch die Anfangsbedingungen bestimmt. Es sei **K** der zweidimensionale Wellenvektor in dem Schnitt und ϱ seien die räumlichen Komponenten von **x** in einer Ebene $\perp \mathbf{H}$. Dann kann (46) geschrieben werden als

$$\dot{\mathbf{K}} = (e/c)\dot{\varrho} \times \mathbf{H}; \tag{48}$$

da das Elektron im **k**-Raum eine bestimmte Bahn beschreibt, beschreibt es eine ähnliche Bahn auch im Ortsraum. Aus (48) sehen wir, daß man $\varrho(t)$ aus $\mathbf{K}(t)$ erhält durch Multiplikation von $\mathbf{K}(t)$ mit c/eH und Drehung um

[4]) L. Onsager, *Phil. Mag.* 43, 1006 (1952); A. Pippard, *LTP.*

$\pi/2$. Der Übergang $\mathbf{K} \leftrightarrow \varrho$ ist unabhängig von der Gestalt der Energiefläche. Wir schreiben (48) um in

(49) $$\dot{K} = (e/c)v_\perp H,$$

wobei $v_\perp$ die Geschwindigkeit in der Ebene $\perp\mathbf{H}$ ist.

Zyklotronresonanzfrequenz - Geometrische Deutung.

Wir betrachten zwei Bahnen in einem ebenen Schnitt im **K**-Raum, eine Bahn mit der Energie ε und die andere mit der Energie $\varepsilon + \delta\varepsilon$.

Der Abstand dieser Bahnen im **K**-Raum ist

(50) $$\delta K = \frac{\delta\varepsilon}{|\nabla_{\mathbf{K}}\varepsilon|} = \frac{\delta\varepsilon}{v_{\mathbf{K}}} = \frac{\delta\varepsilon}{\dot{\rho}}.$$

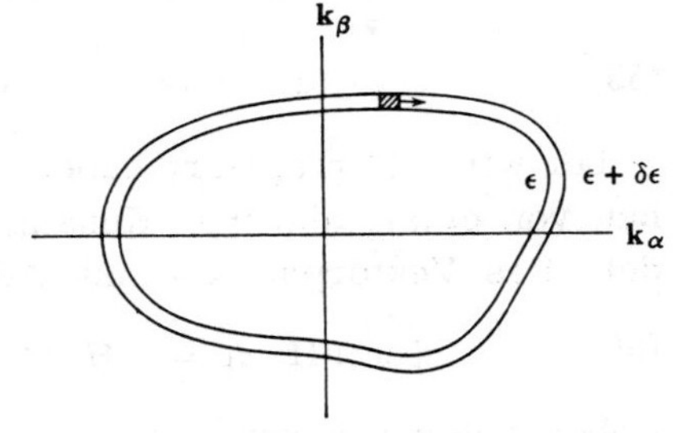

Bild 4: Geometrische Deutung der Zyklotronfrequenz; die Fläche im **k**-Raum der Bahn mit der Energie ε wird als $S(\varepsilon)$ bezeichnet.

Man stelle sich ein Elektron vor, das sich auf Grund eines Magnetfelds auf einer Bahn bewegt; die Flächengeschwindigkeit, mit der es die Fläche (Bild 4) zwischen den zwei Bahnen überstreicht, ist

(51) $$\dot{K}\,\delta K = (e/c)\dot{\rho}H\,\delta\epsilon/\dot{\rho} = (eH/c)\,\delta\epsilon,$$

sie ist konstant für konstantes $\delta\varepsilon$. Es sei T die Umlaufperiode auf der Bahn; dann ist $T(eH/c)\,\delta\varepsilon$ gleich der Fläche des Rings $(dS/d\varepsilon)\,\delta\varepsilon$, wobei $S(\varepsilon)$ die von der Bahn mit der Energie ε umschlossenen Fläche im **K**-Raum ist. Also gilt

(52) $$T = \frac{c}{eH}\frac{dS}{d\varepsilon},$$

oder für die Zyklotronfrequenz

(53) $$\omega_c = \frac{2\pi}{T} = \frac{2\pi eH}{c}\frac{1}{dS/d\varepsilon} = \frac{eH}{m_c c}.$$

Diese Gleichung definiert m_c, die effektive Masse der Bahn für Zyklotronresonanz. Also gilt die Gleichung

(54) $$\boxed{m_c = \frac{1}{2\pi}\frac{dS}{d\varepsilon},}$$

die die Zyklotronfrequenz und die effektive Masse mit der Geometrie der Fermifläche verknüpft. Eine andere Form für m_c wird in Gleichung (72) gegeben.

Quantisierung der Bahnen. Der periodische Charakter der Bewegung läßt uns erwarten, daß die Energieniveaus quantisiert sind, und zwar in Bahnen im **k**-Raum, deren energetischer Abstand ω_c ist. Wir zeigen dies nun mit Hilfe der Bohr-Sommerfeld-Methode. Wir haben angenommen, daß man den effektiven Hamiltonoperator in einem Magnetfeld durch die Ersetzung

$$\mathbf{k} \leftrightarrow \mathbf{p} - ec^{-1}\mathbf{A}$$

in der Energie $\varepsilon(\mathbf{k})$ erhält. Nun ist

$$\oint \mathbf{p} \cdot d\mathbf{q} = \oint (\mathbf{k} + ec^{-1}\mathbf{A}) \cdot d\mathbf{q} = \oint ec^{-1}(\boldsymbol{\varrho} \times \mathbf{H} + \mathbf{A}) \cdot d\boldsymbol{\varrho}, \tag{55}$$

wobei wir (3) integriert haben, was $\mathbf{k} = ec^{-1}(\boldsymbol{\varrho} \times \mathbf{H})$ liefert, abgesehen von einer additiven Konstante, die bei der Integration verschwindet. Das Vektorpotential ist **A**. Nun ist

$$\oint \boldsymbol{\varrho} \times \mathbf{H} \cdot d\boldsymbol{\varrho} = -\mathbf{H} \cdot \oint \boldsymbol{\varrho} \times d\boldsymbol{\varrho} = -2\Phi, \tag{56}$$

wobei Φ der von der Bahn im Ortsraum umschlossene Fluß ist; weiter ist nach dem Satz von Stokes

$$\oint \mathbf{A} \cdot d\boldsymbol{\varrho} = \int \operatorname{rot} \mathbf{A} \cdot d\boldsymbol{\sigma} = \int \mathbf{H} \cdot d\boldsymbol{\sigma} = \Phi, \tag{57}$$

mit $d\boldsymbol{\sigma}$ als dem Flächenelement im Ortsraum. Also ist

$$\oint \mathbf{p} \cdot d\mathbf{q} = -ec^{-1}\Phi. \tag{58}$$

Die Quantisierungsbedingung ist

$$\oint \mathbf{p} \cdot d\mathbf{q} = 2\pi(\lambda + \gamma), \tag{59}$$

wobei λ eine ganze Zahl ist und γ ein Phasenfaktor, der für ein freies Elektron in einem Magnetfeld den Wert $\frac{1}{2}$ hat. Also ist abgesehen vom Vorzeichen

$$\Phi = (2\pi c/e)(\lambda + \gamma); \tag{60}$$

die verschiedenen Bahnen unterscheiden sich durch ganzzahlige Vielfache der Einheit $2\pi c/e$ des Flusses (in üblichen Einheiten hc/e). Dieses Ergebnis, das von I. M. Lifshitz und von L. Onsager stammt, sollte mit dem Flußquantum $hc/2e$ verglichen werden, das in Supraleitern beobachtet wird, wo sich aus der Paarungsbedingung die effektive Ladung $2e$ ergibt.

Das Ergebnis (60) läßt sich durch Multiplikation mit $(eH/c)^2$ in den **k**-Raum übersetzen; für die Fläche der erlaubten Bahnen erhalten wir direkt

$$S = \frac{2\pi eH}{c}(\lambda + \gamma). \tag{61}$$

Wir sollten also in der Behandlung des de Haas-van Alphen-Effekts die Quantisierungsbedingung (20) für die Frequenz durch die Bedingung (61) für die Fläche der Bahn im **k**-Raum ersetzen. Abgesehen von der Phase wird das Argument des p-ten oszillierenden Terms im Ausdruck (34) für die Magnetisierung wie folgt ersetzt:

$$\frac{p\pi}{\mu H}\varepsilon_F \rightarrow \frac{pcS}{eH} = 2\pi(\lambda + \gamma), \tag{62}$$

wobei S die Fläche des stationären Schnitts der Fermifläche, senkrecht zu **H** ist. Fügt man $\hbar$ wieder hinzu, ist die rechte Seite $pcS/e\hbar H$. An einem stationären Schnitt ist $\partial S/\partial k_H = 0$. Der de Haas-van Alphen-Effekt gibt uns also die Fläche der Fermifläche in einer stationären Ebene senkrecht zu **H**. Die Frequenz der Zyklotronresonanz gibt uns $dS/d\epsilon$, das mit der Geschwindigkeit auf der Fermifläche zusammenhängt.

In genügend starken Magnetfeldern versagt die halbklassische Näherung - wenn das Feld anwächst werden die Energieniveaus breiter und eventuell in einen neuen Satz von Niveaus umgeschichtet. Eine einfache Darstellung dieser Situation findet sich in einer Arbeit von A.B. Pippard, *Proc. Roy. Soc. (London)* **A270,** 1 (1962); der magnetische Durchbruch tritt dann auf, wenn $\omega_c \gg E_g^2/\varepsilon_F$, wobei E_g die Energielücke zwischen zwei Bändern ist.

Topologische Eigenschaften von Bahnen in einem Magnetfeld[5] [6]

Wir haben in (48) gesehen, daß ein Elektron, das eine Bahn im **k**-Raum beschreibt, auch eine Bahn im Ortsraum beschreibt. Wenn der Schnitt der Fläche konstanter Energie im **k**-Raum eine geschlossene

[5] I. M. Lifshitz und M. I. Kaganov, *Soviet Physics Uspekhi* 2, 831 (1959).

[6] R. G. Chambers, in *The fermi surface,* Wiley, 1960.

Kurve ist, beschreibt das Elektron eine Schraubenlinie im Ortsraum. Die Schraubenlinie ist periodisch in dem Sinne, daß jeder Umlauf eine Wiederholung des vorangegangenen Umlaufs ist.

Manche Bahnen sind keine geschlossenen Kurven im **k**-Raum. Die Existenz von offenen Bahnen erscheint auf den ersten Blick überraschend. Es ist wesentlich, sich aus dem Kapitel über Blochfunktionen daran zu erinnern, daß die Energie im reziproken Gitter periodisch ist; die Flächen konstanter Energie jedes Bandes erstrecken sich also periodisch durch den ganzen **k**-Raum. Die Flächen sind nicht auf eine Brillouinzone beschränkt. Wenn ein Elektron auf den Rand einer Zone trifft, wandert es einfach in die nächste Zone.

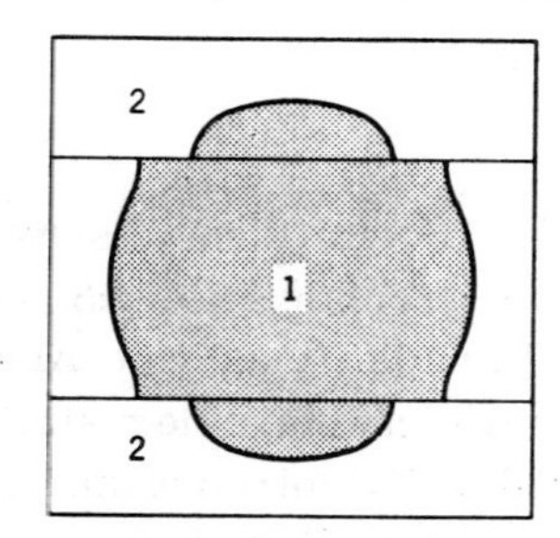

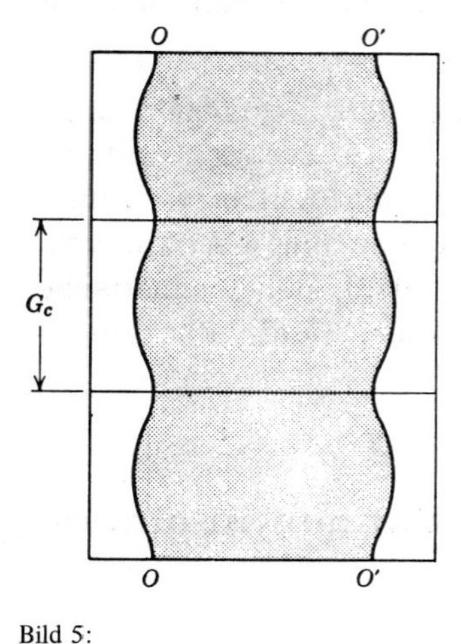

Bild 5:

Fermifläche eines einfachen rechteckigen Gitters in zwei Dimensionen, im Modell fast freier Elektronen. (*a*) Erste und zweite Zone. (*b*) Erste Zone im ausgedehnten Zonenschema. Die offenen Bahnen sind mit 00 und 0'0' gekennzeichnet.

Wir betrachten mehrere verschiedene Fälle:

(a) Wenn die Fermifläche vollständig innerhalb der Zonenkanten liegt, ist sie geschlossen und auch alle Bahnen in einem Magnetfeld sind geschlossen.

(b) Wenn die Fermifläche aus Schnitten besteht, die zu verschiedenen Zonenflächen oder zu verschiedenen Ecken gehören, kann man diese Schnitte im periodischen Zonenschema so zusammenfügen, daß einfach geschlossene Flächen gebildet werden. Solch eine geschlossene Fläche besteht aus Stücken, die von verschiedenen Zellen des ausgedehnten Zonenschemas stammen. Wenn die Lorentzkraft ein Elektron an den Zonenrand treibt, wird es in der benachbarten Zelle des ausgedehnten Zonenschemas weiterlaufen.

(c) Die geschlossenen Bahnen können entweder *Elektronen-* oder *Loch*bahnen sein. Eine Elektronenbahn umschließt Zustände geringerer Energie; der Geschwindigkeitsvektor $\mathbf{v} = \text{grad}_\mathbf{k}\, \varepsilon$ zeigt von einer Elektronenbahn nach außen. Eine Lochbahn ist dadurch definiert, daß sie Zustände hoher Energie umschließt; **v** zeigt nach innen.

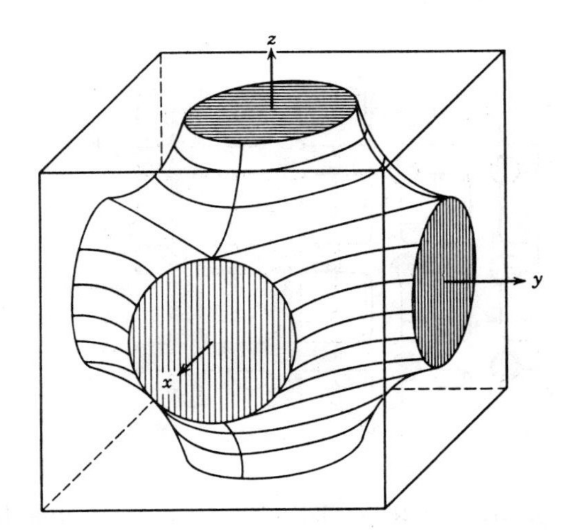

Bild 6: Mögliche Fermifläche in einem einfach kubischen Gitter. (Nach Sommerfeld und Bethe.)

Ein Elektron in einem Magnetfeld durchläuft eine Lochbahn im umgekehrten Sinn wie eine Elektronenbahn; ein Elektron auf einer Lochbahn wirkt also, wie wenn es positiv geladen wäre. Manchmal ist es für einen bestimmten Punkt der Fermifläche möglich, je nach Richtung von **H**, Teil entweder einer Elektronen- oder einer Lochbahn zu sein.

(d) Wenn die Fermifläche sich über eine Zelle hinaus erstreckt, von einer Fläche zu einer anderen oder von einer Ecke zu einer anderen, dann ist die Fermifläche im ausgedehnten Zonenschema eine mehrfach zusammenhängende Fläche, die sich kontinuierlich durch den ganzen **k**-Raum erstreckt. Das einfachste Beispiel einer *offenen* Bahn tritt im rechtwinkligen, zweidimensionalen Gitter für das Modell fast freier Elektronen auf, wenn die Fermifläche in die zweite Zone ein-

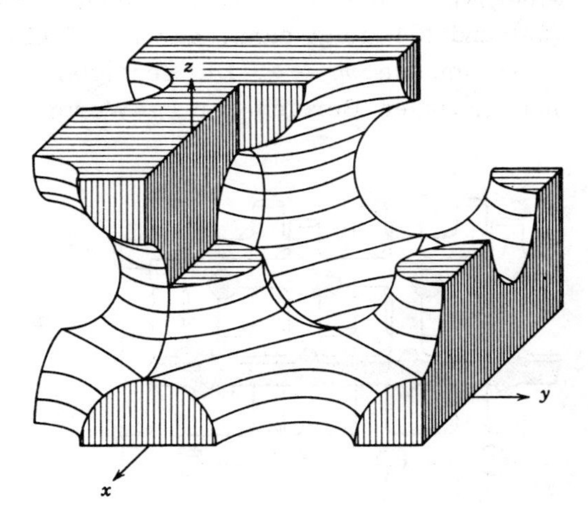

Bild 7: Die im **k**-Raum fortgesetzte Fermifläche von Bild 6. Dies ist eine offene Fermifläche. (Nach Sommerfeld und Bethe.)

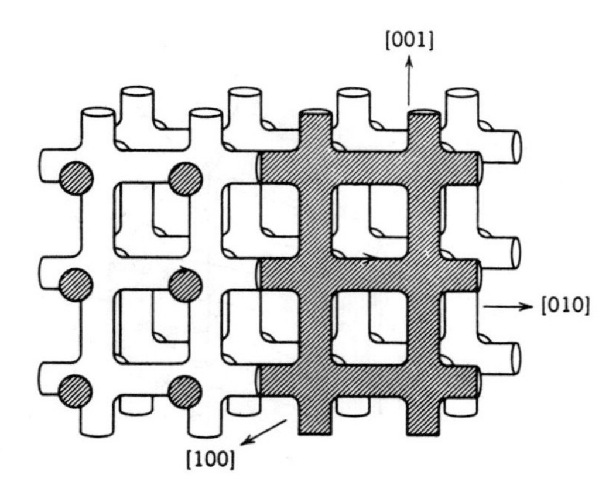

Bild 8: Ein möglicher Typ einer offenen Fermifläche für ein kubisches Metall. Zwei Schnitte bei konstantem k_μ sind eingezeichnet, für **H** in der [100]-Richtung. Links: Elektronenbahnen; rechts: Lochbahnen. (Nach R. G. Chambers.)

dringt, wie in Bild 5. Für ein kubisch primitives Gitter ist eine mögliche Fermifläche, die offene Bahnen enthält, in Bild 6 und Bild 7 gezeigt. In Bild 8 sind schematisch zwei verschiedene Schnitte bei jeweils konstantem k_z einer solchen offenen Fläche eingezeichnet. Ein Schnitt enthält Elektronenbahnen, der andere Lochbahnen. Die schraffierten Bereiche bedeuten besetzte Zustände; der Rand der schraffierten Bereiche ist die Fermifläche. Für einen bestimmten Wert von k_z (zwischen den beiden eingezeichneten) findet ein Übergang zwischen Elektronen- und Lochbahnen statt; hier treten offene Bahnen auf, die durch den ganzen **k**-Raum laufen.

(e) Die offenen Bahnen werden klarer, wenn wir **H** in der k_xk_z-Ebene leicht kippen, wie in Bild 9. Zwischen den geschlossenen Elektronenbahnen liegen offene, im **k**-Raum unbegrenzte Bahnen. Für solch eine Bahn geht $dS/d\varepsilon \rightarrow \infty$, wobei S die Fläche der Bahn ist; aus (53) und (54) folgt dann, daß die Zyklotronfrequenz $\omega_c \rightarrow 0$ und die Zyklotronmasse $m_c \rightarrow \infty$. Die gezeigten offenen Bahnen existieren für einen gewissen Bereich der k_H-Werte vor und hinter dem Wert für den

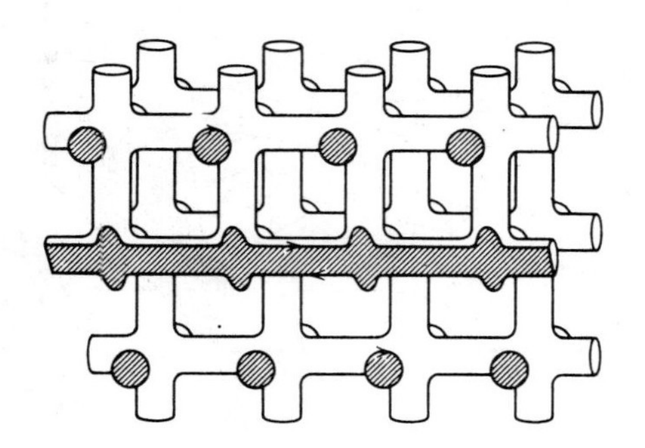

Bild 9: Schnitt der Fermifläche für **H** in der (010)-Ebene. Man sieht die periodischen offenen Bahnen, die den schraffierten Streifen in der Mitte begrenzen. Oben und unten sind Elektronenbahnen. (Nach R. G. Chambers.)

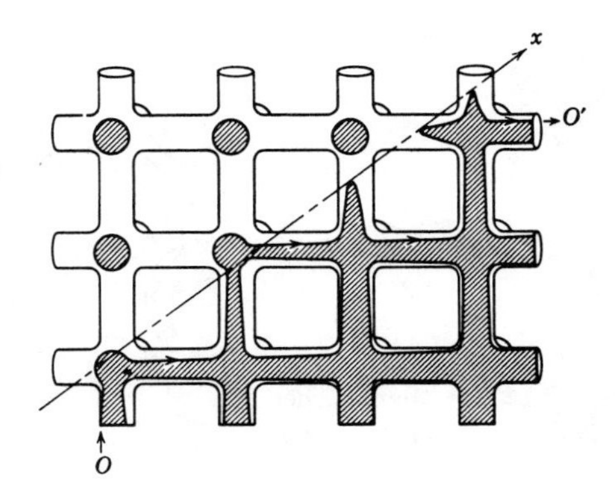

Bild 10: Wie in Bild 9, aber mit **H** leicht aus der [100]-Richtung in eine willkürliche Richtung gekippt. Es treten Bereiche mit Elektronenbahnen (links oben) und Lochbahnen (rechts unten) auf, die durch eine aperiodische offene Bahn OO' getrennt sind. Die Richtung der offenen Bahn wird als x-Richtung angenommen. (Nach R. G. Chambers.)

gezeigten Schnitt. Offene Bahnen gibt es auch dann, wenn **H** aus der Normalen auf eine Hauptebene ein wenig in eine beliebige Richtung gekippt wird, wie in Bild 10 gezeigt.

(f) Der Fall von Bild 9 ist in Bild 11 nochmals gezeigt, aber für einen kubisch-flächenzentrierten Kristall. Da **H** in einer Ebene hoher Symmetrie liegt, sind aufeinanderfolgende Teile der offenen Bahn identisch. Dies wird als *periodische offene* Bahn bezeichnet. Die beiden verschiedenen periodischen offenen Bahnen, wie sie in Bild 9 gezeigt sind, werden im entgegengesetzten Sinn durchlaufen.

(g) Der Fall von Bild 10 ist in Bild 12 nochmals gezeigt, aber für ein im Ortsraum kubisch-flächenzentriertes Gitter. Offene Bahnen der hier auftretenden Art setzen sich nicht aus identischen Teilstükken zusammen. Sie werden *aperiodische offene Bahnen* genannt.

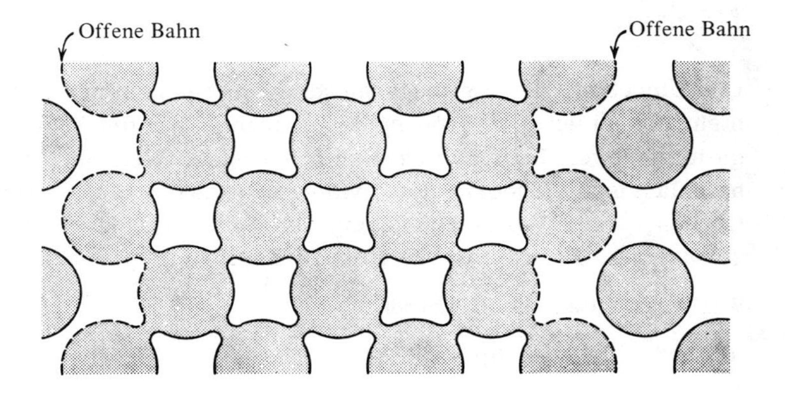

Bild 11: Periodische offene Bahnen. Schnitt durch das ausgedehnte Zonenschema eines kubisch-flächenzentrierten Kristalls, wobei **H** in der yz-Ebene leicht aus der z-Richtung gekippt ist. (Nach Pippard.)

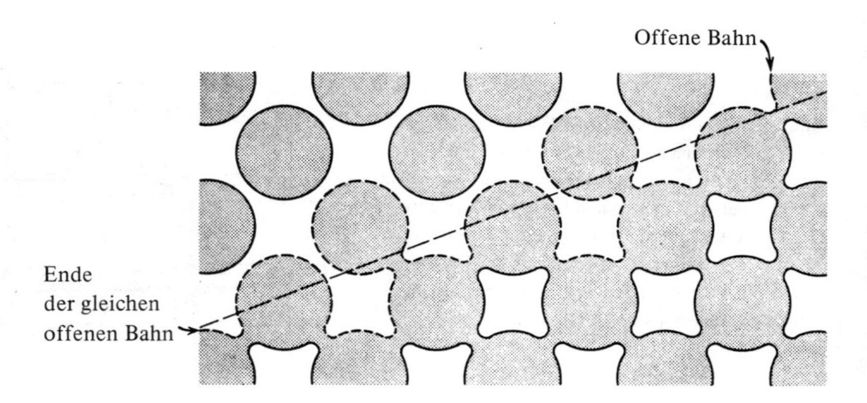

Bild 12: Aperiodische offene Bahn. (Nach Pippard.)

(h) Eine *ausgedehnte Bahn* ist eine geschlossene Bahn, die nicht in einer einzigen Zelle enthalten sein kann, wo immer der Nullpunkt der Brillouinzone gewählt wird.

Die Bedeutung der offenen Bahnen liegt darin, daß sie als zweidimensionale Leiter wirken; sie führen einen Strom nur in der Ebene, die das Magnetfeld und die Bahnkurve enthält. Sie wirken sich sehr drastisch auf den Magnetowiderstand aus, wie wir im folgenden Kapitel sehen werden.

Zyklotronresonanz bei sphäroidischen Energieflächen

Die Umgebung der Leitungsbandkante in Germanium und Silizium besteht aus einem Satz von sphäriodischen Energieflächen, die sich in gleichwertigen Lagen im **k**-Raum befinden. Wir behandeln nun die halbklassische Theorie der Zyklotronresonanz für derartige Fermiflächen, unter Vernachlässigung des Spins und der Spin-Bahn-Wechselwirkung. Deren Einfluß wird in Kapitel 14 untersucht.

Wir verwenden die Ersetzung

(63) $$\varepsilon(\mathbf{k}) \rightarrow H(\mathbf{p} - ec^{-1}\mathbf{A}),$$

wobei $\varepsilon(\mathbf{k})$ die Energie ohne Magnetfeld ist:

(64) $$\varepsilon(\mathbf{k}) = \frac{1}{2m_t}(k_x{}^2 + k_y{}^2) + \frac{1}{2m_l}k_z{}^2,$$

dabei ist m_t die transversale effektive Masse des Sphäroids, d.h. die Masse für die Bewegung in der xy-Ebene, und m_l die longitudinale effektive Masse für die Bewegung parallel zur z- oder Figurenachse. Das Vektorpotential

$$A_x = A_z = 0; \qquad A_y = H(x\cos\theta + z\sin\theta) \tag{65}$$

beschreibt ein homogenes Magnetfeld H in der xz-Ebene unter einem Winkel θ zur z-Achse. Dann ergibt die Ersetzung (63)

$$H = \frac{1}{2m_t}p_x^2 + \frac{1}{2m_t}[p_y - ec^{-1}H(x\cos\theta + z\sin\theta)]^2 + \frac{1}{2m_l}p_z^2. \tag{66}$$

Die Bewegungsgleichungen für die Impulse sind, mit $\omega_t = -eH/m_tc$ und $\omega_l = -eH/m_lc$,

$$\begin{aligned} i\dot{p}_x &= [p_x,H] = -i\omega_t(x\cos\theta + z\sin\theta)\cos\theta; \\ i\dot{p}_y &= 0; \qquad i\dot{p}_z = -i\omega_l(x\cos\theta + z\sin\theta)\sin\theta. \end{aligned} \tag{67}$$

Weiter ergibt sich

$$\begin{aligned} -\ddot{p}_x &= \omega_t^2\cos^2\theta p_x + \omega_l\omega_t\sin\theta\cos\theta p_z; \\ -\ddot{p}_z &= \omega_t^2\sin\theta\cos\theta p_x + \omega_l\omega_t\sin^2\theta p_z. \end{aligned} \tag{68}$$

Mit der Zeitabhängigkeit $e^{-i\omega t}$ hat dieses Gleichungssystem eine Lösung, wenn

$$\begin{vmatrix} \omega^2 - \omega_t^2\cos^2\theta & -\omega_t\omega_l\sin\theta\cos\theta \\ -\omega_t^2\sin\theta\cos\theta & \omega^2 - \omega_t\omega_l\sin^2\theta \end{vmatrix} = 0, \tag{69}$$

oder

$$\omega^2 = \omega_t^2\cos^2\theta + \omega_t\omega_l\sin^2\theta; \tag{70}$$

zusätzlich gibt es noch Wurzeln bei $\omega = 0$ für den Fall der Bewegung parallel zum Feld. Aus (70) sehen wir, daß die für die Zyklotronfrequenz maßgebende effektive Masse m_c gegeben ist als

$$\left(\frac{1}{m_c}\right)^2 = \frac{\cos^2\theta}{m_t^2} + \frac{\sin^2\theta}{m_l m_t}. \tag{71}$$

Die Zyklotronresonanz in Metallen wird in Kapitel 16 betrachtet.

Aufgaben

1.) Man stelle die quantenmechanische Bewegungsgleichungen für die Bewegung eines freien Teilchens in einem homogenen Magnetfeld auf und löse sie unter Verwendung der Eichung $\mathbf{A} = (-\frac{1}{2}Hy;\frac{1}{2}Hx;0)$.

2.) Für den Fall des Magnetfelds H parallel zur x-Achse der sphäroidischen Energiefläche (64) berechne man die Fläche S der Bahn im $\mathbf{k}$-Raum und die Masse m_c; man vergleiche das Ergebnis mit dem aus (71) folgenden.

3.) Man zeige, daß die Periode eines Elektrons auf einer Energiefläche im Magnetfeld sich ergibt als

$$T = \frac{c}{eH} \oint \frac{dl}{v_\perp}; \tag{72}$$

dabei ist dl das Längenelement im **k**-Raum. Man zeige, daß die Fläche des Schnitts geschrieben werden kann als

$$S(\varepsilon, p_z) = \iint dp_x \, dp_y = \int d\varepsilon \oint \frac{dl}{v_\perp}, \tag{73}$$

so daß

$$T = \frac{c}{eH} \frac{\partial S}{\partial \varepsilon}, \tag{74}$$

in Übereinstimmung mit (52).

4.) Wir betrachten den Hamiltonoperator eines Vielteilchensystems:

$$H = \frac{1}{2m} \sum_i \mathbf{P}_i^2 + \sum_{ij} V(\mathbf{x}_i - \mathbf{x}_j), \tag{75}$$

wobei $\mathbf{P}_i = \mathbf{p}_i - ec^{-1}\mathbf{A}$, mit $\mathbf{A}$ wie es sich für ein homogenes Magnetfeld $\mathbf{H}$ ergibt. Man bilde $\mathbf{P} = \Sigma \, \mathbf{P}_i$ und zeige, daß

$$\dot{\mathbf{P}} = (e/mc)\mathbf{P} \times \mathbf{H}. \tag{76}$$

Man zeige weiter, daß, wenn Ψ_0 ein Eigenzustand von H mit der Energie E_0 ist, $(P_x + iP_y)\,\Psi_0 = \Psi_1$ ein exakter Eigenzustand des Vielteilchensystems mit der Energie $E_1 = E_0 + \omega_c$ ist, wobei ω_c die Zyklotronfrequenz ist.

5.) Man zeige, daß

$$\mathbf{k} \times \mathbf{k} = \frac{ie\mathbf{H}}{\hbar c}. \tag{77}$$

12. Magnetowiderstand

In diesem Kapitel untersuchen wir ein wichtiges Transportproblem - die elektrische Leitfähigkeit eines Metalls in einem Magnetfeld. In den letzten Jahren wurden von theoretischen Physikern große Anstrengungen unternommen, um Lösungen für Transportprobleme in Gasen, Plasmen und Metallen abzuleiten. Unter den Pionierarbeiten, die die Quantentheorie des Ladungstransports in Metallen behandeln, finden sich die von J.M. Luttinger und W. Kohn, *Phys. Rev.* **109,** 1892 (1958) und von I.M. Lifshitz, *Soviet Phys. JETP* **5,** 1227 (1957). Die klassische Theorie des Magnetowiderstand wurde ziemlich vollständig in den Büchern von Wilson und von Ziman entwickelt. In den Kapiteln 16 und 17 behandeln wir einige interessante, aber etwas schwierigere Probleme mit klassischen Methoden. Die Glanzstücke der beobachteten Phänomene des Magnetowiderstands in Festkörpern können jedoch qualitativ mit Hilfe relativ einfacher Methoden erklärt werden. Die Auswertung der experimentellen Ergebnisse vertieft unmittelbar unsere Kenntnis über Form und Zusammensetzung der Fermiflächen.

Unter Magnetowiderstand verstehen wir das Anwachsen des elektrischen Widerstands eines Metalls oder Halbleiters, wenn sie in ein Magnetfeld gebracht werden. Von größtem Interesse ist der transversale Magnetowiderstand, der normalerweise mit der folgenden geometrischen Anordnung untersucht wird: Ein langer dünner Draht befindet sich in Richtung der x-Achse und ein statisches, elektrisches Feld E_x wird in dem Draht mit Hilfe einer äußeren Stromquelle erzeugt. Ein homogenes Magnetfeld H_z wirkt längs der z-Achse, also senkrecht zur Achse des Drahtes. Die interessantesten Experimente werden bei tiefen Temperaturen und starken Magnetfeldern an sehr reinen Proben durchgeführt, da hier das Produkt $|\omega_c|\tau$ aus der Zyklotronfrequenz und der Relaxationszeit $\gg 1$ werden kann. Unter diesen Bedingungen werden die Details der Stoßprozesse unterdrückt und die Details der Fermifläche verstärkt.

In der beschriebenen Geometrie, auf die wir uns als *Standardgeometrie* beziehen wollen, bewirkt ein schwaches Magnetfeld ($|\omega_c|\tau \ll 1$) ein Anwachsen des Widerstands durch einen additiven Term proportional zu H^2. Der additive Term kann von der Größenordnung $(\omega_c\tau)^2$ sein:

$$\text{(1)} \qquad \frac{R(H) - R(0)}{R(0)} \approx (\omega_c\tau)^2.$$

Aus Dimensionsgründen läßt sich nicht viel anderes erwarten, wenn wir uns daran erinnern, daß ein in H linearer Term nicht auftreten kann, da er mit der Symmetrie des Problems bei Vorzeichenwechsel des Magnetfelds nicht verträglich wäre. Es sei bemerkt (*EFP*, S. 268), daß die Relaxationszeit in Kupfer bei Zimmertemperatur $\approx 2 \times 10^{-14}$ sec ist; für $m^* = m$ und $H = 30$ kOe erhalten wir $|\omega_c| \approx 8 \times 10^{11}$ sec^{-1}, so daß $|\omega_c|\tau \approx 0.02$. Bei 4°K kann die Leitfähigkeit eines ziemlich reinen Kristalls aus Kupfer um einen Faktor 10^3 oder mehr größer sein als bei Zimmertemperatur; also ist τ um 10^3 größer und im gleichen Magnetfeld ist $|\omega_c|\tau \approx 20$.

In sehr starken Feldern, d.h. für $|\omega_c|\tau \gg 1$, kann der transversale Magnetowiderstand eines Kristalls im allgemeinen drei ganz verschiedene Dinge tun:

(a) Der Widerstand kann sich sättigen, d.h. kann unabhängig von H werden; möglicherweise bei einem Widerstand, der ein Mehrfaches des Werts bei $H = 0$ beträgt. Die Sättigung tritt für alle Orientierungen der Kristallachsen in Bezug auf die Meßachsen ein.

(b) Der Widerstand kann auch für die größten angelegten Felder immer weiter anwachsen, für alle Kristallorientierungen.

(c) Der Widerstand kann sich in einigen Kristallrichtungen sättigen, während er dies in anderen, oft sehr benachbarten Kristallrichtungen nicht tut. Dieses Verhalten äußert sich in einer außerordentlichen Anisotropie des Widerstands im Magnetfeld, wie in Bild 1 gezeigt.

Kristalle aller drei Arten sind bekannt. Wir werden sehen, daß die erste Art Kristalle mit *geschlossenen* Fermiflächen umfaßt, wie In, Al, Na und Li. Die zweite Art umfaßt Kristalle mit gleicher Anzahl von Elektronen und Löchern, wie Bi, Sb, W und Mo. Die dritte Art umfaßt Kristalle mit Fermiflächen, die *offene Bahnen* für einige Richtungen des Magnetfelds haben; es ist bekannt, daß zu dieser Art Cu, Ag, Au, Mg, Zn, Cd, Ga, Tl, Sn, Pb und Pt gehören. Die Bestimmung des Magnetowiderstands ist ein wertvolles Hilfsmittel, weil wir daraus ersehen können, ob die Fermifläche geschlossen ist oder offene Bahnen enthält und in welchen Richtungen die offenen Bahnen liegen. Es

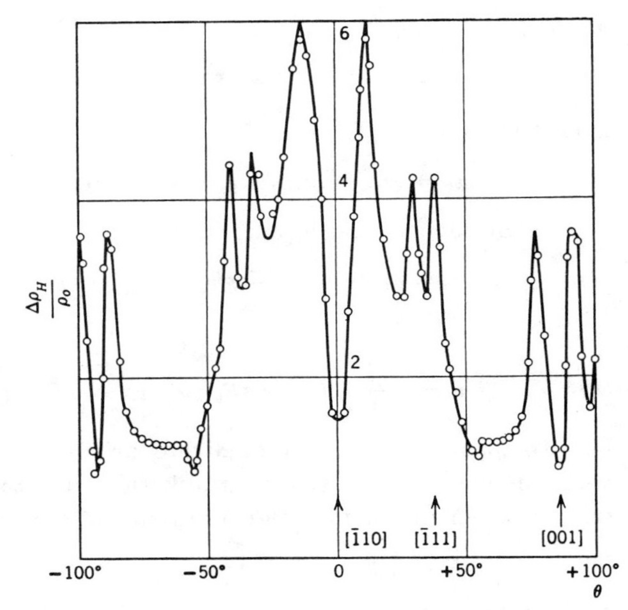

Bild 1: Veränderung des transversalen Magnetowiderstands mit der Richtung des Feldes in einem Feld von 23.5 kG, für einen Gold-Einkristall mit Strom ‖ [110]-Richtung. (Nach Gaidukov 1959).

sind auch geometrische Anordnungen möglich, für die offene Fermiflächen keine offenen Bahnen enthalten.

Viele interessante Eigenschaften können mit Hilfe einer elementaren Behandlung der Driftgeschwindigkeit oder einfachen Erweiterungen hiervon erklärt werden. Wir geben zunächst diese Methode an als eine Vorstufe zur Anwendung der eingehenderen Transporttheorie. Die Driftgeschwindigkeit $\mathbf{v}$ ist definiert als mittlere Geschwindigkeit der Ladungsträger:

$$\mathbf{v} = \frac{1}{N}\sum_i \mathbf{v}_i. \tag{2}$$

Isotrope effektive Masse einer Ladungsträgersorte und konstante Relaxationszeit. Die Bewegungsgleichung für die Driftgeschwindigkeit eines Gases von Ladungsträgern mit der isotropen Masse m^* ist nach *EFP*, Kapitel 8:

$$m^*\left(\dot{\mathbf{v}} + \frac{1}{\tau}\mathbf{v}\right) = e\left(\mathbf{E} + \frac{1}{c}\mathbf{v}\times\mathbf{H}\right), \tag{3}$$

wobei τ die Relaxationszeit der Ladungsträger ist. Die Relaxationszeit hängt näherungsweise mit der mittleren freien Weglänge Λ durch $\Lambda \cong \overline{|\mathbf{v}_i|}\tau$ zusammen, wobei $\overline{|\mathbf{v}_i|}$ der Mittelwert der Teilchengeschwindigkeit ist. Wir legen $\mathbf{H}$ in die z-Richtung. Im stationären Zustand ist $\dot{\mathbf{v}} = 0$, so daß

$$\mathbf{v} = \frac{e\tau}{m^*}\left(\mathbf{E} + \frac{1}{c}\mathbf{v}\times\mathbf{H}\right). \tag{4}$$

Wenn wir setzen

(5) $$\mu \equiv e\tau/m^*; \qquad \xi \equiv \mu H = eH\tau/m^*c = -\omega_c\tau,$$

dann wird (4)

(6) $$v_x = \mu E_x + \xi v_y; \qquad v_y = \mu E_y - \xi v_x; \qquad v_z = \mu E_z.$$

Löst man nach v_x und v_y auf, so ist

(7) $$v_x = \mu E_x + \mu\xi E_y - \xi^2 v_x; \qquad v_y = \mu E_y - \mu\xi E_x - \xi^2 v_y,$$

oder

(8) $$v_x = \frac{\mu}{1+\xi^2}(E_x + \xi E_y); \qquad v_y = \frac{\mu}{1+\xi^2}(E_y - \xi E_x).$$

Die Komponente j_λ der Stromdichte erhält man aus der Geschwindigkeitskomponente v_λ durch Multiplikation mit ne, wobei n die Ladungsträgerkonzentration ist. Der Leitfähigkeitstensor $\sigma_{\lambda\nu}$ ist definiert als

(9) $$j_\lambda = \sigma_{\lambda\nu} E_\nu.$$

Aus (8) folgt für $H \parallel \hat{z}$

(10) $$\bar{\sigma} = \frac{ne\mu}{1+\xi^2}\begin{pmatrix} 1 & \xi & 0 \\ -\xi & 1 & 0 \\ 0 & 0 & 1+\xi^2 \end{pmatrix}.$$

Die Komponenten erfüllen die Bedingung

(11) $$\sigma_{\lambda\nu}(H) = \sigma_{\nu\lambda}(-H),$$

als eine allgemeine Konsequenz der Theorie der Thermodynamik irreversibler Prozesse.

In unserer Standardgeometrie erlauben die Randbedingungen einen Strom nur in der x-Richtung, also

(12) $$j_y = j_z = 0.$$

Aus (8) sehen wir, daß die Randbedingungen nur erfüllt werden können, wenn

(13) $$E_y = \xi E_x; \qquad E_z = 0.$$

Das Feld E_y ist als Hall-Feld bekannt. Aus (10) und (13) folgt

(14) $$j_x = \frac{ne\mu}{1+\xi^2}(E_x + \xi E_y) = ne\mu E_x;$$

d.h. die effektive Leitfähigkeit in der x-Richtung ergibt sich in unserem Modell als unabhängig vom Magnetfeld in der z-Richtung, obwohl die Komponenten (10) des Leitfähigkeitstensors das Magnetfeld enthalten. Unser Modell liefert also null für den transversalen Magnetowiderstand.

Der Tensor $\bar{\bar{\rho}}$ des spezifischen Widerstands ist das Inverse des Leitfähigkeitstensors, so daß $E_\lambda = \rho_{\lambda\nu} j_\nu$.

Die Komponenten sind gegeben durch

$$(15) \qquad \rho_{\lambda\nu} = \Delta_{\lambda\nu}/\Delta,$$

wobei Δ die Determinante von $\bar{\bar{\sigma}}$ ist, $\Delta_{\lambda\nu}$ die $\lambda\nu$-te Unterdeterminante und

$$(16) \qquad \Delta = \frac{(ne\mu)^3}{1+\xi^2}.$$

Also gehört zu $\bar{\bar{\sigma}}$ nach (10) der Tensor des spezifischen Widerstands

$$(17) \qquad \bar{\bar{\rho}} = \frac{1}{ne\mu}\begin{pmatrix} 1 & -\xi & 0 \\ \xi & 1 & 0 \\ 0 & 0 & 1 \end{pmatrix}.$$

Dies ist konsistent mit (6), woraus man $\bar{\bar{\rho}}$ am leichtesten findet. Für die Standardgeometrie mit $j_y = 0$ erhalten wir aus (17)

$$(18) \qquad E_x = \frac{1}{ne\mu} j_x; \qquad E_y = \frac{\xi}{ne\mu} j_x = \frac{H_z}{ne} j_x = \xi E_x,$$

in Übereinstimmung mit (13) und (14).

Daß in diesem Modell kein Magnetowiderstand in der Standardgeometrie auftritt, ist das Ergebnis des Hall-Feldes E_y, das gerade die Lorentzkraft des Magnetfeldes ausgleicht. Der Ausgleich kann sich nur einstellen, wenn in den Bewegungsgleichungen lediglich eine kinetische Größe $\mathbf{v}$ auftritt. Aber normalerweise hängt die Relaxationszeit von der Geschwindigkeit v_i jedes einzelnen Ladungsträgers ab, so daß man nicht erwarten kann, die Bewegung der Ladungsträger mit einer einzigen Driftgeschwindigkeit beschreiben zu können. Dann kann der oben beschriebene Ausgleich nicht eintreten. Die experimentelle Stituation ist so, daß ein transversaler Magnetowiderstand immer, oder fast immer, beobachtet wird. Eine einfache und wichtige Verbesserung des Driftgeschwindigkeitsmodells ist die Einführung einer zweiten Ladungsträgersorte. Bei zwei Ladungsträgersorten kann ein und dasselbe Hall-Feld nicht die Bahnen beider Ladungsträgersorten zugleich ausrichten. Dies ist ein wichtiger praktischer Fall - die zwei Ladungträgersorten können Elektronen und Löcher sein, oder s-Elektronen und d-Elektronen, oder offene und geschlossene Bahnen usw.

Zwei Ladungsträgersorten - Grenzfall hoher Felder. Es ist besonders günstig, das Problem von zwei Ladungsträgersorten im Grenzfall hoher Felder zu behandeln. In einem beliebigen Feld sind die Gleichungen für die Driftgeschwindigkeit im stationären Zustand in Analogie zu (4)

$$\mathbf{v}_1 = (e\tau_1/m_1^*)\mathbf{E} + (e\tau_1/m_1^*c)\mathbf{v}_1 \times \mathbf{H}; \tag{19}$$

$$\mathbf{v}_2 = -(e\tau_2/m_2^*)\mathbf{E} - (e\tau_2/m_2^*c)\mathbf{v}_2 \times \mathbf{H}; \tag{20}$$

wobei die Ladungsträger der Sorte 1 Elektronen mit der effektiven Masse m_1^*, der Relaxationszeit τ_1 und der Konzentration n_1 seien. Die Ladungsträger der Sorte 2 seien Löcher. Wir betrachten nun solche Felder, daß $|\omega_{c1}|\tau_1 \gg 1$ und $|\omega_{c2}|\tau_2 \gg 1$. Dann können wir $\mathbf{v}_1$ und $\mathbf{v}_2$ vernachlässigen, wenn sie auf der linken Seite von (19) und (20) auftreten, so daß wir für die x-Komponenten dieser Gleichungen erhalten

$$E_x + \frac{H}{c} v_{1y} = 0; \qquad E_x + \frac{H}{c} v_{2y} = 0. \tag{21}$$

Also ist

$$j_y \equiv n_1 e v_{1y} - n_2 e v_{2y} = \frac{(n_2 - n_1)ec}{H} E_x, \tag{22}$$

woraus folgt

$$\boxed{\sigma_{yx} = (n_2 - n_1)ec/H.} \tag{23}$$

Dies ist ein entscheidendes Ergebnis, da es zeigt, daß für gleiche Anzahl von Löchern und Elektronen $\sigma_{yx} = 0$. Wenn aber $\sigma_{yx} = 0$, dann gibt es kein Hall-Feld E_y, da $j_y = \sigma_{yx}E_x + \sigma_{yy}E_y = 0$ sein muß. Ohne E_y wird der effektive spezifische Widerstand einfach $1/\sigma_{xx}$, wobei σ_{xx} durch (10) gegeben ist und in diesem Grenzfall sich ergibt als

$$\sigma_{xx} \cong \frac{n|e|}{H^2}\left(\frac{1}{|\mu_1|} + \frac{1}{|\mu_2|}\right), \tag{24}$$

mit $n = n_1 = n_2$. *Der transversale Magnetowiderstand sättigt sich also nicht, wenn die gleiche Anzahl von Löchern und Elektronen vorhanden ist.*

Zweiwertige Metalle mit einem Atom (und zwei Valenzelektronen) pro primitiver Elementarzelle haben notwendig die gleiche Anzahl von Löchern und Elektronen ($n_- = n_+$), vorausgesetzt, daß keine offenen Bahnen da sind. Es gibt einen Punkt im $\mathbf{k}$-Raum in jeder Brillouinzone für jede primitive Elementarzelle in dem Kristall. Gleichheit von Elektronen- und Löcherkonzentration kann auch in Metallen mit ungerader Wertigkeit auftreten, wenn die primitive Elementarzelle eine gerade Anzahl von Atomen enthält. Unter diesen Bedingungen beobachtet man, daß der transversale Magnetowiderstand sich nicht sättigt. Die Topologie der Gleichheit von Elektronen und Löchern kann man leicht in zwei Dimensionen verstehen; man betrachte zum Beispiel Bild 2, wo die Fermifläche mit Teilstücken in zwei Zonen konstruiert wurde, die gesamte gefüllte Fläche aber gerade gleich der Fläche einer Zone ist.

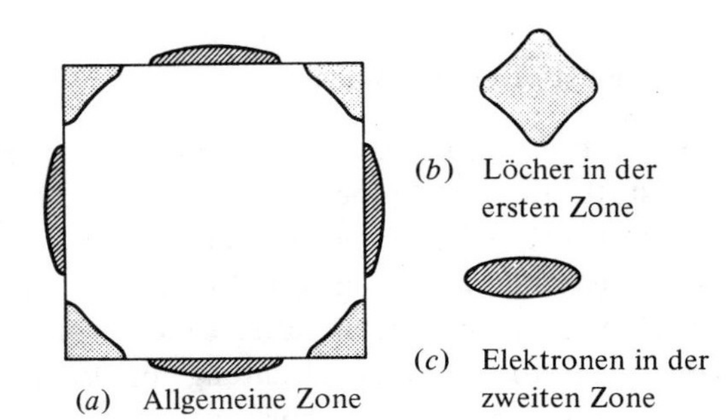

Bild 2: (*a*) Fermioberfläche in zwei Dimensionen, die eine Fläche gleich der Fläche einer Brillouinzone umschließt. (*b*) Eine zusammengesetzte Lochbahn. (*c*) Eine zusammengesetzte Elektronenbahn.

Das Ergebnis (23) gilt auch für eine allgemeine Fermifläche, zumindest in der halbklassischen Näherung, die im vorigen Kapitel für die Bewegung von Elektronen in einem Magnetfeld entwickelt wurde. Wir betrachten eine dünne Scheibe einer Fermifläche, die durch Ebenen senkrecht zu H begrenzt ist und α Zustände pro Einheitsfläche der Scheibe enthält. In konstanten Feldern H_z und E_x ändert sich die Energie ε eines Elektrons in der Scheibe gemäß

$$\dot{\varepsilon} = ev_x E_x = -c\dot{k}_y E_x/H, \tag{25}$$

da $\dot{k}_y = -(e/c)v_x H$, wenn wir Stöße vernachlässigen können. Die Verschiebung der Fermifläche aus dem Gleichgewicht ist also gegeben durch

$$\Delta\varepsilon = -ck_y E_x/H, \tag{26}$$

bis auf eine additive Konstante. Der resultierende Strom in der y-Richtung ist, nach Integration über die Fläche der Scheibe,

$$J_y = \alpha e \int dk_x\, dk_y \frac{\partial\epsilon}{\partial k_y} = -\alpha ec(E_x/H_z) \int dk_x\, dk_y. \tag{27}$$

Das Integral auf der rechten Seite ist gerade die Fläche der Scheibe, so daß J_y gleich der Zahl der Zustände in der Scheibe mal ecE_x/H ist. Um den Beitrag der ganzen Fermifläche zu erhalten, integrieren wir über k_z, wobei wir uns erinnern, daß $\alpha \int dk_x\, dk_y\, dk_z$ die Zahl der Zustände im Volumen angibt. Die Gesamtstromdichte ist also

$$j_y = \frac{ec}{H}(n_+ - n_-)E_x, \tag{28}$$

wobei n_+ die Löcherkonzentration und n_- die Elektronenkonzentration ist. Für $n_- = n_+$ erhalten wir $\sigma_{yx} = 0$, in Übereinstimmung mit (23); und nach der obigen Überlegung sättigt sich der Magnetowiderstand nicht, in Übereinstimmung mit dem Experiment. Dieses Ergebnis ist unabhängig von der Kristallorientierung und erklärt die früher aufgezählte zweite Art des Verhaltens des Magnetowiderstands.

Einfluß der offenen Bahnen

Es ist eine bemerkenswerte experimentelle Tatsache, daß in einigen Kristallen der Magnetowiderstand sich sättigt außer für bestimmte spezielle Kristallorientierungen. Das Fehlen der Sättigung in bestimmten Richtungen kann mit Hilfe der offenen Bahnen erklärt werden. In starken Magnetfeldern führt eine offene Bahn Strom im wesentlichen nur in einer einzigen Richtung in der Ebene senkrecht zum Magnetfeld; eine offene Bahn kann also durch das Feld nicht zur Sättigung kommen. Wir wollen annehmen, daß es für eine gegebene Kristallorientierung offene Bahnen parallel zu k_x gibt; im Ortsraum liefern diese Bahnen einen Strom parallel zur y-Achse. Wir können den offenen Bahnen eine Leitfähigkeit σ_{yy} zuordnen und diese als $sne\mu$ schreiben, wodurch s definiert wird. Der Leitfähigkeitstensor (10) im Grenzfall hoher Felder ist

$$\bar{\sigma} \approx ne\mu \begin{pmatrix} \xi^{-2} & \xi^{-1} & 0 \\ -\xi^{-1} & \xi^{-2} & 0 \\ 0 & 0 & 1 \end{pmatrix}, \tag{29}$$

ohne Berücksichtigung des Beitrags der offenen Bahnen. Wir erinnern daran, daß $\xi \propto H$. Mit dem Beitrag der offenen Bahnen erhalten wir

$$\bar{\sigma} \approx ne\mu \begin{pmatrix} \xi^{-2} & \xi^{-1} & 0 \\ -\xi^{-1} & s & 0 \\ 0 & 0 & 1 \end{pmatrix}. \tag{30}$$

Hierbei haben wir ξ^{-2} gegenüber s im Term σ_{yy} vernachlässigt. Wir haben der Bequemlichkeit halber angenommen, daß $\sigma_{xz} = 0 = \sigma_{zx}$; dies ist nicht der allgemeine Fall. Daß (29) und (30) für den Grenzfall hoher Felder gelten, wird von Pippard, *LTP*, S. 93 - 95 gezeigt. Es sei bemerkt, daß eine offene Bahn parallel zu k_x eine mittlere Geschwindigkeitskomponente nur in der y-Richtung hat und nicht zu σ_{xy}, σ_{xx} , usw. beiträgt. Die Stärke des Magnetfelds beeinflußt nicht die mittlere Geschwindigkeit der Ladungsträger auf der Bahn; die Stärke des Feldes beeinflußt nur die Rate $\dot{k}_x$, mit der die offene Bahn im $\mathbf{k}$-Raum durchlaufen wird.

Mit (30) erhalten wir $j_y = 0$, wenn

(31) $$-\frac{E_x}{\xi} + sE_y = 0, \qquad \text{or} \qquad E_y = \frac{E_x}{s\xi};$$

also ist

(32) $$j_x \approx ne\mu(\xi^{-2}E_x + \xi^{-1}E_y) = ne\mu\left(1 + \frac{1}{s}\right)\xi^{-2}E_x;$$

daraus ergibt sich der effektive spezifische Widerstand als

(33) $$\rho \approx \frac{\xi^2}{ne\mu}\frac{s}{s+1}.$$

Der spezifische Widerstand sättigt sich nicht, sondern wächst mit H^2 an. Unregelmäßigkeiten des Kristalls reduzieren den Exponenten auf einen Wert in der Nähe von eins. Wir haben also auch die dritte Art des Verhaltens des Magnetowiderstands, nämlich keine Sättigung bei speziellen Kristallorientierungen, erklärt.

Der Kristall sei so orientiert, daß die offene Bahn den Strom in x-Richtung fließen läßt. Dann ist

(34) $$\bar{\sigma} \cong ne\mu\begin{pmatrix} s & \xi^{-1} & 0 \\ -\xi^{-1} & \xi^{-2} & 0 \\ 0 & 0 & 1 \end{pmatrix},$$

und $j_y = 0$ wenn $E_y = \xi E_x$, so daß

(35) $$j_x \approx (s+1)ne\mu E_x.$$

Für diese Orientierung sättigt sich der Magnetowiderstand.

Wenn die offene Bahn in einer beliebigen Richtung in der xy-Ebene verläuft und in bezug auf die $\hat{x}$-Achse einen Winkel θ bildet, hat der Leitfähigkeitstensor, wieder im Grenzfall $\xi \gg 1$, die Form

(36) $$\begin{pmatrix} s\sin^2\theta + \xi^{-2} & -s\sin\theta\cos\theta + \xi^{-1} & 0 \\ s\sin\theta\cos\theta - \xi^{-1} & s\cos^2\theta + \xi^{-2} & 0 \\ 0 & 0 & 1 \end{pmatrix}$$

Dies liefert $j_y = 0$, wenn $E_y = (\xi^{-1} - s\sin\theta\cos\theta)E_x/(s\cos^2\theta + \xi^{-2})$ für $\theta \neq 0$; wir erhalten

(37) $$j_x = ne\mu\left\{s\sin^2\theta + \xi^{-2} + \frac{(s\sin\theta\cos\theta - \xi^{-1})^2}{(s\cos^2\theta + \xi^{-2})}\right\}E_x$$
$$\to 2\,ne\mu\,s\sin^2\theta\,E_x.$$

Der Magnetowiderstand sättigt sich also, außer wenn die offene Bahn den Strom fast genau parallel zur y-Richtung fließen läßt. Nach den geometrischen Regeln des Kapitels 11 besagt diese Forderung, daß die Bahn im **k**-Raum in der k_x-Richtung liegen muß.

Der Umstand, daß der Magnetowiderstand sich in genügend starken Magnetfeldern sättigt, außer wenn es offene Bahnen in der k_x-Richtung gibt, erklärt die außerordentliche Anisotropie des transversalen Magnetowiderstands, die in Einkristallen beobachtet wird. Die Anisotropie ist ein auffallendes Merkmal der experimentellen Ergebnisse, wie in Bild 1 für Gold gezeigt wird. Hochfelduntersuchungen der Winkelabhängigkeit des transversalen Magnetowiderstand in Einkristallen können also Informationen über das Vorhandensein von offenen Bahnen und über die topologische Zusammensetzung der Fermifläche liefern. In Richtungen, in denen offene Bahnen existieren, sättigt sich der Widerstand nicht; in anderen Richtungen tut er das, außer in besonderen Richtungen, in denen das Metall sich wie ein Zweibänder-Metall mit gleicher Anzahl von Elektronen und Löchern verhält.

Transportgleichungen für den Magnetowiderstand

Die kinetische Formulierung der Transportgleichung nach Chambers ist für das Problem des Magnetowiderstands mit einer beliebigen Fermifläche etwas aufschlußreicher als die übliche iterative Formulierung der Boltzmann-Methode, in der magnetische Effekte erst in zweiter Ordnung auftreten. Wir behandeln zunächst eine in **E** linearisierte Form der Theorie. Die Verteilungsfunktion sei $f = f_0 + f_1$, wobei f_0 die Gleichgewichtsverteilung ist; dann ist die elektrische Stromdichte

$$\mathbf{j} = \frac{2e}{(2\pi)^3}\int d^3k\,\mathbf{v}f_1 = \frac{2e}{(2\pi)^3}\int d^3k\,\mathbf{v}\,\frac{df_0}{d\varepsilon}\,\Delta\varepsilon, \tag{38}$$

wobei $\Delta\varepsilon$ die mittlere Energie ist, die ein Elektron aus dem elektrischen Feld in der Zeit zwischen den Stößen aufnimmt. Es wird angenommen, daß das Elektron unmittelbar nach dem Stoß in der Gleichgewichtsverteilung ist. Dann ist

$$\Delta\varepsilon = e\int_{-\infty}^{0} dt\,\mathbf{E}\cdot\mathbf{v}(t)e^{t/\tau}, \tag{39}$$

wenn die Relaxationszeit τ eine Konstante ist. Dabei ist $e^{-|t|/\tau}$ die Wahrscheinlichkeit, daß der letzte Stoßprozeß mindestens eine Zeitspanne $|t|$ vor dem nächsten Stoß stattfindet, der bei $t = 0$ angenommen wird. Es ist einfach, (39) auf den Fall zu verallgemeinern, wo τ als Funktion von **k** bekannt ist.

Das allgemeine nichtlinearisierte Ergebnis von Chambers [*Proc. Phys. Soc. (London)* **A65,** 458 (1952)] für die Verteilungsfunktion ist

$$(40) \qquad f = \int_{-\infty}^{t} \frac{dt'}{\tau(\mathbf{k}(t'))} f_0(\varepsilon - \Delta\varepsilon(t')) \exp\left(-\int_{t'}^{t} \frac{ds}{\tau(\mathbf{k}(s))}\right),$$

wobei

$$(41) \qquad \Delta\varepsilon = \int_{t'}^{t} dt'' \, \mathbf{F} \cdot \mathbf{v}(t'')$$

der Energiegewinn aus der Kraft **F** zwischen den Zeiten t' und t bei Abwesenheit von Stößen ist; τ ist die Relaxationszeit; f_0 ist die Verteilungsfunktion im Gleichgewicht. Ein Beweis, daß (40) die Boltzmann-Gleichung erfüllt, wurde von H. Budd, *Phys. Rev.* **127,** 4 (1962), gegeben.

Ein Elektron in einem starken Magnetfeld durchläuft zwischen zwei Stößen eine geschlossene Bahn mehrere Male und das Integral (39) wird für die Geschwindigkeitskomponenten in der Ebene senkrecht zum Magnetfeld **H** gegen null streben; die Komponente parallel zu **H** $(= H_z)$ kann durch den über die Bahn bei festem $k_{\mathbf{H}}$ gemittelten Wert $\langle v_{\mathbf{H}}(k_{\mathbf{H}})\rangle$ ersetzt werden. Wenn das Magnetfeld in z-Richtung liegt, ist also

$$(42) \qquad \sigma_{xx} = \sigma_{xy} = \sigma_{yy} = \sigma_{yx} = 0;$$

$$(43) \qquad \sigma_{zz} = \frac{2e^2}{(2\pi)^3 \tau} \int d^3k \, v_z \langle v_z \rangle \frac{df_0}{d\varepsilon}.$$

Dieser Wert von σ_{zz} für $H = \infty$ ist im allgemeinen kleiner als der Wert

$$(44) \qquad \sigma_{zz}(0) \frac{2e^2}{(2\pi)^3 \tau} \int d^3k \, v_z^2 \frac{df_0}{d\varepsilon}$$

für H = 0, und zwar um einen Betrag, der von der Anisotropie von v_z längs der Bahn abhängt. Es gibt also einen transversalen Magnetowiderstand, der sich immer sättigt.

Wenn offene Bahnen in der k_x-Richtung vorhanden sind, dann gilt $\langle v_x \rangle = 0$, aber $\langle v_y \rangle \neq 0$. Dann ist im Grenzfall hoher Felder $\sigma_{yy} \neq 0$, wie in (30) schon gefunden wurde.

Die kinetische Methode für den transversalen Magnetowiderstand soll nun in schwachen Magnetfeldern, wo $|\omega_c|\tau \ll 1$, angewendet werden. Hier tritt wieder das Integral auf

$$\int_{-\infty}^{0} dt \, v_\mu(t) e^{t/\tau},$$

unter der Annahme konstanter Relaxationszeit τ. Wir entwickeln

$$(45) \qquad v_\mu(t) = v_\mu(0) + t\dot{v}_\mu(0) + \tfrac{1}{2}t^2\ddot{v}_\mu(0) + \cdots .$$

Die Integrale sind trivial und wir erhalten

$$\int_{-\infty}^{0} dt\, v_\mu(t) e^{t/\tau} = \tau v_\mu(0) + \tau^2 \dot{v}_\mu(0) + \tau^3 \ddot{v}_\mu(0) + \cdots . \tag{46}$$

Man betrachte zum Beispiel

$$\sigma_{xy} = \frac{2e^2}{(2\pi)^3} \int d^3k\, v_x \frac{df_0}{d\varepsilon} (\tau v_y + \tau^2 \dot{v}_y + \tau^3 \ddot{v}_y + \cdots). \tag{47}$$

Der Term in v_y verschwindet bei der Integration aus Symmetriegründen. Den Term in $\dot{v}_y$ erhält man für ein freies Elektronengas unter Verwendung von

$$m\dot{v}_y = -\frac{e}{c} v_x H; \qquad \dot{v}_y = \omega_c v_x. \tag{48}$$

Also ist bis zu $O(H)$

$$\sigma_{xy} = \frac{2e^2}{(2\pi)^3} \omega_c \tau^2 \int d^3k\, v_x{}^2 \frac{df_0}{d\varepsilon} = \omega_c \tau \sigma_{xx}(0). \tag{49}$$

Den Term in $O(H^2)$ in σ_{xx} oder σ_{yy} erhält man zum Beispiel durch Berechnung von $\ddot{v}_y$. Es ergibt sich

$$\ddot{v}_y = \omega_c \dot{v}_x = -\omega_c{}^2 v_y, \tag{50}$$

so daß

$$\sigma_{yy} = \sigma_{yy}(0) - (\omega_c \tau)^2 \sigma_{yy}(0). \tag{51}$$

Diese Ergebnisse für das freie Elektronengas stimmen in der entsprechenden Ordnung mit der früher angegebenen Methode der Driftgeschwindigkeit überein, aber die gerade angegebene Formulierung läßt sich auf beliebige Fermiflächen anwenden. Zum Beispiel brauchen wir, um σ_{xy} zu berechnen

$$\dot{v}_y = \dot{k}_\nu \frac{\partial^2 \varepsilon}{\partial k_\nu\, \partial k_y} = \frac{eH}{c} \left(\frac{\partial \varepsilon}{\partial k_y} \frac{\partial^2 \varepsilon}{\partial k_x\, \partial k_y} - \frac{\partial \varepsilon}{\partial k_x} \frac{\partial^2 \varepsilon}{\partial k_y{}^2} \right), \tag{52}$$

woraus wir bis zu $O(H)$ das bekannte Ergebnis erhalten:

$$\sigma_{xy} = \frac{2e^2}{(2\pi)^3} \cdot \frac{eH\tau^2}{c} \int d^3k \frac{\partial \varepsilon}{\partial k_x} \left(\frac{\partial \varepsilon}{\partial k_y} \frac{\partial^2 \varepsilon}{\partial k_x\, \partial k_y} - \frac{\partial \varepsilon}{\partial k_x} \frac{\partial^2 \varepsilon}{\partial k_y{}^2} \right) \cdot \frac{\partial f_0}{\partial \varepsilon} \tag{53}$$

Für $\omega_c > k_B T$ und $\omega_c \tau \gg 1$ beobachtet man ein oszillierendes Verhalten der Leitfähigkeitskomponenten. Die Quantenoszillationen in Transporteigenschaften haben denselben Ursprung wie die Oszillation der Suszeptibilität beim de Haas-van Alphen-Effekt, der in Kapitel 11 behandelt wurde.

Aufgaben

1.) Man zeige, daß der transversale Magnetowiderstand für einen Leiter mit einer isotropen Relaxationszeit und einer ellipsoidischen Massenfläche verschwindet. Eine elegante Ableitung dieses Ergebnisses wird von Chambers in *The fermi surface,* Wiley, gegeben.

2.) Man diskutiere die Eigenschaften des Magnetowiderstands eines Leiters mit einer Fermifläche von der Form eines unendlichen Kreiszylinders.

3.) Man betrachte den Magnetowiderstand des Problems mit zwei Ladungsträgersorten für alle Werte des Magnetfelds, aber mit der Annahme $m_1 = m_2$; $\tau_1 = \tau_2$. Man zeige, daß für die Standardgeometrie gilt

$$j_x = (n_1 + n_2)e\mu \frac{1}{1 + \xi^2}\left[1 + \frac{(n_1 - n_2)^2}{(n_1 + n_2)^2}\xi^2\right] E_x. \tag{54}$$

13. Berechnung von Energiebändern und Fermiflächen

Die Überschrift von diesem Kapitel könnte man besser als Titel für eine ausführliche Monographie benützen, in der man die wichtigsten Ausdrücke herleitet und die Korrekturen berechnet, die zu der Energiebandstruktur eines Kristalls in der Einelektronennäherung beitragen. In der Monographie würden auch ins einzelne gehende Hilfsmittel und Vorschriften für explizite Rechnungen entwickelt und sie würde sorgfältige Vergleiche zwischen theoretischen Rechnungen mit verschiedenen Methoden und experimentellen Beobachtungen enthalten. Solch eine Monographie wäre äußerst nützlich, aber selbst wenn ein Team von Experten auf diesem Gebiet sie zum jetzigen Zeitpunkt verfassen würde, so würde sie mehrere Mängel haben:

(a) Die Bedeutung von Vielteilchen-Korrekturen für die Bandstruktur und für die Interpretation der Experimente ist noch ziemlich unbekannt.

(b) Unser Vertrauen in unsere Fähigkeit, die elektronischen Eigenschaften der Übergangsmetalle zu berechnen, ist gering.

(c) Die Rechnungen an anderen Metallen verbessern sich sehr schnell, weil die Methode der modifizierten ebenen Wellen verbessert wurde und die zugehörigen experimentellen Daten werden in immer größerem Umfang verfügbar. In vielleicht fünf Jahren wird sich die Situation für die einfacheren Metalle etwas stabilisiert haben.

Es gibt nun keine solche Monographie. Es gibt aber eine Anzahl sehr nützlicher Übersichtsartikel, so zum Beispiel:

[1]) F. S. Ham, *Solid state physics* **1**, 127 (1955).

[2]) J. R. Reitz, *Solid state physics* **1**, 1 (1955).

[3]) T. O. Woodruff, *Solid state physics* **4**, 367 (1957).

[4]) J. Callaway, *Solid state physics* **7**, 100 (1958).

[5]) H. Brooks, *Nuovo cimento supplement* **7**, 165 (1958); F. S. Ham, *Phys. Rev.* **128**, 82, 2524 (1962).

[6]) W. A. Harrison, *Phys. Rev.* **118**, 1190 (1960).

[7]) L. Pincherle, *Repts. Prog. Physics* **23**, 355 (1959) und die nichtveröffentlichten Berichte der Slater-Gruppe am Massachusetts Institute of Technology.

Aber wir können in diesem Kapitel die Prinzipien dieser Methoden entwickeln; dies gibt tieferen physikalischen Einblick in die Natur der Wellenfunktionen in den Kristallen, auf welche die Methoden angewandt werden. Wir können auch eine gute Vorstellung von der Genauigkeit der Methoden geben. Jene, die wir ausführlich besprechen werden, sind die Wigner-Seitz-Methode, die auf Alkalimetalle anwendbar ist und verschiedene modifizierte Ebene-Wellen-Methoden, die über einen außerordentlich weiten Bereich von Kristallen anwendbar sind. Dieses bescheidene Programm umfaßt in keiner Weise alle Methoden, die in der Praxis verwendet werden und die ausgezeichnete Ergebnisse liefern. Die Methode von Kuhn und Van Vleck, in der erweiterten Form von Brooks, ist bei Ham [1]) diskutiert. Das Variationsverfahren von Kohn wurde in großem Umfang von Ham [5]) angewandt, eine erweiterte Ebene-Wellen-Methode wurde in großem Umfang von der M. I. T.-Gruppe benützt. Die ersten realistischen Bandrechnungen wurden von Wigner und Seitz [8]) für Lithium und Natrium durchgeführt.

Die Wigner-Seitz-Methode

Wir betrachten zuerst den $\mathbf{k} = 0$ Zustand des $3s$-Leitungsbandes von metallischem Natrium. Bei Zimmertemperatur ist die Kristallstruktur kubisch raumzentriert und die Gitterkonstante ist 4.28 A. Der Abstand zwischen nächsten Nachbaratomen ist 3.71 A. In den bcc- und fcc-Gittern ist es möglich, den gesamten Raum mit quasisphärischen Polyedern auszufüllen, indem man Ebenen konstruiert, welche die Verbindungslinien jedes Atoms zu seinen nächsten Nachbarn und (für bcc) seinen übernächsten Nachbarn halbiert. Die atomaren Polyeder, die man auf diese Weise erhält, sind in Bild 1 zu sehen. Jedes Polyeder enthält einen Gitterpunkt und ist eine mögliche Wahl der primitiven Einheitszelle.

Ein Ionenrumpf befindet sich im Mittelpunkt eines jeden Polyeders. Der Ionenrumpf ist oft klein gegen den halben Abstand zum nächsten Nachbarn. In Natrium ist der halbe Abstand 1.85 A; der Ionenradius ist 0.95 oder 0.85 A, das Potential des Rumpfes ist jedoch nur stark

---

[8]) Li: F. Seitz, *Phys. Rev.* **47**, 400 (1935); J. Bardeen, J. *Chem. Phys.* **6**, 367 (1938).
Na: E. Wigner und F. Seitz, *Phys. Rev.* **43**, 804 (1933); **46**, 509 (1934); E. Wigner, *Phys. Rev.* **46**, 1002 (1934).

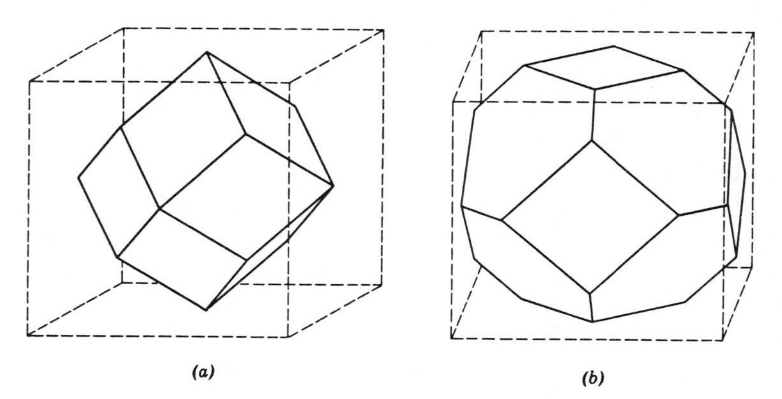

Bild 1: Atomares Polyeder, das ein Atom umgibt, für (*a*) kubisch flächenzentrierte Struktur und (*b*) kubisch raumzentrierte Struktur.

über einen Bereich von weniger als 0.6 A. Daher ist die potentielle Energie im größten Teil des atomaren Polyeders klein. Im Innern des Ionenrumpfes, wo das Potential stark ist, ist es näherungsweise kugelsymmetrisch. Man kann daher in guter Näherung das Potential $V(\mathbf{x})$ als kugelsymmetrisch annehmen innerhalb eines jeden Polyeders.

Der Punkt $\mathbf{k} = 0$ ist der spezielle Punkt Γ; wenn der Zustand φ_0 (an der Stelle Γ) nicht entartet ist und sich aus einer $3s$-Atomfunktion herleitet, geht er bei Anwendung der vollen kubischen Gruppe in sich selbst über. Der Zustand ist auch periodisch mit der Periode des Gitters. Die Grenzflächen der polyedrischen Einheitszellen sind miteinander durch Spiegelung an einer Ebene, die durch den Mittelpunkt geht, verknüpft; demzufolge muß die Normalkomponente des Gradienten von φ_0 auf der Polyederfläche verschwinden:

(1) $$\frac{\partial \varphi_0}{\partial \mathbf{n}} = 0.$$

Bei ihren Rechnungen ersetzen Wigner und Seitz die Polyeder durch Kugeln gleichen Volumens. Die Randbedingung (1) wird damit ersetzt durch

(2) $$\left(\frac{\partial \varphi_0}{\partial r}\right)_{r_s} = 0.$$

Diese Kugeln nennt man s-Kugeln; für das bcc-Gitter mit der Würfelkante a bestimmt sich der Radius r_s einer s-Kugel durch

(3) $$\frac{4\pi}{3} r_s{}^3 = \tfrac{1}{2} a^3; \text{ oder } r_s \cong 0.49a;$$

im Fall des bcc-Gitters gibt es zwei Gitterpunkte in einem Einheitswürfel. Damit ist u_0 die Lösung von

$$\left[-\frac{1}{2mr^2}\frac{d}{dr}\left(r^2\frac{d}{dr}\right)+V(r)\right]u_0(r)=\varepsilon_0 u_0(r), \tag{4}$$

mit der Randbedingung (2). Man beachte, daß diese Randbedingung sich von der des freien Atoms unterscheidet, wo $u(r)$ für $r = \infty$ verschwinden muß.

Wenn wir (4) anschreiben, so nehmen wir an, daß die tiefste Lösung bei $\mathbf{k} = 0$ eine s-Funktion ist. Die nächste mögliche Lösung, die sich wie Γ_1 transformiert, ist die g-Funktion ($l = 4$) mit einer Winkelabhängigkeit, die folgendermaßen beschrieben wird:

$$(x^2y^2 + y^2z^2 + z^2x^2) - \tfrac{1}{3}(x^4 + y^4 + z^4). \tag{5}$$

Diese Funktion ist tabelliert als eine kubisch Harmonische bei F.C. Von der Lage und H.A. Bethe, *Phys. Rev.* **71**, 612 (1947). Im freien Na-Atom ist der tiefste mögliche g-Zustand $5g$, der ungefähr 5 eV höher liegt in der Energie als $3s$. Es ist ganz sinnvoll, die möglichen Beimischungen von $5g$ zu $3s$ im Kristall zu vernachlässigen. Die $3p$-Zustände transformieren sich wie Γ_{15} und liegen im freien Atom etwa 2 eV höher. Ihre Energie wird in erster Ordnung im kubischen Feld nicht aufgespalten, so daß es keinen Grund gibt, weshalb im Kristall bei $\mathbf{k} = 0$ der p-Zustand relativ zum s-Zustand abgesenkt werden sollte.

Das Potential $V(r)$ wurde unter der Annahme berechnet, daß die Abschirmung der Wechselwirkung zwischen einem Leitungselektron und einem Ionenrumpf durch den Fermisee zu vernachlässigen ist, wenn beide sich innerhalb derselben Einheitszelle befinden, daß die Wechselwirkung aber sonst vollständig abgeschirmt ist. Man nimmt also an, daß nur ein Leitungselektron innerhalb jeder Einheitszelle vorhanden ist. Dies ist ein sehr grobes Modell für Korrelationseffekte zwischen den Leitungselektronen, aber das Modell funktioniert durchaus nicht schlecht. Das Potential innerhalb jeder s-Kugel ist dann gerade das Potential des freien Ions. Das tatsächliche freie Ionenpotential enthält Austauschterme; ihr Effekt wurde einfach dadurch berücksichtigt, daß man ein Potential $V(r)$ konstruiert, welches mit hoher Genauigkeit die spektroskopischen Termschemata des freien Atoms wiedergab. Die Wellenfunktion des Grundzustands wird in Bild 2 gezeigt. In 90 Prozent des Atomvolumens ist die Funktion ziemlich konstant. Das Potential in den Außenbereichen der s-Ku-

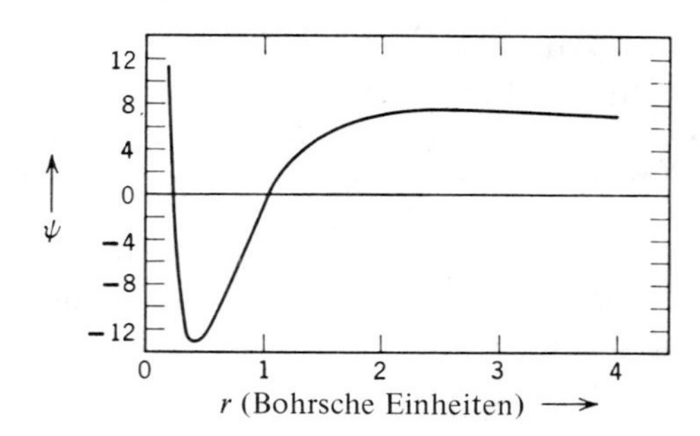

Bild 2: Die energetisch tiefste Wellenfunktion des metallischen Natriums.

gel ist selbst nicht konstant, sondern geht wie $-e^2/r$; die ziemlich flache Form der Lösung wird jedoch durch die Randbedingung (2) erzwungen.

Die Elektronenenergie des Zustandes u_0 wird im allgemeinen wegen der Änderung der Randbedingungen im Vergleich zum freien Atom abgesenkt. Diesen Effekt kann man leicht an einem expliziten Beispiel sehen. Wir betrachten die Wellengleichung des harmonischen Oszillators:

$$\frac{d^2u}{d\xi^2} + (\lambda - \xi^2)u = 0; \tag{6}$$

im Grundzustand ist mit der üblichen Randbedingung $u(\xi) \to 0$ für $|\xi| \to \to \infty$ der Eigenwert $\lambda = 1$ und $u(\xi) = e^{-\xi^2/2}$. Wir suchen nun den Grundzustand mit der Wigner-Seitz-Randbedingung $du/d\xi = 0$ bei $\xi = \pm\xi_0$. Es sei

$$u(\xi) = \sum_{n=0}^{\infty} c_n \xi^n. \tag{7}$$

Die Differentialgleichung ist erfüllt, wenn

$$(n+1)(n+2)c_{n+2} + \lambda c_n - c_{n-2} = 0. \tag{8}$$

Wir setzen $c_0 = 1$ für eine Lösung, die gerade ist in ξ; dann erhalten wir aus $n = 0$ und $n = 2$

$$c_2 = -\tfrac{1}{2}\lambda; \qquad c_4 = \tfrac{1}{24}\lambda^2 + \tfrac{1}{12}. \tag{9}$$

Damit ergibt sich

$$\begin{aligned} u(\xi) &= 1 - \frac{\lambda}{2}\xi^2 + \tfrac{1}{12}(1 + \tfrac{1}{2}\lambda^2)\xi^4 + \cdots; \\ du/d\xi &= -\lambda\xi + \tfrac{1}{3}(1 + \tfrac{1}{2}\lambda^2)\xi^3 + \cdots. \end{aligned} \tag{10}$$

Wenn wir nun fordern $du/d\xi = 0$ an der Stelle ξ_0 und die Reihe (10) nach den angeschriebenen Gliedern abrechnen, erhalten wir

$$\frac{3\lambda}{1 + \frac{1}{2}\lambda^2} \cong \xi_0^2. \tag{11}$$

Für $\xi_0 = 1$ zum Beispiel ist der Eigenwert $\lambda \cong 0.353$, was sehr viel kleiner ist als der Eigenwert $\lambda = 1$ für den freien harmonischen Oszillator. Das Glied in c_6 gibt eine vernachlässigbare Korrektur für $\xi_0 = 1$. Damit bewirkt die Wigner-Seitz-Randbedingung eine wesentliche Absenkung der Grundzustandsenergie.

Die Energie des Grundzustandes, die man für Natrium berechnet mit $\partial u_0/\partial r = 0$ bei $r_s = 3.96$ atomaren Einheiten, ist ungefähr -8.3 eV. Die experimentelle Energie des Grundzustandes des Atoms ist im Vergleich dazu -5.16 eV; damit liegt also bei $\mathbf{k} = 0$ die $3s$-Energie im Metall um 3.1 eV tiefer als im Atom. Die Leitungselektronen im Metall besitzen jedoch bei endlichem $\mathbf{k}$ eine zusätzliche kinetische Energie. Die mittlere Fermienergie pro Elektron ist

$$(12) \qquad \langle \varepsilon_F \rangle = \frac{3}{5}\frac{1}{2m^*}k_F{}^2 = \frac{1.10}{r_s{}^2}\frac{e^2}{a_H}\left(\frac{m}{m^*}\right),$$

oder 2.0 eV in Natrium, wenn man m^* gleich m setzt. Die resultierende Bindungsenergie ist $-8.3 + 2.0 = -6.3$ eV, im Vergleich dazu ist die Bindungsenergie des freien Atoms -5.16 eV. Die Differenz -1.1 eV ist in guter Übereinstimmung mit der beobachteten Bindungsenergie von -1.13 eV. Für andere Alkalimetalle ist es keine gute Näherung, $m = m^*$ zu setzen. Man kann mit Hilfe der $\mathbf{k}\cdot\mathbf{p}$-Störungstheorie, die in dem Kapitel über die Blochfunktionen besprochen wurde, aber einen ziemlich guten Wert für die effektive Masse berechnen.

Bei diesen Abschätzungen vernachlässigt man alle Coulomb-Austausch- und Korrelationskorrekturen. Diese Korrekturen sind alle groß, heben sich aber fast vollständig gegeneinander weg, wie wir in (6.80) sahen. Die Tatsache, daß die Korrelationskorrekturen klein sind, ist nicht allzu überraschend, da wegen der Annahme eines Elektron pro Zelle ein großer Teil der Elektronenkorrelationen von vorneherein ausgeschlossen ist. Wenn dieses Modell einigermaßen gut der Wirklichkeit entspricht, was wir erwarten, dann sollten auch die anderen Korrekturen nicht sehr groß sein.

Eine Übersicht über Rechnungen bei den Alkalimetallen wird von Ham [5]) gegeben. Es scheint, daß man die physikalischen Eigenschaften der Alkalimetalle im Vergleich zueinander ziemlich gut kennt, obgleich die experimentelle Situation bis jetzt noch nicht so klar ist wie bei weniger aggressiven Metallen. Man glaubt, daß die Fermiflächen in Na und K nahezu sphärisch sind, in Li und Cs aber ziemlich anisotrop. Die theoretischen Berechnungen der Bindungsenergien und anderer Eigenschaften sind einigermaßen gut.

Näherung fast freier Elektronen - verallgemeinerte OPW - Methode.

Man hat schon vor langer Zeit erkannt, daß sogar in komplizierten mehrwertigen Metallen der gesamte Energiebereich der vollen Bänder nicht stark von dem Energiebereich abweicht, den man für ein freies Elektronengas derselben Konzentration erwartet. Dieses Resultat muß sich ergeben, wenn die kinetische Energie des Fermigases vergleichbar oder größer ist als die Unterschiede in der potentiellen Energie der einzelnen Elektronen. A.V. Gold [9]) machte 1958 bei Blei die bemerkenswerte Beobachtung, daß seine de Haas-van Alphen-Daten mit Hilfe einer Näherung fast freier Elektronen erklärt werden konnten. Das heißt, er nahm an, daß sich die Leitungselektronen wie freie Elektronen verhalten, die lediglich an den Zonengrenzen auf Grund eines schwachen periodischen Potentials eine Bragg-Reflexion machen. Blei hat vier Valenzelektronen außerhalb der gefüllten $5d^{10}$-Schale; die Kernladung ist 82, deshalb sind 78 Elektronen in dem Ionenrumpf. Blei scheint auf den ersten Blick ein kompliziertes Metall zu sein. Die Fermifläche ist kompliziert, dennoch ergibt sich, daß ein einfaches Modell von fast freien Elektronen die Form der Fermifläche gut erklärt.

Es wird in steigendem Maße offensichtlich [10]), daß man viele Grundzüge der Bandstruktur von mehrwertigen Metallen in einfacher Weise berechnen kann, indem man ein Modell freier Elektronen benützt, die durch das Kristallfeld schwach gestört werden. Dieser Umstand ist von ungeheurem Wert in der Theorie der Metalle. Unser Programm in diesem Abschnitt ist, zu zeigen, wie man die Fermiflächen mit dieser Methode bestimmen kann und dann die theoretische Grundlage dieser Methode zu erklären. Am besten kann man diese Methode auf Kristalle anwenden, deren Ionenrümpfe sich nicht berühren. Sie ist also bei Edelmetallen, wo sich die Rümpfe berühren, weniger nützlich. Dieses Ergebnis besagt nicht, daß die tatsächlichen Wellenfunktionen ebenen Wellen ähnlich sind.

Wir betrachten zunächst in einer Dimension die Störung fast freier Elektronen durch das reelle periodische Potential

$$V = V_1(e^{iG_1x} + e^{-iG_1x}), \tag{13}$$

---

[9]) A. V. Gold, *Phil. Trans. Roy. Soc. (London)* A **251**, 85 (1958).

[10]) J.C.Phillips und L.Kleinmann, *Phys. Rev.* **116**, 287, 880 (1959); W.A.Harrison, *Phys. Rev.* **118**, 1190 (1960).

wobei $G_1 = 2\pi/a$ der erste oder kürzeste Vektor im reziproken Gitter ist. Die Gitterkonstante im direkten Gitter ist a. Die Matrixelemente von V in der Darstellung ebener Wellen sind

$$\begin{aligned}\langle k'|V|k\rangle &= V_1 \cdot \int_0^1 dx\, e^{i(k-k')x}(e^{iG_1x} + e^{-iG_1x}) \\ &= V_1[\Delta(k - k' + G_1) + \Delta(k - k' - G_1)].\end{aligned} \tag{14}$$

Die Störung vermischt also Zustände, die sich um den reziproken Gittervektor G_1 unterscheiden. Solche Zustände sind am Rand der Brillouinzone $k = \pm\pi/a$ entartet und hier wird die Störung ihren maximalen Einfluß auf die Energie haben. Mit Ausnahme des Randes, wird die Energie von der Störung nicht wesentlich geändert solange das Potential V_1 klein ist verglichen mit der Differenz der kinetischen Energien, die man oft zu $G_1^2/2m$ annehmen kann.

Die Energie am Zonenrand π/a erhalten wir mit Hilfe der Störungsrechnung im entarteten Fall für die Zustände k und $k - G_1$. Die Säkulargleichung ist

$$\begin{vmatrix} \langle k|H|k\rangle - \varepsilon & \langle k|H|k - G_1\rangle \\ \langle k - G_1|H|k\rangle & \langle k - G_1|H|k - G_1\rangle - \varepsilon \end{vmatrix} = \begin{vmatrix} \dfrac{k^2}{2m} - \varepsilon & V_1 \\ V_1 & \dfrac{(k - G_1)^2}{2m} - \varepsilon \end{vmatrix} = 0. \tag{15}$$

Wenn k genau auf dem Rand liegt, ist $k^2 = (k - G_1)^2$ und die Gleichung reduziert sich auf

$$\left(\varepsilon - \frac{\pi^2}{2a^2m}\right)^2 = V_1^2; \tag{16}$$

$$\varepsilon = \frac{\pi^2}{2a^2m} \pm V_1.$$

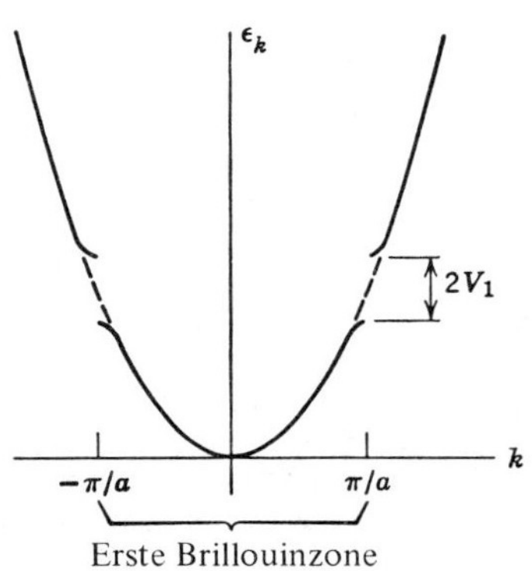

Bild 3:
Bandstruktur eines linearen Gitters, berechnet in der Näherung fast freier Elektronen.

Am Zonenrand findet man eine Energielücke von der Größe $E_g = 2V_1$ (Bild 3). Die Hauptmerkmale dieses Ergebnisses sind: (1) Die Abhängigkeit der Energie ε von k ist über den größten Teil der Zone nahezu gleich der eines freien Elektrons mit $m^* \cong m$. (2) In der Nähe der Zonengrenze ist die Energie gestört, mit einer effektiven Masse $m^* = (\partial^2\varepsilon/\partial k^2)^{-1}$, die merklich von m verschieden ist und die möglicherweise sehr viel kleiner als m ist. (3) Die Größe der Energielücke ist einfach mit dem einzigen Matrixelement $\left\langle \frac{\pi}{a} - G_1 \middle| V \middle| \frac{\pi}{a} \right\rangle = V_1$ des Kristallpotentials verknüpft. (4) Die Eigenfunktionen in der Lücke sind entweder gerade oder ungerade bezüglich x.

In drei Dimensionen ergibt eine einzige ebene Welle, die orthogonal zum Rumpf ist, gute Ergebnisse, außer in der Nähe einer Zonenfläche, wo man zwei Wellen benötigt, in der Nähe einer Zonenkante, wo es drei sind und in der Nähe einer Zonenecke, wo man vier Wellen benötigt.

Konstruktion von Fermiflächen

Man beobachtet, daß in zwei und drei Dimensionen die Fermiflächen sehr kompliziert aussehen können, auch wenn die Energie überall genau wie k^2 sich ändert. In Bild 4a zeigen wir die ersten drei Brillouinzonen eines einfachen, zweidimensionalen, quadratischen Gitters. Um den Mittelpunkt des reziproken Gitters wurde ein Kreis gezeichnet. Der Kreis stellt eine Fläche konstanter Energie dar für ein frei-

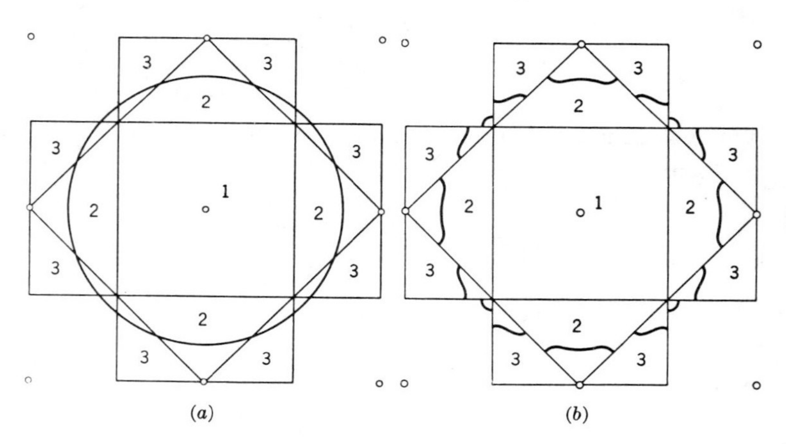

Bild 4: (a) Die ersten drei Brillouinzonen eines einfachen quadratischen Gitters. Reziproke Gitterpunkte sind als Punkte eingezeichnet. Die Zonenränder sind dadurch definiert, daß sie die Linien, welche reziproke Gitterpunkte verbinden, halbieren; diese Ränder sind eingezeichnet. Die Zahlen bezeichnen die Zonen, zu denen die Abschnitte gehören, in der Reihenfolge zunehmender Energie (deren Wert k^2 ist); alle Abschnitte kann man durch Translation um einen reziproken Gittervektor in die erste Zone bringen. Der eingezeichnete Kreis soll eine Fermifläche darstellen, Teile davon liegen in der Zone 2 und 3 und auch in Zone 4, die nicht eingezeichnet ist. (b) Dasselbe wie in Bild 4 a, aber mit Störungen der Fermifläche durch ein schwaches Kristallpotential. Die Fermifläche ist so abgeändert, daß sie die Zonenränder in rechten Winkeln schneidet.

es Elektronengas. Wenn diese Energie gerade die Fermienergie ist, hat die Fermifläche Abschnitte in der zweiten, dritten und vierten Zone. Die erste Zone liegt vollständig innerhalb der Kugelfläche und ist am absoluten Nullpunkt vollständig gefüllt. In einem tatsächlichen Kristall gibt es Energielücken entlang aller Zonenränder. Ein Elektron, das sich auf einer Fläche konstanter Energie bewegt, wird daher innerhalb einer Zone bleiben. Alle Elektronen auf der Fermifläche haben dieselbe Energie.

Es ist interessant, die verschiedenen Teile der Fermifläche von Bild 4 im reduzierten Zonenschema zu betrachten, wie in Bild 5 und Bild 6. Wenn man lediglich auf irgendeine der Oberflächen schaut, würde man nicht vermuten, daß sie von freien Elektronen herrühren. Die Flächen machen den Eindruck, daß sie sehr stark durch die Kristallstruktur abgeändert wurden.

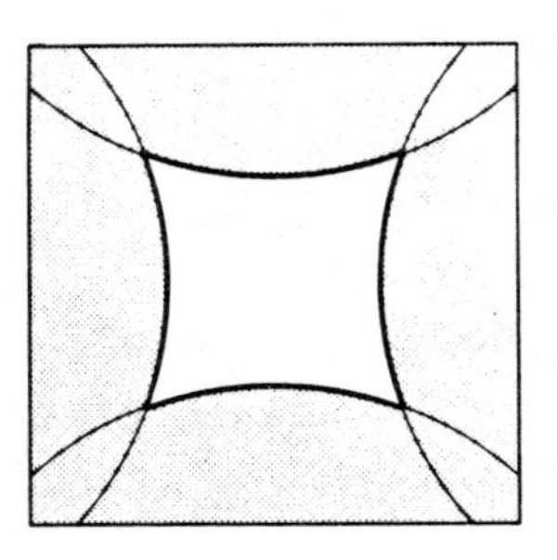

Bild 5: Fermifläche in der zweiten Brillouinzone von Bild 4, dargestellt in der reduzierten Zone. Die Bahn ist eine Lochbahn.

Die Flächen in Bild 5 und Bild 6 ergaben sich dadurch, daß man die verschiedenen Teile von Bild 4 um die entsprechenden reziproken Gittervektoren verschiebt. Harrison hat eine einfachere Konstruktion für Fermiflächen im im Modell freier Elektronen angeben. Man konstruiert das reziproke Gitter und zeichnet um jeden Gitterpunkt eine Kugel, entsprechend dem Fall freier Elektronen, wie dies in Bild 7 geschehen ist. Jeder Punkt im **k**-Raum, der wenigstens innerhalb einer der Kugeln liegt, entspricht einem besetzten Zustand der ersten Zone. Punkte, die wenigstens innerhalb von 2 Kugeln liegen, entsprechen besetzten Zuständen der zweiten Zone, usw.

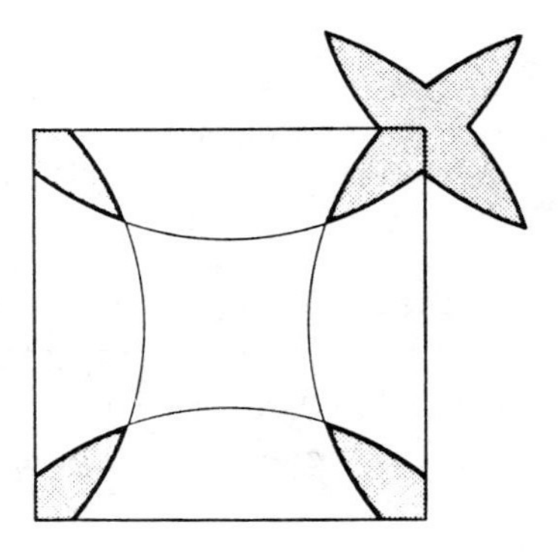

Bild 6: Fermifläche in der dritten Zone. Die Bahnen formen Rosetten, wenn sie mit angrenzenden dritten Zonen zusammengefaßt werden; die Bahnen sind Elektronenbahnen.

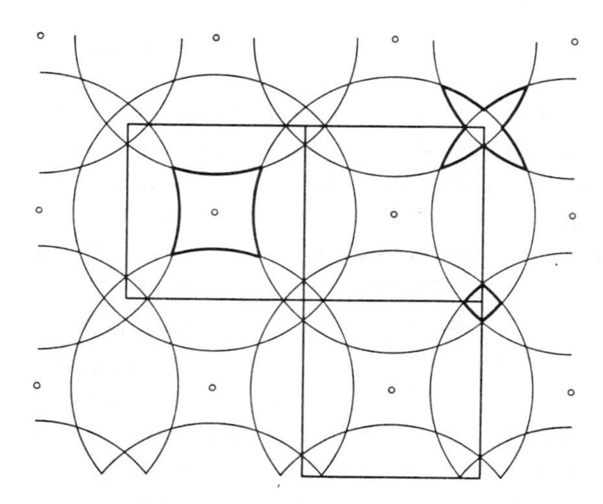

Bild 7: Harrison-Konstruktion der Fermiflächen in der zweiten, dritten und vierten Zone für das Beispiel von Bild 4.

In Bild 7 haben wir Kreise gezeichnet, die äquivalent zu dem Kreis in Bild 4 sind. In einem Quadrat haben wir mit stark ausgezogenen Linien die Bereiche eingezeichnet, die innerhalb von zwei oder mehr Kreisen liegen, in einem anderen Quadrat, jene die innerhalb von drei oder mehr liegen, in einem weiteren Quadrat jene, die innerhalb vier und mehr liegen. Dies sind in der Näherung der freien Elektronen die Fermiflächen in der zweiten, dritten und vierten Zone.

Es ist sofort klar, daß durch das Anschalten eines noch so schwachen periodischen Potentials die Oberflächen in der Nähe der Grenzen verändert werden, man vergleiche dazu Bild 4a und Bild 4b. In einem quadratischen Gitter folgt auf Grund der Spiegelebenen $m_x m_y$ die Bedingung:

(16a) $$\frac{\partial \varepsilon}{\partial \mathbf{n}} = 0$$

Bild 8: Eine Ecke der dritten Zone von Bild 6, beeinflußt durch ein schwaches Kristallpotential. Die Linie konstanter Energie schneidet den Rand unter einem rechten Winkel.

an jeder Zonengrenze, wobei $\mathbf{n}$ senkrecht auf der Grenze steht. Deshalb müssen in einem tatsächlichen Kristall die Linien konstanter Energie in Bild 4, 6 und 7 senkrecht auf die Zonengrenze auftreffen. Eine mögliche Form einer Ecke der dritten Zone wird in Bild 8 gezeigt.

Wir bemerken, daß die Störung der Fermifläche der freien Elektronen durch das Gitterpotential bewirkt, daß das exponierte *Gebiet* der Fermifläche verkleinert wird. Eine relativ schwache Störung kann die Fläche um die Hälfte verkleinern, ohne die mittlere Energie der Fermifläche stark zu beeinflussen.

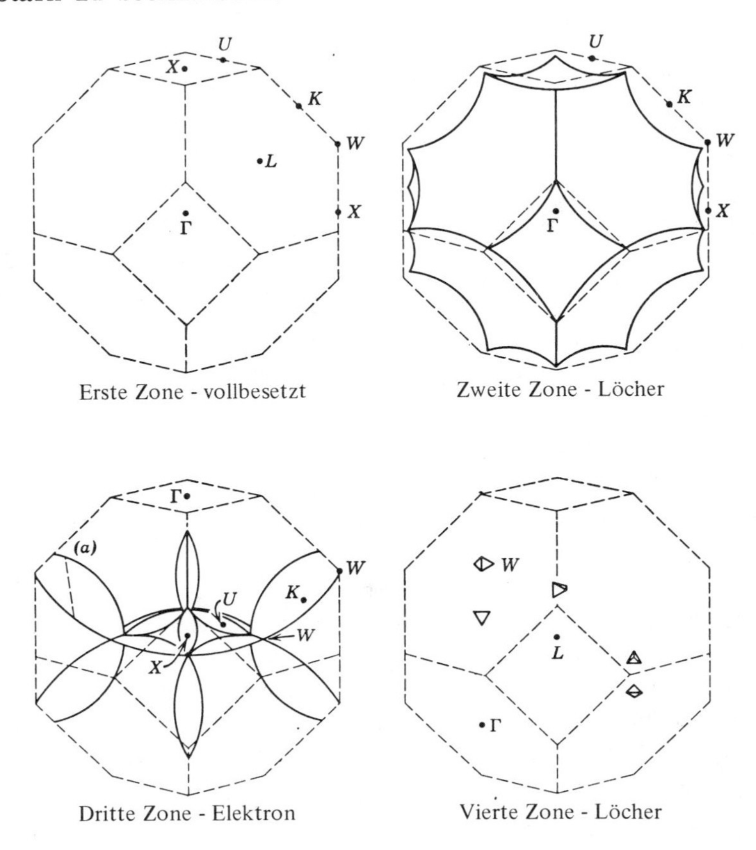

Bild 9: Fermifläche im Modell fast freier Elektronen für Aluminium im reduzierten Zonenschema (nach Harrison).

Die Konstruktion der Fermifläche für Aluminium nach Harrison wird in Bild 9 gezeigt. Die Kristallstruktur des Aluminiums ist die fcc-Struktur. Es sind drei Valenzelektronen vorhanden; der Radius der Kugel ist so gewählt, daß drei Elektronen in einem atomaren Volumen eingeschlossen sind. Die erste Zone ist voll. Die zweite Zone enthält Lochzustände mit einer großen Fermifläche. Den Teil der Fermifläche, der in der dritten Zone zu sehen ist, nennt man das *Ungeheuer* (engl. monster); das Ungeheuer hat 8 Fühler. Es gibt zwei

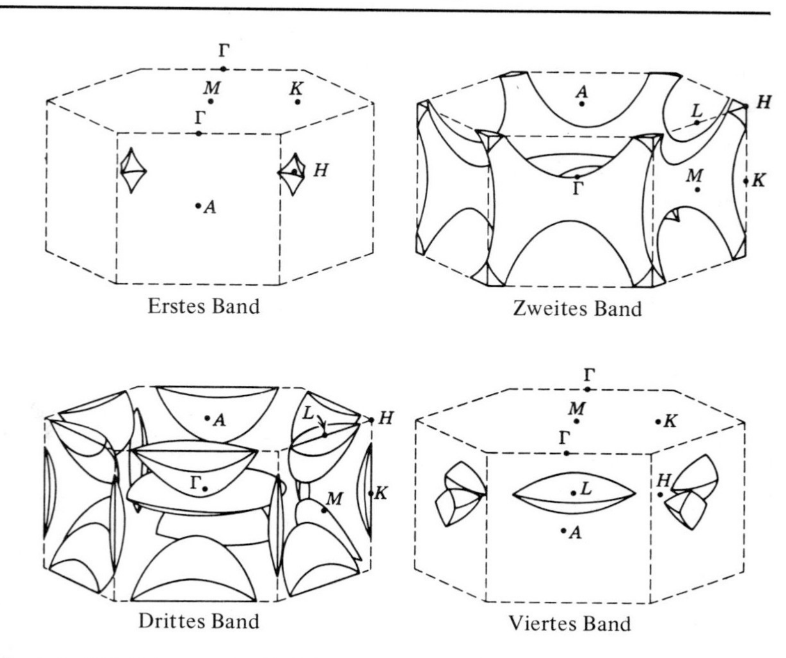

Bild 10: Fermifläche in der OPW-Näherung oder der Näherung fast freier Elektronen für ein zweiwertiges Metall in hexagonal-dichtester Kugelpackung mit idealem *c/a* Verhältnis. Spin-Bahn-Aufspaltungen sind mit der dadurch hervorgerufenen Aufspaltung der Doppelzone enthalten (nach Harrison).

ähnliche Ungeheuer in dieser Zone, die zu dem gezeigten symmetrisch sind. Die Daten des de Haas-van Alphen-Effekts sind mit dieser Fermifläche verträglich. In der vierten Zone liegen nur kleine Ausbuchtungen. Diese sind leer, wenn das periodische Potential in die Rechnungen mit einbezogen wird, weil das Potential die Energie dieser Ausbuchtungen beträchtlich erhöht. Tabelle 1 vergleicht die

Tabelle 1

Energien in Rydberg in Aluminium relativ zum Bandminimum, für einige Punkte mit hoher Symmetrie (nach Harrison)

		freie Elektronen	Heine
Fermikante		1.11	1.09
Erste Zone	*X*	0.89	0.81
	W	1.09	1.01
Zweite Zone	*L*	0.69	0.72
	X	0.89	0.93
	W	1.09	1.01
Dritte Zone	*W*	1.09	1.06
Vierte Zone	*W*	1.09	1.18

Energie im Modell fast freier Elektronen mit den Ergebnissen von Bandrechnungen für Aluminium, die von Heine stammen. Die gute Übereinstimmung ist bemerkenswert.

Theoretische Begründung des Modells fast freier Elektronen

Es ist nicht sofort einleuchtend, daß das Modell fast freier Elektronen theoretisch zu begründen ist. Der Erwartungswert der potentiellen Energie eines Leitungselektrons in einem Festkörper ist üblicherweise nicht klein im Vergleich zur Fermienergie. Wenn aber V_1 in (13) nicht klein ist, dann sind die Annahmen, auf denen die Rechnungen (13) bis (16) beruhen, nicht gerechtfertigt.

Es gibt jedoch zwei wesentlich verschiedene Bereiche innerhalb der Einheitszelle, nämlich den Bereich außerhalb des Ionenrumpfes und den Bereich innerhalb des Rumpfes. Außerhalb des Rumpfes ist die potentielle Energie schwach und die Wellenfunktionen sind glatt, innerhalb des Rumpfes oszillieren die Wellenfunktionen schnell, um kinetische Energie zu gewinnen und damit das starke Potential des Rumpfes aufzuheben. Das Rumpfpotential beeinflußt die Eigenwerte des Problems in Wirklichkeit sehr wenig, es erschwert aber sehr stark die Lösung des Problems.

In einer Reihe von wichtigen Arbeiten, die von Herring [11]), Phillips und Kleinmann [10]) und Cohen und Heine [12]) stammen, wurde gezeigt, daß man den Hamiltonoperator umformen kann in einen modifizierten Hamiltonoperator, dessen Lösungen schwach variieren und ebenen Wellen ähnlich sind. Herring fand, daß die Wellenfunktion eines Leitungselektrons in einem Festkörper im Bereich zwischen den Ionenrümpfen fast eine ebene Welle ist und daß die Oszillationen der Wellenfunktion in der Umgebung des Atomkerns dadurch berücksichtigt werden können, daß man die Wellenfunktionen des vollen Rumpfes von der ebenen Welle subtrahiert. Dadurch steht diese verbesserte Funktion orthogonal auf den Rumpfzuständen. Man nennt diese Methode die Methode der orthogonalisierten ebenen Wellen oder die OPW-Methode. Ein Leitungszustand in Natrium, der von dem $3s$-Niveau herrührt, wird also durch eine ebene Welle minus $1s$-, $2s$- und $2p$-Beiträge dargestellt. Wir betonen ausdrücklich, daß die tatsächlichen Eigenfunk-

[11]) C. Herring, *Phys. Rev.* **57**, 1169 (1940).

[12]) M. H. Cohen und V. Heine, *Phys. Rev.* **122**, 1821 (1961); man vergleiche auch E. Brown, *Phys. Rev.* **126**, 421 (1962); Austin, Heine und Sham, *Phys. Rev.* **127**, 276 (1962).

tionen den ebenen Wellen nicht ähnlich sind, jedoch liegen die Eigenwerte sehr nahe bei den Energien, die mit Hilfe der Näherung fast freier Elektronen berechnet wurden.

Wir bezeichnen mit φ_c die Zustände des gefüllten Rumpfes, dann ist

$$\psi_{\mathrm{OPW}}(\mathbf{k}) = e^{i\mathbf{k}\cdot\mathbf{x}} - \sum_c \langle\varphi_c|e^{i\mathbf{k}\cdot\mathbf{x}}\rangle\varphi_c(\mathbf{x}) \tag{17}$$

eine *orthogonalisierte ebene Welle,* wobei die Summe über die Rumpfzustände φ_c läuft. Die Rumpfzustände werden üblicherweise in der Tight-Binding-Näherung angenommen, so daß $\varphi_c(\mathbf{x})$ eine abgekürzte Schreibweise für $\sum_j e^{i\mathbf{k}\cdot\mathbf{x}_j}\varphi_c(\mathbf{x}-\mathbf{x}_j)$ ist. Man beachte, daß ψ_{OPW} orthogonal zu jedem Rumpfzustand $\varphi_{c'}$ ist:

$$\langle\varphi_{c'}|\psi_{\mathrm{OPW}}\rangle = \langle\varphi_{c'}|e^{i\mathbf{k}\cdot\mathbf{x}}\rangle - \langle\varphi_{c'}|e^{i\mathbf{k}\cdot\mathbf{x}}\rangle\langle\varphi_{c'}|\varphi_{c'}\rangle = 0. \tag{18}$$

Die Lösung $\psi_{\mathrm{OPW}}(\mathbf{k})$ von (17) kann durch Addition von Termen mit $\mathbf{k}+\mathbf{G}$ verbessert werden, wobei $\mathbf{G}$ ein reziproker Gittervektor ist. Damit ergibt sich

$$\psi_{\mathrm{OPW}} = \sum_{\mathbf{G}} C_{\mathbf{G}}[e^{i(\mathbf{k}+\mathbf{G})\cdot\mathbf{x}} - \sum_c \langle\varphi_c|e^{i(\mathbf{k}+\mathbf{G})\cdot\mathbf{x}}\rangle\varphi_c(\mathbf{x})], \tag{19}$$

wobei $C_{\mathbf{G}}$ eine Konstante ist, die man durch Lösung einer Säkulargleichung bestimmt.

Nun erhalten wir mit $|\mathbf{k}+\mathbf{G}\rangle = e^{i(\mathbf{k}+\mathbf{G})\cdot\mathbf{x}}$

$$\begin{aligned} H\psi_{\mathrm{OPW}} = \sum_{\mathbf{G}} C_{\mathbf{G}} \Bigg\{ & \left[\frac{(\mathbf{k}+\mathbf{G})^2}{2m} + V(\mathbf{x})\right]|\mathbf{k}+\mathbf{G}\rangle \\ & - \sum_c \langle\varphi_c|\mathbf{k}+\mathbf{G}\rangle\varepsilon_c\varphi_c(\mathbf{x})\Bigg\}, \end{aligned} \tag{20}$$

wobei $H\varphi_c = \varepsilon_c\varphi_c$ ist und wir annehmen, daß ε_c unabhängig von $\mathbf{k}$ ist, wie das für ein sehr schmales Rumpfband der Fall ist. Die Säkulargleichung ergibt sich durch Bildung des Skalarprodukts dieser Gleichung mit einer ebenen Welle, zum Beispiel mit $\mathbf{k}+\mathbf{G}'$:

$$\begin{aligned} \sum_{\mathbf{G}} C_{\mathbf{G}} \Bigg[& \frac{(\mathbf{k}+\mathbf{G})^2}{2m}\delta_{\mathbf{G}\mathbf{G}'} + \langle\mathbf{G}'|V|\mathbf{G}\rangle \\ & - \sum_c \varepsilon_c\langle\varphi_c|\mathbf{k}+\mathbf{G}\rangle\langle\mathbf{k}+\mathbf{G}'|\varphi_c\rangle\Bigg] \\ & = \lambda\sum_{\mathbf{G}} C_{\mathbf{G}}\left[\delta_{\mathbf{G}\mathbf{G}'} - \sum_c \langle\varphi_c|\mathbf{k}+\mathbf{G}\rangle\langle\mathbf{k}+\mathbf{G}'|\varphi_c\rangle\right]. \end{aligned} \tag{21}$$

Die Eigenwerte sind die Lösungen λ dieses Gleichungssystems.

Es ist nützlich, alle Schritte einer Bandberechnung mit Hilfe der OPW-Methode zusammenzustellen. Wir nehmen als Potentials des

Ionenrumpfes am Ort eines jeden Ions ein Hartree- oder Hartree-Fock-Potential an. Dann wird angenommen, daß sich die exakte Wellenfunktion wie in (19) in eine Reihe nach orthogonalisierten ebenen Wellen entwickeln läßt. Anschließend bilden wir die Säkulargleichung (21). Wir können mit einer Säkulargleichung arbeiten, die von einer sinnvollen Dimension ist, und um die Rechnung zu erleichtern, können wir sie an einem Symmetriepunkt verkleinern, oder wir können oftmals die Säkulargleichung dadurch annähern, daß wir nur zwei oder drei G-Werte betrachten, die für einen speziellen Bereich im k-Raum zweckmäßig sind. Die Beiträge des Rumpfes bewirken bei praktischen Rechnungen in (21), daß der Einfluß der Matrixelemente des Kristallpotentials zwischen ebenen Wellen verkleinert wird. Heine[13]) hat für Aluminium eine sorgfältige Rechnung durchgeführt und findet dabei, daß sich die Terme bis auf ungefähr 5 Prozent wegheben.

Man kann die Methode in Form einer effektiven Wellengleichung ausdrücken. In dem betrachteten Band sei $\psi_{\mathbf{k}}$ ein exakter Eigenzustand von $H_0\psi_{\mathbf{k}} = \varepsilon_{\mathbf{k}}\psi_{\mathbf{k}}$. Wir wollen $\psi_{\mathbf{k}}$ schreiben als Summe von irgendeiner schwach variierenden Funktion $\chi_{\mathbf{k}}$ und einer Linearkombination von Zuständen φ_c des vollen Rumpfes. Das exakte $\psi_{\mathbf{k}}$ kann man nicht durch eine einzige ebene Welle beschreiben. Wir machen den Ansatz

(22) $$\psi_{\mathbf{k}} = \chi_{\mathbf{k}} - \sum_c \varphi_c\langle\varphi_c|\chi_{\mathbf{k}}\rangle;$$

dieser Ausdruck steht automatisch auf den Rumpfzuständen orthogonal. Wir betrachten die Wellengleichung für $\chi_{\mathbf{k}}$:

(23) $$H_0\psi_{\mathbf{k}} = \varepsilon_{\mathbf{k}}\psi_{\mathbf{k}} = H_0\chi_{\mathbf{k}} - \sum \varepsilon_c\varphi_c\langle\varphi_c|\chi_{\mathbf{k}}\rangle = \varepsilon_{\mathbf{k}}\chi_{\mathbf{k}} - \sum_c \varepsilon_{\mathbf{k}}\varphi_c\langle\varphi_c|\chi_{\mathbf{k}}\rangle,$$

mit $H_0\varphi_c = \varepsilon_c\varphi_c$. Nun wird ein Operator V_R in folgender Weise definiert:

(24) $$V_R\chi_{\mathbf{k}} = \sum_c (\varepsilon_{\mathbf{k}} - \varepsilon_c)\varphi_c\langle\varphi_c|\chi_{\mathbf{k}}\rangle.$$

Damit ist V_R ein Integraloperator oder ein nichtlokales Potential mit der Eigenschaft

(25) $$V_R f(\mathbf{x}) = \int d^3x'\, V_R(\mathbf{x},\mathbf{x}')f(\mathbf{x}'),$$

wobei $f(\mathbf{x})$ eine beliebige Funktion ist und

(26) $$V_R(\mathbf{x},\mathbf{x}') = \sum_c (\varepsilon_{\mathbf{k}} - \varepsilon_c)\varphi_c^*(\mathbf{x}')\varphi_c(\mathbf{x}).$$

[13]) V. Heine, *Proc. Roy. Soc. (London)* **A 240**, 354, 361 (1957).

Wegen $\varepsilon_{\mathbf{k}} > \varepsilon_c$ ist dieses Potential bei $\mathbf{x}'$ in der Umgebung von $\mathbf{x}$ abstoßend. Wir können V_R in eine Summe von $s, p, d, \ldots$ -Beiträge aufspalten.

Mit dem durch (24) definierten V_R ist die Wellengleichung für $\chi_{\mathbf{k}}$:

(27) $$(H_0 + V_R)\chi_{\mathbf{k}} = \varepsilon_{\mathbf{k}}\chi_{\mathbf{k}};$$

hier hebt sich ein Teil des anziehenden Kristallpotentials gegen das abstoßende V_R weg.

Wir können zu $\chi_{\mathbf{k}}$ irgendeine Linearkombination von Rumpfzuständen hinzufügen ohne $\psi_{\mathbf{k}}$ zu ändern. Was immer wir vom Rumpf zu $\psi_{\mathbf{k}}$ hinzufügen, wird exakt durch die Änderung in $\Sigma\, \varphi_c\langle\varphi_c|\chi_{\mathbf{k}}\rangle$ wieder abgezogen. Wir haben daher die Freiheit, eine zusätzliche Bedingung an $\chi_{\mathbf{k}}$ zu stellen. Wir können zum Beispiel fordern, daß $\chi_{\mathbf{k}}$ so gewählt wird, daß der Erwartungswert der kinetischen Energie minimal ist:

(28) $$\bar{T} = \langle\chi_{\mathbf{k}}|T|\chi_{\mathbf{k}}\rangle/\langle\chi_{\mathbf{k}}|\chi_{\mathbf{k}}\rangle;$$

diese Bedingung besagt, daß $\chi_{\mathbf{k}}$ so glatt wie nur möglich sein soll. Die Variationsgleichung ist

(29) $$\langle\delta\chi|T|\chi\rangle - \bar{T}\langle\delta\chi|\chi\rangle = 0.$$

Wenn wir die Variation in χ schreiben als

(30) $$\delta\chi = \Sigma\, \alpha_c\varphi_c,$$

dann ist

(31) $$\langle\varphi_c|T|\chi\rangle - \bar{T}\langle\varphi_c|\chi\rangle = 0.$$

Es ergibt sich aus $(V + V_R)\chi = (\varepsilon - T)\chi$, daß

(32) $$\langle\varphi_c|V + V_R|\chi\rangle = (\varepsilon - \bar{T})\langle\varphi_c|\chi\rangle;$$

zusammen mit (24) haben wir

(33) $$(V + V_R)\chi_{\mathbf{k}} = [V\chi_{\mathbf{k}} - \sum_c \langle\varphi_c|V|\chi_{\mathbf{k}}\rangle\varphi_c] + [(\varepsilon_{\mathbf{k}} - \bar{T}) \sum \varphi_c\langle\varphi_c|\chi_{\mathbf{k}}\rangle].$$

Die Beiträge in der zweiten Klammer auf der rechten Seite enthalten, nach Ausführung des Skalarprodukts mit χ, den Ausdruck $\Sigma\, |\langle\varphi_c|\chi_{\mathbf{k}}\rangle|^2$, der sich größenordnungsmäßig zu 0.1 ergibt. Es zeigt sich damit, daß

(34) $$(V + V_R)\chi_{\mathbf{k}} \cong V\chi_{\mathbf{k}} - \sum_c \langle\varphi_c|V|\chi_{\mathbf{k}}\rangle\varphi_c.$$

Wir zeigen anschließend, daß, wenn die φ_c ein vollständiges System bilden würden, das Skalarprodukt eines jeden φ_c mit der rechten Seite null ergäbe; das heißt, daß sich V und V_R gegenseitig vollständig wegheben würden. Das System der φ_c, das allein aus den Zuständen des vollen Rumpfes besteht, ermöglicht jedoch eine recht gute Darstellung von V über den Bereich des Ionenrumpfes, so daß sich bei praktischen Rechnungen die Terme V und V_R gegenseitig recht gut wegheben. Dies ist der Grund für die Anwendbarkeit der Näherung fast freier Elektronen. Für praktische Rechnungen empfiehlt sich ein gegenüber (22) abgeändertes Verfahren, das von Harrison [14]) stammt. Wir nehmen nun an, daß wir schreiben können:

$$V(\mathbf{x})e^{i\mathbf{k}\cdot\mathbf{x}} = \sum_c f_{c\mathbf{k}} \sum_i e^{i\mathbf{k}\cdot\mathbf{x}_i}\varphi_c(\mathbf{x}-\mathbf{x}_i), \tag{35}$$

wobei die $\varphi_c(\mathbf{x}-\mathbf{x}_i)$ atomare Rumpffunktionen sind. Dann können wir eine Lösung der Wellengleichung von der Form finden:

$$\Psi_{\mathbf{k}}(\mathbf{x}) = e^{i\mathbf{k}\cdot\mathbf{x}} + \sum_c d_{c\mathbf{k}} \sum_j e^{i\mathbf{k}\cdot\mathbf{x}_j}\varphi_c(\mathbf{x}-\mathbf{x}_j), \tag{36}$$

mit $\varepsilon_{\mathbf{k}} = k^2/2m$. Es ergibt sich

$$\begin{aligned} H\Psi_{\mathbf{k}} &= \varepsilon_{\mathbf{k}}e^{i\mathbf{k}\cdot\mathbf{x}} + \sum_c f_{c\mathbf{k}} \sum_j e^{i\mathbf{k}\cdot\mathbf{x}_j}\varphi_c(\mathbf{x}-\mathbf{x}_j) + \sum_c \varepsilon_c d_{c\mathbf{k}} \sum_j e^{i\mathbf{k}\cdot\mathbf{x}_j}\varphi_c(\mathbf{x}-\mathbf{x}_j) \\ &= \varepsilon_{\mathbf{k}}e^{i\mathbf{k}\cdot\mathbf{x}} + \sum_c \varepsilon_{\mathbf{k}} d_{c\mathbf{k}} \sum_j e^{i\mathbf{k}\cdot\mathbf{x}_j}\varphi_c(\mathbf{x}-\mathbf{x}_j), \end{aligned} \tag{37}$$

unter der Voraussetzung

$$d_{c\mathbf{k}} = f_{c\mathbf{k}}/(\varepsilon_{\mathbf{k}} - \varepsilon_c). \tag{38}$$

Wenn also $V(\mathbf{x})$ in der Form (35) entwickelt werden kann, dann gibt es keine Energielücken.

Tatsächlich sind die benützten φ_c natürlich kein vollständiges System und es wird bei der Entwicklung immer ein Restbetrag $\delta V(\mathbf{x})$ vorhanden sein. Dieser Rest, der nicht eindeutig ist, wirkt als ein effektives Potential für das Band- oder Streuproblem. Wir hoffen, daß man δV klein gegen V machen kann. Wenn dies der Fall ist, dann ist der Streuquerschnitt von Verunreinigungen in Isolatorkristallen sehr viel kleiner als der geometrische Streuquerschnitt. Wir können die φ_c immer so wählen, daß sie der lokalen Umgebung angepaßt sind, sogar wenn es sich um einen Mischkristall oder eine Flüssigkeit handelt. Dieses Ergebnis besagt, daß nicht vollständig kondensierte Phasen für ein Elektron oft viel weniger ungeordnet erscheinen als man vermuten würde.

---

[14]) W. A. Harrison, *Phys. Rev.* **126**, 497 (1962).

Aufgaben

1.) Man berechne $u_0(r)$ und ε_0 für metallisches Natrium mit $r_s = 4$ atomaren Einheiten durch grobe numerische Integration mit Hilfe einer Tischrechenmaschine oder durch Programmierung einer modernen Rechenanlage. Man benütze das von W. Prokofjew angegebene und von E. Wigner und F. Seitz, *Phys. Rev.* **43**, 807 (1933) verbesserte Potential.

2.) Man betrachte die OPW-Lösung

$$\Psi_{\mathbf{k}} = \Omega^{-1/2} e^{i\mathbf{k}\cdot\mathbf{x}} - \sum_c \varphi_c \langle c|\mathbf{k}\rangle, \tag{39}$$

$|\mathbf{k}\rangle$ bedeutet dabei $\Omega^{-1/2} e^{i\mathbf{k}\cdot\mathbf{x}}$, normiert auf das Volumen Ω der Zelle. Wir nehmen an, daß alle Rumpffunktionen c außerhalb eines Rumpfvolumens Δ verschwinden. Man zeige dann, daß

$$\sum_c |\langle c|\mathbf{k}\rangle|^2 \leqq \Delta/\Omega. \tag{40}$$

Dieses Ergebnis zeigt, daß die Beimischungen des Rumpfes klein sind, wenn die Rümpfe nur einen kleinen Teil des Volumens der Zelle ausfüllen.

3.) Man definiere eine Funktion $\Psi_{\mathbf{k}}(\mathbf{x})$ so, daß die Blochfunktion die Form besitzt

$$\varphi_{\mathbf{k}}(\mathbf{x}) = u_0(\mathbf{x}) \Psi_{\mathbf{k}}(\mathbf{x}), \tag{41}$$

wobei $u_0(\mathbf{x})$ die Eigenfunktion für $\mathbf{k} = 0$ ist. (*a*) Man suche die Wellengleichung für $\Psi_{\mathbf{k}}(\mathbf{x})$. (*b*) Man betrachte einen s-Zustand an dem Punkt N in der Brillouinzone des bcc-Gitters, Bild 10.5. Man zeige, daß die Funktion $\Psi_N(x)$ an der Stelle N die folgende Gleichung erfüllt:

$$u_0(\mathbf{x}) \left[\frac{1}{2m} p^2 + (\varepsilon_0 - \varepsilon_N) \right] \Psi_N(\mathbf{x}) = \frac{1}{m} (\mathbf{p}u_0) \cdot (\mathbf{p}\Psi_N). \tag{42}$$

Nun ist $\mathbf{p}u_0(\mathbf{x})$ klein im äußeren Teil der Zelle - warum? (*c*) Man zeige, daß $\mathbf{p}\Psi_N$ im Innern der Zelle ungefähr null ist und daß damit

$$\varepsilon_N \cong \varepsilon_0 + \frac{1}{2m} k_N^2. \tag{43}$$

Dieses Ergebnis stammt von Cohen und Heine, *Adv. in Phys.* 7, 395 (1958).

4.) Man zeige, daß die exakte Eigenwertgleichung für den harmonischen Oszillator mit Wigner-Seitz-Randbedingungen an der Stelle ξ_0 die Form besitzt

$$F(\tfrac{1}{4} - \tfrac{1}{4}\lambda|\tfrac{1}{2}|\xi_0^2) - (1 - \lambda) F(\tfrac{5}{4} - \tfrac{1}{4}\lambda|\tfrac{3}{2}|\xi_0^2) = 0, \tag{44}$$

wobei die hypergeometrische Funktion definiert ist durch

$$F(a|c|z) = 1 + \frac{a}{c} z + \frac{a(a+1)}{2!c(c+1)} z^2 + \frac{a(a+1)(a+2)}{3!c(c+1)(c+2)} z^3 + \cdots .$$

(P. Farber)

14. Halbleiter-Kristalle: I. Energiebänder, Zyklotron-Resonanz und Störstellen-Zustände.

In diesem und dem folgenden Kapitel diskutieren wir die Bandstrukturen von verschiedenen wichtigen Halbleitern. Dann behandeln wir Erscheinungen, in denen die Struktur an der Bandkante eingeht: Zyklotron-Resonanz, Spinresonanz, Störstellenzustände, optische Übergänge, oszillierende Magnetoabsorption und Exzitonen.

Energiebänder

Die wichtigsten Halbleiterkristalle haben Diamantstruktur oder Strukturen, die der vom Diamant eng verwandt sind. Diamantstruktur hat die Form eines kubisch flächenzentrierten Bravais-Gitters (*EFP*, Kapitel 1) mit einer Basis von zwei Atomen bei 000 und $\frac{1}{4}\frac{1}{4}\frac{1}{4}$, wie Bild 1 zeigt. Die Struktur der Valenzbänder ist in Diamant, Si und Ge ähnlich. Der Punkt maximaler Energie liegt bei $\mathbf{k} = 0$ und wird *Bandkante* genannt. Die Valenzbandkante für diese Kristalle wäre ohne Spin und Spin-Bahn-Wechselwirkung dreifach entartet (p-artig). Wir werden sehen, daß mit Spin-Bahn-Wechselwirkung diese $3 \times 2 =$ sechsfach entartete Bandkante in ein vierfach ($p_{3/2}$-artig) und ein zweifach ($p_{1/2}$-artig) entartetes Niveau aufspaltet.

Die Valenz-Elektronen im Grundzustand der freien Atome haben die Konfiguration ns^2np^2 mit $n = 2, 3, 4$ für Diamant, Si und Ge. Im Kristall wird der Grundzustand aus der Konfiguration $nsnp^3$ gebildet. In der Sprache der Chemie sagt man, daß die Valenzelektronen gerichtete bindende Bahnen von sp^3 tetraedrischem Charakter bilden der Form

$$s + p_x + p_y + p_z; \qquad s + p_x - p_y - p_z;$$
$$s - p_x + p_y - p_z; \qquad s - p_x - p_y + p_z.$$

Jedes Atom liegt in der Diamantstruktur im Mittelpunkt eines Tetraeders mit den nächsten Nachbaratomen an den Eckpunkten. Die vier gerade aufgezählten Bahnen besitzen Schleifen, die in Richtung

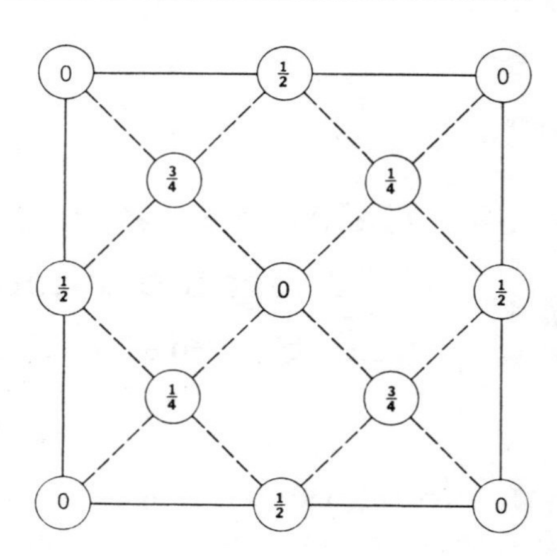

Bild 1: Lage der Atome in der Einheitszelle der Diamantstruktur, projeziert auf eine Würfelfläche. Die Brüche geben die Höhe über der Basis in Einheiten der Kantenlänge des Würfels an. Die Punkte 0 und 1/2 liegen an einem kubisch flächenzentrierten Gitter, die mit 1/4 und 3/4 liegen an einem ähnlichen Gitter, das entlang der Raumdiagonalen um ein Viertel ihrer Länge verschoben wurde.

der Tetraederecken zeigen. Diese Bahnen bilden die Basis einer reduziblen Darstellung der tetraedischen Punktgruppe $\bar{4}3m$. Die Darstellung kann in die identische Darstellung Γ_1 und die Vektordarstellung Γ_{15} ausreduziert werden. Man nimmt an, daß die Darstellung Γ_1 am unteren Ende des Valenzbandes (Bild 2) in der Mitte der Zone vorliegt. Γ_1 ist einem s-Zustand ähnlich und wird aus der Summe der oben erwähnten sp^3-Bahnen gebildet. Jedes der zwei Atome in der Elementarzelle der Diamantstruktur liefert ein Elektron in das tiefstliegende Band. Es stellt sich heraus, daß dieses Band s-artig ist an den Punkten Γ, X und L.

Die Valenzband-Kante liegt in der Mitte der Zone und besitzt die dreifache Darstellung Γ'_{25}, welche sich wie xy, yz, xz an dem Mittelpunkt der Linie transformiert, die zwei Atome in der primitiven Elementarzelle verbindet. Die Darstellung kann gebildet werden aus den p-Bahnen der Einzelatome, die als symmetrisch gegenüber der Inversion an dem Mittelpunkt der Linie, die zwei Atome verknüpft, angenommen werden. Von der symmetrischen Kombination sagt man, daß sie bindend ist. Die lockernde Kombination bildet die Darstellung Γ_{15}, sie liegt in Diamant 5.7 eV über Γ'_{25}.

Es ist nützlich, die Form der Wellenfunktionen an den Punkten Γ zu betrachten und zwar in einem Modell fester Bindung (engl. tight-binding model), welches eine Linearkombination atomarer Bahnen darstellt. Die zwei einander durchdringenden kubisch flächenzentrierten Gitter des Diamants sind gegeneinander verschoben um den Vektor

$$\text{(1)} \qquad \mathbf{t} = \tfrac{1}{4}a(1,1,1),$$

bezogen auf die Kanten des Einheitswürfels in Bild 1. Bei $\mathbf{k} = 0$ haben die Tight-Binding-Funktionen die Form

(2) $$\Psi_j^{\pm}(\mathbf{x}) = (2N)^{-1/2} \sum_n [\varphi_j(\mathbf{x} - \mathbf{x}_n) \pm \varphi_j(\mathbf{x} - \mathbf{x}_n - \mathbf{t})],$$

wobei $\mathbf{x}_n$ über alle Gitterpunkte eines kubisch flächenzentrierten Gitters läuft. Die φ_j sind atomare oder Wannier-Funktionen mit $j = s, p_x, p_y$ oder p_z. Das $\pm$ Zeichen deutet an, daß die atomaren Funktionen auf zwei unabhängige Arten an den zwei Gittern zusammengefügt werden können. Tight-Binding-Funktionen sind keine gute Näherung für die wirklichen Wellenfunktionen, aber sie stellen auf anschauliche Weise die Symmetrieeigenschaften der exakten Lösungen dar. Man kann durch Untersuchung der Transformationseigenschaften leicht zeigen, daß Ψ_s^+ eine Darstellung von Γ_1; Ψ_s^- von Γ_2'; $\Psi_{x,y,z}^-$ von Γ_{25}' und $\Psi_{x,y,z}^+$ von Γ_{15} bildet.

Wir können einige der Eigenschaften der Bandstruktur von Diamant qualitativ verstehen, wenn wir die Energiebänder freier Elektronen in einem kubisch flächenzentrierten Gitter betrachten, wie sie in Bild 10.8 gezeigt sind. Wir lassen aus unserer Betrachtung die Elektronen des $1s^2$-Rumpfes weg, weil diese in schmale Γ_1 und Γ_2'-Bänder mit sehr niedriger Energie gehen. Der niedrigste Punkt (Γ_1), der in Bild 10.8 gezeigt ist, wird in der Tight-Binding-Näherung gebildet, in dem man $2s$-Funktionen an jedem Gitter nimmt und das positive Vorzeichen in (2) wählt:

(3) $$\Psi(\Gamma_1) = (2N)^{-1/2} \sum_{\mathbf{n}} [\varphi_s(\mathbf{x} - \mathbf{x}_\mathbf{n}) + \varphi_s(\mathbf{x} - \mathbf{x}_\mathbf{n} - \mathbf{t})],$$

wobei $\mathbf{x}_\mathbf{n}$ über alle Gitterpunkte eines kubisch flächenzentrierten Gitters läuft. Diese Kombination wird bindend genannt. Es gibt keine andere plausible Art, den tiefliegenden Zustand Γ_1 zu bilden.

Energiemäßig als nächste folgen bei Γ im Modell freier Elektronen acht entartete Zustände mit $\mathbf{G} = (2\pi/a)(\pm 1; \pm 1; \pm 1)$. Die Zustände gehören zu vier verschiedenen Darstellungen der kubischen Gruppe; im Kristall wird die achtfache Entartung aufgehoben und wir haben dreifache Niveaus Γ_{25}' und Γ_{15} und die nichtentarteten Niveaus Γ_1 und Γ_2'. Die Γ_1-Komponente erfordert $3s$-Bahnen und man erwartet, daß sie energetisch sehr hoch liegt.

Wir erwarten, daß Γ_{25}' unter Γ_{15} liegt. Die Anordnung der p-Bahnen entlang der kürzesten Verbindung zweier Atome sieht schematisch so aus

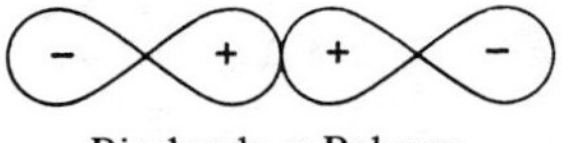

Bindende p-Bahnen

für Γ'_{25}. Diese Anordnung ist gerade bezüglich der Inversion am Mittelpunkt der Verbindungslinie. Für Γ_{15} muß die Anordnung bezüglich Inversion ungerade sein:

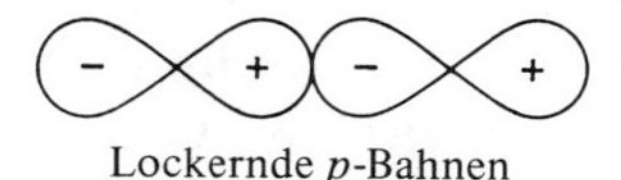

Lockernde p-Bahnen

aber diese Anordnung enthält Fourierkomponenten beim doppelten Wellenvektor wie für Γ'_{25}. Unser grobes Argument läßt vermuten, daß Γ'_{25} niedriger als Γ_{15} liegt. In der Tat glaubt man, daß das in allen Kristallen der Diamant- und Zinkblende-Struktur realisiert ist.

Wir können das s-artige lockernde Γ'_2-Niveau nicht mit Hilfe des gleichen Arguments einordnen. In Diamant und Silizium ist $\varepsilon(\Gamma_{15}) < \varepsilon(\Gamma'_2)$. Die Reihenfolge wird bei den schwereren Elementen umgedreht, wahrscheinlich weil die stärkeren Rumpfpotentiale s relativ zu p absenken.

Struktur der Kante des Valenzbandes

Die Kante des Valenzbandes in Kristallen vom Diamanttyp hat eine dreifache Entartung der Elektronenbahnen, mit Spin ist die Entartung sechsfach. Die Spin-Bahn-Kopplung hebt einige Entartungen auf, indem sie die p-ähnlichen Zustände in $p_{3/2}$- und $p_{1/2}$-Zustände aufspaltet. In Diamant (Tabelle 1) ergibt die Abschätzung der Spin-Bahn-Aufspaltung $\Delta = 0.006$ eV, was viel kleiner ist als die Energielücke: 5.3 eV. Wenn wir im Periodensystem fortschreiten, wird die Spin-Bahn-Aufspaltung merklich größer und der Bandabstand kann sich verringern. In InSb ist die Spin-Bahn-Aufspaltung 0.9 eV und die Energielücke 0.23 eV.

Tabelle 1

Energieband-Daten verschiedener Halbleiterkristalle (Bei Heliumtemperatur, wenn nicht anders angegeben)

		Diamant	Si	Ge	InSb
E_g : Minimale Energielücke (eV)		5.33*	1.14	0.744	0.23
Vertikale Lücke bei $\mathbf{k} = 0$ (eV)			(2.5)	0.898	$0.23\text{–}10^{-4}$
Breite des Valenzbandes (eV)		(20)	17	7.0	
Δ : Spin-Bahn-Aufspaltung des Valenzbandes (eV)		0.006	0.04	0.29	(0.9)
m_l/m an der Kante des Leitungsbandes			0.98	1.64	0.014
m_t/m an der Kante des Leitungsbandes			0.19	0.082	0.014
Parameter der Valenzbandkante	$2mA/\hbar^2$		−4.0	−13.1	
	$2m\|B\|/\hbar^2$		1.1	8.3	
	$2m\|C\|/\hbar^2$		4.1	12.5	

*) Zimmertemperatur

Die Spin-Bahn-Aufspaltung kann also größer sein als der Bandabstand. In schweren Elementen ist die Aufspaltung einer der wichtigsten Faktoren, welche den Bandabstand bestimmen. Sogar in Diamant ist die Aufspaltung wichtig für Experimente mit Löchern, wenn ihre effektive Temperatur geringer als ungefähr 50°K ist. Man kann jedoch folgenden mathematisch bequemen Weg wählen: Zuerst macht man $\mathbf{k}\cdot\mathbf{p}$-Störungstheorie für das Valenzband unter Vernachlässigung der Spin-Bahn-Wechselwirkung, anschließend nimmt man sie mit.

Wir wählen willkürlich als Basis für die Darstellung Γ'_{25} bei $\mathbf{k} = 0$ die drei entarteten Bahnwellenfunktionen, die sich transformieren wie

$$\varepsilon'_1 \sim yz; \qquad \varepsilon'_2 \sim zx; \qquad \varepsilon'_3 \sim xy. \tag{4}$$

Das Matrixelement in zweiter Ordnung Störungstheorie (Schiff, S. 156 - 158) hat die Form

$$\langle \varepsilon'_r | H'' | \varepsilon'_s \rangle = \frac{1}{m^2} \sum_\delta{}' \frac{\langle r|\mathbf{k}\cdot\mathbf{p}|\delta\rangle\langle\delta|\mathbf{k}\cdot\mathbf{p}|s\rangle}{\varepsilon_s - \varepsilon_\delta}, \tag{5}$$

wobei r, s für 1, 2 oder 3 von oben stehen und die Summe über alle Zustände bei $\mathbf{k} = 0$ läuft, außer denen des Niveaus der Valenzbandkante, die wir betrachten. Die Abhängigkeit von $\langle r|H''|s\rangle$ von den Komponenten von $\mathbf{k}$ findet man, wenn man sich die Form der Summe ansieht, wenn alle Energienenner gleich sind. Dann ergibt sich aus der Vollständigkeitsrelation

$$\langle r|H''|s\rangle \propto \langle r|(\mathbf{k}\cdot\mathbf{p})^2|s\rangle; \tag{6}$$

mit (4) ergibt sich, wenn man die Ableitungen ansieht,

$$\langle 1|H''|2\rangle = 2k_xk_y\langle 1|p_yp_x|2\rangle, \tag{7}$$

ähnliches ergibt sich für die anderen Matrixelemente.

Die Säkulargleichung erhält dann die Form

$$\begin{vmatrix} Lk_x^2 + M(k_y^2 + k_z^2) - \lambda & Nk_xk_y & Nk_xk_z \\ Nk_xk_y & Lk_y^2 + M(k_x^2 + k_z^2) - \lambda & Nk_yk_z \\ Nk_xk_z & Nk_yk_z & Lk_z^2 + M(k_x^2 + k_y^2) - \lambda \end{vmatrix} = 0. \tag{8}$$

Die kubische Symmetrie des Kristalls ermöglicht es uns, die Koeffizienten durch die drei Konstanten L, M, N auszudrücken. Der Energieeigenwert ist gegeben durch $\varepsilon(\mathbf{k}) = \varepsilon(0) + (1/2m)k^2 + \lambda$. Ausdrücke für L, M, N, vereinfacht durch Ausnützung der Symmetrie wurden von Dresselhaus, Kip und Kittel, *Phys. Rev.* **98**, 368 (1955) angegeben.

Um Spin-Bahn-Effekte zu berücksichtigen, wählen wir als Basis die sechs Funktionen $\varepsilon_1'\alpha$, $\varepsilon_2'\alpha$, $\varepsilon_3'\alpha$, $\varepsilon_1'\beta$, $\varepsilon_2'\beta$, $\varepsilon_3'\beta$, wobei α, β Spinfunktionen sind. Wir nehmen in die Störung die Spin-Bahn-Wechselwirkung auf

$$(9) \qquad H_{so} = \frac{1}{4m^2c^2}(\boldsymbol{\sigma} \times \operatorname{grad} V) \cdot \mathbf{p},$$

und vernachlässigen den entsprechenden Term, in dem **k** statt **p** steht. Wir nehmen an, wir transformieren von der gerade angegebenen Basis auf eine Basis, in der die Quantenzahlen J, m_J diagonal sind (**J** ist der Operator des Gesamtdrehimpulses). In der neuen 6×6 Säkulargleichung wird durch die Spin-Bahn-Wechselwirkung einfach die Aufspaltung Δ von den zwei Diagonaltermen abgezogen, welche die Zustände $|\frac{1}{2};\frac{1}{2}\rangle$ und $|\frac{1}{2};-\frac{1}{2}\rangle$ enthalten.

Beschränkten wir uns auf Energien $k^2/2m\Delta \ll 1$, dann hat die 6×6-Säkulargleichung näherungsweise die Energiewerte[1])

$$(10) \qquad \varepsilon(\mathbf{k}) = Ak^2 \pm [B^2k^4 + C^2(k_x^2k_y^2 + k_y^2k_z^2 + k_x^2k_z^2)]^{1/2};$$

$$(11) \qquad \varepsilon(\mathbf{k}) = -\Delta + Ak^2.$$

Durch (10) und (11) sind drei Wurzeln gegeben; jede Wurzel ist zweifach, wie aus Gründen der Zeitumkehr und der Inversions-Invarianz des Hamilton-Operators erforderlich ist. Die Lösungen (10) laufen bei $\mathbf{k} = 0$ zu einem vierfach entarteten Zustand zusammen, der zu der Γ_8-Darstellung der kubischen Gruppe gehört. Die Darstellung kann aufgebaut werden aus $p_{3/2}$-Atomfunktionen aller Atome. Die Lösungen (11) laufen bei $\mathbf{k} = 0$ zu einem zweifach entarteten Zustand zusammen, welcher zur Γ_7-Darstellung gehört. Man kann ihn mit $p_{1/2}$-Atomfunktionen aufbauen. Das Band bei Γ_7 nennt man abgespaltenes Band. Es liegt energetisch niedriger als Γ_8. Die Existenz von Γ_7 wurde zuerst zur Erklärung von Experimenten zur optischen Absorption in p-Ge gefordert. Werte von A, B, C, wie sie durch Zyklotron-Resonanz bestimmt wurden, sind in Tabelle 1 angegeben. Der Ausdruck (10) wird am Ende dieses Kapitels hergeleitet.

Diamant. Theoretische Berechnungen der Bandstruktur von Diamant lese man bei F. Herman, *Phys. Rev.* **93**, 1214 (1954) und J.C. Phillips und L. Kleinman, *Phys. Rev.* **116**, 287 (1959) nach. Die Ergebnisse sind in Bild 2 gezeigt. Die Valenzbandkante ist Γ_{25}'. Die Leitungsbandkante liegt vermutlich an der Δ-Achse. Die elektronischen Energieflä-

---

[1]) Lösungen, die über einen größeren k-Bereich gültig sind, wurden von E. O. Kane, *Phys. Chem. Solids* **1**, 82, (1956) angegeben.

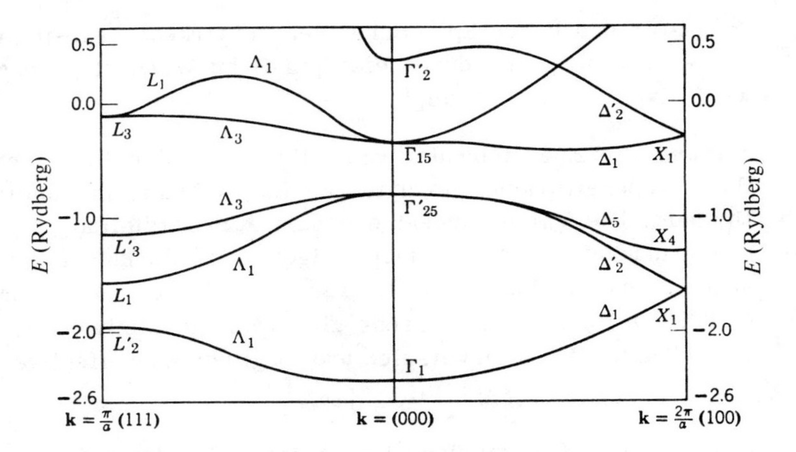

Bild 2: Energiebänder von Diamant in Richtung der (100)- und (111)-Achsen der Brillouin-Zone. Die Kante des Valenzbandes liegt bei $\mathbf{k} = 0$ und hat die Darstellung Γ'_{25}. Die Kante des Leitungsbandes sollte bei Δ liegen. (Nach Phillips und Kleinman).

chen sind sechs äquivalente Sphäriode, entlang jeder 100-Achse jeweils eines. Der berechnete Bandabstand von 5.4 eV stimmt gut überein mit den beobachteten 5.33 eV. Man weiß experimentell, daß die Bandkanten indirekt liegen, d.h., daß die Valenz- und Leitungsbandkanten durch ein $\mathbf{k}$ ungleich null verbunden sind. Zyklotronresonanz-Experimente an Diamant vom p-Typ ergeben $m^*/m \cong 0.7$ und 2.2 für Bänder leichter und schwerer Löcher an der Bandkante und $m^*/m \cong$

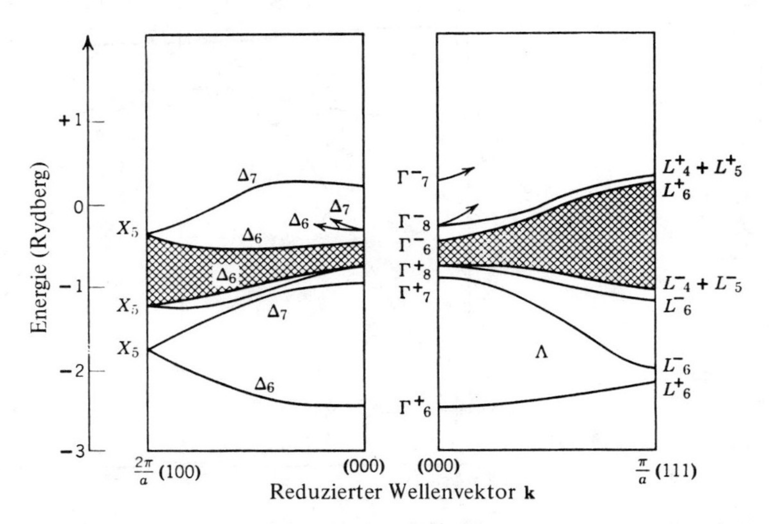

Bild 3: Schematische Darstellung der Energiebänder von Diamant unter Mitnahme der Effekte der Spin-Bahn-Kopplung. (Basierend auf Rechnungen von Herman, nach R. J. Elliott.)

$\cong 1.06$ für das durch Spin-Bahn-Wechselwirkung abgespaltene Band. Die Aufspaltung, die durch die Spin-Bahn-Wechselwirkung verursacht wird, ist in Bild 3 gezeigt.

Silizium. Die Energiebänder von Silizium sind in Bild 4 ohne Spin-Bahn-Wechselwirkung gezeigt. Die Bandstruktur ist ähnlich der von Diamant: Die Valenzbandkante gehört zur Darstellung Γ'_{25} und die Leitungsbandkante zu Δ_1 an einem allgemeinen Punkt auf der Achse zwischen Γ und X. Es gibt viele Hinweise, daß das Minimum bei $(2\pi/a)$ $(0.86,0,0)$ liegt. Es gibt sechs gleichwertige Minima, eines auf jeder Würfelkante. Die transversalen und longitudinalen effektiven Massen sind

$$m_t = 0.19m; \qquad m_l = 0.98m.$$

Die minimale Energielücke ist 1.14 eV. In einem Energiebandschema im **k**-Raum ist sie nicht in der vertikalen Richtung. Man nimmt an, daß der Bandabstand in der Mitte der Zone zwischen Γ_{15} und Γ'_{25} ungefähr 2.5 eV beträgt. Werte für die Konstanten A, B, C sind von Kleinman und Phillips berechnet worden [*Phys. Rev.* **118**, 1153 (1960)] und stimmen hervorragend mit den Werten überein, die mit Zyklotron-Resonanz bestimmt wurden.

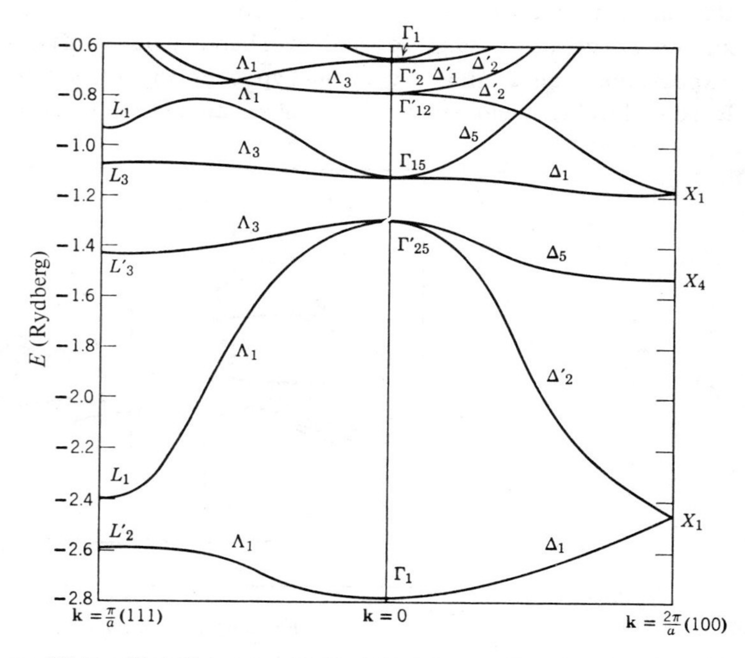

Bild 4: Bandstruktur von Silizium. (Nach Kleinman und Phillips). Die Valenzbandkante liegt bei Γ'_{25}. Die Leitungsbandkante liegt bei Δ_1. Spin-Bahn-Kopplung wurde in dieser Abbildung nicht berücksichtigt.

Germanium. Die Bandstruktur ist in Bild 5 gezeigt, und zwar ohne Spin-Bahn-Wechselwirkung. Die Valenzbandkante ist Γ'_{25} mit einer Spin-Bahnaufspaltung von 0.29 eV. Das Minimum des Leitungsbandes liegt in 111-Richtung am Rand der Zone; d.h., die Kante des Leitungsbandes liegt am Punkt L und hat vermutlich die Darstellung L_1. Die effektiven Massen der gestreckten sphäriodischen Energieflächen sind stark anisotrop: $m_l/m = 1.64$; $m_t/m = 0.082$. Die effektive Masse im Zustand Γ'_2 bei $\mathbf{k} = 0$ ist isotrop und hat den Wert $m^*/m = 0.036$. Dieser Zustand ist gewöhnlich leer, aber die Aufspaltung der optischen Absorption in einem Magnetfeld ergibt die Masse. Eine wichtige Veränderung, die auftritt, wenn man von Si zu Ge übergeht ist, daß der niedrigste Zustand des Leitungsbandes bei $\mathbf{k} = 0$ von Γ_{15} bei Si in den nichtentarteten Γ'_2 bei Ge übergeht. Man nimmt an, daß in grauem Sn, im Periodensystem unterhalb von Ge, Γ'_2 weiterhin niedriger als Γ_{15} liegt.

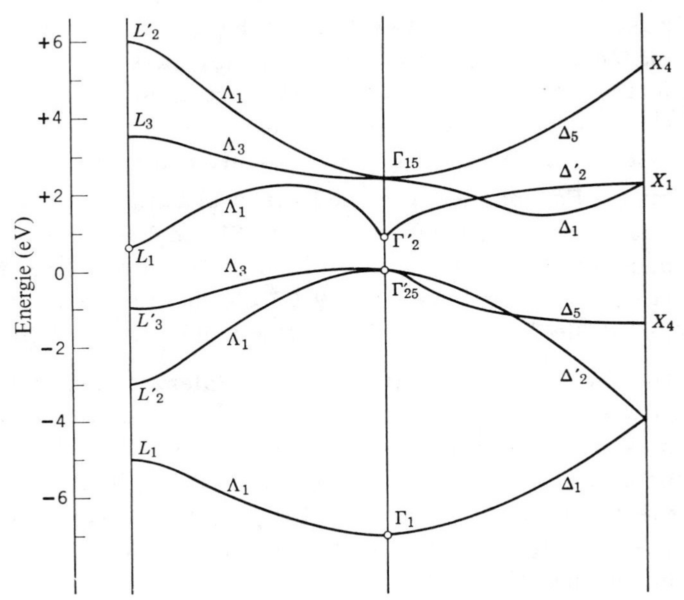

Bild 5: Energiebänder in Germanium in Richtung der (100)- und (111)-Achsen, wie sie sich auf Grund experimenteller Informationen und Rechnungen von Herman ergeben. Spin-Bahn-Kopplung ist vernachlässigt. Experimentell bestimmte Niveaus wurden mit einem Kreis versehen. (Nach J.Callaway).

Indium-Antimonid. Der Kristall InSb hat Zinkblende-Struktur, die sich von der Diamantstruktur in einem wichtigen Punkt unterscheidet. Die Diamantstruktur ist aus zwei identischen einander durchdringenden kubisch flächenzentrierten Gittern zusammengesetzt. In InSb hingegen enthält eines der Gitter In-Atome und das andere Sb-Atome. Die chemischen Wertigkeiten sind 3 und 5. InSb ist ein Beispiel für eine 3-5-Verbindung. Die Kristallsymmetrie ist ähnlich der von Diamant, sie hat jedoch kein Inversionszentrum mehr. So können wir nicht mehr sagen, daß die Energie-Niveaus bei festgehaltenem $\mathbf{k}$ eine zweifache Konjugationsinvarianz besitzen. Die Operation der Zeitumkehr K vertauscht noch mit dem Hamilton-Operator, so daß $\varepsilon_{\mathbf{k}\uparrow}$ mit $\varepsilon_{-\mathbf{k}\downarrow}$ entartet ist. Eine Anzahl von Veränderungen der Bandstruktur im Vergleich zu den entsprechenden 4-4-Kristallen kommen daher, daß die Inversion J kein Symmetrie-Element mehr ist. Das bedingt einen Anteil im Kristall-Potential, der antisymmetrisch ist bezüglich eines Punktes in der Mitte zwischen zwei Atomen einer Zelle.

In 3-5-Kristallen, in denen der niedrigste Leitungsbandzustand bei $\mathbf{k} = 0$ zu Γ_{15} gehört, wird das antisymmetrische Potential die Darstellung Γ'_{25} der ursprünglichen Valenzbandkante und die Darstellung Γ_{15} mischen. Dieses antisymmetrische Potential wird die zwei Darstellungen aufspalten, wenn sie entartet waren, wie beim Modell ebener Wellen. Sind die Darstellungen bereits aufgespalten, wird es die Aufspaltung vergrößern. Die Lücke bei $\mathbf{k} = 0$ in BN ergibt sich rechnerisch[2]) zu ungefähr 10 eV, was etwa doppelt so groß ist wie in Diamant. Es sei bemerkt, daß die beobachtete Lücke in AlP 3.0 eV beträgt, verglichen mit 1.1 eV in Si. In InSb und grauem Zinn gehört das Leitungsband bei $\mathbf{k} = 0$ zu Γ'_2. Das antisymmetrische Potential vergrößert die Lücke von 0.07 eV in grauem Zinn auf 0.23 eV in InSb. Die Leitungsbandkante ist in beiden Kristallen bei $\mathbf{k} = 0$.[3])

Die Spin-Bahn-Aufspaltung Δ des Valenzbandes in InSb läßt sich abschätzen zu 0.9 eV, das ist ungefähr viermal die Energielücke. Bei diesen Verhältnissen ist es sinnlos, die Darstellungen des Problems ohne Spin zu behandeln. Mit Spin gehört die Valenzbandkante zu der vierfachen kubischen Darstellung Γ_8 mit einem abgespaltenen Band, das zu Γ_7 gehört. Die Leitungsbandkante kann zu Γ_6 oder Γ_7 gehören, beide sind zweifach.

Die $\mathbf{k}\cdot\mathbf{p}$-Störung liefert für keine der beiden zweifachen Darstellungen einen Beitrag zur Energie in erster Ordnung in $\mathbf{k}$. Das folgt daraus, daß $\mathbf{p}$ sich wie die Vektordarstellung Γ_V transformiert und Γ_6

---

[2]) L. Kleinman und J. C. Phillips, *Phys. Rev.* **117**, 460 (1960).

[3]) Eine ins Einzelne gehende theoretische Behandlung der Struktur der Bandkante von InSb findet sich in G. Dresselhaus, *Phys. Rev.* **100**, 580 (1955) und E. O. Kane, *Phys. Chem. Solids* **1**, 249 (1956).

in $\Gamma_V \times \Gamma_6$ nicht enthalten ist, ähnlich enthält $\Gamma_V \times \Gamma_7$ nicht Γ_7. Daher sind die Matrixelemente erster Ordnung $\mathbf{k} \cdot \langle\Gamma_6|\mathbf{p}|\Gamma_6\rangle \equiv 0$ und $\mathbf{k} \cdot \langle\Gamma_7|\mathbf{p}|\Gamma_7\rangle \equiv 0$. Es gibt Beiträge zweiter Ordnung zur Energie, aber die Entartung wird in dieser Ordnung nicht aufgehoben. In dritter Ordnung wird die Energie für Γ_6 oder Γ_7 in allen Richtungen außer den 100- und 111-Richtungen aufgespalten:

$$\varepsilon(\mathbf{k}) = C_0k^2 \pm C_1[k^2(k_x^2k_y^2 + k_y^2k_z^2 + k_z^2k_x^2) - 9k_x^2k_y^2k_z^2]^{1/2}. \tag{12}$$

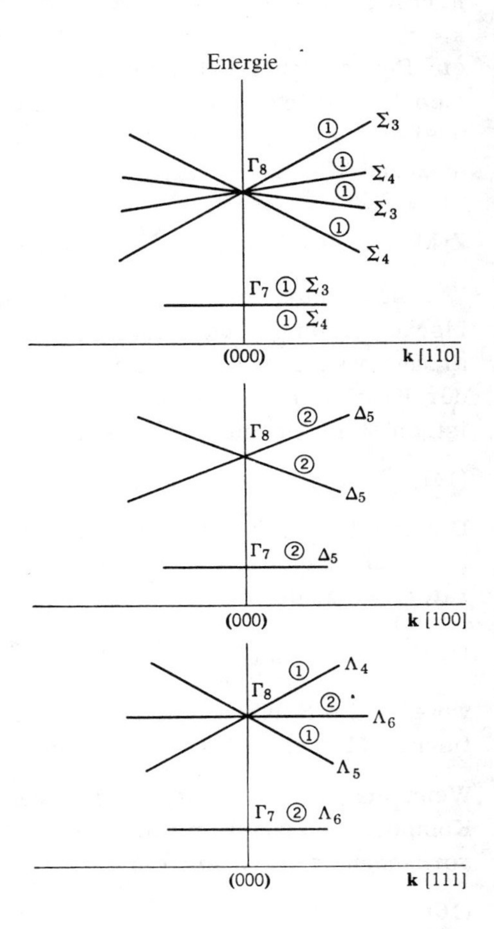

Bild 6: Diagramm der Energie gegen den Wellenvektor in InSb, welches die Energie in erster Ordnung für das durch Spin-Bahn-Kopplung aufgespaltene Niveau Γ'_{25} in [100]-, [110]- und [111]-Richtung zeigt. Die Zahlen in Kreisen bezeichnen die Dimension der Darstellung. (Nach Dresselhaus).

Es ist von der Zyklotron-Resonanz her bekannt, daß $m^* = 1/2C_0 = 0.014m$.

Die vierfache Darstellung Γ_8 liefert Beiträge zur Energie in erster Ordnung in $\mathbf{k}$, weil $\Gamma_V \times \Gamma_8 = \Gamma_6 + \Gamma_7 + 2\Gamma_8$, was Γ_8 enthält. Es werden also Matrix-Elemente erster Ordnung $\mathbf{k} \cdot \langle\Gamma_8|\mathbf{p}|\Gamma_8\rangle \neq 0$ sein. Sehr nahe bei $\mathbf{k} = 0$ haben die vier Bänder an der Valenzbandkante bis zu Gliedern erster Ordnung in $\mathbf{k}$ die Form

$$\varepsilon(\mathbf{k}) = \pm C\{k^2 \pm [3(k_x^2k_y^2 + k_y^2k_z^2 + k_z^2k_x^2)]^{1/2}\}^{1/2}. \tag{13}$$

Die vier Vorzeichen sind unabhängig. Die Aufspaltung ist in Bild 6 gezeigt. Die Konstante C ist sehr klein und der lineare Bereich von (13) wird bald durch normale quadratische Terme wie in (10) beherrscht. Die C-Terme verschieben die Bandkante ein wenig von $\mathbf{k} = 0$ weg. Man erwartet, daß sich in InSb in den 111-Richtungen ein Bündel von Bandkanten befindet und zwar bei 0.3 % der Strecke zum Zonenrand, mit einer Energie am Maximum von ungefähr 10^{-4} eV über der Energie bei $\mathbf{k} = 0$. Für Lochenergien $\gg 10^{-4}$ eV ist das Valenzband von InSb ähnlich dem von Ge.

Zyklotron- und Spinresonanz in Halbleitern, mit Spin-Bahn-Kopplung

Wir betrachten eine Leitungsbandkante bei $\mathbf{k} = 0$ in einem orthorhombischen Kristall und nehmen an, daß das Band nur die zweifache Entartung bezüglich der Zeitumkehr besitzt. Es wird angenommen, daß der Kristall ein Inversionszentrum besitzt. Ohne äußeres Magnetfeld ist die Energie bis zur zweiten Ordnung in $\mathbf{k}$

$$\varepsilon(\mathbf{k}) = \Sigma D_{\alpha\beta}k_\alpha k_\beta, \qquad (\alpha, \beta = x, y, z). \tag{14}$$

Die zweikomponentige Wanniersche effektive Wellengleichung (Kap. 9) in einem Magnetfeld schreibt sich, wenn man $\mathbf{k} = \mathbf{p} - (e/c)\mathbf{A}$ als Operator betrachtet:

$$\left[\sum D_{\alpha\beta}\left(p_\alpha - \frac{e}{c}A_\alpha\right)\left(p_\beta - \frac{e}{c}A_\beta\right) - \mu_B\boldsymbol{\sigma}\cdot\mathbf{H}\right]\psi(\mathbf{x},s) = \varepsilon\psi(\mathbf{x},s), \tag{15}$$

wobei s die Spinkoordinate ist. Wir haben den Operator des magnetischen Moments des Spins geschrieben als $\mu_B\boldsymbol{\sigma}$.

Wenn man (15) benützt, nimmt man gewöhnlich implizit an, daß die Komponenten von $\mathbf{k}$ miteinander vertauschen. Wenn kein Magnetfeld vorhanden ist, tun sie es:

$$[k_\alpha,k_\beta] = [p_\alpha,p_\beta] = 0; \tag{16}$$

aber in einem Magnetfeld enthält der Kommutator der k's $[p_\alpha,A_\beta]$, was nicht notwendigerweise null ist. Für die Eichung $\mathbf{A} = H(0,x,0)$ ergibt sich

$$[k_x,k_z] = 0; \qquad [k_y,k_z] = 0; \tag{17}$$

$$[k_x,k_y] = \frac{eH}{c}[x,p_x] = i\,\frac{eH}{c}. \tag{18}$$

Wir müssen (14) daher in einer Form schreiben, welche antisymmetrische Beiträge der Form $[k_x,k_y]$ zuläßt:

$$\varepsilon(\mathbf{k}) = \Sigma\,(D^S_{\alpha\beta}\{k_\alpha,k_\beta\} + D^A_{\alpha\beta}[k_\alpha,k_\beta]), \tag{19}$$

wobei bei der Summation jedes Paar $\alpha\beta$ nur einmal mitgenommen wird; d.h., $\alpha\beta$ wird nicht mitgenommen, wenn bereits $\beta\alpha$ mitgenommen wurde. Es ist

$$\{k_\alpha,k_\beta\} = k_\alpha k_\beta + k_\beta k_\alpha, \tag{20}$$

D^S und D^A bezeichnen die symmetrischen bzw. antisymmetrischen Koeffizienten. Ohne äußeres Magnetfeld trägt nur der symmetrische Term von (19) bei, weil in dem Fall $[k_\alpha,k_\beta] = 0$ ist.

Die Koeffizienten $D_{\alpha\beta}$ ergeben sich in $\mathbf{k}\cdot\mathbf{p}$-Störungstheorie:

$$D_{\alpha\beta} = \frac{1}{2m}\,\delta_{\alpha\beta} + \frac{1}{m^2}\sum_\delta{}' \frac{\langle\gamma|p_\alpha|\delta\rangle\langle\delta|p_\beta|\gamma\rangle}{\varepsilon_\gamma - \varepsilon_\delta} \equiv \frac{1}{2m}\,\delta_{\alpha\beta} + \frac{1}{m^2}\left\langle\gamma\left|p_\alpha\,\frac{1}{\varepsilon_\gamma - H_0}\,p_\beta\right|\gamma\right\rangle, \tag{21}$$

wobei γ den betrachteten Zustand bei $\mathbf{k} = 0$ bezeichnet. Weiterhin ist

$$D^S_{\alpha\beta} = \tfrac{1}{2}(D_{\alpha\beta} + D_{\beta\alpha}); \qquad D^A_{\alpha\beta} = \tfrac{1}{2}(D_{\alpha\beta} - D_{\beta\alpha}); \tag{22}$$

$$D^A_{\alpha\beta} = \frac{1}{4m^2}\sum_\delta{}' \frac{\langle\gamma|p_\alpha|\delta\rangle\langle\delta|p_\beta|\gamma\rangle - \langle\gamma|p_\beta|\delta\rangle\langle\delta|p_\alpha|\gamma\rangle}{\varepsilon_\gamma - \varepsilon_\delta} = -D^A_{\beta\alpha}. \tag{23}$$

In unserer Eichung und mit Koordinaten in Richtung der Achsen des Kristalls ergibt sich

$$D^S_{\alpha\beta} = D_{\alpha\alpha}\delta_{\alpha\beta}, \tag{24}$$

und der total antisymmetrische Beitrag zu $\varepsilon(\mathbf{k})$ ist

$$D^A_{xy}[k_x,k_y] = D^A_{xy}\,\frac{ie}{c}\,H, \tag{25}$$

unter Benützung von (18). Also ist

$$\varepsilon(\mathbf{k}) = D_{\alpha\alpha}k_\alpha k_\alpha + iD^A_{xy}\,\frac{e}{c}\,H - \mu_B\boldsymbol{\sigma}\cdot\mathbf{H}. \tag{26}$$

Wir wollen nun D^A_{xy} durch die Komponente L_z des Drehimpulses ausdrücken.

Die Bewegungsgleichung für x ohne Magnetfeld lautet

$$i\dot{x} = [x,H] = i\left(\frac{1}{m}\,p_x + \frac{1}{4m^2c^2}\,(\boldsymbol{\sigma}\times\operatorname{grad} V)_x\right) \equiv i\,\frac{\pi_x}{m}. \tag{27}$$

Der Term nach p_x ergibt sich aus dem Spin-Bahn-Term im Hamilton-Operator:

(28) $$H_{so} = \frac{1}{4m^2c^2}(\boldsymbol{\sigma} \times \text{grad } V) \cdot \mathbf{p},$$

wobei $V(\mathbf{x})$ das periodische Kristallpotential ist. Für den Kommutator ergibt sich

(29) $$[x, H_{so}] = \frac{i}{4m^2c^2}(\boldsymbol{\sigma} \times \text{grad } V)_x.$$

Der Operator $\boldsymbol{\pi}$ wird durch (27) definiert wie in (9.29). In den meisten Fällen ist der Term mit $\boldsymbol{\sigma} \times \text{grad } V$ eine kleine Korrektur zu $\mathbf{p}$. Die $\boldsymbol{\pi}$'s haben im wesentlichen die Eigenschaften, welche die $\mathbf{p}$'s ohne Spin-Bahn-Kopplung haben.

Wir schreiben nun (27) in einer Darstellung, in der H diagonal ist. Ohne Magnetfeld ergibt sich

(30) $$\frac{i}{m}\langle\gamma|\pi_x|\delta\rangle = \langle\gamma|x|\delta\rangle\varepsilon_\delta - \varepsilon_\gamma\langle\gamma|x|\delta\rangle.$$

Vernachlässigen wir den Unterschied von $\mathbf{p}$ und $\boldsymbol{\pi}$, dann ist

(31) $$\begin{aligned}&\sum_\delta{}' \frac{\langle\gamma|p_\alpha|\delta\rangle\langle\delta|p_\beta|\gamma\rangle - \langle\gamma|p_\beta|\delta\rangle\langle\delta|p_\alpha|\gamma\rangle}{\varepsilon_\gamma - \varepsilon_\delta} \\ &= im\sum_\delta{}'(\langle\gamma|x_\alpha|\delta\rangle\langle\delta|p_\beta|\gamma\rangle - \langle\gamma|x_\beta|\delta\rangle\langle\delta|p_\alpha|\gamma\rangle) = im\langle\gamma|L_{\alpha\times\beta}|\gamma\rangle;\end{aligned}$$

hier haben wir benützt, daß $\langle 0|x|0\rangle = 0$, was sich aus Paritätsgründen für $\mathbf{k} = 0$ ergibt, wenn der Kristall ein Inversionszentrum besitzt. Wenn $\alpha \equiv x$ und $\beta \equiv y$, dann ist L_z die Komponente des Bahndrehimpulses $\mathbf{L}$, die in (31) auftritt.

Aus (23) und (31) ergibt sich

(32) $$iD^A_{xy} = -\frac{1}{2m}\langle\gamma|L_z|\gamma\rangle.$$

Wenn $|C\gamma\rangle$ der zu $|\gamma\rangle$ konjugierte Zustand ist, im Sinne von (9.44), dann ist

(33) $$\langle C\gamma|L_z|C\gamma\rangle = \langle\gamma|C^{-1}L_zC|\gamma\rangle = -\langle\gamma|L_zC^{-1}C|\gamma\rangle = -\langle\gamma|L_z|\gamma\rangle,$$

weil $CL_z = -L_z$; $C^{-1}L_z = -L_z$, wegen (9.135). Deshalb können wir schreiben

(34) $$\varepsilon(\mathbf{k}) = D_{\alpha\alpha}k_\alpha k_\alpha - \frac{e}{2mc}\langle\gamma|L_z|\gamma\rangle\sigma_z H - \mu_B\sigma_z H,$$

weil γ und $C\gamma$ entgegengesetzte Spins haben. Daher ist

(35) $$\boxed{\varepsilon(\mathbf{k}) = D_{\alpha\alpha}k_\alpha k_\alpha - \mu^*\boldsymbol{\sigma} \cdot \mathbf{H},}$$

wobei das anomale magnetische Moment μ^* definiert ist durch

(36) $$\frac{\mu^*}{\mu_B} = (\langle\gamma|L_z|\gamma\rangle + 1)$$
$$= 1 + \frac{1}{im}\sum_\delta{}' \frac{\langle\gamma|p_x|\delta\rangle\langle\delta|p_y|\gamma\rangle - \langle\gamma|p_y|\delta\rangle\langle\delta|p_x|\gamma\rangle}{\varepsilon_\gamma - \varepsilon_\delta},$$

(37) $$\frac{\mu^*}{\mu_B} = 1 + \frac{1}{2im}\mathscr{g}\left(\sum_\delta{}' \frac{\langle\gamma|p_x|\delta\rangle\langle\delta|p_y|\gamma\rangle}{\varepsilon_\gamma - \varepsilon_\delta}\right),$$

wobei $\mathscr{g}$ heißt "der Imaginärteil von". Hier haben wir die Tatsache benutzt, daß $\mathbf{p}$ hermitisch ist. Die Terme $D_{\alpha\alpha}k_\alpha k_\alpha$ in (35) ergeben die Aufspaltung, die bei der Zyklotron-Resonanz beobachtet wird. Der Term $-\mu^*\boldsymbol{\sigma}\cdot\mathbf{H}$ ergibt die Aufspaltung bei der Spinresonanz.

Wir betrachten nun das anomale magnetische Moment für ein spezielles Modell, das recht typisch ist für viele Halbleiter. In dem Modell befassen wir uns mit dem g-Faktor und dem magnetischen Moment des Zustandes $|0\gamma\rangle$, von dem wir annehmen, daß er ein s-artiger Zustand an der Leitungsbandkante mit Spin ↑ ist. Der Zustand liege um die Energie E_g über einer $p_{3/2}$-Valenzbandkante, die ebenfalls bei $\mathbf{k} = 0$ liege. Um die Energie Δ darunter liege das Niveau $p_{1/2}$, das von der Spin-Bahn-Kopplung abgespalten wurde. Wir nehmen an, daß Wechselwirkungen nur zwischen diesen Bändern auftreten. Ohne Spin-Bahn-Kopplung ist Δ null und $\langle 0|L_z|0\rangle$ verschwindet, weil die Darstellung so gewählt werden kann, daß für jeden beliebigen Zustand δ in der Darstellung entweder $\langle\gamma|p_x|\delta\rangle = 0$ oder $\langle\gamma|p_y|\delta\rangle = 0$. Um dies zu sehen wähle man $\delta = x, y, z$.

Wir können die Zustände $|J;m_J\rangle$ schematisch anschreiben als

(38)
$$|\tfrac{3}{2};\tfrac{3}{2}\rangle = 2^{-1/2}(x+iy)\alpha; \qquad |\tfrac{3}{2};\tfrac{1}{2}\rangle = 6^{-1/2}[2z\alpha + (x+iy)\beta];$$
$$|\tfrac{3}{2};-\tfrac{3}{2}\rangle = 2^{-1/2}(x-iy)\beta); \qquad |\tfrac{3}{2};-\tfrac{1}{2}\rangle = 6^{-1/2}[2z\beta - (x-iy)\alpha];$$
$$|\tfrac{1}{2};\tfrac{1}{2}\rangle = 3^{-1/2}[z\alpha - (x+iy)\beta]; \qquad |\tfrac{1}{2};-\tfrac{1}{2}\rangle = 3^{-1/2}[z\beta + (x-iy)\alpha].$$

Die Phasen dieser Zustände erfüllen $K|J;m_J\rangle = |J;-m_J\rangle$, wobei $K = -i\sigma_y K_0$ der Kramersche Zeitumkehr-Operator ist. Man beachte, daß dies nicht die Phasen sind, die man durch wiederholte Anwendung des Absteige-Operators J^- erhält. Nun ist

(39)
$$p_x|\tfrac{3}{2};\tfrac{3}{2}\rangle = -i2^{-1/2}\alpha; \qquad p_y|\tfrac{3}{2};\tfrac{3}{2}\rangle = 2^{-1/2}\alpha;$$
$$p_x|\tfrac{3}{2};-\tfrac{1}{2}\rangle = -i6^{-1/2}\beta; \qquad p_y|\tfrac{3}{2};-\tfrac{1}{2}\rangle = 6^{-1/2}\beta;$$
$$p_x|\tfrac{3}{2};-\tfrac{1}{2}\rangle = i6^{-1/2}\alpha; \qquad p_y|\tfrac{3}{2};-\tfrac{1}{2}\rangle = 6^{-1/2}\alpha;$$
$$p_x|\tfrac{3}{2};-\tfrac{3}{2}\rangle = -i2^{-1/2}\beta; \qquad p_y|\tfrac{3}{2};-\tfrac{3}{2}\rangle = -2^{-1/2}\beta.$$

Bildet man nun die Matrixelemente mit $\langle\gamma|$, so sieht man, daß sich der Beitrag zu $\langle\gamma|L_z|\gamma\rangle$ von Zuständen mit $J = \frac{3}{2}$ zu $-2/3mE_g$ ergibt. Der Beitrag von Zuständen mit $J = \frac{1}{2}$ ergibt sich, wenn man benützt

(40)
$$p_x|\tfrac{1}{2};\tfrac{1}{2}\rangle = i3^{-1/2}\beta; \qquad p_y|\tfrac{1}{2};\tfrac{1}{2}\rangle = -3^{-1/2}\beta;$$
$$p_x|\tfrac{1}{2};-\tfrac{1}{2}\rangle = -i3^{-1/2}\alpha; \qquad p_y|\tfrac{1}{2};-\tfrac{1}{2}\rangle = -3^{-1/2}\alpha;$$

der Beitrag ist $\frac{2}{3}m(E_g + \Delta)$. Also ist

(41)
$$\langle\gamma|L_z|\mu\rangle = \frac{2}{3m}\left(\frac{1}{E_g + \Delta} - \frac{1}{E_g}\right)|\langle 0|p_x|X\rangle|^2,$$

wobei X symbolisch den Zustand $x\alpha$ in der $x,y,z;\alpha,\beta$-Darstellung der Valenzbandkante bezeichnet.

Der Tensor der effektiven Masse für die Kante des Leitungsbandes ist für $m^* \ll m$ gegeben durch

(42)
$$\frac{m}{m^*} \cong \frac{2}{m}\sum_{\delta}\frac{|\langle\gamma|p_x|\delta\rangle|^2}{\varepsilon_\gamma - \varepsilon_\delta} = \frac{2}{m}\left[\frac{2}{3E_g} + \frac{1}{3(E_g + \Delta)}\right]|\langle 0|p_x|X\rangle|^2,$$

mit den Matrixelementen, die für (41) benützt wurden. Daraus ergibt sich die Roth'sche Beziehung

(43)
$$\langle 0|L_z|0\rangle \cong -\frac{m}{m^*}\left(\frac{\Delta}{3E_g + 2\Delta}\right),$$

für $m^* \ll m$. Für InSb ist $m/m^* \cong 70$; $E_g \cong 0.2$ eV; $\Delta \cong 0.9$ eV, so daß $\langle 0|L_z|0\rangle \approx 25$. In Ge und Si sind die Bahndrehimpulse viel kleiner.

Der g-Faktor bei Spinresonanz von Leitungselektronen ist definiert als

(44)
$$g = 2\mu^*/\mu_B \cong -\frac{m}{m^*}\left(\frac{2\Delta}{3E_g + 2\Delta}\right) + 2 \approx -50,$$

für InSb, in guter Übereinstimmung mit dem Experiment. Der effektive Hamiltonoperator ist hier

(45)
$$H = \frac{1}{2m^*}\left(\mathbf{p} - \frac{e}{c}\mathbf{A}\right)^2 - \mu^*\boldsymbol{\sigma}\cdot\mathbf{H},$$

Der Kristall mit der kleinsten gegenwärtig bekannten Bandlücke[4]) ist $Cd_xHg_{1-x}Te$, mit $x = 0.136$. Man nimmt an, daß der Bandabstand $\leqq 0.006$ eV ist, außerdem am unteren Ende des Leitungsbandes $m^*/m \leqq$ $\leqq 0.0004$ und $g \geqq 2500$. Die kleine Masse und der große g-Faktor sind direkte Folgen des kleinen Wertes für die Bandlücke, wie man aus der $\mathbf{k}\cdot\mathbf{p}$-Störungstheorie ersieht.

[4]) T. C. Harman et al., *Bull. Amer. Phys. Soc.* 7, 203 (1962).

Eine sorgfältige und ins einzelne gehende Untersuchung der g-Faktoren von Leitungselektronen wurde von Y. Yafet, *Solid state physics* **14**, 1 (1963) durchgeführt. Die Methode, die zu (35) führte, wurde von J.M. Luttinger, *Phys. Rev.* **102,** 1030 (1956) entwickelt, und zwar für ein schwierigeres Problem, nämlich die Untersuchung des Einflusses von Magnetfeldern auf die $p_{3/2}$-Bandkante eines Halbleiters vom Diamanttyp. Er fand, daß der Hamilton-Operator in einem Magnetfeld bis zu Termen zweiter Ordnung in $\mathbf{k}$ geschrieben werden kann als

$$\begin{aligned} H = {} & \beta_1 k_\alpha k_\alpha + \beta_2 k_\alpha k_\alpha J_\alpha J_\alpha + 4\beta_3(\{k_x,k_y\}\{J_x,J_y\} \\ & + \{k_y,k_z\}\{J_y,J_z\} + \{k_z,k_x\}\{J_z,J_x\}) + \beta_4 H_\alpha J_\alpha + \beta_5 H_\alpha J_\alpha J_\alpha J_\alpha, \end{aligned} \tag{46}$$

J_x, J_y, J_z sind hierbei 4×4-Matrizen, welche die Bedingung $\mathbf{J} \times \mathbf{J} = i\mathbf{J}$ erfüllen. In (46) bezeichnen die $\{\ \ \}$-Klammern wie gewöhnlich den Antikommutator.

Valenzbandkante mit Spin-Bahn-Wechselwirkung. Wir wollen die Formel (10) für die Energie in der Nähe der Γ_8-Valenzbandkante für einen Kristall mit Diamantstruktur herleiten. Ohne Magnetfeld hat der Hamilton-Operator in zweiter Ordnung die Form (46) der 4×4-Matrix

$$\begin{aligned} H = {} & \beta_1 k^2 + \beta_2(k_x^2 J_x^2 + k_y^2 J_y^2 + k_z^2 J_z^2) + 4\beta_3(\{k_x,k_y\}\{J_x,J_y\} \\ & + \{k_y,k_z\}\{J_y,J_z\} + \{k_z,k_x\}\{J_z,J_x\}). \end{aligned} \tag{47}$$

Hier bedeutet $\mathbf{J}$ eine 4×4-Matrix, welche die Vertauschungsregel für Drehimpulse $\mathbf{J} \times \mathbf{J} = i\mathbf{J}$ erfüllt. Der Ausdruck (47) enthält alle in $\mathbf{k}$ und $\mathbf{J}$ quadratischen Ausdrücke, die invariant sind gegenüber Operationen der kubischen Punktgruppe. Die Matrix, die $\mathbf{J}$ beschreibt, ist eine 4×4-Matrix, weil der Γ_8-Zustand vierfach entartet ist.
Wir wissen, daß H invariant ist unter der Operation der Konjugation, so daß jede Wurzel des Eigenwertproblems doppelt auftritt. Wir geben nun ein Verfahren nach Hopfield an, welches (47) auf eine 2×2-Matrix für die zwei unabhängigen Wurzeln reduziert.
In der Basis $|Jm_J\rangle$ für $J = \frac{3}{2}$, wie sie durch (38) gegeben ist, wird der Zeitumkehr-Operator dargestellt durch

$$K = \begin{pmatrix} 0 & 0 & 0 & 1 \\ 0 & 0 & 1 & 0 \\ 0 & -1 & 0 & 0 \\ -1 & 0 & 0 & 0 \end{pmatrix} K_0, \tag{48}$$

wobei K_0 die komplexe Konjugation bezeichnet. Dies kann man leicht zeigen. Wenn

$$\varphi = \begin{pmatrix} a \\ b \\ c \\ d \end{pmatrix} \tag{49}$$

ein Eigenvektor von H ist, dann ist

$$K\varphi = K\begin{pmatrix} a \\ b \\ c \\ d \end{pmatrix} = \begin{pmatrix} d^* \\ c^* \\ -b^* \\ -a^* \end{pmatrix} \tag{50}$$

ein Eigenvektor mit der gleichen Energie, weil K mit dem Hamilton-Operator vertauscht. Die Zustände φ und $K\varphi$ sind aber voneinander unabhängig:

$$\overbrace{\underbrace{d \quad c \quad -b \quad -a}}\begin{pmatrix} a \\ b \\ c \\ d \end{pmatrix} = 0. \tag{51}$$

Wir können dann φ und $K\varphi$ zu einem Zustand zusammensetzen, der die gleiche Energie hat, aber einen Koeffizienten, sagen wir d, besitzt, der gleich null ist:

$$\varphi' = (1 + \rho e^{i\alpha}K)\varphi, \tag{52}$$

wobei ρ und α Konstanten sind. Wir schreiben

$$\varphi' = \begin{pmatrix} a' \\ b' \\ c' \\ 0 \end{pmatrix}. \tag{53}$$

Wegen

$$H_{\mu\nu}\varphi_\nu = \lambda\varphi_\nu, \tag{54}$$

ist dann

$$H_{41}a' + H_{42}b' + H_{43}c' = 0; \qquad c' = -\frac{H_{41}}{H_{43}}a' - \frac{H_{42}}{H_{43}}b'. \tag{55}$$

Setzen wir dies für c' ein, so erhalten wir die 3×3-Gleichung

$$\begin{pmatrix} H_{11} & H_{12} & H_{13} \\ H_{21} & \cdots & \cdots \\ H_{31} & \cdots & \cdots \end{pmatrix}\begin{pmatrix} a' \\ b' \\ -\frac{H_{41}}{H_{43}}a \quad -\frac{H_{42}}{H_{43}}b \end{pmatrix} = \lambda\begin{pmatrix} \cdot \\ \cdot \\ \cdot \end{pmatrix}. \tag{56}$$

Die ersten zwei Komponenten dieser Gleichung sind ausreichend. Sie können geschrieben werden als

$$\begin{pmatrix} H_{11} - \frac{H_{41}}{H_{43}}H_{13} & H_{12} - \frac{H_{42}}{H_{43}}H_{13} \\ H_{21} - \frac{H_{41}}{H_{43}}H_{23} & H_{22} - \frac{H_{42}}{H_{43}}H_{23} \end{pmatrix}\begin{pmatrix} a \\ b \end{pmatrix} = \lambda\begin{pmatrix} a \\ b \end{pmatrix}. \tag{57}$$

Mit der Darstellung (39) für die J's ergibt sich

$$H_{41} = H_{23} = 0; \qquad H_{21} = -H_{43}; \qquad H_{42} = -H_{13}^*, \tag{58}$$

so daß (57) die Lösungen hat

(59) $$\lambda = \tfrac{1}{2}(H_{11} + H_{22}) \pm [\tfrac{1}{4}(H_{11} - H_{22})^2 + |H_{12}|^2 + |H_{13}|^2]^{1/2},$$

was der Standardform (10) gleichwertig ist.

Störstellen-Zustände und Landau-Niveaus in Halbleitern

Wir befassen uns nun mit der Theorie flacher Donator- und Akzeptorzustände, die mit Störstellen in Halbleitern verknüpft sind, und zwar besonders mit drei- und fünfwertigen Störstellen in Germanium und Silizium. Die Ionisierungsenergien dieser Störstellen sind von der Größenordnung 0.04 eV in Si und 0.01 eV in Ge. Diese Energien sind viel kleiner als die Energielücke. Es ist also vernünftig, zu erwarten, daß die Störstellenzustände aus Einteilchenzuständen des passenden Bandes gebildet werden, aus denen des Leitungs- oder des Valenzbandes. Die Störstellen-Zustände sind in gewisser Weise wasserstoffartig, aber schwächer gebunden, hauptsächlich deshalb, weil die Dielektrizitätskonstante des Mediums groß ist. Die Rydberg-Konstante enthält $1/\epsilon^2$. Für $\epsilon = 15$ wird die Bindungsenergie, verglichen mit der von Wasserstoff, um den Faktor 1/225 reduziert. Für $m^* < m$ ergibt sich eine weitere Erniedrigung der Bindungsenergie.

Das Wannier-Theorem liefert uns den effektiven Hamilton-Operator für das Problem. Wir behandeln zuerst das vereinfachte Modell einer fünfwertigen Störstelle in Silizium. Als Leitungsband nehmen wir eine einzelne sphäroidische Energiefläche

(60) $$\varepsilon(\mathbf{k}) = \frac{1}{2m_t}(k_x{}^2 + k_y{}^2) + \frac{1}{2m_l}k_z{}^2.$$

Im realen Kristall haben wir sechs äquivalente Sphäroide, ein jedes entlang einer [100]-Achse. Die zu (60) gehörende Wannier-Gleichung lautet

(61) $$\left[\frac{1}{2m_t}(p_x{}^2 + p_y{}^2) + \frac{1}{2m_l}p_y{}^2 - \frac{e^2}{\epsilon r}\right]F(\mathbf{x}) = EF(\mathbf{x}),$$

ohne Magnetfeld.

Wir untersuchen nun die Gültigkeit von (61). Zuerst stellt sich die Frage nach der Dielektrizitätskonstanten. Es ist ziemlich klar, daß wir die Dielektrizitätskonstante $\epsilon(\omega)$ verwenden sollten, oder besser

$\epsilon(\omega,\mathbf{q})$, gemessen bei der Frequenz ω, die der Energie E des Störstellenniveaus, bezogen auf die Bandkante, entspricht. In den Situationen, die uns hier interessieren, ist diese Energie kleiner als die Bandlücke, so daß die elektronische Polarisierbarkeit vollständig zu $\epsilon(\omega)$ beiträgt. Die ionische Polarisierbarkeit trägt nur dann bei, wenn die Energie des Störstellenniveaus klein ist im Vergleich zur Frequenz der optischen Phononen bei $\mathbf{k} = 0$.

Wir betrachten nun die Gültigkeit der Effektive-Masse-Näherung selbst. Die Schrödinger-Gleichung eines Elektrons in gestörten periodischen Gittern lautet

(62) $$(H_0 + V)\Psi = E\Psi,$$

Wobei sich H_0 auf das ungestörte Gitter und V auf die Störstelle bezieht. Hier bedeutet Ψ eine Ein-Elektronen-Wellenfunktion. Man betrachte die Lösung des ungestörten Problems

(63) $$H_0\varphi_{\mathbf{k}l} = \varepsilon_\gamma(\mathbf{k})\varphi_{\mathbf{k}l},$$

wobei

(64) $$\varphi_{\mathbf{k}l} \equiv |\mathbf{k}l\rangle = e^{i\mathbf{k}\cdot\mathbf{x}}u_{\mathbf{k}l}(\mathbf{x})$$

die Blochfunktion mit Wellenvektor $\mathbf{k}$ und Bandindex l ist. Wir nehmen an, daß das Band nicht entartet ist. Die Lösungen des gestörten Problems $\Psi(\mathbf{x})$ können wir schreiben als

(65) $$\Psi(\mathbf{x}) = \sum_{\mathbf{k}'l'} |\mathbf{k}'l'\rangle\langle l'\mathbf{k}'|\rangle.$$

Wir setzen (65) in die Schrödinger-Gleichung (62) ein, bilden das Skalarprodukt mit $\langle l\mathbf{k}|$ und erhalten so direkt die Säkulargleichung

(66) $$\varepsilon_l(\mathbf{k})\langle l\mathbf{k}|\rangle + \Sigma\, \langle l\mathbf{k}|V|\mathbf{k}'l'|\rangle\langle l'\mathbf{k}'|\rangle = E\langle l\mathbf{k}|\rangle.$$

Als nächstes entwickeln wir die Störung V in eine Fourierreihe:

(67) $$V = \sum_{\mathbf{K}} V_{\mathbf{K}}e^{i\mathbf{K}\cdot\mathbf{x}},$$

woraus folgt

(68) $$\langle l\mathbf{k}|V|\mathbf{k}'l'\rangle = \sum_{\mathbf{K}} V_{\mathbf{K}} \int d^3x\, e^{i(\mathbf{k}'-\mathbf{k}+\mathbf{K})\cdot\mathbf{x}}u^*_{\mathbf{k}l}u_{\mathbf{k}'l'}.$$

Weil $u_{\mathbf{k}l}(\mathbf{x})$ periodisch im direkten Gitter ist, verschwindet das Integral nur dann nicht, wenn

(69) $$\mathbf{k} = \mathbf{k}' + \mathbf{K} + \mathbf{G}.$$

Wir haben es nur mit kleinen $\mathbf{k}$, $\mathbf{k}'$ und $\mathbf{K}$ zu tun, so daß $\mathbf{G} = 0$ für die interessierenden Matrixelemente ist. Wir bemerken, daß $V_{\mathbf{K}} \propto 1/K^2$ für das Coulombpotential ist. Die Säkulargleichung läßt sich schreiben

(70) $$\varepsilon_l(\mathbf{k})\langle l\mathbf{k}|\rangle + \sum_{\mathbf{K}l'} V_{\mathbf{K}} \Delta^{ll'}_{\mathbf{k}+\mathbf{K},\mathbf{k}} \langle l',\mathbf{k}+\mathbf{K}|\rangle = E\langle l\mathbf{k}|\rangle,$$

wobei

(71) $$\Delta^{ll'}_{\mathbf{k}+\mathbf{K},\mathbf{k}} = \int d^3x\, u^*_{\mathbf{k}+\mathbf{K},l}(\mathbf{x}) u_{\mathbf{k}l'}(\mathbf{x}).$$

Für $|\mathbf{K}| \to 0$

(72) $$\Delta^{ll'}_{\mathbf{k}+\mathbf{K},\mathbf{k}} \to \delta_{ll'}.$$

In diesem Grenzfall reduziert sich die Säkulargleichung auf

(73) $$\varepsilon_l(\mathbf{k})\langle l\mathbf{k}|\rangle + \sum_{\mathbf{K}} V_{\mathbf{K}} \langle l,\mathbf{k}+\mathbf{K}|\rangle = E\langle l\mathbf{k}|\rangle.$$

Die Benützung von (72) ist unsere zentrale Näherung. In dieser Näherung sind die verschiedenen Bänder voneinander völlig unabhängig. Die Säkulargleichung (73) ist genau die Schrödinger-Gleichung in der Impulsdarstellung des folgenden Wannier-Problems in der Ortsdarstellung

(74) $$[\varepsilon_l(\mathbf{p}) + V(\mathbf{x})]F_l(\mathbf{x}) = EF_l(\mathbf{x}),$$

wobei

(75) $$F_l(\mathbf{x}) = \sum_{\mathbf{k}} e^{i\mathbf{k}\cdot\mathbf{x}} \langle l\mathbf{k}|\rangle.$$

Wir nehmen an, wir hätten (74) gelöst und $F_l(\mathbf{x})$ erhalten. In einer Probe mit Einheitsvolumen ist

(76) $$\langle l\mathbf{k}|\rangle = \int d^3x\, F_l(\mathbf{x}) e^{-i\mathbf{k}\cdot\mathbf{x}},$$

so daß die Lösungen $\Psi_l(\mathbf{x})$ unseres ursprünglichen Problems lauten

(77) $$\Psi_l(\mathbf{x}) = \sum_{\mathbf{k}} \varphi_{\mathbf{k}l}(\mathbf{x}) \int d^3\xi\, F_l(\xi) e^{-i\mathbf{k}\cdot\xi},$$

wobei F_l eine Eigenfunktion des Wannier-Problems Gl. (74) ist.

Bei langsam veränderlichen Störungen wird für niedrig liegende Zustände in einem gegebenen Band nur ein kleiner $\mathbf{k}$-Bereich in die Lösung eingehen. Ersetzen wir in (77) näherungsweise $u_{\mathbf{k}l}$ durch $u_{0l}(\mathbf{x})$, dann ist

(78) $$\boxed{\Psi_l(\mathbf{x}) \cong u_{0l}(\mathbf{x}) \int d^3\xi\, F_l(\xi) \sum_{\mathbf{k}} e^{i\mathbf{k}\cdot(\mathbf{x}-\xi)} = u_{0l}(\mathbf{x}) F_l(\mathbf{x}),}$$

weil

(79) $$\sum_{\mathbf{k}} e^{i\mathbf{k}\cdot(\mathbf{x}-\boldsymbol{\xi})} \cong \frac{1}{(2\pi)^3}\int d^3k\, e^{i\mathbf{k}\cdot(\mathbf{x}-\boldsymbol{\xi})} = \delta(\mathbf{x}-\boldsymbol{\xi}).$$

Das zeigt die Rolle von $F_l(\mathbf{x})$ als langsame Modulation von $u_0(\mathbf{x})$. Die Ersetzung von $u_{\mathbf{k}l}(\mathbf{x})$ durch $u_{0l}(\mathbf{x})$ ist keine schwerwiegendere Näherung als die, welche wir bereits bei Vernachlässigung der Interband-Terme in (72) gemacht haben.

Man kann sehen, daß die Wannier-Gleichung (74) in Strenge gilt in einer Näherung, die sich exakt in der Weise formulieren läßt, daß (73) gelten soll. Kittel und Mitchel, *Phys. Rev.* **96,** 1488 (1954) zeigen für $l \neq l'$, daß

(80) $$\Delta^{l'l} \approx \left(\frac{\text{Ionisationsenergie der Störstelle}}{\text{Bandlücke}}\right)^{1/2},$$

was von der Größenordnung 0.1 bei Si und noch kleiner bei Ge sein kann.

Die Methode läßt sich leicht auf entartete Bänder ausdehnen, wo man gekoppelte Wannier-Gleichungen behandelt, die mehrere entartete Komponenten verknüpfen. Eine Diskussion der Akzeptor-Niveaus in Si und Ge und eine Behandlung der kurzreichweitigen Effekte im Atomrumpf der Störstelle findet der Leser in einem Übersichtsartikel von W. Kohn, *Solid state physics* **5,** 258 (1957).

Wir fahren fort mit der Lösung von (61). Für eine kugelförmige Energiefläche ist $m_l = m_t = m^*$. In diesem Fall haben wir genau das Problem des Wasserstoffatoms mit e^2/ϵ statt e^2 und m^* statt m. Der anisotrope Hamilton-Operator (61) ist in geschlossener Form nicht exakt lösbar. Wir können durch eine Variationsrechnung eine obere Grenze für die Grundzustandsenergie, bezogen auf die Bandkante, bestimmen. Mit $m_l = \alpha_l m$; $m_t = \alpha_t m$; und $r_0 = \epsilon/me^2$ versuchen wir es mit einer Variationsfunktion der Form

(81) $$F(\mathbf{x}) = (ab^2/\pi r_0{}^3)^{1/2} \exp\{-[a^2z^2 + b^2(x^2+y^2)]^{1/2}/r_0\}.$$

Nach Ausführung der Variationsrechnung finden wir die folgenden Ergebnisse:

Für n-Ge mit $\alpha_1 = 1.58$; $\alpha_2 = 0.082$; $\varepsilon = 16$:

(82) $$E_0 = -0.00905 \text{ ev}; \qquad a^2 = 0.135; \qquad b^2 = 0.0174.$$

Für n-Si mit $\alpha_1 = 1$; $\alpha_2 = 0.2$; $\varepsilon = 12$:

(83) $$E_0 = -0.0298 \text{ ev}; \qquad a^2 = 0.216; \qquad b^2 = 0.0729.$$

Die Theorie läßt sich direkt für entartete Bandkanten verallgemeinern. Die Wannier-Gleichung wird zu einer Gleichung für eine mehrkomponentige Wellenfunktion $\bar{\bar{F}}$:

$$(\overline{\overline{H(p)}} + V)\overline{F(x)} = E\overline{F(x)}, \tag{84}$$

$\overline{\overline{H(p)}}$ bedeutet die quadratische Matrix aus der $\mathbf{k}\cdot\mathbf{p}$-Störungstheorie zweiter Ordnung und $\overline{F(x)}$ ist eine Spaltenmatrix.

Landau-Niveaus

Unter Landau-Niveaus verstehen wir die quantisierten Bahnen freier Teilchen in einem Kristall in einem Magnetfeld. In dem Kapitel über die Dynamik der Elektronen in einem Magnetfeld haben wir die Landausche Lösung für ein freies Teilchen im Vakuum im Magnetfeld angegeben und die halbklassische Theorie der magnetischen Bahnen auf einer allgemeinen Fermifläche untersucht. Nun betrachten wir nur die Quantisierung eines spinlosen Elektrons in der Nähe einer nichtentarteten Bandkante eines Leitungsbandes in einem Halbleiter, das die sphäroidische Energiefläche besitzt

$$\varepsilon(\mathbf{k}) = \frac{1}{2m_t}(k_x^2 + k_y^2) + \frac{1}{2m_l}k_z^2, \tag{84a}$$

wobei kein Magnetfeld angelegt ist.

Der Hamilton-Operator im Magnetfeld lautet

$$H = \frac{1}{2m}\left(\mathbf{p} - \frac{e}{c}\mathbf{A}\right)^2 + V(\mathbf{x}); \tag{85}$$

das Vektorpotential für ein gleichförmiges Magnetfeld $\mathcal{H}$ in z-Richtung in der Landaueichung ist

$$\mathbf{A} = (0, \mathcal{H}x, 0). \tag{86}$$

Schreiben wir

$$s = e\mathcal{H}/c, \tag{87}$$

dann sieht der Hamilton-Operator folgendermaßen aus:

$$H = H_0 - \frac{s}{m}xp_y + \frac{s^2}{2m}x^2. \tag{88}$$

Die Eigenfunktionen von H_0 sind die Blochfunktionen $|\mathbf{k},l\rangle$. Die Eigenwerte sind $\varepsilon_l(\mathbf{k})$.

Wegen des Auftretens der Terme mit x und x^2 ist es ein schwieriges und langwieriges Problem, die Gültigkeit der Effektive-Masse-Gleichung in einem homogenen Magnetfeld zu untersuchen. Um singuläre Matrixelemente zu vermeiden, betrachten wir stattdessen ein statisches Vektorpotential der Form

$$\mathbf{A}(\mathbf{x}) = i\mathbf{A}_\mathbf{q}(e^{i\mathbf{q}\cdot\mathbf{x}} - e^{-i\mathbf{q}\cdot\mathbf{x}}); \tag{89}$$

Im Grenzfall $\mathbf{q} \to 0$ wird das Magnetfeld konstant über den interessierenden räumlichen Bereich. Die Störungsterme im Hamilton-Operator sind

$$U = U_1 + U_2 = -\frac{e}{mc}\mathbf{A}(\mathbf{x}) \cdot \mathbf{p} + \frac{e^2}{2mc^2}A^2(\mathbf{x}). \tag{90}$$

Wie vorher in (65) schreiben wir die Ein-Elektronen-Lösung $\Psi(\mathbf{x})$ des gestörten Problems in der Form

$$\Psi(\mathbf{x}) = \Sigma\, |\mathbf{k}'l'\rangle\langle l'\mathbf{k}'|\rangle; \tag{91}$$

die Säkulargleichung (66) lautet

$$[\varepsilon_l(\mathbf{k}) - E]\langle l\mathbf{k}|\rangle + \sum_{l'\mathbf{k}'} \langle l\mathbf{k}|U|\mathbf{k}'l'\rangle\langle l'\mathbf{k}'|\rangle = 0. \tag{92}$$

Wir nehmen an, daß $\langle l'\mathbf{k}|\rangle \ll \langle l\mathbf{k}|\rangle$ für alle $l' \neq l$. Dann hat in erster Ordnung in $\mathbf{A}$ die Säkulargleichung (92) für ein E, das mit dem Band l verknüpft ist, die näherungsweise Lösung

$$\langle l'\mathbf{k}'|\rangle = \frac{1}{\varepsilon_l(\mathbf{k}') - \varepsilon_{l'}(\mathbf{k}')} \sum_{\mathbf{k}''} \langle l'\mathbf{k}|U_1|\mathbf{k}''l\rangle\langle l\mathbf{k}''|\rangle, \tag{93}$$

für $l' \neq l$. Setzen wir dies nun in (92) für $\langle l'\mathbf{k}'|\rangle$ ein und berechnen $\langle l\mathbf{k}|\rangle$ bis zur zweiten Ordnung in $\mathbf{A}$:

$$\begin{aligned}[\epsilon_l(\mathbf{k}) - E]\langle l\mathbf{k}|\rangle + \sum_{\substack{l'\neq l\\ \mathbf{k}',\mathbf{k}''}} \frac{\langle l\mathbf{k}|U_1|\mathbf{k}'l'\rangle\langle l'\mathbf{k}'|U_1|\mathbf{k}''l\rangle}{\varepsilon_l(\mathbf{k}') - \varepsilon_{l'}(\mathbf{k}')}\langle l\mathbf{k}''|\rangle \\ + \sum_{\mathbf{k}''}\langle l\mathbf{k}|U|l\mathbf{k}''\rangle\langle l\mathbf{k}''|\rangle = 0.\end{aligned} \tag{94}$$

Wir können die Gleichung zusammenfassend schreiben als

$$[\epsilon_l(\mathbf{k}) - E]\langle l\mathbf{k}|\rangle + \sum_{\mathbf{k}'} \langle l\mathbf{k}|\mathcal{P}|\mathbf{k}'l\rangle\langle \mathbf{k}'l|\rangle = 0, \tag{95}$$

mit einer geeigneten Definition von $\langle l\mathbf{k}|\mathcal{P}|\mathbf{k}'l\rangle$.

Nun ist

$$\langle l\mathbf{k}|U_1|\mathbf{k}'l\rangle \cong -i\frac{e}{mc}\mathbf{A}_\mathbf{q} \cdot (\langle l\mathbf{k}|e^{-i\mathbf{q}\cdot\mathbf{x}}\mathbf{p}|\mathbf{k}'l\rangle\delta_{\mathbf{k}';\mathbf{k}+\mathbf{q}} - \langle l\mathbf{k}|e^{i\mathbf{q}\cdot\mathbf{x}}\mathbf{p}|\mathbf{k}'l\rangle\delta_{\mathbf{k}';\mathbf{k}-\mathbf{q}}. \tag{96}$$

Im Grenzfall $\mathbf{q} \to 0$ erhalten wir

$$\langle l\mathbf{k}|e^{\mp i\mathbf{q}\cdot\mathbf{x}}\mathbf{p}|\mathbf{k} \pm \mathbf{q};l\rangle \to \langle l\mathbf{k}|\mathbf{p}|\mathbf{k}l\rangle; \tag{97}$$

in Kapitel 9 haben wir aber gesehen, daß

$$\langle l\mathbf{k}|\mathbf{p}_\mu|\mathbf{k}l\rangle \cong k_\alpha\left(\frac{m}{m^*}\right)_{\alpha\mu},$$

bis zu erster Ordnung in $\mathbf{k}$. Für eine sphärische Energiefläche ergibt sich also

$$\langle l\mathbf{k}|U_1|\mathbf{k}'l\rangle \cong -\frac{ie}{m^*c}\mathbf{k}\cdot\mathbf{A}_\mathbf{q}(\delta_{\mathbf{k}';\mathbf{k}+\mathbf{q}} - \delta_{\mathbf{k}';\mathbf{k}-\mathbf{q}}). \tag{98}$$

Wir benötigen auch

$$\langle l\mathbf{k}|U_2|\mathbf{k}'l\rangle = -\frac{e^2}{2mc^2}|\mathbf{A}_\mathbf{q}|^2\langle l\mathbf{k}|e^{2i\mathbf{q}\cdot\mathbf{x}} + e^{-2i\mathbf{q}\cdot\mathbf{x}} - 2|\mathbf{k}'l\rangle; \tag{99}$$

Im Grenzfall $\mathbf{q}\to 0$ ist

$$\langle l\mathbf{k}|U_2|\mathbf{k}'l\rangle \cong -\frac{e^2}{2mc^2}\mathbf{A}_\mathbf{q}(\delta_{\mathbf{k}';\mathbf{k}+2\mathbf{q}} + \delta_{\mathbf{k}';\mathbf{k}-2\mathbf{q}} - 2\delta_{\mathbf{k}';\mathbf{k}}). \tag{100}$$

Ähnlich ergibt sich

$$\begin{aligned}
&\sum{}' \frac{\langle l\mathbf{k}|U_1|\mathbf{k}'l'\rangle\langle l'\mathbf{k}'|U_1|\mathbf{k}''l\rangle}{\varepsilon_l(\mathbf{k}') - \varepsilon_{l'}(\mathbf{k}')} \\
&= -\frac{e^2}{m^2c^2}\sum{}' \frac{|\mathbf{A}_\mathbf{q}\cdot\langle l\mathbf{k}|\mathbf{p}|\mathbf{k}l'\rangle|^2}{\varepsilon_l(\mathbf{k}) - \varepsilon_{l'}(\mathbf{k})}(\delta_{\mathbf{k}';\mathbf{k}+2\mathbf{q}} + \delta_{\mathbf{k}';\mathbf{k}-2\mathbf{q}} - 2\delta_{\mathbf{k}'\mathbf{k}}) \\
&= -\frac{e^2}{2mc^2}\left(\frac{m}{m^*} - 1\right)|\mathbf{A}_\mathbf{q}|^2(\delta_{\mathbf{k}';\mathbf{k}+2\mathbf{q}} + \delta_{\mathbf{k}';\mathbf{k}-2\mathbf{q}} - 2\delta_{\mathbf{k}'\mathbf{k}}),
\end{aligned} \tag{101}$$

wobei die f-Summenregel verwendet wurde. Also ist

$$\begin{aligned}
\langle l\mathbf{k}|\mathcal{P}|\mathbf{k}'l\rangle = &-\frac{ie}{m^*c}\mathbf{A}_\mathbf{q}\cdot\mathbf{k}(\delta_{\mathbf{k}';\mathbf{k}+\mathbf{q}} - \delta_{\mathbf{k}';\mathbf{k}-\mathbf{q}}) \\
&+ \frac{e^2}{2m^*c^2}|\mathbf{A}_\mathbf{q}|^2(2\delta_{\mathbf{k}'\mathbf{k}} - \delta_{\mathbf{k}';\mathbf{k}-2\mathbf{q}} - \delta_{\mathbf{k}';\mathbf{k}+2\mathbf{q}}),
\end{aligned} \tag{102}$$

und (95) ist identisch mit der Effektive-Masse-Gleichung in der Darstellung ebener Wellen

$$F_l(\mathbf{x}) = \sum_\mathbf{k} e^{i\mathbf{k}\cdot\mathbf{x}}\langle l\mathbf{k}|\rangle, \tag{103}$$

so daß $F_l(\mathbf{x})$ die Wannier-Gleichung befriedigt

$$\frac{1}{2m^*}\left(\mathbf{p} - \frac{e}{c}\mathbf{A}\right)^2 F_l(\mathbf{x}) = EF_l(\mathbf{x}). \tag{104}$$

Die obige Ableitung geht auf Argyres (unveröffentlicht) zurück. Die Ableitung von Luttinger und Kohn [*Phys. Rev.* **97,** 869 (1955)] vermeidet die Grenzwertbildung $\mathbf{q}\to 0$, muß dafür aber singuläre Matrixelemente behandeln.

Aufgaben

1.) Man betrachte den Hamilton-Operator

$$H = p^2 + x^2$$

eines harmonischen Oszillators. Man ermittle die Eigenwerte und verwende dazu eine Entwicklung nach ebenen Wellen

$$\Psi = \int dx\, e^{ikx} \langle k|\rangle,$$

mit

$$\langle k'|x^2|k\rangle = -\frac{\partial^2}{\partial k^2}\delta(k - k'),$$

man zeige, daß man die richtigen Energieeigenwerte erhält. Dies ist eine Übung in der Behandlung von Matrixelementen der Ortskoordinaten.

2.) Man zeige, daß Zustände, die sich wie $J = \frac{3}{2}$ transformieren, durch ein axiales Kristallfeld in zwei zweifache Niveaus aufgespalten werden. Berechne die Aufspaltung für das Kristallpotential

$$V = a(x^2 + y^2 - z^2),$$

und die Spin-Bahnaufspaltung λ zwischen $J = \frac{3}{2}$- und $J = \frac{1}{2}$-Niveaus ohne das Kristallfeld.

3.) (*a*) Man zeige für einen kubischen Kristall bei $\mathbf{k} = 0$, daß

$$D^S_{xy} = 0; \qquad D^A_{xy} \neq 0,$$

wobei man die Definitionen (21) und (22) verwende, mit Koordinatenachsen in Richtung der Würfelkanten.

Hinweis: Man untersuche, welchen Effekt die Drehung um $\pi/2$ um die z-Achse auf D^S_{xy} hat.

(b) Man zeige, daß ohne Spin-Bahn-Kopplung $D^A_{xy} = 0$.

4.) In *CdS* kann die Kante des Leitungsbandes bis zur Ordnung k^2 in der Form geschrieben werden

$$\varepsilon_{\mathbf{k}} = [A(k_x^2 + k_y^2) + Bk_z^2]\begin{pmatrix}1 & 0\\ 0 & 1\end{pmatrix} + C(k_x\sigma_y - k_y\sigma_x),$$

wobei die z-Achse parallel zur Symmetrieachse des Kristalls liegt. σ_x, σ_y sind Pauli-Matrizen. Man zeichne einen Schnitt durch eine Fläche konstanter Energie in der Ebene $k_y = 0$ für das Band mit Spin parallel zur positiven y-Achse. Man betrachte nur diese Spin-Orientierung: Führt dieses Band einen Netto-Strom, wenn es bei 0°K bis zu einem Niveau ε_F gefüllt ist?

5.) Man verifiziere die Behauptung, die im Zusammenhang mit 3–5-Kristallen gemacht wurde, daß die Komponente des antisymmetrischen Kristallpotentials dahingehend wirkt, die Aufspaltung zwischen Γ'_{25}- und Γ_{15}-Zuständen zu vergrößern.

15. Halbleiter - Kristalle: II. Optische Absorption und Exzitonen

Direkte optische Übergänge

In dem Prozeß der direkten Absorption eines Photons wird ein Photon mit der Energie ω und mit Wellenvektor $\mathbf{K}$ durch den Kristall absorbiert, wobei ein Elektron bei $\mathbf{k}_{el}$ in einem Leitungsband und ein Loch $\mathbf{k}_{Loch}$ im Valenzband erzeugt wird. Die Wellenvektoren optischer Photonen liegen in der Größenordnung von $10^4\ \mathrm{cm}^{-1}$ und können fast immer im Vergleich zu der Größenordnung der Wellenvektoren in der Brillouin-Zone, $10^8\ \mathrm{cm}^{-1}$, vernachlässigt werden. Die Erhaltung des Wellenvektors in dem Absorptionsprozeß fordert

$$\mathbf{k}_{el} + \mathbf{k}_{Loch} \cong \mathbf{G}, \tag{1}$$

wobei $\mathbf{G}$ ein Vektor im reziproken Gitter ist. Im Schema reduzierter Zonen ist $\mathbf{G} = 0$, so daß $\mathbf{k}_{el} \cong -\mathbf{k}_{Loch}$. Das läßt sich leicht deuten: der Gesamtwellenvektor des gefüllten Valenzbandes ist null. Nach der Entfernung eines Elektrons aus dem Valenzband ist der Gesamtwellenvektor der restlichen $N-1$ im Valenzband verbliebenen Elektronen gleich, aber entgegengesetzt dem Wellenvektor des Elektrons, das weggenommen wurde. Üblicherweise nennt man einen Übergang, in dem

$$\mathbf{k}_{el} + \mathbf{k}_{Loch} \cong 0 \tag{2}$$

ist, einen *vertikalen* oder *direkten* Übergang, weil das Elektron in einem Energieband-Diagramm vertikal angehoben wird, wie in Bild 1 (*a*) und (*b*). In einigen Fällen, vor allem bei Exzitonen, ist die Tatsache, daß der Wellenvektor des Photons nicht genau null ist, von beträchtlicher Bedeutung.

Das Matrixelement für erlaubte elektrische Dipolübergänge ist

$$\left\langle \delta\mathbf{k}' \left| \frac{1}{m} \mathbf{A} \cdot \mathbf{p} \right| \mathbf{k}\gamma \right\rangle; \tag{3}$$

wenn die Fourierkomponenten des Strahlungsfeldes $\mathbf{A}$ bei kleinen Wellenvektoren liegen, können wir gewöhnlich $\mathbf{k}'$ durch $\mathbf{k}$ ersetzen. Die

Stärke des Übergangs wird also durch $|\langle\delta\mathbf{k}|\mathbf{p}|\mathbf{k}\gamma\rangle|^2$ bestimmt. Diese Größe bestimmt auch die gegenseitige Wechselwirkung der zwei Bänder γ, δ in den reziproken Effektive-Masse-Tensoren. Wir sehen, daß Bänder, die einander stark beeinflussen, immer durch erlaubte optische Übergänge direkter Absorption oder Emission eines Photons miteinander verknüpft sind.

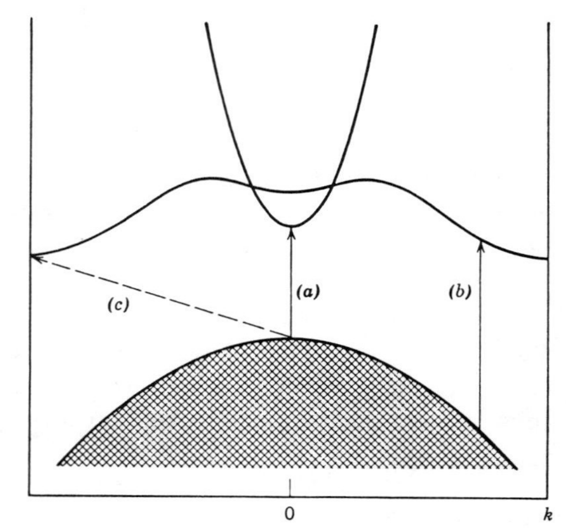

Bild 1: Direkte Absorptionsprozesse sind (*a*) und (*b*). Der Absorptionsprozeß (*c*) ist indirekt und findet unter Emission oder Absorption eines Phonons statt.

Indirekte optische Übergänge

In manchen Fällen, wie in Si und Ge, tritt die kleinste Energiedifferenz zwischen Valenz- und Leitungsband nicht für $\Delta\mathbf{k} = 0$ auf, sondern die Bandextrema liegen bei verschiedenen $\mathbf{k}$-Werten, und sie können nicht durch einen erlaubten optischen Übergang verbunden werden. Wenn das so ist, wird die Schwelle starker optischer Absorption bei einer Energie liegen, die größer als die Energielücke ist. Bei Energien nur wenig über der Energielücke findet eine schwache Absorption statt unter Emission oder Absorption eines *Phonons* mit Wellenvektor $\mathbf{q}$:

(4) $$\mathbf{k}_{\mathrm{El}} + \mathbf{k}_{\mathrm{Loch}} \pm \mathbf{q} \cong 0.$$

Wenn Leitungs- und Valenzbandkante nicht am gleichen Punkt des $\mathbf{k}$-Raumes liegen, dann herrscht bei der optischen Absorption in einem bestimmten Energieintervall der indirekte oder nichtvertikale Prozeß vor. Der Energiesatz an der indirekten Schwelle lautet (Index c von engl. conduction band)

(5) $$\omega = \varepsilon(\mathbf{k}_c) - \varepsilon(\mathbf{k}_v) \pm \omega_{\mathbf{q}};$$

am absoluten Nullpunkt steht in dem Prozeß kein Phonon zur Verfügung und in diesem Fall muß auf der rechten Seite das positive Vorzeichen genommen werden. Bei höheren Temperaturen sind thermische Phononen für die Absorption vorhanden. Photonenabsorption kann bei einer um $2\omega_{\text{Phonon}}$ niedrigeren Energie stattfinden, wobei das Phonon einen Wellenvektor von etwa der Größe $|\mathbf{k}_c - \mathbf{k}_v|$ an den Bandkanten hat.

Die Intensität des indirekten Überganges[1]) wird bestimmt durch Matrixelemente zweiter Ordnung der Elektron-Phonon- und Elektron-Photon-Wechselwirkungen. Matrixelemente zweiter Ordnung für Prozesse, in denen ein Phonon absorbiert wird, enthalten

$$\langle \delta\mathbf{k}|\mathbf{p}\cdot\mathbf{A}|\mathbf{k}\gamma\rangle\langle\gamma;\mathbf{k};n_{\mathbf{q}} - 1|c_{\mathbf{k}}^{+}c_{\mathbf{k-q}}a_{\mathbf{q}}|n_{\mathbf{q}};\mathbf{k} - \mathbf{q};\gamma\rangle,$$

und

$$\langle\delta;\mathbf{k};n_{\mathbf{q}} - 1|c_{\mathbf{k}}^{+}c_{\mathbf{k-q}}a_{\mathbf{q}}|n_{\mathbf{q}};\mathbf{k} - \mathbf{q};\delta\rangle\langle\delta;\mathbf{k} - \mathbf{q}|\mathbf{p}\cdot\mathbf{A}|\mathbf{k} - \mathbf{q};\gamma\rangle.$$

Hier sind die c's Elektronen- und die a's Phononen-Operatoren. Die Form der Elektron-Phonon-Wechselwirkung wurde in Kapitel 7 diskutiert. In dem beschriebenen Prozeß ist das Elektron ursprünglich bei $\mathbf{k} - \mathbf{q}$ im Valenzband und die Phononen-Besetzungszahl ist $n_{\mathbf{q}}$ für den Wellenvektor $\mathbf{q}$. Im Endzustand ist das Elektron bei $\mathbf{k}$ im Leitungsband δ und die Phononenbesetzungszahl ist $n_{\mathbf{q}} - 1$. Das entsprechende Matrixelement für die Emission eines Phonons läßt sich anschreiben, wenn man die Terme $c_{\mathbf{k-q}}^{+}c_{\mathbf{k}}a_{\mathbf{q}}^{+}$ der Elektron-Phonon-Wechselwirkung benützt.

In Wirklichkeit wird es eine Anzahl von Schwellenenergien geben, weil im Prinzip jeder Zweig des Phononenspektrums teilnimmt, und zwar beim gleichen Wellenvektor, aber bei verschiedenen Energien. Optische Messungen konnten auf diese Weise direkt den Unterschied der Wellenvektoren der Leitungs- und Valenzbandkanten bestimmen, vorausgesetzt, man kennt das Phononenspektrum, z.B. aus Experimenten mit inelastischer Neutronen-Streuung.

Oszillierende Magnetoabsorption, Landau-Übergänge

Bei Anwesenheit eines starken statischen Magnetfeldes beobachtet man, daß die optische Absorption in der Nähe der Schwelle direkter Absorption, bei Halbleitern Oszillationen aufweist. D.h., bei fest-

---

[1]) Siehe Bardeen, Blatt und Hall, *Proc. of Conf. on Photoconductivity, Atlantic City,* 1954 (Wiley, 1956), S. 146.

gehaltenem **H** ist der Absorptionskoeffizient periodisch in der Photonenenergie. In einem Magnetfeld finden Interband-Übergänge (Bild 2) statt zwischen den Landau-Niveaus im Valenzband und den entsprechenden Niveaus im Leitungsband. Solche Übergänge nennt man *Landau-Übergänge.* In einem Magnetfeld parallel zur z-Achse sind die Energien in den zwei Bändern, wenn diese nicht entartet sind,

$$\varepsilon_c(n,k_z) = E_g + (n + \tfrac{1}{2})\omega_c + \frac{1}{2m_c} k_z^2 \pm \mu_c H, \tag{6}$$

$$\varepsilon_v(n,k_z) = -(n + \tfrac{1}{2})\omega_v - \frac{1}{2m_v} k_z^2 \pm \mu_v H,$$

wobei ω_c, ω_v die Zyklotronfrequenzen und μ_c, μ_v die anomalen magnetischen Momente sind. Die räumlichen Anteile der Wellenfunktionen in jedem Band sind von der Form $\psi(x) = u_0(\mathbf{x})F(\mathbf{x})$ wobei $u_0(\mathbf{x})$ die Blochfunktion in dem jeweiligen Band für $\mathbf{k} = 0$ ist und nach Gl. (11.13) gilt

$$F_n(\mathbf{x}) = e^{i(k_y y + k_z z)} \varphi_n(x - ck_y/eH) \tag{7}$$

in der Landau-Eichung. Hier ist F_n die Lösung der geeigneten Wannier-Gleichung und φ_n ist die Wellenfunktion des n-ten angeregten Zustandes des harmonischen Oszillators.

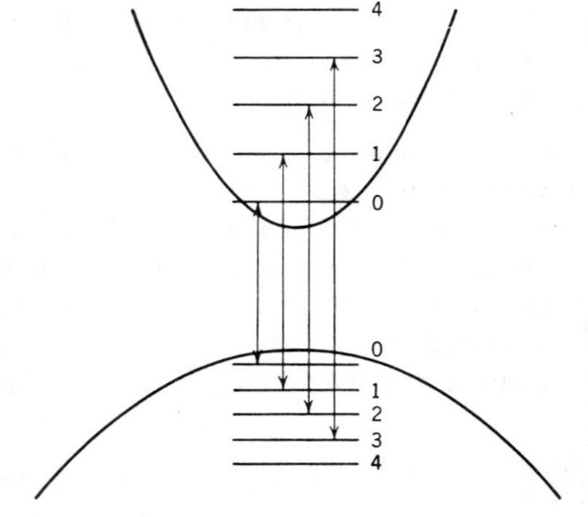

Bild 2: Schematisches Diagramm, das die magnetischen Niveaus für $k_z = 0$ für zwei einfache Bänder zeigt. Die Niveaus sind mit n ($k_z = 0$) indiziert. Die möglichen Übergänge sind für den Fall eingetragen, in dem direkte Übergänge auf Grund der Parität erlaubt sind.

Das Matrixelement für die optische Absorption ist proportional zu

$$\langle n_c k_y^c k_z^c | \mathbf{p} | n_v k_y^v k_z^v \rangle \cong \int_{\text{Elementarzelle}} d^3x\, u_{oc}^*(\mathbf{x}) \mathbf{p} u_{ov}(\mathbf{x}) \int_{\text{Kristall}} d^3x\, F_{nc}^*(\mathbf{x}) F_{nv}(\mathbf{x}), \tag{8}$$

wobei wir das Integral aufgebrochen haben, indem wir die F's als über den Bereich einer Elementarzelle konstant behandelt haben. Das

Integral, das die F's enthält, verschwindet, es sei denn $k_y^c = k_y^v$; $k_z^c = k_z^v$ und $n_c = n_v$. Das ist analog den Auswahlregeln, die ohne äußeres Magnetfeld für die Erhaltung von **k** sorgen. Die Gleichheit der n's folgt aus der Orthogonalitätseigenschaft der Wellenfunktion des harmonischen Oszillators, wobei diese nicht von der effektiven Masse abhängen. Für die erlaubten Übergänge gilt $\Delta n = 0$, wie in Bild 2 angedeutet ist. Nach der Integration der Übergangswahrscheinlichkeit über die Zustandsdichte der Zustände für k_y und k_z findet man, daß der Absorptionskoeffizient proportional ist zu

$$\sum_n \frac{1}{(\omega - \omega_n)^{1/2}},$$

wobei

$$\omega_n = E_g + (n + \tfrac{1}{2})(\omega_c + \omega_v) \pm (\mu_c - \mu_v)H. \tag{9}$$

Die Theorie der oszillierenden Magnetoabsorption für entartete Bänder und auch für indirekte Übergänge findet sich bei Roth, Lax und Zwerdling, *Phys. Rev.* **114**, 90 (1959). Experimente mit Magnetoabsorption sind besonders wertvoll bei der Bestimmung der Parameter der Energiefläche eines direkten Leitungsbandes, welches nicht die Bandkante ist und deshalb nicht so stark besetzt werden kann, daß man Zyklotronresonanz-Experimente machen könnte. Außerdem erfassen diese Experimente die anomalen magnetischen Momente oder g-Faktoren.

Exzitonen

Ein Exziton ist definiert als ein nichtleitender angeregter elektronischer Zustand in einem idealen Isolator, üblicherweise einem nichtmagnetischen Isolator. Normalerweise unterscheidet man zwei Typen von Exzitonen: ein stark gebundenes oder Frenkel-Exziton und ein schwach gebundenes oder Mott-Exziton. Man kann beide Exzitonen-Typen als gebundene Zustände eines Elektrons und eines Lochs auffassen. Es gibt keine scharfe Trennung zwischen den zwei Typen. In einem Frenkel-Exziton ist die Wahrscheinlichkeit groß, ein Elektron und ein Loch am selben Atom im Kristall zu finden. In einem Mott-Exziton erstreckt sich die Wellenfunktion in den Relativ-Koordinaten über viele Atome. Frenkel-Exzitonen treten in Kristallen der Alkalihalogenide und in vielen Kristallen aromatischer Moleküle auf. Mott-Exzitonen findet man in Halbleiter-Kristallen, die kleine Energielücken und hohe Dielektrizitätskonstanten besitzen.

Den Formalismus, den wir für das Problem des Störstellenzustandes entwickelt haben, können wir direkt auf die Diskussion schwach gebundener Exzitonen, deren Radien groß im Vergleich zur Gitterkonstante sind, übertragen. Aus diesem Grund und weil das experimentelle Bild reicher ist, beschränken wir uns auf die Diskussion schwach gebundener Exzitonen.

Wenn Leitungs- und Valenzbandkanten sowohl sphärisch, als auch nichtentartet sind, und an der Stelle $\mathbf{k} = 0$ liegen, erhält man das Exzitonenspektrum und die Wellenfunktionen leicht durch die Übertragung des Ergebnisses, das wir oben für die Elektronen, die in Störstellenzuständen gebunden sind, erhalten haben. Wir führen Relativ- und Schwerpunktskoordinaten ein

(10) $$\mathbf{x} = \mathbf{x}_e - \mathbf{x}_h; \qquad \mathbf{X} = \frac{m_e\mathbf{x}_e + m_h\mathbf{x}_h}{m_e + m_h},$$

wobei sowohl m_e und m_h (Index h von engl. hole) im allgemeinen positiv sind. Der effektive Hamilton-Operator in einem kubischen Kristall ist

(11) $$H = \frac{p_e^2}{2m_e} + \frac{p_h^2}{2m_h} - \frac{e^2}{\epsilon|\mathbf{x}|} = \frac{P^2}{2(m_e + m_h)} + \frac{p^2}{2\mu} - \frac{e^2}{\epsilon|\mathbf{x}|}.$$

Der $\mathbf{X}$-abhängige Teil der Wellenfunktion muß einen Faktor $e^{i\mathbf{K}\cdot\mathbf{X}}$ enthalten. Der von den Relativkoordinaten abhängige Teil enthält einen Faktor $F_n(\mathbf{x})$, wobei

(12) $$\left(\frac{1}{2\mu}p^2 - \frac{e^2}{\epsilon|\mathbf{x}|}\right)F_n(\mathbf{x}) = E_nF_n(\mathbf{x})$$

eine wasserstoffartige Wellengleichung ist mit der reduzierten Masse

(13) $$\frac{1}{\mu} = \frac{1}{m_e} + \frac{1}{m_h},$$

und der Dielektrizitätskonstanten ϵ. In direkter Analogie zu der Behandlung der Störstellenzustände in Kapitel 14 ist die gesamte Exziton-Wellenfunktion

(14) $$\psi_{Kn}(\mathbf{X},\mathbf{x}) = e^{i\mathbf{K}\cdot\mathbf{X}}F_n(\mathbf{x})\varphi_c(\mathbf{x}_e)\varphi_v(\mathbf{x}_h),$$

wobei $\varphi_c(\mathbf{x}_e)$ die Blochfunktion bei $\mathbf{k} = 0$ im Leitungsband ist und $\varphi_v(\mathbf{x}_h)$ die Valenzband-Funktion bei $\mathbf{k} = 0$ ist. Die Anregung breitet sich in dem Kristall als eine Welle mit dem Impuls $\mathbf{K}$ aus.

Die Energie des Zustandes (5) ist

(15) $$\boxed{E_{\mathbf{K}n} = E_n + \frac{1}{2(m_e + m_h)}K^2,}$$

bezogen auf die Leitungsbandkante. Für gebundene Zustände ist E_n negativ und die Exzitonen-Gesamtenergie ist bei kleinen **K** negativ bezüglich eines getrennten Elektron-Loch-Paares. Für den wasserstoffartigen Hamilton-Operator aus (12) ist die Energie, wenn man $\hbar$ wieder einsetzt

$$(16) \qquad E_n = -\frac{\mu e^4}{2\epsilon^2\hbar^2}\frac{1}{n^2};$$

für $\epsilon = 5$ und $\mu = 0.5m$ ist die Ionisierungsenergie ($n = 1$) des Exzitons ungefähr 1/4 eV. Wir bemerken, daß die Energie, die mindestens erforderlich ist, ein Exziton zu erzeugen, beträgt

$$(17) \qquad E = E_g - \frac{\mu e^4}{2\epsilon^2\hbar^2},$$

wenn man vom Grundzustand ausgeht. E_g ist die Energielücke.

Exzitonen, die durch Photonen-Absorption aus dem Grundzustand erzeugt werden, werden in der Nähe von $\mathbf{K} = 0$ erzeugt. Deshalb ist das direkte Exzitonen-Absorptionsspektrum eine Serie scharfer Linien unterhalb der optischen Absorptionskante des Kristalls. Es ist etwas ungewöhnlich, einen Kristall zu finden, in dem es zwei sphärische Bandkanten bei $\mathbf{k} = 0$ gibt, aber dies ist offensichtlich der Fall in Cu_2O, für welches das Exzitonen-Spektrum nahezu wasserstoffartig ist.

Für allgemeine Energieflächen läßt sich das Exzitonen-Problem am besten formulieren, wenn man die Koordinaten-Transformation benützt:

$$(18) \qquad \boldsymbol{\rho} = \tfrac{1}{2}(\mathbf{x}_e + \mathbf{x}_h); \qquad \mathbf{x} = \mathbf{x}_e - \mathbf{x}_h,$$

statt der Transformation (10). Es ist lehrreich, sich das Problem, das wir gerade gelöst haben, noch einmal anzuschauen. Der Hamilton-Operator (11) läßt sich transformieren mit Hilfe von

$$(19) \qquad \frac{\partial^2}{\partial \mathbf{x}_e{}^2} = \frac{1}{4}\frac{\partial^2}{\partial \boldsymbol{\rho}^2} + \frac{\partial^2}{\partial\boldsymbol{\rho}\partial\mathbf{x}} + \frac{\partial^2}{\partial\mathbf{x}^2}; \qquad \frac{\partial^2}{\partial \mathbf{x}_h{}^2} = \frac{1}{4}\frac{\partial^2}{\partial \boldsymbol{\rho}^2} - \frac{\partial^2}{\partial\boldsymbol{\rho}\,\partial\mathbf{x}} + \frac{\partial^2}{\partial\mathbf{x}^2}.$$

Wenn $\mathbf{\Pi}, \mathbf{p}$ die zu $\boldsymbol{\rho}, \mathbf{x}$ konjugierten Impulse sind, dann ergibt sich für den Spezialfall von Kugelflächen

$$(20) \qquad H = \frac{1}{8\mu}\Pi^2 + \frac{1}{2\mu}p^2 + \frac{1}{2}\left(\frac{1}{m_e} - \frac{1}{m_h}\right)\mathbf{\Pi}\cdot\mathbf{p} - \frac{e^2}{\epsilon|\mathbf{x}|}.$$

Wenn wir nach einer Wellenfunktion der Form suchen

$$(21) \qquad \psi_n(\boldsymbol{\rho},\mathbf{x}) = e^{i\mathbf{K}\cdot\boldsymbol{\rho}}F_n(\mathbf{x}),$$

ergibt sich für $F_n(\mathbf{x})$

$$\left[\frac{1}{2\mu}p^2 + \frac{1}{2}\left(\frac{1}{m_e} - \frac{1}{m_h}\right)\mathbf{p}\cdot\mathbf{K} - \frac{e^2}{\epsilon|\mathbf{x}|}\right]F_n(\mathbf{x}) = \left(E_{Kn} - \frac{K^2}{8\mu}\right)F_n(\mathbf{x}). \tag{22}$$

Der Hamilton-Operator bei $\mathbf{K} = 0$ hat die Eigenwerte

$$E_n = -\frac{\mu e^4}{2\epsilon^2}\frac{1}{n^2}. \tag{23}$$

Den Eigenwert von (12) bis zur zweiten Ordnung in $\mathbf{K}$ findet man durch $\mathbf{K}\cdot\mathbf{p}$-Störungstheorie:

$$E_{\mathbf{K}n} \cong E_n + \frac{1}{8\mu}K^2 + \frac{1}{4}\left(\frac{1}{m_e} - \frac{1}{m_h}\right)^2 \sum_l{}' \frac{\langle n|\mathbf{K}\cdot\mathbf{p}|l\rangle\langle l|\mathbf{K}\cdot\mathbf{p}|n\rangle}{E_n - E_l}. \tag{24}$$

Aufgrund der atomaren f-Summenregel für die wasserstoffartigen Zustände l, n ist aber

$$\frac{2}{\mu}\sum_l{}' \frac{\langle n|p_\mu|l\rangle\langle l|p_\nu|n\rangle}{E_n - E_l} = -\delta_{\mu\nu}, \tag{25}$$

womit sich für (14) ergibt

$$E_{Kn} = E_n + \frac{1}{2(m_e + m_h)}K^2, \tag{26}$$

in Übereinstimmung mit (15).

Die Erweiterung der angeführten Behandlung im Koordinatensystem (18) auf ellipsoidische Bandkanten ergibt sich direkt aus der Benützung der Komponenten des Effektive-Masse-Tensors in (19) und (20). Die Erweiterung auf entartete Bandkanten ist in der Praxis kompliziert, ergibt sich aber durch Benützung von Matrix-Operatoren für eine mehrkomponentige Zustandsfunktion an jeder Bandkante. Siehe G. Dresselhaus, *Phys. Chem. Sol.* **1**, 14 (1956). Praktisch verwendet man oft verschiedene näherungsweise gültige Tricks, um die Behandlung der mehrkomponentigen Gleichungen zu vermeiden.

Wir diskutieren nun die Intensität der optischen Absorption für einen Prozeß, in dem ein erlaubter (elektrischer Dipol-) Übergang ein Exziton aus einem gefüllten Valenzband erzeugt. Wir nehmen an, daß die Bänder in der Gegend von $\mathbf{k} = 0$ sphärisch und nicht entartet sind. Nach (14) sind die Exziton-Wellenfunktionen bei $\mathbf{K} = 0$

$$\psi_{0n}(\mathbf{x}) = F_n(\mathbf{x}_e - \mathbf{x}_h)\varphi_c(\mathbf{x}_e)\varphi_v(\mathbf{x}_h), \tag{27}$$

und in diesem Schema ist die Wellenfunktion des Anfangszustandes einfach eins.

Das ist nicht der klarste Weg, ein Vielelektronen-Problem zu behandeln. Es ist besser, den Formalismus der zweiten Quantisierung zu benutzen, wie in Kapitel 5. Wir bezeichnen das gefüllte Valenzband mit Φ_0. Dann definieren wir

$$\Phi_{\mathbf{k}} \equiv \alpha_{\mathbf{k}}^{+}\beta_{-\mathbf{k}}^{+}\Phi_0;$$

das ist ein Zustand, in dem ein Elektron ins Leitungsband bei $\mathbf{k}$ angehoben wurde und ein Loch im Valenzband bei $-\mathbf{k}$. hinterließ. Der n-te Exzitonenzustand kann für $\mathbf{K} = 0$ geschrieben werden

$$\Phi_n = \sum_{\mathbf{k}} \Phi_{\mathbf{k}}\langle\mathbf{k}|n\rangle = \sum_{\mathbf{k}} \alpha_{\mathbf{k}}^{+}\beta_{-\mathbf{k}}^{+}\Phi_0\langle\mathbf{k}|n\rangle. \tag{28}$$

Die elektrische Dipolabsorption wird durch das Matrixelement $\langle c\mathbf{k}|\mathbf{p}|\mathbf{k}v\rangle$ des Impulses $\mathbf{p}$ zwischen dem Zustand $\mathbf{k}$ im Valenzband und dem Zustand $\mathbf{k}$ im Leitungsband bestimmt. In zweiter Quantisierung lautet der Impulsoperator

$$\mathbf{p} = \sum_{\substack{\mathbf{k} \\ ll'}} c_{\mathbf{k}l'}^{+}c_{\mathbf{k}l} \int d^3x\, \varphi_{\mathbf{k}l'}^{*}(\mathbf{x})\mathbf{p}\varphi_{\mathbf{k}l}(\mathbf{x}), \tag{29}$$

oder, wenn wir für l das Valenzband v und für l' das Leitungsband c einsetzen,

$$\mathbf{p} \cong \sum_{\mathbf{k}} \alpha_{\mathbf{k}}^{+}\beta_{-\mathbf{k}}^{+}\langle c\mathbf{k}|\mathbf{p}|\mathbf{k}v\rangle. \tag{30}$$

Dann ist das Matrixelement von $\mathbf{p}$ zwischen dem Vakuum und dem n-ten Exzitonzustand

$$\begin{aligned}\langle\Phi_n|\mathbf{p}|\Phi_0\rangle &= \sum_{\mathbf{k}'\mathbf{k}} \langle n|\mathbf{k}'\rangle\langle\Phi_0|\beta_{-\mathbf{k}'}\alpha_{\mathbf{k}'}\alpha_{\mathbf{k}}^{+}\beta_{-\mathbf{k}}^{+}|\Phi_0\rangle\langle c\mathbf{k}|\mathbf{p}|\mathbf{k}v\rangle \\ &= \sum_{\mathbf{k}} \langle n|\mathbf{k}\rangle\langle c\mathbf{k}|\mathbf{p}|\mathbf{k}v\rangle.\end{aligned} \tag{31}$$

Die Übergangswahrscheinlichkeit ist proportional zu

$$|\langle\Phi_n|\mathbf{p}|\Phi_0\rangle|^2 \cong |\langle c|\mathbf{p}|v\rangle|^2 \Big(\sum_{\mathbf{k}} \langle n|\mathbf{k}\rangle\Big)\Big(\sum_{\mathbf{k}'} \langle\mathbf{k}'|n\rangle\Big), \tag{32}$$

wenn $\langle c\mathbf{k}|\mathbf{p}|\mathbf{k}v\rangle \cong \langle c|\mathbf{p}|v\rangle$ in dem $\mathbf{k}$-Bereich, der wichtig ist. Die $\langle\mathbf{k}|n\rangle$ sind so beschaffen, daß in (32)

$$F_n(\mathbf{x}) = \sum_{\mathbf{k}} e^{i\mathbf{k}\cdot\mathbf{x}}\langle\mathbf{k}|n\rangle; \tag{33}$$

daraus folgt

$$F_n(0) = \sum_{\mathbf{k}} \langle\mathbf{k}|n\rangle, \tag{34}$$

die Übergangswahrscheinlichkeit enthält also

$$|\langle\Phi_n|\mathbf{p}|\Phi_0\rangle|^2 \cong |\langle c|\mathbf{p}|v\rangle|^2|F_n(0)|^2. \tag{35}$$

Für sphärische Massen ist $F_n(0)$ nur für s-Zustände ungleich null. Für wasserstoffartige s-Zustände ist $|F_n(0)|^2 \propto n^{-3}$, wenn n die Hauptquantenzahl ist.
"Einfach verbotene" elektrische Dipolübergänge treten auf, wenn die Übergangswahrscheinlichkeit proportional zu $|\partial F_n(0)/\partial x|^2$ ist, was nur für p-Zustände ungleich null ist. Wenn also elektrische Dipolübergänge, mit $F_n(0) = 0$, verboten sind, können wir doch Exzitonen beobachten, weil $\langle c\mathbf{k}|\mathbf{p}|\mathbf{k}v\rangle \neq 0$ ist, das $n = 1$-Exziton wird aber fehlen. Es gibt keine p-Zustände für $n = 1$. Das scheint das richtige Bild zu sein für Cu_2O. Die $n = 1$-Linie kann tatsächlich sehr schwach gesehen werden. Elliott [*Phys. Rev.* **124**, 340 (1961); **108**, 1384 (1957)] vermutet, daß der schwache Übergang durch elektrische Quadrupolstrahlung zustande kommt.

Longitudinale und transversale Exzitonen. Wir haben in Kapitel 3 gesehen, daß das dielektrische Polarisationsfeld eines kubischen Kristalls longitudinale und transversale Schwingungsarten besitzt, wobei die Frequenzaufspaltung durch die Polarisierbarkeit bestimmt wird. In einem kovalenten Kristall wird die Polarisierbarkeit durch die angeregten elektronischen Zustände des Kristalls bestimmt, d.h. die Polarisierbarkeit hängt von der Natur der Exzitonenzustände ab. Ein Exziton ist in der Tat das Einheitsquantum des Polarisationsfeldes. Die Polarisationsaufspaltung longitudinaler und transversaler Exzitonen wurde in Kapitel 3 unter der Annahme hergeleitet, daß der Wellenvektor der Anregung klein ist, so daß die Dispersion der ungekoppelten Polarisation vernachlässigt werden kann. Gleichzeitig wurde angenommen, daß die Wellenlänge klein im Vergleich zur Längenausdehnung des Kristalls ist, so daß geometrische Effekte vernachlässigt werden können. Wir machen auch hier die gleiche Näherung. Obwohl der Wellenvektor des einfallenden Photons sehr klein ist im Vergleich zur Ausdehnung der ersten Brillouinzone, wird angenommen, daß der Kristall groß ist im Vergleich zu einer Wellenlänge.
Photonen sind transversal und in kubischen Kristallen koppeln sie nur mit transversalen Exzitonen, d.h., ein Photon mit $\mathbf{k} \parallel \hat{\mathbf{z}}$ in einem Kristall mit einer s-Leitungsbandkante und einer x, y, z-entarteten Valenzbandkante koppelt mit den Exzitonenbändern, die aus den Lochwellenfunktionen in den x- oder y-Bändern und den Elektronenwellenfunktionen in dem s-Band zusammengesetzt sind. Es tritt kein $A_z p_z$-Term in der Wechselwirkung auf. Um dies zu sehen, verwenden wir die Eichung div $\mathbf{A} = 0$ und betrachten die elektromagnetische Welle

$$\mathbf{A} = \hat{\mathbf{y}} e^{-i(\omega t - kz)}. \tag{36}$$

Dann ist die Welle in $\hat{\mathbf{y}}$-Richtung polarisiert:

$$\text{(37)} \qquad \mathbf{H} = \operatorname{rot} \mathbf{A} = -ik\hat{\mathbf{x}}e^{-i(\omega t - kz)}; \qquad \mathbf{E} = -\frac{1}{c}\frac{\partial \mathbf{A}}{\partial t} = i\frac{\omega}{c}\hat{\mathbf{y}}e^{-i(\omega t - kz)},$$

und (36) hat eine $\mathbf{A}\cdot\mathbf{p}$ -Kopplung nur mit sy-Exzitonen. Die Polarisation, die mit diesen Exzitonen verknüpft ist, ist rein transversal für $\mathbf{k} \parallel \hat{\mathbf{z}}$; nur sz -Exzitonen haben eine longitudinale Polarisation für diese Richtung von $\mathbf{k}$.

In einachsigen Kristallen ist die dielektrische Polarisierbarkeit anisotrop und eine rein longitudinale Exzitonen-Schwingung existiert nur in speziellen Symmetrierichtungen von $\mathbf{k}$. Wir müssen Depolarisationseffekte berücksichtigen, die das Exzitonenspektrum beeinflussen. Wir bezeichnen mit $P_\perp$ und $P_\parallel$ die Polarisationskomponenten senkrecht, bzw. parallel zur c-Achse des einachsigen Kristalls. Es seien $\beta_\perp$ und $\beta_\parallel$ die statischen Polarisierbarkeiten und $\omega_\perp$, $\omega_\parallel$ die Resonanzfrequenzen für transversale Wellen. Wir sind besonders an dem speziellen Fall $\beta_\parallel \ll \beta_\perp$ interessiert, d.h., wir betrachten ein Exziton mit einer Frequenz nahe $\omega_\perp$ und vernachlässigen die Beiträge zur Polarisierbarkeit von den Oszillatoren bei $\omega_\parallel$. Nun ist

$$\text{(38)} \qquad \frac{1}{\omega_\perp{}^2}\frac{\partial^2 P_\perp}{\partial t^2} + P_\perp = \beta_\perp E_\perp,$$

wobei $E_\perp$ die $\perp$-Komponente des Depolarisationsfeldes einer Polarisationswelle ist.

Wir erhalten $E_\perp$ aus $\operatorname{div} \mathbf{D} = 0$, genau wie wir in Kapitel 4 das Demagnetisierungsfeld eines Magnons gefunden haben. Es sei $\hat{\mathbf{k}}$ der Einheitsvektor in Richtung $\mathbf{k}$. Die Projektion von $\mathbf{P}_\perp$ auf den Wellenvektor ist $\hat{\mathbf{k}}\cdot\mathbf{P}_\perp$ und das Depolarisationsfeld beträgt

$$\text{(39)} \qquad E = -4\pi\hat{\mathbf{k}}\cdot\mathbf{P}_\perp; \qquad E_\perp = -4\pi(\hat{\mathbf{k}}\cdot\mathbf{P}_\perp)\sin\theta_{\mathbf{k}},$$

wobei $\theta_{\mathbf{k}}$ der Winkel zwischen $\mathbf{k}$ und der c -Achse ist. Dann ist

$$\text{(40)} \qquad \frac{1}{\omega_\perp{}^2}\frac{\partial^2 \mathbf{P}_\perp}{\partial t^2} + \mathbf{P}_\perp = -4\pi\beta_\perp(\hat{\mathbf{k}}\cdot\mathbf{P}_\perp)\sin\theta_{\mathbf{k}}.$$

Es ergeben sich zwei Lösungen:

(41) $\hat{\mathbf{k}}\cdot\mathbf{P}_\perp = 0$; $\omega^2 = \omega_\perp{}^2$; transversale Schwingung;

(42) $\hat{\mathbf{k}}\cdot\mathbf{P}_\perp = \mathbf{P}_\perp \sin\theta_{\mathbf{k}}$; $\omega^2 = \omega_\perp{}^2(1 + 4\pi\beta_\perp \sin^2\theta_{\mathbf{k}})$; gemischte Schwingung.

Wir haben ϵ , den Beitrag anderer Schwingungen zu den dielektrischen Eigenschaften, vernachlässigt. Sonst würde 4π durch $4\pi/\epsilon$ ersetzt. Diese Ergebnisse gehen auf J.J. Hopfield und D.G. Thomas, *Phys. Chem. Solids* **12**, 276 (1960) zurück.

Die gemischte Schwingung ist rein longitudinal für $\theta_{\mathbf{k}} = \pi/2$ und sie ist asymptotisch transversal für $\theta_{\mathbf{k}} = 0$ unter unserer Voraussetzung $\beta_{\parallel} = 0$. Die Kopplung des Photons an die longitudinale oder die gemischte Schwingung verschwindet also für $\theta_{\mathbf{k}} = \pi/2$, wächst aber stark an, wenn $\theta_{\mathbf{k}}$ von dieser Richtung abweicht. Dieser Effekt wurde in ZnO beobachtet. Die Beobachtung einer Energiedifferenz zwischen transversalen und longitudinalen Exzitonen ist ein Beweis dafür, daß das Exziton beweglich ist, in dem Sinne, daß ein Wellenvektor **k** mit dem Exziton verknüpft ist.

Wir diskutieren nun Exzitonen in verschiedenen Kristallen, die eingehend untersucht wurden.

Germanium[2]. Sowohl direkte als auch indirekte Exzitonen wurden in Germanium untersucht. Die direkten Exzitonen werden bei $\mathbf{k} = 0$ durch Absorption eines Photons gebildet. Die direkte Bandlücke befindet sich zwischen der Γ_8 -Valenzbandkante und dem Γ_2' -Band. Die Energie der direkten Lücke beträgt 0.898 eV. Die effektive Masse der sphärischen Γ_2'-Bandkante ist $m^*/m = 0.037$, gemessen in Experimenten mit Landauübergängen. Als ungefähre effektive Loch-Masse kann man die Masse definieren, welche die Bindungsenergie des niedrigsten Akzeptorzustandes richtig wiedergibt, die man aus der Wasserstoff-Formel berechnet. Diese Masse ist $0.20m$. Die effektive Exzitonenmasse μ ist also gegeben durch

$$\frac{m}{\mu} \cong \frac{1}{0.037} + \frac{1}{0.20} = \frac{1}{0.031}. \tag{43}$$

Die errechnete Grundzustands-Energie des Exzitons, bezogen auf die Γ_2'-Kante beträgt

$$E_1 = -\frac{\mu e^4}{2\epsilon^2\hbar^2} = -0.0017 \text{ ev}, \tag{44}$$

wenn man $\epsilon = 16$ benutzt. Der beobachtete Wert ist -0.0025 eV.

Die indirekten Exzitonen werden über die indirekte Lücke hinweg durch Emission eines Phonons der Energie 0.0276 eV angeregt. Die beobachtete Bindungsenergie des indirekten Exzitons beträgt 0.002(5) eV.

---

[2]) Zwerdling, Lax, Roth und Button, *Phys. Rev.* **114**, 80 (1959).

Kadmiumsulfid. Das Exzitonenspektrum dieses Kristalls, einschließlich der Feinstruktur und magnetooptischer Effekte, ist ziemlich vollständig untersucht worden. Siehe z.B. J.J. Hopfield und D.G. Thomas, *Phys. Rev.* **122**, 35 (1961). Der Kristall ist hexagonal und hat Wurzit-Struktur. Die Energiebandstruktur von Kristallen des Wurzit-Typs ist diskutiert in R.C. Casella, *Phys. Rev.* **114**, 1514 (1959); *Phys. Rev. Letters* **5**, 371 (1960). Man nimmt an, daß die Bandkanten in CdS, CdSe und ZnO ähnlich sind und exakt oder sehr nahe bei $\mathbf{k} = 0$ liegen. Die Energielücke in CdS ist 2.53 eV. Das Valenzband ist bei $\mathbf{k} = 0$ in drei zweifach entartete Zustände aufgespalten, die sich in der Reihenfolge wachsender Energie (Energieabstände 0.057 und 0.016 eV) transformieren wie Γ_7, Γ_7 und Γ_9. Die Leitungsbandkante transformiert sich wie Γ_7. Für Γ_7 hat die Energie die Form

$$\varepsilon(\mathbf{k}) = A(k_x^2 + k_y^2) + Bk_z^2 \pm C(k_x^2 + k_y^2)^{1/2}, \tag{44}$$

wie in Aufgabe 14.4. Man beachte, daß der dritte Term linear in $\mathbf{k}$ ist. Dieser Term wurde jedoch niemals nachgewiesen. In CdS ist die Kante des Leitungsbandes nahezu isotrop mit $m^* = 0.20m$. Die Lochmassen für das oberste Valenzband sind $m_\perp = 0.7m$ und $m_\parallel \approx 5m$. Die Bandkante ist ellipsoidisch. Der elektronische g-Faktor ist -1.8 und nahezu isotrop. Die Löcher (Γ_9) haben $g_\parallel = -1.15$ und $g_\perp = 0$. Es gibt drei Serien von Exzitonenlinien, eine jede Serie ist mit einem der drei Valenzbänder bei $\mathbf{k} = 0$ verknüpft.

Die vielleicht interessanteste Eigenschaft des Exzitonenspektrums in CdS ist seine Abhängigkeit von der Richtung eines Magnetfeldes senkrecht zur c-Achse, wenn der Photonenwellenvektor $\perp\mathbf{H}$ und $\perp c$ ist. Man findet, daß sich die Intensitäten der Exzitonenlinien merklich verändern, wenn das Vorzeichen von $\mathbf{H}$ umgekehrt und alles andere unverändert gelassen wird. D.h., der Effekt hängt von dem Vorzeichen von $\mathbf{q} \times \mathbf{H}$ ab, wobei $\mathbf{q}$ der Wellenvektor des Photons ist. Ein solcher Effekt ist unmöglich für freie Elektronen, durch das Fehlen eines Symmetriezentrums in einem Kristall wird er jedoch ermöglicht. Im Bezugssystem des Wellenpakets des Exzitons erscheint das magnetische Feld als ein elektrisches. Die Beobachtungen wurden in der vorher zitierten Arbeit von Hopfield und Thomas analysiert. Nur ein bewegtes Exziton kann einen solchen Effekt spüren. Er tritt nicht auf bei Linien der Störstellenabsorption.

Kupfer (I)- *Oxyd.* Dieser kubische Kristall zeigt schöne, wasserstoffähnliche Exzitonen, die ausführlich untersucht wurden von E.F. Gross und seiner Schule[3]). Leider ist die Struktur der Bandkanten aus Zyklotronresonanz oder anderen unabhängigen Untersuchungen nicht bekannt. Einige Folgerungen können aus den Exzitonen-Egebnissen gezogen werden. Eine auffallende Eigenschaft des Exzitonenspektrums ist, daß der optische Übergang aus dem Grundzustand des Kristalls zum 1s -Exziton-Zustand sehr schwach ist, wie wir vorher diskutiert haben.

Exzitonen in ionischen Kristallen sind behandelt in D.L. Dexter, *Nuovo cimento supplemento* **7**, 245 - 286 (1958).

Aufgaben

1.) Man diskutiere für einen direkten optischen Übergang die Abhängigkeit des Absorptionskoeffizienten von der Differenz von Photonen- und Lückenenergie.

2.) Man zeige, daß in einem einachsigen Kristall mit nichtentarteten Bandkanten bei $\mathbf{k} = 0$ die Wellengleichung des Exitons geschrieben werden kann als

$$\left\{-\frac{1}{2\mu_0}\nabla^2 - \frac{1}{2}\frac{2\gamma}{3}\left(\frac{1}{2}\frac{\partial^2}{\partial x^2} + \frac{1}{2}\frac{\partial^2}{\partial y^2} - \frac{\partial^2}{\partial z^2}\right) - \frac{e^2}{\epsilon_0 r}\right\}\psi = \left\{E - \frac{1}{2}\left(\frac{k_x^2}{M_\perp} + \frac{k_y^2}{M_\perp} + \frac{k_z^2}{M_\parallel}\right)\right\}\psi,$$

wobei

$$x = x_e - x_h; \quad y = y_e - y_h; \quad z = \left(\frac{\epsilon_\perp}{\epsilon_\parallel}\right)^{1/2}(z_e - z_h);$$

$$\epsilon_0 = (\epsilon_\parallel \epsilon_\perp)^{1/2}; \quad \frac{1}{\mu_0} = \frac{2}{3}\frac{1}{\mu_\perp} + \frac{1}{3}\frac{1}{\mu_\parallel}\frac{\epsilon_\perp}{\epsilon}; \quad \frac{1}{\mu_\perp} = \frac{1}{m_{e\perp}} + \frac{1}{m_{h\perp}};$$

$$\frac{1}{\mu_\parallel} = \frac{1}{m_{e\parallel}} + \frac{1}{m_{h\parallel}}; \quad \gamma = \frac{1}{\mu_\perp} - \frac{1}{\mu_\parallel}\frac{\epsilon_\perp}{\epsilon_\parallel};$$

$$M_\perp = m_{e\perp} + m_{h\perp}; \quad M_\parallel = m_{e\parallel} + m_{h\parallel}.$$

3.) Man behandle den Term mit γ in Aufgabe 2 als kleine Störung. Man zeige, daß bis zur ersten Ordnung in γ die Energien der n = 1- und n = 2-Zustände gegeben sind (mit E_1 als effektiver Rydberg-Konstante) durch:

$$1S: \quad E_g - E_1;$$

$$2S: \quad E_g - \tfrac{1}{4}E_1;$$

$$2P_0: \quad E_g - \tfrac{1}{4}E_1(1 + \tfrac{4}{15}\gamma);$$

$$2P_{\pm 1}: \quad E_g - \tfrac{1}{4}E_1(1 + \tfrac{2}{15}\gamma).$$

4.) Man schätze für den Magnetostarkeffekt, wie er oben für CdS diskutiert wurde, die Größe des quasielektrischen Feldes für ein Magnetfeld von 30 Kilo-Oersted ab.

5.) Man zeige, daß für einen "einfach verbotenen" elektrischen Dipolprozeß, der ein Exziton erzeugt, die Übergangswahrscheinlichkeit proportional zu $|(\partial F_n/\partial x)_{x=0, r=0}|^2$ ist.

[3]) Siehe z.B. *Soviet Physics-Solid State Physics* **2**, 353, 1518, 2637 (1961).

16. Elektrodynamik der Metalle

Wenn ein Metall an ein elektromagnetisches Feld gekoppelt wird, kann man verschiedene knifflige Phänomene beobachten. Diese Effekte geben oft ausführliche Information über die Fermifläche. In diesem Kapitel behandeln wir den anomalen Skineffekt, die Zyklotronresonanz, die dielektrische Anomalie, die Magnetoplasmaresonanz und die Spindiffusion.

Anomaler Skineffekt

Wir betrachten zunächst den normalen Skineffekt. Der Verschiebungsstrom $\dot{\mathbf{D}}$ kann in einem Metall bei Frequenzen $\omega \ll \sigma$ normalerweise vernachlässigt werden, wobei σ die Leitfähigkeit in ESE ist. In einem guten Leiter ist bei Zimmertemperatur $\sigma \approx 10^{18}\ \mathrm{sec}^{-1}$. Es sei darauf hingewiesen, daß $4\pi\sigma \equiv \omega_p{}^2\tau$, wobei ω_p die Plasmafrequenz und τ die Relaxationszeit der Ladungsträger ist. Dann lauten die Maxwellgleichungen

(1) $$\operatorname{rot} \mathbf{H} = \frac{4\pi}{c}\sigma\mathbf{E}; \qquad \operatorname{rot} \mathbf{E} = -\frac{1}{c}\mu\dot{\mathbf{H}},$$

oder

(2) $$\operatorname{rot}\operatorname{rot} \mathbf{H} = -\nabla^2 \mathbf{H} = -\frac{4\pi\sigma\mu}{c^2}\dot{\mathbf{H}},$$

woraus wir die Wirbelstromgleichung erhalten

(3) $$k^2\mathbf{H} = \frac{i4\pi\sigma\mu\omega}{c^2}\mathbf{H},$$

für $H \sim e^{i(\mathbf{k}\cdot\mathbf{x}-\omega t)}$. Real- und Imaginärteil des Wellenvektors sind gleich groß; wenn σ reell ist und gleich σ_0, ist

(4) $$k = (1+i)(2\pi\mu\sigma_0\omega/c^2)^{1/2} = (1+i)/\delta_0.$$

Der Imaginärteil von k ist das Reziproke der klassischen Skintiefe

(5) $$\delta_0 = (c^2/2\pi\mu\sigma_0\omega)^{1/2}.$$

In einem guten Leiter ist bei $3 \times 10^{10}\ \mathrm{sec}^{-1}$ und Zimmertemperatur $\delta_0 \approx 10^{-4}$ cm; in einer sehr reinen Probe ist bei Heliumtemperatur

$\delta_0 \approx 10^{-6}$ cm. Die Ergebnisse (4) und (5) gelten unter der Annahme, daß σ reell ist, was bedeutet $\omega\tau \ll 1$. Das elementare Ergebnis für die Hochfrequenzleitfähigkeit ist

$$\sigma = \frac{ne^2\tau}{m(1 - i\omega\tau)} = \frac{\sigma_0}{1 - i\omega\tau}; \tag{6}$$

für $\omega\tau \ll 1$ reduziert sich dieser Ausdruck auf den üblichen statischen Wert $\sigma_0 = ne^2\tau/m$. Das Ergebnis (6) ergibt sich unmittelbar mit Hilfe der Methode der Driftgeschwindigkeit oder der Transportgleichung. In reinen Proben ist es bei Heliumtemperaturen und Mikrowellenfrequenzen möglich, $\omega\tau \gg 1$ zu erreichen; in diesem Grenzfall ist

$$k^2 \cong \frac{4\pi\mu\omega\sigma_0}{c^2} \frac{(i - \omega\tau)}{(\omega\tau)^2}; \qquad \mathscr{g}\{k\} \cong \frac{1}{\delta_0\omega\tau}. \tag{7}$$

Aber sowohl mit (5) wie mit (7) für δ tritt die ernste Frage auf nach der Gültigkeit der Berechnung bei tiefen Temperaturen, da die mittlere freie Weglänge Λ der Ladungsträger bei Heliumtemperatur größer sein kann als die Skintiefe. Ein typischer Wert für τ ist 10^{-10} sec, so daß sich für ein Elektron an der Fermikante die mittlere freie Weglänge ergibt als

$$\Lambda = v_F\tau \approx (10^8)(10^{-10}) \approx 10^{-2}\ \text{cm}, \tag{8}$$

also viel größer als die Skintiefe $\delta_0 \approx 10^{-6}$ cm nach (5) oder $\delta \approx 10^{-5}$ cm nach (7). Wenn $\Lambda/\delta \gtrsim 1$, kann die elektrische Stromdichte $\mathbf{E}(\mathbf{x})$ nicht mehr allein durch den lokalen Wert $\mathrm{j}(\mathbf{x})$ des elektrischen Feldes bestimmt sein, und unsere Verwendung von $\sigma\mathbf{E}$ in der Maxwellgleichung ist nicht erlaubt. Der Bereich $\Lambda > \delta$ wird als Bereich des *anomalen Skineffekts* bezeichnet. Eine große mittlere freie Weglänge wirkt sich stark auf die Ausbreitungseigenschaften des Stoffes aus.

Oberflächenimpedanz

Die beobachtbaren elektrodynamischen Eigenschaften einer Metalloberfläche werden vollständig durch die Oberflächenimpedanz $Z(\omega)$ beschrieben, die definiert ist als

$$\boxed{Z = R - iX = \frac{4\pi}{c} \cdot \frac{E_t}{H_t},} \tag{9}$$

wobei E_t und H_t die Tangentialkomponenten von $\mathbf{E}$ und $\mathbf{H}$ an der Oberfläche des Metalls sind. Der Realteil R von Z wird als Oberflächenwiderstand bezeichnet; R bestimmt die Energieabsorption des Metalls.

Der Imaginärteil X wird als Oberflächenreaktanz bezeichnet; er bestimmt die Frequenzverschiebung eines durch das Metall begrenzten Hohlraumresonators. Aus der Gleichung für rot $\mathbf{E}$ erhalten wir

$$i\omega\mu H_t/c = \partial E_t/\partial z, \tag{10}$$

für gegebene Permeabilität μ. Dann ist

$$Z = \frac{4\pi i\omega\mu}{c^2}\left(\frac{E_t}{\partial E_t/\partial z}\right)_{+0} = \frac{4\pi\omega\mu}{kc^2}, \tag{11}$$

für ein $\hat{\mathbf{z}}$, das senkrecht auf der Oberfläche steht und nach innen zeigt. Für den normalen Skineffekt ist $k = (1+i)/\delta_0$, so daß

$$Z = \frac{4\pi\omega\mu}{kc^2} = (1-i)\,\frac{2\pi\omega\delta_0\mu}{c^2} = (1-i)\,\frac{2\pi\mu}{c}\cdot\frac{\delta_0}{\lambda\!\!\!^{-}}, \tag{12}$$

wobei $\lambda\!\!\!^{-} = c/\omega$. Also bestimmt das Verhältnis von Skintiefe zu Wellenlänge die Größe von Z.

Der Energieverlust pro sec und pro Flächeneinheit senkrecht zur z-Richtung ist gegeben durch den zeitlichen Mittelwert des Realteils des Poyntingvektors $\mathbf{S}$ vom Betrag

$$S = \frac{c}{4\pi}\,|\mathbf{E}\times\mathbf{H}| = \frac{c}{4\pi}\,E_x H_y = \left(\frac{c}{4\pi}\right)^2 Z H_y^{\,2}, \tag{13}$$

wenn die Felder bei $z = +0$ genommen werden. Der zeitliche Mittelwert des Realteils ist

$$\langle \mathcal{R}\{S\}\rangle = \tfrac{1}{2}\left(\frac{c}{4\pi}\right)^2 H^2 \mathcal{R}\{Z\}, \tag{14}$$

wobei H die Amplitude von H_y an der Oberfläche ist.

Wir untersuchen nun den Beitrag der Oberfläche zur Induktanz eines magnetisierenden Kreisstroms: Man betrachte ein flaches Solenoid, in dem sich eine flache Platte der Dicke $2d$ aus leitendem Material befindet. Der Strom pro Längeneinheit im Solenoid sei $\mathcal{J}$. Dann ist die Induktanz pro Längeneinheit

$$L = \mathcal{R}\{\text{Fluß}/\mathcal{J}\} = \mathcal{R}\left\{\frac{1}{\mathcal{J}}\int_{-d}^{d} dz\, H_y(z)\mu\right\}. \tag{15}$$

Wegen $\partial E_x/\partial z = i\omega\mu H_y/c$ erhalten wir

$$2E_x(d) = \frac{i\omega}{c}\int_{-d}^{d} dz\, H_y(z)_\mu, \tag{16}$$

mit $H(d) = 4\pi\mathcal{J}/c$. Aus der Definition (9) ergibt sich also

$$L = \mathcal{R}\left\{\frac{(2c/i\omega)E_x(d)}{(c/4\pi)H_y(d)}\right\} = \frac{2c}{\omega}\,\mathcal{R}\{-iZ\} = \frac{2c}{\omega}\,\mathcal{I}\{Z\}. \tag{17}$$

Für eine Probe, die die Stirnseite eines rechtwinkligen Hohlraums bildet, kann man zeigen, daß die effektive Längenänderung des Hohlraums in der transversal-elektrischen Grundschwingung gegeben ist durch

$$\delta l = -\frac{c}{4\pi}\lambda \mathscr{I}\{Z\}. \tag{18}$$

Der extrem anomale Skineffekt ($\Lambda/\delta \gg 1$) kann qualitativ mit Hilfe des Ineffektivitäts-Konzepts von Pippard verstanden werden. Nur die Elektronen, die sich fast parallel zur Oberfläche bewegen, bleiben lange genug im elektrischen Feld, um einen merklichen Energiebeitrag zu absorbieren: Wir nehmen an, daß die effektiven Elektronen jene in einem Winkel $\sim\delta/\Lambda$ sind. Die Konzentration der effektiven Elektronen ist also $n_{\text{eff}} = \gamma n\delta/\Lambda$, wobei γ eine Konstante von der Größenordnung eins ist. Die effektive Leitfähigkeit ist also

$$\sigma_{\text{eff}} = \frac{n_{\text{eff}}e^2\tau}{m^*} = \gamma\frac{\delta}{\Lambda}\sigma_0. \tag{19}$$

Wenn wir σ_{eff} statt σ_0 in (5) verwenden und nach der effektiven Skintiefe auflösen, finden wir

$$\delta^3 = \frac{c^2\Lambda}{2\pi\gamma\sigma_0\omega}, \tag{20}$$

und der Oberflächenwiderstand $\mathscr{R}\{Z\}$ ist

$$R = \frac{2\pi\omega}{c^2}\left(\frac{c^2\Lambda}{2\pi\gamma\sigma_0\omega}\right)^{1/3}. \tag{21}$$

Dies hat tatsächlich die gleiche Form wie die exakte Lösung, die unten abgeleitet wird, wenn $\gamma \approx 10$ ist.

Die wichtigste Eigenschaft von (21) ist, daß der Oberflächenwiderstand unabhängig von der mittleren freien Weglänge Λ ist, da $\sigma_0 \propto \Lambda$. Eine Messung von R liefert also den Impuls an der Fermikante in Richtung des elektrischen Feldes:

$$\frac{\sigma_{xx}}{\Lambda} = \frac{ne^2}{m^*_{xx}v_F} = \frac{ne^2}{k_F}. \tag{22}$$

Für eine beliebige Fermifläche enthält die Tensorkomponente R_{xx} des Oberflächenwiderstands die Gestalt der Fermifläche in der Form von $\int |\rho(k_y)|\,dk_y$, wobei $\rho(k_y)$ der Krümmungsradius des Schnitts der Fermifläche bei konstantem k_y ist. Dieses Ergebnis ist direkt aus Bild 1 zu ersehen. Zum effektiven Strom tragen nur die Elektronen in den eingezeichneten Sektoren bei, die in dem geeigneten Winkelbereich liegen. Innerhalb der Relaxationszeit bewegen sich die Elektronen in

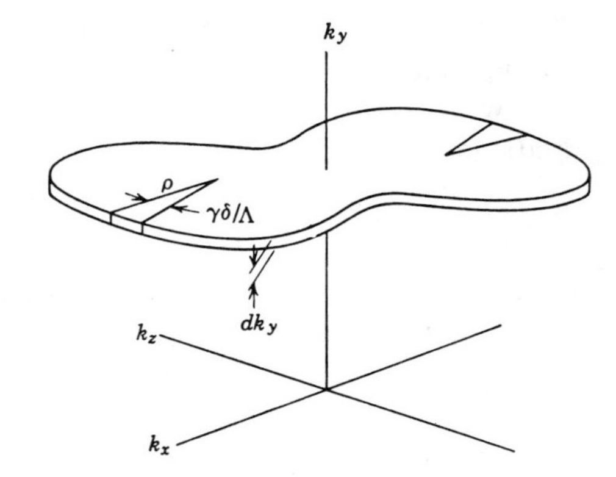

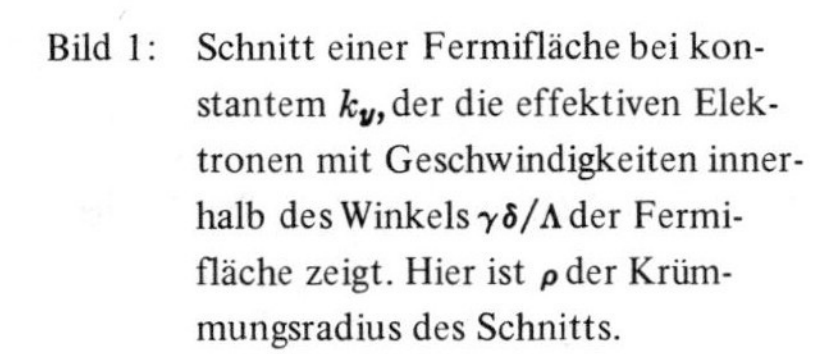
Bild 1: Schnitt einer Fermifläche bei konstantem k_y, der die effektiven Elektronen mit Geschwindigkeiten innerhalb des Winkels $\gamma\delta/\Lambda$ der Fermifläche zeigt. Hier ist ρ der Krümmungsradius des Schnitts.

den Sektoren um $\Delta k_x = e\mathcal{E}_x\tau$ fort; das Volumen im **k**-Raum, das zum Strom beiträgt, ist

$$\Omega_{\text{eff}} = \int dk_y \, e\mathcal{E}_x\tau|\rho(k_y)|(\gamma\delta/\Lambda),$$

so daß

$$J_x = ev_F \frac{1}{4\pi^3}\Omega_{\text{eff}} = \frac{e^2\mathcal{E}_x}{4\pi^3}\gamma\delta \int dk_y \, |\rho(k_y)|. \tag{23}$$

Dies definiert die effektive Leitfähigkeit für eine beliebige Fermifläche. Dann ist für diffuse Streuung

$$R_{xx} = \left(\frac{3^{3/2}\omega^2}{64\pi^2c^4e^2\int dk_y\,|\rho(k_y)|}\right)^{1/3}. \tag{24}$$

Die Arbeit von Pippard [*Trans. Roy. Soc. (London)* **A250**, 325 (1957)] über Kupfer zeigt die Wirksamkeit des anomalen Skineffekts zur Bestimmung von Fermiflächen. Wegen weiterer Einzelheiten siehe A.B. Pippard, "Dynamics of Conduction Elektrons" in *LTP*. Wenn die Oberfläche polykristallin ist mit statisch orientierten Kristallen, führt der anomale Skineffekt zu einer Bestimmung der Gesamtfläche der Fermioberfläche.

Mathematische Theorie des anomalen Skineffekts. Ein Metall erfülle den Halbraum $z \geq 0$, die Oberfläche liegt also in der xy-Ebene. Wir schreiben

$$E(z) = E_{x0}(z)e^{-i\omega t}; \qquad H(z) = H_{y0}(z)e^{-i\omega t}. \tag{25}$$

Dann lauten die Maxwellgleichungen

$$-\frac{dH}{dz} = -\frac{i\omega}{c}E + \frac{4\pi}{c}j; \qquad \frac{dE}{dz} = \frac{i\omega}{c}H, \tag{26}$$

wobei nun $j(z)$ die Stromdichte ist. Wir eliminieren H:

$$\frac{d^2E}{dz^2} + \frac{\omega^2}{c^2}E = -\frac{4\pi i\omega}{c^2}j. \tag{27}$$

Wir behandeln die Elektronen als isotrop mit der Masse m. Die Verteilungsfunktion ist $f = f_0 + f_1(\mathbf{v},z)$, wobei f_0 die ungestörte Verteilung ist. Wenn τ die Relaxationszeit ist, wird die Boltzmanngleichung in niedrigster Ordnung für f_1

$$v_z \frac{\partial f_1}{dz} + \frac{1 - i\omega\tau}{\tau} f_1 = -\frac{e}{m}\frac{\partial f_0}{\partial v_x} E(z) = -e\frac{\partial f_0}{\partial \varepsilon} v_x E(z). \tag{28}$$

Es ist günstig, mit den Fouriertransformierten zu arbeiten, die definiert sind als:

$$\mathcal{E}(q) = (2\pi)^{-1/2}\int_{-\infty}^{\infty} dz\, Ee^{iqz}; \qquad J(q) = (2\pi)^{-1/2}\int_{-\infty}^{\infty} dz\, je^{iqz}. \tag{29}$$

Wir nehmen an, daß die Elektronen an der Oberfläche geometrisch reflektiert werden. Wenn wir den leeren Halbraum ($z < 0$) als mit einem anderen Stück desselben Metalls gefüllt betrachten, ist das zeitliche und räumliche Verhalten der Elektronen in jeder Hälfte dasselbe wie bei geometrischer Reflexion. Wir müssen nur für das geeignete elektrische Feld bei $z = 0$ sorgen. Der Gradient dieses künstlichen Feldes hat eine Spitze bei $z = 0$, da das Feld in $+z$- und $-z$-Richtung gedämpft ist:

$$\left(\frac{\partial E}{\partial z}\right)_{+0} = -\left(\frac{\partial E}{\partial z}\right)_{-0}. \tag{30}$$

Diese Bedingung kann in (27) eingefügt werden durch Addition einer δ-Funktion:

$$\frac{d^2E}{dz^2} + \frac{\omega^2}{c^2} E = \frac{4\pi i\omega}{c^2} j + 2\left(\frac{dE}{dz}\right)_{+0} \delta(z). \tag{31}$$

Wir drücken jeden Term als Fourierintegral aus und finden:

$$-q^2\mathcal{E}(q) + (\omega/c)^2\mathcal{E}(q) = -(4\pi i\omega/c^2)J(q) + (2/\pi)^{1/2}(dE/dz)_{+0}. \tag{32}$$

Die Transportgleichung gibt uns eine weitere Beziehung zwischen $\mathcal{E}$ und J. Wir definieren die Transformierte

$$\Phi_1(q) = (2\pi)^{-1/2}\int_{-\infty}^{\infty} dz\, f_1 e^{iqz}. \tag{33}$$

Dann wird aus (28):

$$(1 - i\omega\tau + iqv_z\tau)\Phi_1(q) = -\frac{\partial f_0}{\partial \varepsilon}\tau e v_x \mathcal{E}(q) \cong \delta(\varepsilon - \varepsilon_F)\tau e v_x \mathcal{E}(q), \tag{34}$$

für ein Fermigas bei $k_BT \ll \varepsilon_F$. Die Lösung ist

$$\Phi_1(q) = \frac{\delta(\varepsilon - \varepsilon_F)ev_x\tau}{1 - i\omega\tau + iqv_z\tau}\mathcal{E}(q). \tag{35}$$

Die elektrische Stromdichte

$$j(z) = \frac{e}{4\pi^3} \int d^3k\, v_x f_1 \tag{36}$$

hat die Fourierkomponenten

$$J(q) = \frac{e}{4\pi^3} \int d^3k\, v_x \Phi_1(q) = \mathcal{E}(q) \frac{e^2 m^3 \tau}{4\pi^3} \int d^3v \frac{v_x^2 \delta(\varepsilon - \varepsilon_F)}{1 - i\omega\tau + iq\tau v_z}. \tag{37}$$

Wir definieren die Komponente $\sigma_{xx}(q)$ des Leitfähigkeitstensors durch $J(q) = \sigma_{xx}(q)\mathcal{E}(q)$; dann ist

$$\sigma_{xx}(q) = \frac{e^2 m^3 \tau}{4\pi^2} \int dv\, v^4\, \delta(\varepsilon - \varepsilon_F) \int_{-1}^{1} d(\cos\theta) \frac{\sin^2\theta}{1 - i\omega\tau + iq\tau v \cos\theta}. \tag{38}$$

Das ganze Problem läuft nun auf die Auswertung des Integrals über $d(\cos\theta)$ hinaus. Die allgemeine Lösung ist im einzelnen von G. E. H. Reuter und E.H. Sondheimer [*Proc. Roy. Soc.* **A195**, 336 (1948)] angegeben worden. Der Leser kann nachprüfen, daß sich für $q \to 0$ aus dem Ergebnis (38) ergibt:

$$\sigma_{xx}(0) \to \frac{ne^2\tau}{m} \cdot \frac{1}{1 - i\omega\tau} \equiv \frac{\sigma_0}{1 - i\omega\tau}, \tag{39}$$

in Übereinstimmung mit unserem früheren Ergebnis.

Wir werten (38) im extrem anomalen Bereich $\Lambda q \gg |1 - i\omega\tau|$ aus. Es sei

$$\Lambda' = \frac{\Lambda}{1 - i\omega\tau} = \frac{v_F\tau}{1 - i\omega\tau}. \tag{40}$$

Dann ist das Integral über $d(\cos\theta)$:

$$\frac{1}{1 - i\omega\tau} \int_{-1}^{1} dx \frac{1 - x^2}{1 + i\Lambda' qx} \cong \frac{2 \tan^{-1} \Lambda' q}{\Lambda q} \cong \frac{\pi}{\Lambda |q|}, \tag{41}$$

bei Vernachlässigung von Termen höherer Ordnung in $(\Lambda' q)^{-1}$. Also ist

$$\sigma_{xx}(q) \cong \frac{ne^2\tau}{m} \cdot \frac{3\pi}{4\Lambda |q|} = \sigma_0 \cdot \frac{3\pi}{4\Lambda |q|}, \tag{42}$$

unter Benutzung der Beziehung $2m\varepsilon_F = (3\pi^2 n)^{2/3}$. Man beachte, daß dies eine transversale Leitfähigkeit ($\hat{\mathbf{x}} \perp \mathbf{q}$) ist und deshalb nicht mit der longitudinalen Leitfähigkeit identisch ist, die mit der longitudinalen Dielektrizitätskonstanten des Elektronengases aus Kapitel 6 zusammenhängt.

Wir setzen dieses Ergebnis in (32) ein, wobei der Term des Verschiebungsstroms mit $(\omega/c)^2$ vernachlässigt wird:

$$\mathcal{E}(q)(-q^2 + 4\pi i \sigma_{xx} \omega c^{-2}) = (2/\pi)^{1/2} (dE/dz)_{+0}, \tag{43}$$

so daß

$$E(z) = \frac{1}{\pi}\left(\frac{dE}{dz}\right)_{+0} \int_{-\infty}^{\infty} dq \frac{e^{-iqz}}{-q^2 + 2i(\sigma_{xx}/\delta^2\sigma_0)}, \tag{44}$$

mit $\delta^2 = c^2/2\pi\omega\sigma_0$. Mit (42) und $\xi = q(2\Lambda\delta^2/3\pi)^{1/3}$ ergibt das Integral in (44) bei $z = 0$ den Wert

$$-2i(2\Lambda\delta^2/3\pi)^{1/3} \int_0^{\infty} \frac{d\xi}{1 + i\xi^3} = -\tfrac{2}{3}(2\pi^2\Lambda\delta^2/3)^{1/3}(1 + i3^{-1/2}), \tag{45}$$

unter Verwendung von Dwight, 856.6.

Für die Oberflächenimpedanz Z_∞ im extrem anomalen Bereich findet man aus (11), (44) und (45):

$$Z_\infty = \frac{4\pi i\omega}{c^2}\left(\frac{E}{dE/dz}\right)_{+0} = \tfrac{8}{9}(3^{1/2}\pi\omega^2\Lambda/c^4\sigma_0)^{1/3}(1 - i3^{1/2}), \tag{46}$$

in Übereinstimmung mit dem Ergebnis von Reuter und Sondheimer. Allerdings haben wir nicht $\omega\tau \ll 1$ angenommen. Wegen $\sigma_0 \propto \Lambda$ sieht man, daß Z_∞ unabhängig von der mittleren freien Weglänge ist. Für diffuse Reflexion an der Oberfläche stellt sich heraus, daß der Faktor 8/9 in Z_∞ nicht auftritt. Man glaubt, daß die Reflexion wahrscheinlich diffus ist, außer unter speziellen Oberflächenbedingungen.

Die Quantentheorie des anomalen Skineffekts in normalen und supraleitenden Metallen wird von D.C. Mattis und J. Bardeen [*Phys. Rev.* **111,** 412 (1958)] behandelt.

Zyklotronresonanz in Metallen

Die Beobachtung der Zyklotronresonanz in Metallen verlangt natürlich, daß die Oberflächenimpedanz als Funktion des statischen Magnetfelds ein Resonanzverhalten zeigen sollte. Die am besten geeignete Geometrie wurde von M.I. Azbel und E.A. Kaner [*Soviet Phys. JETP* **3,** 772 (1956)] vorgeschlagen. Das statische Feld $\mathbf{H}_0$ liegt in der Ebene der Probe; das elektrische Hochfrequenzfeld liegt ebenfalls in der Ebene der Oberfläche und kann entweder parallel (longitudinal) oder senkrecht (transversal) zu $\mathbf{H}_0$ liegen. Wenn die Relaxationszeit genügend groß ist, können wir uns die Ladungsträger als in Spiralen um $\mathbf{H}_0$ bewegt vorstellen, wobei sie bei jedem Umlauf in das auf die Skinschicht beschränkte Hochfrequenzfeld eintauchen und es wieder verlassen. Resonante Energieabsorption tritt auf, wenn ein Ladungsträger das elektrische Feld in der Skinschicht jedesmal in derselben Phase sieht. Also gilt bei Resonanz

(47) $$\frac{2\pi}{\omega_c} = p\,\frac{2\pi}{\omega}; \qquad p = \text{ganzzahlig},$$

oder $\omega_c = \omega/p$, wobei p der Index der subharmonischen Frequenzen ist. Man erinnere sich, daß bei der Zyklotronresonanz in Halbleitern nur die Möglichkeit $p = 1$ bestand, da angenommen wurde, daß das Hochfrequenzfeld gleichmäßig die Probe durchdringt.

Ein weiter unten angegebenes qualitatives Argument läßt vermuten, daß bei Anwesenheit eines Magnetfelds gilt:

(48) $$Z_\infty(H) \cong Z_\infty(0)\left[1 - \exp\left(-\frac{2\pi}{\omega_c\tau} - i\,\frac{2\pi\omega}{\omega_c}\right)\right]^{1/3}.$$

Dies ist tatsächlich periodisch in ω/ω_c. Um (48) zu verstehen, betrachte man den Beitrag eines einzigen Ladungsträgers, der einen im Vergleich zur Skintiefe großen Bahnradius hat, zum Strom und damit zur Leitfähigkeit. Die Phasenänderung des Hochfrequenzfeldes in der Periode $2\pi/\omega_c$ ist $2\pi\omega/\omega_c$; mit Stößen geht $\omega \to \omega - i/\tau$, so daß der Phasenfaktor, mit dem der Strom bei jedem Umlauf multipliziert wird, gegeben ist durch

(49) $$e^{-w} \equiv \exp\left(-\frac{2\pi}{\omega_c\tau} - i\,\frac{2\pi\omega}{\omega_c}\right).$$

Der Phasenfaktor des sich aus allen Umläufen ergebenden Gesamtstromes ist

(50) $$1 + e^{-w} + e^{-2w} + \cdots = \frac{1}{1 - e^{-w}};$$

diese Größe tritt in der effektiven Leitfähigkeit auf, was aus der Formulierung der Transportgleichung nach Chambers verständlich ist. Aus (21) oder (46) wissen wir, daß $Z_\infty \propto (1/\sigma_{\text{eff}})^{1/3}$, woraus (48) folgt.

Ein Ergebnis, das (48) sehr ähnlich ist, folgt aus der Lösung der Transportgleichung im extrem anomalen Grenzbereich bei Anwesenheit eines statischen Magnetfelds parallel zur Oberfläche. Wir werden sehen, daß die Behandlung genau dieselbe wie die ohne Feld ist, nur daß ein Term $\omega_c\,\partial f_1/\partial\varphi$ auf der linken Seite der Transportgleichung (28) hinzugefügt wird, wobei $\omega_c = eH/m_c c$ die Zyklotronfrequenz ist und φ der Azimutwinkel um $\mathbf{H}_0$ als Polarachse.

In einem statischen Magnetfeld $\mathbf{H}_0$ lautet die linearisierte Transportgleichung

(51) $$-i\omega f_1 + v_z\,\frac{\partial f_1}{\partial z} + \frac{eE}{m}\,\frac{\partial f_0}{\partial v_x} + \frac{e}{mc}\,\mathbf{v} \times \mathbf{H}_0 \cdot \frac{\partial f_1}{\partial \mathbf{v}} = -\frac{f_1}{\tau}.$$

Wir betrachten speziell die Anordnung mit $\mathbf{H}_0 \| \mathbf{E} \| \hat{\mathbf{x}}$. Führt man Kugelkoordinaten im Geschwindigkeitsraum ein, so daß $\mathbf{v} \equiv (v,\theta,\varphi)$, bezogen auf $\hat{\mathbf{x}}$ als Polarachse, dann gilt

$$\frac{eH_0}{mc}\hat{\mathbf{x}} \cdot \mathbf{v} \times \frac{\partial f_1}{\partial \mathbf{v}} = \omega_c \hat{\mathbf{x}} \cdot \operatorname{rot} \mathbf{v} f_1 = \omega_c \frac{\partial f_1}{\partial \varphi}, \tag{52}$$

so daß die Transportgleichung lautet

$$(1 - i\omega\tau)f_1 + v\tau \sin\theta \sin\varphi \frac{\partial f_1}{\partial z} + \omega_c \tau \frac{\partial f_1}{\partial \varphi} = -e\tau v \cos\theta \frac{\partial f_0}{\partial \varepsilon}. \tag{53}$$

Ausgedrückt durch die Fouriertransformierten ergibt sich

$$\left(1 + iv\bar{\tau}q \sin\theta \sin\varphi + \omega_c\bar{\tau}\frac{\partial}{\partial\varphi}\right)\Phi_1(q) = \delta(\varepsilon - \varepsilon_F)e\bar{\tau}v \cos\theta \mathcal{E}(q), \tag{54}$$

mit $\bar{\tau} \equiv \tau/(1 - i\omega\tau)$. Dies ist eine einfache lineare Differentialgleichung, mit der Lösung

$$\begin{aligned}\Phi_1(q) &= \delta(\varepsilon - \varepsilon_F)ev \cos\theta \mathcal{E}(q)\omega_c^{-1} \\ &\quad \cdot \int_{-\infty}^{\varphi} d\varphi' \exp\left\{\frac{(\varphi' - \varphi) - iv\bar{\tau}q \sin\theta(\cos\varphi' - \cos\varphi)}{\omega_c\bar{\tau}}\right\},\end{aligned} \tag{55}$$

wie man durch Differentation nachprüfen kann. Die q-Komponente der Stromdichte ist

$$J(q) = \frac{em^3}{4\pi^3}\int v^3\, dv \cos\theta \sin\theta\, d\theta\, d\varphi \cdot \Phi_1(q). \tag{56}$$

Die Integration ist nicht trivial; wegen aller Einzelheiten siehe S. Rodriguez, *Phys. Rev.* **112,** 80 (1958). Im Grenzfall $v_F q/\omega_c \gg 1$, was äquivalent ist zu $r_c \gg \delta$ (r_c ist der Zyklotronradius), findet man den Ausdruck

$$J(q) = \frac{3\pi}{4}\frac{ne^2\mathcal{E}(q)}{mv_F q}\coth\left(\frac{1 - i\omega\tau}{\omega_c\tau}\pi\right), \tag{57}$$

der periodische Oszillationen zeigt, vorausgesetzt, daß $\omega_c\tau,\ \omega\tau \gg 1$. Im gleichen Grenzfall ist die Oberflächenimpedanz im extrem anomalen Bereich, mit geometrischer Reflexion,

$$Z_\infty(H) = Z_\infty(0) \tanh^{1/3}[\pi(1 - i\omega\tau)/\omega_c\tau], \tag{58}$$

nach D.C. Mattis und G. Dresselhaus, *Phys. Rev.* **111,** 403 (1958) und S. Rodriguez, *Phys. Rev.* **112,** 1016 (1958). Die Periodizität von (58) ist dieselbe wie die genäherte Form (48), da

$$\tanh(x - iy) = \frac{\sinh 2x - i\sin 2y}{\cosh 2x + \cos 2y}. \tag{59}$$

Im extrem anomalen Grenzfall gilt das Ergebnis (58) für longitudinale und transversale Geometrie. Die Randbedingung in einem Magnetfeld ist viel komplizierter als von diesen Autoren angenommen; siehe Azbel und Kaner, *Soviet Phys. JETP* **12**, 58 (1961).

Eine experimentelle Kurve für Zyklotronresonanz in Kupfer ist, zusammen mit einer theoretischen Berechnung für angepaßte Werte von m_c und τ, in Bild 2 gezeigt. Die auftretende Masse ist als Funktion der Fläche S der Fermifläche gegeben als

$$m_c = \frac{1}{2\pi}\frac{dS}{d\varepsilon}, \tag{60}$$

nach (11.54). Werte von $dS/d\varepsilon$, die bezüglich k_H stationär sind, bestimmen die Schnitte der Fermifläche, die zu den oszillierenden Anteilen der Zyklotronlinien beitragen.

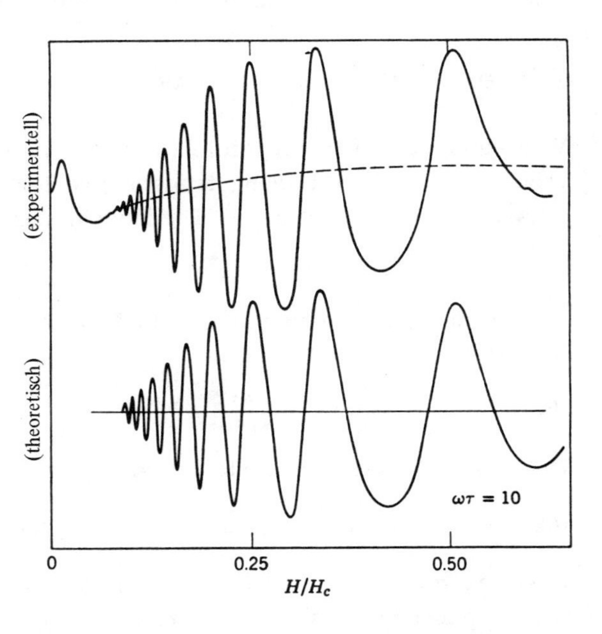

Bild 2: Zyklotronresonanzabsorption in Kupfer; aufgetragen ist die Magnetfeldabhängigkeit der Ableitung des Oberflächenwiderstands. Vergleich von theoretischen und experimentellen Ergebnissen bei 24 kMc/sec. (Nach Langenberg und Moore.)

In einem Zyklotronresonanz-Experiment in Metallen beobachten wir die Resonanz von wenigen ausgezeichneten Elektronen mit Bahnen, die durch die Skinschicht laufen. Der Beitrag, der sich aus der Elektron-Elektron-Wechselwirkung zur effektiven Masse dieser Elektronen ergibt, ist nicht notwendig derselbe wie beim de Haas-van Alphen-Effekt, wo alle Elektronen in gleicher Weise teilnehmen. Man darf nicht erwarten, daß die Zyklotronexperimente die aus dem de Haas-van Alphen-Effekt erhaltenen Massen reproduzieren, auch wenn die Fermifläche so beschaffen ist, daß $dS/d\varepsilon$ eindeutig mit der Größe S zusammenhängt, die im de Haas-van Alphen-Effekt auftritt.

Die effektive Masse wird auch durch die Elektron-Phonon-Wechselwirkung vergrößert, wie beim Problem des Polarons; aber wir erwarten, daß dieser Effekt bei der Zyklotronresonanz derselbe ist wie bei anderen Experimenten, in denen die effektive Masse an der Fermikante auftritt. In optischen Experimenten kann man jedoch die effektive Masse des Elektrons unbeeinflußt durch Phononen sehen; die an einem optischen Übergang beteiligten Elektronen liegen aber nicht nur auf der Fermikante.

Die Theorie der Zyklotronresonanz in Metallen, wenn das Magnetfeld senkrecht auf der Oberfläche steht, wird von P.B. Miller und R.R. Haering, *Phys. Rev.* **128,** 126 (1962), diskutiert; in dieser Geometrie enthält die Resonanzbedingung eine Dopplerverschiebung.

Dielektrische Anomalie

Wir betrachten nun die dielektrischen Eigenschaften eines freien Elektronengases mit n Ladungsträgern pro Einheitsvolumen der effektiven Masse m^*und der Ladung e. Die Beschleungungsgleichung ist, für $\omega\tau \gg 1$,

(61) $$m^*\ddot{x} = eE; \qquad -\omega^2 m^* x = eE,$$

so daß der Beitrag der freien Ladungsträger zur dielektrischen Polarisation sich ergibt als

(62) $$P = nex = -\frac{ne^2}{m^*\omega^2}E.$$

Die Dielektrizitätskonstante ist also gegeben durch

(63) $$\epsilon = 1 - \frac{4\pi ne^2}{m^*\omega^2} + 4\pi\chi_a,$$

wobei χ_a die dielektrische Suszeptibilität pro Einheitsvolumen des jeweils vorhandenen anderen Stoffes ist. Der Beitrag der Ladungsträger zu ϵ kann auch geschrieben werden als $-\omega_p{}^2/\omega^2$, wobei ω_p die Plasmafrequenz ist.

Nun wird bei niederen Frequenzen der Term $-\omega_p{}^2/\omega^2$ den Hauptbeitrag zu ϵ liefern und es negativ machen. Die Dispersionsrelation für elektromagnetische Wellen ist, mit $\mu = 1$,

(64) $$\omega^2 = c^2k^2/\epsilon;$$

wenn $\epsilon \cong -\omega_p{}^2/\omega^2$, erhalten wir $-\omega_p{}^2 = c^2k^2$, oder

(65) $$k = i\omega_p/c.$$

Die Welle ist in einem Metall also gedämpft, mit einer Abfallslänge in der Größenordnung der Debylänge von 10^{-6} cm, unabhängig von der Frequenz. Dabei ist vorausgesetzt, daß $\omega\tau \gg 1$ und $\omega_p \gg \omega$. Dieses Ergebnis vernachlässigt den anomalen Skineffekt.

Wenn ω größer ist als eine Wurzel ω_0 von

$$\epsilon(\omega_0) = 0, \tag{66}$$

wird die Dielektrizitätskonstante positiv, der Wellenvektor ist reell, und eine Welle kann sich in dem Medium ausbreiten. Diese Theorie liefert den Beginn der Durchlässigkeit der Alkalimetalle im Ultraviolett. Die Änderung des Reflexionsvermögens des Kristalls, wenn ω durch ω_0 geht, ist als dielektrische Anomalie bekannt. Wenn die Ladungsträgerkonzentration n bekannt ist, gibt uns eine Bestimmung von ω_0 den Wert von m^*. Die Brauchbarkeit des Wertes hängt natürlich davon ab, wie einfach die Struktur der Bandkante ist.

Die obige Behandlung nimmt an, daß wir nicht im Bereich des anomalen Skineffekts sind. Im sichtbaren Bereich des Spektrums ist es leicht möglich, daß $\omega\tau \gg 1$, ohne daß $\Lambda > \delta$. Die Situation im sichtbaren Bereich des Spektrums wird in der oben zitierten Arbeit von Reuter und Sondheimer, sowie von T. Holstein, *Phys. Rev.* **88**, 1427 (1952), diskutiert.

Mit Werten der effektiven Bandmasse für die Alkalimetalle, die von Brooks berechnet wurden, sollte die Durchlässigkeitsgrenze bei den optischen Wellenlägen 1840, 2070, 2720 und 3000 A für Li, Na, K und Rb auftreten. Die beobachteten Werte sind 1550, 2100, 3150 und 3400 A. Eine Korrektur für die Polarisierbarkeit der Ionenrümpfe wurde nicht berücksichtigt; die Rümpfe sollten jedoch einen beobachtbaren Effekt ergeben. Wir sehen aus (49), daß die Durchlässigkeitsgrenze bei nichtverschwindendem χ_a gegeben ist als

$$\omega_0^2 = \frac{\omega_p^2}{1 + 4\pi\chi_a}. \tag{67}$$

In metallischem Silber ergibt sich der Wert von $(1 + 4\pi\chi_a)^{1/2}$ aus Reflektivitätsexperimenten zu ungefähr 2. Dies stimmt mit Abschätzungen für χ_a aus dem Brechungsindex von Silberhalogeniden im Vergleich mit Alkalihalogeniden überein.

Wellenausbreitung in einem Magnetoplasma

Ein überraschender Ausbreitungseffekt wurde von Bowers, Legendy und Rose [*Phys. Rev. Letters* **7**, 339 (1961)] in äußerst reinem Natrium bei 4°K beobachtet, wenn auf dieses ein statisches Magnetfeld von der Größenordnung 10^4 Oersted wirkt. Es wird beobachtet, daß wirkliche elektromagnetische Wellen sich im Metall bei einer Frequenz der Größenordnung 10 sec^{-1} und einer Wellenlänge der Größenordnung 1 cm ausbreiten. Die Phasengeschwindigkeit des Lichts ist also auf 10 cm/sec erniedrigt, was einem Brechungsindex von $\sim 3 \times 10^9$ und einer Dielektrizitätskonstanten von $\sim 10^{19}$ entspricht. Die elektromagnetischen Schwingungen unter diesen Bedingungen werden Helicon-Schwingungen genannt und waren von Aigrain vorausgesagt worden.

Wir betrachten die Bewegungsgleichungen eines freien Elektrons der Masse m^* in einem statischen Magnetfeld H parallel zur z-Achse und in einem elektrischen Hochfrequenzfeld mit dem Komponenten E_x und E_y :

$$m^*\ddot{x} = eE_x + \frac{e}{c}\dot{y}H; \qquad m^*\ddot{y} = eE_y - \frac{e}{c}\dot{x}H, \tag{68}$$

oder, mit $\omega_c = eH/m^*c$,

$$-\omega^2 x = \frac{e}{m^*}E_x - i\omega\omega_c y; \qquad -\omega^2 y = \frac{e}{m^*}E_y + i\omega\omega_c x. \tag{69}$$

Unter den Bedingungen des Experiments ist $\omega \ll \omega_c$, so daß der dielektrische Suszeptibilitätstensor, mit $\omega_p{}^2 = 4\pi ne^2/m^*$, gegeben ist durch

$$4\pi\bar{\bar{\chi}} \cong \begin{pmatrix} 0 & -i\omega_p{}^2/\omega\omega_c & 0 \\ i\omega_p{}^2/\omega\omega_c & 0 & 0 \\ 0 & 0 & -\omega_p{}^2/\omega^2 \end{pmatrix} \cong \bar{\bar{\epsilon}}, \tag{70}$$

wegen $\omega_p{}^2/\omega\omega_c \gg 1$. Für eine Welle, die sich mit dem Wellenvektor k längs der z-Achse ausbreitet, vereinfachen sich die Maxwellgleichungen auf

$$\begin{aligned} kH_y &= \frac{\omega}{c}(\epsilon_{xx}E_x + \epsilon_{xy}E_y); \qquad kH_x = -\frac{\omega}{c}(\epsilon_{yx}E_x + \epsilon_{yy}E_y); \\ kE_y &= -\frac{\omega}{c}H_x; \qquad kE_x = \frac{\omega}{c}H_y. \end{aligned} \tag{71}$$

Dann erhalten wir bei Bildung der Gleichung für $E_x + iE_y$ unter Vernachlässigung von ϵ_{xx} und ϵ_{yy}

$$k^2 = \frac{\omega\omega_p{}^2}{c^2\omega_c}; \quad \text{oder} \quad \omega = \frac{k^2Hc}{4\pi ne}, \tag{72}$$

unabhängig von der Teilchenmasse. Das Experiment ist deshalb zur Bestimmung der effektiven Ladung der Ladungsträger in einem Metall geeignet, obwohl es theoretisch ziemlich gut begründet erscheint, daß durch die Elektron-Elektron-Wechselwirkung die effektive Ladung eines Ladungsträgers nicht von e abweicht. Setzt man in (72) $k = 10\ \text{cm}^{-1}$; $H = 10^4$ Oersted und $n = 10^{23}\ \text{cm}^{-3}$, dann ist $\omega \sim 60\ \text{sec}^{-1}$.

Für eine allgemeine Fermifläche können wir das Problem im Grenzfall $\omega_c\tau \gg 1$ mit $\omega\tau \ll 1$ diskutieren. Pippard hat die allgemeine Form des Tensors der statischen Magnetoleitfähigkeit angegeben. Mit $\mathbf{H} \parallel \hat{\mathbf{z}}$ und ohne offene Bahnen gilt

$$\bar{\sigma} = \begin{pmatrix} AH^{-2} & GH^{-1} & CH^{-1} \\ -GH^{-1} & DH^{-2} & EH^{-1} \\ -CH^{-1} & -EH^{-1} & F \end{pmatrix}, \tag{73}$$

wobei A, C, D, E, F und G unabhängig von H sind. Im allgemeinen ist

$$\epsilon_{\mu\nu} = -i\frac{4\pi}{\omega}\sigma_{\mu\nu} + \delta_{\mu\nu}; \tag{74}$$

für $\omega \ll \omega_c \ll \omega_p$ wie oben, ist die Säkulargleichung näherungsweise

$$\begin{vmatrix} c^2k^2 & -i4\pi G\omega/H \\ i4\pi G\omega/H & c^2k^2 \end{vmatrix} = 0, \tag{75}$$

vorausgesetzt, daß $G \neq 0$; die Lösung von (75) ist

$$\omega = \pm k^2c^2H/4\pi G, \tag{76}$$

von derselben Form wie (72). Wir betonen, daß alle Effekte des Magnetowiderstand in (75) enthalten sind.

Wenn es offene Bahnen in einer beliebigen Richtung des Kristalls gibt, hat der Tensor der statischen ($\omega\tau \ll 1$) Magnetoleitfähigkeit in der xy-Ebene die Form

$$\bar{\sigma} = \begin{pmatrix} A_1 & GH^{-1} \\ -GH^{-1} & A_2 \end{pmatrix}, \tag{77}$$

wobei A_1, A_2 unabhängig von H sind. Wenn $cA_1, cA_2 \gg \omega$, dann ist

$$\bar{\epsilon} \cong i4\pi\bar{\sigma}/\omega. \tag{78}$$

Die allgemeine Säkulargleichung ist nach (71)

$$\begin{vmatrix} \dfrac{c^2k^2}{\omega^2} - \epsilon_{xx} & \epsilon_{xy} \\ -\epsilon_{xy} & \dfrac{c^2k^2}{\omega^2} - \epsilon_{yy} \end{vmatrix} = 0. \tag{79}$$

Wenn $A_1 = A_2 = A$, dann ist für $\omega\tau \ll 1$

(80) $$\omega = \pm \frac{k^2c^2H}{4\pi(G + iAH)}.$$

Nun ist A der Anteil der statischen Leitfähigkeit (für $H = 0$), der von offenen Bahnen geliefert wird und G/H ist irgendein Mittelwert von $\sigma_0/\omega_c\tau$. Also geht in starken Magnetfeldern, für die gilt $\omega_c\tau \gg 1/\eta$, wobei η der Anteil der offenen Bahnen ist, die niederfrequente Resonanz verloren. Wenn H nicht so groß ist, wird die Resonanz durch die mit den offenen Bahnen verbundene Leitfähigkeit lediglich gedämpft.

Spinresonanz im normalen Skineffekt

Die Oberflächenimpedanz beim normalen Skineffekt enthält die magnetische Permeabilität. Nach (12) ist

(81) $$Z = (1 - i)\left(\frac{2\pi\omega\mu}{c^2\sigma}\right)^{1/2} \propto (1 - i)\mu^{1/2}.$$

Wir schreiben nun

(82) $$\mu = 1 + 4\pi(\chi_1 + i\chi_2),$$

wobei $\chi_1 = \Re\{\chi\}$ und $\chi_2 = \Im\{\chi\}$. Wenn $|\chi| \ll 1$ wie bei der Kernresonanz, dann können wir $\mu^{1/2}$ entwickeln und erhalten

(83) $$Z \propto (1 - i)(1 + 2\pi\chi_1 + 2\pi i\chi_2)$$

also

(84) $$\Re\{Z\} \propto 1 + 2\pi(\chi_1 + \chi_2).$$

Dies zeigt, daß die tatsächliche Energieabsorption in der Nähe einer Kernresonanz in einer Metallprobe, die dick im Vergleich zur Skintiefe ist, durch $\chi_1 + \chi_2$ bestimmt ist und nicht durch die absorptive Komponente χ_2 allein. Die Skintiefe selbst variiert, wenn wir durch die Resonanz fahren und die Energieabsorption enthält deshalb sowohl χ_1 wie χ_2.

Bei der ferromagnetischen Resonanz ist es unter diesen Bedingungen nicht möglich, $|\chi|$ als klein zu betrachten. Wir definieren reelle Größen μ_R und μ_L durch die Beziehung

(85) $$Z \propto (1 - i)\mu^{1/2} = \mu_R^{1/2} - i\mu_L^{1/2}.$$

Wenn

$$\mu = \mu_1 + i\mu_2, \tag{86}$$

dann ist

$$\mu_R = (\mu_1^2 + \mu_2^2)^{1/2} + \mu_2; \qquad \mu_L = (\mu_1^2 + \mu_2^2)^{1/2} - \mu_2. \tag{87}$$

Eine Messung des Verlustes gibt μ_R, eine Messung der Induktanz gibt μ_L.

Linienform nach Dyson. Ein interessantes Ergebnis findet man bei der Elektronenspinresonanz in paramagnetischen Metallen, wenn die Spins innerhalb der Relaxationszeit für Spinrelaxation oft in die Skinschicht hinein- und wieder herausdiffundieren. Dies ist nicht notwendig dieselbe Situation wie beim anomalen Skineffekt, da die transversale oder Leitfähigkeits-Relaxationszeit für Elektronen in Alkalimetallen sehr viel kürzer ist als die Relaxationszeit für Elektronenspins. In unserer Ableitung nehmen wir an, daß wir bezüglich der elektrischen Leitfähigkeit im Bereich des normalen Skineffekts sind.

Die Bloch-Gleichung mit Diffusion und einer einzigen Relaxationszeit T_1 ist

$$\frac{\partial \mathbf{M}}{\partial t} = \gamma \mathbf{M} \times \mathbf{H} - \frac{\mathbf{M}}{T_1} + D\,\nabla^2 \mathbf{M}, \tag{88}$$

für die transversalen Komponenten der Magnetisierung. Wir lösen diese gleichzeitig mit der Wirbelstromgleichung

$$\nabla^2 \mathbf{H} = \frac{4\pi\sigma}{c^2}(\dot{\mathbf{H}} + 4\pi\dot{\mathbf{M}}). \tag{89}$$

Diese Gleichungen führen auf eine 2×2 Säkulargleichung, die aus den Koeffizienten von $M^+ = M_x + iM_y$ und $H^+ = H_x + iH_y$ gebildet wird. Die Wurzeln der Säkulargleichung liefern die Dispersionsbeziehung $\mathbf{k}(\omega)$; es gibt zwei verschiedene Wurzeln. Die zwei Lösungen bei festem ω müssen zusammengesetzt werden, um die Oberflächenrandbedingung an die Magnetisierungsdiffusion zu erfüllen. Wenn wir annehmen, daß die Spins an der Oberfläche nicht relaxieren, dann gilt an der Oberfläche

$$\mathbf{k} \cdot \operatorname{grad} \mathbf{M} = 0, \tag{90}$$

wobei $\mathbf{k}$ senkrecht auf der Oberfläche steht. Die Form der magnetischen Absorptionslinie sieht unter diesen Bedingunen einer Dispersionskurve ziemlich ähnlich. Die Lösung wird im einzelnen von F.J. Dyson, *Phys. Rev.* **98,** 349 (1955), diskutiert.

Aufgaben

1.) Es sei $\mathbf{H}_0 \| \hat{\mathbf{z}}$ und $\mathbf{k} \| \hat{\mathbf{z}}$ und es gebe eine ungedämpfte periodische offene Bahn parallel zur k_x-Achse. Man zeige, daß die Dispersionsbeziehung der elektromagnetischen Wellen in dem Metall gegeben ist durch

$$\omega \cong kc\omega_c\omega^*/\omega_p{}^2,$$

wobei $\omega^{*2} = 4\pi n_{\text{offen}} e^2/m$ die effektive Plasmafrequenz für offene Bahnen ist.

2.) Man betrachte einen Film der Dicke D; man zeige, daß $D > c/\sigma_0$ (und nicht $D > \delta_0$) das Kriterium dafür ist, daß der Film den größten Teil der senkrecht auf ihn einfallenden Strahlung reflektiert. Wir nehmen an, daß $c/\sigma_0 \ll \delta_0$; diese Aufgabe ist eine einfache Übung zur Anwendung der Maxwellgleichungen, obwohl sie am besten durch physikalische Überlegung gelöst wird. Das Ergebnis besagt, daß die Reflektivität eines sehr dünnen Films hauptsächlich eine Frage der Impedanzeffekte und nicht der Energieabsorption im Film ist.

3.) Man zeige mit Hilfe der Methoden von Kapitel 6, daß die *transversale* Dielektrizitätskonstante eines Elektronengases bei $T = 0$ gegeben ist durch

$$\epsilon(\omega,\mathbf{q}) = \frac{4\pi i}{\omega}\sigma_\mathbf{q} \cong \frac{4\pi i}{\omega}\frac{3\pi n e^2}{4mv_F q},$$

im Grenzfall $\omega\tau \gg 1$ und $(kq/m) \gg \omega$. Dieses Ergebnis stimmt mit (42) überein.

Hinweis: Man berechne

$$(j_\mathbf{q})_x = \mathrm{Tr}\, e^{-i\mathbf{q}\cdot\mathbf{x}}\rho v_x = \frac{e}{m}\sum_\mathbf{k} k_x\langle\mathbf{k}|\delta_\rho|\mathbf{k}+\mathbf{q}\rangle - \frac{ne^2}{mc}A_\mathbf{q},$$

bis zu Termen in $O\,(A)$, wobei die Dichtefluktuation δ_ρ von folgender Störung H' herrührt:

$$H' = -\frac{e}{mc}A_x p_x; \qquad A_x = A_\mathbf{q} e^{iqz} e^{-i\omega t} + cc.$$

Man beachte, daß $\sigma_\mathbf{q}$ reell ist, sogar wenn keine Stöße auftreten ($\tau \longrightarrow \infty$).

17. Schalldämpfung in Metallen

Die Untersuchung der Dämpfung von Ultraschall-Phononen in Metallen in statischen Magnetfeldern ist ein wirkungsvolles Werkzeug für die Untersuchung von Fermiflächen. Die theoretische Formulierung des allgemeinen Dämpfungsproblems ist jedoch ungewöhnlich schwierig und auf dem Gebiet kann man in manche Falle treten. Der wesentliche experimentelle Vorteil der Ultraschall-Methode bei der Untersuchung der Fermiflächen ist, daß bei einer gegebenen Intensität des Magnetfeldes die für Resonanz notwendige Frequenz viel kleiner als für Zyklotron-Resonanz ist. Für die subharmonischen Frequenzen in der Zyklotron-Resonanz gilt das nur in geringerem Maße. Wir werden die experimentellen Ergebnisse nicht diskutieren. Eine gute Beschreibung der Verwendung von Ultraschall-Messungen zur Bestimmung der Ausmaße der Fermifläche findet sich in der Arbeit von H.V. Bohm und V.J. Easterling, *Phys. Rev.* **128,** 1021 (1962). Man beachte auch die dort zitierten Arbeiten.

Longitudinales Phonon in einem Gas freier Elektronen

Wir betrachten zuerst die Dämpfung eines longitudinalen Phonons in einem Gas freier Elektronen ohne statisches Magnetfeld. Die gewöhnliche Berechnung der Übergangswahrscheinlichkeit nimmt stillschweigend an, daß die mittlere freie Weglänge Λ des Elektrons, in der alle Streumechanismen berücksichtigt sind, groß ist im Vergleich zur Weglänge λ des Phonons. Sonst können die Elektronenzustände nicht als ebene Wellen oder als Blochfunktionen behandelt werden. Wir haben in dem Kapitel über die Elektron-Phonon-Wechselwirkung gesehen, daß für ein freies Elektronen-Gas gilt

$$\varepsilon(k_F,\mathbf{x}) = \varepsilon_0(k_F) - \tfrac{2}{3}\varepsilon_0(k_F)\Delta(\mathbf{x}), \tag{1}$$

wobei Δ die Dehnung und $\varepsilon_0(k_F)$ die Fermienergie ε_F ist. Nach (7.14) ist die Störung

$$H' = -\tfrac{2}{3}i\varepsilon_F \sum_{\mathbf{kq}} (1/2\,\rho\omega_{\mathbf{q}})^{1/2}|\mathbf{q}|(a_{\mathbf{q}}c^+_{\mathbf{k}+\mathbf{q}}c_{\mathbf{k}} - a^+_{\mathbf{q}}c^+_{\mathbf{k}-\mathbf{q}}c_{\mathbf{k}}), \tag{2}$$

wobei ρ die Dichte des Kristalls ist. Die Wahrscheinlichkeit pro Zeiteinheit, daß ein Phonon im Zustand $\mathbf{q}$ absorbiert wird bei gleichzeitiger Streuung eines Elektrons von $\mathbf{k}$ nach $\mathbf{k}+\mathbf{q}$, ist

(3) $$w_{(-)} = 2\pi|\langle \mathbf{k}+\mathbf{q}; n_{\mathbf{q}}-1|H'|\mathbf{k}; n_{\mathbf{q}}\rangle|^2 \delta(\varepsilon_{\mathbf{k}} + \omega_{\mathbf{q}} - \varepsilon_{\mathbf{k}+\mathbf{q}}).$$

Mittelt man über die Gesamtheit der Elektronen im thermischen Gleichgewicht, so ergibt sich

(4) $$w_{(-)} = \frac{4\pi\varepsilon_F{}^2 q}{9\rho c_s} n_{\mathbf{q}} f_0(\mathbf{k})[1 - f_0(\mathbf{k}+\mathbf{q})]\delta(\varepsilon_{\mathbf{k}} + \omega_{\mathbf{q}} - \varepsilon_{\mathbf{k}+\mathbf{q}}),$$

wobei f_0 die Fermi-Verteilungsfunktion und c_s die Schallgeschwindigkeit ist. Ähnlich ergibt sich für Phononenemission

(5) $$w_{(+)} = \frac{4\pi\varepsilon_F{}^2 q}{9\rho c_s} (n_{\mathbf{q}}+1) f_0(\mathbf{k})[1 - f_0(\mathbf{k}-\mathbf{q})]\delta(\varepsilon_{\mathbf{k}} - \omega_{\mathbf{q}} - \varepsilon_{\mathbf{k}-\mathbf{q}}).$$

Wir bilden mit (4) und (5)

(6) $$\frac{d(n_{\mathbf{q}} - \bar{n}_{\mathbf{q}})}{dt} = -\frac{1}{T_{\mathbf{q}}}(n_{\mathbf{q}} - \bar{n}_{\mathbf{q}}),$$

wobei die Phononenrelaxationszeit $T_{\mathbf{q}}$ mit (4) und (5) gegeben ist durch

(7) $$\frac{1}{T_{\mathbf{q}}} \cong \frac{16\pi\varepsilon_F{}^2 q}{9\rho c_s} \sum_{\mathbf{k}} f_0(\mathbf{k})[\mathbf{q}\cdot\nabla_{\mathbf{k}} f_0(\mathbf{k})]\delta\left(\frac{\mathbf{k}\cdot\mathbf{q}}{m} - \omega_{\mathbf{q}}\right),$$

bei Berücksichtigung der zwei Spinorientierungen. Wir haben den Term q^2 in der Deltafunktion vernachlässigt, weil $q/m \ll c_s$. Die Summe über $\mathbf{k}$ kann geschrieben werden als

(8) $$\begin{aligned}\sum_{\mathbf{k}} &= (2\pi)^{-3} \int dk\, 2\pi k^2 \int_0^1 d\mu\, f_0 \frac{\partial f_0}{\partial\varepsilon} \frac{qk\mu}{m} \delta\left(\frac{qk\mu}{m} - \omega_{\mathbf{q}}\right), \\ &= -(2\pi)^{-2} m c_s \int dk\, k f_0 \delta(\varepsilon - \varepsilon_F) = -m^2 c_s/8\pi^2.\end{aligned}$$

Der Koeffizient der Energiedämpfung $\alpha_{\mathbf{q}}$ kann also geschrieben werden als

(9) $$\alpha_{\mathbf{q}} \equiv \frac{1}{T_{\mathbf{q}} c_s} = \frac{2}{9\pi} \frac{\varepsilon_F{}^2 m^2}{\rho c_s{}^2} \omega_{\mathbf{q}} \qquad (\Lambda q \gg 1).$$

Das ist das korrekte Standardergebnis für dieses Modell. Λ ist hier die mittlere freie Weglänge der Leitungselektronen, wie sie sich bei Berücksichtigung aller wichtigen Streuprozesse ergibt.

Die Elektronen, die hauptsächlich für die Energieabsorption vom Phonon verantwortlich sind, sind diejenigen mit einer Geschwindigkeitskomponente in Phononenrichtung, die gleich der Phononengeschwindigkeit ist. Der Energiesatz lautet

$$\frac{k^2}{2m} + \omega_{\mathbf{q}} = \frac{(\mathbf{k}+\mathbf{q})^2}{2m},$$

woraus sich mit der üblichen Vernachlässigung von q^2 ergibt

$$\omega_{\mathbf{q}} = c_s \mathbf{q} \cong \frac{1}{m} \mathbf{k} \cdot \mathbf{q} = v_{\mathbf{q}} \mathbf{q},$$

wobei $v_{\mathbf{q}}$ die Geschwindigkeitskomponente des Elektrons in $\mathbf{q}$-Richtung ist.

Im anderen Grenzfall kleiner freier Weglängen der Elektronen $\Lambda q = 2\pi\Lambda/\lambda \ll 1$ erhalten wir das Problem der Dämpfung der Phononen durch die Viskosität des Elektronengases. Es ist aus der Akustik[1]) bekannt, daß die Energiedämpfung eines Gases in diesem Grenzfall ist

$$\alpha_{\mathbf{q}} = \frac{4}{3} \frac{\eta}{\rho c_s^3} \omega_{\mathbf{q}}^2, \tag{10}$$

wobei der Viskositätskoeffizient η eines Fermigases gegeben ist durch[2])

$$\eta = \tfrac{2}{5} \tau_c n \varepsilon_F, \tag{11}$$

bei Annahme einer konstanten Relaxationszeit der Elektronen. Wir erhalten das Ergebnis

$$\alpha_{\mathbf{q}} = \frac{8}{15} \frac{n \varepsilon_F \tau_c}{\rho c_s^3} \omega_{\mathbf{q}}^2 \qquad (\Lambda q \ll 1). \tag{12}$$

Dieses Ergebnis ist größenordnungsmäßig Λq mal das Ergebnis von (9). Wir erinnern uns, daß die elektrische Leitfähigkeit gegeben ist durch

$$\sigma_0 = \frac{n e^2 \tau_c}{m} \tag{13}$$

in dem gleichen Modell, so daß $\alpha_{\mathbf{q}} \propto \sigma_0$. Diese Proportionalität wird durch das Experiment bestätigt.

Behandlung mit der Transporttheorie - Longitudinales Phonon. Die Boltzmann-Gleichung versetzt uns in die Lage, das obige Problem für beliebige Werte von Λq geschlossen zu behandeln. Ohne äußeres Magnetfeld lautet die Transportgleichung in der Relaxationszeit-Näherung

$$\frac{\partial f}{\partial t} + \mathbf{v} \cdot \frac{\partial f}{\partial \mathbf{x}} + \frac{e\mathbf{E}}{m} \cdot \frac{\partial f}{\partial \mathbf{v}} = -\frac{f - \bar{f}_0}{\tau}. \tag{14}$$

Wir nehmen an, daß die Elektronen durch Störstellen gestreut werden. Dann erscheint es vernünftig, für $\bar{f}_0$ die Gleichgewichtsvertei-

[1]) Siehe z. B. C. Kittel, *Rpts. Prog. Physics* 11, 205 (1948).

[2]) C. Kittel, *Elementary statistical physics,* Wiley, 1958, S. 206.

lung der Elektronen im *lokalen* Koordinatensystem, das sich jeweils mit dem Gitter an dem betrachteten Ort bewegt, zu verwenden. Dieser wichtige Punkt wurde ausführlich untersucht von T. Holstein, *Phys. Rev.* **113,** 479 (1959).

Wenn $\mathbf{u}(\mathbf{x},t)$ die lokale Gittergeschwindigkeit ist, dann ist

$$\bar{f}_0(\mathbf{x};\mathbf{v};t) = f_0(\mathbf{v} - \mathbf{u}(\mathbf{x},t);\varepsilon_F(\mathbf{x},t)); \tag{15}$$

die Fermienergie wird durch die Phononen verändert, weil die lokale Elektronenkonzentration durch die Dehnung, die ein longitudinales Phonon begleitet, verändert wird. Das starke Bestreben der Leitungselektronen, Fluktuationen in der Dichte der positiven Ionen abzuschirmen, hat zur Folge, daß die Elektronen einer Dehnung des Gitters folgen. Wir schreiben $n = n_0 + n_1(\mathbf{x},t)$ für die Elektronenkonzentration. Dann ist

$$\begin{aligned}\bar{f}_0 &\cong f_0(\mathbf{v},n_0) - \mathbf{u}\cdot\frac{\partial f_0}{\partial \mathbf{v}} + n_1\frac{\partial f_0}{\partial n} \\ &= f_0 - \frac{\partial f_0}{\partial \varepsilon}\left(m\mathbf{v}\cdot\mathbf{u} + \tfrac{2}{3}\varepsilon_F{}^0\frac{n_1}{n_0}\right),\end{aligned} \tag{16}$$

wobei wir benützen $\partial f_0/\partial\varepsilon = -\partial f_0/\partial\varepsilon_F$ und $\varepsilon_F{}^0 \propto n^{2/3}$. Dann wird mit $f = f_0 + f_1$ aus (14)

$$-i\omega f_1 + i\mathbf{q}\cdot\mathbf{v}f_1 + e\mathbf{E}\cdot\mathbf{v}\frac{\partial f_0}{\partial\varepsilon} \cong -\frac{f_1}{\tau} - \frac{1}{\tau}\left(m\mathbf{v}\cdot\mathbf{u} + \tfrac{2}{3}\varepsilon_F{}^0\frac{n_1}{n_0}\right)\frac{\partial f_0}{\partial\varepsilon}, \tag{17}$$

woraus folgt

$$f_1 = -\left[\frac{\tau e\mathbf{v}\cdot[\mathbf{E} + (m\mathbf{u}/e\tau)] + \tfrac{2}{3}\varepsilon_F{}^0(n_1/n_0)}{1 - i\omega\tau + i\mathbf{q}\cdot\mathbf{v}\tau}\right]\frac{\partial f_0}{\partial\varepsilon}. \tag{18}$$

Die elektrische Stromdichte $\mathbf{j}_e$ ist gegeben durch

$$\mathbf{j}_e = \frac{2e}{(2\pi)^3}\int d^3k\, f_1\mathbf{v} = \boldsymbol{\sigma} : \left(\mathbf{E} + \frac{m\mathbf{u}}{e\tau}\right) + n_1 e c_s \mathbf{R}, \tag{19}$$

wobei der Diffusionsvektor $\mathbf{R}$ nach (18) gegeben ist durch

$$\mathbf{R} = -\frac{\varepsilon_F}{6\pi^3 n_0 c_s}\int d^3k\,\frac{\mathbf{v}}{1 - i\omega\tau + i\mathbf{q}\cdot\mathbf{v}\tau}\cdot\frac{\partial f_0}{\partial\varepsilon}, \tag{20}$$

und der Leitfähigkeitstensor ist

$$\sigma_{\mu\nu} = -\frac{e^2\tau}{4\pi^3}\int d^3k\,\frac{v_\mu v_\nu}{1 - i\omega\tau + i\mathbf{q}\cdot\mathbf{v}\tau}\cdot\frac{\partial f_0}{\partial\varepsilon}. \tag{21}$$

Die Gleichung (19) charakterisiert das Medium.

Wir können (21) direkt integrieren und finden, wenn $\mathbf{q}$ parallel zur z-Achse ist mit $a = q\Lambda/(1 - i\omega\tau)$:

(22) $$\sigma_{zz} = \frac{\sigma_0}{1 - i\omega\tau} \cdot \frac{3}{a^3}(a - \tan^{-1} a);$$

(23) $$\sigma_{xx} = \sigma_{yy} = \frac{\sigma_0}{1 - i\omega\tau} \cdot \frac{3}{2a^3}[(1 + a^2)\tan^{-1} a - a];$$

die nichtdiagonalen Glieder sind ohne statisches Magnetfeld null. Im Grenzfall $a \to 0$ gehen die diagonalen Komponenten $\to \sigma_0/(1 - i\omega\tau)$. Das Ergebnis (23) wurde schon im Zusammenhang mit dem anomalen Skineffekt behandelt. Die nichtverschwindende Komponente von **R** ist

(24) $$R_z = -i\frac{4\varepsilon_F^2}{3\pi^2 n_0 c_s(1 - i\omega\tau)} \cdot \frac{1}{a^2}(a - \tan^{-1} a),$$

so daß

(25) $$j_{ez} = \sigma_{zz}\left(E_z + \frac{mu_z}{e\tau} - \frac{iamv_F}{3e\tau} \cdot \frac{n_1}{n_0}\right).$$

Das elektrische Feld **E** entsteht durch eine kleine lokale Störung des Ladungsgleichgewichtes. Wir schreiben

(26) $$\mathbf{j} = \mathbf{j}_e - ne\mathbf{u},$$

wobei **j** die totale Stromdichte ist, die sich aus der elektronischen Stromdichte $\mathbf{j}_e$ und der Stromdichte der Ionen $(-e)n\mathbf{u}$ zusammensetzt. Die Stromdichte der Elektronen erfüllt die Kontinuitätsgleichung

(27) $$\frac{\partial\rho_e}{\partial t} + \operatorname{div}\mathbf{j}_e = 0; \qquad -\omega n_1 e + \mathbf{q}\cdot\mathbf{j}_e = 0.$$

Die Maxwellgleichung, die j_z und E_z verknüpft, ist

(28) $$\operatorname{div}\mathbf{E} = 4\pi\rho; \qquad \text{or} \qquad \operatorname{div}\dot{\mathbf{E}} = -4\pi\operatorname{div}\mathbf{j},$$

so daß

(29) $$\omega E_z = -4\pi i j_z = -4\pi i(j_{ez} - neu_z).$$

Wenn wir die Dämpfung transversaler Phononen untersuchen, benötigen wir eine Gleichung, die $j_\perp$ und $E_\perp$ verknüpft. Die Maxwellgleichungen für rot **E** und rot **H** ergeben zusammen

(30) $$E_\perp = -\frac{4\pi i}{\omega}\frac{(c_s/c)^2}{1 - (c_s/c)^2}j_\perp,$$

wobei $\varepsilon = \mu = 1$ gesetzt wurde, c_s die Schallgeschwindigkeit und c die Lichtgeschwindigkeit ist.

Die Energieabsorption pro Einheitsvolumen ist gegeben durch

(31) $$\mathcal{P} = \tfrac{1}{2}\mathcal{R}\left\{\mathbf{j}_e^* \cdot \mathbf{E} - \frac{n_0 m\mathbf{u}^*}{\tau}(\langle\mathbf{v}\rangle - \mathbf{u})\right\}.$$

Der Term mit $\mathbf{j}_e^* \cdot \mathbf{E}$ stellt den Ohm'schen Verlust der Elektronen dar. Wir sehen, daß der andere Term die Energie darstellt, die das Gitter von den Elektronen auf Grund der Tatsache aufnimmt, daß die Elektronen vor der Streuung eine mittlere Geschwindigkeit $\langle \mathbf{v} \rangle$ und nach der Streuung die Geschwindigkeit $\mathbf{u}$ haben. Dieser "Collisiondrag"-Term (zu deutsch etwa "Mitnahme in einer Strömung") ist vor allem wichtig bei hohen Frequenzen oder großen Magnetfeldern.

Aus der Kontinuitätsgleichung (27) ergibt sich für eine longitudinale Welle

$$(32) \qquad n_1 = qj_{ez}/\omega e = j_{ez}/c_s e,$$

damit wird aus (25), wenn man den Index z an j, E und u wegläßt

$$(33) \qquad j_e = \frac{\sigma_{zz}}{1 + i(\sigma_{zz}/\sigma_0)(av_F/3c_s)}\left(E + \frac{mu}{e\tau}\right) \equiv \sigma'\left(E + \frac{mu}{e\tau}\right),$$

wodurch σ' definiert wird. Diese Beziehung legt zusammen mit der Maxwellgleichung (29) j_e und E fest. Eliminieren wir E mit Hilfe von (29), so ergibt sich

$$(34) \qquad j_e = \frac{(4\pi\sigma' neui/\omega) + (\sigma' mu/e\tau)}{1 + (4\pi i\sigma'/\omega)} \cong neu,$$

für $\omega \ll \sigma'$ und $\omega \ll \omega_0{}^2\tau$. In diesem Grenzfall verschwindet der Gesamtstrom j näherungsweise. Das elektrische Feld erhalten wir, wenn wir (34) in (33) einsetzen:

$$(35) \qquad E \cong u\left(\frac{ne}{\sigma'} - \frac{m}{e\tau}\right).$$

Die Energiedissipation pro Einheitsvolumen ist bei Vernachlässigung des Collisiondrag in dieser Ordnung gegeben durch

$$(36) \qquad \mathcal{P} \cong \tfrac{1}{2}u^*u\mathcal{R}\left\{\frac{n^2e^2}{\sigma'} - \frac{nm}{\tau}\right\} = \frac{nmu^*u}{2\tau}\mathcal{R}\left\{\frac{\sigma_0}{\sigma'} - 1\right\},$$

woraus sich bei Benützung der Definition von σ' und unter der Annahme, daß a reell ist, ergibt ($\omega\tau \ll 1$)

$$(37) \qquad \mathcal{P} \cong \frac{nmu^*u}{2\tau}\left[\frac{a^2 \tan^{-1} a}{3(a - \tan^{-1} a)} - 1\right].$$

Der Dämpfungskoeffizient α ist gleich der Energiedissipation pro Einheitsvolumen und pro Einheit des Energieflusses:

$$(38) \qquad \alpha = \mathcal{P}/\tfrac{1}{2}\rho u^* u c_s,$$

wobei ρ die Dichte ist. Für longitudinale Wellen ergibt sich also

(39) $$\alpha = \frac{nm}{\rho c_s \tau}\left(\frac{a^2 \tan^{-1} a}{3(a - \tan^{-1} a)} - 1\right),$$

was mit $a \cong \Lambda q$ das Ergebnis von Pippard ist. Das Ergebnis (39) stimmt im Grenzfall $\Lambda q \gg 1$ mit (9) und im Grenzfall $\Lambda q \ll 1$ mit (12) überein.

Dämpfung transversaler Wellen. Für transversale Wellen ist die lokale Geschwindigkeit $\mathbf{u}$ des Gitters senkrecht zum Wellenvektor $\mathbf{q}$ der Phononen. Wir wählen $\mathbf{u}$ in der x -Richtung und $\mathbf{q}$ in z -Richtung. Die Dichtefluktuation n_1 ist null für eine transversale Welle. Für die Stromdichte in x -Richtung erhalten wir

(40) $$j_e = \sigma_{xx}\left(E + \frac{mu}{e\tau}\right),$$

woraus sich E eliminieren läßt mit Hilfe der Maxwellgleichung (30):

(41) $$E \cong -\frac{4\pi i}{\omega}\left(\frac{c_s}{c}\right)^2 (j_e - neu).$$

Man erhält

(42) $$j_e = \frac{\sigma_{xx} u}{1 + (4\pi i \sigma_{xx}/\omega)(c_s/c)^2}\left(\frac{m}{e\tau} + \frac{4\pi i n e c_s^2}{\omega c^2}\right),$$

wobei der Term mit $m/e\tau$ gewöhnlich vernachlässigbar ist. Nun ist $4\pi i \sigma_{xx} c_s^2/\omega c^2$ im wesentlichen $(\lambda/\delta)^2$, wobei λ die Wellenläge der Schallwelle und δ die klassische Skintiefe ist. Unterhalb von Frequenzen des Mikrowellenbereichs ist λ gewöhnlich $\gg \delta$, so daß

(43) $$j_e \cong neu - i\frac{m\omega u c^2}{4\pi e \tau c_s^2} + i\frac{\omega n e u}{4\pi \sigma_{xx}}\left(\frac{c}{c_s}\right)^2,$$

und

(44) $$E \cong \frac{mu}{e\tau} + \frac{neu}{\sigma_{xx}},$$

woraus folgt

(45) $$\mathcal{P} \cong \frac{nmu^* u}{2\tau}\,\mathcal{R}\left\{\frac{\sigma_0}{\sigma_{xx}} - 1\right\},$$

und wenn man (23) in dem Grenzfall $\omega\tau \ll 1$ benützt, so ergibt sich für die Dämpfung einer Scherungswelle

(46) $$\alpha = \frac{nm}{\rho c_s \tau}\left(\frac{1}{\zeta} - 1\right),$$

wobei

(47) $$\zeta = \frac{3}{2a^3}\left[(1 + a^2)\tan^{-1} a - a\right].$$

Einfluß von Magnetfeldern auf die Dämpfung

Viele wichtige Arbeiten über Ultraschalldämpfung in Metallen befassen sich mit der Untersuchung der Fermiflächen mit Hilfe von Periodizitätseffekten in Magnetfeldern unter den Bedingungen $\omega_c\tau \gg 1$ und $\Lambda q \gg 1$. Die Theorie der Dämpfung ergibt sich aus einer offensichtlichen, aber langwierigen Erweiterung der obigen Behandlung: Die Theorie für freie Elektronen kann man bei M.H. Cohen, M.J. Harrison und W.A. Harrison, *Phys. Rev.* **117**, 937 (1960) nachlesen. Für eine allgemeine Fermifläche wurde das Problem von A.B. Pippard, *Proc. Roy. Soc.* **A257**,165 (1960) und V.L. Gurevich, *JETP* **10**, 51 (1960) behandelt. Ultraschalluntersuchungen können bei relativ niedrigen Frequenzen vorgenommen werden im Vergleich zu jenen, die bei Zyklotronresonanz benötigt werden.

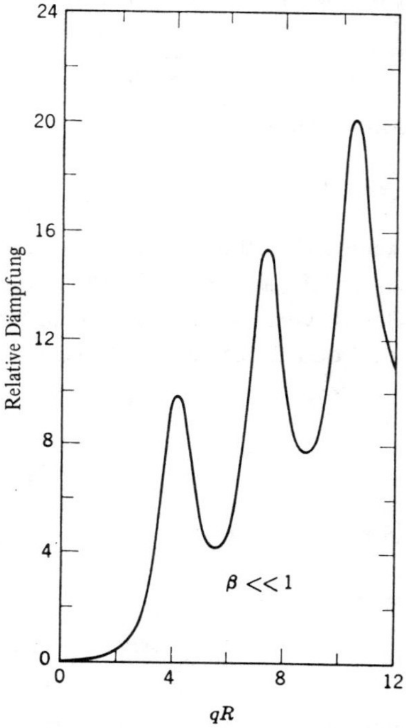

Bild 1: Feldabhängiger Faktor in der Dämpfung einer transversalen Welle, die sich senkrecht zum Feld ausbreitet. Es wurde angenommen, daß die klassische Skintiefe viel kleiner als die Wellenlänge und die Zyklotronfrequenz viel größer als die Streufrequenz der Elektronen ist. (Nach Cohen, Harrison und Harrison.)

Die Dämpfungseffekte bei Resonanz, die am meisten untersucht sind, sind geometrische Resonanzen, in denen der Durchmesser der Zyklotronbahn ein ganzzahliges Vielfaches der halben Wellenlänge des Phonons ist, wobei **H**, **q**, und **u** aufeinander senkrecht stehen. Die geometrischen Resonanzen haben zu tun mit der Stärke der Wechselwirkung zwischen bestimmten Bahnen und dem elektrischen Feld in dem Metall. In der Dämpfung tritt das Inverse der effektiven Leitfähigkeit auf, wie wir in den Ergebnissen (36) und (45) gesehen haben:

$$\alpha = \frac{nm}{\rho c_s \tau} \mathcal{R} \left\{ \frac{\sigma_0}{\sigma_{\text{eff}}} - 1 \right\}. \tag{48}$$

Wegen der Abschirmung haben wir es zu tun mit einem System mit konstantem Strom und nicht mit konstanter Spannung.

Man erwartet, daß die Leitfähigkeit eine periodische Funktion der Zahl der Phononenwellenlängen ist, die in einer Zyklotronbahn eingeschlossen sind, und zwar in einer extremalen Bahn. Die Periodizitätsbedingung ist also $2r_c = n\lambda$ oder $qr_c = n\pi$, wobei $r_c = v_F/\omega_c$ und n eine ganze Zahl ist. Dies kann geschrieben werden als

$$\frac{2pc}{eH} = n\lambda, \tag{49}$$

mit $p \equiv mv_F$. Wir ersehen aus der errechneten Kurve in Bild 1, daß die Differenzen der qR -Werte, für welche die Absorption maximal ist, ziemlich genau das Vielfache von π sind. Rechnungen für longitudinale Wellen bei Resonanzbedingungen nach Azbel-Kaner sind in Bild 2 gezeigt.

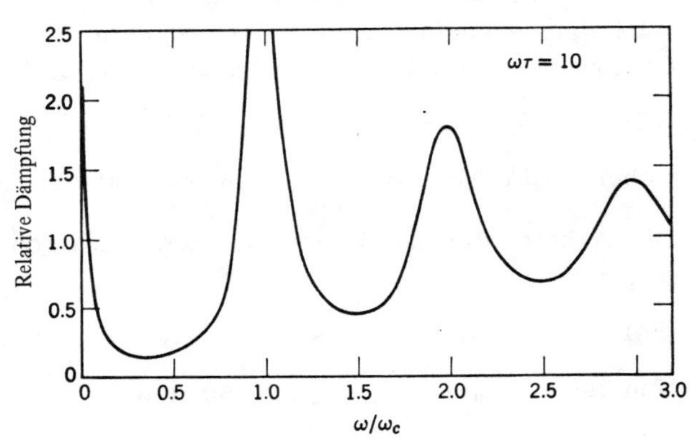

Bild 2:
Das Verhältnis der Dämpfung von longitudinalen Wellen als Funktion des Magnetfeldes zur Dämpfung ohne Feld, aufgetragen gegen das Verhältnis von Phonon- zu Zyklotronfrequenz. Das Produkt von Phononenfrequenz und Relaxationszeit der Elektronen $\omega\tau$ wurde 10 gesetzt. (Nach Cohen, Harrison und Harrison).

Magnetoakustische Resonanz bei offenen Bahnen

Eine bemerkenswerte Resonanzeigenschaft periodischer offener Bahnen in einem Magnetfeld beobachtet man, wenn man die Ultraschallabsorption in Metallen in folgender Weise betrachtet[3]: Wenn das

[3]) Theorie: E. A. Kaner, V.G. Peschanskii und I.A. Privorotskii, *Soviet Physics-JETP* **13**, 147 (1961). Experimentelle Beobachtung an Kadium: J.V. Gavenda und B.C. Deaton, *Phys. Rev. Letters* **8**, 208 (1962).

Magnetfeld senkrecht auf einer offenen Bahnkurve steht, wächst der Wellenvektor des Elektrons an wie

(50) $$\dot{\mathbf{k}} = \frac{e}{c} \mathbf{v}_\perp \times \mathbf{H},$$

wobei $\mathbf{v}_\perp = \text{grad}_{\mathbf{K}}\, \varepsilon(\mathbf{K}, k_H)$ in der Ebene senkrecht zu $\mathbf{H}$ liegt, die durch die offene Bahnkurve gelegt ist. Die Absorption bei offenen Bahnen läßt sich mit Hilfe eines Gedankengangs von W. A. Harrison verstehen.

Man betrachte ein Elektron auf einer offenen Bahn, das sich in dem Kristall in x -Richtung bewegt. Wir schicken in den Kristall ein longitudinales Phonon mit der Frequenz ω und dem Wellenvektor $\mathbf{q}$, ebenfalls in x -Richtung. Mit dem Phonon ist ein effektives elektrisches Feld verknüpft

(51) $$E_x = E_0 \cos (qx - \omega t).$$

Die Geschwindigkeit des Elektrons ist von der Form

(52) $$\dot{x} = v_0 + v_1 \cos \Omega t,$$

wobei v_0 von der Größenordnung der Fermigeschwindigkeit und Ω die Winkelgeschwindigkeit ist, die mit dem Durchlaufen eines reziproken Gittervektors im $\mathbf{k}$ -Raum verknüpft ist. D.h., wenn $v_1 \ll v_0$

(53) $$\Omega = 2\pi \dot{k}/G_c \cong 2\pi e v_0 H/c\, G_c,$$

wobei G_c die räumliche Periode der offenen Bahn im $\mathbf{k}$ -Raum ist.

Die Arbeit, die das Phonon an dem Elektron pro Zeiteinheit verrichtet, ist

(54) $$eE_x\dot{x} = eE_0 \cos (qx - \omega t)(v_0 + v_1 \cos \Omega t).$$

Nun ist $x = v_0 t + (v_1/\Omega) \sin \Omega t$, so daß

(55) $$eE_x\dot{x} = eE_0[\cos \{(qv_0 - \omega)t + (qv_1/\Omega) \sin \Omega t\}][v_0 + v_1 \cos \Omega t].$$

Der erste Kosinusfaktor kann geschrieben werden als

(56) $$\begin{aligned} \cos \{\cdot\cdot\cdot\} \equiv \cos (qv_0 - \omega)t \cos [(qv_1/\Omega) \sin \Omega t] \\ - \sin (qv_0 - \omega)t \sin [(qv_1/\Omega) \sin \Omega t]. \end{aligned}$$

Wenn $qv_1/\Omega \ll 1$ ist, dann können wir (56) in eine Potenzreihe in dieser Größe entwickeln.

Aus (55) ergibt sich in nullter Ordnung

(57) $$(eE_x\dot{x})_0 = eE_0 v_0 \cos (qv_0 - \omega)t,$$

was den Mittelwert null hat, es sei denn $qv_0 = \omega$, was eine Bedingung darstellt, die unabhängig vom Magnetfeld ist. Bis zu Gliedern erster Ordnung ist

$$(eE_x\dot{x})_1 = eE_0(qv_1/\Omega)[-v_0 \sin(qv_0 - \omega)t \sin \Omega t + (\Omega/q) \cos(qv_0 - \omega)t \cos \Omega t]. \tag{58}$$

Bei Mittelung über die Zeit liefert das nur einen Beitrag, wenn $qv_0 - \omega = \Omega$ oder $q(v_0 - v_s) = \Omega$, wobei v_s die Geschwindigkeit der Phononen ist. Wegen $v_s \ll v_0$ lautet die Resonanzbedingung

$$qv_0 \cong \Omega = 2\pi ev_0H/c\,G_c, \tag{59}$$

bei Benützung von (53); oder, für die Wellenlänge λ_q der Schallwelle,

$$\lambda_q = \frac{c\,G_c}{eH}. \tag{60}$$

Diese Beziehung wird recht gut erfüllt bei Beobachtungen an Kadmium (siehe Literaturhinweis 3). Wir bemerken, daß (60) e und nicht e/m^* enthält. Die berichtete Resonanz ist sehr scharf und kann als gute Methode zur Untersuchung der Frage dienen, ob die Elektron-Elektron-Wechselwirkung zu einer effektiven Ladung e^* der Ladungsträger führt, die sich geringfügig von der Elektronenladung e unterscheidet. Theoretische Gründe gegen die Möglichkeit, daß $e^* \neq e$, werden von W. Kohn, *Phys. Rev.* **115,** 1460 (1959) und J.M. Luttinger, *Phys. Rev.* **121,**1251 (1961) angegeben.

Phononenverstärkung durch Elektron-Phonon-Wechselwirkung [4])

Es sei die Elektronendichte überall gleich der Löcherdichte, womit wir die Vernachlässigung von Coulombeffekten zulassen, die bei Aufhäufung von Ladung auftritt. Die Situation ohne Ladungsneutralität wird von Weinreich, Sanders und White untersucht (siehe Literaturhinweis 4). Wir schreiben $n(x,t)$ für die Abweichung der Teilchendichte vom statischen Gleichgewichtswert. Wenn V die Differenz der Konstanten des Deformationspotentials für Elektronen und Löcher ist, dann ist Ve_{xx} die Verschiebung in der Relativenergie von Elektron- und Lochzuständen unter der Verformung e_{xx}. Die Gleichgewichtsteilchendichte wird um $Ve_{xx}N_F$ verschoben. Hier ist N_F die Dichte der Zustände

---

[4]) G. Weinreich, *Phys. Rev.* 104, 32 (1956); G. Weinreich, T. M. Sanders und H. G. White, *Phys. Rev.* 114, 33 (1959); J. Hopfield, *Phys. Rev. Letters* 8, 311, (1962); A. R. Hutson, *Phys. Rev. Letters* 7, 237 (1961). In piezoelektrischen Kristallen ist die Kopplung bei den in den Experimenten interessierenden Frequenzen viel stärker als die des Deformationspotentials.

an der Fermifläche. Die Transportgleichung für die Driftgeschwindigkeit v lautet also

$$\frac{\partial n}{\partial t} + v\frac{\partial n}{\partial x} = -\frac{n(x,t) + N_F V(\partial u/\partial x)}{\tau_{eh}}, \tag{61}$$

wobei τ_{eh} die Elektron-Loch-Rekombinationszeit ist. Die Driftgeschwindigkeit kommt deswegen herein, weil wir in (61) die Verteilungsfunktion bereits über die Geschwindigkeit integriert haben. Wir nehmen an, daß die Driftgeschwindigkeit durch eine äußere Quelle aufrecht erhalten wird. Die elastische Bewegungsgleichung lautet

$$\rho\ddot{u} = c_{\|}\frac{\partial^2 u}{\partial x^2} + V\frac{\partial n}{\partial x}. \tag{62}$$

Dies folgt aus der Lagrange-Dichte

$$\mathfrak{L} = \tfrac{1}{2}\rho\dot{u}^2 - \tfrac{1}{2}c_{\|}\left(\frac{\partial u}{\partial x}\right)^2 - Vn(x,t)\frac{\partial u}{\partial x}, \tag{63}$$

wobei der letzte Term auf der rechten Seite das klassische Analogon des Deformationspotentials darstellt.

Wir suchen Lösungen von (61) und (62) der Form

$$n,u \sim e^{i(kx-\omega t)}. \tag{64}$$

Dann ist

$$\begin{aligned}(-i\omega n + vikn)\tau &= -n - N_V Viku,\\ -\rho\omega^2 u &= -k^2 c_{\|}u + ikVn.\end{aligned} \tag{65}$$

Die Säkulargleichung lautet

$$\begin{vmatrix}(1 - i\omega\tau + ikv\tau) & iN_F Vk\\ -ikV & k^2 c_{\|} - \rho\omega^2\end{vmatrix} = 0. \tag{66}$$

Wenn $kv > \omega$, wachsen die Wellen in ihrer Amplitude - die Driftgeschwindigkeit, wenn sie aufrecht erhalten wird, pumpt Energie in beide Systeme. Das ist im wesentlichen ein Verstärker laufender Schallwellen. Die Bedingung $kv > \omega$ ist gleichbedeutend mit $v > c_s$, wobei c_s die Schallgeschwindigkeit ist.

Die Lösung von (66) lautet näherungsweise

$$k \cong \frac{\omega}{c_s}\left\{1 + \frac{N_F V^2}{2c_{\|}}[1 + i(\omega - kv)\tau]\right\}, \tag{67}$$

für $(\omega - kv)\tau \ll 1$.

Aufgabe

Die longitudinale Schallgeschwindigkeit in Cd senkrecht zu der hexagonalen Achse ist $3{,}8\text{x}10^5$ cm/sec. Bei welcher Schallfrequenz tritt die niedrigste magnetoakustische Resonanz für offene Bahnen auf, wenn das angelegte Magnetfeld 1 Kilo-Oersted beträgt ?

18. Theorie der Legierungen

Viele interessante praktische und theoretische Probleme treten in eimen Festkörper auf, der eine Lösung eines Elements in einem anderen ist. Wir können eine Reihe von Fragen über Legierungen stellen, wie Löslichkeitsgrenzen, Lösungsenergie, Gitterausdehnung, elektrischer Widerstand, magnetisches Moment, magnetische Kopplung, Knightshift, Verbreiterung der Kernquadrupolresonanz und supraleitende Eigenschaften (Energielücke, Übergangstemperatur, kritisches Feld). Wir haben nicht genügend Platz, um alle diese Fragen zu behandeln, aber wir werden die Hauptaspekte von verdünnten Legierungen diskutieren und besonders auf den Einfluß der Verunreinigungsatome auf die elektronische Struktur des Wirts- oder Lösungsmittelmetalls eingehen. Wir nehmen an, daß die Verunreinigungen an Plätzen von Atomen des Wirtsgitters sitzen, wenn nicht anders angegeben.

Im Prinzip zerstört eine winzige Konzentration von Verunreinigungen die Periodizität des Gitters bezüglich Translation. Das Gitter ist formal entweder periodisch oder nicht periodisch. In der Legierung ist der Wellenvektor keine Konstante der Bewegung mehr und die wahren elektronischen Eigenzustände führen keinen Impuls. Die tatsächlichen Konsequenzen kleiner Konzentrationen von Verunreinigungen sind oft viel weniger ernst als man nach dieser formalen Feststellung erwarten würde, besonders wenn das Verunreinigungsatom dieselbe Wertigkeit wie die Atome des Wirtskristalls hat. So wurde in einem Experiment mit 5 % Si in Ge die mittlere freie Weglänge im Leitungsband bei 4°K als $\sim 10^{-5}$ cm gefunden, was etwa 400 Atomabständen entspricht.

Es ist ebenfalls bekannt, daß feste Lösungen oder Mischkristalle oft über sehr weite Bereiche der Zusammensetzung gebildet werden, ohne die nichtleitende oder metallische Natur des jeweiligen Materials zu zerstören. Im Modell fast freier Elektronen hängt das Vorhandensein einer Bandlücke an einer Zonengrenze mit einer bestimmten Fourierkomponente des periodischen Kristallpotentials zusammen; die "partielle" Zerstörung der Periodizität durch das Beimischen eines schwachen Spektrums aus anderen Fourierkomponenten, die von einer geringen Konzentration von Verunreinigungsatomen herrühren, zerstört die Lücke nicht. Wegen dieses speziellen Punktes kann der Leser R. D. Mattuk, *Phys. Rev.* **127**, 738 (1962) und dort zitierte Literatur zu Rate ziehen.

Wir diskutieren zunächst zwei Ergebnisse mit einem weiten Anwendungsbereich in der Theorie der Legierungen, das Laue-Theorem und die Friedel-Summenregel. Anschließend behandeln wir mehrere typische Probleme bei Legierungen. Es sei zunächst einige allgemeine Literatur über die moderne Theorie der Legierungen angegeben:

[1]) J. Friedel, *Phil. Mag. Supplement* 3, 446-507 (1954)

[2]) J. Friedel, *Nuovo cimento supplemento* 7, 287-311 (1958).

[3]) A. Blandin, Dissertation, Paris, 1961.

Laue - Theorem

Dieses wichtige Theorem sagt aus, daß die Teilchendichte pro Energieeinheit näherungsweise unabhängig ist von den Randbedingungen, und zwar für Entfernungen von der Begrenzung, die größer sind als eine charakteristische Wellenlänge eines Teilchens bei der betrachteten Energie. Dieses Ergebnis wird nicht durch die Abschirmung verursacht, sondern gilt auch für ein nichtwechselwirkendes Elektronengas. Es sei darauf hingewiesen, daß wir es mit dem Produkt aus der Wahrscheinlichkeitsdichte $\varphi_E^*(\mathbf{x})\varphi_E(\mathbf{x})$ und der Zustandsdichte $g(E)$ zu tun haben. Bei der Anwendung des Theorems stellen wir uns vor, daß die Randstörung durch den zusätzlichen oder austauschweisen Einbau eines Verunreinigungsatoms in dem Kristall verursacht wird. Der folgende Beweis wurde von Dyson vorgeschlagen (unveröffentlicht).

Beweis: Wir behandeln freie Elektronen mit der Eigenwertgleichung

$$(1)\qquad -\frac{1}{2m}\nabla^2\varphi_\mathbf{k} = \varepsilon_\mathbf{k}\varphi_\mathbf{k}.$$

Wir führen die Funktion ein

$$(2)\qquad u(\mathbf{x}t) = \sum_\mathbf{k} \varphi_\mathbf{k}^*(\mathbf{x})\varphi_\mathbf{k}(0)e^{-\varepsilon_\mathbf{k}t},$$

wobei

$$(3)\qquad u(\mathbf{x}0) = \sum_\mathbf{k} \varphi_\mathbf{k}^*(\mathbf{x})\varphi_\mathbf{k}(0) = \delta(\mathbf{x}).$$

Nun erfüllt $u(\mathbf{x}t)$ die Diffusionsgleichung

$$(4)\qquad \frac{\partial u}{\partial t} = D\,\nabla^2 u,$$

mit

(5) $$D = \frac{1}{2m}.$$

Außerdem ist am Ursprung die Größe

(6) $$u(0t) = \sum_{\mathbf{k}} \varphi_{\mathbf{k}}^{*}(0)\varphi_{\mathbf{k}}(0)e^{-\varepsilon_{\mathbf{k}}t} = \int d\varepsilon_{\mathbf{k}}\, \varphi_{\mathbf{k}}^{*}(0)\varphi_{\mathbf{k}}(0)g(\varepsilon_{\mathbf{k}})e^{-\varepsilon_{\mathbf{k}}t}$$

die Laplacetransformierte der Wahrscheinlichkeitsdichte

(7) $$\varphi_{\mathbf{k}}^{*}(0)\varphi_{\mathbf{k}}(0)g(\varepsilon_{\mathbf{k}}),$$

pro Energie- und Volumeneinheit.

Wir wissen von der Diffusionstheorie, daß $u(0t)$ von einer Begrenzung in einer Entfernung ξ vom Ursprung nach einer Zeit t beeinflußt wird, wobei

(8) $$t > t_c \cong \xi^2/D = 2m\xi^2.$$

In der Laplacetransformierten (6) wird die Begrenzung sich also zur Zeit t_c bemerkbar machen. Die Komponenten, die zur Zeit t_c zu (6) beitragen, sind hauptsächlich die mit $\varepsilon_{\mathbf{k}}t_c < 1$ oder mit (8)

(9) $$\varepsilon_{\mathbf{k}} < \frac{1}{2m\xi^2}.$$

Aber es ist $\varepsilon_{\mathbf{k}} = k^2/2m$, so daß die Begrenzung einen Einfluß auf das Problem hat, wenn

(10) $$k < \frac{1}{\xi}$$

gilt; oder, ausgedrückt durch die Wellenlänge λ, wenn für die Entfernung vom Ursprung gilt

(11) $$\xi < \lambda/2\pi;$$

dann hat die Begrenzung einen Einfluß.

Wir betrachten ein Verunreinigungsatom als äquivalent zu einer neuen Begrenzung. Die Elektronendichte pro Energieeinheit an der Fermikante eines Metalls wird also normalerweise von einer Verunreinigung nur schwach gestört, wenn diese sich in einer Entfernung vom Beobachtungspunkt größer als $1/k_F$, oder ungefähr einer Gitterkonstanten, befindet.

Als eine einfache Veranschaulichung des Laue-Theorems betrachten wir die Teilchendichte auf einer eindimensionalen Linie mit undurchdringlichen Begrenzungen bei $x = 0$ und $x = L$. Die Eigenfunktionen sind

$$\varphi_n(x) = \left(\frac{2}{L}\right)^{1/2} \sin \frac{n\pi}{L} x, \tag{12}$$

und die Energieeigenwerte sind

$$\varepsilon_n = \frac{1}{2m}\left(\frac{n\pi}{L}\right)^2. \tag{13}$$

Also ist

$$\varphi_n^*(x)\varphi_n(x) = \left(\frac{2}{L}\right) \sin^2 \frac{n\pi}{L} x; \tag{14}$$

wenn alle Zustände bis zu n_F mit einem Teilchen gefüllt sind, ist die Teilchendichte, mit $k_F = n_F\pi/L$,

$$\rho(x) = \left(\frac{2}{L}\right) \int_0^{n_F} dn \sin^2\left(\frac{n\pi x}{L}\right) = \frac{n_F}{L}\left\{1 - \frac{\sin 2k_F x}{2k_F x}\right\}, \tag{15}$$

so daß die Dichte von null bei $x = 0$ innerhalb einer Entfernung von der Größenordnung $1/k_F$ zu einem Wert nahe bei n_F/L ansteigt.

In einer Dimension nähert sich $d\rho/dn$ oder $d\rho/dE$ keinem festen Wert, wenn wir von der Begrenzung weggehen. Der Grund dafür ist, daß immer nur eine Schwingung in der Ableitung gezählt wird. In zwei Dimensionen ist die Lage besser und man kann zeigen, daß sowohl ρ wie $d\rho/dE$ das erwartete Verhalten haben. Hier gilt

$$\rho(x,y) = \frac{n_F^2}{L^2}\left\{1 - \frac{\sin 2k_F x}{2k_F x}\right\}\left\{1 - \frac{\sin 2k_F y}{2k_F y}\right\}. \tag{16}$$

Friedel – Summenregel

Wir betrachten ein freies Elektronengas und ein sphärisches Streupotential $V(r)$. Es ist bequem, aber nicht notwendig, anzunehmen, daß V keine gebundenen Zustände hat und auf eine atomare Zelle beschränkt ist. Von der normalen Streutheorie wissen wir, daß man die Lösung $u(r,\theta)$ der Wellengleichung schreiben kann als

$$u(r,\theta) = \sum_{L=0}^{\infty} \frac{\varphi_L(r)}{r} P_L(\cos\theta), \tag{17}$$

wobei P_L ein Legendre-Polynom ist und $\varphi_L(r)$ die Gleichung erfüllt

$$\frac{d^2\varphi_L}{dr^2} + \left[k^2 - U(r) - \frac{L(L+1)}{r^2}\right]\varphi_L = 0; \tag{18}$$

mit $U(r) = 2mV(r)$. Wir wissen, daß $\varphi_L(r) \to 0$ für $r \to 0$ und (Schiff, S. 104)

$$\varphi_L(r) \to \left(\frac{1}{2\pi R}\right)^{1/2} \sin\left(kr + \eta_L(k) - \tfrac{1}{2}L\pi\right) \tag{19}$$

für $r \to \infty$. Dabei ist $\eta_L(k)$ die durch das Streupotential erzeugte Phasenverschiebung. Der numerische Faktor in (19) ist so gewählt, daß φ_L/r in einer Kugel mit einem großen Radius R normiert ist:

$$4\pi \int_0^R \varphi_L{}^2(r)\, dr = \frac{2}{R}\int_0^R dr \cdot \tfrac{1}{2} = 1, \tag{20}$$

abgesehen von oszillierenden Termen, die in (27) berücksichtigt werden. Dieses Ergebnis ist für $\eta_L(k) = 0$ angeschrieben und erfährt daher eine Korrektur für Änderungen der Wellenfunktion in der Nähe des Streupotentials.

Die gewünschte Korrektur finden wir folgendermaßen:

(a) Wir multiplizieren (18) mit $\varphi_L'(r)$, der Lösung von (18) für einen Wellenvektor k'.

(b) Wir bilden das analoge Produkt aus $\varphi_L(r)$ mit der Differentialgleichung für $\varphi_L'(r)$ und subtrahieren dieses von dem obigen:

$$\varphi_L' \frac{d^2\varphi_L}{dr^2} - \varphi_L \frac{d^2\varphi_L'}{dr^2} + (k^2 - k'^2)\varphi_L'\varphi_L = 0. \tag{21}$$

(c) Wir integrieren (21) über dr von 0 bis R:

$$\int_0^R dr \left(\varphi_L' \frac{d^2\varphi_L}{dr^2} - \varphi_L \frac{d^2\varphi_L'}{dr^2}\right) = (k'^2 - k^2)\int_0^R dr\, \varphi_L'\varphi_L. \tag{22}$$

Nach partieller Integration wird die linke Seite:

$$\left[\varphi_L' \frac{d\varphi_L}{dr} - \varphi_L \frac{d\varphi'}{dr}\right]_0^R. \tag{23}$$

Wenn φ_L eine kontinuierliche Funktion von k ist, können wir für kleine $k' - k$ schreiben

$$\varphi_L' = \varphi_L + (k - k')\frac{d\varphi_L}{dk}; \qquad \frac{d\varphi_L'}{dr} = \frac{d\varphi_L}{dr} + (k - k')\frac{d^2\varphi_L}{dk\, dr}, \tag{24}$$

so daß

$$\left[\frac{d\varphi_L}{dk}\frac{d\varphi_L}{dr} - \varphi_L \frac{d^2\varphi_L}{dk\, dr}\right]_0^R = 2k\int_0^R dr\, \varphi_L{}^2. \tag{25}$$

Mit Hilfe der asymptotischen Form (19) für große R wird

$$\int_0^R dr\, \varphi_L{}^2 \to \frac{1}{4\pi R}\left[R + \frac{d\eta_L}{dk} - \frac{1}{2k}\sin 2(kR + \eta_L - \tfrac{1}{2}L\pi)\right]. \tag{26}$$

Wenn φ_L^0 die Wellenfunktion ohne Potential ist, gilt

$$\int_0^R dr\,(\varphi_L{}^0)^2 \rightarrow \frac{1}{4\pi R}\left[R - \frac{1}{2k}\sin 2(kR - \tfrac{1}{2}L\pi)\right]. \tag{27}$$

Die Änderung der Teilchenzahl im Zustand (k,L) innerhalb einer Kugel vom Radius R wird also

$$4\pi\int_0^R dr\,[\varphi_L{}^2 - (\varphi_L{}^0)^2] = \frac{1}{R}\left[\frac{d\eta_L}{dk} - \frac{1}{k}\sin\eta_L\cos(2kR + \eta_L - L\pi)\right]. \tag{28}$$

Die Dichte der Zustände mit dem Drehimpuls L pro Wellenzahl innerhalb einer Kugel vom Radius R ist $2(2L+1)R/\pi$, wenn man beide Spinorientierungen berücksichtigt. Dies gilt, weil es $(2L+1)$ Werte der azimutalen Quantenzahl m_L für jeden Wert L gibt, und für festes L und m_L die erlaubten Werte von k asymptotisch um $\Delta k = \pi/R$ voneinander getrennt sind, so daß es R/π verschiedene Radiallösungen pro Einheitsbereich von k gibt. Dann ist mit (28) die Gesamtzahl ΔN der Teilchen, die durch das Potential in die Kugel vom Radius R verschoben werden,

$$\begin{aligned}\Delta N &= \frac{2}{\pi}\sum_L (2L+1)\int_0^{k_F} dk\left[\frac{d\eta_L}{dk} - \frac{1}{k}\sin\eta_L\cos(2kR + \eta_L - L\pi)\right]\\ &= \frac{2}{\pi}\sum_L (2L+1)\eta_L(k_F) + \text{oszillierender Term}.\end{aligned} \tag{29}$$

Man beachte, daß der oszillierende Term eine oszillierende Änderung der lokalen Ladungsdichte bewirkt:

$$\begin{aligned}\Delta\rho(R) &= \frac{1}{4\pi R^2}\frac{\partial(\Delta N)}{\partial R} = -\frac{1}{2\pi^2 R^3}\\ &\sum_L (2L+1)(\sin\eta_L)(\cos(2k_F R + \eta_L - L\pi) - \cos(\eta_L - L\pi)),\end{aligned} \tag{29'}$$

für η_L unabhängig von k.

Wenn die Verunreinigung relativ zum Wirtsgitter die Wertigkeit Z hat, sorgt bekanntlich ein selbstkonsistentes Potential $V(r)$ dafür, daß $Z|e|$ durch die verschobene Ladung $(\Delta N)e$ exakt neutralisiert wird, so daß das Verunreinigungspotential in großen Entfernungen abgeschirmt ist. Wenn wir den oszillierenden Term vernachlässigen, wird also aus(29)

$$\boxed{Z = \frac{2}{\pi}\sum_L (2L+1)\eta_L(k_F);} \tag{30}$$

dies ist die Friedel-Summenregel. Sie ist eine wichtige Selbstkonsistenzbedingung an das Potential. Für viele Legierungen ist es nicht nötig, die Form des Potentials im einzelnen zu kennen - wir brauchen nur die ersten Phasenverschiebungen $\eta_0, \eta_1, \eta_2, \ldots,$ die so gewählt werden, daß sie (30) erfüllen. Oft sind die Phasenverschiebungen für $L > 3$ oder 4 vernachlässigbar.

Man beachte, daß (30) mit Hilfe eines einfachen Arguments nachgeprüft werden kann: Für eine Phasenverschiebung $\eta_L(k_F)$ werden die quantisierten Werte von k bei k_F in einer Kugel vom Radius R um $\Delta k = -\eta_L(k_F)/R$ verschoben; nun gibt es aber $2(2L+1)R/\pi$ Zustände zu einem festen L in einem Einheitsbereich von k, so daß die Gesamtänderung der Zahl der Zustände unterhalb der Fermikante gerade $(2/\pi)\sum_L (2L+1)\eta_L(k_F)$ ergibt, was gleich Z sein muß, wenn die Überschußladung abgeschirmt werden soll.

Theorem starrer Bänder

Nach dem Theorem starrer Bänder äußert sich eine lokalisierte Störung $V_P(\mathbf{x})$ in erster Ordnung in einer Verschiebung jedes Energieniveaus des Wirtskristalls um einen nahezu gleichen Betrag, der in erster Ordnung Störungstheorie gegeben ist durch

$$\Delta\varepsilon_{\mathbf{k}} = \langle \mathbf{k}|V_P|\mathbf{k}\rangle = \int d^3x\, u_{\mathbf{k}}^*(\mathbf{x})V_P(\mathbf{x})u_{\mathbf{k}}(\mathbf{x}), \tag{31}$$

wobei die Blochfunktion geschrieben wurde als $\varphi_{\mathbf{k}}(\mathbf{x}) = e^{i\mathbf{k}\cdot\mathbf{x}}u_{\mathbf{k}}(\mathbf{x})$. Wenn $u_{\mathbf{k}}(\mathbf{x})$ nicht stark von $\mathbf{k}$ abhängt, ist

$$\Delta\varepsilon_{\mathbf{k}} \cong \int d^3x\, u_0^*(\mathbf{x})V_P(\mathbf{x})u_0(\mathbf{x}) \tag{32}$$

Das ganze Energieband ist also verschoben ohne Änderung der Form. Alle durch das Verunreinigungsatom zusätzlich hinzugefügten Elektronen füllen einfach das Band auf.

Die Gültigkeit des Ergebnisses (31) ist nicht so offensichtlich wie es auf den ersten Blick scheinen mag. Die folgende Behandlung bezieht sich auf freie Elektronen, nicht auf Blochelektronen. Außerhalb des Bereichs des lokalisierten Potentials wird die Wellenfunktion durch die Störung nicht verändert und folglich müssen auch die Energieeigenwerte als Funktion von $\mathbf{k}$ unverändert bleiben. Diese Feststellung scheint (31) zu widersprechen. Die erlaubten Werte von $\mathbf{k}$ werden jedoch verändert: Es ist wesentlich, den Einfluß aller Randbedingungen zu berücksichtigen. Nehmen wir an, die Verunreinigung sei im Mittelpunkt einer großen leeren Kugel vom Radius R; außerdem sei innerhalb der Kugel ein, abgesehen vom Verunreinigungspotential, freies Elektron.

Wenn die Randbedingung an den Wert der Wellenfunktion bei R von einem bestimmten k vor der Einführung der Verunreinigung erfüllt wird, wird die Randbedingung nun von einem Wellenvektor k' erfüllt, so daß gilt

$$k'R + \eta_L = kR, \tag{33}$$

wobei η_L die Phasenverschiebung ist. Die kinetische Energie liefert weit weg vom Potential einen Beitrag proportional k^2 und die Verschiebung des Eigenwerts ist

$$\Delta\varepsilon_k = \frac{1}{2m}(k'^2 - k^2) = \frac{1}{2m}\left[\left(k - \frac{\eta_L}{R}\right)^2 - k^2\right] \cong -\frac{k\eta_L}{mR}. \tag{34}$$

In der Born'schen Näherung für $\eta_L \ll 1$ erhalten wir (Schiff, S. 167)

$$\eta_L \cong -2km \int dr\, r^2 j_L{}^2(kr) V(r) \tag{35}$$

Die ungestörte Wellenfunktion ist nach Schiff (15.8)

$$u_L \cong k\left(\frac{1}{2\pi R}\right)^{1/2} j_L(kr) Y_L^m(\theta,\varphi), \tag{36}$$

wobei die sphärischen Kugelfunktionen so normiert sind, daß sie bei der Integration ihres Quadrats über die Oberfläche einer Kugel 4π ergeben; die radiale Normierung in (36) gilt nur näherungsweise und folgt aus der asymptotischen Form (19). Also ist

$$\int dr\, r^2 j_L{}^2(kr) V_P(r) = \frac{R}{2k^2}\langle \mathbf{k}|V_P|\mathbf{k}\rangle, \tag{37}$$

so daß

$$\eta_L \cong -\frac{mR}{k}\langle \mathbf{k}|V_P|\mathbf{k}\rangle, \tag{38}$$

und nach (14)

$$\Delta\varepsilon_{\mathbf{k}} = \langle \mathbf{k}|V_P|\mathbf{k}\rangle. \qquad \text{Q.E.D.}$$

Eine allgemeinere Ableitung wird in der Dissertation von Blandin[3]) gegeben. Das Ergebnis gilt nur in erster Ordnung in V_P. Wir wollen noch darauf hinweisen, daß für Verunreinigungen mit einer von der des Wirtsgitters abweichenden Wertigkeit die Friedel-Summenregel aussagt, daß V_P in Wirklichkeit keine schwache Wechselwirkung sein kann.

Spezifischer elektrischer Widerstand

Es sei $\sigma(\theta)$ der Wirkungsquerschnitt pro Einheitswinkel für die Streuung eines Leitungselektrons an einem Verunreinigungsatom. Wie wir in Kapitel 7 gesehen haben, hängt der elektrische Widerstand mit der

Änderung der Projektion des Wellenvektors auf die Stromrichtung bei der Streuung zusammen. Der effektive mittlere Wirkungsquerschnitt für den Widerstand ist also

(39) $$\langle\sigma\rangle = 2\pi \int_{-\pi}^{\pi} d\theta \sin\theta\, \sigma(\theta)(1 - \cos\theta),$$

wobei der letzte Faktor auf der rechten Seite den Wert von σ entsprechend der Änderung von k_z wichtet. Die zugehörige Relaxationsfrequenz ist

(40) $$\frac{1}{\tau_i} = \frac{v_F}{\Lambda} = n_i \langle\sigma\rangle v_F,$$

wobei Λ die mittlere freie Weglänge, n_i die Konzentration der Streuzentren und v_F die Fermigeschwindigkeit ist.

Der Beitrag $\Delta\rho$ der Streuzentren zum spezifischen Widerstand ist

(41) $$\Delta\rho = \frac{m^*}{ne^2\tau_i} = \frac{n_i k_F}{ne^2} \langle\sigma\rangle,$$

wobei n die Elektronenkonzentration ist. Nun ist ausgedrückt durch die Phasenverschiebung (Schiff, S. 105)

(42) $$\sigma(\theta) = \frac{1}{k_F{}^2} \left| \sum_{L=0}^{\infty} (2L + 1) e^{i\eta_L} \sin\eta_L P_L(\cos\theta) \right|^2,$$

womit folgt

(43) $$\int_{-1}^{1} d\mu\, (1 - \mu)\sigma(\theta) = \frac{2}{k_F{}^2} \sum_{L=0}^{\infty} (L + 1) \sin^2(\eta_L - \eta_{L+1}),$$

und

(44) $$\Delta\rho = \frac{4\pi n_i}{ne^2 k_F} \sum (L + 1) \sin^2(\eta_L - \eta_{L+1}).$$

Dabei sind die Phasenverschiebungen an der Fermikante zu nehmen. Wenn nur eine Phasenverschiebung groß ist, erhalten wir aus der Summenregel (30)

(45) $$\eta_L = \pi Z/(4L + 2)$$

und damit

(46) $$\Delta\rho = \frac{4\pi n_i}{ne^2 k_F} (L + 1) \sin^2\left(\frac{\pi Z}{4L + 2}\right).$$

Für $Z = 1$ und $L = 0$ erhalten wir $\langle\sigma\rangle = 4\pi/k_F{}^2 \approx 10^{-15}$ cm^2 und der spezifische Widerstand wird von der Größenordnung 4 $\mu\Omega$-cm pro Prozent Verunreinigung, was im wesentlichen eine obere Grenze des für nichtmagnetische Verunreinigungen beobachteten Effekts ist. Die Ergebnisse von genaueren Berechnungen der Phasenverschiebungen, wo-

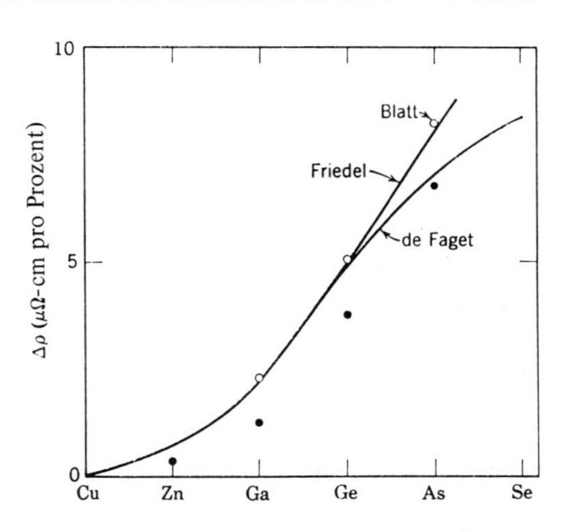

Bild 1: Restwiderstand $\Delta\rho$ in $\mu\Omega$-cm pro Prozent der verschiedenwertigen Verunreinigungen in Kupfer. Volle Kreise: Experimentelle Werte; berechnete Werte von Friedel; Blatt; de Faget de Casteljan und Friedel.

bei Volumenänderungen der Zelle um die Verunreinigung zugelassen wurden, werden in Bild 1 mit dem Experiment verglichen. Man sieht, daß die Übereinstimmung ausgezeichnet ist und ziemlich unabhängig von der Form des Potentials, vorausgesetzt die Werte einiger Parameter, die das Potential bestimmen, werden so gewählt, daß die Phasenverschiebungen die Summenregel erfüllen.

Langreichweitige Oszillationen der Elektronendichte

Wir sahen in Kapitel 6, daß das selbstkonsistente Feld für die Dichte der Abschirmladung um eine geladene Verunreinigung in großen Entfernungen oszillierende Terme der Form $r^{-3}\cos 2k_F r$ enthält. Es ist aufschlußreich, diese langreichweitigen Oszillationen direkt aus dem Modell unabhängiger Teilchen abzuleiten; das obige Ergebnis (29') deutet darauf hin, daß solche Terme auch in dieser Näherung auftreten. Wir untersuchen nun nochmals die Dichteänderung.

Wir schreiben die Wellenfunktion, die die Streuung eines Elektrons mit dem Wellenvektor **k** beschreibt, als

$$\varphi_{\mathbf{k}}(\mathbf{x}) = e^{i\mathbf{k}\cdot\mathbf{x}} + g_{\mathbf{k}}(\mathbf{x}). \tag{47}$$

Dann ist die Änderung der Elektronendichte

$$\Delta\rho_{\mathbf{k}}(\mathbf{x}) = \varphi_{\mathbf{k}}^*\varphi_{\mathbf{k}} - 1 = g_{\mathbf{k}}(\mathbf{x})e^{-i\mathbf{k}\cdot\mathbf{x}} + cc + |g_{\mathbf{k}}(\mathbf{x})|^2; \tag{48}$$

weit außerhalb der Ladung im Mittelpunkt ist

$$g_{\mathbf{k}}(\mathbf{x}) \cong f_{\mathbf{k}}(\theta)\,\frac{e^{ikr}}{r}. \tag{49}$$

Nach Mittelung von (48) über die Oberfläche einer Kugel im Ortsraum erhalten wir

$$
\langle \Delta\rho_{\mathbf{k}}(\mathbf{x})\rangle \cong \frac{e^{ikr}}{4\pi}\left[\frac{2\pi f_{\mathbf{k}}(\pi)e^{ikr}}{ikr^2} + cc - \frac{2\pi f_{\mathbf{k}}(0)e^{-ikr}}{ikr^2} - cc + \frac{1}{r^2}\int d\Omega\, |f_{\mathbf{k}}(\theta)|^2\right]. \tag{50}
$$

Dieses Ergebnis gewinnen wir, wenn wir (49) zweimal partiell integrieren und für große r nur die wichtigen Terme mitnehmen. Nach dem optischen Theorem (Schiff, S. 105) ist

$$
\int d\Omega\, |f_{\mathbf{k}}(\theta)|^2 = \frac{4\pi}{ik}\, \mathfrak{g}\{f_{\mathbf{k}}(0)\}, \tag{51}
$$

wodurch sich (50) vereinfacht zu

$$
\langle \Delta\rho_{\mathbf{k}}(\mathbf{x})\rangle = \frac{f_{\mathbf{k}}(\pi)e^{2ikr}}{2kr^2 i} + cc. \tag{52}
$$

Die Ladungsdichte hängt also nur von der Amplitude für Rückwärtsstreuung ab, die durch die Phasenverschiebungen η_L bestimmt ist. Wir können (52) auch schreiben als

$$
\langle \Delta\rho_{\mathbf{k}}(\mathbf{x})\rangle = \frac{\sin(2kr + \varphi)}{kr^2}\, |f_{\mathbf{k}}(\pi)|, \tag{53}
$$

wobei φ eine Konstante ist.

Die Gesamtänderung $\Delta\rho(\mathbf{x})$ der Elektronendichte erhält man durch Multiplikation von (53) mit der Zustandsdichte und Integration über den Fermisee. Die asymptotische Form ist bei großen r

$$
\Delta\rho(\mathbf{x}) = \frac{2}{(2\pi)^3}\int d^3k\, \langle \Delta\rho_{\mathbf{k}}(\mathbf{x})\rangle = C_F\, \frac{\cos(2k_F r + \varphi_F)}{r^3}, \tag{54}
$$

wobei C_F und φ_F Konstanten sind. Wir sehen, daß es sogar im Modell unabhängiger Teilchen langreichweitige oszillierende Dichteänderungen um ein Verunreinigungsatom gibt; die Amplitude fällt wie r^{-3} ab. Die Dichteänderung ist der in Bild 6.1 gezeigten sehr ähnlich.

Für nichtmagnetische Verunreinigungsatome findet man den vielleicht stärksten experimentellen Hinweis auf langreichweitige Änderungen der Elektronendichte um Verunreinigungen in den Quadrupoleffekten bei der magnetischen Kernresonanz verdünnter Legierungen. Experimente von Bloembergen und Rowland, und anderen, zeigen eine starke Schwächung der Intensitätsmaxima der Kernresonanzlinien von Cu und Al, wenn man zu Cu oder Al Verunreinigungsatome in geringer Konzentration hinzulegiert. Die Verkleinerung der Intensität der Maxima erklärt sich aus der Tatsache, daß die Resonanzlinie durch die mit der Abschirmladung verbundenen starken elektrischen Feldgradienten verbreitert wird, sowohl in unmittelbarer Nachbarschaft des Verunreinigungsatoms als auch im langreichweitigen Schwanz. Die elektrischen Feldgradienten wechselwirken mit den Quadrupolmomenten der Cu- und Al-Kerne und verbreitern die Resonanz.

Der gefundene Effekt hängt stark von dem p- und d-Charakter der Wellenfunktion an der Fermikante ab[3] [4]). Die quantitativen Berechnungen sollen hier nicht wiederholt werden. Sie stimmen gut mit den experimentellen Ergebnissen überein. Die Empfindlichkeit der experimentellen Methoden ist so groß, daß Änderungen der Form der Resonanzlinie gesehen werden, wenn eine einzige Verunreinigung unter den 20 bis 90 nächsten Atomen um ein bestimmtes Atom ist; besonders wichtig ist der Unterschied in der Wertigkeit. Die Effekte wachsen mit dem Unterschied in der Wertigkeit und mit der Ordnungszahl des Wirtsgitters: Der Unterschied in der Wertigkeit verstärkt die Störung und die Ordnungszahl verstärkt die Amplitude der Blochfunktionen.

Virtuelle Zustände

Wir wollen die Summenregel (30) betrachten:

$$Z = \frac{2}{\pi} \sum_L (2L + 1)\eta_L(k_F). \tag{55}$$

Es gibt mehrere interessante Spezialfälle. Wir nehmen an, daß Z positiv ist; d.h., die Wertigkeit der Verunreinigung ist höher als die des Wirtsmetalls.

Ein Spezialfall liegt vor, wenn eines der Überschußelektronen der Verunreinigung im Metall an das Verunreinigungsatom gebunden bleibt. Die Energie dieses gebundenen Zustands muß unterhalb des Minimums des Leitungsbandes des Metalls liegen, da ein wirklicher gebundener Zustand nicht irgendwo im gleichen Energiebereich wie ein kontinuierliches Energiespektrum liegen kann. Wenn ein Elektron gebunden ist, wirkt das Verunreinigungsatom wie wenn es eine Überschußladung $Z - 1$ statt Z besitzen würde. Wenn wir das dadurch in Ordnung bringen wollen, daß wir den gebundenen Einelektronenzustand aus (55) streichen, so ersetzen wir auf der linken Seite Z durch $Z - 1$ und

---

[4]) W. Kohn und S. H. Voski, *Phys. Rev.* **119**, 912 (1960).

müssen dann den Beitrag η/π des einzelnen gebundenen Zustands auf der rechten Seite streichen. Der Wert von η für den gebundenen Zustand muß, um konsistent zu sein, gleich π sein. Aus der Streutheorie (Schiff, S. 113; Messiah, S. 398) ist bekannt, daß ein Potentialtopf mit einem Energieniveau nahe bei null eine Resonanz in der niederenergetischen Streuung von Teilchen mit demselben L-Wert wie das Energieniveau zeigt. Ein einfallendes Teilchen, das fast die richtige Energie hat, um durch das Potential gebunden zu werden, hält sich vorwiegend dort auf. Dies erzeugt eine große Störung der Wellenfunktion und damit eine starke Streuung. Es sei daran erinnert (Schiff, S. 105), daß der totale Streuquerschnitt gegeben ist durch

$$\sigma = \frac{4\pi}{k^2} \sum_L (2L + 1) \sin^2 \eta_L ; \tag{56}$$

bei Resonanz für ein bestimmtes L muß gelten $|\eta_L| = \frac{1}{2}\pi, \frac{3}{2}\pi, \cdots$.

Der zweite Spezialfall tritt auf, wenn das anziehende Verunreinigungspotential verkleinert wird. Der gebundene Zustand wird dadurch energetisch angehoben und taucht eventuell in das Kontinuum der Leitungsbandzustände ein. Es ist günstig, wenn wir uns vorstellen, daß der Zustand als virtueller Zustand weiterexistiert, nun aber mit einer relativ zum Minimum des Leitungsbandes positiven Energie. Etwas unterhalb der Resonanzenergie ist die Phasenverschiebung näherungsweise $n\pi$ und etwas oberhalb ist die Verschiebung näherungsweise $(n + 1)\pi$. Die Resonanzenergie kann man definieren als die Energie, für die $\eta_L = (n + \frac{1}{2})\pi$ ist. In Bild 2 zeigen wir die Phasenverschiebung für die Streuung von d-Wellen an einem Potentialtopf; die Abhängigkeit des zugehörigen Wirkungsquerschnitts vom Wellenvektor ist ebenfalls gezeigt. Der Resonanzeffekt ist gut ausgeprägt und bestimmt die Lage des virtuellen Niveaus.

Die schnelle Veränderung der Phasenverschiebung mit der Elektronenenergie in der Umgebung des virtuellen Zustands macht die Eigenschaften einer Legierung, deren Fermikante in diesem Bereich liegt, sehr empfindlich bezüglich der Elektronenkonzentration. Eine kleine Änderung der mittleren Elektronenkonzentration, wie sie durch Hinzufügen einer dritten Komponente zu der Legierung erzeugt werden könnte, kann die Fermikante durch das virtuelle Niveau wandern lassen. Wenn die Fermikante für ein bestimmtes L, sagen wir L', eindeutig unter dem virtuellen Niveau liegt, wird die Abschirmladung aus verschiedenen L-Komponenten gebildet. Dies ist zur Erfüllung der Summenregel (30) nötig. Wenn die Fermikante eindeutig über dem

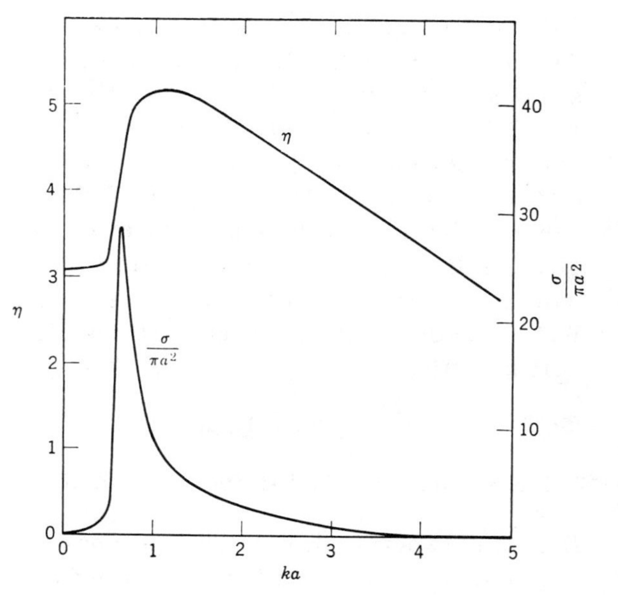

Bild 2: Phasenverschiebung η_1 und partieller Streuquerschnitt σ_1 für *p*-Streuung an einem Potentialtopf mit Radius *a* und Tiefe V_0, wobei $(2mV_0)^{1/2}a = 6.2$. (Nach Merzbacher, *Quantum Mechanics*, Wiley, 1961).

virtuellen Niveau liegt, ist die Phasenverschiebung η_L groß und der Hauptanteil der Abschirmladung wird von Elektronen im virtuellen Niveau L' geliefert - solche Elektronen wirken als quasigebunden und können als lokalisiert betrachtet werden.

Die mathematische Behandlung[5]) von virtuellen Zuständen in einem Metall wurde von verschiedenen Autoren untersucht und wir zitieren nur einige der früheren Arbeiten. Wir behandeln in getrennten, jedoch aufeinander bezogenen Abschnitten die nichtmagnetischen Verunreinigungen nach Wolff und die magnetischen Verunreinigungen nach Anderson. Die Methoden dieser Autoren sind jeweils am besten für das behandelte Problem geeignet. Für nichtmagnetische Verunreinigungen ist es günstig, die in (9.114) definierten Wannierfunktionen zu verwenden. Es sei V das Verunreinigungspotential und H_0 der ungestörte Einelektronen-Hamiltonoperator des Wirtsgitters. Die exakte Lösung ψ der Wellengleichung im gestörten Gitter kann im Limes $s \to +0$ geschrieben werden als

$$\psi = \varphi_{\mathbf{k}\gamma} + \frac{1}{\varepsilon - H_0 + is} V\psi. \tag{57}$$

[5]) G. F. Koster und J. C. Slater, *Phys. Rev.* **96**, 1208 (1954); P. A. Wolff, *Phys. Rev.* **124**, 1030 (1961); P. W. Anderson, *Phys. Rev.* **124**, 41 (1961); A. M. Clogston, *Phys. Rev.* **125**, 439 (1962); A. M. Clogston u.a., *Phys. Rev.* **125**, 541 (1962). Wegen der Theorie zu Effekten der Streuung an Verunreinigungen in Supraleitern siehe H. Suhl und B. T. Matthias, *Phys. Rev.* **114**, 977 (1959) und H. Suhl, *LTP*, S. 233-259.

Dies folgt aus der formalen Streutheorie, wie in Messiah, Kapitel 19. Wir machen nun die ziemlich drastische Annahme, daß V Zustände aus verschiedenen Bändern nicht mischt; genauer gesagt nehmen wir an, daß ψ nach Wannierfunktionen eines einzigen Bandes entwickelt werden kann:

$$\psi = N^{-1/2} \sum_n U(\mathbf{x}_n) w_\gamma(\mathbf{x} - \mathbf{x}_n), \tag{58}$$

wobei die Wannierfunktion w für das Band γ durch die Blochfunktionen $\varphi_{\mathbf{k}\gamma}(\mathbf{x})$ definiert ist:

$$w_\gamma(\mathbf{x} - \mathbf{x}_n) = N^{-1/2} \sum_n e^{-i\mathbf{k}\cdot\mathbf{x}_n} \varphi_{\mathbf{k}\gamma}(\mathbf{x}). \tag{59}$$

Unsere Vernachlässigung von Interbandtermen sollte nicht allzu schlecht sein, wenn die Verunreinigungs- und die Bandzustände sich hauptsächlich aus denselben Atomzuständen ableiten.

Nun gilt

$$\begin{aligned} &\int d^3x\, \varphi^*_{\mathbf{k}'\gamma}(\mathbf{x}) V\psi \\ &\qquad = N^{-1/2} \sum_{mn} \int d^3x\, w^*_\gamma(\mathbf{x} - \mathbf{x}_m) e^{-i\mathbf{k}'\cdot\mathbf{x}_m} V U(\mathbf{x}_n) w_\gamma(\mathbf{x} - \mathbf{x}_n). \end{aligned} \tag{60}$$

Wenn V um $\mathbf{x}_0$ lokalisiert ist und eine so kurze Reichweite besitzt, daß es sich nicht nennenswert mit den zu benachbarten Gitterpunkten gehörigen Wannierfunktionen überlappt, machen wir die Näherung:

$$\int d^3x\, w^*_\gamma(\mathbf{x} - \mathbf{x}_m) V w_\gamma(\mathbf{x} - \mathbf{x}_n) = V_{\gamma\gamma}\delta_{0n}\delta_{0m}. \tag{61}$$

Damit kann (57) geschrieben werden als

$$\psi = \varphi_{\mathbf{k}\gamma} + \sum_{\mathbf{k}'}{}' \varphi_{\mathbf{k}'\gamma} U(\mathbf{x}_0) e^{-i\mathbf{k}'\cdot\mathbf{x}_0} N^{-1/2} \frac{V_{\gamma\gamma}}{\varepsilon - \varepsilon_{\mathbf{k}'\gamma} + is}; \tag{62}$$

oder mit (58)

$$U(\mathbf{x}_n) = e^{i\mathbf{k}\cdot\mathbf{x}_n} + \sum_{\mathbf{k}'}{}' \frac{e^{i\mathbf{k}'\cdot(\mathbf{x}_n - \mathbf{x}_0)}}{\varepsilon - \varepsilon_{\mathbf{k}'\gamma} + is} V_{\gamma\gamma} U(\mathbf{x}_0). \tag{63}$$

Für $\mathbf{x}_n = \mathbf{x}_0$ ist

$$U(\mathbf{x}_0) = \frac{e^{i\mathbf{k}\cdot\mathbf{x}_0}}{1 - V_{\gamma\gamma} \sum_{\mathbf{k}'} [\varepsilon - \varepsilon_{\mathbf{k}'\gamma} + is]^{-1}}. \tag{64}$$

Die Summation kann geschrieben werden als

$$\begin{aligned} \frac{1}{(2\pi)^3} \int d^3k' \frac{1}{\varepsilon - \varepsilon_{\mathbf{k}'\gamma} + is} &= \int dE \frac{g_\gamma(E)}{\varepsilon - E + is} \\ &= \mathcal{P} \int dE \frac{g_\gamma(E)}{\varepsilon - E} - i\pi g(\varepsilon). \end{aligned} \tag{65}$$

Dabei ist $g(\varepsilon)$ die Zustandsdichte in dem betrachteten Band und $\mathcal{P}$ bezeichnet den Hauptwert. Wir führen zur Abkürzung für das Hauptwertintegral ein

$$F_\gamma(\varepsilon) \equiv \mathcal{P} \int dE \, \frac{g_\gamma(E)}{\varepsilon - E}, \tag{66}$$

so daß (64) geschrieben werden kann als

$$\boxed{U(\mathbf{x}_0) = \frac{e^{i\mathbf{k}\cdot\mathbf{x}_0}}{1 - V_{\gamma\gamma}F_\gamma(\varepsilon) + i\pi V_{\gamma\gamma}g_\gamma(\varepsilon)}.} \tag{67}$$

Die Amplitude $U(\mathbf{x}_0)$ der Wellenfunktion am Verunreinigungsatom wird groß bei den Wurzeln ε_0 von

$$1 - V_{\gamma\gamma}F_\gamma(\varepsilon_0) = 0; \tag{68}$$

das ist in diesem Modell die Definition der Lage des virtuellen Niveaus. Wenn eine Wurzel ε_0 außerhalb des Bandes liegt, dann ist $g_\gamma(\varepsilon_0) = 0$ und $U(\mathbf{x}_0) \to \infty$; die Wurzel stellt dann einen wirklichen gebundenen Zustand dar. Wenn ε_0 innerhalb des Bandes liegt, ist $g_\gamma(\varepsilon_0)$ endlich und $U(\mathbf{x}_0)$ hat ein Resonanzmaximum bei ε_0.

Lokalisierte magnetische Zustände in Metallen

Die Behandlung der lokalisierten magnetischen Zustände in Metallen nach Anderson ist besonders geeignet, wenn das Verunreinigungsatom eine ungefüllte oder teilweise gefüllte d-Schale hat und die Leitungsbandzustände des Wirtskristalls keine d-Zustände sind, sondern etwa s-Zustände oder s-p-Mischungen. Wir nehmen an, daß es einen *einzigen* d-Zustand φ_d gibt, mit zwei möglichen Spineinstellungen. Diese Annahme ist nicht trivial, jedoch nicht von ausschlaggebender Bedeutung, wie in einem Anhang zu der Arbeit von Anderson gezeigt wird. Wenn ein lokalisiertes magnetisches Moment um ein Verunreinigungsatom existiert, ist einer der beiden Spinzustände (sagen wir der Spin- auf - Zustand) gefüllt oder teilweise gefüllt. Dann spürt ein Spin - ab - Elektron die Coulombabstoßung des Spins - auf - Elektrons. Wenn die ungestörte Energie des Spin - auf - Zustands um E' unterhalb der Fermikante liegt, ist die Energie des lokalisierten Spin - ab - Zustands $-E' + U$, wobei U die abstoßende d-d-Wechselwirkung ist. Ein lokalisiertes Moment existiert, wenn $-E' + U$ über der Fermikante liegt.

Eine kovalente Mischung der freien Elektronenzustände mit dem d-Zustand wird die Zahl der Elektronen im Spin - auf - Zustand verkleinern und im Spin - ab - Zustand vergrößern. Die Kopplung der s- und d-Zustände erhöht die Energie des Spin - auf - Zustands und erniedrigt die des Spin - ab - Zustands. Mit diesem Effekt und der damit verbundenen Verbreiterung der d-Zustände wird der Fortbestand eines lokalisierten Moments ein kooperatives Phänomen; außerdem kann der virtuelle Zustand eine nichtganzzahlige Anzahl von Spins enthalten. Wir nehmen einen einzigen nichtentarteten d-Zustand an; der entartete Fall wird in einem Anhang zur Originalarbeit behandelt.

Wir schreiben den Hamiltonoperator für das Anderson-Modell als

$$H = \sum_{\mathbf{k}\sigma} \varepsilon_{\mathbf{k}} n_{\mathbf{k}\sigma} + E(n_{d\uparrow} + n_{d\downarrow}) + U n_{d\uparrow} n_{d\downarrow} + \sum_{\mathbf{k}\sigma} V_{d\mathbf{k}}(c^+_{\mathbf{k}\sigma} c_{d\sigma} + c^+_{d\sigma} c_{\mathbf{k}\sigma}). \tag{69}$$

Dabei ist $\varepsilon_{\mathbf{k}}$ die Energie eines freien Elektronenzustands, $n_{\mathbf{k}\sigma} \equiv c^+_{\mathbf{k}\sigma} c_{\mathbf{k}\sigma}$, E die ungestörte Energie des d-Zustands im Verunreinigungsatom, U die abstoßende Coulombenergie zwischen Elektronen in $d\uparrow$ und $d\downarrow$, und $V_{d\mathbf{k}}$ die Wechselwirkungsenergie zwischen einem d-Zustand und einer Wannierfunktion, die zum nächsten Nachbaratom der Verunreinigung gehört. Wir nehmen an, daß φ_d orthogonal zu allen Wannierfunktionen des Leitungsbands ist.

Es bezeichne

$$\Phi_0 = \prod_{\varepsilon<\varepsilon_F} c^+_n \Phi_{\text{vac}} \tag{70}$$

den Grundzustand des Systems in der Hartree-Fock-Näherung mit dem obigen Hamiltonoperator. Nach Kapitel 5 bedeutet dies, daß

$$-i\dot{c}^+_{n\sigma} = -\varepsilon_{n\sigma} c^+_{n\sigma} = [c^+_{n\sigma}, H]_{\text{av}}, \tag{71}$$

wobei der Index av (von engl. average gleich Mittelwert) bedeutet, daß die Terme im Kommutator mit drei Fermioperatoren auf Terme mit einem Fermioperator, multipliziert mit Mittelwerten über den Grundzustand Φ_0, reduziert werden sollen. Wir schreiben nun

$$c^+_{n\sigma} = \Big(\sum_{\mathbf{k}} \langle n|\mathbf{k}\rangle_\sigma c^+_{\mathbf{k}\sigma}\Big) + \langle n|d\rangle_\sigma c^+_{d\sigma}, \tag{72}$$

wobei die Operatoren $c^+_{\mathbf{k}\sigma}$ und $c^+_{d\sigma}$ sich auf die ungestörten Zustände beziehen und folgende Gleichungen erfüllen:

$$-[c^+_{\mathbf{k}\sigma}, H]_{\text{av}} = \varepsilon_{\mathbf{k}} c^+_{\mathbf{k}\sigma} + V_{\mathbf{k}d} c^+_{\mathbf{k}\sigma}; \tag{73}$$

$$-[c^+_{d\sigma}, H]_{\text{av}} = (E - U\langle n_{d,-\sigma}\rangle) c^+_{d\sigma} + \sum_{\mathbf{k}} V_{d\mathbf{k}} c^+_{\mathbf{k}\sigma}. \tag{74}$$

Nun setzen wir (72) in (71) ein und benutzen die Ergebnisse (73) und (74); wenn wir die Koeffizienten von $c^+_{\mathbf{k}\sigma}$ und $c^+_{d\sigma}$ einander gleichsetzen, finden wir die Beziehungen

$$\varepsilon_{n\sigma}\langle n|\mathbf{k}\rangle_\sigma = \varepsilon_{\mathbf{k}}\langle n|\mathbf{k}\rangle_\sigma + V_{\mathbf{k}d}\langle n|d\rangle_\sigma; \tag{75}$$

$$\varepsilon_{n\sigma}\langle n|d\rangle_\sigma = (E + U\langle n_{d,-\sigma}\rangle)\langle n|d\rangle_\sigma + \sum_{\mathbf{k}} V_{d\mathbf{k}}\langle n|\mathbf{k}\rangle_\sigma. \tag{76}$$

Was wir in diesem Problem berechnen wollen, ist

$$\rho_{d\sigma}(\varepsilon) \equiv \sum_n |\langle n|d\rangle_\sigma|^2\delta(\varepsilon - \varepsilon_n), \tag{77}$$

also die mittlere Zustandsdichte der Beimischung $|\langle n|d\rangle_\sigma|^2$ des Zustands $d\sigma$ zu den Kontinuumszuständen n der Energie ε.

Die Größe $\rho_{d\sigma}(\varepsilon)$ kann sehr geschickt berechnet werden. Wir untersuchen die Greenfunktion

$$G(\varepsilon + is) = \frac{1}{\varepsilon + is - H}, \tag{78}$$

die in der Darstellung n der exakten Eigenzustände diagonal ist:

$$G^\sigma_{nn}(\varepsilon + is) = \langle n\sigma|G|n\sigma\rangle = \frac{1}{\varepsilon + is - \varepsilon_{n\sigma}}. \tag{79}$$

Nun ist

$$\mathcal{I}\{G^\sigma_{nn}\} = -\pi\delta(\varepsilon - \varepsilon_{n\sigma}), \tag{80}$$

so daß

$$\rho_{d\sigma}(\varepsilon) = -\frac{1}{\pi}\sum_n |\langle n|d\rangle_\sigma|^2\mathcal{I}\{G^\sigma_{nn}\} = -\frac{1}{\pi}\mathcal{I}\{\langle d\sigma|G|d\sigma\rangle\}. \tag{81}$$

Wir beachten, daß für die totale Zustandsdichte gilt

$$\rho_\sigma(\varepsilon) = \sum_n \delta(\varepsilon - \varepsilon_{n\sigma}) = -\frac{1}{\pi}\mathcal{I}\{\mathrm{Tr}\, G^\sigma\}. \tag{82}$$

Aus (81) sehen wir, daß unser Problem sich auf die Auswertung der Matrixelemente G^σ_{dd} reduziert. Die Gleichungen für die Matrixelemente von G sind

$$\sum_\nu (\varepsilon + is - H)_{\mu\nu}G_{\nu\lambda} = \varepsilon_{\mu\lambda}, \tag{83}$$

entsprechend der Definition (78) von G. Wenn wir schreiben

$$E_\sigma = E + U\langle n_{d,-\sigma}\rangle; \qquad \xi = \varepsilon + is, \tag{84}$$

können wir die Matrixelemente von $(\varepsilon + is - H)$ mit Hilfe von (75) und (76) bilden. Wir erhalten also

(85) $$(\xi - E_\sigma)G^\sigma_{dd} - \sum_{\mathbf{k}} V_{d\mathbf{k}} G^\sigma_{\mathbf{k}d} = 1;$$

(86) $$(\xi - \varepsilon_{\mathbf{k}})G^\sigma_{\mathbf{k}d} - V_{\mathbf{k}d} G^\sigma_{dd} = 0;$$

(87) $$(\xi - E_\sigma)G^\sigma_{d\mathbf{k}} - \sum_{\mathbf{k}'} V_{d\mathbf{k}'} G^\sigma_{\mathbf{k}'\mathbf{k}} = 0;$$

(88) $$(\xi - \varepsilon_{\mathbf{k}'})G^\sigma_{\mathbf{k}'\mathbf{k}} - V_{\mathbf{k}'d} G^\sigma_{d\mathbf{k}} = \delta_{\mathbf{k}'\mathbf{k}}.$$

Wir lösen (85) und (86) nach G_{dd} auf:

(89) $$G^\sigma_{dd}(\xi) = \left[\xi - E_\sigma - \sum_{\mathbf{k}} \frac{|V_{d\mathbf{k}}|^2}{\xi - \varepsilon_{\mathbf{k}}}\right]^{-1}.$$

Die **k**-Summe in diesem Ergebnis kann ausgewertet werden:

(90) $$\lim_{s \to +0} \sum_{\mathbf{k}} \frac{|V_{d\mathbf{k}}|^2}{\varepsilon - \varepsilon_{\mathbf{k}} + is} = \mathcal{P} \sum_{\mathbf{k}} \frac{|V_{d\mathbf{k}}|^2}{\varepsilon - \varepsilon_{\mathbf{k}}} - i\pi \sum_{\mathbf{k}} |V_{d\mathbf{k}}|^2 \delta(\varepsilon - \varepsilon_{\mathbf{k}}).$$

Der erste Term auf der rechten Seite ist eine Energieverschiebung, die zu E_σ geschlagen werden kann. Wenn man sie vernachlässigt, kann man die rechte Seite von (90) schreiben als

(91) $$-i\pi \langle V_{d\mathbf{k}}{}^2 \rangle_{\text{av}} \rho(\varepsilon) \equiv i\Delta,$$

wobei $\rho(\varepsilon)$ die Zustandsdichte bezeichnet. Abgesehen von der Energieverschiebung verhält sich G^σ_{dd} also exakt so, als ob es einen virtuellen Zustand gäbe bei

(92) $$\xi = E_\sigma - i\Delta,$$

wobei Δ durch (91) definiert ist.

Wenn wir annehmen, daß Δ unabhängig von E_σ ist, können wir (81) schreiben als

(93) $$\boxed{\rho_{d\sigma}(\varepsilon) = -\frac{1}{\pi} \mathcal{I} \left\{\frac{1}{\varepsilon - E_\sigma + i\Delta}\right\} = \frac{1}{\pi} \frac{\Delta}{(\varepsilon - E_\sigma)^2 + \Delta^2}.}$$

Die Gesamtzahl der d-Elektronen mit Spin σ ist gegeben durch

(94) $$\langle n_{d\sigma} \rangle = \int_{-\infty}^{\varepsilon_F} d\varepsilon\, \rho_{d\sigma}(\varepsilon) = \frac{1}{\pi} \cot^{-1} \frac{E_\sigma - \varepsilon_F}{\Delta}.$$

Aber E_σ enthält nach der Definition (84) $\langle n_{d,-\sigma} \rangle$. Wir müssen die Werte von $n_{d\uparrow}$ und $n_{d\downarrow}$ selbstkonsistent berechnen:

(95) $$\langle n_{d\uparrow} \rangle = \frac{1}{\pi} \cot^{-1} \frac{E - \varepsilon_F + U \langle n_{d\downarrow} \rangle}{\Delta};$$

(96) $$\langle n_{d\downarrow} \rangle = \frac{1}{\pi} \cot^{-1} \frac{E - \varepsilon_F + U \langle n_{d\uparrow} \rangle}{\Delta}.$$

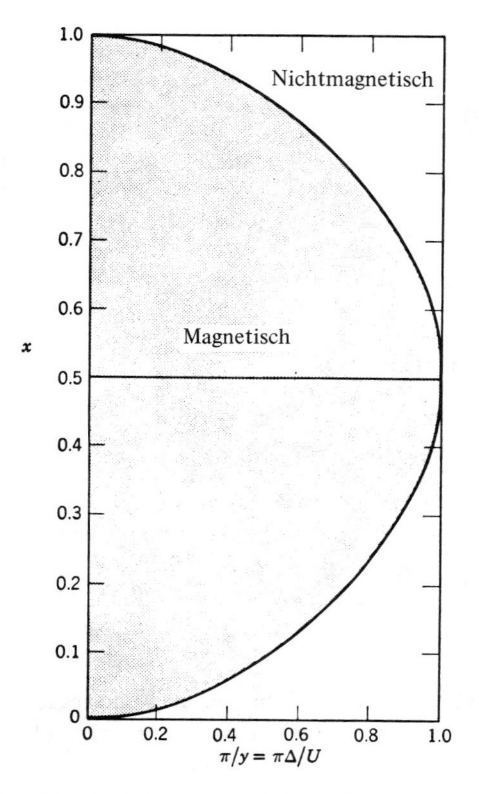

Bild 3: Bereiche des magnetischen und nichtmagnetischen Verhaltens. (Nach Anderson.) Hier ist $x \equiv (\varepsilon_F - E)/U$ und $y \equiv Y/\Delta$.

Die Lösungen dieser Gleichungen wurden im einzelnen von Anderson untersucht. In Bild 3 ist das Ergebnis für den Grundzustand gezeigt. Wenn $\langle n_{d\uparrow}\rangle = \langle n_{d\downarrow}\rangle$, ist die Lösung nichtmagnetisch. In der Eisengruppe wird U ungefähr 10 eV; für das s-Band in Kupfer ist $\rho(\varepsilon)$ von der Größenordnung 0.1 $(\mathrm{eV})^{-1}$. Aus Betrachtungen der Bindungsenergie kann man V grob zu 2 - 3 eV abschätzen, so daß $\Delta = \pi\langle V^2\rangle_{\mathrm{av}}\rho(\varepsilon) \sim 2$ - 5 eV und $\pi\Delta/U$ im Bereich 0.6 - 1.5 liegt, der den Übergang zwischen magnetischem und nichtmagnetischem Verhalten enthält. Für Legierungen der seltenen Erden ist die s-f-Wechselwirkung viel kleiner, so daß wir wegen des kleineren Δ ein häufiges Auftreten von magnetischem Verhalten erwarten. was auch beobachtet wird.

Wir weisen darauf hin, daß die Theorie nicht automatisch Lösungen liefert, die die Friedel-Summenregel erfüllen; dies ist ein Mangel, den man beheben sollte. Dieser Punkt wurde von Clogston[5]) und von Blandin[3]) und Friedel untersucht.

Wir besprechen nun verschiedene Beispiele von virtuellen Niveaus.

Verunreinigungen aus Übergangselementen in Aluminium. Wenn Ti, am Anfang der ersten Übergangsgruppe, zu Al legiert wird, erwarten wir, daß seine d-Schale relativ instabil ist verglichen mit der d-Schale von Ni am Ende der Gruppe. Wenn man beim Legieren mit Al kontinuierlich von Ti zu Ni geht, sollten die d-Zustände der Verunreinigung absinken und durch die Fermikante von Al wandern und so virtuell gebundene d-Zustände entstehen lassen. Die Restwiderstände dieser Verunreinigungen in Al sind in Bild 4 aufgetragen. Es zeigt sich ein großer Höcker um Cr. Man nimmt an, daß dieser Höcker durch die Reso-

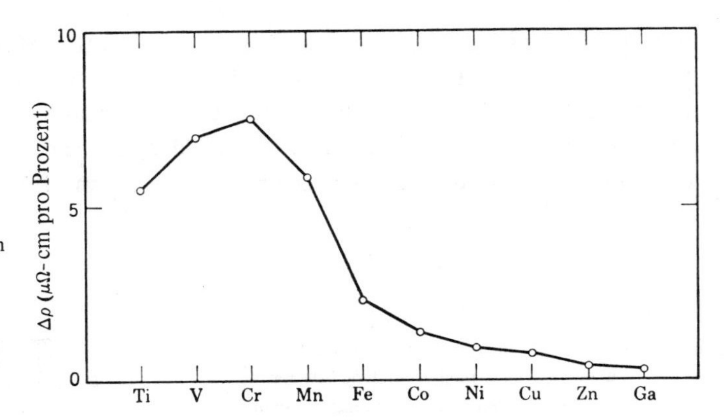

Bild 4:
Restwiderstand $\Delta\rho$ in $\mu\Omega$-cm pro Prozent für Übergangselemente und andere Verunreinigungen in Aluminium. (Nach Friedel.)

nanzstreuung der Elektronen an der Fermikante von Al verursacht wird, wenn das Ferminiveau durch die verbreiterten d-Niveaus der Verunreinigung wandert.

Verunreinigungen aus Übergangselementen in Kupfer. Die Austausch- und besonders die Coulombwechselwirkungen in der d-Schale haben die Neigung, diese in zwei Hälften mit entgegengesetzten Spineinstellungen aufzuspalten. Im freien Atom haben die ersten fünf Elektronen parallele Spins, in Übereinstimmung mit der Hundschen Regel; das sechste und die folgenden d-Elektronen stellen ihre Spins antiparallel zu der Richtung der Spins der ersten fünf Elektronen ein. In der Legierung bleibt diese Spinaufspaltung erhalten, wenn die zugehörige Energie größer als die Breite des virtuellen Niveaus ist und größer als der Abstand der Fermikante von dem virtuellen Niveau. Das Kriterium wird zahlenmäßig im einzelnen von Anderson [5]) diskutiert. Nicht alle Übergangselemente ergeben in Kupfer magnetische Verunreinigungen.

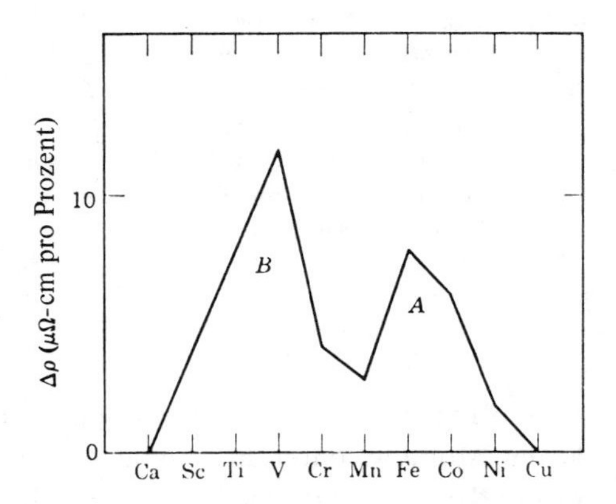

Bild 5: Restwiderstand von Übergangselementen als Verunreinigungen in Kupfer.

Die Aufspaltung durch die Austauschwechselwirkung erklärt den Doppelhöcker (Bild 5) des Restwiderstands $\Delta\rho$ in der Reihe von Ti bis Ni, legiert zu Cu, Ag oder Au. Der Höcker A entspricht der Entleerung der oberen Hälfte A der d-Schale, Höcker B der unteren Hälfte B mit entgegengesetzter Spinrichtung, wie in Bild 6 gezeigt. Magnetische Messungen liefern ein brauchbares Kriterium für ein lokalisiertes magnetisches Moment: Wenn die Verunreinigung einen Term zur magnetischen Suszeptibilität liefert, dessen Temperaturabhängigkeit einem Curie-Weiss-Gesetz entspricht, dann gibt es ein lokalisiertes magnetisches Moment. Wenn kein temperaturabhängiger Beitrag auftritt, gibt es auch kein lokalisiertes Moment. In Bild 7 zeigen wir das lokale magnetische Moment von Fe in verschiedenen Wirtskristallen als eine Funktion der Elektronenkonzentration des Wirtskristalls. Durch Veränderung der Elektronenkonzentration wird die Breite des virtuellen Niveaus und die Lage des Ferminiveaus verändert. Ein lokales Moment entsteht, wenn das Ferminiveau nahe bei einem virtuellen Niveau liegt und das virtuelle Niveau genügend schmal ist. Es ist eine Frage der relativen Breite, daß Fe in Cu magnetisch ist, aber nicht in Al.

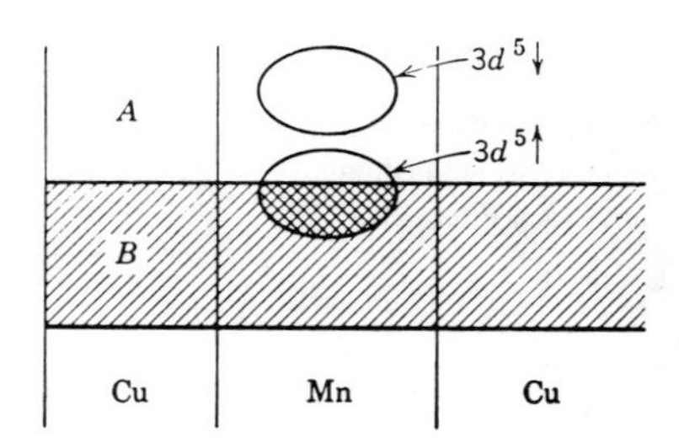

Bild 6: Die d-Schale einer $3d$-Verunreinigung wie Mn in Cu, die in zwei virtuell gebundene Niveaus mit entgegengesetzten Spinrichtungen aufgespalten ist.

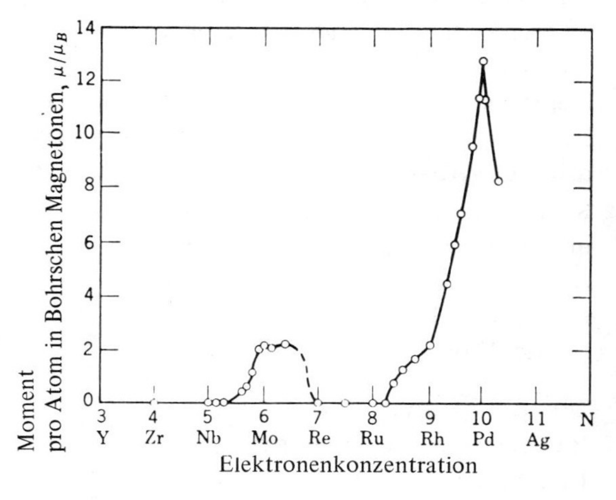

Bild 7: Magnetisches Moment (in Bohrschen Magnetonen) eines Eisenatoms, das zu verschiedenen $4d$-Übergangsmetallen und -Legierungen legiert ist, als Funktion der Elektronenkonzentration. (Nach Clogston und Mitarb.)

Indirekte Austauschwechselwirkung über Leitungselektronen[6] [7] [8] [9]

Es gibt zwei eng verwandte Probleme in Metallen: Die indirekte Wechselwirkung zwischen zwei Atomkernen über ihre Hyperfeinwechselwirkung mit dem See der Leitungselektronen, und die indirekte Wechselwirkung zwischen zwei Ionen über die Austauschwechselwirkung ihrer inneren Schalen (d oder f) mit den Leitungselektronen. Die Wechselwirkung der Ionen ist von beträchtlichem Interesse bei der Untersuchung der Metalle mit magnetischer Ordnung. Zuerst behandeln wir das Problem der Atomkerne. Unsere Behandlung vernachlässigt Korrelationseffekte; wir nehmen außerdem an, daß die Einelektronenenergie $\propto k^2$ ist. Die wesentlichen Ergebnisse unserer folgenden Rechnung kann man leicht aus (29') oder (54) verstehen, aber es ist nützlich, die Rechnung im einzelnen zu verfolgen.

Der Spin eines Atomkern in einem Metall spürt die Spinrichtung eines anderen Kerns auf folgende Art und Weise: Der Kontaktterm $\mathbf{I}_1 \cdot \mathbf{S}$ der Hyperfeinkopplung streut ein Leitungselektron mit einem bestimmten Zustand des Spins $\mathbf{S}$ auf verschiedene Weise je nach dem Zustand des Kernspins $\mathbf{I}_1$. Ein zweiter Kernspin $\mathbf{I}_2$ sieht die Dichte des gestreuten Elektrons durch die Wechselwirkung $\mathbf{I}_2 \cdot \mathbf{S}$ und spürt dadurch den Zustand von $\mathbf{I}_1$. Dieser Vorgang koppelt tatsächlich die zwei Kernspins $\mathbf{I}_1$ und $\mathbf{I}_2$ zusammen.

Die Elektronen werden als Blochfunktionen beschrieben

$$(97) \qquad \varphi_{\mathbf{k}s}(\mathbf{x}) = e^{i\mathbf{k}\cdot\mathbf{x}} u_{\mathbf{k}s}(\mathbf{x}) = \varphi_{\mathbf{k}}(\mathbf{x})|s\rangle,$$

die im Einheitsvolumen normiert sind; dabei ist s der Spinindex und bezeichnet $\uparrow$ oder $\downarrow$ für S_z.

Wir berechnen zuerst die Störung in der Elektronendichte, die durch die Hyperfeinwechselwirkung des Elektrons mit dem Kern bei $\mathbf{R}_n$ erzeugt wird. Für Kontaktwechselwirkung hat der Hamiltonoperator die Form

$$(98) \qquad H = \sum_j A(\mathbf{x}_j - \mathbf{R}_n)\mathbf{S}_j \cdot \mathbf{I}_n,$$

wobei $A(\mathbf{x}_j - \mathbf{R}_n)$ nach (19.63) proportional einer Deltafunktion ist und $\mathbf{x}_j$ der Ort des Elektrons ist. Die Kontaktwechselwirkung ist in Metallen oft der dominierende Anteil der Hyperfeinkopplung.

[6]) M. A. Ruderman und C. Kittel, *Phys. Rev.* **96**, 99 (1954).
[7]) K. Yosida, *Phys. Rev.* **106**, 893 (1957).
[8]) J. H. Van Vleck, *Rev. Mod. Phys.* **34**, 681 (1962).
[9]) A. Blandin und J. Friedel, *J. Phys. rad.* **20**, 160 (1956).

In der Sprache der zweiten Quantisierung ist der Elektronenfeldoperator

(99) $$\Psi(\mathbf{x}) = \sum_{\mathbf{k}s} c_{\mathbf{k}s}\varphi_{\mathbf{k}s}(\mathbf{x}); \qquad \Psi^+(\mathbf{x}) = \sum_{\mathbf{k}s} c^+_{\mathbf{k}s}\varphi^*_{\mathbf{k}s}(\mathbf{x}),$$

wobei c und c^+ Fermioperatoren sind. In dieser Darstellung erhalten wir den Hamiltonoperator nach der üblichen Vorschrift. Mit Hilfe des Einelektronenerwartungswerts

$$\int d^3x\, \varphi^*(\mathbf{x})A(\mathbf{x}-\mathbf{R}_n)\mathbf{S}\cdot\mathbf{I}_n\varphi(\mathbf{x}),$$

erhalten wir also

(100) $$H = \sum_{\substack{\mathbf{k}\mathbf{k}'\\ ss'}} \left[\int d^3x\, \varphi^*_{\mathbf{k}'s}(\mathbf{x})A(\mathbf{x}-\mathbf{R}_n)\mathbf{S}\cdot\mathbf{I}_n\varphi_{\mathbf{k}s}(\mathbf{x})\right] c^+_{\mathbf{k}'s'}c_{\mathbf{k}s},$$

wobei $\mathbf{S}$ auf den Spinanteil von $\varphi_{\mathbf{k}s}$ wirkt. Mit $\varphi_{\mathbf{k}s}(\mathbf{x}) = \varphi_{\mathbf{k}}(\mathbf{x})|s\rangle$ erhalten wir direkt:

(101) $$\begin{aligned} H = \tfrac{1}{2}\sum_{\mathbf{k}\mathbf{k}'} e^{i(\mathbf{k}-\mathbf{k}')\cdot\mathbf{R}_n} J(\mathbf{k}',\mathbf{k})\{ I^+_n c^+_{\mathbf{k}'\downarrow}c_{\mathbf{k}\uparrow} + I^-_n c^+_{\mathbf{k}'\uparrow}c_{\mathbf{k}\downarrow} \\ + I^z_n(c^+_{\mathbf{k}'\uparrow}c_{\mathbf{k}\uparrow} - c^+_{\mathbf{k}'\downarrow}c_{\mathbf{k}\downarrow}\}, \end{aligned}$$

wobei

(102) $$J(\mathbf{k}',\mathbf{k}) = \int d^3x\, \varphi^*_{\mathbf{k}'}(\mathbf{x})A(\mathbf{x})\varphi_{\mathbf{k}}(\mathbf{x}).$$

Wir werden annehmen, daß $J(\mathbf{k}',\mathbf{k})$ konstant ist, also unabhängig von $\mathbf{k}$ und $\mathbf{k}'$. Es sei bemerkt, daß wir ein konstantes $J(\mathbf{k}',\mathbf{k})$ erzeugen können durch den Ansatz

(103) $$A(\mathbf{x}) = J\delta(\mathbf{x});$$

wonach

(104) $$J(\mathbf{k}',\mathbf{k}) = J,$$

und J gleich einer Konstanten mit der Dimension Energie × Volumen ist. Wir können $J\delta(\mathbf{x})$ als das Pseudopotential betrachten, das mit der Streulänge und Phasenverschiebung für s-Wellen-Streuung verknüpft ist durch

(105) $$b = mJ/2\pi; \qquad \eta_0 = -kb,$$

was in Kapitel 19 behandelt wird.

In der Bornschen Näherung sind die Wellenfunktionen bis zur ersten Ordnung in J, mit $\mathbf{R}_n = 0$, gegeben durch

(106) $$\begin{aligned} |\mathbf{k}\uparrow\rangle &= |\mathbf{k}\uparrow\rangle_0 + \sum_{\mathbf{k}'s}{}' |\mathbf{k}'s\rangle_0 \frac{\langle\mathbf{k}'s|H|\mathbf{k}\uparrow\rangle}{\varepsilon_{\mathbf{k}} - \varepsilon_{\mathbf{k}}'} \\ &= |\mathbf{k}\uparrow\rangle_0 + \sum_{\mathbf{k}'}{}' \frac{m^*J}{k^2-k'^2}(I^+_n|\mathbf{k}'\downarrow\rangle_0 + I^z_n|\mathbf{k}'\uparrow\rangle_0), \end{aligned}$$

für die Wellenfunktion mit dem Elektronenspin vorwiegend aufwärts, und

$$|\mathbf{k}\downarrow\rangle = |\mathbf{k}\downarrow\rangle_0 + \sum_{\mathbf{k}'}' \frac{m^*J}{k^2 - k'^2}(I_n^-|\mathbf{k}'\uparrow\rangle_0 - I_n^z|\mathbf{k}'\downarrow\rangle_0), \tag{107}$$

für die Wellenfunktion mit dem Elektronenspin vorwiegend abwärts. Die Pfeile beziehen sich auf den Elektronenspin; bis zu diesem Punkt haben wir keinerlei Operationen am Kernspin ausgeführt. Der Strich in Σ' bedeutet, daß der Zustand $\mathbf{k}'s = \mathbf{k}\uparrow$ von der Summation ausgeschlossen ist. Dies ist ein heikler Punkt, da die Störungstheorie mit adiabatischem Einschalten vorschreibt, die Energieschale $\varepsilon_\mathbf{k} = \varepsilon_{\mathbf{k}'}$, auszuschließen, indem man den Hauptwert des aus der obigen Summe gebildeten Integrals nimmt; Einzelheiten der Begründung, warum der Hauptwert am Ende die vollständige Lösung dieses Problems gibt, findet man bei Yosida[7]) und Van Vleck[8]).

Wenn der $u_\mathbf{k}$-Anteil der Blochfunktion unabhängig von $\mathbf{k}$ ist, können wir (106) schreiben als

$$|\mathbf{k}\uparrow\rangle = |\mathbf{k}\uparrow\rangle_0 + \frac{m^*J}{(2\pi)^3}\mathcal{P}\int d^3k' \frac{e^{i\mathbf{k}'\cdot\mathbf{x}}}{k^2 - k'^2}(I_n^+|\downarrow\rangle + I_n^z|\uparrow\rangle). \tag{108}$$

Das Integral in (108) hat den Wert

$$\begin{aligned}\mathcal{P}\int &= 2\pi\mathcal{P}\int_{-1}^{1} d\mu \int_0^\infty dk' \frac{e^{ik'r\mu}k'^2}{(k+k')(k-k')} \\ &= 2\pi(ir)^{-1}\mathcal{P}\left\{\int_{-\infty}^{\infty} d\rho \frac{\rho e^{i\rho}}{\rho^2-\sigma^2} - \int_{-\infty}^{\infty} d\rho \frac{\rho e^{-i\rho}}{\rho^2-\sigma^2}\right\}\end{aligned} \tag{109}$$

mit $\rho = k'r$ und $\sigma = kr$. Die Integranden sind gerade Funktionen von ρ, wenn dieses reell ist, so daß wir schreiben können

$$\mathcal{P}\int = \left(\frac{\pi}{ir}\right)\mathcal{P}\left\{\int_{-\infty}^{\infty} d\rho \frac{\rho e^{i\rho}}{\rho^2-\sigma^2} - \int_{-\infty}^{\infty} d\rho \frac{\rho e^{-i\rho}}{\rho^2-\sigma^2}\right\}. \tag{110}$$

Das erste Integral kann ausgewertet werden, wenn man den Integrationsweg durch einen unendlichen Halbkreis in der oberen Halbebene schließt; der Halbkreis gibt keinen Beitrag zum Integral, da die Exponentialfunktion hier verschwindend klein wird. Das Residuum zum Pol $\rho = \sigma$ ist $\frac{1}{2}e^{i\sigma}$ und das Residuum zum Pol $\rho = -\sigma$ ist $\frac{1}{2}e^{-i\sigma}$. Der Wert des ersten Integrals wird damit

$$\tfrac{1}{2}2\pi i(\tfrac{1}{2}e^{i\sigma} + \tfrac{1}{2}e^{-i\sigma}) = \pi i\cos\sigma, \tag{111}$$

wobei der Faktor $\frac{1}{2}$ ganz links vom Hauptwert in (110) herrührt. Der Integrationsweg des zweiten Integrals in (110) wird durch einen Halbkreis in der unteren Halbebene geschlossen, und das Integral hat den Wert $-\pi i \cos\sigma$. Also nimmt (109) den Wert an

$$\mathcal{P}\int = (2\pi^2/r)\cos kr, \tag{112}$$

womit folgt

$$|k\uparrow\rangle = |k\uparrow\rangle_0 + \frac{m^*J\cos kr}{4\pi r}(I_n^-|\downarrow\rangle + I_n^z|\uparrow\rangle). \tag{113}$$

Die (113) entsprechende Elektronendichte ist, bis zu $0(J)$,

$$\rho(\mathbf{k}\uparrow) = 1 + \frac{m^*J\cos kr}{2\pi r}\cos kx\ \ I_n^z \tag{114}$$

und ebenso

$$\rho(\mathbf{k}\downarrow) = 1 - \frac{m^*J\cos kr}{2\pi r}\cos kx\ \ I_n^z. \tag{115}$$

Es ist interessant, $\rho(\mathbf{k}\uparrow)$ über den Fermisee im Grundzustand zu summieren:

$$\rho(\uparrow) = \frac{1}{(2\pi)^3}\int d^3k\rho(\mathbf{k}\uparrow) = \frac{k_F{}^3}{6\pi^2} + \frac{m^*JI_n{}^z}{4(2\pi)^3r^4}\int_0^{2k_Fr} dx\ x\sin x, \tag{116}$$

oder

$$\rho(\uparrow) = \frac{k_F{}^3}{6\pi^2}\left\{1 - \frac{3m^*JI_n^zk_F}{\pi}F(2k_Fr)\right\}, \tag{117}$$

wobei

$$F(x) = \frac{x\cos x - \sin x}{x^4}. \tag{118}$$

Wenn die Elektronenkonzentration $2n$ ist, wobei jede Spinsorte n beiträgt, können wir (117) und das entsprechende Ergebnis für $\rho(\downarrow)$ zusammenfassen zu*

$$\rho_\pm(\mathbf{x}) = n\left[1 \mp \frac{9n}{\varepsilon_F}\pi JF(2k_Fr)I_n^z\right]. \tag{119}$$

Wir sehen, daß das Kernmoment die Spinpolarisation der Elektronen auf oszillierende Weise stört. Die resultierende Polarisation hat bei $k_Fr \gg 1$ die asymptotische Form

$$\rho_\downarrow - \rho_\uparrow \cong \frac{9\pi n^2}{4\varepsilon_F}JI_n^z\frac{\cos 2k_Fr}{(k_Fr)^3}. \tag{120}$$

Nun nehmen wir an, ein zweites Kernmoment $\mathbf{I}_m$ werde an einem Gitterpunkt m in einer Entfernung r von n hinzugefügt. Der Kern bei m

* Der zweite Term hier unterscheidet sich durch einen Faktor 2 von Gl. (2.23) in der Arbeit von Yoshida[7]); der Unterschied ist lediglich eine Definitionssache, wie man durch Prüfung seiner Gl. (3.1) sieht.

wird durch die von dem Kern bei n hervorgerufene Spinpolarisation gestört, und *umgekehrt*, was zu einer effektiven indirekten Wechselwirkung zwischen den zwei Momenten über die Leitungselektronen führt.

Die Wechselwirkung zwischen den zwei Kernspins ist in zweiter Ordnung gegeben durch

$$H''(\mathbf{x}) = \sum_{\substack{\mathbf{kk}' \\ ss'}}' \frac{\langle \mathbf{k}s|H|\mathbf{k}'s'\rangle\langle \mathbf{k}'s'|H|\mathbf{k}s\rangle}{\varepsilon_{\mathbf{k}} - \varepsilon_{\mathbf{k}'}}; \tag{121}$$

wenn wir (101) für H benutzen, erhalten wir mit der Näherung (104):

$$H''(\mathbf{x}) = \sum_s (\mathbf{S}\cdot\mathbf{I}_n)(\mathbf{S}\cdot\mathbf{I}_m)m^*J^2(2\pi)^{-6}\rho \int_0^{k_F} d^3k \int_{k_F}^{\infty} d^3k' \frac{e^{-i(\mathbf{k}-\mathbf{k}')\cdot\mathbf{x}}}{k^2 - k'^2} + cc. \tag{122}$$

Die Summe über die Zustände des Elektronenspins wird mit Hilfe einer Standardbeziehung (Schiff, S. 333) zwischen Paulioperatoren ausgeführt:

$$(\boldsymbol{\sigma}\cdot\mathbf{I}_n)(\boldsymbol{\sigma}\cdot\mathbf{I}_m) = \mathbf{I}_n\cdot\mathbf{I}_m + i\boldsymbol{\sigma}\cdot\mathbf{I}_n\times\mathbf{I}_m. \tag{123}$$

Nun verschwindet die Spur jeder Komponente von $\boldsymbol{\sigma}$, so daß

$$\sum_s (\mathbf{S}\cdot\mathbf{I}_n)(\mathbf{S}\cdot\mathbf{I}_m) = \tfrac{1}{2}\mathbf{I}_n\cdot\mathbf{I}_m. \tag{124}$$

Die indirekte Wechselwirkung, die sich aus der isotropen Hyperfeinkopplung ergibt, hat also die Form einer isotropen Austauschwechselwirkung zwischen zwei Kernspins.

Die Integrationen sind ähnlich den bereits ausgeführt. Das Ausschließungsprinzip spielt tatsächlich keine Rolle in der k'-Integration - der Wert des ganzen Integrals wird nicht verändert, wenn man die Integration an der unteren Grenze bis zu $k' = 0$ ausführt. Die Endform von (122) ist

$$\boxed{H''(\mathbf{x}) = \mathbf{I}_n\cdot\mathbf{I}_m \frac{4J^2m^*k_F{}^4}{(2\pi)^3} F(2k_Fr),} \tag{125}$$

wobei die Reichweitefunktion $F(x)$ durch (118) gegeben ist. Für kleine x geht $F(x)\rightarrow -1/6x$, so daß die oszillierende Wechselwirkung (125) für x kleiner als die erste Nullstelle von $F(x)$ ferromagnetisch ist. Die erste Nullstelle liegt bei $x = 4.49$. Die Größe der Wechselwirkung (125) wird von experimentellen Ergebnissen über die Breite der Kernresonanzlinien in reinen Metallen bestätigt. Die Berechnung von J wird in Literaturhinweis 6 diskutiert.

Man ist versucht, die Anwendung des Ergebnisses (125) auf die indirekte Austauschkopplung paramagnetischer Ionen in Metallen auszudehnen. Nun ist der Operator **I** der Spin der Elektronen des paramagnetischen Ions; die Kopplung J zwischen **I** und dem Spin **S** eines Leitungselektrons ist die Austauschwechselwirkung, statt der Kontaktwechselwirkung der Hyperfeinkopplung. Der Prototyp für ein solches System ist das System CuMn bei geringer Konzentration von Mn in Cu, das experimentell gut untersucht ist. Die Ergebnisse wurden von Blandin und Friedel[9]) eingehend ausgewertet. Sie finden, daß alle Legierungseigenschaften gut durch eine Wechselwirkung der Form (125) wiedergegeben werden, aber sie fordern eine beträchtlich stärkere Wechselwirkung als sie durch Werte der Kopplung, die aus der Atomspektroskopie abgeleitet wurden, geliefert wird. Dies ist nicht überraschend, da die Phasenverschiebung (105) durch das Deltafunktions-Potential von der Größenordnung 0.1 (atomare Austauschwechselwirkung/Fermienergie) ist, während die Friedel-Regel für d-Zustände und $Z = 1$ den Wert $\eta_2 = \pi/10$ verlangt, der viel größer ist. Sie zeigen im weiteren, daß eine selbstkonsistente Spinpolarisation um das Mn-Ion zu einer Wechselwirkung führt, die beträchtlich stärker ist als die auf Grund einer gebundenen d-Schale.

Der oszillierende Charakter der indirekten Austauschwechselwirkung führt zu einer großen Vielfalt von möglichen geordneten Spinstrukturen in magnetischen Kristallen, einschließlich Spiralen. Die Art der Spinstruktur wird durch den Wert von k_F und damit durch die Elektronenkonzentration bestimmt; siehe D. Mattis und W.E. Donath, *Phys. Rev.* **128**,1618 (1962), und dort zitierte Literatur.

Die Metalle der Gruppe der seltenen Erden (Lanthaniden) haben sehr kleine magnetische $4f^n$-Rümpfe, eingebettet in einen See von Leitungselektronen aus den $6s$-$6p$-Bändern; die Rumpfdurchmesser sind etwa 10 % der Atomabstände. Die magnetischen Eigenschaften dieser Metalle können bis in Einzelheiten mit Hilfe einer indirekten Austauschwechselwirkung zwischen den magnetischen Rümpfen über die Leitungselektronen verstanden werden. Die Ionenrümpfe sind im Vergleich zu ihren Radien zu weit voneinander entfernt, als daß ein direkter Austausch von Bedeutung wäre. Die Tatsache, daß die Curie-Temperaturen in den Metallen viel höher sind als in den Oxyden, ist in Übereinstimmung mit der Rolle, die wir den Leitungselektronen zuschreiben.

Die indirekte Austauschwechselwirkung hat die Form (125), aber mit den Ionenspins S statt **I**:

(126) $$H''(\mathbf{x}) = \Gamma_S \mathbf{S}_n \cdot \mathbf{S}_m F(2k_F r).$$

Es ist eine experimentelle Tatsache, daß die Kopplung Γ_S ungefähr konstant ist für die meisten Metalle der seltenen Erden; dies ist mit dem Modell des indirekten Austauschs verträglich und sehr ermutigend. Im Grenzfall starker Spin-Bahn-Kopplung werden die Ergebnisse besser mit Hilfe einer $\mathbf{J}_n \cdot \mathbf{J}_m$ -Wechselwirkung ausgewertet:

(127) $$H''(\mathbf{x}) = \Gamma_J \mathbf{J}_n \cdot \mathbf{J}_m F(2k_F r),$$

aber nun findet man, daß ein konstantes Γ_J nicht zu den verschiedenen experimentellen Daten paßt.

Wir erinnern uns, daß für freie Elektronen g so definiert ist, daß

(128) $$g\mu_B \mathbf{J} = \mu_B(\mathbf{L} + 2\mathbf{S}),$$

oder

(129) $$g\mathbf{J} = \mathbf{L} + 2\mathbf{S}.$$

Aber nun ist

(130) $$\mathbf{J} = \mathbf{L} + \mathbf{S},$$

so daß

(131) $$(g - 1)\mathbf{J} = \mathbf{S},$$

woraus folgt

(132) $$\Gamma_S(g - 1)^2 = \Gamma_J.$$

Diese Beziehung, die von de Gennes stammt, ist sehr gut erfüllt in dem Sinne, daß ein konstantes Γ_S gut die dem Experiment entnommenen Werte von Γ_J wiedergibt. Zum Beispiel sind Experimente über die Erniedrigung der supraleitenden Übergangstemperatur in La, die durch die Zulegierung von verschiedenen Elementen der Seltenen Erden verursacht wird, mit dem Wert $\Gamma_S \cong 5.1$ ev-A^3 verträglich [H. Suhl und B.T. Matthias, *Phys. Rev.* **114**, 977 (1959)]. Ein Überblick über die Theorie der magnetischen und Struktureigenschaften der Seltenen Erden wurde von Y. A. Rocher, *Adv. in Phys.* **11**, 233 (1963) gegeben.

In einem Molekularfeldmodell ist die ferromagnetische Curie-Temperatur proportional zu $J(J + 1)\Gamma_S^2(g - 1)^2$. Die theoretischen Werte der Curie-Temperatur in der folgenden Tabelle wurden von Rocher berechnet, mit dem Wert $\Gamma_S = 5.7$ ev-A^3, mit dem die beobachtete Curie-Temperatur von Gd angepaßt wurde.

	Gd	Tb	Dy	Ho	Er	Tm	Yb	Lu	
T_c(exp)	300	237	154	85	41	20	0	0	°K
T_c(theo)	300	200	135	85	48	25	0	0	°K

Die Übereinstimmung ist sehr befriedigend.

Aufgaben

1.) Man zeige unter Benutzung von (30), (34) und dem auf (28) folgenden Ergebnis für die Zustandsdichte, daß sich in der Bornschen Näherung die Abschirmladung ergibt als

$$Z = \rho_F \langle \mathbf{k} | V_P | \mathbf{k} \rangle, \tag{133}$$

wobei ρ_F die ungestörte Zustandsdichte pro Energieeinheit ist. Aus diesem Ergebnis folgt, daß die Fermikante durch die Anwesenheit von vereinzelten Verunreinigungen nicht verändert wird, obwohl diese eine Verschiebung der unteren Bandkante verursachen.

2.) Man nehme an, daß die Zustandsdichte $g(\varepsilon)$ in einem Band gleich einer Konstanten g_0 ist für $0 < \varepsilon < \varepsilon_1$, und null sonst. Aus (67) bestimme man die Lage der virtuellen Niveaus für positives V und für negatives V.

3.) (*a*) Man zeige für das Problem des lokalisierten magnetischen Zustands, daß gilt

$$G^{\sigma}_{\mathbf{kk}} = \frac{1}{\xi - \varepsilon_{\mathbf{k}}} + \frac{|V_{d\mathbf{k}}|^2}{(\xi - \varepsilon_{\mathbf{k}})^2(\xi - E_\sigma + i\Delta)}. \tag{134}$$

(*b*) Man zeige, daß die Energiedichte der freien Elektronen gegeben ist durch

$$\begin{aligned} \rho^{\sigma}_{\text{free}}(\varepsilon) &\equiv -\frac{1}{\pi}\left(\frac{1}{2\pi}\right)^3 \int d^3k\, \mathscr{I}\{G^{\sigma}_{\mathbf{kk}}(\varepsilon)\} \\ &\cong \rho^{\sigma}_0(\varepsilon) + \frac{d\rho^{\sigma}_0}{d\varepsilon_{\mathbf{k}}} \frac{|V_{d\mathbf{k}}|^2(\varepsilon - E_\sigma)}{(\varepsilon - E_\sigma)^2 + \Delta^2}, \end{aligned} \tag{135}$$

wobei $\rho^{\sigma}_0(\varepsilon_{\mathbf{k}})$ die Zustandsdichte des ungestörten Problems ist. Man beachte, daß, wenn ρ^{σ}_0 unabhängig von $\varepsilon_{\mathbf{k}}$ ist, der virtuelle d-Zustand die Dichte der freien Elektronen nicht verändert. In diesem Fall gibt es keine resultierende Polarisation der freien Elektronen. Dies ist als Kompensationstheorem bekannt.

4.) Man berechne $\Delta\rho(R)$ für große R aus (29) für ein Deltapotential mit $\eta_L = 0$ außer für η_0, das durch die Streulänge b nach (105) gegeben ist. Nach der auf (19.19) folgenden Diskussion gilt $\eta_0 = -kb$.

5.) Man drücke die Koeffizienten C_F und φ_F in (54) durch $f_{\mathbf{k}}$ aus, indem man die Integration über $\mathbf{k}$ ausführt. Man beachte, daß $\tan \varphi_{\mathbf{k}} = \mathscr{I}\{f_{\mathbf{k}}(\pi)\}/\mathscr{R}\{f_{\mathbf{k}}(\pi)\}$, und integriere partiell, wobei man nur den Term niederster Ordnung in $1/r$ mitnehme. Man nehme nun an, daß nur die Phasenverschiebungen η_0 und η_1 wichtig sind: Man schreibe Gleichungen für C_F und φ_F an, ausgedrückt durch den Restwiderstand und den Unterschied der Wertigkeit von gelöstem Stoff und Lösungsmittel. Man löse diese Gleichungen für kleine η_0 und η_1.

19. Korrelationsfunktionen und Neutronenbeugung an Kristallen

Wir betrachten einen Kristall, der mit einem Teilchen beschossen wird, das mit dem Kristall schwach wechselwirkt. Die uns am meisten interessierenden einfallenden Teilchen sind Photonen im Röntgenstrahlenbereich und langsame Neutronen. Wir nehmen an, daß in einem einzelnen Streuvorgang das einfallende Teilchen vom Zustand $|\mathbf{k}\rangle$ in einem Zustand $|\mathbf{k}'\rangle$ gestreut wird, und der Zustand des Kristalls von $|i\rangle$ mit der Energie ε_i in $|f\rangle$ mit der Energie ε_f übergeht. Wir interessieren uns besonders für die Anregung von Phononen und Magnonen in dem Kristall. Dies ist ein Mittel zur Untersuchung der Dispersionsrelationen über den ganzen Bereich der Brillouinzone.

Bornsche Näherung

Die Bornsche Näherung liefert für den inelastischen differentiellen Streuquerschnitt pro Einheitswinkel, pro Energieeinheit und pro Einheitsvolumen der Probe

$$\frac{d^2\sigma}{d\omega\, d\Omega} = \frac{k'}{k}\left(\frac{M}{2\pi}\right)^2 |\langle \mathbf{k}'f|H'|i\mathbf{k}\rangle|^2 \delta(\omega + \varepsilon_i - \varepsilon_f), \tag{1}$$

dabei beschreibt H' die Wechselwirkung des Teilchens mit dem Target, ω ist die Energieübertragung an das Target, und M ist die reduzierte Masse des Teilchens; Ω bezeichnet hier den Raumwinkel und nicht das Volumen. Diese Beziehung wird in den Standardwerken über Quantenmechanik abgeleitet.

In der ersten Bornschen Näherung ist, ohne Berücksichtigung der Spins, der Zustand $|\mathbf{k}\rangle = e^{i\mathbf{k}\cdot\mathbf{x}}$ und $|\mathbf{k}'\rangle = e^{i\mathbf{k}'\cdot\mathbf{x}}$. Dabei ist $\mathbf{x}$ der Ort des einfallenden Teilchens. Dann ist

$$\langle \mathbf{k}'f|H'|i\mathbf{k}\rangle = \left\langle f\right| \int d^3x\, e^{i\mathbf{K}\cdot\mathbf{x}} H' \left|i\right\rangle, \tag{2}$$

wobei

$$\mathbf{K} = \mathbf{k} - \mathbf{k}' \tag{3}$$

die Änderung des Wellenvektors des einfallenden Teilchens ist. Wenn die Wechselwirkung H' eine Summe von Zweiteilchenwechselwirkungen zwischen dem einfallenden Teilchen und den Targetteilchen ist, gilt

$$H' \equiv \sum_j V(\mathbf{x} - \mathbf{x}_j), \qquad j = 1, \cdots, N; \tag{4}$$

und mit (2)

$$\langle \mathbf{k}'f|H'|i\mathbf{k}\rangle = V_{\mathbf{K}} \sum_j \langle f|e^{i\mathbf{K}\cdot\mathbf{x}_j}|i\rangle, \tag{5}$$

wobei

$$V_{\mathbf{K}} = \int d^3x \, e^{i\mathbf{K}\cdot\mathbf{x}} V(\mathbf{x}). \tag{6}$$

Mit (5) und der Annahme einer statistischen Verteilung für die Anfangszustände des Targets mit der Wahrscheinlichkeit p_i, das Target am Anfang im Zustand $|i\rangle$ zu finden, erhalten wir

$$\frac{d^2\sigma}{d\varepsilon\, d\Omega} = \frac{k'}{k}\left(\frac{M}{2\pi}\right)^2 |V_{\mathbf{K}}|^2 \sum_{ifjl} p_i \langle i|e^{-i\mathbf{K}\cdot\mathbf{x}_j}|f\rangle\langle f|e^{i\mathbf{K}\cdot\mathbf{x}_l}|i\rangle \cdot \delta(\omega + \varepsilon_i - \varepsilon_f). \tag{7}$$

Verwenden wir die Integraldarstellung der Deltafunktion, gelangen wir schließlich zu der wichtigen, von Van Hove angegebenen Form

$$\frac{d^2\sigma}{d\varepsilon\, d\Omega} = \frac{k'}{2\pi k}\left(\frac{M}{2\pi}\right)^2 |V_{\mathbf{K}}|^2 \sum_{ifjl} p_i \int_{-\infty}^{\infty} dt\, e^{-i(\omega+\varepsilon_i-\varepsilon_f)t} \cdot \langle i|e^{-i\mathbf{K}\cdot\mathbf{x}_j}|f\rangle\langle f|e^{i\mathbf{K}\cdot\mathbf{x}_l}|i\rangle, \tag{8}$$

oder

$$\boxed{\frac{d^2\sigma}{d\varepsilon\, d\Omega} = \frac{k'}{2\pi k}\left(\frac{M}{2\pi}\right)^2 |V_{\mathbf{K}}|^2 \int_{-\infty}^{\infty} dt\, e^{-i\omega t} \sum_{jl} \langle e^{-i\mathbf{K}\cdot\mathbf{x}_j(0)} e^{i\mathbf{K}\cdot\mathbf{x}_l(t)}\rangle_T,} \tag{9}$$

wobei $\langle \cdots \rangle_T$ zugleich den quantenmechanischen Mittelwert und den Mittelwert über eine kanonische Verteilung bei der Temperatur T bezeichnet. Bei dem letzten Schritt haben wir $\mathbf{x}_l(t)$ in die Heisenberg-Darstellung transformiert:

$$e^{-i(\varepsilon_i-\varepsilon_f)t}\langle f|e^{i\mathbf{K}\cdot\mathbf{x}_l}|i\rangle \equiv \langle f|e^{iH_0t}e^{i\mathbf{K}\cdot\mathbf{x}_l(0)}e^{-iH_0t}|i\rangle \equiv \langle f|e^{i\mathbf{K}\cdot\mathbf{x}_l(t)}|i\rangle. \tag{10}$$

Außerdem haben wir verwendet

$$\sum_f \langle i|e^{-i\mathbf{K}\cdot\mathbf{x}_j(0)}|f\rangle\langle f|e^{i\mathbf{K}\cdot\mathbf{x}_l(t)}|i\rangle = \langle i|e^{-i\mathbf{K}\cdot\mathbf{x}_j(0)}e^{i\mathbf{K}\cdot\mathbf{x}_l(t)}|i\rangle. \tag{11}$$

Beide Exponentialausdrücke sind Operatoren und vertauschen nur bei gleichen Zeiten; wir können im allgemeinen das Produkt zweier Exponentialausdrücke nicht als einen einzigen Exponentialausdruck schreiben. Der statistische Mittelwert in (9) ist definiert als

$$\sum_i p_i\langle i|e^{-i\mathbf{K}\cdot\mathbf{x}_j(0)}e^{i\mathbf{K}\cdot\mathbf{x}_l(t)}|i\rangle \equiv \langle e^{-i\mathbf{K}\cdot\mathbf{x}_j(0)}e^{i\mathbf{K}\cdot\mathbf{x}_l(t)}\rangle_T, \tag{12}$$

im thermischen Gleichgewicht.

Das Ergebnis (9) wird üblicherweise geschrieben als

$$\frac{d^2\sigma}{d\Omega\, d\varepsilon} = A_{\mathbf{K}}\mathcal{S}(\omega,\mathbf{K}), \tag{13}$$

wobei

$$A_{\mathbf{K}} = \frac{k'}{k}\left(\frac{M}{2\pi}\right)^2 |V_{\mathbf{K}}|^2 \tag{14}$$

im wesentlichen nur von dem Zweikörperpotential abhängt, und

$$\mathcal{S}(\omega,\mathbf{K}) = \frac{1}{2\pi}\int_{-\infty}^{\infty} dt\, e^{-i\omega t} \sum_{jl} \langle e^{-i\mathbf{K}\cdot\mathbf{x}_j(0)} e^{i\mathbf{K}\cdot\mathbf{x}_l(t)}\rangle_T, \tag{15}$$

in Übereinstimmung mit (6.64) die zeitliche Fouriertransformierte einer das System beschreibenden Korrelationsfunktion ist. Es ist aufschlußreich, den Operator der Teilchendichte einzuführen

$$\rho(\mathbf{x},t) = \sum_j \delta[\mathbf{x} - \mathbf{x}_j(t)], \tag{16}$$

so daß wir $\mathcal{S}(\omega,\mathbf{K})$ als Funktion der raumzeitlichen Fouriertransformierten der Dichtekorrelationsfunktion erhalten:

$$\mathcal{S}(\omega,\mathbf{K}) = \frac{1}{2\pi}\int d^3x\, d^3x'\, e^{i\mathbf{K}\cdot(\mathbf{x}-\mathbf{x}')} \int dt\, e^{-i\omega t}\langle\rho(\mathbf{x}'0)\rho(\mathbf{x}t)\rangle_T. \tag{17}$$

Dies ist keine besonders handliche Form für wirkliche Berechnungen, aber sie zeigt klar die Abhängigkeit des differentiellen Wirkungsquerschnitts von der Dichtekorrelationsfunktion $\langle\rho(\mathbf{x}'0)\rho(\mathbf{x}t)\rangle_T$.

Neutronenbeugung

Die Theorie der Streuung von Röntgenstrahlen an Kristallen ist der Theorie der Neutronenstreuung sehr ähnlich. Beide Gebiete sind in der Festkörperphysik wichtig, aber wir werden hier die Theorie für Neutronen entwickeln, mit Betonung der Bestimmung von Phononen- und Magnonendispersionskurven durch inelastische Neutronenstreuung. Man ist in der Festkörperphysik ebenso stark an inelastischen Streuprozessen, mit der Anregung von Phononen und Magnonen interessiert, wie an den klassischen Anwendungen der elastischen Streuung zur Bestimmung von Kristallstrukturen und magnetischen Strukturen. Allgemeine Literatur dazu ist u.a.:

[1]) L. S. Kothari und K. S. Singwi, *Solid state physics* 8, 109 (1959)
[2]) W. Marshall und R. D. Lowde, *Reports on Progress in Physics,* Vol. XXXI, Part II, 1968.
[3]) C. G. Shull und E. O. Wollan, *Solid state physics* 2, 137 (1956).
[4]) L. Van Hove, *Phys. Rev.* 95, 249, 1374 (1954).

Das Konzept der *Streulänge* ist nützlich zur Beschreibung der s-Streuung von niederenergetischen Neutronen, die mit einem tiefen und schmalen Potentialtopf wechselwirken. Unter den angenommenen Bedingungen ist die reguläre Lösung der Wellengleichung im Innern des Topfes unempfindlich gegen kleine Energieänderungen des einfallenden Teilchens; also ist die logarithmische Ableitung am Rand des Topfes unempfindlich bezüglich der einfallenden Energie. Dies ist eine sehr nützliche Eigenschaft. Als Funktion der Phasenverschiebung η_0 für s-Wellen hat die Wellenfunktion $\varphi(\mathbf{x})$ ein wenig außerhalb des Topfes die Form

$$r\varphi = B\sin(kr + \eta_0) \cong B(kr + \eta_0), \tag{18}$$

die man durch die Größen C und b ausdrücken kann als

$$r\varphi = C(r - b), \tag{19}$$

die nach Bild 1 und unserer obigen Überlegung für kleine Energien näherungsweise konstant in der Energie sind. Es ist also $B = C/k$ und $\eta_0 = -kb$. Dabei wird b die *Streulänge* oder *Streuamplitude* genannt; sie ist der in dem Bild 1 eingezeichnete Abschnitt. Nachdem nun das Standardergebnis für den Wirkungsquerschnitt der elastischen s-Streuung als Funktion von η_0 lautet

$$\frac{d\sigma}{d\Omega} = \frac{\sin^2\eta_0}{k^2}, \tag{20}$$

ist in unserer Näherung

$$\frac{d\sigma}{d\Omega} = b^2, \quad \sigma = 4\pi b^2 \tag{21}$$

näherungsweise unabhängig vom Streuwinkel und der Energie, solange $k|b| \ll 1$. Man beachte, daß b hier eine Länge und nicht ein Feldoperator ist.

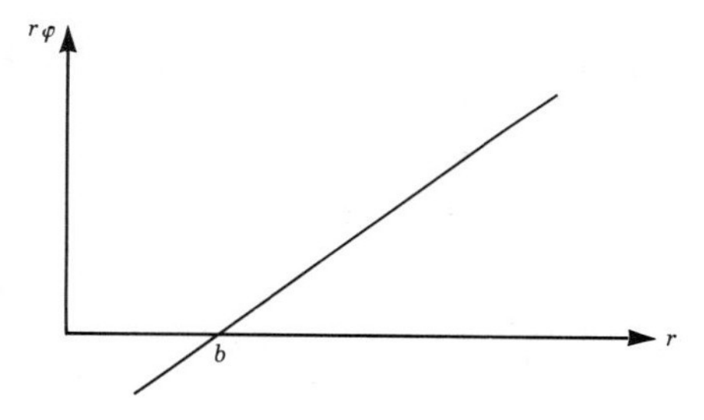

Bild 1: Die Wellenfunktion für s-Streuung.

Der Wirkungsquerschnitt (21) in der Streulängennäherung kann in der Bornschen Näherung durch eine geeignete Wahl eines effektiven oder Pseudopotentials formal erhalten werden. Wir denken uns folgendes Potential gegeben:

$$\tilde{V}(\mathbf{x}) = (2\pi/M)b\delta(\mathbf{x}); \tag{22}$$

dann ist

$$V_{\mathbf{K}} = \frac{2\pi b}{M}\int d^3x\, e^{i\mathbf{K}\cdot\mathbf{x}}\delta(\mathbf{x}) = \frac{2\pi b}{M}, \tag{23}$$

unabhängig von **K**. Also ist in (14) für elastische Streuung $A = b^2$. Nun ist für elastische Streuung an einem einzigen Atomkern der Formfaktor (15) gleich

$$\mathcal{S}(\omega,\mathbf{K}) = \frac{1}{2\pi}\int_{-\infty}^{\infty} dt\, e^{-i\omega t}\langle e^{-i\mathbf{K}\cdot\mathbf{x}(0)}e^{i\mathbf{K}\cdot\mathbf{x}(0)}\rangle_T = \delta(\omega), \tag{24}$$

so daß nach (13) mit $k = k'$ für elastische Streuung, (14), (23) und (24)

$$\frac{d^2\sigma}{d\omega\, d\Omega} = b^2\delta(\omega); \qquad \frac{d\sigma}{d\Omega} = b^2. \tag{25}$$

Kohärente und inkohärente elastische Streuung an Atomkernen

Wir nehmen an, das Target habe N Teilchen. Das j-te Teilchen befindet sich am Ort $\mathbf{x}_j$ und wird durch die Streulänge b_j charakterisiert. Das Pseudopotential des Targets ist

$$\tilde{V}(\mathbf{x}) = (2\pi/M)\sum_j b_j\delta(\mathbf{x}-\mathbf{x}_j), \tag{26}$$

wobei wir für elastische Streuung an einem makroskopischen Target für M die Masse des Neutrons nehmen können. Nach (23) und (26) ist

$$V_{\mathbf{K}} = (2\pi/M)\sum_j b_j e^{i\mathbf{K}\cdot\mathbf{x}_j}; \qquad |V_{\mathbf{K}}|^2 = (2\pi/M)^2\sum_{lm} b_l^* b_m e^{i\mathbf{K}\cdot(\mathbf{x}_m-\mathbf{x}_l)}. \tag{27}$$

Hierbei haben wir aus Bequemlichkeitsgründen die Exponentialfaktoren aus dem Formfaktor $\mathcal{S}(\omega,\mathbf{K})$ zu $V_{\mathbf{K}}$ geschlagen. Damit wird

$$\frac{d\sigma}{d\Omega} = \Big|\sum_j b_j e^{i\mathbf{K}\cdot\mathbf{x}_j}\Big|^2 = \sum_{lm} b_l^* b_m e^{i\mathbf{K}\cdot(\mathbf{x}_m-\mathbf{x}_l)}, \tag{28}$$

für Streuung mit dem Streuvektor **K**.

Wenn die Werte b_l und b_m unkorreliert sind, ist der Mittelwert über die Verteilung für $l \neq m$

$$\langle b_l^* b_m\rangle = |\langle b\rangle|^2, \tag{29}$$

oder allgemeiner

$$\langle b_l^* b_m\rangle = |\langle b\rangle|^2 + \delta_{lm}(\langle |b|^2\rangle - |\langle b\rangle|^2). \tag{30}$$

Also ist für eine Verteilung von Streuzentren

$$\frac{d\sigma}{d\Omega} = \underbrace{|\langle b\rangle|^2\Big|\sum_l e^{i\mathbf{K}\cdot\mathbf{x}_l}\Big|^2}_{\text{kohärent}} + \underbrace{N(\langle |b|^2\rangle - |\langle b\rangle|^2)}_{\text{inkohärent}}. \tag{31}$$

Der inkohärente Streuterm ist offensichtlich isotrop; er rührt von der Anwesenheit verschiedener Isotope der streuenden Kerne her und ebenso von verschiedenen Richtungen des Kernspins relativ zur Spinrichtung des einfallenden Teilchens.

Der kohärente Streuquerschnitt pro Atom ist nach (31) definiert als

$$\sigma_{\text{coh}} = 4\pi \left(\sum_j p_j b_j\right)^2 \equiv 4\pi|\langle b\rangle|^2, \tag{32}$$

wobei p_j die *Wahrscheinlichkeit* dafür ist, daß ein Atom die Streuamplitude b_j hat. Die gesamte Streuung pro Atom muß die Summe der Beiträge zur Streuintensität aller Streuzentren sein, so daß sich pro Atom ergibt

$$\sigma_{\text{total}} = 4\pi \sum_j p_j b_j^2 \equiv 4\pi\langle|b|^2\rangle. \tag{33}$$

Der inkohärente Streuquerschnitt pro Atom ist

$$\sigma_{\text{incoh}} = \sigma_{\text{total}} - \sigma_{\text{coh}} = 4\pi(\langle|b|^2\rangle - |\langle b\rangle|^2). \tag{34}$$

Die kohärente Streuung an einem Target enthält nach (31) $\left|\sum_l e^{i\mathbf{K}\cdot\mathbf{x}_l}\right|^2$. Diese Summe verschwindet, außer wenn $\mathbf{K}\cdot\mathbf{x}_l$ ein ganzzahliges Vielfaches von 2π für alle Punkte l ist. Wenn die $\mathbf{x}_l$ an Gitterpunkten liegen,

$$\mathbf{x}_l = u_l\mathbf{a} + v_l\mathbf{b} + w_l\mathbf{c}, \tag{35}$$

wobei u, v, w ganze Zahlen und $\mathbf{a}, \mathbf{b}, \mathbf{c}$ die Kristallachsen sind, dann tritt kohärente Streuung auf für

$$\mathbf{K} = l\mathbf{a}^* + m\mathbf{b}^* + n\mathbf{c}^* \equiv \mathbf{G}, \tag{36}$$

wobei $\mathbf{a}^*, \mathbf{b}^*, \mathbf{c}^*$ die Basisvektoren des reziproken Gitters sind, und l, m, n ganze Zahlen. Denn dann ist

$$\mathbf{K}\cdot\mathbf{x}_l = 2\pi(ul + vm + wn) = 2\pi \times \text{ganze Zahl}.$$

Wir erhalten also die Bragg-Bedingung, daß kohärente Streuung auftritt, wenn der Streuvektor $\mathbf{K}$ gleich einem reziproken Gittervektor $\mathbf{G}$ ist.

Wir werten die Gittersumme (31) für einen eindimensionalen Kristall der Gitterkonstante a aus und geben anschließend das Ergebnis für drei Dimensionen an. Für einen Kristall aus N Atomen ist, mit $x_l = la$, wobei l eine ganze Zahl zwischen 0 und $N-1$ ist,

$$\sum_{l=0}^{N-1} e^{ilKa} = \frac{1 - e^{iNKa}}{1 - e^{iKa}},$$

und

$$\left|\sum_{l=0}^{N-1} e^{ilKa}\right|^2 = \frac{1 - \cos NKa}{1 - \cos Ka} = \frac{\sin^2 \frac{1}{2}NKa}{\sin^2 \frac{1}{2}Ka} \cong \frac{2\pi N}{a} \sum_G \delta(K - G). \tag{37}$$

Wir sehen, daß die linke Seite groß ist, wenn der Nenner $\sin^2 \frac{1}{2}Ka/2$ klein ist, d.h., wenn $Ka/2 = n\pi$ oder $K = 2\pi n/a \equiv G$. Die linke Seite stellt also eine periodische Funktion aus Deltafunktionen dar. Um die Normierung zu erhalten, setzen wir $K = G + \eta$, wobei η eine kleine Größe ist, und berechnen

$$\int_{-\infty}^{\infty} d\eta \frac{\sin^2 \frac{1}{2}NKa}{\sin^2 \frac{1}{2}Ka} = \frac{\cos^2 \frac{1}{2}NGa}{\cos^2 \frac{1}{2}Ga} \int_{-\infty}^{\infty} d\eta \frac{\sin^2 \frac{1}{2}N\eta a}{\sin^2 \frac{1}{2}\eta a} \cong \int_{-\infty}^{\infty} d\eta \frac{\sin^2 \frac{1}{2}N\eta a}{\frac{1}{4}\eta^2 a^2}$$

$$= \frac{2\pi N}{a} = \frac{2\pi N}{a} \int d\eta\ \delta(\eta),$$

wobei wir implizit verwendet haben, daß K in der Nähe von G liegt; außerdem haben wir die Tatsache verwendet, daß $Ga/2 = \pi \times$ ganze Zahl. Bei Ausdehnung auf drei Dimensionen erhält man

$$\left|\sum_l e^{i\mathbf{K}\cdot\mathbf{x}_l}\right|^2 = (2\pi)^3(N/V_c)\sum_{\mathbf{G}} \delta(\mathbf{K} - \mathbf{G}) = NV_c^* \sum_{\mathbf{G}} \delta(\mathbf{K} - \mathbf{G}), \tag{38}$$

wobei V_c das Volumen $\mathbf{a} \cdot \mathbf{b} \times \mathbf{c}$ der primitiven Elementarzelle ist und V_c^* das Volumen der Zelle im reziproken Gitter. Der kohärente Streuquerschnitt des Kristall ist also

$$\left(\frac{d\sigma}{d\Omega}\right)_{\text{coh}} = NV_c^*|\langle b\rangle|^2 \sum_{\mathbf{G}} \delta(\mathbf{K} - \mathbf{G}). \tag{39}$$

Inelastische Streuung am Gitter

Wir nehmen an, daß alle Atome im Kristall die gleiche Streulänge haben, die wir als reell annehmen. Der Formfaktor (15) enthält

$$\begin{aligned} F(\mathbf{K},t) &= \sum_{jl} \langle e^{-i\mathbf{K}\cdot\{\mathbf{x}_j(0)+\mathbf{u}_j(0)\}} e^{i\mathbf{K}\cdot\{\mathbf{x}_l(0)+\mathbf{u}_l(t)\}}\rangle_T \\ &= \sum_{jl} e^{i\mathbf{K}\cdot(\mathbf{x}_l-\mathbf{x}_j)} \langle e^{-i\mathbf{K}\cdot\mathbf{u}_j(0)} e^{i\mathbf{K}\cdot\mathbf{u}_l(t)}\rangle_T, \end{aligned} \tag{40}$$

wobei $\mathbf{x}_l$ und $\mathbf{x}_j$ nun die Koordinaten der unverschobenen Atome sind und $\mathbf{u}_l$ und $\mathbf{u}_j$ die Verschiebungen bezogen auf $\mathbf{x}_l$ und $\mathbf{x}_j$. Die Phononenoperatoren treten bei der Entwicklung der u's nach Phononenkoordinaten auf.

Der zweite Faktor auf der rechten Seite von (40) ist sehr berühmt; wir werden ihn ausführlich für $l = j$ im folgenden Kapitel über rückstoßfreie Emission diskutieren; für das Folgende übernehmen wir die Ergebnisse (20.51) und (20.53), mit den geeigneten Abänderungen für $l \neq j$. Also ist

$$\langle e^{-i\mathbf{K}\cdot\mathbf{u}_l(0)} e^{i\mathbf{K}\cdot\mathbf{u}_l(t)}\rangle_T = e^{-Q_{lj}(t)}, \tag{41}$$

wobei

$$Q_{lj}(t) = \tfrac{1}{2}K^2(\langle\{u_j(t) - u_l(0)\}^2\rangle_T - [u_l(0),u_j(t)]); \tag{42}$$

der Einfachheit halber wird angenommen, daß alle Phononenanregungen mit einem bestimmten Wellenvektor $\mathbf{q}$ entartet sind und wir richten es so ein, daß eine der Anregungen $\mathbf{q}$ in Richtung $\mathbf{K}$ polarisiert ist.

In (42) entwickeln wir die Verschiebung nach Phononenkoordinaten, entsprechend (2.33):

$$u_j(t) = \sum_{\mathbf{q}} (2NM\omega_{\mathbf{q}})^{-1/2}(a_{\mathbf{q}}e^{i(\mathbf{q}\cdot\mathbf{x}_j-\omega_{\mathbf{q}}t)} + a_{\mathbf{q}}^+e^{-i(\mathbf{q}\cdot\mathbf{x}_j-\omega_{\mathbf{q}}t)}), \tag{43}$$

wobei $a_{\mathbf{q}}$ und $a_{\mathbf{q}}^+$ Phononenoperatoren sind. Dann ist

$$\begin{aligned} u_j(t) - u_l(0) = \sum_{\mathbf{q}} (2NM\omega_{\mathbf{q}})^{-1/2}(a_{\mathbf{q}}(e^{-i(\mathbf{q}\cdot\mathbf{x}_j-\omega_{\mathbf{q}}t)} - e^{i\mathbf{q}\cdot\mathbf{x}_l}) \\ + a_{\mathbf{q}}^+(e^{-i(\mathbf{q}\cdot\mathbf{x}_j-\omega_{\mathbf{q}}t)} - e^{-i\mathbf{q}\cdot\mathbf{x}_l})), \end{aligned} \tag{44}$$

woraus unter Berücksichtigung nur der in der Phononenbesetzung diagonalen Terme folgt

$$\begin{aligned} &\{u_j(t) - u_l(0)\}^2 \\ &\quad = (1/2NM)\sum_{\mathbf{q}} \omega_{\mathbf{q}}^{-1}(2 - e^{i\theta_{lj}} - e^{-i\theta_{lj}})(a_{\mathbf{q}}^+a_{\mathbf{q}} + a_{\mathbf{q}}a_{\mathbf{q}}^+) \\ &\quad + \text{nichtdiagonale Terme}, \end{aligned} \tag{45}$$

wobei

$$\theta_{lj} = \omega_{\mathbf{q}}t + \mathbf{q}\cdot(\mathbf{x}_l - \mathbf{x}_j). \tag{46}$$

Ebenso ist

$$\begin{aligned} [u_l(0),u_j(t)] &= (1/2NM)\sum_{\mathbf{q}} \omega_{\mathbf{q}}^{-1}\{[a_{\mathbf{q}},a_{\mathbf{q}}^+]e^{i\theta_{lj}} + [a_{\mathbf{q}}^+,a_{\mathbf{q}}]e^{-i\theta_{lj}}\} \\ &= (i/NM)\sum_{\mathbf{q}} \omega_{\mathbf{q}}^{-1}\sin\theta_{lj}. \end{aligned} \tag{47}$$

Also folgt aus (42)

$$Q_{lj}(t) = \frac{K^2}{2NM}\sum_{\mathbf{q}} \omega_{\mathbf{q}}^{-1}((2\langle n_{\mathbf{q}}\rangle + 1)(1 - \cos\theta_{lj}) - i\sin\theta_{lj}). \tag{48}$$

Wenn wir $Q_{lj}(t)$ in zeitabhängige und zeitunabhängige Terme aufspalten, erhalten wir

$$\begin{aligned} e^{-Q_{lj}(t)} &= \exp\left\{-(K^2/2NM)\sum_{\mathbf{q}} \omega_{\mathbf{q}}^{-1}(2\langle n_{\mathbf{q}}\rangle + 1)\right\} \\ &\quad \cdot \exp\left\{(K^2/2NM)\sum_{\mathbf{q}} \omega_{\mathbf{q}}^{-1}[(2\langle n_{\mathbf{q}}\rangle + 1)\cos\theta_{lj} + i\sin\theta_{lj}]\right\}. \end{aligned} \tag{49}$$

Jeder Term im Exponenten ist klein von der Ordnung N^{-1}, so daß der zweite Faktor auf der rechten Seite in eine Potenzreihe entwikkelt werden kann:

$$\begin{aligned} \exp\{\quad\} = 1 + \sum_{\mathbf{q}} (K^2/2NM\omega_{\mathbf{q}})[(2\langle n_{\mathbf{q}}\rangle + 1)\cos\theta_{lj} \\ + i\sin\theta_{lj}] + \cdots. \end{aligned} \tag{50}$$

Die vernachlässigten Terme stellen Mehrphononenprozesse dar. Wir schreiben den ersten Faktor auf der rechten Seite von (49) als e^{-2W}; dann ist

$$F(\mathbf{K},t)/e^{-2W} = \sum_{jl} \Big\{ e^{i\mathbf{K}\cdot(\mathbf{x}_j-\mathbf{x}_l)} + \sum_{\mathbf{q}} (K^2/2NM\omega_{\mathbf{q}}) \big(\langle n_{\mathbf{q}} + 1 \rangle e^{i\omega_{\mathbf{q}} t} e^{i(\mathbf{q}-\mathbf{K})\cdot(\mathbf{x}_l-\mathbf{x}_j)} + \langle n_{\mathbf{q}} \rangle e^{-i\omega_{\mathbf{q}} t} e^{-i(\mathbf{q}+\mathbf{K})\cdot(\mathbf{x}_l-\mathbf{x}_j)} \big) \Big\}.$$

Mit (38) können wir dies umschreiben in

$$F(\mathbf{K},t) = NV_c^* e^{-2W} \Big\{ \sum_{\mathbf{G}} \delta(\mathbf{K}-\mathbf{G}) + \sum_{\mathbf{q}} (K^2/2NM\omega_{\mathbf{q}}) \Big(\langle n_{\mathbf{q}} + 1 \rangle e^{i\omega_{\mathbf{q}} t} \sum_{\mathbf{G}} \delta(\mathbf{K}-\mathbf{q}-\mathbf{G}) + \langle n_{\mathbf{q}} \rangle e^{-i\omega_{\mathbf{q}} t} \sum_{\mathbf{G}} (\mathbf{K}+\mathbf{q}-\mathbf{G}) \Big) \Big\}. \tag{51}$$

Der erste Term auf der rechten Seite stellt die elastische Streuung bei einem beliebigen $\mathbf{G}$ dar, der zweite Term stellt die inelastische Streuung mit $\mathbf{K} = \mathbf{G} + \mathbf{q}$ dar, bei der ein Phonon $\mathbf{q}$ durch das Neutron emittiert wird; im letzten Term wird ein Phonon $\mathbf{q}$ von dem Neutron absorbiert, wobei $\mathbf{K} = \mathbf{G} - \mathbf{q}$.

Die Energieänderungen bei den inelastischen Streuprozessen entnimmt man den zeitabhängigen Faktoren. Der zeitabhängige Teil des Integranden in (15) für den Formfaktor enthält für Phononenemission den Faktor $e^{-i\omega t}e^{i\omega_{\mathbf{q}} t}$, die Energie des Neutrons wird also um $\omega_{\mathbf{q}}$ erhöht.

Diese Überlegung zeigt uns, daß inelastische Neutronenstreuung mit der Emission oder Absorption eines Phonons verbunden ist und zwar in erster Ordnung der Entwicklung (50). Experimentelle Ergebnisse für ω in Abhängigkeit $\mathbf{k}$ sind für Phononen in metallischem Natrium in Bild 2 angegeben. Von den Werten $\mathbf{G} + \mathbf{q}$, die wir für ein gegebenes $\mathbf{G}$ angeben können, werden wir nur diejenigen Phononen beobachten, für die die Energie des ganzen Systems erhalten bleibt. Die Forderung der Energie- und Wellenzahlerhaltung schränkt die Energien und Richtungen der inelastisch gestreuten Neutronen für gegebenes $\mathbf{k}$ stark ein. In Bild 3 zeigen wir schematisch die Energieerhaltung für Prozesse, in denen ein Phonon absorbiert wird. Um jeden reziproken Gitterpunkt findet man eine Streufläche, die der gezeigten im allgemeinen ähnlich ist.

Oft ist es günstig, mit sehr langsamen Neutronen zu arbeiten. Wenn die Energie des einfallenden Neutrons vernachlässigt werden kann, kann das Neutron keine Phononen emittieren, wohl aber absorbieren. Außerdem können die langsamen Neutronen nicht elastisch gestreut

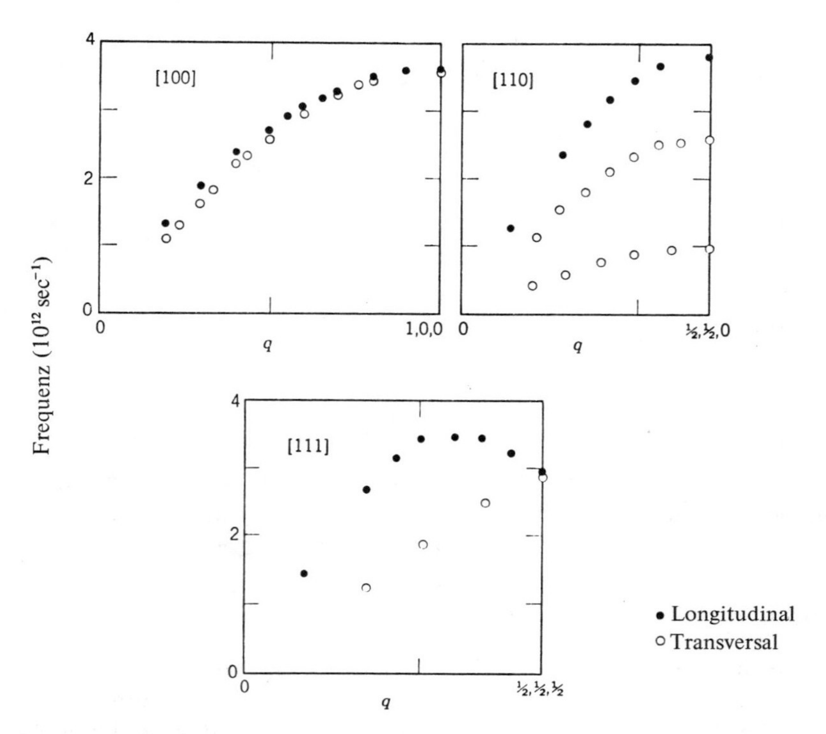

Bild 2: Die Dispersionskurven von Natrium in den [001] -, [110] -, und [111] - Richtungen bei 90°K; bestimmt mit inelastischer Neutronenstreuung von Woods, Brockhouse, March und Bowers, *Proc. Phys. Soc.* **79**, Teil 2, 440 (1962).

werden. Das ganze Streuspektrum wird also in der Einphononennäherung von Neutronen geliefert, für die $\mathbf{K} = -\mathbf{q}$ und

$$\frac{1}{2M} q^2 = \omega_{\mathbf{q}}. \tag{52}$$

Für kleine Elastizitätskonstanten ist es möglich, daß $\mathbf{K}$ durch $-\mathbf{q} + \mathbf{G}$ gegeben ist. Lösungen von (52) in einer Dimension werden in Bild 4 gezeigt.

Durch inelastische Neutronenstreuexperimente ist es möglich, die Dispersionsbeziehungen aller Zweige des akustischen und optischen Phononenspektrums zu bestimmen. Dies ist gegenwärtig die einzige bekannte allgemeine Methode zur Bestimmung von Dispersionsrelationen. Ebenso ist es möglich, Dispersionsrelationen von Magnonen zu bestimmen. Außerdem kann man aus der Dichte der beobachteten Streuflächen die Relaxationszeiten der Phononen und Magnonen abschätzen.

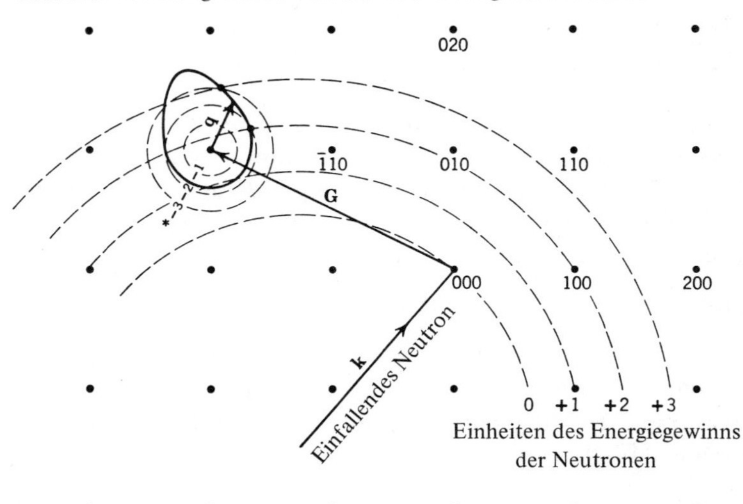

Bild 3: Die inelastische Streufläche in der Umgebung des Punktes $\bar{2}10$ im reziproken Gitterraum für Neutronen, die mit dem Wellenvektor $\mathbf{k}$ auf ein Target treffen; die Phononen $\mathbf{q}$ auf der Streufläche (ausgezogene Kurve) werden von den Neutronen absorbiert. Auf der Streufläche haben die gestreuten Neutronen den Wellenvektor $\mathbf{k} + \mathbf{G}(\bar{2}10) + \mathbf{q}$, und ihre Energie ist um $\omega_\mathbf{q}$ größer als die der einfallenden Neutronen.

Debye - Waller - Faktor. Wir sehen aus (51), daß die Breite der elastischen Linien mit wachsender Temperatur nicht vergrößert wird, jedoch ihre Höhe mit dem Faktor e^{-2W} abnimmt, wobei

$$2W = (K^2/2NM) \sum_\mathbf{q} \omega_\mathbf{q}^{-1}(2\langle n_\mathbf{q}\rangle + 1). \tag{53}$$

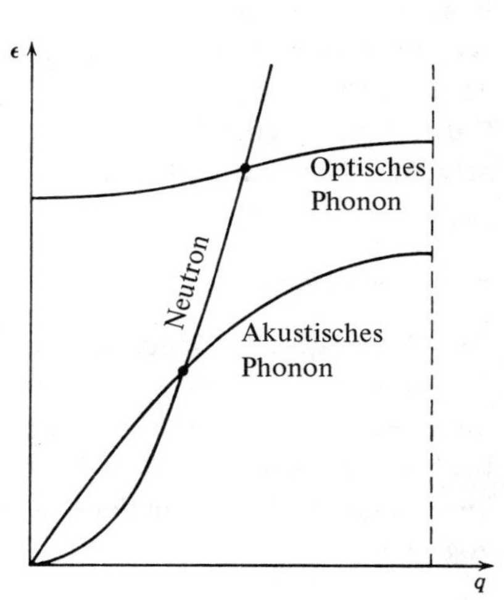

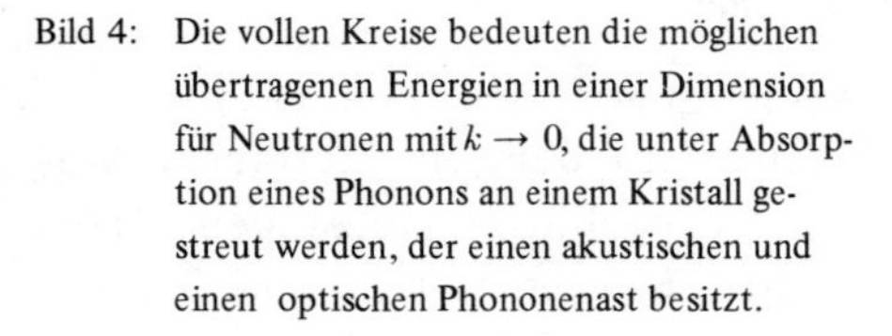
Bild 4: Die vollen Kreise bedeuten die möglichen übertragenen Energien in einer Dimension für Neutronen mit $k \to 0$, die unter Absorption eines Phonons an einem Kristall gestreut werden, der einen akustischen und einen optischen Phononenast besitzt.

Der Faktor e^{-2W} ist als Debye-Waller-Faktor bekannt. Wenn wir einfach $\mathbf{x}_j = 0$ setzen, folgt aus (43)

$$\langle u_j^2 \rangle = (1/2NM) \sum_{\mathbf{q}} \omega_{\mathbf{q}}^{-1}(2\langle n_{\mathbf{q}} \rangle + 1), \tag{54}$$

wobei hier die Summe über die $3N$ Normalschwingungen läuft, während die Summe in (53) sich auf die N Schwingungen bezieht, die mit dem Polarisationsvektor parallel zu $\mathbf{K}$ gewählt werden können. Wenn wir die Summe in (53) umschreiben, so daß sie sich auf alle $3N$ Schwingungen bezieht, wird

$$2W = \tfrac{1}{3}(K^2/2NM) \Sigma\, \omega_{\mathbf{q}}^{-1}(2\langle n_{\mathbf{q}} \rangle + 1) = \tfrac{1}{3}K^2\langle u_j^2 \rangle. \tag{55}$$

Also ist W proportional zur mittleren quadratischen Schwingungsamplitude $\langle u^2 \rangle$ eines Atoms im thermischen Gleichgewicht bei der Temperatur T. Im folgenden Kapitel wird gezeigt, daß für ein Debye-Spektrum der Phononen gilt

$$\tfrac{1}{3}K^2\langle u_j^2 \rangle = \frac{3K^2}{4Mk_B\Theta}\left\{1 + \frac{2\pi^2}{3}\left(\frac{T}{\Theta}\right)^2 + \cdots\right\} = 2W. \tag{56}$$

Der Term 1 in der geschwungenen Klammer rührt von der Nullpunktbewegung her, d.h. von der Summe aller Effekte mit Phononenemission durch das einfallende Neutron bei $T = 0$. Für $K \to 0$ geht $e^{-2W} \to 1$. Es sei noch darauf hingewiesen, daß am absoluten Nullpunkt W näherungsweise gleich dem Verhältnis aus Rückstoßenergie $K^2/2M$ des Neutrons und Debye-Energie $k_B\Theta$ ist.

Der Debye-Waller-Faktor trat ursprünglich im Zusammenhang mit der Beugung von Röntgenstrahlen auf. Er ist ein Maß dafür, wie stark die thermische Bewegung die Periodizität des Gitters abschwächt. Eine umfassende Erörterung der experimentellen Situation des Debye-Waller-Faktors in der Beugung von Röntgenstrahlen wird von R. W. James, *Optical principles of the diffraction of x-rays,* Bell, London, 1950, Kapitel 5, gegeben. Wegen einer eingehenden Behandlung der inelastischen Neutronenstreuung siehe R. Weinstock, *Phys. Rev.* **65**, 1 (1944).

Magnetische Streuung von Neutronen an Elektronen

Die magnetische Wechselwirkung des magnetischen Moments der Elektronen eines paramagnetischen Atoms mit dem magnetischen Moment eines langsamen Neutrons führt zu Streulängen derselben Größenordnung wie die oben betrachtete reine Kernstreuung. Die Streuquerschnitte für gebundene Kerne sind in der folgenden Tabelle angegeben:

Kern	Wirkungsquerschnitt für kohärente Kernstreuung (barn)	Paramagnetisches Ion	Magnetischer Wirkungsquerschnitt (barn)
Mn^{55}	2	Mn^{++}	21
Fe^{56}	13	Fe^{+++}	21
Ni^{58}	26	Ni^{++}	5
Co^{59}	6	Co^{++}	9

Die magnetischen Werte beziehen sich auf die Vorwärtsstreuung.

Wir behandeln nun die magnetische Streuung, indem wir zuerst die Matrixelemente der magnetischen Neutron-Elektron-Wechselwirkung in der Bornschen Näherung berechnen. Der Hamiltonoperator ist

(57) $$H = -\boldsymbol{\mu}_e \cdot \mathbf{H}_n,$$

wobei $\mathbf{H}_n$ das Magnetfeld ist, das vom magnetischen Moment $\boldsymbol{\mu}_n$ des Neutrons erzeugt wird. Wir vernachlässigen das Magnetfeld der Bahnbewegung der Elektronen; dies ist eine gute Näherung für die Elemente der Eisengruppe. Wenn also $\mathbf{r} = \mathbf{x}_n - \mathbf{x}_e$, ist

(58) $$\mathbf{H}_n = \operatorname{rot} \frac{\boldsymbol{\mu}_n \times \mathbf{r}}{r^3} = -\operatorname{rot} \boldsymbol{\mu}_n \times \nabla \frac{1}{r},$$

aus einfacher Vektoralgebra folgt jedoch

(59) $$\operatorname{rot} \boldsymbol{\mu}_n \times \nabla \frac{1}{r} = -(\boldsymbol{\mu}_n \cdot \nabla)\nabla \frac{1}{r} + \boldsymbol{\mu}_n \nabla^2 \frac{1}{r}.$$

Nun ist

(60) $$\nabla^2 \frac{1}{r} = -4\pi\delta(\mathbf{r}),$$

so daß

(61) $$H = -\boldsymbol{\mu}_e \cdot \nabla \left(\boldsymbol{\mu}_n \cdot \nabla \frac{1}{r}\right) - 4\pi \boldsymbol{\mu}_e \cdot \boldsymbol{\mu}_n \delta(\mathbf{r}).$$

Dies wird gewöhnlich geschrieben als eine Summe von

(62) $$H_{\text{Dipol}} = \frac{\boldsymbol{\mu}_e \cdot \boldsymbol{\mu}_n}{r^3} - \frac{3(\boldsymbol{\mu}_e \cdot \mathbf{r})(\boldsymbol{\mu}_n \cdot \mathbf{r})}{r^5}$$

und

(63) $$H_{\text{Kontakt}} = -\frac{8\pi}{3} \boldsymbol{\mu}_e \cdot \boldsymbol{\mu}_n \delta(\mathbf{r}).$$

In der Bornschen Näherung brauchen wir die Matrixelemente von H zwischen den Spinzuständen a und b und zwischen den räumlichen Zuständen $\mathbf{k}$ und $\mathbf{k}' = \mathbf{k} - \mathbf{K}$. Dabei ist $\mathbf{r} = \mathbf{x}_n - \mathbf{x}_e$ der Abstand von Neutron und Elektron. Wir wollen den räumlichen und den Spinanteil des

Matrixelements trennen, um die Spinfunktion explizit zu zeigen. Es ist günstig, den Koordinatenursprung in den Schwerpunkt des Atoms zu legen. Der Anfangszustand (engl. initial state) des Systems kann geschrieben werden als

$$|i\rangle = e^{i\mathbf{k}\cdot\mathbf{x}_n}\varphi_i(\mathbf{x}_e)|a_i\rangle, \tag{64}$$

wobei a_i die Spinquantenzahl von Elektron und Neutron enthält und $\varphi_i(\mathbf{x}_e)$ die räumliche Wellenfunktion des Elektrons im Anfangszustand ist. Der Endzustand (engl. final state) ist

$$|f\rangle = e^{i\mathbf{k}'\cdot\mathbf{x}_n}\varphi_f(\mathbf{x}_e)|a_f\rangle. \tag{65}$$

Dann ist

$$\begin{aligned}\langle f|H|i\rangle &= \langle a_f|\int d^3x_n\, d^3x_e\, \varphi_f^*(\mathbf{x}_e)\varphi_i(\mathbf{x}_e)e^{i\mathbf{K}\cdot\mathbf{x}_n}H|a_i\rangle \\ &= \langle a_f|\int d^3r\, e^{i\mathbf{K}\cdot\mathbf{r}}H|a_i\rangle \int d^3x_e\, \varphi_f^*(\mathbf{x}_e)\varphi_i(\mathbf{x}_e)e^{i\mathbf{K}\cdot\mathbf{x}_e},\end{aligned} \tag{66}$$

wobei wir eine Koordinatentransformation durchgeführt haben, deren Funktionaldeterminante den Wert 1 hat. Der Teil von $\langle a_f|\cdots|a_i\rangle$ mit $\delta(\mathbf{r})$ ergibt nach Integration $-4\pi\boldsymbol{\mu}_e\cdot\boldsymbol{\mu}_n$; der andere Teil von (61) gibt nach partieller Integration

$$\begin{aligned}-\int d^3r\, e^{i\mathbf{K}\cdot\mathbf{r}}\,\boldsymbol{\mu}_e\cdot\nabla\left(\boldsymbol{\mu}_n\cdot\nabla\frac{1}{r}\right) &= i\mathbf{K}\cdot\boldsymbol{\mu}_e\int d^3r\, e^{i\mathbf{K}\cdot\mathbf{r}}\boldsymbol{\mu}_n\cdot\nabla\frac{1}{r} \\ &= (\mathbf{K}\cdot\boldsymbol{\mu}_e)(\mathbf{K}\cdot\boldsymbol{\mu}_n)\int d^3r\,\frac{1}{r}\,e^{i\mathbf{K}\cdot\mathbf{r}} = (\mathbf{K}\cdot\boldsymbol{\mu}_e)(\mathbf{K}\cdot\boldsymbol{\mu}_n)(4\pi/K^2).\end{aligned} \tag{67}$$

Also ist

$$\langle f|H|i\rangle = -4\pi\langle a_f|\boldsymbol{\mu}_e\cdot\boldsymbol{\mu}_n - (\boldsymbol{\mu}_e\cdot\mathbf{K})(\boldsymbol{\mu}_n\cdot\mathbf{K})K^{-2}|a_i\rangle F(\mathbf{K}), \tag{68}$$

wobei der *magnetische Formfaktor* $F(\mathbf{K})$ definiert ist als

$$F(\mathbf{K}) = \int d^3x_e\, \varphi_f^*(\mathbf{x}_e)\varphi_i(\mathbf{x}_e)e^{i\mathbf{K}\cdot\mathbf{x}_e}. \tag{69}$$

Für Übergänge, bei denen der räumliche Zustand sich nicht ändert, ist $\varphi_f = \varphi_i$; wir erhalten dann $F(0) = 1$. Mit

$$\boldsymbol{\mu}_e = -\frac{|e|}{m_ec}\mathbf{S}_e; \qquad \boldsymbol{\mu}_n = g\frac{|e|}{m_nc}\mathbf{S}_n, \qquad g = -1.91,$$

können wir schreiben

$$\langle f|H|i\rangle = 4\pi g\frac{e^2}{m_em_nc^2}\langle a_f|\mathbf{S}_e\cdot\mathbf{S}_n - (\mathbf{S}_e\cdot\mathbf{K})(\mathbf{S}_n\cdot\mathbf{K})K^{-2}|a_i\rangle F(\mathbf{K}). \tag{70}$$

Wenn nun $\hat{\mathbf{K}}$ ein Einheitsvektor in Richtung $\mathbf{K}$ ist, kann der Spinausdruck in (70) geschrieben werden als

$$\mathbf{S}_n\cdot[\hat{\mathbf{K}}\times[\mathbf{S}_e\times\hat{\mathbf{K}}],$$

so daß das Streumatrixelement proportional zur Komponente von $\mathbf{S}_e$ senkrecht zu $\mathbf{K}$ ist. Wenn wir $\mathbf{P}_\perp$ für den Vektor der Länge $S_{e\perp}$ und der Richtung $\hat{\mathbf{K}} \times [\mathbf{S}_e \times \hat{\mathbf{K}}]$ schreiben, dann enthält das Matrixelement $\mathbf{S}_n \cdot \mathbf{P}_\perp$.

Der Streuquerschnitt ist, mit s, s' für die Spinquantenzahlen des Neutrons und q, q' für die Spinquantenzahlen des Elektrons, proportional zu

$$\begin{aligned}(71)\quad &\sum_{\substack{q's'\\ qs}} \langle qs|S_n^\alpha P_\perp^\alpha|q's'\rangle\langle q's'|S_n^\beta P_\perp^\beta|qs\rangle\langle qs|\rho|qs\rangle \\ &= \sum_{\substack{q's'\\ qs}} \langle s|S_n^\alpha|s'\rangle\langle s'|S_n^\beta|s\rangle\langle q|P_\perp^\alpha|q'\rangle\langle q'|P_\perp^\beta|q\rangle\langle qs|\rho|qs\rangle,\end{aligned}$$

wobei ρ die Spindichtematrix für den Anfangszustand ist. Nun ist

$$(72)\quad \sum_{s'} \langle s|S_n^\alpha|s'\rangle\langle s'|S_n^\beta|s\rangle\langle s|\rho|s\rangle = \langle s|S_n^\alpha S_n^\beta|s\rangle\langle s|\rho|s\rangle = \tfrac{1}{4}\delta_{\alpha\beta}\langle s|\rho|s\rangle.$$

Wenn der Neutronenstrahl unpolarisiert ist, sind alle $\langle s|\rho|s\rangle = \frac{1}{2}$ und

$$(73)\quad \sum_s \tfrac{1}{4}\delta_{\alpha\beta}\langle s|\rho|s\rangle = \tfrac{1}{4}\delta_{\alpha\beta}.$$

Im folgenden nehmen wir an, daß die Neutronen unpolarisiert sind. Die Größe in (71) wird also für elastische Prozesse, wenn alle $\langle q|\rho|q\rangle$ gleich groß sind,

$$(74)\quad \tfrac{1}{4}\delta_{\alpha\beta}\langle q|P_\perp^\alpha P_\perp^\beta|q\rangle = \tfrac{1}{4}\langle q|P_\perp^\alpha P_\perp^\alpha|q\rangle.$$

Um auch inelastische Prozesse mitzunehmen, müssen wir die zeitabhängige Verallgemeinerung, die oben für die Neutron-Phonon-Streuung eingeführt wurde, übernehmen. Wir fassen (13), (70) und (71) zusammen zu

$$\begin{aligned}(75)\quad \frac{d^2\sigma}{d\Omega\, d\varepsilon} &= \frac{k'}{k}\left(\frac{m_n}{2\pi}\right)^2\left(\frac{e^2}{m_e m_n c^2}\right)^2\frac{(4\pi g)^2}{4(2\pi)}|F(\mathbf{K})|^2\int dt\, e^{-i\omega t}\langle\mathbf{P}_\perp(0)\cdot\mathbf{P}_\perp(t)\rangle_T \\ &= \frac{1}{2\pi}(gr_0)^2\frac{k'}{k}|F(\mathbf{K})|^2\int dt\, e^{-i\omega t}\langle\mathbf{P}_\perp(0)\cdot\mathbf{P}_\perp(t)\rangle_T,\end{aligned}$$

wobei $r_0 = e^2/mc^2 = 2.82 \times 10^{-13}$ cm der klassische Elektronenradius ist.

Paramagnetische Streuung. Wir betrachten nun mehrere Anwendungen von (75). Für elastische Streuung an einem isolierten paramagnetischen Ion mit dem Spin S gilt bei Abwesenheit eines Magnetfelds

$$(76)\quad \frac{d\sigma}{d\Omega} = (gr_0)^2|F(\mathbf{K})|^2\langle P_\perp^2\rangle_T,$$

wobei für statistische Orientierung der Elektronenspins

$$(77)\quad \langle P_\perp^2\rangle_T = \tfrac{2}{3}S(S+1),$$

da die Paare $S^\alpha S^\alpha$ aller Komponenten den gleichen Beitrag ergeben, außer der Komponente parallel zu $\mathbf{K}$. Also ist

$$\frac{d\sigma}{d\Omega} = \tfrac{2}{3}(gr_0)^2|F(\mathbf{K})|^2 S(S+1). \tag{78}$$

Die einzige Abhängigkeit vom Streuwinkel tritt im Formfaktor auf. Der magnetische Wirkungsquerschnitt ist etwas größer als das Quadrat des klassischen Elektronenradius. Paramagnetische Streuung wird oft zur Bestimmung des magnetischen Formfaktors $F(\mathbf{K})$ verwendet.

Elastische ferromagnetische Streuung. In einem ferromagnetischen Kristall mit Spins $\mathbf{S}_l$ an den Gitterpunkten $\mathbf{x}_l$ können wir definieren

$$\mathbf{P}_\perp(\mathbf{K}) = \sum_l e^{i\mathbf{K}\cdot\mathbf{x}_l}\mathbf{S}_{\perp l}. \tag{79}$$

Dann ist

$$\langle \mathbf{P}_\perp(0) \cdot \mathbf{P}_\perp(t)\rangle_T = \sum_{jl} e^{i\mathbf{K}\cdot(\mathbf{x}_l - \mathbf{x}_j)}\langle \mathbf{S}_{\perp j}(0) \cdot \mathbf{S}_{\perp l}(t)\rangle_T, \tag{80}$$

wenn das Gitter starr ist.

Für elastische Streuung dürfen wir die Spur in (80) durch ihren zeitlichen Mittelwert ersetzen:

$$\text{zeitlicher Mittelwert von } \langle S_j^\alpha(0) S_l^\beta(t)\rangle_T = \langle S\rangle_T{}^2 \delta_{\alpha\sigma}\delta_{\beta\sigma}, \tag{81}$$

wobei $\langle S\rangle$ eine Funktion der Temperatur ist. Wenn $\boldsymbol{\sigma}$ definiert ist als Einheitsvektor längs der Magnetisierungsachse, wird (80), mit (38) und dem Ergebnis von Aufgabe 4,

$$NV_c^*\langle S\rangle^2\{1 - (\hat{\mathbf{K}} \cdot \boldsymbol{\sigma})^2\} \sum_{\mathbf{G}} \delta(\mathbf{K} - \mathbf{G}),$$

und nach (75)

$$\frac{d\sigma}{d\Omega} = (gr_0)^2 NV_c^*\langle S\rangle_T{}^2 \sum_{\mathbf{G}} |F(\mathbf{K})|^2\{1 - (\hat{\mathbf{K}} \cdot \boldsymbol{\sigma})^2\}\delta(\mathbf{K} - \mathbf{G}). \tag{82}$$

Dies liefert magnetische Braggstreuung für einen Ferromagneten bei genau denselben reziproken Gitterpunkten wie für die Streuung am Kern. Im Fall eines Antiferromagneten sind die Definitionen von $\mathbf{G}$ verschieden für die magnetischen und atomaren primitiven Elementarzellen; die Braggreflexe sind daher verschieden für magnetische Streuung und Streuung an den Atomkernen.

Wir sehen aus (82), daß wegen des Faktors $\langle S\rangle_T{}^2$ die kohärente magnetische elastische Streuung in der Nähe der Curietemperatur sehr schnell mit der Temperatur abfällt; außerdem verschwindet die magnetische Streuung für **K** parallel zur Magnetisierung. Bei der magnetischen Streuung tritt ein magnetischer Formfaktor $F(\mathbf{K})$ auf, während der entsprechende Formfaktor der Atomkerne eins ist, abgesehen vom Effekt der Gitterschwingungen.

Die Theorie der inelastischen ferromagnetischen Streuung ist ganz ähnlich der für die inelastische Streuung am Gitter. Die Theorie folgt aus der Entwicklung von (80) nach Magnonenoperatoren. Die Ergebnisse der Experimente können dazu benutzt werden, die Dispersionsrelationen und Relaxationszeiten von Magnonen in einem Bereich des Wellenvektors zu bestimmen, der mit anderen Methoden gegenwärtig völlig unzugänglich ist.

Aufgaben

1.) Man nehme an, daß ein Zustand durch eine einfallende Welle e^{ikz} und eine isotrope Streuwelle $(\alpha/r)e^{ikr}$ dargestellt wird:

$$\varphi = e^{ikz} + \frac{\alpha}{r} e^{ikr}. \tag{83}$$

Nach Mittelung über eine Kugel zeige man, daß der s-Wellen-Anteil von φ gegeben ist durch

$$\varphi_s = \frac{1}{kr} \sin kr + \frac{\alpha}{r} e^{ikr}. \tag{84}$$

Wir können φ_s in der bei Streuproblemen üblichen Form ausdrücken:

$$\varphi_s = e^{i\eta_0} \frac{\sin(kr + \eta_0)}{kr}, \tag{85}$$

wobei η_0 die Phasenverschiebung der s-Welle ist. Man zeige, daß

$$\alpha = \frac{1}{k} e^{i\eta_0} \sin \eta_0 = -e^{i\eta_0} b, \tag{86}$$

wobei b die Streulänge ist.

2.) Man nehme an, daß die streuenden Kerne alle aus demselben Isotop mit Spin I bestehen; es sei b_+ die Streulänge im Zustand $I + \frac{1}{2}$ von Kern plus Neutron, und b_- die Streulänge im Zustand $I - \frac{1}{2}$. Man zeige, daß

$$\langle b \rangle = \left\{ \frac{I+1}{2I+1} b_+ + \frac{I}{2I+1} b_- \right\}; \tag{87}$$

$$\langle |b|^2 \rangle = \left\{ \frac{I+1}{2I+1} |b_+|^2 + \frac{I}{2I+1} |b_-|^2 \right\}. \tag{88}$$

Die Streuung an natürlichem Eisen ist fast völlig kohärent wegen der hohen Häufigkeit eines Isotops mit Spin null. Die Streuung an Vanadium ist fast völlig inkohärent. Die Streuung an Wasserstoff ist ebenso fast völlig inkohärent, nicht aber die an Deuteronen.

3.) Das Ergebnis (79) wurde für ein einzelnes paramagnetisches Ion abgeleitet; man zeige, daß dasselbe Ergebnis für einen paramagnetischen Kristall pro Ion gilt, wenn die Spins unkorreliert sind; d. h., $\langle S_i^\alpha S_j^\beta \rangle = \delta_{ij} \langle S_i^\alpha S_i^\beta \rangle$, wobei i und j zwei beliebige Ionenplätze im Gitter bezeichnen.

4.) Man zeige, daß

(89) $$P_\perp^\alpha P_\perp^\alpha = (\delta_{\alpha\beta} - \hat{K}^\alpha \hat{K}^\beta) S^\alpha S^\beta;$$

die rechte Seite ergibt die von Van Hove und anderen verwendete Form.

5.) Man zeige, daß, wenn $n(\mathbf{x})$ die Konzentration der Kerne mit der Streulänge b ist, der differentielle elastische Wirkungsquerschnitt gegeben ist durch

(90) $$\frac{d^2\sigma}{d\Omega\, d\varepsilon} = b^2 \delta(\varepsilon) \left| \int d^3x\, e^{i\mathbf{K}\cdot\mathbf{x}}\, n(\mathbf{x}) \right|^2.$$

Für eine Flüssigkeit ist $n(\mathbf{x})$ = konstant, so daß der Wirkungsquerschnitt $\delta(\mathbf{K})$ enthält; dies aber entspricht dem Fall, daß keine Streuung auftritt. Im strengen Sinn gibt es also keine elastische Streuung an einer Flüssigkeit.

20. Rückstoßfreie Emission

Wenn ein niederenergetisches γ-Quant von einem Atomkern eines isolierten Atoms emittiert wird, erfährt das Atom einen Rückstoß und die Energie des emittierten γ-Quants verringert sich um den Betrag der Rückstoßenergie. Wenn das Atom anfangs in Ruhe ist, erhält man die Endgeschwindigkeit des Atoms der Masse M direkt aus dem Impulserhaltungssatz

$$0 = M\mathbf{v} + \mathbf{K}, \tag{1}$$

wobei $\mathbf{K}$ der Wellenvektor des γ-Quants ist und $|\mathbf{K}| = \omega/c$. Man kann andererseits auch einfach sagen, daß der Wellenvektor des Rückstoßatoms $-\mathbf{K}$ ist. Nach (1) ist

$$-v = \omega/Mc; \tag{2}$$

für ein γ-Quant der Energie $\sim$100 KeV oder 10^{-7} erg, das von einem Atom der Masse $10^{-23}\,g$ emittiert wird, erhalten wir $v \sim 10^{-7}/(10^{-23} \times 3 \times 10^{10}) \sim 3 \times 10^{5}$ cm/sec, also von der Größenordnung thermischer Geschwindigkeiten.

Die Rückstoßenergie R ist

$$R = K^2/2M = E_0{}^2/2Mc^2, \tag{3}$$

wobei E_0 die Energie des γ-Quants ist. In unserem Beispiel ist $R \sim 10^{-14}/2(10^{-23})(10^{21}) \sim 5 \times 10^{-12}$ erg. Dies entspricht einer Frequenzverschiebung des γ-Quants von

$$\Delta\omega = R/\hbar \sim 10^{15}\ \mathrm{sec}^{-1}. \tag{4}$$

Eine Verschiebung dieser Größenordnung kann manchmal größer sein als die natürliche Linienbreite des γ-Quants; einige interessante γ-Linien haben Breiten von nur $10^7\ \mathrm{sec}^{-1}$. Also ist es möglich, daß wegen des Rückstoßes das emittierte γ-Quant nicht die zur Reabsorption, durch einen Kern derselben Art, nötige Frequenz hat. Der Rückstoß kann deshalb die Resonanzfluoreszenz von γ-Quanten auslöschen.

Die Linienbreite eines γ-Quant von einem freien Atom im thermischen Gleichgewicht ist durch den Dopplereffekt vergrößert. Dies ist das Ergebnis der thermischen Geschwindigkeitsverteilung. Die mittlere quadratische Dopplerbreite $\langle(\Delta\omega)^2\rangle$ ist näherungsweise gegeben als

(5) $$\langle(\Delta\omega)^2\rangle/\omega^2 \approx \langle v^2\rangle/c^2,$$

wobei $\langle v^2\rangle$ die mittlere quadratische thermische Geschwindigkeit des Atoms ist. Wenn wir definieren $\Delta^2 = \langle(\Delta\omega)^2\rangle$, dann ist nach (5)

(6) $$\Delta^2 \approx \frac{\omega^2}{c^2}\langle v^2\rangle = \frac{K^2}{2M}\,2M\langle v^2\rangle,$$

oder

(7) $$\Delta^2 \approx R \cdot k_B T,$$

wobei R die Rückstoßenergie und k_B die Boltzmann-Konstante ist. Für die obigen numerischen Werte ist die Breite Δ von der Größenordnung der Energieverschiebung R. Die Dopplerbreite kann deshalb sehr viel größer sein als die natürliche Linienbreite eines γ-Strahlers mit großer Lebensdauer.

Wenn die strahlenden Atome in einen Kristall eingebaut sind, wird ein Teil der γ-Quanten ohne merkliche Rückstoßenergie und mit einer Breite etwa gleich der natürlichen Breite emittiert. Dies ist als Mößbauer-Effekt bekannt. In einem Festkörper kann man sowohl eine scharfe γ-Linie finden, die im wesentlichen keine Energieverschiebung besitzt (dieser Fall ist durch den Wirkungsquerschnitt für Reabsorption besonders ausgezeichnet), als auch einen breiten, in der Frequenz verschobenen Untergrund. Das Verhältnis dieser Anteile ist temperaturabhängig, und zwar wächst der Anteil der unverschobenen Strahlung mit abnehmender Temperatur, wird aber nie eins. Die Breite der scharfen Linie ist unabhängig von der Temperatur; sie ist im allgemeinen durch die natürliche Linienbreite bestimmt.

Die verschobenen Anteile des γ-Spektrums, also die Anteile mit Rückstoß, treten auf, wenn die Emission von γ-Quanten mit der Emission oder Absorption von Phononen im Kristall verbunden ist. Die Phononenenergie übernimmt nun die Rolle der Rückstoßenergie bei der Translation des freien Atoms.

Aus unserer Erfahrung mit der Beugung von Röntgenstrahlen an Kristallen sollten wir nicht allzusehr überrascht sein über das Auftreten von γ-Übergängen in einem Kristall, die nicht mit der Anregung von Phononen verbunden sind; die Bragg-Reflexionen sind schließlich in der gleichen Weise rückstoßfrei oder elastisch. Die inelastischen, diffusen Reflexionen von Röntgenstrahlen sind völlig analog zu jenem Anteil des Spektrums, der mit der Emission oder Absorption von Phononen verbunden ist. Tatsächlich sind die bei der Anwendung der Röntgenstrahlenbeugung verwendeten Energien von derselben Größenordnung wie die Energien, die bei der Untersuchung der rückstoßfreien Emission von γ-Strahlen von Interesse sind. Also wird der Bruchteil der elastischen Ereignisse in einem Beugungsexperiment mit 20 KeV-Röntgenstrahlen derselbe sein wie bei der Emission eines γ-Quants von 20 KeV. Im letzten Kapitel haben wir gesehen, daß die Intensität einer Bragg-gestreuten Röntgenlinie proportional ist zu

$$e^{-(1/3)K^2\langle u^2\rangle_T};$$

wobei $\mathbf{K}$ der Wellenvektor der Röntgenlinie ist, und $\langle u^2\rangle_T$ die mittlere quadratische Auslenkung eines Atoms durch thermische und Nullpunktsbewegung. Der Debye-Waller-Faktor beschreibt die Temperaturabhängigkeit der elastischen Streuung. Derselbe Faktor bestimmt den Anteil der rückstoßfreien Ereignisse bei der γ-Emission und -Absorption in einem Kristall.

Ein Überblick über die Anwendungen der rückstoßfreien Emission von γ-Strahlung auf Festkörperprobleme wurde von A. Abragam in *LTP* gegeben; außerdem wurde von H. Frauenfelder eine Sammlung von Originalarbeiten herausgegeben: *The Mössbauer effect*, Benjamin, New York, 1962.

Übergangsmatrixelemente

Wir betrachten zunächst die Emission oder Absorption eines γ-Quants durch einen freien, nicht in einem Gitter gebundenen Atomkern. Dieser Übergang wird durch ein Matrixelement M eines geeigneten Operators A zwischen Anfangszustand $|i\rangle$ und Endzustand $|f\rangle$ des Kerns beschrieben:

(8) $$M = \langle f|A(\mathbf{x}_i,\mathbf{p}_i,\sigma_i)|i\rangle.$$

Der Operator A hängt von den Ortskoordinaten, den Impulsen und den Spins der Teilchen im Kern ab. Wir wollen nun A ausdrücken durch die Schwerpunktskoordinate $\mathbf{x}$ des Kerns und die Relativkoordinaten q, die auch die Spins enthalten sollen. Die Abhängigkeit des Operators A von der Schwerpunktskoordinate $\mathbf{x}$ ist völlig durch die Forderungen der Translations- und Galileiinvarianz bestimmt, also durch die Forderung, daß der Impuls erhalten bleibt und daß die Übergangswahrscheinlichkeit für einen sich bewegenden, nichtrelativistischen Beobachter nicht von der Geschwindigkeit des Beobachters abhängen darf. Für die Emission eines γ-Quants mit dem Impuls $-\mathbf{K}$ sind die obigen Forderungen nur erfüllt, wenn der Operator A die Form hat

(9) $$A = e^{i\mathbf{K}\cdot\mathbf{x}} a(q),$$

wobei der Operator $a(q)$ nur von den Relativkoordinaten und den Spins der Teilchen abhängt und eine explizite Form hat, die von der Art des Übergangs (elektrisch, magnetisch, Dipol, Quadrupol, usw.) abhängt. Die explizite Form von $a(q)$ interessiert uns für unser augenblickliches Ziel nicht. Der Faktor $e^{i\mathbf{K}\cdot\mathbf{x}}$ läßt nichtverschwindende Matrixelemente zu mit einer Wellenfunktion des γ-Quants, deren räumliche Änderung $e^{-i\mathbf{K}\cdot\mathbf{x}}$ ist.

Wir betrachten nun die Emission oder Absorption eines γ-Quants durch einen in einem Kristall gebundenen Atomkern. Der den Übergang beschreibende Operator ist derselbe Operator A wie oben, aber wir müssen das Matrixelement zwischen Anfangs- und Endzustand des ganzen Gitters, und nicht eines freien Atomkerns, nehmen. Wir können nun einen Ausdruck für das Matrixelement angeben, das einen Übergang beschreibt, in dem ein γ-Quant mit dem Impuls $\mathbf{K}$ von einem Kern mit der Schwerpunktskoordinate $\mathbf{x}$ emittiert wird, während das Gitter von einem Zustand, der durch die Quantenzahlen n_i spezifiziert ist, in einen Zustand übergeht, der durch die Quantenzahlen n_f spezifiziert ist. Der innere Zustand des emittierenden Kerns geht dabei von $|i\rangle$ nach $|f\rangle$ über. Dieses Matrixelement ist

(10) $$M_L = \langle n_f|\exp(i\mathbf{K}\cdot\mathbf{x})|n_i\rangle \cdot \langle f|a(q)|i\rangle.$$

Das Matrixelement spaltet also auf in das Produkt aus einem Faktor, der nur vom Gitter abhängt, und einem Faktor, der nur von der inneren Struktur des Atomkerns abhängt.

Die Übergangswahrscheinlichkeit hängt vom Quadrat des Matrixelements ab. Wir interessieren uns vor allem für den Bruchteil der rückstoßfreien Übergänge, also für die Übergänge, bei denen der Zustand des Gitters sich nicht ändert. Die Wahrscheinlichkeit $P(n_f,n_i)$ für einen Übergang, bei dem die Phononenquantenzahlen von n_i in n_f übergehen, ist gerade

(11) $$P(n_f,n_i) = |\langle n_f|e^{i\mathbf{K}\cdot\mathbf{x}}|n_i\rangle|^2,$$

da für jeden Anfangszustand n_i des Gitters gilt

(12) $$\begin{aligned}\sum_{n_f} P(n_f,n_i) &= \sum_{n_f} \langle n_i|e^{-i\mathbf{K}\cdot\mathbf{x}}|n_f\rangle\langle n_f|e^{i\mathbf{K}\cdot\mathbf{x}}|n_i\rangle \\ &= \langle n_i|e^{-i\mathbf{K}\cdot\mathbf{x}}e^{i\mathbf{K}\cdot\mathbf{x}}|n_i\rangle = \langle n_i|n_i\rangle = 1.\end{aligned}$$

Dies bestätigt die Normierung von (11); die Gesamtwahrscheinlichkeit, daß sich irgend etwas ereignet oder nicht ereignet, ist also eins.

Es gibt eine sehr nützliche Summenregel von Lipkin, die besagt, daß die mittlere auf das Gitter übertragene Energie genau gleich der Energie ist, die der einzelne Atomkern als freier Kern beim Rückstoß aufnehmen würde. Durch diese Summenregel kann man außerdem sehr schnell sehen, daß die rückstoßfreie Emission zumindest möglich ist.

Wenn die Bindungskräfte des Kristalls nur von den Orten der Atome und nicht von ihren Geschwindigkeiten abhängen, dann ist der einzige Term im Hamiltonoperator H des Kristalls, der nicht mit $\mathbf{x}$ vertauscht, die kinetische Energie desselben Atomkerns, nämlich $p^2/2M$. Nach dem Ergebnis von Aufgabe 1.4 ist

$$[H,e^{i\mathbf{K}\cdot\mathbf{x}}] = \frac{1}{2M}\, e^{i\mathbf{K}\cdot\mathbf{x}}(K^2 + 2\mathbf{K}\cdot\mathbf{p}). \tag{13}$$

Weiterhin ist

$$[[H,e^{i\mathbf{K}\cdot\mathbf{x}}],e^{-i\mathbf{K}\cdot\mathbf{x}}] = -K^2/M. \tag{14}$$

Man beachte, daß

$$[[H,e^{i\mathbf{K}\cdot\mathbf{x}}],e^{-i\mathbf{K}\cdot\mathbf{x}}] = 2H - e^{i\mathbf{K}\cdot\mathbf{x}}He^{-i\mathbf{K}\cdot\mathbf{x}} - e^{-i\mathbf{K}\cdot\mathbf{x}}He^{i\mathbf{K}\cdot\mathbf{x}}. \tag{15}$$

Nun schreiben wir das ii-Diagonalelement von (15) in der Darstellung, in der die Phononenbesetzungen diagonal sind, und erhalten

$$\begin{aligned}\langle n_i|[[H,e^{i\mathbf{K}\cdot\mathbf{x}}],\, e^{-i\mathbf{K}\cdot\mathbf{x}}]|n_i\rangle &= 2\langle n_i|H|n_i\rangle \\ &- \sum_f \{\langle n_i|e^{i\mathbf{K}\cdot\mathbf{x}}|n_f\rangle\langle n_f|e^{-i\mathbf{K}\cdot\mathbf{x}}|n_i\rangle\langle n_f|H|n_f\rangle \\ &- \langle n_i|e^{-i\mathbf{K}\cdot\mathbf{x}}|n_f\rangle\langle n_f|e^{i\mathbf{K}\cdot\mathbf{x}}|n_i\rangle\langle n_f|H|n_f\rangle\} \\ &= 2\sum_f (\varepsilon_i - \varepsilon_f)P(n_f,n_i),\end{aligned} \tag{16}$$

unter Verwendung des Ergebnisses (11). Also ist mit (14)

$$\sum_f \{\varepsilon(n_f) - \varepsilon(n_i)\}P(n_f,n_i) = K^2/2M = R, \tag{17}$$

wobei nach (3) die Größe R genau die Rückstoßenergie des freien Atoms ist.

Die Wahrscheinlichkeit für rückstoßfreie Emission ist durch $P(n_i,n_i)$ gegeben. Für einen einzigen harmonischen Oszillator der Frequenz ω ist die linke Seite von (17) größer als

$$\omega \sum_{f\neq i} P(n_f,n_i) = \omega\{1 - P(n_i,n_i)\},$$

so daß

(18) $$P(n_i,n_i) > 1 - (R/\omega);$$

diese Ungleichung zeigt die Notwendigkeit für rückstoßfreie Emission, zumindest wenn $\omega > R$. Der Mittelwert von $P(n_i,n_i)$ über die Gesamtheit ist im wesentlichen äquivalent zum Debye-Waller-Faktor.

Rückstoßfreie Emission in einem Kristall beim absoluten Nullpunkt

Das einfachste Problem ist das der Emission in einem Kristallgitter bei $T = 0$. Wir nehmen an, daß die Bindung im Kristall rein harmonisch ist. Wir führen Normalkoordinaten für ein Bravais-Gitter von N identischen Atomen der Masse M ein. Wenn $\mathbf{x}_0$ die Gleichgewichtslage eines radioaktiven Kerns ist, können wir schreiben

(19) $$\mathbf{x} = \mathbf{x}_0 + \mathbf{u},$$

mit $\mathbf{u}$ als der Verschiebung aus dem Gleichgewicht. Dann folgt aus der Phononenentwicklung des Kapitels 2:

(20) $$\mathbf{u} = N^{-1/2} \sum_{\mathbf{q}j} (1/2M\omega_{\mathbf{q}j})^{1/2} \mathbf{e}_{\mathbf{q}j} (a_{\mathbf{q}j} e^{i\mathbf{q}\cdot\mathbf{x}_0} e^{-i\omega_{\mathbf{q}j}t} + a^+_{\mathbf{q}j} e^{-i\mathbf{q}\cdot\mathbf{x}_0} e^{i\omega_{\mathbf{q}j}t}),$$

wobei $\mathbf{e}_{\mathbf{q}j}$ ein Einheitsvektor für die j-te Polarisationskomponente der Schwingung $\mathbf{q}$ ist. Es ist günstig, die Beschreibung zu vereinfachen, indem wir $\mathbf{x}_0 = 0$ setzen und s zur Bezeichnung des Indexpaares $\mathbf{q}j$ verwenden. Dann wird

(21) $$\mathbf{u} = N^{-1/2} \sum_s (1/2M\omega_s)^{1/2} \mathbf{e}_s (a_s e^{-i\omega_s t} + a^+_s e^{i\omega_s t}),$$

was ausgedrückt werden kann als

(22) $$\mathbf{u} = N^{-1/2} \sum_s Q_s \mathbf{e}_s,$$

mit Q_s als der Amplitude der Normalschwingung s. Der zugehörige Impuls ist

(23) $$P_s = M\dot{Q}_s = -iM\omega_s(1/2M\omega_s)^{1/2}(a_s e^{-i\omega_s t} - a^+_s e^{i\omega_s t}).$$

Der Hamiltonoperator für die Normalschwingungen ist

(24) $$H = \tfrac{1}{2} \sum \left\{ M\omega_s{}^2 Q_s{}^2 + \frac{1}{M} P_s{}^2 \right\}.$$

Die normierte Grundzustandswellenfunktion in der Ortsdarstellung für die Schwingung s ist genau das Ergebnis des harmonischen Oszillators:

(25) $$\langle x|0_s\rangle = \alpha_s{}^{1/2} \pi^{-1/4} e^{-\alpha_s{}^2 Q_s{}^2/2}, \qquad \alpha_s{}^2 = M\omega_s.$$

Die Wahrscheinlichkeit für rückstoßfreie Emission aus dem Grundzustand ist

$$P(0,0) = |\langle 0|e^{i\mathbf{K}\cdot\mathbf{u}}|0\rangle|^2 = \Big|\prod_s \langle 0_s|e^{i(\mathbf{K}\cdot\mathbf{e}_s)Q_s N^{-1/2}}|0_s\rangle\Big|^2, \tag{26}$$

wobei 0 andeutet, daß alle Gitteroszillatoren in ihrem Grundzustand sind. Mit (25) wird

$$P(0,0) = \Big|\prod_s \Big\{(\alpha_s/\pi^{1/2})\int_{-\infty}^{\infty} e^{-\alpha_s^2 Q_s^2} e^{i\beta_s Q_s}\, dQ_s\Big\}\Big|^2, \tag{27}$$

wobei $\beta_s = (\mathbf{K}\cdot\mathbf{e}_s)N^{-1/2}$. Die Größe in der geschweiften Klammer hat den Wert $\exp(-\beta_s^2/4\alpha_s^2)$, so daß

$$\begin{aligned} P(0,0) &= \Big|\prod_s e^{-\beta_s^2/4\alpha_s^2}\Big|^2 = \prod_s e^{-\beta_s^2\langle Q_s^2\rangle} \\ &= e^{-\sum_s (K\cdot e_s)^2\langle Q_s^2\rangle/N}, \end{aligned} \tag{28}$$

wobei wir das Ergebnis für den Grundzustand verwendet haben, daß

$$\langle Q_s^2\rangle = \langle 0_s|Q_s^2|0_s\rangle = 1/2\alpha_s^2. \tag{29}$$

Wenn wir annehmen, daß $\langle Q_{\mathbf{q}j}^2\rangle = \langle Q_{\mathbf{q}}^2\rangle$, unabhängig von der Polarisation j, dann ist

$$\sum_j (K\cdot e_s)^2\langle Q_s^2\rangle/N = K^2\langle Q_{\mathbf{q}}^2\rangle/N. \tag{30}$$

Nun ist

$$\langle u^2\rangle = N^{-1}\sum_s \langle Q_s^2\rangle = 3N^{-1}\sum_{\mathbf{q}} \langle Q_{\mathbf{q}}^2\rangle, \tag{31}$$

so daß unter Zusammenfassung von (28), (30) und (31)

$$P(0,0) = e^{-K^2\langle u^2\rangle/3}. \tag{32}$$

Mit Hilfe der Eigenschaften hermitescher Polynome oder auch auf andere Art und Weise (siehe Messiah, S. 449 - 451) ergibt sich dasselbe Ergebnis für ein harmonisches System, das nicht im Grundzustand aller Phononen ist, in dem die Phononen aber eine kanonische Verteilung haben. Die Wahrscheinlichkeit f für rückstoßfreie Emission, wobei die Phononen eine kanonische Verteilung bei der Temperatur T haben, ist

$$f = P(n_T,n_T) = e^{-K^2\langle u^2\rangle_T/3}. \tag{33}$$

Dasselbe Ergebnis erhält man nach einem Theorem von R.J. Glauber, *Phys. Rev.* **84**, 395 (1951), auch für anharmonische Gitteroszillatoren, vorausgesetzt die Gesamtzahl der Atome $N \gg 1$.

Für einen harmonischen Oszillator ist

$$M\omega_s^2\langle Q_s^2\rangle = (n_s + \tfrac{1}{2})\hbar\omega_s, \tag{34}$$

so daß nach (31)

$$\frac{1}{3}K^2\langle u^2\rangle = \frac{K^2}{2M}\cdot\frac{2}{3N}\sum_s \frac{(n_s+\frac{1}{2})}{\omega_s} = \frac{2R}{3N}\sum_s \frac{(n_s+\frac{1}{2})}{\omega_s}, \tag{35}$$

wobei $R = K^2/2M$ die Rückstoßenergie des freien Atoms ist.

Am absoluten Nullpunkt ist $n_s = 0$ und es bleibt nur $(R/3N)\sum_s \omega_s^{-1}$ übrig. Für einen Debye-Kristall ist $\omega = vq$, wobei v die Schallgeschwindigkeit und q der Wellenvektor ist. Man beachte, daß $(1/3N)\sum_s (1/q_s)$ gerade der Mittelwert von $1/q$ über die $3N$ Normalschwingungen ist. Also wird

$$\frac{1}{3N}\sum \frac{1}{q_s} = \frac{\int_0^{q_m} q\,dq}{\int_0^{q_m} q^2\,dq} = \frac{3}{2}\cdot\frac{1}{q_m} = \frac{3v}{2\omega_m} = \frac{3v}{2k_B\Theta}, \tag{36}$$

unter Verwendung der normalen Definition der Debye-Temperatur $\Theta = \omega_m/k_B$. Damit folgt

$$\frac{R}{3N}\sum \frac{1}{\omega_s} = \frac{3R}{2k_B\Theta},$$

und

$$P(0,0) = e^{-3R/2k_B\Theta}. \tag{37}$$

Der Bruchteil der rückstoßfreien Emissionsprozesse bei $T = 0$ ist also ganz beträchtlich, wenn die Rückstoßenergie des freien Atoms kleiner ist als die größtmögliche Phononenenergie.

Bei endlicher Temperatur müssen wir den Gleichgewichtswert von n_s bilden; es ist leicht einzusehen, daß wir folgende Größe brauchen

$$\frac{3k_B{}^2T^2}{2\pi^2v^3}\int_0^{\Theta/T} \frac{x}{e^x-1}\,dx,$$

die für $T \ll \Theta$ den Wert hat:

$$\frac{k_B{}^2T^2}{4v^3} = \frac{3}{2}\pi^2 N\left(\frac{T}{\Theta}\right)^2. \tag{38}$$

Der vollständige Exponent ist für $T \ll \Theta$

$$\frac{1}{3}K^2\langle u^2\rangle_T = \frac{3R}{2k_B\Theta}\left\{1+\frac{2\pi^2}{3}\left(\frac{T}{\Theta}\right)^2\right\}, \tag{39}$$

einschließlich des Beitrags am absoluten Nullpunkt.

Zeitliche Korrelationen in rückstoßfreien Effekten und die Linienform

Unser Ziel ist nun die Berechnung der Form der emittierten γ-Linie. Wir betrachten die Emission eines γ-Quants von einem Atomkern, der harmonisch in einem Gitter aus N Atomen der Masse M gebunden ist. Wir nehmen an, daß die Linienform bei Emission von einem ruhenden Kern beschrieben wird durch

(40) $$I(E) = \frac{\Gamma^2}{4} \frac{1}{(E - E_0)^2 + \frac{1}{4}\Gamma^2},$$

wobei Γ^{-1} die Lebensdauer ist; man beachte, daß $I(E_0) = 1$ ist. Wenn das Gitter am Anfang im Zustand i der Energie ε_i ist und nach der Emission im Zustand ε_f der Energie f , dann ist die Funktion der Linienform

(41) $$I(E) = \frac{\Gamma^2}{4} \frac{1}{(E - E_0 + \varepsilon_f - \varepsilon_i)^2 + \frac{1}{4}\Gamma^2}.$$

Wenn $\rho(i)$ die Wahrscheinlichkeit dafür ist, daß das System am Anfang im Zustand i ist, und $P(fi) = |\langle f|e^{i\mathbf{K}\cdot\mathbf{u}}|i\rangle|^2$ die Wahrscheinlichkeit ist, daß der Phononenzustand von i nach f übergeht, dann ist die Linienform gegeben durch

(42) $$I(E) = \frac{\Gamma^2}{4} \sum_{i,f} \rho(i) \frac{|\langle f|e^{i\mathbf{K}\cdot\mathbf{u}}|i\rangle|^2}{(E - E_0 + \varepsilon_f - \varepsilon_i)^2 + \frac{1}{4}\Gamma^2}.$$

Nun ist

(43) $$\int_{-\infty}^{\infty} dt \exp\{-i(E - E_0)t - \tfrac{1}{2}\Gamma|t| - i(\varepsilon_f - \varepsilon_i)t\} = \frac{\Gamma}{(E - E_0 + \varepsilon_f - \varepsilon_i)^2 + \frac{1}{4}\Gamma^2}.$$

Wir können einige der Faktoren in (42) umordnen:

(44) $$\sum_f e^{i\varepsilon_i t}\langle i|e^{-i\mathbf{K}\cdot\mathbf{u}}|f\rangle e^{-i\varepsilon_f t}\langle f|e^{i\mathbf{K}\cdot\mathbf{u}}|i\rangle = \langle i|e^{iHt}e^{-i\mathbf{K}\cdot\mathbf{u}}e^{-iHt}e^{i\mathbf{K}\cdot\mathbf{u}}|i\rangle,$$

wobei H der Hamiltonoperator der Phononen ist. In der Heisenberg-Darstellung ist $\mathbf{u}(t) = e^{iHt}\mathbf{u}(0)e^{-iHt}$, und die rechte Seite von (44) wird

$$\langle i|e^{i\mathbf{K}\cdot\mathbf{u}(t)}e^{i\mathbf{K}\cdot\mathbf{u}(0)}|i\rangle.$$

Es sei ρ die kanonische Verteilung und wir führen als Bezeichnung für den thermischen Mittelwert ein:

(45) $$\langle e^{-i\mathbf{K}\cdot\mathbf{u}(t)}e^{i\mathbf{K}\cdot\mathbf{u}(0)}\rangle_T = \sum_i \rho(i)\langle i|e^{-i\mathbf{K}\cdot\mathbf{u}(t)}e^{i\mathbf{K}\cdot\mathbf{u}(0)}|i\rangle.$$

Dann ist nach (42) und (43)

(46) $$I(E) = \frac{\Gamma}{4} \int_{-\infty}^{\infty} dt\, e^{-i(E-E_0)t-(1/2)\Gamma|t|}\langle e^{-i\mathbf{K}\cdot\mathbf{u}(t)}e^{i\mathbf{K}\cdot\mathbf{u}(0)}\rangle_T.$$

Man beachte, daß $[\mathbf{u}(t),\mathbf{u}(0)] \neq 0$ für $t \neq 0$. Dies sieht man, wenn man $\mathbf{u}(t)$ durch Erzeugungs- und Vernichtungsoperatoren a^+ und a ausgedrückt:

(47) $$\mathbf{u}(t) = N^{-1/2} \sum_s (1/2M\omega_s)^{1/2} \mathbf{e}_s (a_s e^{-i\omega_s t} + a_s^+ e^{i\omega_s t}).$$

Dann ist

(48) $$[\mathbf{u}(0),\mathbf{u}(t)] = (1/2NM) \sum_s \omega_s^{-1} \{[a_s,a_s^+] e^{i\omega_s t} + [a_s^+,a_s] e^{-i\omega_s t}\};$$

der Ausdruck in der geschweiften Klammer hat den Wert $2i \sin \omega_s t$, so daß gilt

(49) $$[\mathbf{u}(0),\mathbf{u}(t)] = \frac{i}{NM} \sum_s \frac{\sin \omega_s t}{\omega_s}.$$

Der Kommutator ist daher eine c-Zahl.

Wir erinnern uns nun an folgendes Theorem (Messiah, S. 442): Wenn $[A,B]$ mit A und mit B kommutiert, ist

(50) $$e^A e^B = e^{A+B} e^{[A,B]/2}.$$

Damit folgt

(51) $$\langle e^{-i\mathbf{K}\cdot\mathbf{u}(t)} e^{i\mathbf{K}\cdot\mathbf{u}(0)} \rangle_T = \langle e^{-i\mathbf{K}\cdot\{\mathbf{u}(t)-\mathbf{u}(0)\}} \rangle_T e^{1/2[\mathbf{K}\cdot\mathbf{u}(t),\mathbf{K}\cdot\mathbf{u}(0)]}.$$

Wenn wir die Näherung machen, daß alle Phononenpolarisationen j eines gegebenen Wellenvektors $\mathbf{q}$ entartet sind, können wir ohne weitere Annahmen immer eine der drei Polarisationsrichtungen j in die Richtung von $\mathbf{K}$ legen. Dann läßt sich die rechte Seite von (51) umschreiben:

(52) $$\langle e^{-i\mathbf{K}\cdot\mathbf{u}(t)} e^{i\mathbf{K}\cdot\mathbf{u}(0)} \rangle_T = \langle e^{-iK\{u(t)-u(0)\}} \rangle_T e^{(1/2)K^2[u(t),u(0)]},$$

wobei u die Komponente von $\mathbf{u}$ in Richtung $\mathbf{K}$ bezeichnet.

Unter Verwendung des exakten Ergebnisses für den harmonischen Oszillator (Messiah, S. 382 - 383) erhalten wir

(53) $$\langle e^{iK\{u(t)-u(0)\}} \rangle_T = e^{-(1/2)K^2 \langle \{u(t)-u(0)\}^2 \rangle_T},$$

so daß

(54) $$I(E) = \frac{\Gamma}{4} \int_{-\infty}^{\infty} dt\, e^{-i(E-E_0)t-(1/2)\Gamma|t|-Q(t)},$$

wobei

(55) $$Q(t) = \tfrac{1}{2}K^2 \{\langle \{u(t) - u(0)\}^2 \rangle_T + [u(0),u(t)]\}.$$

Mit einer der Polarisationsrichtungen in Richtung $\mathbf{K}$ erhalten wir nach (47)

(56) $$u(t) = N^{-1/2} \sum_{\mathbf{q}} (1/2M\omega_{\mathbf{q}})^{1/2} (a_{\mathbf{q}} e^{-i\omega_{\mathbf{q}} t} + a_{\mathbf{q}}^+ e^{i\omega_{\mathbf{q}} t}).$$

Dann ist

$$\{u(t) - u(0)\}^2 = (1/2NM) \sum_{\mathbf{q}} \omega_{\mathbf{q}}^{-1}\{a_{\mathbf{q}}a_{\mathbf{q}}(1 - e^{-i\omega_{\mathbf{q}}t})^2 + a_{\mathbf{q}}^+a_{\mathbf{q}}^+(1 - e^{i\omega_{\mathbf{q}}t})^2 + 2(a_{\mathbf{q}}a_{\mathbf{q}}^+ + a_{\mathbf{q}}^+a_{\mathbf{q}})(1 - \cos\omega_{\mathbf{q}}t)\}, \tag{57}$$

woraus folgt

$$\langle\{u(t) - u(0)\}^2\rangle_T = (1/NM) \sum_{\mathbf{q}} \omega_{\mathbf{q}}^{-1}(2\langle n_{\mathbf{q}}\rangle + 1)(1 - \cos\omega_{\mathbf{q}}t). \tag{58}$$

Wie im letzten Kapitel spalten wir $e^{-Q(t)}$ in zwei Faktoren auf, einen zeitabhängigen und einen zeitunabhängigen. Mit $R = K^2/2M$ wird

$$e^{-Q(t)} = \exp\left[-(R/N) \sum_{\mathbf{q}} \omega_{\mathbf{q}}^{-1}(2\langle n_{\mathbf{q}}\rangle + 1\right] \exp\{(R/N) \sum_{\mathbf{q}} \omega_{\mathbf{q}}^{-1} \cdot [(2\langle n_{\mathbf{q}}\rangle + 1)\cos\omega_{\mathbf{q}}t + i\sin\omega_{\mathbf{q}}t]\}. \tag{59}$$

Der zeitabhängige Faktor enthält N Terme der Ordnung $1/N$; wir entwickeln diesen Exponentialausdruck in

$$1 + \{\quad\} + \tfrac{1}{2}\{\quad\}^2 + \cdots;$$

alle Terme in $\{\ldots\}$ sind zeitabhängig; in $\{\ldots\}^2$ gibt es N^2 Terme der Ordnung $1/N^2$, von denen nur N Terme zeitunabhängig sind. Deshalb können wir für die zeitunabhängigen Anteile eines großen Systems $\exp\{\ldots\}$ durch eins ersetzen. Die zeitabhängigen Anteile tragen nicht wesentlich zu $I(E_0)$ bei. Das übliche Argument, das zum gleichen Ergebnis führt, lautet, daß mit einer endlichen Stoßzeit der Phononen das System für große Zeiten den Wert von $u(0)$ vergessen muß, den man deshalb gleich null setzen kann.

Die Intensität am Maximum $E = E_0$ ist nach (54) im wesentlichen durch die zeitunabhängigen Terme von $Q(t)$ gegeben:

$$I(E_0) \cong \exp\left\{-\frac{2R}{3N}\sum_s \frac{(\langle n_s\rangle + \frac{1}{2})}{\omega_s}\right\}, \tag{60}$$

in exakter Übereinstimmung mit unserem früheren Ergebnis (33) und (35); in (60) tritt ein Faktor $\frac{1}{3}$ auf, da die Summe über die $3N$ Zustände s läuft, während in (59) nur die N Zustände $\mathbf{q}$ auftreten. Ausserhalb des Maximums wird sich ein Beitrag zur Linienform $I(E)$ immer dann ergeben, wenn $E - E_0$ gleich einem $\omega_{\mathbf{q}}$ wird; es wird also zusätzlich zu dem scharfen Maximum der Breite Γ einen breiten kontinuierlichen Untergrund geben.

Aufgaben

1.) Man bestimme eine angenäherte Beziehung für den Anteil der rückstoßfreien Emission im Grenzfall $T \gg \Theta$ für einen Debye-Kristall.

2.) Man untersuche die Linienform und die Rückstoßverschiebung der γ-Strahlen von einem freien thermischen Atom in einem Gas, unter Verwendung der Methoden von (54) und (55). Wenn Stöße vernachlässigt werden, gilt $\langle\{u(t) - u(0)\}^2\rangle_T = \langle v^2\rangle_T t^2$; außerdem ist $[u(t),u(0)] = M^{-1}[tP,u] = -itM^{-1}$. Also ist

$$Q(t) = \tfrac{1}{2}K^2\{\langle v^2\rangle t^2 + itM^{-1}\},$$

so daß die Linie um die Energie $K^2/2M$ verschoben ist, was gerade die Rückstoßenergie R von Gl. (3) ist. Man schätze nun die Linienform ab.

3.) Man untersuche die Linienform der γ-Strahlen von Atomen in einem Gas, wenn die Stoßfrequenz ρ der Atome viel größer als die Linienbreite Γ ist.

Für Brown'sche Bewegung eines freien Teilchens erhalten wir das bekannte Ergebnis

$$\langle\{u(t) - u(0)\}^2\rangle_T = 2Dt,$$

wobei die Diffusionskonstante gegeben ist durch $D = k_BT/\rho M$; wegen der Ableitung siehe Kittel, *Elementary statistical physics*, S. 153 - 156. Das Ergebnis besagt, daß die Linienbreite gleich Γ ist, wenn $K^2D \ll \Gamma/2$ oder

$$\Delta^2 = Rk_BT \ll 4\Gamma\rho,$$

wobei Δ die Dopplerbreite ist. Also wird für schnelle Relaxation die Dopplerverbreiterung unterdrückt.

21. Greenfunktionen - Anwendung in der Festkörperphysik

Die Benützung von Greenfunktionen in Arbeiten aus dem Gebiet der theoretischen Festkörperphysik, besonders in Verbindung mit Vielteilchenproblemen, hat schnell zugenommen. Die Methode der Greenfunktionen ist im Prinzip nur eine besonders einheitliche Formulierung des quantenmechanischen Problems. Sie hat oft den Vorteil, sehr direkt und flexibel zu sein. Manchmal, wie bei einigen Spinproblemen hat sie jedoch den Nachteil, die physikalische Natur der Näherungen, die bei der Anwendung der Methode gemacht werden, zu verbergen. Sie erlaubt uns in einer natürlichen Weise, Matrixelemente einzuführen, welche Zustände mit verschiedener Teilchenzahl verbinden. Solche Matrixelemente ergaben sich im Zusammenhang mit der Superfluidität in Kapitel 2 und der Supraleitung in Kapitel 8. Unser Ziel hier ist, dem Leser eine gewisse Vertrautheit mit den Eigenschaften der Greenfunktionen zu vermitteln, eine Vorstellung, wie man sie benutzt und einen Eindruck ihrer direkten Verbindung mit dem Vielteilchenproblem. Wir erwähnen in diesem Zusammenhang die folgenden Bücher:

A. A. Abrikosov, L. P. Gorkov, E. Dzyaloshinsky, *Methods of the quantum theory of fields in statistical physics,* Prentice-Hall, Englewood Cliffs, New Jersey, 1963.

L. P. Kadanoff und G. Baym, *Quantum statistical mechanics,* Benjamin, New York, 1962.

P. Nozières, *Le problème à N corps,* Dunod, Paris, 1963.

Viele Originalarbeiten sind in der Sammlung von Pines enthalten, insbesondere Arbeiten von Beliaev, Galitskii und Migdal.

Die Einteilchen-Greenfunktion beschreibt die Bewegung eines Teilchens, das zu einem Vielteilchensystem hinzugefügt wurde. Die Zweiteilchen-Greenfunktion beschreibt die Bewegung zweier hinzugefügter Teilchen. Wir sagen, daß die Greenfunktion eine thermodynamische oder temperaturabhängige Greenfunktion ist, wenn das System eine großkanonische Gesamtheit ist, mit einer Temperatur ungleich null.

Wir haben gesehen (Aufgabe 5.4), daß der Operator $\Psi^+(\mathbf{x})$ in dem Vakuumzustand, auf den er wirkt, an der Stelle $\mathbf{x}$ ein Teilchen erzeugt. Wir geben hier den Beweis. Der Operator der Teilchendichte ist

(1) $$\rho(\mathbf{x}') = \int d^3x''\ \Psi^+(\mathbf{x}'')\delta(\mathbf{x}' - \mathbf{x}'')\Psi(\mathbf{x}'');$$

damit folgt

(2) $$\begin{aligned} \rho(\mathbf{x}')\Psi^+(\mathbf{x})|\mathrm{vac}\rangle &= \int d^3x''\ \Psi^+(\mathbf{x}'')\delta(\mathbf{x}' - \mathbf{x}'')\Psi(\mathbf{x}'')\Psi^+(\mathbf{x})|\mathrm{vac}\rangle \\ &= \int d^3x''\ \Psi^+(\mathbf{x}'')\delta(\mathbf{x}' - \mathbf{x}'')\delta(\mathbf{x} - \mathbf{x}'')|\mathrm{vac}\rangle, \end{aligned}$$

weil $\Psi(\mathbf{x}'')|\mathrm{vac}\rangle = 0$ ist. Dann ergibt sich:

(3) $$\rho(\mathbf{x}')\Psi^+(\mathbf{x})|\mathrm{vac}\rangle = \delta(\mathbf{x} - \mathbf{x}')\Psi^+(\mathbf{x})|\mathrm{vac}\rangle,$$

was das gewünschte Resultat darstellt.

Die Schreibweise $\Psi^+(\mathbf{x}t)$ für den Operator in der Heisenbergdarstellung besagt, daß das hinzugefügte Teilchen zur Zeit t am Ort $\mathbf{x}$ ist. Der Operator $\Psi(\mathbf{x}t)$, angewandt auf den Zustand $\Psi^+(\mathbf{x}t)|\mathrm{vac}\rangle$, vernichtet das hinzugefügte Teilchen. Der Operator $\Psi(\mathbf{x}'t')$ an einem anderen Punkt $\mathbf{x}'$ und zu einer späteren Zeit $t' > t$ führt auf die Wahrscheinlichkeitsamplitude, daß sich das hinzugefügte Teilchen von $\mathbf{x}$ zur Zeit t nach $\mathbf{x}'$ zur Zeit t' bewegt hat. Wichtige Aspekte des dynamischen Verhaltens des hinzugefügten Teilchens in einem Zustand des Systems werden daher, für $t' > t$, beschrieben durch

$$\Psi(\mathbf{x}'t')\Psi^+(\mathbf{x}t)|\rangle.$$

Es ist vorteilhaft, mit dem Erwartungswert

(4) $$\langle|\Psi(\mathbf{x}'t')\Psi^+(\mathbf{x}t)|\rangle$$

oder mit dem Mittelwert dieser Größe über ein großkanonisches Ensemble zu arbeiten:

(5) $$\langle\Psi(\mathbf{x}'t')\Psi^+(\mathbf{x}t)\rangle = \mathrm{Sp}\,\rho\Psi(\mathbf{x}'t')\Psi^+(\mathbf{x}t),$$

wobei ρ der dazugehörige statistische Operator ist. Die Größe in (4) oder (5) ist im wesentlichen eine Korrelationsfunktion und ist gut geeignet zur Beschreibung eines Quasiteilchens.

Es gibt einige Gründe, mit einer Verallgemeinerung von (4) oder (5) zu arbeiten. Um einen speziellen Gesichtspunkt herauszugreifen, betrachten wir als Zustand des Systems den ungestörten Grundzustand eines Fermigases. Wir zerlegen Ψ^+ in zwei Teile: $\Psi^+ = \Psi_e^+ + \Psi_h$, wobei Ψ_e^+ für Elektronenzustände definiert ist mit $k > k_F$, und Ψ_h der Lochvernichtungsoperator ist der für $k < k_F$ definiert. Damit ist

$$\begin{aligned}(6)\qquad \Psi(1')\Psi^{+}(1) = \Psi_e(1')\Psi_e^{+}(1) + \Psi_h^{+}(1')\Psi_h(1) + \Psi_e(1')\Psi_h(1) \\ + \Psi_h^{+}(1')\Psi_e^{+}(1),\end{aligned}$$

wobei $1' \equiv \mathbf{x}'t'$; $1 \equiv \mathbf{x}t$. Der einzige Term, welcher zum Erwartungswert von (6) im ungestörten Grundzustand beiträgt, ist $\Psi_e(1')\Psi_e^{+}(1)$, so daß das Produkt $\Psi(1')\Psi^{+}(1)$ für die Untersuchung der Bewegung eines hinzugefügten Elektrons geeignet ist, aber nicht für die Bewegung eines hinzugefügten Lochs. Jedoch ist

$$\begin{aligned}(7)\qquad \Psi^{+}(1)\Psi(1') = \Psi_e^{+}(1)\Psi_e(1') + \Psi_h(1)\Psi_h^{+}(1') + \Psi_h(1)\Psi_e(1') \\ + \Psi_e^{+}(1)\Psi_h^{+}(1')\end{aligned}$$

geeignet, die Bewegung eines hinzugefügten Lochs zu untersuchen, vorausgesetzt, daß $t > t'$ ist, weil $\Psi_h(1)\Psi_h^{+}(1')$ einen nichtverschwindenden Erwartungswert besitzt. Nun gilt

$$(8)\qquad P(\Psi(\mathbf{x}'t')\Psi^{+}(\mathbf{x}t)) = \begin{cases} \Psi(\mathbf{x}'t')\Psi^{+}(\mathbf{x}t) \text{ wenn } t' > t \\ \Psi^{+}(\mathbf{x}t)\Psi(\mathbf{x}'t') \text{ wenn } t > t', \end{cases}$$

wobei P der Dysonsche Zeitordnungsoperator ist, welcher die früheren Zeiten rechts anordnet. Für Fermifelder ist es besser, die Antikommutatorrelation, die für gleiche Zeiten gültig ist, durch Benützung des Wickschen Zeitordnungsoperators zu berücksichtigen. Dieser Operator T ist definiert durch

$$(9)\qquad T(\Psi(\mathbf{x}'t')\Psi^{+}(\mathbf{x}t)) = \begin{cases} \Psi(\mathbf{x}'t')\Psi^{+}(\mathbf{x}t) & \text{if } t' > t; \\ -\Psi^{+}(\mathbf{x}t)\Psi(\mathbf{x}'t') & \text{if } t > t'. \end{cases}$$

Wenn Ψ und Ψ^{+} antikommutieren, dann gilt immer $T(\Psi(\mathbf{x}'t')\Psi^{+}(\mathbf{x}t)) = = \Psi(\mathbf{x}'t') + (\mathbf{x}t)$. Für Bosefelder ist T identisch mit P.

Die Einteilchengreenfunktion ist über den gesamten Zeitbereich definiert* durch

$$(10)\qquad \boxed{G(\mathbf{x}'t';\mathbf{x}t) = -i\langle T(\Psi(\mathbf{x}'t')\Psi^{+}(\mathbf{x}t))\rangle;}$$

im Grundzustand ist

$$(11)\qquad G(\mathbf{x}'t';\mathbf{x}t) = -i\langle 0|T(\Psi(\mathbf{x}'t')\Psi^{+}(\mathbf{x}t))|0\rangle.$$

---

*) Einige Autoren benützen i an Stelle $-i$ in der Definition der Einteilchengreenfunktion. Mit unserem Faktor $-i$ erfüllt die Greenfunktion eines freien Elektronengases, bei Benutzung von (14), (17) und (18), die Gleichung

$$\left(i\frac{\partial}{\partial t} + \frac{1}{2m}\frac{\partial^2}{\partial \mathbf{x}^2}\right) G_0(\mathbf{x}t) = \delta(\mathbf{x})\delta(t),$$

welche zeigt, daß G_0 einer Greenfunktion für die Schrödingergleichung ähnlich ist.

Die Feldoperatoren sind Operatoren im Heisenbergbild. Wir haben gesehen, daß wir mehr Informationen erhalten, wenn wir den gesamten Zeitbereich benützen, als wenn wir uns darauf beschränken, daß $t' > t$ ist. Die Zweiteilchengreenfunktion ist ähnlich definiert durch

$$K(1234) = \langle T(\Psi(1)\Psi(2)\Psi^{+}(3)\Psi^{+}(4))\rangle, \tag{12}$$

wobei 1 für $\mathbf{x}_1 t_1$ steht, usw.

Wenn das System translationsinvariant in Raum und Zeit ist, dann kann man die Greenfunktionen in Relativkoordinaten schreiben. Damit ergibt sich für (10)

$$\boxed{G(\mathbf{x}t) = -i\langle T(\Psi(\mathbf{x}t)\Psi^{+}(00))\rangle.} \tag{13}$$

Als triviales Beispiel betrachten wir ein eindimensionales System nicht wechselwirkender Fermionen im echten Vakuumzustand $|\text{vac}\rangle$. Die natürliche Entwicklung von $\Psi(xt)$ ist die Entwicklung nach den Eigenfunktionen freier Teilchen:

$$\Psi(xt) = \sum_k c_k(t)e^{ikx} = \sum_k c_k e^{-i\omega_k t}e^{ikx}, \tag{14}$$

mit $\omega_k = k^2/2m$. Dann ist die Einteilchengreenfunktion für den Vakuumzustand

$$\begin{aligned} G_v(xt) &= -i\langle \text{vac}|\Psi(xt)\Psi^{+}(00)|\text{vac}\rangle \\ &= i\langle \text{vac}|T\Big(\sum_{kk'} c_k c_{k'}^{+} e^{-i\omega_k t}e^{ikx}\Big)|\text{vac}\rangle \\ &= -i\sum_k e^{ikx}e^{-i\omega_k t}, \end{aligned} \tag{15}$$

für $t > 0$ und null sonst. Wir beachten, daß $G_v(x,+0) = -i\sum_k e^{ikx} = -i\delta(x)$. Wenn die Summation durch ein Integral ersetzt wird, ergibt sich

$$\begin{aligned} G_v(xt) &= -i\int_{-\infty}^{\infty} dk \exp\left[i\left(kx - \frac{1}{2m}k^2 t\right)\right] \\ &= e^{-i3\pi/4}(2\pi m/t)^{1/2}e^{imx^2/2t}, \end{aligned} \tag{16}$$

für $t > 0$. Man beachte, daß dies eine Lösung der zeitabhängigen Schrödingergleichung ist.

Die Berechnung von $G(xt)$ für den Grundzustand $|0\rangle$ eines wechselwirkungsfreien Fermigases in einer Dimension ist Gegenstand von Aufgabe 1. Wir geben hier lediglich die Greenfunktion dieses Problems an

$$G_0(x,+0) = -\frac{i}{2\pi}\left[\int_{k_F}^{\infty} + \int_{-\infty}^{-k_F}\right] dk\, e^{ikx}$$

(17)
$$= -\frac{i}{2\pi}\left[2\pi\delta(x) - \int_{-k_F}^{k_F} dk\, e^{ikx}\right]$$

$$= -\frac{i}{2\pi}\left[2\pi\delta(x) - 2\,\frac{\sin k_F x}{x}\right];$$

(18)
$$G_0(x,-0) = \frac{i}{2\pi}\int_{-k_F}^{k_F} dk\, e^{ikx} = i\,\frac{\sin k_F x}{\pi x}.$$

Man beachte den Unterschied zwischen diesem Resultat und (15); Gl. (15) galt für das Vakuum.

Fouriertransformation

Die Theorie macht reichlich Gebrauch von den transformierten Größen $G(\mathbf{k}t)$ und $G(\mathbf{k}\omega)$. Wir definieren

(19)
$$G(\mathbf{k}t) = \int d^3x\, e^{-i\mathbf{k}\cdot\mathbf{x}} G(\mathbf{x}t);$$

die inverse Transformation ist

(20)
$$G(\mathbf{x}t) = \frac{1}{(2\pi)^3}\int d^3k\, e^{i\mathbf{k}\cdot\mathbf{x}} G(\mathbf{k}t).$$

Weiter ist

(21)
$$G(\mathbf{k}\omega) = \int dt\, e^{i\omega t} G(\mathbf{k}t),$$

mit der inversen Transformation

(22)
$$G(\mathbf{k}t) = \frac{1}{2\pi}\int d\omega\, e^{-i\omega t} G(\mathbf{k}\omega).$$

Nichtwechselwirkendes Fermigas

Die Einteilchengreenfunktion $G_0(\mathbf{k}t)$ im Grundzustand eines nichtwechselwirkenden Fermigases ist

(23)
$$G_0(\mathbf{k}t) = -i\langle 0|T\left(\sum_{\mathbf{k}'} c_{\mathbf{k}'}c_{\mathbf{k}'}^+ e^{-i\omega_{\mathbf{k}'}t}\int d^3x\, e^{i(\mathbf{k}'-\mathbf{k})\cdot\mathbf{x}}\right)|0\rangle$$

$$= \begin{cases} -i\langle 0|c_{\mathbf{k}}c_{\mathbf{k}}^+|0\rangle e^{-i\omega_{\mathbf{k}}t}, & t > 0; \\ i\langle 0|c_{\mathbf{k}}^+c_{\mathbf{k}}|0\rangle e^{-i\omega_{\mathbf{k}}t}, & t < 0. \end{cases}$$

Wenn $n_{\mathbf{k}} = 1, 0$ die Besetzungszahlen des Zustandes $\mathbf{k}$ im Grundzustand sind, so gilt

(24) $$G_0(\mathbf{k}t) = \begin{cases} -ie^{-i\omega_\mathbf{k}t}(1 - n_\mathbf{k}), & t > 0; \\ ie^{-i\omega_\mathbf{k}t}n_\mathbf{k}, & t < 0; \end{cases}$$

und damit

$$G_0(\mathbf{k},+0) - G_0(\mathbf{k},-0) = -i.$$

Für eine Quasiteilchenanregung in einem realen (wechselwirkenden) Fermigas erwarten wir, daß die Zeitabhängigkeit von $G(\mathbf{k}t)$ für $t > 0$ von der Form ist

$$e^{-i\omega_\mathbf{k}t}e^{-\Gamma_\mathbf{k}t};$$

dabei ist $1/\Gamma_\mathbf{k}$ die Halbwertzeit für den Zerfall der Quasiteilchenanregung in andere Anregungen.

Wir stellen nun fest, daß

(25) $$G_0(\mathbf{k}\omega) = \lim_{s_\mathbf{k}\to 0} \frac{1}{\omega - \omega_\mathbf{k} + is_\mathbf{k}},$$

wobei

$s_\mathbf{k}$ positiv für $k > k_F$;

$s_\mathbf{k}$ negativ für $k < k_F$.

Wir zeigen, daß dieser Ausdruck für $G_0(\mathbf{k}\omega)$ in Übereinstimmung mit dem Ergebnis (24) für $G_0(\mathbf{k}t)$ ist. Betrachten wir den Fall für $k > k_F$. Für diesen Bereich besagt (24), daß

(26) $$G_0(\mathbf{k}t) = \begin{cases} -ie^{-i\omega_\mathbf{k}t} & t > 0; \\ 0 & t < 0. \end{cases}$$

Nun folgt aus (25)

(27) $$\begin{aligned} G_0(\mathbf{k}t) &= \frac{1}{2\pi}\int_{-\infty}^{\infty} d\omega\, e^{-i\omega t}G_0(\mathbf{k}\omega) \\ &= \frac{1}{2\pi}\int_{-\infty}^{\infty} d\omega\, e^{-i\omega t}\left[\frac{\mathcal{P}}{\omega - \omega_\mathbf{k}} - i\pi\delta(\omega - \omega_\mathbf{k})\right], \end{aligned}$$

für $k > k_F$. Für $t > 0$ kann dies durch einen im Unendlichen liegenden Halbkreis in der unteren Halbebene zu einem Umlaufintegral ergänzt werden. Wir sehen, daß

(28) $$\mathcal{P}\int_{-\infty}^{\infty} d\omega\, \frac{e^{-i\omega t}}{\omega - \omega_\mathbf{k}} = -i\pi e^{-i\omega_\mathbf{k}t}, \qquad t > 0;$$

weiter ist

(29) $$-i\pi\int_{-\infty}^{\infty} d\omega\, e^{-i\omega t}\delta(\omega - \omega_\mathbf{k}) = -i\pi e^{-i\omega_\mathbf{k}t},$$

und das Ergebnis lautet

$$(30)\qquad G_0(\mathbf{k}t) = -ie^{-i\omega_\mathbf{k}t}, \qquad t > 0; \qquad k > k_F.$$

Für $t < 0$ muß das Umlaufintegral in (28) durch einen Halbkreis in der oberen Halbebene vervollständigt werden:

$$(31)\qquad \mathcal{P}\int_{-\infty}^{\infty} d\omega \frac{e^{-i\omega t}}{\omega - \omega_\mathbf{k}} = i\pi e^{-i\omega_\mathbf{k}t}, \qquad t < 0;$$

damit folgt

$$(32)\qquad G_0(\mathbf{k}t) = 0, \qquad t < 0; \qquad k > k_F.$$

Für $k < k_F$ ändern wir das Vorzeichen von $s_\mathbf{k}$ in (25). Dies ändert das Vorzeichen vor der Deltafunktion in (27) und wir haben

$$(33)\qquad G_0(\mathbf{k}t) = \begin{cases} 0, & t > 0; \quad k < k_F; \\ ie^{-i\omega_\mathbf{k}t}, & t < 0; \quad k < k_F. \end{cases}$$

Wechselwirkendes Fermigas

Wir schreiben die Form der Greenfunktion im exakten Grundzustand $|0\rangle$ eines Fermigases mit Wechselwirkung explizit an:

$$(34)\qquad \begin{aligned} G(\mathbf{k}t) &= -i\langle 0|T(c_\mathbf{k}(t)c_\mathbf{k}^+(0))|0\rangle \\ &= \begin{cases} -i\langle 0|e^{iHt}c_\mathbf{k}e^{-iHt}c_\mathbf{k}^+|0\rangle, & t > 0; \\ i\langle 0|c_\mathbf{k}^+e^{iHt}c_\mathbf{k}e^{-iHt}|0\rangle, & t < 0. \end{cases} \end{aligned}$$

Hier ist H der exakte Hamiltonoperator. Mit $E_0{}^N$ bezeichnen wir die exakte Grundzustandsenergie des N-Teilchensystems. Dann ist

$$(35)\qquad G(\mathbf{k}t) = \begin{cases} -i\langle 0|c_\mathbf{k}e^{-iHt}c_\mathbf{k}^+|0\rangle e^{iE_0{}^Nt}, & t > 0; \\ i\langle 0|c_\mathbf{k}^+e^{iHt}c_\mathbf{k}|0\rangle e^{-iE_0{}^Nt}, & t < 0. \end{cases}$$

Die angeregten Zustände des $(N + 1)$- bzw. $(N - 1)$-Teilchensystems bezeichnen wir mit dem Index n. Dann kann man (35) umschreiben in die Form

$$(36)\qquad G(\mathbf{k}t) = \begin{cases} -i\sum_n \langle 0|c_\mathbf{k}e^{-iHt}|n\rangle\langle n|c_\mathbf{k}^+|0\rangle e^{iE_0{}^Nt}, & t > 0; \\ i\sum_n \langle 0|c_\mathbf{k}^+e^{iHt}|n\rangle\langle n|c_\mathbf{k}|0\rangle e^{-iE_0{}^Nt}, & t < 0. \end{cases}$$

Für $t > 0$ sind die Zustände n angeregte Zustände eines Systems mit $(N + 1)$ Teilchen, für $t < 0$ bezieht sich n auf angeregte Zustände eines Systems mit $(N - 1)$ Teilchen. Wir können (36) damit schreiben als

$$(37)\qquad G(\mathbf{k}t) = \begin{cases} -i\sum_n |\langle n|c_\mathbf{k}^+|0\rangle|^2 e^{-i(E_n{}^{N+1}-E_0{}^N)t}, & t > 0; \\ i\sum_n |\langle n|c_\mathbf{k}|0\rangle|^2 e^{i(E_n{}^{N-1}-E_0{}^N)t}, & t < 0. \end{cases}$$

Die Exponenten in (37) können umgeformt werden :

(38)
$$E_n^{N+1} - E_0^N = (E_n^{N+1} - E_0^{N+1}) + (E_0^{N+1} - E_0^N) \cong \omega_n + \mu;$$
$$E_n^{N-1} - E_0^N = (E_n^{N-1} - E_0^{N-1}) + (E_0^{N-1} - E_0^N) \cong \omega_n - \mu,$$

wobei

(39)
$$\omega_n \cong E_n^{N\pm 1} - E_0^{N\pm 1}$$

die Anregungsenergie ist, bezogen auf den Grundzustand des Systems von $(N \pm 1)$ Teilchen und

(40)
$$\mu = \frac{\partial E}{\partial N} \cong E_0^{N+1} - E_0^N \cong E_0^N - E_0^{N-1}$$

das chemische Potential ist. Wenn das System groß ist $(N \gg 1)$, brauchen wir die Indizes bei ω_n oder μ nicht anzugeben, um $N \pm 1$ zu unterscheiden. Dann wird aus (37)

(41)
$$G(\mathbf{k}t) = \begin{cases} -i \sum_n |\langle n|c_{\mathbf{k}}^+|0\rangle|^2 e^{-i(\omega_n+\mu)t}, & t > 0; \\ i \sum_n |\langle n|c_{\mathbf{k}}|0\rangle|^2 e^{i(\omega_n-\mu)t}, & t < 0. \end{cases}$$

Spektraldichte und die Lehmanndarstellung

Wir führen die Spektraldichtefunktionen durch folgende Definitionen ein:

(42)
$$\rho^+(\mathbf{k}\omega) \equiv \sum_n |\langle n|c_{\mathbf{k}}^+|0\rangle|^2 \delta(\omega - \omega_n);$$

(43)
$$\rho^-(\mathbf{k}\omega) \equiv \sum_n |\langle n|c_{\mathbf{k}}|0\rangle|^2 \delta(\omega - \omega_n).$$

Man findet auch die Schreibweise $A(\mathbf{k}\omega) \equiv \rho^+(\mathbf{k}\omega)$; $B(\mathbf{k}\omega) \equiv \rho^-(\mathbf{k}\omega)$. Mit unserer Notation wird aus (41)

(44)
$$G(kt) = \begin{cases} -i \int_0^\infty d\omega\, \rho^+(\mathbf{k}\omega) e^{-i(\omega+\mu)t}, & t > 0; \\ i \int_0^\infty d\omega\, \rho^-(\mathbf{k}\omega) e^{i(\omega-\mu)t}, & t < 0. \end{cases}$$

Das Integral über $d\omega$ braucht nur über positive ω zu gehen, weil ω_n immer positiv ist.

Für nichtwechselwirkende Fermionen reduzieren sich die Spektraldichten auf jeweils eine Deltafunktion:

(45)
$$\rho^+(\mathbf{k}\omega) = (1 - n_{\mathbf{k}})\delta(\omega - \omega_{\mathbf{k}} + \mu);$$

(46)
$$\rho^-(\mathbf{k}\omega) = n_{\mathbf{k}}\, \delta(\omega - \mu + \omega_{\mathbf{k}}),$$

wobei $n_{\mathbf{k}} = 1,\ 0$ die Besetzungszahlen des Grundzustandes sind und $\omega_{\mathbf{k}} = k^2/2m$. Dann vereinfacht sich (44) zu

$$G_0(\mathbf{k}t) = \begin{cases} -ie^{-i\omega_{\mathbf{k}}t}(1 - n_{\mathbf{k}}), & t > 0; \\ ie^{-i\omega_{\mathbf{k}}t}n_{\mathbf{k}}, & t < 0, \end{cases} \tag{47}$$

in Übereinstimmung mit (24).

Wir geben nun ein wichtiges Ergebnis an, das als Lehmann-Darstellung bekannt ist:

$$G(\mathbf{k}\omega) = \lim_{s\to+0} \int_0^\infty d\omega' \left[\frac{\rho^+(\mathbf{k}\omega')}{(\omega-\mu) - \omega' + is} + \frac{\rho^-(\mathbf{k}\omega')}{(\omega-\mu) + \omega' - is} \right]. \tag{48}$$

Wir verifizieren dieses Ergebnis, indem wir die Fouriertransformation von (44) bilden:

$$\begin{aligned} G(\mathbf{k}\omega) &= \int_{-\infty}^\infty dt\, e^{i\omega t} G(\mathbf{k}t) \\ &= \lim_{s\to+0} \Big[-i \int_0^\infty dt\, e^{i(\omega+is)t} \int_0^\infty d\omega'\, \rho^+(\mathbf{k}\omega') e^{-i(\omega'+\mu)t} \\ &\qquad + i \int_{-\infty}^0 dt\, e^{i(\omega-is)t} \int_0^\infty d\omega'\, \rho^-(\mathbf{k}\omega') e^{i(\omega'-\mu)t} \Big]. \end{aligned} \tag{49}$$

Das erste Integral enthält

$$-i \int_0^\infty dt\, e^{i(\omega-\omega'-\mu+is)t} = \frac{1}{(\omega-\mu) - \omega' + is}; \tag{50}$$

das zweite Integral enthält

$$i \int_{-\infty}^0 dt\, e^{i(\omega+\omega'-\mu-is)t} = \frac{1}{(\omega-\mu) + \omega' - is}. \tag{51}$$

Wenn wir die Ergebnisse (50) und (51) mit (49) zusammenfassen, ergibt sich das Ergebnis (48).

Dispersionsrelationen

Wir sehen aus den Definitionen (42) und (43), daß ρ^+ und ρ^- reell sind. Unter Benutzung von

$$\lim_{s\to+0} \frac{1}{\varepsilon \pm is} = \frac{\mathcal{P}}{\varepsilon} \mp i\pi\delta(\varepsilon) \tag{52}$$

in der Lehmanndarstellung können wir den Realteil und den Imaginärteil von $G(\mathbf{k}\omega)$ trennen. Damit ergibt sich

$$\begin{aligned} \mathcal{I}\{G(\mathbf{k}\omega)\} &= -\pi \int_0^\infty d\omega'\, [\rho^+(\mathbf{k}\omega')\delta(\omega-\mu-\omega') - \rho^-(\mathbf{k}\omega')\delta(\omega-\mu+\omega')] \\ &= \begin{cases} -\pi\rho^+(\mathbf{k},\omega-\mu), & \omega > \mu; \\ \pi\rho^-(\mathbf{k},\mu-\omega), & \omega < \mu. \end{cases} \end{aligned} \tag{53}$$

Diese Aufspaltung tritt auf, weil das Integral nur über positive Werte von ω' läuft. Wir sehen aus den Definitionen, daß ρ^+, ρ^- nicht negativ sind. Deshalb ändert $\mathcal{I}\{G\}$ bei $\omega = \mu$ das Vorzeichen.

Wir berechnen nun den Realteil von $G(\mathbf{k}\omega)$ und drücken das Ergebnis durch den Imaginärteil aus. Das Ergebnis ist analog zu den Kramers-Kronig-Relationen. Unter Benützung von (52) ergibt sich

(54) $$\mathcal{R}\{G(\mathbf{k}\omega)\} = \mathcal{P}\int_0^\infty d\omega' \left[\frac{\rho^+(\mathbf{k}\omega')}{(\omega-\mu)-\omega'} + \frac{\rho^-(\mathbf{k}\omega')}{(\omega-\mu)+\omega'}\right];$$

und mit (53)

(55) $$\mathcal{R}\{G(\mathbf{k}\omega)\} = \frac{\mathcal{P}}{\pi}\int_0^\infty d\omega' \left[-\frac{\mathcal{I}\{G(\mathbf{k},\omega'+\mu)\}}{(\omega-\mu)-\omega'} + \frac{\mathcal{I}\{G(\mathbf{k},\mu-\omega')\}}{(\omega-\mu)+\omega'}\right].$$

Wir substituieren $\omega'' = \omega' + \mu$ und $\omega'' = \mu - \omega'$ in den entsprechenden Teilen des Integrals; damit ergibt sich

(56) $$\mathcal{R}\{G(\mathbf{k}\omega)\} = -\frac{\mathcal{P}}{\pi}\int_\mu^\infty d\omega'' \frac{\mathcal{I}\{G(\mathbf{k}\omega'')\}}{\omega-\omega''} + \frac{\mathcal{P}}{\pi}\int_\mu^{-\infty} (-d\omega'') \frac{\mathcal{I}\{G(\mathbf{k}\omega'')\}}{\omega-\omega''},$$

(57) $$\boxed{\mathcal{R}\{G(\mathbf{k}\omega)\} = \frac{\mathcal{P}}{\pi}\left[\int_\mu^\infty - \int_{-\infty}^\mu\right] d\omega'' \frac{\mathcal{I}\{G(\mathbf{k}\omega'')\}}{\omega''-\omega}.}$$

Grundzustandsenergie

Wenn das System nur Zweiteilchenwechselwirkungen besitzt, ist die Grundzustandsenergie durch die Einteilchengreenfunktion bestimmt.

Beweis: Wir sehen aus (34), daß der Erwartungswert $n_\mathbf{k}$ der Besetzungszahl des Zustandes $\mathbf{k}$ gegeben ist durch

(58) $$n_\mathbf{k} = \langle 0|c_\mathbf{k}^+ c_\mathbf{k}|0\rangle = -iG(\mathbf{k},-0).$$

Wir verwenden weiter (22), womit folgt

(59) $$n_\mathbf{k} = \frac{1}{2\pi i}\int_c d\omega\, G(\mathbf{k}\omega),$$

wobei der Integrationsweg c wegen $t = -0$ aus der reellen Achse und einem Halbkreis im Unendlichen in der oberen Halbebene besteht.

Wir schreiben $H = H_0 + H_1$, mit

(60) $$H_0 = \sum \omega_\mathbf{k} c_\mathbf{k}^+ c_\mathbf{k};$$

(61) $$H_1 = \sum V(\mathbf{k}_1, \cdots, \mathbf{k}_4) c_{\mathbf{k}_1}^+ c_{\mathbf{k}_2}^+ c_{\mathbf{k}_3} c_{\mathbf{k}_4}.$$

Nun sehen wir sofort, daß

(62) $$\sum_{\mathbf{k}} c_{\mathbf{k}}^{+}[H_0,c_{\mathbf{k}}] = -H_0$$

und

(63) $$\sum_{\mathbf{k}} c_{\mathbf{k}}^{+}[H_1,c_{\mathbf{k}}] = -2H_1,$$

so daß

(64) $$\sum_{\mathbf{k}} \langle 0|c_{\mathbf{k}}^{+}[H,c_{\mathbf{k}}]|0\rangle = -\langle 0|H_0 + 2H_1|0\rangle.$$

Die Grundzustandsenergie E_0 kann geschrieben werden als

(65) $$E_0 = \langle 0|H_0 + H_1|0\rangle = \tfrac{1}{2}\sum_{\mathbf{k}} (\omega_{\mathbf{k}} - \langle 0|c_{\mathbf{k}}^{+}[H,c_{\mathbf{k}}]|0\rangle).$$

Wir sehen nun, daß mit (42) folgt

(66) $$\langle 0|c_{\mathbf{k}}^{+}[H,c_{\mathbf{k}}]|0\rangle = \int_0^\infty d\omega\, \rho^{-}(\mathbf{k}\omega)(\omega - \mu);$$

und mit (44) und (22) ergibt sich

(67) $$\int_0^\infty d\omega\, \rho^{-}(\mathbf{k}\omega)(\omega - \mu) = -\left[\frac{dG\,(\mathbf{k}t)}{dt}\right]_{t=-0} = \frac{i}{2\pi}\int_c d\omega\, \omega G(\mathbf{k}\omega).$$

Damit kann man (65) schreiben als

(68) $$E_0 = \frac{1}{4\pi i}\sum_{\mathbf{k}}\int_c d\omega\, (\omega_{\mathbf{k}} + \omega)G(\mathbf{k}\omega).$$ Q.E.D.

Dies ist eine exakte Beziehung.

Thermische Mittelwerte

Durch die Methode der Greenfunktionen ist man auf mehrere Kunstgriffe zur Berechnung von Ensemblemittelwerten aufmerksam geworden. Als ein einfaches Beispiel betrachten wir die folgende exakte und kurze Ableitung der Bose- und der Fermiverteilung. Wir berechnen den thermischen Mittelwert der Besetzungszahl

(69) $$n = \langle a^+a\rangle = \frac{\text{Spur}\, e^{-\beta\hat{H}}a^+a}{\text{Spur}\, e^{-\beta\hat{H}}},$$

wobei $\hat{H} = H - \mu\hat{N}$; $\beta = 1/k_BT$ und a^+, a die Vertauschungsrelation erfüllt:

(70) $$aa^+ - \eta a^+a = 1,$$

mit $\eta = 1$ für Bosonen und -1 für Fermionen. Nun ist auf Grund der Invarianz der Spur gegenüber zyklischen Vertauschungen

(71) $$\text{Spur}\, e^{-\beta\hat{H}}a^+a = \text{Spur}\, ae^{-\beta\hat{H}}a^+ = \text{Spur}\, e^{-\beta\hat{H}}ae^{-\beta\hat{H}}a^+e^{\beta\hat{H}}.$$

Für jeden Eigenzustand Φ eines Systems von nichtwechselwirkenden Teilchen gilt

$$e^{-\beta\hat{H}}a^{+}e^{\beta\hat{H}}\Phi = e^{-\beta(\omega-\mu)}a^{+}\Phi, \tag{72}$$

so daß

$$\begin{aligned}\text{Spur } e^{-\beta\hat{H}}a^{+}a &= e^{-\beta(\omega-\mu)} \text{ Spur } e^{-\beta\hat{H}}aa^{+} \\ &= e^{-\beta(\omega-\mu)} \text{ Spur } e^{-\beta\hat{H}}(1 + \eta a^{+}a).\end{aligned} \tag{73}$$

Damit wird

$$n = e^{-\beta(\omega-\mu)}(1 + \eta n), \tag{74}$$

oder

$$n = \frac{1}{e^{\beta(\omega-\mu)} - \eta}, \tag{75}$$

was das wohlbekannte Ergebnis ist.

Nach derselben Methode kann man sehr einfach zeigen, daß der Erwartungswert zweier beliebiger Operatoren A und B über ein kanonisches Ensemble die Beziehung erfüllt

$$\langle A(t)B(0)\rangle = \langle B(0)A(t + i\beta)\rangle. \tag{76}$$

Es ist lehrreich, noch einmal die Dispersionsrelation (57) abzuleiten nun mit Mittelwerten, die über ein großkanonisches Ensemble genommen werden, wobei Ω das zugehörige thermodynamische Potential ist. Zuerst beachten wir, daß gilt:

$$|\langle m|c_{\mathbf{k}}^{+}|n\rangle|^2 = |\langle n|c_{\mathbf{k}}|m\rangle|^2; \tag{77}$$

dann kann unser früheres Ergebnis (37) unter Einführung des statistischen Operators

$$\rho = e^{\beta(\Omega+\mu\hat{N}-H)} \tag{78}$$

mit $\omega_{nm} = E_n - E_m$ geschrieben werden als

$$G(\mathbf{k}t) = \begin{cases} -i \sum\limits_{nm} e^{\beta(\Omega+\mu N_n-E_n)}|\langle n|c_{\mathbf{k}}|m\rangle|^2 e^{i\omega_{nm}t}, & t > 0; \\ i \sum\limits_{nm} e^{\beta(\Omega+\mu N_n-E_n)}|\langle m|c_{\mathbf{k}}|n\rangle|^2 e^{i\omega_{mn}t}, & t < 0. \end{cases} \tag{79}$$

Nun vertauschen wir im Ergebnis für $t < 0$ die Indizes n und m; wir erhalten

$$G(\mathbf{k}t) = i \sum_{nm} e^{\beta(\Omega+\mu N_m-E_m)}|\langle n|c_{\mathbf{k}}|m\rangle|^2 e^{i\omega_{nm}t}, \qquad t < 0. \tag{80}$$

Weil $N_n = N_m - 1$, kann dies geschrieben werden als

$$G(\mathbf{k}t) = i \sum_{nm} e^{\beta(\Omega+\mu N_n-E_n)}e^{\beta(\omega_{nm}+\mu)}|\langle n|c_{\mathbf{k}}|m\rangle|^2 e^{i\omega_{nm}t}, \qquad t < 0. \tag{81}$$

Wir führen nun eine Fouriertransformation durch mit getrennten Integrationsbereichen von $-\infty$ bis 0 und 0 bis $+\infty$. Wir benützen die Identitäten

$$\lim_{s\to+0}\int_0^\infty dx\, e^{i(\alpha+is)x} = \pi\delta(\alpha) + i\frac{\mathcal{P}}{\alpha}; \tag{82}$$

$$\lim_{s\to+0}\int_{-\infty}^0 dx\, e^{i(\alpha-is)x} = \pi\delta(\alpha) - i\frac{\mathcal{P}}{\alpha}. \tag{83}$$

Damit ergibt sich

$$\begin{aligned} G(\mathbf{k}\omega) = &-\sum_{nm} e^{\beta(\Omega+\mu N_n-E_n)}\left|\langle n|c_{\mathbf{k}}|m\rangle\right|^2 \cdot \\ &\left[i\pi\delta(\omega-\omega_{mn})(1-e^{\beta(\mu-\omega_{mn})}) + \frac{\mathcal{P}}{\omega_{mn}-\omega}(1+e^{\beta(\mu-\omega_{mn})})\right]. \end{aligned} \tag{84}$$

Wir können Real- und Imaginärteil trennen:

$$\mathcal{R}\{G(\mathbf{k}\omega)\} = -\sum_{nm} e^{\beta(\Omega+\mu N_n-E_n)}\left|\langle n|c_{\mathbf{k}}|m\rangle\right|^2 \frac{\mathcal{P}}{\omega_{mn}-\omega}(1+e^{\beta(\mu-\omega_{mn})}) \tag{85}$$

$$\mathcal{I}\{G(\mathbf{k}\omega)\} = -\pi\sum_{nm} e^{\beta(\Omega+\mu N_n-E_n)}\left|\langle n|c_{\mathbf{k}}|m\rangle\right|^2 \delta(\omega-\omega_{mn})(1-e^{\beta(\mu-\omega_{mn})}). \tag{86}$$

Man beachte, daß gilt:

$$\frac{1+e^{\beta(\mu-\omega_{mn})}}{1-e^{\beta(\mu-\omega_{mn})}} = \coth\tfrac{1}{2}\beta(\omega_{mn}-\mu), \tag{87}$$

und bilde

$$\frac{\mathcal{P}}{\pi}\int_{-\infty}^\infty d\omega'\coth\tfrac{1}{2}\beta(\omega'-\mu)\,\frac{\mathcal{I}\{G(\mathbf{k}\omega')\}}{\omega'-\omega}; \tag{88}$$

dies ist, mit (86), gleich

$$-\mathcal{P}\sum_{nm} e^{\beta(\Omega+\mu N_n-E_n)}(1+e^{\beta(\mu-\omega_{mn})})\left|\langle n|c_{\mathbf{k}}|m\rangle\right|^2\frac{1}{\omega_{mn}-\omega}. \tag{89}$$

Damit haben wir die Dispersionsrelation

$$\mathcal{R}\{G(\mathbf{k}\omega)\} = \frac{\mathcal{P}}{\pi}\int_{-\infty}^\infty d\omega'\coth\tfrac{1}{2}\beta(\omega'-\mu)\,\frac{\mathcal{I}\{G(\mathbf{k}\omega')\}}{\omega'-\omega}. \tag{90}$$

Im Grenzfall $T\to 0$ stimmt dies mit (57) überein.

Bewegungsgleichung

Mit (5.38), (5.42) und (5.43) erhalten wir die exakten Bewegungsgleichungen

$$\left(i\frac{\partial}{\partial t} - \frac{p^2}{2m}\right)\Psi(\mathbf{x}t) = \tag{91}$$

$$\left(-i\frac{\partial}{\partial t} - \frac{p^2}{2m}\right)\Psi^+(\mathbf{x}t) \qquad \mathbf{x}t)\int d^3y\, V(\mathbf{y}-\mathbf{x})\Psi^+(\mathbf{x}t)\Psi^+(\mathbf{y}t)\Psi(\mathbf{y}t). \tag{92}$$

Es ist aufschlußreich, die Hartree-Fock-Näherung im Formalismus der Greenfunktionen zu untersuchen. Mit (91) bilden wir

$$
\begin{aligned}
&-i\left\langle T\left(i\frac{\partial}{\partial t'}-\frac{(p')^2}{2m}\right)\Psi(\mathbf{x}'t')\Psi^+(\mathbf{x}t)\right\rangle \\
(93)\qquad &= -i\int d^3y\; V(\mathbf{y}-\mathbf{x}')\langle T(\Psi^+(\mathbf{y}t')\Psi(\mathbf{y}t')\Psi(\mathbf{x}'t')\Psi^+(\mathbf{x}t))\rangle \\
&= \int d^3y\; V(\mathbf{y}-\mathbf{x}')K(\mathbf{y}t';\mathbf{x}'t';\mathbf{y}t'_+;\mathbf{x}t),
\end{aligned}
$$

mit der durch (12) definierten Zweiteilchengreenfunktion K. Hier ist t'_+ infinitesimal größer als t', um die Reihenfolge der Faktoren festzulegen.

Nun ist

$$
(94)\qquad \frac{\partial}{\partial t'}\langle T(\Psi(\mathbf{x}'t')\Psi^+(\mathbf{x}t))\rangle - \left\langle T\left(\frac{\partial}{\partial t'}\Psi(\mathbf{x}'t')\Psi^+(\mathbf{x}t)\right)\right\rangle = \delta(t'-t)\delta(\mathbf{x}'-\mathbf{x}),
$$

wobei wir die Kommutatorrelationen zu gleichen Zeiten benützt haben. Damit kann (93) wie folgt umgeschrieben werden:

$$
\begin{aligned}
(95)\qquad \left(i\frac{\partial}{\partial t'}-\frac{(p')^2}{2m}\right)G(\mathbf{x}'t';\mathbf{x}t) &= \delta(t'-t)\delta(\mathbf{x}'-\mathbf{x}) \\
&\quad - i\int d^3y\; V(\mathbf{y}-\mathbf{x}')K(\mathbf{y}t';\mathbf{x}'t';\mathbf{y}t'_+;\mathbf{x}t).
\end{aligned}
$$

Dies ist eine exakte Gleichung, welche die Einteilchengreenfunktion mit der Zweiteilchengreenfunktion verknüpft.

In der Hartree-Näherung lösen wir (95) unter der Annahme, daß sich die beiden hinzugefügten Teilchen in der Zweiteilchengreenfunktion unabhängig voneinander durch das System bewegen. Die Grundannahme der Hartree-Näherung ist damit

$$
(96)\qquad K(1234) \cong G(13)G(24),
$$

wobei die Indizes festgelegt sind durch $s_1 = s_3$ und $s_2 = s_4$. Diese Näherung berücksichtigt nicht die Ununterscheidbarkeit der Teilchen; wir können prinzipiell nicht Prozesse, in denen das bei 4 hinzugefügte Teilchen in 2 erscheint, von den Prozessen unterscheiden, in denen es in 1 erscheint. Daher macht man in der Hartree-Fock-Näherung für Fermionen den Ansatz

$$
(97)\qquad K(1234) \cong G(13)G(24) - G(14)G(23).
$$

Die relativen Vorzeichen auf der rechten Seite sind für Fermionen durch die Eigenschaft $K(1234) = -K(2134)$ festgelegt.

Supraleitung

Es ist lehrreich, die BCS-Theorie der Supraleitung unter Benutzung von Greenfunktionen abzuleiten, wie dies von L.P. Gorkov entwickelt wurde[*Soviet Physics - JETP* **34,** 505 (1958); abgedruckt in Pines]. Die Behandlung ist sehr ähnlich der in Kapitel 8 angegebenen Methode der Bewegungsgleichung.
Der effektive Hamiltonoperator (8.31) kann wie folgt geschrieben werden.

$$
\begin{aligned}
H = & \int d^3x\, \Psi^+_\alpha(\mathbf{x}t)\, \frac{p^2}{2m}\, \Psi_\alpha(\mathbf{x}t) \\
& - \tfrac{1}{2}V \int d^3x\, d^3y\, \Psi^+_\alpha(\mathbf{x}t)\Psi^+_\beta(\mathbf{y}t)\delta(\mathbf{x}-\mathbf{y})\Psi_\beta(\mathbf{y}t)\Psi_\alpha(\mathbf{x}t).
\end{aligned} \tag{98}
$$

Hier sind α, β Spinindizes - es ist wichtig, sie explizit anzugeben; über doppelte Indizes ist zu summieren. Wir beachten, daß eine Wechselwirkung, die unabhängig von $\mathbf{k}$ ist, durch ein Deltapotential dargestellt werden kann. Wir übernehmen jedoch die Konvention, daß V null ist, außer in einer Energieschale der Dicke $2\omega_D$ um die Fermifläche, wobei V positiv ist für eine anziehende Wechselwirkung. Man beachte, daß der Potentialterm in (98) für parallele Spins $(\alpha = \beta)$ automatisch verschwindet.

Die Definition der Einteilchenfunktion lautet

$$
G_{\alpha\beta}(\mathbf{x}t) = -i\langle T(\Psi_\alpha(\mathbf{x}t)\Psi^+_\beta(00))\rangle. \tag{99}
$$

Die Bewegungsgleichungen erhält man auf die übliche Weise:

$$
\left(i\frac{\partial}{\partial t} - \frac{p^2}{2m}\right)\Psi_\alpha(x) + V\Psi^+_\beta(x)\Psi_\beta(x)\Psi_\alpha(x) = 0; \tag{100}
$$

$$
\left(-i\frac{\partial}{\partial t} - \frac{p^2}{2m}\right)\Psi^+_\alpha(x) + V\Psi^+_\alpha(x)\Psi^+_\beta(x)\Psi_\beta(x) = 0, \tag{101}
$$

Wir haben die Notation $x \equiv \mathbf{x}t$ benutzt. Wir lassen den Operator $\Psi^+_\beta(x')$ von links auf (101) wirken, bilden den thermischen Mittelwert und erhalten

$$
\left(i\frac{\partial}{\partial t} - \frac{p^2}{2m}\right)G_{\alpha\beta}(x,x') - iV\langle T(\Psi^+_\gamma(x)\Psi_\gamma(x)\Psi_\alpha(x)\Psi^+_\beta(x'))\rangle = \delta(x-x')\delta_{\alpha\beta}. \tag{102}
$$

In der Hartree-Fock-Näherung machten wir nun den folgenden Ansatz für die Zweiteilchengreenfunktion:

$$
\begin{aligned}
& \langle T(\Psi_\alpha(x_1)\Psi_\beta(x_2)\Psi^+_\gamma(x_3)\Psi^+_\delta(x_4))\rangle \\
& \quad = \langle T(\Psi_\alpha(x_1)\Psi^+_\delta(x_4))\rangle\langle T(\Psi_\beta(x_2)\Psi^+_\gamma(x_3 \\
& \qquad - \langle T(\Psi_\alpha(x_1)\Psi^+_\gamma(x_3))\rangle\langle [illegible]_\beta(x_2)\Psi^+_\delta(x_4))\rangle.
\end{aligned} \tag{103}
$$

Der Grundzustand des supraleitenden Systems ist aber durch gebundene Elektronenpaare charakterisiert. Die Zahl solcher Paare ist eine veränderliche Größe des Systems, so daß wir auf der rechten Seite von (103) folgenden Term hinzufügen sollten

$$\langle N|T(\Psi_\alpha(x_1)\Psi_\beta(x_2))|N+2\rangle\langle N+2|T(\Psi_\gamma^+(x_3)\Psi_\delta^+(x_4))|N\rangle. \tag{104}$$

Dies ist eine ganz natürliche Ergänzung zu (103). Die Zustände $|N\rangle$, $|N+2\rangle$ sind die entsprechenden Zustände für N und $N+2$ Teilchen. Wenn $|N\rangle$ der Grundzustand ist, dann ist auch $|N+2\rangle$ der entsprechende Grundzustand.

Die Faktoren in (104) können wir in der Form schreiben:

$$\langle N|T(\Psi_\alpha(x)\Psi_\beta(x'))|N+2\rangle = e^{-2i\mu t}F_{\alpha\beta}(x-x'), \tag{105}$$

$$\langle N+2|T(\Psi_\alpha^+(x)\Psi_\beta^+(x'))|N\rangle = e^{2i\mu t}F_{\alpha\beta}^+(x-x'). \tag{106}$$

Dabei haben wir Galilei-Invarianz angenommen. Hier ist μ das chemische Potential; es tritt in diesem Problem auf, weil für einen beliebigen Operator $O(t)$

$$i\frac{\partial}{\partial t}\langle N|O(t)|N+2\rangle = \langle N|[O,H]|N+2\rangle \begin{array}{l} = (E_{N+2}-E_N)\langle N|O(t)|N+2\rangle \\ \cong 2\mu\langle N|O(t)|N+2\rangle, \end{array} \tag{107}$$

gilt, wobei die Definition $\mu = \partial E/\partial N$ benutzt wurde.

Die folgende Gleichung ergibt sich direkt aus der Bewegungsgleichung (102) und den Definitionen von F und G:

$$\left(i\frac{\partial}{\partial t} - \frac{p^2}{2m}\right)G_{\alpha\beta}(x-x') - iVF_{\alpha\gamma}(+0)F_{\gamma\beta}^+(x-x') = \delta(x-x')\delta_{\alpha\beta}. \tag{108}$$

Dies folgt, weil der Potentialterm in (102) zusammen mit (104), unter Vernachlässigung der üblichen Hartree-Fock-Terme, die man mit μ zusammenfassen kann, folgenden Ausdruck ergibt

$$\begin{aligned} \langle T(\Psi_\gamma^+(x)\Psi_\gamma(x)\Psi_\alpha(x)\Psi_\beta^+(x'))\rangle &\cong -\langle\Psi_\alpha(x)\Psi_\gamma\rangle\langle T(\Psi_\gamma^+(x)\Psi_\beta^+(x'))\rangle \\ &= -F_{\alpha\gamma}(+0)F_{\gamma\alpha}^+(x-x'); \end{aligned} \tag{109}$$

hier ist

$$F_{\alpha\gamma}(+0) \equiv \lim_{\substack{\mathbf{x}\to\mathbf{x}' \\ t\to t'}} F_{\alpha\gamma}(x-x') = e^{2i\mu t}\langle\Psi_\alpha(x)\Psi_\gamma(x)\rangle. \tag{110}$$

Wenn (109) in (102) eingesetzt wird, erhalten wir (108).

Man beachte die Beziehung $F_{\alpha\gamma}(+0) = -F_{\gamma\alpha}(+0)$; wegen der Paarbildung der Spins ist $\alpha \neq \gamma$. Wir können die Matrix schreiben als

$$\hat{F}(+0) = J\begin{pmatrix} 0 & 1 \\ -1 & 0 \end{pmatrix} = J\hat{A}, \tag{111}$$

wobei J eine c-Zahl ist. Weiter ergibt sich aus (106)

(112) $$(F^{+}_{\alpha\beta}(\mathbf{x}-\mathbf{x}',0))^{*} = -F_{\alpha\beta}(\mathbf{x}-\mathbf{x}',0),$$

so daß wir schreiben dürfen

(113) $$\hat{F}^{+}(x-x') = \hat{A}F^{+}(x-x'); \qquad \hat{F} = -\hat{A}F(x-x');$$
$$(F^{+}(\mathbf{x}-\mathbf{x}',0))^{*} = F(\mathbf{x}-\mathbf{x}',0).$$

Wir halten fest, daß $\hat{A}^2 = -\hat{I}$ ist, wobei $\hat{I}$ die Einheitsmatrix ist.

Wir können (108) in der Matrixform schreiben:

(114) $$\left(i\frac{\partial}{\partial t} - \frac{p^2}{2m}\right)\hat{G}(x-x') - iV\hat{F}(+0)\hat{F}^{+}(x-x') = \delta(x-x')\hat{I};$$

man kann aber schnell nachweisen, daß die außerdiagonalen Komponenten von $\hat{G}$ null sind; mit

(115) $$\hat{G}_{\alpha\beta}(x-x') \equiv \delta_{\alpha\beta}G(x-x'),$$

erhalten wir damit

(116) $$\left(i\frac{\partial}{\partial t} - \frac{p^2}{2m}\right)G(x-x') + iVF(+0)F^{+}(x-x') = \delta(x-x').$$

Wenn wir Ψ^{+}_{β} von rechts auf (101) wirken lassen, erhalten wir die Gleichung

(117) $$\left(-i\frac{\partial}{\partial t} - \frac{p^2}{2m} + 2\mu\right)\hat{F}^{+}(x-x') + iV\hat{F}^{+}(+0)\hat{G}(x-x') = 0.$$

Diese vereinfacht sich zu

(118) $$\left(-i\frac{\partial}{\partial t} - \frac{p^2}{2m} + 2\mu\right)F^{+}(x-x') + iVF^{+}(+0)G(x-x') = 0.$$

Wir zerlegen (116) und (118) in Fourierkomponenten $G(\mathbf{k}\omega)$ und $F^{+}(\mathbf{k}\omega)$:

(119) $$\left(\omega - \frac{k^2}{2m}\right)G(\mathbf{k}\omega) + iVF(+0)F^{+}(\mathbf{k}\omega) = 1;$$

(120) $$\left(\omega + \frac{k^2}{2m} - 2\mu\right)F^{+}(\mathbf{k}\omega) - iVF^{+}(+0)G(\mathbf{k}\omega) = 0.$$

Mit den Abkürzungen $\omega' = \omega - \mu$; $\varepsilon_{\mathbf{k}} = (k^2/2m) - \mu$; $\Delta^2 = V^2F(+0)F^{+}(+0)$ ergeben sich die Lösungen von (119) und (120) zu

(121) $$G(\mathbf{k}\omega) = \frac{\omega' + \varepsilon_{\mathbf{k}}}{\omega'^2 - \lambda_{\mathbf{k}}^2}; \qquad F^{+}(\mathbf{k}\omega) = i\frac{VF^{+}(+0)}{\omega'^2 - \lambda_{\mathbf{k}}^2},$$

mit

(122) $$\lambda_{\mathbf{k}}^2 = \varepsilon_{\mathbf{k}}^2 + \Delta^2,$$

welches die Quasiteilchenenergie von (8.78) ist.

Die Lösung (121) für $F^+(\mathbf{k}\omega)$ muß konsistent sein mit dem Wert von $F^+(+0)$. Um dies zu untersuchen, bilden wir

$$F^+(x) = \frac{1}{(2\pi)^4}\int d^3k\, d\omega e^{i(\mathbf{k}\cdot\mathbf{x}-\omega t)}F^+(\mathbf{k}\omega), \tag{123}$$

oder, für $\mathbf{x} = 0$,

$$F^+(0t) = \frac{iVF^+(+0)}{(2\pi)^4}\int d^3k\, d\omega \frac{e^{-i\omega t}}{\omega'^2 - \lambda_\mathbf{k}^2}. \tag{124}$$

Das Integral über $d\omega$ ist, für $t \to +0$,

$$\lim_{s\to+0}\frac{1}{2\lambda_\mathbf{k}}\int_{-\infty}^{\infty} d\omega\, e^{-i\omega t}\left(\frac{1}{\omega' - \lambda_\mathbf{k} + is} - \frac{1}{\omega' + \lambda_\mathbf{k} - is}\right) = -\frac{i\pi}{\lambda_\mathbf{k}}, \tag{125}$$

wobei wir $\lambda_\mathbf{k}$ durch $\lim_{s\to+0}(\lambda_\mathbf{k} - is)$ ersetzt haben, um die Wirkung der Stöße zu beschreiben. Damit folgt

$$F^+(+0) = \frac{VF^+(+0)}{2(2\pi)^3}\int d^3k \frac{1}{\lambda_\mathbf{k}} = \tfrac{1}{2}VF^+(+0)\sum_\mathbf{k}\frac{1}{(\varepsilon_\mathbf{k} + \Delta^2)^{1/2}}, \tag{126}$$

oder

$$1 = \tfrac{1}{2}V\sum_\mathbf{k}\frac{1}{(\varepsilon_\mathbf{k} + \Delta^2)^{1/2}}. \tag{127}$$

Dies ist gerade die fundamentale BCS-Gleichung wie in (8.53).

Wir können $G(\mathbf{k}\omega)$ von (121) wie folgt umschreiben

$$G(\mathbf{k}\omega) = \frac{u_\mathbf{k}^2}{\omega' - \lambda_\mathbf{k} + is} + \frac{v_\mathbf{k}^2}{\omega' + \lambda_\mathbf{k} - is}, \tag{128}$$

wobei, wie in (8.93) und (8.94), gilt:

$$u_\mathbf{k}^2 = \tfrac{1}{2}\left(1 + \frac{\varepsilon_\mathbf{k}}{\lambda_\mathbf{k}}\right); \qquad v_\mathbf{k}^2 = \tfrac{1}{2}\left(1 - \frac{\varepsilon_\mathbf{k}}{\lambda_\mathbf{k}}\right). \tag{129}$$

Man beachte in der Gleichung

$$(\omega'^2 - \lambda_\mathbf{k}^2)F^+(\mathbf{k}\omega) = iVF^+(+0), \tag{130}$$

welche zum zweiten Teil von (121) führt, daß wir zu $F^+(\mathbf{k}\omega)$ einen Term der Form

$$B(\mathbf{k})\delta(\omega'^2 - \lambda_\mathbf{k}^2),$$

hinzufügen dürfen, wobei $B(\mathbf{k})$ beliebig ist. Dies ist gleichbedeutend mit der Addition eines beliebigen Imaginärteils zu $G(\mathbf{k}\omega)$. Mit Hilfe der Dispersionsrelation wurde dieser Anteil von Gorkov bestimmt.

Störungsentwicklung für Greenfunktionen

An diesem Punkt wird die Theorie schwierig, außer für Studenten mit Fachkenntnissen in Quantenfeldtheorie. Wir wollen lediglich die wichtigsten Ergebnisse für Fermisysteme zusammenfassen. Wir schreiben $H = H_0 + V$ und wählen H_0 so, daß man die dazugehörende Einteilchengreenfunktion explizit angeben kann. Der unitäre Operator $U(t,t')$ wurde in Kapitel 1 definiert. Wenn V bilinear in den Fermioperatoren Ψ, Ψ^+ ist, dann kann man (1.56) schreiben als

$$U(t,t') = \sum_n \frac{(-1)^n}{n!} \int_{t'}^{t} \cdots \int_{t'}^{t} dt_1 \cdots dt_n \, T\{V(t_1)V(t_2) \cdots V(t_n)\}, \tag{131}$$

wobei T der Wicksche Zeitordnungsoperator ist. Die S-Matrix ist definiert durch

$$S \equiv U(\infty, -\infty). \tag{132}$$

Wir bezeichnen mit Φ_0 den Grundzustand von H_0, der in Kapitel 1 mit $|0\rangle$ bezeichnet wurde. Wir benützen die Adiabatenhypothese, so daß sich $S\Phi_0$ nur durch einen Phasenfaktor von Φ_0 unterscheidet. Die Potentiale $V(t)$ in (131) sind im Wechselwirkungsbild gegeben.

Das erste Ergebnis (welches wir hier nicht ableiten) besagt, daß die exakte Einteilchengreenfunktion gegeben ist durch

$$G(\mathbf{k}t) = -i \frac{\langle\Phi_0|T(c_{\mathbf{k}}(t)c_{\mathbf{k}}^+(0)S)|\Phi_0\rangle}{\langle\Phi_0|S|\Phi_0\rangle}, \tag{133}$$

wobei alle Größen im Wechselwirkungsbild gegeben sind. Es ist nützlich, (131) und (133) zusammenzufassen:

$$G(\mathbf{k}t) = -\frac{i}{\langle\Phi_0|S|\Phi_0\rangle} \sum_n^{\infty} \frac{(-1)^n}{n} \int_{-\infty}^{\infty} \cdots \int_{-\infty}^{\infty} dt_1 \cdots dt_n \, \langle\Phi_0|T(c_{\mathbf{k}}(t)c_{\mathbf{k}}^+(0)V(t_1) \cdots V(t_n))|\Phi_0\rangle. \tag{134}$$

Die Berechnung des Termes n-ter Ordnung in der Störungsentwicklung wird üblicherweise mit Hilfe des Wickschen Theorems durchgeführt, das ein systematisches Reduktionsverfahren auf Produkte von Erwartungswerten darstellt, welche ein einziges c und ein einziges c^+ enthalten. Eine vollständige Diskussion wird in dem Buch von Abrikosov u.a. gegeben, das am Anfang dieses Kapitels zitiert wurde.

Aufgaben

1.) Man gebe die Ausdrücke für $G(\mathbf{x}t)$ an für ein Fermigas in einer Dimension mit einem Grundzustand, bei dem alle Einelektronenzustände bis zu k_F gefüllt und für $k > k_F$ leer. sind. Man kann das Ergebnis durch Fresnelintegrale ausdrücken.

2.) Man zeige, daß die Teilchenstromdichte in Abwesenheit eines Magnetfeldes unter Beachtung der zwei Spinorientierungen geschrieben werden kann:

$$\mathbf{j}(\mathbf{x}t) = -\frac{1}{m} \lim_{\substack{\mathbf{x}\to\mathbf{x}' \\ t\to t'+0}} (\mathrm{grad}_{\mathbf{x}'} - \mathrm{grad}_{\mathbf{x}}) G(\mathbf{x}'t'; \mathbf{x}t). \tag{135}$$

Man beachte, daß für die Teilchendichte gilt

$$n(\mathbf{x}t) = -i \lim_{\substack{\mathbf{x}\to\mathbf{x}' \\ t\to t'+0}} 2G(\mathbf{x}'t'; \mathbf{x}t). \tag{136}$$

Anhang:

Störungstheorie und das Elektronengas

In Kapitel 6 sahen wir, daß die Coulombenergie zwischen zwei Elektronen in zweiter Ordnung Störungstheorie (6.4) für kleine Impulsüberträge $\mathbf{q}$ divergiert. In diesem Anhang untersuchen wir die Situation etwas ausführlicher und besprechen die Brueckner-Technik, mit der man die Störungsreihe im Grenzfall hoher Dichten aufsummieren kann. Wir zeigen zuerst, daß die Divergenz abgeschwächt wird, aber nicht verschwindet, wenn man die Energie $\varepsilon_{ij}^{(2)}$ zweiter Ordnung über alle Elektronenpaare ij im Fermisee summiert. Wir summieren nur über unbesetzte virtuelle Zustände. Wir berechnen hier lediglich die direkten Coulombterme für Elektronenpaare mit antiparallelem Spin; der Einfachheit halber unterlassen wir weitere Hinweise auf den Spin. Die Summe ergibt, mit einem Faktor $\frac{1}{2}$ wegen doppelten Zählens.

$$
\begin{aligned}
E_2 &= m \sum_{k_1,k_2<k_F} \sum_{k_3,k_4>k_F} \frac{\langle 12|V|34\rangle\langle 34|V|12\rangle}{k_1{}^2 + k_2{}^2 - k_3{}^2 - k_4{}^2} \\
&= -m\left(\frac{4\pi e^2}{\Omega}\right)^2 \left(\frac{\Omega}{(2\pi)^3}\right)^3 \int d^3q \int d^3k_1 \int d^3k_2 \times \frac{1}{2q^4[q^2 + \mathbf{q}\cdot(\mathbf{k}_2 - \mathbf{k}_1)]}.
\end{aligned} \tag{1}
$$

Die Grenzen der Integrale in (1) sind: $k_1,\ k_2 < k_F$; $|\mathbf{k}_1 - \mathbf{q}| > k_F$; $|\mathbf{k}_2 + \mathbf{q}| > k_F$. Bei der Anwendung der Störungstheorie auf ein Vielteilchenproblem ist es vom Formalismus der zweiten Quantisierung her klar, daß besetzte Zustände nicht zu den Zwischenzuständen gezählt werden dürfen. Nun schreiben wir

$$
\mathbf{q}\cdot\mathbf{k}_1 = -qk_1\xi_1; \qquad \mathbf{q}\cdot\mathbf{k}_2 = qk_2\xi_2, \tag{2}
$$

wobei die Grenzen besagen, daß ξ_1, ξ_2 positiv sind. Wir befassen uns mit dem Verhalten des Integranten bei kleinen q, weil wir hier die Konvergenzen untersuchen wollen. Nun ist

$$
k_F{}^2 < k_1{}^2 + q^2 - 2\mathbf{k}_1\cdot\mathbf{q} = k_1{}^2 + q^2 + 2qk_1\xi_1, \tag{3}
$$

so daß für kleine q

$$
2qk_1\xi_1 > (k_F - k_1)(k_F + k_1) \approx 2k_F(k_F - k_1), \tag{4}
$$

oder

$$k_F > k_1 > k_F - q\xi_1, \tag{5}$$

und entsprechend für ξ_2. Wir benützen diese Beziehungen, die für kleine q gültig sind, um damit die Integrationsgrenzen von k_1 und k_2 auszudrücken.

Für einen Teil von (1) erhalten wir für kleine q, indem wir benützen, daß ξ_1, ξ_2 positiv sind,

$$\begin{aligned}
&\int d^3k_1 \int d^3k_2 \frac{1}{q^4[q^2 + \mathbf{q}\cdot(\mathbf{k}_2 - \mathbf{k}_1)]} \\
&= (2\pi)^2 \int_0^1 d\xi_1 \int_0^1 d\xi_2 \int_{k_F - q\xi_1}^{k_F} k_1^2\, dk_1 \\
&\qquad \int_{k_F - q\xi_2}^{k_F} k_2^2\, dk_2 \frac{1}{q^4(q^2 + qk_1\xi_1 + qk_2\xi_2)} \\
&\cong \frac{(2\pi)^2}{q^4} k_F^4 \int_0^1 d\xi_1 \int_0^1 d\xi_2 \int_{k_F - q\xi_1}^{k_F} dk_1 \int_{k_F - q\xi_2}^{k_F} dk_2 \frac{1}{qk_F\xi_1 + qk_F\xi_2} \\
&= \frac{(2\pi)^2}{q^3} k_F^3 \int_0^1 d\xi_1 \int_0^1 d\xi_2 \frac{\xi_1\xi_2}{\xi_1 + \xi_2}.
\end{aligned} \tag{6}$$

Die Integrale über ξ_1, ξ_2 sind bestimmt, so daß das Integral in (1) über d^3q für kleine q den Term $\int q^{-1}dq$ enthält, welcher logarithmisch divergiert. Damit bricht die Störungsrechnung auch in zweiter Ordnung zusammen, Wir zeigen nun, daß, wenn die Störungsrechnung in allen Ordnungen ausgeführt wird, es möglich ist, eine wichtige Klasse von Beiträgen aufzusummieren und ein nichtdivergierendes Resultat zu erhalten.

Brueckner - Methode[1])

Wir benötigen eine abgekürzte Schreibweise für die Terme in der Rayleigh-Schrödinger-Störungsentwicklung. Wir schreiben $H = H_0 + V$, wobei V die Coulomb-Wechselwirkung ist:

$$V = \tfrac{1}{2} \sum_{lm} V_{lm}; \tag{7}$$

summiert wird über alle Elektronenpaare, die als spinlos betrachtet werden. Es sei

$$\frac{1}{b} \equiv \frac{1 - P_0}{E_0 - H_0}, \tag{8}$$

---

[1]) Für alle Einzelheiten siehe den Überblick von K. A. Brueckner in *The many-body problem*, Wiley, New York, 1959.

wobei P_0 der Projektionsoperator ist. In der Form $1 - P_0$ schließt er (bei der Summation über die Zwischenzustände) Terme im ursprünglichen Zustand, der hier mit dem Index null bezeichnet ist, aus.

Zur Veranschaulichung der Schreibweise betrachten wir ein ungestörtes System, welches nur zwei Elektronen in den Zuständen $\mathbf{k}_1$, $\mathbf{k}_2$ enthält. Die Energie in erster Ordnung Störungstheorie ist

$$\varepsilon^{(1)} = \langle V \rangle = \langle 12|V_{12}|12\rangle = \langle 12|V|12\rangle, \tag{9}$$

wobei wir der Bequemlichkeit halber die Elektronenindizes bei V weggelassen haben. Die Energie in zweiter Ordnung ist

$$\begin{aligned} \varepsilon^{(2)} &= \left\langle V \frac{1}{b} V \right\rangle \\ &= \sum_{\substack{1'2' \\ 1''2''}} \langle 12|V|1''2''\rangle \left\langle 1''2'' \left| \frac{1 - P_{12}}{E_{12} - H_0} \right| 1'2' \right\rangle \langle 1'2'|V|12\rangle \\ &= \sum_{1'2'}{}' \langle 12|V|1'2'\rangle \frac{1}{E_{12} - E_{1'2'}} \langle 1'2'|V|12\rangle, \end{aligned} \tag{10}$$

wie in (6.1). Wir haben hier gestrichene Indizes für die Zwischenzustände benutzt, um Zahlen im Zusammenhang mit anderen Elektronen benützen zu können. Der Strich am Summationszeichen besagt, wie schon früher, daß die Zustände $\mathbf{k}_{1'} = \mathbf{k}_1$; $\mathbf{k}_{2'} = \mathbf{k}_2$ von der Summation ausgeschlossen sind.

Die dritte Ordnung der Energiekorrektur findet man in Standardlehrbüchern:

$$\varepsilon^{(3)} = \left\langle V \frac{1}{b} V \frac{1}{b} V \right\rangle - \left\langle V \frac{1}{b^2} V \right\rangle \langle V \rangle, \tag{11}$$

wobei der zweite Term auf der rechten Seite von der Normierungskorrektur der Wellenfunktion erster Ordnung herrührt. Der erste Term auf der rechten Seite kann ausführlich geschrieben werden als

$$\left\langle V \frac{1}{b} V \frac{1}{b} V \right\rangle = \sum_{\substack{34 \\ 56}}{}' \langle 12|V|56\rangle \frac{1}{E_{12} - E_{56}} \langle 56|V|34\rangle \frac{1}{E_{12} - E_{34}} \langle 34|V|12\rangle. \tag{12}$$

Dieser Term kann mehr als zwei Elektronen miteinander verkoppeln, wie wir sehen werden.

Zuerst betrachten wir die Form von (12), wenn nur zwei Elektronen $\mathbf{k}_1$, $\mathbf{k}_2$ anwesend sind. In jedem Beitrag zu (12) gibt es drei Matrixelemente. Für die Coulombwechselwirkung wird der Wert eines jeden Matrixelements vollständig durch den Impulsübertrag $\mathbf{q}$ beschrieben. In $\langle 1'2'|V|12\rangle$ ist der Wert von $\mathbf{q}$ durch $\mathbf{k}_1 - \mathbf{k}_{1'}$, oder $\mathbf{k}_{2'} - \mathbf{k}_2$ gegeben. Im allgemeinsten Term von (12) für zwei Elektronen besitzt jedes der drei Matrixelemente einen anderen Impulsübertrag, sagen wir $\mathbf{q}, \mathbf{q}', \mathbf{q}''$. Wir müssen aber einen gesamten Impulsübertrag null haben zwischen dem Anfangszustand $\mathbf{k}_1$ und dem Endzustand $\mathbf{k}_1$. Mit anderen Worten, es muß gelten

$$(13) \qquad (\mathbf{k}_1 - \mathbf{k}_{1'}) + (\mathbf{k}_{1'} - \mathbf{k}_{1''}) + (\mathbf{k}_{1''} - \mathbf{k}_1) = \mathbf{q} + \mathbf{q}' + \mathbf{q}'' = 0,$$

um nach den drei Streuprozessen, die in $\langle 12|V|1''2''\rangle\langle 1''2''|V|1'2'\rangle\langle 1'2'|V|12\rangle$ enthalten sind, den Ket $|12\rangle$ in den Bra $\langle 12|$ zurückzuführen.

Wir stellen die Struktur dieses Beitrages zur Energiekorrektur in der dritten Ordnung durch ein Diagramm wie in Bild 1 dar. Es gibt eine Anzahl von Möglichkeiten, Graphen zu zeichnen, um die Störungstheorie bildlich darzustellen; die in diesem Anhang verwendeten Graphen sind verschieden von den Goldstone-Diagrammen, die in Kapitel 6 verwendet wurden. Vorläufig stellen wir alle Elektronen als durchgezogene Linien dar, die im Graphen von rechts nach links verlaufen, mit Wechselwirkungen entsprechend der Reihenfolge der Terme in (12) oder ähnlichen Störungsentwicklungen. Die Wechselwirkungen werden gestrichelt gezeichnet und der beim Stoß übertragene Impuls als Index angeschrieben. Man beachte, daß die durchgezogenen Linien des Graphen im Stoßbereich nicht gekrümmt sind - es wird nicht versucht, Streuwinkel anzudeuten.

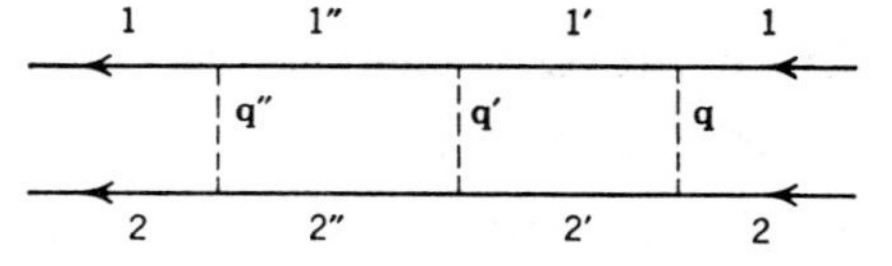

Bild 1: Graph für eine Energiekorrektur dritter Ordnung, der zwei Elektronen enthält.

Wenn mehr als zwei Elektronen vorhanden sind, gibt es auch andere Typen von Graphen. Man betrachte die Terme mit den drei Elektronen 1, 2, 3; dann gibt

$$(14) \qquad V_{12} + V_{13} + V_{23}$$

die Summe der drei Zweiteilchenwechselwirkungen. Die Entwicklung von $\left\langle V \frac{1}{b} V \frac{1}{b} V \right\rangle$ ist nun komplizierter. Der Graph in Bild 1 besitzt zwei Elektronen in den Anfangszustände 1 und 2. Der Graph in Bild 2 hat drei Elektronen in den Anfangszuständen 1, 2, 3. Wir bezeichnen die Zwischenzustände mit 1', 2', 3. Der Energieterm, der dem Graphen in Bild 2 entspricht, hat die Form

$$(15) \qquad \langle 13|V_{13}|1'3'\rangle \frac{1}{E_{13} - E_{1'3'}} \langle 3'2|V_{23}|32'\rangle \frac{1}{E_{12} - E_{1'2'}} \langle 1'2'|V_{12}|12\rangle.$$

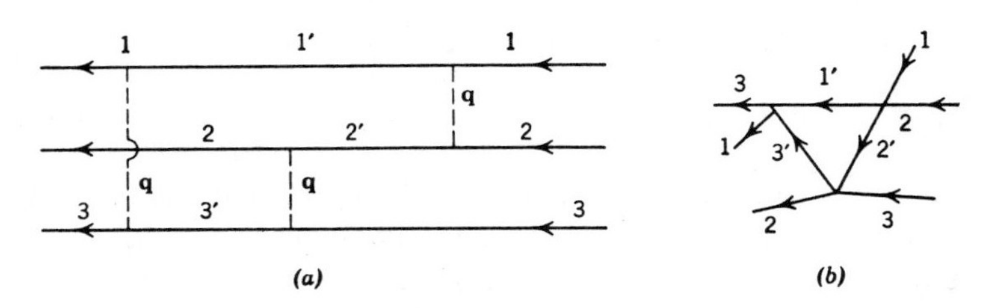

Bild 2: (*a*) Graph für eine Energiekorrektur dritter Ordnung, der drei Elektronen enthält. Diesen speziellen Graphen nennt man einen Ringgraphen; er ist äquivalent zu dem Graphen (b), der in einer etwas abgeänderten Weise gezeichnet wurde, um die Ringstruktur hervorzuheben. Der Impulsübertrag muß bei allen Vertizes in einem Ringgraphen derselbe sein, andernfalls würden nicht alle Elektronen in ihre ursprünglichen Zustände zurückkehren.

Dieser Term ist in dem Sinne zusammenhängend, daß das Diagramm nicht in zwei Teile gespalten werden kann, ohne eine Wechselwirkungslinie zwischen den Teilen. Dieses spezielle Diagramm ist ein Sonderfall eines zusammenhängenden Graphen, den man Ringgraphen nennt. Ein Ringgraph ist ein Graph, bei dem an jedem Vertex ein neues Teilchen hereinkommt und ein altes Teilchen wegläuft, außer bei den Anfangs- und Endvertizes. In einem Ringgraphen sind die Impulsänderungen an allen Vertizes gleich.

Die Struktur der Störungstheorie fordert, daß alle Energieterme so aufgebaut sind, daß die Teilchen in ihre ursprünglichen Zustände zurückkehren. In dritter Ordnung haben wir neben den Termen, die den Bildern 1 und 2 entsprechen, auch Beiträge der Form

$$\langle 12|V_{12}|1'2'\rangle \frac{1}{E_{12}-E_{1'2'}} \langle 32'|V_{23}|32'\rangle \frac{1}{E_{12}-E_{1'2'}} \langle 1'2'|V_{12}|12\rangle, \tag{16}$$

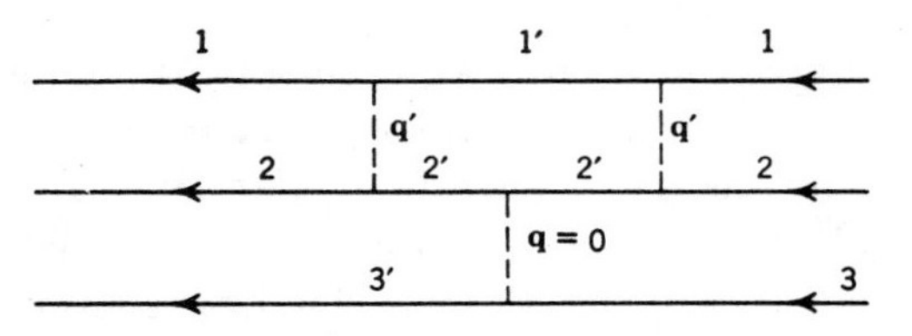

Bild 3: Vorwärtsstreuung durch ein nichtangeregtes Teilchen.

welche in Bild 3 dargestellt sind. In der Coulombwechselwirkung ist kein Term mit $\mathbf{q} = 0$ vorhanden, deshalb ist $\langle 32'|V_{23}|32'\rangle = 0$, und dieser Prozeß trägt nicht zu der Energie bei. Im allgemeinen gibt dieser Term jedoch einen Beitrag! Man bezeichnet die Streuung von 2′ durch 3 als Vorwärtsstreuung eines nichtangeregten Teilchens, wenn 3 innerhalb des Fermisees liegt.

In dritter Ordnung gibt es Terme von der Art

$$\langle 12|V_{12}|1'2'\rangle \frac{1}{E_{12}-E_{1'2'}} \langle 34|V_{34}|34\rangle \frac{1}{E_{12}-E_{1'2'}} \langle 1'2'|V_{12}|12\rangle, \tag{17}$$

die vier Elektronen enthalten, wie in Bild 4 gezeigt wird. Man nennt diesen Graphen einen nichtzusammenhängenden Graphen, weil er in zwei nicht miteinander wechselwirkende Teile zerlegt werden kann.

Im Fall der Coulombwechselwirkung verschwindet $\langle 34|V_{34}|34\rangle$, jedoch verschwindet der Beitrag (17) auch aus einem viel allgemeineren Grund: der Term $-\left\langle V\frac{1}{b^2}V\right\rangle\langle V\rangle$ auf der rechten Seite des Ausdrucks (11) für die Energie dritter Ordnung hebt sich genau gegen den nichtzusammenhängenden Term (17) weg, da wir schreiben können

$$\begin{aligned} &-\left\langle V\frac{1}{b^2}V\right\rangle\langle V\rangle \\ &= -\langle 12|V_{12}|1'2'\rangle \frac{1}{(E_{12}-E_{1'2'})^2} \langle 1'2'|V_{12}|12\rangle\langle 34|V_{34}|23\rangle. \end{aligned} \tag{18}$$

Goldstone hat ganz allgemein gezeigt, daß sich die nichtzusammenhängenden Graphen immer, in jeder Ordnung Störungstheorie, wegheben; der Beweis wird in Kapitel 6 gegeben.

Wir können uns daher bei unseren Rechnungen auf zusammenhängende Graphen beschränken. Es gibt nun im Fall des Elektronengases eine weitere, allerdings nur näherungsweise richtige Vereinfachung für große Dichten ($r_s < 1$). Bei großen Dichten dominieren die Ringgraphen; für kleine $\mathbf{q}$ sind sie auch in jeder Ordnung Störungstheorie divergent, wie wir explizit für die Energiekorrektur in zweiter Ordnung sahen, welche einem Ringgraphen entspricht. Die wichtigste Eigenschaft der Ringgraphen ist nun, daß man alle Ordnungen aufsummieren kann und eine, auch für kleine $\mathbf{q}$ konvergente Summe erhält. Wenn wir die Summation ausführen, erhalten wir die Korrelationsenergie im Grenzfall großer Dichte. Wir haben zu beachten, daß die kinetische Energie dominiert für $r_s \to 0$, weil bei zunehmender Dichte die kinetische Form schneller zunimmt als die Coulombenergie.

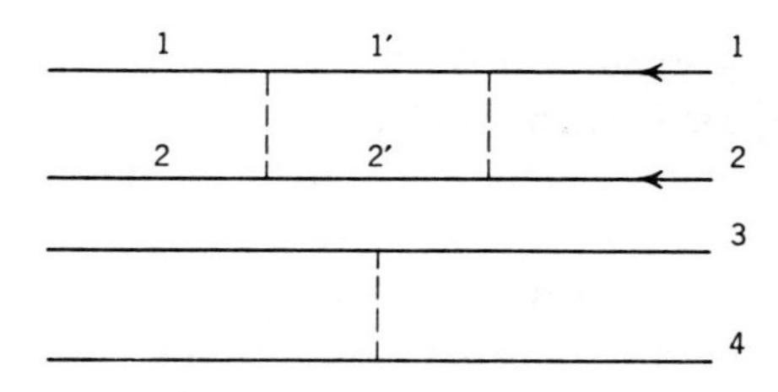

Bild 4: Ein nicht verbundener Graph; der Teil 3,4 ist mit dem Teil 1,2 nicht verbunden.

Der Grund für die dominierende Rolle der Ringgraphen bei großen Dichten kann mit Hilfe eines Beispiels verstanden werden. Wir wollen die Dichteabhängigkeit aller Terme dritter Ordnung von der in Bild 1 angegebenen Form mit denen in Bild 2 vergleichen, welche Ringstruktur besitzen. In beiden Fällen handle es sich um ein System von N Elektronen in einem Volumen Ω. In Bild 2 ist die Zahl der Möglichkeiten, die einfallenden Teilchen zu wählen, gleich N^3 und die Zahl der Möglichkeiten $\mathbf{q}$ zu wählen proportional Ω. In Bild 1 gibt es N^2-Möglichkeiten, die einlaufenden Teilchen herauszugreifen, jedoch sind $\mathbf{q}$ und $\mathbf{q}'$ unabhängig und können daher auf Ω^2 verschiedene Weisen gewählt werden. Damit erhält man für das Verhältnis der Zahl der Terme von Bild 1 zu der von Bild 2 gerade $\Omega/N \propto r_s{}^3$, so daß für $r_s \rightarrow 0$ die Ringgraphen dominieren.

Der Beitrag der Ringgraphen dritter Ordnung zur Korrelationsenergie eines Fermigases ist, unter Benutzung von (15),

$$(19) \qquad E_3 = \sum_{1,2,3<k_F} \sum_{1',2',3'>k_F} 2m^2 \frac{\langle 13|V|1'3'\rangle\langle 3'2|V|32'\rangle\langle 1'2'|V|12\rangle}{(k_1{}^2 + k_3{}^2 - k_{1'}{}^2 - k_{3'}{}^2)(k_1{}^2 + k_2{}^2 - k_{1'}{}^2 - k_{2'}{}^2)}$$

multipliziert mit der Zahl der äquivalenten Graphen, welche zwei ist in dritter Ordnung. Damit ist

$$(20) \qquad E_3 = 4m^2 \left(\frac{4\pi e^2}{\Omega}\right)^3 \left(\frac{\Omega}{(2\pi)^3}\right)^4 \int d^3q \int d^3k_1 \int d^3k_2 \int d^3k_3 \cdot \frac{1}{q^6} \cdot \frac{1}{q^2 + \mathbf{q}\cdot(\mathbf{k}_2 - \mathbf{k}_1)} \cdot \frac{1}{q^2 + \mathbf{q}\cdot(\mathbf{k}_3 - \mathbf{k}_1)},$$

wobei $k_1 < k_F$ und $|\mathbf{k}_1 + \mathbf{q}| > k_F$ ist und entsprechend für k_2 und k_3. Wenn wir der Argumentation von Gl. (6) folgen, ergibt sich für das Integral über q im Grenzfall kleiner $\mathbf{q}$

$$(21) \qquad E_3 \sim \int \frac{d^3q}{q^5} \sim \int \frac{dq}{q^3},$$

was für kleine q quadratisch divergiert.

Gell-Mann und Brueckner [*Phys. Rev.* **106**, 364 (1957)] haben die Form des Beitrages E_n der Ringdiagramme n-ter Ordnung bestimmt und gezeigt, daß man die Beiträge der Ringdiagramme aller Ordnungen aufsummieren kann. Wir wollen ihre Rechnungen hier nicht wiederholen, wir wollen aber schematisch zeigen, wie man eine unendliche Reihe von divergenten Gliedern aufsummieren kann, um ein konvergentes Resultat zu erhalten.

Wir wollen annehmen, daß E_n durch das divergente Integral gegeben ist:

$$E_n = \frac{(-1)^n r_s^{n-2}}{n} \int_0^\infty \frac{dq}{q^{2n-3}}, \tag{22}$$

welches korrekt ist bezüglich des wichtigen Exponenten. Dann ist der direkte Beitrag zur Korrelationsenergie E_c

$$\begin{aligned} E_c &= \sum_{n=2}^{\infty} E_n = \int_0^\infty dq \sum_{n=2}^{\infty} \frac{(-1)^n r_s^{n-2}}{n q^{2n-3}} \\ &= \frac{1}{r_s^2} \int_0^\infty dq\, q^3 \sum_{n=2}^{\infty} \frac{(-1)^n}{n} \left(\frac{r_s}{q^2}\right)^n, \end{aligned} \tag{23}$$

wobei

$$\sum_{n=2}^{\infty} = \frac{r_s}{q^2} - \log\left(1 + \frac{r_s}{q^2}\right). \tag{24}$$

Das Integral $r_s \int dq\, q$ ist konvergent an der unteren Grenze; weiter ist

$$\begin{aligned} \int dq \cdot q^3 \cdot \log\left(1 + \frac{r_s}{q^2}\right) = \int dq \cdot q^3 \log(q^2 + r_s) \\ - 2 \int dq \cdot q^3 \cdot \log q \end{aligned} \tag{25}$$

aus zwei Teile zusammengesetzt, wobei jeder für $q \to 0$ konvergent ist, wegen $\lim_{x \to 0} x^m \log x = 0$, für $m > 0$.

Wir haben gezeigt, daß die Ringgraphen aufsummiert werden können, wir müssen aber noch zeigen, weshalb die Ringgraphen für eine Coulombwechselwirkung bei $r_s \to 0$ in jeder Ordnung Störungstheorie die wichtigsten Graphen sind. Der Grund ist einfach: In einem Ringgraphen gibt jeder Vertex V einen Beitrag $1/q^2$, so daß die Vertizes in n-ter Ordnung $1/q^{2n}$ ergeben. Für kleine q ist diese Divergenz stärker als die Divergenz von irgendeinem anderen Graphen derselben Ordnung, weil in keinem anderen Graphen jeder Vertex den gleichen Faktor $1/q^2$ liefert. Der Graph von Bild 1 liefert z.B. zum Integranten von $\varepsilon^{(3)}$ Beiträge der Form

$$\frac{1}{q^2} \cdot \frac{1}{q'^2} \cdot \frac{1}{(\mathbf{q} + \mathbf{q}')^2},$$

die nur wie q^{-2} gegen Unendlich gehen, wenn $q \to 0$ geht, unabhängig von q'. Der Ringgraph liefert einen entsprechenden Beitrag von der Form $1/q^6$. Eine ausführliche Untersuchung aller anderen Integrale, einschließlich der Austauschintegrale, zeigt, daß für alle Graphen, mit Ausnahme der Ringgraphen, r_s als Vorfaktor erscheint, so daß für $r_s \to 0$ die Ringgraphen dominierend sind.

Es gibt auch Austauschbeiträge zur Korrelationsenergie. Wenn eine Austauschwechselwirkung auftritt an Stelle einer direkten Wechselwirkung, dann hat man $1/q^2$ zu ersetzen durch

$$\frac{1}{(\mathbf{q}+\mathbf{k}_1-\mathbf{k}_2)^2};$$

dieser Ausdruck bleibt für $q \to 0$ regulär. Diese Abänderung sieht man am besten dadurch ein, daß man das direkte Matrixelement

$$\langle 1'2'|V|12\rangle = \frac{1}{\Omega^2}\int d^3x\, d^3y\, V(\mathbf{x}-\mathbf{y})e^{-i\mathbf{q}\cdot(\mathbf{x}-\mathbf{y})} \propto 1/q^2 \tag{26}$$

mit dem Austauschmatrixelement

$$\begin{aligned}\langle 2'1'|V|12\rangle &= \frac{1}{\Omega^2}\int d^3x\, d^3y\, e^{-i(\mathbf{k}_2-\mathbf{q})\cdot\mathbf{x}}e^{-i(\mathbf{k}_1+\mathbf{q})\cdot\mathbf{y}}V(\mathbf{x}-\mathbf{y}) \times e^{i\mathbf{k}_1\cdot\mathbf{x}}e^{i\mathbf{k}_2\cdot\mathbf{y}} \\ &= \frac{1}{\Omega^2}\int d^3x\, d^3y\, V(\mathbf{x}-\mathbf{y})e^{i(\mathbf{k}_1-\mathbf{k}_2+\mathbf{q})\cdot(\mathbf{x}-\mathbf{y})} \propto \frac{1}{(\mathbf{q}+\mathbf{k}_1-\mathbf{k}_2)^2}\end{aligned} \tag{27}$$

vergleicht.

Anhang: Lösungen der Aufgaben

Kapitel 1

1. $\int d^3k\, e^{i\mathbf{k}\cdot\mathbf{r}} = \int_0^{k_F} k^2\, dk\, d\Omega\, e^{ikr\cos\theta}$

$$= 2\pi \int_0^{k_F} k^2\, dk \frac{e^{ikr} - e^{-ikr}}{ikr}$$

$$= \frac{2\pi}{ir} \int_0^{k_F} k\, dk (e^{ikr} - e^{-ikr})$$

$$= \frac{4\pi}{r} \left\{ -\frac{k}{r} \cos kr \Big|_0^{k_F} + \frac{1}{r} \int_0^{k_F} \cos kr\, dk \right\}$$

$$= \frac{4\pi}{r} \left\{ -\frac{k_F}{r} \cos k_F r + \frac{1}{r^2} \sin k_F r \right\}$$

$$= \frac{4\pi \{\sin k_F r - k_F r \cos k_F r\}}{r^3}$$

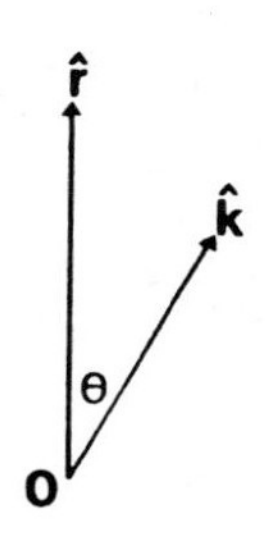

Bild 1.1: Richtung der Integrationsvariablen $\mathbf{k}$ in bezug auf $\hat{r}$.

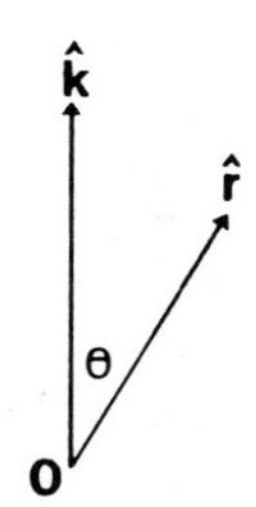

Bild 1.2: Richtung der Integrationsvariablen $\mathbf{r}$ in bezug auf $\hat{\mathbf{k}}$.

2.

$$I = \int d^3x\, e^{i\mathbf{k}\cdot\mathbf{r}} \frac{x_k}{r^3} = 2\pi \int r^2\, dr \sin\theta\, d\theta\, e^{irk\cos\theta} \frac{\cos\theta}{r^2}$$

$$= 2\pi \int_0^\infty dr \int_{-1}^{1} d\mu\, \mu e^{ikr\mu}, \qquad \mu = \cos\theta$$

$$= 2\pi \int_0^\infty dr \left[\frac{\mu}{ikr} e^{ikr\mu}\Big|_{-1}^{1} - \frac{1}{ikr} \int_{-1}^{1} e^{ikr\mu}\, d\mu \right]$$

$$= 2\pi \int_0^\infty dr \left\{ \frac{2\cos kr}{ikr} - \frac{2}{ik^2r^2} \sin kr \right\}$$

$$= 4\pi \left\{ \int_0^\infty dr \frac{\cos kr}{ikr} - \frac{1}{ik^2} \int_0^\infty \frac{dr}{r^2} \sin kr \right\}$$

$$\int_0^\infty \frac{dr}{r^2} \sin kr = -\frac{1}{r} \sin kr \Big|_0^\infty + k \int_0^\infty \frac{\cos kr}{r}\, dr.$$

$$I = 4\pi \left\{ \int_0^\infty dr \frac{\cos kr}{ikr} - \frac{1}{ik} \int_0^\infty \frac{\cos kr}{r}\, dr + \frac{1}{irk^2} \sin kr \Big|_0^\infty \right\}$$

$$= 4\pi \left(- \frac{kr}{ik^2r} \right),$$

$$= \frac{4\pi i}{k}.$$

die Reihenentwicklung von sin kr für kleine kr wird verwendet.

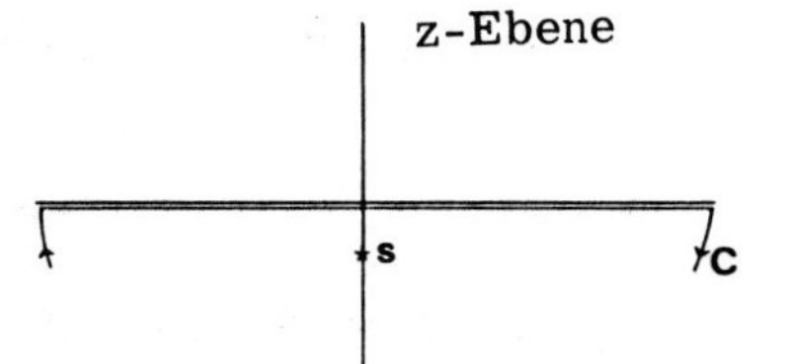

Bild 1.3: Der Integrationsweg c.

3. $$\theta(t) = \lim_{s\to 0^+} \frac{i}{2\pi} \int_{-\infty}^{\infty} dx \frac{e^{-ixt}}{x+is}.$$

Man betrachte:

$$\oint_c \frac{e^{-izt}}{z+is}\, dz$$

$t > 0$, der Integrationsweg c ist ein geschlossener großer Kreis in der unteren Halbebene (Bild 1.3).

$$\oint_c \frac{e^{-izt}}{z+is}\,dz = \int_{-\infty}^{\infty} dx\,\frac{e^{-ixt}}{x+is} + \int_{\cup} \frac{e^{-izt}}{z+is}\,dz$$

$$= -2\pi i e^{st} \underset{s\to 0^+}{=} -2\pi i,$$

wobei

$$\int_{\cup} \frac{e^{-izt}}{z+is}\,dz \le \left|\int_0^{\pi} e^{-rt\sin\theta}\,d\theta\right| \le \left|2\int_0^{\pi/2} e^{-rt2\theta/\pi}\,d\theta\right|$$

$$\underset{r\to\infty}{=} 2\left(\frac{\pi}{2rt}\right)(1-e^{-rt}) \to 0.$$

$t<0$, wir haben den Integrationsweg in der oberen Halbebene zu schließen.

$$\oint_c \frac{e^{-izt}}{z+is}\,dz = \int_{-\infty}^{\infty} dx\,\frac{1}{x+is}\,e^{-ixt} + \int_{\cap} \frac{1}{z+is}\,e^{-izt}\,dz = 0.$$

Es ist leicht zu zeigen, daß $\int_{\cap} \frac{e^{-izt}}{z+is}\,dz \to 0$, somit ist

$$\theta(t) = 1 \qquad t>0,$$
$$= 0 \qquad t<0.$$

4. (a) $[e^{-i\mathbf{k}\cdot\mathbf{x}}, \mathbf{p}]\psi = e^{-i\mathbf{k}\cdot\mathbf{x}}\mathbf{p}\psi - \mathbf{p}(e^{-i\mathbf{k}\cdot\mathbf{x}}\psi)$

$$= e^{-i\mathbf{k}\cdot\mathbf{x}}\mathbf{p}\psi + \hbar\mathbf{k}e^{-i\mathbf{k}\cdot\mathbf{x}}\psi$$
$$- e^{-i\mathbf{k}\cdot\mathbf{x}}\mathbf{p}\psi = \hbar\mathbf{k}e^{-i\mathbf{k}\cdot\mathbf{x}}\psi.$$

ψ ist beliebig, $[e^{-i\mathbf{k}\cdot\mathbf{x}}, \mathbf{p}] = \hbar\mathbf{k}e^{-i\mathbf{k}\cdot\mathbf{x}}$.

(b) $[e^{-i\mathbf{k}\cdot\mathbf{x}}, p^2]\psi = e^{-i\mathbf{k}\cdot\mathbf{x}}p^2\psi - p^2(e^{-i\mathbf{k}\cdot\mathbf{x}}\psi)$

$$= e^{-i\mathbf{k}\cdot\mathbf{x}}p^2\psi - \mathbf{p}\cdot(-\hbar\mathbf{k}e^{-i\mathbf{k}\cdot\mathbf{x}}\psi + e^{-i\mathbf{k}\cdot\mathbf{x}}\mathbf{p}\psi)$$
$$= e^{-i\mathbf{k}\cdot\mathbf{x}}p^2\psi - \{(-\hbar\mathbf{k})\cdot(-\hbar\mathbf{k})e^{-i\mathbf{k}\cdot\mathbf{x}}\psi$$
$$-2\hbar\mathbf{k}e^{-i\mathbf{k}\cdot\mathbf{x}}\cdot\mathbf{p}\psi + e^{-i\mathbf{k}\cdot\mathbf{x}}p^2\psi\}$$
$$= e^{-i\mathbf{k}\cdot\mathbf{x}}\{2\hbar\mathbf{k}\cdot\mathbf{p} - (\hbar^2k^2)\}\psi.$$

$$[e^{-i\mathbf{k}\cdot\mathbf{x}}, p^2] = e^{-i\mathbf{k}\cdot\mathbf{x}}(2\hbar\mathbf{k}\cdot\mathbf{p} - \hbar^2k^2).$$

Kapitel 2

1. $$i\hbar\dot{\psi} = [\psi, H].$$

$$H = \int\left[\frac{1}{2\rho}\pi^2 + \frac{1}{2}T\left(\frac{d\psi}{dx}\right)^2\right]dx.$$

$$[\psi, H] = \left[\psi, \int\left[\frac{1}{2\rho}\pi^2 + \frac{1}{2}T\left(\frac{d\psi}{\partial x'}\right)^2\right]dx'\right] = \left[\psi, \int\frac{1}{2\rho}\pi^2 dx'\right]$$

$$= \int\left[\psi, \frac{1}{2\rho}\pi\right]\pi\, dx' + \frac{1}{2\rho}\int\pi[\psi, \pi]\, dx'$$

$$= \frac{i\hbar}{2\rho}\pi(x) + \frac{i\hbar}{2\rho}\pi(x) = \frac{i\hbar}{\rho}\pi(x).$$

$$\dot{\psi} = \frac{1}{\rho}\pi.$$

2. $$i\hbar\dot{\pi} = [\pi, H] = \left[\pi, \int\left\{\frac{1}{2\rho}\pi^2 + \frac{1}{2}T\left(\frac{\partial\psi}{\partial x'}\right)^2\right\}dx'\right]$$

$$= \frac{T}{2}\int\left[\pi, \frac{\partial\psi}{\partial x'}\right]\frac{\partial\psi}{\partial x'}dx' + \frac{T}{2}\int\left(\frac{\partial\psi}{\partial x'}\right)\left[\pi, \frac{\partial\psi}{\partial x'}\right]dx'$$

$$= \frac{T}{2}\int\left\{\frac{\partial}{\partial x'}[\pi, \psi]\right\}\frac{\partial\psi}{\partial x'}dx' + \frac{T}{2}\int\left(\frac{\partial\psi}{\partial x'}\right)\frac{\partial}{\partial x'}[\pi, \psi]\, dx'$$

$$= \frac{T}{2}i\hbar\frac{\partial^2\psi}{\partial x^2} + \frac{T}{2}i\hbar\frac{\partial^2\psi}{\partial x^2} = i\hbar T\frac{\partial^2\psi}{\partial x^2}.$$

$$\dot{\pi} = T\frac{\partial^2\psi}{\partial x^2}.$$

Aus

$$\ddot{\psi} = \frac{\dot{\pi}}{\rho},$$

erhält man: $$\ddot{\psi} = \frac{T}{\rho}\frac{\partial^2\psi}{\partial x^2}.$$

4. $$E=\sum_{\mathbf{q}}\hbar\omega_{\mathbf{q}}\frac{1}{e^{\beta\hbar\omega_{\mathbf{q}}}-1}=\frac{V}{(2\pi)^3}\int q^2\,dq\,d\Omega\frac{\hbar\omega_{\mathbf{q}}}{e^{\beta\hbar\omega_{\mathbf{q}}}-1}.$$

Es gibt drei akustische Moden, so daß

$$E=\frac{V}{(2\pi)^3}\cdot 4\pi\frac{1}{v_l^3}\int\frac{\hbar\omega^3\,d\omega}{e^{\beta\hbar\omega}-1}+\frac{V}{(2\pi)^3}\cdot 4\pi\cdot\frac{2}{v_t^3}\int\frac{\hbar\omega^3\,d\omega}{e^{\beta\hbar\omega}-1}$$

$$=\frac{V}{2\pi^2}\frac{\hbar}{v_l^3}\left(\frac{1}{\hbar\beta}\right)^4\int_0^{X_D}\frac{x^3\,dx}{e^x-1}+\frac{V}{2\pi^2}\frac{2\hbar}{v_t^3}\left(\frac{1}{\hbar\beta}\right)^4\int_0^{X_D}\frac{x^3\,dx}{e^x-1}$$

$x=\hbar\omega\beta$ und $X_D=\hbar\omega_D\beta$

$$=\frac{V}{2\pi^2}(k_BT)^4\left\{\frac{1}{\hbar^3v_l^3}+\frac{2}{\hbar^3v_t^3}\right\}\int_0^{X_D}\frac{x^3\,dx}{e^x-1}.$$

Man verwende:

$$k_B\theta_l=\hbar v_l(6\pi^2n)^{1/3}\text{ und }k_B\theta_t=\hbar v_t(6\pi^2n)^{1/3},$$

$$\varepsilon=\frac{E}{V}=\frac{1}{2\pi^2}(k_BT^4)\left\{\frac{6\pi^2n}{k_B^3\theta_l^3}+\frac{6\pi^2n\times 2}{k_B^3\theta_t^3}\right\}\int_0^{X_D}\frac{x^3\,dx}{e^x-1}$$

$$=\frac{k_B}{2\pi^2}T^4 6\pi^2n\frac{3}{\theta^3}\int_0^{X_D}\frac{x^3\,dx}{e^x-1},\qquad\frac{3}{\theta^3}=\frac{1}{\theta_l^3}+\frac{2}{\theta_t^3}.$$

$$\int_0^{X_D}\frac{x^3\,dx}{e^x-1}\underset{T\ll\theta_D}{=}\int_0^{\infty}\frac{x^3\,dx}{e^x-1}=\frac{\pi^4}{15},\qquad k_B\theta_D=\hbar\omega_D.$$

$$\varepsilon=\frac{3nk_B\pi^4}{5\theta^3}T^4.$$

$$C_v=\frac{\partial\varepsilon}{\partial T}=\frac{12\pi^4nk_B}{5\theta^3}T^3.$$

5. $$H_{\mathbf{k}}=\omega_0\left(a_{\mathbf{k}}^{\dagger}a_{\mathbf{k}}+a_{-\mathbf{k}}^{\dagger}a_{-\mathbf{k}}\right)+\omega_1\left(a_{\mathbf{k}}a_{-\mathbf{k}}+a_{-\mathbf{k}}^{\dagger}a_{\mathbf{k}}^{\dagger}\right).$$

$$a_{\mathbf{k}}=u_{\mathbf{k}}\alpha_{\mathbf{k}}+v_{\mathbf{k}}\alpha_{-\mathbf{k}}^{\dagger},\qquad a_{\mathbf{k}}^{\dagger}=u_{\mathbf{k}}\alpha_{\mathbf{k}}^{\dagger}+v_{\mathbf{k}}\alpha_{-\mathbf{k}}.$$

(a) Man muß zeigen, daß $[\alpha_k^{\dagger},H]=-\lambda\alpha_{\mathbf{k}}^{\dagger}$ und $[\alpha_k,H]=\lambda\alpha_{\mathbf{k}}$. Aus Gl. (95) folgt

$$[\alpha_k^\dagger, H] = u_{\mathbf{k}}(-\omega_0 a_{\mathbf{k}}^\dagger - \omega_1 a_{-\mathbf{k}}) - v_{\mathbf{k}}(\omega_0 a_{-\mathbf{k}} + \omega_1 a_{\mathbf{k}}^\dagger)$$

$$= u_{\mathbf{k}}\{-\omega_0(u_{\mathbf{k}}\alpha_{\mathbf{k}}^\dagger + v_{\mathbf{k}}\alpha_{-\mathbf{k}}) - \omega_1(u_{\mathbf{k}}\alpha_{-\mathbf{k}} + v_{\mathbf{k}}\alpha_{\mathbf{k}}^\dagger)\}$$

$$-v_{\mathbf{k}}\{\omega_0(u_{\mathbf{k}}\alpha_{-\mathbf{k}} + v_{\mathbf{k}}\alpha_{\mathbf{k}}^\dagger) + \omega_1(u_{\mathbf{k}}\alpha_{\mathbf{k}}^\dagger + v_{\mathbf{k}}\alpha_{-\mathbf{k}})\}$$

$$= -\omega_0(u_{\mathbf{k}}^2 + v_{\mathbf{k}}^2)\alpha_{\mathbf{k}}^\dagger - 2u_{\mathbf{k}}v_{\mathbf{k}}\omega_0\alpha_{-\mathbf{k}}$$

$$-\omega_1(u_{\mathbf{k}}^2 + v_{\mathbf{k}}^2)\alpha_{-\mathbf{k}} - 2\omega_1 u_{\mathbf{k}}v_{\mathbf{k}}\alpha_{\mathbf{k}}^\dagger$$

$$= \cosh 2\chi_{\mathbf{k}}\{-\omega_0 - \omega_1 \tanh 2\chi_{\mathbf{k}}\}\alpha_{\mathbf{k}}^\dagger$$

$$-\cosh 2\chi_{\mathbf{k}}\{\omega_1 + \omega_0 \tanh 2\chi_{\mathbf{k}}\}\alpha_{-\mathbf{k}}.$$

Es gilt aber

$$-\omega_0 - \omega_1 \tanh 2\chi_{\mathbf{k}} = -(\varepsilon_{\mathbf{k}} + NV_{\mathbf{k}}) + \frac{(NV_{\mathbf{k}})^2}{\varepsilon_{\mathbf{k}} + NV_{\mathbf{k}}}$$

$$= -\frac{\varepsilon_{\mathbf{k}}^2 + 2\varepsilon_{\mathbf{k}} NV_{\mathbf{k}}}{\varepsilon_{\mathbf{k}} + NV_{\mathbf{k}}}.$$

$$\omega_1 + \omega_0 \tanh 2\chi_{\mathbf{k}} = NV_{\mathbf{k}} - \frac{(\varepsilon_{\mathbf{k}} + NV_{\mathbf{k}})NV_{\mathbf{k}}}{\varepsilon_{\mathbf{k}} + NV_{\mathbf{k}}} = 0.$$

$$[\alpha_{\mathbf{k}}^\dagger, H] = -\cosh 2\chi_{\mathbf{k}}\left\{\frac{\varepsilon_{\mathbf{k}}^2 + 2\varepsilon_{\mathbf{k}} NV_{\mathbf{k}}}{\varepsilon_{\mathbf{k}} + NV_{\mathbf{k}}}\right\}\alpha_{\mathbf{k}}^\dagger = -\lambda\alpha_{\mathbf{k}}^\dagger.$$

Nach dem gleichen Schema erhält man für

$$[\alpha, H] = \cosh 2\chi_{\mathbf{k}}\left\{\frac{\varepsilon_{\mathbf{k}}^2 + 2\varepsilon_{\mathbf{k}} NV_{\mathbf{k}}}{\varepsilon_{\mathbf{k}} + NV_{\mathbf{k}}}\right\}\alpha_{\mathbf{k}} = \lambda\alpha_{\mathbf{k}}.$$

(b) $a_{\mathbf{k}}^\dagger a_{\mathbf{k}} = (u_{\mathbf{k}}\alpha_{\mathbf{k}}^\dagger + v_{\mathbf{k}}\alpha_{-\mathbf{k}})(u_{\mathbf{k}}\alpha_{\mathbf{k}} + v_{\mathbf{k}}\alpha_{-\mathbf{k}}^\dagger)$

$$= u_{\mathbf{k}}^2\alpha_{\mathbf{k}}^\dagger\alpha_{\mathbf{k}} + u_{\mathbf{k}}v_{\mathbf{k}}\alpha_{\mathbf{k}}^\dagger\alpha_{-\mathbf{k}}^\dagger + u_{\mathbf{k}}v_{\mathbf{k}}\alpha_{-\mathbf{k}}\alpha_{\mathbf{k}} + v_{\mathbf{k}}^2\alpha_{-\mathbf{k}}\alpha_{-\mathbf{k}}^\dagger$$

$$= u_{\mathbf{k}}^2\alpha_{\mathbf{k}}^\dagger\alpha_{\mathbf{k}} + u_{\mathbf{k}}v_{\mathbf{k}}(\alpha_{\mathbf{k}}^\dagger\alpha_{-\mathbf{k}}^\dagger + \alpha_{-\mathbf{k}}\alpha_{\mathbf{k}})$$

$$+ v_{\mathbf{k}}^2(1 + \alpha_{-\mathbf{k}}^\dagger\alpha_{-\mathbf{k}})$$

$$= u_{\mathbf{k}}^2\alpha_{\mathbf{k}}^\dagger\alpha_{\mathbf{k}} + v_{\mathbf{k}}^2 + v_{\mathbf{k}}^2\alpha_{-\mathbf{k}}^\dagger\alpha_{-\mathbf{k}}$$

$$+ u_{\mathbf{k}}v_{\mathbf{k}}(\alpha_{\mathbf{k}}^\dagger\alpha_{-\mathbf{k}}^\dagger + \alpha_{-\mathbf{k}}\alpha_{\mathbf{k}}).$$

(c) $\alpha_{\mathbf{k}}\Phi_0 = 0.$

$$\langle a_{\mathbf{k}}^\dagger a_{\mathbf{k}}\rangle_0 = \langle\Phi_0|a_{\mathbf{k}}^\dagger a_{\mathbf{k}}|\Phi_0\rangle = \langle\Phi_0|v_{\mathbf{k}}^2 + u_{\mathbf{k}}v_{\mathbf{k}}\alpha_{\mathbf{k}}^\dagger\alpha_{-\mathbf{k}}^\dagger|\Phi_0\rangle.$$

Weil $\langle\Phi_0|\alpha_{\mathbf{k}}^\dagger = (\alpha_{\mathbf{k}}|\Phi_0\rangle)^\dagger$ ist, ergibt sich

$$\langle a_{\mathbf{k}}^\dagger a_{\mathbf{k}}\rangle_0 = v_{\mathbf{k}}^2 = \sinh^2\chi_{\mathbf{k}} = \tfrac{1}{2}(\cosh 2\chi_{\mathbf{k}} - 1).$$

$$\langle a_{\mathbf{k}}^\dagger a_{\mathbf{k}}\rangle_0 = \frac{1}{2}\left(\frac{\dfrac{\hbar^2k^2}{2m} + NV_{\mathbf{k}}}{\sqrt{\left(\dfrac{\hbar^2k^2}{2m}\right)^2 + 2\left(\dfrac{\hbar^2k^2}{2m}\right)NV_{\mathbf{k}}}} - 1\right).$$

Da $k \to 0$, $\quad \langle a_{\mathbf{k}}^\dagger a_{\mathbf{k}}\rangle_0 \to \infty$.

$k \to \infty$, $\quad \langle a_{\mathbf{k}}^\dagger a_{\mathbf{k}}\rangle_0 \to 0$.

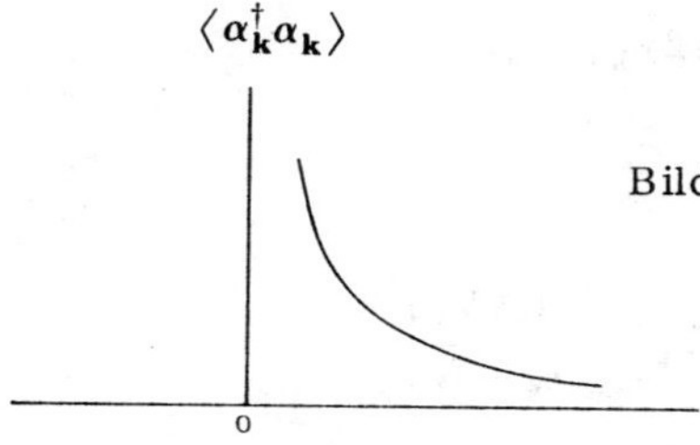

Bild 2.1: $\langle a_{\mathbf{k}}^\dagger a_{\mathbf{k}}\rangle_0$ in Abhängigkeit von k.

7. $H = \hbar\omega a^\dagger a + \varepsilon(ab^\dagger + ba^\dagger) = \omega a^\dagger a + \varepsilon(ab^\dagger + ba^\dagger)$. Für α soll gelten $\alpha = ua + vb$, $[\alpha, H] = (u\omega + \varepsilon v)a + u\varepsilon b = \lambda\alpha = \lambda(ua + vb)$. Dabei ist λ ein Eigenwert. Dann gilt $u\omega - \lambda u + \varepsilon v = 0$ und $u\varepsilon - \lambda v = 0$. In Matrixdarstellung

$$\begin{pmatrix} \omega - \lambda & \varepsilon \\ \varepsilon & -\lambda \end{pmatrix}\begin{pmatrix} u \\ v \end{pmatrix} = 0.$$

Nach λ aufgelöst $\quad \lambda = \tfrac{1}{2}\{\omega \pm \sqrt{\omega^2 + 4\varepsilon^2}\}$.

Man verwende $\quad \lambda_- = \tfrac{1}{2}\{\omega - \sqrt{\omega^2 + 4\varepsilon^2}\}$,

$$\frac{v}{u} = \frac{1}{\varepsilon}\{\lambda_- - \omega\} = -\frac{1}{\varepsilon}\,\frac{\omega + \sqrt{\omega^2 + 4\varepsilon^2}}{2}.$$

$$[\alpha, H] = u\left[\omega + \varepsilon\frac{v}{u}\right]a + u\varepsilon b$$

$$= u\left[\omega - \frac{\omega + \sqrt{\omega^2 + 4\varepsilon^2}}{2}\right]a + u\varepsilon b$$

$$= u \cdot \frac{\omega - \sqrt{\omega^2 + 4\varepsilon^2}}{2}\left\{a + \frac{2\varepsilon}{\omega - \sqrt{\omega^2 + 4\varepsilon^2}}b\right\}$$

$$= u \cdot \frac{\omega - \sqrt{\omega^2 + 4\varepsilon^2}}{2}\left\{a - \frac{\omega + \sqrt{\omega^2 + 4\varepsilon^2}}{2\varepsilon}b\right\}$$

$$= u\lambda\left(a + \frac{v}{u}b\right) = \lambda\alpha.$$

Wenn

$$u = 1 \qquad v = -\frac{1}{2\varepsilon}(\omega + \sqrt{\omega^2 + 4\varepsilon^2}).$$

$$\alpha = a - \frac{1}{2\varepsilon}(\omega + \sqrt{\omega^2 + 4\varepsilon^2})b$$ ist die Transformation.

Es gilt

$$\lambda_+ = \tfrac{1}{2}\{\omega + \sqrt{\omega^2 + 4\varepsilon^2}\},$$

$$\beta = a - \frac{1}{2\varepsilon}(\omega - \sqrt{\omega^2 - 4\varepsilon^2})b.$$

$$H = \lambda_+\beta^\dagger\beta + \lambda_-\alpha^\dagger\alpha.$$

Kapitel 3

1. Nach Gl. (15) gilt $P_{\text{elek}} = -\frac{ne^2E}{m\omega^2}$. Der Anteil der Atome ist $P_{\text{atom}} = \chi_a n_a E$.

$$P = P_{\text{elek}} + P_{\text{atom}} = \left(-\frac{ne^2}{m\omega^2} + n_a\chi_a\right)E.$$

$$\varepsilon = 1 + \left(-\frac{4\pi ne^2}{m\omega^2} + 4\pi n_a\chi_a\right) = 1 - \frac{4\pi ne^2}{m\omega^2} + 4\pi n_a\chi_a.$$

$$\varepsilon = 0, \qquad \frac{4\pi n e^2}{m\omega^2} = (1 + 4\pi n_a \chi_a).$$

$$\omega^2 = \frac{4\pi n e^2}{m} \cdot \frac{1}{1 + 4\pi n_a \chi_a} = \frac{\omega_p^2}{1 + 4\pi n_a \chi_a}.$$

Nach Phys. Rev. *92*, S. 890 ist $\chi_a \simeq 2.4 \times 10^{-24}\ \mathrm{cm}^3$.

$$n_a = \frac{10.5(\mathrm{g/cm}^3) 6 \times 10^{23}}{108\ \mathrm{g}} \simeq 6 \times 10^{22}/\mathrm{cm}^3.$$

$$4\pi n_a \chi_a = 1.8, \qquad \omega = 0.6\omega_p.$$

2. Außerhalb der Kugel ist $\nabla^2 \phi_e = 0$, $\quad \phi_e = \sum_{L,m} A_L \frac{1}{r^{L+1}} P_L^{|m|} e^{im\phi}$, $\mathbf{E}_e = \mathbf{D}_e$. Das Innere der Kugel behandeln wir wie eine dielektrische Kugel mit $\varepsilon = 1 - \frac{\omega_p^2}{\omega^2}$.

$$\mathbf{D}_i = \varepsilon \mathbf{E}_i, \qquad \mathbf{E}_i = -\nabla \phi_i, \qquad \phi_i = \sum_{L,m} B_L r^L P_L^{|m|} e^{im\phi}.$$

Bei $r = a$ ist die Normalkomponente von $\mathbf{D}$ stetig.

$$D_{eL} = A_L \frac{L+1}{a^{L+2}} = D_{iL} = -L B_L a^{L-1} \varepsilon. \qquad \text{(i)}$$

Ebenfalls bei $r = a$ ist die Tangentialkomponente von $\mathbf{E}$ stetig

$$A_L / a^{L+1} = B_L a^L,$$

$$\text{so} \quad A_L = B_L a^{2L+1}. \qquad \text{(ii)}$$

Aus (i) und (ii) folgt $\frac{L+1}{L} A_L = -B_L a^{2L+1} \varepsilon$, $\quad \frac{L+1}{L} = -1 + \frac{\omega_p^2}{\omega_L^2}$.

$$\omega_L^2 = \frac{L}{2L+1} \omega_p^2.$$

Kapitel 4

1. $H = -J \sum_{j,\delta} \mathbf{S}_j \cdot \mathbf{S}_{j+\delta} - 2\mu_B H_0 \sum_j S_{jz}$.

$$S_z = \sum_j S_{jz}.$$

$$[S_z, H] = \left[S_z, -J\sum_{j,\delta} \mathbf{S}_j \cdot \mathbf{S}_{j+\delta}\right]$$

$$= \left[\sum_i S_{iz}, -J\sum_{j,\delta}(S_{jx}S_{j+\delta x} + S_{jy}S_{j+\delta y})\right],$$

unter Verwendung von $\left[S_z, \sum_j S_{jz}\right] = 0.$

$$= -J\sum_{i,j,\delta}\left\{\left[S_{iz}, S_{jx}S_{j+\delta x}\right] + \left[S_{iz}, S_{jy}S_{j+\delta y}\right]\right\}$$

$$= -J\sum_{i,j,\delta}\{i\hbar\,\delta_{i,j}S_{jy}S_{j+\delta x} + i\hbar\,\delta_{i,j+\delta}S_{j+\delta y}S_{jx}$$
$$- i\hbar\,\delta_{i,j}S_{jx}S_{j+\delta y} - i\hbar\,\delta_{i,j+\delta}S_{jy}S_{j+\delta x}\}$$

$$= -i\hbar J\left\{\sum_{j,\delta} S_{jy}S_{j+\delta x} + \sum_{j,\delta} S_{jx}S_{j+\delta y}\right.$$
$$\left. - \sum_{j,\delta} S_{jx}S_{j+\delta y} - \sum_{j,\delta} S_{jy}S_{j+\delta x}\right\} = 0.$$

Andere Kommutatoren können nach der gleichen Näherung bestimmt werden.

2. $$S_j^+ = \sqrt{2S}\left(1 - a_j^\dagger a_j/2S\right)^{1/2} a_j, \quad S_j = \sqrt{2S}\,a_j^\dagger\left(1 - a_j^\dagger a_j/2S\right).$$

$$S_x = \tfrac{1}{2}(S_j^+ + S_j^-), \qquad S_y = \frac{1}{2i}(S_j^+ - S_j^-).$$

$$[S_x, S_y] = \frac{1}{4i}\left[(S_j^+ + S_j^-), (S_{j'}^+ - S_{j'}^-)\right] = \frac{-1}{2i}\left[S_j^+, S_{j'}^-\right].$$

$$\left[S_j^+, S_{j'}^-\right] = \left(2S - a_j^\dagger a_j\right)^{1/2} a_j a_{j'}^\dagger \left(2S - a_{j'}^\dagger a_{j'}\right)^{1/2}$$
$$- a_{j'}^\dagger\left(2S - a_{j'}^\dagger a_{j'}\right)^{1/2}\left(2S - a_j^\dagger a_j\right)^{1/2} a_j$$

$$= \sqrt{2S}\left(1 - \frac{1}{2}\cdot\frac{1}{2S}a_j^\dagger a_j\right) a_j a_{j'}^\dagger \sqrt{2S}\left(1 - \frac{1}{2}\cdot\frac{1}{2S}a_{j'}^\dagger a_{j'}\right)$$
$$- a_{j'}^\dagger\sqrt{2S}\left(1 - \frac{1}{2}\cdot\frac{1}{2S}a_{j'}^\dagger a_{j'}\right)\sqrt{2S}\left(1 - \frac{1}{2}\cdot\frac{1}{2S}a_j^\dagger a_j\right) a_j$$

$$= 2S\left\{a_j a_{j'}^\dagger - \frac{1}{4S}a_j^\dagger a_j a_j a_{j'}^\dagger - \frac{1}{4S}a_j a_{j'}^\dagger a_{j'}^\dagger a_{j'}\right.$$
$$\left. - a_{j'}^\dagger a_j + \frac{1}{4S}a_{j'}^\dagger a_{j'}^\dagger a_{j'} a_j + \frac{1}{4S}a_{j'}^\dagger a_j^\dagger a_j a_j\right\}$$

$$= 2S\hbar\delta_{j'j} - \hbar a_j^\dagger a_j \delta_{jj'} - \tfrac{1}{2}a_j^\dagger\left(\hbar\,\delta_{jj'} + a_{j'}^\dagger a_j\right)a_j$$
$$- \tfrac{1}{2}a_{j'}^\dagger\left(\hbar\,\delta_{jj'} + a_{j'}^\dagger a_j\right)a_{j'}$$
$$+ \tfrac{1}{2}a_{j'}^\dagger a_{j'}^\dagger a_{j'} a_j + \tfrac{1}{2}a_{j'}^\dagger a_j^\dagger a_j a_j$$
$$= 2S\hbar\,\delta_{jj'} - 2a_j^\dagger a_j\,\delta_{jj'} = 2S_{jz}\hbar\,\delta_{jj'}.$$

$$\left[S_x, S_y\right] = i\hbar S_z.$$

3.
$$S^2 = \sum_i \mathbf{S}_i \cdot \sum_j \mathbf{S}_j = \sum_{i,j}\left\{S_{ix}S_{jx} + S_{iy}S_{jy} + S_{iz}S_{jz}\right\}$$
$$= \sum_{i,j}\left\{\tfrac{1}{4}(S_i^+ + S_i^-)(S_j^+ + S_j^-)\right.$$
$$\left. - \tfrac{1}{4}(S_i^+ - S_i^-)(S_j^+ - S_j^-) + S_{iz}S_{jz}\right\}$$
$$= \sum_{i,j}\left\{\tfrac{1}{2}(S_i^+ S_j^- + S_i^- S_j^+) + S_{iz}S_{jz}\right\}$$
$$= \tfrac{1}{2}(2NS)\left(b_0 b_0^\dagger + b_0^\dagger b_0\right)$$
$$+ \left(NS - \sum_k b_{\mathbf{k}}^\dagger b_{\mathbf{k}}\right)\left(NS - \sum_{k'} b_{\mathbf{k}'}^\dagger b_{\mathbf{k}'}\right)$$
$$= (NS)^2 - 2NS\sum_{\mathbf{k}} b_{\mathbf{k}}^\dagger b_{\mathbf{k}} + NS\left(1 + b_0^\dagger b_0 + b_0^\dagger b_0\right)$$
$$= (NS)^2 + NS - 2NS\sum_{\mathbf{k}\neq 0} b_{\mathbf{k}}^\dagger\, b_{\mathbf{k}}.$$

Ein Magnon bei $\mathbf{k} = 0$ bedeutet, daß sich alle Spinwellen in Phase bewegen. Deshalb bleibt der Gesamtspin ungeändert, obwohl sich die $\hat{z}$-Komponente des Spins ändert.

5. Der Grundzustand ist Φ_0, wobei alle Spins in einer Richtung orientiert sind. Für den einen Magnonenzustand gilt

$$\psi_{\mathbf{k}} = b_{\mathbf{k}}^\dagger \Phi_0 = \frac{1}{\sqrt{N}}\sum_j e^{-i\mathbf{k}\cdot\mathbf{x}_j} a_j^\dagger \Phi_0.$$

$S_j^- = \sqrt{2S}\, a_j^\dagger(1 - a_j^\dagger a_j \sqrt{2S})^{1/2}$. Since $a_j\Phi_0 = 0$, $S_j^-\Phi_0 = \sqrt{2S}\, a_j^\dagger\Phi_0$.

$$\psi_{\mathbf{k}} = \frac{1}{\sqrt{N}}\sum_j e^{-i\mathbf{k}\cdot\mathbf{x}_j}\frac{1}{\sqrt{2S}} S_j^-\Phi_0.$$

$$\Phi_0 = |S, S, \ldots, S_j, S..\rangle.$$

$$\psi_{\mathbf{k}} = \frac{1}{\sqrt{2SN}} \sum_j e^{-i\mathbf{k}\cdot\mathbf{x}_j} \sqrt{2S}\,|S\ldots S, S_j - 1, S\ldots\rangle$$

$$= \frac{1}{\sqrt{N}} \sum_j e^{-i\mathbf{k}\cdot\mathbf{x}_j} |S\ldots, S_j - 1, .\rangle.$$

6.
$$H = -J \sum_{j,\boldsymbol{\delta}} \mathbf{S}_j \cdot \mathbf{S}_{j+\boldsymbol{\delta}} - 2\mu_0 H_0 \sum_j S_{jz}.$$

$$i\hbar \dot{\mathbf{S}}_j = [\mathbf{S}_j, H].$$

$$i\hbar \dot{S}_{jx} = [S_{jx}, H] = \left[S_{jx}, -J\sum_{l,\boldsymbol{\delta}} \mathbf{S}_l \cdot \mathbf{S}_{l+\boldsymbol{\delta}} - 2\mu_0 H_0 \sum_l S_{lz}\right].$$

$$\left[S_{jx}, \sum_{l,\boldsymbol{\delta}} \mathbf{S}_l \cdot \mathbf{S}_{l+\boldsymbol{\delta}}\right] = \sum_{l,\boldsymbol{\delta}} \{ i\hbar\, \delta_{l,j} S_{lz} S_{l+\boldsymbol{\delta}y} + i\hbar\, \delta_{j,l+\boldsymbol{\delta}} S_{ly} S_{l+\boldsymbol{\delta}z}$$
$$- i\hbar\, \delta_{j,l} S_{ly} S_{l+\boldsymbol{\delta}z} - i\hbar\, \delta_{j,l+\boldsymbol{\delta}} S_{lz} S_{l+\boldsymbol{\delta}y} \}$$
$$= i\hbar \sum_{\boldsymbol{\delta}} S_{jz} S_{j+\boldsymbol{\delta}y} + i\hbar \sum_{\boldsymbol{\delta}} S_{j-\boldsymbol{\delta}y} S_{jz}$$
$$- i\hbar \sum_{\boldsymbol{\delta}} S_{jy} S_{j+\boldsymbol{\delta}z} - i\hbar \sum_{\boldsymbol{\delta}} S_{j-\boldsymbol{\delta}z} S_{jy}$$
$$= -i\hbar \sum_{\boldsymbol{\delta}} (\mathbf{S}_j \times \mathbf{S}_{j+\boldsymbol{\delta}})_x + i\hbar \sum_{\boldsymbol{\delta}} (\mathbf{S}_{j-\boldsymbol{\delta}} \times \mathbf{S}_j)_x.$$

$$\left[S_{jy}, \sum_{l,\boldsymbol{\delta}} \mathbf{S}_l \cdot \mathbf{S}_{l+\boldsymbol{\delta}}\right] = i\hbar \sum_{l,\boldsymbol{\delta}} \{ -\delta_{j,l} S_{jz} S_{l+\boldsymbol{\delta}x} - \delta_{j,l+\boldsymbol{\delta}} S_{lx} S_{l+\boldsymbol{\delta}z}$$
$$+ \delta_{j,l} S_{jx} S_{l+\boldsymbol{\delta}z} + \delta_{j,l+\boldsymbol{\delta}} S_{lz} S_{l+\boldsymbol{\delta}x} \}$$
$$= -i\hbar \sum_{\boldsymbol{\delta}} S_{jz} S_{j+\boldsymbol{\delta}x} - i\hbar \sum_{\delta} S_{j-\boldsymbol{\delta}x} S_{jz}$$
$$+ i\hbar \sum_{\boldsymbol{\delta}} S_{jx} S_{j+\boldsymbol{\delta}z} + i\hbar \sum_{\delta} S_{j-\boldsymbol{\delta}z} S_{jx}.$$

$$\left[S_{jz}, \sum_{l,\boldsymbol{\delta}} \mathbf{S}_l \cdot \mathbf{S}_{l+\boldsymbol{\delta}}\right] = i\hbar \sum_{\boldsymbol{\delta}} S_{jy} S_{j+\boldsymbol{\delta}x} + i\hbar \sum_{\boldsymbol{\delta}} S_{j-\boldsymbol{\delta}x} S_{jy}$$
$$- i\hbar \sum_{\boldsymbol{\delta}} S_{jx} S_{j+\boldsymbol{\delta}y} - i\hbar \sum_{\boldsymbol{\delta}} S_{j-\boldsymbol{\delta}y} S_{jx}.$$

So, $\left[\mathbf{S}_j, \sum_{l,\boldsymbol{\delta}} \mathbf{S}_l \cdot \mathbf{S}_{l,\boldsymbol{\delta}}\right] = i\hbar(\mathbf{S}_{j-\boldsymbol{\delta}} \times \mathbf{S}_j - \mathbf{S}_j \times \mathbf{S}_{j+\boldsymbol{\delta}}).$

$$\left[S_{jx}, \sum_l S_{lz}\right] = -i\hbar S_{jy}, \qquad \left[S_{jy}, \sum_l S_{lz}\right] = i\hbar S_{jx}.$$

$$\mathbf{H} = H_0 \hat{z}, \qquad \dot{\mathbf{S}}_j = -J \sum_{\boldsymbol{\delta}} (\mathbf{S}_{j-\boldsymbol{\delta}} \times \mathbf{S}_j - \mathbf{S}_j \times \mathbf{S}_{j+\boldsymbol{\delta}}) + 2\mu_0 \mathbf{S}_j \times \mathbf{H}.$$

Wenn man die x - und y-Komponente betrachtet,

$$\dot{S}_j^{\pm} = \mp iJ \sum_{\boldsymbol{\delta}} \{ S_j^{\pm} S_{j-\boldsymbol{\delta} z} - S_{j-\boldsymbol{\delta}}^{\pm} S_{jz} - S_{j+\boldsymbol{\delta}}^{\pm} S_{jz} + S_j^{\pm} S_{j+\boldsymbol{\delta} z} \} \mp i 2\mu_0 H_0 S_j^{\pm}.$$

Es soll gelten $\Delta_{\boldsymbol{\delta}} \mathbf{S}_j = \mathbf{S}_{j+\boldsymbol{\delta}} + \mathbf{S}_{j-\boldsymbol{\delta}}$,

$$\dot{S}_j^{\pm} = (\mp i) \left\{ J \sum_{\boldsymbol{\delta}} \left(S_j^{\pm} \Delta_{\boldsymbol{\delta}} S_{jz} - S_{jz} \Delta_{\boldsymbol{\delta}} S_j^{\pm} \right) + 2\mu_0 H_0 S_j^{\pm} \right\}.$$

Für den Spinwellenzustand $S_z \simeq \langle S_z \rangle \simeq S$. For $|S^{\pm}/S| \ll 1$,

$$\dot{S}_j^{\pm} \simeq (\mp i) \left[JS \sum_{\boldsymbol{\delta}} \left(2S_j^{\pm} - \Delta_{\boldsymbol{\delta}} S_j^{\pm} \right) + 2\mu_0 H_0 S_j^{\pm} \right].$$

Wenn $S_j^{\pm} = \Delta S e^{\pm i(\mathbf{k} \cdot \mathbf{r}_j - \omega t)}$, dann

$$\omega = 2JS \sum_{\boldsymbol{\delta}} (1 - \cos(\mathbf{k} \cdot \boldsymbol{\delta})) + 2\mu_0 H_0.$$

Für große Wellenlängen gilt

$$\mathbf{S}_{j+\boldsymbol{\delta}} = \mathbf{S}_j + (\boldsymbol{\delta} \cdot \nabla) \mathbf{S}_j + \tfrac{1}{2} (\boldsymbol{\delta} \cdot \nabla)^2 \mathbf{S}_j,$$

$$\mathbf{S}_{j-\boldsymbol{\delta}} = \mathbf{S}_j - (\boldsymbol{\delta} \cdot \nabla) \mathbf{S}_j + \tfrac{1}{2} (\boldsymbol{\delta} \cdot \nabla)^2 \mathbf{S}_j,$$

$$\mathbf{S}_{j+\boldsymbol{\delta}} + \mathbf{S}_{j-\boldsymbol{\delta}} = z \mathbf{S}_j + (\boldsymbol{\delta} \cdot \nabla)^2 \mathbf{S}_j,$$ dabei ist z die Koordinationszahl.

Für den kubisch primitiven Fall gilt

$$\sum_{\boldsymbol{\delta}} (\boldsymbol{\delta} \cdot \nabla)^2 = 2a^2 \left(\frac{\partial^2}{\partial x^2} + \frac{\partial^2}{\partial y^2} + \frac{\partial^2}{\partial z^2} \right) = 2a^2 \nabla^2.$$

$$\dot{\mathbf{S}} = 2Ja^2 \mathbf{S} \times \nabla^2 \mathbf{S} + 2\mu_0 \mathbf{S} \times \mathbf{H},$$ klassisch $\mathbf{S} \times \mathbf{S} = 0$.

8. $$\frac{1}{Z} \beta = \frac{1}{N} \sum_k \left[1 - \left(1 - \gamma_k^2 \right)^{1/2} \right]$$

$$= \frac{1}{N} \int_{-\pi/a}^{\pi/a} [1 - |\sin ka|] \frac{L}{2\pi} \, dk = \frac{a}{\pi} \int_0^{\pi/a} [1 - \sin ka] \, dk,$$

$$\frac{L}{N} = \frac{Na}{N} = a.$$

$$= \frac{a}{\pi}\int_0^{\pi/2a}(1-\sin ka)\,dk + \frac{a}{\pi}\int_{\pi/2a}^{\pi/a}(1-\sin ka)\,dk$$

$$= \frac{2a}{\pi}\int_0^{\pi/2a}(1-\sin ka)\,dk = \frac{2a}{\pi}\left[\frac{\pi}{2a}-\frac{1}{a}\right] = 0.363.$$

$Z = 2, \qquad \beta = 0.726.$

10. $H = \sum_{\mathbf{k}} \{\hbar\omega^m_{\mathbf{k}} a^\dagger_{\mathbf{k}} a_{\mathbf{k}} + \hbar\omega^P_{\mathbf{k}} b^\dagger_{\mathbf{k}} b_{\mathbf{k}} + c_{\mathbf{k}}(a_{\mathbf{k}} b^\dagger_{\mathbf{k}} + a^\dagger_{\mathbf{k}} b_{\mathbf{k}})\}.$

Wir definieren

$$a^\dagger_{\mathbf{k}} = A^\dagger_{\mathbf{k}}\cos\theta_{\mathbf{k}} + B^\dagger_{\mathbf{k}}\sin\theta_{\mathbf{k}}, \qquad a_{\mathbf{k}} = A_{\mathbf{k}}\cos\theta_{\mathbf{k}} + B_{\mathbf{k}}\sin\theta_{\mathbf{k}}.$$

$$b^\dagger_{\mathbf{k}} = B^\dagger_{\mathbf{k}}\cos\theta_{\mathbf{k}} - A^\dagger_{\mathbf{k}}\sin\theta_{\mathbf{k}}, \qquad b_{\mathbf{k}} = B_{\mathbf{k}}\cos\theta_{\mathbf{k}} - A_{\mathbf{k}}\sin\theta_{\mathbf{k}}.$$

$$A^\dagger_{\mathbf{k}} = a^\dagger_{\mathbf{k}}\cos\theta_{\mathbf{k}} - b^\dagger_{\mathbf{k}}\sin\theta_{\mathbf{k}}, \qquad B^\dagger_{\mathbf{k}} = a^\dagger_{\mathbf{k}}\sin\theta_{\mathbf{k}} + b^\dagger_{\mathbf{k}}\cos\theta_{\mathbf{k}}.$$

$$A_{\mathbf{k}} = a_{\mathbf{k}}\cos\theta_{\mathbf{k}} - b_{\mathbf{k}}\sin\theta_{\mathbf{k}}, \qquad B_{\mathbf{k}} = a_{\mathbf{k}}\sin\theta_{\mathbf{k}} + b_{\mathbf{k}}\cos\theta_{\mathbf{k}}.$$

$$[A^\dagger_{\mathbf{k}}, B_{\mathbf{k}'}] = \sin\theta_{\mathbf{k}}\cos\theta_{\mathbf{k}}\{[a^\dagger_{\mathbf{k}}, a_{\mathbf{k}'}] - [b^\dagger_{\mathbf{k}}, b_{\mathbf{k}'}]\} = 0.$$

$$[A_{\mathbf{k}}, A^\dagger_{\mathbf{k}'}] = \cos^2\theta_{\mathbf{k}}[a_{\mathbf{k}}, a^\dagger_{\mathbf{k}'}] + \sin^2\theta_{\mathbf{k}}[b_{\mathbf{k}}, b^\dagger_{\mathbf{k}'}] = \delta_{\mathbf{k},\mathbf{k}'}.$$

Ähnlich ergeben sich die anderen Kommutatoren. Wenn man $a^\dagger_{\mathbf{k}}$, $a_{\mathbf{k}}$, $b^\dagger_{\mathbf{k}}$, $b_{\mathbf{k}}$ in H einsetzt, müssen die Kreuzprodukte verschwinden:

$$\begin{aligned}
&\hbar\omega^m_{\mathbf{k}}(A^\dagger_{\mathbf{k}} B_{\mathbf{k}}\cos\theta_{\mathbf{k}}\sin\theta_{\mathbf{k}} + B^\dagger_{\mathbf{k}} A_{\mathbf{k}}\sin\theta_{\mathbf{k}}\cos\theta_{\mathbf{k}})\\
&\quad + \hbar\omega^P_{\mathbf{k}}(-A^\dagger_{\mathbf{k}} B_{\mathbf{k}}\cos\theta_{\mathbf{k}}\sin\theta_{\mathbf{k}} - B^\dagger_{\mathbf{k}} A_{\mathbf{k}}\sin\theta_{\mathbf{k}}\cos\theta_{\mathbf{k}})\\
&\quad + c_{\mathbf{k}}(-A^\dagger_{\mathbf{k}} B_{\mathbf{k}}\sin^2\theta_{\mathbf{k}} + B^\dagger_{\mathbf{k}} A_{\mathbf{k}}\cos^2\theta_{\mathbf{k}})\\
&\quad + c_{\mathbf{k}}(A^\dagger_{\mathbf{k}} B_{\mathbf{k}}\cos^2\theta_{\mathbf{k}} - B^\dagger_{\mathbf{k}} A_{\mathbf{k}}\sin^2\theta_{\mathbf{k}}) = 0.
\end{aligned}$$

Damit gilt

$\frac{1}{2}\sin 2\theta_{\mathbf{k}}\hbar(\omega^m_{\mathbf{k}} - \omega^P_{\mathbf{k}}) + c_{\mathbf{k}}\cos 2\theta_{\mathbf{k}} = 0$ und

$$\tan 2\theta_{\mathbf{k}} = \frac{2c_{\mathbf{k}}}{\hbar(\omega^P_{\mathbf{k}} - \omega^m_{\mathbf{k}})}.$$

$$\begin{aligned}
H = \sum_{\mathbf{k}} \{&(\hbar\omega^m_{\mathbf{k}}\cos^2\theta_{\mathbf{k}} + \hbar\omega^P_{\mathbf{k}}\sin^2\theta_{\mathbf{k}} - 2c_{\mathbf{k}}\sin\theta_{\mathbf{k}}\cos\theta_{\mathbf{k}})A^\dagger_{\mathbf{k}} A_{\mathbf{k}}\\
&+ (\hbar\omega^m_{\mathbf{k}}\sin^2\theta_{\mathbf{k}} + \hbar\omega^P_{\mathbf{k}}\cos^2\theta_{\mathbf{k}} + 2c_{\mathbf{k}}\sin\theta_{\mathbf{k}}\cos\theta_{\mathbf{k}})B^\dagger_{\mathbf{k}} B_{\mathbf{k}}\}.
\end{aligned}$$

In der Diagonalen $\omega^m_{\mathbf{k}} = \omega^P_{\mathbf{k}}$, $\tan 2\theta_{\mathbf{k}} \to \infty$, $2\theta_{\mathbf{k}} = \pi/2$, $\theta_{\mathbf{k}} = \pi/4$.

Deshalb ist $\sin\theta_{\mathbf{k}} = \cos\theta_{\mathbf{k}} = \frac{1}{\sqrt{2}}$.

Man bezeichne

$$\omega^m_{\mathbf{k}} = \omega^P_{\mathbf{k}} = \omega, \; H = \sum_{\mathbf{k}} \{\hbar(\omega - c_{\mathbf{k}})A^\dagger_{\mathbf{k}} A_{\mathbf{k}} + \hbar(\omega + c_{\mathbf{k}})B^\dagger_{\mathbf{k}} B_{\mathbf{k}}\}.$$

$$\omega_A = \omega - c_{\mathbf{k}},\ \omega_B = \omega + c_{\mathbf{k}},\ a_{\mathbf{k}}^\dagger = \frac{1}{\sqrt{2}}(A_{\mathbf{k}}^\dagger + B_{\mathbf{k}}^\dagger),\ a_{\mathbf{k}} = \frac{1}{\sqrt{2}}(A_{\mathbf{k}} + B_{\mathbf{k}}).$$

$$b_{\mathbf{k}}^\dagger = \frac{1}{\sqrt{2}}(B_{\mathbf{k}}^\dagger - A_{\mathbf{k}}^\dagger),\ b_{\mathbf{k}} = \frac{1}{\sqrt{2}}(B_{\mathbf{k}} - A_{\mathbf{k}}).$$

Kapitel 5

1. a. $\{c_j, c_k^\dagger\} = T_1 \cdots T_{j-1}\begin{pmatrix}0 & 0\\ 1 & 0\end{pmatrix}_j T_1 \cdots T_{k-1}\begin{pmatrix}0 & 1\\ 0 & 0\end{pmatrix}_k + T_1 \cdots T_{k-1}$

$\begin{pmatrix}0 & 1\\ 0 & 0\end{pmatrix}_k T_1 \cdots T_{j-1}\begin{pmatrix}0 & 0\\ 1 & 0\end{pmatrix}_j = \begin{pmatrix}0 & 0\\ 1 & 0\end{pmatrix}_j T_j \cdots T_{k-1}$

$\begin{pmatrix}0 & 1\\ 0 & 0\end{pmatrix}_k + T_j \cdots T_{k-1}\begin{pmatrix}0 & 1\\ 0 & 0\end{pmatrix}_k \begin{pmatrix}0 & 0\\ 1 & 0\end{pmatrix}_j,$

für $j < k$. Wenn $a_j = \begin{pmatrix}0 & 0\\ 1 & 0\end{pmatrix}_j$, dann $[a_j, a_i] = 0$, $\{a_j, T_j\} = 0$ und $[a_j, T_i] = 0$, $j \neq i$; $T_j^2 = 1$, dann ist $\{c_j, c_k^\dagger\} = 0$.
Genauso gilt $\{c_j, c_k^\dagger\} = 0$, für $j > k$.

$$j = k, \quad \{c_j, c_j^\dagger\} = \begin{pmatrix}0 & 0\\ 1 & 0\end{pmatrix}_j \begin{pmatrix}0 & 1\\ 0 & 0\end{pmatrix}_j + \begin{pmatrix}0 & 1\\ 0 & 0\end{pmatrix}_j \begin{pmatrix}0 & 0\\ 1 & 0\end{pmatrix}_j = \begin{pmatrix}1 & 0\\ 0 & 1\end{pmatrix} = 1.$$

$\{c_j, c_k^\dagger\} = \delta_{jk}$.

$$\{c_j, c_k\} = T_1 \cdots T_{j-1}\begin{pmatrix}0 & 0\\ 1 & 0\end{pmatrix}_j T_1 \cdots T_{k-1}\begin{pmatrix}0 & 0\\ 1 & 0\end{pmatrix}_k + T_1 \cdots T_{k-1}\begin{pmatrix}0 & 0\\ 1 & 0\end{pmatrix}_k T_1 \cdots T_{j-1}\begin{pmatrix}0 & 0\\ 1 & 0\end{pmatrix}_j.$$

$$j < k, \quad = \begin{pmatrix}0 & 0\\ 1 & 0\end{pmatrix}_j T_j \cdots T_{k-1}\begin{pmatrix}0 & 0\\ 1 & 0\end{pmatrix}_k + T_j \cdots T_{k-1}\begin{pmatrix}0 & 0\\ 1 & 0\end{pmatrix}_k \begin{pmatrix}0 & 0\\ 1 & 0\end{pmatrix}_j$$

$$= -T_j\begin{pmatrix}0 & 0\\ 1 & 0\end{pmatrix}_j \cdots T_{k-1}\begin{pmatrix}0 & 0\\ 1 & 0\end{pmatrix}_k + T_j \cdots T_{k-1}\begin{pmatrix}0 & 0\\ 1 & 0\end{pmatrix}_k \begin{pmatrix}0 & 0\\ 1 & 0\end{pmatrix}_j$$

$$= -T_j \cdots T_{k-1}\begin{pmatrix}0 & 0\\ 1 & 0\end{pmatrix}_j \begin{pmatrix}0 & 0\\ 1 & 0\end{pmatrix}_k + T_j \cdots T_{k-1}\begin{pmatrix}0 & 0\\ 1 & 0\end{pmatrix}_k \begin{pmatrix}0 & 0\\ 1 & 0\end{pmatrix}_j = 0.$$

Genauso erhält man

$$\{c_j, c_k\} = 0, \qquad j > k.$$

$$j = k, \qquad \{c_j, c_k\} = \begin{pmatrix} 0 & 0 \\ 1 & 0 \end{pmatrix}\begin{pmatrix} 0 & 0 \\ 1 & 0 \end{pmatrix} + \begin{pmatrix} 0 & 0 \\ 1 & 0 \end{pmatrix}\begin{pmatrix} 0 & 0 \\ 1 & 0 \end{pmatrix} = 0.$$

Es ist ebenfalls leicht zu zeigen $\{c_j^\dagger, c_k^\dagger\} = 0$.

b. $$c_j^\dagger|\cdot\cdot n_j\cdot\cdot\rangle = (1 - n_j)\theta^j|\cdots 1_j \cdots\rangle$$

$$= T_1 \cdots T_{j-1}\begin{pmatrix} 0 & 1 \\ 0 & 0 \end{pmatrix}_j(\ )_1(\ )_2\cdots(\ )_j$$

Wenn der j-te Zustand besetzt ist $\begin{pmatrix} 0 & 1 \\ 0 & 0 \end{pmatrix}_j\begin{pmatrix} 1 \\ 0 \end{pmatrix}_j = 0.$

ist der j-te Zustand unbesetzt $\begin{pmatrix} 0 & 1 \\ 0 & 0 \end{pmatrix}_j\begin{pmatrix} 0 \\ 1 \end{pmatrix}_j = \begin{pmatrix} 1 \\ 0 \end{pmatrix}_j = |1_j\rangle.$

$$i < j, \qquad T_i\begin{pmatrix} 1 \\ 0 \end{pmatrix}_i = -\begin{pmatrix} 1 \\ 0 \end{pmatrix}_i, \ T_i\begin{pmatrix} 0 \\ 1 \end{pmatrix}_i = \begin{pmatrix} 0 \\ 1 \end{pmatrix}_i.$$

$$T_1\cdot\cdot T_{j-1}\begin{pmatrix} 0 & 1 \\ 0 & 0 \end{pmatrix}_j(\ )_1\cdot\cdot(\ )_j = \theta_j|\cdots 1_j\cdot\cdot\rangle(1 - n_j).$$

Genauso leicht ist die Äquivalenz zwischen den Gleichungen (23) und (27) zu zeigen.

2. $$\int d^3r F^2(k_F r) = \int d^3r \frac{1}{N^2(2\pi)^6}\int d^3k \int d^3k' \, e^{i(\mathbf{k}-\mathbf{k}')\cdot\mathbf{r}}$$

$$= \frac{1}{N^2(2\pi)^3}\int d^3k \int d^3k' \, \delta(\mathbf{k} - \mathbf{k}')$$

$$= \frac{1}{N^2(2\pi)^3}\int d^3k = \frac{4\pi}{3}k_F^3 \cdot \frac{1}{N^2(2\pi)^3}$$

$$= \frac{N}{N^2} = \frac{1}{N.}$$

4. Es soll sein $\rho(\mathbf{x}) = \int d^3x''\psi^\dagger(\mathbf{x}'')\,\delta(\mathbf{x} - \mathbf{x}'')\psi(\mathbf{x}'')$ und betrachtet werden

$$\rho(\mathbf{x})\psi^\dagger(\mathbf{x}')|\mathrm{vac}\rangle = \int d^3x''\psi^\dagger(\mathbf{x}'')\,\delta(\mathbf{x} - \mathbf{x}'')\psi(\mathbf{x}'')\psi^\dagger(\mathbf{x}')|\mathrm{vac}\rangle$$

$$= \int d^3x''\psi^\dagger(\mathbf{x}'')$$

$$\times\delta(\mathbf{x} - \mathbf{x}'')\left[\delta(\mathbf{x}'' - \mathbf{x}') - \psi^\dagger(\mathbf{x}')\psi(\mathbf{x}'')\right]|\mathrm{vac}\rangle.$$

$\psi|\mathrm{vac}\rangle = 0$, so

$$\rho(\mathbf{x})\psi^\dagger(\mathbf{x}')|\mathrm{vac}\rangle = \delta(\mathbf{x} - \mathbf{x}')\psi^\dagger(\mathbf{x}')|\mathrm{vac}\rangle.$$

Damit ist $\psi^\dagger(\mathbf{x}')|\mathrm{vac}\rangle$ ein Eigenvektor von $\rho(\mathbf{x})$ mit dem Eigenwert $\delta(\mathbf{x}-\mathbf{x}')$. $\psi^\dagger(\mathbf{x}')|\mathrm{vac}\rangle$ ist ein Elektronenzustand bei $\mathbf{x}'$.

6. $N = \int d^3x' \psi^\dagger(\mathbf{x}')\psi(\mathbf{x}')$.

Fermionen:
$$\begin{aligned}
\psi(\mathbf{x})N &= \int d^3x' \psi(\mathbf{x})\psi^\dagger(\mathbf{x}')\psi(\mathbf{x}') \\
&= \int d^3x' [\psi(\mathbf{x}')\,\delta(\mathbf{x}-\mathbf{x}') - \psi^\dagger(\mathbf{x}')\psi(\mathbf{x})\psi(\mathbf{x}')] \\
&= \psi(\mathbf{x}) + \int d^3x' \psi^\dagger(\mathbf{x}')\psi(\mathbf{x}')\psi(\mathbf{x}) \\
&= \psi(\mathbf{x}) + N\psi(\mathbf{x}) = (N+1)\psi(\mathbf{x}).
\end{aligned}$$

Bosonen:
$$\begin{aligned}
\psi(\mathbf{x})N &= \int d^3x' \psi(\mathbf{x})\psi^\dagger(\mathbf{x}')\psi(\mathbf{x}') \\
&= \int d^3x' [\psi(\mathbf{x}')\,\delta(\mathbf{x}-\mathbf{x}') + \psi^\dagger(\mathbf{x}')\psi(\mathbf{x})\psi(\mathbf{x}')] \\
&= \psi(\mathbf{x}) + N\psi(\mathbf{x}) = (N+1)\psi(x).
\end{aligned}$$

7. $$H = \sum_s \int d^3x' \psi_s^\dagger(\mathbf{x}') \frac{p^2}{2m} \psi_s(\mathbf{x}') + \tfrac{1}{2} \sum_{s,s'} \int d^3x' \int d^3y \psi_s^\dagger(\mathbf{x}')\psi_{s'}^\dagger(\mathbf{y}) g \times \delta(\mathbf{x}'-\mathbf{y})\psi_{s'}(\mathbf{y})\psi_s(\mathbf{x}').$$

$$i\hbar \frac{\partial \psi_\alpha(\mathbf{x})}{\partial t} = [\psi_\alpha, H].$$

$$\begin{aligned}
&\left[\psi_\alpha(\mathbf{x}), \sum_s \int d^3x' \psi_s^\dagger(\mathbf{x}') \frac{p^2}{2m} \psi_s(\mathbf{x}')\right] \\
&= \sum_s \int d^3x' [\delta(\mathbf{x}-\mathbf{x}')\,\delta_{\alpha s} - \psi_s^\dagger(\mathbf{x}')\psi_\alpha(\mathbf{x})] \frac{p^2}{2m} \psi_s(\mathbf{x}') \\
&\quad - \sum_s \int d^3x' \psi_s^\dagger(\mathbf{x}') \frac{p^2}{2m} \psi_s(\mathbf{x}')\psi_\alpha(\mathbf{x}) \\
&= \frac{p^2}{2m}\psi_\alpha(\mathbf{x}) + \sum_s \int d^3x' \psi_s^\dagger(\mathbf{x}') \frac{p^2}{2m} \psi_s(\mathbf{x}')\psi_\alpha(\mathbf{x}) \\
&\quad - \sum_s \int d^3x' \psi_s^\dagger(\mathbf{x}') \frac{p^2}{2m} \psi_s(\mathbf{x}')\psi_\alpha(\mathbf{x}) \\
&= \frac{p^2}{2m}\psi_\alpha(\mathbf{x}).
\end{aligned}$$

$$I = \left[\psi_\alpha(\mathbf{x}), \tfrac{1}{2} \sum_{s,s'} \int d^3x' \int d^3y \psi_s^\dagger(\mathbf{x}')\psi_{s'}^\dagger(\mathbf{y}) g\,\delta(\mathbf{x}'-\mathbf{y})\psi_{s'}(\mathbf{y})\psi_s(\mathbf{x}')\right]$$

$$= \frac{g}{2} \sum_{s'} \psi^\dagger_{s'}(\mathbf{x}) \psi_{s'}(\mathbf{x}) \psi_\alpha(\mathbf{x}) - \frac{g}{2} \sum_{s} \psi^\dagger_{s}(\mathbf{x}) \psi_\alpha(\mathbf{x}) \psi_s(\mathbf{x})$$

$$+ \tfrac{1}{2} \sum_{s,s'} \int d^3x' \int d^3y \{ \psi^\dagger_s(\mathbf{x}') \psi^\dagger_{s'}(y)$$

$$\times \psi_\alpha(\mathbf{x}) g\, \delta(\mathbf{x}' - \mathbf{y}) \psi_{s'}(\mathbf{y}) \psi_s(\mathbf{x}')$$

$$- \psi^\dagger_s(\mathbf{x}') \psi^\dagger_{s'}(\mathbf{y})\, \delta(\mathbf{x}' - \mathbf{y}) \psi_{s'}(\mathbf{y}) \psi_s(\mathbf{x}') \psi_\alpha(\mathbf{x}) \}.$$

Man verwende $\{\psi_s(\mathbf{x}), \psi_{s'}(\mathbf{x}')\} = 0, \quad I = g\psi^\dagger_\beta(\mathbf{x})\psi_\beta(\mathbf{x})\psi_\alpha(\mathbf{x}), \quad \alpha \neq \beta.$

$i\hbar \dot{\psi}_\alpha(\mathbf{x}) = \dfrac{p^2}{2m}\psi_\alpha(\mathbf{x}) + g\psi^\dagger_\beta(\mathbf{x})\psi_\beta(\mathbf{x})\psi_\alpha(\mathbf{x})$. Für $i\hbar\dot{\psi}^\dagger_\alpha(\mathbf{x}) = [\psi^\dagger_\alpha(\mathbf{x}), H]$, weil $\psi^\dagger_\alpha(\mathbf{x})\psi^\dagger_s(\mathbf{x}')\psi_s(\mathbf{x}') = -\psi^\dagger_s(\mathbf{x}')\psi^\dagger_\alpha(\mathbf{x})\psi_s(\mathbf{x}')$, gibt es ein zusätzliches "$-$" Zeichen. Ansonsten sind die Schritte zum Beweis des Ergebnisses die gleichen.

Kapitel 6

4. $\ddot{x} + \eta\dot{x} = eE/m \qquad$ Let $x = x_0 e^{-i\omega t}$,

$$-\omega^2 x_0 - i\omega\eta x_0 = eE/m, \qquad x_0 = \frac{-eE/m}{\omega^2 + i\eta\omega}.$$

$$P = nex_0 = \frac{-ne^2E/m}{\omega^2 + i\eta\omega} = \alpha E, \qquad \alpha = \frac{-ne^2/m}{\omega^2 + i\eta\omega}.$$

$$D = E + 4\pi P = \left(1 - \frac{4\pi ne^2/m}{\omega^2 + i\eta\omega}\right)E.$$

$$\varepsilon(\omega) = 1 - \frac{\omega_p^2}{\omega^2 + i\eta\omega}.$$

$$\frac{1}{\varepsilon(\omega)} = \frac{\omega^2 + i\eta\omega}{\omega^2 + i\eta\omega - \omega_p^2} = \frac{(\omega + i\eta)\omega}{(\omega + \omega_p)(\omega - \omega_p) + i\eta\omega}.$$

$$\frac{1}{\varepsilon(\omega)} \simeq \frac{\omega(\omega + i\eta)}{2\omega(\omega - \omega_p) + i\eta\omega}$$

$$= \frac{1}{2}(\omega + i\eta)\left\{\mathscr{P}\frac{1}{\omega - \omega_p} - i2\pi\,\delta(\omega - \omega_p)\right\},$$

wobei $\mathscr{P}$ der Hauptwert ist.

$$\lim_{\eta \to 0} \mathscr{I}\left(\frac{1}{\varepsilon}\right) = -\pi\omega\,\delta(\omega - \omega_p).$$

$$E_{\text{int}} = -\sum_{\mathbf{q}} \left\{ \frac{1}{2\pi} \int_0^\infty d\omega\, \mathscr{I}\left(\frac{1}{\varepsilon}\right) + \frac{2\pi n e^2}{q^2} \right\}$$

$$= -\sum_{\mathbf{q}} \left\{ \frac{-1}{2\pi} \cdot \pi\omega_p + \frac{2\pi n e^2}{q^2} \right\} = \sum_{\mathbf{q}} \left\{ \frac{\omega_p}{2} - \frac{2\pi n e^2}{q^2} \right\}.$$

6. $$\frac{1}{\varepsilon(\omega, \mathbf{q})} = 1 - \frac{4\pi e^2}{q^2} \sum_n |\langle n|\rho_{\mathbf{q}}|0\rangle|^2$$

$$\cdot \left\{ \frac{1}{\omega + \omega_{no} + is} + \frac{1}{-\omega + \omega_{no} - is} \right\}$$

$$\simeq 1 - \frac{4\pi e^2}{q^2} \sum_n |\langle n|\rho_{\mathbf{q}}|0\rangle|^2$$

$$\cdot \left\{ \frac{1}{\omega}\left(1 - \frac{\omega_{no}}{\omega}\right) - \frac{1}{\omega}\left(1 + \frac{\omega_{no}}{\omega}\right) \right\}$$

$$= 1 + \frac{4\pi e^2}{\omega^2 q^2} \sum_n \left\{ \omega_{no} |\langle n|\rho_{\mathbf{q}}|0\rangle|^2 + \omega_{no} |\langle n|\rho_{-\mathbf{q}}|0\rangle|^2 \right\}$$

$$= 1 + \frac{4\pi e^2}{\omega^2 q^2} \cdot \frac{n}{m} q^2 = 1 + \frac{4\pi n e^2}{m\omega^2}, \qquad \text{aus Gl. (121).}$$

$$\varepsilon(\omega, \mathbf{q}) = 1 - \frac{4\pi n e^2}{m\omega^2}, \quad \text{für große } \omega.$$

7. $$\int_0^\infty d\omega\, \omega\, \mathscr{I}\left(\frac{1}{\varepsilon(\omega, \mathbf{q})}\right)$$

$$= \int_0^\infty d\omega \cdot \omega \left\{ \frac{4\pi e^2}{q^2} \sum_n \left[|\langle n|\rho_{\mathbf{q}}|0\rangle|^2 \pi\,\delta(\omega + \omega_{no}) - |\langle n|\rho_{\mathbf{q}}|0\rangle|^2 \pi\,\delta(\omega - \omega_{no}) \right] \right\}$$

$$= -\frac{\pi}{2} \frac{4\pi e^2}{q^2} \sum_n \omega_{no} \left(|\langle n|\rho_{\mathbf{q}}|0\rangle|^2 + |\langle n|\rho_{-\mathbf{q}}|0\rangle|^2 \right)$$

$$= -\frac{\pi}{2}\frac{4\pi e^2}{q^2}\cdot\frac{n}{m}q^2 = -\frac{\pi}{2}\frac{4\pi n e^2}{m} = -\frac{\pi}{2}\omega_p^2.$$

8. $$\int_0^\infty d\sigma_1(\omega,\mathbf{q}) = \int_0^\infty d\omega\cdot\frac{\omega}{4\pi}\varepsilon_2(\omega,\mathbf{q})$$
$$= -\frac{i}{8\pi}\int_{-\infty}^\infty d\omega\,\omega\,\varepsilon(\omega,\mathbf{q})$$

Verwende das Ergebnis von Aufgabe 6 und benutze einen Weg längs der reellen Achse mit einem großen geschlossenen Bogen in der oberen Halbebene. Man erhält dann

$$\int_{-\infty}^\infty d\omega\cdot\omega\cdot\varepsilon(\omega,\mathbf{q}) + iR^2\int_0^\pi d\theta e^{i2\theta}\left(1-\frac{\omega_p^2}{R^2}e^{-i2\theta}\right) = 0$$

wobei R der Radius des großen Bogens ist.

$$\int_{-\infty}^\infty d\omega\cdot\omega\cdot\varepsilon(\omega,\mathbf{q}) = -iR^2\left(-\frac{\omega_p^2}{R^2}\right)\pi \underset{R\to\infty}{=} i\pi\omega_p^2$$

$$\int_0^\infty d\omega\,\sigma_1(\omega,\mathbf{q}) = \frac{1}{8}\omega_p^2$$

9. Nach Gl. (64) gilt

$$\mathscr{S}(\omega,\mathbf{q}) = \sum_n \left|\langle n|\rho_\mathbf{q}^\dagger|0\rangle\right|^2\delta(\omega-\omega_{no}).$$

$$\int_0^\infty \mathscr{S}(\omega,\mathbf{q})\,d\omega = \int_0^\infty\sum_n\left|\langle n|\rho_\mathbf{q}^\dagger|0\rangle\right|^2\delta(\omega-\omega_{no})\,d\omega$$
$$= \sum_n\langle 0|\rho_\mathbf{q}|n\rangle\langle n|\rho_\mathbf{q}^\dagger|0\rangle = \langle 0|\rho_\mathbf{q}\rho_\mathbf{q}^\dagger|0\rangle$$
$$= N\mathscr{S}(\mathbf{q}).$$

10. $$\int_0^\infty d\omega\,\omega\,\mathscr{S}(\omega,\mathbf{q})$$
$$= \int_0^\infty d\omega\,\omega\sum_n\left|\langle n|\rho_\mathbf{q}^\dagger|0\rangle\right|^2\delta(\omega-\omega_{no}),$$

nach Gl. (64)

$$= \frac{1}{2}\left\{\int_0^\infty d\omega\,\omega\sum_n\left|\langle n|\rho_\mathbf{q}^\dagger|0\rangle\right|^2\delta(\omega-\omega_{no})\right.$$
$$\left. + \int_0^\infty d\omega\,\omega\sum_n\left|\langle n|\rho^\dagger_{-q}|0\rangle\right|^2\delta(\omega-\omega_{no})\right\},$$

$$\mathscr{S}(\omega,\mathbf{q})=\mathscr{S}(\omega,-\mathbf{q}).$$

$$=\frac{1}{2}\sum_n\left|\langle n|\rho_{\mathbf{q}}^\dagger|0\rangle\right|^2\omega_{no}+\frac{1}{2}\sum_n\left|\langle n|\rho_{-\mathbf{q}}^\dagger|0\rangle\right|^2\omega_{no}$$

$$=\frac{1}{2}\frac{n}{m}q^2,\qquad \text{nach Gl. (121).}$$

11. $$\left[A_{\mathbf{k}}^\dagger(\mathbf{q}),A_{\mathbf{k}'}^\dagger(\mathbf{q}')\right]=\alpha_{\mathbf{k}+\mathbf{q}}^\dagger\beta_{-\mathbf{k}}^\dagger\alpha_{\mathbf{k}'+\mathbf{q}'}^\dagger\beta_{-\mathbf{k}'}^\dagger-\alpha_{\mathbf{k}'+\mathbf{q}'}^\dagger\beta_{-\mathbf{k}'}^\dagger\alpha_{\mathbf{k}+\mathbf{q}}^\dagger\beta_{-\mathbf{k}}^\dagger$$
$$=-\alpha_{\mathbf{k}'+\mathbf{q}'}^\dagger\alpha_{\mathbf{k}+\mathbf{q}}^\dagger\beta_{-\mathbf{k}'}^\dagger\beta_{-\mathbf{k}}^\dagger$$
$$+\alpha_{\mathbf{k}'+\mathbf{q}'}^\dagger\alpha_{\mathbf{k}+\mathbf{q}}^\dagger\beta_{-\mathbf{k}'}^\dagger\beta_{-\mathbf{k}}^\dagger=0.$$

$\{\alpha^\dagger,\alpha^\dagger\}=0$, $\{\alpha^\dagger,\beta^\dagger\}=0$, und $\{\beta^\dagger,\beta^\dagger\}=0$ werden verwendet.

$$\left[A_{\mathbf{k}}(\mathbf{q}),A_{\mathbf{k}'}^\dagger(\mathbf{q}')\right]$$
$$=\beta_{-\mathbf{k}}\alpha_{\mathbf{k}+\mathbf{q}}\alpha_{\mathbf{k}'+\mathbf{q}'}^\dagger\beta_{-\mathbf{k}'}^\dagger-\alpha_{\mathbf{k}'+\mathbf{q}'}^\dagger\beta_{-\mathbf{k}'}^\dagger\beta_{-\mathbf{k}}\alpha_{\mathbf{k}+\mathbf{q}}$$
$$=\beta_{-\mathbf{k}}\left(\delta_{\mathbf{k}+\mathbf{q},\mathbf{k}'+\mathbf{q}'}-\alpha_{\mathbf{k}'+\mathbf{q}'}^\dagger\alpha_{\mathbf{k}+\mathbf{q}}\right)\beta_{-\mathbf{k}'}^\dagger$$
$$-\alpha_{\mathbf{k}'+\mathbf{q}'}^\dagger\beta_{-\mathbf{k}'}^\dagger\beta_{-\mathbf{k}}\alpha_{\mathbf{k}+\mathbf{q}}$$
$$=\delta_{\mathbf{k}+\mathbf{q},\mathbf{k}'+\mathbf{q}'}\left(\delta_{\mathbf{k},\mathbf{k}'}-\beta_{-\mathbf{k}'}^\dagger\beta_{-\mathbf{k}}\right)-\alpha_{\mathbf{k}'+\mathbf{q}'}^\dagger\beta_{-\mathbf{k}}\beta_{-\mathbf{k}'}^\dagger\alpha_{\mathbf{k}+\mathbf{q}}$$
$$-\alpha_{\mathbf{k}'+\mathbf{q}'}^\dagger\beta_{-\mathbf{k}'}^\dagger\beta_{-\mathbf{k}}\alpha_{\mathbf{k}+\mathbf{q}}$$
$$=\delta_{\mathbf{k}+\mathbf{q},\mathbf{k}'+\mathbf{q}'}\delta_{\mathbf{k},\mathbf{k}'}-\delta_{\mathbf{k}+\mathbf{q},\mathbf{k}'+\mathbf{q}'}\beta_{-\mathbf{k}'}^\dagger\beta_{-\mathbf{k}}$$
$$-\alpha_{\mathbf{k}'+\mathbf{q}'}^\dagger\left(\delta_{\mathbf{k},\mathbf{k}'}-\beta_{-\mathbf{k}'}^\dagger\beta_{-\mathbf{k}}\right)\alpha_{\mathbf{k}+\mathbf{q}}-\alpha_{\mathbf{k}'+\mathbf{q}'}^\dagger\beta_{-\mathbf{k}'}^\dagger\beta_{-\mathbf{k}}\alpha_{\mathbf{k}+\mathbf{q}}$$
$$=\delta_{\mathbf{k}+\mathbf{q},\mathbf{k}'+\mathbf{q}'}\delta_{\mathbf{k},\mathbf{k}'}-\delta_{\mathbf{k}+\mathbf{q},\mathbf{k}'+\mathbf{q}'}\beta_{-\mathbf{k}'}^\dagger\beta_{-\mathbf{k}}-\delta_{\mathbf{k},\mathbf{k}'}\alpha_{\mathbf{k}'+\mathbf{q}'}^\dagger\alpha_{\mathbf{k}+\mathbf{q}}.$$

Für einen ungestörten Vakuumzustand $\beta_{-\mathbf{k}}^\dagger\beta_{-\mathbf{k}}|0\rangle=0$, $\alpha_{\mathbf{k}'+\mathbf{q}'}^\dagger\alpha_{\mathbf{k}'+\mathbf{q}'}|0\rangle=0$.

Deshalb ist $[A_{\mathbf{k}}(\mathbf{q}),A_{\mathbf{k}'}^\dagger(\mathbf{q}')]\simeq\delta_{\mathbf{k},\mathbf{k}'}\delta_{\mathbf{q},\mathbf{q}'}$.

Kapitel 7

1. Nach Gl. (21) $\langle N\rangle=\dfrac{1}{\pi^2}\dfrac{M^{*2}C_1^2}{\rho c_s\hbar^3}\displaystyle\int_0^{q_m}\frac{q}{(q+q_c)^2}dq$, M^* ist die Protonenmasse. Daher ist jetzt $q_c\sim 2M^*c_s/\hbar$, $q_m/q_c\sim\dfrac{10^8}{10^9}\sim\dfrac{1}{10}$.

$$\langle N\rangle\simeq\frac{1}{\pi^2}\frac{M^{*2}C_1^2}{\hbar^3\rho c_s}\int_0^{q_m}\frac{q}{q_c^2}dq$$
$$=\frac{1}{\pi^2}\frac{M^{*2}C_1^2}{\hbar^3\rho c_s}\cdot\frac{q_m^2}{2q_c^2}=\frac{1}{\pi^2}\frac{M^{*2}C_1^2}{\hbar^3\rho c_s}\cdot\frac{q_m^2}{2}\cdot\frac{\hbar^2}{4M^{*2}c_s^2}$$

$$= \frac{1}{8\pi^2} \frac{C_1^2 q_m^2}{\hbar \rho c_s^3}.$$

$$C_1 \sim 5 \times 10^{-11}\,\text{erg}, \qquad q_m \sim 10^8\,\text{cm}^{-1},$$

$$\rho \sim 5, \qquad c_s \sim 5 \times 10^5\,\text{cm/sec},$$

$$\langle N \rangle \sim 500 \gg 1.$$

2. $$\Delta\epsilon = \sum_{\mathbf{q}} \frac{|\langle \mathbf{k}-\mathbf{q}, n_{\mathbf{q}}+1 | H' | \mathbf{k}, n_{\mathbf{q}} \rangle|^2}{\varepsilon_{\mathbf{k}} - \varepsilon_{\mathbf{k}-\mathbf{q}} - \hbar\omega_{\mathbf{q}}}$$

$$\text{wobei } H' = iC_1 \sum_{\mathbf{k}'\mathbf{q}'} \sqrt{\frac{\hbar}{2\rho\omega_{\mathbf{q}'}}} |\mathbf{q}'| (a_{\mathbf{q}'} - a^\dagger_{-\mathbf{q}'}) c^\dagger_{\mathbf{k}'+\mathbf{q}'} c_{\mathbf{k}'}.$$

$$\Delta\epsilon = \frac{\hbar C_1^2}{2\rho c_s} \sum_{\mathbf{q}} \frac{q}{\dfrac{\hbar^2}{2m^*}\left(2\mathbf{k}\cdot\mathbf{q} - q^2 - \dfrac{2m^*}{\hbar} c_s q\right)}, \qquad q_c = 2m^* c_s/\hbar.$$

$$= \frac{C_1^2 m^*}{\hbar \rho c_s} \frac{2\pi}{(2\pi)^3} \int_0^{q_m} \int_{-1}^{1} \frac{q^2\, dq\, d\mu}{(2kq\mu - q - q_c)}$$

$$= \frac{C_1^2 m^*}{\hbar \rho c_s} \frac{1}{(2\pi)^2} \int_0^{q_m} \frac{q^2}{2k} ln \left| \frac{2k - q - q_c}{2k + q + q_c} \right| dq.$$

Wegen des Faktors q^2 kommt der Hauptanteil des Integranden von großen q, d. h. nahe von q_m. Für große q erhält man

$$ln \left| \frac{2k - q - q_c}{2k + q + q_c} \right| = ln \left| \frac{1 - \dfrac{2k}{q + q_c}}{1 + \dfrac{2k}{q + q_c}} \right| = ln \left| \frac{1-x}{1+x} \right|,$$

$$\text{wobei } x = \frac{2k}{q + q_c}.$$

$$= -2\left(x + \frac{x^3}{3} + \cdots\right) \simeq -2x = -\frac{4k}{q + q_c}.$$

$$\Delta\epsilon \simeq \frac{C_1^2 m^*}{\hbar \rho c_s} \frac{1}{(2\pi)^2} \left\{ \int_{q_0}^{q_m} \frac{-2q^2\, dq}{q + q_c} + \int_0^{q_0} \frac{q^2\, dq}{2k} ln \left| \frac{2k - q - q_c}{2k + q + q_c} \right| \right\}$$

Dabei wird q_0 so gewählt, daß gilt $q_0 > q_c$. Für $q_m \gg k \gg q_c$,

$$2k \gg q - q_c, \quad ln\left|\frac{2k - q - q_c}{2k + q + q_c}\right| = ln\left|\frac{2k}{2k}\right| = 0.$$

Der erste Integrand kann durch $-2q$ angenähert werden. Für $q_m \gg k \; > q_0$, dann ist

$$\Delta\epsilon \simeq -\frac{C_1^2 m^*}{\hbar \rho c_s} \frac{q_m^2}{4\pi^2}.$$

Unter Verwendung von $C_1 \sim 5 \times 10^{-11}$ erg, $m^* \sim 0.9 \times 10^{-27}$ g, $q_m \sim 10^8 \; \text{cm}^{-1}$, $\rho \sim 5, c_s \sim 5 \times 10^5$ cm/sec ergibt sich

$$\Delta\epsilon \sim \tfrac{1}{40} \times 10^{-11} \,\text{erg} = 0.25 \times 10^{-12} \,\text{erg} \simeq 0.1 \,\text{eV}.$$

4. $$H = \hbar\omega_l \sum_{\mathbf{q}} b_{\mathbf{q}}^\dagger b_{\mathbf{q}} + e\phi(\mathbf{x}_1) + e\phi(\mathbf{x}_2)$$

$$= \hbar\omega_l \sum_{\mathbf{q}} b_{\mathbf{q}}^\dagger b_{\mathbf{q}} - i4\pi Fe \sum_{\mathbf{q}} \frac{1}{q}\Big(b_{\mathbf{q}} e^{i\mathbf{q}\cdot\mathbf{x}_1} - b_{\mathbf{q}}^\dagger e^{-i\mathbf{q}\cdot\mathbf{x}_1} + b_{\mathbf{q}} e^{i\mathbf{q}\cdot\mathbf{x}_2} - b_{\mathbf{q}}^\dagger e^{-i\mathbf{q}\cdot\mathbf{x}_2}\Big).$$

Es soll gelten $a_{\mathbf{q}} = ub_{\mathbf{q}} + v$, $\quad a_{\mathbf{q}}^\dagger = u^* b_{\mathbf{q}}^\dagger + v^*$, mit $[a_{\mathbf{q}}, a_{\mathbf{q}'}^\dagger] = \delta_{\mathbf{q},\mathbf{q}'}$, erhält man $u^*u = 1$. Ferner wollen wir aus $[a_{\mathbf{q}}, H] = \lambda a_{\mathbf{q}}$, $[a_{\mathbf{q}}^\dagger, H] = -\lambda a_{\mathbf{q}}^\dagger$ $\; u, v, \lambda$ finden.

$$\big[a_{\mathbf{q}}, H\big] = \hbar u\omega_l b_{\mathbf{q}} + \frac{i4\pi Fe}{q}\left(e^{-i\mathbf{q}\cdot\mathbf{x}_1} + {}^{-i\mathbf{q}\cdot\mathbf{x}_2}\right) = \lambda\big(ub_{\mathbf{q}} + v\big).$$

So ist $\lambda = \hbar\omega_l$, $\quad v = \dfrac{i4\pi Fe}{\hbar\omega_l q}\left(e^{-i\mathbf{q}\cdot\mathbf{x}_1} + e^{-i\mathbf{q}\cdot\mathbf{x}_2}\right)$, $\quad u = 1$.

Man betrachte

$$\hbar\omega_l a_{\mathbf{q}}^\dagger a_{\mathbf{q}} = \hbar\omega_l \left[b_{\mathbf{q}}^\dagger - \frac{i4\pi Fe}{\hbar\omega_l \mathbf{q}}\left(e^{i\mathbf{q}\cdot\mathbf{x}_1} + e^{i\mathbf{q}\cdot\mathbf{x}_2}\right)\right] \cdot \left[b_{\mathbf{q}} + \frac{i4\pi Fe}{\hbar\omega_l q}\left(e^{-i\mathbf{q}\cdot\mathbf{x}_1} + e^{-i\mathbf{q}\cdot\mathbf{x}_2}\right)\right]$$

$$= \hbar\omega_l b_{\mathbf{q}}^\dagger b_{\mathbf{q}} - \frac{i4\pi Fe}{q}\Big(-b_{\mathbf{q}}^\dagger e^{-i\mathbf{q}\cdot\mathbf{x}_1} - b_{\mathbf{q}}^\dagger e^{-i\mathbf{q}\cdot\mathbf{x}_2} + b_{\mathbf{q}} e^{i\mathbf{q}\cdot\mathbf{x}_1} + b_{\mathbf{q}} e^{i\mathbf{q}\cdot\mathbf{x}_2}\Big)$$

$$+\frac{(4\pi Fe)^2}{\hbar\omega_l q^2}\left(2+e^{i\mathbf{q}\cdot(\mathbf{x}_1-\mathbf{x}_2)}+e^{-i\mathbf{q}\cdot(\mathbf{x}_1-\mathbf{x}_2)}\right)$$

$$H=\hbar\omega_l\sum_{\mathbf{q}}a_{\mathbf{q}}^{\dagger}a_{\mathbf{q}}-\sum_{\mathbf{q}}\frac{2(4\pi Fe)^2}{\hbar\omega_l q^2}-\sum_{\mathbf{q}}\frac{2(4\pi Fe)^2}{\hbar\omega_l q^2}e^{i\mathbf{q}\cdot(\mathbf{x}_1-\mathbf{x}_2)}$$

Der letzte Ausdruck wird durch $\mathbf{q}\to-\mathbf{q}$ in der Summe erhalten.

6. a. $\tilde{H}=e^{-S}He^{S}=\left(1-S+\frac{1}{2}S^2-\cdots\right)H\left(1+S+\frac{1}{2}S^2+\cdots\right)$

$$=H-SH+HS+\left(\tfrac{1}{2}S^2H-SHS+\tfrac{1}{2}HS^2\right)+\cdots$$
$$=H+[H,S]+\tfrac{1}{2}[[H,S],S]+\cdots$$

b. $H=H_0+\lambda H'$

$$\tilde{H}=H_0+\lambda H'+[H_0+\lambda H',S]$$
$$+\tfrac{1}{2}[[H_0+\lambda H',S],S]+\cdots$$
$$=H_0+\lambda H'+[H_0,S]+\lambda[H',S]$$
$$+\tfrac{1}{2}[[H_0,S],S]+\tfrac{1}{2}[[\lambda H',S],S]+\cdots$$

Wenn S so gewählt wird, daß

$\lambda H'+[H_0,S]=0$, dann $\lambda H'+H_0S-SH_0=0$

das bedeutet $|S|\sim\lambda$.

Alle Ausdrücke in $\tilde{H}$ sind entweder von der Ordnung von λ^0 oder von λ^n, wobei $n>1$ ist. Aus $SH_0-H_0S=\lambda H'$ erhält man

$$\langle n|SH_0|m\rangle-\langle n|H_0S|m\rangle=\langle n|\lambda H'|m\rangle \qquad H_0|m\rangle=E_m|m\rangle$$

$$\langle n|S|m\rangle=\frac{\lambda\langle n|H'|m\rangle}{E_m-E_n} \qquad E_m\neq E_n.$$

$$\tilde{H}=H_0+\tfrac{1}{2}[[H_0,S],S]+\lambda[H',S]+0(\lambda^3)$$
$$=H_0-\tfrac{1}{2}[\lambda H',S]+\lambda[H',S]+0(\lambda^3)$$
$$=H_0+\tfrac{1}{2}[\lambda H',S]+0(\lambda^3).$$

c. $H=\hbar\omega a^{\dagger}a+\lambda(a^{\dagger}+a)=H_0+\lambda H',\qquad H_0=\hbar\omega a^{\dagger}a,$

$H'=(a^{\dagger}+a).$

$$\langle n|\tilde{H}|n\rangle=\langle n|H_0|n\rangle+\frac{\lambda}{2}\langle n|H'S-SH'|n\rangle$$

$$= n\hbar\omega + \frac{\lambda}{2}\sum_m \{\langle n|H'|m\rangle\langle m|S|n\rangle - \langle n|S|m\rangle\langle m|H'|n\rangle\}$$

$$= n\hbar\omega + \frac{\lambda^2}{2}\sum_m \left\{\frac{|\langle n|H'|m\rangle|^2}{E_n - E_m} - \frac{|\langle n|H'|m\rangle|^2}{E_m - E_n}\right\},$$

Das Ergebnis von b wird verwendet.

$$\langle m|(a^\dagger + a)|n\rangle = \delta_{m,n+1}\sqrt{n+1} + \delta_{m,n-1}\sqrt{n}\,.$$

$$\frac{\langle n|a^\dagger + a|m\rangle}{E_n - E_m} = \frac{\delta_{n,m+1}\sqrt{m+1}}{\hbar\omega} - \frac{\delta_{n,m-1}\sqrt{m}}{\hbar\omega}.$$

$$\langle n|\tilde{H}|n\rangle = n\hbar\omega + \frac{\lambda^2}{2}\left\{-\frac{(n+1)}{\hbar\omega} + \frac{n}{\hbar\omega} - \frac{(n+1)}{\hbar\omega} + \frac{n}{\hbar\omega}\right\} = n\hbar\omega - \frac{\lambda^2}{\hbar\omega}.$$

d. $\tilde{H} = H_0 + \frac{1}{2}[\lambda H', S] + 0(\lambda^3), \qquad H_0|0\rangle = E_0|0\rangle.$

$$\tilde{\Phi}_0 = |0\rangle + \sum_n \frac{|n\rangle\langle n|\frac{1}{2}[\lambda H', S]|0\rangle}{E_0 - E_n} + \cdots$$

$$= |0\rangle + \frac{\lambda^2}{2}\sum_n |n\rangle$$

$$\cdot\left\{\sum_m\left[\frac{\langle n|a^\dagger + a|m\rangle\langle m|a^\dagger + a|0\rangle}{(E_0 - E_n)(E_0 - E_m)} - \frac{\langle n|a^\dagger + a|m\rangle\langle m|a^\dagger + a|0\rangle}{(E_m - E_n)(E_0 - E_n)}\right]\right\} + \cdots$$

für $\lambda \neq 0$ hat $\tilde{\Phi}_0$ keine Bosonen in erster Ordnung von λ. Betrachtet man

$$\Phi_0 = e^S\tilde{\Phi}_0 = \left(1 + S + \frac{1}{2!}S^2 + \cdots\right)\tilde{\Phi}_0$$

$$= \left(1 + S + \frac{1}{2!}S^2 + \cdots\right)\left(|0\rangle + \sum_n |n\rangle 0(\lambda^2) + \cdots\right)$$

$$= |0\rangle + S|0\rangle + \cdots$$

$$= |0\rangle + \sum_n |n\rangle\langle n|S|0\rangle + \cdots$$

$$= |0\rangle - \frac{\lambda}{\hbar\omega}|1\rangle + \cdots$$

so hat Φ_0 Bosonen in erster Ordnung von λ.

7. a. Das elektrische Feld, das durch die Polarisation erzeugt wird, ist gegeben durch $\nabla\cdot(\mathbf{E} + 4\pi\mathbf{P}) = 0$.

$$\mathbf{E} = -\nabla\phi(z) = -\hat{z}\frac{\partial\phi}{\partial z}.$$

$$\mathbf{P} = \hat{z}P_z = \hat{z}C_p e_{zz} = \hat{z}C_p\frac{\partial R_z}{\partial z}.$$

$$\nabla\cdot\mathbf{E} = -\frac{\partial^2\phi}{\partial z^2} = -4\pi\nabla\cdot\mathbf{P} = -4\pi C_p\frac{\partial^2 R_z}{\partial z^2}.$$

So ist $\phi(z) = 4\pi C_p R_z(z)$,

$$R_z = \sum_q \sqrt{\frac{\hbar}{2\rho\omega_q}}\left(b_q e^{iqz} + b_q^\dagger e^{-iqz}\right),$$

ρ ist die Dichte des Mediums.

Die Elektron-Phonon-Wechselwirkung ist $-e\phi(z)$.

$$H'(z) = -4\pi C_p e\sum_{\mathbf{q}}\sqrt{\frac{\hbar}{2\rho\omega_{\mathbf{q}}}}\left(b_{\mathbf{q}} e^{iqz} + b_{\mathbf{q}}^\dagger e^{-iqz}\right)$$

$$= -e\phi(z), \quad \mathbf{q} = q\hat{z}.$$

In der Form der zweiten Quantisierung erhält man

$$H' = \int\psi^*(\mathbf{x})(-e\phi(z))\psi(\mathbf{x})\,d^3x.$$

$$\psi(\mathbf{x}) = \sum_{\mathbf{k}} a_{\mathbf{k}} e^{i\mathbf{k}\cdot\mathbf{x}}\frac{1}{\sqrt{V}},$$

wobei V das Probenvolumen ist.

$$H' = -4\pi e C_p\sum_{\mathbf{q}}\sum_{\mathbf{k}}\sqrt{\frac{\hbar}{2\rho\omega_{\mathbf{q}}}}\left(a_{\mathbf{k}}^\dagger a_{\mathbf{k}-\mathbf{q}} b_{\mathbf{q}} + a_{\mathbf{k}}^\dagger a_{\mathbf{k}+\mathbf{q}} b_{\mathbf{q}}^\dagger\right).$$

$$H' \sim \sqrt{\frac{1}{\omega_{\mathbf{q}}}} \sim q^{-1/2}, \qquad \omega_{\mathbf{q}} = c_s q.$$

b. Die Beweglichkeit $\mu_{\mathbf{k}} = \dfrac{e\tau_{\mathbf{k}}}{m}$. Die Streurate durch Elektron-Phonon-Wechselwirkung ist

$$\frac{1}{\tau_{\mathbf{k}}} = \frac{2\pi}{\hbar}\sum_{\mathbf{q}}\Big\{\left|\langle\mathbf{k}-\mathbf{q}, n_{\mathbf{q}}+1|H'|\mathbf{k}, n_{\mathbf{q}}\rangle\right|^2 \delta(\varepsilon_{\mathbf{k}} - \hbar\omega_{\mathbf{q}} - \varepsilon_{\mathbf{k}-\mathbf{q}})$$
$$+\left|\langle\mathbf{k}+\mathbf{q}, n_{\mathbf{q}}-1|H'|\mathbf{k}, n_{\mathbf{q}}\rangle\right|^2 \delta(\varepsilon_{\mathbf{k}} + \hbar\omega_{\mathbf{q}} - \varepsilon_{\mathbf{k}+\mathbf{q}})\Big\}$$
$$= \frac{2\pi}{\hbar}(4\pi e C_p)^2\sum_{\mathbf{q}}\left(\frac{\hbar}{2\rho\omega_{\mathbf{q}}}\right)\Big\{(n_{\mathbf{q}}+1)\,\delta(\varepsilon_{\mathbf{k}} - \hbar\omega_{\mathbf{q}} - \varepsilon_{\mathbf{k}-\mathbf{q}})$$
$$+ n_{\mathbf{q}}\,\delta(\varepsilon_{\mathbf{k}} + \hbar\omega_{\mathbf{q}} - \varepsilon_{\mathbf{k}+\mathbf{q}})\Big\}.$$

$$\mu_{\mathbf{k}}^{-1} = \left(\frac{m}{e}\right)\frac{2\pi}{\hbar}(4\pi e C_p)^2\sum_{\mathbf{q}}\left(\frac{\hbar}{2\rho\omega_{\mathbf{q}}}\right)$$
$$\times\Big\{(n_{\mathbf{q}}+1)\,\delta(\varepsilon_{\mathbf{k}} - \hbar\omega_{\mathbf{q}} - \varepsilon_{\mathbf{k}-\mathbf{q}})$$
$$+ n_{\mathbf{q}}\,\delta(\varepsilon_{\mathbf{k}} + \hbar\omega_{\mathbf{q}} - \varepsilon_{\mathbf{k}+\mathbf{q}})\Big\}.$$

$$n_{\mathbf{q}} = \frac{1}{e^{\hbar\omega_{\mathbf{q}}\beta}-1}, \qquad \beta = \frac{1}{k_B T}.$$

$k_B T > \hbar\omega_{\mathbf{q}}$, dann ist $\quad n_{\mathbf{q}} + 1 \simeq n_{\mathbf{q}} \sim \dfrac{k_B T}{\hbar\omega_{\mathbf{q}}}$.

Es gilt auch $\varepsilon_{\mathbf{k}} \gg \hbar\omega_{\mathbf{q}}$,

$$\mu_{\mathbf{k}}^{-1} = \left(\frac{m}{e}\right)\left(\frac{2\pi}{\hbar}\right)(4\pi e C_p)^2\frac{1}{(2\pi)^3}\int d^3q\left(\frac{\hbar}{2\rho c_s q}\right)\left(\frac{k_B T}{\hbar\omega_{\mathbf{q}}}\right)$$
$$\times\left\{\delta\left(\frac{\hbar^2}{2m}q(2k\cos\theta - q)\right) + \delta\left(\frac{\hbar^2}{2m}q(-2k\cos\theta - q)\right)\right\}$$
$$\sim \frac{T}{k}.$$

In Halbleitern, $\left\langle\dfrac{\hbar^2 k^2}{2m}\right\rangle_T \sim k_B T, \qquad k \sim T^{1/2}.$

$$\mu_{\mathbf{k}}^{-1} \sim T^{1/2}, \qquad \mu_{\mathbf{k}} \sim T^{-1/2}.$$

Kapitel 8

4. $N_{\mathbf{k}} = c^\dagger_{\mathbf{k}} c_{\mathbf{k}}$.

$$i\hbar \frac{\partial N_{\mathbf{k}}}{\partial t} = i\hbar c^\dagger_{\mathbf{k}} \frac{\partial c_{\mathbf{k}}}{\partial t} + i\hbar \frac{\partial c^\dagger_{\mathbf{k}}}{\partial t} c_{\mathbf{k}}.$$

$$i\hbar c^\dagger_{\mathbf{k}} \frac{\partial c_{\mathbf{k}}}{\partial t} = \varepsilon_{\mathbf{k}} c^\dagger_{\mathbf{k}} c_{\mathbf{k}} - c^\dagger_{\mathbf{k}} c^\dagger_{-\mathbf{k}} V \sum_{\mathbf{k}'}{}' c_{-\mathbf{k}'} c_{\mathbf{k}'}.$$

$$i\hbar \frac{\partial c^\dagger_{\mathbf{k}}}{\partial t} c_{\mathbf{k}} = -\varepsilon_{\mathbf{k}} c^\dagger_{\mathbf{k}} c_{\mathbf{k}} - c_{-\mathbf{k}} V \sum_{\mathbf{k}'}{}' c^\dagger_{-\mathbf{k}'} c^\dagger_{\mathbf{k}'} c_{\mathbf{k}}.$$

$$\begin{aligned} i\hbar \frac{\partial}{\partial t} \sum_{\mathbf{k}} N_{\mathbf{k}} &= -\sum_{\mathbf{k}} c^\dagger_{\mathbf{k}} c^\dagger_{-\mathbf{k}} V \sum_{\mathbf{k}'}{}' c_{-\mathbf{k}'} c_{\mathbf{k}'} - \sum_{\mathbf{k}} c_{-\mathbf{k}} V \sum_{\mathbf{k}'}{}' c^\dagger_{-\mathbf{k}'} c^\dagger_{\mathbf{k}'} c_{\mathbf{k}} \\ &= -\sum_{\mathbf{k}} c^\dagger_{\mathbf{k}} c^\dagger_{-\mathbf{k}} V \sum_{\mathbf{K}'}{}' c_{-\mathbf{k}'} c_{\mathbf{k}'} - \sum_{\mathbf{k}'}{}' c^\dagger_{-\mathbf{k}'} c^\dagger_{\mathbf{k}'} V \sum_{\mathbf{k}} c_{-\mathbf{k}} c_{\mathbf{k}} \\ &= -\sum_{\mathbf{k}} c^\dagger_{\mathbf{k}} c^\dagger_{-\mathbf{k}} V \sum_{\mathbf{k}'}{}' c_{-\mathbf{k}'} c_{\mathbf{k}'} + \sum_{\mathbf{k}'}{}' c^\dagger_{\mathbf{k}'} c^\dagger_{-\mathbf{k}'} V \sum_{\mathbf{k}} c_{-\mathbf{k}} c_{\mathbf{k}} = 0. \end{aligned}$$

5. $b^\dagger_{\mathbf{k}} = c^\dagger_{\mathbf{k}\uparrow} c^\dagger_{-\mathbf{k}\downarrow}, \qquad b_{\mathbf{k}} = c_{-\mathbf{k}\downarrow} c_{\mathbf{k}\uparrow}.$

$$\begin{aligned} [b_{\mathbf{k}}, b^\dagger_{\mathbf{k}'}] &= c_{-\mathbf{k}\downarrow} c_{\mathbf{k}\uparrow} c^\dagger_{\mathbf{k}'\uparrow} c^\dagger_{-\mathbf{k}'\downarrow} - c^\dagger_{\mathbf{k}'\uparrow} c^\dagger_{-\mathbf{k}'\downarrow} c_{-\mathbf{k}\downarrow} c_{\mathbf{k}\uparrow} \\ &= c_{-\mathbf{k}\downarrow} \left(\delta_{\mathbf{k}\mathbf{k}'} - c^\dagger_{\mathbf{k}'\uparrow} c_{\mathbf{k}\uparrow} \right) c^\dagger_{-\mathbf{k}'\downarrow} - c^\dagger_{\mathbf{k}'\uparrow} c^\dagger_{-\mathbf{k}'\downarrow} c_{-\mathbf{k}\downarrow} c_{\mathbf{k}\uparrow} \\ &= \left(1 - c^\dagger_{-\mathbf{k}'\downarrow} c_{-\mathbf{k}\downarrow}\right) \delta_{\mathbf{k}\mathbf{k}'} - c^\dagger_{\mathbf{k}'\uparrow} c_{\mathbf{k}\uparrow} c_{-\mathbf{k}\downarrow} c^\dagger_{-\mathbf{k}'\downarrow} \\ &\quad - c^\dagger_{\mathbf{k}'\uparrow} c^\dagger_{-\mathbf{k}'\downarrow} c_{-\mathbf{k}\downarrow} c_{\mathbf{k}\uparrow} \\ &= (1 - n_{\mathbf{k}\downarrow}) \delta_{\mathbf{k}\mathbf{k}'} - n_{\mathbf{k}\uparrow} \delta_{\mathbf{k}\mathbf{k}'} + c^\dagger_{\mathbf{k}'\uparrow} c^\dagger_{-\mathbf{k}'\downarrow} c_{-\mathbf{k}\downarrow} c_{\mathbf{k}\uparrow} \\ &\quad - c^\dagger_{\mathbf{k}'\uparrow} c^\dagger_{-\mathbf{k}'\downarrow} c_{-\mathbf{k}\downarrow} c_{\mathbf{k}\uparrow} \\ &= \left(1 - n_{\mathbf{k}\downarrow} - n_{\mathbf{k}\uparrow}\right) \delta_{\mathbf{k}\mathbf{k}'}. \end{aligned}$$

$$\begin{aligned} [b_{\mathbf{k}}, b_{\mathbf{k}'}] &= [c_{\mathbf{k}\downarrow} c_{\mathbf{k}\uparrow}, c_{-\mathbf{k}'\downarrow} c_{\mathbf{k}'\uparrow}] \\ &= c_{-\mathbf{k}\downarrow} c_{\mathbf{k}\uparrow} c_{-\mathbf{k}'\downarrow} c_{\mathbf{k}'\uparrow} - c_{-\mathbf{k}'\downarrow} c_{\mathbf{k}'\uparrow} c_{-\mathbf{k}\downarrow} c_{\mathbf{k}\uparrow} \\ &= c_{-\mathbf{k}'\downarrow} c_{\mathbf{k}'\uparrow} c_{-\mathbf{k}\downarrow} c_{\mathbf{k}\uparrow} - c_{-\mathbf{k}'\downarrow} c_{\mathbf{k}'\uparrow} c_{-\mathbf{k}\downarrow} c_{\mathbf{k}\uparrow} = 0. \end{aligned}$$

$$\begin{aligned} \{b_{\mathbf{k}}, b_{\mathbf{k}'}\} &= 2 c_{-\mathbf{k}'\downarrow} c_{\mathbf{k}'\uparrow} c_{-\mathbf{k}\downarrow} c_{\mathbf{k}\uparrow} = 2 c_{-\mathbf{k}\downarrow} c_{\mathbf{k}\uparrow} c_{-\mathbf{k}'\downarrow} c_{\mathbf{k}'\uparrow} \\ &= 2 b_{\mathbf{k}} b_{\mathbf{k}'} \end{aligned}$$

für $\mathbf{k} \neq \mathbf{k}'$.

$= 0$ für $\mathbf{k} = \mathbf{k}'$, weil $c_{\mathbf{k}\uparrow} c_{\mathbf{k}\uparrow} |0\rangle = 0$.

$$\{b_{\mathbf{k}}, b_{\mathbf{k}'}\} = 2 b_{\mathbf{k}} b_{\mathbf{k}'} \{1 - \delta_{\mathbf{k}\mathbf{k}'}\}.$$

6. $H_{\text{red}} = \sum_{\mathbf{k}} \varepsilon_{\mathbf{k}}(c^\dagger_{\mathbf{k}} c_{\mathbf{k}} + c^\dagger_{-\mathbf{k}} c_{-\mathbf{k}}) - V \sum'_{\mathbf{k},\mathbf{k}'} c^\dagger_{\mathbf{k}'} c^\dagger_{-\mathbf{k}'} c_{-\mathbf{k}} c_{\mathbf{k}}$. Die Wellenfunktion des Grundzustands ist $|\Phi_0\rangle$ und die des angeregten Zustands ist $|\Phi_e\rangle = \alpha^\dagger_{\mathbf{k}} \alpha^\dagger_{\mathbf{k}'} |\Phi_0\rangle$, wobei

$$c_{\mathbf{k}} = u_{\mathbf{k}} \alpha_{\mathbf{k}} + v_{\mathbf{k}} \alpha^\dagger_{-\mathbf{k}}, \qquad c_{-\mathbf{k}} = u_{\mathbf{k}} \alpha_{-\mathbf{k}} - v_{\mathbf{k}} \alpha^\dagger_{\mathbf{k}}.$$

$$c^\dagger_{\mathbf{k}} = u_{\mathbf{k}} \alpha^\dagger_{\mathbf{k}} + v_{\mathbf{k}} \alpha_{-\mathbf{k}}, \qquad c^\dagger_{-\mathbf{k}} = u_{\mathbf{k}} \alpha^\dagger_{-\mathbf{k}} - v_{\mathbf{k}} \alpha_{\mathbf{k}}.$$

Man betrachte (i)

$$\langle \Phi_e | c^\dagger_{\mathbf{k}} c_{\mathbf{k}} | \Phi_e \rangle = \langle \Phi_0 | \alpha_2 \alpha_1 \big(u_{\mathbf{k}} \alpha^\dagger_{\mathbf{k}} + v_{\mathbf{k}} \alpha_{-\mathbf{k}} \big) \big(u_{\mathbf{k}} \alpha_{\mathbf{k}} + v_{\mathbf{k}} \alpha^\dagger_{-\mathbf{k}} \big) \alpha^\dagger_1 \alpha^\dagger_2 | \Phi_0 \rangle$$

Für $\mathbf{k} \neq 1,2$ liefert nur $v^2_{\mathbf{k}} \alpha_{-\mathbf{k}} \alpha^\dagger_{-\mathbf{k}}$ einen Beitrag, nach Gleichung 95.
Für $\mathbf{k} = 1$ oder 2 verschwindet $u^2_{\mathbf{k}} \alpha^\dagger_{\mathbf{k}} \alpha_{\mathbf{k}}$ nicht.

Durch Kombination der Ausdrücke $c^\dagger_{-\mathbf{k}} c_{-\mathbf{k}}$,

$$\begin{aligned} \langle \Phi_e | \sum_{\mathbf{k}} \varepsilon_{\mathbf{k}} \big(c^\dagger_{\mathbf{k}} c_{\mathbf{k}} + c^\dagger_{-\mathbf{k}} c_{-\mathbf{k}} \big) | \Phi_e \rangle &= \sum_{\mathbf{k} \neq 1,2} v^2_{\mathbf{k}} \varepsilon_{\mathbf{k}} + u^2_1 \varepsilon_1 + u^2_2 \varepsilon_2 \\ &= \sum_{\mathbf{k}} v^2_{\mathbf{k}} \varepsilon_{\mathbf{k}} - v^2_1 \varepsilon_1 - v^2_2 \varepsilon_2 + u^2_1 \varepsilon_1 + u^2_2 \varepsilon_2. \end{aligned}$$

Man betrachte (ii)

$$\begin{aligned} \langle \Phi_e | c^\dagger_{\mathbf{k}'} c^\dagger_{-\mathbf{k}'} c_{-\mathbf{k}} c_{\mathbf{k}} | \Phi_e \rangle &= \langle \Phi_0 | \alpha_2 \alpha_1 \big(u_{\mathbf{k}'} \alpha^\dagger_{\mathbf{k}'} + v_{\mathbf{k}'} \alpha_{-\mathbf{k}'} \big) \big(u_{\mathbf{k}'} \alpha^\dagger_{-\mathbf{k}'} - v_{\mathbf{k}'} \alpha_{\mathbf{k}'} \big) \\ &\quad \times \big(u_{\mathbf{k}} \alpha_{-\mathbf{k}} - v_{\mathbf{k}} \alpha^\dagger_{\mathbf{k}} \big) \big(u_{\mathbf{k}} \alpha_{\mathbf{k}} + v_{\mathbf{k}} \alpha^\dagger_{-\mathbf{k}} \big) \alpha^\dagger_1 \alpha^\dagger_2 | \Phi_0 \rangle. \end{aligned}$$

Für $\mathbf{k}', \mathbf{k} \neq 1,2,$ $\quad u_{\mathbf{k}'} v_{\mathbf{k}'} u_{\mathbf{k}} v_{\mathbf{k}} (\alpha_{-\mathbf{k}'} \alpha^\dagger_{-\mathbf{k}'} \alpha_{-\mathbf{k}} \alpha^\dagger_{-\mathbf{k}})$ liefert einen Beitrag.
Für $\mathbf{k}' = 1$, $\mathbf{k} = 2$ oder umgekehrt, erhält man

$$\begin{aligned} \langle \Phi_0 | \alpha_2 \alpha_1 \big[& (- u_1 v_1 u_2 v_2) \alpha^\dagger_1 \alpha_1 \alpha_{-2} \alpha^\dagger_{-2} + (u_1 v_1 u_2 v_2) \alpha_{-1} \alpha^\dagger_{-1} \alpha_{-2} \alpha^\dagger_{-2} \\ & + (- u_1 v_1 u_2 v_2) \alpha^\dagger_1 \alpha_1 \alpha^\dagger_2 \alpha_2 \\ & + (u_1 v_1 u_2 v_2) \alpha_{-1} \alpha^\dagger_{-1} \alpha^\dagger_2 \alpha_2 \big] \alpha^\dagger_1 \alpha^\dagger_2 | \Phi_0 \rangle = 0. \end{aligned}$$

Auf die gleiche Art gibt es keinen Beitrag für $\mathbf{k}' = 1$ und $\mathbf{k}$ beliebig oder umgekehrt

$$\begin{aligned} \langle \Phi_e | - V \sum'_{\mathbf{k},\mathbf{k}'} c^\dagger_{\mathbf{k}'} c^\dagger_{-\mathbf{k}'} c_{-\mathbf{k}} c_{\mathbf{k}} | \Phi_e \rangle &= - V \sum'_{\mathbf{k},\mathbf{k}' \neq 1,2} u_{\mathbf{k}'} v_{\mathbf{k}'} u_{\mathbf{k}} v_{\mathbf{k}} \\ &= - V \sum'_{\mathbf{k},\mathbf{k}'} u_{\mathbf{k}'} v_{\mathbf{k}'} u_{\mathbf{k}} v_{\mathbf{k}} + 2 V u_1 v_1 \sum'_{\mathbf{k}} u_{\mathbf{k}} v_{\mathbf{k}} \\ &\quad + 2 V u_2 v_2 \sum'_{\mathbf{k}} u_{\mathbf{k}} v_{\mathbf{k}} - 2 V u_1 v_1 u_2 u_2. \end{aligned}$$

$$\langle\Phi_e|H_{\text{red}}|\Phi_e\rangle - \langle\Phi_0|H_{\text{red}}|\Phi_0\rangle = (u_1^2 - v_1^2)\varepsilon_1 + (u_2^2 - v_2^2)\varepsilon_2 + 2V(u_1v_1 + u_2v_2)\sum_{\mathbf{k}}{}' u_{\mathbf{k}}v_{\mathbf{k}} - 2Vu_1v_1u_2v_2 = E.$$

Es soll gelten

$$u_{\mathbf{k}} = \cos\frac{\theta_{\mathbf{k}}}{2}, \quad v_{\mathbf{k}} = \sin\frac{\theta_{\mathbf{k}}}{2}.$$

$$u_1^2 - v_1^2 = \cos^2\theta_1/2 - \sin^2\theta_1/2 = \cos\theta_1 = \frac{\varepsilon_1}{\sqrt{\Delta^2 + \varepsilon_1^2}}.$$

$$2u_1v_1 = 2\sin\theta_1/2\cos\theta_1/2 = \sin\theta_1 = \frac{\Delta}{\sqrt{\Delta^2 + \varepsilon_1^2}}.$$

$$\sum_{\mathbf{k}}{}' u_{\mathbf{k}}v_{\mathbf{k}} = \frac{1}{2}\sum_{\mathbf{k}}{}' \sin\theta_{\mathbf{k}} = \frac{\varepsilon_{\mathbf{k}}}{V}\tan\theta_{\mathbf{k}} = \frac{\Delta}{V}.$$

$$E = \frac{\varepsilon_1^2}{(\Delta^2 + \varepsilon_1^2)^{1/2}} + \frac{\varepsilon_2^2}{(\Delta^2 + \varepsilon_2^2)^{1/2}} + \frac{\Delta^2}{(\Delta^2 + \varepsilon_1^2)^{1/2}} + \frac{\Delta^2}{(\Delta^2 + \varepsilon_2^2)^{1/2}} - \frac{2V}{4}\cdot\frac{\Delta}{(\Delta^2 + \varepsilon_1^2)^{1/2}}\cdot\frac{\Delta}{(\Delta^2 + \varepsilon_2^2)^{1/2}}$$

$$= (\varepsilon_1^2 + \Delta^2)^{1/2} + (\varepsilon_2^2 + \Delta^2)^{1/2} - \frac{V}{2}\cdot\frac{\Delta^2}{(\Delta^2 + \varepsilon_1^2)^{1/2}(\Delta^2 + \varepsilon_2^2)^{1/2}}$$

$$= \lambda_1 + \lambda_2 - \frac{V\Delta^2}{2\lambda_1\lambda_2} \simeq \lambda_1 + \lambda_2, \qquad \text{wobei } \lambda_i = (\varepsilon_i^2 + \Delta)^{1/2}.$$

Im allgemeinen $|\Phi_e\rangle = \alpha_{\mathbf{k}'}^\dagger\alpha_{\mathbf{k}''}^\dagger|\Phi_0\rangle$, $E = \lambda_{\mathbf{k}'} + \lambda_{\mathbf{k}''}$.
Für $\mathbf{k}' = -\mathbf{k}''$, $E = 2\lambda_{\mathbf{k}'}$.

8. $E_{\mathbf{k}} = (\varepsilon_{\mathbf{k}}^2 + \Delta^2)^{1/2}$. Die normale Zustandsdichte der Elektronen soll $D_N(\varepsilon)$ sein und die Zustandsdichte der Elektronen im Supraleiter soll $D_s(E)$ sein; zwischen diesen besteht eine eins zu eins Übereinstimmung.

$$D_s(E_{\mathbf{k}})\,dE_{\mathbf{k}} = D_N(\varepsilon_{\mathbf{k}})\,d\varepsilon_{\mathbf{k}}.$$

$$D_s(E_{\mathbf{k}}) = D_N(\varepsilon_{\mathbf{k}})\frac{d\varepsilon_{\mathbf{k}}}{dE_{\mathbf{k}}} = D_N(\varepsilon_{\mathbf{k}})\bigg/\left(\frac{dE_{\mathbf{k}}}{d\varepsilon_{\mathbf{k}}}\right)$$

$$= \frac{D_N(\varepsilon_{\mathbf{k}})(\Delta^2 + \varepsilon_{\mathbf{k}}^2)^{1/2}}{\varepsilon_{\mathbf{k}}} = D_N(\varepsilon_{\mathbf{k}})\cdot\frac{E_{\mathbf{k}}}{\varepsilon_{\mathbf{k}}}$$

$$= D_N\left(\sqrt{E_k^2 - \Delta^2}\right)\frac{E_{\mathbf{k}}}{\sqrt{E_k^2 - \Delta^2}}.$$

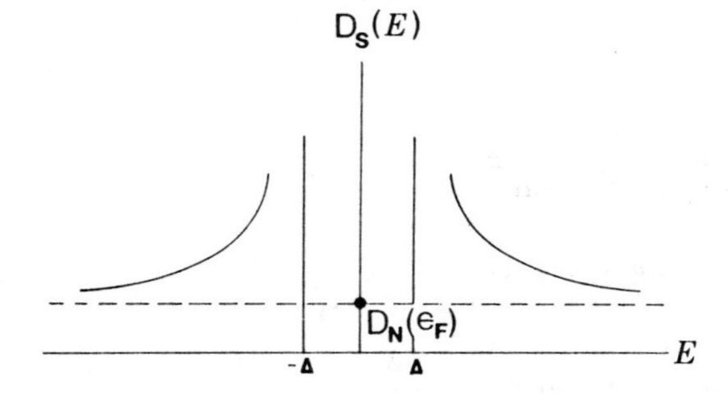

Bild 8.1: $D_s(E)$ als Funktion von E.

Für

$$E_{\mathbf{k}} < \Delta, \qquad D_s(E_{\mathbf{k}}) = 0,$$

$$E_{\mathbf{k}} > \Delta, \qquad D_s(E_{\mathbf{k}}) = \frac{D_N\left(\sqrt{E_{\mathbf{k}}^2 - \Delta^2}\right)E_{\mathbf{k}}}{\sqrt{E_{\mathbf{k}}^2 - \Delta^2}} \simeq \frac{D_N(\varepsilon_F)E_{\mathbf{k}}}{\sqrt{E_{\mathbf{k}}^2 - \Delta^2}}.$$

Da $\mathbf{k}$ nahe bei k_F liegt, können wir den Index weglassen.

$$E < \Delta, \qquad D_s(E) = 0,$$

$$E > \Delta, \qquad D_s(E) = \frac{D_N(\varepsilon_F)E}{\sqrt{E^2 - \Delta^2}}.$$

Kapitel 9

1. $\langle\phi|O_1|K\phi\rangle$. Nach Gl. (32) $\langle\phi|O_1|K\phi\rangle = (\langle\phi|K^{-1}O_1^\dagger K^{-1})|K\phi\rangle = \langle\phi|K^{-1}O_1^\dagger K^{-1}K|\phi\rangle = \langle\phi|K^{-1}O_1^\dagger|\phi\rangle = \langle\phi|O_1K^{-1}|\phi\rangle$, wegen $KO_1K^{-1} = 0_1^\dagger$. Nach Gl. (33) $K^{-1}|\phi\rangle = -K|\phi\rangle$, so, $\langle\phi|O_1|K\phi\rangle = -\langle\phi|O_1K|\phi\rangle = 0$.

2. $\langle K\phi|O_1|K\phi\rangle = (\langle\phi|K^{-1}O_1^\dagger K^{-1})K^2|\phi\rangle = -\langle\phi|K^{-1}O_1^\dagger K^{-1}|\phi\rangle = -\langle\phi|O_1K^{-1}K^{-1}|\phi\rangle = \langle\phi|O_1|\phi\rangle$, nach Aufgabe 1.

7. Gl. (49): $\langle\mathbf{k}|\mathbf{v}|\mathbf{k}\rangle = \langle\mathbf{k}|\mathbf{p}/m|\mathbf{k}\rangle = \frac{\hbar}{m}\sum_{\mathbf{G}}(\mathbf{k} + \mathbf{G})|f_{\mathbf{G}}(\mathbf{k})|^2$
$= \frac{1}{\hbar}\nabla_{\mathbf{k}}\varepsilon(\mathbf{k})$. $\mathbf{v} = \mathbf{p}/m$, $\quad\langle\mathbf{k}|\mathbf{v}|\mathbf{k}\rangle = \langle\mathbf{k}|\mathbf{p}/m|\mathbf{k}\rangle$.
$|\mathbf{k}\rangle = e^{i\mathbf{k}\cdot\mathbf{x}}\sum_{\mathbf{G}} f_{\mathbf{G}}(\mathbf{k})\,e^{i\mathbf{G}\cdot\mathbf{x}}\sqrt{\Omega}$, wobei Ω das Probenvolumen ist.
Hier soll es 1 sein.

$$\mathbf{p}|\mathbf{k}\rangle = \frac{\hbar}{i}\nabla\left(\sum_{\mathbf{G}} f_{\mathbf{G}}(\mathbf{k})\, e^{i(\mathbf{k}+\mathbf{G})\cdot\mathbf{r}}\right) = \hbar\sum_{\mathbf{G}}(\mathbf{k}+\mathbf{G}) f_{\mathbf{G}}(\mathbf{k})\, e^{i(\mathbf{k}+\mathbf{G})\cdot\mathbf{r}}.$$

$$\begin{aligned}\langle\mathbf{k}|\mathbf{p}/m|\mathbf{k}\rangle &= \frac{\hbar}{m}\sum_{\mathbf{G},\mathbf{G}'}(\mathbf{k}+\mathbf{G}) f^*_{\mathbf{G}'}(k) f_{\mathbf{G}}(\mathbf{k})\int e^{-i(\mathbf{k}+\mathbf{G}')\cdot\mathbf{r}} e^{i(\mathbf{k}+\mathbf{G})\cdot\mathbf{r}}\, d^3r \\ &= \frac{\hbar}{m}\sum_{\mathbf{G},\mathbf{G}'}(\mathbf{k}+\mathbf{G}) f^*_{\mathbf{G}'}(\mathbf{k}) f_{\mathbf{G}}(\mathbf{k})\,\delta(\mathbf{G}'-\mathbf{G}) \\ &= \frac{\hbar}{m}\sum_{\mathbf{G}}(\mathbf{k}+\mathbf{G})|\,f_{\mathbf{G}}(\mathbf{k})\,|^2.\end{aligned}$$

Nach Gl. (47)

$$\begin{aligned}&\nabla_{\mathbf{k}}\left\{\sum_{\mathbf{G}}\frac{\hbar^2}{2m}(\mathbf{k}+\mathbf{G})^2|\,f_{\mathbf{G}}(\mathbf{k})\,|^2 + \sum_{\mathbf{G}} f^*_{\mathbf{G}}(\mathbf{k})\sum_{\mathbf{g}} V(\mathbf{G}-\mathbf{g}) f_{\mathbf{g}}(\mathbf{k})\right\} \\ &\quad = \nabla_{\mathbf{k}}\left\{\varepsilon(\mathbf{k})\sum_{\mathbf{G}}|\,f_{\mathbf{G}}(\mathbf{k})\,|^2\right\}.\end{aligned}$$

Wenn man die Gradientenoperation ausführt, erhält man

$$\begin{aligned}&\frac{\hbar^2}{m}\sum_{\mathbf{G}}(\mathbf{k}+\mathbf{G})|\,f_{\mathbf{G}}(\mathbf{k})\,|^2 + \sum_{\mathbf{G}}\frac{\hbar^2}{2m}(\mathbf{k}+\mathbf{G})^2\nabla_{\mathbf{k}}|\,f_{\mathbf{G}}(\mathbf{k})\,|^2 \\ &\quad + \sum_{\mathbf{G}}\nabla_{\mathbf{k}} f^*_{\mathbf{G}}(\mathbf{k})\sum_{\mathbf{g}} V(\mathbf{G}-\mathbf{g}) f_{\mathbf{g}}(\mathbf{k}) \\ &\quad + \sum_{\mathbf{G}} f^*_{\mathbf{G}}(\mathbf{k})\sum_{\mathbf{g}} V(\mathbf{G}-\mathbf{g})\nabla_{\mathbf{k}} f_{\mathbf{g}}(\mathbf{k}) \\ &\quad = (\nabla_{\mathbf{k}}\varepsilon(\mathbf{k}))\sum_{\mathbf{G}}|\,f_{\mathbf{G}}(\mathbf{k})\,|^2 + \varepsilon(\mathbf{k})\sum_{\mathbf{G}}\nabla_{\mathbf{k}}|\,f_{\mathbf{G}}(\mathbf{k})\,|^2.\end{aligned}$$

Weil

$$\begin{aligned}\langle\varphi_{\mathbf{k}}|\varphi_{\mathbf{k}}\rangle = 1 &= \sum_{\mathbf{G},\mathbf{G}'} f^*_{\mathbf{G}}(\mathbf{k}) f_{\mathbf{G}'}(\mathbf{k})\int e^{-i(\mathbf{k}+\mathbf{G})\cdot r} e^{i(\mathbf{k}+\mathbf{G}')\cdot\mathbf{r}}\, d^3r \\ &= \sum_{\mathbf{G}}|\,f_{\mathbf{G}}(\mathbf{k})\,|^2,\end{aligned}$$

so ist

$$\nabla_{\mathbf{k}}\sum_{\mathbf{G}}|\,f_{\mathbf{G}}(\mathbf{k})\,|^2 = 0.$$

$$\sum_{\mathbf{G}} \frac{\hbar^2}{2m} (\mathbf{k}+\mathbf{G})^2 \nabla_{\mathbf{k}} |f_{\mathbf{G}}(\mathbf{k})|^2$$
$$= \sum_{\mathbf{G}} \frac{\hbar^2}{2m} (\mathbf{k}+\mathbf{G})^2 \{ (\nabla_{\mathbf{k}} f^*_{\mathbf{G}}(\mathbf{k})) f_{\mathbf{G}}(\mathbf{k}) + f^*_{\mathbf{G}}(\mathbf{k}) \nabla_{\mathbf{k}} f_{\mathbf{G}}(\mathbf{k}) \}.$$

Wenn man dieses Ergebnis verbindet mit

$$\sum_{\mathbf{G}} \nabla_{\mathbf{k}} f^*_{\mathbf{G}}(\mathbf{k}) \sum_{\mathbf{g}} V(\mathbf{G}-\mathbf{g}) f_{\mathbf{g}}(\mathbf{k}) + \sum_{\mathbf{G}} f^*_{\mathbf{G}}(\mathbf{k}) \sum_{\mathbf{g}} V(\mathbf{G}-\mathbf{g}) \nabla_{\mathbf{k}} f_{\mathbf{g}}(\mathbf{k})$$

so ergibt sich

$$\sum_{\mathbf{G}} \varepsilon(\mathbf{k}) \{ \nabla_{\mathbf{k}} f^*_{\mathbf{G}}(\mathbf{k})) f_{\mathbf{G}}(\mathbf{k}) + f^*_{\mathbf{G}}(\mathbf{k}) \nabla_{\mathbf{k}} f_{\mathbf{G}}(\mathbf{k}) \}$$
$$= \sum_{\mathbf{G}} \varepsilon(\mathbf{k}) \nabla_{\mathbf{k}} |f_{\mathbf{G}}(\mathbf{k})|^2,$$

Es ist

$$\frac{\hbar}{m} \sum_{\mathbf{G}} (\mathbf{k}+\mathbf{G}) |f_{\mathbf{G}}(\mathbf{k})|^2 = \frac{1}{\hbar} \nabla_{\mathbf{k}} \varepsilon(\mathbf{k}).$$

8. Nach Gl. (49)

$$\frac{1}{\hbar} \nabla_{\mathbf{k}} \varepsilon(\mathbf{k}) = \frac{\hbar}{m} \sum_{\mathbf{G}} (\mathbf{k}+\mathbf{G}) |f_{\mathbf{G}}(\mathbf{k})|^2.$$
$$\frac{1}{\hbar} \frac{\partial}{\partial k_\mu} \varepsilon(\mathbf{k}) = \frac{\hbar}{m} \sum_{\mathbf{G}} (k_\mu + G_\mu) |f_{\mathbf{G}}(\mathbf{k})|^2.$$
$$\frac{1}{\hbar} \frac{\partial^2}{\partial k_\nu \partial k_\mu} \varepsilon(\mathbf{k}) = \frac{\hbar}{m} \sum_{\mathbf{G}} \left\{ \frac{\partial}{\partial k_\nu} (k_\mu + G_\mu) |f_{\mathbf{G}}(\mathbf{k})|^2 + (k_\mu + G_\mu) \frac{\partial}{\partial k_\nu} |f_{\mathbf{G}}(\mathbf{k})|^2 \right\}$$
$$= \frac{\hbar}{m} \left\{ \sum_{\mathbf{G}} \delta_{\mu\nu} |f_{\mathbf{G}}(\mathbf{k})|^2 + \sum_{\mathbf{G}} (k_\mu + G_\mu) \frac{\partial}{\partial k_\nu} |f_{\mathbf{G}}(\mathbf{k})|^2 \right\}.$$

Nach Gl. (46)

$$\langle \varphi_{\mathbf{k}}(\mathbf{x}) | \varphi_{\mathbf{k}}(\mathbf{x}) \rangle = 1 = \sum_{\mathbf{G},\mathbf{G}'} f^*_{\mathbf{G}'}(\mathbf{k}) f_{\mathbf{G}}(\mathbf{k}) \int e^{-i(\mathbf{k}+\mathbf{G}')\cdot\mathbf{r}} e^{i(\mathbf{k}+\mathbf{G})\cdot\mathbf{r}} d^3 r$$
$$= \sum_{\mathbf{G}} |f_{\mathbf{G}}(\mathbf{k})|^2.$$

So ist

$$\frac{\partial}{\partial k_\nu}\sum_{\mathbf{G}}|f_{\mathbf{G}}(\mathbf{k})|^2=0.$$

$$\frac{1}{\hbar}\frac{\partial^2}{\partial k_\mu\,\partial k_\nu}\varepsilon(\mathbf{k})=\frac{\hbar}{m}\delta_{\mu\nu}+\frac{\hbar}{m}\sum_{\mathbf{G}}G_\mu\frac{\partial}{\partial k_\nu}|f_{\mathbf{G}}(\mathbf{k})|^2.$$

Nach Gl. (50)

$$\left(\frac{1}{m^*}\right)_{\mu\nu}=\frac{1}{\hbar^2}\frac{\partial^2}{\partial k_\mu\,\partial k_\nu}\varepsilon(\mathbf{k}),$$

$$\left(\frac{1}{m^*}\right)_{\mu\nu}=\frac{1}{m}\left\{\delta_{\mu\nu}+\sum_{\mathbf{G}}G_\mu\frac{\partial}{\partial k_\nu}|f_{\mathbf{G}}(\mathbf{k})|^2\right\}.$$

9. Gl. (56): $\left(\frac{m}{m^*}\right)_{\mu\nu}=\delta_{\mu\nu}+\frac{2\hbar^2}{m}\sum_{\delta}{}'\frac{\langle\gamma 0|k_\mu|0\delta\rangle\langle 0\delta|k_\nu|0\gamma\rangle}{\varepsilon_{\gamma 0}-\varepsilon_{\delta 0}}.$

$$\phi_{0\gamma}=\frac{1}{\sqrt{N}}\sum_j v_\gamma(\mathbf{r}-\mathbf{r}_j),$$

$$p_\nu\phi_{0\gamma}=\frac{1}{\sqrt{N}}\sum_j p_\nu v_\gamma(\mathbf{r}-\mathbf{r}_j).$$

$$\langle 0\delta|p_\gamma|0\gamma\rangle=\frac{1}{N}\sum_{j,j'}\int v_\delta(\mathbf{r}-\mathbf{r}_{j'})p_\nu v_\gamma(\mathbf{r}-\mathbf{r}_j)\,d^3r.$$

In der atomaren Begrenzung

$$\int v_\delta(\mathbf{r}-\mathbf{r}_{j'})p_\nu v_\gamma(\mathbf{r}-\mathbf{r}_j)\,d^3r=\delta_{jj'}\langle v_\delta|p_\nu|v_\gamma\rangle,$$

wobei

$$\langle v_\delta|p_\nu|v_\gamma\rangle=\int v_\delta(\mathbf{r}-\mathbf{r}_j)p_\nu v_\gamma(\mathbf{r}-\mathbf{r}_j)\,d^3r=\int v_\delta(\mathbf{r})p_\nu v_\gamma(\mathbf{r})\,d^3r.$$

$$\langle 0\delta|p_\nu|0\gamma\rangle=\langle v_\delta|p_\nu|v_\gamma\rangle=\langle\delta|p_\nu|\gamma\rangle.$$

$$\dot{r}_\nu=\frac{p_\nu}{m}=\frac{-i}{\hbar}[r_\nu,H].$$

$$\left\langle\delta\left|\frac{p_\nu}{m}\right|\gamma\right\rangle=-\frac{i}{\hbar}\langle\delta|[r_\nu,H]|\gamma\rangle=-\frac{i}{\hbar}(\varepsilon_\gamma-\varepsilon_\delta)\langle\delta|r_\nu|\gamma\rangle.$$

$$\left(\frac{m}{m^*}\right)_{\mu\nu}=\delta_{\mu\nu}+\frac{2}{m}\frac{1}{\hbar^2}\sum_{\delta}{}'\frac{m^2}{\varepsilon_\gamma-\varepsilon_\delta}(\varepsilon_\gamma-\varepsilon_\delta)^2\langle\gamma|r_\mu|\delta\rangle\langle\delta|r_\nu|\gamma\rangle$$

$$=\delta_{\mu\nu}-\frac{2m}{\hbar^2}\sum_{\delta}{}'(\varepsilon_\delta-\varepsilon_\gamma)|\langle\gamma|r_\mu|\delta\rangle|^2.$$

$$\left(\frac{m}{m^*}\right)_{xx} = 1 - \frac{2m}{\hbar^2}\sum_\delta{}'(\varepsilon_\delta - \varepsilon_\gamma)|\langle\gamma|x|\delta\rangle|^2 = 0, \text{ nach S. 318.}$$

$$T\varphi_{\mathbf{k}\gamma}(\mathbf{x}) = \varphi_{\mathbf{k}\gamma}(\mathbf{x} + \mathbf{t}_n) = \frac{1}{\sqrt{N}}\sum_j e^{i\mathbf{k}\cdot\mathbf{x}_j} v_\gamma(\mathbf{x} + \mathbf{t}_n - \mathbf{x}_j),$$

$$\text{let } -\mathbf{x}_{j'} = \mathbf{t}_n - \mathbf{x}_j,$$

$$= \frac{1}{\sqrt{N}}\sum_{j'} e^{i\mathbf{k}\cdot(\mathbf{t}_n + \mathbf{x}_{j'})} v_\gamma(\mathbf{x} - \mathbf{x}_{j'})$$

$$= e^{i\mathbf{k}\cdot\mathbf{t}_n}\frac{1}{\sqrt{N}}\sum_j e^{i\mathbf{k}\cdot\mathbf{x}_j} v_\gamma(\mathbf{x} - \mathbf{x}_j).$$

11. $$\varphi_{\mathbf{k}\gamma}(\mathbf{x}) = \varphi_{0\gamma}(\mathbf{x}) + \sum_\delta{}' \frac{\varphi_{0\delta}(\mathbf{x})}{\varepsilon_{\gamma 0} - \varepsilon_{\delta 0}}\langle 0\delta|\hbar\mathbf{k}\cdot\mathbf{p}|0\gamma\rangle\frac{1}{m}.$$

$$\langle\varphi_{\mathbf{k}\gamma}|p_\mu|\varphi_{\mathbf{k}\gamma}\rangle = \langle\varphi_{0\gamma}|p_\mu|\varphi_{0\gamma}\rangle + \frac{1}{m}\sum_\delta{}' \frac{\langle 0\gamma|p_\mu|0\delta\rangle\langle 0\delta|\hbar\mathbf{k}\cdot\mathbf{p}|0\gamma\rangle}{\varepsilon_{\gamma 0} - \varepsilon_{\delta 0}}$$
$$+ \frac{1}{m}\sum_\delta{}' \frac{\langle 0\delta|\hbar\mathbf{k}\cdot\mathbf{p}|0\gamma\rangle}{\varepsilon_{\gamma 0} - \varepsilon_{\delta 0}}\langle 0\gamma|p_\mu|0\delta\rangle.$$

Wenn der Kristall Inversionssymmetrie besitzt, $\langle\varphi_{0\gamma}|p_\mu|\varphi_{0\gamma}\rangle = 0.$

$$\langle\varphi_{\mathbf{k}\gamma}|p_\mu|\varphi_{\mathbf{k}\gamma}\rangle = \sum_{\nu=1}^{3}\frac{\hbar k_\nu}{m}\cdot 2\cdot\sum_\delta{}' \frac{\langle 0\gamma|p_\mu|0\delta\rangle\langle 0\delta|p_\nu|0\gamma\rangle}{\varepsilon_{\gamma 0} - \varepsilon_{\delta 0}}$$

nach Gl. (56), $$= \sum_{\nu=1}^{3}\frac{\hbar k_\nu}{m}\cdot 2\cdot\left\{\left(\frac{m}{m^*}\right)_{\nu\mu}\cdot\frac{m}{2} - \frac{m}{2}\delta_{\mu\nu}\right\}.$$

$$\mu \neq \nu, \qquad \langle\varphi_{\mathbf{k}\gamma}|p_\mu|\varphi_{\mathbf{k}\gamma}\rangle = \hbar k_\nu\left(\frac{m}{m^*}\right)_{\nu\mu}.$$

Kapitel 10

1. Charaktertabelle für Γ:

Tabelle (1)

	e	C_{2z}	$2C_{4z}$	$m_{x,y}$	$m_{d,d'}$
Γ_1	1	1	1	1	1
Γ_2	1	1	1	−1	−1
Γ_3	1	1	−1	1	−1
Γ_4	1	1	−1	−1	1
Γ_5	2	−2	0	0	0

Charaktertabelle für Δ

Tabelle (2)

	e	m_y
Δ_1	1	1
Δ_2	1	-1

Nach Tabelle (1):

Γ_5	2	0

$$\Gamma_5 = \Delta_1 + \Delta_2$$

In gleicher Weise erhält man

$$\Gamma_5 = \Sigma_1 + \Sigma_2, \qquad M_5 = Z_1 + Z_2 \qquad M_5 = \Sigma_1 + \Sigma_2$$

(M_5 ist gleichbedeutend mit Γ_5)

2. $D \to \mathbf{G}/2\pi = (0 \;\; 1 \;\; 0)$

$E \to \mathbf{G}/2\pi = (0 \;\; \bar{1} \;\; 0)$

$F \to \mathbf{G}/2\pi = (0 \;\; 0 \;\; 1)$

$G \to \mathbf{G}/2\pi = (0 \;\; 0 \;\; \bar{1})$

Konstruiere die Charaktertabelle mit D, E, F, G als Basisfunktionen

Δ	e	$2C_{4x}$	C_{4x}^2	JC_{2y}, JC_{2z}	$2JC_2$
D, E, F, G	4	0	0	2	0

Die Charaktertabelle für Δ

Δ	e	$2C_{4x}$	C_{4x}^2	JC_{2y}, JC_{2z}	$2JC_2$
Δ_1	1	1	1	1	1
Δ_2	1	-1	1	1	-1
Δ_3	1	-1	1	-1	1
Δ_4	1	1	1	-1	-1
Δ_5	2	0	-2	0	0

Δ	e	$2C_{4x}$	C_{4x}^2	JC_{2y}, JC_{2z}	$2JC_2$
$\Delta_1 + \Delta_2 + \Delta_5$	4	0	0	2	0

$$D + E + F + G = \Delta_1 + \Delta_2 + \Delta_5$$

Kapitel 11

1. $$H = \frac{1}{2m}\left(\mathbf{p} - \frac{e}{c}\mathbf{A}\right)^2, \qquad \mathbf{A} = \left(-\frac{Hy}{2}, \frac{Hx}{2}, 0\right).$$

$$H = \frac{1}{2m}\left\{p_z^2 + \left(p_x + \frac{eHy}{2c}\right)^2 + \left(p_y - \frac{eHx}{2c}\right)^2\right\}.$$

$$i\hbar\dot{x} = [x, H] = \frac{i\hbar}{2m}\left\{2p_x + \frac{eHy}{c}\right\},$$

$$\dot{x} = \frac{1}{2m}\left(2p_x + \frac{eHy}{c}\right).$$

In gleicher Weise ergibt sich

$$\dot{y} = \frac{1}{2m}\left(2p_y - \frac{eHx}{c}\right),$$

$$\dot{z} = \frac{p_z}{m}.$$

$$i\hbar\dot{p}_x = [p_x, H] = \frac{i\hbar}{2m}\left\{-\frac{e^2H^2}{2c^2}x + p_y\frac{eH}{c}\right\},$$

$$\dot{p}_x = \frac{1}{2m}\left\{p_y\frac{eH}{c} - \frac{e^2H^2}{2c^2}x\right\} = \frac{eH}{2c}\dot{y},$$

$$\dot{p}_y = \frac{1}{2m}\left\{-p_y\frac{eH}{c} - \frac{e^2H^2}{2c^2}y\right\} = -\frac{eH}{2c}\dot{x},$$

$\dot{p}_z = 0.$ $\quad p_z$ ist eine Bewegungskonstante.

$$z = z(0) + \frac{p_z(0)}{m}t.$$

Wenn $\rho = x + iy$, dann ist $\dot{\rho} = \dot{x} + i\dot{y} = \frac{1}{m}(p_x + ip_y) + \frac{\omega_c}{2}(y - ix)$, wobei

$$\omega_c = \frac{eH}{mc}.$$

$$\ddot{\rho} = \frac{1}{m}(\dot{p}_x + i\dot{p}_y) + \frac{\omega_c}{2}(\dot{y} - i\dot{x}) = -i\omega_c\dot{\rho}.$$

Das beinhaltet $\rho \sim e^{-i\omega_c t}$, $\ddot{\rho} = -\omega_c^2\rho$. Die Bewegung in der $x-y$-Ebene ist oszillatorisch.

$\varphi \sim e^{ik_z z}$. (Die Funktion eines harmonischen Oszillators in der $x-y$ -Ebene).

$$\varepsilon_n = \frac{\hbar^2k_z^2}{2m} + \left(n + \frac{1}{2}\right)\hbar\omega_c.$$

3. $\dot{\mathbf{p}} = -\dfrac{e}{c}\mathbf{v} \times \mathbf{H},$
$\mathbf{H} = (0, 0, H_0).$

Das Elektron bewegt sich auf einer Bahn ⊥ zu **H** im **k**-Raum auf einer Fläche konstanter Energie.

$$\dot{p}_x = -\frac{e}{c} v_y H_0, \qquad \dot{p}_y = \frac{e}{c} v_x H_0.$$

Es soll l der Abstand zwischen A und B sein (Bild 11. 1)

$$\frac{dl}{dt} = \sqrt{\dot{p}_x^2 + \dot{p}_y^2} = \frac{eH_0}{c}\sqrt{v_y^2 + v_x^2} = \frac{eH_0}{c} v_\perp .$$

$$dt = \frac{c}{eH_0}\frac{dl}{v_\perp}.$$

$$\int_0^T dt = T = \oint \frac{c}{eH_0}\frac{dl}{v_\perp}.$$

$$dl = \hbar\, dk_\parallel, \qquad v_\perp = \frac{1}{\hbar}\left(\frac{\partial \varepsilon(\mathbf{k})}{\partial \mathbf{k}}\right)_\perp, \text{ dann}$$

$$T = \frac{c\hbar^2}{eH_0}\oint\left(\frac{\partial k}{\partial \varepsilon(\mathbf{k})}\right)_\perp dk = \frac{c\hbar^2}{eH_0}\frac{\partial}{\partial \varepsilon}\oint dS = \frac{c\hbar^2}{eH_0}\frac{\partial S}{\partial \varepsilon}.$$

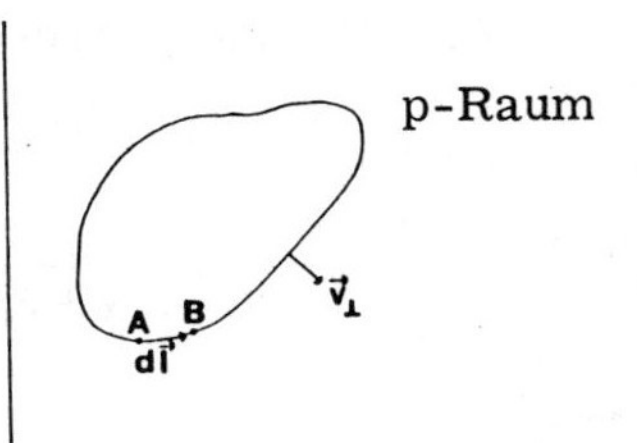

Bild 11. 1: Die durchgezogene Kurve ist eine Fläche konstanter Energie. dl geht entlang der Kurve zwischen zwei Punkten A und B. $\mathbf{v}_\perp$ ist die Geschwindigkeitskomponente ⊥ zur Fläche konstanter Energie.

5. Benutze die Komponentenform mit der Landaueichung $\mathbf{A} = (0, x, 0)H$.

$$\hbar k_x = p_x, \qquad \hbar k_y = p_y - \frac{e}{c}Hx, \qquad \hbar k_z = p_z.$$

$$[k_z, k_x] = 0, \qquad [k_y, k_z] = 0.$$

$$\hbar^2[k_x, k_y] = \left[p_x, p_y - \frac{e}{c}Hx\right] = \left[p_x, -\frac{e}{c}Hx\right]$$

$$= \frac{e}{c}H[x, p_x] = \frac{i\hbar e}{c}H.$$

$$[k_x, k_y] = k_x k_y - k_y k_x,$$

$$[k_z, k_x] = k_z k_x - k_x k_z, [k_y, k_z] = k_y k_z - k_z k_y.$$

Das kann so geschrieben werden $\hbar^2 \mathbf{k} \times \mathbf{k} = \frac{i\hbar e}{c} H\hat{z}.$

$$\mathbf{k} \times \mathbf{k} = \frac{ie}{\hbar c}\mathbf{H}.$$

Kapitel 12

1. Die Hauptachsen sollen 1, 2 und 3 sein; die entsprechenden effektiven Massen sind $m_1 = m_2$ und m_3.

   H soll angelegt werden in der Richtung 3; die Bewegungsgleichungen in den transversalen Richtungen sind

$$m_1 \frac{dv_1}{dt} + m_1 \frac{v_1}{\tau} = eE_1 + \frac{e}{c} v_2 H,$$

$$m_2 \frac{dv_2}{dt} + m_2 \frac{v_2}{\tau} = eE_2 - \frac{e}{c} v_1 H.$$

Für den stationären Zustand $\frac{d\mathbf{v}}{dt} = 0.$

$$\begin{pmatrix} v_1 \\ v_2 \end{pmatrix} = \frac{1}{1 + \xi_1 \xi_2} \begin{pmatrix} \frac{e\tau}{m_1} & \xi_2 \frac{e\tau}{m_1} \\ -\xi_1 \frac{e\tau}{m_2} & \frac{e\tau}{m_2} \end{pmatrix} \begin{pmatrix} E_1 \\ E_2 \end{pmatrix},$$

wobei $\xi_1 = \frac{e\tau H}{m_1 c}, \qquad \xi_2 = \frac{e\tau H}{m_2 c}.$

$$\begin{pmatrix} j_1 \\ j_2 \end{pmatrix} = -\frac{ne}{1 + \xi_1 \xi_2} \begin{pmatrix} \frac{e\tau}{m_1} & \xi_2 \frac{e\tau}{m_1} \\ -\xi_1 \frac{e\tau}{m_2} & \frac{e\tau}{m_2} \end{pmatrix} \begin{pmatrix} E_1 \\ E_2 \end{pmatrix}.$$

Für $j_3 = j_2 = 0, \qquad E_2 = \xi_1 E_1.$

$$j_1 = -\frac{ne}{1+\xi_1\xi_2}\left(\frac{e\tau}{m_1}E_1 + \xi_2\frac{e\tau}{m_1}E_2\right)$$

$$= -\frac{ne}{1+\xi_1\xi_2}\left(\frac{e\tau}{m_1}\right)(1+\xi_1\xi_2)E_1$$

$$= -\frac{ne^2\tau}{m_1}E_1.$$

Die effektive Leitfähigkeit in Richtung 1 ist unabhängig vom Magnetfeld, deshalb ist der transversale magnetische Widerstand gleich null.
Im allgemeinen sollte man eine Transformation anwenden, damit man die Richtung von **H** nicht längs der Achse 3 und **E** nicht längs der Achsen 1 und 2 hat.

2. Für einen unendlichen Kreiszylinder gilt $m_1 = m_2 = m,\ m_3 \to \infty$. **H** soll parallel zur Achse 3 sein, dann gilt für die Bewegungsgleichungen

$$m\frac{v_1}{\tau} = eE_1 + \frac{e}{c}v_2 H,$$

$$m\frac{v_2}{\tau} = eE_2 - \frac{e}{c}v_1 H,$$

$$m_3\frac{v_3}{\tau} = eE_3. \qquad v_3 = 0.$$

$$\begin{pmatrix} v_1 \\ v_2 \end{pmatrix} = \frac{e\tau/m}{1+\xi^2}\begin{pmatrix} 1 & \xi \\ -\xi & 1 \end{pmatrix}\begin{pmatrix} E_1 \\ E_2 \end{pmatrix}, \quad \xi = \frac{e\tau H}{mc} = \tau\omega_1,\ \omega_1 = \frac{eH}{mc}.$$

$$\sigma_{11} = \sigma_{22} = \frac{\sigma_0}{1+\xi^2}, \qquad \sigma_0 = ne^2\tau/m.$$

$$\sigma_{12} = -\sigma_{21} = \sigma_0\tau\omega_1/(1+\xi^2).$$

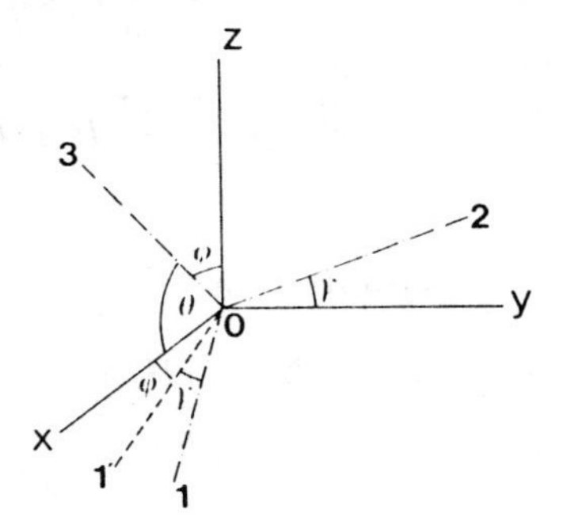

Bild 12.1: Die Lage von (1,2,3) in bezug auf (x, y, z).

Der Leiter überträgt keinen Strom längs der Zylinderachse. Wenn **H** senkrecht zur Achse 3 steht, dann ist die Leitung unabhängig vom Feld.

Im allgemeinen fällt $\hat{x}$, $\hat{y}$ und $\hat{z}$ nicht mit 1, 2 und 3 zusammen.

$$\begin{pmatrix}1\\2\\3\end{pmatrix} = \begin{pmatrix}\cos\gamma\sin\theta & \sin\gamma & -\cos\theta\cos\gamma\\ -\sin\gamma\sin\theta & \cos\gamma & \sin\gamma\cos\theta\\ \cos\theta & 0 & \sin\theta\end{pmatrix}\begin{pmatrix}x\\y\\z\end{pmatrix}$$

$H_3 = H\sin\theta$, $H_2 = H\cos\theta\sin\gamma$, $H_1 = -H\cos\theta\cos\gamma$. $E_3 = E_x\cos\theta + E_z\sin\theta$, $E_2 = -E_x\sin\gamma\sin\theta + E_y\cos\gamma + E_z\cos\theta\sin\gamma$, $E_1 = E_x\sin\theta\cos\gamma + E_y\sin\gamma - E_z\cos\theta\cos\gamma$.

$$m\frac{v_1}{\tau} = eE_x\sin\theta\cos\gamma + eE_y\sin\gamma - eE_z\cos\theta\cos\gamma + \frac{e}{c}v_2H\sin\theta - \frac{e}{c}v_3H\cos\theta\sin\gamma,$$

$$m\frac{v_2}{\tau} = -eE_x\sin\theta\sin\gamma + eE_y\cos\gamma + eE_z\cos\theta\sin\gamma - \frac{e}{c}v_3H\cos\theta\cos\gamma - \frac{e}{c}v_1H\sin\theta,$$

$$m_3\frac{v_3}{\tau} = eE_x\cos\theta + \frac{e}{c}v_1H\cos\theta\sin\gamma + \frac{e}{c}v_2H\cos\theta\cos\gamma. \qquad v_3 = 0.$$

$$v_1 = \frac{e\tau}{m}E_x\sin\theta\cos\gamma + \frac{e\tau}{m}E_y\sin\gamma + \frac{e\tau}{mc}H\sin\theta v_2 - \frac{e\tau}{m}E_z\cos\theta\cos\gamma,$$

$$v_2 = -\frac{e\tau}{m}E_x\sin\theta\cos\gamma + \frac{e\tau}{m}E_y\cos\gamma - \frac{e\tau}{mc}H\sin\theta v_1 + \frac{e\tau}{m}E_z\cos\theta\sin\gamma.$$

Es soll sein

$$\omega_1 = \frac{eH}{mc}, \qquad \xi = \tau\omega_1\sin\theta,$$

$$\begin{pmatrix} v_1 \\ v_2 \end{pmatrix} = \frac{e\tau/m}{1+\xi^2} \begin{pmatrix} \sin\theta(\cos\gamma - \xi\sin\gamma) & \sin\gamma + \xi\cos\gamma & -\cos\theta(\cos\gamma - \xi\sin\gamma) \\ -\sin\theta(\xi\cos\gamma + \sin\gamma) & \cos\gamma - \xi\sin\gamma & \cos\theta(\xi\cos\gamma + \sin\gamma) \end{pmatrix} \begin{pmatrix} E_x \\ E_y \\ E_z \end{pmatrix}.$$

$$\begin{pmatrix} v_x \\ v_y \\ v_z \end{pmatrix} = \begin{pmatrix} \sin\theta\cos\gamma & -\sin\gamma\sin\theta & \cos\theta \\ \sin\gamma & \cos\gamma & 0 \\ -\cos\theta\cos\gamma & \sin\gamma\cos\theta & \sin\theta \end{pmatrix} \begin{pmatrix} v_1 \\ v_2 \\ v_3 \end{pmatrix}.$$

$$v_x = \frac{e\tau/m}{1+\xi^2}\left(\sin^2\theta E_x + \xi\sin\theta E_y - \sin\theta\cos\theta E_z\right),$$

$$v_y = \frac{e\tau/m}{1+\xi^2}\left(-\xi\sin\theta E_x + E_y + \xi\cos\theta E_z\right),$$

$$v_z = \frac{e\tau/m}{1+\xi^2}\left(-\cos\theta\sin\theta E_x - \xi\cos\theta E_y + \cos^2\theta E_z\right).$$

$$\sigma = \frac{\sigma_0}{1+\xi^2}\begin{pmatrix} \sin^2\theta & \xi\sin\theta & -\sin\theta\cos\theta \\ -\xi\sin\theta & 1 & \xi\cos\theta \\ -\sin\theta\cos\theta & -\xi\cos\theta & \cos^2\theta \end{pmatrix}.$$

$\theta \ll 1$, $\hat{z} \perp$ Achse 3, $\sigma_{yy} \simeq \sigma_{zz}, \sigma_{yz} = -\sigma_{zx} \sim \omega_1\tau$. Wenn H größer wird $\theta \ll 1$, $\omega_1\tau\sin\theta \simeq 1$, $\sigma_{xy} \simeq -\sigma_{yx} < \omega_1\tau$, $\sigma_{yz} \sim 1$.

Kapitel 13

2. $\psi_{\mathbf{k}} = \frac{1}{\sqrt{\Omega}} e^{i\mathbf{k}\cdot\mathbf{r}} - \sum_c \varphi_c \langle c|\mathbf{k}\rangle.$

$$\sum_c |\langle c|\mathbf{k}\rangle|^2 = \sum_c \langle \mathbf{k}|c\rangle\langle c|\mathbf{k}\rangle = \frac{1}{\Omega}\sum_c \int e^{-i\mathbf{k}\cdot\mathbf{x}}\varphi_c(\mathbf{x})\,d^3x \cdot \int \varphi_c^*(\mathbf{x}')e^{i\mathbf{k}\cdot\mathbf{x}'}\,d^3x'$$

$$\leq \frac{1}{\Omega}\int_\Delta e^{-i\mathbf{k}\cdot\mathbf{x}} e^{i\mathbf{k}\cdot\mathbf{x}}\,d^3x = \frac{\Delta}{\Omega}.$$

3. $\varphi_{\mathbf{k}}(\mathbf{x}) = u_0(\mathbf{x})\Psi_{\mathbf{k}}(\mathbf{x})$.

a. $$\left\{-\frac{\hbar^2}{2m}\nabla^2 + V\right\}\varphi_{\mathbf{k}}(\mathbf{x}) = \varepsilon_{\mathbf{k}}\varphi_{\mathbf{k}}(\mathbf{x}),$$

$$\left\{-\frac{\hbar^2}{2m}\nabla^2 + V\right\}u_0(\mathbf{x})\Psi_{\mathbf{k}}(\mathbf{x}) = \varepsilon_{\mathbf{k}}u_0(\mathbf{x})\Psi_{\mathbf{k}}(\mathbf{x}).$$

Man betrachte

$$\begin{aligned} p^2[u_0(\mathbf{x})\Psi_{\mathbf{k}}(\mathbf{x})] &= \mathbf{p}\cdot\{[\mathbf{p}u_0(\mathbf{x})]\,\Psi_{\mathbf{k}}(\mathbf{x}) + u_0(\mathbf{x})\mathbf{p}\Psi_{\mathbf{k}}(\mathbf{x})\} \\ &= [p^2u_0(\mathbf{x})]\,\Psi_{\mathbf{k}}(\mathbf{x}) + 2\mathbf{p}u_0(\mathbf{x}) \\ &\quad\cdot\mathbf{p}\Psi_{\mathbf{k}}(\mathbf{x}) + u_0(\mathbf{x})p^2\Psi_{\mathbf{k}}(\mathbf{x}). \end{aligned}$$

$$\left[-\frac{\hbar^2}{2m}\nabla^2 u_0(\mathbf{x})\right]\Psi_{\mathbf{k}}(\mathbf{x}) + Vu_0(\mathbf{x})\Psi_{\mathbf{k}}(\mathbf{x}) + 2\mathbf{p}u_0(x)\cdot\mathbf{p}\Psi_{\mathbf{k}}(\mathbf{x})\frac{1}{2m}$$

$$+u_0(\mathbf{x})\frac{p^2}{2m}\Psi_{\mathbf{k}}(\mathbf{x}) = \varepsilon_{\mathbf{k}}u_0(\mathbf{x})\Psi_{\mathbf{k}}(\mathbf{x}).$$

Aber es gilt

$$\left(-\frac{\hbar^2}{2m}\nabla^2 + V\right)u_0(\mathbf{x}) = \varepsilon_0 u_0(\mathbf{x}).$$

Somit ist

$$\begin{aligned} u_0(\mathbf{x})\frac{p^2}{2m}\Psi_{\mathbf{k}}(\mathbf{x}) &+ (\varepsilon_0 - \varepsilon_{\mathbf{k}})u_0(\mathbf{x})\Psi_{\mathbf{k}}(\mathbf{x}) \\ &= -\frac{1}{m}\mathbf{p}u_0(\mathbf{x})\cdot\mathbf{p}\Psi_{\mathbf{k}}(\mathbf{x}). \end{aligned}$$

b. $$u_0(\mathbf{x})\left[\frac{p^2}{2m} + (\varepsilon_0 - \varepsilon_{\mathbf{k}})\right]\Psi_N(\mathbf{x}) = -\frac{1}{m}\mathbf{p}u_0(\mathbf{x})\cdot\mathbf{p}\Psi_N(\mathbf{x}).$$

$u_0(\mathbf{x})$ ist in jeder Einheitszelle gleich.

Für den s-Zustand ist $u_0(\mathbf{x})$ im Zentrum der Zelle groß. Die Kontinuität der Wellenfunktion fordert an den Grenzen der Zelle $\mathbf{p}u_0(\mathbf{x}) = 0$ (Bild 13.1).

c. Im Inneren der Zelle $\mathbf{x} \simeq 0$, $\Psi_N(\mathbf{x})$ hat einen Extremwert $\mathbf{p}\Psi_N(\mathbf{x}) \simeq 0$ (Bild 13.2)

$$\left[\frac{1}{2m}p^2 + (\varepsilon_0 - \varepsilon_N)\right]\Psi_N(\mathbf{x}) = 0.$$

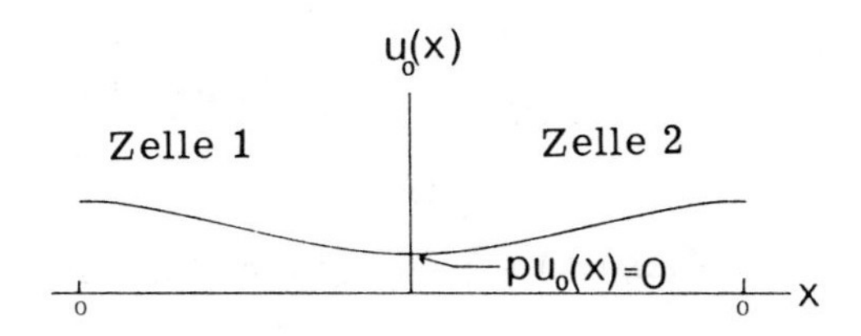

Bild 13.1: Schematische Darstellung von $u_0(x)$ als Funktion von x und $pu_0(x) = 0$ an der Grenze der Zelle.

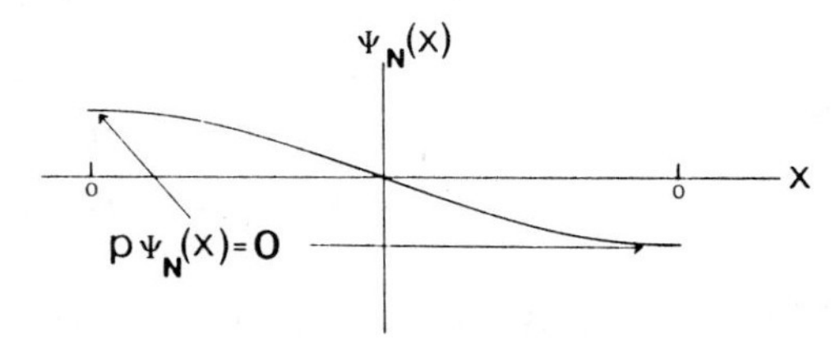

Bild 13.2: Schematische Darstellung von $p\Psi_N(x) = 0$ in der Nähe des Zentrums der Zelle.

$\Psi_N(\mathbf{x})$ kann beschrieben werden als Wellenfunktion eines freien Teilchens.

$\Psi_N(\mathbf{x}) = e^{i\mathbf{k}_N \cdot \mathbf{r}}/\sqrt{\Omega}$, dabei ist Ω das Probenvolumen.

$$\varepsilon_N = \varepsilon_0 + \frac{\hbar^2 k_N^2}{2m}.$$

Kapitel 14

3. a. $$D_{xy} = \frac{1}{m^2}\sum_\delta{}' \frac{\langle\gamma|p_x|\delta\rangle\langle\delta|p_y|\gamma\rangle}{\varepsilon_\gamma - \varepsilon_\delta}.$$

$$D_{yx} = \frac{1}{m^2}\sum_\delta{}' \frac{\langle\gamma|p_y|\delta\rangle\langle\delta|p_x|\gamma\rangle}{\varepsilon_\gamma - \varepsilon_\delta}.$$

Wenn R der Rotationsoperator ist, der mit $\frac{\pi}{2}$ um die $\hat{z}$-Achse rotiert, dann ist

$$R^{-1}D_{xy} = D_{xy}(R\mathbf{r}).$$

$$R\begin{pmatrix} x \\ y \end{pmatrix} = \begin{pmatrix} y \\ -x \end{pmatrix}.$$

$$R^{-1}D_{xy} = \frac{1}{m^2}\sum_{\delta}{}' \frac{\langle\gamma|p_y|\delta\rangle\langle\delta|p_{-x}|\gamma\rangle}{\varepsilon_\gamma - \varepsilon_\delta} = -D_{yx}.$$

Nach $\varepsilon(\mathbf{k}) = \sum_{\alpha\beta} D_{\alpha\beta}k_\alpha k_\beta$ und der Invarianz der Energie bei der Symmetrieoperation ist

$$D_{xy} = R^{-1}D_{xy},$$

so gilt

$$D_{xy} = -D_{yx}.$$

$$D_{xy}^S = \tfrac{1}{2}(D_{xy} + D_{yx}) = 0.$$

$$D_{xy}^A = \tfrac{1}{2}(D_{xy} - D_{yx}) = D_{xy} \neq 0.$$

b. Ohne Berücksichtigung der Spin-Bahn-Wechselwirkung und nach Gl. (32) erhält man

$$iD_{xy}^A = -\frac{1}{2m}\langle\gamma|L_z|\gamma\rangle.$$

$|\gamma\rangle$ kann eins sein von $xf(r)$, $yf(r)$ und $zf(r)$ für die Bandkante bei $\mathbf{k} = 0$.

$$L_z = \frac{\hbar}{i}\left(x\frac{\partial}{\partial y} - y\frac{\partial}{\partial x}\right)$$

$\frac{\partial}{\partial y}f(r)$ ergibt eine ungerade Funktion in y.

$\frac{\partial}{\partial x}f(r)$ ergibt eine ungerade Funktion in x.

$\langle\gamma|L_z|\gamma\rangle = 0$ weil man das Produkt von ungeraden Funktionen im Raum integriert.

$D_{xy}^A = 0.$

4. $\varepsilon_{\mathbf{k}} = [A(k_x^2 + k_y^2) + Bk_z^2]\begin{pmatrix} 1 & 0 \\ 0 & 1 \end{pmatrix} + C(k_x\sigma_y - k_y\sigma_x)$ mit der $\hat{z}$-Achse als Symmetrieachse. Für einen Zustand, dessen Spin parallel zur $\hat{y}$-Achse ist, können wir die Wellenfunktion schreiben als $\begin{pmatrix} 1 \\ 0 \end{pmatrix}$. Da jedoch die Symmetrieachse in $\hat{z}$-Richtung liegt, transformieren wir $\begin{pmatrix} 1 \\ 0 \end{pmatrix}$ durch die Rotationsmatrix

$$D^{1/2}\left(\frac{\pi}{2}, \frac{\pi}{2}, -\frac{\pi}{2}\right).$$

Die Wellenfunktion mit der $\hat{z}$-Achse als Symmetrieachse ist

$$\psi = \begin{pmatrix} 1/\sqrt{2} \\ i/\sqrt{2} \end{pmatrix},$$

$$\sigma_y \begin{pmatrix} 1/\sqrt{2} \\ i/\sqrt{2} \end{pmatrix} = \begin{pmatrix} 1/\sqrt{2} \\ i/\sqrt{2} \end{pmatrix}.$$

Die Energie des Zustands mit parallelem Spin zur $\hat{y}$-Achse ist somit für $k_y = 0$

$$\varepsilon_{\mathbf{k}} = Ak_x^2 + Bk_z^2 + Ck_x = A\left(k_x + \frac{C}{2A}\right)^2 + Bk_z^2 - \frac{C^2}{4A}.$$

$$\varepsilon_{\mathbf{k}} + \frac{C^2}{4A} = Ak_x'^2 + Bk_z^2, \qquad k_x' = k_x + \frac{C}{2A}.$$

$$\mathbf{J} = ne\langle \mathbf{v} \rangle = \frac{ne}{\hbar}\sum_{\mathbf{k}} \nabla_{\mathbf{k}}\varepsilon_{\mathbf{k}}$$

$$v_x = \frac{1}{\hbar}\frac{\partial \varepsilon_{\mathbf{k}}}{\partial k_x} = \frac{1}{\hbar}(2Ak_x + C) = \frac{2A}{\hbar}\left(k_x + \frac{C}{2A}\right)$$

$$v_z = \frac{1}{\hbar}\frac{\partial \varepsilon_{\mathbf{k}}}{\partial k_z} = \frac{1}{\hbar}2Bk_z$$

$$\varepsilon_{\mathbf{k}} = \frac{\hbar^2}{4A}v_x^2 + \frac{\hbar^2}{4B}v_z^2 - \frac{C^2}{4A}$$

Auf der Energiefläche ist zum Beispiel $\varepsilon_{\mathbf{k}} = 1 - \frac{C^2}{4A}$,

$$\frac{\hbar^2}{4A}v_x^2 + \frac{\hbar^2}{4B}v_z^2 = 1,$$

denn $v_x, -v_x; v_z, -v_z$ sind symmetrisch und $\langle \mathbf{v} \rangle = 0$.

5. $H = -\frac{\hbar^2}{2m}\nabla^2 + \sum_n [V_{III}(\mathbf{x}-\mathbf{x}_n) + V_V(\mathbf{x}-\mathbf{x}_n-\boldsymbol{\tau})]$; das dreiwertige Atom soll sich im Ursprung der Einheitszelle befinden, während das fünfwertige Atom bei $\boldsymbol{\tau}$ plaziert sein soll. $\mathbf{x}_n$ ist der Gittervektor.

$$\begin{aligned}
H = -\frac{\hbar^2}{2m}\nabla^2 + \sum_n \Big[& V_{III}(\mathbf{x}-\mathbf{x}_n) + \frac{1}{2}V_{III}(\mathbf{x}-\mathbf{x}_n-\boldsymbol{\tau}) \\
& -\frac{1}{2}V_{III}(\mathbf{x}-\mathbf{x}_n-\boldsymbol{\tau}) + V_V(\mathbf{x}-\mathbf{x}_n-\boldsymbol{\tau}) \\
& +\frac{1}{2}V_V(\mathbf{x}-\mathbf{x}_n) - \frac{1}{2}V_V(\mathbf{x}-\mathbf{x}_n)\Big] \\
= -\frac{\hbar^2}{2m}\nabla^2 + \sum_n \Big\{ & \frac{1}{2}[V_{III}(\mathbf{x}-\mathbf{x}_n) + V_V(\mathbf{x}-\mathbf{x}_n)] \\
& + \frac{1}{2}[V_{III}(\mathbf{x}-\mathbf{x}_n-\boldsymbol{\tau}) + V_V(\mathbf{x}-\mathbf{x}_n-\boldsymbol{\tau})] \\
& + \frac{1}{2}[V_{III}(\mathbf{x}-\mathbf{x}_n) - V_V(\mathbf{x}-\mathbf{x}_n)] \\
& - \frac{1}{2}[V_{III}(\mathbf{x}-\mathbf{x}_n-\boldsymbol{\tau}) - V_V(\mathbf{x}-\mathbf{x}_n-\boldsymbol{\tau})]\Big\}.
\end{aligned}$$

Es wird definiert

$$V_+ = \frac{1}{2}[V_{III}(\mathbf{x}-\mathbf{x}_n) + V_V(\mathbf{x}-\mathbf{x}_n)],$$

$$V_- = \frac{1}{2}[V_{III}(\mathbf{x}-\mathbf{x}_n) - V_V(\mathbf{x}-\mathbf{x}_n)],$$

$$\begin{aligned}
H = -\frac{\hbar^2}{2m}\nabla^2 + \sum_n \{ & V_+(\mathbf{x}-\mathbf{x}_n) + V_+(\mathbf{x}-\mathbf{x}_n-\boldsymbol{\tau}) \\
& + V_-(\mathbf{x}-\mathbf{x}_n) - V_-(\mathbf{x}-\mathbf{x}_n-\boldsymbol{\tau})\}.
\end{aligned}$$

Es wird definiert

$$V^S = \sum_n \{V_+(\mathbf{x}-\mathbf{x}_n) + V_+(\mathbf{x}-\mathbf{x}_n-\boldsymbol{\tau})\},$$

$$V^A = \sum_n \{V_-(\mathbf{x}-\mathbf{x}_n) - V_-(\mathbf{x}-\mathbf{x}_n-\boldsymbol{\tau})\},$$

$$H = -\frac{\hbar^2}{2m}\nabla^2 + V^S + V^A.$$

Die Darstellung Γ_{15} sind antibindende Zustände. Die entsprechenden Wellenfunktionen sind

$$\Psi_{px}^{+} = \frac{1}{\sqrt{2N}} \sum_n \left\{ \varphi_{px}(\mathbf{x} - \mathbf{x}_n) + \varphi_{px}(\mathbf{x} - \mathbf{x}_n - \boldsymbol{\tau}) \right\},$$

$$\Psi_{py}^{+} = \frac{1}{\sqrt{2N}} \sum_n \left\{ \varphi_{py}(\mathbf{x} - \mathbf{x}_n) + \varphi_{py}(\mathbf{x} - \mathbf{x}_n - \boldsymbol{\tau}) \right\},$$

$$\Psi_{pz}^{+} = \frac{1}{\sqrt{2N}} \sum_n \left\{ \varphi_{pz}(\mathbf{x} - \mathbf{x}_n) + \varphi_{pz}(\mathbf{x} - \mathbf{x}_n - \boldsymbol{\tau}) \right\}.$$

Γ_{25} sind bindende Zustände und

$$\Psi_{p\alpha}^{-} = \frac{1}{\sqrt{2N}} \sum_n \left\{ \varphi_{p\alpha}(\mathbf{x} - \mathbf{x}_n) - \varphi_{p\alpha}(\mathbf{x} - \mathbf{x}_n - \boldsymbol{\tau}) \right\},$$

wobei $\alpha = x, y, z$.

$$\langle \Psi_{p\alpha}^{+} | V^A | \Psi_{p\alpha}^{+} \rangle \simeq 0 \simeq \langle \Psi_{p\alpha}^{-} | V^A | \Psi_{p\alpha}^{-} \rangle .$$

$$\begin{aligned}
\langle \Psi_{px}^{-} | V^A | \Psi_{px}^{+} \rangle &\simeq \frac{N}{2N} \int \left[\varphi_{px}^{*}(\mathbf{x} - \mathbf{x}_n) - \varphi_{px}^{*}(\mathbf{x} - \mathbf{x}_n - \boldsymbol{\tau}) \right] \\
&\quad \times \left[V_{-}(\mathbf{x} - \mathbf{x}_n) - V_{-}(\mathbf{x} - \mathbf{x}_n - \boldsymbol{\tau}) \right] \\
&\quad \times \left[\varphi_{px}(\mathbf{x} - \mathbf{x}_n) + \varphi_{px}(\mathbf{x} - \mathbf{x}_n - \boldsymbol{\tau}) \right] d^3x \\
&\simeq \frac{1}{2} \int \left\{ \varphi_{px}^{*}(\mathbf{x} - \mathbf{x}_n) V_{-}(\mathbf{x} - \mathbf{x}_n) \varphi_{px}(\mathbf{x} - \mathbf{x}_n) \right. \\
&\quad + \varphi_{px}^{*}(\mathbf{x} - \mathbf{x}_n - \boldsymbol{\tau}) V_{-}(\mathbf{x} - \mathbf{x}_n - \boldsymbol{\tau}) \\
&\quad \left. \times \varphi_{px}(\mathbf{x} - \mathbf{x}_n - \boldsymbol{\tau}) \right\} d^3x \\
&= \Delta, \qquad \Delta \text{ ist proportional zur Stärke von } V_{-}.
\end{aligned}$$

$$\langle \Psi_{p\alpha'}^{-} | V^A | \Psi_{p\alpha}^{+} \rangle = 0, \qquad \alpha \neq \alpha'.$$

Die Matrix von V^A lautet:

$$\begin{array}{cccccc}
x & y & z & x & y & z
\end{array}$$
$$\begin{pmatrix}
0 & 0 & 0 & \Delta & 0 & 0 \\
0 & 0 & 0 & 0 & \Delta & 0 \\
0 & 0 & 0 & 0 & 0 & \Delta \\
\Delta & 0 & 0 & 0 & 0 & 0 \\
0 & \Delta & 0 & 0 & 0 & 0 \\
0 & 0 & \Delta & 0 & 0 & 0
\end{pmatrix}$$

Sie kann reduziert werden auf drei identische Eigenwertprobleme für x, y und z.

$$\begin{pmatrix} -\lambda & \Delta \\ \Delta & -\lambda \end{pmatrix} = 0, \qquad \lambda_{\pm} = \pm\Delta.$$

$\lambda_+ - (\lambda_-) =$ Aufspaltung zwischen Γ_{25} und $\Gamma_{15} = 2\Delta$.

Kapitel 15

1. Die Übergangsrate ist

$$W_{fi} = \frac{2\pi}{\hbar}\,\delta(\varepsilon_{c\mathbf{k}} - \varepsilon_{v\mathbf{k}} - \hbar\omega)|P_{cv}|^2$$

dabei wird die Dipolmatrix $|P_{cv}|^2$ als konstant angenommen.

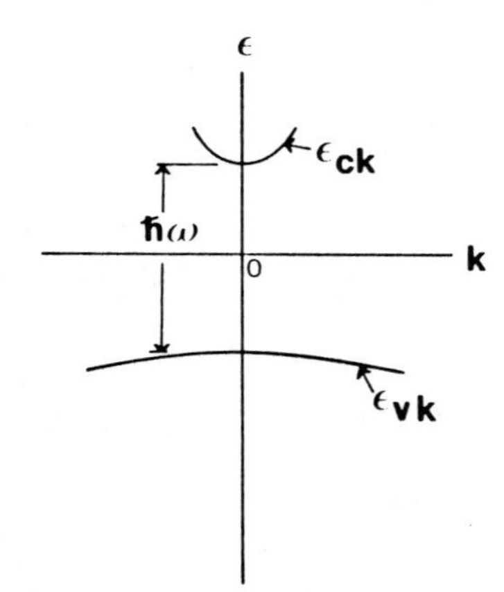

Bild 15.1: Die Bandstruktur in der Nähe von $\mathbf{k} = 0$.

Der konstante Absorptionskoeffizient ist als Matrixelement

$$\alpha \sim \sum_{\substack{\mathbf{k} \\ c,v}} \delta(\varepsilon_{c\mathbf{k}} - \varepsilon_{v\mathbf{k}} - \hbar\omega)$$

$$= \frac{\Omega}{(2\pi)^3} \int d^3k \sum_{c,v} \delta(\varepsilon_{c\mathbf{k}} - \varepsilon_{v\mathbf{k}} - \hbar\omega)$$

$$= \frac{\Omega}{(2\pi)^3} \int dS \int d\varepsilon_{cv} \frac{1}{|\nabla_{\mathbf{k}}\varepsilon_{cv}|}\delta(\varepsilon_{cv} - \hbar\omega),$$

wobei $\varepsilon_{cv} = \varepsilon_{c\mathbf{k}} - \varepsilon_{v\mathbf{k}}$; S ist die konstante Energiefläche von ε_{cv}. In der Nähe von $\mathbf{k} \simeq 0$ ist ε_{cv} ein Minimum. $\varepsilon_{cv} = \varepsilon_{cv}(0) + A_1 k_x^2 + A_2 k_y^2 + A_3 k_z^2$, A_1, A_2 und A_3 sind positiv und können durch die effektive Masse bei $\mathbf{k} = 0$ ausgedrückt werden.

$$J_{cv}\, d\varepsilon_{cv} = \int dS \frac{1}{|\nabla_{\mathbf{k}} \varepsilon_{cv}|}\, d\varepsilon_{cv}.$$

Unter Verwendung des eben bestimmten Ausdrucks für ε_{cv} ergibt die rechte Seite für endliche ε_{cv} das Volumen eines Ellipsoids. Für $d\varepsilon_{cv}$ erhalten wir

$$J_{cv}\, d\varepsilon_{cv} = d\left\{ \frac{4\pi}{3} \frac{1}{\sqrt{A_1 A_2 A_3}} \left(\varepsilon_{cv} - \varepsilon_{cv}(0)\right)^{3/2} \right\},$$

$$J_{cv} = \frac{d}{d\varepsilon_{cv}} \left\{ \frac{4\pi}{3} \frac{1}{\sqrt{A_1 A_2 A_3}} \left(\varepsilon_{cv} - \varepsilon_{cv}(0)\right)^{3/2} \right\}$$

$$= 2\pi \frac{1}{\sqrt{A_1 A_2 A_3}} \left(\varepsilon_{cv} - \varepsilon_{cv}(0)\right)^{1/2}, \qquad \text{für } \varepsilon_{cv} > \varepsilon_{cv}(0).$$

$$\alpha \sim \frac{\Omega}{(2\pi)^2} \frac{1}{\sqrt{A_1 A_2 A_3}} \left(\hbar\omega - \varepsilon_{cv}(0)\right)^{1/2}.$$

2. Bei einachsiger Symmetrie gilt

$$H = \frac{p_{e\parallel}^2}{2m_{e\parallel}} + \frac{p_{e\perp}^2}{2m_{e\perp}} + \frac{p_{h\parallel}^2}{2m_{h\parallel}} + \frac{p_{h\perp}^2}{2m_{h\perp}} - V(|\mathbf{r}_e - \mathbf{r}_h|).$$

$$\mathbf{R} = (X, Y, Z) = \left(\frac{m_{e\perp} x_e + m_{h\perp} x_h}{m_{e\perp} + m_{h\perp}}, \frac{m_{e\perp} y_e + m_{h\perp} y_h}{m_{e\perp} + m_{h\perp}}, \frac{m_{e\parallel} z_e + m_{h\parallel} z_h}{m_{e\parallel} + m_{h\parallel}} \right).$$

$$\mathbf{r} = \mathbf{x}_e - \mathbf{x}_h = (x_e - x_h, y_e - y_h, z_e - z_h).$$

$$H = \frac{p_{xe}^2 + p_{ye}^2}{2m_{e\perp}} + \frac{p_{ze}^2}{2m_{e\parallel}} + \frac{p_{xh}^2 + p_{yh}^2}{2m_{h\perp}} + \frac{p_{zh}^2}{2m_{h\parallel}} - V(r)$$

$$= -\frac{\hbar^2}{2M_\perp}\left(\frac{\partial^2}{\partial X^2} + \frac{\partial^2}{\partial Y^2} \right) - \frac{\hbar^2}{2M_\parallel} \frac{\partial^2}{\partial Z^2}$$

$$- \frac{\hbar^2}{2\mu_\perp}\left(\frac{\partial^2}{\partial x^2} + \frac{\partial^2}{\partial y^2} \right) - \frac{\hbar^2}{2\mu_\parallel} \frac{\partial^2}{\partial z^2} - V(r).$$

wobei

$$M_\perp = m_{e\perp} + m_{h\perp}\,,\; m_\parallel = m_{e\parallel} + m_{h\parallel},$$

$$\frac{1}{\mu_\perp} = \frac{1}{m_{e\perp}} + \frac{1}{m_{h\perp}},$$

$$\frac{1}{\mu_\parallel} = \frac{1}{m_{e\parallel}} + \frac{1}{m_{h\parallel}}.$$

$$\psi = e^{i\mathbf{k}\cdot\mathbf{R}} u(x, y, \mathfrak{z}),$$

$$H\psi = \left\{ \frac{\hbar^2}{2M_\perp}\left(k_x^2 + k_y^2\right) + \frac{\hbar^2}{2M_\parallel} k_z^2 - \frac{\hbar^2}{2\mu_\perp}\left(\frac{\partial^2}{\partial x^2} + \frac{\partial^2}{\partial y^2}\right) - \frac{\hbar^2}{2\mu_\parallel}\frac{\partial^2}{\partial \mathfrak{z}^2} - V(r) \right\} e^{i\mathbf{k}\cdot\mathbf{R}} u(\mathbf{r})$$

$$= E e^{i\mathbf{k}\cdot\mathbf{R}} u(\mathbf{r}).$$

$$\left\{ -\frac{\hbar^2}{2\mu_\perp}\left(\frac{\partial^2}{\partial x^2} + \frac{\partial^2}{\partial y^2}\right) - \frac{\hbar^2}{2\mu_\parallel}\frac{\partial^2}{\partial z^2} - V(r) \right\}\psi$$

$$= \left\{ E - \frac{\hbar^2}{2M_\perp}\left(k_x^2 + k_y\right) - \frac{\hbar^2}{2M_\parallel} k_z^2 \right\}\psi.$$

Es soll gelten $\mathfrak{z} = \sqrt{\dfrac{\varepsilon_\parallel}{\varepsilon_\perp}}\, z$, dann betrachtet man

$$T = -\frac{\hbar^2}{2\mu_\perp}\left(\frac{\partial^2}{\partial x^2} + \frac{\partial^2}{\partial y^2}\right) - \frac{\hbar^2}{2\mu_\parallel}\frac{\partial^2}{\partial \mathfrak{z}^2}$$

$$= -\frac{\hbar^2}{2\mu_\perp}\left(\frac{\partial^2}{\partial x^2} + \frac{\partial^2}{\partial y^2}\right) - \frac{\hbar^2}{2\mu_\parallel}\left(\frac{\varepsilon_\perp}{\varepsilon_\parallel}\right)\frac{\partial^2}{\partial z^2}$$

Man definiert

$$\nabla^2 = \frac{\partial^2}{\partial x^2} + \frac{\partial^2}{\partial y^2} + \frac{\partial^2}{\partial z^2}, \quad \text{und} \quad \frac{1}{\mu_0} = \frac{2}{3}\frac{1}{\mu_\perp} + \frac{1}{3}\frac{1}{\mu_\parallel}\cdot\frac{\varepsilon_\perp}{\varepsilon_\parallel},$$

$$\gamma = \frac{1}{\mu_\perp} - \frac{1}{\mu_\parallel}\cdot\frac{\varepsilon_\perp}{\varepsilon_\parallel},$$

dann gilt

$$T = -\frac{\hbar^2}{2\mu_0}\nabla^2 + \frac{\hbar^2}{2}\left(\frac{2}{3}\cdot\frac{1}{\mu_\perp} + \frac{1}{3}\frac{1}{\mu_\parallel}\frac{\varepsilon_\perp}{\varepsilon_\parallel}\right)\nabla^2$$

$$
-\frac{\hbar^2}{2\mu_\perp}\left(\frac{\partial^2}{\partial x^2}+\frac{\partial^2}{\partial y^2}\right)-\frac{\hbar^2}{2\mu_\parallel}\left(\frac{\varepsilon_\perp}{\varepsilon_\parallel}\right)\frac{\partial^2}{\partial z^2}
$$

$$
=-\frac{\hbar^2}{2\mu_0}\nabla^2-\frac{\hbar^2}{2}\frac{2\gamma}{3}\left(\frac{1}{2}\frac{\partial^2}{\partial x^2}+\frac{1}{2}\frac{\partial^2}{\partial y^2}-\frac{\partial^2}{\partial z^2}\right).
$$

Für den Potentialausdruck gilt

$$
\mathbf{D}=\varepsilon\mathbf{E}=\begin{pmatrix}\varepsilon_\perp & 0 & 0\\ 0 & \varepsilon_\perp & 0\\ 0 & 0 & \varepsilon_\parallel\end{pmatrix}\begin{pmatrix}E_x\\ E_y\\ E_z\end{pmatrix},\qquad \mathbf{E}=-\nabla\phi,
$$

dann ist die potentielle Energie $V(r)=-e\phi$. Unter der Annahme, daß das Loch sich im Ursprung befindet, genügt das Potential am Elektron der Beziehung

$$
\nabla\cdot\mathbf{D}=\varepsilon_\perp\left(\frac{\partial^2\phi}{\partial x^2}+\frac{\partial^2\phi}{\partial y^2}\right)+\varepsilon_\parallel\frac{\partial^2\phi}{\partial \mathfrak{z}^2}=4\pi e\,\delta(x)\,\delta(y)\,\delta(\mathfrak{z}).
$$

Es soll gelten $x'=x/\sqrt{\varepsilon_\perp}$, $\quad y'=y/\sqrt{\varepsilon_\perp}$, $\quad \mathfrak{z}'=\mathfrak{z}/\sqrt{\varepsilon_\parallel}$,

$$
\nabla\cdot\mathbf{D}=\frac{\partial^2\phi}{\partial x'^2}+\frac{\partial^2\phi}{\partial y'^2}+\frac{\partial^2\phi}{\partial \mathfrak{z}'^2}=4\pi\frac{e}{\varepsilon_\perp\sqrt{\varepsilon_\parallel}}\,\delta(x')\,\delta(y')\,\delta(\mathfrak{z}').
$$

$$
\phi=\frac{e}{\varepsilon_\perp\sqrt{\varepsilon_\parallel}\sqrt{x'^2+y'^2+\mathfrak{z}'^2}}=\frac{e}{\varepsilon_\perp\sqrt{\varepsilon_\parallel}\sqrt{\dfrac{x^2}{\varepsilon_\perp}+\dfrac{y^2}{\varepsilon_\perp}+\dfrac{\mathfrak{z}}{\varepsilon_\parallel}}}
$$

$$
=\frac{e}{\sqrt{\varepsilon_\perp\varepsilon_\parallel}\sqrt{x^2+y^2+\left(\dfrac{\varepsilon_\perp}{\varepsilon_\parallel}\right)\mathfrak{z}^2}}=\frac{e}{\sqrt{\varepsilon_\perp\varepsilon_\parallel}\sqrt{x^2+y^2+z^2}}
$$

$$
=\frac{e}{\varepsilon_0\sqrt{x^2+y^2+z^2}},
$$

$$
z=\sqrt{\frac{\varepsilon_\perp}{\varepsilon_\parallel}}\,\mathfrak{z}.
$$

$$
V(r)=-\frac{e^2}{\varepsilon_0\sqrt{x^2+y^2+z^2}}.
$$

3. $H_0=-\dfrac{\hbar^2}{2\mu_0}\nabla^2-\dfrac{e^2}{\varepsilon_0 r},$

$$H' = -\frac{\hbar^2\gamma'}{3}\left(\frac{1}{2}\nabla^2 - \frac{3}{2}\frac{\partial^2}{\partial z^2}\right)$$

$$= -\frac{\gamma\hbar^2}{3\mu_0}\left(\frac{1}{2}\frac{\partial^2}{\partial x^2} + \frac{1}{2}\frac{\partial^2}{\partial y^2} - \frac{\partial^2}{\partial z^2}\right), \qquad \gamma = \gamma'\mu_0.$$

Nach $H_0\psi = E\psi$, (das ist gerade die Schrödingergleichung für das Wasserstoffatom)

$$E_n = -E_1/n^2, \qquad E_1 = \mu_0 e^4/2\varepsilon_0^2\hbar^2.$$

Die Energie nullter Ordnung für die Zustände $n = 1$ und 2 beträgt

$$E_{1s} = E_g - E_1, \qquad E_2 = E_g - E_1/4.$$

wobei E_g die Energie der verbotenen Zone darstellt.

Die Störungsenergie berechnen wir mit H'

$$E' = \langle 1s|H'|1s\rangle.$$

Der Zustand 1s ist kugelsymmetrisch, so daß

$$\left\langle\frac{\partial^2}{\partial x^2}\right\rangle = \left\langle\frac{\partial^2}{\partial y^2}\right\rangle = \left\langle\frac{\partial^2}{\partial z^2}\right\rangle.$$

$$E' = 0.$$

$$E_{1s} = E_g - E_1.$$

Für $n = 2$ ergibt sich eine vierfache Entartung.

$$\psi_{200} = \frac{1}{4\sqrt{2\pi}}(a_0)^{-3/2}\left(2 - \frac{r}{a_0}\right)e^{-r/2a_0},$$

dabei ist a_0 der effektive Bohrsche Atomradius,

$$a_0 = \frac{\hbar^2\varepsilon_0}{\mu_0 e^2}.$$

$$\psi_{210} = \frac{1}{4\sqrt{2\pi}}(a_0)^{-3/2}e^{-r/2a_0}\left(\frac{r}{a_0}\right)\cos\theta,$$

$$\psi_{21\pm1} = \frac{1}{8\sqrt{\pi}}(a_0)^{-3/2}e^{-r/2a_0}\left(\frac{r}{a_0}\right)\sin\theta\, e^{\pm i\phi}.$$

Der Anteil ϕ von ψ ist invariant bezüglich H', deshalb gibt es keine Matrixelemente außerhalb der Hauptdiagonale zwischen ψ_{200}, ψ_{210} und $\psi_{21\pm1}$ und zwischen ψ_{211} und ψ_{21-1}. Außerdem ist die Kugelsymmetrie von ψ_{200} invariant gegenüber H'; deshalb ist ψ_{200} nicht mit ψ_{210} durch H'. gekoppelt. Ähnlich wie $|1s\rangle$, $\langle 2s|H'|2s\rangle = 0$.

$$E_{2s} = E_g - E_1/4.$$

Das Virialtherm ergibt $T = -V/2$, so daß

$$\langle 211| - \frac{\hbar^2}{2\mu_0}\nabla^2|211\rangle = -E_1/4.$$

Man betrachte $\langle 211|\dfrac{\partial^2}{\partial z^2}|211\rangle$,

$$\frac{\partial}{\partial z}\left\{e^{-r/2a_0}\frac{r}{a_0}\sin\theta e^{i\phi}\right\} = -\frac{(x+iy)}{2a_0^2}e^{-r/2a_0}\cdot\frac{z}{r}.$$

$$\frac{\partial^2}{\partial z^2}\left\{e^{-r/2a_0}\frac{r}{a_0}\sin\theta e^{i\phi}\right\} = \frac{(x+iy)}{2a_0^2}e^{-r/2a_0}\left\{\frac{z^2}{2a_0r^2} - \frac{1}{r} + \frac{z^2}{r^3}\right\}$$

$$= \frac{e^{-r/2a_0}}{2a_0^2}\left\{\frac{r\cos^2\theta\sin\theta}{2a_0} - \sin^3\theta\right\}e^{i\phi}.$$

$$\langle 211|\frac{\partial^2}{\partial z^2}|211\rangle = -\frac{1}{20a_0^2}.$$

$$\frac{\hbar^2}{\mu_0 a_0^2} = 2E_1.$$

$$\langle 211|H'|211\rangle = -\frac{\gamma}{3}\langle 211|\frac{\hbar^2}{2\mu_0}\nabla^2 - \frac{3\hbar^2}{2\mu_0}\frac{\partial^2}{\partial z^2}|211\rangle$$

$$= -\frac{\gamma}{3}\left(-\frac{E_1}{4} + \frac{3}{20}E_1\right)$$

$$= \gamma\frac{E_1}{4}\left(\frac{2}{15}\right).$$

$$E_{211} = E_g - \frac{E_1}{4} + \frac{\gamma E_1}{4}\left(\frac{2}{15}\right)$$

$$= E_g - \frac{E_1}{4}\left(1 - \frac{2}{15}\gamma\right).$$

In gleicher Weise ergibt sich

$$E_{21-1} = E_g - \frac{E_1}{4}\left(1 - \frac{2}{15}\gamma\right),$$

$$E_{210} = E_g - \frac{E_1}{4}\left(1 + \frac{4}{15}\gamma\right).$$

Kapitel 16

1. Der erste Schritt ist ε_{xx}, ε_{yy}, ε_{xy} und ε_{yx} zu bestimmen; dann muß man Gleichung (79) anwenden, um ω zu finden. In einem Magnetfeld sind die Bewegungsgleichungen für ein Elektron:

$$\ddot{x} = -\frac{e}{m}E_x - \omega_c v_y, \qquad \omega_c = \frac{eH}{mc}.$$

$$\ddot{y} = -\frac{e}{m}E_y + \omega_c v_x.$$

$$v_x, v_y \sim e^{-i\omega t},$$

$$-\omega^2 x = -\frac{e}{m}E_x + i\omega\omega_c y,$$

$$-\omega^2 y = -\frac{e}{m}E_y - i\omega_c\omega x, \qquad \text{denn } y = \frac{e}{m\omega^2}E_y + \frac{i\omega_c}{\omega}x.$$

$$-\omega^2 x = -\frac{e}{m}E_x + \frac{i\omega_c e}{m\omega}E_y - \omega_c^2 x.$$

$$\omega \ll \omega_c, \qquad x = -\frac{e}{m\omega_c^2}E_x + \frac{ie}{m\omega\omega_c}E_y, \qquad y = -\frac{ie}{m\omega_c\omega}E_x.$$

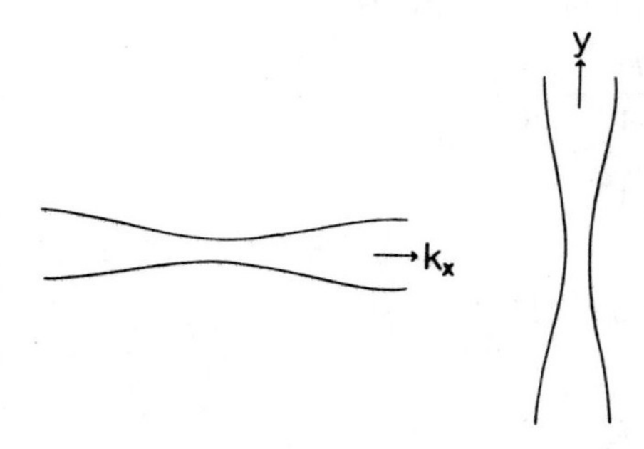

Bild 16.1: Die Bahn im $\mathbf{k}$-Raum und im realen Raum.

$$P_x = -nex = \frac{ne^2}{m\omega_c^2}E_x - \frac{ine^2}{m\omega\omega_c}E_y.$$

$$\varepsilon_{xx} = \frac{\omega_p^2}{\omega_c^2}, \qquad \varepsilon_{xy} = -\frac{i\omega_p^2}{\omega\omega_c}.$$

$$y = -\frac{ie}{m\omega\omega_c}E_x, \qquad P_y = \frac{ine^2}{m\omega\omega_c}E_x, \qquad \varepsilon_{yx} = \frac{i\omega_p^2}{\omega\omega_c}.$$

Der Strom infolge der Elektronenbewegung längs der offenen Bahn ist

$$j_{op} = -\frac{n_{op}e^2}{m}\tau E_y = -\sigma E_y.$$

$$\varepsilon_{yx} = i\frac{\omega_p^2}{\omega\omega_c}, \qquad \varepsilon_{yy} = \frac{i4\pi}{\omega}\sigma = -i\frac{\omega^{*2}\tau}{\omega}, \qquad \omega^{*2} = 4\pi n_{op}e^2/m.$$

$$\begin{vmatrix} \frac{c^2k^2}{\omega^2} - \frac{\omega_p^2}{\omega_c^2} & -i\frac{\omega_p^2}{\omega\omega_c} \\ i\frac{\omega_p^2}{\omega\omega_c} & \frac{c^2k^2}{\omega^2} - i\frac{\omega^{*2}\tau}{\omega} \end{vmatrix} = 0$$

$$\left(c^2k^2 - \frac{\omega_p^2\omega^2}{\omega_c^2}\right)\left(\frac{c^2k^2}{\omega^{*2}} - i\omega\tau\right) - \frac{\omega_p^4\omega^2}{\omega_c^2\omega^{*2}} = 0$$

$$\omega\tau \simeq 1, \qquad \omega_p^2\omega^2 \ll \omega_c^2, \qquad c^2k^2 \ll \omega^{*2}.$$

$$c^2k^2 \simeq i\frac{\omega_p^4\omega^2}{\omega_c^2\omega^{*2}}.$$

Wir betrachten die Größe

$$\omega^2 \sim c^2k^2\omega_c^2\frac{\omega^{*2}}{\omega_p^4}.$$

$$\omega \sim ck\omega_c\omega^*/\omega_p^2.$$

3. $$mv_x = p_x - \frac{e}{c}A_x, \qquad A_x = A_{\mathbf{q}}e^{iqz - i\omega t}.$$

$$(j_{\mathbf{q}})_x e^{-i\omega t} = Tr\left(e^{-i\mathbf{q}\cdot\mathbf{r}}e\rho(t)v_x\right)$$

$$= Tr\left(e^{-i\mathbf{q}\cdot\mathbf{r}}e(\rho_0+\delta\rho(t))\left(p_x-\frac{e}{c}A_x\right)\right)\frac{1}{m}$$

$$= Tr\left(e^{-i\mathbf{q}\cdot\mathbf{r}}\left(-\frac{e^2}{c}\right)\rho_0 A_x\right)\frac{1}{m}+Tr\left(e^{-i\mathbf{q}\cdot\mathbf{r}}\,\delta\rho p_x\right)\frac{e}{m},$$

in erster Ordnung von A_x.

$$= -\frac{e^2}{mc}Tr\left(\rho_0 A_{\mathbf{q}}e^{-i\omega t}\right)+Tr\left(e^{-i\mathbf{q}\cdot\mathbf{r}}e\delta\rho e^{-i\omega t}p_x\right)\frac{1}{m}.$$

$$i\hbar\dot{\rho}=[H,\rho]=i\hbar\delta\dot{\rho}=[H_0+H',\rho_0+\delta\rho]$$
$$=[H_0,\rho_0]+[H',\rho_0]+[H_0,\delta\rho].$$

$$i\hbar\frac{\partial}{\partial t}\langle\mathbf{k}+\mathbf{q}|\delta\rho(t)|\mathbf{k}\rangle=(\hbar\omega+i\eta)\langle\mathbf{k}+\mathbf{q}|\delta\rho e^{-i\omega t-\eta|t|/\hbar}|\mathbf{k}\rangle$$
$$=(f_{\mathbf{k}}-f_{\mathbf{k}+\mathbf{q}})\langle\mathbf{k}+\mathbf{q}|$$
$$\times\left(-\frac{e}{mc}\right)\left(A_{\mathbf{q}}e^{iqz-i\omega t}\right)p_x|\mathbf{k}\rangle$$
$$+(\varepsilon_{\mathbf{k}+\mathbf{q}}-\varepsilon_{\mathbf{k}})\langle\mathbf{k}+\mathbf{q}|\delta\rho|\mathbf{k}\rangle.$$

$$\langle\mathbf{k}+\mathbf{q}|\delta\rho|\mathbf{k}\rangle=\frac{(f_{\mathbf{k}}-f_{\mathbf{k}+\mathbf{q}})}{\varepsilon_{\mathbf{k}+\mathbf{q}}-\varepsilon_{\mathbf{k}}-\hbar\omega-i\eta}\langle\mathbf{k}+\mathbf{q}|\frac{e}{mc}A_{\mathbf{q}}e^{iqz}(\hbar k_x)|\mathbf{k}\rangle.$$

$$Tr\left(e^{-iqz}e\delta\rho p_x\right)=\sum_{\mathbf{k},\mathbf{k}'\mathbf{k}''}\langle\mathbf{k}|e^{-iqz}|\mathbf{k}'\rangle\langle\mathbf{k}'|e\delta\rho|\mathbf{k}''\rangle\langle\mathbf{k}''|p_x|\mathbf{k}\rangle$$
$$=\frac{e^2\hbar^2}{mc}A_{\mathbf{q}}\sum_{\mathbf{k}}k_x^2\frac{f_{\mathbf{k}}-f_{\mathbf{k}+\mathbf{q}}}{\varepsilon_{\mathbf{k}+\mathbf{q}}-\varepsilon_{\mathbf{k}}-\hbar\omega-i\eta}$$
$$=\frac{e^2\hbar^2}{mc}\left(\frac{c}{i\omega}\right)E_{\mathbf{q}}\sum_{\mathbf{k}}k_x^2\left\{\frac{f_{\mathbf{k}}}{\varepsilon_{\mathbf{k}+\mathbf{q}}-\varepsilon_{\mathbf{k}}-\hbar\omega-i\eta}\right.$$
$$\left.-\frac{f_{\mathbf{k}}}{\varepsilon_{\mathbf{k}}-\varepsilon_{\mathbf{k}-\mathbf{q}}-\hbar\omega-i\eta}\right\},$$

dabei ist $E_{\mathbf{q}}$ das elektrische Feld.

$$=\frac{e^2\hbar^2}{mc}\left(\frac{c}{i\omega}\right)E_{\mathbf{q}}\sum_{\mathbf{k}}k_x^2\left\{\mathscr{P}\frac{f_{\mathbf{k}}}{\varepsilon_{\mathbf{k}+\mathbf{q}}-\varepsilon_{\mathbf{k}}-\hbar\omega}\right.$$
$$+i\pi\delta\left(\frac{\hbar^2}{m}kq\mu+\frac{\hbar^2}{2m}q^2-\hbar\omega\right)$$
$$-\mathscr{P}\frac{f_{\mathbf{k}}}{\varepsilon_{\mathbf{k}}-\varepsilon_{\mathbf{k}-\mathbf{q}}-\hbar\omega}$$
$$\left.-i\pi\delta\left(\frac{\hbar^2}{m}kq\mu+\frac{\hbar^2q^2}{2m}-\hbar\omega\right)\right\},$$

dabei ist $\mu=\cos\theta$ und $\mathscr{P}$ der Hauptwert.

$$Re\left\{Tr\left(e^{-iqz}e\delta\rho p_x\right)\right\}$$

$$= \frac{e^2\hbar^2}{mc}\left(\frac{c}{\omega}\right)E_{\mathbf{q}}\sum_{\mathbf{k}} k_x^2\left[\pi\delta\left(\frac{\hbar^2}{m}kq\mu + \frac{\hbar^2}{2m}q^2 - \hbar\omega\right)\right.$$

$$\left. - \pi\delta\left(\frac{\hbar^2}{m}kq\mu - \frac{\hbar^2 q^2}{2m} - \hbar\omega\right)\right]$$

$$= \frac{e^2\hbar^2}{mc}\left(\frac{c}{\omega}\right)E_{\mathbf{q}}\frac{2\pi}{(2\pi)^3}\int k^2\, dk\, d\mu\, d\phi\, k^2(1-\mu^2)\cos^2\phi$$

$$\left\{\delta\left(\frac{\hbar^2}{m}kq\mu + \frac{\hbar^2}{2m}q^2 - \hbar\omega\right) - \delta\left(\frac{\hbar^2}{m}kq\mu - \frac{\hbar^2 q^2}{2m} - \hbar\omega\right)\right\}$$

$$= \frac{e^2\hbar^2}{mc}\left(\frac{c}{\omega}\right)E_{\mathbf{q}}\pi\frac{2\pi}{(2\pi)^3}\int k^4\, dk\,(1-\mu^2)\left[\delta\left(\frac{\hbar^2}{m}kqu + \frac{\hbar^2}{2m}q^2 - \hbar\omega\right)\right.$$

$$\left. - \delta\left(\frac{\hbar^2}{m}kq\mu - \frac{\hbar^2 q^2}{2m} - \hbar\omega\right)\right] d\mu$$

$$= \frac{e^2\hbar^2}{mc}\left(\frac{c}{\omega}\right)E_{\mathbf{q}}\pi\frac{2\pi}{(2\pi)^3}\int k^4\, dk\,\frac{m}{\hbar^2}\frac{1}{kq}\left\{\left[1 - \left(-\frac{q}{2k} + \frac{m}{\hbar}\frac{\omega}{kq}\right)^2\right]\right.$$

$$\left. - \left[1 - \left(\frac{q}{2k} + \frac{m}{\hbar}\frac{\omega}{kq}\right)^2\right]\right\}$$

$$= \frac{e^2\hbar^2}{mc}\left(\frac{c}{\omega}\right)E_{\mathbf{q}}\pi\frac{2\pi}{(2\pi)^3}\int k^4\, dk\,\frac{m}{\hbar^2}\frac{1}{kq}\left\{2\frac{m}{\hbar}\frac{\omega}{k^2}\right\}$$

$$= \frac{e^2\hbar^2}{mc}\left(\frac{c}{\omega}\right)E_{\mathbf{q}}\pi\frac{4\pi}{(2\pi)^3}\left(\frac{m^2}{\hbar^3}\right)\frac{\omega}{q}\int_0^{k_F} k\, dk$$

$$= \frac{e^2\hbar^2}{mc}\left(\frac{c}{\omega}\right)E_{\mathbf{q}}\pi\frac{4\pi}{(2\pi)^3}\left(\frac{m^2}{\hbar^3}\right)\frac{\omega}{q}\frac{k_F^2}{2}$$

$$= \frac{e^2 m\pi}{q\hbar}E_{\mathbf{q}}\frac{3}{4}\frac{n}{k_F} = \frac{3\pi n e^2 m}{4mv_F q}E_{\mathbf{q}}, \qquad \hbar k_F = mv_F.$$

$$\mathscr{I}\left\{Tr\left(e^{-iqz}e\delta\rho p_x\right)\right\} = \frac{e^2\hbar^2}{mc}A_{\mathbf{q}}\sum_{\mathbf{k}} k_x^2\left\{\mathscr{P}\frac{f_{\mathbf{k}}}{\varepsilon_{\mathbf{k}+\mathbf{q}} - \varepsilon_{\mathbf{k}} - \hbar\omega}\right.$$

$$\left. - \mathscr{P}\frac{f_{\mathbf{k}}}{\varepsilon_{\mathbf{k}} - \varepsilon_{\mathbf{k}-\mathbf{q}} - \hbar\omega}\right\}.$$

Für $\frac{\hbar^2}{m}kq \gg \hbar\omega$,

$$\mathscr{I}\left\{Tr\left(e^{-iqz}e\delta\rho p_x\right)\right\} = \frac{e^2\hbar^2}{mc}A_{\mathbf{q}}\frac{2}{(2\pi)^3}\int k^4\,dk\,(1-\mu^2)$$

$$\times d\mu\cos^2\phi\,d\phi\,\frac{-2q/2k}{\frac{\hbar^2}{m}kq\left[\mu^2-\left(\frac{q}{2k}\right)^2\right]}$$

$$= \frac{e^2}{c}A_{\mathbf{q}}\frac{2\pi}{(2\pi)^3}\int k^2\,dk\,\frac{\mu^2-1}{\mu^2-\left(\frac{q}{2k}\right)^2}\,d\mu$$

$$= \frac{e^2}{c}A_{\mathbf{q}}\frac{2\pi}{(2\pi)^3}\int k^2\,dk\int_{-1}^{1}d\mu\left[1+\left(\frac{q}{4k}-\frac{k}{q}\right)\right.$$

$$\left.\times\left(\frac{1}{\mu-q/2k}-\frac{1}{\mu+q/2k}\right)\right]$$

$$= \frac{e^2}{c}A_{\mathbf{q}}\frac{2\pi}{(2\pi)^3}\int k^2\,dk\left\{2+\left(\frac{q}{4k}-\frac{k}{q}\right)2\right.$$

$$\left.\cdot\,ln\left|\frac{1-q/2k}{1+q/2k}\right|\right\} = I.$$

Für $q/2k < 1$, $\quad I \simeq \frac{e^2}{c}A_{\mathbf{q}}\frac{2\pi}{(2\pi)^3}\int k^2\,dk\left\{2+2\cdot\frac{k}{q}\cdot\frac{2q}{2k}\right\}.$

Für $q/2k > 1$, $\quad I \simeq \frac{e^2}{c}A_{\mathbf{q}}\frac{2\pi}{(2\pi)^3}\int k^2\,dk\left\{2+2\cdot\frac{q}{4k}\cdot 2\cdot\frac{2k}{q}\right\}.$

So ist für $q/2k \neq 1$,

$$I = \frac{e^2}{c}A_{\mathbf{q}}\frac{2\pi}{(2\pi)^3}\int dk\,k^2\cdot 4 = \frac{e^2}{c}A_{\mathbf{q}}\frac{2}{(2\pi)^3}\cdot 4\pi\cdot\frac{k_F^3}{3} = \frac{e^2n}{c}A_{\mathbf{q}}.$$

$$(j_{\mathbf{q}})_x = -\frac{ne^2}{mc}A_{\mathbf{q}} + \frac{ne^2}{mc}A_{\mathbf{q}} + \frac{3\pi ne^2}{4mv_Fq}E_{\mathbf{q}} = \sigma_{\mathbf{q}}E_{\mathbf{q}}.$$

$$\sigma_{\mathbf{q}} = \frac{3\pi ne^2}{4v_Fqm}, \qquad \varepsilon(\omega,\mathbf{q}) = \frac{4\pi i}{\omega}\sigma_{\mathbf{q}} = \frac{4\pi i}{\omega}\cdot\frac{3\pi ne^2}{4v_Fqm}$$

Kapitel 17

1. $\lambda \sim \dfrac{cG_c}{eH}$.

$G_c \sim 1 \times 10^{-19}$ g cm/sec für die Abmessung der Zone in der [0001] - Richtung, und

$$f = \frac{v}{\lambda} \sim \frac{eHv}{cG_c} \sim \frac{5 \times 10^{-10} \times 10^3 \times 4 \times 10^5}{3 \times 10^{10} \times 10^{-19}} \sim 6 \times 10^7/\text{sec}.$$

Kapitel 18

1. Gl. (30)

$$Z = \frac{2}{\pi} \sum_l (2l+1)\eta_l(k_F).$$

Gl. (34)

$$\Delta\varepsilon_{\mathbf{k}} = \frac{\hbar^2}{2m}(k'^2 - k^2) = \frac{\hbar^2}{2m}\left[\left(k - \frac{\eta_l}{R}\right)^2 - k^2\right] \simeq -\frac{\hbar^2 k \eta_l}{mR}.$$

Zustandsdichte von l pro Einheitswellenzahl $= 2(2l+1)R/\pi$.

$$Z = \frac{2}{\pi} \sum_l (2l+1)\left(-\frac{mR}{\hbar^2 k}\right)\Delta\varepsilon_{\mathbf{k}}$$

$$= \frac{2}{\pi} \sum_l (2l+1)\left(-\frac{mR}{\hbar^2 k}\right)\langle \mathbf{k}|V_p|\mathbf{k}\rangle.$$

$$\rho_F = \frac{dn}{d\varepsilon} = \frac{dn}{dk}\frac{dk}{d\varepsilon} = \frac{dn}{dk}\Big/\left(\frac{d\varepsilon}{dk}\right).$$

$$dn/dk = \sum_l 2(2l+1)R/\pi.$$

$$d\varepsilon/dk = \hbar^2 k/m.$$

$$\rho_F = \sum_l \frac{2}{\pi}(2l+1)\left(\frac{Rm}{\hbar^2 k}\right).$$

$$Z = -\rho_F \langle \mathbf{k}|V_p|\mathbf{k}\rangle.$$

2. $$F_\gamma(\varepsilon) = \int dE \frac{g_\gamma(E)}{\varepsilon - E}$$

$$= \int_0^{\varepsilon_1} dE \frac{g_0}{\varepsilon - E} = -g_0 \, ln\left|\frac{\varepsilon_1 - \varepsilon}{\varepsilon}\right|.$$

$$V > 0, \qquad 1 + Vg_0 ln\left|\frac{\varepsilon_1 - \varepsilon_0}{\varepsilon_0}\right| = 0, \qquad ln\left|\frac{\varepsilon_1 - \varepsilon_0}{\varepsilon_0}\right| = -\frac{1}{Vg_0},$$

$$e^{-1/Vg_0} = \frac{\varepsilon_1 - \varepsilon_0}{\varepsilon_0},$$

$$\varepsilon_0 = \frac{\varepsilon_1}{e^{-1/Vg_0} + 1}.$$

$$V < 0, \qquad 1 - |V| g_0 ln\left|\frac{\varepsilon_1 - \varepsilon_0}{\varepsilon_0}\right| = 0.$$

$$\varepsilon_0 = \frac{\varepsilon_1}{e^{1/|V|g_0} + 1}.$$

3. a. Nach Gl. (88), $(\xi - \varepsilon_{\mathbf{k}}) G^\sigma_{\mathbf{kk}} = 1 + V_{\mathbf{k}d} G^\sigma_{d\mathbf{k}}$. Nach Gl. (86),

$$G^\sigma_{\mathbf{k}d} = \frac{1}{\xi - \varepsilon_{\mathbf{k}}} V_{\mathbf{k}d} G^\sigma_{dd}.$$

$$G^\sigma_{d\mathbf{k}} = (G^\sigma_{\mathbf{k}d})^* = \frac{1}{\xi - \varepsilon_{\mathbf{k}}} V_{d\mathbf{k}} (G^\sigma_{dd})^*.$$

$$G^\sigma_{dd} = \frac{1}{\xi - E_\sigma - i\Delta}.$$

$$G^\sigma_{\mathbf{kk}} = \frac{1}{\xi - \varepsilon_{\mathbf{k}}} + \frac{1}{(\xi - \varepsilon_{\mathbf{k}})^2} \frac{|V_{d\mathbf{k}}|^2}{\xi - E_\sigma + i\Delta}.$$

b. $$\rho^\sigma_{\text{frei}} = -\frac{1}{\pi}\left(\frac{1}{2\pi}\right)^3 \int d^3k \, \mathscr{I}(G^\sigma_{\mathbf{kk}}).$$

$$\frac{1}{\xi - \varepsilon_{\mathbf{k}}} = \frac{1}{\xi - \varepsilon_{\mathbf{k}} + i\delta} = \mathscr{P}\frac{1}{\xi - \varepsilon_{\mathbf{k}}} - i\pi\delta(\xi - \varepsilon_{\mathbf{k}}).$$

$$\frac{1}{(\xi - \varepsilon_{\mathbf{k}})^2} = -\frac{d}{\partial \xi}\left(\frac{1}{\xi - \varepsilon_{\mathbf{k}}}\right).$$

$$\rho^\sigma_{\text{frei}} = -\frac{1}{\pi}\left(\frac{1}{2\pi}\right)^3 \int d^3k \left\{ -\pi\delta(\xi - \varepsilon_{\mathbf{k}}) + \pi \frac{\partial}{\partial \xi}[\delta(\xi - \varepsilon_{\mathbf{k}})] \times \frac{|V_{d\mathbf{k}}|^2 (\xi - E_\sigma)}{(\xi - E_\sigma)^2 + \Delta^2} \right\}$$

$$= \rho_0^\sigma(\xi) + \frac{d\rho_0^\sigma}{\partial\varepsilon_{\mathbf{k}}} \frac{|V_{d\mathbf{k}}|^2(\xi - E_\sigma)}{(\xi - E_\sigma)^2 + \Delta^2}.$$

Kapitel 19

1. $\varphi = e^{ikz} + \dfrac{\alpha}{r} e^{ikr}, \; e^{ikz} = e^{ikr\cos\theta},$

$$\frac{1}{4\pi}\int d\Omega\, e^{ikr\cos\theta} = \frac{1}{4\pi} 2\pi \int_{-1}^{1} d\mu\, e^{ikr\mu}$$

$$= \frac{1}{2}\frac{1}{ikr}\left(e^{ikr\mu}\right)\Big|_{-1}^{1} = \frac{\sin kr}{kr}.$$

$$\varphi_s = \frac{1}{kr}\sin kr + \frac{\alpha}{r} e^{ikr} = \frac{1}{2ikr}\left\{e^{ikr}(1 + 2ik\alpha) - e^{-ikr}\right\}$$

$$= e^{i\eta_0}\frac{\sin(kr + \eta_0)}{kr} = \frac{e^{i\eta_0}}{kr}\frac{1}{2i}\left(e^{ikr + i\eta_0} - e^{-ikr - i\eta_0}\right).$$

Man bestimme den Koeffizienten von e^{ikr}, $e^{i2\eta_0} = 1 + 2ik\alpha$,

$$\alpha = \frac{1}{2ik}\left(e^{i2\eta_0} - 1\right) = \frac{1}{k} e^{i\eta_0}\left(e^{i\eta_0} - e^{-i\eta_0}\right)/2i$$

$$= \frac{1}{k} e^{i\eta_0}\sin\eta_0.$$

Nach den Gl. (20) und (21) gilt $\alpha = -e^{i\eta_0}b$, $\eta_0 = -kb$, für eine s- Welle $|kb| \ll 1$.

4. $\mathbf{P}_\perp = \hat{\mathbf{k}} \times [\mathbf{S}_l \times \hat{\mathbf{k}}] = \mathbf{S}_l - (\hat{\mathbf{k}} \cdot \mathbf{S}_l)\hat{\mathbf{k}}.$

$$\sum_\alpha P_\perp^\alpha P_\perp^\alpha = \sum_\alpha \left\{\left[S_l^\alpha - (\hat{\mathbf{k}} \cdot \mathbf{S}_l)\hat{\mathbf{k}}^\alpha\right]\left[S_l^\alpha - (\hat{\mathbf{k}} \cdot \mathbf{S}_l)\hat{\mathbf{k}}^\alpha\right]\right\}$$

$$= \sum_\alpha \left\{S_l^\alpha S_l^\alpha - S_l^\alpha(\hat{\mathbf{k}} \cdot \mathbf{S}_l)\hat{\mathbf{k}}^\alpha - (\hat{\mathbf{k}} \cdot \mathbf{S}_l)\hat{\mathbf{k}}^\alpha S_l^\alpha + (\hat{\mathbf{k}} \cdot \mathbf{S}_l)^2\hat{\mathbf{k}}^\alpha\hat{\mathbf{k}}^\alpha\right\}$$

$$= \sum_{\alpha,\beta}\left(S_l^\alpha\delta_{\alpha\beta}S_l^\beta\right) - \sum_{\alpha,\beta}\left(\hat{\mathbf{k}}^\alpha S_l^\alpha\right)\left(\hat{\mathbf{k}}^\beta S_l^\beta\right)$$

$$= \sum_{\alpha,\beta}\left(\delta_{\alpha\beta} - \hat{\mathbf{k}}^\alpha\hat{\mathbf{k}}^\beta\right)S_l^\alpha S_l^\beta.$$

5. Nach Gl. (1)

$$\frac{d^2\sigma}{d\varepsilon\, d\Omega} = \frac{k'}{k}\left(\frac{M}{2\pi}\right)^2 |\langle \mathbf{k}'f\,|H'|i\mathbf{k}\rangle|^2\, \delta(\hbar\omega - \varepsilon_i + \varepsilon_f).$$

$$H' = n(\mathbf{r})b\frac{2\pi}{M}.$$

Für elastische Streuung $k' = k$,

$$\langle \mathbf{k}'f\,|H'|i\mathbf{k}\rangle = \int e^{-i\mathbf{k}'\cdot\mathbf{r}}\frac{2\pi}{M}bn(\mathbf{r})e^{i\mathbf{k}\cdot\mathbf{r}}\,d^3r$$

$$\frac{d^2\sigma}{d\varepsilon\, d\Omega} = b^2\,\delta(\hbar\omega - \varepsilon_i + \varepsilon_f)\left|\int e^{-i(\mathbf{k}'-\mathbf{k})\cdot\mathbf{r}}n(\mathbf{r})\,d^3r\right|^2$$

$$= b^2\,\delta(\hbar\omega - \varepsilon_i + \varepsilon_f)\left|\int e^{i\mathbf{K}\cdot\mathbf{r}}n(\mathbf{r})\,d^3r\right|^2, \qquad \mathbf{k} - \mathbf{k}' = \mathbf{K}.$$

$n(\mathbf{r}) =$ konst.,$\int e^{i\mathbf{K}\cdot\mathbf{r}}\,d^3r = \delta(\mathbf{K})$. Das bedeutet, daß Teilchen mit einem Anfangsimpuls $\mathbf{k}$ nur zum Impuls $\mathbf{k}$ gestreut werden; d. h. keine Streuung.

Kapitel 20

1. $\frac{1}{3}K^2\langle u^2\rangle = \frac{K^2}{3}\frac{\hbar}{MN}\sum_{\mathbf{q}}\frac{(1/2 + n_s)}{c_s q}$. Der temperaturabhängige Beitrag kommt von n_s.

$$\frac{1}{c_s}\sum_{\mathbf{q}}\frac{n_s}{q} = \frac{1}{c_s}\frac{V}{(2\pi)^3}4\pi\int_0^{q_m} q_2\,dq\,\frac{1}{e^{\beta\hbar\omega_q} - 1}\frac{1}{q}$$

$$= \frac{1}{c_s}\frac{V}{2\pi^2}\frac{k_B^2T^2}{\hbar^2c_s^2}\int_0^{\Theta/T}\frac{x\,dx}{e^x - 1}$$

$$= \frac{V}{2\pi^2}\frac{k_B^2T^2}{\hbar^2c_s^3}\int_0^{\Theta/T}\frac{x\,dx}{1 + x - 1}$$

$$= \frac{V}{(2\pi)^2}\frac{k_B^2T^2}{\hbar c_s^3}\left(\frac{\Theta}{T}\right), \qquad \text{for } T \gg \Theta.$$

$\frac{1}{3}K^2\langle u^2\rangle \sim T$, die Proportionalitätskonstante ist

$$\frac{K^2}{3}\frac{\hbar}{M}\Omega_{\text{Zelle}}\frac{1}{2\pi^2}\left(\frac{k_B^2\Theta}{\hbar^2 c_s^3}\right), \qquad \text{wobei } \Omega_{\text{Zelle}} = V/N.$$

2. $$I(E) = \frac{\Gamma}{4}\int_{-\infty}^{\infty} dt\, e^{-i(E-E_0)\frac{t}{\hbar} - \frac{\Gamma}{2}|t| - Q(t)}.$$

$$Q(t) = \frac{1}{2}K^2\Big\{\Big\langle (u(t)-u(0))^2\Big\rangle_T + [u(0), u(t)]\Big\}.$$

Für ein freies Atom $u(t) = u(0) + vt, \quad \Gamma = 0.$

$$\Big\langle (u(t)-u(0))^2\Big\rangle_T = \langle v^2\rangle_T t^2.$$

$$[u(0), u(t)] = [u(0), u(0)+vt] = [u(0), vt] = \left[u(0), t\frac{P}{M}\right]$$

$$= \frac{i\hbar t}{M}.$$

$$Q(t) = \frac{1}{2}K^2\left\{\langle v^2\rangle_T t^2 + \frac{i\hbar t}{M}\right\}.$$

$$I(E) = \frac{\Gamma}{4}\int_{-\infty}^{\infty} dt\, e^{-i(E-E_0)\frac{t}{\hbar} - \frac{i\hbar K^2}{2M}t - \frac{K^2}{2}\langle v^2\rangle_T t2}.$$

Die Energieverschiebung $\frac{\hbar K^2}{2M}$. Die Linie hat Gauß'sche Form $\sim \sqrt{K^2\langle v^2\rangle_T}$. Wenn die Energie der γ-Strahlen 10^{-7} erg beträgt, gilt $\sqrt{K^2\langle v^2\rangle_T} \sim 10^{-15}\,\text{sec}^{-1}$.

Die Breite $= \frac{\hbar}{\tau} \sim 10^{-27}\times 10^{15} \sim 10^{-12}\,\text{erg} \sim 1\,\text{eV}.$

Kapitel 21

1. $$G(x,t) = -\frac{2i}{L}\int_0^{k_F} e^{ikx} e^{-i\left(\frac{\hbar^2}{2m}k^2\right)t}\, dk, \qquad t > 0.$$

$$= -\frac{2i}{L}e^{imx^2/2\hbar^2 t}\int_0^{k_F} e^{-i\frac{\hbar^2 t}{2m}\left(k-\frac{mx}{\hbar^2 t}\right)^2} dk$$

$$= -\frac{2i}{L}e^{imx^2/2\hbar^2 t}\int_{-\frac{mx}{\hbar^2 t}}^{k_F-\frac{mx}{\hbar^2 t}} e^{-i\frac{\hbar^2 t}{2m}k^2}\, dk$$

$$= -\frac{2i}{L} e^{imx^2/2\hbar^2 t} \sqrt{\frac{2m}{\hbar^2 t}}$$

$$\times \left\{ \int_{-\sqrt{\frac{\hbar^2 t}{2m}} \frac{mx}{\hbar^2 t}}^{0} e^{-ik^2} dk + \int_0^{\sqrt{\frac{\hbar^2 t}{2m}}\left(k_F - \frac{mx}{\hbar^2 t}\right)} e^{-ik^2} dk \right\}$$

$$= -\frac{2i}{L} e^{imx^2/2\hbar^2 t} \sqrt{\frac{2m}{\hbar^2 t}}$$

$$\times \left\{ \int_0^{\sqrt{\frac{\hbar^2 t}{2m}}\left(k_F - \frac{mx}{\hbar^2 t}\right)} e^{-ik^2} dk + \int_0^{\sqrt{\frac{\hbar^2 t}{2m}} \frac{mx}{\hbar^2 t}} e^{-ik^2} dk \right\}$$

$$= -\frac{2i}{L} e^{imx^2/2\hbar^2 t} \sqrt{\frac{2m}{\hbar^2 t}}$$

$$\times \left\{ \int_0^{\sqrt{\frac{\hbar^2 t}{2m}}\left(k_F - \frac{mx}{\hbar^2 t}\right)} (\cos k^2 - i \sin k^2)\, dk \right.$$

$$\left. + \int_0^{\sqrt{\frac{\hbar^2 t}{2m}} \frac{mx}{\hbar^2 t}} (\cos k^2 - i \sin k^2)\, dk \right\}$$

$$= -\frac{2i}{L} e^{imx^2/2\hbar^2 t} \sqrt{\frac{2m}{\hbar^2 t}}$$

$$\times \left\{ \sqrt{\frac{\pi}{2}}\, C_1\left(\sqrt{\frac{\hbar^2 t}{2m}} \left(k_F - \frac{mx}{\hbar^2 t} \right) \right) \right.$$

$$- i \sqrt{\frac{\pi}{2}}\, S_1\left(\sqrt{\frac{\hbar^2 t}{2m}} \left(k_F - \frac{mx}{\hbar^2 t} \right) \right)$$

$$\left. + \sqrt{\frac{\pi}{2}}\, C_1\left(\sqrt{\frac{\hbar^2 t}{2m}} \frac{mx}{\hbar^2 t} \right) - i \sqrt{\frac{\pi}{2}}\, S_1\left(\sqrt{\frac{\hbar^2 t}{2m}} \frac{mx}{\hbar^2 t} \right) \right\}.$$

C_1 und S_1 sind Fresnel-Integrale.

$$G(X, -|t|) = -\frac{2i}{L} \int_0^{k_F} e^{ikx} e^{i\left(\frac{\hbar^2}{2m} k^2\right)|t|} dk$$

$$= -\frac{2i}{L} e^{-imx^2/2\hbar^2 |t|} \int_0^{k_F} e^{i \frac{\hbar^2 |t|}{2m} \left(k + \frac{mx}{\hbar^2 |t|}\right)^2} dk$$

$$= -\frac{2i}{L} e^{-imx^2/2\hbar^2 |t|} \sqrt{\frac{2m}{\hbar^2 |t|}} \left\{ \int_0^{\sqrt{\frac{\hbar^2 |t|}{2m}}\left(k_F + \frac{mx}{\hbar^2 |t|}\right)} e^{ik^2} dk \right.$$

$$\left. - \int_0^{\sqrt{\frac{\hbar^2 |t|}{2m}} \frac{mx}{\hbar^2 |t|}} e^{ik^2} dk \right\}$$

$$= -\frac{2i}{L} e^{-imx^2/2\hbar^2|t|} \sqrt{\frac{2m}{\hbar^2|t|}}$$

$$\times \left\{ \sqrt{\frac{\pi}{2}}\, C_1\left(\sqrt{\frac{\hbar^2|t|}{2m}} \left(k_F + \frac{mx}{\hbar^2|t|} \right) \right) \right.$$

$$+ i\sqrt{\frac{\pi}{2}}\, S_1\left(\sqrt{\frac{\hbar^2|t|}{2m}} \left(k_F + \frac{mx}{\hbar^2|t|} \right) \right)$$

$$\left. - \sqrt{\frac{\pi}{2}}\, C_1\left(\sqrt{\frac{\hbar^2|t|}{2m}} \frac{mx}{\hbar^2|t|} \right) - i\sqrt{\frac{\pi}{2}}\, S_1\left(\sqrt{\frac{\hbar^2|t|}{2m}} \frac{mx}{\hbar^2|t|} \right) \right\}$$

2. $$\mathbf{j}_{\alpha\beta} = \frac{-e\hbar}{2mi}\left[\Psi_\alpha^\dagger \nabla \Psi_\beta - (\nabla \Psi_\alpha^\dagger)\Psi_\beta \right].$$

$$\mathbf{j}_{\alpha\beta}(\mathbf{x}'t', \mathbf{x}t) = \frac{-e\hbar}{2mi}\left[\Psi_\alpha^\dagger(\mathbf{x}'t') \nabla_{\mathbf{x}} \Psi_\beta(\mathbf{x}t) - \left(\nabla_{\mathbf{x}'} \Psi_\alpha^\dagger(\mathbf{x}'\mathbf{t}')\right)\Psi_\beta(\mathbf{x}t) \right]$$

$$\left\langle \mathbf{j}_{\alpha\beta}(\mathbf{x}t) \right\rangle = \lim_{\substack{\mathbf{x}' \to \mathbf{x} \\ t' \to t}} \frac{-e\hbar}{2mi}$$

$$\times \langle \Psi_0 | \Psi_\alpha^\dagger(\mathbf{x}'t') \nabla_{\mathbf{x}} \Psi_\beta(\mathbf{x}t) - \left(\nabla_{\mathbf{x}'} \Psi_\alpha^\dagger(\mathbf{x}'\mathbf{t}')\right)\Psi_\beta(\mathbf{x}t) | \Psi_0 \rangle$$

$$= -\frac{e\hbar}{2mi}(+i) \lim_{\substack{\mathbf{x}' \to \mathbf{x} \\ t' \to t}} (\nabla_{\mathbf{x}'} - \nabla_{\mathbf{x}}) G_{\alpha\beta}(\mathbf{x}'t', \mathbf{x}t).$$

$$\langle \mathbf{j}(\mathbf{x}, t) \rangle = Tr\left\langle \mathbf{j}_{\alpha\beta}(\mathbf{x}t) \right\rangle$$

$$= -\frac{e\hbar}{2m} \lim_{\substack{\mathbf{x}' \to \mathbf{x} \\ t' \to t}} Tr\{ (\nabla_{\mathbf{x}'} - \nabla_{\mathbf{x}}) G_{\alpha\beta}(\mathbf{x}'t', \mathbf{x}t) \}$$

$$= -\frac{e\hbar}{m} \lim_{\substack{\mathbf{x}' \to \mathbf{x} \\ t' \to t}} (\nabla_{\mathbf{x}'} - \nabla_{\mathbf{x}}) G(\mathbf{x}'t', \mathbf{x}t).$$

$$G(\mathbf{x}'t', \mathbf{x}t) = G_{\alpha\alpha}(\mathbf{x}'t', \mathbf{x}t) = G_{\beta\beta}(\mathbf{x}'t', \mathbf{x}t).$$

Sachregister

1. Namensverzeichnis

2. Sachverzeichnis